简明高层钢筋混凝土结构设计手册

（第二版）

李国胜　编著

中国建筑工业出版社

图书在版编目（CIP）数据

简明高层钢筋混凝土结构设计手册/李国胜编著. 2版.
—北京:中国建筑工业出版社，2002
ISBN 978-7-112-05365-0

Ⅰ.简… Ⅱ.李… Ⅲ.高层建筑－钢筋混凝土结构－结构设计－技术手册 Ⅳ.TU973－62

中国版本图书馆CIP数据核字（2002）第080387号

本手册是根据新颁布的《混凝土结构设计规范》GB50010—2002、《建筑抗震设计规范》GB 50011—2001、《建筑结构荷载规范》GB 50009—2001、《建筑地基基础设计规范》GB 50007—2002、《高层建筑混凝土结构技术规程》JGJ 3—2002等有关规定编写而成的。

本手册内容包括高层建筑结构设计的特点和重要概念，高层建筑结构设计的基本规定，高层建筑结构的荷载和地震作用，楼盖结构的设计与构造，体系选择和结构布置，框架结构，剪力墙结构，框架-剪力墙结构，底部大空间剪力墙结构，筒体结构，基础，混合结构，高层建筑的若干特殊结构设计，共13章。并有许多实用图表和设计实例。

本手册可供土建结构设计、施工、科研人员及大专院校土建专业师生使用和参考。

简明高层钢筋混凝土结构设计手册
（第二版）
李国胜 编著
*
中国建筑工业出版社出版、发行(北京西郊百万庄)
各地新华书店、建筑书店经销
北京市彩桥印刷有限责任公司印刷
*
开本:787×1092毫米 1/16 印张:37½ 字数:934千字
2003年1月第二版 2008年10月第九次印刷
印数:22 801—23 800册 定价:**68.00**元
ISBN 978-7-112-05365-0
（14984）

第二版前言

本书第一版在1995年9月印刷发行，内容是根据20世纪80年代末和90年代初的有关规范、规程编写的，受到广大同行读者的欢迎，并在1997年再次印刷以满足读者的需要。

根据建设部1997年有关通知，由中国建筑科学研究院会同有关单位对原有规范、规程相继进行了全面修订。在90年代我国高层建筑进入新的发展时期，高层建筑结构设计方面积累了许多新的有益经验。本书第二版是根据新的《建筑结构荷载规范》GB 50009、《混凝土结构设计规范》GB 50010、《建筑抗震设计规范》GB 50011、《建筑地基基础设计规范》GB 50007、《高层建筑混凝土结构技术规程》JGJ 3—2002、《高层建筑箱形与筏形基础技术规范》JGJ 6—99、《玻璃幕墙工程技术规范》JGJ 102—96、《金属与石材幕墙工程技术规范》JGJ 133—2001等规范、规程，以及搜集到的有关资料编写的，对第一版的内容做了较大的调整、删改和增添。

在第二版中除高层建筑结构设计所必需掌握的内容以外，还有若干重要方面：高层建筑结构设计的特点和重要概念（第1章）；主楼与相连的地下车库结构设计（第5章）；剪力墙结构设计若干问题的处理（第7章）；框剪结构中剪力墙合理数量的确定（第8章）；地下室外墙设计（第11章）；高层建筑的若干特殊结构设计，如高层主楼与裙房之间基础处理、旋转餐厅、超长结构、幕墙等（第13章）。此外，还列有许多为结构方案和初步设计阶段控制构件尺寸及手算或校核电算结果所需要的实用图表，并附有一些工程实例和计算例题。

本书在编写过程中参考了大量的有关文献资料，得到许多同志的帮助，为此对有关作者和同志们表示诚挚的谢意。由于引用的资料较多，难免有疏漏之处，望有关作者予以谅解。内容涉及的专业技术面广，限于编写者的水平，有不当或错误之处，热忱盼望读者指正，编者将不胜感谢。

目　　录

第1章 高层建筑结构设计的特点和重要概念

1. 高层建筑（住宅10层及10层以上或房屋高度超过28m）结构设计应非常重视概念设计。概念设计是结构设计人员运用所掌握的知识和经验，从宏观上决定结构设计中的基本问题。要做好概念设计应掌握以下诸多方面：结构方案要根据建筑使用功能、房屋高度、地理环境、施工技术条件和材料供应情况、有无抗震设防选择合理的结构类型；竖向荷载、风荷载及地震作用对不同结构体系的受力特点；风荷载、地震作用及竖向荷载的传递途径；结构破坏的机制和过程，以加强结构的关键部位和薄弱环节；建筑结构的整体性，承载力和刚度在平面内及沿高度均匀分布，避免突变和应力集中；预估和控制各类结构及构件塑性铰区可能出现的部位和范围；抗震房屋应设计成具有高延性的耗能结构，并具有多道防线；地基变形对上部结构的影响，地基基础与上部结构协同工作的可能性；各类结构材料的特性及其受温度变化的影响；非结构性部件对主体结构抗震产生的有利和不利影响，要协调布置，并保证与主体结构连接构造的可靠等。

2. 高层建筑结构的设计计算和绘图，目前国内外都已广泛采用了电脑软件，使设计工作快捷高效。结构电算软件的正确运用，要求结构工程师具有清晰的结构概念，能建立反映工程实际的计算模型，对计算结果的合理性、准确性能进行分析判断。

由于各种结构电算软件都具有其一定的适用范围和条件，并难免有不同的缺陷和不足，结构工程师要避免只依赖于电算，不注意运用结构概念和力学知识，不求知识更新和掌握国内外新技术的发展情况。

结构工程师在熟练运用电算方法的同时，应掌握必要的结构简化计算方法，以便在方案和初步设计阶段从整体上控制结构设计的合理性，对电算结果进行分析校核，对设计中或施工过程中出现的问题能及时处理解决。采用现有的结构简化计算方法，概念比较明确，对一般结构计算结果有足够精度，而且偏于安全可靠。但对复杂、特殊的结构采用简化计算方法会有较大误差，甚至无法解决。

3. 结构的地震反应是地震作用下建筑物的惯性力，其大小取决于地震震级及距震中距离、场地特征、结构动力特性，它具有冲击性、反复性、短暂性和随机性。

一次地震只有一个震级，震级是以地震时释放的能量大小确定的，震级相差一级释放能量相差30倍左右。地震烈度是地震波及范围内建筑物和构筑物遭受破坏的程度。地震烈度有两种定义：第一，地区抗震设防烈度，它是由国家根据地震历史记录和地质调查研究确定的。

新的《建筑抗震设计规范》GB 50011—2001规定，地震影响应采用设计基本地震加速度和设计特征周期。设计基本地震加速度值为50年设计基准期超越概率10%的地震加速度的设计值，设计基本地震加速度与抗震设防烈度的对应关系如表1-1。

设计基本地震加速度与抗震设防烈度关系　　表 1-1

设计基本地震加速度	0.05g	0.10g	0.15g	0.20g	0.30g	0.40g
抗震设防烈度	6	7		8		9

设计特征周期，《建筑抗震设计规范》(GBJ 11—89) 其取值根据设计近、远震和场地类别来确定，新规范将设计近震、远震改称设计地震分组，分为第一、二、三组。

我国主要城镇的抗震设防烈度、设计基本地震加速度和设计地震分组详见第3章3.6节。

第二，地震发生后地震波及范围内各地区遭受破坏的地震烈度，它不是地震发生后立即所能确定的，而是需要经过震害调查根据建筑物、构筑物遭受损坏和破坏情况确定的，确定烈度的标准可见《建筑抗震设计手册》(1994年版) 第一篇第二章附录1.2.2-1。一次地震，震中（地震发生的地方即震源正对着的地面位置）烈度约为震级的1.3倍，如当某地区发生了地震，震级为6.2级，则震中烈度为8度左右。一次地震，当震源距地表越深，震中相对应烈度较小，地震波及范围大；震源距地表浅时，震中烈度较大，地震波及范围小。

4. 高层建筑结构设计与低层、多层建筑结构设计相比较，结构专业在各专业中占有更重要的地位，不同结构体系的选择，直接关系到建筑平面布置，立面体形，楼层高度，机电管道的设置，施工技术的要求，施工工期的长短和投资造价的高低。

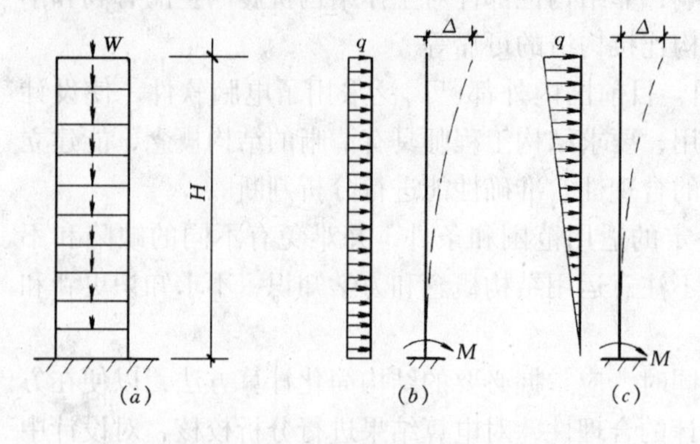

图 1-1　高层建筑结构受力简图

5. 水平力是设计的主要因素。在低层和多层房屋结构中，水平力产生的影响较小，以抵抗竖向荷载为主，侧向位移小，通常忽略不计。在高层建筑结构中，随着高度的增加，水平力（风荷载或水平地震作用）产生的内力和位移迅速增大。如图1-1所示，把房屋结构看成一根最简单的竖向悬臂构件，轴力与高度成正比；水平力产生的弯矩与高度的二次方成正比；水平力产生的侧向顶点位移与高度的四次方成正比：

竖向荷载产生的轴力

$$N = WH \tag{1-1}$$

水平力产生的弯矩

均布荷载

$$M = \frac{1}{2}qH^2 \tag{1-2}$$

倒三角形分布荷载

$$M = \frac{qH^2}{3} \tag{1-3}$$

水平力产生的顶点侧向位移

均布荷载

$$\Delta = \frac{qH^4}{8EI} \tag{1-4}$$

倒三角形分布荷载
$$\Delta = \frac{11qH^4}{120EI} \tag{1-5}$$
式中 EI 为竖向构件弯曲刚度。

6. 高层建筑结构设计中，不仅要求结构具有足够的承载力，而且必须使结构具有足够的抵抗侧向力的刚度，使结构在水平力作用下所产生的侧向位移限制在规范规定的范围内。因此，高层建筑结构所需的侧向刚度由位移控制。

结构的侧向位移过大将产生下列后果：

(1) 使结构因 p-Δ 效应产生较大的附加内力，尤其是竖向构件，当侧向位移增大时，偏心加剧，当产生的附加内力值超过一定数值时，将会导致房屋的倒塌；

(2) 使居住的人员感到不适或惊慌。在风荷载作用下，如果侧向位移过大，必将引起居住人员的不舒服，影响正常工作和生活。在水平地震作用下，当侧向位移过大，更会造成人们的不安和惊吓；

(3) 使填充墙或建筑装饰开裂或损坏，使机电设备管道受损坏，使电梯轨道变形造成不能正常运行；

(4) 使主体结构构件出现较大裂缝，甚至损坏。

7. 有抗震设防的高层建筑结构设计，除要考虑正常使用时的竖向荷载、风荷载以外，还必须使结构具有良好的抗震性能，做到小震时不坏，中震可修大震时不倒塌。即当遭遇到相当于设计烈度的地震时，有小的损坏，经一般修理仍能继续使用；当罕遇超烈度强震下，结构有损坏，但不致使人民生命财产和重要机电设备遭受破坏，使结构做到裂而不倒。

建筑结构是否具有耐震能力，主要取决于结构所能吸收和消耗的地震能量。结构抗震能力是由承载力和变形能力两者共同决定的。当结构承载力较小，但具有很大延性，所能吸收的能量多，虽然较早出现损坏，但能经受住较大的变形，避免倒塌。但是，仅有较大承载力而无塑性变形能力的脆性结构，吸收的能量少，一旦遭遇超过设防烈度的地震作用时，很容易因脆性破坏使房屋造成倒塌（图 1-2）。

一个构件或结构的延性用延性系数 μ 表达，一般用其最大允许变形 Δ_p 与屈服变形 Δ_y 的比值，变形可以是线位移、转角或层间侧移，其相应的延性，称之为线位移延性、角位移延性和相对位移延性。结构延性的表达式为：
$$\mu = \Delta_p / \Delta_y \tag{1-6}$$
式中 Δ_y 为结构屈服时荷载 F_y 对应的变形；Δ_p 为结构极限荷载 F_m 或降低 10％时所对应的最大允许变形（Δ_p 或 Δ'_p）（图 1-3）。

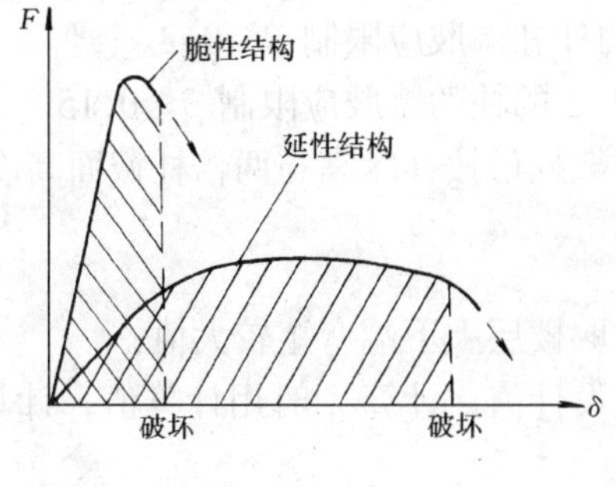

图 1-2　结构的变形

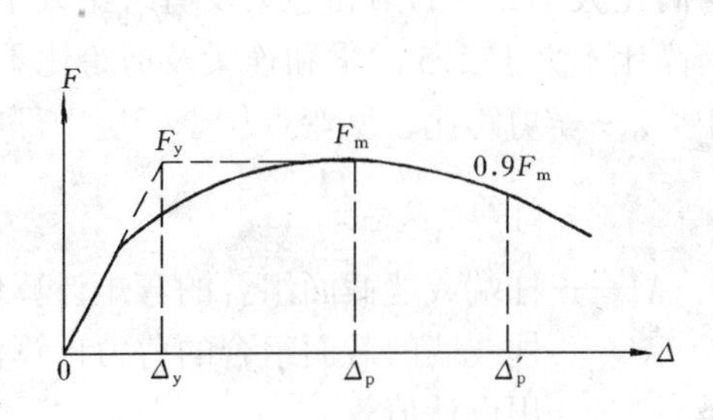

图 1-3　屈服变形和最大允许变形

钢筋混凝土是一种弹塑性材料，钢筋混凝土结构具有塑性变形的能力，当地震作用下结构达到屈服以后，利用结构塑性变形来吸收能量。增加结构的延性，不仅能削减地震反应，而且提高了结构抗御强烈地震的能力。

结构或构件的延性是通过试验测定的，是由采取一系列的构造措施实现的。因此，在结构抗震设计中必须严格执行规范、规程中有关的构造要求。从保证延性的重要性而言，抗震结构的构造措施比计算更重要。

高层建筑钢筋混凝土结构的延性要求为 $\mu=4\sim8$。为了保证结构的延性，构件要有足够截面尺寸，柱的轴压比，梁和剪力墙的剪压比，构件截面配筋率要适宜，应遵照规范、规程的规定要求。

8. 剪跨比与剪压比是判别梁、柱和墙肢等抗侧力构件抗震性能的重要指标。剪跨比用于区分变形特征和变形能力，剪压比用于限制内力，保证延性。剪跨比与剪压比可分别按以下公式计算：

(1) 剪跨比：$\lambda=\dfrac{M}{Vh_0}$

$\lambda>2$，弯剪型，弯曲型 $\lambda\leqslant2$，剪切型

剪跨比可以用以下图形表示（图1-4）。

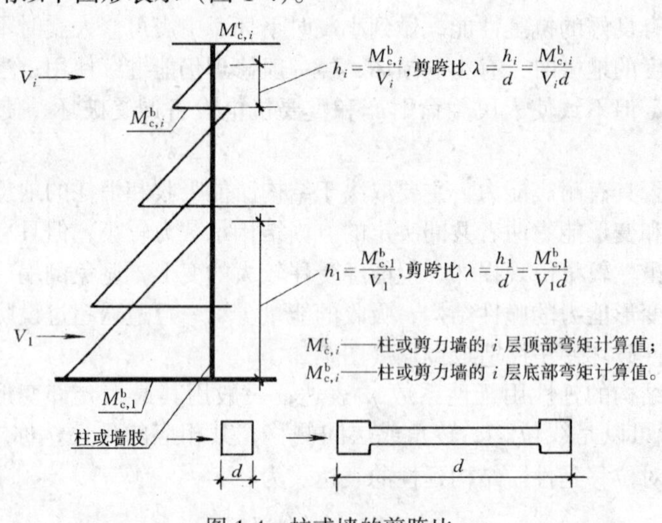

图1-4　柱或墙的剪跨比

(2) 剪压比：
$$\beta=\frac{\gamma_{RE}V}{f_c bh_0}$$

跨高比大于2.5的梁和连梁及剪跨比大于2的柱和墙肢应限制 $\beta\leqslant0.2$。

跨高比不大于2.5的梁和连梁及剪跨比不大于2的柱的墙肢应限制 $\beta\leqslant0.15$。

上式中　λ——剪跨比，反弯点位于楼层中部的框架柱可按柱净高与两倍柱截面高度之比计算，$\lambda=\dfrac{H_n}{2h}$；

M——柱端或墙截面组合的弯矩计算值，取楼层上下端弯矩较大值；

V——柱或墙的截面组合的剪力计算值或设计值，计算 λ 时用计算值，计算 β 时用设计值；

f_c——混凝土轴抗压强度设计值；

H_n——柱净高度；

h——柱截面高度；

b——梁、柱截面宽度或墙肢截面厚度，圆形截面柱可按面积相等的方形截面计算。

9. 高层建筑减轻自重比多层建筑更有意义。从地基承载力或桩基承载力考虑，如果在同样地基或桩基情况下，减轻房屋自重意味着不增加基础的造价和处理措施，可以多建层数，这在软弱土层上有突出的经济效益。

地震效应是与建筑的质量成正比，减轻房屋自重是提高结构抗震能力的有效办法。高层建筑中质量大了，不仅作用于结构上的地震剪力大，还由于重心高地震作用倾覆力矩大，对竖向构件产生很大的附加轴力，p-Δ 效应造成附加弯矩更大。

因此，在高层建筑房屋中，结构构件宜采用高强度材料，非结构构件和围护墙体应采用轻质材料。减轻房屋自重，既减小了竖向荷载作用下构件的内力，使构件截面变小，又可减小结构刚度和地震效应，不但能节省材料，降低造价，还能增加使用空间。

10. 结构自振周期应与地震动卓越周期错开，避免共振造成灾害。地震动卓越周期又称地震动主导周期，是根据地震时某一地区地面运动纪录计算出的反应谱的主峰值位置所对应的周期，它是地震震源特性、传播介质和该地区场地条件的综合反应，并随场地覆盖土层增厚变软而加长。

场地卓越周期 T_0 可按下列公式计算：

场地为单一土层时

$$T_0 = \frac{4H}{V_s} \tag{1-7}$$

场地为多层土时

$$T_0 = \Sigma \frac{4h_i}{V_{si}} \tag{1-8}$$

式中 H、h_i——单一土层或多层土中第 i 土层的厚度（m）；

V_s、V_{si}——单一土层或第 i 土层的剪切波速值（m/s）。

按照《建筑抗震设计规范》的规定，场地的计算深度一般为 20m，且不大于场地覆盖厚度。因此，H 或 Σh_i 的取值不大于 20m。

高层建筑结构的自振周期，可参考下列经验公式：

$$\left.\begin{array}{ll}\text{框架结构} & T_1 = 0.085N \\ \text{框架-剪力墙结构} & T_1 = 0.065N \\ \text{框架-核心筒结构} & T_1 = 0.06N \\ \text{外框筒结构} & T_1 = 0.06N \\ \text{剪力墙结构} & T_1 = 0.05N \end{array}\right\} \tag{1-9}$$

式中 N 为地面以上房屋总层数。

11. 抗震结构尽可能设置有多道抗震防线，应采用具有联肢墙、壁式框架的剪力墙结构，框架-剪力墙结构，框架-核心筒结构，筒中筒结构等多重抗侧力结构体系。高层建筑避免采用纯框架结构。

12. 结构的承载力、刚度要适应在地震作用下的动力要求，并应均匀连续分布。在一般静力设计中，任何结构部位的超强设计都不会影响结构的安全。但是，在抗震设计中，某一部分结构的超强，就可能造成结构的相对薄弱部位。因此，抗震设计中要严格遵循该强的就强，该弱的就弱原则，不得任意加强，以及在施工中以大代小、以高钢号代低钢号改变配筋，如必须代换时，应按钢筋抗拉承载力设计值相等的原则进行换算。

13. 在地震作用下节点的承载力应大于相连构件的承载力。当构件屈服、刚度退化时，节点应能保持承载力和刚度不变。

14. 结构单元之间应遵守牢固连接或彻底分离的原则。高层建筑的结构单元之间宜采取加强连接的方法，而不宜采用分离的方法。

15. 合理的控制结构的非弹性部位（塑性铰区），掌握结构的屈服过程及最后形成的屈服机制。要采取有效措施防止过早的混凝土剪切破坏、钢筋锚固滑移和混凝土压碎等脆性破坏。

16. 梁端、柱端及剪力墙的加强部位受弯配筋在满足承载力和抗震构造要求的条件下，应避免钢筋超配。

17. 地基基础的承载力和刚度要与上部结构的承载力和刚度相适应。当上部结构与基础连接部位考虑受弯承载力增大时，相邻基础结构及上部结构嵌固部位的地下室结构，应考虑弯矩增大的作用。

18. 在高层建筑的抗风设计中，应保证结构有足够承载力，必须具有足够的刚度；控制在风荷载作用下的位移值，保证有良好的居住和工作条件；外墙（尤其是玻璃幕墙）、窗玻璃、女儿墙及其他围护和装饰构件，必须有足够的承载力，并与主体结构有可靠的连接，防止房屋在风荷载作用下产生局部损坏。

风荷载是高层建筑结构的主要荷载之一，取值应按《建筑结构荷载规范》GB 50009—2001 基本风压 w_0 采用。

19. 有抗震设防的高层建筑，应进行详细勘察，摸清地形、地质情况，选择位于开阔平坦地带，具有坚硬场地土或密实均匀中硬场地土的对抗震有利的地段；尽可能避开对建筑抗震不利的地段，如高差较大的台地边缘，非岩质的陡坡、河岸和边坡，较弱土、易液化土、故河道、断层破碎带，以及土质成因、岩性、状态明显不均匀的情况等；任何情况下均不得在抗震危险的地段上建造可能引起人员伤亡或较大经济损失的建筑物。

20. 关于刚性结构和柔性结构的优缺点见表 1-2。

刚性结构与柔性结构的特点　　**表 1-2**

结构	优　　点	缺　　点
刚性结构	1. 当地面运动周期长时，震害较小 2. 结构变形小，非结构构件容易处理 3. 安全储备大，空间整体性好 4. 适宜于钢筋混凝土结构特点	1. 当地面运动周期短时，有产生共振的危险 2. 地震反应较大 3. 结构变形能力小，延性小 4. 材料用量常常较多
柔性结构	1. 当地面运动周期短时，震害较小 2. 地震反应较小 3. 一般结构自重较轻，地基易处理 4. 适宜于钢结构的特点	1. 当地面运动周期长时，易发生共振 2. 非结构构件要有特殊要求，否则易产生破坏 3. 容易产生 p-Δ 效应和倾覆 4. 不容易适应钢筋混凝土结构

21. 基础埋置深度，除了满足地基承载力、变形和稳定性要求外，对于减少建筑物的整体倾斜，防止倾覆和滑移，都将发挥一定的作用，尤其对结构的动力特性关系密切。考虑地震作用下上部结构与地基相互作用后，与一般沿用的抗震分析把建筑物置于刚性地基的假定有明显不同。考虑地基影响后建筑物的结构自振周期增大，顶点位移增加，随基础埋置深度的增加，阻尼增大，底部剪力减小，而且土质越软，埋置深度越深，底部剪力减小得越多。

据日本一些单位的测试结果，12 层的框剪结构，考虑其与土体协同工作，有地下室的建筑上部结构，其地震反应要比无地下室的低 20%～30%；当采用桩基时，地下室周边土的标准锤击贯入度为 4 时，每增加一层地下室，桩承受的水平力减少约 25%；当周边土标准锤击贯入度为 20 时，一层地下室桩基承受的水平力可减少 70%；东京新宿区，经多次小震明实测表明，地面的地震加速度为地面以下 81.6m 处的地震加速度的 6～7 倍。

22. 根据近十多年来对已建成的高层建筑主楼基础与相连的裙房基础沉降观测表明，天然地基或以侧阻为主的摩擦型桩基，当裙房为满堂筏形基础，主楼为筏形基础或箱基，主楼与裙房基础相连接处设置沉降缝或施工后浇带，在施工期间以及竣工以后，此处基础沉降曲线是连续的，没有突变现象；由于主楼基底附加压力大，地基土的压缩沉降影响有较大范围，裙房基底土质好影响距离可达 40～60m，土质差影响距离为 20～30m，因此沉降曲线的倾斜程度与土质相关，当土质好时比较平缓，土质差时则较陡。

根据上述现象设计时应注意下列几点：

（1）同时施工的高层建筑主楼基础与裙房基础之间可不设置沉降缝及沉降后浇带，但应设置施工后浇带（浇灌混凝土时间相隔不少于 1 个月）；

（2）与高层主楼同时建造的裙房基础，设计必须考虑高层部分基础沉降所引起的差异沉降对裙房结构内力影响。当裙房基础设计不采取有效措施时，差异沉降不仅产生在与主楼相连的一跨，在离主楼的若干跨内也同时存在；

（3）新建高层建筑设计时，应考虑基础沉降对周围已有房屋及管道设施等可能产生的影响；

（4）对同时建造的高层主楼与裙房，为减少或避免基础的差异沉降，设计时应采取必要的措施（详见第 11 章）。

第2章 高层建筑结构设计的基本规定

2.1 结构的极限状态

钢筋混凝土结构设计采用以概率理论为基础的极限状态设计法，以可靠指标度量结构构件的可靠度，采用以分项系数的设计表达式进行设计。

整个结构或结构的一部分超过某一特定状态就不能满足设计规定的某一功能要求，此特定状态称为该功能的极限状态。极限状态可分为下列两类进行计算和验算：

1. 承载能力极限状态

(1) 承载力及稳定：所有结构构件均应进行承载力（包括压屈失稳）计算；在必要时尚应进行结构的倾覆、滑移和漂浮验算；

(2) 处于地震区的结构应进行结构构件抗震的承载力计算；

(3) 直接承受吊车的构件，应进行疲劳强度验算；但直接承受安装或检修用吊车的构件，根据使用情况和设计经验可不作疲劳强度的验算。

2. 正常使用极限状态

(1) 对使用上需要控制变形值的结构构件，应进行变形验算；

(2) 对使用上要求不出现裂缝的构件，应进行混凝土拉应力验算；对使用上允许出现裂缝的构件，应进行裂缝宽度的验算。

结构构件的承载力（包括压屈失稳）计算和倾覆、滑移和漂浮验算，均采用荷载设计值；疲劳、变形、抗裂及裂缝宽度验算，均应采用相应的荷载代表值；直接受动力荷载的结构构件，在计算承载力、疲劳、抗裂时，应考虑动力荷载的动力系数。预制构件尚应按制作、运输及安装时的荷载设计值进行施工阶段的验算，预制构件本身吊装的验算，应将构件自重乘以动力系数1.5。对现浇结构，必要时应进行施工阶段的验算。

对结构构件进行抗震设计时的荷载取值规定见第3章3.3节。

2.2 材料强度

2.2.1 混凝土

1. 混凝土强度等级应按立方体抗压强度标准值确定，立方体抗压强度标准值系指按照标准方法制作养护的边长为150mm的立方体试件在28d龄期，用标准试验方法测得的具有95%保证率的抗压强度。

2. 钢筋混凝土结构的混凝土强度等级不应低于C15；当采用HRB335级钢筋时，混凝土强度等级不宜低于C20；当采用HRB400和RRB400级钢筋以及承受重复荷载的构件，混凝土强度等级不得低于C20。

预应力混凝土结构的混凝土强度等级不宜低于C30；当采用预应力钢绞线、钢丝、热处理钢筋作预应力钢筋时，混凝土强度等级不宜低于C40。

3. 混凝土强度标准值、设计值及弹性模量应按表2.2-1采用。

混凝土的强度设计值、弹性模量和强度标准值 **表2.2-1**

混凝土强度等级	强度设计值（N/mm²）		强性模量 E_c（×10⁴N/mm²）	强度标准值（N/mm²）	
	轴心抗压 f_c	轴心抗拉 f_t		轴心抗压 f_{ck}	轴心抗拉 f_{tk}
C15	7.2	0.91	2.20	10.0	1.27
C20	9.6	1.10	2.55	13.4	1.54
C25	11.9	1.27	2.80	16.7	1.78
C30	14.3	1.43	3.00	20.1	2.01
C35	16.7	1.57	3.15	23.4	2.20
C40	19.1	1.71	3.25	26.8	2.39
C45	21.1	1.80	3.35	29.6	2.51
C50	23.1	1.89	3.45	32.4	2.64
C55	25.3	1.96	3.55	35.5	2.74
C60	27.5	2.04	3.60	38.5	2.85
C65	29.7	2.09	3.65	41.5	2.93
C70	31.8	2.14	3.70	44.5	2.99
C75	33.8	2.18	3.75	47.4	3.05
C80	35.9	2.22	3.80	50.2	3.11

注：1. 计算现浇钢筋混凝土轴心受压及偏心受压构件时，如截面的长边或直径小于300mm，则表中混凝土的强度设计值应乘以系数0.8；当构件质量（如混凝土成型、截面和轴线尺寸等）确有保证时，可不受此限制；

2. 离心混凝土的强度设计值应按有关专门标准取用。

4. 当温度在0℃到100℃范围内时，混凝土线膨胀系数 α_c 可采用 1×10^{-5}/℃。

混凝土泊松比 ν_c 可采用0.2。

混凝土剪变模量 G_c 可按表2.2-1中混凝土弹性模量的0.4倍采用。

5. 有抗震设防要求的混凝土结构的混凝土强度等级应符合下列要求：

(1) 设防烈度为9度时，混凝土强度等级不宜超过C60；设防烈度为8度时，混凝土强度等级不宜超过C70；

(2) 当按一级抗震等级设计时，混凝土强度等级不应低于C30；当按二、三级抗震等级设计时，混凝土强度等级不应低于C20。

6. 混凝土强度等级大于C50时，在构件截面设计中混凝土强度需乘以强度影响系数，系数值如表2.2-2所列。

混凝土强度影响系数 **表2.2-2**

影响系数	混凝土强度等级							应用构件
	≤C50	C55	C60	C65	C70	C75	C80	
α_1	1.00	0.99	0.98	0.97	0.96	0.95	0.94	受弯、偏压、偏拉
β_1	0.80	0.79	0.78	0.77	0.76	0.75	0.74	计算 ξ_b
β_c	1.00	0.967	0.933	0.90	0.867	0.833	0.80	受剪
α	1.00	0.975	0.950	0.925	0.900	0.875	0.85	轴心受压间接钢筋

2.2.2 钢筋

1. 钢筋混凝土结构及预应力混凝土结构的钢筋，应按下列规定选用：

（1）普通钢筋宜采用HRB400级和HRB335级钢筋，也可采用HPB235级和RRB400级钢筋；

（2）预应力钢筋宜采用预应力钢绞线、钢丝，也可采用热处理钢筋。

注：1. 普通钢筋系指用于钢筋混凝土结构中的钢筋和预应力混凝土结构中的非预应力钢筋；

2. HRB400级和HRB335级钢筋系指国家标准《钢筋混凝土用热轧带肋钢筋》GB 1499中的HRB400级和HRB335级钢筋；HPB235级钢筋系指国家标准《钢筋混凝土用热轧光面钢筋》GB 13013中的Q235级钢筋；RRB400级钢筋系指国家标准《钢筋混凝土用余热处理钢筋》GB 13014中的KL400级钢筋；

3. 预应力钢丝系指国家标准《预应力混凝土用钢丝》GB/T 5223中的光面、螺旋肋和三面刻痕的消除应力的高强度钢丝；

4. 预应力钢绞线和钢丝分为Ⅰ级松弛（普通松弛）和Ⅱ级松弛（低松弛）两类；

5. 当采用本条未列出但符合强度和伸长率要求的冷加工钢筋时，应按专门规程设计。

2. 钢筋的强度标准值应具有不小于95%的保证率。

热轧钢筋的强度标准值系根据屈服强度确定，用 f_{yk} 表示。预应力钢绞线、钢丝和热处理钢筋的强度标准值系根据极限抗拉强度确定，用 f_{ptk} 表示。

普通钢筋的强度标准值应按表2.2-3采用；预应力钢筋的强度标准值应按表2.2-4采用。

普通钢筋强度标准值（N/mm²） 表2.2-3

种类		符号	d（mm）	f_{yk}
热轧钢筋	HPB235（Q235）	Φ	8～20	235
	HRB335（20MnSi）	Φ	6～50	335
	HRB400（20MnSiV、20MnSiNb、20MnTi）	Φ	6～50	400
	RRB400（K20MnSi）	Φ^{R}	8～40	

预应力钢筋强度标准值（N/mm²） 表2.2-4

种类		符号	d（mm）	f_{ptk}
钢绞线	1×3	ϕ^{S}	8.6、10.8	1860、1720、1570
			12.9	1720、1570
	1×7		9.5、11.1、12.7	1860
			15.2	1860、1720
消除应力钢丝	光面	ϕ^{P}	4、5	1770、1670、1570
	螺旋肋	ϕ^{H}	6	1670、1570
			7、8、9	1570
	刻痕	ϕ^{I}	5、7	1570
热处理钢筋	40Si2Mn	ϕ^{HT}	6	1470
	48Si2Mn		8.2	
	45Si2Cr		10	

注：1. 钢绞线直径 d 系指钢绞线外接圆直径，即钢绞线标准GB/T 5224中的公称直径 D_g；

2. 各种直径的公称截面面积、钢筋组合面积及各种钢筋间距每m宽截面积见表2.2-8～表2.2-10；

3. 消除应力光面钢丝直径 d 为4～9mm，消除应力螺旋肋钢丝直径 d 为4～8mm。

3．普通钢筋的抗拉强度设计值 f_y 及抗压强度设计值 f'_y 应按表 2.2-5 采用；预应力钢筋的抗拉强度设计值 f_{py} 及抗压强度设计值 f'_{py} 应按表 2.2-6 采用。

普通钢筋强度设计值（N/mm²） **表 2.2-5**

种类		符号	f_y	f'_y
热轧钢筋	HPB235（Q235）	Φ	210	210
	HRB335（20MnSi）	Φ	300	300
	HRB400（20MnSiV、20MnSiNb、20MnTi）	Φ	360	360
	RRB400（K20MnSi）	$Φ^R$		

注：1．在钢筋混凝土结构中，轴心受拉和小偏心受拉的钢筋抗拉强度设计值大于 300N/mm² 时，仍应按 300N/mm² 取用；
2．构件中配有不同种类的钢筋时，每种钢筋应采用各自的强度设计值。

预应力钢筋强度设计值（N/mm²） **表 2.2-6**

种类		符号	d（mm）	f_{ptk}	f_{py}	f'_{py}
钢绞线	1×3	$ϕ^S$	8.6～12.9	1860	1320	390
				1720	1220	
				1570	1110	
	1×7		9.5～15.2	1860	1320	390
				1720	1220	
消除应力钢丝	光面	$ϕ^P$	4～9	1770	1250	410
				1670	1180	
	螺旋肋	$ϕ^H$		1570	1110	
	刻痕	$ϕ^I$	5、7	1570	1110	410
热处理钢筋	40Si2Mn	$ϕ^{HT}$	6～10	1470	1040	400
	48Si2Mn					
	45Si2Cr					

注：当预应力钢绞线、钢丝的强度标准值不符合表 2.2-4 的规定时，其强度设计值应进行换算。

4．钢筋弹性模量 E_s 应按表 2.2-7 采用

钢筋弹性模量（N/mm²） **表 2.2-7**

种类	E_s
HPB 235 级钢筋	2.1×10^5
HRB 335 级钢筋、HRB 400 级钢筋、RRB 400 级钢筋、热处理钢筋、	2.0×10^5
消除应力钢丝、螺旋肋钢丝、刻痕钢丝、	2.05×10^5
钢绞线	1.95×10^5

注：必要时钢绞丝可采用实测的弹性模量。

5．有抗震设防要求的钢筋应符合下列要求：

（1）结构构件中的普通纵向受力钢筋宜选用 HRB400、HRB335 级热轧钢筋：箍筋宜选用 HRB335、HRB400、HPB235 级热轧钢筋。在施工中，当必须以强度等级较高的钢筋

代替原设计中的纵向受力钢筋时，应按钢筋受拉承载力设计值相等的原则进行代换。

(2) 按一、二级抗震等级设计时，框架结构中普通纵向受力钢筋的选用，除应符合本节上述的要求外，其检验所得的强度实测值，尚应符合下列要求：

1) 钢筋的抗拉强度实测值与屈服强度实测值的比值不应小于1.25；

2) 钢筋的屈服强度实测值与强度标准值的比值不应大于1.3。

同种钢筋面积表 A_s (mm^2)　　表2.2-8

钢筋直径 (mm)	一根钢筋周长 (mm)	钢筋根数									重量（一根）N/m
		1	2	3	4	5	6	7	8	9	
3	9.42	7.07	14	21	28	35	42	49	57	64	0.55
4	12.57	12.57	25	38	50	63	75	88	101	113	0.99
5	15.71	19.63	39	59	79	98	118	137	157	177	1.54
6	18.85	28.27	57	85	113	141	170	198	226	254	2.22
8	25.13	50.27	101	151	201	251	302	352	402	452	3.95
10	31.42	78.54	157	236	314	393	471	550	628	707	6.17
12	37.70	113.10	226	339	452	565	679	792	905	1018	8.88
14	43.98	153.94	308	462	616	770	924	1078	1232	1385	12.08
16	50.27	201.06	402	603	804	1005	1206	1407	1608	1810	15.78
18	56.55	254.47	509	763	1018	1272	1527	1781	2036	2290	19.98
20	62.83	314.16	628	942	1257	1571	1885	2199	2513	2827	24.66
22	69.12	380.13	760	1140	1521	1901	2281	2661	3041	3421	29.84
25	78.54	490.87	982	1473	1963	2454	2945	3436	3927	4418	38.53
28	87.96	615.75	1232	1847	2463	3079	3695	4310	4926	5542	48.34
30	94.25	706.86	1414	2121	2827	3534	4241	4948	5655	6362	55.49
32	106.53	804.25	1608	2413	3217	4021	4825	5630	6434	7238	63.13
34	113.81	907.92	1816	2724	3632	4540	5448	6355	7263	8171	71.27
36	125.10	1017.88	2036	3054	4072	5089	6107	7125	8143	9161	79.90
40	125.66	1256.64	2513	3770	5027	6283	7540	8796	10053	11310	98.65

注：计算钢筋公称质量时，将重量×0.1 (kg/m)。

钢筋组合面积表 A_s（mm^2） 表 2.2-9

2 根		3 根		4 根		5 根		6 根		7 根		8 根	
根数及直径	面积	根数及直径	面积	根数及直径	面积	根数及直径	面积	根数及直径	面积	根数及直径	面积	根数及直径	面积
2φ10	157	3φ10	236	4φ12	452	5φ12	565	6φ14	924	7φ14	1078	8φ14	1232
1φ10+1φ12	191	3φ12	339	3φ12+1φ14	493	4φ12+1φ14	606	5φ14+1φ16	971	5φ14+2φ16	1172	6φ14+2φ16	1326
2φ12	226	2φ12+1φ14	380	2φ12+2φ14	534	3φ12+2φ14	643	4φ14+2φ16	1018	4φ14+3φ16	1219	5φ14+3φ16	1373
1φ12+1φ14	267	3φ14	462	1φ12+3φ14	575	2φ12+3φ14	688	3φ14+3φ16	1065	3φ14+4φ16	1266	4φ14+4φ16	1420
2φ14	308	2φ14+1φ16	509	4φ14	614	1φ12+4φ14	729	2φ14+4φ16	1112	2φ14+5φ16	1318	3φ14+5φ16	1467
1φ14+1φ16	355	1φ14+2φ16	556	3φ14+1φ16	663	5φ14	770	1φ14+5φ16	1159	1φ14+6φ16	1360	2φ14+6φ16	1514
2φ16	402	3φ16	603	2φ14+2φ16	710	4φ14+1φ16	817	6φ16	1206	7φ16	1407	8φ16	1608
1φ16+1φ18	455	2φ16+1φ18	656	1φ14+3φ16	757	3φ14+2φ16	864	5φ16+1φ18	1259	5φ16+2φ18	1514	6φ16+2φ18	1715
2φ18	509	1φ16+2φ18	701	4φ16	804	2φ14+3φ16	911	4φ16+2φ18	1313	4φ16+3φ18	1567	5φ16+3φ18	1768
1φ18+1φ20	569	3φ18	763	3φ16+1φ18	857	1φ14+4φ16	958	3φ16+3φ18	1366	3φ16+4φ18	1621	4φ16+4φ18	1822
2φ20	628	2φ18+1φ20	823	2φ18+2φ16	911	5φ16	1005	2φ16+4φ18	1420	2φ16+5φ18	1674	3φ16+5φ18	1875
1φ20+1φ22	694	1φ18+2φ20	882	1φ16+3φ18	964	4φ16+1φ18	1058	1φ16+5φ18	1473	1φ16+6φ18	1728	2φ16+6φ18	1929
2φ22	760	3φ20	942	4φ18	1018	3φ16+2φ18	1112	6φ18	1527	7φ18	1781	8φ18	2036
1φ22+1φ25	870	2φ20+1φ22	1008	3φ18+1φ20	1077	2φ16+3φ18	1165	5φ18+1φ20	1586	5φ18+2φ20	1900	6φ18+2φ20	2155
2φ25	982	1φ20+2φ22	1074	2φ18+2φ20	1137	1φ16+4φ18	1219	4φ18+2φ20	1646	4φ18+3φ20	1960	5φ18+3φ20	2214
		3φ22	1140	1φ18+3φ20	1196	5φ18	1273	3φ18+3φ20	1705	3φ18+4φ20	2020	4φ18+4φ20	2275
		2φ22+1φ25	1250	4φ20	1257	4φ18+1φ20	1332	2φ18+4φ20	1766	2φ18+5φ20	2080	3φ18+5φ20	2334
		2φ25+1φ22	1362	3φ20+1φ22	1322	3φ18+2φ20	1391	1φ18+5φ20	1825	1φ18+6φ20	2139	2φ18+6φ20	2394
		3φ25	1473	2φ20+2φ22	1388	2φ18+3φ20	1451	6φ20	1885	7φ20	2199	8φ20	2513
				1φ20+3φ22	1454	1φ18+4φ20	1511	5φ20+1φ22	1951	5φ20+2φ22	2331	6φ20+2φ22	2645
				4φ22	1521	5φ20	1571	4φ20+2φ22	2017	4φ20+3φ22	2397	5φ20+3φ22	2711
				3φ22+1φ25	1631	4φ20+1φ22	1637	3φ20+3φ22	2082	3φ20+4φ22	2463	4φ20+4φ22	2778
				2φ22+2φ25	1742	3φ20+2φ22	1702	2φ20+4φ22	2149	2φ20+5φ22	2529	3φ20+5φ22	2843
				1φ22+3φ25	1853	2φ20+3φ22	1768	1φ20+5φ22	2215	1φ20+6φ22	2595	2φ20+6φ22	2909
				4φ25	1963	1φ20+4φ22	1835	6φ22	2281	7φ22	2661	8φ22	3041
						5φ22	1901	5φ22+1φ25	2391	5φ22+2φ25	2883	6φ22+2φ25	3263
						4φ22+1φ25	2020	4φ22+2φ25	2503	4φ22+3φ25	2994	5φ22+3φ25	3374
						3φ22+2φ25	2122	3φ22+3φ25	2613	3φ22+4φ25	3103	4φ22+4φ25	3484
						2φ22+3φ25	2233	2φ22+4φ25	2723	2φ22+5φ25	3214	3φ22+5φ25	3594
						1φ22+4φ25	2343	1φ22+5φ25	2834	1φ22+6φ25	3325	2φ22+6φ25	3705
						5φ25	2454	6φ25	2945	7φ25	3436	8φ25	3927

各种钢筋间距时板每 m 宽钢筋截面积 A_s（mm^2）

表 2.2-10

钢筋间距 (mm)	钢筋直径 (mm)															
	6	6/8	8	8/10	10	10/12	12	14	16	18	20	22	25	28	30	32
70	404	561	718	920	1122	1369	1616	2199	2872	3635	4488	5430	7013	8796	10098	11489
75	377	524	670	859	1047	1278	1508	2053	2681	3393	4189	5068	6545	8210	9425	10723
80	353	491	628	805	982	1198	1414	1924	2513	3181	3927	4752	6136	7697	8836	10053
85	333	462	591	758	924	1127	1331	1811	2365	2994	3696	4472	5775	7244	8316	9462
90	314	436	559	716	873	1065	1257	1710	2234	2827	3491	4224	5454	6842	7854	8936
95	298	413	529	678	827	1009	1191	1620	2116	2679	3307	4001	5167	6482	7441	8466
100	283	393	503	644	785	958	1131	1539	2011	2545	3142	3801	4909	6158	7069	8042
110	257	357	457	585	714	871	1028	1399	1828	2313	2856	3456	4463	5598	6426	7311
120	236	327	419	537	655	798	942	1283	1676	2121	2618	3168	4091	5131	5891	6702
130	217	302	387	495	604	737	870	1184	1547	1957	2417	2924	3776	4737	5437	6187
140	202	281	359	460	561	684	808	1100	1436	1818	2244	2715	3506	4398	5049	5745
150	188	262	335	429	524	639	754	1026	1340	1696	2094	2534	3273	4105	4712	5362
160	177	245	314	403	491	599	707	962	1257	1590	1964	2376	3068	3848	4418	5027
170	166	231	296	379	462	564	665	906	1183	1497	1848	2236	2888	3622	4158	4731
180	157	218	279	358	436	532	628	855	1117	1414	1745	2112	2727	3421	3927	4468
190	149	207	265	339	413	504	595	810	1058	1339	1653	2001	2584	3241	3720	4233
200	141	196	251	322	393	479	565	770	1005	1272	1571	1901	2454	3079	3534	4021
210	135	187	239	307	374	456	539	733	957	1212	1496	1810	2338	2932	3366	3830
220	129	179	228	293	357	436	514	700	914	1157	1428	1728	2231	2799	3213	3656
230	123	171	219	280	341	417	492	669	874	1106	1366	1653	2134	2677	3073	3497
240	118	164	209	268	327	399	471	641	838	1060	1309	1584	2045	2566	2945	3351
250	113	157	201	258	314	383	452	616	804	1018	1257	1521	1964	2463	2827	3217
260	109	151	193	248	302	369	435	592	773	979	1208	1462	1888	2368	2719	3093
270	105	145	186	239	291	355	419	570	745	942	1164	1408	1818	2281	2618	2979
280	101	140	180	230	281	342	404	550	718	909	1122	1358	1753	2199	2525	2872
290	97	135	173	222	271	330	390	531	693	877	1083	1311	1693	2123	2437	2773
300	94	131	168	215	262	319	377	513	670	848	1047	1267	1636	2053	2356	2681
310	91	127	162	208	253	309	365	497	649	821	1013	1226	1583	1986	2280	2594
320	88	123	157	201	245	299	353	481	628	795	982	1188	1534	1924	2209	2513
330	86	119	152	195	238	290	343	466	609	771	952	1152	1488	1866	2142	2437

2.3 建筑结构的安全等级

1. 根据建筑结构破坏后果的严重程度，按《混凝土结构设计规范》(GB 50010) 划分为三个安全等级，在作用效应组合时应按不同的安全等级考虑结构重要性系数。建筑结构的安全等级和结构重要性系数见表 2.3-1。

建筑结构的安全等级及结构重要性系数 γ_0 表 2.3-1

安全等级	破坏后果	建筑物类型	结构重要性系数 γ_0
一 级	很严重	重要的建筑物	1.1
二 级	严 重	一般的建筑物	1.0
三 级	不严重	次要的建筑物	0.9

2. 对有特殊要求的建筑物，其安全等级可根据具体情况确定。在抗震设计中，不考虑结构构件的重要性系数。

3. 设计使用年限为 100 年及以上的结构构件，重要性系数不应小于 1.1；设计使用年限为 50 年的结构构件，重要性系数不应小于 1.0；设计使用年限为 5 年及以下的结构构件，重要性系数不应小于 0.9。

4. 建筑物中各类结构构件使用阶段的安全等级，宜与整个结构的安全等级相同，对其中部分结构构件的安全等级，可根据其重要程度适当调整，但一切构件的安全等级在各个阶段均不得低于三级。

2.4 建筑结构抗震设防分类和抗震等级

1. 建筑结构应根据其使用功能的重要性分为甲、乙、丙、丁类四个抗震设防类别。建筑的抗震设防类别划分见国家标准《建筑抗震设防分类标准》GB 50223 的规定，也可见《建筑抗震设计手册》(1994 年版) 第一篇第二章。

高层建筑没有丁类抗震设防。

2. 各抗震设防类别的高层建筑结构，其抗震措施应符合下列要求：

(1) 甲类、乙类建筑：当本地区的抗震设防烈度为 6～8 度时，应符合本地区抗震设防烈度提高一度的要求；当本地区的设防烈度为 9 度时，应符合比 9 度抗震设防更高的要求。当建筑场地为Ⅰ类时，应允许仍按本地区抗震设防烈度的要求采取抗震构造措施；

(2) 丙类建筑：应符合本地区抗震设防烈度的要求。当建筑场地为Ⅰ类时，除 6 度外，应允许按本地区抗震设防烈度降低一度的要求采取抗震构造措施。

按建筑类别及场地调整后用于确定抗震等级烈度如表 2.4-1。

按调整后的抗震等级烈度 表 2.4-1

建筑类别	场 地	设防烈度			
		6	7	8	9
甲、乙类	Ⅰ	6	7	8	9
	Ⅱ、Ⅲ、Ⅳ	7	8	9	9*

续表

<table>
<tr><th rowspan="2">建筑类别</th><th rowspan="2">场　地</th><th colspan="4">设防烈度</th></tr>
<tr><th>6</th><th>7</th><th>8</th><th>9</th></tr>
<tr><td rowspan="2">丙　类</td><td>Ⅰ</td><td>6</td><td>6</td><td>7</td><td>8</td></tr>
<tr><td>Ⅱ、Ⅲ、Ⅳ</td><td>6</td><td>7</td><td>8</td><td>9</td></tr>
</table>

表中9＊表示比9度一级更有效的抗震措施，主要考虑合理的建筑平面及体型、有利的结构体系和更严格的抗震措施。具体要求应进行专门研究。

3．抗震设计时，高层建筑钢筋混凝土结构构件应根据设防烈度、结构类型和房屋高度采用不同的抗震等级，并应符合相应的计算和构造措施要求。A级高度丙类建筑钢筋混凝土结构的抗震等级应按表2.4-2确定。当本地区的设防烈度为9度时，A级高度乙类建筑的抗震等级应按本节第9条规定的特一级采用，甲类建筑应采取更有效的抗震措施。

注：本规程“特一级和一、二、三、四级”即“抗震等级为特一级和一、二、三、四级”的简称。

A级高度的高层建筑结构抗震等级　　表2.4-2

<table>
<tr><th colspan="3" rowspan="2">结构类型</th><th colspan="7">烈　度</th></tr>
<tr><th colspan="2">6度</th><th colspan="2">7度</th><th colspan="2">8度</th><th>9度</th></tr>
<tr><td rowspan="2">框　架</td><td colspan="2">高度（m）</td><td>≤30</td><td>>30</td><td>≤30</td><td>>30</td><td>≤30</td><td>>30</td><td>≤25</td></tr>
<tr><td colspan="2">框　架</td><td>四</td><td>三</td><td>三</td><td>二</td><td>二</td><td>一</td><td>一</td></tr>
<tr><td rowspan="3">框架-剪力墙</td><td colspan="2">高度（m）</td><td>≤60</td><td>>60</td><td>≤60</td><td>>60</td><td>≤60</td><td>>60</td><td>≤50</td></tr>
<tr><td colspan="2">框　架</td><td>四</td><td>三</td><td>三</td><td>二</td><td>二</td><td>一</td><td>一</td></tr>
<tr><td colspan="2">剪力墙</td><td colspan="2">三</td><td colspan="2">二</td><td>一</td><td>一</td><td>一</td></tr>
<tr><td rowspan="2">剪力墙</td><td colspan="2">高度（m）</td><td>≤80</td><td>>80</td><td>≤80</td><td>>80</td><td>≤80</td><td>>80</td><td>≤60</td></tr>
<tr><td colspan="2">剪力墙</td><td>四</td><td>三</td><td>三</td><td>二</td><td>二</td><td>一</td><td>一</td></tr>
<tr><td rowspan="3">框支剪力墙</td><td colspan="2">非底部加强部位剪力墙</td><td>四</td><td>三</td><td>三</td><td>二</td><td>二</td><td rowspan="3"></td><td rowspan="3">不应采用</td></tr>
<tr><td colspan="2">底部加强部位剪力墙</td><td>三</td><td>二</td><td colspan="2">二</td><td>一</td></tr>
<tr><td colspan="2">框支框架</td><td colspan="2">二</td><td>二</td><td>一</td><td>一</td></tr>
<tr><td rowspan="4">筒　体</td><td rowspan="2">框架-核心筒</td><td>框　架</td><td colspan="2">三</td><td colspan="2">二</td><td colspan="2">一</td><td>一</td></tr>
<tr><td>核心筒</td><td colspan="2">二</td><td colspan="2">二</td><td colspan="2">一</td><td>一</td></tr>
<tr><td rowspan="2">核心筒</td><td>内筒</td><td colspan="2" rowspan="2">三</td><td colspan="2" rowspan="2">二</td><td colspan="2" rowspan="2">一</td><td rowspan="2">一</td></tr>
<tr><td>外筒</td></tr>
<tr><td rowspan="2">板柱-剪力墙</td><td colspan="2">板柱的柱</td><td colspan="2">三</td><td colspan="2">二</td><td colspan="2">一</td><td rowspan="2">不应采用</td></tr>
<tr><td colspan="2">剪力墙</td><td colspan="2">二</td><td colspan="2">二</td><td colspan="2">二</td></tr>
</table>

注：1　接近或等于高度分界时，应结合房屋不规则程度及场地、地基条件适当确定抗震等级；
2　底部带转换层的筒体结构，其框支框架的抗震等级应按表中框支剪力墙结构的规定采用；
3　板柱-剪力墙结构中框架的抗震等级应与表中“板柱的柱”相同。

4．抗震设计时，B级高度丙类建筑钢筋混凝土结构的抗震等级应按表2.4-3确定。

5．建筑场地为Ⅲ、Ⅳ类时，对设计基本地震加速度为0.15g和0.30g的地区，宜分别按抗震设防烈度8度（0.20g）和9度（0.40g）时各类建筑的要求采取抗震构造措施。

B 级高度的高层建筑结构抗震等级 表 2.4-3

结构类型		烈度		
		6度	7度	8度
框架-剪力墙	框架	二	一	一
	剪力墙	二	一	特一
剪力墙	剪力墙	二	一	一
框支剪力墙	非底部加强部位剪力墙	二	一	一
	底部加强部位剪力墙	一	一	特一
	框支框架	一	特一	特一
框架-核心筒	框架	二	一	一
	筒体	二	一	特一
筒中筒	外筒	二	一	特一
	内筒	二	一	特一

注：底部带转换层的筒体结构，其框支框架和底部加强部位筒体的抗震等级应按表中框支剪力墙结构的规定采用。

6. 抗震设计的高层建筑，当地下室顶层作为上部结构的嵌固端时，地下一层的抗震等级应按上部结构采用，地下一层以下结构的抗震等级可根据具体情况采用三级或四级，地下室柱截面每侧的纵向钢筋面积除应符合计算要求外，不应少于地上一层对应柱每侧纵向钢筋面积的 1.1 倍；地下室中超出上部主楼范围且无上部结构的部分，其抗震等级可根据具体情况采用三级或四级。9 度抗震设计时，地下室结构的抗震等级不应低于二级。

7. 抗震设计时，与主楼连为整体的裙楼的抗震等级不应低于主楼的抗震等级；主楼结构在裙房顶部上、下各一层应适当加强抗震构造措施。

8. 房屋高度大、柱距较大而柱中轴力较大时，宜采用型钢混凝土柱、钢管混凝土柱，或采用高强度混凝土柱。

9. 高层建筑结构中，抗震等级为特一级的钢筋混凝土构件，除应符合一级抗震等级的基本要求外，尚应符合下列规定：

(1) 框架柱应符合下列要求：

1) 宜采用型钢混凝土柱或钢管混凝土柱；

2) 柱端弯短增大系数 η_c、柱端剪力增大系数 η_{vc} 应增大 20%；

3) 钢筋混凝土柱柱端加密区最小配箍特征值 λ_v 应按本手册表 6.10-4 的数值增大 0.02 采用；全部纵向钢筋最小构造配筋百分率，中、边柱取 1.4%，角柱取 1.6%。

(2) 框架梁应符合下列要求：

1) 梁端剪力增大系数 η_{vb} 应增大 20%；

2) 梁端加密区箍筋构造最小配箍率应增大 10%。

(3) 框支柱应符合下列要求：

1) 宜采用型钢混凝土柱或钢管混凝土柱；

2) 底层柱下端及与转换层相连的柱上端的弯矩增大系数取 1.8，其余层柱端弯矩增大系数 η_c 应增大 20%；柱端剪力增大系数 η_{vc} 应增大 20%；地震作用产生的柱轴力增大系数取1.8，但计算柱轴压比时可不计该项增大；

3）钢筋混凝土柱柱端加密区最小配箍特征值 λ_v 应按本手册表6.10-4的数值增大0.03采用，且箍筋体积配箍率不应小于1.6%；全部纵向钢筋最小构造配筋百分率取1.6%。

（4）筒体、剪力墙应符合下列要求：

1）底部加强部位及其上一层的弯矩设计值应按墙底截面组合弯矩计算值的1.1倍采用，其他部位可按墙肢组合弯矩计算值的1.3倍采用；底部加强部位的剪力设计值，应按考虑地震作用组合的剪力计算值的1.9倍采用，其他部位的剪力设计值，应按考虑地震作用组合的剪力计算值的1.2倍采用；

2）一般部位的水平和竖向分布钢筋最小配筋率应取为0.35%，底部加强部位的水平和竖向分布钢筋的最小配筋率应取为0.4%；

3）约束边缘构件纵向钢筋最小构造配筋率应取为1.4%，配箍特征值宜增大20%；构造边缘构件纵向钢筋的配筋率不应小于1.2%；

4）框支剪力墙结构的落地剪力墙底部加强部位边缘构件宜配置型钢，型钢宜向上、下各延伸一层。

（5）剪力墙和筒体的连梁应符合下列要求：

1）当跨高比不大于2时，应配置交叉暗撑；

2）当跨高比不大于1时，宜配置交叉暗撑；

3）交叉暗撑的计算和构造宜符合本手册第10章10.4节第9条的规定。

2.5　房屋适用高度和高宽比

1. 钢筋混凝土高层建筑结构的最大适用高度和高宽比分为A级和B级。B级高度高层建筑结构的最大适用高度和高宽比较A级有所放宽，其结构抗震等级和有关的计算、构造措施应符合本手册相应条文的规定。

2. A级高度钢筋混凝土高层建筑的最大适用高度宜符合表2.5-1的规定，短肢剪力墙-筒体结构的最大适用高度应符合第7章7.2节第3条的规定。框架-剪力墙、剪力墙和筒体结构高层建筑，其高度超过表2.5-1规定时为B级高度高层建筑。B级高度钢筋混凝土高层建筑的最大适用高度不宜大于表2.5-2的规定。

A级高度钢筋混凝土高层建筑的最大适用高度（m）　　**表2.5-1**

结构体系		非抗震设计	抗震设防烈度			
			6度	7度	8度	9度
框架		70	60	55	45	25
框架-剪力墙		140	130	120	100	50
剪力墙	全部落地剪力墙	150	140	120	100	60
	部分框支剪力墙	130	120	100	80	不应采用
筒体	框架-核心筒	160	150	130	100	70
	筒中筒	200	180	150	120	80

续表

结构体系	非抗震设计	抗震设防烈度			
		6度	7度	8度	9度
板柱-剪力墙	70	40	35	30	不应采用

注：1. 房屋高度指室外地面至主要屋面高度，不包括局部突出屋面的楼梯间、电梯机房、水箱、构架等高度；
2. 表中框架不含异形柱框架结构；
3. 部分框支剪力墙结构指地面以上有部分框支剪力墙的剪力墙结构；
4. 平面和竖向均不规则的结构或Ⅳ类场地上的结构，最大适用高度宜适当降低；
5. 6、7、8度设防的甲类建筑宜按本地区设防烈度提高一度后符合本表的要求，9度设防时，应专门研究；
6. 9度抗震设防、房屋高度超过本表数值时，结构设计应有可靠依据，并采取有效措施。

B级高度钢筋混凝土高层建筑最大适用高度（m） **表 2.5-2**

结构体系		非抗震设计	抗震设防烈度		
			6度	7度	8度
框架-剪力墙		170	160	140	120
剪力墙	全部落地剪力墙	180	170	150	130
	部分框支剪力墙	150	140	120	100
筒体	框架-核心筒	220	210	180	140
	筒中筒	300	280	230	170

注：1. 房屋高度指室外地面至主要屋面高度，不包括局部突出屋面的电梯机房、楼梯间、水箱、构架等高度；
2. 部分框支剪力墙结构指地面以上有部分框支剪力墙的剪力墙结构；
3. 平面和竖向均不规则的建筑或位于Ⅳ类场地的建筑，表中数值应适当降低；
4. 甲类建筑 6.7 度宜按本地区设防烈度提高一度后符合本表的要求，设防烈度为8度时应专门研究；
5. 当房屋高度超过表中数值时，结构设计应有可靠依据，并采取有效措施。

3. A级高度钢筋混凝土高层建筑结构的高宽比不宜超过表 2.5-3 的数值；B级高度钢筋混凝土高层建筑结构的高宽比不宜超过表 2.5-4 的数值。

A级高度钢筋混凝土高层建筑结构适用的最大高宽比 **表 2.5-3**

结构类型	非抗震设计	抗震设防烈度		
		6度、7度	8度	9度
框架、板柱-剪力墙	5	4	3	2
框架-剪力墙	5	5	4	3
剪 力 墙	6	6	5	4
筒中筒、框架-核心筒	6	6	5	4

B级高度钢筋混凝土高层建筑结构适用的最大高宽比 **表 2.5-4**

非抗震设计	抗震设防烈度	
	6度 7度	8度
8	7	6

2.6 受弯构件的允许挠度、裂缝控制等级及结构的耐久性

1. 受弯构件的最大挠度应按荷载效应的标准组合并考虑长期作用影响进行计算，其

计算值应符合表2.6-1的规定。

受弯构件的挠度限值 表2.6-1

构件类型	挠度限值
屋盖、楼盖及楼梯构件：	
当 $l_0<7m$ 时	$l_0/200$（$l_0/250$）
当 $7\leqslant l_0\leqslant 9m$ 时	$l_0/250$（$l_0/300$）
当 $l_0>9m$ 时	$l_0/300$（$l_0/400$）

注：1. 如果构件制作时预先起拱，且使用上也允许，则在验算挠度时，可将计算所得的挠度值减去起拱值，预应力混凝土构件尚可减去预加应力所产生的反拱值；
2. 表中括号内的数值适用于使用上对挠度有较高要求的构件；
3. 悬臂构件的挠度限值按表中相应数值乘以系数2.0取用。

2. 结构构件正截面的裂缝控制等级分为三级。裂缝控制等级的划分应符合下列规定：

一级——严格要求不出现裂缝的构件，按荷载效应标准组合计算时，构件受拉边缘混凝土不应产生拉应力；

二级——一般要求不出现裂缝的构件，按荷载效应标准组合计算时，构件受拉边缘混凝土拉应力不应大于混凝土抗拉强度标准值；而按荷载效应准永久组合计算时，构件受拉边缘混凝土不宜产生拉应力，当有可靠经验时可适当放松；

三级——允许出现裂缝的构件，按荷载效应标准组合并考虑长期作用影响计算时，构件的最大裂缝宽度不应超过表2.6-2规定的最大裂缝宽度限值。

3. 结构构件应根据环境类别和结构类别，按表2.6-2的规定选用不同的裂缝控制等级及最大裂缝宽度限值。环境类别的划分见本规范表2.6-3。

结构构件的裂缝控制等级和最大裂缝宽度限值（mm） 表2.6-2

环境类别	钢筋混凝土结构		预应力混凝土结构	
	裂缝控制等级	最大裂缝宽度限值	裂缝控制等级	最大裂缝宽度限值
一	三	0.3（0.4）	三	0.2
二	三	0.2	二	—
三	三	0.2	—	—

注：1. 表中规定适用于采用热轧钢筋的钢筋混凝土构件和采用预应力钢丝、钢绞线及热处理钢筋的预应力混凝土构件；当采用其他类别的钢丝或钢筋时，其裂缝控制要求可参照专门规范确定；
2. 对处于年平均相对湿度小于60%的地区的受弯构件，其最大裂缝宽度限值可采用括号内的数值；
3. 在一类环境条件下，对于钢筋混凝土屋架、托架及需作疲劳验算的吊车梁，其最大裂缝宽度限值应取为0.2mm；对于钢筋混凝土屋面梁和托梁，其最大裂缝宽度限值应取为0.3mm；
4. 在一类环境条件下，对于预应力混凝土屋面梁、托梁、屋架、托架、屋面板和楼板，应按二级裂缝控制等级进行验算；在一类和二类环境条件下，对于需作疲劳验算的预应力混凝土吊车梁，应按一级裂缝控制等级进行验算；
5. 表中规定的预应力混凝土构件的裂缝控制等级和最大裂缝宽度限值仅适用于正截面的验算；预应力混凝土构件的斜截面裂缝控制验算应符合《混凝土结构设计规范》（GB 50010）的要求；
6. 对于配置后张无粘结预应力钢筋的构件以及烟囱、筒仓和处于液体压力下的结构构件，其裂缝控制要求应符合专门规范或规程的有关规定；
7. 对于处于四、五类环境条件下的结构构件，其裂缝控制要求应符合专门规范的有关规定；
8. 表中的最大裂缝宽度限值用于验算荷载作用引起的最大裂缝宽度，不包括混凝土干缩和温度变化引起的裂缝；
9. 对承受水压且有抗裂要求的钢筋混凝土构件，应按专门规范的规定验算。

4. 结构混凝土的耐久性按下列规定：

(1) 混凝土结构的耐久性应根据本规范表2.6-3的使用环境类别和设计使用年限进行设计。

混凝土结构的使用环境类别 表2.6-3

环境类别		说明
一		室内正常环境
二	a	室内潮湿环境、露天环境及与无侵蚀性的水或土壤直接接触的环境
	b	严寒和寒冷地区的露天环境及与无侵蚀性的地下水或土壤直接接触的环境
三		使用除冰盐的环境、严寒及寒冷地区冬季的水位变动环境、滨海室外环境
四		海水环境
五		受人为或自然的侵蚀性物质影响的环境

注：1. 表中第四类和第五类环境的详细说明及相应的混凝土结构的耐久性要求见有关标准；
2. 严寒和寒冷地区的划分应符合《民用建筑热工设计规范》JGJ 24的规定。

(2) 一类、二类和三类环境中，设计使用年限为50年的结构混凝土应符合表2.6-4的规定。

结构混凝土耐久性的基本要求 表2.6-4

环境类别		水灰比不大于	水泥用量不少于（kg/m^3）	混凝土强度等级不小于	氯离子含量不大于	碱含量不大于（kg/m^3）
			钢筋混凝土			
一		0.65	225	C20	1.00%	不限制
二	a	0.60	250	C25	0.30%	3.0
	b	0.55	275	C30	0.20%	3.0
三		0.50	300	C30	0.10%	3.0

注：1. 氯离子含量按水泥总重量的百分率计算；
2. 预应力构件混凝土中的氯离子含量不得超过0.06%，水泥用量不应少于300kg/m^3；
3. 当混凝土中加入掺合料时可酌情降低水泥用量；
4. 当有工程经验时，处于一类和二类环境中的混凝土强度等级可降低一级，但保护层厚度应符合有关规定；
5. 二类、三类环境中，当混凝土中加入矿渣、粉煤灰等活性掺合料且有可靠根据时，可放宽碱含量限制；
6. 当使用非碱活性骨料时，可不对混凝土中的碱含量进行限制。

(3) 对于设计使用年限为100年且处于一类环境中的混凝土结构应符合下列规定：

1) 结构混凝土强度等级不应低于C30；

2) 混凝土中氯离子含量不得超过水泥重量的0.06%；

3) 宜使用非碱活性骨料；当使用碱活性骨料时，混凝土中的碱含量不得超过3.0 kg/m^3；

4) 混凝土保护层厚度增加40%。在使用过程中宜采取表面防护、定期维护等有效措施。

(4) 对于设计使用年限为100年且处于二类和三类环境中的混凝土结构应采取专门有效的措施。

（5）处于严寒及寒冷地区潮湿环境中的结构混凝土应满足抗冻要求，混凝土抗冻等级应符合有关规范的要求。

（6）有抗渗要求的混凝土结构，混凝土的抗渗等级应符合有关规范的要求。

（7）对于暴露在侵蚀性环境中的结构或构件，其受力钢筋宜采用环氧涂层带肋钢筋，预应力钢筋、锚具及连接器应有防护措施；且宜采用有利于提高耐久性的高性能混凝土。

（8）对于结构中使用环境较差的混凝土构件，宜设计成易维修或可更换的构件。

（9）对临时性混凝土结构，可不考虑耐久性要求。

（10）未经技术鉴定或设计许可，不得改变结构的使用环境和用途。

2.7　高层建筑结构水平位移限值和舒适度要求

1. 高层建筑层数多，高度大，为保证高层建筑结构应具有最低限度的刚度要求，应对其层位移加以控制，这个控制实际上是对构件截面大小、刚度大小的一个相对指标。这一个控制指标不宜一律，对高度很大的高层建筑（如B级高度的建筑），要适当放宽。超高层建筑高度比 H/B 相当大，不少工程大于6，个别工程甚至大于8。这些高度比较大的建筑，在风力和地震作用下，产生的层间位移计算值，往往大于常规高度结构的位移限值。

在正常使用条件下，高层建筑结构处于弹性状态并且有足够的刚度，避免产生过大的位移而影响结构的承载力、稳定性和使用条件。结构水平位移按第3章规定的风荷载或截面抗震验算的地震作用和弹性方法计算。

高层建筑结构是按弹性阶段进行设计的。地震按小震考虑，风按50年一遇的风压标准值考虑；结构构件的刚度采用弹性阶段的刚度；内力与位移分析不考虑弹塑性变形。因此所得出的位移相应也是弹性阶段的位移。它比在大震作用下弹塑性阶段的位移小得多。

2. 按弹性方法计算的楼层层间最大位移与层高之比 $\Delta u/h$ 宜符合以下规定：

（1）高度不大于150m的高层建筑，其楼层层间最大位移与层高之比 $\Delta u/h$ 不宜大于表2.7-1的限值；

楼层层间最大位移与层高之比的限值　　表2.7-1

结构类型	$\Delta u/h$ 限值
框　架	1/550
框架-剪力墙、框架-核心筒	1/800
筒中筒、剪力墙	1/1000
框支层	1/1000

注：楼层层间最大位移 Δu 以楼层最大的水平位移差计算，不扣除整体弯曲变形。

（2）高度不小于250m的高层建筑，其楼层层间最大位移与层高之比 $\Delta u/h$ 不宜大于1/500；

（3）高度在150m至250m之间的高层建筑，其楼层层间最大位移与层高之比 $\Delta u/h$ 的限值按（1）、（2）项的限值线性插入取用。

3. 下列结构应进行罕遇地震作用下薄弱层（部位）的弹塑性变形验算：

（1）7～9度时楼层屈服强度系数小于0.5的框架结构；

（2）表3.3-2所列高度范围且不满足第5章5.2节第17.18.19条规定的高层建筑结构；

(3) 采用隔震和消能减震技术的建筑结构；

(4) 7～9度时甲类建筑和9度时的乙类建筑结构。

注：楼层屈服强度系数为按构件实际配筋和材料强度标准值计算的楼层受剪承载力和按罕遇地震作用计算的楼层弹性地震剪力的比值。

4. 结构在罕遇地震作用下薄弱层（部位）弹塑性变形计算，可采用下列方法：

(1) 不超过12层且层刚度无突变的框架结构，填充墙框架结构可采用本节第5条的简化计算法；

(2) 除第一款以外的建筑结构可采用静力弹塑性或动力弹塑性分析法等。

5. 结构薄弱层（部位）层间弹塑性位移的简化计算，宜符合下列要求：

(1) 结构薄弱层（部位）的位置可按下列情况确定：

1) 楼层屈服强度系数沿高度分布均匀的结构，可取底层；

2) 楼层屈服强度系数沿高度分布不均匀的结构，可取该系数最小的楼层（部位）及相对较小的楼层，一般不超过2～3处。

(2) 层间弹塑性位移可按下列公式计算：

$$\Delta u_p = \eta_p \Delta u_e \tag{2.7-1}$$

或

$$\Delta u_p = \mu \Delta u_y = \frac{\eta_p}{\xi_y} \Delta u_y \tag{2.7-2}$$

式中 Δu_p——弹塑性层间位移；

Δu_y——层间屈服位移；

μ——楼层延性系数；

Δu_e——罕遇地震作用下按弹性分析的层间位移；

η_p——弹塑性位移增大系数，当薄弱层（部位）的屈服强度系数不小于相邻层（部位）该系数平均值的0.8时，可按表2.7-2采用；当不大于该平均值的0.5时，可按表内相应数值的1.5倍采用；其他情况可采用内插法取值；

ξ_y——楼层屈服强度系数。

弹塑性层间位移增大系数 η_b 表2.7-2

ξ_y	0.5	0.4	0.3
η_p	1.8	2.0	2.2

6. 结构薄弱层（部位）层间弹塑性位移应符合下式要求：

$$\Delta u_p \leqslant [\theta_p] h \tag{2.7-3}$$

式中 Δu_p——层间弹塑性位移；

$[\theta_p]$——层间弹塑性位移角限值，可按表2.7-3采用；对框架结构，当轴压比小于0.40时，可提高10%；当柱子全高的箍筋构造采用比本规程中框架柱箍筋最小含箍特征值大30%时，可提高20%，但累计不超过25%；

h——层高。

7. 高层建筑物在风荷载作用下将产生振动，过大的振动加速度将使在高楼内居住的人们感觉不舒适，甚至不能忍受，两者的关系可根据表2.7-4来确定。

层间弹塑性位移角限值　表 2.7-3

结构类别	$[\theta_p]$
框架结构	1/50
框架-剪力墙结构、框架-核心筒结构	1/100
剪力墙结构和筒中筒结构	1/120

舒适度与风振加速度关系　表 2.7-4

不舒适的程度	建筑物的加速度
无感觉	<0.005g
有　感	0.005g~0.015g
扰　人	0.015g~0.05g
十分扰人	0.05g~0.15g
不能忍受	>0.15g

高度超过150m的高层建筑结构应具有良好的使用条件，满足舒适度要求，按《建筑结构荷载规范》GB 50009规定的10年一遇的风荷载取值和专门风洞试验计算确定的顺风向与横风向结构顶点最大加速度 α_{max} 不应超过表2.7-5的限值。

结构顶点最大加速度限值 α_{max}　表 2.7-5

使用功能	α_{max} (m/s^2)
住宅、公寓	0.15
办公、旅馆	0.25

2.8　高层建筑结构内力和位移计算的一般原则

1. 高层建筑结构应考虑空间整体工作进行分析，其内力与位移按弹性方法计算。框架梁及连梁等构件可考虑局部塑性变形引起的内力重分布。

2. 高层建筑结构分析模型可根据结构实际情况进行确定。所选取的分析模型应能较准确地反映结构中各构件的实际受力状况。对于平面和立面布置简单规则的框架结构、框架-剪力墙结构宜采用空间分析模型，可采用平面框架空间协同模型；对剪力墙结构、筒体结构和复杂布置的框架结构、框架-剪力墙结构应采用空间分析模型。

可以选择的计算模型包括：平面框架空间协同模型、空间杆系模型、空间杆-薄壁杆系模型、空间杆-墙板元模型及其他组合有限元模型。

3. 进行高层建筑内力与位移计算时，可假定楼板在其自身平面内为无限刚性，相应地设计时应采取必要措施保证楼面的整体刚度。

楼板有效宽度较窄的环形楼面或其他有大开洞楼面、有狭长外伸段楼面、局部变窄产生薄弱连接的楼面、连体结构的连接体楼面等场合，楼板面内刚度有较大削弱且不均匀，楼板的面内变形会使某些构件的受力加大（相对刚性楼板假定而言），计算时应考虑楼板面内变形的影响。当计算中采用楼板面内无限刚性假定时，应对采用楼板面内无限刚性假定计算方法的计算结果进行适当调整。

4. 高层建筑按空间整体工作计算时，各构件应根据其受力特点采用不同计算模型，应分别考虑下列变形：

（1）梁的弯曲、剪切、扭转变形，必要时考虑轴向变形；

（2）柱的弯曲、剪切、轴向、扭转变形；

（3）墙的弯曲、剪切、轴向、扭转变形。

5. 高层建筑结构是逐层施工完成的，其竖向刚度和竖向荷载（如自重和施工荷载）

也是逐层形成的。这种情况与结构刚度一次形成、竖向荷载一次施加的计算方法存在较大差异。因此高层建筑重力荷载作用效应分析时，柱、墙轴向变形宜考虑施工过程的影响。施工过程的模拟可根据需要采用精确或近似方法考虑。

6. 高层建筑结构进行水平地震作用效应分析时，不同的水平地震作用方向，对结构构件将产生不同的作用效应，复杂体形的结构影响更为明显。因此可根据实际情况分别考虑多方向水平地震作用，保证构件地震作用效应分析的可靠性。

7. 高层建筑结构在计算内力时，楼面活荷载可不做最不利布置。当楼面活荷载大于 $4kN/m^2$ 时，宜考虑楼面活荷载引起的框架梁弯矩的增大。

8. 高层建筑结构进行水平力作用效应分析时，正反两个方向的风荷载可按两个方向的较大值采用；体型复杂的高层建筑，应考虑多方向风荷载作用，进行风效应对比分析，增加结构抗风安全性。

9. 在内力与位移计算中，型钢混凝土和钢管混凝土构件宜按实际情况直接参与计算。有依据时，也可等效为混凝土构件进行计算，并按有关规范进行截面设计。

10. 高层建筑在水平力作用下，剪力墙结构、框架-剪力墙结构、简体结构满足（2.8-1）式、框架结构满足（2.8-2）式的要求时，可不考虑重力二阶效应的影响。

$$EJ_{\mathrm{d}} \geqslant 2.7H^2\sum_{i=1}^{n}G_i \tag{2.8-1}$$

$$D_i \geqslant 20\sum_{j=i}^{n}G_i/h_i \qquad (i=1,2,\cdots,n) \tag{2.8-2}$$

式中 EJ_{d}——一个主轴方向结构弹性等效侧向刚度，可按顶点位移相等的原则将结构的侧向刚度折算为竖向悬臂受弯构件的等效侧向刚度；

H——房屋总高度；

G_i、G_j——分别为第 i、j 楼层重力荷载设计值；

h_i——第 i 楼层层高；

D_i——第 i 楼层的弹性等效侧向刚度，可取该层剪力与层间位移的比值；

n——结构计算总层数。

11. 高层建筑结构如果不满足本节第 10 条的规定时，应考虑重力二阶效应对水平力作用下结构内力和位移的不利影响。

12. 高层建筑结构重力二阶效应，可采用弹性方法进行计算，也可采用对未考虑重力二阶效应的计算结果乘以增大系数的方法近似考虑。结构位移增大系数 F_1、F_{1i} 以及结构构件弯矩和剪力增大系数 F_2、F_{2i} 可分别按下列规定近似计算，位移计算结果仍应满足本章 2.7 节第 2 条的规定。

（1）对框架结构，可按下列公式计算：

$$F_{1i}=\frac{1}{1-\sum_{j=i}^{n}G_j/(D_ih_i)} \qquad (i=1,2,\cdots,n) \tag{2.8-3}$$

$$F_{2i}=\frac{1}{1-2\sum_{j=i}^{n}G_j/(D_ih_i)} \qquad (i=1,2,\cdots,n) \tag{2.8-4}$$

(2) 对剪力墙结构、框架-剪力墙结构、筒体结构，可按下列公式计算：

$$F_1 = \frac{1}{1 - 0.14H^2 \sum_{i=1}^{n} G_i/(EJ_d)} \quad (i = 1,2,\cdots,n) \tag{2.8-5}$$

$$F_2 = \frac{1}{1 - 0.28H^2 \sum_{i=1}^{n} G_i/(EJ_d)} \quad (i = 1,2,\cdots,n) \tag{2.8-6}$$

式中，等式右端各参数的含义同本节第10条。

13. 剪力墙结构、框架-剪力墙结构、筒体结构高层建筑的稳定应符合（2.8-7）式的要求，框架结构高层建筑的稳定应符合（2.8-8）式的要求。

$$EJ_d \geqslant 1.4H^2 \sum_{i=1}^{n} G_j \tag{2.8-7}$$

$$D_i \geqslant 10 \sum_{j=i}^{n} G_j/h_i \tag{2.8-9}$$

式中，各参数的含义同本节第10条。

14. 体型复杂、结构布置复杂或B级高度的高层建筑结构应采用至少两个不同力学模型的结构分析软件进行整体计算。

15. 高度超过150m的高层建筑结构，在水平力作用下产生相对较大的水平位移，P-Δ效应较为明显，整体计算时宜考虑其不利影响；混凝土的收缩和徐变、结构外周构件的温度应力等影响较大，应采取有效措施减小其不利影响。

16. 高层建筑结构构件均采用弹性刚度参与整体分析，但抗震设计的框架-剪力墙或剪力墙结构中的连梁刚度相对墙体较小，而承受的弯矩和剪力很大，配筋设计困难。因此，可考虑在不影响其竖向承载力的前提下，允许其适当开裂（降低刚度）而把内力转移到墙体上。但折减系数不宜小于0.5，以保证连梁的竖向承载能力。

17. 现浇楼面和装配整体式楼面的楼板作为梁的有效翼缘形成T形截面，提高了楼面梁的刚度，结构计算时应予考虑。楼面作为梁的翼缘，每一侧翼缘的有效宽度不宜大于板厚的6倍。楼面梁刚度放大系数可取为1.3～2.0。

对于无现浇面层的装配式结构，楼面的翼缘作用可不予考虑。

18. 在竖向荷载作用下，可考虑框架梁端塑性变形内力重分布对梁端负弯矩进行调幅。装配整体式框架梁端负弯矩调幅系数可取为0.7～0.8；现浇框架梁端负弯矩调幅系数可取为0.8～0.9。

框架梁端负弯矩减小后，梁跨中弯矩应按平衡条件相应增大。

应先对竖向荷载作用下框架梁的弯矩进行调幅，再与水平作用产生的框架梁弯矩进行组合。

截面设计时，框架梁跨中截面正弯矩不应小于按简支梁计算的跨中弯矩之半。

19. 高层建筑结构楼面梁受扭计算中应考虑楼板对梁的约束作用。当计算中未考虑楼面对梁扭转的约束作用时，可对梁的计算扭矩予以适当折减。

20. 高层建筑结构空间分析计算时应对结构进行力学上的简化处理，使其既能反映结构的受力性能，又适应于所选用的计算分析软件的力学模型。

21. 在内力与位移计算中，应考虑相邻层竖向构件的偏心影响。楼面梁与柱子的偏心可精确考虑或采用柱端附加弯矩的方法予以近似考虑。

22. 在内力与位移计算中，密肋板楼盖可按实际情况进行计算。当不能按实际情况计算时，可按等刚度原则对密肋梁进行适当简化后再行计算。

对平板无梁楼盖，在计算中应考虑板的面外刚度影响，其面外刚度可按有限元方法计算或近似将板等效为宽扁梁计算。

23. 带加强层高层建筑结构、带转换层的高层建筑结构、错层结构、连体结构、多塔楼结构、B级高度的高层建筑结构，应符合下列要求：

(1) 应采用合适的计算模型按三维空间分析方法进行整体内力位移计算；

(2) 抗震计算时，宜考虑平扭耦连计算结构的扭转效应，振型数不应小于15，对多塔楼结构的振型数不应小于塔楼数的9倍，且计算振型数应使振型参与质量不小于总质量的90%；

(3) 应进行地震波弹性时程计算分析；

(4) 宜采用弹塑性静力或动力分析方法验算薄弱层弹塑性变形。

24. 在结构内力与位移整体计算中，转换层结构、加强层结构、连体结构、多塔楼结构，应按情况选用合适的计算单元进行分析。在整体计算中对转换层、加强层、连接体等做简化处理的，整体计算后应对其局部进行补充计算分析。

25. 对竖向不规则的高层建筑结构某楼层侧向刚度小于其上一层的70%或小于其上相邻三层侧向刚度平均值的80%，或结构楼层层间抗侧力结构的承载力小于其上一层的80%时，该楼层的计算地震剪力应乘以1.15的放大系数；结构的计算分析应符合第24条的规定，并应对薄弱部位采取有效的抗震构造措施。

26. 7、8、9度抗震设计的高层建筑结构，在罕遇地震作用下薄弱层（部位）弹塑性变形计算可采用下列方法：

(1) 不超过12层且层侧向刚度无突变的框架结构可采用本章2.7节第5条的简化计算法；

(2) 除第1款以外的建筑结构可采用弹塑性分析方法；

(3) 对满足本节第13条规定但不满足本节第10条规定的结构，计算弹塑性变形时应考虑重力二阶效应的不利影响；或对未考虑重力二阶效应计算的弹塑性变形乘以增大系数1.2。

27. 采用弹塑性动力分析方法进行薄弱层验算时，宜符合以下要求：

(1) 应按建筑场地类别和所处地震动参数区划的特征周期选用不少于两条实际地震波和一条人工模拟的地震波的加速度时程曲线；

(2) 地震波持续时间不宜少于12s，数值化时距可取为0.01s或0.02s；

(3) 输入地震波最大加速度 A_{max} 可由场地危险性分析确定，未作场地危险性分析的工程，可按表2.8-1采用。

弹塑性动力时程分析输入最大地面运动加速度 A_{max} **表2.8-1**

设防烈度	7度	8度	9度
A_{max} (cm/s^2)	220（310）	400（510）	620

注：括号中数值分别对应于《建筑抗震设计规范》GB 50011表3.2.2中设计基本加速度0.15g和0.30g的地震加速度最大值。

28．复杂平面和立面的剪力墙结构，宜采用合适的计算模型进行分析。当采用有限元模型时，应在复杂变化处合理地选择和划分单元；当采用杆件类单元时，宜采用施工洞或计算洞进行适当的模型化处理后进行整体计算，并应在此基础上进行局部补充计算分析。

29．对结构分析软件的计算结果，应进行力学概念上和工程经验上的分析判断，确认其合理、有效后方可作为工程设计的依据。

30．对受力复杂的结构构件，可按应力分析的结果进行配筋设计校核。

31．高层建筑结构计算中，上部结构固定端宜取在层间刚度不小于其上一结构层刚度2倍的地下室顶面，否则宜取在基础顶面。当固定端不在基础顶面时，对抗震等级为一、二级的结构其底层柱下端内力的调整应向下延伸一层。

当地下室顶面作为上部结构的嵌固部位时，该地下室顶板应能将上部结构的地震剪力传递到地下室结构，地下室结构应考虑上部结构嵌固作用带来的影响，抗震等级为一、二级时，地下室顶板梁应平衡上部底层柱下端弯矩增大后的设计值。地下室顶板平面内及地下室结构应按上部结构地震剪力的两倍核算受剪承载力，该层的抗震等级应与上部结构相同，再往下一层可根据具体情况按本章2.4节第6条的规定采用。

32．高层建筑结构的地基梁及筏板可以不按考虑延性构造，地基梁支座边箍筋按受剪承载力要求配置，可不设加密区，跨中下钢筋按受弯承载力或架立筋要求配置，筏板可不设置暗梁。

2.9 荷载效应和地震作用效应的组合

1．无地震作用效应组合时，荷载效应组合的设计值应按下式确定：

$$S = \gamma_G S_{Gk} + \Psi_Q \gamma_Q S_{Qk} + \Psi_w \gamma_w S_{wk} \tag{2.9-1}$$

式中 S——荷载效应组合的设计值；

γ_G——永久荷载分项系数；

γ_Q——楼面活荷载分项系数；

γ_w——风荷载的分项系数；

S_{Gk}——永久荷载效应标准值；

S_{Qk}——楼面活荷载效应标准值；

S_{wk}——风荷载效应标准值；

Ψ_Q、Ψ_w——分别为楼面活荷载组合值系数和风荷载组合值系数，当永久荷载效应起控制作用时应分别取0.7和0.0；当可变荷载效应起控制作用时应分别取1.0和0.6或0.7和1.0。

注：对书库、档案库、储藏室、通风机房和电梯机房，本条楼面活荷载组合值系数取0.7的场合应取为0.9。

2．无地震作用效应组合时，荷载分项系数应按下列规定采用；

（1）进行承载力计算时：

1）永久荷载的分项系数 γ_G：当其效应对结构不利时，对由可变荷载效应控制的组合取1.2，对由永久荷载效应控制的组合取1.35；当其效应对结构有利时，应取1.0；

2）楼面活荷载的分项系数 γ_{Q1}：一般情况下应取1.4；

3）风荷载的分项系数 γ_w 应取1.4。

（2）进行位移计算时，式（2.9-1）中各分项系数均应取1.0。

3. 有地震作用时，荷载效应和地震作用效应组合的设计值应按下式确定：

$$S = \gamma_G S_{GE} + \gamma_{Eh} S_{Ehk} + \gamma_{Ev} S_{Evk} + \Psi_w \gamma_w S_{wk} \tag{2.9-2}$$

式中 S——荷载效应和地震作用效应组合的设计值；

S_{GE}、S_{wk}——分别为重力荷载代表值、风荷载标准值的效应；

S_{Ehk}、S_{Evk}——分别为水平地震、竖向地震标准值的作用效应，尚应按有关规定乘以增大系数或调整系数；

γ_G、γ_w——分别为重力荷载、风荷载的分项系数，应按本节第4条采用；

γ_{Eh}、γ_{Ev}——分别为水平地震、竖向地震作用分项系数，应按本节第4条采用；

Ψ_w——风荷载的组合值系数，应取为0.2。

4. 有地震作用效应组合时，荷载效应和地震作用效应的分项系数应按下列规定采用：

（1）进行承载力计算时，分项系数应按表2.9-1采用。当重力荷载效应对结构承载力有利时，表2.9-1中 γ_G 应取1.0；

（2）进行位移计算时，全部分项系数均应取1.0。

5. 非抗震设计时，应按本节第1条的规定进行荷载效应的组合。抗震设计时，应同时按本节第1条和第3条的规定进行荷载效应和地震作用效应的组合；除四级抗震等级的结构构件外，按本节第3条计算的组合内力设计值，尚应按本规程的有关规定进行调整。

有地震作用效应组合的作用分项系数 **表2.9-1**

所考虑的组合	γ_G	γ_{Eh}	γ_{Ev}	γ_w	说明
考虑重力荷载及水平地震作用	1.20	1.30	—	—	
考虑重力荷载及竖向地震作用	1.20	—	1.30	—	9度抗震设防时考虑；水平长悬臂结构8度、9度抗震设防时考虑
考虑重力荷载及水平、竖向地震作用	1.20	1.30	0.50	—	9度抗震设计时考虑；水平长悬臂结构8度、9度时考虑
考虑重力荷载、水平地震作用及风荷载	1.20	1.30	—	1.40	60m以上的高层建筑考虑
考虑重力荷载、水平地震作用、竖向地震作用及风荷载	1.20	1.30	0.50	1.40	60m以上的高层建筑，9度抗震设防时考虑；水平长悬臂结构8度、9度抗震设防时考虑

注：表中“—”号表示该作用不考虑。

2.10 构件承载力抗震调整系数 γ_{RE}

高层建筑结构构件承载力应按下列公式验算：

无地震作用组合 $\gamma_0 S \leqslant R$ （2.10-1）

有地震作用组合 $S \leqslant R/\gamma_{RE}$ （2.10-2）

式中 γ_0——结构重要性系数，对安全等级为一级或设计工作寿命为100年及以上的结构构件，不应小于1.1；对安全等级为二级或设计工作寿命为50年的结构构件，不应小于1.0；对安全等级为三级或设计工作寿命为5年及以下的结构构件，不应小于0.9；

S——作用效应组合的设计值；

R——构件承载力设计值；

γ_{RE}——构件承载力抗震调整系数，对混凝土构件应按表2.10-1采用，对型钢混凝土构件和钢构件应按第12章12.2节的规定采用；当仅考虑竖向地震作用组合时，各类结构构件的承载力抗震调整系数均应取为1.0。

承载力抗震调整系数 **表2.10-1**

构件类别	梁	轴压比小于0.15的柱	轴压比不小于0.15的柱	剪力墙		各类构件	节点
受力状态	受弯	偏压	偏压	偏压	局部承压	受剪、偏拉	受剪
γ_{RE}	0.75	0.75	0.80	0.85	1.0	0.85	0.85

2.11 纵向受力钢筋的配筋率

1. 非抗震设计的混凝土结构构件中纵向受力钢筋的配筋百分率不应小于表2.11-1规定的数值。

混凝土结构构件中纵向受力钢筋的最小配筋百分率 ρ_{min}（%） **表2.11-1**

受力类型		最小配筋百分率 ρ_{min}
受压构件	全部纵向钢筋	0.6
	一侧纵向钢筋	0.2
受弯构件、偏心受拉、轴心受拉构件一侧的受拉钢筋		0.2和$45f_t/f_y$中较大者

注：1. 轴心受压构件、偏心受压构件全部纵向钢筋的配筋率，以及一侧受压钢筋的配筋率应按构件的全截面面积计算：轴心受拉构件及小偏心受拉构件一侧受拉钢筋的配筋率应按构件的全截面面积计算：受弯构件、大偏心受拉构件一侧受拉钢筋的配筋率应按全截面面积扣除受压翼缘面积$(b'_f-b)h'_f$后的截面面积计算。当钢筋沿构件截面周边布置时，“一侧的受压钢筋”或“一侧的受拉钢筋”系指沿受力方向两个对边中的一边布置的纵向钢筋；

2. 受压构件的全部纵向钢筋当采用C60及以上混凝土强度等级时最小配筋百分率加0.1；当采用HRB400、RRB400钢筋时，减0.1。

对于卧置于地基上的混凝土板，板的受拉钢筋最小配筋率可适当降低，但不应小于0.15%。

2. 有抗震设计的框架梁纵向钢筋的配置，应符合下列规定：

（1）纵向受拉钢筋的配筋率，不应小于表2.11-2规定的数值；

（2）沿梁全长顶面和底面至少应各配置两根纵向钢筋，对一、二级抗震等级，不应小于2ϕ14，且分别不应少于梁两端顶面和底面纵向受力钢筋中较大截面面积的1/4；对三、四级抗震等级不应少于2ϕ12；

（3）梁端纵向受拉钢筋的配筋率不应大于2.5%；

纵向受拉钢筋最小配筋率（%） 表 2.11-2

抗震等级	梁中位置	
	支座	跨中
一级	0.4 和 $80f_t/f_y$ 二者较大值	0.3 和 $65f_t/f_y$ 二者较大值
二级	0.3 和 $65f_t/f_y$ 二者较大值	0.25 和 $55f_t/f_y$ 二者较大值
三、四级	0.25 和 $55f_t/f_y$ 二者较大值	0.2 和 $45f_t/f_y$ 二者较大值

（4）框架梁的两端箍筋加密区范围内，纵向受压钢筋和纵向受拉钢筋的截面面积的比值，应符合下列要求：

一级抗震等级 $\frac{A'_s}{A_s} \geqslant 0.5$

二、三级抗震等级 $\frac{A'_s}{A_s} \geqslant 0.3$

3. 有抗震设计框架柱纵向受力钢筋的配置，应符合下列要求：

（1）柱的纵向钢筋宜对称配置；

（2）截面尺寸大于 400mm 的柱，纵向钢筋的间距不宜大于 200mm；

（3）框架柱中全部纵向受力钢筋的配筋百分率不应小于表 2.11-3 规定的数值，同时，每一侧配筋率不应小于 0.2%；对Ⅳ类场地上较高的高层建筑，最小配筋百分率应按表中数值增加 0.10 采用；

（4）框架柱中全部纵向受力钢筋配筋率不应大于 5%；

（5）当按一级抗震等级设计，且柱的剪跨比 λ 不大于 2 时，柱一侧纵向受拉钢筋配筋率不宜大于 1.2%，且应沿柱全长采用复合箍筋。

框架柱纵向钢筋最小配筋百分率（%） 表 2.11-3

柱类型	抗震等级			
	一级	二级	三级	四级
框架中柱、边柱	1.0	0.8	0.7	0.6
框架角柱、框支柱	1.2	1.0	0.9	0.8

注：当采用 C60 及以上混凝土强度等级时最小配筋百分率加 0.1；当采用 RHB400、RRB400 钢筋时减 0.1。

4. 剪力墙的水平和竖向分布钢筋应按表 2.11-4 规定。

剪力墙水平和竖向分布钢筋 表 2.11-4

分类	最小配筋率 ρ_{min}（%）	最大间距（mm）	最小直径（mm）
非抗震及四级抗震等级	0.20	300	8
一、二、三级抗震等级	0.25	300	8
框架-剪力墙结构	0.25	200	8
部分框支剪力墙结构	0.30	200	8

5. 按表 2.11-1、表 2.11-2 的规定，构件不同混凝土强度等级的纵向受力钢筋最小配筋百分率 ρ_{min} 见表 2.11-5。

构件纵向受力钢筋最小配筋百分率 ρ_{min}（%） **表 2.11-5**

构件分类	按下列要求取较大值	钢筋种类	混凝土强度等级						
			C20	C25	C30	C35	C40	C45	C50
受弯、偏心受拉、轴心受拉	0.20 和 $45f_t/f_y$	PRB235	0.24	0.27	0.31	0.34	0.37	0.39	0.41
		HRB335	0.20		0.21	0.24	0.26	0.27	0.28
		HRB400	0.20				0.21	0.23	0.24
	0.25 和 $55f_t/f_y$	HRB335	0.25		0.26	0.29	0.31	0.33	0.35
		HRB400	0.25				0.26	0.28	0.29
	0.30 和 $65f_t/f_y$	HRB335	0.30		0.31	0.34	0.37	0.39	0.41
		HRB400	0.30				0.31	0.33	0.34
	0.40 和 $80f_t/f_y$	HRB335	0.40			0.42	0.46	0.48	0.50
		HRB400	0.40						0.42

2.12 钢筋的锚固及连接

1. 当计算中充分利用钢筋的强度时，混凝土结构中纵向受拉钢筋的锚固长度应按下式计算：

$$l_a = \alpha_a \frac{f_y}{f_t} d \tag{2.12-1}$$

式中 l_a——受拉钢筋的锚固长度，见表 2.12-3；

f_y——锚固钢筋的抗拉强度设计值；

f_t——锚固区混凝土的抗拉强度设计值，当大于 C40 时按 C40 考虑；

d——锚固钢筋的直径；

α_a——锚固钢筋的外形系数，按表 2.11-1 取用。

锚固钢筋的外形系数 α_a **表 2.12-1**

钢筋类型	光面钢筋	带肋钢筋	刻痕钢丝	螺旋肋钢丝	三股钢绞线	七股钢绞线
外形系数 α_a	0.16	0.14	0.19	0.13	0.16	0.17

注：光面钢筋系指 HPB235 级热轧钢筋，末端应做 180°弯钩，但作受压钢筋时可不做弯钩；带肋钢筋系指 HRB335、HRB400、RRB400 级热轧钢筋及热处理钢筋。

当锚固符合下列条件时，锚固长度应按下列规定进行修正，但纵向受拉钢筋的锚固长度在考虑修正后不应小于按公式（2.11-1）计算锚固长度 l_a 的 0.7 倍且不应小于 250mm。

（1）当 HRB335、HRB400 和 RRB400 级钢筋的直径大于 25mm 时，按公式（2.11-1）计算的钢筋的锚固长度应乘以修正系数 1.1；

（2）环氧树脂涂层的 HRB335、HRB400 和 RRB400 级钢筋的锚固长度应再乘以修正系数 1.25；

（3）当锚固钢筋在混凝土施工过程中易受扰动（如滑模施工）时，钢筋的锚固长度应再乘以修正系数 1.1；

（4）当 HRB335、HRB400 和 RRB400 级钢筋锚固区混凝土保护层厚度大于钢筋直径 3 倍时，锚固长度可乘以修正系数 0.8；

(5) 除构造需要的锚固长度外，当受力钢筋的实际配筋面积大于其设计计算值时，锚固长度可乘以配筋余量修正系数。其数值为设计计算面积与实际配筋面积的比值。地震设计的结构及直接承受动力荷载的结构，不得考虑上述修正。

2. 当HRB335、HRB400和RRB400级钢筋末端采用机械锚固措施时，包括附加锚固端头在内的锚固长度应取本节公式（2.12-1）计算锚固长度的0.7倍。机械锚固形式如图2.12-1所示。

采用机械锚固措施时，在锚固长度范围内的箍筋不应少于三个；直径不应小于锚固钢筋直径的0.25倍；间距不应大于锚固钢筋直径的5倍。当锚固钢筋或并筋的混凝土保护层厚度不小于钢筋公称直径或等效直径的5倍时，可不考虑上述箍筋配置的要求。

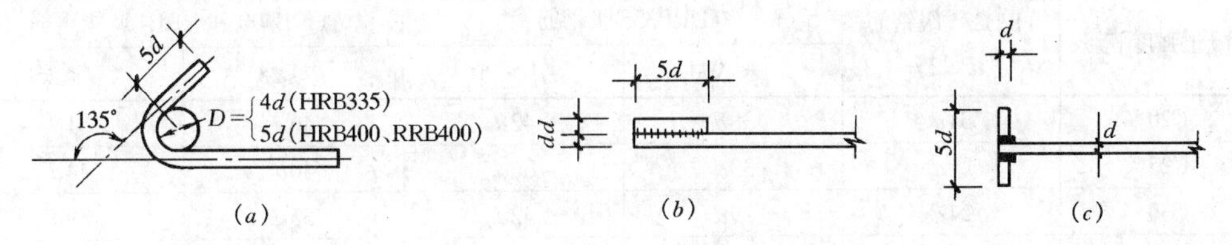

图2.12-1 钢筋机械锚固的形式

(a) 末端带135°弯钩的机械锚固端；(b) 末端双面贴焊短钢筋的机械锚固端；

(c) 末端与方形钢板穿孔塞焊的机械锚固端

3. 当计算中充分利用钢筋的受压强度时，受压钢筋的锚固长度不应小于本节第1条规定受拉锚固长度的0.7倍。机械锚固措施不得用于受压钢筋的锚固。

光面钢筋末端应做180°标准弯钩，但焊接骨架、焊接网中的光面钢筋可不做弯钩。

4. 受力钢筋的连接接头宜设置在受力较小处。在同一根钢筋上宜少设接头。

钢筋的接头宜采用机械连接接头，也可采用焊接接头和绑扎的搭接接头。

机械连接接头和焊接接头的类型及质量应符合有关标准的规定。

5. 轴心受拉及小偏心受拉杆件（如桁架和拱的拉杆）的受力钢筋不得采用绑扎的搭接接头；双面配置受力钢筋的焊接骨架不得采用绑扎的搭接接头。

当受拉钢筋直径大于28mm及受压钢筋的直径大于32mm时，不宜采用绑扎的搭接接头。

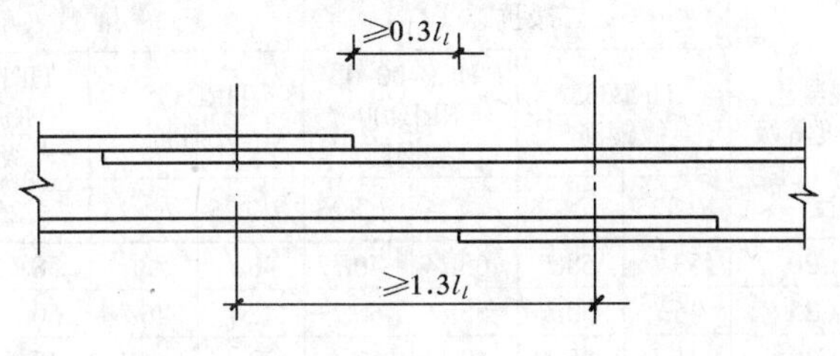

图2.12-2 钢筋绑扎搭接接头的连接区段

6. 同一构件中相邻钢筋的绑扎搭接接头宜相互错开。不在同一连接区段内的绑扎搭接钢筋接头中心间距不应小于1.3倍搭接长度，即绑扎搭接钢筋端部间距不应小于0.3倍搭接长度（图2.12-2）。

7. 受拉钢筋绑扎搭接接头的搭接长度应根据位于同一连接区段内的搭接钢筋面积百分率按下式计算，且不应小于300mm。

$$l_l = \zeta l_a \tag{2.12-2}$$

式中 l_l——受拉钢筋的搭接长度，见表2.12-4；

l_a——受拉钢筋的锚固长度，按本节第1条的规定确定；

ζ——受拉钢筋搭接长度修正系数，按表2.12-2的规定取用。

受拉钢筋搭接长度修正系数 ζ　　表2.12-2

同一连接区段内搭接钢筋面积百分率（%）	≤25	50	100
搭接长度修正系数 ζ	1.2	1.40	1.6

注：同一连接区段内搭接钢筋面积百分率按第1条的规定，取为在同一连接区段内有搭接接头的受力钢筋与全部受力钢筋面积之比。

受拉钢筋最小锚固长度 l_a　　表2.12-3

混凝土强度等级	HPB235级钢筋	HRB335级钢筋		HRB400和RRB400级钢筋	
	$d\leqslant25$	$d\leqslant25$	$d>25$	$d\leqslant25$	$d>25$
C20	$31d$	$38d$	$42d$	$46d$	$51d$
C25	$27d$	$33d$	$36d$	$40d$	$44d$
C30	$24d$	$29d$	$32d$	$35d$	$39d$
C35	$22d$	$27d$	$30d$	$32d$	$35d$
≥C40	$20d$	$25d$	$27d$	$30d$	$33d$

注：1. HPB235级钢筋（光面钢筋）的末端应做180°弯钩，弯后平直段长度应≥$3d$。
2. 当钢筋在混凝土施工过程中易受扰动（如滑模施工）时，其锚固长度应将表值乘以修正系数1.1。
3. HRB335、HRB400和RRB400级的环氧树脂涂层钢筋（用于三类环境的钢筋混凝土构件中），其锚固长度应将表值乘以修正系数1.25。
4. 当HRB335、HRB400和RRB400级钢筋，在锚固区的混凝土保护层厚度＞$3d$且配有箍筋时，其锚固长度可将表值乘以修正系数0.8。
5. 任何情况下锚固长度应≥250mm。
6. 当钢筋末端采用机械锚固时，其锚固长度可将表值乘以修正系数0.7。

纵向受拉钢筋最小搭接长度（l_{lE}、l_l）　　表2.12-4

混凝土强度等级	一、二级抗震（l_{lE}）				三级抗震（l_{lE}）				四级抗震和非抗震（$l_{lE}=l_l$）				
	HRB335级钢筋		HRB400和RRB400级钢筋		HRB335级钢筋		HRB400和RRB400级钢筋		HPB235级钢筋	HRB335级钢筋		HRB400和RRB400级钢筋	
	$d\leqslant25$	$d>25$	$d\leqslant25$	$d>25$	$d\leqslant25$	$d>25$	$d\leqslant25$	$d>25$	$d\leqslant25$	$d\leqslant25$	$d>25$	$d\leqslant25$	$d>25$
C20	$53d$	$58d$	$63d$	$70d$	$48d$	$53d$	$58d$	$64d$	$37d$	$46d$	$51d$	$55d$	$61d$
C25	$46d$	$50d$	$55d$	$60d$	$42d$	$46d$	$50d$	$55d$	$32d$	$40d$	$44d$	$48d$	$52d$
C30	$41d$	$45d$	$49d$	$54d$	$37d$	$41d$	$45d$	$49d$	$28d$	$35d$	$39d$	$42d$	$47d$
C35	$37d$	$41d$	$44d$	$49d$	$34d$	$37d$	$41d$	$45d$	$26d$	$32d$	$35d$	$39d$	$42d$
≥C40	$34d$	$37d$	$41d$	$45d$	$31d$	$34d$	$37d$	$41d$	$24d$	$30d$	$33d$	$35d$	$39d$

注：1. HPB235级钢筋（光面钢筋）的末端应做180°弯钩，弯后平直段长度应≥$3d$。
2. 当钢筋在混凝土施工过程中易受扰动（如滑模施工）时，其搭接长度应将表值乘以修正系数1.1。
3. HRB335、HRB400和RRB400级的环氧树脂涂层钢筋，其搭接长度应将表值乘以修正系数1.25。
4. 表中最小搭接长度适用于纵向钢筋搭接接头面积百分率≤25%的情况。当接头面积百分率为50%时，应将搭接长度乘以增大系数1.17；当接头面积百分率为100%时，应将接头长度乘以增大系数1.34；接头面积百分率为中间值时，搭头长度增大系数可用插入法确定。

8. 位于同一连接区段内的受压搭接钢筋面积百分率不宜超过50%。对受弯构件、偏心受压构件、大偏心受拉构件和轴心受压构件中的受压钢筋，当采用搭接连接且接头面积百分率不大于25%时，受压搭接长度不应小于本节第1条受拉钢筋锚固长度的0.85倍；当接头面积百分率不大于 50%时,不应小于受拉钢筋锚固长度的 1.05 倍;当接头面积百分率大于 50%时不应小于受拉钢筋锚固长度的 1.25 倍;且在任何情况下不应小于 200mm。

9. 单面配置受力钢筋的焊接骨架在受力方向的连接可采用搭接连接，受拉钢筋的搭接长度不应小于本节第 1 条规定的锚固长度，受压钢筋的搭接长度不应小于锚固长度的 0.7 倍。

10. 在受力钢筋搭接长度范围内应配置箍筋，箍筋直径不宜小于搭接钢筋直径的 0.25 倍；当为受拉时箍筋间距不应大于搭接钢筋较小直径的 5 倍，且不应大于 100mm；当为受压时箍筋间距不应大于搭接钢筋较小直径的 10 倍，且不应大于 200mm。当受压钢筋直径大于 25mm 时，应在搭接接头两个端面外 50mm 范围内各设置 2 个箍筋。

11. 直径大于 28mm 的受拉钢筋和直径大于 32mm 的受压钢筋宜采用机械连接接头。应根据钢筋在构件中的受力情况选用相应等级的机械连接接头。

12. 受力钢筋机械连接接头的位置宜相互错开，且不宜设置在结构受力较大处。当钢筋机械连接接头位于不大于 $35d$ 的范围内时，应视为处于同一连接区段内。在受力最大处，处于同一连接区段内的受力钢筋接头面积百分率不应大于 50%。

13. 机械连接接头连接件的混凝土保护层厚度宜满足受力钢筋最小保护层厚度的要求，连接件之间的横向净距不宜小于 25mm。

14. 受力钢筋的焊接接头应相互错开。当钢筋的焊接接头位于不大于 $35d$ 且不大于 500mm 的长度以内时，应视为位于同一连接区段内。

位于同一连接区段内受力钢筋的焊接接头面积百分率应符合下列要求：受拉钢筋接头不应大于 50%；受压钢筋的接头面积百分率可不作限制。

注：1. 装配式构件连接处的受力钢筋焊接接头可不受以上限制；

2. 承受均布荷载作用的屋面板、楼板、檩条等简支受弯构件，如在受拉区内配置少于 3 根受力钢筋时，可在跨度两端各四分之一跨度范围内设置一个焊接接头。

15. 考虑地震作用组合的混凝土结构构件，其配置的纵向受力钢筋的锚固和连接接头除应符合本节上述的有关规定外，尚应符合下列要求：

(1) 纵向钢筋的最小锚固长度 l_{aE}应按下列公式采用：

一、二级抗震等级

$$l_{aE} = 1.15 l_a \tag{2.12-3}$$

三级抗震等级

$$l_{aE} = 1.05 l_a \tag{2.12-4}$$

四级抗震等级

$$l_{aE} = 1.0 l_a \tag{2.12-5}$$

式中 l_a——纵向受拉钢筋的锚固长度，按本节第 1 条确定。

不同混凝土强度等级与不同钢筋种类的 l_{aE}值见表 2.12-5。

(2) 当采用搭接接头时，其搭接长度 l_{lE}应按下列公式采用：

$$l_{lE} = \zeta l_{aE} \tag{2.12-6}$$

式中 ζ 为纵向受拉钢筋搭接长度修正系数，按表 2.12-2 采用。

(3) 钢筋混凝土结构构件的纵向受力钢筋的连接接头，宜符合下列规定；

受拉钢筋最小抗震锚固长度 l_{aE} 表 2.12-5

混凝土强度等级	一、二级抗震				三级抗震			
	HRB335 级钢筋		HRB400 和 RRB400 级钢筋		HRB335 级钢筋		HRB400 和 RRB400 级钢筋	
	$d\leqslant25$	$d>25$	$d\leqslant25$	$d>25$	$d\leqslant25$	$d>25$	$d\leqslant25$	$d>25$
C20	$44d$	$48d$	$53d$	$58d$	$40d$	$44d$	$48d$	$53d$
C25	$38d$	$42d$	$46d$	$50d$	$35d$	$38d$	$42d$	$46d$
C30	$34d$	$37d$	$41d$	$45d$	$31d$	$34d$	$37d$	$41d$
C35	$31d$	$34d$	$37d$	$41d$	$28d$	$31d$	$34d$	$37d$
≥C40	$29d$	$31d$	$34d$	$37d$	$26d$	$28d$	$31d$	$34d$

注：1. 当钢筋在混凝土施工过程中易受扰动（如滑模施工）时，其锚固长度应将表值乘以修正系数1.1。
2. HRB335、HRB400和RRB400级的环氧树脂涂层钢筋（用于三类环境的钢筋混凝土构件中），其锚固长度应将表值乘以修正系数1.25。
3. 当HRB335、HRB400和RRB400级钢筋，在锚固区的混凝土保护层厚度$>3d$且配有箍筋时，其锚固长度可将表值乘以修正系数0.8。
4. 当钢筋末端采用机械锚固时，其锚固长度可将表值乘以修正系数0.7。
5. 四级抗震的锚固长度 l_{aE}，按 l_a 采用，即 $l_{aE}=l_a$。

1）对一级抗震等级，宜采用机械连接接头；对二级、三级和四级抗震等级，宜采用机械连接接头，也可采用搭接接头或焊接接头；

2）对框支柱宜采用机械连接接头；剪力墙边缘构件可采用搭接接头或焊接接头。

（4）受力钢筋连接接头位置宜避开梁端、柱端箍筋加密区；当无法避开时，允许采用满足等强度的高质量机械连接接头，且钢筋接头面积百分率不应超过50%。

（5）除剪力墙分布钢筋外，位于同一连接区段内的受力钢筋接头面积百分率不应超过50%。

（6）箍筋的末端应做成135°弯钩，弯钩端头平直段长度不应小于箍筋直径的10倍和75mm的较大值；在纵向钢筋搭接长度范围内的箍筋间距不应大于搭接钢筋较小直径的5倍，且不应大于100mm。

16. 非抗震设计及抗震设计的钢筋锚固、搭接、延伸长度分类应用部位见表2.12-6，不同钢筋种类、直径及混凝土强度的纵向受拉钢筋最小锚固长度、搭接长度、延伸长度所需长度见表2.12-7。当采用HRB400（Φ）钢筋时相应长度按表2.12-7中HRB335（Φ）的值乘以1.2。

钢筋锚固、搭接、延伸长度分类应用部位 表 2.12-6

抗震等级	长度分类	应用部位
非抗震及四级抗震	l_a	非抗震锚固长度
	$0.35l_a$	简支梁
	$0.40l_a$	框架节点
	$0.70l_a$	充分利用受压强度、末端采用机械锚固
	$0.85l_a$	搭接
	$1.05l_a$	搭接
	$1.20l_a$	受拉搭接
	$1.30l_a$	搭接错开
	$1.40l_a$	受拉搭接
	$1.50l_a$	框架节点
	$1.60l_a$	受拉搭接
	$1.70l_a$	框架节点

抗震等级	长度分类	应用部位
抗震等级一、二、三级	l_{aE}	抗震锚固长度
	$0.40l_{aE}$	框架节点
	$1.2l_{aE}$	梁柱搭接
	$1.40l_{aE}$	柱、梁、板搭接
	$1.50l_{aE}$	框架节点
	$1.60l_{aE}$	梁板柱搭接
	$1.70l_{aE}$	框架节点

HPB235（φ）、HRB335（Φ）钢筋的锚固、搭接、延伸长度（mm）

表 2.12-7

抗震等级	长度分类	φ8					φ10					Φ 12					Φ 14				
		C20	C25	C30	C35	≥C40	C20	C25	C30	C35	≥C40	C20	C25	C30	C35	≥C40	C20	C25	C30	C35	≥C40
非抗震及四级抗震	l_a	244	212	188	171	157	305	265	235	214	196	458	397	352	321	295	535	463	411	375	344
	$0.35l_a$	86	74	66	60	55	107	93	82	75	69	160	139	123	112	103	187	162	144	131	120
	$0.40l_a$	98	85	75	68	63	122	106	94	86	79	183	159	141	128	118	214	185	164	150	138
	$0.70l_a$	171	148	132	120	110	214	185	164	150	138	321	278	247	225	206	374	324	288	262	241
	$0.85l_a$	208	180	160	146	134	260	225	200	182	167	389	337	300	273	251	454	394	350	318	292
	$1.05l_a$	257	222	197	180	165	321	278	247	225	206	481	417	370	337	309	561	486	432	393	361
	$1.20l_a$	293	254	226	205	189	367	317	282	257	236	550	476	423	385	354	641	556	493	449	413
	$1.30l_a$	318	275	244	223	204	397	344	305	278	255	596	516	458	417	383	695	602	535	487	447
	$1.40l_a$	342	296	263	240	220	428	370	329	300	275	641	556	493	449	413	748	648	576	524	481
	$1.50l_a$	367	317	282	257	236	458	397	352	321	295	687	595	529	482	442	802	694	617	562	516
	$1.60l_a$	391	339	301	274	252	489	423	376	342	314	733	635	564	514	472	855	741	658	599	550
	$1.70l_a$	415	360	320	291	267	519	450	399	364	334	779	675	599	546	501	909	787	699	637	585
	$1.80l_a$	440	381	338	308	283	550	476	423	385	354	825	714	634	578	531	962	833	740	674	619
抗震等级 一、二级	l_{aE}	281	243	216	197	181	351	304	270	246	226	527	456	405	369	339	615	532	473	431	395
	$0.40l_{aE}$	112	97	86	79	72	141	122	108	98	90	211	183	162	148	136	246	213	189	172	158
	$1.20l_{aE}$	337	292	259	236	217	422	365	324	295	271	632	548	486	443	407	738	639	567	517	475
	$1.35l_{aE}$	379	329	292	266	244	474	411	365	332	305	711	616	547	498	458	830	719	638	581	534
	$1.40l_{aE}$	393	341	303	276	253	492	426	378	345	316	738	639	567	517	475	861	745	662	603	554
	$1.50l_{aE}$	422	365	324	295	271	527	456	405	369	339	790	685	608	554	508	922	799	709	646	593
	$1.60l_{aE}$	450	389	346	315	289	562	487	432	394	362	843	730	649	591	542	984	852	757	689	633
	$1.70l_{aE}$	478	414	367	335	307	597	517	459	418	384	896	776	689	628	576	1045	905	804	732	672
抗震等级 三级	l_{aE}	257	222	197	180	165	321	278	247	225	206	481	417	370	337	309	561	486	432	393	361
	$0.40l_{aE}$	103	89	79	72	66	128	111	99	90	83	192	167	148	135	124	225	194	173	157	144
	$1.20l_{aE}$	308	267	237	216	198	385	333	296	270	248	577	500	444	404	371	674	583	518	472	433
	$1.35l_{aE}$	346	300	266	243	223	433	375	333	303	279	649	563	500	455	418	758	656	583	531	487
	$1.40l_{aE}$	359	311	276	252	231	449	389	345	316	289	674	583	518	472	433	786	681	604	551	505
	$1.50l_{aE}$	385	333	296	270	248	481	417	370	337	309	722	625	555	506	464	842	729	648	590	542
	$1.60l_{aE}$	411	356	316	288	264	513	444	395	360	330	770	667	592	539	495	898	778	691	629	578
	$1.70l_{aE}$	436	378	336	306	281	545	472	419	382	351	818	708	629	573	526	954	826	734	669	614

续表

抗震等级	长度分类	Φ16					Φ18					Φ20					Φ22				
		C20	C25	C30	C35	≥C40	C20	C25	C30	C35	≥C40	C20	C25	C30	C35	≥C40	C20	C25	C30	C35	≥C40
非抗震及四级抗震	l_a	611	529	470	428	393	687	595	529	482	442	764	661	587	535	491	840	728	646	589	540
	$0.35l_a$	214	185	164	150	138	241	208	185	168	155	267	231	206	187	172	294	255	226	206	189
	$0.40l_a$	244	212	188	171	157	275	238	211	193	177	305	265	235	214	196	336	291	258	235	216
	$0.70l_a$	428	370	329	300	275	481	417	370	337	309	535	463	411	375	344	588	509	452	412	378
	$0.85l_a$	519	450	399	364	334	584	506	449	409	376	649	562	499	455	418	714	618	549	500	459
	$1.05l_a$	641	556	493	449	413	722	625	555	506	464	802	694	617	562	516	882	764	678	618	567
	$1.20l_a$	733	635	564	514	472	825	714	634	578	531	916	794	705	642	589	1008	873	775	706	648
	$1.30l_a$	794	688	611	556	511	893	774	687	626	575	993	860	764	696	639	1092	946	840	765	702
	$1.40l_a$	855	741	658	599	550	962	833	740	674	619	1069	926	822	749	688	1176	1019	905	824	756
	$1.50l_a$	916	794	705	642	589	1031	893	793	722	663	1145	992	881	803	737	1260	1091	969	883	811
	$1.60l_a$	977	847	752	685	629	1100	952	846	770	707	1222	1058	940	856	786	1344	1164	1034	942	865
	$1.70l_a$	1039	900	799	728	668	1168	1012	899	819	752	1298	1124	999	910	835	1428	1237	1098	1001	919
	$1.80l_a$	1100	952	846	770	707	1237	1071	952	867	796	1375	1191	1057	963	884	1512	1310	1163	1059	973
抗震等级 一、二级	l_{aE}	703	609	540	492	452	790	685	608	554	508	878	761	676	615	565	966	837	743	677	621
	$0.40l_{aE}$	281	243	216	197	181	316	274	243	222	203	351	304	270	246	226	386	335	297	271	249
	$1.20l_{aE}$	843	730	649	591	542	948	821	730	665	610	1054	913	811	738	678	1159	1004	892	812	746
	$1.35l_{aE}$	948	821	730	665	610	1067	924	821	748	686	1186	1027	912	831	763	1304	1130	1003	914	839
	$1.40l_{aE}$	984	852	757	689	633	1107	958	851	775	712	1229	1065	946	861	791	1352	1171	1040	948	870
	$1.50l_{aE}$	1054	913	811	738	678	1186	1027	912	831	763	1317	1141	1013	923	847	1449	1255	1115	1015	932
	$1.60l_{aE}$	1124	974	865	788	723	1265	1095	973	886	813	1405	1217	1081	984	904	1546	1339	1189	1083	994
	$1.70l_{aE}$	1194	1034	919	837	768	1344	1164	1034	941	864	1492	1293	1148	1046	960	1642	1422	1263	1151	1056
抗震等级 三级	l_{aE}	641	556	493	449	413	722	625	555	506	464	802	694	617	562	516	882	764	678	618	567
	$0.40l_{aE}$	257	222	197	180	165	287	250	222	202	186	321	278	247	225	206	353	306	271	247	227
	$1.20l_{aE}$	770	667	592	539	495	866	750	666	607	557	962	833	740	674	619	1058	917	814	742	681
	$1.35l_{aE}$	866	750	666	607	557	974	844	749	683	627	1082	938	833	758	696	1191	1031	916	834	766
	$1.40l_{aE}$	898	778	691	629	578	1010	875	777	708	650	1123	972	863	786	722	1235	1070	950	865	794
	$1.50l_{aE}$	962	833	740	674	619	1082	938	833	758	696	1203	1042	925	843	774	1323	1146	1018	927	851
	$1.60l_{aE}$	1026	889	789	719	660	1155	1000	888	809	743	1283	1111	987	899	825	1411	1222	1086	989	908
	$1.70l_{aE}$	1090	945	839	764	701	1227	1063	944	860	789	1363	1181	1049	955	877	1499	1299	1153	1051	965

续表

抗震等级	长度分类	Φ 25					Φ 28					Φ 30					Φ 32				
		C20	C25	C30	C35	≥C40	C20	C25	C30	C35	≥C40	C20	C25	C30	C35	≥C40	C20	C25	C30	C35	≥C40
非抗震及四级抗震	l_a	955	827	734	669	614	1176	1019	905	824	756	1260	1091	969	883	811	1344	1164	1034	942	865
	$0.35l_a$	334	289	257	234	215	412	357	317	288	265	441	382	339	309	284	470	407	362	330	303
	$0.40l_a$	382	331	294	268	246	470	407	362	330	303	504	437	388	353	324	538	466	414	377	346
	$0.70l_a$	668	579	514	468	430	823	713	633	577	530	882	764	678	618	567	941	815	724	659	605
	$0.85l_a$	811	703	624	568	522	1000	866	769	700	643	1071	928	824	750	689	1142	989	879	800	735
	$1.05l_a$	1002	868	771	702	645	1235	1070	950	865	794	1323	1146	1018	927	851	1411	1222	1086	989	908
	$1.20l_a$	1145	992	881	803	737	1411	1222	1086	989	908	1512	1310	1163	1059	973	1613	1397	1241	1130	1037
	$1.30l_a$	1241	1075	955	869	798	1529	1324	1176	1071	983	1638	1419	1260	1148	1054	1747	1513	1344	1224	1124
	$1.40l_a$	1336	1157	1028	936	860	1646	1426	1266	1154	1059	1764	1528	1357	1236	1135	1882	1630	1447	1318	1210
	$1.50l_a$	1432	1240	1101	1003	921	1764	1528	1357	1236	1135	1890	1637	1454	1324	1216	2016	1746	1551	1412	1297
	$1.60l_a$	1527	1323	1175	1070	982	1882	1630	1447	1318	1210	2016	1746	1551	1412	1297	2150	1863	1654	1507	1383
	$1.70l_a$	1623	1406	1248	1137	1044	1999	1732	1538	1401	1286	2142	1855	1648	1501	1378	2285	1979	1758	1601	1470
	$1.80l_a$	1718	1488	1322	1204	1106	2117	1833	1628	1483	1362	2268	1964	1745	1589	1459	2419	2095	1861	1695	1556
抗震等级 一、二级	l_{aE}	1098	951	844	769	706	1352	1171	1040	948	870	1449	1255	1115	1015	932	1546	1339	1189	1083	994
	$0.40l_{aE}$	439	380	338	308	282	541	469	416	379	348	580	502	446	406	373	618	535	476	433	398
	$1.20l_{aE}$	1317	1141	1013	923	847	1623	1407	1248	1137	1044	1739	1506	1338	1218	1119	1855	1606	1427	1299	1193
	$1.35l_{aE}$	1482	1284	1140	1038	953	1826	1581	1404	1279	1174	1956	1694	1505	1371	1258	2087	1807	1605	1462	1342
	$1.40l_{aE}$	1537	1331	1182	1077	989	1893	1640	1456	1327	1218	2029	1757	1560	1421	1305	2164	1874	1664	1516	1392
	$1.50l_{aE}$	1647	1426	1267	1154	1059	2029	1757	1560	1421	1305	2174	1883	1672	1523	1398	2318	2008	1783	1624	1491
	$1.60l_{aE}$	1756	1521	1351	1231	1130	2164	1874	1664	1516	1392	2318	2008	1738	1624	1491	2473	2142	1902	1733	1591
	$1.70l_{aE}$	1866	1616	1435	1307	1200	2299	1991	1769	1611	1479	2463	2134	1895	1726	1585	2628	2276	2021	1841	1690
抗震等级 三级	l_{aE}	1002	868	771	702	645	1235	1070	950	865	794	1323	1146	1018	927	851	1411	1222	1086	989	908
	$0.40l_{aE}$	401	347	308	281	258	494	428	380	346	318	529	458	407	371	340	564	489	434	395	363
	$1.20l_{aE}$	1203	1042	925	843	774	1482	1283	1140	1038	953	1588	1375	1221	1112	1021	1693	1467	1303	1186	1089
	$1.35l_{aE}$	1353	1172	1041	948	870	1667	1444	1282	1168	1072	1786	1547	1374	1251	1149	1905	1650	1465	1335	1226
	$1.40l_{aE}$	1403	1215	1079	983	903	1728	1497	1330	1211	11120	1852	1604	1425	1298	1191	1976	1711	1520	1384	1271
	$1.50l_{aE}$	1503	1302	1156	1053	967	1852	1604	1425	1298	1191	1985	1719	1527	1390	1277	2117	1833	1628	1483	1362
	$1.60l_{aE}$	1604	1389	1234	1124	1032	1976	1711	1520	1384	1271	2117	1833	1628	1483	1362	2258	1956	1737	1582	1452
	$1.70l_{aE}$	1704	1476	1311	1194	1096	2099	1818	1615	1471	1350	2249	1948	1730	1576	1447	2399	2078	1845	1681	1543

2.13 预应力混凝土结构抗震设计规定

1. 应用范围

本规定适用于6.7.8度时先张法和后张有粘结预应力混凝土结构的抗震设计，9度时应进行专门研究。对无粘结预应力筋解决水平结构的挠度问题，提出若干要求。

预应力混凝土强度等级不宜低于C40也不宜高于C70。

抗震设计时，框架的后张预应力梁、柱构件宜采用有粘结预应力筋。

2. 地震作用及荷载效应组合

预应力混凝土结构弹性计算时阻尼比可取3%，按此调整水平地震影响系数曲线，预应力混凝土结构构件的截面抗震验算，应采用下列设计表达式：

$$S+\gamma_{p}S_{pk}\leqslant R/\gamma_{RE} \tag{2.13-1}$$

式中 S——地震作用效应和其他荷载效应组合的设计值；

S_{pk}——预应力作用效应，按扣除相应阶段预应力损失后的预应力钢筋的合力 N_p 计算；

γ_p——预应力分项系数，当预应力效应对结构有利时取1.0，不利时取1.2；

R——预应力结构构件的承载力设计值；

γ_{RE}——承载力抗震调整系数。当仅考虑竖向地震作用组合时，取 $\gamma_{RE}=1.0$。

3. 预应力框架

(1) 预应力框架梁

梁高宜为$\left(\frac{1}{12}\sim\frac{1}{18}\right)$计算跨度。当采用预应力混凝土扁梁时，扁梁的跨高比不宜大于25，梁高宜大于板厚的2倍且不应小于16倍柱纵筋直径；扁梁宽度不宜大于 b_c+h_b，一级框架结构的扁梁宽度不宜大于柱宽。后张预应力混凝土框架梁中应采用预应力和非预应力筋混合配筋方式，按下式计算的预应力强度比，一级不宜大于0.60；二、三级不宜大于0.75。

$$\lambda=\frac{A_{p}f_{py}}{A_{p}f_{py}+A_{s}f_{y}} \tag{2.13-2}$$

式中 λ——预应力强度比；

A_p、A_s——分别为受拉区预应力筋截面面积；

f_{py}——预应力筋的抗拉强度设计值；

f_y——非预应力筋怕抗拉强度设计值。

预应力混凝土框架端纵向受拉钢筋按非预应力钢筋抗拉强度设计值换算的配筋率不宜大于2.5%，考虑受压钢筋的梁端混凝土受压高度和梁有效高度之比，一级不应大于0.25，二、三级不应大于0.35。

梁端截面的底面和顶面非预应力钢筋配筋量的比值，除按计算确定外，一、二、三级均不应小于1.0，同时，底面非预应力钢筋配筋不应低于毛截面面积的0.2%。预应力钢筋宜设置在距梁顶面或底面不大于150mm的位置。

(2) 预应力混凝土悬臂梁

悬臂梁的根部加强段指自梁根部算起四分之一跨长，截面高度及500mm，三者的较大值，该段受弯配筋按梁根部配筋，加强段箍筋应满足箍筋加密区的要求。预应力混凝土长悬臂梁应考虑竖向地震作用。预应力混凝土悬臂梁应采用预应力筋和非预应力筋混合配筋方式，预应力强度比及考虑受压钢筋的混凝土受压区高度和有效高度之比可按预应力框架考虑。

悬臂梁底面和梁顶面非预应力配筋量的比值除按计算确定外，尚不应小于1.0，底面非预应力，配筋量不应低于构件毛截面面积的0.2%。

（3）预应力混凝土框架柱

预应力混凝土框架柱主要用于多层大跨度框架的边柱，可以减小柱截面尺寸，减小钢筋用量，并有利于柱的抗裂，对于偏心弯矩较大的柱宜采用非对称配筋，弯矩较大一侧采用混合配筋，弯矩较小一侧仅配普通钢筋，并应符合有关构造要求。预应力柱的箍筋应延全高加密。预应力框架柱应满足强柱弱梁，强剪弱弯要求。

预应力混凝土框架柱的轴压比可按下式计算，并应满足一般框架柱的轴压比限值要求。

$$\lambda_{NP} = \frac{N + N_p}{f_c A} \tag{2.13-3}$$

式中 λ_{NP}——预应力混凝土柱的轴压比；

N——柱组合的轴压力设计值；

N_p——作用于框架柱的预应力筋有效预应力合力设计值；

A——柱截面面积；

f_c——混凝土轴心抗压强度设计值。

（4）预应力梁柱节点

预应力钢筋穿过节点核芯区有利于提高节点的受剪承载力和抗裂度，施加预应力后受剪承载力提高值 V_p 为：

$$V_p = 0.4N_p \tag{2.13-4}$$

N_p——作用在节点核芯范围内预应力筋的有效预应力合力；

后张预应力筋的锚固不应设置在柱节点核芯区。

4. 预应力混凝土板柱-抗震墙结构

板柱-抗震墙结构中的平板，由后张预应力筋所提供的平均预压应力不宜大于2.5MPa；在柱上板带平板截面承载力计算中，板端受压区高度应符合下列要求：

8度设防： $x/h_0 \leqslant 0.25$

低于8度设防： $x/h_0 \leqslant 0.35$

受拉纵筋按非预应力钢筋抗拉强度设计值折算的配筋率不宜大于2.5%，柱上板带板端预应力筋按强度比计算的含量宜符合以下要求：

$$\frac{A_p f_{py}}{A_p f_{py} + A_s f_y} \leqslant 0.75 \tag{2.13-5}$$

沿两个方向通过柱截面的预应力和非预应力连续钢筋总截面面积应符合

$$A_s f_y + A_p f_{py} \geqslant N_G \tag{2.13-6}$$

式中　A_s——通过柱截面的两个方向连续非预应力筋总截面面积；

A_p——通过柱截面的两个方向连续预应力筋总截面面积；

f_y——非预应力钢筋的抗拉强度设计值；

f_{py}——预应力钢筋的抗拉强度设计值；

N_G——对应于该层楼板重力荷载代表值作用下的柱轴压力设计值。连续预应力钢筋宜布置在板柱节点上部，侧面向下进入板跨中。

连续非预应力筋应布置在板柱节点下部及预应力筋的下方。

预应力悬挑平板应限制预加应力的偏心距，考虑板的自重时，板底不应出现抗应力。悬挑板的顶面和底面均应配置受弯钢筋。

5．用无粘结预应力解决水平结构挠度问题的若干要求。

无粘结预应力混凝土宜用于跨度较大的平板楼盖，解决挠度及裂缝的限制。用预应力平衡部分竖向荷载，用非预应力筋承担其余竖向荷载及水平地震作用。

对多跨预应力连续单向板应考虑任一跨预应力束由于地震作用失效时，可能引起多跨结构中其他各跨连续破坏，为避免发生这种破坏现象，宜将无粘结预应力分段锚固，或增设中间锚固点，并应满足《无粘结预应力混凝土结构技术规程》JGJ/T 92—93，第4.2.1条规定，单向板非预应力钢筋的截面面积 A_s 应满足下式要求：

式中　$A_s \geqslant 0.002bh$

b——截面宽度；

h——截面高度。

非预应力钢筋直径不应小于8mm，其间距不应大于200mm。

为了防止在地震起作用时无粘结筋锚固破坏，应采用Ⅰ类锚具。

2.14　建筑物地震反应观测

抗震设防烈度为7、8、9度时，高度分别超过160m，120m，80m的高层建筑，应设置建筑结构的地震反应观测系统，建筑设计应留有观测仪器和线路的位置。

第3章 高层建筑结构的荷载和地震作用

3.1 竖向荷载

1. 高层建筑结构的竖向荷载包括永久荷载（自重、设备重）和活荷载（使用荷载）。永久荷载可以根据构件和装修的尺寸及材料重量直接计算。常用的材料重量可按表3.1-1采用。

常用材料和构件的自重 **表3.1-1**

名称	自重	备注
1. 一般材料（kN/m^3）		
杉木	4	随含水率而不同
冷杉、云杉、红松等	4~5	
马尾松、云南松等	5~6	
东北落叶松等	6~7	
普通木板条、椽檩木料	5	
木丝板	4~5	
软木板	2.5	
刨花板	6	
铸铁	72.5	
钢	78.5	
普通玻璃	25.6	
钢丝玻璃	26	
玻璃棉	0.5~1	作绝缘层填充料用
玻璃钢	14~22	
水泥蛭石制品	4~6	导热系数0.093~0.14[W/(m·k)]
聚氯乙烯板（管）	13.6~16	
聚氯乙烯泡沫塑料	0.5	导热系数不大于0.035[W/(m·k)]
粘土	13.5	干，松，空隙比为1.0
粘土	16	干，$\varphi=40°$，压实
粘土	18	湿，$\varphi=35°$，压实
粘土	20	很湿，$\varphi=20°$，压实
砂土	12.2	干，松
砂土	16	干，$\varphi=35°$，压实
砂土	18	湿，$\varphi=35°$，压实
砂土	20	很湿，$\varphi=25°$，压实
砂子	14	干，细砂
砂子	17	干，粗砂
卵石	16~18	干
石灰石	26.4	
花岗岩、大理石	28	
2. 水泥、灰浆及混凝土（kN/m^3）		
水泥	14.5	散装，$\varphi=30°$
水泥	16	袋装压实，$\varphi=40°$
石灰砂浆、混合砂浆	17	
灰土	17.5	石灰:土=3:7，夯实
稻草（纸筋）石灰泥	16	
水泥砂浆	20	
石膏砂浆	12	
素混凝土	22~24	振捣或不振捣
矿渣混凝土	20	
铁屑混凝土	28~65	
无砂大孔性混凝土	16~19	
泡沫混凝土	4~6	

续表

名 称	自 重	备 注
加气混凝土	5.5～7.5	单块
钢筋混凝土	24～25	
钢丝网水泥	25	用于承重结构
水玻璃耐酸混凝土	20～23.5	
粉煤灰陶粒混凝土	19.5	
3. 砌体（kN/m^3）		
浆砌细方石	26.4	花岗石，方整石块
浆砌细方石	25.6	石灰石
浆砌毛方石	24.8	花岗岩、上下面大致平整
干砌毛石	20.8	
浆砌普通砖	18	
浆砌机砖	19	
浆砌缸砖	21	
浆砌耐火砖	22	
粘土砖空斗砌体	17	中填碎瓦砾，一眠一斗
粘土空头砌体	12.5	不能承重
粘土空斗砌体	15	能承重
粉煤灰泡沫砌块砌体	8～8.5	粉煤灰:电石渣:废石膏=74:22:4
4. 隔墙与墙面（kN/m^3）		
双面抹灰板条隔墙	0.9	每面灰厚16～24mm，龙骨在内
单面抹灰板条隔墙	0.5	灰厚16～24mm，龙骨在内
C型轻钢龙骨隔墙	0.27	两层12mm纸面石膏板，无保温层
C型轻钢龙骨隔墙	0.32	两层12mm纸面石膏板，中填岩棉保温板50mm
C型轻钢龙骨隔墙	0.38	三层12mm纸面石膏板，无保温层
C型轻钢龙骨隔墙	0.43	三层12mm纸面石膏板，中填岩棉保温50mm
贴瓷砖墙面	0.5	包括水泥砂浆打底，共厚25mm
水泥粉刷墙面	0.36	20mm厚，水泥粗砂
水磨石墙面	0.55	25mm厚，包括打底
水刷石墙面	0.5	25mm厚，包括打底
石灰粗砂粉刷	0.34	20mm厚
剁假石墙面	0.5	25mm厚，包括打底
外墙拉毛墙面	0.7	包括25mm水泥砂浆打底
5. 屋架、门窗（kN/m^2）		
木屋架	0.07+0.007×跨度	按屋面水平投影面积计算，跨度以m计
钢屋架	0.12+0.011×跨度	无天窗，包括支撑，按屋面水平投影面积计算，跨度以m计
木框玻璃窗	0.2～0.3	
钢框玻璃窗	0.4～0.45	
木门	0.1～0.2	
钢门	0.4～0.45	
6. 屋顶（kN/m^2）		
粘土平瓦屋面	0.55	按实际面积计算，下同
波形石棉瓦	0.2	1820mm×725mm×8mm
镀锌薄钢板、瓦楞铁	0.05	镀锌薄钢板24号 瓦楞铁26号
玻璃屋顶	0.3	9.5mm夹丝玻璃，框架重量在内
玻璃砖顶	0.65	框架重量在内
油毡防水层	0.3～0.35	六层作法，二毡三油上铺小石子
	0.35～0.4	八层作法，三毡四油上铺小石子
屋顶天窗	0.35～0.4	9.5mm夹丝玻璃，框架重量在内
7. 顶棚（kN/m^2）		
钢丝网抹灰吊顶	0.45	
麻刀灰板条顶棚	0.45	吊木在内，平均灰厚20mm
三夹板顶棚	0.18	吊木在内
马粪纸顶棚	0.15	吊木及盖缝条在内
木丝板吊顶棚	0.29	厚30mm，吊木及盖缝条在内
隔声纸板顶棚	0.17	厚10mm，吊木及盖缝条在内
	0.2	厚20mm，吊木及盖缝条在内
V型轻钢龙骨吊顶	0.12	一层9mm纸面石膏板，无保温层
	0.17	二层9mm纸面石膏板，有岩棉板保温层厚50mm

续表

名　称	自　重	备　注
V型轻钢龙骨吊顶	0.2	二层9mm纸面石膏板，无保温层
	0.25	二层9mm纸面石膏板，有岩棉板保温层厚50mm
V型轻钢龙骨及铝合金龙骨吊顶	0.1～0.12	一层矿棉吸声板厚15mm，无保温层
8. 地面（kN/m²）		
硬木地板	0.2	厚25mm，剪刀撑、钉子等重量在内，不包括搁栅重量
松木地板	0.18	
小瓷砖地面	0.55	包括水泥粗砂打底
水泥花砖地面	0.6	砖厚25mm，包括水泥粗砂打底
水磨石地面	0.65	10mm面层，20mm水泥砂浆打底
油地毡	0.02～0.03	油地纸，地板表面用
缸砖地面	1.7～2.1	60mm砂垫层，53mm面层，平铺
9. 建筑用压型钢板（kN/m²）		
单波型V-300（S-30）	0.12	波高173mm，板厚0.8mm
多波型V-115	0.079	波高35mm，板厚0.6mm

名　称	自　重	备　注
10. 砌块（kN/m³）		
灰砂砖	18	砂:白灰=92:8
煤渣砖	17～18.5	
矿渣砖	18.5	硬矿渣:烟灰:石灰=75:15:10
焦渣砖	12～14	
烟灰砖	14～15	炉渣:电石渣:烟灰=30:40:30
焦渣空心砖	10	290mm×290mm×140mm（85块/m³）
水泥空心砖	9.8	290mm×290mm×140mm（85块/m³）
水泥空心砖	10.3	300mm×250mm×110mm（121块/m³）
水泥空心砖	9.6	300mm×250mm×160mm（83块/m³）
陶粒空心砌块	5.0	长600、400mm宽150、250mm高250、200mm
陶粒空心砌块	6.0	390mm×290mm×190mm
混凝土空心砌块	11.8	390mm×190mm×190mm
蒸压粉煤灰加气混凝土砌块	5.5	

2. 民用建筑楼面均布活荷载的标准值及其组合值、频遇值和准永久值系数，应按表3.1-2的规定采用。屋面均布活荷载按表3.1-3采用。

民用建筑楼面均布活荷载标准值及其组合值、频遇值和准永久值系数　　表3.1-2

项次	类　别	标准值（kN/m²）	组合值系数 ψ_c	频遇值系数 ψ_f	准永久值系数 ψ_q
1	（1）住宅、宿舍、旅馆、办公楼、医院病房、托儿所、幼儿园 （2）教室、试验室、阅览室、会议室、医院门诊室	2.0	0.7	0.5 0.6	0.4 0.5
2	食堂、餐厅、一般资料档案室	2.5	0.7	0.6	0.5
3	（1）礼堂、剧场、影院、有固定座位的看台 （2）公共洗衣房	3.0 3.0	0.7 0.7	0.5 0.6	0.3 0.5
4	（1）商店、展览厅、车站、港口、机场大厅及其旅客等候室 （2）无固定座位的看台	3.5 3.5	0.7 0.7	0.6 0.5	0.5 0.3
5	（1）健身房、演出舞台 （2）舞厅	4.0 4.0	0.7 0.7	0.6 0.6	0.5 0.3
6	（1）书库、档案库、储藏室 （2）密集柜书库	5.0 12.0	0.9	0.9	0.8
7	通风机房、电梯机房	7.0	0.9	0.9	0.8

续表

项次	类别	标准值 (kN/m^2)	组合值系数 ψ_c	频遇值系数 ψ_f	准永久值系数 ψ_q
8	汽车通道及停车库：				
	(1) 单向板楼盖（板跨不小于2m）				
	客车	4.0	0.7	0.7	0.6
	消防车	35.0	0.7	0.7	0.6
	(2) 双向板楼盖和无梁楼盖（柱网尺寸不小于6m×6m）				
	客车	2.5	0.7	0.7	0.6
	消防车	20.0	0.7	0.7	0.6
9	厨房(1) 一般的	2.0	0.7	0.6	0.5
	(2) 餐厅的	4.0	0.7	0.7	0.7
10	浴室、厕所、盥洗室：				
	(1) 第1项中的民用建筑	2.0	0.7	0.5	0.4
	(2) 其他民用建筑	2.5	0.7	0.6	0.5
11	走廊、门厅、楼梯：				
	(1) 宿舍、旅馆、医院病房托儿所、幼儿园、住宅	2.0	0.7	0.5	0.4
	(2) 办公楼、教室、餐厅，医院门诊部	2.5	0.7	0.6	0.5
	(3) 消防疏散楼梯，其他民用建筑	3.5	0.7	0.5	0.3
12	阳台：				
	(1) 一般情况	2.5	0.7	0.6	0.5
	(2) 当人群有可能密集时	3.5			

注：1. 本表所给各项活荷载适用于一般使用条件，当使用荷载较大或情况特殊时，应按实际情况采用。

2. 第6项书库活荷载当书架高度大于2m时，书库活荷载尚应按每米书架高度不小于$2.5kN/m^2$确定。

3. 第8项中的客车活荷载只适用于停放载人少于9人的客车。当板跨或柱距不符表中规定时，可按荷载规范规定，将车轮局部荷载换算为等效均布荷载，局部荷载值取4.5kN，分布在0.2m×0.2m的面积上；对其他车辆的车轮局部荷载应按实际最大轮压确定；表中的消防车活荷载是适用于满载总重为300kN的大型车辆。

4. 第11项楼梯活荷载，对预制楼梯踏步平板，尚应按1.5kN集中荷载验算。

5. 本表各项荷载不包括隔墙自重和二次装修荷载。对面定隔墙的自重应按恒荷载考虑，当隔墙位置可灵活自由布置时，非固定隔墙的自重可取每延米长墙重（kN/m）的1/3作为楼面活荷载的附加值（kN/m^2）计入，附加值不宜小于$1.0kN/m^2$。

屋面均布活荷载　　　　**表3.1-3**

项次	类别	标准值 (kN/m^2)	组合值系数 ψ_c	频遇值系数 ψ_f	准永久值系数 ψ_q
1	不上人的屋面：	0.5	0.7	0.5	0
2	上人的屋面	2.0	0.7	0.5	0.4
3	屋顶花园	3.0	0.7	0.6	0.5

注：1. 不上人的屋面，当施工或维修荷载较大时，应按实际情况采用；对不同结构可按有关设计规范的规定，将标准值作$0.2kN/m^2$的增减；

2. 上人的屋面，当兼作其他用途时，应按相应楼面活荷载采用；

3. 对于因屋面排水不畅、堵塞等引起的积水荷载，应采取构造措施加以防止；必要时，应按积水的可能深度确定屋面活荷载；

4. 屋顶花园活荷载不包括花圃土石等材料自重。

3. 屋面直升机停机坪荷载应根据直升机总重按局部荷载考虑，同时其等效均布荷载不低于 5.0kN/m^2。

局部荷载应按直升机实际最大起飞重量确定，当没有机型技术资料时，一般可按要求由轻、中、重三种类型的不同要求，按下述规定选用局部荷载标准值及作用面积：

——轻型，最大起飞重量 2t，局部荷载标准值取 20kN，作用面积 0.20m×0.20m；

——中型，最大起飞重量 4t，局部荷载标准值取 40kN，作用面积 0.25m×0.25m；

——重型，最大起飞重量 6t，局部荷载标准值取 60kN，作用面积 0.30m×0.30m。

荷载的组合值系数应取 0.7，频遇值系数应取 0.6，准永久值系数应取 0。

4. 民用建筑栏杆的水平荷载，住宅、宿舍、办公楼、旅馆、医院、托儿所、幼儿园建筑可取 0.5kN/m；学校、食堂、影剧院、车站、礼堂、展览馆、体育场建筑采用 1.0kN/m。

5. 设计楼面梁、墙、柱及基础时，表 3.1-2 中的楼面活荷载标准值在下列情况下应乘以规定的折减系数。

(1) 设计楼面梁时的折减系数：

1) 第 1 (1) 项当楼面梁从属面积超过 25m^2 时，取 0.9；

2) 第 1 (2) ~7 项当楼面梁从属面积超过 50m^2 时取 0.9；

3) 第 8 项对单向板楼盖的次梁和槽形板的纵肋取 0.8；

对单向板楼盖的主梁取 0.6；

对双向板楼盖的梁取 0.8；

4) 第 9~12 项采用与所属房屋类别相同的折减系数。

(2) 设计墙、柱和基础时的折减系数

1) 第 1 (1) 项按表 3.1-4 规定采用；

2) 第 1 (2) ~7 项采用与其楼面梁相同的折减系数；

3) 第 8 项对单向板楼盖取 0.5；

对双向板楼盖和无梁楼盖取 0.8

4) 第 9~12 项采用与所属房屋类别相同的折减系数。

注：楼面梁的从属面积可按梁两侧各延伸二分之一梁间距的范围内的实际面积确定。

活荷载按楼层的折减系数 **表 3.1-4**

墙、柱、基础计算截面以上的层数	1	2~3	4~5	6~8	9~20	>20
计算截面以上各楼层活荷载总和的折减系数	1.00 (0.90)	0.85	0.70	0.65	0.60	0.55

注：当楼面梁的从属面积超过 25m^2 时，可采用括号内的系数。

6. 钢筋混凝土高层建筑，单位面积的重量标准值与结构类型、层数、使用性质、抗震设防烈度、填充墙材料等有关，根据实际工程的统计结果，下列数值可作为估算地基基础、结构构件截面、结构底部总剪力的参考依据：

框架结构　　　　11~14kN/m^2

框架-剪力墙结构　12~15kN/m^2

剪力墙结构　　　13~16kN/m^2

框架-核心筒结构　13~15kN/m^2

当建筑物高度较高（大于30层）可取上限，较低时可取下限。

目前国内钢筋混凝土结构高层建筑单位面积的重量（恒载和活载）当中活载平均约2～3kN/m^2，只占全部竖向荷载的15%～20%，活载不利分布的影响较小。另一方面，高层建筑结构层数很多，每层的房间也很多，活载在各层间的分布情况极其繁多，难以一一计算。因此在实际工程设计中，一般将恒载与活载合并计算，按满布考虑，不再分各种分布情况一一计算。

所以高层建筑结构的活荷载在计算内力时可不作最不利布置。当活荷载大于4kN/m^{2}时，宜考虑框架梁的弯矩放大。

7. 施工中采用附墙塔、爬塔等对结构受力有影响的起重机械或其他施工设备时，在结构设计中应根据具体情况验算施工荷载的影响。

旋转餐厅轨道和驱动设备的重量应按实际情况确定。

擦窗机等清洗设备应按其实际情况确定其重量的大小和作用位置。

8. 直升机平台的活荷载应采用下列诸项中能使平台产生最大内力的荷载：

（1）直升机的最大起飞重量；

（2）集中冲击荷载，作用面积0.1m^2，荷载大小等于0.75倍最大起飞重量（当装有液压减振装置时）或1.5倍最大起飞重量（当装有刚性或滑橇式起落架时）；

（3）考虑拆减的均布活荷载5kN/m^2，折减系数按下式中较小者决定，但不低于0.4；

$$\eta = 0.008(A - 14) \tag{3.1-1}$$

$$\eta = 0.23\left(1 + \frac{g}{q}\right) \tag{3.1-2}$$

式中 η——折减系数；

A——平台面积（m^2）；

g——恒荷载（kN/m^2）

q——活荷载（kN/m^2）。

一部分直升机的有关数据参见表3.1-5。

一些轻型直升机的技术数据 **表3.1-5**

机型	生产国	空重 (kN)	最大起飞重 (kN)	尺寸			
				旋翼直径 (m)	机长 (m)	机宽 (m)	机高 (m)
Z-9（直9）	中国	19.75	40.00	11.68	13.29		3.31*
SA360海豚	法国	18.23	34.00	11.68	11.40		3.50
SA315美洲驼	法国	10.14	19.50	11.02	12.92		3.09
SA350松鼠	法国	12.88	24.00	10.69	12.99	1.08	3.02
SA341小羚羊	法国	9.17	18.00	10.50	11.97		3.15
BK-117	西德	16.50	28.50	11.00	13.00	1.60	3.36
B0-105	西德	12.56	24.00	9.84	8.56		3.00
山猫	英、法	30.70	45.35	12.80	12.06		3.66
S-76	美国	25.40	46.70	13.41	13.22	2.13	4.41
贝尔-205	美国	22.55	43.09	14.63	17.40		4.42
贝尔-206	美国	6.60	14.51	10.16	9.50		2.91
贝尔-500	美国	6.64	13.61	8.05	7.49	2.71	2.59

续表

机型	生产国	空重 (kN)	最大起飞重 (kN)	尺寸			
				旋翼直径 (m)	机长 (m)	机宽 (m)	机高 (m)
贝尔-222	美国	22.04	35.60	12.12	12.50	3.18	3.51
A109A	意大利	14.66	24.50	11.00	13.05	1.42	3.30

注：直9主轮距2.03m，前后轮距3.61m。

3.2 风荷载及雪荷载

1. 对于主要承重结构，风荷载标准值的表达可有两种形式，其一为平均风压加上由脉动风引起结构风振的等效风压；另一种为平均风压乘以风振系数。由于结构的风振计算中，往往是第1振型起主要作用，因而我国与大多数国家相同，采用后一种表达形式，即采用风振系数 β_z。它综合考虑了结构在风荷载作用下的动力响应，其中包括风速随时间、空间的变异性和结构的阻尼特性等因素。

垂直于建筑物表面上的风荷载标准值，当计算主要承重结构时应按下式计算：

$$w_k = \beta_z \mu_s \mu_z w_0 \tag{3.2-1}$$

式中 w_k——风荷载标准值（kN/m^2）；

β_z——高度 z 处的风振系数；

μ_s——风荷载体型系数；

μ_z——风压高度变化系数；

w_0——基本风压（kN/m^2）。

当计算围护结构时应按下式计算：

$$w_k = \beta_{gz} \mu_s \mu_z w_0 \tag{3.2-2}$$

式中 β_{gz}——高度 z 处的阵风系数，见表3.2-5。

基本风压系以当地比较空旷平坦地面上离地10m高统计所得的50年（$n=50$）一遇10分钟平均最大风速 v_0（m/s）为标准，按 $w_0=\frac{1}{2}\rho v_0^2$ 确定的风压；ρ 为空气密度（t/m^3）

2. 基本风压 w_0 应根据表3.2-1中50年（$n=50$）一遇的数值采用，中的数值采用，对于特别重要或对风荷载比较敏感的高层建筑应按表3.2-1中100年（$n=100$）一遇的数值采用。

全国各城市的 *n* 年一遇雪压和风压 **表3.2-1**

省市名	城市名	海拔高度 (m)	风压（kN/m^2）			雪压（kN/m^2）			雪荷载准永久值系数分区
			$n=10$	$n=50$	$n=100$	$n=10$	$n=50$	$n=100$	
北京		54.0	0.30	0.45	0.50	0.25	0.40	0.45	Ⅱ
天津	天津市	3.3	0.30	0.50	0.60	0.25	0.40	0.45	Ⅱ
	塘沽	3.2	0.40	0.55	0.60	0.20	0.35	0.40	Ⅱ

续表

省市名	城市名	海拔高度 (m)	风压（kN/m²）			雪压（kN/m²）			雪荷载准永久值系数分区
			$n=10$	$n=50$	$n=100$	$n=10$	$n=50$	$n=100$	
上海		2.8	0.40	0.55	0.60	0.10	0.20	0.25	Ⅲ
重庆		259.1	0.25	0.40	0.45				
河北	石家庄市	80.5	0.25	0.35	0.40	0.20	0.30	0.35	Ⅱ
	蔚县	909.5	0.20	0.30	0.35	0.20	0.30	0.35	Ⅱ
	邢台市	76.8	0.20	0.30	0.35	0.25	0.35	0.40	Ⅱ
	丰宁	659.7	0.30	0.40	0.45	0.15	0.25	0.30	Ⅱ
	围场	842.8	0.35	0.45	0.50	0.20	0.30	0.35	Ⅱ
	张家口市	724.2	0.35	0.55	0.60	0.15	0.25	0.30	Ⅱ
	怀来	536.8	0.25	0.35	0.40	0.15	0.20	0.25	Ⅱ
	承德市	377.2	0.30	0.40	0.45	0.20	0.30	0.35	Ⅱ
	遵化	54.9	0.30	0.40	0.45	0.25	0.40	0.50	Ⅱ
	青龙	227.2	0.25	0.30	0.35	0.25	0.40	0.45	Ⅱ
	秦皇岛市	2.1	0.35	0.45	0.50	0.15	0.25	0.30	Ⅱ
	霸县	9.0	0.25	0.40	0.45	0.20	0.30	0.35	Ⅱ
	唐山市	27.8	0.30	0.40	0.45	0.20	0.35	0.40	Ⅱ
	乐亭	10.5	0.30	0.40	0.45	0.25	0.40	0.45	Ⅱ
	保定市	17.2	0.30	0.40	0.45	0.20	0.35	0.40	Ⅱ
	饶阳	18.9	0.30	0.35	0.40	0.20	0.30	0.35	Ⅱ
	沧州市	9.6	0.30	0.40	0.45	0.20	0.30	0.35	Ⅱ
	黄骅	6.6	30	0.40	0.45	0.20	0.30	0.35	Ⅱ
	南宫市	27.4	0.25	0.35	0.40	0.15	0.25	0.30	Ⅱ
山西	太原市	778.3	0.30	0.40	0.45	0.25	0.35	0.40	Ⅱ
	右玉	134.8				0.20	0.30	0.35	Ⅱ
	大同市	1067.2	0.35	0.55	0.65	0.15	0.25	0.30	Ⅱ
	河曲	861.5	0.30	0.50	0.60	0.20	0.30	0.35	Ⅱ
	五寨	1401.0	0.30	0.40	0.45	0.20	0.25	0.30	Ⅱ
	兴县	1012.6	0.25	0.45	0.55	0.20	0.25	0.30	Ⅱ
	原平	828.2	0.30	0.50	0.60	0.20	0.30	0.35	Ⅱ
	离石	950.8	0.30	0.45	0.50	0.20	0.30	0.35	Ⅱ
	阳泉市	741.9	0.30	0.40	0.45	0.20	0.35	0.40	Ⅱ
	榆社	1041.4	0.20	0.30	0.35	0.20	0.30	0.35	Ⅱ
	隰县	1052.7	0.25	0.35	0.40	0.20	0.30	0.35	Ⅱ
	介休	743.9	0.25	0.40	0.45	0.20	0.30	0.35	Ⅱ
	临汾市	449.5	0.25	0.40	0.45	0.15	0.25	0.30	Ⅱ

续表

省市名	城市名	海拔高度(m)	风压（kN/m²）			雪压（kN/m²）			雪荷载准永久值系数分区
			$n=10$	$n=50$	$n=100$	$n=10$	$n=50$	$n=100$	
山西	长治县	991.8	0.30	0.50	0.60				
	运城市	376.0	0.30	0.40	0.45	0.15	0.25	0.30	Ⅱ
	阳城	659.5	0.30	0.45	0.50	0.20	0.30	0.35	Ⅱ
内蒙古	呼和浩特市	1063.0	0.35	0.55	0.60	0.25	0.40	0.45	Ⅱ
	额右旗拉布达林	581.4	0.35	0.50	0.60	0.35	0.45	0.50	Ⅰ
	牙克石市图里河	732.6	0.30	0.40	0.45	0.40	0.60	0.70	Ⅰ
	满洲里市	661.7	0.50	0.65	0.70	0.20	0.30	0.35	Ⅰ
	海拉尔市	610.2	0.45	0.65	0.75	0.35	0.45	0.50	Ⅰ
	鄂伦春小二沟	286.1	0.30	0.40	0.45	0.35	0.50	0.55	Ⅰ
	新巴尔虎右旗	554.2	0.45	0.60	0.65	0.25	0.40	0.45	Ⅰ
	新巴尔虎左旗阿木古朗	642.0	0.40	0.55	0.60	0.25	0.35	0.40	Ⅰ
	牙克石市博克图	739.7	0.40	0.55	0.60	0.35	0.55	0.65	Ⅰ
	扎兰屯市	306.5	0.30	0.40	0.45	0.35	0.55	0.65	Ⅰ
	科右翼前旗阿尔山	1027.4	0.35	0.50	0.55	0.45	0.60	0.70	Ⅰ
	科右翼前旗索伦	501.8	0.45	0.55	0.60	0.25	0.35	0.40	Ⅰ
	乌兰浩特市	274.7	0.40	0.55	0.60	0.20	0.30	0.35	Ⅰ
	东乌珠穆沁旗	838.7	0.35	0.55	0.65	0.20	0.30	0.35	Ⅰ
	额济纳旗	940.50	0.40	0.60	0.70	0.05	0.10	0.15	Ⅱ
	额济纳旗拐子湖	960.0	0.45	0.55	0.60	0.05	0.10	0.10	Ⅱ
	阿左旗巴彦毛道	1328.1	0.40	0.55	0.60	0.05	0.10	0.15	Ⅱ
	阿拉善右旗	1510.1	0.45	0.55	0.60	0.05	0.10	0.10	Ⅱ
	二连浩特市	964.7	0.55	0.65	0.70	0.15	0.25	0.30	Ⅱ
	那仁宝力格	1181.6	0.40	0.55	0.60	0.20	0.30	0.35	Ⅰ
	达茂旗满都拉	1225.2	0.50	0.75	0.85	0.15	0.20	0.25	Ⅱ
	阿巴嘎旗	1126.1	0.35	0.50	0.55	0.25	0.35	0.40	Ⅰ
	苏尼特左旗	1111.4	0.40	0.50	0.55	0.25	0.35	0.40	Ⅰ
	乌拉特后旗海力素	1509.6	0.45	0.50	0.55	0.10	0.15	0.20	Ⅱ
	苏尼特右旗朱日和	1150.8	0.50	0.65	0.75	0.15	0.20	0.25	Ⅱ
	乌拉特中旗海流图	1288.0	0.45	0.60	0.65	0.20	0.30	0.35	Ⅱ
	百灵庙	1376.6	0.50	0.75	0.85	0.25	0.35	0.40	Ⅱ
	四子王旗	1490.1	0.40	0.60	0.70	0.30	0.45	0.55	Ⅱ
	化德	1482.7	0.45	0.75	0.85	0.15	0.25	0.30	Ⅱ
	杭锦后旗陕坝	1056.7	0.30	0.45	0.50	0.15	0.20	0.25	Ⅱ
	包头市	1067.2	0.35	0.55	0.60	0.15	0.25	0.30	Ⅱ
	集宁市	1419.3	0.40	0.60	0.70	0.25	0.35	0.40	Ⅱ

续表

省市名	城市名	海拔高度(m)	风压（kN/m²）			雪压（kN/m²）			雪荷载准永久值系数分区
			$n=10$	$n=50$	$n=100$	$n=10$	$n=50$	$n=100$	
内蒙古	阿拉善左旗吉兰泰	1031.8	0.35	0.50	0.55	0.5	0.10	0.15	Ⅱ
	临河市	1039.3	0.30	0.50	0.60	0.15	0.25	0.30	Ⅱ
	鄂托克旗	1380.3	0.35	0.55	0.65	0.15	0.20	0.20	Ⅱ
	东胜市	1460.4	0.30	0.50	0.60	0.25	0.35	0.40	Ⅱ
	阿腾席连	1329.3	0.40	0.50	0.55	0.20	0.30	0.35	Ⅱ
	巴彦浩特	1561.4	0.40	0.60	0.70	0.15	0.20	0.25	Ⅱ
	西乌珠穆沁旗	995.9	0.45	0.55	0.60	0.30	0.40	0.45	Ⅰ
	扎鲁特鲁北	265.0	0.40	0.55	0.60	0.20	0.30	0.35	Ⅱ
	巴林左旗林东	484.4	0.40	0.55	0.60	0.20	0.30	0.35	Ⅱ
	锡林浩特市	989.5	0.40	0.55	0.60	0.25	0.40	0.45	Ⅱ
	林西	799.0	0.45	0.60	0.70	0.25	0.40	0.45	Ⅰ
	开鲁	241.0	0.40	0.55	0.60	0.20	0.30	0.35	Ⅱ
	通辽市	178.5	0.40	0.55	0.60	0.20	0.30	0.35	Ⅱ
	多伦	1245.4	0.40	0.55	0.60	0.20	0.30	0.35	Ⅰ
	翁牛特旗乌丹	631.8				0.20	0.30	0.35	Ⅱ
	赤峰市	571.1	0.30	0.55	0.65	0.20	0.30	0.35	Ⅱ
	敖汉旗宝国图	400.5	0.40	0.50	0.55	0.25	0.40	0.45	Ⅱ
辽宁	沈阳市	42.8	0.40	0.55	0.60	0.30	0.50	0.55	Ⅰ
	彰武	79.4	0.35	0.45	0.50	0.20	0.30	0.35	Ⅱ
	阜新市	144.0	0.40	0.60	0.70	0.25	0.40	0.45	Ⅱ
	开原	98.2	0.30	0.45	0.50	0.30	0.40	0.45	Ⅰ
	清原	234.1	0.25	0.40	0.45	0.35	0.50	0.60	Ⅰ
	朝阳市	169.2	0.40	0.55	0.60	0.30	0.45	0.55	Ⅱ
	建平县叶柏寿	421.7	0.30	0.35	0.40	0.25	0.35	0.40	Ⅱ
	黑山	37.5	0.45	0.65	0.75	0.30	0.45	0.50	Ⅱ
	锦州市	65.9	0.40	0.60	0.70	0.30	0.40	0.45	Ⅱ
	鞍山市	77.3	0.30	0.50	0.60	0.30	0.40	0.45	Ⅱ
	本溪市	185.2	0.35	0.45	0.50	0.40	0.55	0.60	Ⅰ
	抚顺市章党	118.5	0.30	0.45	0.50	0.35	0.45	0.50	Ⅰ
	桓仁	240.3	0.25	0.30	0.35	0.35	0.50	0.55	Ⅰ
	绥中	15.3	0.25	0.40	0.45	0.25	0.35	0.40	Ⅱ
	兴城市	8.8	0.35	0.45	0.50	0.20	0.30	0.35	Ⅱ
	营口市	3.3	0.40	0.60	0.70	0.30	0.40	0.45	Ⅱ
	盖县熊岳	20.4	0.30	0.40	0.45	0.25	0.40	0.45	Ⅱ
	本溪县草河口	233.4	0.25	0.45	0.55	0.35	0.55	0.60	Ⅰ

续表

省市名	城市名	海拔高度(m)	风压(kN/m²)			雪压(kN/m²)			雪荷载准永久值系数分区
			$n=10$	$n=50$	$n=100$	$n=10$	$n=50$	$n=100$	
辽宁	岫岩	79.3	0.30	0.45	0.50	0.35	0.50	0.55	Ⅱ
	宽甸	260.1	0.30	0.50	0.60	0.40	0.60	0.70	
	丹东市	15.1	0.35	0.55	0.65	0.30	0.40	0.45	Ⅱ
	瓦房店市	29.3	0.35	0.50	0.55	0.20	0.30	0.35	Ⅱ
	新金县皮口	43.2	0.35	0.50	0.55	0.20	0.30	0.35	Ⅱ
	庄河	34.8	0.35	0.50	0.55	0.25	0.35	0.40	Ⅱ
	大连市	91.5	0.40	0.65	0.75	0.25	0.40	0.45	Ⅱ
吉林	长春市	236.8	0.45	0.65	0.75	0.25	0.35	0.40	Ⅰ
	白城市	155.4	0.45	0.65	0.75	0.15	0.20	0.25	Ⅱ
	乾安	146.3	0.35	0.45	0.50	0.15	0.20	0.25	Ⅱ
	前郭尔罗斯	134.7	0.30	0.45	0.50	0.15	0.25	0.30	Ⅱ
	通榆	149.5	0.35	0.50	0.55	0.15	0.20	0.25	Ⅱ
	长岭	189.3	0.30	0.45	0.50	0.15	0.20	0.25	Ⅱ
	扶余市三岔河	196.6	0.35	0.55	0.65	0.20	0.30	0.35	Ⅰ
	双辽	114.9	0.35	0.50	0.55	0.20	0.30	0.35	Ⅱ
	四平市	164.2	0.40	0.55	0.60	0.20	0.35	0.40	Ⅰ
	磐石县烟筒山	271.6	0.30	0.40	0.45	0.25	0.40	0.45	Ⅰ
	吉林市	183.4	0.40	0.50	0.55	0.30	0.45	0.50	Ⅰ
	蛟河	295.0	0.30	0.45	0.50	0.40	0.65	0.75	Ⅰ
	敦化市	523.7	0.30	0.45	0.50	0.30	0.50	0.60	Ⅰ
	梅河口市	339.9	0.30	0.40	0.45	0.30	0.45	0.50	Ⅰ
	桦甸	263.8	0.30	0.40	0.45	0.40	0.65	0.75	Ⅰ
	靖宇	549.2	0.25	0.35	0.40	0.40	0.60	0.70	Ⅰ
	抚松县东岗	774.2	0.30	0.40	0.45	0.60	0.90	1.05	Ⅰ
	延吉市	176.8	0.35	0.50	0.55	0.35	0.55	0.65	Ⅰ
	通化市	402.9	0.30	0.50	0.60	0.50	0.80	0.90	Ⅰ
	浑江市临江	332.7	0.20	0.30	0.35	0.45	0.70	0.80	Ⅰ
	集安市	177.7	0.20	0.30	0.35	0.45	0.70	0.80	Ⅰ
	长白	1016.7	0.35	0.45	0.50	0.40	0.60	0.70	Ⅰ
黑龙江	哈尔滨市	142.3	0.35	0.55	0.65	0.30	0.45	0.50	Ⅰ
	漠河	296.0	0.25	0.35	0.40	0.50	0.65	0.70	Ⅰ
	塔河	357.4	0.25	0.30	0.35	0.45	0.60	0.65	Ⅰ
	新林	494.6	0.25	0.35	0.40	0.40	0.50	0.55	Ⅰ
	呼玛	177.4	0.30	0.50	0.60	0.35	0.45	0.50	Ⅰ
	加格达奇	371.7	0.25	0.35	0.40	0.40	0.55	0.60	Ⅰ

续表

省市名	城市名	海拔高度(m)	风压(kN/m²)			雪压(kN/m²)			雪荷载准永久值系数分区
			$n=10$	$n=50$	$n=100$	$n=10$	$n=50$	$n=100$	
黑龙江	黑河市	166.4	0.35	0.50	0.55	0.45	0.60	0.65	Ⅰ
	嫩江	242.2	0.40	0.55	0.60	0.40	0.55	0.60	Ⅰ
	孙吴	234.5	0.40	0.60	0.70	0.40	0.55	0.60	Ⅰ
	北安市	269.7	0.30	0.50	0.60	0.40	0.55	0.60	Ⅰ
	克山	234.6	0.30	0.45	0.50	0.30	0.50	0.55	Ⅰ
	富裕	162.4	0.30	0.40	0.45	0.25	0.35	0.40	Ⅰ
	齐齐哈尔市	145.9	0.35	0.45	0.50	0.25	0.40	0.45	Ⅰ
	海伦	239.2	0.35	0.55	0.65	0.30	0.40	0.45	Ⅰ
	明水	249.2	0.35	0.45	0.50	0.25	0.40	0.45	Ⅰ
	伊春市	240.9	0.25	0.35	0.40	0.45	0.60	0.65	Ⅰ
	鹤岗市	227.9	0.30	0.40	0.45	0.45	0.65	0.70	Ⅰ
	富锦	64.2	0.30	0.45	0.50	0.35	0.45	0.50	Ⅰ
	泰来	149.5	0.30	0.45	0.50	0.20	0.30	0.35	Ⅰ
	绥化市	179.6	0.35	0.55	0.65	0.35	0.50	0.60	Ⅰ
	安达市	149.3	0.35	0.55	0.65	0.20	0.30	0.35	Ⅰ
	铁力	210.5	0.25	0.35	0.40	0.50	0.75	0.85	Ⅰ
	佳木斯市	81.2	0.40	0.65	0.75	0.45	0.65	0.70	Ⅰ
	依兰	100.1	0.45	0.65	0.75				
	宝清	83.0	0.30	0.40	0.45	0.35	0.50	0.55	Ⅰ
	通河	108.6	0.35	0.50	0.55	0.50	0.75	0.85	Ⅰ
	尚志	189.7	0.35	0.55	0.60	0.40	0.55	0.60	Ⅰ
	鸡西市	233.6	0.40	0.55	0.65	0.45	0.65	0.75	Ⅰ
	虎林	100.2	0.35	0.45	0.50	0.50	0.70	0.80	Ⅰ
	牡丹江市	241.4	0.35	0.50	0.55	0.40	0.60	0.65	Ⅰ
	绥芬河市	496.7	0.40	0.60	0.70	0.40	0.55	0.60	Ⅰ
山东	济南市	51.6	0.30	0.45	0.50	0.20	0.30	0.35	Ⅱ
	德州市	21.2	0.30	0.45	0.50	0.20	0.35	0.40	Ⅱ
	惠民	11.3	0.40	0.50	0.55	0.25	0.35	0.40	Ⅱ
	寿光县羊角沟	4.4	0.30	0.45	0.50	0.15	0.25	0.30	Ⅱ
	龙口市	4.8	0.45	0.60	0.65	0.25	0.35	0.40	Ⅱ
	烟台市	46.7	0.40	0.55	0.60	0.30	0.40	0.45	Ⅱ
	威海市	46.6	0.45	0.65	0.75	0.30	0.45	0.50	Ⅱ
	荣成市成山头	47.7	0.60	0.70	0.75	0.25	0.40	0.45	Ⅱ
	莘县朝城	42.7	0.35	0.45	0.50	0.25	0.35	0.40	Ⅱ
	泰安市泰山	1533.7	0.65	0.85	0.95	0.40	0.55	0.60	Ⅱ

续表

省市名	城市名	海拔高度（m）	风压（kN/m²）			雪压（kN/m²）			雪荷载准永久值系数分区
			$n=10$	$n=50$	$n=100$	$n=10$	$n=50$	$n=100$	
山东	泰安市	128.8	0.30	0.40	0.45	0.20	0.35	0.40	Ⅱ
	淄博市张店	34.0	0.30	0.40	0.45	0.30	0.45	0.50	Ⅱ
	沂源	304.5	0.30	0.35	0.40	0.20	0.30	0.35	Ⅱ
	潍坊市	44.1	0.30	0.40	0.45	0.25	0.35	0.40	Ⅱ
	莱阳市	30.5	0.30	0.40	0.45	0.15	0.25	0.30	Ⅱ
	青岛市	76.0	0.45	0.60	0.70	0.15	0.20	0.25	Ⅱ
	海阳	65.2	0.40	0.55	0.60	0.10	0.15	0.15	Ⅱ
	荣成市石岛	33.7	0.40	0.55	0.65	0.10	0.15	0.15	Ⅱ
	荷泽市	49.7	0.25	0.40	0.45	0.20	0.30	0.35	Ⅱ
	兖州	51.7	0.25	0.40	0.45	0.25	0.35	0.45	Ⅱ
	莒县	107.4	0.25	0.35	0.40	0.20	0.35	0.40	Ⅱ
	临沂	87.9	0.30	0.40	0.45	0.25	0.40	0.45	Ⅱ
	日照市	16.1	0.30	0.40	0.45				
江苏	南京市	8.9	0.25	0.40	0.45	0.40	0.65	0.75	Ⅱ
	徐州市	41.0	0.25	0.35	0.40	0.25	0.35	0.40	Ⅱ
	赣榆	2.1	0.30	0.45	0.50	0.25	0.35	0.40	Ⅱ
	盱眙	34.5	0.25	0.35	0.40	0.20	0.30	0.35	Ⅱ
	淮阴市	17.5	0.25	0.40	0.45	0.25	0.40	0.45	Ⅱ
	射阳	2.0	0.30	0.40	0.45	0.15	0.20	0.25	Ⅲ
	镇江	26.5	0.30	0.40	0.45	0.25	0.35	0.40	Ⅲ
	无锡	6.7	0.30	0.45	0.50	0.30	0.40	0.45	Ⅲ
	泰州	6.6	0.25	0.40	0.45	0.25	0.35	0.40	Ⅲ
	连云港	3.7	0.35	0.55	0.65	0.25	0.40	0.45	Ⅱ
	盐城	3.6	0.25	0.45	0.55	0.20	0.35	0.40	Ⅱ
	高邮	5.4	0.25	0.40	0.45	0.20	0.35	0.40	Ⅲ
	东台市	4.3	0.30	0.40	0.45	0.20	0.30	0.35	Ⅲ
	南通市	5.3	0.30	0.45	0.50	0.15	0.25	0.30	Ⅲ
	启东县吕泗	5.5	0.35	0.50	0.55	0.10	0.20	0.25	Ⅲ
	常州市	4.9	0.25	0.40	0.45	0.20	0.35	0.40	Ⅲ
	溧阳	7.2	0.25	0.40	0.45	0.30	0.50	0.55	Ⅲ
	吴县东山	17.5	0.30	0.45	0.50	0.25	0.40	0.45	Ⅲ
浙江	杭州市	41.7	0.30	0.45	0.50	0.30	0.45	0.50	Ⅲ
	临安县天目山	1505.9	0.55	0.70	0.80	0.100	0.160	0.185	Ⅱ
	平湖县乍浦	5.4	0.35	0.45	0.50	0.25	0.35	0.40	Ⅲ
	慈溪市	7.1	0.30	0.45	0.50	0.25	0.35	0.40	Ⅲ

续表

省市名	城市名	海拔高度(m)	风压（kN/m²）			雪压（kN/m²）			雪荷载准永久值系数分区
			$n=10$	$n=50$	$n=100$	$n=10$	$n=50$	$n=100$	
浙江	嵊泗	79.6	0.85	1.30	1.55				
	嵊泗县嵊山	124.6	0.95	1.50	1.75				
	舟山市	35.7	0.50	0.85	1.00	0.30	0.50	0.60	Ⅲ
	金华市	62.6	0.25	0.35	0.40	0.35	0.55	0.65	Ⅲ
	嵊县	104.3	0.25	0.40	0.50	0.35	0.55	0.65	Ⅲ
	宁波市	4.2	0.30	0.50	0.60	0.20	0.30	0.35	Ⅲ
	象山县石浦	128.4	0.75	1.20	1.40	0.20	0.30	0.35	Ⅲ
	衢州市	66.9	0.25	0.35	0.40	0.30	0.50	0.60	Ⅲ
	丽水市	60.8	0.20	0.30	0.35	0.30	0.45	0.50	Ⅲ
	龙泉	198.4	0.20	0.30	0.35	0.35	0.55	0.65	Ⅲ
	临海市括苍山	1383.1	0.60	0.90	1.05	0.40	0.60	0.70	Ⅲ
	温州市	6.0	0.35	0.60	0.70	0.25	0.35	0.40	Ⅲ
	椒江市洪家	1.3	0.35	0.55	0.65	0.20	0.30	0.35	Ⅲ
	椒江市下大陈	86.2	0.90	1.40	1.65	0.25	0.35	0.40	Ⅲ
	玉环县坎门	95.9	0.70	1.20	1.45	0.20	0.35	0.40	Ⅲ
	瑞安市北麂	42.3	0.95	1.60	1.90				
安徽	合肥市	27.9	0.25	0.35	0.40	0.40	0.60	0.70	Ⅱ
	砀山	43.2	0.25	0.35	0.40	0.25	0.40	0.45	Ⅱ
	亳州市	37.7	0.25	0.45	0.55	0.25	0.40	0.45	Ⅱ
	宿县	25.9	0.25	0.40	0.50	0.25	0.40	0.45	Ⅱ
	寿县	22.7	0.25	0.35	0.40	0.30	0.50	0.55	Ⅱ
	蚌埠市	18.7	0.25	0.35	0.40	0.30	0.45	0.55	Ⅱ
	滁县	25.3	0.25	0.35	0.40	0.25	0.40	0.45	Ⅱ
	六安市	60.5	0.20	0.35	0.40	0.35	0.55	0.60	Ⅱ
	霍山	68.1	0.20	0.35	0.40	0.40	0.60	0.65	Ⅱ
	巢县	22.4	0.25	0.35	0.40	0.30	0.45	0.50	Ⅱ
	安庆市	19.8	0.25	0.40	0.45	0.20	0.35	0.40	Ⅲ
	宁国	89.4	0.25	0.35	0.40	0.30	0.50	0.55	Ⅲ
	黄山	1840.4	0.50	0.70	0.80	0.35	0.45	0.50	Ⅲ
	黄山市	142.7	0.25	0.35	0.40	0.30	0.45	0.50	Ⅲ
	阜阳市	30.6				0.35	0.55	0.60	Ⅲ
江西	南昌市	46.7	0.30	0.45	0.55	0.30	0.45	0.50	Ⅲ
	修水	146.8	0.20	0.30	0.35	0.25	0.40	0.50	Ⅲ
	宜春市	131.3	0.20	0.30	0.35	0.25	0.40	0.45	Ⅲ
	吉安	76.4	0.25	0.30	0.35	0.25	0.35	0.45	Ⅲ

续表

省市名	城市名	海拔高度(m)	风压(kN/m²)			雪压(kN/m²)			雪荷载准永久值系数分区
			$n=10$	$n=50$	$n=100$	$n=10$	$n=50$	$n=100$	
江西	宁冈	263.1	0.20	0.30	0.35	0.30	0.45	0.50	Ⅲ
	遂川	126.1	0.20	0.30	0.35	0.30	0.45	0.55	Ⅲ
	赣州市	123.8	0.20	0.30	0.35	0.20	0.35	0.40	Ⅲ
	九江	36.1	0.25	0.35	0.40	0.30	0.40	0.45	Ⅲ
	庐山	1164.5	0.40	0.55	0.60	0.55	0.75	0.85	Ⅲ
	波阳	40.1	0.25	0.40	0.45	0.35	0.60	0.70	Ⅲ
	景德镇市	61.5	0.25	0.35	0.40	0.25	0.35	0.40	Ⅲ
	樟树市	30.4	0.20	0.30	0.35	0.25	0.40	0.45	Ⅲ
	贵溪	51.2	0.20	0.30	0.35	0.35	0.50	0.60	Ⅲ
	玉山	116.3	0.20	0.30	0.35	0.35	0.55	0.65	Ⅲ
	南城	80.8	0.25	0.30	0.35	0.20	0.35	0.40	Ⅲ
	广昌	143.8	0.20	0.30	0.35	0.30	0.45	0.50	Ⅲ
	寻乌	303.9	0.25	0.30	0.35				
福建	福州市	83.8	0.40	0.70	0.85				
	邵武市	191.5	0.20	0.30	0.35	0.25	0.35	0.40	Ⅲ
	铅山县七仙山	1401.9	0.55	0.70	0.80	0.40	0.60	0.70	Ⅲ
	浦城	276.9	0.20	0.30	0.35	0.35	0.55	0.65	Ⅲ
	建阳	196.9	0.25	0.35	0.40	0.35	0.50	0.55	Ⅲ
	建瓯	154.9	0.25	0.35	0.40	0.25	0.35	0.40	Ⅲ
	福鼎	36.2	0.35	0.70	0.90				
	泰宁	342.9	0.20	0.30	0.35	0.30	0.50	0.60	Ⅲ
	南平市	125.6	0.20	0.35	0.45				
	福鼎县台山	106.6	0.75	1.00	1.10				
	长汀	310.0	0.20	0.35	0.40	0.15	0.25	0.30	Ⅲ
	上杭	197.9	0.25	0.30	0.35				
	永安市	206.0	0.25	0.40	0.45				
	龙岩市	342.3	0.20	0.35	0.45				
	德化县九仙山	1653.5	0.60	0.80	0.90	0.25	0.40	0.50	Ⅲ
	屏南	896.5	0.20	0.30	0.35	0.25	0.45	0.50	Ⅲ
	平潭	32.4	0.75	1.30	1.60				
	崇武	21.8	0.55	0.80	0.90				
	厦门市	139.4	0.50	0.80	0.95				
	东山	53.3	0.80	1.25	1.45				
陕西	西安市	397.5	0.25	0.35	0.40	0.20	0.25	0.30	Ⅱ
	榆林市	1057.5	0.25	0.40	0.45	0.20	0.25	0.30	Ⅱ

续表

省市名	城市名	海拔高度(m)	风压(kN/m^2)			雪压(kN/m^2)			雪荷载准永久值系数分区
			$n=10$	$n=50$	$n=100$	$n=10$	$n=50$	$n=100$	
陕西	吴旗	1272.6	0.25	0.40	0.50	0.15	0.20	0.20	Ⅱ
	横山	1111.0	0.30	0.40	0.45	0.15	0.25	0.30	Ⅱ
	绥德	929.7	0.30	0.40	0.45	0.20	0.35	0.40	Ⅲ
	延安市	957.8	0.25	0.35	0.40	0.15	0.25	0.30	Ⅱ
	长武	1206.5	0.20	0.30	0.35	0.20	0.30	0.35	Ⅱ
	洛川	1158.3	0.25	0.35	0.40	0.25	0.35	0.40	Ⅱ
	铜川市	978.9	0.20	0.35	0.40	0.15	0.20	0.25	Ⅱ
	宝鸡市	612.4	0.20	0.35	0.40	0.15	0.20	0.25	Ⅱ
	武功	447.8	0.20	0.35	0.40	0.20	0.25	0.30	Ⅱ
	华阴县华山	2064.9	0.40	0.50	0.55	0.50	0.70	0.75	Ⅱ
	略阳	794.2	0.25	0.35	0.40	0.10	0.15	0.15	Ⅲ
	汉中市	508.4	0.20	0.30	0.35	0.15	0.20	0.25	Ⅲ
	佛坪	1087.7	0.25	0.30	0.35	0.15	0.25	0.30	Ⅲ
	商州市	742.2	0.25	0.30	0.35	0.20	0.30	0.35	Ⅱ
	镇安	693.7	0.20	0.30	0.35	0.20	0.30	0.35	Ⅲ
	石泉	484.9	0.20	0.30	0.35	0.20	0.30	0.35	Ⅲ
	安康市	290.8	0.30	0.45	0.50	0.10	0.15	0.20	Ⅲ
甘肃	兰州市	1517.2	0.20	0.30	0.35	0.10	0.15	0.20	Ⅱ
	吉诃德	966.5	0.45	0.55	0.60				
	安西	1170.8	0.40	0.55	0.60	0.10	0.20	0.25	Ⅱ
	酒泉市	1477.2	0.40	0.55	0.60	0.20	0.30	0.35	Ⅱ
	张掖市	1482.7	0.30	0.50	0.60	0.05	0.10	0.15	Ⅱ
	武威市	1530.9	0.35	0.55	0.65	0.15	0.20	0.25	Ⅱ
	民勤	1367.0	0.40	0.50	0.55	0.05	0.10	0.10	Ⅱ
	乌鞘岭	3045.1	0.35	0.40	0.45	0.35	0.55	0.60	Ⅱ
	景泰	1630.5	0.25	0.40	0.45	0.10	0.15	0.20	Ⅱ
	靖远	1398.2	0.20	0.30	0.35	0.15	0.20	0.25	Ⅱ
	临夏市	1917.0	0.20	0.30	0.35	0.15	0.25	0.30	Ⅱ
	临洮	1886.6	0.20	0.30	0.35	0.30	0.50	0.55	Ⅱ
	华家岭	2450.6	0.30	0.40	0.45	0.25	0.40	0.45	Ⅱ
	环县	1255.6	0.20	0.30	0.35	0.15	0.25	0.30	Ⅱ
	平凉市	1346.6	0.25	0.30	0.35	0.15	0.25	0.30	Ⅱ
	西峰镇	1421.0	0.20	0.30	0.35	0.25	0.40	0.45	Ⅱ
	玛曲	3471.4	0.25	0.30	0.35	0.15	0.20	0.25	Ⅱ
	夏河县合作	2910.0	0.25	0.30	0.35	0.25	0.40	0.45	Ⅱ

续表

省市名	城市名	海拔高度(m)	风压(kN/m²)			雪压(kN/m²)			雪荷载准永久值系数分区
			n=10	n=50	n=100	n=10	n=50	n=100	
甘肃	武都	1079.1	0.25	0.35	0.40	0.05	0.10	0.15	Ⅲ
	天水市	1141.7	0.20	0.35	0.40	0.15	0.20	0.25	Ⅱ
	马宗山	1962.7				0.10	0.15	0.20	Ⅱ
	敦煌	1139.0				0.10	0.15	0.20	Ⅱ
	玉门市	1526.0				0.15	0.20	0.25	Ⅱ
	金塔县鼎新	1177.4				0.05	0.10	0.15	Ⅱ
	高台	1332.2				0.05	0.10	0.15	Ⅱ
	山丹	1764.6				0.15	0.20	0.25	Ⅱ
	永昌	1976.1				0.10	0.15	0.20	Ⅱ
	榆中	1874.1				0.15	0.20	0.25	Ⅱ
	会宁	2012.2				0.20	0.30	0.35	Ⅱ
	岷县	2315.0				0.10	0.15	0.20	Ⅱ
宁夏	银川市	1111.4	0.40	0.65	0.75	0.15	0.20	0.25	Ⅱ
	惠农	1091.0	0.45	0.65	0.70	0.05	0.10	0.10	Ⅱ
	陶乐	1101.6				0.05	0.10	0.10	Ⅱ
	中卫	1225.7	0.30	0.45	0.50	0.05	0.10	0.15	Ⅱ
	中宁	1183.3	0.30	0.35	0.40	0.10	0.15	0.20	Ⅱ
	盐池	1347.8	0.30	0.40	0.45	0.20	0.30	0.35	Ⅱ
	海源	1854.2	0.25	0.30	0.35	0.25	0.40	0.45	Ⅱ
	同心	1343.9	0.20	0.30	0.35	0.10	0.10	0.15	Ⅱ
	固原	1753.0	0.25	0.35	0.40	0.30	0.40	0.45	Ⅱ
	西吉	1916.5	0.20	0.30	0.35	0.15	0.20	0.20	Ⅱ
青海	西宁市	2261.2	0.25	0.35	0.40	0.15	0.20	0.25	Ⅱ
	茫崖	3138.5	0.30	0.40	0.45	0.05	0.10	0.10	Ⅱ
	冷湖	2733.0	0.40	0.55	0.60	0.05	0.10	0.10	Ⅱ
	祁连县托勒	3367.0	0.30	0.40	0.45	0.20	0.25	0.30	Ⅱ
	祁连县野牛沟	3180.0	0.30	0.40	0.45	0.15	0.20	0.20	Ⅱ
	祁连	2787.4	0.30	0.35	0.40	0.10	0.15	0.15	Ⅱ
	格尔木市小灶火	2767.0	0.30	0.40	0.45	0.05	0.10	0.10	Ⅱ
	大柴旦	3173.2	0.30	0.40	0.45	0.10	0.15	0.15	Ⅱ
	德令哈市	2981.5	0.25	0.35	0.40	0.10	0.15	0.20	Ⅱ
	刚察	3301.5	0.25	0.35	0.40	0.20	0.25	0.30	Ⅱ
	门源	2850.0	0.25	0.35	0.40	0.15	0.25	0.30	Ⅱ
	格尔木市	2807.6	0.30	0.40	0.45	0.10	0.20	0.25	Ⅱ
	都兰县诺木洪	2790.4	0.35	0.50	0.60	0.05	0.10	0.10	Ⅱ

续表

省市名	城市名	海拔高度(m)	风压(kN/m²)			雪压(kN/m²)			雪荷载准永久值系数分区
			$n=10$	$n=50$	$n=100$	$n=10$	$n=50$	$n=100$	
青海	都兰	3191.1	0.30	0.45	0.55	0.20	0.25	0.30	Ⅱ
	乌兰县茶卡	3087.6	0.25	0.35	0.40	0.15	0.20	0.25	Ⅱ
	共和县恰卜恰	2835.0	0.25	0.35	0.40	0.10	0.15	0.15	Ⅱ
	贵德	2237.1	0.25	0.30	0.35	0.05	0.10	0.10	Ⅱ
	民和	1813.9	0.20	0.30	0.35	0.10	0.10	0.15	Ⅱ
	唐古拉山五道梁	4612.2	0.35	0.45	0.50	0.20	0.25	0.30	Ⅰ
	兴海	3323.2	0.25	0.35	0.40	0.15	0.20	0.20	Ⅱ
	同德	3289.4	0.25	0.30	0.35	0.20	0.30	0.35	Ⅱ
	泽库	3662.8	0.25	0.30	0.35	0.30	0.40	0.45	Ⅱ
	格尔木市托托河	4533.1	0.40	0.50	0.55	0.25	0.35	0.40	Ⅰ
	治多	4179.0	0.25	0.30	0.35	0.15	0.20	0.25	Ⅰ
	杂多	4066.4	0.25	0.35	0.40	0.20	0.25	0.30	Ⅱ
	曲麻莱	4231.2	0.25	0.35	0.40	0.15	0.25	0.30	Ⅰ
	玉树	3681.2	0.20	0.30	0.35	0.15	0.20	0.25	Ⅱ
	玛多	4272.3	0.30	0.40	0.45	0.25	0.35	0.40	Ⅰ
	移多县清水河	4415.4	0.25	0.30	0.35	0.20	0.25	0.30	Ⅰ
	玛沁县仁峡姆	4211.1	0.30	0.35	0.40	0.15	0.25	0.30	Ⅰ
	达日县吉迈	3967.5	0.25	0.35	0.40	0.20	0.25	0.30	Ⅰ
	河南	3500.0	0.25	0.40	0.45	0.20	0.25	0.30	Ⅱ
	久治	3628.5	0.20	0.30	0.35	0.20	0.25	0.30	Ⅱ
	昂欠	3643.7	0.25	0.30	0.35	0.10	0.20	0.25	Ⅱ
	班玛	3750.0	0.20	0.30	0.35	0.15	0.20	0.25	Ⅱ
新疆	乌鲁木齐市	917.9	0.40	0.60	0.70	0.60	0.80	0.90	Ⅰ
	阿勒泰市	735.3	0.40	0.70	0.85	0.85	1.25	1.40	Ⅰ
	博乐市阿拉山口	284.8	0.95	1.35	1.55	0.20	0.25	0.25	Ⅰ
	克拉玛依市	427.3	0.65	0.90	1.00	0.20	0.30	0.35	Ⅰ
	伊宁市	662.5	0.40	0.60	0.70	0.70	1.00	1.15	Ⅰ
	昭苏	1851.0	0.25	0.40	0.45	0.55	0.75	0.85	Ⅰ
	乌鲁木齐县达板城	1103.5	0.55	0.80	0.90	0.15	0.20	0.20	Ⅰ
	和静县巴音布鲁克	2458.0	0.25	0.35	0.40	0.45	0.65	0.75	Ⅰ
	吐鲁番市	34.5	0.50	0.85	1.00	0.15	0.20	0.25	Ⅱ
	阿克苏市	1103.8	0.30	0.45	0.50	0.15	0.25	0.30	Ⅱ
	库车	1099.0	0.35	0.50	0.60	0.15	0.25	0.30	Ⅱ
	库尔勒市	931.5	0.30	0.45	0.50	0.15	0.25	0.30	Ⅱ
	乌恰	2175.7	0.25	0.35	0.40	0.35	0.50	0.60	Ⅱ

续表

省市名	城市名	海拔高度(m)	风压（kN/m²）			雪压（kN/m²）			雪荷载准永久值系数分区
			$n=10$	$n=50$	$n=100$	$n=10$	$n=50$	$n=100$	
新疆	喀什市	1288.7	0.35	0.55	0.65	0.30	0.45	0.50	Ⅱ
	阿合奇	1984.9	0.25	0.35	0.40	0.25	0.35	0.40	Ⅱ
	皮山	1375.4	0.20	0.30	0.35	0.15	0.20	0.25	Ⅱ
	和田	1374.6	0.25	0.40	0.45	0.10	0.20	0.25	Ⅱ
	民丰	1409.3	0.20	0.30	0.35	0.10	0.15	0.15	Ⅱ
	民丰县安的河	1262.8	0.20	0.30	0.35	0.05	0.05	0.05	Ⅱ
	于田	1422.0	0.20	0.30	0.35	0.10	0.15	0.15	Ⅱ
	哈密	737.2	0.40	0.60	0.70	0.15	0.20	0.25	Ⅱ
	哈巴河	532.6				0.55	0.75	0.85	Ⅰ
	吉木乃	984.1				0.70	1.00	1.15	Ⅰ
	福海	500.9				0.30	0.45	0.50	Ⅰ
	富蕴	807.5				0.65	0.95	1.05	Ⅰ
	塔城	534.9				0.95	1.35	1.55	Ⅰ
	和布克赛尔	1291.6				0.25	0.40	0.45	Ⅰ
	青河	1218.2				0.55	0.80	0.90	Ⅰ
	托里	1077.8				0.55	0.75	0.85	Ⅰ
	北塔山	1653.7				0.55	0.65	0.70	Ⅰ
	温泉	1354.6				0.35	0.45	0.50	Ⅰ
	精河	320.1				0.20	0.30	0.35	Ⅰ
	乌苏	478.7				0.04	0.55	0.60	Ⅰ
	石河子	422.9				0.50	0.70	0.80	Ⅰ
	蔡家湖	440.5				0.40	0.50	0.55	Ⅰ
	奇台	793.5				0.55	0.75	0.85	Ⅰ
	巴仑台	1752.5				0.20	0.30	0.35	Ⅱ
	七角井	873.2				0.05	0.10	0.15	Ⅱ
	库米什	922.4				0.05	0.10	0.10	Ⅱ
	焉耆	1055.8				0.15	0.20	0.25	Ⅱ
	拜城	1229.2				0.20	0.30	0.35	Ⅱ
	轮台	976.1				0.15	0.25	0.30	Ⅱ
	吐尔格特	3504.4				0.35	0.50	0.55	Ⅱ
	巴楚	1116.5				0.10	0.15	0.20	Ⅱ
	柯坪	1161.8				0.05	0.10	0.15	Ⅱ
	阿拉尔	1012.2				0.05	0.10	0.10	Ⅱ
	铁干里克	846.0				0.10	0.15	0.15	Ⅱ
	若羌	888.3				0.10	0.15	0.20	Ⅱ

续表

省市名	城市名	海拔高度(m)	风压(kN/m²)			雪压(kN/m²)			雪荷载准永久值系数分区
			$n=10$	$n=50$	$n=100$	$n=10$	$n=50$	$n=100$	
新疆	塔吉克	3090.9				0.15	0.25	0.30	Ⅱ
	莎车	1231.2				0.15	0.20	0.25	Ⅱ
	且末	1247.5				0.10	0.15	0.20	Ⅱ
	红柳河	1700.0				0.10	0.15	0.15	Ⅱ
河南	郑州市	110.4	0.30	0.45	0.50	0.25	0.40	0.45	Ⅱ
	安阳市	75.5	0.25	0.45	0.55	0.25	0.40	0.45	Ⅱ
	新乡市	72.7	0.30	0.40	0.45	0.20	0.30	0.35	Ⅱ
	三门峡市	410.1	0.25	0.40	0.45	0.15	0.20	0.25	Ⅱ
	卢氏	568.8	0.20	0.30	0.35	0.20	0.30	0.35	Ⅱ
	孟津	323.3	0.30	0.45	0.50	0.30	0.40	0.50	Ⅱ
	洛阳市	137.1	0.25	0.40	0.45	0.25	0.35	0.40	Ⅱ
	栾川	750.1	0.20	0.30	0.35	0.25	0.40	0.45	Ⅱ
	许昌市	66.8	0.30	0.40	0.45	0.25	0.40	0.45	Ⅱ
	开封市	72.5	0.30	0.45	0.50	0.20	0.30	0.35	Ⅱ
	西峡	250.3	0.25	0.35	0.40	0.20	0.30	0.35	Ⅱ
	南阳市	129.2	0.25	0.35	0.40	0.30	0.45	0.50	Ⅱ
	宝丰	136.4	0.25	0.35	0.40	0.20	0.30	0.35	Ⅱ
	西华	52.6	0.25	0.45	0.55	0.30	0.45	0.50	Ⅱ
	驻马店市	82.7	0.25	0.40	0.45	0.30	0.45	0.50	Ⅱ
	信阳市	114.5	0.25	0.35	0.40	0.35	0.55	0.65	Ⅱ
	商丘市	50.1	0.20	0.35	0.45	0.30	0.45	0.50	Ⅱ
	固始	57.1	0.20	0.35	0.40	0.35	0.50	0.60	Ⅱ
湖北	武汉市	23.3	0.25	0.35	0.40	0.30	0.50	0.60	Ⅱ
	郧县	201.9	0.20	0.30	0.35	0.25	0.40	0.45	Ⅱ
	房县	434.4	0.20	0.30	0.35	0.20	0.30	0.35	Ⅲ
	老河口市	90.0	0.20	0.30	0.35	0.25	0.35	0.40	Ⅱ
	枣阳市	125.5	0.25	0.40	0.45	0.25	0.40	0.45	Ⅱ
	巴东	294.5	0.15	0.30	0.35	0.15	0.20	0.25	Ⅲ
	钟祥	65.8	0.20	0.30	0.35	0.25	0.35	0.40	Ⅲ
	麻城市	59.3	0.20	0.35	0.45	0.35	0.55	0.65	Ⅱ
	恩施市	457.1	0.20	0.30	0.35	0.15	0.20	0.25	Ⅲ
	巴东县绿葱坡	1819.3	0.30	0.35	0.40	0.55	0.75	0.85	Ⅲ
	五峰县	908.4	0.20	0.30	0.35	0.25	0.35	0.40	Ⅲ
	宜昌市	133.1	0.20	0.30	0.35	0.20	0.30	0.35	Ⅲ
	江陵县荆州	32.6	0.20	0.30	0.35	0.25	0.40	0.45	Ⅱ

续表

省市名	城市名	海拔高度(m)	风压(kN/m²)			雪压(kN/m²)			雪荷载准永久值系数分区
			$n=10$	$n=50$	$n=100$	$n=10$	$n=50$	$n=100$	
湖北	天门市	34.1	0.20	0.30	0.35	0.25	0.35	0.45	Ⅱ
	来凤	459.5	0.20	0.30	0.35	0.15	0.20	0.25	Ⅲ
	嘉鱼	36.0	0.20	0.35	0.45	0.25	0.35	0.40	Ⅲ
	英山	123.8	0.20	0.30	0.35	0.25	0.40	0.45	Ⅲ
	黄石市	19.6	0.25	0.35	0.40	0.25	0.35	0.40	Ⅲ
湖南	长沙市	44.9	0.25	0.35	0.40	0.30	0.45	0.50	Ⅲ
	桑植	322.2	0.20	0.30	0.35	0.25	0.35	0.40	Ⅲ
	石门	116.9	0.25	0.30	0.35	0.25	0.35	0.40	Ⅲ
	南县	36.0	0.25	0.40	0.50	0.30	0.45	0.50	Ⅲ
	岳阳市	53.0	0.25	0.40	0.45	0.35	0.55	0.65	Ⅲ
	吉首市	206.6	0.20	0.30	0.35	0.20	0.30	0.35	Ⅲ
	沅陵	151.6	0.20	0.30	0.35	0.20	0.35	0.40	Ⅲ
	常德市	35.0	0.25	0.40	0.50	0.30	0.50	0.60	Ⅱ
	安化	128.3	0.20	0.30	0.35	0.30	0.45	0.50	Ⅱ
	沅江市	36.0	0.25	0.40	0.45	0.35	0.55	0.65	Ⅲ
	平江	106.3	0.20	0.30	0.35	0.25	0.40	0.45	Ⅲ
	芷江	272.2	0.20	0.30	0.35	0.25	0.35	0.45	Ⅲ
	雪峰山	1404.9				0.50	0.75	0.85	Ⅲ
	邵阳市	248.6	0.20	0.30	0.35	0.20	0.30	0.35	Ⅲ
	双峰	100.0	0.20	0.30	0.35	0.25	0.40	0.45	Ⅲ
	南岳	1265.9	0.60	0.75	0.85	0.45	0.65	0.75	Ⅲ
	通道	397.5	0.25	0.30	0.35	0.15	0.25	0.30	Ⅲ
	武岗	341.0	0.20	0.30	0.35	0.20	0.30	0.35	Ⅲ
	零陵	172.6	0.25	0.40	0.45	0.15	0.25	0.30	Ⅲ
	衡阳市	103.2	0.25	0.40	0.45	0.20	0.35	0.40	Ⅲ
	道县	192.2	0.25	0.35	0.40	0.15	0.20	0.25	Ⅲ
	郴州市	184.9	0.20	0.30	0.35	0.20	0.30	0.35	Ⅲ
广东	广州市	6.6	0.30	0.50	0.60				
	南雄	133.8	0.20	0.30	0.35				
	连县	97.6	0.20	0.30	0.35				
	韶关	69.3	0.20	0.35	0.45				
	佛岗	67.8	0.20	0.30	0.35				
	连平	214.5	0.20	0.30	0.35				
	梅县	87.8	0.20	0.30	0.35				
	广宁	56.8	0.20	0.30	0.35				

续表

省市名	城市名	海拔高度(m)	风压(kN/m²)			雪压(kN/m²)			雪荷载准永久值系数分区
			$n=10$	$n=50$	$n=100$	$n=10$	$n=50$	$n=100$	
广东	高要	7.1	0.30	0.50	0.60				
	河源	40.6	0.20	0.30	0.35				
	惠阳	22.4	0.35	0.55	0.60				
	五华	120.9	0.20	0.30	0.35				
	汕头市	1.1	0.50	0.80	0.95				
	惠来	12.9	0.45	0.75	0.90				
	南澳	7.2	0.50	0.80	0.95				
	信宜	84.6	0.35	0.60	0.70				
	罗定	53.3	0.20	0.30	0.35				
	台山	32.7	0.35	0.55	0.65				
	深圳市	18.2	0.45	0.75	0.90				
	汕尾	4.6	0.50	0.85	1.00				
	湛江市	25.3	0.50	0.80	0.95				
	阳江	23.3	0.45	0.70	0.80				
	电白	11.8	0.45	0.70	0.80				
	台山县上川岛	21.5	0.75	1.05	1.20				
	徐闻	67.9	0.45	0.75	0.90				
广西	南宁市	73.1	0.25	0.35	0.40				
	桂林市	164.4	0.20	0.30	0.35				
	柳州时	96.8	0.20	0.30	0.35				
	蒙山	145.7	0.20	0.30	0.35				
	贺山	108.8	0.20	0.30	0.35				
	百色市	173.5	0.25	0.45	0.55				
	靖西	739.4	0.20	0.30	0.35				
	桂平	42.5	0.20	0.30	0.35				
	梧州市	114.8	0.20	0.30	0.35				
	龙州	128.8	0.20	0.30	0.35				
	灵山	66.0	0.20	0.30	0.35				
	玉林	81.8	0.20	0.30	0.35				
	东兴	18.2	0.45	0.75	0.90				
	北海市	15.3	0.45	0.75	0.90				
	涠州岛	55.2	0.70	1.00	1.15				
海南	海口市	14.1	0.45	0.75	0.90				
	东方	8.4	0.55	0.85	1.00				
	儋县	168.7	0.40	0.70	0.85				

续表

省市名	城市名	海拔高度(m)	风压（kN/m²）			雪压（kN/m²）			雪荷载准永久值系数分区
			$n=10$	$n=50$	$n=100$	$n=10$	$n=50$	$n=100$	
海南	琼中	250.9	0.30	0.45	0.55				
	琼海	24.0	0.50	0.85	1.05				
	三亚市	5.5	0.50	0.85	1.05				
	陵水	13.9	0.50	0.85	1.05				
	西沙岛	4.7	1.05	1.80	2.20				
	珊瑚岛	4.0	0.70	1.10	1.30				
四川	成都市	506.1	0.20	0.30	0.35	0.10	0.10	0.15	Ⅲ
	石渠	4200.0	0.25	0.30	0.35	0.30	0.45	0.50	Ⅱ
	若尔盖	3439.6	0.25	0.30	0.35	0.30	0.40	0.45	Ⅱ
	甘孜	3393.5	0.35	0.45	0.50	0.25	0.40	0.45	Ⅱ
	都江堰市	706.7	0.20	0.30	0.35	0.15	0.25	0.30	Ⅲ
	绵阳市	470.8	0.20	0.30	0.35				
	雅安市	627.6	0.20	0.30	0.35	0.10	0.20	0.20	Ⅲ
	资阳	357.0	0.20	0.30	0.35				
	康定	2615.7	0.30	0.35	0.40	0.30	0.50	0.55	Ⅱ
	汉源	795.9	0.20	0.30	0.35				
	九龙	2987.3	0.20	0.30	0.35	0.15	0.20	0.20	Ⅲ
	越西	1659.0	0.25	0.30	0.35	0.15	0.25	0.30	Ⅲ
	昭觉	2132.4	0.25	0.30	0.35	0.25	0.35	0.40	Ⅲ
	雷波	1474.9	0.20	0.30	0.35	0.20	0.30	0.35	Ⅲ
	宜宾市	340.8	0.20	0.30	0.35				
	盐源	2545.0	0.20	0.30	0.35	0.20	0.30	0.35	Ⅲ
	西昌市	1590.9	0.20	0.30	0.35	0.20	0.30	0.35	Ⅲ
	会理	1787.1	0.20	0.30	0.35				
	万源	674.0	0.20	0.30	0.35	0.50	0.10	0.15	Ⅲ
	阆中	382.6	0.20	0.30	0.35				
	巴中	358.9	0.20	0.30	0.35				
	达县市	310.4	0.20	0.35	0.45				
	奉节	607.3	0.25	0.35	0.40	0.20	0.35	0.40	Ⅲ
	遂宁市	278.2	0.20	0.30	0.35				
	南充市	309.3	0.20	0.30	0.35				
	梁平	454.6	0.20	0.30	0.35				
	万县市	186.7	0.15	0.30	0.35				
	内江市	347.1	0.25	0.40	0.50				
	涪陵市	273.5	0.20	0.30	0.35				

续表

省市名	城市名	海拔高度(m)	风压(kN/m²)			雪压(kN/m²)			雪荷载准永久值系数分区
			$n=10$	$n=50$	$n=100$	$n=10$	$n=50$	$n=100$	
四川	泸州市	334.8	0.20	0.30	0.35				
	叙永	377.5	0.20	0.30	0.35				
	德格	3201.2				0.15	0.20	0.25	Ⅱ
	色达	3893.9				0.30	0.40	0.45	Ⅱ
	道孚	2957.2				0.15	0.20	0.25	Ⅱ
	阿坝	3275.1				0.25	0.40	0.45	Ⅱ
	马尔康	2664.4				0.15	0.25	0.30	Ⅱ
	红原	3491.6				0.25	0.40	0.45	Ⅱ
	小金	2369.2				0.10	0.15	0.15	Ⅱ
	松潘	2850.7				0.20	0.30	0.35	Ⅱ
	新龙	3000.0				0.10	0.15	0.15	Ⅱ
	理塘	3948.9				0.35	0.50	0.60	Ⅱ
	稻城	3727.7				0.20	0.30	0.35	Ⅲ
	峨眉山	3047.4				0.40	0.50	0.55	Ⅱ
	金佛山	1905.9				0.35	0.50	0.60	Ⅱ
贵州	贵阳市	1074.3	0.20	0.30	0.35	0.10	0.20	0.25	Ⅲ
	威宁	2237.5	0.25	0.35	0.40	0.25	0.35	0.40	Ⅲ
	盘县	1515.2	0.25	0.35	0.40	0.25	0.35	0.45	Ⅲ
	桐梓	972.0	0.20	0.30	0.35	0.10	0.15	0.20	Ⅲ
	习水	1180.2	0.20	0.30	0.35	0.15	0.20	0.25	Ⅲ
	毕节	1510.6	0.20	0.30	0.35	0.15	0.25	0.30	Ⅲ
	遵义市	843.9	0.20	0.30	0.35	0.10	0.15	0.20	Ⅲ
	湄潭	791.8				0.15	0.20	0.25	Ⅲ
	思南	416.3	0.20	0.30	0.35	0.10	0.20	0.25	Ⅲ
	铜仁	279.7	0.20	0.30	0.35	0.20	0.30	0.35	Ⅲ
	黔西	1251.8				0.15	0.20	0.25	Ⅲ
	安顺市	1392.9	0.20	0.30	0.35	0.20	0.30	0.35	Ⅲ
	凯里市	720.3	0.20	0.30	0.35	0.15	0.20	0.25	Ⅲ
	三穗	610.5				0.20	0.30	0.35	Ⅲ
	兴仁	1378.5	0.20	0.30	0.35	0.20	0.35	0.40	Ⅲ
	罗甸	440.3	0.20	0.30	0.35				
	独山	1013.3				0.20	0.30	0.35	Ⅲ
	榕江	285.7				0.10	0.15	0.20	Ⅲ
云南	昆明市	1891.4	0.20	0.30	0.35	0.20	0.30	0.35	Ⅲ
	德钦	3485.0	0.25	0.35	0.40	0.60	0.90	1.05	Ⅱ

续表

省市名	城市名	海拔高度(m)	风压(kN/m²)			雪压(kN/m²)			雪荷载准永久值系数分区
			$n=10$	$n=50$	$n=100$	$n=10$	$n=50$	$n=100$	
云南	贡山	1591.3	0.20	0.30	0.35	0.50	0.85	1.00	Ⅱ
	中甸	3276.1	0.20	0.30	0.35	0.50	0.80	0.90	Ⅱ
	维西	2325.6	0.20	0.30	0.35	0.40	0.55	0.65	Ⅲ
	昭通市	1949.5	0.25	0.35	0.40	0.15	0.25	0.30	Ⅲ
	丽江	2393.2	0.25	0.30	0.35	0.20	0.30	0.35	Ⅲ
	华坪	1244.8	0.25	0.35	0.40				
	会泽	2109.5	0.25	0.35	0.40	0.25	0.35	0.40	Ⅲ
	腾冲	1654.6	0.20	0.30	0.35				
	泸水	1804.9	0.20	0.30	0.35				
	保山市	1653.5	0.20	0.30	0.35				
	大理市	1990.5	0.45	0.65	0.75				
	元谋	1120.2	0.25	0.35	0.40				
	楚雄市	1772.0	0.20	0.35	0.40				
	曲靖市沾益	1898.7	0.25	0.30	0.35	0.25	0.40	0.45	Ⅲ
	瑞丽	776.6	0.20	0.30	0.35				
	景东	1162.3	0.20	0.30	0.35				
	玉溪	1636.7	0.20	0.30	0.35				
	宜良	1532.1	0.25	0.40	0.50				
	泸西	1704.3	0.25	0.30	0.35				
	孟定	511.4	0.25	0.40	0.45				
	临沧	1502.4	0.20	0.30	0.35				
	澜沧	1054.8	0.20	0.30	0.35				
	景洪	552.7	0.20	0.40	0.50				
	思茅	1302.1	0.25	0.45	0.55				
	元江	400.9	0.25	0.30	0.35				
	勐腊	631.9	0.20	0.30	0.35				
	江城	1119.5	0.20	0.40	0.50				
	蒙自	1300.7	0.25	0.30	0.35				
	屏边	1414.1	0.20	0.30	0.35				
	文山	1271.6	0.20	0.30	0.35				
	广南	1249.6	0.25	0.35	0.40				
西藏	拉萨市	3658.0	0.20	0.30	0.35	0.10	0.15	0.20	Ⅲ
	班戈	4700.0	0.35	0.55	0.65	0.20	0.25	0.30	Ⅰ
	安多	4800.0	0.45	0.75	0.90	0.20	0.30	0.35	Ⅰ
	那曲	4507.0	0.30	0.45	0.50	0.30	0.40	0.45	Ⅰ

续表

省市名	城市名	海拔高度(m)	风压(kN/m²)			雪压(kN/m²)			雪荷载准永久值系数分区
			$n=10$	$n=50$	$n=100$	$n=10$	$n=50$	$n=100$	
西藏	日喀则市	3836.0	0.20	0.30	0.35	0.10	0.15	0.15	Ⅲ
	乃东县泽当	3551.7	0.20	0.30	0.35	0.10	0.15	0.15	Ⅲ
	隆子	3860.0	0.30	0.45	0.50	0.10	0.15	0.20	Ⅲ
	索县	4022.8	0.25	0.40	0.45	0.20	0.25	0.30	Ⅰ
	昌都	3306.0	0.20	0.30	0.35	0.15	0.20	0.20	Ⅱ
	林芝	3000.0	0.25	0.35	0.40	0.10	0.15	0.15	Ⅲ
	葛尔	4278.0				0.10	0.15	0.15	Ⅰ
	改则	4414.9				0.20	0.30	0.35	Ⅰ
	普兰	3900.0				0.50	0.70	0.80	Ⅰ
	申扎	4672.0				0.15	0.20	0.20	Ⅰ
	当雄	4200.0				0.25	0.35	0.40	Ⅱ
	尼木	3809.4				0.15	0.20	0.25	Ⅲ
	聂拉木	3810.0				1.85	2.90	3.35	Ⅰ
	定日	4300.0				0.15	0.25	0.30	Ⅱ
	江孜	4040.0				0.10	0.10	0.15	Ⅲ
	错那	4280.0				0.50	0.70	0.80	Ⅲ
	帕里	4300.0				0.60	0.90	1.05	Ⅱ
	丁青	3873.1				0.25	0.35	0.40	Ⅱ
	波密	2736.0				0.25	0.35	0.40	Ⅲ
	察隅	2327.6				0.35	0.55	0.65	Ⅲ
台湾	台北	8.0	0.40	0.70	0.85				
	新竹	8.0	0.50	0.80	0.95				
	宜兰	9.0	1.10	1.85	2.30				
	台中	78.0	0.50	0.80	0.90				
	花莲	14.0	0.40	0.70	0.85				
	嘉义	20.0	0.50	0.80	0.95				
	马公	22.0	0.85	1.30	1.55				
	台东	10.0	0.65	0.90	1.05				
	冈山	10.0	0.55	0.80	0.95				
	恒春	24.0	0.70	1.05	1.20				
	阿里山	2406.0	0.25	0.35	0.40				
	台南	14.0	0.60	0.85	1.00				
香港	香港	50.0	0.80	0.90	0.95				
	横栏岛	55.0	0.95	1.25	1.40				
澳门		57.0	0.75	0.85	0.90				

当城市或建设地点的基本风压值在《建筑结构荷载规范》GB 50009—2001 中全国基本风压图上没有给出时，基本风压值可根据当地年最大风速资料，按基本风压定义，通过统计分析确定，当地没有风速资料时，可根据附近地区规定的基本风压或长期资料，通过气象和地形条件的对比分析确定。

3. 在进行风荷载计算时，按建筑物所在地面粗糙度可分为 A、B、C、D 四类：

——A 类指近海海面和海岛、海岸、湖岸及沙漠地区；

——B 类指田野、乡村、丛林、丘陵以及房屋比较稀疏的乡镇和城市郊区；

——C 类指有密集建筑群的城市市区；

——D 类指有密集建筑群且房屋较高的城市市区。

在大气边界层内，风速随离地面高度而增大。当气压场随高度不变时，风速随高度增大的规律，主要取决于地面粗糙度和温度垂直梯度。通常认为在离地面高度为 300～500m 时，风速不再受地面粗糙度的影响，也即达到所谓“梯度风速”，该高度称之梯度风高度。地面粗糙度等级低的地区，其梯度风高度比等级高的地区为低。

4. 风压高度变化系数可按表 3.2-2 规定采用。

风压高度变化系数 μ_z **表 3.2-2**

离地面或海平面高度（m）	地面粗糙度类别			
	A	B	C	D
5	1.17	1.00	0.74	0.62
10	1.38	1.00	0.74	0.62
15	1.52	1.14	0.74	0.62
20	1.63	1.25	0.84	0.62
30	1.80	1.42	1.00	0.62
40	1.92	1.56	1.13	0.73
50	2.03	1.67	1.25	0.84
60	2.12	1.77	1.35	0.93
70	2.20	1.86	1.45	1.02
80	2.27	1.95	1.54	1.11
90	2.34	2.02	1.62	1.19
100	2.40	2.09	1.70	1.27
150	2.64	2.38	2.03	1.61
200	2.83	2.61	2.30	1.92
250	2.99	2.80	2.54	2.19
300	3.12	2.97	2.75	2.45
350	3.12	3.12	2.94	2.68
400	3.12	3.12	3.12	2.91
≥450	3.12	3.12	3.12	3.12

5. 风荷载体型系数是指风作用在建筑物表面上所引起的实际压力（或吸力）与来流风的速度压的比值，它描述的是建筑物表面在稳定风压作用下静态压力的分布规律，主要与建筑物的体型和尺度有关，也与周围环境和地面粗糙度有关。

高层建筑的风荷载体型系数 μ_s 可按下列规定采用：

（1）圆形和椭圆形平面建筑，风荷载体型系数取 0.8。

（2）正多边形及截角三角形平面风荷载体型系数 μ_s，由下式计算：

$$\mu_s = 0.8 + 1.2/\sqrt{n} \tag{3.2-3}$$

式中 n——多边形的边数。

(3) 高宽比 H/B 不大于4的矩形、方形、十字形平面建筑风荷载体型系数为1.3。

(4) 下列建筑的风荷载体型系数为1.4;

1) V型、Y型、弧形、双十字形、井字形平面建筑;

2) L形、槽形和高宽比 H/B 大于4的十字形平面建筑;

3) 高宽比 H/B 大于4,长宽比 L/B 不大于1.5的矩形、鼓形平面建筑。

(5) 迎风面积可取垂直于风向的最大投影面积。

《建筑结构荷载规范》GB 50009 表7.3.1列出30项不同类型的建筑物和各类结构体型及其体型系数,这些都是根据国内外的试验资料和外国规范中的建议性规定整理而成,当建筑物与表中列出的体型类同时可参考应用。

本条上述规定是对《建筑结构荷载规范》GB 50009 表7.3.1的简化和整理,以便于高层建筑结构设计时应用,如需较详细的数据,应根据建筑物平面形状按下列规定取用:

(1) 矩形平面

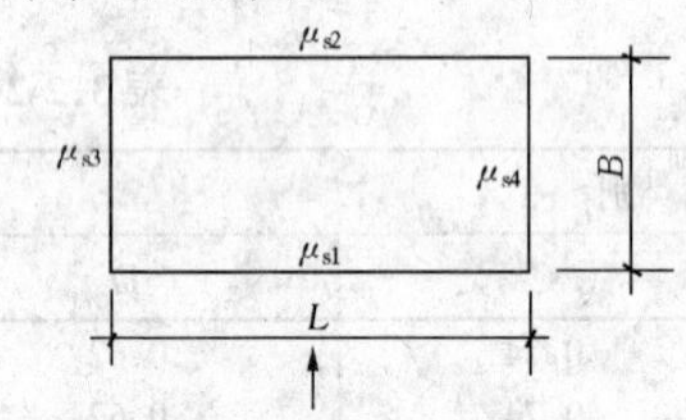

μ_{s1}	μ_{s2}	μ_{s3}	μ_{s4}
0.80	$-\left(0.48+0.03\frac{H}{L}\right)$	−0.60	−0.60

注:表中 H——建筑的高度

(2) L型平面

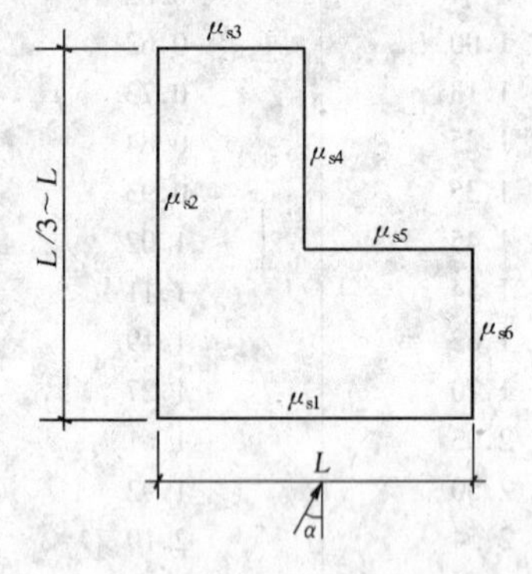

α \ μ_s	μ_{s1}	μ_{s2}	μ_{s3}	μ_{s4}	μ_{s5}	μ_{s6}
0°	0.80	−0.70	−0.60	−0.05	−0.50	−0.60
45°	0.50	0.50	−0.80	−0.70	−0.70	−0.80
225°	−0.60	−0.60	0.30	0.90	0.90	0.30

(3) 槽形平面

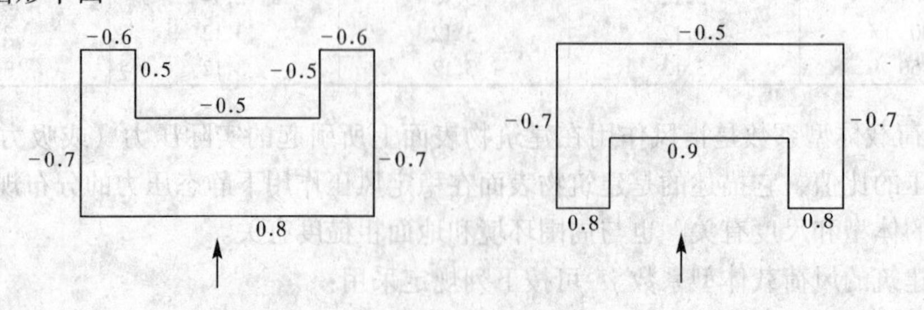

(4) 正多边形平面、圆形平面

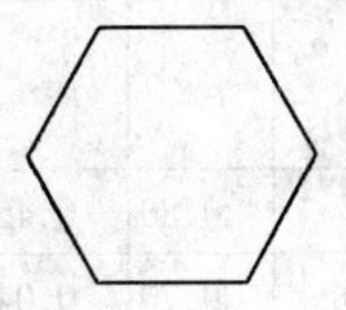

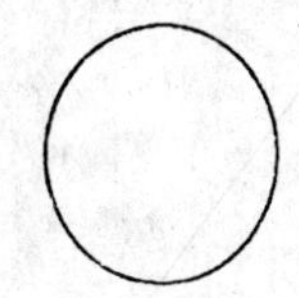

1）$\mu_s = 0.8 + \frac{1.2}{\sqrt{n}}$（$n$ 为边数）；

2）当圆形高层建筑表面较粗糙时 $\mu_s = 0.8$。

（5）扇形平面

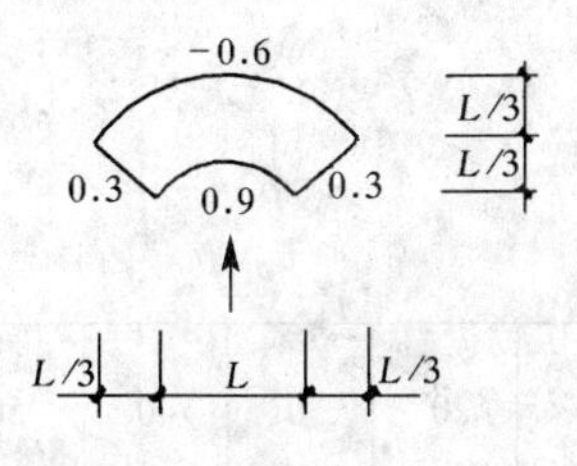

（6）梭形平面

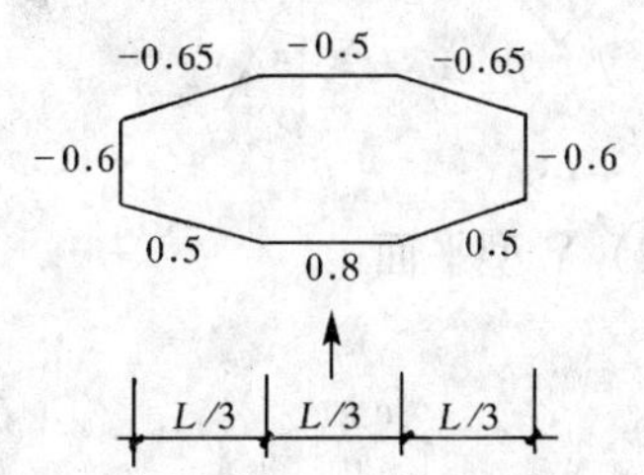

（7）十字形平面

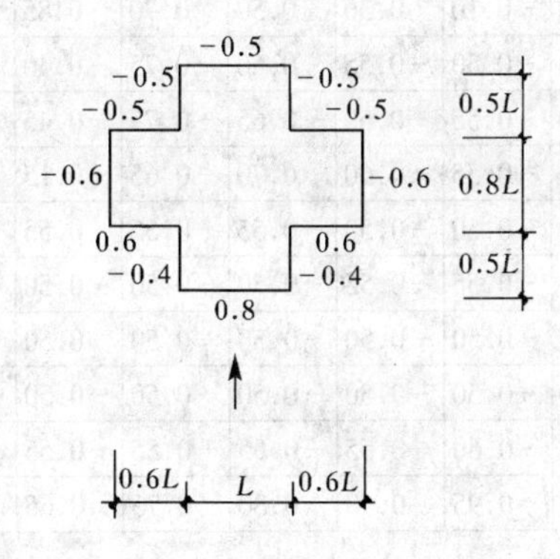

（8）井字形平面

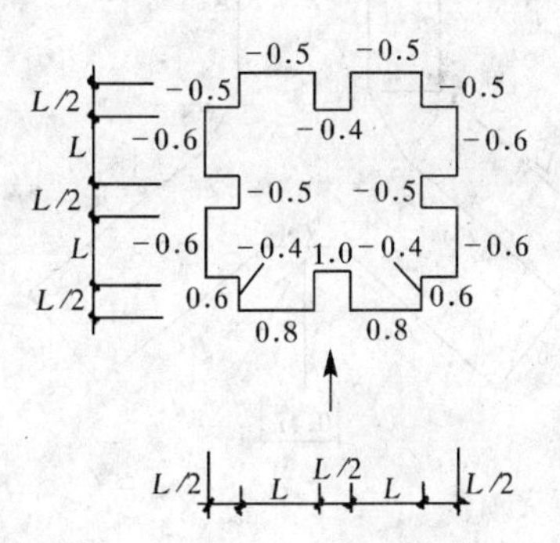

（9）X型平面

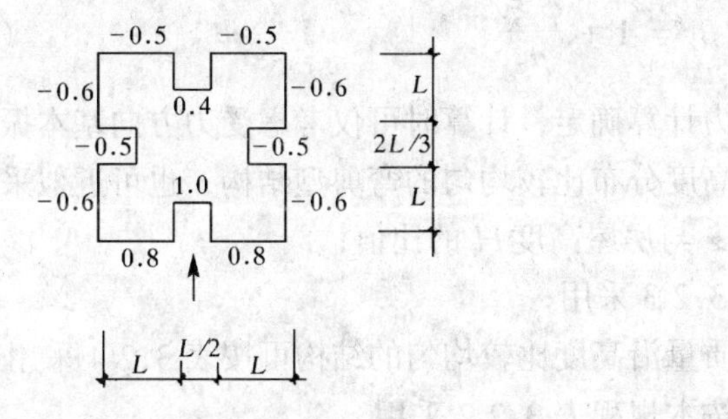

（10）卄型平面

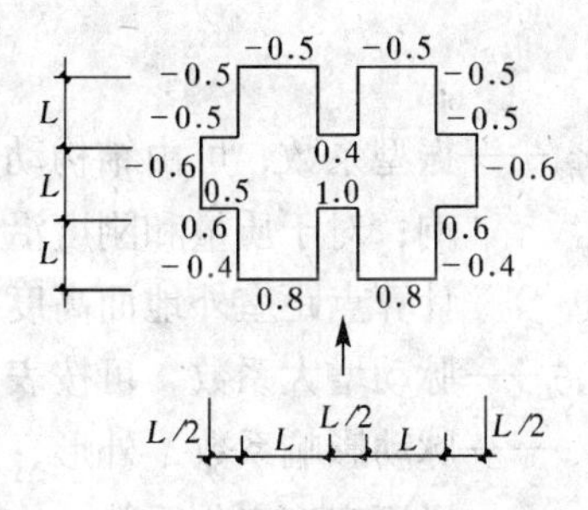

（11）六角型平面

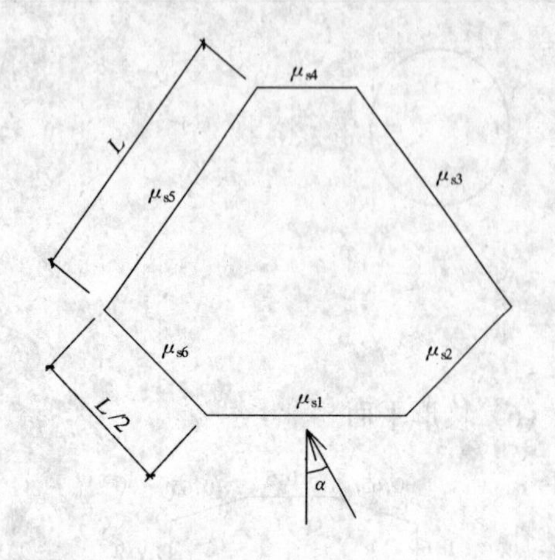

α \ μ_s	μ_{s1}	μ_{s2}	μ_{s3}	μ_{s4}	μ_{s5}	μ_{s6}
0°	0.80	−0.45	−0.50	−0.60	−0.50	−0.45
30°	0.70	0.04	−0.55	−0.50	−0.55	−0.55

(12) Y 型平面

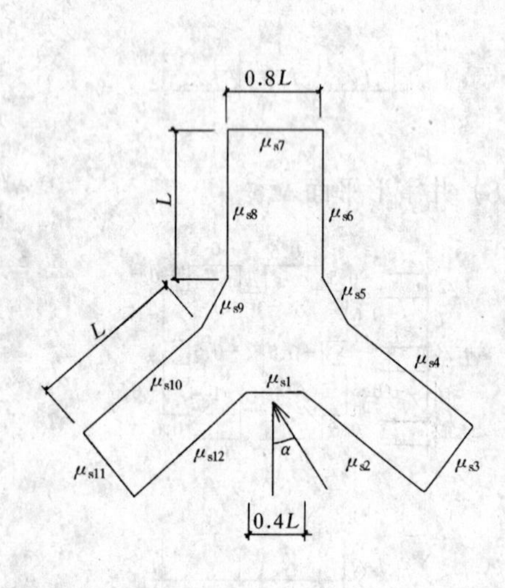

μ_s \ α	0°	10°	20°	30°	40	°50	60°
μ_{s1}	1.05	1.05	1.00	0.95	0.90	0.50	−0.15
μ_{s2}	1.00	0.95	0.90	0.85	0.80	0.40	−0.10
μ_{s3}	−0.70	−0.10	0.30	0.50	0.70	0.85	0.95
μ_{s4}	−0.50	−0.50	−0.55	−0.60	−0.75	−0.40	−0.10
μ_{s5}	−0.50	−0.55	−0.60	−0.65	−0.75	−0.45	−0.15
μ_{s6}	−0.55	−0.55	−0.60	−0.70	−0.65	−0.15	−0.35
μ_{s7}	−0.50	−0.50	−0.50	−0.55	−0.55	−0.55	−0.55
μ_{s8}	−0.55	−0.55	−0.55	−0.50	−0.50	−0.50	−0.50
μ_{s9}	−0.50	−0.50	−0.50	−0.50	−0.50	−0.50	−0.50
μ_{s10}	−0.50	−0.50	−0.50	−0.50	−0.50	−0.50	−0.50
μ_{s11}	−0.70	−0.60	−0.55	−0.55	−0.55	−0.55	−0.55
μ_{s12}	1.00	0.95	0.90	0.80	0.75	0.65	0.35

6. 高层建筑的风振系数 β_z 可按下式计算：

$$\beta_z = 1 + \frac{\varphi_z \xi \nu}{\mu_z} \tag{3.2-4}$$

式中　φ_z——振型系数，可由结构动力计算确定，计算时可仅考虑受力方向基本振型的影响；对于质量和刚度沿高度分布比较均匀的弯剪型结构，也可近似采用振型计算点距室外地面高度 z 与房屋高度 H 的比值；

ξ——脉动增大系数，可按表 3.2-3 采用；

ν——脉动影响系数，外形、质量沿高度比较均匀的结构可按表 3.2-4 采用；

μ_z——风压高度变化系数，应按本规程表 3.2-2 采用。

7. 计算高层建筑的风荷载时，应考虑相邻建筑间狭缝效应的影响。尤其是高层建筑群，房屋相互间距较近时，由于旋涡的相互干扰，房屋某些部位的局部风压会显著增大，设计时应予注意。对比较重要的高层建筑，建议在风洞试验中考虑周围建筑物的干扰因素。

脉动增大系数 ξ 表 3.2-3

$w_0T_1^2$ (kNs²/m²)	地面粗糙度类别			
	A 类	B 类	C 类	D 类
0.1	1.25	1.23	1.19	1.16
0.2	1.30	1.28	1.24	1.20
0.4	1.37	1.34	1.30	1.24
0.6	1.42	1.38	1.34	1.27
0.8	1.46	1.42	1.37	1.30
1.0	1.48	1.44	1.39	1.32
2.0	1.60	1.54	1.48	1.40
4.0	1.70	1.65	1.59	1.47
6.0	1.77	1.72	1.65	1.53
8.0	1.83	1.77	1.70	1.58
10.0	1.89	1.82	1.72	1.62
20.0	2.03	1.96	1.85	1.74

注：w_0—基本风压，按本节第1条的规定采用；T_1—结构基本自振周期，可由结构动力学计算确定。对比较规则的结构，也可采用近似公式计算：框架结构 $T_1=(0.08\sim0.1)n$，框架-剪力端和框架-核心筒结构 $T_1=(0.06\sim0.08)n$，剪力墙结构和筒中筒结构 $T_1=(0.05\sim0.06)n$，n 为结构层数。

高层建筑的脉动影响系数 ν 表 3.2-4

H/B	粗糙度类别	房屋总高度 H (m)							
		≤30	50	100	150	200	250	300	350
≤0.5	A	0.44	0.42	0.33	0.27	0.24	0.21	0.19	0.17
	B	0.42	0.41	0.33	0.28	0.25	0.22	0.20	0.18
	C	0.40	0.40	0.34	0.29	0.27	0.23	0.22	0.20
	D	0.36	0.37	0.34	0.30	0.27	0.25	0.24	0.22
1.0	A	0.48	0.47	0.41	0.35	0.31	0.27	0.26	0.24
	B	0.46	0.46	0.42	0.36	0.36	0.29	0.27	0.26
	C	0.43	0.44	0.42	0.34	0.34	0.31	0.29	0.28
	D	0.39	0.42	0.42	0.38	0.36	0.33	0.32	0.31
2.0	A	0.50	0.51	0.46	0.42	0.38	0.35	0.33	0.31
	B	0.48	0.50	0.47	0.42	0.40	0.36	0.35	0.33
	C	0.45	0.49	0.48	0.44	0.42	0.38	0.38	0.36
	D	0.41	0.46	0.48	0.46	0.46	0.44	0.42	0.39
3.0	A	0.53	0.51	0.49	0.42	0.41	0.38	0.38	0.36
	B	0.51	0.50	0.49	0.46	0.43	0.40	0.40	0.38
	C	0.48	0.49	0.49	0.48	0.46	0.43	0.43	0.41
	D	0.43	0.46	0.49	0.49	0.48	0.47	0.46	0.45
5.0	A	0.52	0.53	0.51	0.49	0.46	0.44	0.42	0.39
	B	0.50	0.53	0.52	0.50	0.48	0.45	0.44	0.42
	C	0.47	0.50	0.52	0.52	0.50	0.48	0.47	0.45
	D	0.43	0.48	0.52	0.53	0.53	0.52	0.51	0.50

续表

H/B	粗糙度类别	房屋总高度 H (m)							
		≤30	50	100	150	200	250	300	350
8.0	A	0.53	0.54	0.53	0.51	0.48	0.46	0.43	0.42
	B	0.51	0.53	0.54	0.52	0.50	0.49	0.46	0.44
	C	0.48	0.51	0.54	0.53	0.52	0.52	0.50	0.48
	D	0.43	0.48	0.54	0.53	0.55	0.55	0.54	0.53

注：B为结构迎风面宽度。

8. 房屋高度大于200m时应采用风洞试验来确定建筑物的风荷载。房屋高度大于150m，有下列情况之一时，宜采用风洞试验确定建筑物的风荷载：

(1) 平面形状不规则，立面形状复杂，内收较多；

(2) 立面开洞或连体建筑；

(3) 相邻建筑高度相近，距离较小。

9. 风力作用在高层建筑表面，与作用在一般建筑物表面上一样，压力分布很不均匀，在角隅、檐口、边棱处和在附属结构的部位（如阳台、雨篷等外挑构件），局部风压会超过按本节第5条体型系数计算的平均风压。

根据风洞实验资料和一些实测结果，并参考国外的风荷载规范，檐口、雨篷、遮阳板、阳台等水平构件，计算局部上浮风荷载时，风荷载体型系数 μ_s 不宜小于2.0。

10. 计算围护结构风荷载时的阵风系数应按表3.2-5确定。

阵风系数 β_{gz}　　**表 3.2-5**

离地面高度 (m)	地面粗糙度类别			
	A	B	C	D
5	1.69	1.88	2.30	3.21
10	1.63	1.78	2.10	2.76
15	1.60	1.72	1.99	2.54
20	1.58	1.69	1.92	2.39
30	1.54	1.64	1.83	2.21
40	1.52	1.60	1.77	2.09
50	1.51	1.58	1.73	2.01
60	1.49	1.56	1.69	1.94
70	1.48	1.54	1.66	1.89
80	1.47	1.53	1.64	1.85
90	1.47	1.52	1.62	1.81
100	1.46	1.51	1.60	1.78
150	1.43	1.47	1.54	1.67
200	1.42	1.44	1.50	1.60
250	1.40	1.42	1.46	1.55
300	1.39	1.41	1.44	1.51

11. 位于山峰和山坡地的高层建筑，其风压高度变化系数应按《建筑结构荷载规范》GB 50009 第 7.2.2 条进行修正。

国外的规范对山区风荷载的规定一般有两种形式：一种是规定建筑物地面的起算点，建筑物上的风荷载直接按规定的风压高度变化系数计算，这种方法比较陈旧；另一种是按地形条件，对风荷载给出地形系数，或对负压高度变化系数给出修正系数。《建筑结构荷载规范》GB 50009 采用后一种形式，并参考加拿大、澳大利亚和各国的相应规范，以及欧洲钢结构协会 ECCS 的规定《房屋与结构的风效应计算建议》，对山峰和山坡上的建筑物，给出风压高度变化系数的修正系数。

12. 建筑幕墙设计时所采用的局部风压，按《玻璃幕墙工程技术规范》JGJ 102—96 和《金属及石材幕墙工程技术规范》的有关规定。

13. 屋面水平投影面上的雪荷载标准值，应按下式计算：

$$s_k = \mu_r s_o \tag{3.2-5}$$

式中 s_k——雪荷载标准值（kN/m^2）；

μ_r——屋面积雪分布系数；

s_0——基本雪压（kN/m^2）。

基本雪压系以当地一般空旷平坦地面上概率统计所得 50 年 $n=50$ 一遇最大积雪的自重确定。全国的基本雪压应按表 3.2-1 采用。

对雪荷载敏感的结构，基本雪压可适当提高，由有关的结构设计规范具体规定。

当城市或建设地点的基本雪压值在规范中没有给出时，基本雪压值可根据当地年最大雪压或雪深资料，按基本雪压定义，通过统计分析确定，当地没有雪压和雪深资料时，可根据附近地区规定的基本雪压或长期资料，通过气象和地形条件的对比分析确定。

14. 山区的雪荷载应通过实际调查后确定。当无实测资料时，可按当地邻近空旷平坦地面的雪荷载值乘以系数 1.2 采用。

3.3 地 震 作 用

1. 我国目前已建的高层建筑绝大多数是在 6～8 度范围内设计；9 度抗震设计的工程不多；10 度抗震设计的高层建筑目前尚无经验。因此高层建筑抗震设计考虑在 6～9 度范围内设防。各类高层建筑地震作用的计算，应符合下列规定：

（1）甲类建筑：应按高于本地区抗震设防烈度计算，其值应按批准的地震安全性评价结果确定；

（2）乙、丙类建筑：应按本地区抗震设防烈度计算。

建筑类别调整后用于结构抗震验算的烈度 **表 3.3-1**

建筑类别	设防烈度			
	6	7	8	9
甲 类	7	8	9	9*
乙、丙、丁类	6*	7	8	9

注：1. 9*提高幅度，应专门研究；

2. 6*除特殊要求外，不需抗震验算。

2. 高层建筑结构应按下列原则考虑地震作用：

（1）一般情况下，应允许在结构两个主轴方向分别考虑水平地震作用计算；有斜交抗侧力构件的结构，当相交角度大于15°时，应分别考虑各抗侧力方向的水平地震作用；

（2）质量与刚度明显不对称、不均匀的结构，应计算双向水平地震作用下的扭转影响；其他情况，应计算单向水平地震作用下的扭转影响；

（3）8度、9度抗震设防时，高层建筑中的大跨度和长悬臂结构应考虑竖向地震作用；

（4）9度抗震设防时应计算竖向地震作用。

3. 计算地震作用时，结构应考虑偶然偏心的影响，附加偏心距可取与地震作用方向垂直的建筑物边长的5%。

4. 高层建筑结构应根据不同情况，分别采用下列地震作用计算方法：

（1）高层建筑结构宜采用振型分解反应谱法。对质量和刚度不对称、不均匀的结构以及高度超过100m的高层建筑结构应采用考虑扭转耦连振动影响的振型分解反应谱法；

（2）高度不超过40m、以剪切变形为主且质量和刚度沿高度分布比较均匀的高层建筑结构，可采用底部剪力法；

（3）7～9度设防的高层建筑，下列情况宜采用弹性时程分析法进行多遇地震下的补充计算：

1）甲类高层建筑结构；

2）表3.3-2所示的乙、丙类高层建筑结构；

3）不满足第5章5.2节第17至19条规定的高层建筑结构；

4）复杂高层建筑结构；

5）质量沿竖向分布特别不均匀的高层建筑结构。

采用时程分析法的乙、丙类高层建筑结构　表3.3-2

设防烈度、场地类别	建筑高度范围
7度，8度Ⅰ、Ⅱ类场地	＞100m
8度Ⅲ、Ⅳ类场地	＞80m
9　度	＞60m

5. 按本节第4条规定进行动力时程分析时，应符合下列要求：

（1）应按建筑场地类别和设计地震分组选用不少于二组实际地震记录和一组人工模拟的加速度时程曲线，其平均地震影响系数曲线应与振型分解反应谱法所采用的地震影响系数曲线在统计意义上相符，且弹性时程分析时每条时程曲线计算所得的结构底部剪力不应小于振型分解反应谱法求得的底部剪力的65%，多条时程曲线计算所得的结构底部剪力的平均值不应小于振型分解反应谱法求得的底部剪力的80%；

（2）地震波的持续时间不宜小于建筑结构基本自振周期的3～4倍，也不宜少于12s，地震波的时间间距可取0.01s或0.02s；

（3）输入地震波的最大加速度可由场地危险性分析确定，未作场地危险性分析的工程，可按表3.3-3采用；

（4）地震作用效应可取多条时程曲线计算结果的平均值与振型分解反应谱法计算结果的较大值。

6. 计算地震作用时，结构的重力荷载代表值应取恒荷载标准值和可变荷载组合值之和。可变荷载的组合值系数应按下列规定采用：

弹性时程分析时输入地震加速度时程的最大值 **表 3.3-3**

设防烈度	7度	8度	9度
加速度（cm/s^2）	35（55）	70（110）	140

注：括号中数值分别用于《建筑抗震设计规范》GB 50011 表 3.2.2 中设计基本地震加速度为 $0.15g$ 和 $0.30g$ 的地区。

（1）雪荷载取 0.5；

（2）楼面活荷载按实际情况计算时取 1.0；按等效均布活荷载计算时，藏书库、档案库、库房取 0.8，一般民用建筑取 0.5。

7. 建筑结构的地震作用影响系数应根据烈度、场地类别、设计地震分组和结构自振周期及阻尼比按图 3.3-1 确定。其中，水平地震作用影响系数最大值 α_{max} 应按表 3.3-4 采用；特征周期应根据场地类别和设计地震分组按表 3.3-5 采用，计算 8、9 度罕遇地震作用时，特征周期应增加 0.05s。

水平地震影响系数最大值 α_{max} **表 3.3-4**

地震影响	6度	7度	8度	9度
多遇地震	0.04	0.08(0.12)	0.16(0.24)	0.32
罕遇地震	—	0.50(0.72)	0.90(1.20)	1.40

注：括号内数值分别用于《建筑抗震设计规范》GB 50011 表 3.2.2 中设计基本地震加速度 $0.15g$ 和 $0.30g$ 的地区。

特征周期值 T_g（s） **表 3.3-5**

设计地震分组 \ 场地类别	Ⅰ	Ⅱ	Ⅲ	Ⅳ
第一组	0.25	0.35	0.45	0.65
第二组	0.30	0.40	0.55	0.75
第三组	0.35	0.45	0.65	0.90

8. 除有专门规定外，高层建筑钢筋混凝土结构的阻尼比可取 0.05。此时，图 3.3-1 地震影响系数曲线的阻尼调整系数 η_2 应取 1.0，形状参数应符合下列规定：

（1）线性上升段，周期小于 0.1s 的区段；

（2）水平段，自 0.1s 至特征周期的区段，地震影响系数应取最大值 α_{max}；

（3）曲线下降段，自特征周期至 5 倍特征周期的区段，衰减指数 γ 应取 0.9；

（4）直线下降段，自 5 倍特征周期至 6.0s 的区段，下降斜率调整系数 η_1 应取 0.02。

注：周期大于 6.0s 的建筑结构所采用的地震影响系数应做专门研究。

9. 当建筑结构的阻尼比不等于 0.05 时，结构水平地震影响系数曲线仍按本图 3.3-1 确定，但阻尼调整系数 η_2 和形状参数应符合下列规定：

（1）曲线下降段的衰减指数应按下式确定；

$$\gamma = 0.9 + \frac{0.05 - \zeta}{0.5 + 5\zeta} \tag{3.3-1}$$

式中 γ——下降段的衰减指数；

ζ——阻尼比。

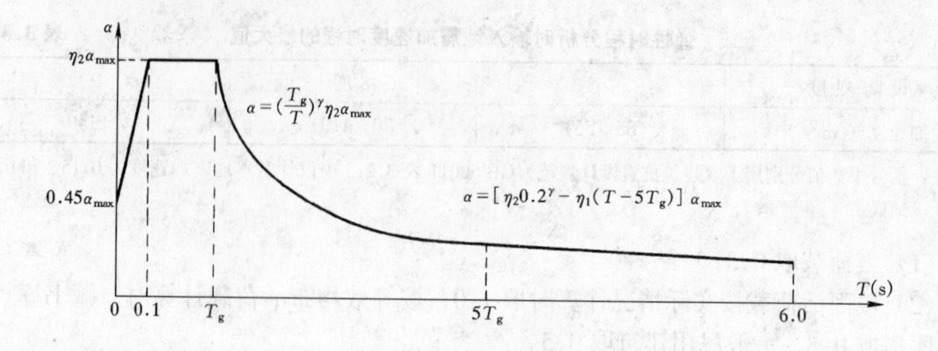

图 3.3-1　地震影响系数曲线

α—地震影响系数；α_{max}—地震影响系数最大值；T—结构自振周期；T_g—特征周期；γ—衰减指数；η_1—直线下降段下降斜率调整系数；η_2—阻尼调整系数

（2）直线下降段的下降斜率调整系数应按下式确定：

$$\eta_1 = 0.02 + (0.05 - \zeta)/8 \tag{3.3-2}$$

式中　η_1——直线下降段的斜率调整系数，小于0时取0。

（3）阻尼调整系数应按下式确定：

$$\eta_2 = 1 + \frac{0.05 - \zeta}{0.06 + 1.7\zeta} \tag{3.3-3}$$

式中　η_2——阻尼调整系数，当 η_2 小于0.55时，应取0.55。

10. 高层建筑的场地类别应按现行国家标准《建筑抗震设计规范》GBJ 50011 第4.1.6条的规定及本章3.5节表3.5-3确定，或按工程勘察报告。

11. 采用底部剪力法计算水平地震作用时，各楼层在计算方向可仅考虑一个自由度，结构总水平地震作用标准值应按下列公式确定（图3.3-2）：

$$F_{Ek} = \alpha_1 G_{eq} \tag{3.3-4}$$

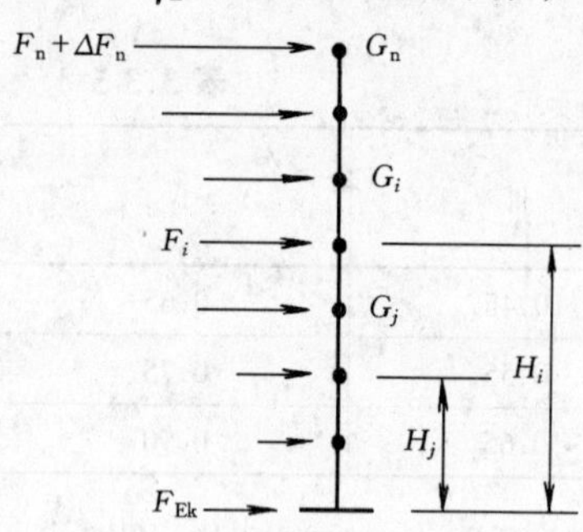

图 3.3-2　底部剪力法计算图形

质点 i 的水平地震作用标准值：

$$F_i = \frac{G_i H_i}{\sum_{j=1}^{n} G_j H_j} F_{Ek}(1 - \delta_n) \tag{3.3-5}$$

$$(i = 1, 2, \cdots\cdots n)$$

顶部附加水平地震作用标准值：

$$\Delta F_n = \delta_n F_{Ek} \tag{3.3-6}$$

式中　F_{Ek}——结构总水平地震作用标准值；

α_1——相应于结构基本自振周期的水平地震影响系数，应按本节第8条确定；

G_{eq}——结构等效总重力荷载代表值，计算水平地震作用时可取结构总重力荷载代表值 G_E 的85%；

G_E——计算地震作用时，结构总重力荷载代表值；应按本节第6条确定；

F_i——质点 i 的水平地震作用标准值；

G_i、G_j——分别为集中于质点 i、j 的重力荷载代表值，应按本节第 6 条确定；
H_i、H_j——分别为质点 i、j 的计算高度；
δ_n——顶部附加地震作用系数，可按表 3.3-6 确定；
ΔF_n——顶部附加水平地震作用。

顶部附加地震作用系数 δ_n **表 3.3-6**

T_g (S)	$T_1 > 1.4T_g$	$T_1 \leqslant 1.4T_g$
≤0.35	$0.08T_1+0.07$	不考虑
0.35～0.55	$0.08T_1+0.01$	
≥0.55	$0.08T_1-0.02$	

注：T_1 为结构基本自振周期；T_g 为场地特征周期。

12. 按本节第 4 条采用振型分解反应谱方法时，对于不考虑扭转耦连振动影响的结构，可按下列规定进行地震作用的计算：

(1) 结构第 j 振型 i 质点的水平地震作用的标准值应按下式确定：

$$F_{ji} = \alpha_j \gamma_j X_{ji} G_i \quad (i = 1,2,\cdots\cdots,n; j = 1,2,\cdots\cdots,m) \tag{3.3-7}$$

$$\gamma_j = \frac{\sum_{i=1}^{n} X_{ji} G_i}{\sum_{i=1}^{n} X_{ji}^2 G_i} \tag{3.3-8}$$

式中 F_{ji}——第 j 振型 i 质点水平地震作用的标准值；
α_j——相应于 j 振型自振周期的地震影响系数，应按本节第 7、8 条确定；
X_{ji}——j 振型 i 质点的水平相对位移；
γ_j——j 振型的参与系数；
G_i——集中于质点 i 的重力荷载代表值，应按本节第 6 条确定；
n——结构计算总质点数，小塔楼宜每层作为一个质点参加计算；
m——结构计算振型数。一般情况下可取 3，当建筑较高、结构沿竖向刚度不均匀或体型复杂时宜取 5～6；多塔楼建筑每个塔楼宜取 3～6 个振型。

(2) 水平地震作用效应（内力和位移）应按下式计算：

$$S = \sqrt{\sum_{j=1}^{m} S_j^2} \tag{3.3-9}$$

式中 S——水平地震作用效应；
S_j——j 振型的水平地震作用效应（弯矩、剪力、轴向力和位移等）。

(3) 计算各振型地震影响系数 α_j 所用的自振周期 T_j 应按本节第 8.9 条的规定采用。

13. 考虑扭转影响的结构，各楼层可取两个正交的水平位移和一个转角位移共三个自由度，按下列振型分解法计算地震作用和作用效应。确有依据时，尚可采用简化计算方法确定地震作用效应。

(1) j 振型 i 层的水平地震作用标准值，应按下列公式确定：

$$\left.\begin{aligned} F_{xji} &= \alpha_j \gamma_{tj} X_{ji} G_i \\ F_{yji} &= \alpha_j \gamma_{tj} Y_{ji} G_i \\ F_{tji} &= \alpha_j \gamma_{tj} r_i^2 \varphi_{ji} G_i \end{aligned}\right\} \quad (i = 1,2,\cdots,n; j = 1,2,\cdots,m) \tag{3.3-10}$$

式中 F_{xji}、F_{yji}、F_{tji}——分别为 j 振型 i 层的 x 方向、y 方向和转角方向的地震作用标准值；

X_{ji}、Y_{ji}——分别为 j 振型 i 层质心在 x、y 方向的水平相对位移；

φ_{ji}——j 振型 i 层的相对扭转角；

r_i——i 层转动半径，可取 i 层绕质心的转动惯量除以该层质量的商的正二次方根；

α_j——相应于第 j 振型周期 T_j 的地震影响系数，应按本节第 8、9 条确定；

γ_{tj}——考虑扭转的 j 振型参与系数，可按公式（3.3-11～3.3-13）确定；

n——结构计算总质点数，小塔楼宜每层作为一个质点参加计算；

m——结构计算振型数。一般情况下可取 9～15，多塔楼建筑每个塔楼的振型数不宜小于 9。

当仅考虑 x 方向地震时：

$$\gamma_{tj} = \sum_{i=1}^{n} X_{ji}G_i \Big/ \sum_{i=1}^{n}(X_{ji}^2 + Y_{ji}^2 + \varphi_{ji}^2 r_i^2)G_i \tag{3.3-11}$$

当仅考虑 y 方向地震时：

$$\gamma_{tj} = \sum_{i=1}^{n} Y_{ji}G_i \Big/ \sum_{i=1}^{n}(X_{ji}^2 + Y_{ji}^2 + \varphi_{ji}^2 r_i^2)G_i \tag{3.3-12}$$

当考虑与 x 方向夹角为 θ 的地震时：

$$\gamma_{tj} = \gamma_{xj}\cos\theta + \gamma_{yj}\sin\theta \tag{3.3-13}$$

式中 γ_{xj}、γ_{yj}——分别由式（3.3-11）、(3.3-12) 求得的 j 振型参与系数。

（2）单向水平地震作用下，考虑扭转的地震作用效应，应按下列公式确定：

$$S = \sqrt{\sum_{j=1}^{m}\sum_{k=1}^{m}\rho_{jk}S_jS_k} \tag{3.3-14}$$

$$\rho_{jk} = \frac{8\zeta_j\zeta_k(1+\lambda_T)\lambda_T^{1.5}}{(1-\lambda_T^2)^2 + 4\zeta_j\zeta_k(1+\lambda_T)^2\lambda_T} \tag{3.3-15}$$

式中 S——考虑扭转的地震作用效应；

S_j、S_k——分别为 j、k 振型地震作用标准值的效应，可取前 9～15 个振型；

ρ_{jk}——j 振型与 k 振型的耦连系数；

λ_T——k 振型与 j 振型的自振周期比；

ζ_j、ζ_k——分别为 j、k 振型的阻尼比。

（3）考虑双向水平地震作用下的扭转地震作用效应，应按下列公式中的较大值确定：

$$S = \sqrt{S_x^2 + (0.85S_y)^2} \tag{3.3-16}$$

或

$$S = \sqrt{S_y^2 + (0.85S_x)^2} \tag{3.3-17}$$

式中 S_x——为仅考虑 X 向水平地震作用时的地震作用扭转效应；

S_y——为仅考虑 Y 向水平地震作用时的地震作用扭转效应。

（4）计算各振型地震影响系数 α_j 所用的自振周期 T_j 应按本节第 8.9 条的规定采用。

14. 水平地震作用计算时，结构各楼层的水平地震剪力标准值应符合下式要求：

$$V_{EKi} \geqslant \lambda \sum_{j=i}^{n} G_j \qquad (3.3\text{-}18)$$

式中 V_{EKi}——第 i 层的楼层水平地震剪力标准值；对于竖向不规则结构的薄弱层，尚应按第二章 2.8 节 25 条的规定乘以 1.15 的增大系数；

λ——水平地震剪力系数，不应小于表 3.3-7 规定最小值；

G_j——第 j 层的重力荷载代表值；

n——结构计算总层数。

楼层最小地震剪力系数 **表 3.3-7**

类别	7度	8度	9度
扭转效应明显或基本周期小于 3.5s 的结构	0.016(0.024)	0.032(0.048)	0.064
基本周期大于 5.0s 的结构	0.012(0.018)	0.024(0.032)	0.040

注：1. 基本周期介于 3.5s 和 5.0s 之间的结构，可线性插入取值；

2. 括号内数值分别用于《建筑抗震设计规范》GB 50011 表 3.2.2 中设计基本地震加速度 $0.15g$ 和 $0.30g$ 的地区。

15. 结构抗震计算，一般情况下可不计入地基与结构相互作用的影响；8 度和 9 度时建造于Ⅲ、Ⅳ类场地，采用箱基、刚性较好的筏基和桩箱联合基础的钢筋混凝土高层建筑，当结构基本自振周期处于特征周期的 1.2 倍至 5 倍范围时，若计入地基与结构动力相互作用的影响，对刚性地基假定计算的水平地震剪力可按下列规定折减，其层间变形可按折减后的楼层剪力计算。

（1）高宽比小于 3 的结构，各楼层水平地震剪力的折减系数，可按下式计算：

$$\psi = \left(\frac{T_0}{T_1 + \Delta T}\right)^{0.9} \qquad (3.3\text{-}19)$$

式中 ψ——计入地基与结构动力相互作用后的地震剪力折减系数；

T_1——按刚性地基假定确定的结构基本自振周期（s）；

ΔT——计入地基与结构动力相互作用的附加周期（s），可按表 3.3-8 采用。

附加周期（s） **表 3.3-8**

烈度	场地类别	
	Ⅲ类	Ⅳ类
8	0.08	0.20
9	0.10	0.25

（2）高宽比不小于 3 的结构，底部的地震剪力按 1 款规定折减，顶部不折减，中间各层按线性插入值折减。

（3）折减后各楼层的水平地震剪力，应符合本节第 14 条的规定。

16. 9 度抗震设计时，结构竖向地震作用的标准值可按下列规定计算（图 3.3-3）：

（1）结构竖向地震作用的总标准值可按下列公式计算：

$$F_{Evk} = \alpha_{vmax} G_{eq} \qquad (3.3\text{-}20)$$

$$G_{eq} = 0.75 G_E \qquad (3.3\text{-}21)$$

（2）结构质点 i 的竖向地震作用标准值可按下式计算：

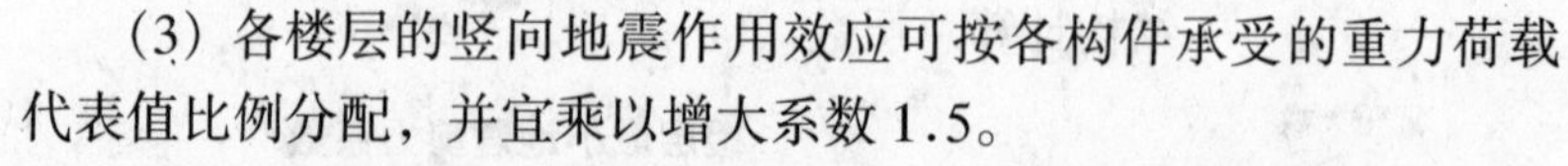

$$F_{vi}=\frac{G_iH_i}{\sum_{j=1}^{n}G_iH_i}F_{Evk} \tag{3.3-22}$$

式中　G_i,G_j,H_i,H_j,G_E——同本节第10条；

G_{eq}——计算竖向地震作用时，结构等效总重力荷载代表值；

F_{Evk}——结构总竖向地震作用标准值；

α_{vmax}——竖向地震影响系数的最大值，取水平地震影响系数最大值的0.65倍，即 $\alpha_{vmax}=0.65\alpha_{max}$。

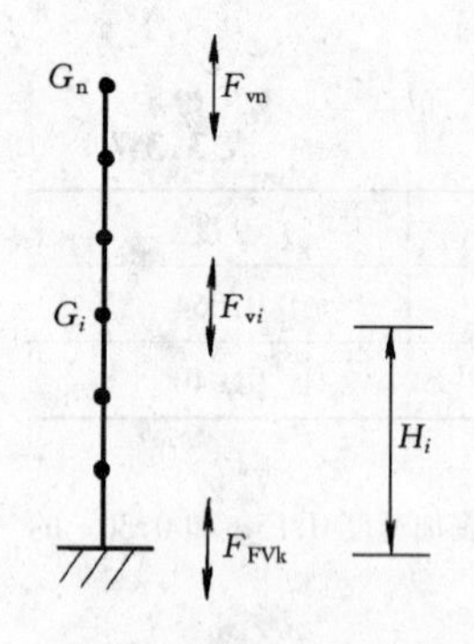

图3.3-3　结构竖向地震作用计算示意

(3) 各楼层的竖向地震作用效应可按各构件承受的重力荷载代表值比例分配，并宜乘以增大系数1.5。

17. 水平长悬臂构件和大跨度结构考虑竖向地震作用时，竖向地震作用的标准值在8度和9度设防时，可分别取该结构、构件重力荷载代表值的10%和20%，设计基本地震加速度为0.30g时，可取该结构、构件重力荷载代表值的15%。

长悬臂的长度可取大于6m，大跨度的跨度为等于大于24m。

18. 平板型网架屋盖和跨度大于24m屋架的竖向地震作用标准值，宜取其重力荷载代表值和竖向地震作用系数的乘积；竖向地震作用系数可按表3.3-9采用。

竖向地震作用系数　　　　**表3.3-9**

结构类型	烈度	场地类别		
		Ⅰ	Ⅱ	Ⅲ、Ⅳ
平板型网架、钢屋架	8	可不计算(0.10)	0.08(0.12)	0.10(0.15)
	9	0.15	0.15	0.20
钢筋混凝土屋架	8	0.10(0.15)	0.13(0.19)	0.13(0.19)
	9	0.20	0.25	0.25

注：括号中数值分别用于设计基本地震加速度为0.15g和0.30g的地区。

19. 在进行高层建筑结构内力分析时，只考虑了主要结构（梁、柱、剪力墙和筒体等）的刚度，没有考虑非主体结构的刚度，因而计算的自振周期较实际的长，按这一周期计算的地震力偏小，因而是不安全的。

大量已建工程现场周期实测表明：实际建筑物自振周期短于计算的周期。尤其是有实心砖填充墙的框架结构，由于实心砖填充墙的刚度大于框架柱的刚度，其影响更为显著，实测周期约为计算周期的0.5～0.6倍。剪力墙结构中，由于填充墙数量少，其刚度又远小于钢筋混凝土墙的刚度，所以其作用可以少考虑。

据此结构的计算自振周期应考虑填充砖墙刚度的影响予以折减，折减系数 ψ_T 可按下列规定取值：

(1) 框架结构取0.6～0.7；

(2) 框架-剪力墙结构取0.7～0.8；

(3) 剪力墙结构取0.9～1.0。

其他结构体系或采用其他 非承重墙体时，可根据工程情况确定周期折减系数。

20. 结构的基本自振周期

结构的基本自振周期 T_1 可按经验公式、近似计算方法和比较精确的方法计算。

经验公式见第1章公式（1-9）。由于经验公式很难完全反映设计工程的实际情况，因此常用于结构方案设计和初步设计阶段。

对于质量和刚度沿高度分布比较均匀的框架结构、框架-剪力墙结构和剪力墙结构，其基本自振周期T_1(s)可按下式计算：

$$T_1 = 1.7\psi_T\sqrt{u_T} \tag{3.3-23}$$

式中 u_T——计算结构基本自振周期用的结构顶点假想位移（m），即假想把集中在各层楼面处的重力荷载代表值 G_i 作为水平荷载，并按第6章6.5节规定而算得的结构顶点位移；

ψ_T——结构基本自振周期考虑非承重结构墙体刚度影响的折减系数，框架结构取0.6～0.7；框架-剪力墙结构取0.7～0.8；剪力墙结构取0.9～1.0。

采用计算机计算结构自振周期时，也相应考虑非承重结构墙对各自振周期的影响。

对于矩形平面沿高度刚度分布均匀的一般住宅、公寓、旅馆等建筑的剪力墙结构，其基本自振周期 T_1 可近似按表3.3-10采用。

剪力墙结构基本自振周期 T_1（s）　　表3.3-10

方　向	横墙间距3m左右	横墙间距6m左右
横　向	$T_1=0.05n$	$T_1=0.06n$
纵　向	$T_1=0.04n$	$T_1=0.05n$

表3.3-10中，n 为建筑物总层数；当采用装配整体式外墙板时，T_1 值横向乘以1.1，纵向乘以1.2。

3.4 塔楼的水平地震作用

1. 在高层建筑顶部，当有突出屋面的楼电梯间，水箱间等高度较小的小塔楼时，如采用振型分解反应谱法，并取3个振型时，小塔楼的水平地震作用宜乘以放大系数1.5；当采用5～6个振型时，求得的地震作用不再放大。

采用底部剪力法，把小塔楼作为一个质点参加计算时，计算求得小塔楼水平地震作用应增大，增大系数 β_n 可按表3.4-1采用。

突出屋面的小塔楼地震作用增大系数 β_n　　表3.4-1

结构基本周期 T_1（s）	K_n/K \ G_n/G	0.001	0.01	0.05	0.10
0.25	0.01	2.0	1.6	1.5	1.5
	0.05	1.9	1.8	1.6	1.6
	0.10	1.9	1.8	1.6	1.5
0.50	0.01	2.6	1.9	1.7	1.7
	0.05	2.1	2.4	1.8	1.8
	0.10	2.2	2.4	2.0	1.8

续表

结构基本周期 T_1 (s)	K_n/K \ G_n/G	0.001	0.01	0.05	0.10
0.75	0.01	3.6	2.3	2.2	2.2
	0.05	2.7	3.4	2.5	2.3
	0.10	2.2	3.3	2.5	2.3
1.00	0.01	4.8	2.9	2.7	2.7
	0.05	3.6	4.3	2.9	2.7
	0.10	2.4	4.1	3.2	3.0
1.50	0.01	6.6	3.9	3.5	3.5
	0.05	3.7	5.8	3.8	3.6
	0.10	2.4	5.6	4.2	3.7

按公式（3.3-6）计算的顶部附加水平地震作用标准值 ΔF_n 应作用在主体结构的顶部。

表中 K_n、G_n 为小塔楼（第 n 层）的侧向刚度和重力荷载设计值；K、G 为主体结构的层侧向刚度和重力荷载设计值，可取各层的平均值。侧向刚度 K 可由层剪力除以层位移求得。

放大后的小塔楼地震作用 F_n 仅用于设计小塔楼及与小塔楼直接连结的主体结构构件。

2. 在广播、通讯、电力调度楼等高层建筑的顶上，常设有细高的塔楼，这些塔楼的高度可能超过主体建筑高度的1/4，而且层数也较多。一般情况下，这类突出屋面的高塔楼高层建筑物，应采用振型分解反应谱法（取5～9个振型）或采用直接动力分析法求解水平地震作用。

在方案和初步设计阶段，为估算构件截面大小，迅速而简便地计算高塔楼的水平地震作用，可以将高塔楼作为一个单独的房屋放在地面上，按底部剪力法计算高塔楼底部和顶部的剪力 V_{t1}^0 和 V_{t2}^0，并分别乘以放大系数 β_1 和 β_2 得底部和顶部的取用剪力 V_{t1}^0 和 V_{t2}^0。

$$\left.\begin{aligned} V_{t1}^0 &= \beta_1 V_{t1}^0 \\ V_{t2} &= \beta_2 V_{t2}^0 \end{aligned}\right\} \tag{3.4-1}$$

放大系数 β_1 和 β_2 可按表3.4-2采用。表中的 H_t 和 H_b 为高塔楼和主体建筑的高度。

高塔楼的剪力放大系数 β　　**表3.4-2**

β	塔底 β_1				塔顶 β_2			
H_t/H_b \ S_t/S_b	0.50	0.75	1.00	1.25	0.50	0.75	1.00	1.25
0.25	1.5	1.5	2.0	2.5	2.0	2.0	2.5	3.0
0.50	1.5	1.5	2.0	2.5	2.0	2.5	3.0	4.0
0.75	2.0	2.5	3.0	3.5	2.5	3.5	5.0	6.0
1.00	2.0	2.5	3.0	3.5	3.0	4.5	5.5	6.0

3.5 建 筑 场 地

1. 选择建筑场地时，应按表3.5-1划分对建筑抗震有利、不利和危险的地段。

有利、不利和危险地段的划分 表3.5-1

地段类别	地 质、地 形、地 貌
有利地段	稳定基岩，坚硬土，开阔、平坦、密实、均匀的中硬土等
不利地段	软弱土，液化土，条状突出的山嘴，高耸孤立的山丘，非岩质的陡坡，河岸和边坡的边缘，平面分布上成因、岩性、状态明显不均匀的土层（如故河道、疏松的断层破碎带、暗埋的塘浜沟谷和半填半挖地基）等
危险地段	地震时可能发生滑坡、崩塌、地陷、地裂、泥石流等及发震断裂带上可能发生地表错位的部位

2. 建筑场地的类别划分，应以土层等效剪切波速和场地覆盖层厚度为准。

3. 土层剪切波速的测量，应符合下列要求：

（1）在场地初步勘察阶段，对大面积的同一地质单元，测量土层剪切波速的钻孔数量，应为控制性钻孔数量的1/3～1/5，山间河谷地区可适量减少，但不宜少于3个；

（2）在场地详细勘察阶段，对单幢建筑，测量土层剪切波速的钻孔数量不宜少于2个，数据变化较大时，可适量增加；对小区中处于同一地质单元的密集高层建筑群，测量土层剪切波速的钻孔数量可适量减少，但每幢高层建筑下不得少于一个；

（3）对丁类建筑及层数不超过10层且高度不超过30m的丙类建筑，当无实测剪切波速时，可根据岩土名称和性状，按表3.5-2划分土的类型，再利用当地经验在表3.5-2的剪切波速范围内估计各土层的剪切波速。

土的类型划分和剪切波速范围 表3.5-2

土的类型	岩 土 名 称 和 性 状	土层剪切波速范围（m/s）
坚硬土或岩石	稳定岩石，密实的碎石土	$v_s>500$
中硬土	中密、稍密的碎石土，密实、中密的砾、粗、中砂，$f_{ak}>200$的黏性土和粉土，坚硬黄土	$500\geqslant v_s>250$
中软土	稍密的砾、粗、中砂，除松散外的细、粉砂，$f_{ak}\leqslant200$的黏性土和粉土，$f_{ak}>130$的填土，可塑黄土	$250\geqslant v_s>140$
软弱土	淤泥和淤泥质土，松散的砂，新近沉积的黏性土和粉土 $f_{ak}\leqslant130$的填土，流塑黄土	$v_s\leqslant140$

注：f_{ak}为由载荷试验等方法得到的地基承载力特征值（kPa）；v_s为岩土剪切波速。

4. 建筑场地覆盖层厚度的确定，应符合下列要求：

（1）一般情况下，应按地面至剪切波速大于500m/s的土层顶面的距离确定；

（2）当地面5m以下存在剪切波速大于相邻上层土剪切波速2.5倍的土层，且其下卧岩土的剪切波速均不小于400m/s时，可按地面至该土层顶面的距离确定；

（3）剪切波速大于500m/s的孤石、透镜体，应视同周围土层；

（4）土层中的火山岩硬夹层，应视为刚体，其厚度应从覆盖土层中扣除。

5. 土层的等效剪切波速，应按下列公式计算：

$$v_{se} = d_0/t \tag{3.5-1}$$

$$t = \sum_{i=1}^{n}(d_i/v_{si}) \tag{3.5-2}$$

式中 v_{se}——土层等效剪切波速（m/s）；

d_0——计算深度（m），取覆盖层厚度和20m二者的较小值；

t——剪切波在地面至计算深度之间的传播时间；

d_i——计算深度范围内第 i 土层的厚度（m）；

v_{si}——计算深度范围内第 i 土层的剪切波速（m/s）；

n——计算深度范围内土层的分层数。

6. 建筑的场地类别，应根据土层等效剪切波速和场地覆盖层厚度按表3.5-3划分为四类。当有可靠的剪切波速和覆盖层厚度且其值处于表3.5-3所列场地类别的分界线附近时，应允许按插值方法确定地震作用计算所用的设计特征周期。

各类建筑场地的覆盖层厚度（m） **表3.5-3**

等效剪切波速（m/s）	场地类别			
	Ⅰ	Ⅱ	Ⅲ	Ⅳ
$v_{se}>500$	0			
$500\geqslant v_{se}>250$	<5	≥5		
$250\geqslant v_{se}>140$	<3	3~50	>50	
$v_{se}\leqslant 140$	<3	3~15	>15~80	>80

7. 场地内存在发震断裂时，应对断裂的工程影响进行评价，并应符合下列要求：

（1）对符合下列规定之一的情况，可忽略发震断裂错动对地面建筑的影响：

1）抗震设防烈度小于8度；

2）非全新世活动断裂；

3）抗震设防烈度为8度和9度时，前第四记基岩隐伏断裂的土层覆盖厚度公别大于60m和90m。

（2）对不符合本条1款规定的情况，应避开主断裂带。其避让距离不宜小于表3.5-4对发震断裂最小避让距离的规定。

发震断裂的最小避让距离（m） **表3.5-4**

烈度	建筑抗震设防类别			
	甲	乙	丙	丁
8	专门研究	300m	200m	—
9	专门研究	500m	300m	—

3.6 我国主要城镇抗震设防烈度、设计基本地震加速度和设计地震分组

本节仅提供我国抗震设防区各县级及县级以上城镇的中心地区建筑工程抗震设计时所

采用的抗震设防烈度、设计基本地震加速度值和所属的设计地震分组。

注：本节一般把“设计地震第一、二、三组”简称为“第一组、第二组、第三组”。

1. 首都和直辖市

(1) 抗震设防烈度为8度，设计基本地震加速度值为0.20g：

北京（除昌平、门头沟外的11个市辖区），平谷，大兴，延庆，宁河，汉沽。

(2) 抗震设防烈度为7度，设计基本地震加速度值为0.15g：

密云，怀柔，昌平，门头沟，天津（除汉沽、大港外的12个市辖区），蓟县，宝坻，静海。

(3) 抗震设防烈度为7度，设计基本地震加速度值为0.10g：

大港，上海（除金山外的15个市辖区），南汇，奉贤

(4) 抗震设防烈度为6度，设计基本地震加速度值为0.05g：

崇明，金山，重庆（14个市辖区），巫山，奉节，云阳，忠县，丰都，长寿，璧山，合川，铜梁，大足，荣昌，永川，江津，綦江，南川，黔江，石柱，巫溪*

注：1 首都和直辖市的全部县级及县级以上设防城镇，设计地震分组均为第一组；

2 上标*指该城镇的中心位于相邻设防分区的分界线，下同。

2. 河北省

(1) 抗震设防烈度为8度，设计基本地震加速度值为0.20g：

第一组：廊坊（2个市辖区），唐山（5个市辖区），三河，大厂，香河，丰南，丰润，怀来，涿鹿

(2) 抗震设防烈度为7度，设计基本地震加速度值为0.15g：

第一组：邯郸（4个市辖区）邯郸县，文安，任丘，河间，大城，涿州，高碑店，涞水，固安，永清，玉田，迁安，卢龙，滦县，滦南，唐海，乐亭，宣化，蔚县，阳原，宁晋，成安，磁县，临漳，大名，宁晋

(3) 抗震设防烈度为7度，设计基本地震加速度值为0.10g：

第一组：石家庄（6个市辖区），保定（3个市辖区），张家口（4个市辖区），沧州(2个市辖区)，衡水，邢台（2个市辖区），霸州，雄县，易县，沧县，张北，万全，怀安，兴隆，迁西，抚宁，昌黎，青县，献县，广宗，平乡，鸡泽，隆尧，新河，曲周，肥乡，馆陶，广平，高邑，内丘，邢台县，赵县，武安，涉县，赤城，涞源，定兴，容城，徐水，安新，高阳，博野，蠡县，肃宁，深泽，安平，饶阳，魏县，藁城，栾城，晋州，深州，武强，辛集，冀州，任县，柏乡，巨鹿，南和，沙河，临城，泊头，永年，崇礼，南宫*

第二组：秦皇岛（海港、北戴河），清苑，遵化，安国

(4) 抗震设防烈度为6度，设计基本地震加速度值为0.05g：

第一组：正定，围场，尚义，灵寿，新乐，无极，平山，鹿泉，井陉，元氏，南皮，吴桥，景县，东光

第二组：承德（除鹰手营子外的2个市辖区），隆化，承德县，宽城，青龙，阜平，满城，顺平，唐县，望都，曲阳，定州，行唐，赞皇，黄骅，海兴，孟村，盐山，阜城，故城，清河，山海关，沽源，新乐，武邑，枣强，威县

第三组：丰宁，滦平，鹰手营子，平泉，临西，邱县

3. 山西省

(1) 抗震设防烈度为8度，设计基本地震加速度值为0.20g;

第一组：太原（6个市辖区），临汾，忻州，祁县，平遥，古县，代县，原平，定襄，阳曲，太谷，介休，灵石，汾西，霍州，洪洞，襄汾，晋中，浮山，永济，清徐

(2) 抗震设防烈度为7度，设计基本地震加速度值为0.15g;

第一组：大同（4个市辖区），朔州（2个市辖区），大同县，怀仁，浑源，广灵，应县，山阴，灵丘，繁峙，五台，古交，交城，文水，汾阳，曲沃，孝义，侯马，新绛，稷山，绛县，河津，闻喜，翼城，万荣，临猗，夏县，运城，芮城，平陆，沁源*，宁武*

(3) 抗震设防烈度为7度，设计基本地震加速度值为0.10g:

第一组：长治（2个市辖区），阳泉（3个市辖区），长治县，阳高，天镇，左云，右玉，神池，盂县，清徐，寿阳，昔阳，沁县，安泽，乡宁，翼城，万荣，垣曲，沁水，平定，和顺，黎城，潞城，壶关

第二组：平顺，榆社，武乡，娄烦，交口，隰县，蒲县，吉县，静乐，陵川，平鲁

(4) 抗震设防烈度为6度，设计基本地震加速度值为0.05g:

第二组：平顺，偏关，河曲，保德，兴县，临县，方山，柳林

第三组：晋城，离石，左权，襄垣，屯留，长子，高平，阳城，泽州，五寨，岢岚，岚县，中阳，石楼，永和，大宁

4. 内蒙自治区

(1) 抗震设防烈度为8度，设计基本地震加速度值为0.30g:

第一组：土默特右旗，达拉特旗*

(2) 抗震设防烈度为8度，设计基本地震加速度值为0.20g:

第一组：包头（除白云矿区外的5个市辖区），呼和浩特（4个市辖区），土墨特左旗，乌海（3个市辖区），杭锦后旗，磴口，宁城，托克托*

(3) 抗震设防烈度为7度，设计基本地震加速度值为0.15g:

第一组：喀喇沁旗，五原，乌拉特前旗，临河，固阳，武川，凉城，和林格尔，赤峰（红山*，元宝山区）

第二组：阿拉善左旗

(4) 抗震设防烈度为7度，设计基本地震加速度值为0.10g:

第一组：集宁，清水河，通辽，开鲁，傲汉旗，乌特拉后旗，卓资，察石前旗，丰镇，扎兰屯，乌特拉中旗，赤峰（松山区）

第三组：东胜，准格尔旗

(5) 抗震设防烈度为6度，设计基本地震加速度值为0.05g:

第一组：满洲里，新巴尔虎右旗，莫力达瓦旗，阿荣旗，扎赉特旗，翁牛特旗，兴和，商都，察右后旗，科左中旗，科左后旗，奈曼旗，库伦旗，乌审旗，苏尼特右旗

第二组：达尔罕茂明安联合旗，阿拉善右旗，鄂托克旗，鄂托克前旗，白云

第三组：伊金霍洛旗，杭锦旗，四王子旗，察右中旗

5. 辽宁省

(1) 抗震设防烈度为8度，设计基本地震加速度值为0.20g:

东港，普兰店

(2) 抗震设防烈度为7度，设计基本地震加速度值为0.15g:

营口（4个市辖区），丹东（3个市辖区），海城，大石桥，瓦房店，盖州，金州

(3) 抗震设防烈度为7度，设计基本地震加速度值为0.10g:

沈阳（9个市辖区），鞍山（4个市辖区），大连（除金州外的5个市辖区），朝阳（2个市辖区），辽阳（5个市辖区），抚顺（除顺城外的3个市辖区），铁岭（2个市辖区），盘锦（2个市辖区），盘山，朝阳县，辽阳县，岫岩，铁岭县，凌源，北票，建平，开原，抚顺县，灯塔，台安，大洼，辽中

(3) 抗震设防烈度为6度，设计基本地震加速度值为0.05g:

本溪（4个市辖区），阜新（5个市辖区），锦州（3个市辖区），葫芦岛（3个市辖区），昌图，西丰，法库，彰武，铁法，阜新县，康平，新民，黑山，北宁，义县，喀喇沁，凌海，兴城，绥中，建昌，宽甸，凤城，庄河，长海，顺城

注：全省县级及县级以上设防城镇的设计地震分组，除兴城、绥中、建昌、南票为第二组外，均为第一组。

6. 吉林省

(1) 抗震设防烈度为8度，设计基本地震加速度值为0.20g:

前郭尔罗斯，松原

(2) 抗震设防烈度为7度，设计基本地震加速度值为0.15g:

大安*

(3) 抗震设防烈度为7度，设计基本地震加速度值为0.10g:

长春（6个市辖区），吉林（除丰满外的3个市辖区），白城，乾安，舒兰，九台，永吉*

(4) 抗震设防烈度为6度，设计基本地震加速度值为0.05g:

四平（2个市辖区），辽源（2个市辖区），镇赉，洮南，延吉，汪清，图们，珲春，龙井，和龙，安图，蛟河，桦甸，梨树，磐石，东丰，辉南，梅河口，东辽，榆树，靖宇，抚松，长岭，通榆，德惠，农安，伊通，公主岭，扶余，丰满

注：全省县级及县级以上设防城镇，设计地震分组均为第一组。

7. 黑龙江省

(1) 抗震设防烈度为7度，设计基本地震加速度值为0.10g:

绥化，萝北，泰来

(2) 抗震设防烈度为6度，设计基本地震加速度值为0.05g:

哈尔滨（7个市辖区），齐齐哈尔（7个市辖区），大庆（5个市辖区），鹤岗（6个市辖区），牡丹江（4个市辖区），鸡西（6个市辖区），佳木斯（5个市辖区），七台河（3个市辖区），伊春（伊春区，乌马河区），鸡东，望奎，穆棱，绥芬河，东宁，宁安，五大连池，嘉荫，汤原，桦南，桦川，依兰，勃利，通河，方正，木兰，巴彦，延寿，尚志，宾县，安达，明水，绥棱，庆安，兰西，肇东，肇州，肇源，呼兰，阿城，双城，五常，讷河，北安，甘南，富裕，龙江，黑河，青冈*，海林*

注：全省县级及县级以上设防城镇，设计地震分组均为第一组。

8. 江苏省

（1）抗震设防烈度为8度，设计基本地震加速度值为0.30g：

第一组：宿迁，宿豫*

（2）抗震设防烈度为8度，设计基本地震加速度值为0.20g：

第一组：新沂，邳州，睢宁

（3）抗震设防烈度为7度，设计基本地震加速度值为0.15g：

第一组：扬州（3个市辖区），镇江（2个市辖区），东海，沭阳，泗洪，江都，大丰

（4）抗震设防烈度为7度，设计基本地震加速度值为0.10g：

第一组：南京（11个市辖区），淮安（除楚州外的3个市辖区），徐州（5个市辖区），铜山，沛县，常州（4个市辖区），泰州（2个市辖区），赣榆，泗阳，盱眙，射阳，江浦，武进，盐城，盐都，东台，海安，姜堰，如皋，如东，扬中，仪征，兴化，高邮，六合，句容，丹阳，金坛，丹徒，溧阳，溧水，昆山，太仓

第三组：连云港（4个市辖区），灌云

（5）抗震设防烈度为6度，设计基本地震加速度值为0.05g：

第一组：南通（2个市辖区），无锡（6个市辖区），苏州（6个市辖区），通州，宜兴，江阴，洪泽，金湖，建湖，常熟，吴江，靖江，泰兴，张家港，海门，启东，高淳，丰县

第二组：响水，滨海，阜宁，宝应，金湖

第三组：灌南，涟水，楚州

9. 浙江省

（1）抗震设防烈度为7度，设计基本地震加速度值为0.10g：

岱山，嵊泗，舟山（2个市辖区）

（2）抗震设防烈度为6度，设计基本地震加速度值为0.05g：

杭州（6个市辖区），宁波（5个市辖区），湖州，嘉兴（2个市辖区），温州（3个市辖区），绍兴，绍兴县，长兴，安吉，临安，奉化，鄞县，象山，德清，嘉善，平湖，海盐，桐乡，余杭，海宁，萧山，上虞，慈溪，余姚，瑞安，富阳，平阳，苍南，乐清，永嘉，泰顺，景宁，云和，庆元，洞头，诸暨

注：全省县级及县级以上设防城镇，设计地震分组均为第一组。

10. 安徽省

（1）抗震设防烈度为7度，设计基本地震加速度值为0.15g：

第一组：五河，泗县

（2）抗震设防烈度为7度，设计基本地震加速度值为0.10g：

第一组：合肥（4个市辖区），蚌埠（4个市辖区），阜阳（3个市辖区），淮南（5个市辖区），枞阳，怀远，长丰，六安（2个市辖区），灵璧，固镇，凤阳，明光，定远，肥东，肥西，舒城，庐江，桐城，霍山，涡阳，安庆（3个市辖区）*，铜陵县*

（3）抗震设防烈度为6度，设计基本地震加速度值为0.05g：

第一组：铜陵（3个市辖区），芜湖（4个市辖区），巢湖，马鞍山（4个市辖区），滁州（2个市辖区），芜湖县，砀山，萧县，亳州，界首，太和，临泉，阜南，利辛，蒙城，凤台，寿县，颍上，霍丘，金寨，天长，来安，全椒，含山，和县，当涂，无为，繁昌，池州，岳西，潜山，太湖，怀宁，望江，东至，宿松，南陵，宣城，郎溪，广德，泾县，

青阳，石台

第二组：濉溪，淮北

第三组：宿州

11. 福建省

(1) 抗震设防烈度为7度，设计基本地震加速度值为0.15g:

第一组：厦门（7个市辖区），漳州（2个市辖区），晋江，石狮，金门，龙海，长泰，漳浦，东山

第二组：泉州（4个市辖区）

(2) 抗震设防烈度为7度，设计基本地震加速度值为0.10g:

第一组：福州（5个市辖区），安溪，南靖，华安，平和，云霄，诏安

第二组：莆田（2个市辖区），长乐，福清，莆田县，平谭，惠安，南安

(3) 抗震设防烈度为6度，设计基本地震加速度值为0.05g:

第一组：三明（2个市辖区），政和，屏南，霞浦，福鼎，福安，拓荣，寿宁，周宁，松溪，宁德，古田，罗源，沙县，尤溪，闽清，闽侯，南平，大田，漳平，龙岩，永定，泰宁，宁化，长汀，武平，建宁，将乐，明溪，清流，连城，上杭，永安，建瓯

第二组：连江，永泰，德化，永春，仙游

12. 江西省

(1) 抗震设防烈度为7度，设计基本地震加速度值为0.10g:

寻乌，会昌

(2) 抗震设防烈度为6度，设计基本地震加速度值为0.05g:

南昌（5个市辖区），九江（2个市辖区），南昌县，进贤，余干，九江县，彭泽，湖口，星子，瑞昌，德安，都昌，武宁，修水，靖安，铜鼓，宜丰，宁都，石城，瑞金，安远，定南，龙南，全南，大余

注：全省县级及县级以上设防城镇，设计地震分组均为第一组。

13. 山东省

(1) 抗震设防烈度为8度，设计基本地震加速度值为0.20g:

第一组：郯城，临沭，莒南，莒县，沂水，安丘，阳谷

(2) 抗震设防烈度为7度，设计基本地震加速度值为0.15g:

第一组：临沂（3个市辖区），潍坊（4个市辖区），荷泽，东明，聊城，苍山，沂南，昌邑，昌乐，青州，临驹，诸城，五莲，长岛，蓬莱，龙口，莘县，鄄城，寿光*

(3) 抗震设防烈度为7度，设计基本地震加速度值为0.10g:

第一组：烟台（4个市辖区），威海，枣庄（5个市辖区），淄博（5个市辖区），平原，高唐，茌平，东阿，平阴，梁山，郓城，定陶，巨野，成武，曹县，垦利，广饶，博兴，高青，桓台，文登，沂源，蒙阴，费县，微山，禹城，冠县，莱芜（2个市辖区）*，单县*，夏津*

第二组：东营（2个市辖区），招远，新泰，栖霞，莱州，日照，平度，高密，栖霞，莱州，新泰，滨州*，平邑*

(4) 抗震设防烈度为6度，设计基本地震加速度值为0.05g:

第一组：德州，宁阳，陵县，武城，曲阜，邹城，鱼台，乳山，荣成，兖州

第二组：济南（5个市辖区），青岛（7个市辖区），泰安（2个市辖区），济宁（2个市辖区），乐陵，庆云，无棣，阳信，宁津，沾化，利津，惠民，商河，临邑，济阳，齐河，邹平，章丘，泗水，莱阳，海阳，金乡，滕州，莱西，即墨

第三组：胶南，胶州，东平，汶上，嘉祥，临清，长清，肥城

14. 河南省

(1) 抗震设防烈度为8度，设计基本地震加速度值为0.20g：

第一组：新乡（4个市辖区），新乡县，安阳（4个市辖区），安阳县，鹤壁（3个市辖区），原阳，延津，汤阴，淇县，卫辉，获嘉，范县，辉县

(2) 抗震设防烈度为7度，设计基本地震加速度值为0.15g：

第一组：郑州（6个市辖区），濮阳，濮阳县，长桓，封丘，修武，武陟，林州，内黄，浚县，滑县，台前，南乐，清丰，灵宝，三门峡，陕县

(3) 抗震设防烈度为7度，设计基本地震加速度值为0.10g：

第一组：洛阳（6个市辖区），焦作（4个市辖区），开封（5个市辖区），南阳（2个市辖区），开封县，许昌县，沁阳，博爱，孟州，孟津，巩义，偃师，济源，新密，新郑，民权，兰考，长葛，温县，荥阳，中牟，杞县*，许昌*

(4) 抗震设防烈度为6度，设计基本地震加速度值为0.05g：

第一组：商丘（2个市辖区），信阳（2个市辖区），漯河，平顶山（4个市辖区），登封，义马，虞城，夏邑，通许，尉氏，睢县，宁陵，柘城，新安，宜阳，嵩县，汝阳，伊川，禹州，郏县，宝丰，襄城，郾城，鄢陵，扶沟，太康，鹿邑，郸城，沈丘，项城，淮阳，周口，商水，上蔡，临颍，西华，西平，栾川，内乡，镇平，唐河，邓州，新野，社旗，平舆，新县，驻马店，泌阳，汝南，桐柏，淮滨，息县，正阳，遂平，光山，罗山，潢川，商城，固始，南召，舞阳*，叶县*

第二组：汝州，睢县，永城

第三组：卢氏，洛宁，渑池

15. 湖北省

(1) 抗震设防烈度为7度，设计基本地震加速度值为0.10g：

竹溪，竹山，房县

(2) 抗震设防烈度为6度，设计基本地震加速度值为0.05g：

武汉（13个市辖区），荆州（2个市辖区），荆门，襄樊（2个市辖区），襄阳，十堰（2个市辖区），宜昌（4个市辖区），宜昌县，黄石（4个市辖区），恩施，咸宁，麻城，团风，罗田，英山，黄冈，鄂州，浠水，蕲春，黄梅，武穴，郧西，郧县，丹江口，谷城，老河口，宜城，南漳，保康，神农架，钟祥，沙洋，远安，兴山，巴东，来凤，鹤峰，秭归，当阳，建始，利川，公安，宣恩，咸丰，长阳，宜都，枝江，松滋，江陵，石首，监利，洪湖，孝感，应城，云梦，天门，仙桃，红安，安陆，潜江，嘉鱼，大冶，通山，赤壁，崇阳，通城，五峰*，京山*

注：全省县级及县级以上设防城镇，设计地震分组均为第一组。

16. 湖南省

(1) 抗震设防烈度为7度，设计基本地震加速度值为0.15g：

常德（2个市辖区）

(2) 抗震设防烈度为7度，设计基本地震加速度值为0.10g：

岳阳（3个市辖区），岳阳县，汨罗，湘阴，临澧，澧县，津市，桃源，安乡，汉寿

(3) 抗震设防烈度为6度，设计基本地震加速度值为0.05g：

长沙（5个市辖区），长沙县，益阳（2个市辖区），张家界（2个市辖区），郴州（2个市辖区），邵阳（3个市辖区），邵阳县，泸溪，沅陵，娄底，宜章，资兴，平江，宁乡，新化，冷水江，涟源，双峰，新邵，邵东，隆回，石门，慈利，华容，南县，临湘，沅江，桃江，望城，溆浦，会同，靖州，韶山，江华，宁远，道县，湘乡*，安化*，临武*，中方*，洪江*

注：全省县级及县级以上设防城镇，设计地震分组均为第一组。

17. 广东省

(1) 抗震设防烈度为8度，设计基本地震加速度值为0.20g：

汕头（5个市辖区），澄海，潮安，南澳，徐闻，潮州*

(2) 抗震设防烈度为7度，设计基本地震加速度值为0.15g：

揭阳，揭东，潮阳，饶平

(3) 抗震设防烈度为7度，设计基本地震加速度值为0.10g：

广州（除花都外的9个市辖区），深圳（6个市辖区），湛江（4个市辖区），汕尾，海丰，普宁，惠来，阳江，阳东，阳西，茂名，化州，廉江，遂溪，吴川，丰顺，南海，顺德，中山，珠海，斗门，电白，雷州，佛山（2个市辖区）*，江门（2个市辖区）*，新会*，陆丰*

(4) 抗震设防烈度为6度，设计基本地震加速度值为0.05g：

韶关（3个市辖区），肇庆（2个市辖区），花都，河源，揭西，东源，梅州，东莞，清远，清新，南雄，仁化，始兴，乳源，曲江，英德，佛冈，龙门，龙川，平远，大埔，从化，梅县，兴宁，五华，紫金，陆河，增城，博罗，惠州，惠阳，惠东，三水，四会，云浮，云安，高要，高明，鹤山，封开，郁南，罗定，信宜，新兴，开平，恩平，台山，阳春，高州，翁源，连平，和平，蕉岭，新丰*，广宁*

注：全省县级及县级以上设防城镇，设计地震分组均为第一组。

18. 广西自治区

(1) 抗震设防烈度为7度，设计基本地震加速度值为0.15g：

灵山，田东

(2) 抗震设防烈度为7度，设计基本地震加速度值为0.10g：

玉林，兴业，横县，北流，百色，乐业，田阳，平果，隆安，浦北，博白

(3) 抗震设防烈度为6度，设计基本地震加速度值为0.05g：

南宁（6个市辖区），桂林（5个市辖区），柳州（5个市辖区），梧州（3个市辖区），钦州（2个市辖区），贵港（2个市辖区），防城港（2个市辖区），北海（2个市辖区），兴安，灵川，资源，临桂，永福，鹿寨，天峨，东兰，巴马，都安，大化，马山，融安，象州，武宣，桂平，平南，上林，宾阳，武鸣，大新，扶绥，邕宁，东兴，合浦，钟山，贺州，藤县，苍梧，容县，岑溪，陆川，凤山，凌云，田林，隆林，西林，德保，靖西，那坡，天等，崇左，上思，龙州，宁明，融水，凭祥，全州*

注：全自治区县级及县级以上设防城镇，设计地震分组均为第一组。

19. 海南省

(1) 抗震设防烈度为8度，设计基本地震加速度值为0.30g:

海口（3个市辖区），琼山

(2) 抗震设防烈度为8度，设计基本地震加速度值为0.20g:

文昌，定安

(3) 抗震设防烈度为7度，设计基本地震加速度值为0.15g:

澄迈

(4) 抗震设防烈度为7度，设计基本地震加速度值为0.10g:

临高，琼海，儋州，屯昌

(5) 抗震设防烈度为6度，设计基本地震加速度值为0.05g:

三亚，万宁，琼中，昌江，白沙，保亭，陵水，东方，乐东，通什

注：全省县级及县级以上设防城镇，设计地震分组均为第一组。

20. 四川省

(1) 抗震设防烈度不低于9度，设计基本地震加速度值不小于0.40g:

第一组：康定，西昌

(2) 抗震设防烈度为8度，设计基本地震加速度值为0.30g:

第一组：冕宁

(3) 抗震设防烈度为8度，设计基本地震加速度值为0.20g:

第一组：松潘，道浮，泸定，甘孜，炉霍，喜德，普格，宁南，理塘

第二组：九寨沟，石棉，德昌

(4) 抗震设防烈度为7度，设计基本地震加速度值为0.15g:

第一组：宝兴，茂县，巴塘，德格，马边，雷波

第二组：越西，雅江，九龙，平武，木里，盐源，会东

第三组：天全，荥经，汉源，昭觉，布拖，丹巴，芦山*，甘洛*

(5) 抗震设防烈度为7度，设计基本地震加速度值为0.10g:

第一组：成都（除龙泉驿、清白江的5个市辖区），乐山（4个市辖区），宜宾，宜宾县，北川，安县，绵竹，汶川，都江堰，双流，新津，青神，峨边，沐川，屏山，美姑，金阳，得荣，新都*，

第二组：攀枝花（3个市辖区），江油，什邡，彭州，郫县，温江，大邑，崇州，邛崃，蒲江，彭山，丹棱，眉山，洪雅，夹江，峨嵋山，若尔盖，色达，壤塘，马尔康，石渠，白玉，新龙，金川，黑水，盐边，理县，米易，乡城，稻城，朝天区*

第三组：青川，雅安，名山，美姑，金阳，小金，会理

(6) 抗震设防烈度为6度，设计基本地震加速度值为0.05g:

第一组：自贡（4个市辖区），泸州（3个市辖区），内江（2个市辖区），德阳，宣汉，达州，达县，大竹，开江，邻水，渠县，广安，华蓥，隆昌，富顺，泸县，南溪，合江，江安，长宁，高县，珙县，兴文，筠连，叙永，古蔺，金堂，广汉，简阳，资阳，仁寿，资中，井研，威远，红原，南江，通江，万源，巴中，苍溪，阆中，仪陇，西充，南部，盐亭，三台，射洪，大英，乐至，旺苍，龙泉驿，清白江

第二组：绵阳（2个市辖区），梓潼，中江，犍为，荣县，阿坝

第三组：广元（除朝天区外的2个市辖区），剑阁，罗江，红原

21. 贵州省

（1）抗震设防烈度为7度，设计基本地震加速度值为0.10g：

第一组：望漠

第二组：威宁

（2）抗震设防烈度为6度，设计基本地震加速度值为0.05g：

第一组：贵阳（除白云外的5个市辖区），凯里，毕节，安顺，都匀，六盘水，黄平，福泉，贵定，麻江，清镇，龙里，平坝，纳雍，织金，水城，普定，六枝，镇宁，惠水，长顺，关岭，紫云，罗甸，兴仁，贞丰，安龙，册亨，金沙，印江，赤水，习水，思南*

第二组：赫章，普安，晴隆，兴义

第三组：盘县

22. 云南省

（1）抗震设防烈度不低于9度，设计基本地震加速度值不小于0.40g：

第一组：寻甸，东川

第二组：澜沧

（2）抗震设防烈度为8度，设计基本地震加速度值为0.30g：

第一组：会泽，剑川，嵩明，宜良，丽江，鹤庆，永胜，潞西，龙陵，石屏，建水

第二组：耿马，双江，沧源，勐海，西盟，孟连

（3）抗震设防烈度为8度，设计基本地震加速度值为0.20g：

第一组：石林，玉溪，大理，永善，巧家，江川，华宁，峨山，通海，洱源，宾川，弥渡，祥云

第二组：昆明（除东川外的4个市辖区），思茅，保山，会择，马龙，呈贡，澄江，晋宁，易门，漾濞，巍山，南涧，云县，腾冲，施甸，瑞丽，梁河，安宁，凤庆*，陇川*

第三组：景洪，永德，镇康，临沧

（4）抗震设防烈度为7度，设计基本地震加速度值为0.15g：

第一组：中甸，泸水，新平*

第二组：沾益，个旧，红河，元江，禄丰，双柏，开远，盈江，大关，永平，昌宁，宁蒗，南华，楚雄，勐腊，华坪*，景东*

第三组：曲靖，弥勒，陆良，富民，禄劝，武定，兰坪，云龙，景谷，普洱，

（5）抗震设防烈度为7度，设计基本地震加速度值为0.10g：

第一组：盐津，绥江，德钦，贡山

第二组：昭通，彝良，水富，鲁甸，福贡，永仁，大姚，元谋，姚安，牟定，墨江，绿春，镇沅，江城，金平*

第三组：富源，师宗，泸西，蒙自，元阳，维西，宣威

（6）抗震设防烈度为6度，设计基本地震加速度值为0.05g：

第一组：威信，镇雄，广南，富宁，西畴，文山，麻栗坡，马关

第二组：丘北，砚山，屏边，河口

第三组：罗平

23. 西藏自治区

(1) 抗震设防烈度不低于9度，设计基本地震加速度值不小于0.40g:

第二组：当雄，墨脱

(2) 抗震设防烈度为8度，设计基本地震加速度值为0.30g:

第一组：申扎

第二组：米林，波密

(3) 抗震设防烈度为8度，设计基本地震加速度值为0.20g:

第一组：普兰，聂拉木，萨嘎

第二组：拉萨，堆龙德庆，尼木，仁布，尼玛，洛隆，隆子，错那，曲松*

第三组：那曲，林芝（八一镇），林周

(4) 抗震设防烈度为7度，设计基本地震加速度值为0.15g:

第一组：札达，吉隆，拉孜，谢通门，亚东，洛扎，昂仁*

第二组：噶尔，日土，江孜，康马，白朗，扎囊，措美，桑日，加查，边坝，八宿，丁青，类乌齐，乃东，琼结，贡嘎，朗县，达孜，日喀则*，

第三组：南木林，班戈，浪卡子，墨竹工卡，曲水，安多，聂荣

(5) 抗震设防烈度为7度，设计基本地震加速度值为0.10g:

第一组：改则，措勤，仲巴，定结，芒康

第二组：昌都，定日，萨迦，岗巴，巴青，工布江达，索县，比如，嘉黎，察雅，左贡，察隅，江达，贡觉

(6) 抗震设防烈度为6度，设计基本地震加速度值为0.05g:

第一组：革吉

24. 陕西省

(1) 抗震设防烈度为8度，设计基本地震加速度值为0.20g:

第一组：西安（8个市辖区），渭南，华县，华阴，潼关，大荔

第二组：陇县

(2) 抗震设防烈度为7度，设计基本地震加速度值为0.15g:

第一组：咸阳（3个市辖区），宝鸡（2个市辖区），高陵，千阳，岐山，凤翔，扶风，武功，兴平，周至，眉县，宝鸡县，三原，富平，澄城，蒲城，泾阳，礼泉，长安，户县，蓝田，韩城，合阳

第二组：凤县

(3) 抗震设防烈度为7度，设计基本地震加速度值为010g:

第一组：安康，平利，乾县，洛南

第二组：白水，耀县，淳化，麟游，铜川（2个市辖区）*，商州*，柞水*

第三组：太白，留坝，勉县，略阳

(4) 抗震设防烈度为6度，设计基本地震加速度值为0.05g:

第一组：延安，清涧，神木，佳县，米脂，绥德，安塞，延川，延长，定边，吴旗，志丹，甘泉，富县，商南，旬阳，紫阳，镇巴，白河，岚皋，镇坪，子洲*，子长*

第二组：府谷，吴堡，洛川，黄陵，旬邑，永寿，洋县，西乡，石泉，汉阴，宁陕，汉中，南郑，城固

第三组：宁强，宜川，黄龙，宜君，长武，彬县，佛坪，镇安，丹凤，山阳

25. 甘肃省

(1) 抗震设防烈度不低于于9度，设计基本地震加速度值不小于0.40g：

第一组：古浪

(2) 抗震设防烈度为8度，设计基本地震加速度值为0.30g：

第一组：天水（2个市辖区），礼县，西和

(3) 抗震设防烈度为8度，设计基本地震加速度值为0.20g：

第一组：岩昌，文县，肃北

第二组：兰州（5个市辖区），永靖，成县，舟曲，武都，徽县，康县，武威，永登，天祝，景泰，靖远，陇西，武山，秦安，清水，甘谷，漳县，会宁，静宁，庄浪，张家川，通谓，华亭

(4) 抗震设防烈度为7度，设计基本地震加速度值为0.15g：

第一组：康乐，嘉峪关，玉门，酒泉，高台，临泽，肃南

第二组：白银（2个市辖区），岷县，东乡，和政，广河，临谭，卓尼，迭部，临洮，谓源，皋兰，崇信，榆中，定西，金昌，两当，阿克塞，民乐，永昌

第三组：平凉

(5) 抗震设防烈度为7度，设计基本地震加速度值为010g：

第一组：张掖，合作

第二组：敦煌，安西，金塔，山丹，积石山，临夏，临夏县，夏河，碌曲，玛曲，泾川，灵台

第三组：民勤，镇原，环县

(6) 抗震设防烈度为6度，设计基本地震加速度值为0.05g：

第一组：华池，正宁，庆阳，合水，宁县

第三组：西峰

26. 青海省

(1) 抗震设防烈度为8度，设计基本地震加速度值为0.20g：

第一组：玛沁

第二组：玛多，达日

(2) 抗震设防烈度为7度，设计基本地震加速度值为0.15g：

第一组：祁连

第二组：甘德，门源，玉树*

(3) 抗震设防烈度为7度，设计基本地震加速度值为0.10g：

第一组：乌兰

第二组：西宁（4个市辖区），同仁，共和，德令哈，海晏，湟源，湟中，平安，民和，化隆，贵德，尖扎，循化，格尔木，贵南，同德，河南，曲麻莱，久治，班玛，治多，称多，杂多，囊谦，天峻，刚察

第三组：大通，互助，乐都，都兰，兴海

(4) 抗震设防烈度为6度，设计基本地震加速度值为0.05g：

第二组：泽库

27. 宁夏自治区

(1) 抗震设防烈度为8度，设计基本地震加速度值为0.30g:

第一组：海原

第二组：西吉*

(2) 抗震设防烈度为8度，设计基本地震加速度值为0.20g:

第一组：银川（3个市辖区），石嘴山（3个市辖区），吴忠，惠农，平罗，贺兰，永宁，青铜峡，中卫，泾源，灵武，陶乐，固原

第二组：中宁，同心，隆德

(3) 抗震设防烈度为7度，设计基本地震加速度值为0.15g:

第三组：彭阳

(4) 抗震设防烈度为6度，设计基本地震加速度值为0.05g:

第三组：盐池

28. 新疆自治区

(1) 抗震设防烈度不低于9度，设计基本地震加速度值不小于0.40g:

第二组：乌恰，塔什库尔干

(2) 抗震设防烈度为8度，设计基本地震加速度值为0.30g:

第二组：阿图什，喀什，疏附

(3) 抗震设防烈度为8度，设计基本地震加速度值为0.20g:

第一组：乌鲁木齐（7个市辖区），乌鲁木齐县，温宿，阿克苏，柯坪，米泉，昭苏，特克斯，库车，巴里坤，乌什，青河，富蕴，

第二组：尼勒克，新源，巩留，精河，乌苏，奎屯，沙湾，玛纳斯，石河子

第三组：疏勒，伽师，阿克陶，英吉沙，独山子

(4) 抗震设防烈度为7度，设计基本地震加速度值为0.15g:

第一组：库尔勒，新和，轮台，和静，焉耆，博湖，巴楚，拜城，阜康*，木垒*

第二组：伊宁，伊宁县，霍城，察布查尔

第三组：岳普湖

(5) 抗震设防烈度为7度，设计基本地震加速度值为0.10g:

第一组：吐鲁番，和田，和田县，昌吉，吉木萨尔，洛浦，奇台，伊吾，鄯善，托克逊，和硕，尉犁，墨玉，策勒，哈密

第二组：克拉玛依（克拉玛依区），博乐，温泉，呼图壁，阿合奇，阿瓦提，沙雅

第三组：莎车，泽普，叶城，麦盖堤，皮山

(6) 抗震设防烈度为6度，设计基本地震加速度值为0.05g:

第一组：于田，哈巴河，塔城，额敏，福海，和布克赛尔，乌尔禾

第二组：阿勒泰，托里，民丰，若羌，布尔津，吉木乃，裕民，白碱滩

第三组：且末

29. 港澳特区和台湾省

(1) 抗震设防烈度不低于9度，设计基本地震加速度值不小于0.40g:

第一组：台中

第二组：苗栗，云林，嘉义，花莲

(2) 抗震设防烈度为 8 度，设计基本地震加速度值为 0.30g:

第二组：台北，桃园，台南，基隆，宜兰，台东，屏东

(3) 抗震设防烈度为 8 度，设计基本地震加速度值为 0.20g:

第二组：高雄，澎湖

(4) 抗震设防烈度为 7 度，设计基本地震加速度值为 0.15g:

第一组：香港

(5) 抗震设防烈度为 7 度，设计基本地震加速度值为 0.10g:

第一组：澳门

第 4 章　楼盖结构的设计与构造

4.1　钢筋混凝土楼盖分类和基本要求

1. 高层建筑结构中，楼盖形式常用的有梁板组成的肋形楼盖和无梁楼盖。肋形楼盖的板有：现浇梁式单向板、现浇双向板、现浇单向密肋板和双向密肋板；后张无粘结预应力现浇板；预制预应力混凝土薄板叠合楼板；预制双钢筋混凝土薄板叠合楼板；预制冷轧扭钢筋混凝土薄板叠合楼板；预制大楼板；预制圆孔板。无梁楼盖有：现浇无梁平板楼盖；现浇双向密肋无梁楼盖；预制装配整体预应力无梁楼盖等。

2. 各类楼盖的构件均应满足承载力和刚度要求。根据使用要求，必要时梁应进行挠度和裂缝宽度验算。现浇板的最小厚度应按表 4.1-1 规定。现浇板厚度与跨度的最小比值如表 4.1-2。

现浇板的最小厚度（mm）　　表 4.1-1

板分类		板的最小厚度
梁式板	屋面板	60
	民用建筑的楼板	60
双向板		80
密肋板（单向及双向）	肋的间距≤700mm	40
	肋的间距＞700mm	50
悬臂板	当板的悬壁长度≤500mm	板的根部 60
	当板的悬壁长度＞500mm	板的根部 80
无梁板		150

板的厚度与跨度的最小比值 h/L　　表 4.1-2

板支承情况	板的种类				
	单向板	双向板	悬臂板	无梁楼盖	
				有柱帽	无柱帽
简支	1/30	1/40		1/32～1/40	1/30～1/35
连续	1/40	1/50	1/12		

注：1. L 为板的短边计算跨度；

2. 跨度大于 4m 的板应适当加厚；

3. 双向板系指板的长边与短边之比等于 1 的情况，当大于 1 时，板厚宜适当增加；

4. 荷载较大时，板厚另行考虑。

3. 现浇梁截面高度可根据荷载情况，参照表 4.1-3 采用。

梁截面高度 h **表 4.1-3**

分类	梁截面高度	分类		梁截面高度
简支梁	$L/8 \sim L/15$	挑梁		$L/5 \sim L/6$
连续梁	$L/12 \sim L/18$	框支梁	$b \geqslant 400$	有抗震设防，$L/6$
扁梁	$L/15 \sim L/18$		$b \geqslant 400$	非抗震设防，$L/8$
单向密肋梁	$L/18 \sim L/22$	单跨预应力梁		$L/12 \sim L/18$
井字梁	$L/15 \sim L/20$	多跨预应力梁		$L/15 \sim L/20$

注：1. 表中 L 为梁的（短跨）计算跨度；
2. 双向密肋梁截面高度可适当减小；
3. 梁的荷载较大时，截面高度取较大值，必要时应计算挠度。梁的设计荷载的大小，一般可以以均布设计荷载 40kN/m 为界；
4. 有特殊要求的梁，截面高度尚可较表列值减小，但应验算刚度，并采用加强刚度的措施，如增加梁宽；增设受压钢筋；在需要与可能时，在梁内设置型钢；增设无粘结预应力钢筋等。

4.2 现浇单向板和双向板

1. 楼盖和有防水层的屋盖现浇单向板和双向板，内力计算时均可考虑塑性内力重分布。对于直接承受动荷载作用以及要求不出现裂缝的构件，应按弹性理论计算。

考虑塑性内力重分布的分离式配筋双向板弯矩计算，可按表 4.2-1 取用。

【例 4.2-1】 有一四边固端的双向板，$L_1 = 6\text{m}$，$L_2 = 7.2\text{m}$，活荷载 $Q_k = 2.0\text{kN/m}^2$，可变荷载分项系数 $\gamma_Q = 1.4$，永久荷载 $G_k = 5.8\text{kN/m}^2$，永久荷载分项系数 $\gamma_G = 1.2$，求跨中及支座弯矩。

【解】 $\gamma_Q Q_k + \gamma_G G_k = 1.4 \times 2.0 + 1.2 \times 5.8 = 9.76\text{kN/m}^2$ $\lambda = \dfrac{7.2}{6} = 1.2$，查表 4.2-1 $\alpha = 0.69$，取 $\beta = 1.4$，$\xi_1 = 0.024$

$$M_1 = 0.024 \times 9.76 \times 6^2 = 8.433\text{kN·m/m}$$

$$M_{\rm I} = M'_{\rm I} = 1.4 \times 8.433 = 11.806\text{kN·m/m}$$

$$M_2 = 0.69 \times 8.433 = 5.819\text{kN·m/m}$$

$$M_{\rm II} = M'_{\rm II} = 1.4 \times 5.819 = 8.147\text{kN·m/m}$$

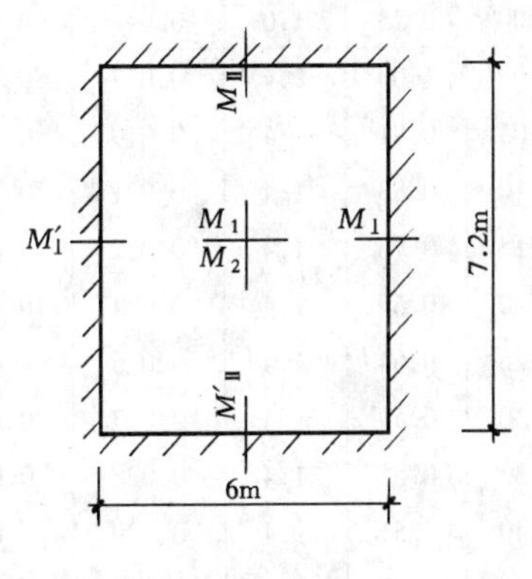

图 4.2-1

【例 4.2-2】 平面尺寸及荷载同例4.2-1,两边支座

钢筋（HPB235）为已知，求其余配筋。已知板厚为：$h = 120\text{mm}$，$h_0 = 100\text{mm}$，$\gamma = 0.95$

$\lambda = \dfrac{7.2}{6} = 1.2$，取 $\beta = 1.8$，查表 4.2-1 得 $\xi_4 = 0.03$，$C_4 = 0.14$，$\alpha = 0.69$。

塑性理论分离式配筋

边界类型 $\lambda=\frac{L_2}{L_1}$			M_{II}, M_1, M_2, M_1, L_1, L_2		L_1, L_2		L_1, L_2		L_1, L_2	
λ	α	β	ξ_1	C_1	ξ_2	C_2	ξ_3	C_3	ξ_4	C_4
1.00	1.00	1.0	0.021	0.000	0.024	0.145	0.024	0.145	0.028	0.169
1.05	0.91	1.0	0.023	0.000	0.026	0.150	0.026	0.146	0.031	0.173
1.10	0.83	1.0	0.025	0.000	0.029	0.153	0.028	0.147	0.033	0.176
1.15	0.76	1.0	0.027	0.000	0.032	0.156	0.030	0.147	0.036	0.177
1.20	0.69	1.0	0.029	0.000	0.034	0.159	0.031	0.147	0.038	0.178
1.25	0.64	1.0	0.030	0.000	0.036	0.160	0.033	0.146	0.040	0.178
1.30	0.59	1.0	0.032	0.000	0.039	0.161	0.035	0.145	0.043	0.178
1.35	0.55	1.0	0.033	0.000	0.041	0.162	0.036	0.143	0.045	0.177
1.40	0.51	1.0	0.035	0.000	0.043	0.162	0.037	0.141	0.047	0.176
1.45	0.48	1.0	0.036	0.000	0.045	0.161	0.039	0.139	0.048	0.175
1.50	0.44	1.0	0.037	0.000	0.046	0.160	0.040	0.137	0.050	0.173
1.55	0.42	1.0	0.039	0.000	0.048	0.159	0.041	0.135	0.052	0.171
1.60	0.39	1.0	0.040	0.000	0.050	0.158	0.042	0.133	0.053	0.169
1.65	0.37	1.0	0.041	0.000	0.051	0.157	0.043	0.130	0.054	0.166
1.70	0.35	1.0	0.042	0.000	0.053	0.155	0.044	0.128	0.056	0.164
1.75	0.33	1.0	0.043	0.000	0.054	0.153	0.044	0.126	0.057	0.161
1.80	0.31	1.0	0.043	0.000	0.055	0.151	0.045	1.124	0.058	0.159
1.85	0.29	1.0	0.044	0.000	0.056	0.149	0.046	0.121	0.059	0.156
1.90	0.28	1.0	0.045	0.000	0.058	0.147	0.046	0.119	0.060	0.154
1.95	0.26	1.0	0.046	0.000	0.059	0.145	0.047	0.117	0.061	0.151
2.00	0.25	1.0	0.046	0.000	0.060	0.143	0.048	0.115	0.062	0.149
1.00	1.00	1.4	0.017	0.000	0.020	0.123	0.020	0.123	0.025	0.149
1.05	0.91	1.4	0.019	0.000	0.023	0.128	0.022	0.124	0.027	0.152
1.10	0.83	1.4	0.021	0.000	0.025	0.131	0.024	0.125	0.029	0.155
1.15	0.76	1.4	0.022	0.000	0.027	0.134	0.025	0.125	0.032	0.156
1.20	0.69	1.4	0.024	0.000	0.029	0.136	0.027	0.124	0.034	0.157
1.25	0.64	1.4	0.025	0.000	0.031	0.138	0.028	0.123	0.036	0.157
1.30	0.59	1.4	0.027	0.000	0.033	0.139	0.029	0.122	0.038	0.157
1.35	0.55	1.4	0.028	0.000	0.035	0.139	0.030	0.121	0.039	0.156
1.40	0.51	1.4	0.029	0.000	0.037	0.140	0.032	0.119	0.041	0.155
1.45	0.48	1.4	0.030	0.000	0.039	0.140	0.033	0.117	0.043	0.154
1.50	0.44	1.4	0.031	0.000	0.040	0.139	0.033	0.115	0.044	0.152
1.55	0.42	1.4	0.032	0.000	0.042	0.138	0.034	0.113	0.045	0.151
1.60	0.39	1.4	0.033	0.000	0.043	0.137	0.035	0.111	0.047	0.149
1.65	0.37	1.4	0.034	0.000	0.045	0.136	0.036	0.110	0.048	0.147

双向板系数表（一） 表4.2-1

ξ_5	C_5	ξ_6	C_6	ξ_7	C_7	ξ_8	C_8	ξ_9	C_9
0.028	0.169	0.028	0.169	0.033	0.204	0.033	0.204	0.042	0.256
0.030	0.169	0.031	0.177	0.036	0.205	0.037	0.211	0.046	0.262
0.032	0.167	0.035	0.184	0.039	0.205	0.041	0.218	0.050	0.265
0.033	0.166	0.038	0.191	0.041	0.205	0.045	0.223	0.054	0.268
0.035	0.163	0.042	0.196	0.043	0.203	0.048	0.227	0.057	0.269
0.036	0.161	0.045	0.200	0.046	0.201	0.052	0.230	0.061	0.269
0.038	0.158	0.049	0.204	0.048	0.199	0.055	0.232	0.064	0.269
0.039	0.155	0.052	0.207	0.049	0.196	0.058	0.233	0.067	0.267
0.040	0.152	0.055	0.209	0.051	0.193	0.062	0.234	0.070	0.265
0.041	0.149	0.058	0.210	0.053	0.190	0.065	0.234	0.072	0.263
0.042	0.146	0.061	0.211	0.054	0.187	0.067	0.233	0.075	0.260
0.043	0.143	0.064	0.212	0.055	0.184	0.070	0.232	0.077	0.257
0.044	0.140	0.066	0.212	0.057	0.180	0.072	0.231	0.080	0.254
0.045	0.137	0.069	0.211	0.058	0.177	0.075	0.229	0.082	0.250
0.046	0.134	0.071	0.211	0.059	0.174	0.077	0.227	0.083	0.246
0.046	0.131	0.074	0.209	0.060	0.170	0.079	0.225	0.085	0.243
0.047	0.128	0.076	0.208	0.061	0.167	0.081	0.222	0.087	0.239
0.047	0.126	0.078	0.207	0.062	0.164	0.083	0.220	0.089	0.235
0.048	0.123	0.080	0.205	0.063	0.161	0.085	0.217	0.090	0.231
0.049	0.120	0.082	0.203	0.063	0.157	0.086	0.214	0.091	0.227
0.049	0.118	0.083	0.201	0.064	0.154	0.088	0.212	0.093	0.223
0.025	0.149	0.025	0.149	0.031	0.189	0.031	0.189	0.042	0.256
0.026	0.148	0.028	0.157	0.033	0.189	0.035	0.196	0.046	0.262
0.028	0.146	0.031	0.164	0.036	0.188	0.038	0.203	0.050	0.265
0.029	0.144	0.034	0.171	0.038	0.187	0.042	0.209	0.054	0.268
0.030	0.141	0.038	0.177	0.040	0.185	0.046	0.213	0.057	0.269
0.031	0.139	0.041	0.182	0.041	0.183	0.049	0.217	0.061	0.269
0.033	0.136	0.044	0.186	0.043	0.180	0.052	0.220	0.064	0.269
0.034	0.133	0.048	0.189	0.045	0.178	0.056	0.222	0.067	0.267
0.034	0.130	0.051	0.192	0.046	0.175	0.059	0.223	0.070	0.265
0.035	0.127	0.054	0.195	0.047	0.171	0.062	0.224	0.072	0.263
0.036	0.124	0.057	0.197	0.049	0.168	0.065	0.224	0.075	0.260
0.037	0.121	0.060	0.198	0.050	0.165	0.067	0.224	0.077	0.257
0.037	0.119	0.062	0.199	0.051	0.162	0.070	0.223	0.080	0.254
0.038	0.116	0.065	0.199	0.052	0.159	0.072	0.222	0.082	0.250

边界类型 $\lambda=\frac{L_2}{L_1}$			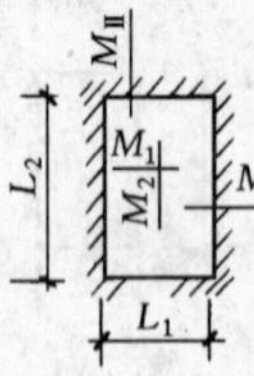		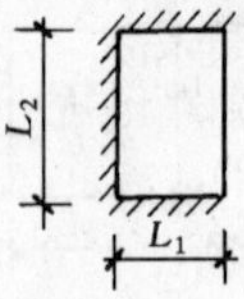		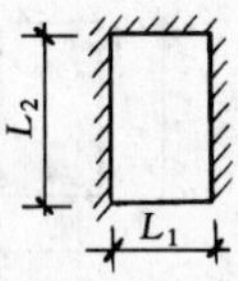		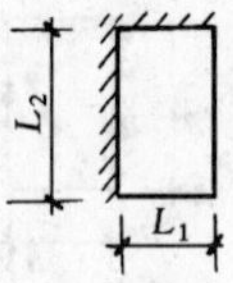	
λ	α	β	ξ_1	C_1	ξ_2	C_2	ξ_3	C_3	ξ_4	C_4
1.70	0.35	1.4	0.035	0.000	0.046	0.135	0.037	0.108	0.049	0.144
1.75	0.33	1.4	0.036	0.000	0.047	0.134	0.037	0.106	0.050	0.142
1.80	0.31	1.4	0.036	0.000	0.048	0.132	0.038	0.104	0.051	0.140
1.85	0.29	1.4	0.037	0.000	0.049	0.130	0.038	0.102	0.052	0.138
1.90	0.28	1.4	0.037	0.000	0.050	0.129	0.039	0.100	0.053	0.136
1.95	0.26	1.4	0.038	0.000	0.051	0.127	0.039	0.098	0.054	0.133
2.00	0.25	1.4	0.039	0.000	0.052	0.125	0.040	0.096	0.054	0.131
1.00	1.00	1.8	0.015	0.000	0.018	0.108	0.018	0.108	0.022	0.133
1.05	0.91	1.8	0.016	0.000	0.020	0.111	0.019	0.108	0.024	0.136
1.10	0.83	1.8	0.018	0.000	0.022	0.115	0.021	0.108	0.026	0.138
1.15	0.76	1.8	0.019	0.000	0.024	0.117	0.022	0.108	0.028	0.140
1.20	0.69	1.8	0.020	0.000	0.026	0.119	0.023	0.108	0.030	0.140
1.25	0.64	1.8	0.022	0.000	0.027	0.121	0.024	0.107	0.032	0.140
1.30	0.59	1.8	0.023	0.000	0.029	0.122	0.025	0.106	0.034	0.140
1.35	0.55	1.8	0.024	0.000	0.031	0.123	0.026	0.104	0.035	0.140
1.40	0.51	1.8	0.025	0.000	0.033	0.123	0.027	0.103	0.037	0.139
1.45	0.48	1.8	0.026	0.000	0.034	0.123	0.028	0.101	0.038	0.138
1.50	0.44	1.8	0.027	0.000	0.036	0.123	0.029	0.100	0.039	0.136
1.55	0.42	1.8	0.028	0.000	0.037	0.122	0.030	0.098	0.041	0.135
1.60	0.39	1.8	0.028	0.000	0.038	0.122	0.030	0.096	0.042	0.133
1.65	0.37	1.8	0.029	0.000	0.040	0.121	0.031	0.094	0.043	0.131
1.70	0.35	1.8	0.030	0.000	0.041	0.120	0.032	0.093	0.044	0.129
1.75	0.33	1.8	0.030	0.000	0.042	0.118	0.032	0.091	0.045	0.127
1.80	0.31	1.8	0.031	0.000	0.043	0.117	0.033	0.089	0.046	0.125
1.85	0.29	1.8	0.032	0.000	0.044	0.116	0.033	0.087	0.047	0.123
1.90	0.28	1.8	0.032	0.000	0.045	0.114	0.033	0.086	0.047	0.121
1.95	0.26	1.8	0.033	0.000	0.046	0.113	0.034	0.084	0.048	0.119
2.00	0.25	1.8	0.033	0.000	0.046	0.111	0.034	0.082	0.049	0.117

计算公式：$\lambda=L_2/L_1$，$\alpha=M_2/M_1$，$\beta=\frac{M_{\mathrm{I}}}{M_1}=\frac{M'_{\mathrm{I}}}{M_1}=\frac{M_{\mathrm{II}}}{M_2}=\frac{M'_{\mathrm{II}}}{M_2}$，

$M_1=\xi_i qL_1^2$，$M_2=\alpha M_1$，$M_{\mathrm{I}}=M'_{\mathrm{I}}=\beta M_1$，$M_{\mathrm{II}}=M'_{\mathrm{II}}=\beta M_2$。

当支座弯矩为已知时：$M_1=\xi_{iq}L_1^2-C_i\ (\lambda M_{\mathrm{I}}+\lambda M'_{\mathrm{I}}+M_{\mathrm{II}}+M'_{\mathrm{II}})$。

求配筋：$A_{s1}^0=\frac{M_1}{\gamma h_0 f_y}$，$A_{s2}=\alpha A_{s1}$，$A_{s\mathrm{I}}=A'_{s\mathrm{I}}=\beta A_{s1}$，$A_{s\mathrm{II}}=A'_{s\mathrm{II}}=\beta A_{s2}$。

当已知支座钢筋时：$A_{s1}=A_{s1}^0-C_i\ (\lambda A_{s\mathrm{I}}+\lambda A'_{s\mathrm{I}}+A_{s\mathrm{II}}+A'_{s\mathrm{II}})$。

续表

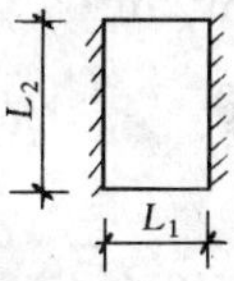 ξ_5	C_5	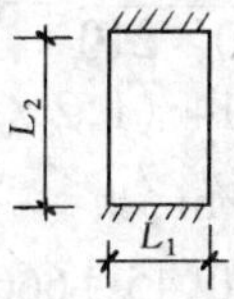 ξ_6	C_6	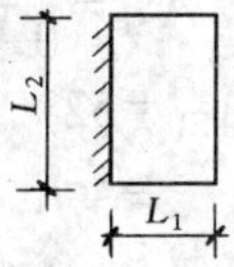 ξ_7	C_7	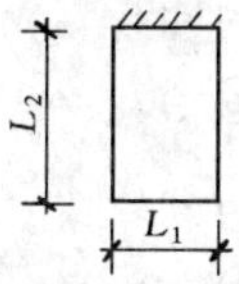 ξ_8	C_8	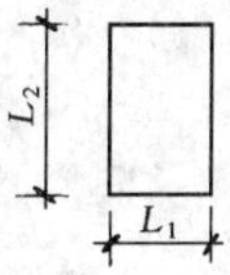 ξ_9	C_9
0.039	0.113	0.068	0.199	0.053	0.155	0.075	0.220	0.083	0.246
0.039	0.111	0.070	0.199	0.054	0.152	0.077	0.218	0.085	0.243
0.040	0.108	0.072	0.198	0.054	0.149	0.079	0.217	0.087	0.239
0.040	0.106	0.074	0.197	0.055	0.146	0.081	0.214	0.089	0.235
0.040	0.104	0.076	0.196	0.056	0.143	0.083	0.212	0.090	0.231
0.041	0.101	0.078	0.195	0.056	0.140	0.084	0.210	0.091	0.227
0.041	0.099	0.080	0.193	0.057	0.137	0.086	0.207	0.093	0.223
0.022	0.133	0.022	0.133	0.029	0.175	0.029	0.175	0.042	0.256
0.023	0.132	0.025	0.141	0.031	0.175	0.032	0.183	0.046	0.262
0.025	0.129	0.028	0.148	0.033	0.174	0.036	0.190	0.050	0.265
0.026	0.127	0.031	0.155	0.035	0.172	0.039	0.196	0.054	0.268
0.027	0.124	0.034	0.161	0.036	0.170	0.043	0.201	0.057	0.269
0.028	0.122	0.038	0.166	0.038	0.168	0.046	0.205	0.061	0.269
0.029	0.119	0.041	0.171	0.039	0.165	0.050	0.209	0.064	0.269
0.029	0.116	0.044	0.175	0.041	0.162	0.053	0.211	0.067	0.267
0.030	0.114	0.047	0.178	0.042	0.159	0.056	0.213	0.070	0.265
0.031	0.111	0.050	0.181	0.043	0.156	0.059	0.215	0.072	0.263
0.031	0.108	0.053	0.184	0.044	0.153	0.062	0.215	0.075	0.260
0.032	0.106	0.056	0.186	0.045	0.150	0.065	0.216	0.077	0.257
0.033	0.103	0.059	0.187	0.046	0.147	0.068	0.215	0.080	0.254
0.033	0.101	0.061	0.188	0.047	0.144	0.070	0.215	0.082	0.250
0.033	0.098	0.064	0.189	0.048	0.140	0.072	0.214	0.083	0.246
0.034	0.096	0.066	0.189	0.048	0.138	0.075	0.212	0.085	0.243
0.034	0.094	0.069	0.189	0.049	0.135	0.077	0.211	0.087	0.239
0.035	0.092	0.071	0.188	0.050	0.132	0.079	0.209	0.089	0.235
0.035	0.090	0.073	0.188	0.050	0.129	0.081	0.207	0.090	0.231
0.035	0.088	0.075	0.187	0.051	0.126	0.082	0.205	0.091	0.227
0.036	0.086	0.077	0.186	0.051	0.124	0.084	0.203	0.093	0.223

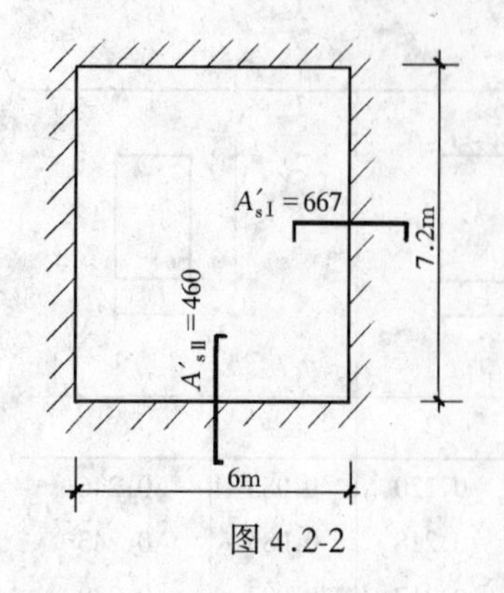

图 4.2-2

$$M_1=0.03\times9.76\times6^2=10.541\text{kN·m/m}$$

$$A_{S1}^0=\frac{10.541\times10^6}{0.95\times100\times210}=528.37\text{mm}^2/\text{m}$$

$$A_{S1}=528.37-0.14\ (1.2\times590+420$$

$$=370.45\text{mm}^2/\text{m}$$

$$A'_{S\text{I}}=1.8\times370.45=666.81\text{mm}^2/\text{m}$$

$$A_{S2}=0.69\times370.45=255.61\text{mm}^2/\text{m}$$

$$A'_{S\text{II}}=1.8\times255.61=460.10\text{mm}^2/\text{m}$$

2．现浇板受力钢筋的间距按表 4.2-2 要求采用。

板受力钢筋的间距（mm）　　　　**表 4.2-2**

间距要求	跨中		支座	
	板厚 $h\leqslant150$	板厚 $h>150$	下部	上部
最大间距	200	$1.5h$，250	400	200
最小间距	70	70	70	70

3．单向板单位长度上的分布钢筋，其截面面积不应小于单位长度上受力钢筋截面面积的 15%，其间距不应大于 250mm。当板承受较大温度变化情况时，分布钢筋宜适当增加。分布钢筋的直径及间距参见表 4.2-3。挑出长度大于 1.5m 的悬臂板，板底宜根据挑出长度，配置与上部受力钢筋平行的构造钢筋，直径为 6mm 至 10mm，间距及分布钢筋同上部。

现浇板分布钢筋的直径及间距（mm）　　　　**表 4.2-3**

<table>
<tr><td rowspan="2">受力钢筋直径（mm）</td><td colspan="11">受力钢筋间距</td></tr>
<tr><td>70</td><td>75</td><td>80</td><td>90</td><td>100</td><td>110</td><td>120</td><td>140</td><td>150</td><td>160</td><td>200</td></tr>
<tr><td>6～8</td><td colspan="11">ϕ6@250</td></tr>
<tr><td>10</td><td colspan="3">ϕ6@200
ϕ8@250</td><td colspan="8">ϕ6@250</td></tr>
<tr><td>12</td><td colspan="3">ϕ8@200</td><td colspan="3">ϕ8@250</td><td colspan="5">ϕ6@250</td></tr>
<tr><td>14</td><td colspan="2">ϕ8@200</td><td colspan="5">ϕ8@250</td><td colspan="4">ϕ6@250</td></tr>
<tr><td>16</td><td colspan="2">ϕ8@150
ϕ10@250</td><td colspan="2">ϕ8@200</td><td colspan="7">ϕ8@250</td></tr>
</table>

4．现浇单向板的受力钢筋配置分为弯起式和分离式（图 4.2-3）。弯起配置时，弯起数量一般为 1/2，且不超过 2/3，起弯角度板厚小于 200mm 时可采用 30°，板厚等于大于 200mm 时采用 45°。在实际工程中因钢筋多数在工厂加工，为加工、运输、堆放、施工方便，现在多采用分离式配筋。

5．现浇单向板支座上部钢筋伸入跨中的长度及边支座锚入梁或钢筋混凝土墙内的长度应为受拉锚固长度 l_a。单向板下部受力钢筋伸入支座锚固长度为：简支板在梁上时，大于等于 5 倍钢筋直径；连续板在中支座梁上或边跨板在边支座梁或钢筋混凝土墙上时，伸至梁或墙中心线，且大于等于 5 倍钢筋直径。

6．对于两边均嵌固在钢筋混凝土墙内的板角部分，应双向配置上部构造钢筋，其伸出墙边的长度应不小于 $L_1/4$（L_1 为板短跨），锚入墙内长度应为受拉锚固长度 L_a。

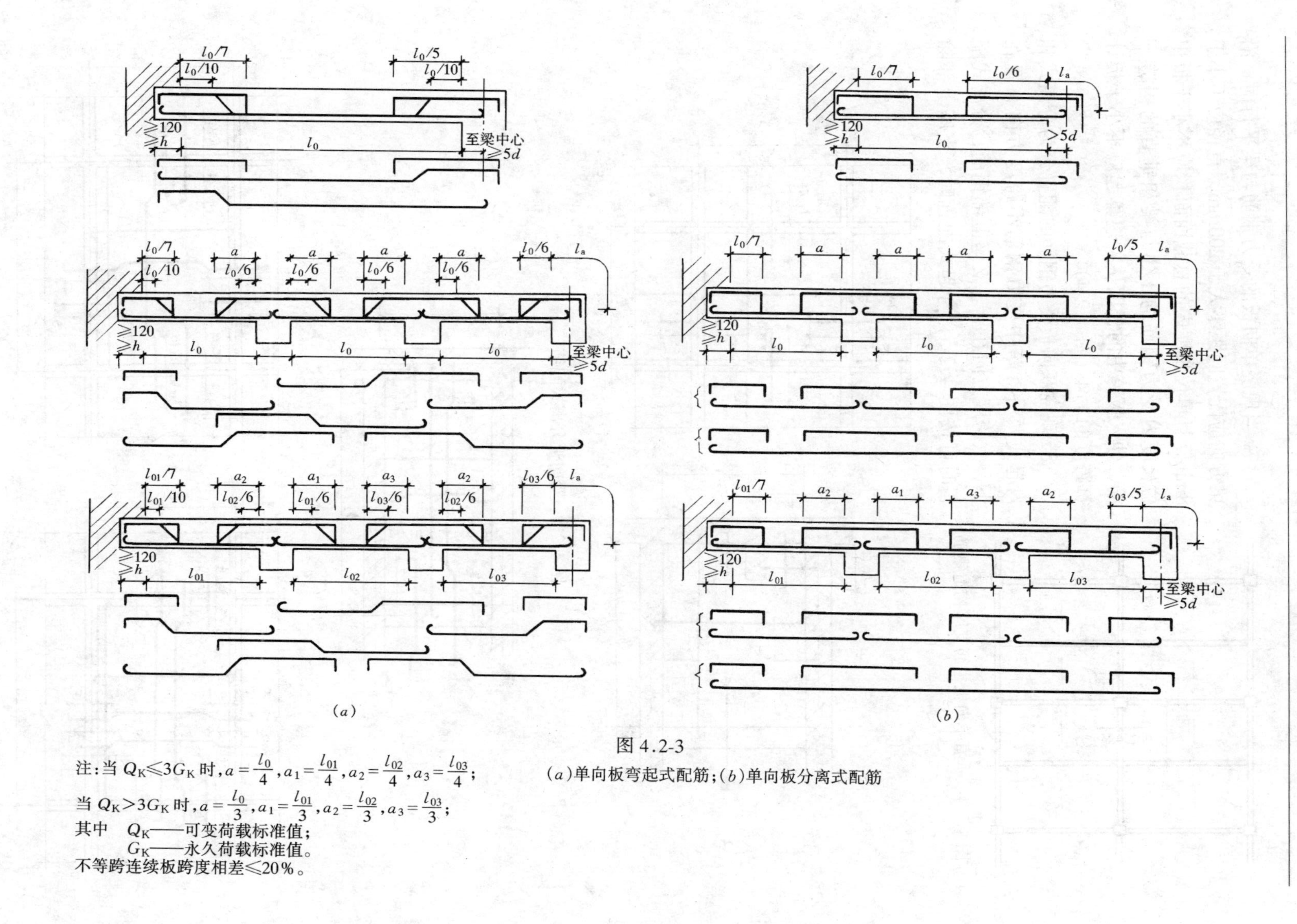

图 4.2-3

(a)单向板弯起式配筋;(b)单向板分离式配筋

注:当 $Q_K \leqslant 3G_K$ 时,$a=\frac{l_0}{4}$,$a_1=\frac{l_{01}}{4}$,$a_2=\frac{l_{02}}{4}$,$a_3=\frac{l_{03}}{4}$;

当 $Q_K > 3G_K$ 时,$a=\frac{l_0}{3}$,$a_1=\frac{l_{01}}{3}$,$a_2=\frac{l_{02}}{3}$,$a_3=\frac{l_{03}}{3}$;

其中 Q_K——可变荷载标准值;

G_K——永久荷载标准值。

不等跨连续板跨度相差≤20%。

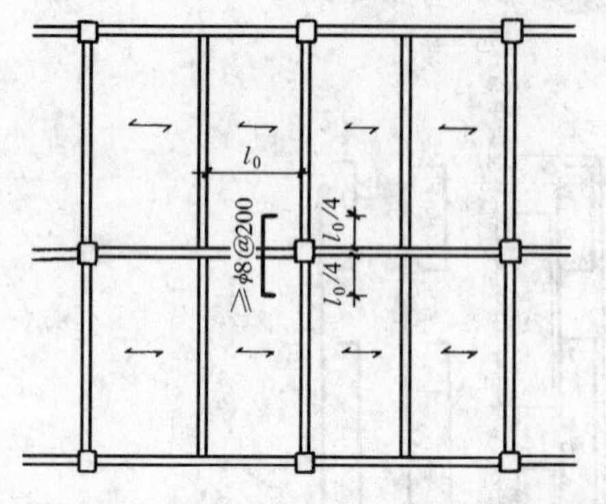

图 4.2-4　垂直单向板主筋支座构造钢筋

7. 当现浇单向板的受力钢筋与梁平行时，沿梁方向应配置间距不大于 200mm，直径应不小于 8mm，且单位长度内的总截面面积应不小于板单位长度内受力钢筋的 1/3 与梁相垂直的构造钢筋，伸入板跨中的长度从梁边算起应不小于板计算跨度的 1/4（图 4.2-4）。

8. 现浇双向板受力钢筋的配置分为分离式和弯起式两种。跨中受力钢筋小跨度方向布置在下，大跨度方向在上。支座上部钢筋，分离式配置时可按图 4.2-5，弯起式配置时，支座上部除

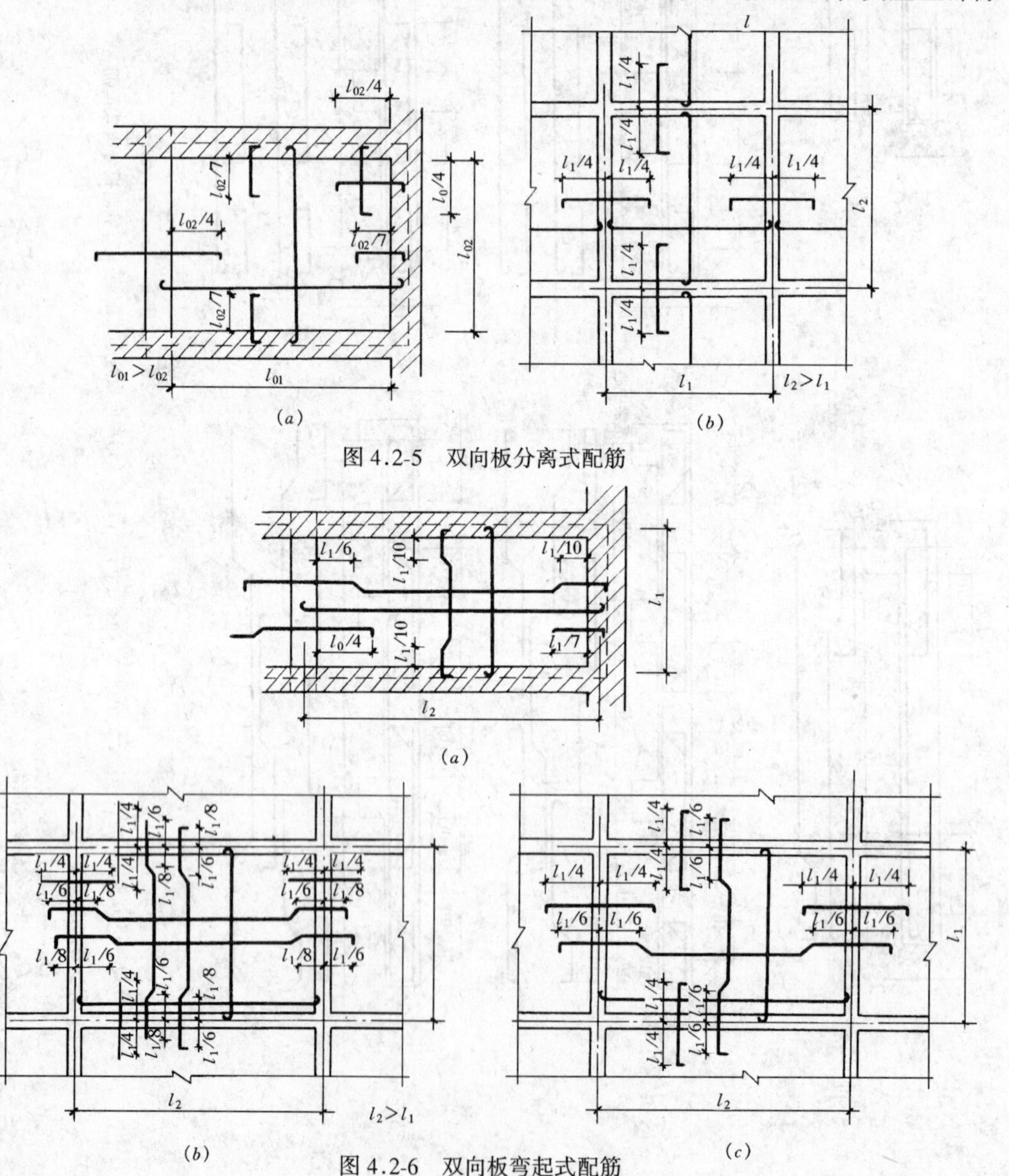

图 4.2-5　双向板分离式配筋

图 4.2-6　双向板弯起式配筋

利用跨中弯起的1/2～1/3外，不足时可增设直钢筋（图4.2-6）。

9. 现浇单向板和双向板，当跨中设置施工后浇缝时，相邻两边支座的上部钢筋应考虑施工后浇缝浇灌混凝土前的悬臂作用而予以适当加强。

10. 现浇板内埋设机电暗管时，管外径不得大于板厚的1/3，管子交叉处不受此限制。

4.3 现浇密肋板

1. 现浇单向密肋板，可根据建筑顶棚装修的要求，在小肋之间填置粘土空心砖、加气混凝土块等，形成平板底面，或不填置任何材料成为空格。

2. 现浇单向密肋板，板净跨一般为500～700mm，肋宽60～120mm，板厚度应大于等于50mm，肋的纵向受力钢筋和箍筋应按计算确定，构造如图4.3-1所示。

3. 现浇双向密肋井字楼盖，既可在框架结构中采用，也可在板柱结构中应用，一般适用于较大跨度。区格的长边与短边之比宜不大于1.5，肋梁一般为正交，肋梁的截面尺寸和配筋根据荷载及跨度计算确定。板的厚度等于大于50mm。肋梁宽度不宜小于

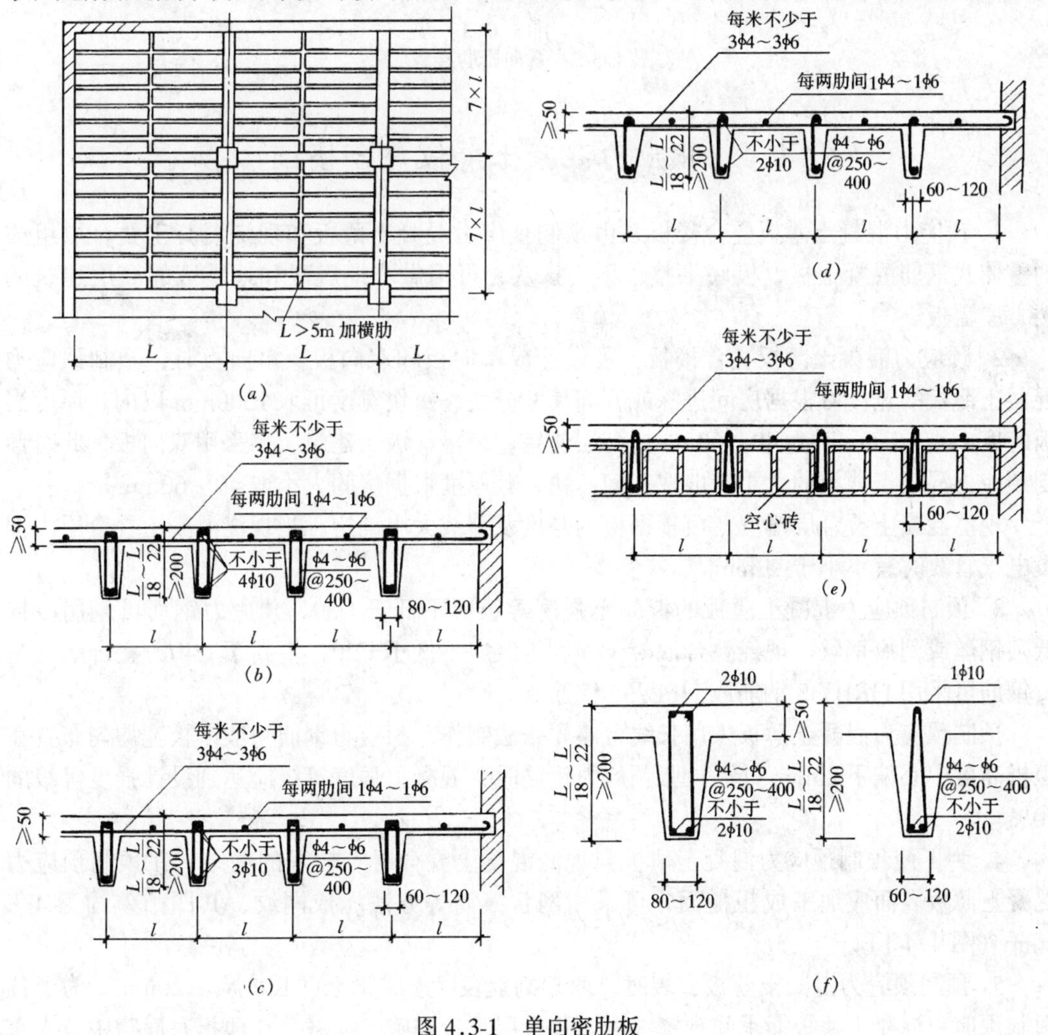

图4.3-1 单向密肋板

100mm，纵向受力钢筋不小于2ϕ10，箍筋不小于ϕ6@250（图4.3-2）。

4. 现浇双向密肋楼盖，一般不填置任何材料形成井字空格，常采用塑料模壳施工工艺，这种施工工艺在北京图书馆、北京华侨大厦、机械部情报楼等工程中采用，取得了较好的效果。

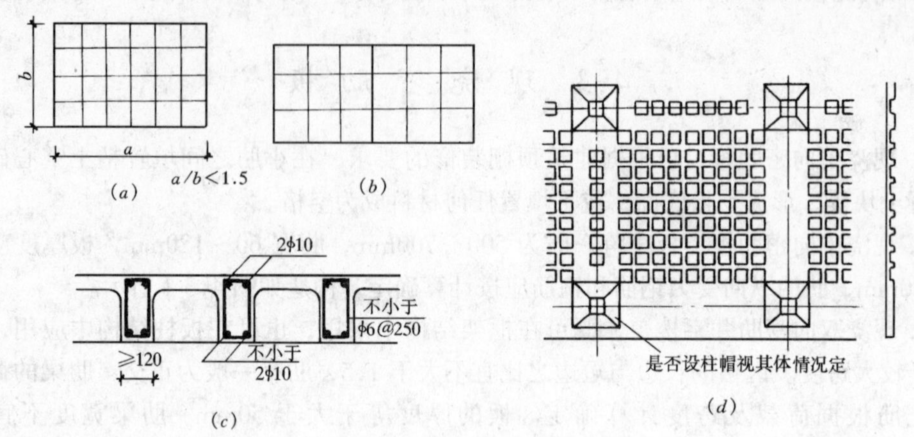

图4.3-2　双向密肋楼盖

4.4　预应力混凝土薄板叠合楼板

1. 预应力混凝土薄板叠合楼板系由预制预应力混凝土薄板和现浇混凝土叠合层组成的整体式钢筋混凝土板，板底平整，不用抹灰，可用做非地震区和地震区的高层建筑的楼、屋盖板。

2. 预应力混凝土薄板叠合楼板，可设计成单向板和双向板。单向板时，预制预应力混凝土薄板的宽度可根据房间进深或开间尺寸分块，每块宽度可取1500mm以内，厚度当板跨度2.4～6.6m时为40～60mm。高层住宅、公寓、饭店建筑，多采用双向板，此时预制预应力混凝土薄板的大小一般取一间一块，其厚度根据房间大小取40～60mm。

现浇混凝土叠合层厚度，可根据板的跨度及荷载大小确定。当现浇混凝土叠合层内埋设电气管线时宜不小于90mm。

3. 预制预应力混凝土薄板的混凝土强度等级应不低于C30，预应力钢筋可采用冷拔低碳钢丝或刻痕钢丝。现浇叠合混凝土强度等级应不低于C20，不高于C40，叠合层支座负钢筋可采用HRB335钢筋或HPB235钢筋。

预制预应力混凝土薄板采用长线台座先张法制作，预应力钢筋一般沿板宽均匀布置在距板高度中心偏下25mm处。放张预应力钢筋时，混凝土强度等级应达到设计强度等级的70%。

4. 为了使预制预应力混凝土薄板与现浇混凝土叠合层有较好的粘结，在预制预应力混凝土薄板表面应加工成粗糙面，可采用网状滚筒等方法压成网纹，其凹凸差约为4～6mm（图4.4-1）。

5. 预制预应力混凝土薄板安装时，两端搁置在墙上或梁上的长度应≥20mm。为了让预制预应力混凝土薄板能承受现浇混凝土叠合层重量和施工荷载，在薄板底面跨中及支座边应设置立柱和横撑组成临时支架，支架间距应小于等于1.8m，支架顶面应严格抄平，以保证薄板底面平整，支承薄板的墙或梁的顶面应比薄板底面设计标高低20mm，成硬架支模，在浇灌现浇混凝土叠合层时填严成整体。

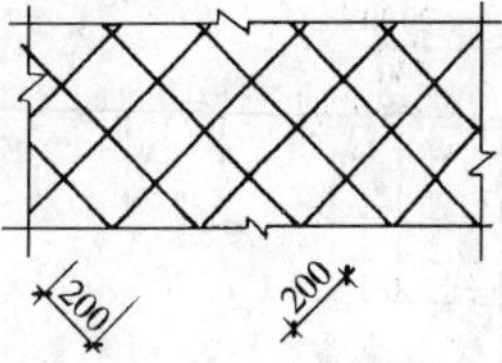

图 4.4-1 预制薄板网纹

6. 在浇筑叠合层混凝土前，应将预制预应力混凝土薄板表面清扫干净，并浇水充分湿润（冬季施工除外），但不得积水，以保证叠合层与预制预应力混凝土薄板连结成整体。浇筑叠合层混凝土时，宜采用平板振捣器。叠合层混凝土中严禁采用对钢筋产生锈蚀作用的早强剂。

7. 预制预应力混凝土薄板侧边及端部形状及薄板之间拼缝、支座支承、负钢筋构造做法如图 4.4-2 所示。

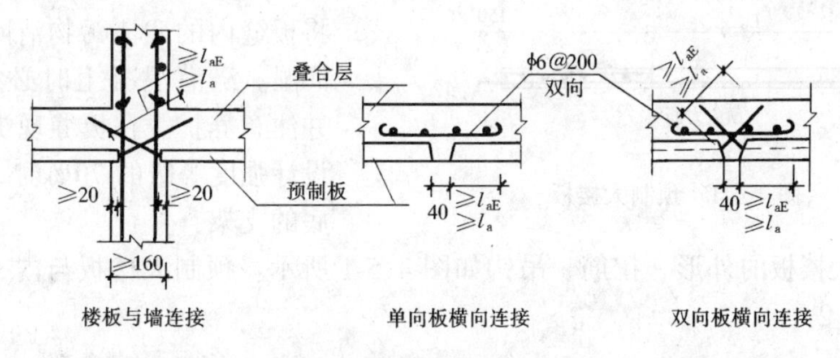

图 4.4-2 预应力混凝土薄板叠合楼板构造

8. 预应力混凝土薄板叠合板的设计与施工，可参考中国建筑标准设计研究所编制的《全国通用建筑标准设计结构试用图集 JSJT—93》。

4.5 预制大楼板

1. 预制大楼板主要应用在小开间（2.7m 至 3.9m）的高层住宅、公寓等居住建筑的现浇剪力墙结构，板厚110mm，混凝土强度等级一般为C30，板底板面光滑平整，板底不再抹灰，可喷浆或其他材料直接饰面，板面不再做抹砂浆饰面层。

2. 预制大楼板为采用先张法模外张拉双向预应力钢筋的实心板，预应力钢筋采用 ϕ^b5 甲级工组冷拔低碳钢丝，其他钢筋采用Ⅰ级及Ⅱ级钢筋。预应力钢筋在混凝土达到设计强度等级的70%时才允许松张。

3. 剪力墙结构，横墙厚度为140mm和160mm时，预制大楼板长边入墙长度分别为5mm和15mm，凸键入墙长度分别为50mm和60mm；纵向内墙厚度一般160mm时，预制大楼板短边入墙长度为10mm。双向预应力钢筋各边甩出150mm，沿长边每侧甩出6道 $\phi12$ 拉筋，以备与相邻板或山墙埋件焊接相连。

4. 预制大楼板上的孔洞必须预留，并在洞边设非预应力加强钢筋。当必要时可在现场用电钻打 ≤$\phi80$ 孔洞，但后打洞应避免位于构造的薄弱部位。

电气照明等管线在预制大楼板时，应预埋在板内。

5. 预制大楼板两端支承在墙或梁上的凸键，在运输、堆放、吊装过程中应注意保护，不得损坏，更不得凿断。

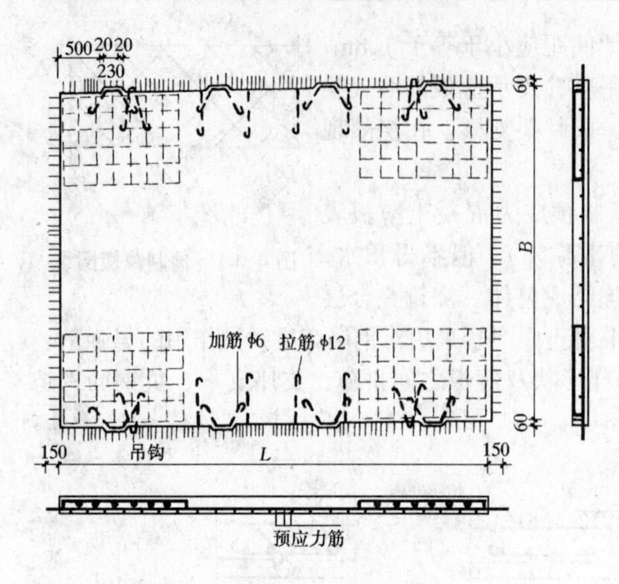

图 4.5-1 预制大楼板

6. 安装预制大楼板时，须沿板长边支座架设通长支架。为保证安全，可在板底入墙部分（包括凸键）支座上铺垫 1∶2 水泥砂浆座浆层。

7. 预制大楼板就位后，将相邻板沿长边设置的 6 道拉筋进行焊接，焊缝长度≥90mm，在山墙与预埋件做等强度焊接。

8. 为使板与板、板与墙连结成整体，浇灌板缝现浇混凝土前，必须先将板缝内的残渣污物清除干净，喷水润湿。浇灌混凝土时必须振捣密实，并注意养护。在板缝现浇混凝土达到设计强度等级的 70%时，方可拆除板底的支架。

9. 预制大楼板的外形、拉筋、吊钩如图 4.5-1 所示。预制大楼板与内、外墙的连接构造见图 4.5-2。

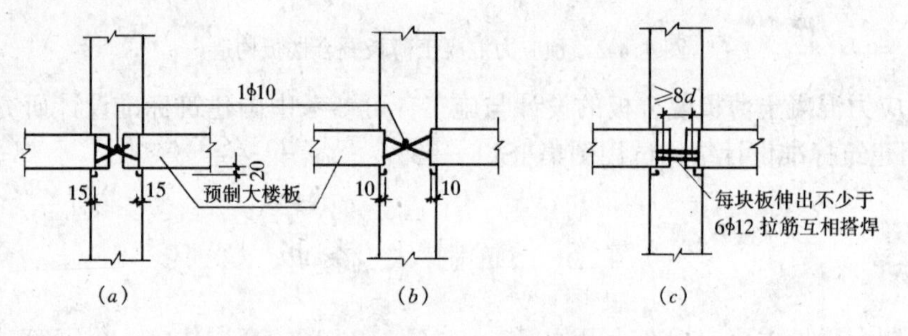

图 4.5-2 预制大楼板与墙连接构造

4.6 预制预应力混凝土圆孔板

1. 预制预应力混凝土圆孔板，是一种应用较普遍的预制楼、屋盖构件，按跨度分为 1.8m 至 4.2m 短向板，4.5m 至 6m 为长向板，其厚度和宽度各地区各不相同。北京地区短向板厚度为 130mm，长向板厚度为 180mm，板宽度有 880mm 和 1180mm 两种。

2. 预制预应力混凝土圆孔板，可应用在框架、框剪、剪力墙结构的楼、屋盖。当应用在有抗震设防的结构时，在混凝土构件的支座搁置长度应不小于 65mm，在钢构件上搁置长度应不小于 50mm，板端伸出钢筋锚入端缝或与预制梁的叠合层连接成整体（图 4.6-1）。

应用在非抗震设计的结构时，板端可不伸出钢筋，但支座搁置长度，在混凝土构件上应不小于 80mm，在钢构件上应不小于 50mm。

3. 框架和框剪结构采用预制预应力混凝土圆孔板时，板缝宽度不宜小于 60mm，缝内

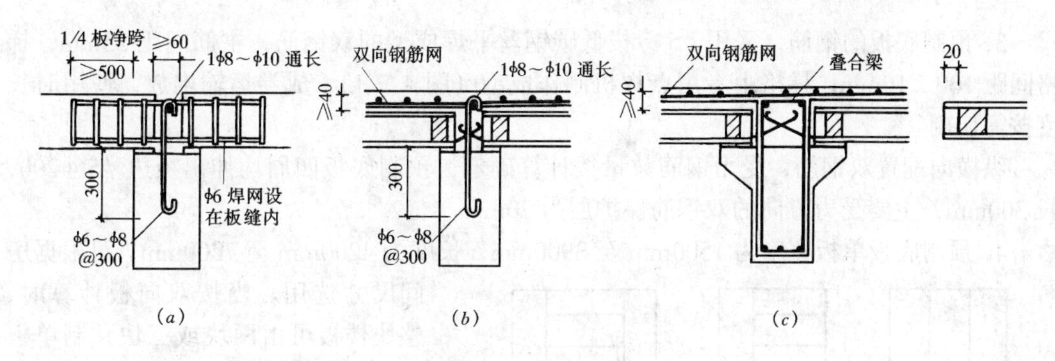

图 4.6-1 圆孔板与梁连接

应配置纵向钢筋和箍筋，其大小应按计算确定，且纵向钢筋不应少于上下各 1ϕ8，箍筋不小于 ϕ6@300mm。

4. 高层框剪结构的预制预应力混凝土圆孔板上应设置厚度不小于 50mm 的现浇混凝土叠合层，使圆孔板与叠合层形成装配整体式楼盖。现浇混凝土叠合层的混凝土强度等级不低于 C20 不高于 C40 配置 ϕ6～8ϕ@200 双向分布构造筋，且必须锚入剪力墙内。现浇混凝土叠合层应与板缝混凝土同时浇灌。

有抗震设防时，圆孔板的端部不得伸入剪力墙内，应在剪力墙上挑出牛腿，以支承预制圆孔板，同时应验算现浇混凝土叠合层内伸入剪力墙分布钢筋为承担传递楼层剪力所需的截面面积。

5. 框架结构的预制预应力混凝土圆孔板上除特殊需要外，一般可不设置现浇混凝土叠合层。

6. 有抗震设防的高层剪力墙结构，由于预制预应力混凝土圆孔板板端进墙削弱墙的整体性，不宜采用预制圆孔板。高度 50m 以上的剪力墙结构不得采用预制预应力混凝土圆孔板。

7. 预制预应力混凝土圆孔板的纵向受力钢筋保护层较薄，应注意是否满足防火等级要求，必要时应采取有效措施，如板底面加抹灰层或其他防火材料。

预制预应力混凝土圆孔板应用在潮湿环境的房间时，必须采取措施防止板纵向受力钢筋的锈蚀。

4.7 预制混凝土双钢筋薄板叠合楼板

1. 预制混凝土双钢筋薄板叠合楼板系采用双钢筋预制混凝土底板上加现浇混凝土叠合层组成的整体钢筋混凝土连续板。适用于有抗震设防和非抗震设计的高层建筑楼、屋盖板。

2. 此种板可作单向板或双向板。双钢筋预制板的厚度：板跨度在 3.9m 以内时为 50mm；板跨度大于 3.9m 时为 63mm。现浇混凝土叠合层厚度可根据板跨度、荷载等情况确定，一般不超过预制底板厚度的两倍，不少于预制底板厚度。当为旅馆、试验楼等电线管道较多的房屋时，为埋设电线管道，现浇混凝土叠合层厚度不宜小于 90mm。

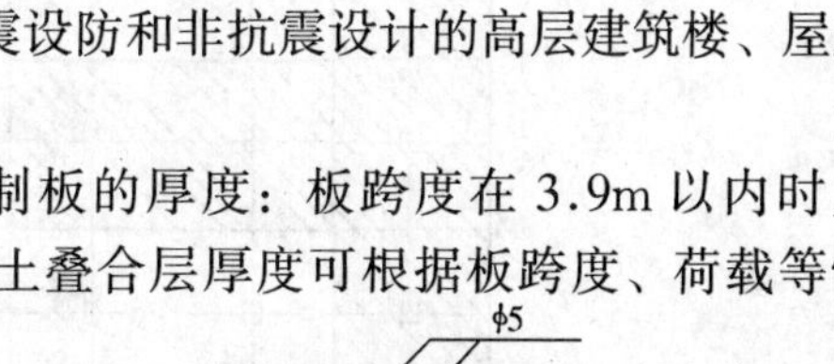

φ5
25
100 100

图 4.7-1 双钢筋梯格

3. 预制底板的钢筋，采用 $\phi 5$ 冷拔低碳钢丝平焊成型的双钢筋，主筋间距 25mm，梯格间距 100±10mm，梯格由专用点焊机制作成型（图 4.7-1），成卷运输堆放，使用时长度按需切割。

纵横向配置双钢筋，受力钢筋数量按计算确定，预制底板四周均伸出板边 $\phi 5$@200，长 300mm，主要受力方向的双钢筋保护层为 20mm。

4. 预制底板单板宽度为 1500mm 至 3900mm，长度为 4200mm 至 7200mm，可根据房间尺寸选用。当按双向板计算时，整块楼板可由两块或三块预制单板拼成底板，此时拼接板缝宽度一般为 100mm，拼接板缝应置于内力较小部位。拼接叠合后可按整间弹性双向板计算内力，连续板支座钢筋根据支座弯矩按现浇板确定数量，配置 HPB 235 级或 HRB 335 级钢。

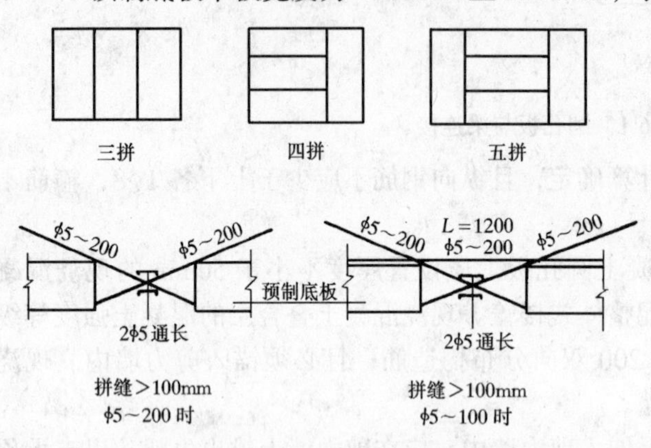

图 4.7-2　预制底板拼接构造

5. 支承预制底板的墙或梁顶面应比板底低 15～20mm，以便浇灌叠合层和墙体混凝土后使板底接触严实。支撑预制底板的支架待叠合层混凝土强度等级达到 100％后才能拆除。

预制混凝土双钢筋薄板叠合楼板非常重要的一点是，预制底板上表面做预制时应保持粗糙，在浇灌叠合层混凝土前清理干净并喷水润湿，以使预制与现浇结合面能有良好粘结。

预制底板拼接构造如图 4.7-2。

4.8　现浇无梁楼盖

1. 高层建筑的现浇无梁楼盖，常应用在带有剪力墙的板柱结构和板柱筒体结构中。

无梁楼盖的柱网通常布置成正方形或矩形。楼盖的四周可支承在墙上或支承在边柱的梁上，也可悬臂伸出边柱以外（图 4.8-1）。

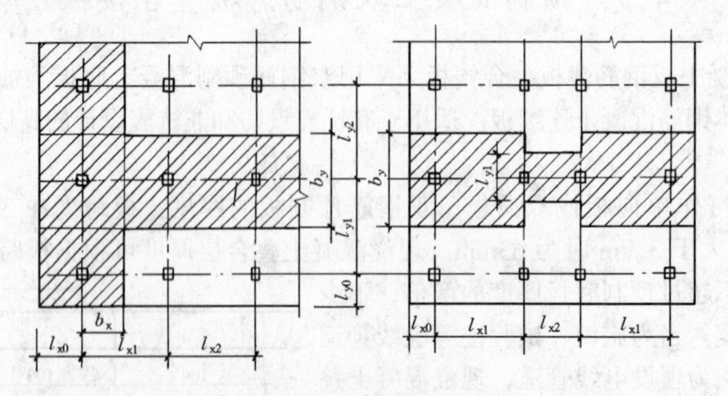

图 4.8-1　无梁楼盖平面

2. 无梁楼盖的柱截面可按建筑设计采用方形、矩形、圆形和多边形。柱的构造要求、截面设计与其他楼盖的柱相同。

无梁楼盖板的最小厚度和板的厚度与跨度的最小比值见表 4.1-1 和表 4.1-2。

3. 无梁楼盖根据使用功能要求和建筑室内装饰需要，可设计成有柱帽无梁楼盖和无柱帽无梁楼盖。高层建筑中常采用无柱帽无梁楼盖。柱帽形式常用的有如图 4.8-2 所示的 3 种。

抗震设防 8 度时宜采用有托板或柱帽的板柱节点，托板或柱帽根部的厚度（包括板厚）不宜小于柱纵筋直径的 16 倍。托板或柱帽的边长不宜小于 4 倍板厚及柱截面相应边长之和。

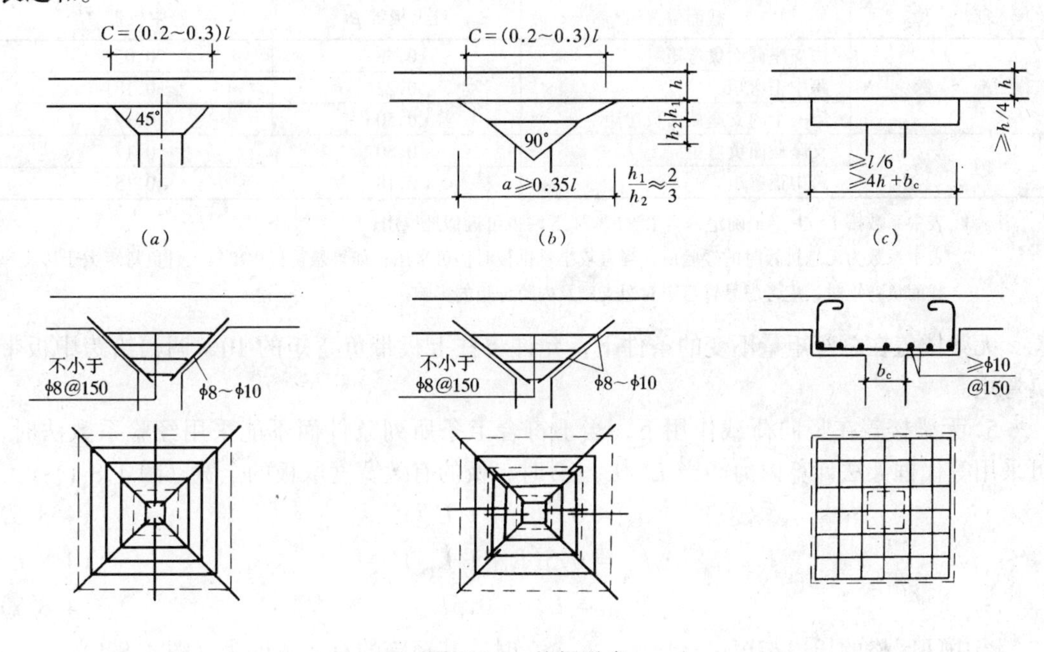

图 4.8-2 柱帽形式

4. 无梁楼盖在竖向均布荷载作用下的内力计算，当符合下列条件时可采用经验系数法：

(1) 每个方向至少有三个连续跨；

(2) 任一区格内的长边与短边之比不大于 2；

(3) 同一方向上的相邻跨度不相同时，大跨与小跨之比不大于 1.2；

(4) 活荷载与恒荷载之比应不大于 3。

经验系数法可按下列公式计算：

x 方向总弯矩设计值

$$M_0 = \frac{1}{8} q L_{\mathrm{y}} \left(L_{\mathrm{x}} - \frac{2}{3} c \right)^2 \tag{4.8-1}$$

y 方向总弯矩设计值

$$M_0 = \frac{1}{8} q L_{\mathrm{x}} \left(L_{\mathrm{y}} - \frac{2}{3} c \right)^2 \tag{4.8-2}$$

柱上板带的弯矩设计值

$$M_c = \beta_1 M_0 \tag{4.8-3}$$

跨中板带的弯矩设计值

$$M_m = \beta_2 M_0 \tag{4.8-4}$$

式中　L_x、L_y——x方向和y方向的柱距；

q——板的竖向均布荷载设计值；

c——柱帽在计算弯矩方向的有效宽度（图4.8-2），无柱帽时，$c=0$；

β_1、β_2——柱上柱带和跨中板带弯矩系数，见表4.8-1。

柱上板带和跨中板带弯矩系数　　**表4.8-1**

部　位	截面位置	柱上板带 β_1	跨中板带 β_2
端　跨	边支座截面负弯矩	0.48	0.05
	跨中正弯矩	0.22	0.18
	第一个内支座截面负弯矩	0.50	0.17
内　跨	支座截面负弯矩	0.50	0.17
	跨中正弯矩	0.18	0.15

注：1. 表中系数按 $L_x/L_y=1$ 确定，当 $L_y/L_x \leqslant 1.5$ 时也可近似地取用；

2. 表中系数为无悬挑板时的经验值，当有较小悬挑板时仍可采用；如果悬挑板挑出较大且负弯矩大于边支座截面负弯矩时，应考虑悬臂弯矩对边支座及内跨弯矩的影响。

无梁楼盖在总弯矩量不变的条件下，允许将柱上板带负弯矩的10%调幅给跨中板带负弯矩。

5. 无梁楼盖在竖向荷载作用下，当不符合上条所列条件而不能采用经验系数法时，可采用等代框架法计算内力。当 $L_y/L_x \leqslant 2$ 时，板的有效宽度取板的全宽（图4.8-1）：

$$b_x = 0.5(L_{x1} + L_{x2}) \tag{4.8-5}$$

$$b_y = 0.5(L_{y1} + L_{y2}) \tag{4.8-6}$$

$$b_{x0} = L_{x0} + 0.5L_{x1} \tag{4.8-7}$$

当中间区格的长边与短边之比 $L_y/L_x > 2$ 时，其短跨的有效宽度为（图4.8-1）：

$$\left.\begin{aligned} & b_{y1} \leqslant L_{x2} + c \\ \text{且}\quad & b_{y1} < 0.5(L_y + c) \end{aligned}\right\} \tag{4.8-8}$$

$$b_y = 0.5(L_{y1} + L_{y2}) \tag{4.8-9}$$

按等代框架分别采用弯矩分配法或其他方法计算出x方向和y方向总弯矩设计值M_0后，当 $L_y/L_x = 1 \sim 1.5$ 时，柱上板带和跨中板带的弯矩值仍按公式（4.8-3）、（4.8-4）计算，而弯矩系数 β_1、β_2 按表4.8-2取用。

$L_y/L_x=1$ 柱上板带和跨中板带弯矩分配系数　　**表4.8-2**

位置	弯矩截面	柱上板带 β_1	跨中板带 β_2
内跨	支座截面 $-M$	0.75	0.25
	跨中截面 $+M$	0.55	0.45
端跨	边支座截面 $-M$	0.90	0.10
	跨中截面 $+M$	0.55	0.45
	第一间支座截面 $-M$	0.75	0.25

当 $L_x/L_y = 0.5 \sim 2$ 时，柱上板带和跨中板带弯矩值按公式（4.8-3）、（4.8-4）计算，弯矩系数 β_1、β_2 则按表4.8-3取用。

表4.8-2和表4.8-3按板周边为连续时的数值取值。表4.8-3中括号内数值系用于有柱帽的无梁楼板。

6. 无梁楼盖的板柱结构在风荷载或水平地震作用下，可采用等代框架法计算内力和位移，并与剪力墙或筒体进行协同工作。

$L_x/L_y=0.5\sim2.0$ 柱上板带和跨中板带弯矩系数 表 4.8-3

L_x/L_y	$-M$		$+M$	
	柱上板带 β_1	跨中板带 β_2	柱上板带 β_1	跨中板带 β_2
0.50～0.60	0.55 (0.60)	0.45 (0.40)	0.50 (0.45)	0.50 (0.55)
0.60～0.75	0.65 (0.70)	0.35 (0.30)	0.55 (0.50)	0.45 (0.50)
0.75～1.33	0.70 (0.75)	0.30 (0.25)	0.60 (0.55)	0.40 (0.45)
1.33～1.67	0.80 (0.85)	0.20 (0.15)	0.75 (0.70)	0.25 (0.30)
1.67～2.0	0.85 (0.90)	0.15 (0.10)	0.85 (0.80)	0.15 (0.20)

等代梁的有效宽度取下列公式计算结果的较小值：

$$\left.\begin{aligned} b_y &= 0.5L_x \\ b_y &= 0.75L_y \end{aligned}\right\}\text{取较小值} \tag{4.8-10}$$

$$\left.\begin{aligned} b_x &= 0.5L_y \\ b_x &= 0.75L_x \end{aligned}\right\}\text{取较小值} \tag{4.8-11}$$

按等代框架算得 x 方向和 y 方向某柱间总弯矩值 M_0 后，柱上板带和跨中板带的弯矩按公式（4.8-3）、（4.8-4）计算，弯矩系数 β_1、β_2 按表 4.8-3 取用。

无梁楼盖在风荷载或水平地震、竖向荷载共同作用下的内力，应按有关规定进行组合。

7. 在竖向荷载、水平力作用下的板柱节点，其受冲切承载力计算中所用的等效集中反力设计值 $F_{l,eq}$ 可按下列情况确定：

（1）传递单向不平衡弯矩的板柱节点

当不平衡弯矩作用平面与柱矩形截面两个轴线之一相重合时，可按下列两种情况进行计算：

1）由节点受剪传递的单向不平衡弯矩 $\alpha_0 M_{unb}$，当其作用的方向指向图 4.8-3 的 AB 边时，等效集中反力设计值可按下列公式计算：

无地震作用组合时：

$$F_{l,eq} = F_l + \frac{\alpha_0 M_{unb} a_{AB}}{I_c} u_m h_0 \tag{4.8-12}$$

有地震作用组合时：

$$F_{l,eq} = F_l + \left(\frac{\alpha_0 M_{unb} a_{AB}}{I_c} u_m h_0\right)\eta_{vb} \tag{4.8-13}$$

$$M_{unb} = M_{unb,c} - F_l e_g \tag{4.8-14}$$

2）由节点受剪传递的单向不平衡弯矩 $\alpha_0 M_{unb}$，当其作用的方向指向图 4.8-3 的 CD 边时，等效集中反力设计值可按下列公式计算：

无地震作用组合时：

$$F_{l,eq} = F_l + \frac{\alpha_0 M_{unb} a_{CD}}{I_c} u_m h_0 \tag{4.8-15}$$

有地震作用组合时：

$$F_{l,\mathrm{eq}} = F_l + \left(\frac{\alpha_0 M_{\mathrm{unb}} a_{\mathrm{CD}}}{I_{\mathrm{c}}} u_{\mathrm{m}} h_0\right) \eta_{\mathrm{vb}} \tag{4.8-16}$$

$$M_{\mathrm{unb}} = M_{\mathrm{unb,c}} + F_l e_{\mathrm{g}} \tag{4.8-17}$$

式中　F_l——在竖向荷载、水平荷载作用下，柱所承受的轴向压力设计值的层间差值减去冲切破坏锥体范围内板所承受的荷载设计值；

α_0——计算系数，按本节第8条计算；

M_{unb}——竖向荷载、水平荷载对轴线2（图4.8-3）产生的不平衡弯矩设计值；

$M_{\mathrm{unb,c}}$——竖向荷载、水平荷载对轴线1（图4.8-3）产生的不平衡弯矩设计值；

a_{AB}、a_{CD}——轴线2至AB、CD边缘的距离；

I_{c}——按临界截面计算的类似极惯性矩，按本节第8条计算；

e_{g}——在弯矩作用平面内轴线1至轴线2的距离，按本节第8条计算；对中柱截面和弯矩作用平面平行于自由边的边柱截面，$e_{\mathrm{g}}=0$；

η_{vb}——板柱节点剪力增大系数，一级1.3，二级1.2，三级1.1。

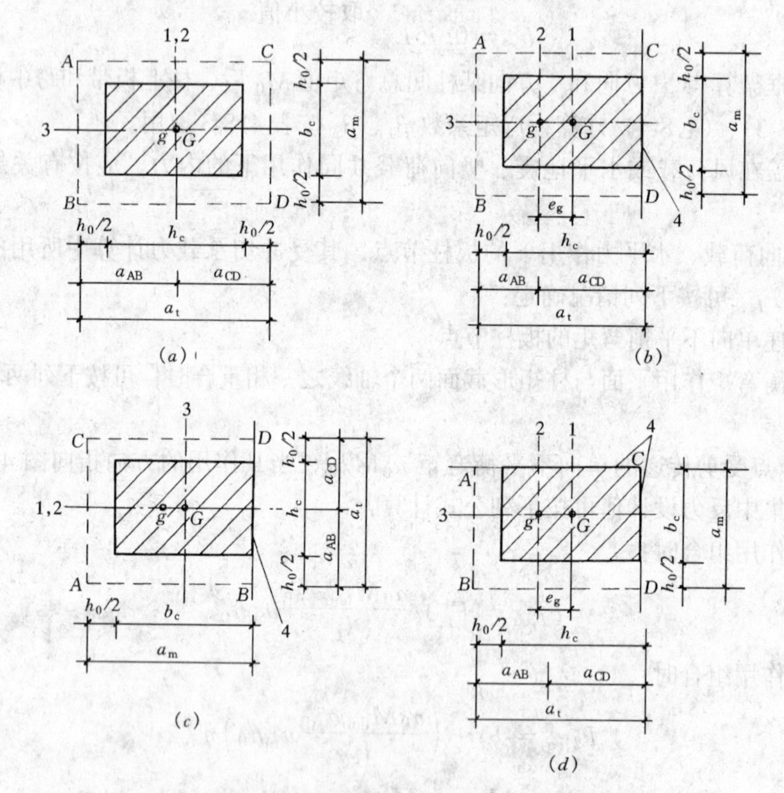

图4.8-3　矩形柱及受冲切承载力计算的几何参数

（a）中柱截面；（b）边柱截面（弯矩作用平面垂直于自由边）；

（c）边柱截面（弯矩作用平面平行于自由边）；（d）角柱截面

1—通过柱截面重心G的轴线；2—通过临界截面周长

重心g的轴线；3—不平衡弯矩作用平面；4—自由边

（2）传递双向不平衡弯矩的板柱节点

当节点受剪传递的两个方向不平衡弯矩为$\alpha_{0\mathrm{x}} M_{\mathrm{unb,x}}$、$\alpha_{0\mathrm{y}} M_{\mathrm{unb,y}}$时，等效集中反力设

计值可按下列公式计算：

无地震作用组合时：

$$F_{l,\mathrm{eq}} = F_l + \tau_{\mathrm{unb,max}} u_{\mathrm{m}} h_0 \tag{4.8-18}$$

有地震作用组合时：

$$F_{l,\mathrm{eq}} = F_l + (\tau_{\mathrm{unb,max}} u_{\mathrm{m}} h_0)\eta_{\mathrm{vb}} \tag{4.8-19}$$

$$\tau_{\mathrm{unb,max}} = \frac{\alpha_{0\mathrm{x}} M_{\mathrm{unb,x}} a_{\mathrm{x}}}{I_{\mathrm{cx}}} + \frac{\alpha_{0\mathrm{y}} M_{\mathrm{unb,y}} a_{\mathrm{y}}}{I_{\mathrm{cy}}} \tag{4.8-20}$$

式中 $\tau_{\mathrm{unb,max}}$——双向不平衡弯矩在临界截面上产生的最大剪应力设计值；

$M_{\mathrm{unb,x}}$、$M_{\mathrm{unb,y}}$——竖向荷载、水平荷载引起对临界截面周长重心处 x 轴、y 轴方向的不平衡弯矩设计值，可按公式（4.8-14）或公式（4.8-17）同样的方法确定；

$\alpha_{0\mathrm{x}}$、$\alpha_{0\mathrm{y}}$——x 轴、y 轴的计算系数，按本节第 8 条和第 9 条确定；

I_{cx}、I_{cy}——对 x 轴、y 轴按临界截面计算的类似极惯性矩，按本节第 8 条和第 9 条确定；

a_{x}、a_{y}——最大剪应力 τ_{max} 作用点至 x 轴、y 轴的距离。

（3）当考虑不同的荷载组合时，应取其中的较大值作为板柱节点受冲切承载力计算用的等效集中反力设计值。

8. 板柱节点考虑受剪传递单向不平衡弯矩的受冲切承载力计算中，与等效集中反力设计值 $F_{l,\mathrm{eq}}$ 有关的参数和本节图 4.8-3 中所示的几何尺寸，可按下列公式计算：

（1）中柱处临界截面的类似极惯性矩、几何尺寸及计算系数可按下列公式计算（图 4.8-3*a*）：

$$I_{\mathrm{c}} = \frac{h_0 a_{\mathrm{t}}^3}{6} + 2h_0 a_{\mathrm{m}} \left(\frac{a_{\mathrm{t}}}{2}\right)^2 \tag{4.8-21}$$

$$a_{\mathrm{AB}} = a_{\mathrm{CD}} = \frac{a_{\mathrm{t}}}{2} \tag{4.8-22}$$

$$e_{\mathrm{g}} = 0 \tag{4.8-23}$$

$$\alpha_0 = 1 - \frac{1}{1 + \frac{2}{3}\sqrt{\frac{h_{\mathrm{c}} + h_0}{b_{\mathrm{c}} + h_0}}} \tag{4.8-24}$$

（2）边柱处临界截面的类似极惯性矩、几何尺寸及计算系数可按下列公式计算：

1）弯矩作用平面垂直于自由边（图 4.8-3*b*）

$$I_{\mathrm{c}} = \frac{h_0 a_{\mathrm{t}}^3}{6} + h_0 a_{\mathrm{m}} a_{\mathrm{AB}}^2 + 2h_0 a_{\mathrm{t}} \left(\frac{a_{\mathrm{t}}}{2} - a_{\mathrm{AB}}\right)^2 \tag{4.8-25}$$

$$a_{\mathrm{AB}} = \frac{a_{\mathrm{t}}^2}{a_{\mathrm{m}} + 2a_{\mathrm{t}}} \tag{4.8-26}$$

$$a_{\mathrm{CD}} = a_{\mathrm{t}} - a_{\mathrm{AB}} \tag{4.8-27}$$

$$e_{\mathrm{g}} = a_{\mathrm{CD}} - \frac{h_{\mathrm{c}}}{2} \tag{4.8-28}$$

$$\alpha_0 = 1 - \frac{1}{1 + \frac{2}{3}\sqrt{\frac{h_c + h_0/2}{b_c + h_0}}} \tag{4.8-29}$$

2）弯矩作用平面平行于自由边（图 4.8-3c）

$$I_c = \frac{h_0 a_t^3}{12} + 2h_0 a_m \left(\frac{a_t}{2}\right)^2 \tag{4.8-30}$$

$$a_{AB} = a_{CD} = \frac{a_t}{2} \tag{4.8-31}$$

$$e_g = 0 \tag{4.8-32}$$

$$\alpha_0 = 1 - \frac{1}{1 + \frac{2}{3}\sqrt{\frac{h_c + h_0}{b_c + h_0/2}}} \tag{4.8-33}$$

（3）角柱处临界截面的类似极惯性矩、几何尺寸及计算系数可按下列公式计算（图 4.8-3d）：

$$I_c = \frac{h_0 a_t^3}{12} + h_0 a_m a_{AB}^2 + h_0 a_t \left(\frac{a_t}{2} - a_{AB}\right)^2 \tag{4.8-34}$$

$$a_{AB} = \frac{a_t^2}{2(a_m + a_t)} \tag{4.8-35}$$

$$a_{CD} = a_t - a_{AB} \tag{4.8-36}$$

$$e_g = a_{CD} - \frac{h_c}{2} \tag{4.8-37}$$

$$\alpha_0 = 1 - \frac{1}{1 + \frac{2}{3}\sqrt{\frac{h_c + h_0/2}{b_c + h_0/2}}} \tag{4.8-38}$$

9. 在按本节公式（4.8-18）至公式（4.8-20）进行板柱节点考虑传递双向不平衡弯矩的受冲切承载力计算中，如将本节、第 8 条的规定视作 x 轴（或 y 轴）的类似极惯性矩、几何尺寸及计算系数，则与其相应的 y 轴（或 x 轴）的类似极惯性矩，几何尺寸及计算系数，可将前述的 x 轴（或 y 轴）的相应参数进行置换确定。

10. 当边柱、角柱部位有悬臂板时，临界截面周长可计算至垂直于自由边的板端处，按此计算的临界截面周长应与按中柱计算的临界截面周长相比较，并取两者中的较小值。在此基础上，应按本节第 8 条和第 9 条的原则，确定板柱节点考虑受剪传递不平衡弯矩的受冲切承载力计算所用等效集中反力设计值 $F_{l,eq}$ 的有关参数。

11. 楼板在局部荷载或无梁楼板集中反力作用下不配置箍筋或弯起钢筋时，其受冲切承载力应符合下列规定（图 4.8-4）：

无地震作用组合时：

$$F_l \leqslant (0.7\beta_h f_t + 0.15\sigma_{pc,m})\eta u_m h_0 = \beta_k \eta F_1 + 0.15\sigma_{pc,m}\eta u_m h_0 \tag{4.8-39}$$

有地震作用组合时：

$$F_l \leqslant 0.7\beta_h f_t \eta u_m h_0/\gamma_{RE} = \beta_h \eta F_1/\gamma_{RE} \tag{4.8-40}$$

公式（4.8-39）、（4.8-40）中的系数 η，应按下列两个公式计算，并取其中较小值：

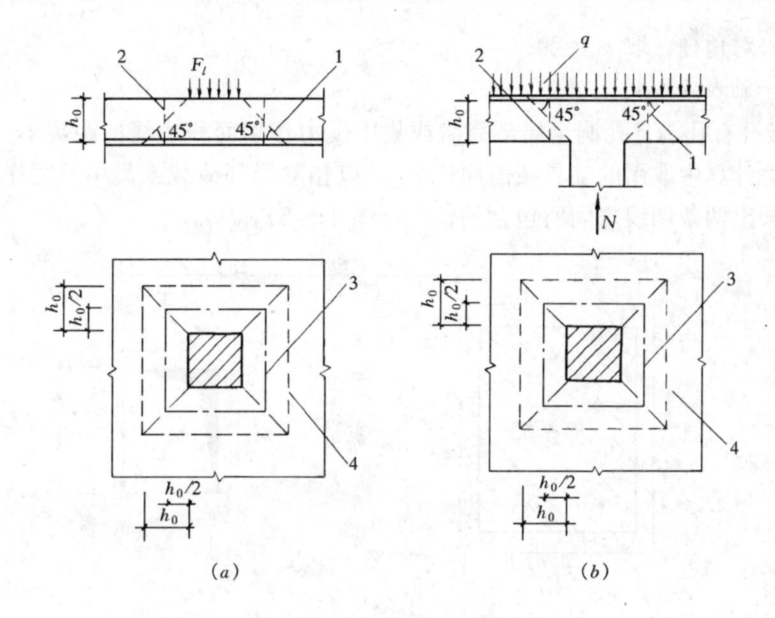

图 4.8-4 板受冲切承载力计算

(a) 局部荷载作用下；(b) 集中反力作用下

1—冲切破坏锥体的斜截面；2—临界截面；3—临界截面的周长；4—冲切破坏锥体的底面线

$$\eta_1 = 0.4 + \frac{1.2}{\beta_s} \tag{4.8-41}$$

$$\eta_2 = 0.5 + \frac{\alpha_s h_0}{4u_m} \tag{4.8-42}$$

式中 F_l——局部荷载设计值或集中反力设计值；对板柱结构的节点，取柱所承受的轴向压力设计值的层间差值减去冲切破坏锥体范围内板所承受的荷载设计值；当有不平衡弯矩时，应按本节第 7 条的规定确定；

β_h——截面高度影响系数；当 $h \leqslant 800$mm 时，取 $\beta_h = 1.0$；当 $h \geqslant 2000$mm 时，取 $\beta_h = 0.9$，其间按线性内插法取用；

f_t——混凝土轴心抗拉强度设计值；

$\sigma_{pc,m}$——临界截面周长上两个方向混凝土有效预压应力按长度的加权平均值，其值宜控制在 $1.0 \sim 3.5\text{N/mm}^2$ 范围内；

u_m——临界截面的周长：距离局部荷载或集中反力作用面积周边 $h_0/2$ 处板垂直截面的最不利周长；

h_0——截面有效高度，取两个配筋方向的截面有效高度的平均值；

η_1——局部荷载或集中反力作用面积形状的影响系数；

η_2——临界截面周长与板截面有效高度之比的影响系数；

β_s——局部荷载或集中反力作用面积为矩形时的长边与短边尺寸的比值，β_s 不宜大于 4；当 $\beta_s < 2$ 时，取 $\beta_s = 2$；当面积为圆形时，取 $\beta_s = 2$；

α_s——板柱结构中柱类型的影响系数：对中柱，取 $\alpha_s = 40$；对边柱，取 $\alpha_s = 30$；

对角柱，取 $\alpha_s=20$；

F_1——见表4.8-4。

12. 当板开有孔洞且孔洞至局部荷载或集中反力作用面积边缘的距离不大于 $6h_0$ 时，受冲切承载力计算中取用的临界截面周长 u_m，应扣除局部荷载或集中反力作用面积中心至开孔外边画出两条切线之间所包含的长度（图4.8-5）。

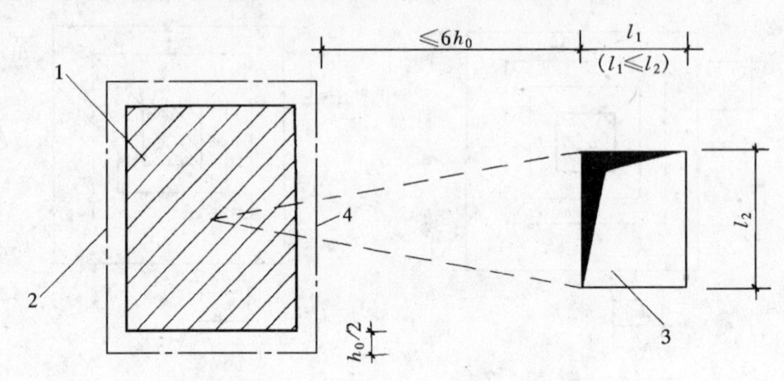

图4.8-5　邻近孔洞时的临界截面周长

1—局部荷载或集中反力作用面；2—临界截面周长；3—孔洞；4—应扣除的长度

注：当图中 $l_1>l_2$ 时，孔洞边长 l_2 用 $\sqrt{l_1 l_2}$ 代替

13. 在局部荷载或集中反力作用下，当受冲切承载力不满足本节第11条的要求且板厚受到限制时，可配置箍筋或弯起钢筋。此时，受冲切截面应符合下列条件：

无地震作用组合时：

$$F_l \leqslant 1.05 f_t \eta u_m h_0 = \eta F_3 \tag{4.8-43}$$

有地震作用组合时：

$$F_l \leqslant 1.05 f_t \eta u_m h_0/\gamma_{RE} = \eta F_3/\gamma_{RE} \tag{4.8-44}$$

配置箍筋或弯起钢筋的板，其受冲切承载力应符合下列规定：

（1）当配置箍筋时

无地震作用组合时：

$$\begin{aligned} F_l &\leqslant (0.35 f_t + 0.15\sigma_{pc,m})\eta u_m h_0 + 0.8 f_{yv} A_{svu} \\ &= \eta F_2 + 0.15\sigma_{pc,m}\eta u_m h_0 + 0.8 f_{yv} A_{svu} \end{aligned} \tag{4.8-45}$$

有地震作用组合时：

$$\begin{aligned} F_l &\leqslant (0.35 f_t \eta u_m h_0 + 0.8 f_{yv} A_{svu})/\gamma_{RE} \\ &= (\eta F_2 + 0.8 f_{yv} A_{svu})/\gamma_{RE} \end{aligned} \tag{4.8-46}$$

F_2、F_3 见表4.8-4。

（2）当配置弯起钢筋时（无地震作用组合）

$$F_l \leqslant (0.35 f_t + 0.15\sigma_{pc,m})\eta u_m h_0 + 0.8 f_y A_{sbu}\sin\alpha \tag{4.8-47}$$

式中　A_{svu}——与呈45°冲切破坏锥体斜截面相交的全部箍筋截面面积；

A_{sbu}——与呈45°冲切破坏锥体斜截面相交的全部弯起钢筋截面面积；

α——弯起钢筋与板底面的夹角。

受冲切承载力计算 F_1、F_2、F_3 值(kN) 表 4.8-4

$F_1=0.7f_tu_mh_0, F_2=0.35f_tu_mh_0, F_3=1.05f_tu_mh_0$ 式中 $u_m=1000=1m$

板厚	(mm)	C20			C25			C30			C35			C40			C45			C50		
h	h_0	F_1	F_2	F_3	F_1	F_2	F_3	F_1	F_2	F_3	F_1	F_2	F_3	F_1	F_2	F_3	F_1	F_2	F_3	F_1	F_2	F_3
100	80	61.6	30.8	92.4	71.1	35.6	106.7	80.1	40.0	120.1	87.9	44.0	131.9	95.8	47.9	143.6	100.8	50.4	151.2	105.8	52.9	158.8
110	90	69.3	34.6	103.9	80.0	40.0	120.0	90.1	45.0	135.1	98.9	49.4	148.4	107.7	53.9	161.6	113.4	56.7	170.1	119.1	59.5	178.6
120	100	77.0	38.5	115.5	88.9	44.4	133.3	100.1	500	150.1	109.9	54.9	164.8	119.7	59.8	179.5	126.0	63.0	189.0	132.3	66.1	198.4
130	110	84.7	42.3	127.0	97.8	48.9	146.7	110.1	55.0	165.2	120.9	60.4	181.3	131.7	65.8	197.5	138.6	69.3	207.9	145.5	72.8	218.3
140	120	92.4	46.2	138.6	106.7	53.3	160.0	120.1	60.1	180.2	131.9	65.9	197.8	143.6	71.8	215.5	151.2	75.6	226.8	158.8	79.4	238.1
150	130	100.1	50.0	150.1	115.6	57.8	173.3	130.1	65.1	195.2	142.9	71.4	214.3	155.6	77.8	233.4	163.8	81.9	245.7	172.0	86.0	258.0
160	140	107.8	53.9	161.7	124.5	62.2	186.7	140.1	70.1	210.2	153.9	76.9	230.8	167.6	83.8	251.4	176.4	88.2	264.6	185.2	92.6	277.8
180	160	123.2	61.6	184.8	142.2	71.1	213.4	160.2	80.1	240.2	175.8	87.9	263.8	191.5	95.8	287.3	201.6	100.8	302.4	211.7	105.8	317.5
200	180	138.6	69.3	207.9	160.0	80.0	240.0	180.2	90.1	270.3	197.8	98.9	296.7	215.5	107.7	323.2	226.8	113.4	340.2	238.1	119.1	357.2
220	195	150.1	75.1	225.2	173.3	86.7	260.0	195.2	97.6	292.8	214.3	107.1	321.4	233.4	116.7	350.1	245.7	122.8	368.5	258.0	129.0	387.0
250	225	173.2	86.6	260.0	200.0	100.0	300.0	225.2	112.6	337.8	247.3	123.6	370.9	269.3	134.7	404.0	283.5	141.7	425.2	297.7	148.8	446.5
280	255	196.3	98.2	294.5	226.7	113.3	340.0	255.2	127.6	382.9	280.2	140.1	420.4	305.2	152.6	457.8	321.3	160.6	481.9	337.4	168.7	506.0
300	275	211.7	106.0	317.6	244.5	122.2	366.7	275.3	137.6	412.9	302.2	151.1	453.3	329.2	164.6	493.8	346.5	173.2	519.7	363.8	181.9	545.7
350	325	250.2	125.1	375.4	288.9	144.5	433.4	325.3	162.7	488.0	357.2	178.6	535.8	389.0	194.5	583.5	409.5	204.7	614.2	430.0	215.0	645.0
400	375	288.7	144.4	433.1	333.4	166.7	500.0	375.4	187.7	563.1	412.1	206.1	618.2	448.9	224.4	673.3	472.5	236.2	708.7	496.1	248.1	744.2
450	425	327.2	163.6	490.9	377.8	188.9	566.7	425.4	212.7	638.1	467.1	233.5	700.6	508.7	254.4	763.1	535.5	267.7	803.2	562.2	281.1	843.4
500	475	365.7	182.9	548.6	422.3	211.1	633.4	475.5	237.7	713.2	522.0	261.0	783.0	568.6	284.3	852.9	598.5	299.2	897.7	628.4	314.2	942.6

板中配置的抗冲切箍筋或弯起钢筋，应符合《混凝土结构设计规范》GB 50010—2002 第10.1.10条的构造规定。

对配置抗冲切钢筋的冲切破坏锥体以外的截面，尚应按本节第7条的要求进行受冲切承载力计算，此时，u_m 应取配置抗冲切钢筋的冲切破坏锥体以外 $0.5h_0$ 处的最不利周长。

注：当有可靠依据时，也可配置其他有效形式的抗冲切钢筋（如工字钢、槽钢、抗剪锚栓和扁钢U形箍等）。

14. 无梁楼板的抗剪钢筋，一般采用闭合箍筋、弯起钢筋和型钢，其构造要求如图4.8-6所示。箍筋直径不应小于8mm，间距不应大于 $h_0/3$，肢距不大于200mm，弯起钢筋可由一排或两排组成，弯起角度可根据板的厚度在30°～45°之间选取，弯起钢筋的倾斜段应与冲切破坏锥体斜截面相交，其交点应在离集中反力作用面积周边以外 $h/2 \sim \frac{2}{3}h$ 的范围内，弯起钢筋直径应不小于12mm，且每一方向应不少于3根。

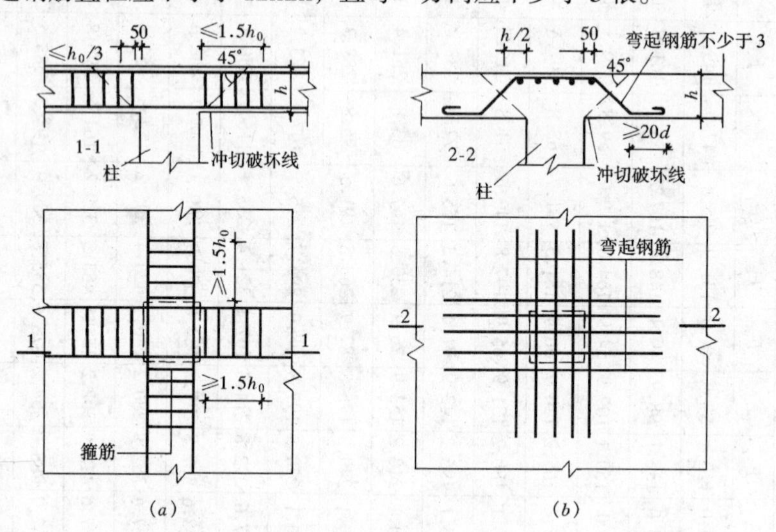

图4.8-6 板中抗冲切钢筋布置

15. 无梁楼盖的柱上板带和跨中板带的配筋布置如图4.8-7所示。

16. 有抗震设防的板柱—剪力墙结构，沿外边缘各柱之间必须设梁，边缘梁截面的抗弯刚度 E_cI_b 可考虑部分翼缘，其翼缘宽度如图4.8-8（a）所示，板截面的抗弯刚度 $E_cI_s = E_c\left(板宽 \times \frac{h^3}{12}\right)$，板宽取值如图4.8-8（$b$）所示，要求梁，板刚度比 α 不应小于0.8，即：

$$\alpha = E_cI_b/E_cI_s \leqslant 0.8 \quad (4.8\text{-}48)$$

17. 围绕节点向外扩展到不需要配箍筋的位置，定义为临界截面（图4.8-9），临界截面处按公式（4.8-12）至（4.8-19）求得集中反力设计值应满足公式（4.8-39）、（4.8-40）的要求，式中 u_m 值取临界截面的周长。冲切截面至临界截面之间的剪力均由双向暗梁承担，暗梁宽度取柱宽 b_c 及柱两侧各 $1.5h$（h 为板厚），暗梁箍筋应满足公式（4.8-45）、（4.8-46）的要求。当冲切面以外按公式（4.8-39）、（4.8-40）计算不需要配箍筋时，暗梁应设置构造箍筋，并应采用封闭箍筋，4肢箍，直径不小于8mm，间距可300mm（图

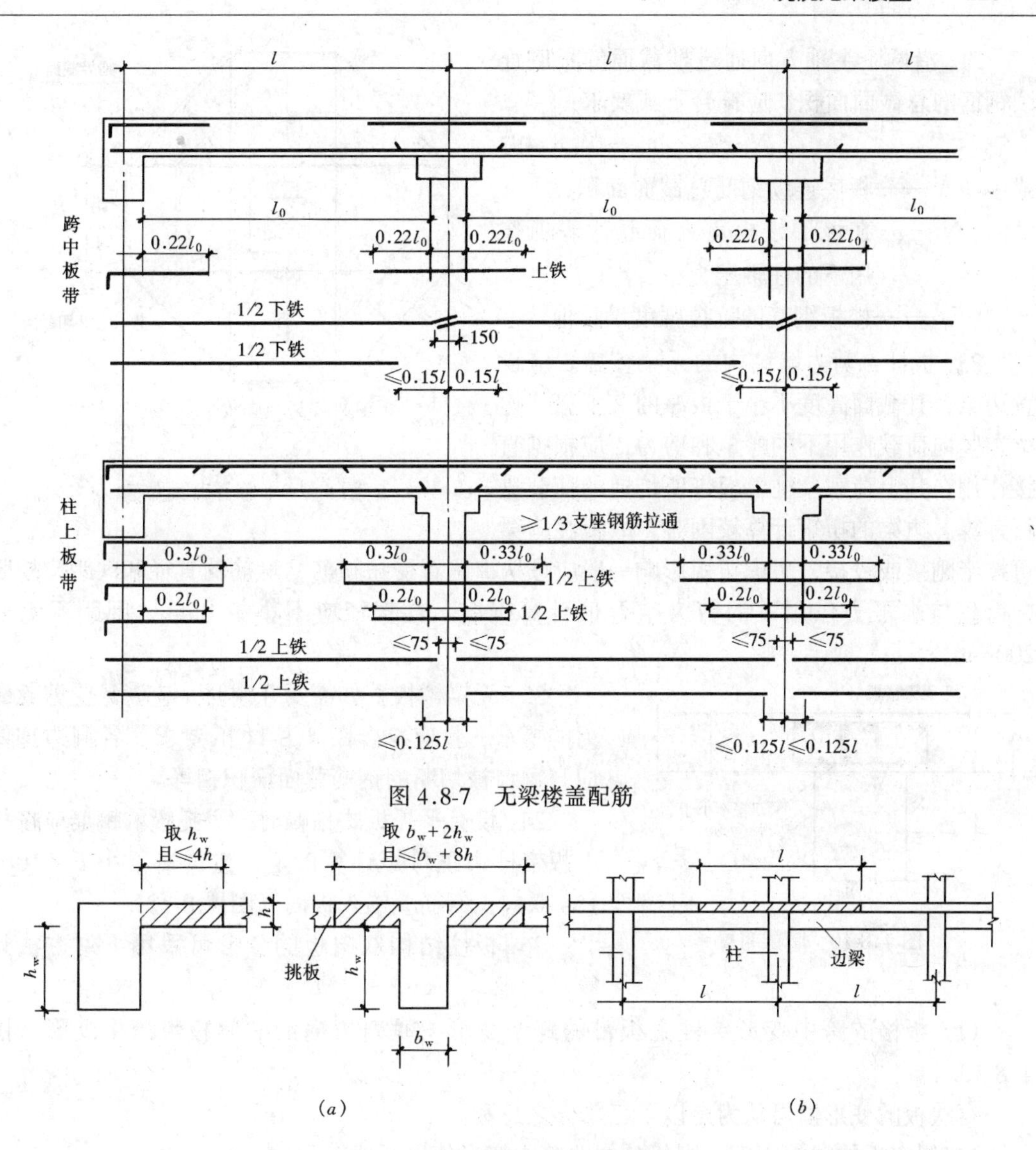

图 4.8-7 无梁楼盖配筋

图 4.8-8 边缘梁翼缘及板宽取值

(a) 边梁翼缘宽度；(b) 板宽度

4.8-10)。暗梁从柱面伸出长度不宜小于 3.5h 范围，应采用封闭箍筋，间距不宜大于 $h/3$，肢距不宜大于 200mm，箍筋直径不宜小于 8mm。

18. 边缘框架梁因等代框架跨中板带边支座负弯矩而产生的扭矩，应按《混凝土结构设计规范》GB50010 第 7 章 7.6 节进行扭曲截面承载力计算。

19. 无柱帽平板宜在柱上板带中设构造暗梁，暗梁宽度可取柱宽及柱两侧各不大于 1.5 倍板厚。暗梁支座上部钢筋面积应不小于柱上板带钢筋面积的 50%，暗梁下部钢筋不宜少于上部钢筋的 1/2。暗梁的构造箍筋应配置成四肢箍，直径应不小于 8mm，间距应不大于 300mm（图 4.8-10）。与暗梁相垂直的板底钢筋应置于暗梁下钢筋之上。

20. 无柱帽柱上板带的板底钢筋，宜在距柱面为 2 倍纵筋锚固长度以外搭接，钢筋端部宜有垂直于板面的弯钩。

21. 沿两个主轴方向通过柱截面的板底连续钢筋的总截面面积，应符合下式要求：

$$A_s \geqslant N_G / f_y \tag{4.8-49}$$

式中　A_s——板底连续钢筋总截面面积；

N_G——在该层楼板重力荷载代表值作用下的柱轴压力；

f_y——楼板钢筋的抗拉强度设计值。

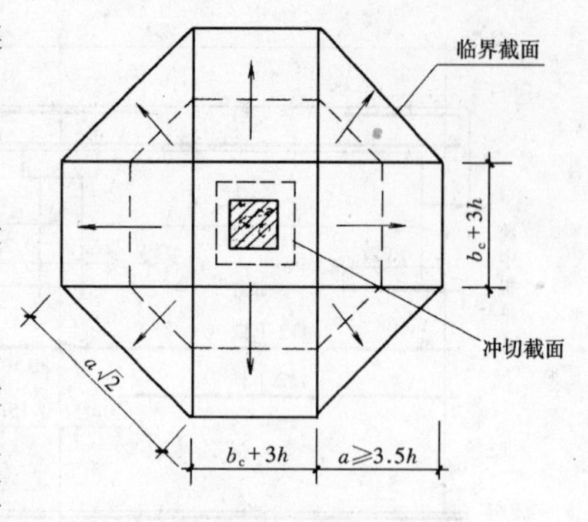

图 4.8-9　临界截面位置

22. 板柱—剪力墙结构的无梁楼盖，应设置边梁，其截面高度不小于板厚的 2.5 倍。边梁在竖向荷载作用下的弯矩和剪力，应根据直接作用在其上荷载及柱上板带所传递的荷载进行计算。边梁的扭矩计算较困难，故板在边梁可按半刚接或铰接，考虑扭矩影响一般应按构造配置受扭箍筋，箍筋的直径和间距应按竖向荷载与水平力作用下的剪力组合值计算确定，且直径应不小于 8mm，间距不大于 200mm。

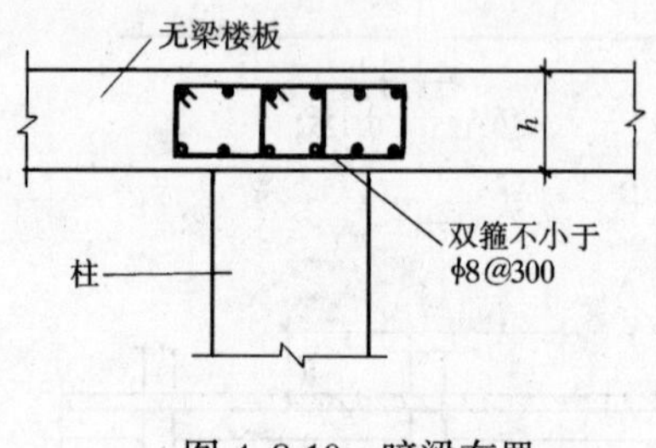

图 4.8-10　暗梁布置

23. 无梁楼板上如需要开洞时，应满足受剪承载力的要求，且应符合图 4.8-11 的要求。各洞边加筋应与洞口被切断的钢筋截面面积相等。

24. 设有平托板式柱帽时，平托板的钢筋应按柱上板带柱边正弯矩计算确定，按构造不小于 $\phi10$@150 双向，钢筋应锚入板内（图 4.8-12）。

25. 板柱结构双向板的变形可采用下列方法计算：

（1）板格的跨中变形 = 柱上板带的跨中变形 + 垂直方向的中间板带跨中变形（图 4.8-13）。

每块板的变形值可认为是以下三部分之总和：

1）假定板的两端固定，则板的主要跨中变形值以下式表示：

$$\Delta = \frac{\omega l^4}{384 E_c I_{框架}} \tag{4.8-50}$$

上述变形值必须分解为柱上板带变形 Δ_c 及中间板带变形 Δ_m：

$$\Delta_c = \Delta \cdot \frac{M_{柱上板带}}{M_{框架}} \cdot \frac{E_c I_{cm}}{E_c I_c} \tag{4.8-51}$$

$$\Delta_m = \Delta \cdot \frac{M_{跨中板带}}{M_{框架}} \cdot \frac{E_c I_{cm}}{E_c I_m} \tag{4.8-52}$$

式中　I_{cm}——全部框架的惯性矩；

I_c——柱上板带的惯性矩；

I_m——中间板带的惯性矩。

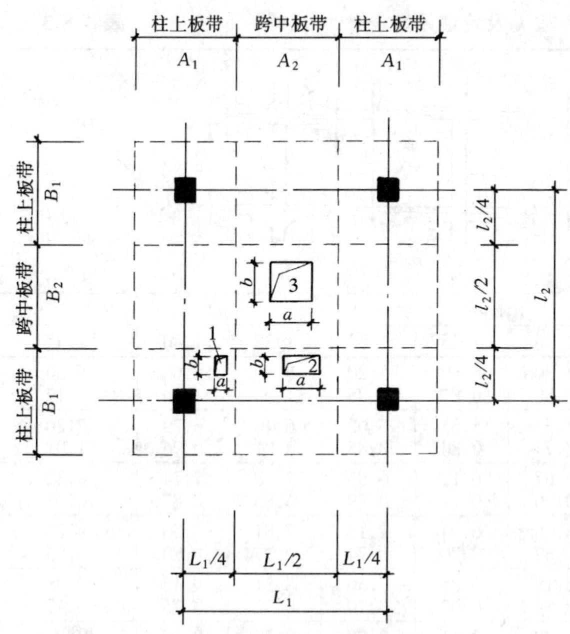

图 4.8-11　无梁楼板开洞要求

洞 1：$a \leqslant A_1/8$，$b \leqslant B_1/8$；洞 2：$a \leqslant A_2/4$　$b \leqslant B_1/4$

洞 3：$a \leqslant A_2$　$b \leqslant B_2$

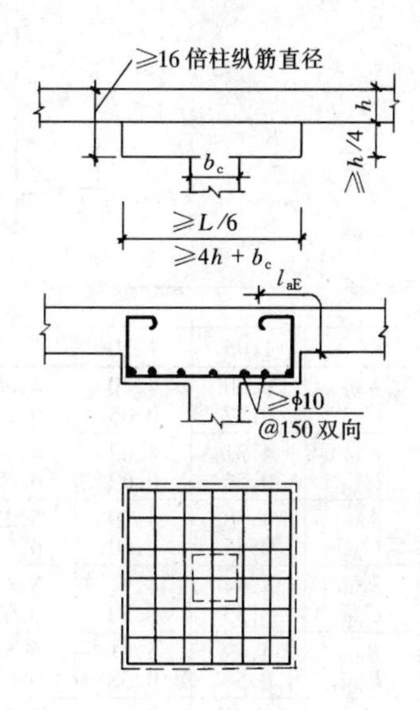

图 4.8-12　平托板配筋

2）板心的变形值，$\Delta''_{\theta_L} = \frac{1}{8}\theta_L l$ 为右端作为固定、左端旋转时之变形，

式中　$\theta_L = \frac{\text{左}\ M_{net}}{K_{ec}}$，

K_{ec}——等效柱抗弯刚度，见表 4.8-5；

M_{net}——等效柱处板之不平衡弯矩。

3）板心变形值，$\Delta''_{\theta_R} = \frac{1}{8}\theta_R l$ 为左端作为固定、右端旋转时之变形，

式中　$\theta_R = \frac{\text{右}\ M_{net}}{K_{ec}}$，

因此，

$$\Delta_{cx} \text{ 或 } \Delta_{cy} = \Delta_c + \Delta''_{\theta_L} + \Delta''_{\theta_R} \tag{4.8-53}$$

$$\Delta_{mx} \text{ 或 } \Delta_{my} = \Delta_m + \Delta''_{\theta_L} + \Delta''_{\theta_R} \tag{4.8-54}$$

上式所使用之 Δ_c，Δ''_{θ_L} 及 Δ''_{θ_R} 值应与所计算跨度方向相适应。所以，总变形值为

$$\Delta = \Delta_{cx} + \Delta_{my} \tag{4.8-55}$$

或

$$\Delta = \Delta_{cy} + \Delta_{mx} \tag{4.8-56}$$

所得跨中挠度原则上应相等。

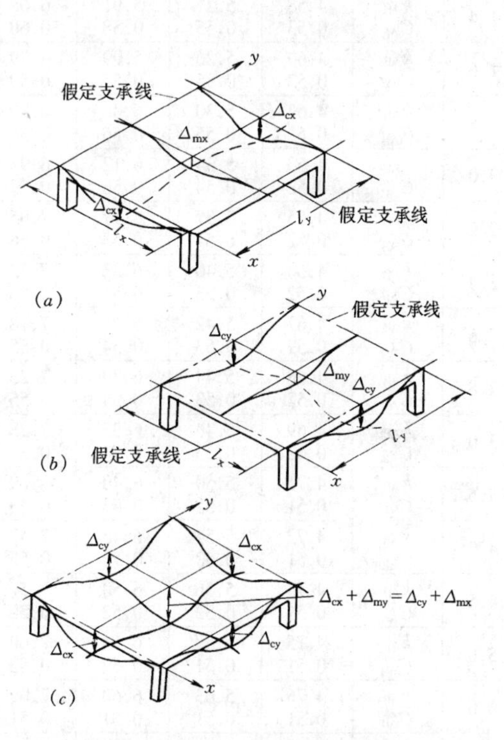

图 4.8-13　挠度分析用等代框架法的基本观念

（a）x 向弯曲；（b）y 向弯曲；（c）合成后的弯曲

柱子刚度系数 k 及传递系数 c　　表 4.8-5

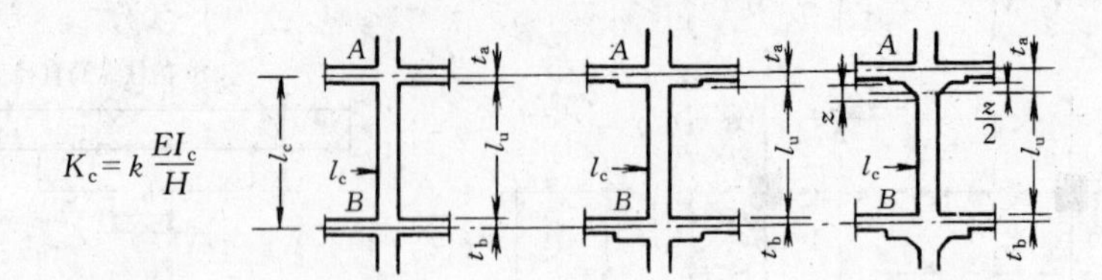

t_a/t_b		l_c/l_u								
		1.05	1.10	1.15	1.20	1.25	1.30	1.35	1.40	1.45
0.00	k_{AB}	4.20	4.40	4.60	4.80	5.00	5.20	5.40	5.60	5.80
	C_{AB}	0.57	0.65	0.73	0.80	0.87	0.95	1.03	1.10	1.17
0.2	k_{AB}	4.31	4.62	4.95	5.30	5.65	6.02	6.40	6.79	7.20
	C_{AB}	0.56	0.62	0.68	0.74	0.80	0.85	0.91	0.96	1.01
0.4	k_{AB}	4.38	4.79	5.22	5.67	6.15	6.65	7.18	7.74	8.32
	C_{AB}	0.55	0.60	0.65	0.70	0.74	0.79	0.83	0.87	0.91
0.6	k_{AB}	4.44	4.91	5.42	5.96	6.54	7.15	7.81	8.50	9.23
	C_{AB}	0.55	0.59	0.63	0.67	0.70	0.74	0.77	0.80	0.83
0.8	k_{AB}	4.49	5.01	5.58	6.19	6.85	7.56	8.31	9.12	9.98
	C_{AB}	0.54	0.58	0.61	0.64	0.67	0.70	0.72	0.75	0.77
1.0	k_{AB}	4.52	5.09	5.71	6.38	7.11	7.89	8.73	9.63	10.60
	C_{AB}	0.54	0.57	0.60	0.62	0.65	0.67	0.69	0.71	0.73
1.2	k_{AB}	4.55	5.16	5.82	6.54	7.32	8.17	9.08	10.07	11.12
	C_{AB}	0.53	0.56	0.59	0.61	0.63	0.65	0.66	0.68	0.69
1.4	k_{AB}	4.58	5.21	5.91	6.68	7.51	8.41	9.38	10.43	11.57
	C_{AB}	0.53	0.55	0.58	0.60	0.61	0.63	0.64	0.65	0.66
1.6	k_{AB}	4.60	5.26	5.99	6.79	7.66	8.61	9.64	10.75	11.95
	C_{AB}	0.53	0.55	0.57	0.59	0.60	0.61	0.62	0.63	0.64
1.8	k_{AB}	4.62	5.30	6.06	6.89	7.80	8.79	9.87	11.03	12.29
	C_{AB}	0.52	0.55	0.56	0.58	0.59	0.60	0.61	0.61	0.62
2.0	k_{AB}	4.63	5.34	6.12	6.98	7.92	8.94	10.06	11.27	12.59
	C_{AB}	0.52	0.54	0.56	0.57	0.58	0.59	0.59	0.60	0.60
2.2	k_{AB}	4.65	5.37	6.17	7.05	8.02	9.08	10.24	11.49	12.85
	C_{AB}	0.52	0.54	0.55	0.56	0.57	0.58	0.58	0.59	0.59
2.4	k_{AB}	4.66	5.40	6.22	7.12	8.11	9.20	10.39	11.68	13.08
	C_{AB}	0.52	0.53	0.55	0.56	0.56	0.57	0.57	0.58	0.58
2.6	k_{AB}	4.67	5.42	6.26	7.18	8.20	9.31	10.53	11.86	13.29
	C_{AB}	0.52	0.53	0.54	0.55	0.56	0.56	0.56	0.57	0.57
2.8	k_{AB}	4.68	5.44	6.29	7.23	8.27	9.41	10.66	12.01	13.48
	C_{AB}	0.52	0.53	0.54	0.55	0.55	0.55	0.56	0.56	0.56
3.0	k_{AB}	4.69	5.46	6.33	7.28	8.34	9.50	10.77	12.15	13.65
	C_{AB}	0.52	0.53	0.54	0.54	0.55	0.55	0.55	0.55	0.55
3.5	k_{AB}	4.71	5.50	6.40	7.39	8.48	9.69	11.01	12.46	14.02
	C_{AB}	0.51	0.52	0.53	0.53	0.54	0.54	0.54	0.53	0.53
4.0	k_{AB}	4.72	5.54	6.45	7.47	8.60	9.84	11.21	12.70	14.32
	C_{AB}	0.51	0.52	0.52	0.53	0.53	0.52	0.52	0.52	0.52
4.5	k_{AB}	4.73	5.56	6.50	7.54	8.69	9.97	11.37	12.89	14.57
	C_{AB}	0.51	0.52	0.52	0.52	0.52	0.52	0.51	0.51	0.51
5.0	k_{AB}	4.75	5.59	6.54	7.60	8.78	10.07	11.50	13.07	14.77
	C_{AB}	0.51	0.51	0.52	0.52	0.51	0.51	0.51	0.50	0.49
6.0	k_{AB}	4.76	5.63	6.60	7.69	8.90	10.24	11.72	13.33	15.10
	C_{AB}	0.51	0.51	0.51	0.51	0.50	0.50	0.49	0.49	0.48
7.0	k_{AB}	4.78	5.66	6.65	7.76	9.00	10.37	11.88	13.54	15.34
	C_{AB}	0.51	0.51	0.51	0.50	0.50	0.49	0.48	0.48	0.47
8.0	k_{AB}	4.78	5.68	6.69	7.82	9.07	10.47	12.01	13.70	15.54
	C_{AB}	0.51	0.51	0.50	0.50	0.49	0.49	0.48	0.47	0.46
9.0	k_{AB}	4.80	5.71	6.74	7.89	9.18	10.61	12.19	13.93	15.83
	C_{AB}	0.50	0.50	0.50	0.49	0.48	0.48	0.47	0.46	0.45

（2）双向板挠度的简化近似计算：

双向板的挠度计算除考虑边界条件、荷载布置、加载时间等因素外，还与混凝土开裂、预应力损失及徐变引起的刚度变化有关，故计算比较复杂。若挠度计算是为了设计的目的，则宜采用近似而偏于安全的简单方法。若挠度计算是非常重要的，则应采用严格的计算方法。

由双向板典型的变形状态，板在中点的挠度，可近似取为正交板挠度之和，见图 4.8-14（a）。为计算这些板梁的挠度，可查有关静力计算手册连续梁的计算系数表。例如，有一两向各为三等跨的双向板，欲计算内板格在活荷载 q 作用下的最大挠度。根据求连续梁某跨跨中最大正弯矩，除将荷载布置在该跨外，每隔一跨均匀布置活荷载的不利荷载布置原则，查表得三跨板梁中间跨位移 $\Delta = 2.60ql^4/(384EI)$，见图 4.8-14（$b$）。双向板内板格最大挠度可由下式求得：

$$\Delta = \left(\frac{2.60 + 2.60}{384}\right)\frac{ql \cdot l^4}{E \cdot l \cdot h^3/12} = 0.163\frac{ql^4}{Eh^3} \tag{4.8-57}$$

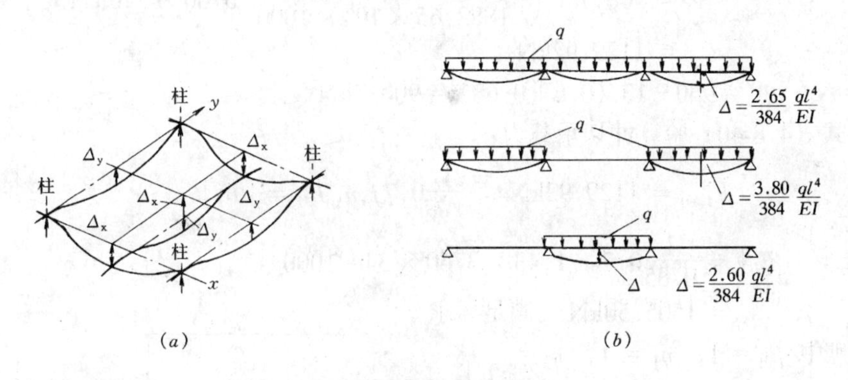

图 4.8-14 板挠度的近似计算

（a）板跨中挠度近似取双向连续板梁挠度之和；

（b）连续板梁的挠度计算公式

在挠度计算中，若板中混凝土的应力小于开裂应力，即按《混凝土结构设计规范》正常使用要求不出现裂缝设计的板，计算短期挠度时取用毛截面弹性惯性矩的 0.85 倍是合理的。

【例 4.8-1】 某板柱—剪力墙结构的楼层中柱，所承受的轴向压力设计值层间差值 $N = 930$kN，板所承受的荷载设计值 $q = 13$kN/m²，水平地震作用节点不平衡弯矩 $M_{unb} = 133.3$kN·m，楼板设置平托板（图 4.8-15），混凝土强度等级 C30，$f_t = 1.43$N/mm²，中柱截面 600mm × 600mm，计算等效集中反力设计值及冲切承载力验算，抗震等级一级。

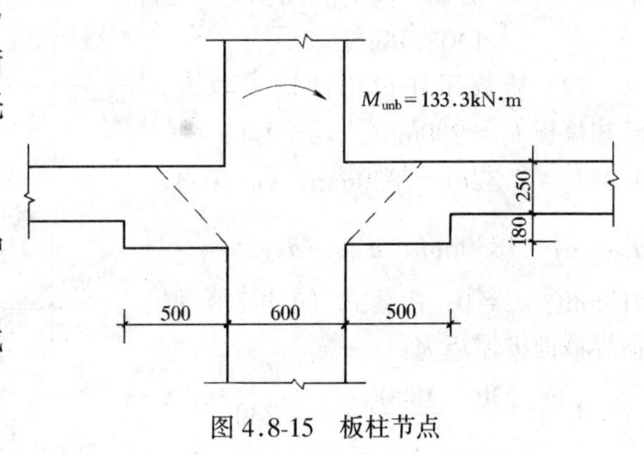

图 4.8-15 板柱节点

【解】 （1）验算平托板冲切承载力，已知平托板 $h_0 = 340$mm，$u_m = 4 \times 940 = 3760$mm，$h_c = b_c = 600$mm，$a_t =$

a_m= 940mm，$a_{AB}=a_{CD}=\frac{a_t}{2}=470$mm，$e_g=0$，由公式（4.8-24）得 $\alpha_0=1-\frac{1}{1+\frac{2}{3}\sqrt{\frac{h_c+h_0}{b_c+h_0}}}=0.4$，由公式（4.8-21）得中柱临界截面极惯矩为：

$$
\begin{aligned}
I_c &= \frac{h_0 a_t^3}{6}+2h_0 a_m\left(\frac{a_t}{2}\right)^2 \\
&= \frac{340\times 940^3}{6}+2\times 340\times 940\times 470^2 \\
&= 1882.65\times 10^8 \text{mm}^4
\end{aligned}
$$

由公式（4.8-13）得等效集中反力设计值：

$$
\begin{aligned}
F_{l,eq} &= F_l+\left(\frac{\alpha_0 M_{unb} a_{AB}}{I_c}u_m h_0\right)\eta_{vb} \\
&= 908.7+\left(\frac{0.4\times 133.3\times 10^6\times 470}{1882.65\times 10^8\times 1000}3760\times 340\right)1.3 \\
&= 1129.92\text{kN}
\end{aligned}
$$

其中 $F_l=N-qA'=930-13\ (0.6+0.68)^2=908.7$kN

按公式（4.8-40）验算冲切承载力：

$$F_{l,eq}=1129.92\text{kN}\leqslant\frac{1}{\gamma_{RE}}0.7f_t u_m h_0=[F_l]$$

$$
\begin{aligned}
[F_l] &= \frac{1}{0.85}0.7\times 1.43\times 3760\times 340/1000 \\
&= 1505.50\text{kN}\quad 满足要求
\end{aligned}
$$

（本例中 $\beta_h=1$，$\eta_1=1$，$\eta_2=1.4$，故取 $\eta=1$）

利用表4.8-1，当 $h_0=340$mm 时由表中 $h_0=325$mm 和 $h_0=375$mm，C30 插入得 $F_1=340.33$kN，由公式（4.8-40）得：

$$
\begin{aligned}
[F_l] &= 3760\text{F}_1/1000\gamma_{RE} \\
&= 3.76\times 340.33/0.85 \\
&= 1505.46\text{kN}
\end{aligned}
$$

（2）验算平托板边冲切承载力，已知楼板 $h_0=230$mm，$u_m=4$（1.6+0.23）=7.32m=7320mm，$\alpha_0=0.4$，$a_m=a_t=1830$mm，$a_{AB}=a_{CD}=\frac{a_t}{2}=915$mm，$e_g=0$，由公式（4.8-21）得临界截面极惯矩为：

$$I_c=\frac{230\times 1830^3}{6}+2\times 230$$

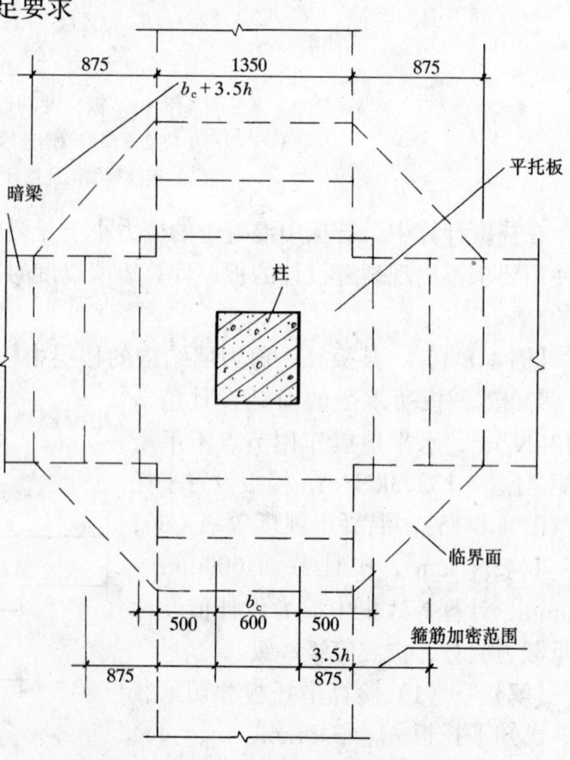

图4.8-16　平托板、暗梁节点平面

$\times 1830 \times 915^2 = 9.4 \times 10^{11}\text{mm}^4$

$$F'_l = 930 - 2.06^2 \times 13 = 874.83\text{kN}$$

$$F'_{l,\text{eq}} = 874.83 + \left(\frac{0.4 \times 133.3 \times 10^6 \times 915}{9.4 \times 10^{11} \times 1000} 7320 \times 230\right) 1.3 = 962.21\text{kN}$$

按公式（4.8-41）$\eta_1 = 1$，按公式（4.8-42）$\eta_2 = 0.5 + \dfrac{40 \times 230}{4 \times 7320} = 0.814$

按公式（4.8-40）验算冲切承载力：

$[F_l] = \dfrac{1}{0.85} 0.7 \times 1.43 \times 7320 \times 230 \times 0.814/1000 = 1613.91\text{kN} > F'_{l,\text{eq}}$ 满足要求

(3) 在平托板边已满足公式（4.8-40）的要求后，在距暗梁边 $3.5h = 875\text{mm}$ 临界截面必定满足公式（4.8-40），因此，按本节第 7 条在暗梁从柱面起 875mm 范围配置 6ϕ8@80 箍筋，往外暗梁箍筋按构造为 4ϕ8@300（图 4.8-16）。

4.9 后张无粘结预应力混凝土现浇板

1. 后张无粘结预应力混凝土适用于跨度大于 8m 的现浇楼板及大跨度梁。框筒结构的梁和板及板柱结构的楼盖等均可采用无粘结预应力。

2. 有抗震设防的高层建筑，当采用无粘结预应力混凝土楼板结构时，应设置足够数量的剪力墙或筒体，形成有剪力墙的板柱结构，以保证结构具有较大抗侧力刚度，具有良好的抗震能力，并应符合第 2 章 2.12 节有关规定。

为了使结构有良好的抗震性能，在采用无粘结预应力钢筋的同时，梁和板都应配置有一定数量的非预应力钢筋。

3. 后张无粘结预应力混凝土现浇板的跨厚比 L/h，应考虑结构形式和荷载等因素，可按下列规定取用：

(1) 无梁楼盖

楼板 40～45

屋顶板 42～48

(2) 肋形楼盖

单向板 40～45

双向板 45～52

(3) 双向密肋板一般不超过 35。

4. 无粘结预应力钢筋，一般由 7-ϕ^S5 高强钢丝组成钢丝束，或用 7-ϕ^S5 高强钢丝扭结成的钢铰线，通过防锈、防腐润滑油脂等涂层包裹塑料套管而构成的一种新型预应力筋。工程应用时可按设计要求截成所需要的长度，在绑扎非预应力钢筋的同时将钢丝束或钢铰线预应力钢筋在板内或梁内按设计要求的位置放成直线或曲线。

5. 采用无粘结预应力钢筋时，混凝土强度等级应不低于 C30，张拉无粘结预应力钢筋时，混凝土强度应保证不低于设计强度等级的 70%。

6. 在无梁楼盖中，无粘结预应力钢筋分布在柱上板带的数量为 60%～75%，分布在跨中板带的数量为 40～25%。配置在柱上板带的无粘结预应力钢筋的间距应不大于 4 倍板厚，配置在跨中板带的无粘结预应力钢筋的间距宜不大于 6 倍板厚。设计中可将无粘结

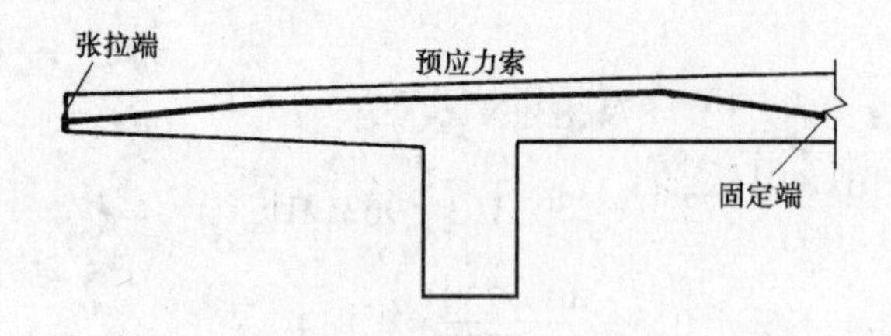

图 4.9-1 悬挑板局部配短预应力钢索

预应力钢筋分段锚固，两端锚固点之间的最大长度宜控制在 24m 以内。当悬挑构件挑出长度较大时，可局部配置无粘结预应力钢筋短索（图 4.9-1）。

7. 后张无粘结预应力混凝土结构设计，可按《混凝土结构设计规范》（GB 50010）设计，并参照《无粘结预应力混凝土结构技术规程》(JGJ/T92—93)。

无粘结预应力钢筋的张拉控制应力值 σ_{con} 取强度标准值的 70%。为了部分抵消由于应力松弛、摩擦、钢筋分批张拉等因素产生的预应力损失，σ_{con} 值可提高 5%。

预应力钢筋由于锚具变形引起的预应力损失 σ_{l1} 计算中，张拉端锚具变形值 a（mm），当采用无粘结预应力混凝土结构 BUPC 体系时，甲型锚具 $a \leqslant 1.5$mm，乙型锚具 $a \leqslant$ 5mm。

预应力钢筋与孔道壁之间的摩擦引起的预应力损失 σ_{l2} 计算中，考虑孔道每米长度局部偏差的摩擦系数 K 和预应力钢筋与塑料管壁之间的摩擦系数 μ，可按表 4.9-1 取用。

预应力钢筋的应力松弛引起的预应力损失 σ_{l4}，一般可取张拉控制应力值 σ_{con} 的 5%。

混凝土徐变收缩引起的预应力损失 σ_{l5}，可取普通混凝土弹性压缩值的 2 倍，即 $\sigma_{l5} = 2\ (0.0003E_c)$，且 σ_{l5} 值不小于 40N/mm^2。

摩擦系数 K、μ 　　　　表 4.9-1

无粘结筋种类	K	μ	备　注
7ϕ5 钢丝束	0.0035	0.10	其他规格钢铰线可参照采用
ϕ15 钢铰线	0.0035	0.09	

8. 无粘结预应力钢筋结构，构件最小平均预压应力值应为 1N/mm^2，最大平均预压应力值宜取 3.5N/mm^2。平均预压应力指除去损失后，总预压力除以混凝土面积的数值。为提高结构刚度而施加预应力时，最小预压应力值可不受此限制，如有需要时，最大平均预压应力值可适当提高。

9. 在无粘结预应力钢筋的受弯构件中，应配置适量的非预应力钢筋。非预应力钢筋的配筋率，在板内应不小于 0.2%；在梁内应不小于 0.3%。非预应力钢筋的一部分应在板柱或梁柱节点范围内通过。

在平板的负弯矩区内，每方向非预应力钢筋的最小面积宜按下式确定：

$$A_s = 0.00075hL \quad (4.9\text{-}1)$$

式中　h——板的厚度（mm）；

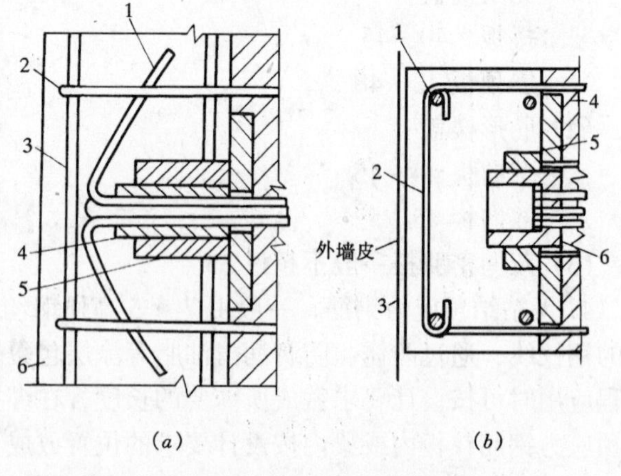

图 4.9-2 锚具保护措施

（a）1—散开打弯钢丝；2—封闭圈梁箍筋；3—封闭圈梁纵筋；4—夹片；5—锚环；6—圈梁混凝土；（b）1—圈梁纵筋；2—圈梁箍筋；3—圈梁混凝土；4—承压板；5—螺母；6—锚环

L——平行于所需计算钢筋方向的板跨度（mm）。

按公式（4.9-1）所得钢筋应布置在柱宽加3倍板厚的宽度范围内，钢筋间距不超过300mm，数量应不少于4根。

10. 在平板的边缘和转角处，应另加非预应力钢筋或设置钢筋混凝土边梁。

在平板预应力钢筋锚固端，板周边宜配置2ϕ12连续钢筋，以避免在张拉预应力钢筋时混凝土板边产生劈裂现象。

11. 无粘结预应力钢筋，为了满足不同耐火等级的要求，其保护层厚度应不小于表4.9-2所列的数值。当防火等级较高，混凝土保护层厚度不满足要求时，可以考虑采用防火涂料等措施。

无粘结预应力钢筋的平板混凝土保护层厚度（mm） **表4.9-2**

耐火极限（小时）	0.5	1	1.5	2	3	附　注
无约束构件	19	25	32	38	54	简支构件
有约束构件	19	19	19	19	25	连续构件

12. 无粘结预应力钢筋的锚具必须加以保护，宜将锚具封闭在混凝土或砂浆内，封闭部分不允许有任何氯化物。尚应采取措施防止混凝土或砂浆因产生裂缝浸入潮气。

甲型及乙型锚具的保护构造措施参见图4.9-2。锚头外表面在浇灌混凝土或砂浆前应涂刷树脂类防锈蚀材料。

13. 甲型和乙型锚固系统，在板内或梁内固定端的构造如图4.9-3所示，张拉端的构造如图4.9-4所示。

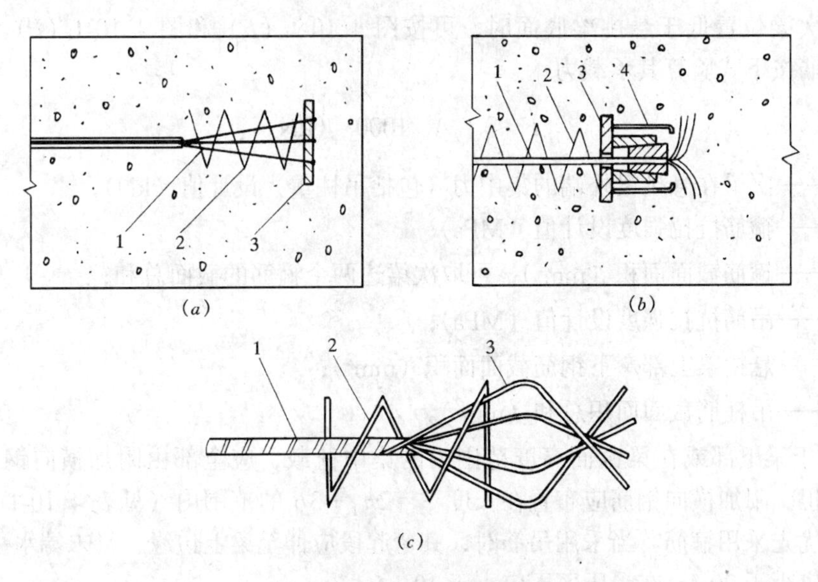

图4.9-3 锚具固定端构造

（a）1—锚板；2—螺旋筋；3—无粘结筋

（b）1—钢铰线；2—螺旋筋；3—焊接锚板；4—夹片

（c）1—塑料管；2—螺旋筋；3—钢绞线

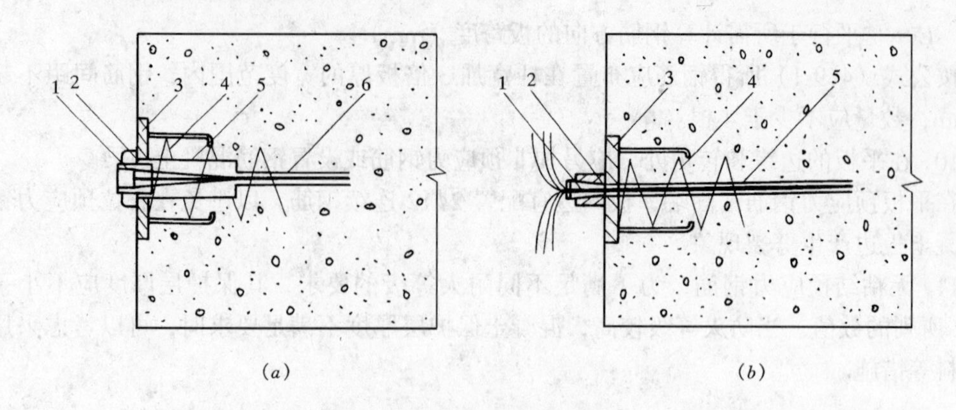

图 4.9-4　锚具张拉端构造

（a）1—锚环；2—螺母；3—承压板；4—螺旋筋；
5—塑料保护套筒；6—无粘结筋

（b）1—夹片；2—锚环；3—承压板；4—螺旋筋；5—无粘结筋

4.10　悬挑梁外端及梁受集中荷载吊筋的计算与构造

1. 当楼盖结构中悬挑梁外端支承次梁时，宜按下列要求进行计算和构造处理：

（1）次梁高度与悬挑梁高度相同时，可按图 4.10-1（a）构造，悬挑梁上部弯下钢筋 A_{sl} 与次梁边加密箍筋，应按吊筋验算其承载力：

$$F \leqslant (f_{yv}A_{sv} + f_yA_{sl})/1000 \quad (\text{kN}) \tag{4.10-1}$$

（2）次梁位置低于悬挑梁底面时，可按图 4.10-1（b）和图 4.10-1（c）设置吊柱，吊柱的吊筋按下式验算其承载力：

$$F \leqslant f_yA_s/1000 \quad (\text{kN}) \tag{4.10-2}$$

式中　F——次梁在悬挑梁外端的集中力（包括吊柱重）设计值（kN）；

f_{yv}——箍筋抗拉强度设计值（MPa）；

A_{sv}——箍筋截面面积（mm^2），可取次梁边两个箍筋的截面总和；

f_y——吊筋抗拉强度设计值（MPa）；

A_{sl}——悬挑梁上部弯下钢筋截面面积（mm^2）；

A_s——吊柱筋截面面积总和（mm^2）。

2. 位于梁下部或在梁截面高度范围内的集中荷载，应全部由附加横向钢筋（箍筋、吊筋）承担。附加横向钢筋应布置在长度 $S=2h_1+3b$ 的范围内（见表 4.10-1 附图）。附加钢筋宜优先采用箍筋。当采用吊筋时，其弯起段应伸至梁上边缘，且末端水平段长度在受拉区不应小于 $20d$，在受压区不应小于 $10d$。

附加横向钢筋所需的总截面面积，应按下式计算：

$$A_{sv} \geqslant \frac{F}{f_{yv}\sin\alpha} \tag{4.10-3}$$

式中 A_{sv}——承受集中荷载所需的附加横向钢筋总截面面积，当采用附加吊筋时，A_{sv}应为左、右弯起段截面面积之和；

F——作用在梁内下部或梁截面内的集中荷载设计值；

α——附加横向钢筋与梁轴线间的夹角。吊筋弯起的夹角可45°或60°。

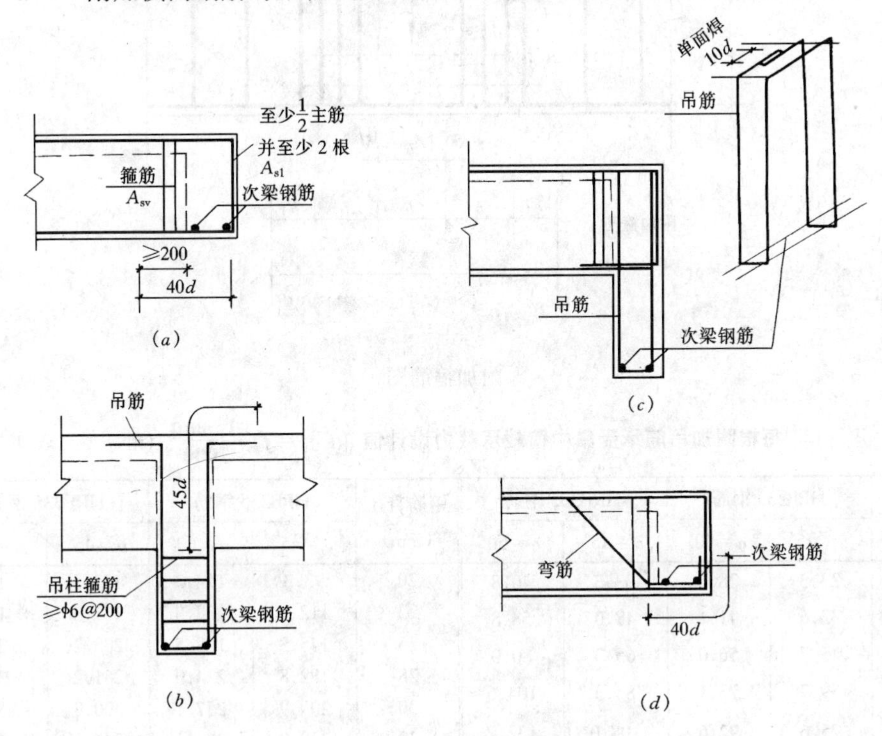

图4.10-1 悬挑梁外端吊筋

附加横向钢筋当采用箍筋时，其承载力设计值见表4.10-1；当采用吊筋时，其承载力设计值见表4.10-2。

梁中附加横向钢筋承受集中荷载承载力设计值表

附加箍筋承受集中荷载承载力设计值 表4.10-1

钢筋种类：HPB235

钢筋直径 (mm)	$[F]=f_{yv}\frac{A_{sv}}{1000}$ (kN)									
	每侧双肢箍筋个数									
	1	2	3	4	5	6	7	8	9	10
6	23.8	47.5	71.3	95.0	118.8	142.5	166.3	190.0	213.8	237.5
8	42.2	84.4	126.7	168.9	211.1	253.3	295.6	337.8	380.0	422.2
10	66.0	131.9	197.9	263.9	329.9	395.8	461.8	527.8	593.8	659.7
12	95.0	190.0	285.0	380.0	475.0	570.0	665.0	760.0	855.0	950.0
14	129.3	258.6	387.9	517.2	646.5	775.8	905.2	1034.5	1163.8	1293.1

注：当箍筋采用HRB335钢筋时，可将表中数值乘1.43取用。

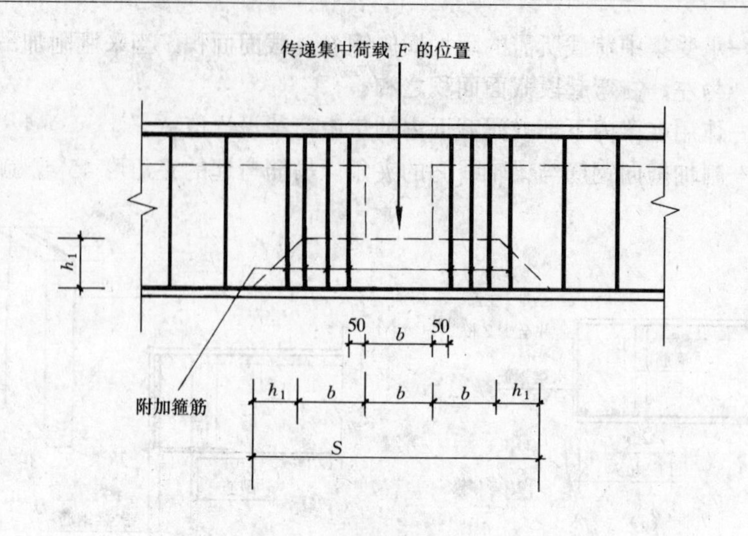

附加箍筋图

每根附加吊筋承受集中荷载承载力设计值 $[F]=f_{yv}\frac{A_{sv}\sin\alpha}{1000}$ (kN) 表 4.10-2

钢筋直径(mm)	HPB235 钢筋		HRB335 钢筋		钢筋直径(mm)	HPB235 钢筋		HRB335 钢筋	
	$\alpha=45°$	$\alpha=60°$	$\alpha=45°$	$\alpha=60°$		$\alpha=45°$	$\alpha=60°$	$\alpha=45°$	$\alpha=60°$
10	23.3	28.6	33.3	40.8	20	93.3	114.3	133.3	163.2
12	33.6	41.1	48.0	58.8	22	112.9	138.3	161.3	197.5
14	45.7	56.0	65.3	80.0	25	145.8	178.5	208.2	255.1
16	59.7	73.1	85.3	104.5	28	182.8	224.0	261.2	319.9
18	75.6	92.6	108.0	132.2	30	209.9	257.1	300.0	367.3
					32	238.8	292.5	341.2	417.9

注：当吊筋采用HRB400钢筋时，其值可按HRB335钢筋乘1.2

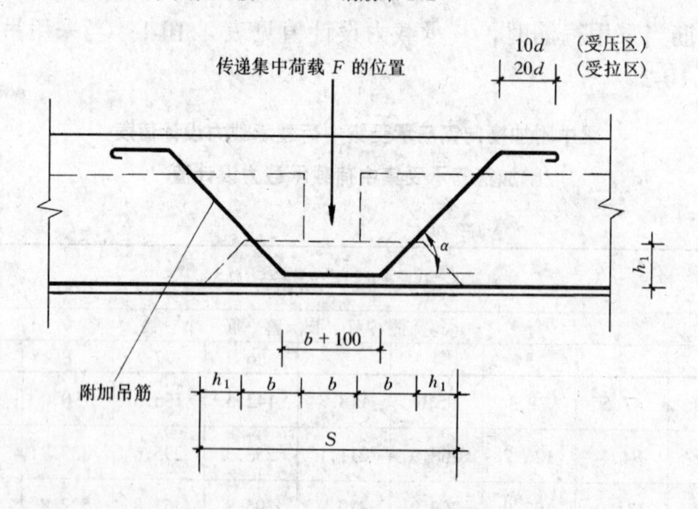

附加吊筋图

注：附加吊筋宜≥2ϕ12变形钢筋不加弯钩

4.11 梁受扭曲截面承载力计算

1. 弯矩、剪力和扭矩共同作用下、且 $h_W/b\leqslant6$ 的矩形、T 形、I 形和 $h_W/t_W\leqslant6$ 的箱形截面凝土构件（图 4.11-1），其截面应符合下列公式的要求：

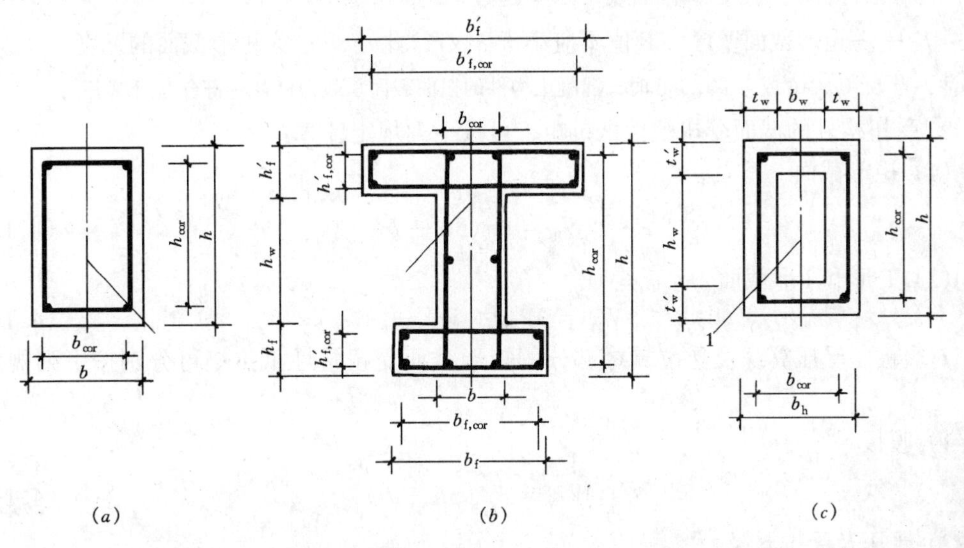

图 4.11-1 混凝土受扭构件截面尺寸

(a) 矩形截面 ($h\geqslant b$)；(b) T 形、I 形；(c) 箱形截面 ($t_w\leqslant t'_w$)

当 h_w/b(或 h_w/t_w) $\leqslant 4$ 时 $\dfrac{V}{bh_0}+\dfrac{T}{0.8W_t}\leqslant 0.25\beta_c f_c$ (4.11-1a)

当 h_w/b（或 h_w/t_w）$=6$ 时 $\dfrac{V}{bh_0}+\dfrac{T}{0.8w_t}\leqslant 0.2\beta_c f_c$ (4.11-1b)

当 $4>h_w/b$（或 h_w/t_w）<6 时，按线性内插法确定。

当符合下列条件时：

$$\frac{V}{bh_0}+\frac{T}{W_t}\leqslant 0.7f_t+0.05\frac{N_{p0}}{bh_0} \tag{4.11-2}$$

或

$$\frac{V}{bh_0}+\frac{T}{W_t}\leqslant 0.7f_t+0.07\frac{N}{bh_0} \tag{4.11-3}$$

则可不进行构件受剪扭承载力计算，而仅需根据本节第 16 条的规定，按构造要求配置钢筋。

式中 T——扭矩设计值；

b——矩形截面的宽度，T 形或 I 形截面的腹板宽度，箱形截面的侧壁总厚度 $b=2t_w$；在受扭计算中，应取矩形截面的短边尺寸；

N_{p0}——计算截面混凝土法向应力等于零时的预应力钢筋及非预应力钢筋的合力，当 $N_{p0}>0.3f_cA_0$ 时，取 $N_{p0}=0.3f_cA_0$；

N——与剪力和扭矩设计值 V、T 相应的轴向压力设计值，当 $N>0.3f_cA$ 时，取 $N=0.3f_cA$；

h——截面高度；在受扭计算中，应取矩形截面的长边尺寸；

W_t——受扭构件的截面受扭塑性抵抗矩，可按本节2条的规定计算；

h_w——截面的腹板高度；矩形截面取有效高度 h_0，T形截面取有效高度减去翼缘高度，I形和箱形截面取腹板净高；

β_c——混凝土强度影响系数，当不超过C50时，取 $\beta_c=1$；

t_W——箱形截面壁厚，其值不应小于 $b_h/7$，此处，b_h 为箱形截面的宽度。

注：当 $h_w/b_w>6$ 或 $h_w/t_w>6$ 时，混凝土构件的扭曲截面承载力计算应符合专门规定。

2. 受扭构件的截面受扭塑性抵抗矩，可按下列规定计算：

(1) 矩形截面

$$W_t = \frac{b^2}{6}(3h - b) \tag{4.11-4}$$

(2) T形和I形截面

$$W_t = W_{tw} + W'_{tf} + W_{tf} \tag{4.11-5}$$

对腹板、受压翼缘及受拉翼缘部分的矩形截面受扭塑性抵抗矩可分别按下列规定计算：

1) 腹板

$$W_{tw} = \frac{b^2}{6}(3h - b) \tag{4.11-6}$$

2) 受压及受拉翼缘

$$W'_{tf} = \frac{h_f'^2}{2}(b'_f - b) \tag{4.11-7}$$

$$W_{tf} = \frac{h_f^2}{2}(b_f - b) \tag{4.11-8}$$

式中：b'_f、b_f——截面受压区、受拉区的翼缘宽度：

h'_f、h_f——截面受压区、受拉区的翼缘高度。

计算时取用的翼缘宽度尚应符合 $b'_f \leqslant b+6h'_f$ 及 $b_f \leqslant b+6h_f$ 的规定。

(3) 箱形截面

$$W_t = \frac{b_h^2}{6}(3h - b_h) - \frac{(b_h - 2t_w)^2}{6}[3h_w - (b_h - 2t_w)] \tag{4.11-9}$$

式中　b_h、h——箱形截面的宽度和高度。

3. 矩形截面纯扭构件的受扭承载力应按下列公式计算：

$$T \leqslant 0.35 f_t W_t + 1.2\sqrt{\zeta} f_{yv} \frac{A_{st1} A_{cor}}{s} \tag{4.11-10}$$

$$\zeta = \frac{f_y A_{stl} s}{f_{yv} A_{stl} u_{cor}} \tag{4.11-11}$$

此处，对钢筋混凝土纯扭构件，其 ζ 值尚应符合 $0.6 \leqslant \zeta \leqslant 1.7$ 的要求，当 $\zeta>1.7$ 时，取 $\zeta=1.7$；对预应力混凝土纯扭构件，仅适用于偏心距 $e_{p0} \leqslant h/6$ 的情况，可在公式(4.11-11)右边增加预应力有利影响项 $\left(0.05\frac{N_{p0}}{A_0}W_t\right)$ 此时 ζ 值尚应符合 $\zeta \geqslant 1.7$ 的要求，但在计算时仅取 $\zeta=1.7$。

式中　ζ——受扭构件纵向钢筋与箍筋的配筋强度比值；

A_{stl}——受扭计算中取对称布置的全部纵向非预应力钢筋截面面积；

A_{st1}——受扭计算中沿截面周边所配置箍筋的单肢截面面积；

f_{yv}——箍筋的抗拉强度设计值，按第2章表2.2-5采用；

A_{cor}——截面核芯部分的面积，$A_{cor}=b_{cor}h_{cor}$，此处，b_{cor}和h_{cor}分别为从箍筋内表面计算的截面核芯部分的短边和长边的尺寸；

u_{cor}——截面核芯部分的周长，$u_{cor}=2(b_{cor}+h_{cor})$；

A_0——构件的换算截面面积。

注：对预应力混凝土纯扭构件，当$\zeta<1.7$或$e_{p0}>h/6$时，应按钢筋混凝土纯扭构件计算，不应考虑预应力有利影响项。

4.T形和I形截面纯扭构件，可将其截面划分为几个矩形截面，分别按本节第3条进行受扭承载力计算。

每个矩形截面的扭矩设计值可按下列规定计算：

(1) 腹板

$$T_w=\frac{W_{tw}}{W_t}T \qquad (4.11\text{-}12)$$

(2) 受压翼缘

$$T'_f=\frac{W'_{tf}}{W_t}T \qquad (4.11\text{-}13)$$

(3) 受拉翼缘

$$T_f=\frac{W_{tf}}{W_t}T \qquad (4.11\text{-}14)$$

式中 T_w——腹板所承受的扭矩设计值；

T——构件截面所承受的扭矩设计值；

T'_f、T_f——受压翼缘、受拉翼缘所承受的扭矩设计值。

5.箱形截面钢筋混凝土纯扭构件的受扭承载力应按下列公式计算：

$$T\leqslant 0.35f_t\left(\frac{2.5t_w}{b_h}\right)W_t+1.2\sqrt{\zeta}f_w\frac{A_{stl}A_{cor}}{s} \qquad (4.11\text{-}15)$$

此处，当$2.5t_w/b_h$值大于1时，应取为1，计算中b_h应取箱形截面的短边尺寸；ζ值应按本节第3计算，且应符合$0.6\leqslant\zeta\leqslant1.7$的要求，当$\zeta>1.7$时，取$\zeta=1.7$。

6.在轴向压力和扭矩共同作用下矩形截面钢筋混凝土构件的受扭承载力应按下列公式计算：

$$T\leqslant 0.35f_tW_t+1.2\sqrt{\zeta}f_{yv}\frac{A_{stl}A_{cor}}{s}+0.07\frac{N}{A}W_t \qquad (4.11\text{-}16)$$

此处，ζ值应按公式（4.11-11）计算，且应符合$0.6\leqslant\zeta\leqslant1.7$的要求，当$\zeta>1.7$时，取$\zeta=1.7$。

式中 N——与扭矩设计值T相应的轴向压力设计值，当$N>0.3f_cA$时，取$N=0.3f_cA$；

A——构件截面面积。

7.在剪力和扭矩共同作用下矩形截面一般剪扭构件，其受剪扭承载力应按下列公式计算：

(1) 剪扭构件的受剪承载力

$$V\leqslant(1.5-\beta_t)(0.7f_tbh_0+0.05N_{p0})+1.25f_{yv}\frac{A_{sv}}{s}h_0 \qquad (4.11\text{-}17)$$

式中　A_{sv}——受剪承载力所需的箍筋截面面积。

（2）剪扭构件的受扭承载力

$$T \leqslant \beta_t \left(0.35 f_t W_t + 0.05 \frac{N_{p0}}{A_0} W_t\right) + 1.2\sqrt{\zeta} f_{yv} \frac{A_{stl} A_{cor}}{s} \qquad (4.11\text{-}18)$$

此处，ζ 值应按本节第3条的规定计算。

一般剪扭构件混凝土受扭承载力降低系数 β_t 应按下列公式计算：

$$\beta_t = \frac{1.5}{1 + 0.5 \frac{VW_t}{Tbh_0}} \qquad (4.11\text{-}19)$$

当 $\beta_t < 0.5$ 时，取 $\beta_t = 0.5$；当 $\beta_t > 1$ 时，取 $\beta_t = 1$。

式中　A_{sv}——受剪承载力所需的箍筋截面面积。

对集中荷载作用下的矩形截面混凝土剪扭构件（包括作用有多种荷载，且其中集中荷载对支座截面或节点边缘所产生的剪力值占总剪力值的75%以上的情况），公式（4.11-17）应改为：

$$V \leqslant (1.5 - \beta_t)\left(\frac{1.75}{\lambda + 1} f_t b h_0 + 0.05 N_{P0}\right) + f_{yv} \frac{A_{sv}}{s} h_0 \qquad (4.11\text{-}20)$$

且公式（4.11-18）和公式（4.11-20）中的剪扭构件混凝土受扭承载力降低系数应改为按下列公式计算：

$$\beta_t = \frac{1.5}{1 + 0.2(\lambda + 1) \frac{VW_t}{Tbh_0}} \qquad (4.11\text{-}21)$$

式中　λ——计算截面的剪跨比，按第6章6.8节的规定取用。

8.T形和I形截面剪扭构件的受剪扭承载力应按下列规定计算：

（1）剪扭构件的受剪承载力，按公式（4.11-17）与（4.11-19）或公式（4.11-20）与（4.11-21）进行计算，但计算时应将 T 及 W_t 分别以 T_W 及 W_{tw} 代替；

（2）剪扭构件的受扭承载力，可根据本节第2条的规定划分为几个矩形截面分别进行计算；腹板可按公式（4.11-18）与（4.11-19）或与公式（4.11-21）进行计算，但计算时应将 T 及 W_t 分别以 T_w 及 W_{tw} 代替；受压翼缘及受拉翼缘可按本节第3条的规定进行计算，但计算时应将 T 及 W_t 分别以 T_f' 及 W_{tf}' 或 T_f 及 W_{tf} 代替。

9.箱形截面钢筋混凝土剪扭构件的受剪扭承载力应按下列公式计算：

（1）剪扭构件的受剪承载力

$$V \leqslant 0.7(1.5 - \beta_t) f_t b h_0 + 1.25 f_{yv} \frac{A_{sv}}{s} h_0 \qquad (4.11\text{-}22)$$

（2）剪扭构件的受扭承载力

$$T \leqslant 0.35 \beta_t f_t \left(\frac{2.5 t_w}{b_h}\right) W_t + 1.2\sqrt{\zeta} f_{yv} \frac{A_{stl} A_{cor}}{s} \qquad (4.11\text{-}23)$$

此处，对 $2.5t_w/b_h$ 值和 ζ 值应按本节第5条的规定计算。

剪扭构件混凝土承载力降低系数 β_t 应按下列公式计算：

$$\beta_t = \frac{1.5}{1 + 0.5 \frac{VW_t}{Tb_h h_0}} \qquad (4.11\text{-}24)$$

当 $\beta_t<0.5$ 时，取 $\beta_t=0.5$；当 $\beta_t>1$ 时，取 $\beta_t=1$。

对集中荷载作用下独立的钢筋混凝土剪扭构件（包括作用有多种荷载，且其中集中荷载对支座截面或节点边缘所产生的剪力值占总剪力值的 75% 以上的情况），公式(4.11-22)应改为

$$V \leqslant (1.5-\beta_t)\frac{1.75}{\lambda+1}f_t bh_0 + f_{yv}\frac{A_{sv}}{s}h_0 \tag{4.11-25}$$

且公式（4.11-23）和公式（4.11-25）的剪扭构件混凝土受扭承载力降低系数应改按公式（4.11-21）计算。

10. 在弯矩、剪力和扭矩共同作用下的矩形、T 形、I 形和箱形截面混凝土弯剪扭构件，当符合下列条件时，可按下列规定进行承载力计算：

（1）当 $V\leqslant 0.35f_t bh_0$ 或 $V\leqslant 0.875f_t bh_0/(\lambda+1)$ 时，可仅按受弯构件的正截面受弯承载力和纯扭构件的受扭承载力分别进行计算；

（2）当 $T\leqslant 0.175f_t W_t$ 或 $T\leqslant 0.175\alpha_h f_t W_t$ 时，可仅按受弯构件的正截面受弯承载力和斜截面受剪承载力分别进行计算。

11. 矩形、T 形、I 形和箱形截面混凝土弯剪扭构件，纵向钢筋应按受弯构件的正截面受弯承载力和剪扭构件的受扭承载力分别按所需的钢筋截面面积和相应的位置进行配置，箍筋应按受剪承载力和受扭承载力分别按所需的箍筋截面面积和相应的位置进行配置。

12. 在轴向压力、弯矩、剪力和扭矩共同作用下的钢筋混凝土矩形截面框架柱，其受剪扭承载力应按下列公式计算：

（1）剪扭构件的受剪承载力

$$V \leqslant (1.5-\beta_t)\left(\frac{1.75}{\lambda+1}f_t bh_0 + 0.07N\right) + f_{yv}\frac{A_{sv}}{s}h_0 \tag{4.11-26}$$

（2）剪扭构件的受扭承载力

$$T \leqslant \beta_t\left(0.35f_t W_t + 0.07\frac{N}{A}W_t\right) + 1.2\sqrt{\zeta}f_{yv}\frac{A_{stl}A_{cor}}{s} \tag{4.11-27}$$

此处，β_t 应按公式（4.11-21）计算，ζ 值尚应符合本节第 6 条的规定。

式中　λ——计算截面的剪跨比，按第 6 章 6.8 节的规定取用。

13. 在轴向压力、弯矩、剪力和扭矩共同作用下的钢筋混凝土矩形截面框架柱，当 $T\leqslant 0.175f_t W_t + 0.035\frac{N}{A}W_t$ 时，可仅按偏心受压构件的正截面承载力和框架柱斜截面受剪承载力分别进行计算。

14. 在轴向压力、弯矩、剪力和扭矩共同作用下的钢筋混凝土矩形截面框架柱，纵向钢筋应按偏心受压构件正截面承载力和剪扭构件的受扭承载力分别按所需的钢筋截面面积和相应的位置进行配置，箍筋应按剪扭构件的受剪承载力和受扭承载力分别按所需的箍筋截面面积和相应的位置进行配置。

15. 对属于协调扭转的钢筋混凝土结构构件，在进行内力计算时，受相邻构件约束的支承梁的扭矩，宜考虑内力重分布的影响。

考虑内力重分布后的支承梁，应按弯剪扭构件进行承载力计算，配置的纵向钢筋和箍筋尚应符合本节第 16.17 条的规定。

注：当有充分依据时，也可采用其它设计方法。

16. 梁内受扭纵向钢筋的配筋率ρ_{tl}应按下式确定：

$$\rho_{tl} = \frac{A_{stl}}{bh} \tag{4.11-28}$$

式中　A_{stl}——沿截面周边布置的受扭纵向钢筋总截面面积。

受扭纵向钢筋的配筋率不应小于$0.6\sqrt{\frac{T}{Vb}}\frac{f_t}{f_y}$，其中$b$应按第6章6.9节第3条的规定取用；当$T/(Vb)>2.0$时，取$T/(Vb)=2.0$。

沿截面周边布置的受扭纵向钢筋的间距不应大于200mm和梁截面短边长度；除应在梁截面四角设置受扭纵向钢筋外，其余受扭纵向钢筋宜沿截面周边均匀对称布置。当梁支座边作用有较大扭矩时，受扭纵向钢筋应按受拉钢筋锚固在支座内。

在弯剪扭构件中，配置在截面弯曲受拉边的纵向受力钢筋，其最小配筋量不应小于按规定的弯曲受拉钢筋最小配筋率计算出的钢筋截面面积与按受扭纵向钢筋最小配筋率计算并分配到弯曲受拉边的钢筋截面面积之和。

对箱形截面构件，本条中的b均应以b_h代替。

17. 在弯剪扭构件中，剪扭箍筋的配筋率ρ_{sv}不应小于$0.28f_t/f_{yv}$，配筋率ρ_{sv}仍按$\rho_{sv}=A_{sv}/bs$计算，其中A_{sv}为配置在同一截面内箍筋各肢的全部截面面积。箍筋间距应符合表6.8-1的规定。其中受扭所需的箍筋应做成封闭式，且应沿截面周边布置；当采用复合箍筋时，位于截面内部的箍筋不应计入受扭所需的箍筋面积；受扭所需箍筋的末端应做成135°弯钩，弯钩端头平直段长度不应小于$10d$（d为箍筋直径）。

在超静定结构中，考虑协调扭转而配置的箍筋，其间距不宜大于$0.75b$，此处b按本节第1条的规定取用。

18. 扭曲截面承载力计算表见表4.11-1，表4.11-2、表4.11-3。

混凝土强度设计值（N/mm^2）　　**表4.11-1**

混凝土强度等级	C20	C25	C30	C35	C40
轴心抗压f_c	9.6	11.9	14.3	16.7	19.1
轴心抗拉f_t	1.1	1.27	1.43	1.57	1.71
$0.30f_c$	2.88	3.57	4.29	5.01	5.73
$0.25f_c$	2.40	2.97	3.57	4.17	4.77
$0.875f_t$	0.962	1.111	1.251	1.374	1.496
$0.70f_t$	0.770	0.889	1.001	1.099	1.197
$0.35f_t$	0.385	0.444	0.500	0.549	0.598
$0.175f_t$	0.192	0.222	0.250	0.275	0.299

单肢箍$\frac{A_{sv1}}{s}$（mm^2/mm）　　**表4.11-2**

d / s	$\phi6$	$\phi8$	$\phi10$	$\phi12$
100	0.283	0.503	0.785	1.131
125	0.226	0.402	0.628	0.905
150	0.188	0.335	0.523	0.754
175	0.162	0.287	0.449	0.646
200	0.142	0.251	0.392	0.566
225	0.126	0.223	0.349	0.503
250	0.113	0.201	0.314	0.452
275	0.103	0.183	0.285	0.411
300	0.094	0.168	0.262	0.377

矩形截面基本常数　表 4.11-3

b (mm)	h (mm)	$W_t\times10^6$ (mm^3)	$\frac{W_t}{bh_0}$ (mm)	$A_{cor}\times10^4$ (mm^2)	u_{cor} (mm)
150	150	1.125	65.217	1.00	400
150	200	1.688	68.182	1.50	500
150	250	2.250	69.767	2.00	600
150	300	2.813	70.755	2.50	700
150	350	3.375	71.429	3.00	800
180	200	2.268	76.364	1.95	560
180	250	3.078	79.535	2.60	660
180	300	3.888	81.509	3.25	760
180	350	4.698	82.857	3.90	860
180	400	5.508	83.836	4.55	960
180	450	6.318	84.578	5.20	1060
200	200	2.667	80.808	2.25	6.00
200	250	3.667	85.271	3.00	700
200	300	4.667	88.050	3.75	800
200	350	5.667	89.947	4.50	900
200	400	6.667	91.324	5.25	1000
200	450	7.667	92.369	6.00	1100
200	500	8.667	93.190	6.75	1200
220	250	4.275	90.388	3.40	740
220	300	5.485	94.088	4.25	840
220	350	6.695	96.614	5.10	940
220	400	7.905	98.447	5.95	10.40
220	450	9.115	99.839	6.80	1140
220	550	10.325	100.932	7.65	1240
220	550	11.535	101.812	8.50	1340
250	250	5.208	96.899	4.00	800
250	300	6.771	102.201	5.00	900
250	350	8.333	105.820	6.00	1000
250	400	9.896	108.447	7.00	1100
250	450	11.458	110.442	8.00	1200
250	500	13.021	112.007	9.00	1300
250	550	14.583	113.269	10.00	1400
250	600	16.146	114.307	11.00	1500
300	300	9.000	113.208	6.25	1000
300	350	11.250	119.048	7.50	1100
300	400	13.500	123.288	8.75	1200
300	450	15.750	126.506	10.00	1300
300	500	18.000	129.032	11.25	1400
300	550	20.250	131.068	12.50	1500
300	600	22.500	132.743	13.75	1600
300	650	24.750	134.146	15.00	1700
300	700	27.000	135.338	16.25	1800
300	750	29.250	136.364	17.50	1900
350	350	14.292	129.630	9.00	1200
350	400	17.354	135.845	10.50	1300
350	450	20.417	140.562	12.00	1400

b (mm)	h (mm)	$W_t\times10^6$ (mm^3)	$\frac{W_t}{bh_0}$ (mm)	$A_{cor}\times10^4$ (mm^2)	u_{cor} (mm)
350	500	23.479	144.265	13.50	1500
350	550	26.542	147.249	15.00	1600
350	600	29.604	149.705	16.50	1700
350	650	32.667	151.762	18.00	1800
350	700	35.729	153.509	19.50	1900
350	750	38.792	155.012	21.00	2000
350	800	41.854	156.318	22.50	2100
350	850	44.917	157.464	24.00	2200
400	400	21.333	146.119	12.25	1400
400	450	25.333	152.610	14.00	1500
400	500	29.333	157.706	15.75	1600
400	550	33.333	161.812	17.50	1700
400	600	37.333	165.192	19.25	1800
400	650	41.333	168.022	21.00	1900
400	700	45.333	170.426	22.75	2000
400	750	49.333	172.494	24.50	2100
400	800	53.333	174.292	26.25	2200
400	850	57.333	175.869	28.00	2300
400	900	61.333	177.264	29.75	2400
400	950	65.333	178.506	31.50	2500
400	1000	69.333	179.620	33.25	2600
450	450	30.375	162.651	16.00	1600
450	500	35.438	169.355	18.00	1700
450	550	40.500	174.757	20.00	1800
450	600	45.563	179.204	22.00	1900
450	650	50.625	182.927	24.00	2000
450	700	55.688	186.090	26.00	2100
450	750	60.750	188.811	28.00	2200
450	800	65.813	191.176	30.00	2300
450	850	70.875	193.252	32.00	2400
450	900	75.938	195.087	34.00	2500
450	950	81.000	196.721	36.00	2600
450	1000	86.063	198.187	38.00	2700
450	1100	96.188	201.651	42.00	2900
500	500	41.667	179.211	20.25	1800
500	550	47.917	186.084	22.50	1900
500	600	54.167	191.740	24.75	2000
500	650	60.417	196.477	27.00	2100
500	700	66.667	200.501	29.25	2200
500	750	72.917	203.963	31.50	2300
500	800	79.167	206.972	33.75	2400
500	850	85.417	209.611	36.00	2500
500	900	91.667	211.946	38.25	2600
500	950	97.917	214.026	40.50	2700
500	1000	104.167	215.889	42.75	2800
500	1100	116.667	220.126	47.25	3000
500	1200	129.167	222.701	51.75	3200

19. 梁受扭曲计算例题:

【例 4.11-1】 钢筋混凝土矩形截面纯扭梁，截面尺寸 $b \times h = 150\text{mm} \times 300\text{mm}$，承受扭矩设计值 $T = 3.6\text{kN·m}$，混凝土采用 C30，纵筋、箍筋均采用 HPB235 级钢。

求：纵筋和箍筋的用量。

【解】 (1) 计算截面 A_{cor}、u_{cor}及 W_t

$$A_{cor} = b_{cor} \cdot h_{cor} = 100 \times 250 = 25000\text{mm}^2$$

$$u_{cor} = 2(b_{cor} + h_{cor}) = 2(100 + 250) = 700\text{mm}$$

$$W_t = \frac{b^2}{6}(3h - b) = \frac{150^2}{6}(3 \times 300 - 150) = 28.125 \times 10^5\text{mm}^3$$

(2) 验算截面尺寸

$$\frac{h_w}{b} = \frac{265}{150} = 1.76 < 4$$

$$\frac{T}{W_t} = \frac{36 \times 10^5}{28.125 \times 10^5} = 1.28\text{N/mm}^2$$

$$< 0.25f_c = 3.75\text{N/mm}^2$$

$$> 0.7f_t = 1.0\text{N/mm}^2$$

所以应按计算配置受扭钢筋

(3) 计算箍筋与纵筋

设 $\zeta = 1.2$ 由 (4.11-10) 得

$$\frac{A_{stl}}{s} = \frac{T - 0.35f_t W_t}{1.2\sqrt{\zeta} f_{yv} A_{cor}} = \frac{36 \times 10^5 - 0.35 \times 1.43 \times 28.125 \times 10^5}{1.2\sqrt{1.2} \times 210 \times 25000} = 0.318\text{mm}^2/\text{mm}$$

选用 $\phi 8@150\left(\frac{A_{stl}}{s} = 0.335\text{mm}^2/\text{mm}\right)$

受扭纵筋计算

由 (4.11-11) 式知

$$A_{stl} = 1.2\frac{A_{stl}}{s}u_{cor} = 1.2 \times 0.318 \times 700 = 267.1\text{mm}^2$$

选用 $6\phi 8$ $A_{stl} = 302\text{mm}^2$

【例 4.11-2】 条件同例 1，采用计算表计算

【解】 (1) 查表 4.11-1 表 4.11-3

$$A_{cor} = 2.5 \times 10^4\text{mm}^2$$

$$u_{cor} = 700\text{mm}$$

$$W_t = 2.813 \times 10^6\text{mm}^3$$

(2) 验算截面尺寸同例 1

(3) 计算箍筋与纵筋

由 (4.11-10) 式得，箍筋

$$\frac{A_{svl}}{s} = \frac{T - 0.35f_t W_t}{1.2\sqrt{\zeta} f_{yv} A_{cor}} = \frac{36 \times 10^5 - 0.500 \times 28.13 \times 10^5}{276 \times 25000} = 0.318\text{mm}^2/\text{mm}$$

选用 $\phi 8@150$

由（4.11-11）式得纵筋

$$A_{stl} = 1.2 \times 0.318 \times 700 = 267.1\text{mm}^2$$

【例 4.11-3】 矩形截面弯扭构件截面尺寸 $b \times h = 200\text{mm} \times 400\text{mm}$，承受弯矩设计值 $M = 53.4\text{kN·m}$，扭矩设计值 $T = 9\text{kN·m}$，混凝土采用 C20，箍筋及纵筋均采用 HPB235 钢筋。

求：箍筋及纵筋数量

【解】（1）计算截面 A_{cor}、u_{cor}及 W_t 查表 4.11-3 得

$$A_{cor} = 5.25 \times 10^4\text{mm}^2$$

$$u_{cor} = 1000\text{mm}$$

$$W_t = 6.667 \times 10^6\text{mm}^3$$

（2）计算箍筋及纵筋

受弯纵筋截面面积（计算过程略）

$$A_s = 775\text{mm}^2$$

受扭计算取 $\zeta = 1.2$

由（4.11-10）式计算箍筋单肢截面面积

$$\frac{A_{st1}}{s} = \frac{T - 0.35 f_t W_t}{1.2\sqrt{\zeta} f_{yv} A_{cor}} = \frac{9 \times 10^6 - 0.385 \times 6.667 \times 10^6}{276 \times 5.25 \times 10^4} = 0.443\text{mm}^2/\text{mm}$$

选用 ϕ8@100$\left(\frac{A_{st1}}{s} = 0.503\right)$由（4.11-11）式计算受扭纵筋截面面积

$$A_{stl} = 1.2 \times 0.443 \times 1000 = 532\text{mm}^2$$

受扭纵筋选用 8ϕ10（$A_{stl} = 628\text{mm}^2$），沿截面四周均匀布置，其中截面受拉区的受弯纵筋截面面积可与受扭纵筋截面面积合并，即

$$A_s = 775 + 157 = 932\text{mm}^2$$

选用 3ϕ20（$A_s = 942\text{mm}^2$），如图 4.11-2 所示。

【例 4.11-4】 矩形截面剪扭构件，截面尺寸 $b \times h = 150\text{mm} \times 300\text{mm}$，在均布荷载作用下，承受剪力设计值 $V = 40000\text{N}$，扭矩设计值 $T = 2.8\text{kN·m}$，混凝土采用 C30，箍筋及纵筋均采用 HPB235。

求：箍筋及纵筋数量

【解】（1）计算截面 A_{cor}，u_{cor}及 W_t，由表4.11-3 得

$$A_{cor} = 2.5 \times 10^4\text{mm}^2$$

$$u_{cor} = 700\text{mm}$$

$$W_t = 2.813 \times 10^6\text{mm}^3$$

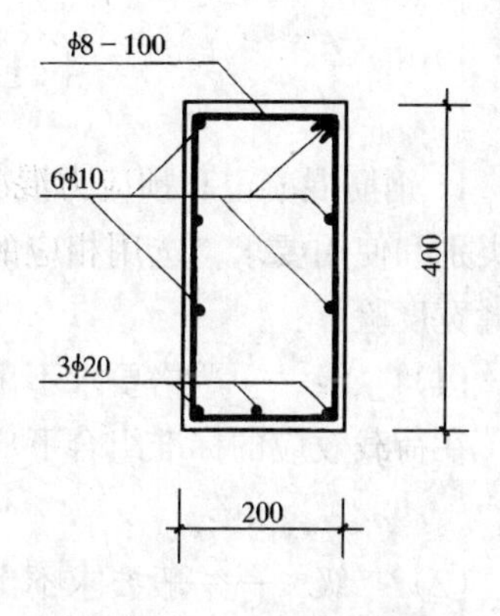

图 4.11-2 纵筋箍筋布置

（2）受剪承载力计算

计算受扭承载力降低系数 β_t，一般剪扭构件由（4.11-19）式计算

$$\beta_t=\frac{1.5}{1+0.5\frac{V}{T}\cdot\frac{W_t}{bh_0}}=\frac{1.5}{1+0.5\frac{4\times10^4\times2.813\times10^6}{2.8\times10^6\times150\times265}}=0.996$$

受剪承载力由（4.11-17）式计算

$$\frac{A_{sv}}{s}=\frac{V-0.7(1.5-\beta_t)f_tbh_0}{1.25f_{yv}h_0}$$

$$=\frac{4\times10^4-0.7(1.5-0.996)1.43\times150\times265}{262.5\times265}$$

$$=0.287\text{mm}^2/\text{mm}$$

受扭箍筋由（4.11-18）式计算

$$\frac{A_{st1}}{s}=\frac{T-0.35\cdot\beta_tf_tW_t}{1.2\sqrt{\zeta}f_{yv}A_{cor}}$$

$$=\frac{2.8\times10^6-0.35\times0.996\times1.43\times2.813\times10^6}{276\times2.5\times10^4}$$

$$=0.203\text{mm}^2/\text{mm}$$

受剪及受扭单肢箍筋的总用量

$$\frac{A_{sv1}}{s}=\frac{1}{2}0.287+0.203=0.347\text{mm}^2/\text{mm}$$

选用 $\phi8@125\left(\frac{A_{sv1}}{s}=0.402\right)$

（3）受扭纵筋计算

由（4.11-11）式计算

$$A_{st1}=1.2\frac{A_{st1}}{s}u_{cor}=1.2\times0.203\times700=171\text{mm}^2$$

选用 $4\phi8$（$A_{st1}=201\text{mm}^2$）

4.12　裂缝控制及挠度验算

1. 钢筋混凝土和预应力混凝土构件，应根据第2章2.6节第3条的规定，按所处环境类别和使用要求，选用相应的裂缝控制等级。并按下列规定进行受拉边缘应力或正截面裂缝宽度验算：

（1）一级——严格要求不出现裂缝的构件

在荷载效应的标准组合下应符合下列规定：

$$\sigma_{ck}-\sigma_{pc}\leqslant0\tag{4.12-1}$$

（2）二级——一般要求不出现裂缝的构件

在荷载效应的标准组合下应符合下列规定：

$$\sigma_{ck}-\sigma_{pc}\leqslant f_{tk}\tag{4.12-2}$$

在荷载效应的准永久组合下宜符合下列规定：

$$\sigma_{cq}-\sigma_{pc}\leqslant0\tag{4.12-3}$$

（3）三级——允许出现裂缝的构件

在荷载效应的标准组合下，并考虑长期作用影响的最大裂缝宽度，应符合下列规定：

$$w_{max} \leqslant w_{lim} \tag{4.12-4}$$

式中 σ_{ck}、σ_{cq}——荷载效应的标准组合、准永久组合下抗裂验算边缘的混凝土法向应力；

σ_{pc}——扣除全部预应力损失后在抗裂验算边缘混凝土的预压应力；

f_{tk}——混凝土的轴心抗拉强度标准值，按本手册表 2.2-1 取用；

w_{max}——按荷载效应的标准组合并考虑长期作用影响计算的构件最大裂缝宽度，按本节第 2 条的规定确定；

w_{lim}——裂缝宽度限值，按环境类别由本手册表 2.6-2 取用。

注：对受弯和大偏心受压的预应力混凝土构件，在施工阶段其预拉区出现裂缝的区段，公式（4.12-1）～（4.12-3）中的 σ_{pc}应乘以系数 0.9；

2. 在矩形、T 形、倒 T 形和 I 形截面的钢筋混凝土受拉、受弯和偏心受压构件及预应力混凝土轴心受拉和受弯构件中，按荷载效应的标准组合并考虑长期作用影响的最大裂缝宽度（按 mm 计），可按下列公式计算：

$$w_{max} = \alpha_{cr}\psi\frac{\sigma_{sk}}{E_s}\left(1.9c + 0.08\frac{d_{eq}}{\rho_{te}}\right) \tag{4.12-5}$$

$$\psi = 1.1 - 0.65\frac{f_{tk}}{\rho_{te}\sigma_{sk}} \tag{4.12-6}$$

$$d_{eq} = \frac{\Sigma n_i d_i^2}{\Sigma n_i \nu_i d_i} \tag{4.12-7}$$

$$\rho_{te} = \frac{A_s + A_p}{A_{te}} \tag{4.12-8}$$

式中 α_{cr}——构件受力特征系数，按表 4.12-1 取用；

ψ——裂缝间纵向受拉钢筋应变不均匀系数；当 ψ 小于 0.2 时，取 ψ 等于 0.2；当 ψ 大于 1.0 时，取 ψ 等于 1.0；对直接承受重复荷载的构件，取 ψ 等于 1.0；

σ_{sk}——按荷载标效应的准组合计算的钢筋混凝土构件纵向受拉钢筋的应力或预应力混凝土构件纵向受拉钢筋的等效应力，按本节第 3 条的规定计算；

c——最外层纵向受拉钢筋外边缘至受拉区底边的距离（mm）：当 c 小于 20 时，取 c 等于 20；当 c 大于 65 时，取 c 等于 65；

ρ_{te}——按有效受拉混凝土截面面积计算的纵向受拉钢筋配筋率；在最大裂缝宽度计算中，当 ρ_{te}小于 0.01 时，取 ρ_{te}等于 0.01；

A_{te}——有效受拉混凝土截面面积，可按下列规定取用：对轴心受拉构件，取构件截面面积；对受弯、偏心受压和偏心受拉构件，取二分之一腹板截面面积与受拉翼缘截面面积之和；

A_s——非预应力纵向受拉钢筋的截面面积；

A_p——预应力纵向受拉钢筋的截面面积；

d_{eq}——纵向受拉钢筋的等效直径（mm）；

d_i——第 i 种纵向受拉钢筋的公称直径（mm）；

n_i——第 i 种纵向受拉钢筋的根数；

ν_i——第 i 种纵向受拉钢筋的相对粘结特性系数，可按表4.12-2取用。

注：1. 对直接承受吊车的且需作疲劳验算的受弯构件，可将计算求得的最大裂缝宽度乘以系数0.85；

2. 对 e_0/h_0 不大于0.55的偏心受压构件，可不验算裂缝宽度。

构件受力特征系数 α_{cr} **表4.12-1**

类型	α_{cr}	
	钢筋混凝土构件	预应力混凝土构件
受弯、偏心受压	2.1	1.7
偏心受拉	2.4	—
轴心受拉	2.7	2.2

钢筋的相对粘结特性系数 ν_i **表4.12-2**

钢筋类别	非预应力钢筋		先张法预应力钢筋			后张法预应力钢筋		
	光面钢筋	带肋钢筋	带肋钢筋	螺旋肋钢丝	刻痕钢丝钢绞线	带肋钢筋	钢绞线	光面钢丝
ν_i	0.7	1.0	1.0	0.8	0.6	0.8	0.5	0.4

注：对环氧树脂涂层的带肋钢筋，其相对粘结特性系数应按表中系数的0.8倍取用。

3. 在荷载效应的标准组合下钢筋混凝土构件纵向受拉钢筋应力或预应力混凝土构件纵向受拉钢筋等效应力 σ_{sk} 可按下列公式计算：

（1）钢筋混凝土构件的纵向受拉钢筋应力：

1）轴心受拉构件

$$\sigma_{sk}=\frac{N_k}{A_s} \tag{4.12-9}$$

2）偏心受拉构件

$$\sigma_{sk}=\frac{N_k e'}{A_s(h_0-a'_s)} \tag{4.12-10}$$

3）受弯构件

$$\sigma_{sk}=\frac{M_k}{0.87h_0A_s} \tag{4.12-11}$$

4）偏心受压构件

$$\sigma_{sk}=\frac{N_k(e-z)}{A_s z} \tag{4.12-12}$$

$$z=\left[0.87-0.12(1-\gamma'_f)\left(\frac{h_0}{e}\right)^2\right]h_0 \tag{4.12-13}$$

$$e=\eta_s e_0+y_s \tag{4.12-14}$$

$$\gamma'_f=\frac{(b'_f-b)h'_f}{bh_0} \tag{4.12-15}$$

$$\eta_s=1+\frac{1}{4000e_0/h_0}\left(\frac{l_0}{h}\right)^2 \tag{4.12-16}$$

式中 A_s——纵向受拉非预应力钢筋截面面积：对轴心受拉构件，取全部纵向钢筋截面面积；对偏心受拉构件，取受拉较大边的纵向钢筋截面面积；对受弯、偏心受压构件，取受拉区纵向钢筋截面面积；

e'——轴向拉力作用点至受压区或受拉较小边纵向钢筋合力点的距离，$e' = e_0 + 0.5h - a_s'$；

e——轴向压力作用点至纵向受拉钢筋合力点的距离；

z——纵向受拉钢筋合力点至受压区合力点之间的距离，且不大于 $0.87h_0$；

η_s——使用阶段的轴向压力偏心距增大系数：当 l_0/h 不大于 14 时，取 η_s 等于 1.0；

y_s——截面重心至纵向受拉钢筋合力点的距离；

γ_f'——受压翼缘截面面积与腹板有效截面面积的比值：当 h_f' 大于 $0.2h_0$ 时，取 h_f' 等于 $0.2h_0$，其中，b_f'、h_f' 为受压区翼缘的宽度、高度；

N_k、M_k——按荷载效应的标准组合计算的轴向力值、弯矩值。

(2) 预应力混凝土构件的纵向受拉钢筋等效应力：

1）轴心受拉构件

$$\sigma_{sk} = \frac{N_k - N_{p0}}{A_p + A_s} \tag{4.12-17}$$

2）受弯构件

$$\sigma_{sk} = \frac{M_k \pm M_2 - N_{p0}(z - e_p)}{(A_p + A_s)z} \tag{4.12-18}$$

式中 A_p——纵向受拉预应力钢筋截面面积：对轴心受拉构件，取全部预应力纵向钢筋截面面积；对受弯构件，取受拉区预应力纵向钢筋截面面积，但对受拉区无粘结预应力钢筋，其截面面积 A_p 应改用 $0.3A_p$ 代替；

M_2——后张法预应力混凝土超静定结构构件中的次弯矩；

z——受拉区纵向非预应力和预应力钢筋合力点至受压区合力点的距离，可按公式（4.12-13）计算，其中取 e 等于 e_p +（$M_k \pm M_2$）/N_{p0}，此处，e_p 为混凝土法向预应力等于零时全部纵向预应力和非预应力钢筋的合力 N_{p0} 的作用点至受拉区纵向预应力和非预应力钢筋合力点的距离；M_2 为超静定后张法预应力混凝土结构构件中的次弯矩，当 M_2 与 M_k 的作用方向相同时，取正号，当 M_2 与 M_k 的作用方向相反时，取负号。

4. 在荷载效应的标准组合和准永久组合下，抗裂验算边缘的混凝土法向应力应按下列公式计算：

(1) 轴心受拉构件：

$$\sigma_{ck} = \frac{N_k}{A_0} \tag{4.12-19}$$

$$\sigma_{cq} = \frac{N_q}{A_0} \tag{4.12-20}$$

(2) 受弯构件：

$$\sigma_{ck} = \frac{M_k}{W_0} \tag{4.12-21}$$

$$\sigma_{cq} = \frac{M_q}{W_0} \quad (4.12\text{-}22)$$

(3) 偏心受拉和偏心受压构件：

$$\sigma_{ck} = \frac{M_k}{W_0} \pm \frac{N_k}{A_0} \quad (4.12\text{-}23)$$

$$\sigma_{cq} = \frac{M_q}{W_0} \pm \frac{N_q}{A_0} \quad (4.12\text{-}24)$$

式中　N_k、M_k——按荷载效应的标准组合计算的轴向力值、弯矩值；

N_q、M_q——按荷载效应的准永久组合计算的轴向力值、弯矩值；

A_0——构件换算截面面积；

W_0——构件换算截面受拉边缘的弹性抵抗矩。

注：公式（4.12-21）、（4.12-24）中右边第二项，当轴向力为拉力时取正号，压力时取负号。

5．预应力混凝土受弯构件应根据本手册第2章2.6节规定的裂缝控制等级，分别对斜截面混凝土主拉应力和主压应力进行验算：

1　混凝土主拉应力：

1）对严格要求不出现裂缝的构件，应符合下列规定：

$$\sigma_{tp} \leqslant 0.85 f_{tk} \quad (4.12\text{-}25)$$

2）对一般要求不出现裂缝的构件，应符合下列规定：

$$\sigma_{tp} \leqslant 0.95 f_{tk} \quad (4.12\text{-}26)$$

2　混凝土主压应力：

对要求不出现裂缝的构件，均应符合下列规定：

$$\sigma_{cp} \leqslant 0.6 f_{ck} \quad (4.12\text{-}27)$$

式中　σ_{tp}、σ_{cp}——混凝土的主拉应力、主压应力，按本节第6条的规定计算确定。

此时，应选择跨度内不利位置的截面，对该截面的换算截面重心处和截面宽度剧烈改变处进行验算。

6．混凝土主拉应力和主压应力应按下列公式计算：

$$\left.\begin{matrix}\sigma_{tp}\\ \sigma_{cp}\end{matrix}\right\} = \frac{\sigma_x + \sigma_y}{2} \pm \sqrt{\left(\frac{\sigma_x - \sigma_y}{2}\right)^2 + \tau^2} \quad (4.12\text{-}28)$$

$$\sigma_x = \sigma_{pc} + \frac{M_k y_0}{I_0} \quad (4.12\text{-}29)$$

$$\sigma_y = \frac{0.6 F_k}{bh} \quad (4.12\text{-}30)$$

$$\tau = \frac{(V_k - \Sigma\sigma_{pe} A_{pb} \sin\alpha_p) S_0}{I_0 b} \quad (4.12\text{-}31)$$

式中　σ_x——由预应力和弯矩值 M_k 在计算纤维处产生的混凝土法向应力；

σ_y——由集中荷载标准值 F_k 产生的混凝土竖向压应力；

τ——由剪力值 V_k 和预应力弯起钢筋的预应力在计算纤维处产生的混凝土剪应力；当计算截面上作用有扭矩时，尚应考虑扭矩引起的剪应力；对超静定后张法预应力混凝土结构构件，尚应考虑预加力引起的次剪应力；

σ_{pc}——扣除全部预应力损失后，在计算纤维处由预应力产生的混凝土法向应力；

y_0——换算截面重心至所计算纤维处的距离；

V_k——按荷载的标准组合计算的剪力值；

S_0——计算纤维以上部分的换算截面面积对构件换算截面重心的面积矩；

σ_{pe}——预应力弯起钢筋的有效预应力；

A_{pb}——计算截面上同一弯起平面内的预应力弯起钢筋的截面面积；

α_p——计算截面上预应力弯起钢筋的切线与构件纵向轴线的夹角。

7. 裂缝宽度验算表见表 4.12-3，表 4.12-4、表 4.12-5。

$\dfrac{\alpha_{cr}}{E_s}$值 **表 4.12-3**

钢筋种类 \ 受力状态	轴心受拉	偏心受拉	受弯 偏心受压
α_{cr}	2.7	2.4	2.1
HPB235 $E_s=2.1\times10^5\text{N/mm}^2$	1.28×10^{-5}	1.143×10^{-5}	1.0×10^{-5}
HRB335 HRB400 $E_s=2.0\times10^5\text{N/mm}^2$	1.35×10^{-5}	1.2×10^{-5}	1.05×10^{-5}

荷载长期作用对挠度增大的影响系数 θ 值 **表 4.12-4**

截面形状 \ ρ'/ρ	0	0.1	0.2	0.25	0.3	0.4	0.5	0.6	0.7	0.75	0.8	0.9	1.0
矩形、T形	2.00	1.96	1.92	1.90	1.88	1.84	1.80	1.76	1.72	1.70	1.68	1.64	1.60

注：$\rho'=\dfrac{As'}{bh_0}$，表中 ρ'/ρ 值可用 A_s'/A_s 值

短期刚度 $\alpha_E=\dfrac{E_s}{E_c}$值 **表 4.12-5**

钢筋种类 \ 混凝土强度等级	C20	C25	C30	C35	C40	C45	C50
$E_c\times10^4\text{N/mm}^2$	2.55	2.80	3.00	3.15	3.25	3.35	3.45
HPB235 级 $E_s=21\times10^4\text{N/mm}^2$	8.23	7.50	7.00	6.67	6.46	6.27	6.09
HRB335、HRB400、RRB400 $E_s=20\times10^4\text{N/mm}^2$	7.84	7.14	6.67	6.35	6.15	5.97	5.80

【例 4.12-1】 已知矩形截面简支梁，$b\times h=200\text{mm}\times500\text{mm}$，混凝土 C20，配置 4Φ16 钢筋，$A_s=804\text{mm}^2$，$M_k=80\text{kN}\cdot\text{m}$，保护层厚度 $c=25\text{mm}$，最大裂缝宽度允许值 $[w_{max}]=0.3\text{mm}$，验算裂缝宽度

【解】

$$\rho_{te}=\frac{A_s}{0.5bh}=\frac{804}{0.5\times200\times500}=0.0161$$

由（4.12-11）计算

$$\sigma_{sk}=\frac{M_k}{0.87h_0A_s}=\frac{80\times10^6}{0.87\times467\times804}=245\text{N/mm}^2$$

$$h_0 = 500 - \left(25 + \frac{16}{2}\right) = 467\text{mm}$$

计算 ψ 值

用（4.12-6）式计算

$$\psi = 1.1 - \frac{0.65 f_{tk}}{\rho_{te}\sigma_{sk}} = 1.1 - \frac{0.65 \times 1.54}{0.0161 \times 245} = 0.846$$

查表 4.12-3 得 $\frac{\alpha_{cr}}{E_s} = 1.05 \times 10^{-5}$

将已知值代入（4.12-5）式

$$\begin{aligned} w_{max} &= \psi \cdot \frac{\alpha_{cr}}{E_s}\sigma_{sk}\left(1.9c + 0.08\frac{d_{eq}}{\rho_{te}}\right) \\ &= 0.846 \times 1.05 \times 10^{-5} \times 245\left(1.9 \times 25 + 0.08\frac{16}{0.0161}\right) \\ &= 0.276\text{mm} < 0.3\text{mm},\text{符合要求} \end{aligned}$$

【例 4.12-2】　已知矩形截面轴心受拉杆，$b \times h = 160\text{mm} \times 200\text{mm}$，配置 4Φ16 钢筋，$A_s = 804\text{mm}^2$，混凝土 C25，混凝土保护层厚度 $c = 25\text{mm}$，轴心拉力 $N_k = 145\text{kN}$，最大裂缝宽度允许值［W_{max}］= 0.2mm。

【解】　由（4.12-8）式得

$$\rho_{te} = \frac{A_s}{bh} = \frac{804}{160 \times 200} = 0.0251$$

由（4.12-9）计算

$$\sigma_{sk} = \frac{N_k}{A_s} = \frac{145 \times 10^3}{804} = 180.35\text{N/mm}^2$$

由（4.12-6）计算

$$\psi = 1.1 - \frac{0.65 f_{tk}}{\rho_{te}\sigma_{sk}} = 1.1 - \frac{0.65 \times 1.78}{0.0251 \times 180.35} = 0.844$$

查表 4.12-3 得 $\frac{\alpha_{cr}}{E_s} = 1.35 \times 10^{-5}$

将已知值代入（4.12-5）式

$$\begin{aligned} w_{max} &= \psi \cdot \frac{\alpha_{cr}}{E_s}\sigma_{sk}\left(1.9c + 0.08\frac{d_{eq}}{\rho_{te}}\right) \\ &= 0.844 \times 1.35 \times 10^{-5} \times 180.35\left(1.9 \times 25 + 0.08\frac{16}{0.0251}\right) \\ &= 0.202\text{mm} \doteq 0.2\text{mm},\text{符合要求} \end{aligned}$$

【例 4.12-3】　已知矩形偏心受拉构件，$b \times h = 160\text{mm} \times 200\text{mm}$，轴向拉力 $N_k = 145\text{kN}$，偏心距 $e_0 = 30\text{mm}$，配量 4Φ16，$A_s = A_s' = 402\text{mm}^2$，混凝土 C25，混凝土保护层厚度 $c = 25\text{mm}$，最大裂缝宽度允许值［w_{max}］= 0.3mm。

【解】　由（4.12-8）式得

$$\rho_{te} = \frac{A_s}{0.5bh} = \frac{402}{0.5 \times 160 \times 200} = 0.0251$$

$$a_s = a_s' = c + \frac{d}{2} = 25 + \frac{16}{2} = 33\text{mm}$$

$$h_0 = h - a_s = 200 - 33 = 167\text{mm}$$

由（4.12-10）式计算

$$\sigma_{sk} = \frac{N_{ke'}}{A_s(h_s - a_s')} = \frac{145 \times 10^3(30 + 0.5 \times 200 - 33)}{402(167 - 33)}$$
$$= 261.1\text{N/mm}^2$$

由（4.12-6）式计算

$$\psi = 1.1 - \frac{0.65 f_{tk}}{\rho_{te}\sigma_{sk}} = 1.1 - \frac{0.65 \times 1.78}{0.0251 \times 261.1} = 0.923$$

查表 4.12-3 得 $\frac{\alpha_{cr}}{E_s} = 1.2 \times 10^{-5}$

代入（4.12-5）式

$$w_{max} = \psi \frac{\alpha_{cr}}{E_s} \cdot \sigma_{sk}\left(1.9c + 0.08\frac{d_{eq}}{\rho_{te}}\right)$$
$$= 0.923 \times 1.2 \times 10^{-5} \times 261.1\left(1.9 \times 25 + 0.08\frac{16}{0.0251}\right)$$
$$= 0.28\text{mm} < 0.3\text{mm} \quad \text{符合要求}$$

8. 钢筋混凝土和预应力混凝土受弯构件在正常使用极限状态下的挠度，可根据构件的刚度用结构力学的方法计算。

在等截面构件中,可假定各同号弯矩区段内的刚度相等,并取用该区段内最大弯矩处的刚度。当计算跨度内的支座截面刚度不大于跨中截面刚度的两倍或不小于跨中截面刚度的二分之一时,该跨也可按等刚度构件进行计算,其构件刚度可取跨中最大弯矩截面的刚度。

受弯构件的挠度应按荷载效应标准组合并考虑荷载长期作用影响的刚度 B 进行计算，所求得的挠度计算值不应超过本手册表 2.6-1 规定的限值。

9. 矩形、T 形、倒 T 形和 I 形截面受弯构件的刚度 B，可按下列公式计算：

$$B = \frac{M_k}{M_q(\theta - 1) + M_k}B_s \tag{4.12-32}$$

式中 M_q——按荷载效应的准永久组合计算的弯矩值；

B_s——荷载效应的标准组合作用下受弯构件的短期刚度，按本节第 10 条的公式计算；

θ——考虑荷载的长期作用对挠度增大的影响系数，按本节第 12 条的规定采用。

10. 荷载效应的标准组合作用下受弯构件的短期刚度 B_s，可按下列公式计算：

（1）钢筋混凝土受弯构件：

$$B_s = \frac{E_s A_s h_0^2}{1.15\psi + 0.2 + \dfrac{6\alpha_E \rho}{1 + 3.5\gamma_f'}} \tag{4.12-33}$$

（2）预应力混凝土受弯构件：

1）要求不出现裂缝的构件

$$B_s = 0.85 E_c I_0 \tag{4.12-34}$$

2）允许出现裂缝的构件

$$B_s = \frac{0.85 E_c I_0}{\kappa_{cr} + (1 - \kappa_{cr})\omega} \tag{4.12-35}$$

$$\kappa_{cr} = \frac{M_{cr}}{M_k} \tag{4.12-36}$$

$$\omega = \left(1.0 + \frac{0.21}{\alpha_E \rho}\right)(1 + 0.45\gamma_f) - 0.7 \tag{4.12-37}$$

$$M_{cr} = (\sigma_{pc} + \gamma f_{tk}) W_0 \tag{4.12-38}$$

$$\gamma_f = \frac{(b_f - b) h_f}{b h_0} \tag{4.12-39}$$

式中 ψ——裂缝间纵向受拉钢筋应变不均匀系数，按本规范公式（4.12-6）计算；当 ψ 小于0.2时，取 ψ 等于0.2；当 ψ 大于1.0时，取 ψ 等于1.0；对直接承受重复荷载的构件，取 ψ 等于1.0；

α_E——钢筋弹性模量与混凝土弹性模量的比值，见表4.12-5；

ρ——纵向受拉钢筋配筋率，对钢筋混混凝土受弯构件，取 $A_s/(bh_0)$；对预应力混凝土受弯构件，取 $(A_p + A_s)/(bh_0)$，对无粘结预应力钢筋，A_p 应改用 $0.3A_p$ 代替；

I_0——换算截面惯性矩；

γ_f——受拉翼缘截面面积与腹板有效截面面积的比值，其中 b_f、h_f 为受拉区翼缘的宽度、高度；

κ_{cr}——预应力混凝土受弯构件正截面的开裂弯矩 M_{cr} 与荷载的标准组合弯矩 M_k 的比值，当大于1.0时，取1.0；

σ_{pc}——扣除全部预应力损失后在抗裂验算边缘的混凝土预压应力；

γ——混凝土构件的截面抵抗矩塑性影响系数，可按本节第11条的规定确定。

注：对预压时预拉区出现裂缝的构件，B_s 应降低10%。

11. 混凝土构件的截面抵抗矩塑性影响系数可按下列公式计算：

$$\gamma = \left(0.7 + \frac{120}{h}\right)\gamma_m \tag{4.12-40}$$

式中 γ——混凝土构件的截面抵抗矩塑性影响系数；

γ_m——混凝土构件的截面抵抗矩塑性影响系数基本值，可按正截面应变保持平面的假定，并取受拉混凝土应力图形为梯形、受拉边缘混凝土极限拉应变为 $2f_{tk}/E_c$ 确定；对常用的截面形状，γ_m 值可近似按表4.12-6取用；

h——截面高度（按mm计）；当 h 小于400时，取 h 等于400；当 h 大于1600时，取 h 等于1600；对圆形、环形截面，h 应以 $2r$ 代替，此处，r 为圆形截面半径和环形截面的外环半径。

12. 考虑荷载的长期作用对挠度长期增大的影响系数 θ 可按下列规定取用：

（1）钢筋混凝土受弯构件：

当 $\rho_s' = 0$ 时，$\theta = 2.0$；

当 $\rho_s' = \rho_s$ 时，$\theta = 1.6$；

当 ρ_s' 为中间数值时，θ 按直线内插法取用。

对翼缘位于受拉区的T形截面，θ 应增加20%。

式中 ρ_s——普通纵向受拉钢筋配筋率 $A_s/(bh_0)$；

ρ_s'——普通纵向受压钢筋配筋率 $A_s'/(bh_0)$。

截面抵抗矩塑性影响系数基本值 γ_m 　　　　**表 4.12-6**

项次	1	2	3		4		5
截面形状	矩形截面	翼缘位于受压区的T形截面	对称I形截面或箱形截面		翼缘位于受拉区的T形截面		圆形和环形截面
			$b_f/b\leqslant2$ h_f/h 为任意值	$b_f/b>2$ $h_f/h<0.2$	$b_f/b\leqslant2$ h_f/h 为任意值	$b_f/b>2$ $h_f/h<0.2$	
	1.55	1.50	1.45	1.35	1.50	1.40	$1.6-0.24r_1/r$

注：1. r 为圆形、环形截面的外环半径，r_1 为环形截面的内环半径，对圆形截面取 r_1 为零；
2. 对 b_f' 大于 b_f 的I形截面，可按项次2与项次3之间的数值采用，对 b_f' 小于 b_f 的I形截面，可按项3与项次4之间的数值采用；
3. 对于箱形截面，表中 b 值系指各肋宽度的总和。

（2）预应力混凝土受弯构件，取 $\theta=2.0$。

13. 预应力混凝土受弯构件在使用阶段的预加应力反拱值，可用结构力学方法按刚度 E_cI_0 进行计算，并应考虑预压应力长期作用的影响，此时，将计算求得的预加应力反拱值乘以增大系数2.0；在计算中，预应力钢筋的应力应扣除全部预应力损失。

注：1. 对重要的或特殊的预应力混凝土受弯构件的长期反拱值，可根据专门的试验分析确定或采用合理的收缩、徐变计算方法经分析确定；
2. 对恒载较小的构件，应考虑反拱过大对使用上的不利影响。

14. 钢筋混凝土受弯构件，在荷载效应的标准组合作用下短期刚度 B_s 由公式（4.12-33）改为下式：

$$B_s = DA_sh_0^2\times10^5 \tag{4.12-41}$$

式中 D 值见表4.12-7。

【例4.12-4】 受均布荷载作用的矩形截面简支梁，$b\times h=200\text{mm}\times450\text{mm}$，$L=5.2\text{m}$。荷载标准值：永久荷载（包括梁自重）$g=5\text{kN/m}$，可变荷载 $p=10\text{kN/m}$，相应的分项系数为1.2及1.3。可变荷载准永久值系数为0.5。混凝土C20，HRB335钢，配3Φ16，$A_s=603\text{mm}^2$。

求：跨中挠度

【解】 1. 荷载的标准组合值

$$M_k=\frac{1}{8}(5+10)\times5.2^2=50.7\text{kN}\cdot\text{m}$$

荷载的准永久组合值

$$M_q=\frac{1}{8}(5+0.5\times10)\times5.2^2=33.8\text{kN}\cdot\text{m}$$

2. 求 ψ 值

$$\rho_{te}=\frac{A_s}{0.5bh}=\frac{603}{0.5\times200\times450}=0.0134$$

$$\sigma_{sk}=\frac{M_k}{0.87A_sh_0}=\frac{50.7\times10^6}{0.87\times603\times415}=232.9\text{N/mm}^2$$

$$\psi=1.1-\frac{0.65f_{tk}}{\rho_{te}\cdot\sigma_{sk}}=1.1-\frac{0.65\times1.5}{0.0134\times232.9}=0.788$$

受弯构件挠度计算 D 值　　　　表 4.12-7

钢筋种类 HRB335、HRB400

$D=\frac{E_s}{1.15\psi+0.2+\alpha/(1+3.5\gamma'_f)}\times\frac{1}{10^5}$　$\alpha=6\alpha_E\rho$　$E_s=2\times10^5\text{N/mm}^2$　$\gamma'_f=\frac{(b'_f-b)h'_f}{bh_0}$　$B_s=DA_sh_0^2\times10^5\text{N}\cdot\text{mm}^2$

D \ γ'_f	$\gamma'_f=0$							$\gamma'_f=0.1$						
α \ ψ	0.4	0.5	0.6	0.7	0.8	0.9	1.0	0.4	0.5	0.6	0.7	0.8	0.9	1.0
0.20	2.326	2.051	1.835	1.660	1.515	1.394	1.290	2.475	2.166	1.927	1.734	1.577	1.446	1.335
0.30	2.083	1.860	1.681	1.533	1.408	1.303	1.212	2.267	2.006	1.798	1.630	1.490	1.372	1.272
0.40	1.887	1.702	1.550	1.423	1.316	1.223	1.143	2.091	1.867	1.686	1.537	1.412	1.306	1.215
0.50	1.724	1.569	1.439	1.329	1.235	1.153	1.081	1.941	1.746	1.587	1.454	1.342	1.246	1.163
0.60	1.587	1.455	1.342	1.246	1.163	1.090	1.026	1.811	1.640	1.499	1.380	1.278	1.191	1.115
0.70	1.471	1.356	1.258	1.173	1.099	1.034	0.976	1.697	1.546	1.420	1.313	1.221	1.141	1.070
0.80	1.370	1.270	1.183	1.108	1.042	0.983	0.930	1.597	1.462	1.349	1.252	1.168	1.094	1.030
0.90	1.282	1.194	1.117	1.050	0.990	0.937	0.889	1.508	1.387	1.285	1.196	1.119	1.052	0.992
1.00	1.205	1.127	1.058	0.998	0.943	0.895	0.851	1.428	1.319	1.226	1.146	1.075	1.012	0.957
1.10	1.136	1.067	1.005	0.950	0.901	0.857	0.816	1.356	1.258	1.173	1.099	1.034	0.976	0.924
1.20	1.075	1.013	0.957	0.907	0.862	0.821	0.784	1.291	1.202	1.124	1.056	0.996	0.942	0.893
1.30	1.020	0.964	0.913	0.868	0.826	0.789	0.755	1.232	1.151	1.079	1.016	0.960	0.910	0.865
1.40	0.971	0.920	0.873	0.832	0.794	0.759	0.727	1.179	1.104	1.038	0.979	0.927	0.880	0.838
1.50	0.926	0.879	0.837	0.798	0.763	0.731	0.702	1.129	1.060	0.999	0.945	0.896	0.852	0.813
1.60	0.885	0.842	0.803	0.768	0.735	0.705	0.678	1.084	1.020	0.964	0.913	0.868	0.826	0.789

D \ γ'_f	$\gamma'_f=0.2$							$\gamma'_f=0.3$						
α \ ψ	0.4	0.5	0.6	0.7	0.8	0.9	1.0	0.4	0.5	0.6	0.7	0.8	0.9	1.0
0.20	2.572	2.241	1.985	1.782	1.616	1.479	1.363	2.640	2.292	2.025	1.814	1.643	1.501	1.382
0.30	2.391	2.102	1.875	1.693	1.543	1.417	1.310	2.480	2.171	1.930	1.737	1.579	1.448	1.337
0.40	2.234	1.980	1.777	1.613	1.476	1.360	1.262	2.339	2.062	1.843	1.666	1.521	1.398	1.294
0.50	2.096	1.871	1.689	1.540	1.414	1.308	1.216	2.213	1.963	1.764	1.601	1.466	1.352	1.255
0.60	1.974	1.773	1.609	1.473	1.358	1.259	1.174	2.099	1.873	1.691	1.541	1.416	1.309	1.218
0.70	1.866	1.685	1.536	1.412	1.306	1.215	1.135	1.997	1.791	1.624	1.485	1.368	1.269	1.182
0.80	1.769	1.606	1.470	1.355	1.257	1.173	1.099	1.904	1.716	1.562	1.433	1.324	1.231	1.149
0.90	1.682	1.533	1.409	1.303	1.213	1.134	1.064	1.820	1.647	1.505	1.385	1.283	1.195	1.118
1.00	1.602	1.467	1.353	1.255	1.171	1.097	1.032	1.742	1.584	1.452	1.340	1.244	1.161	1.088
1.10	1.530	1.406	1.301	1.211	1.132	1.063	1.001	1.671	1.525	1.405	1.297	1.207	1.129	1.060
1.20	1.464	1.351	1.253	1.169	1.095	1.030	0.973	1.606	1.470	1.356	1.258	1.173	1.099	1.033
1.30	1.404	1.299	1.209	1.130	1.061	1.000	0.946	1.545	1.419	1.312	1.220	1.140	1.070	1.008
1.40	1.348	1.251	1.167	1.094	1.029	0.972	0.920	1.489	1.372	1.272	1.185	1.109	1.043	0.984
1.50	1.297	1.207	1.128	1.060	0.999	0.945	0.896	1.437	1.327	1.233	1.152	1.080	1.017	0.961
1.60	1.249	1.165	1.092	1.288	0.970	0.919	0.873	1.388	1.286	1.197	1.120	1.052	0.992	0.939

续表

钢筋种类 HRB335、HRB400

$D=\frac{E_s}{1.15\psi+0.2+\alpha/(1+3.5\gamma'_f)}\times\frac{1}{10^5}$　$\alpha=6\alpha_E\rho$　$E_s=2\times10^5N/mm^2$　$\gamma'_f=\frac{(b'_f-b)h'_f}{bh_0}$　$B_s=DA_sh_0^2\times10^5N\cdot mm^2$

D \ γ'_f	$\gamma'_f=0.4$							$\gamma'_f=0.5$						
α \ ψ	0.4	0.5	0.6	0.7	0.8	0.9	1.0	0.4	0.5	0.6	0.7	0.8	0.9	1.0
0.20	2.691	2.330	2.055	1.838	1.662	1.517	1.395	2.730	2.359	2.077	1.856	1.677	1.529	1.406
0.30	2.548	2.222	1.970	1.770	1.606	1.471	1.356	2.600	2.262	2.002	1.795	1.627	1.488	1.371
0.40	2.419	2.124	1.893	1.707	1.554	1.427	1.319	2.483	2.173	1.932	1.738	1.580	1.449	1.337
0.50	2.303	2.034	1.821	1.648	1.506	1.386	1.283	2.376	2.090	1.866	1.685	1.536	1.412	1.306
0.60	2.198	1.951	1.754	1.594	1.460	1.347	1.250	2.277	2.014	1.805	1.635	1.495	1.376	1.275
0.70	2.102	1.875	1.693	1.542	1.417	1.310	1.218	2.187	1.943	1.747	1.588	1.455	1.343	1.246
0.80	2.013	1.805	1.635	1.494	1.376	1.275	1.188	2.103	1.876	1.694	1.543	1.418	1.311	1.219
0.90	1.932	1.739	1.581	1.449	1.338	1.242	1.159	2.026	1.814	1.643	1.501	1.382	1.280	1.192
1.00	1.858	1.678	1.531	1.407	1.302	1.211	1.132	1.954	1.756	1.595	1.461	1.348	1.251	1.167
1.10	1.788	1.622	1.483	1.367	1.267	1.181	1.106	1.887	1.702	1.550	1.423	1.316	1.223	1.143
1.20	1.724	1.569	1.439	1.329	1.235	1.153	1.081	1.824	1.651	1.508	1.388	1.285	1.197	1.120
1.30	1.664	1.519	1.397	1.293	1.204	1.126	1.057	1.766	1.603	1.468	1.353	1.256	1.171	1.097
1.40	1.609	1.472	1.357	1.259	1.174	1.100	1.034	1.711	1.558	1.429	1.321	1.228	1.147	1.076
1.50	1.556	1.429	1.320	1.227	1.146	1.075	1.013	1.659	1.515	1.393	1.290	1.201	1.123	1.055
1.60	1.508	1.387	1.285	1.196	1.119	1.052	0.992	1.611	1.474	1.359	1.260	1.175	1.101	1.035

D \ γ'_f	$\gamma'_f=0.6$							$\gamma'_f=0.7$						
α \ ψ	0.4	0.5	0.6	0.7	0.8	0.9	1.0	0.4	0.5	0.6	0.7	0.8	0.9	1.0
0.20	2.760	2.382	2.095	1.870	1.688	1.539	1.414	2.786	2.401	2.110	1.882	1.698	1.547	1.420
0.30	2.643	2.294	2.027	1.815	1.644	1.502	1.382	2.678	2.320	2.047	1.832	1.657	1.513	1.392
0.40	2.535	2.212	1.963	1.764	1.601	1.466	1.352	2.578	2.245	1.988	1.784	1.618	1.480	1.364
0.50	2.435	2.136	1.902	1.715	1.561	1.432	1.323	2.485	2.174	1.933	1.739	1.581	1.449	1.338
0.60	2.343	2.065	1.846	1.669	1.523	1.400	1.296	2.398	2.108	1.880	1.696	1.546	1.420	1.312
0.70	2.258	1.998	1.792	1.625	1.486	1.369	1.269	2.318	2.045	1.830	1.656	1.512	1.391	1.288
0.80	2.178	1.936	1.742	1.583	1.451	1.340	1.244	2.242	1.986	1.783	1.617	1.479	1.363	1.264
0.90	2.105	1.877	1.694	1.544	1.418	1.311	1.219	2.172	1.931	1.738	1.580	1.448	1.337	1.242
1.00	2.035	1.822	1.649	1.506	1.386	1.284	1.196	2.106	1.878	1.695	1.545	1.419	1.312	1.220
1.10	1.971	1.770	1.607	1.471	1.356	1.258	1.173	2.043	1.828	1.654	1.511	1.390	1.287	1.198
1.20	1.910	1.721	1.566	1.437	1.327	1.233	1.151	1.984	1.781	1.616	1.478	1.363	1.264	1.178
1.30	1.853	1.675	1.527	1.404	1.299	1.209	1.130	1.929	1.736	1.579	1.447	1.336	1.241	1.158
1.40	1.799	1.631	1.491	1.373	1.273	1.186	1.110	1.877	1.694	1.543	1.418	1.311	1.219	1.139
1.50	1.748	1.589	1.456	1.343	1.247	1.164	1.091	1.827	1.653	1.510	1.389	1.286	1.198	1.121
1.60	1.700	1.549	1.422	1.315	1.222	1.142	1.072	1.780	1.615	1.477	1.362	1.263	1.177	1.103

续表

钢筋种类 HRB335、HRB400

$D=\frac{E_s}{1.15\psi+0.2+\alpha/(1+3.5\gamma'_f)}\times\frac{1}{10^5}$　$\alpha=6\alpha_E\rho$　$E_s=2\times10^5\text{N/mm}^2$　$\gamma'_f=\frac{(b'_f-b)h'_f}{bh_0}$　$B_s=DA_sh_0^2\times10^5\text{N}\cdot\text{mm}^2$

D \ γ'_f	$\gamma'_f=0.8$							$\gamma'_f=0.9$						
α \ ψ	0.4	0.5	0.6	0.7	0.8	0.9	1.0	0.4	0.5	0.6	0.7	0.8	0.9	1.0
0.20	2.806	2.417	2.122	1.891	1.706	1.553	1.426	2.824	2.430	2.132	1.899	1.712	1.559	1.430
0.30	2.707	2.342	2.064	1.845	1.668	1.522	1.400	2.731	2.360	2.078	1.857	1.677	1.530	1.406
0.40	2.613	2.272	2.010	1.801	1.632	1.492	1.374	2.644	2.295	2.028	1.816	1.644	1.502	1.383
0.50	2.527	2.206	1.958	1.760	1.598	1.464	1.350	2.563	2.233	1.979	1.777	1.612	1.475	1.360
0.60	2.445	2.144	1.909	1.720	1.565	1.436	1.326	2.486	2.175	1.933	1.740	1.582	1.450	1.338
0.70	2.369	2.085	1.862	1.682	1.533	1.409	1.304	2.413	2.119	1.889	1.704	1.552	1.425	1.317
0.80	2.297	2.029	1.817	1.645	1.503	1.384	1.282	2.345	2.067	1.847	1.670	1.523	1.401	1.296
0.90	2.230	1.977	1.775	1.611	1.474	1.359	1.260	2.281	2.016	1.807	1.637	1.496	1.378	1.276
1.00	2.166	1.926	1.734	1.577	1.446	1.335	1.240	2.220	1.969	1.768	1.605	1.470	1.355	1.257
1.10	2.106	1.879	1.696	1.545	1.419	1.312	1.220	2.162	1.923	1.732	1.575	1.444	1.333	1.238
1.20	2.050	1.834	1.659	1.514	1.393	1.290	1.201	2.107	1.879	1.696	1.545	1.419	1.312	1.220
1.30	1.996	1.790	1.623	1.485	1.368	1.268	1.182	2.055	1.838	1.662	1.517	1.395	1.292	1.202
1.40	1.945	1.749	1.589	1.456	1.344	1.247	1.164	2.005	1.798	1.630	1.490	1.372	1.272	1.185
1.50	1.896	1.710	1.557	1.429	1.320	1.227	1.146	1.958	1.760	1.598	1.464	1.350	1.253	1.169
1.60	1.850	1.672	1.525	1.402	1.298	1.208	1.129	1.913	1.723	1.568	1.438	1.328	1.234	1.152

D \ γ'_f	$\gamma'_f=1.0$							$\gamma'_f=1.2$						
α \ ψ	0.4	0.5	0.6	0.7	0.8	0.9	1.0	0.4	0.5	0.6	0.7	0.8	0.9	1.0
0.20	2.839	2.441	2.140	1.906	1.718	1.563	1.434	2.863	2.459	2.154	1.917	1.726	1.571	1.440
0.30	2.752	2.376	2.091	1.866	1.685	1.536	1.412	2.787	2.402	2.110	1.882	1.698	1.547	1.421
0.40	2.671	2.315	2.043	1.828	1.654	1.511	1.390	2.714	2.348	2.068	1.849	1.671	1.524	1.402
0.50	2.594	2.257	1.998	1.792	1.625	1.486	1.369	2.645	2.296	2.028	1.816	1.645	1.502	1.383
0.60	2.521	2.202	1.954	1.757	1.596	1.462	1.348	2.579	2.246	1.989	1.785	1.619	1.481	1.365
0.70	2.452	2.149	1.913	1.723	1.568	1.438	1.328	2.517	2.199	1.952	1.755	1.594	1.460	1.347
0.80	2.387	2.099	1.873	1.691	1.541	1.416	1.309	2.457	2.153	1.916	1.726	1.570	1.440	1.330
0.90	2.326	2.051	1.835	1.660	1.515	1.394	1.290	2.401	2.110	1.881	1.698	1.547	1.420	1.313
1.00	2.267	2.006	1.798	1.630	1.490	1.372	1.272	2.347	2.068	1.848	1.670	1.524	1.401	1.297
1.10	2.211	1.962	1.763	1.601	1.466	1.352	1.254	2.295	2.027	1.816	1.644	1.502	1.383	1.281
1.20	2.158	1.920	1.729	1.573	1.442	1.332	1.237	2.245	1.989	1.784	1.618	1.481	1.364	1.265
1.30	2.108	1.880	1.697	1.546	1.420	1.312	1.220	2.198	1.951	1.754	1.594	1.460	1.347	1.250
1.40	2.059	1.841	1.665	1.520	1.398	1.294	1.204	2.152	1.915	1.725	1.570	1.440	1.330	1.235
1.50	2.013	1.805	1.635	1.494	1.376	1.275	1.188	2.109	1.881	1.697	1.546	1.420	1.313	1.221
1.60	1.969	1.769	1.606	1.470	1.355	1.257	1.173	2.067	1.847	1.670	1.524	1.401	1.296	1.206

3. 求短期刚度 B_s

$$\alpha_E = \frac{E_s}{E_c} = \frac{20 \times 10^5}{2.55 \times 10^4} = 7.84$$

$$\rho = \frac{A_s}{bh_0} = \frac{603}{200 \times 415} = 0.007265$$

代入（4.12-33）式

$$B_s = \frac{2.0 \times 10^5 \times 603 \times 415^2}{1.15 \times 0.788 + 0.2 + \frac{6 \times 7.84 \times 0.007265}{1 + 3.5 \times 0}}$$
$$= 1.434 \times 10^{13} \mathrm{N \cdot mm^2}$$

4. 求长期刚度 B

由于 $\rho' = 0$，$\therefore \theta = 2.0$

代入（4.12-32）式

$$B = \frac{50.7}{33.8(2-1) + 50.7} \times 1.434 \times 10^{13}$$
$$= 8.6 \times 10^{12} \mathrm{N/mm^2}$$

5. 求挠度 f

$$f = \frac{5}{384} \cdot \frac{(g+p)l^4}{B_n} = \frac{5 \times 15 \times 5.2^4 \times 10^{12}}{384 \times 8.6 \times 10^{12}} = 16.6\mathrm{mm}$$

$$\frac{f}{L} = \frac{16.6}{5200} = \frac{1}{313} < \frac{1}{200} = 26\mathrm{mm}$$

【例 4.12-5】 条件同例 1，采用计算图表计算跨中挠度

【解】 1. 由例 4.12-4 知

$$\rho_{te} = 0.0134, \sigma_{sk} = 232.9 \mathrm{N/mm^2}$$
$$\psi = 0.788$$

2. 求短期刚度 B_s

查表 4.12-5 得 $\alpha_E = 7.84$

$$\alpha = 6\alpha_E \rho = 6 \times 7.84 \times 0.007265 = 0.3417$$

由 $\gamma_f' = 0$，$\psi = 0.788$，$\alpha = 0.3417$ 查表 4.12-7 得 $D = 1.39 \times 10^5$，由公式（4.12-43）得：

$$B_s = DA_s h_0^2 \times 10^5$$
$$= 1.39 \times 603 \times 415^2 \times 10^5 = 1.44 \times 10^{13} \mathrm{N \cdot mm^2}$$

其余计算同例 4.12-4。

第5章　高层建筑结构体系选择和结构布置

5.1　结构体系的选择

1. 高层建筑结构应根据建筑使用功能、房屋高度和高宽比、抗震设防类别、抗震设防烈度、场地类别、地基情况、结构材料和施工技术条件等因素，综合分析比较，选择适宜的结构体系。高层建筑钢筋混凝土结构可采用框架、剪力墙、框架-剪力墙、筒体和板柱-剪力墙结构体系。

2. 高层建筑不应采用严重不规则的的结构体系，并应符合下列要求：

(1) 应具有必要的承载能力、刚度和变形能力；

(2) 应避免因部分结构或构件的破坏而导致整个结构丧失承受重力荷载、风荷载和地震作用的能力；

(3) 对可能出现的薄弱部位，应采取有效措施。

3. 高层建筑的结构体系尚宜符合下列要求：

(1) 结构的竖向和水平布置宜具有合理的刚度和承载力分布，避免因局部突变和扭转效应而形成薄弱部位；

(2) 宜具有多道抗震防线。

4. 本章主要对钢筋混凝土高层建筑结构的设计作出一般规定，钢-混凝土混合结构设计，应符合本手册第12章的要求。

目前，国内最大量的高层建筑结构采用四种常见的结构体系：框架、框架-剪力墙、剪力墙和筒体，因此本手册主要适应这些量大面广工程设计的需要。框架结构不包括板柱结构（无剪力墙或井筒），因为这类结构侧向刚度较差，不适宜用于高层建筑；由L形、T形、Z形或十字形截面构成的异形柱框架结构，目前一般适用于6、7度抗震设计或非抗震设计、12层以下的建筑中，研究工作进行得不多，本手册未予列入。剪力墙结构包括底部大空间剪力墙结构（有部分框支剪力墙）。框架加小井筒（一个或多个）的结构可以归入框架-剪力墙结构。

板柱-剪力墙结构，由于在板柱框架体系中加入了剪力墙或井筒，主要由剪力墙构件承受侧向力，侧向刚度也有很大的提高。这种结构目前在7、8度抗震设计的高层建筑中有较多的应用，但其适用高度宜低于一般框架-剪力墙结构。

筒体结构在20世纪80年代后在我国已广泛应用于高层办公建筑和高层旅馆建筑。由于它刚度大，有较高承载能力，可以空间整体受力，因而在层数较多时有较大优势。多年来，已经积累了大量的工程经验和科研成果，在本手册中作了较详细的规定。

一些较新颖的结构体系(如巨型框架结构、巨型桁架结构、悬挂和悬挑结构和隔震减振结构等),目前刚刚应用,经验还不多,宜针对具体工程研究其设计方法,在本手册中未列入。

5. 高层建筑结构应考虑其高度、层数、设计要求来选择适宜的结构体系。表 2.5-1、表 2.5-2 所列的适用的最大高度,指钢筋混凝土结构。钢-混凝土混合结构的最大适用高度见表 12.1-1。

A 级高度建筑是指常规高度的高层建筑,在此高度范围内的建筑,遵照本手册的有关规定,采用常规的结构分析方法计算内力和配筋,按本手册的要求进行构造设计,可以满足抗震抗风的要求。目前国内绝大多数高层建筑的高度都在此范围内,至 1999 年底,全国超过 150m 高度的高层建筑仅一百余座,只占全国高层建筑幢数的 1%左右,而 A 级高度建筑占全部高层建筑数量的 98%以上。

B 级高度的建筑属于超限高层建筑,只占全国高层建筑幢数的 2%以内,但大多属于重要的、标志性的大型工程。设计这样的工程,除了常规的计算和构造措施外,抗震设防等级应予提高一级(原一级提高到特一级),以保证其抗震与抗风的安全性。

高度超出表 2.5-2 的极少数特殊工程,则应通过专门的审查、论证,补充多方面的计算分析,进行相应的结构试验,采取专门的加强构造措施,才能予以实施。

短肢剪力墙-核心筒结构用于住宅,目前在 7 度抗震设计时不超过 30 层,所以在 B 级高度建筑中不采用。

6. 限制高层建筑的高宽比,是为了防止高层建筑在水平力作用下发生倾覆和在水平、竖向力作用下丧失整体稳定。在表 2.5-3 限制范围内,一般不必进行抗倾覆验算和失稳验算。从目前绝大多数常规高度建筑来看,这一限值是各方面都可以接受的。

增加了表 2.5-4 对于 B 级高度的高层建筑高宽比的限制规定,考虑到实际情况,B 级高度建筑的高宽比略大于 A 级高度的建筑。目前国内超限高层建筑中,高宽比超过这一限制的是极为个别的,例如上海金茂大厦(88 层,420m)为 7.6,深圳地王大厦(81 层,320m)为 8.8。

7. 当房屋高度大、层数多、柱距大时,由于单柱轴向力很大,受轴压比限制而使柱截面过大,不仅加大自重和材料消耗,而且妨碍建筑功能。减小柱截面尺寸通常有采用高强度混凝土、钢管混凝土和型钢混凝土柱这三条途径。

采用 C60～C80 高强混凝土可以减小柱截面面积 30%～40%(与 C40 相比),C60 混凝土已广泛采用,取得了良好的效益。

型钢混凝土柱截面含型钢 5%～10%,可使柱截面面积减小 50%～60%。由于型钢骨架要求钢结构的制作、安装能力,目前较多用在高层建筑的下层部位柱,转换层以下的支承柱,也有个别工程全部采用型钢混凝土梁、柱。

钢管混凝土可使柱混凝土处于有效侧向约束下,形成三向应力状态,因而延性很大,承载力提高很多,通常钢管壁厚为柱直径的 1/70～1/100。钢管混凝土柱如用高强混凝土浇筑,可以使柱截面减小至原截面面积的 1/3。目前国内最高的钢管混凝土结构为深圳赛格大厦(72 层)和广州大鹏广场大厦(60 层)。

8. B 级高度高层建筑层数较多,减轻填充墙的自重是减轻结构总重量的有效措施;而且轻质隔墙容易实现与主体结构的柔性连接,防止主体结构发生灾害。除传统的加气层混凝土制品、空心砌块、轻钢龙骨石膏板外,室内隔墙还可以采用玻璃、铝板和不锈钢板等轻质隔墙材料。

9.150m以上的高层建筑外墙宜采用具有保温隔热防水性能、轻质高强的各类幕墙。150m以上高层建筑各类填充墙、外墙非结构构件应能适应主体结构的变形与主体结构柔性连接。

幕墙是外墙的一种非承重结构形式，它必须同时具备以下特点：

(1) 幕墙是由面板、横梁和立柱组成的完整结构系统；

(2) 幕墙应包覆整个主体结构；

(3) 幕墙应悬挂在主体结构上，相对于主体结构应有一定的活动能力。

由于幕墙是独立完整的外围护结构，因此它能承受作用于其上的重力、风力和地震力，但不分担主体结构的受力。幕墙包覆主体结构而使主体结构免受外界温度变化的影响，有效地减少了主体结构的温度应力，解决了主体结构的竖向温度应力问题。幕墙可以相对于主体结构变位，主体结构在风力和地震力作用下产生层间位移时，幕墙可以不破损，维持正常的建筑功能。

由于面板材料的不同，建筑幕墙可以分为玻璃幕墙、铝板或钢板幕墙、石材幕墙和混凝土幕墙。实际工程中可多种材料的幕墙混合使用。

为避免主体结构变形时室内填充墙、门窗等非结构构件损坏，较高建筑中的非结构构件应能采取有效的连接措施来适应主体结构的变形。例如，外墙门窗采用柔性密封胶条或耐候密封胶嵌缝；室内隔墙选用金属板或玻璃隔墙、柔性密封胶填缝等。

5.2 结构平面及竖向布置

1. 高层建筑设计应符合抗震概念设计要求，建筑的平面和竖向布置，应避免采用严重不规则的设计方案，宜采用规则的方案。

2. 高层建筑承受较大的风力，在沿海地区，风力成为高层建筑的控制性荷载。采用风压较小的平面形状有利于抗风设计。

对抗风有利的平面形状是简单规则的凸平面，如圆形、正多边形、椭圆形、鼓形等平面。对抗风不利的平面是有较多凹凸的复杂形状平面，如V形、Y形、H形、弧形等平面。

3. 高层建筑物设置了伸缩缝、沉降缝或防震缝后，独立的结构单元就是由这些缝划分出来的各个部分。各独立的结构单元平面形状和刚度对称，有利于减少地震时由于扭转产生的震害。唐山地震、墨西哥城地震和阪神地震都明显看出：平面不规则、刚度偏心的建筑物，在地震中容易受到较严重的破坏。因此，在设计中宜尽量减小刚度的偏心。如果建筑物平面不规则、刚度明显偏心，则应在设计时用较精确的内力分析方法考虑偏心的影响，并在配筋构造上对边、角部位予以加强。

4. 平面过于狭长的建筑物在地震时由于两端地震波输入有位相差而容易产生不规则振动，产生较大的震害，平面有较长的外伸时，外伸段容易产生局部振动而引发凹角处破坏。需要抗震设防的A级高度钢筋混凝土高层建筑，其平面布置宜符合下列要求：

(1) 平面宜简单、规则、对称、减少偏心，否则应考虑扭转不利影响；

(2) 平面长度不宜过长，突出部分长度 l 宜过大，凹角处宜采取加强措施(图5.2-1)；L，l 等值宜满足表5.2-1的要求。

(3) 不宜采用角部重叠的平面图形和细腰形平面图形。

5. 抗震设计的B级高度钢筋混凝土高层建筑、混合结构高层建筑及复杂高层建筑，其平面布置应简单、规则，减少偏心。

L，l 的限值 表 5.2-1

设防烈度	L/B	l/B_{max}	l/b
6度和7度	≤6.0	≤0.35	≤2.0
8度和9度	≤5.0	≤0.30	≤1.5

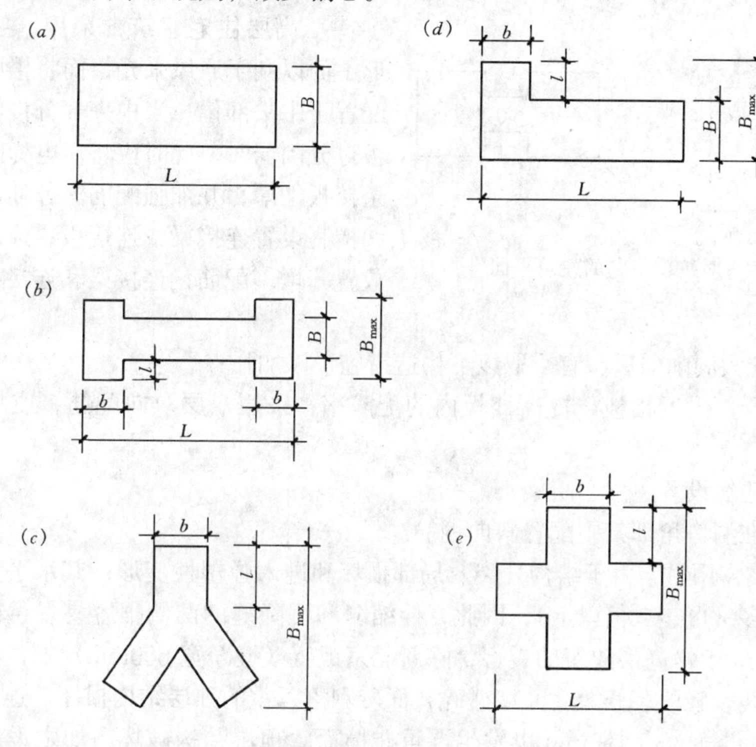

图 5.2-1 建筑平面

6. 结构平面布置应减少扭转的影响。地震作用考虑耦连偏心影响时，楼层竖向构件的最大水平位移和层间位移角，A级高度高层建筑不宜大于该楼层平均值的1.2倍，不应大于该楼层平均值的1.5倍；B级高度高层建筑、混合结构高层建筑及复杂高层建筑不宜大于该楼层平均值的1.2倍，不应大于该楼层平均值的1.4倍。结构扭转为主的第一自振周期 T_c 与平动为主的第一自振周期 T_1 之比，A级高度高层建筑不应大于0.9，B级高度高层建筑、混合结构高层建筑及复杂高层建筑不应大于0.85。

不满足以上要求时，宜调整抗侧力结构的布置，增大结构的抗扭刚度。

7. 目前在工程设计中应用的多数计算分析方法和计算机软件，都假定楼板在平面内不变形，平面内刚度为无限大，这对于大多数工程来说是可以接受的。但当楼板有大的凹入，大的开洞时，楼板在平面内削弱过大，楼板产生显著的变形，这时刚性楼板的假定不再适用，要采用考虑楼板变形影响的计算方法和相应的计算程序。考虑楼板的实际刚度可以采用将楼板等效为受弯水平梁的简化方法，也可以将楼板划分为单元后采用有限单元法进行计算。

当楼板平面过于狭长、有较大的凹入和开洞而使楼板有过大削弱时，应在设计中考虑楼板变形产生的不利影响。楼面凹入和开洞尺寸不宜大于楼面宽度的一半，楼板开洞总面积不宜超过楼面面积的30%；在扣除凹入和开洞后，楼板在任一方向的最小净宽度不宜小于5m，且开洞后每一边的楼板净宽度不应小于2m。

8. 角部重叠和细腰形的平面图形，在中央部位形成狭窄部分，在地震中容易产生震害（图5.2-2），尤其在凹角部位，因为应力集中容易使楼板开裂、破坏。这些部位应采用加大楼板厚度，增加板内配筋，设置集中配筋的边梁，配置45°斜向钢筋等加强措施。

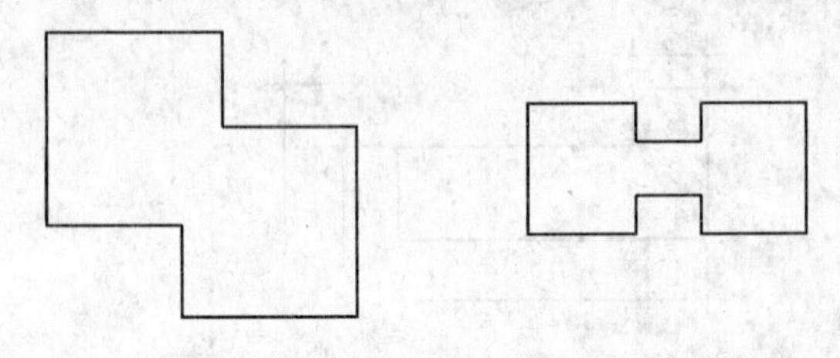

图5.2-2　对抗震不利的建筑平面

9. 高层住宅建筑常采用卄字形、井字形平面以利于通风采光，而将楼电梯间集中配置于中央部位。当中央部分楼电梯间使楼板过分削弱时，此时应将楼电梯间周边的剩余楼板加厚，并加强配筋。外伸部分形成的凹槽宜设置连接梁或连接板，连接梁宜宽扁放置并增多配筋，连接梁和连接板最好每层均设置。

10. 楼板开大洞削弱后，宜采取以下构造措施予以加强：

(1) 加厚洞口附近楼板，提高楼板内的配筋率；采用双层双向配筋，或加配斜向钢筋；

(2) 洞口边缘设置边梁、暗梁；

(3) 楼板在洞口角部集中配置斜向钢筋。

11. 在地震作用时，由于结构开裂、局部损坏和进入弹塑性变形，其水平位移比弹性状态下增大很多（可达3倍以上），因此，伸缩缝和沉降缝的两侧很容易发生碰撞。唐山地震中，调查了35幢高层建筑的震害，除新北京饭店（缝净宽600mm）外，许多高层建筑都是有缝必碰，轻的装修、女儿墙碰碎，面砖剥落，重的顶层结构损坏。连天津友谊宾馆（8层框架）缝净宽达150mm也发生严重碰撞而致顶层结构破坏。加之设缝后，带来建筑、结构及设备设计上许多困难，基础防水也不容易处理。近年来，国内高层建筑结构采取了构造和施工措施后，不设或少设缝，从实践上看来是成功的，有效的。因此，在设计中宜调整平面形状和尺寸、采取构造和施工措施，不设伸缩缝、防震缝和沉降缝。

复杂平面形状的建筑物无法调整其平面形状的结构布置使之成为较规则的结构时，可以设置防震缝划分为较简单的几个结构。当需要设缝时，则有抗震设防时必须满足地震中互不相碰的要求，留有足够宽度；无抗震设防时，也要防止因基础倾斜而顶部相碰。

12. 当高层建筑结构未采取可靠措施时，其伸缩缝间距不宜超出表5.2-2的限制；当采取有效措施时，可以放宽伸缩缝的间距。

伸缩缝的最大间距　　表5.2-2

结构类型	施工方法	最大间距（m）
框架	现浇	55
剪力墙	现浇	45

注：1. 当屋面无保温或隔热措施、混凝土的收缩较大或室内结构因施工外露时间较长时，伸缩缝间距应适当减小；
2. 位于气候干燥地区、夏季炎热且暴雨频繁地区的结构，伸缩缝的间距宜适当减小；
3. 框架-剪力墙的伸缩缝间距可根据结构的具体情况取表中框架结构与剪力墙结构之间的数值。

13. 当采用下列构造措施和施工措施减少温度和混凝土收缩对结构的影响时，可适当放宽伸缩缝的间距。

（1）顶层、底层、山墙和纵墙端开间等温度变化影响较大的部位提高配筋率；

（2）顶层加强保温隔热措施，外墙设置外保温层；

（3）每30～40m间距留出施工后浇带，带宽800～1000mm，钢筋采用搭接接头，后浇带混凝土在两个月后浇灌；

（4）顶部楼层改用刚度较小的结构形式或顶部设局部温度缝，将结构划分为长度较短的区段；

（5）采用收缩小的水泥、减少水泥用量、在混凝土中加入适宜的外加剂；

（6）提高每层楼板的构造配筋率，增加纵向梁的腰筋，或采用部分预应力结构。

14. 抗震设计时，当建筑物平面形状复杂而又无法调整其平面形状和结构布置使之成为较规则的结构时，宜设置防震缝将其划分为较简单的几个结构单元。设置防震缝时，应符合下列规定：

（1）房屋高度不超过15m时防震缝最小宽度为70mm，当高度超过15m时，各结构类型按表5.2-3确定；

房屋高度超过15m防震缝宽度增加值（mm） **表5.2-3**

设防烈度		6	7	8	9
高度每增加值（m）		5	4	3	2
结构类型	框架	20	20	20	20
	框架-剪力墙	14	14	14	14
	剪力墙	10	10	10	10

（2）防震缝两侧结构体系不同时，防震缝宽度按不利的体系考虑，并按较低一侧的高度计算确定缝宽；

（3）防震缝应沿房屋全高设置，基础及地下室可不设防震缝，但在防震缝处应加强构造和连接；

（4）当相邻结构的基础存在较大沉降差时，宜增大防震缝的宽度；

（5）8、9度框架结构房屋防震缝两侧结构高度、刚度或层高相差较大时，可在缝两侧房屋的尽端沿全高设置垂直于防震缝的抗撞墙，每一侧抗撞墙的数量不应少于两道，宜分别对称布置，墙肢长度可不大于一个柱距，框架和抗撞墙的内力应按考虑和不考虑抗撞墙两种情况分别进行分析，并按不利情况取值。抗撞墙在防震缝一端的边柱，箍筋应沿房屋全高加密。

15. 在有抗震设防要求的情况下，建筑物各部分之间的关系应明确；如分开、则彻底分开，如相连，则连接牢固。不宜采用似分不分，似连不连的结构方案。天津友谊宾馆主楼（8层框架）与单层餐厅采用了餐厅层屋面梁支承在主框架牛腿上加以钢筋焊接，在唐山地震中由于振动不同步，牛腿拉断、压碎、产生严重震害，这种连接方式是不可取的。因此，结构单元之间或主楼与裙房之间如无可靠措施，不应采用牛腿托梁的做法作为防震缝处理。

考虑到目前结构型式和体系较为复杂，例如连体结构中连接体与主体建筑之间可能采用铰接等情况，如采用牛腿托梁的做法，则应采取类似桥墩支承桥面结构的做法，在较长、较宽的牛腿上设置滚轴或铰支承，而不得采用焊接等固定连接方式。并应能适应地震作用下相对位移的要求。

16. 历次地震震害表明：结构刚度沿竖向突变、外形外挑内收等，都会产生变形在某些楼层的过分集中，出现严重震害甚至倒塌。所以设计中应力求自下而上刚度逐渐、均匀减小，体型均匀不突变。1995年阪神地震中，大阪和神户市不少建筑产生中部楼层严重破坏的现象，其中一个原因就是结构刚度在中部楼层产生突变。有些是柱截面尺寸和混凝土强度在中部楼层突然减小，有些是由于使用要求而剪力墙在中部楼层突然取消，这些都引发了楼层刚度的突变而产生严重震害。

17. 抗震设计的高层建筑结构，其楼层侧向刚度不宜小于相邻上部楼层侧向刚度的70%或其上相邻三层侧向刚度平均值的80%。结构竖向抗侧力构件不宜不连续。

18. A级高度高层建筑的楼层层间抗侧力结构的承载力不宜小于其上一层的80%，不应小于其上一层的65%；B级高度高层建筑的楼层层间抗侧力结构的承载力不应小于其上一层的75%。

注：楼层层间抗侧力结构承载力是指在所考虑的水平地震作用方向上，该层全部柱及剪力墙的受剪承载力之和。

19. 抗震设计时，当结构上部楼层收进部位到室外地面的高度 H_1 与房屋高度 H 之比大于0.2时，上部楼层收进后的水平尺寸 B_1 不宜小于下部楼层水平尺寸 B 的0.75倍（图5.2-3*a*、*b*）当上部结构楼层相对于下部楼层外挑时，下部楼层的水平尺寸B不宜小于上部楼层水平尺寸 B_1 的0.9倍，且水平外挑尺寸 a 不宜大于4m（图5.2-3*c*、*d*）。

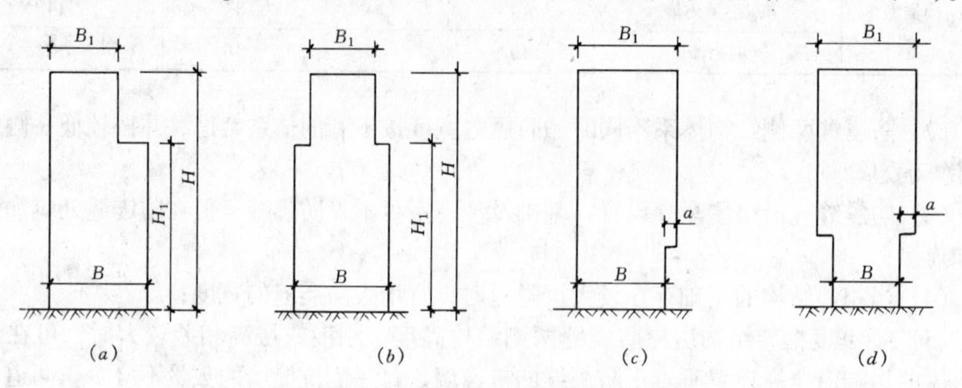

图5.2-3　结构竖向收进和外挑示意

20. 顶层取消部分墙柱形成空旷房间，底部采用部分框支剪力墙或中部楼层部分剪力墙被取消时，应进行弹性动力时程分析计算并采取有效构造措施防止由于刚度和承载力变化而产生的不利影响。

在南斯拉夫斯可比耶地震（1964），罗马尼亚布加勒斯特地震（1977）中，底层全部为柱子、上层为剪力墙的结构大都严重破坏。因此在地震区不应采用这种结构。底层部分改为柱子的底层大空间剪力墙结构，应按本手册第9章的规定进行设计。

顶层取消部分墙、柱而形成空旷房间时，其余上伸柱、墙应进行抗剪核算，柱子钢箍应全长加密配置。大跨度屋面构件要考虑竖向地震产生的不利影响。此类房屋应进行弹性动力分析计算并采取有效构造措施。

21. 震害调查表明：有地下室的高层建筑的破坏较轻，而且有地下室对提高地基的承载力有利。因此，高层建筑宜设地下室。

22. 裙房与主楼相连，裙房屋面部位的主楼上下各一层受刚度与承载力突变影响较大，抗震措施需要适当加强。裙房主楼之间设防震缝，在大震作用下可能发生碰撞，也需要采取加强措施（图 5.2-4*a*）

23. 带地下室的多层和高层建筑，当地下室结构的刚度和受剪承载力比上部楼层相对较大时（第 2 章 2.8 节第 31 条），地下室顶板可视作嵌固部位，在地震作用下的屈服部位将发生在地上楼层，同时将影响到地下一层。地面以下地震响应虽然逐渐减小，但地下一层的抗震等级不能降低，根据具体情况，地下二层的抗震等级可以降低，可按三级或四级。9 度抗震设计时，地下室结构的抗震等级不应低于二级（图 5.2-4*b*、*c*）。

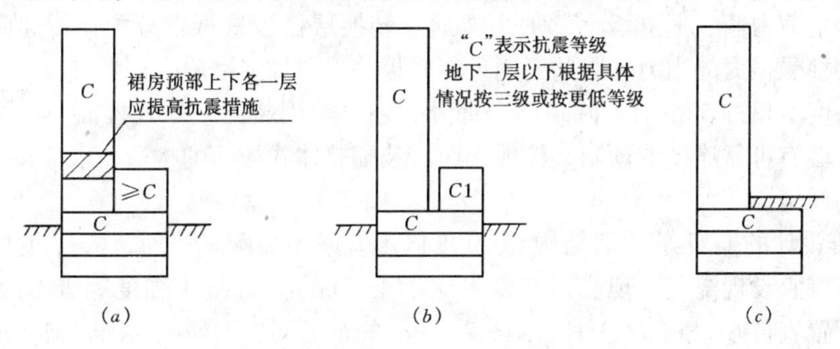

图 5.2-4 裙房与主楼相连、主楼带地下室

24. 在规则平面中，如果结构刚度不对称，在地震作用下仍然会产生扭转。所以，抗侧力结构的布置应均匀分布，并使荷载合力作用线通过结构刚度中心，以减少扭转的影响。楼梯及电梯墙体的布置应注意使结构刚度对称分布。

25. 为了防止楼板削弱后产生过大的应力集中，楼电梯间不宜设在平面凹角部位和端部角区，如因建筑功能需要，须在上述部位布置时，则应采用剪力墙筒体予以加强。

26. 在大底盘高塔楼建筑平面布置中，裙房可以在高塔楼的一边、两边、三边设置，也可将高塔楼布置在大底盘的对称部位（图 5.2-5）。当高层塔楼不能对称布置时，在离塔楼较远端的裙房中宜布置剪力墙，以减少大底盘结构在水平地震作用下的扭转效应。

当高层塔楼布置在一边时，大底盘总长度与塔楼长度（或宽度）之比宜小于 2.5。当塔楼刚度中心 O 与裙房刚度中心 O' 不重合时，其偏心距 e 不宜大于裙房边长的 0.25 倍（图 5.2-6）。

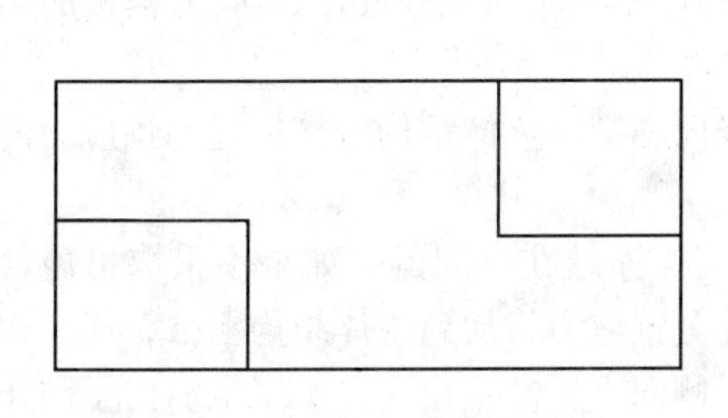

图 5.2-5 大底盘高层塔楼布置

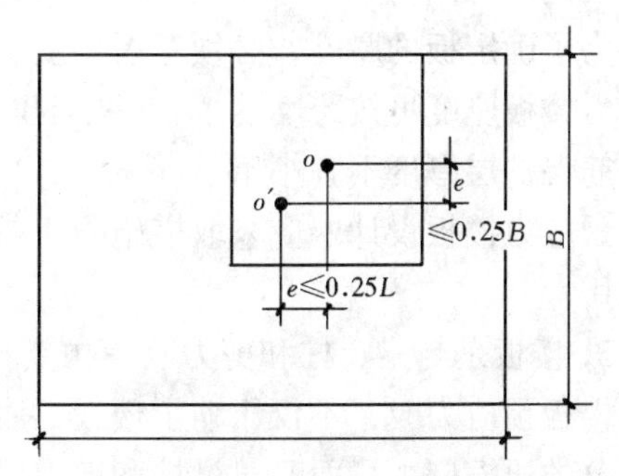

图 5.2-6 裙房与高层塔楼间偏心

5.3　楼　盖　结　构

1. 在目前高层建筑结构计算中，一般都假定楼板在自身平面内的刚度无限大，在水平荷载作用下楼面只有位移而不变形。所以在楼面构造设计上，要使楼面具有较大的刚度。再者，楼板的刚性保证建筑物的空间整体性和水平力的有效传递。所以，高度超过50m的高层建筑采用现浇楼面。顶层楼面应加厚并用现浇，以抵抗温度变化的影响，并在建筑物顶部加强约束，提高抗风抗震能力。转换层楼面上面是剪力墙，下部转换为部分框架、部分落地剪力墙、框支墙上部剪力要通过转换层楼板进行重分配，传递到落地墙上去，因而楼板受很大的内力，因此要用现浇楼板并采取加强措施。

房屋高度不超过50m时，除现浇楼面外，还可采用装配整体式楼面，也可采用与框架梁或剪力墙有可靠连接的预制大楼板楼面。装配整体式楼面的构造要求应按本节第2条及第3条的规定。

2. 抗震设计的框架-剪力墙结构8、9度区不宜采用装配式楼面，6、7度区采用装配式楼面时每层宜设现浇层；现浇层厚度不应小于50mm，混凝土强度等级不应低于C20，并应双向配置直径6～8mm、间距150～200mm的钢筋网，钢筋应锚固在剪力墙内。楼面现浇层应与预制板缝混凝土同时浇灌。

3. 唐山地震（1976）震害调查表明：提高装配式楼面的整体性，可以减少在地震中预制楼板坠落伤人的震害。加强填缝是增强装配式楼板整体性的有效措施。为保证板缝混凝土的浇筑质量，板缝宽度不应过小。在较宽的板缝中放入钢筋，形成板缝梁，能有效地形成现浇与装配结合的整体楼面，效果显著。

当框架-剪力墙结构采用装配式楼面时，预制板应均匀排列，板缝拉开的宽度不宜小于40mm，板缝大于60mm时应在板缝内配钢筋，形成板缝梁，并宜贯通整个结构单元。预制板板缝、板缝梁混凝土强度等级不应低于C20。

高度小于50m的框架结构或剪力墙结构采用预制板时，应符合本条规定的板缝构造要求。

4. 采用预应力楼板可以大大减小楼面结构高度，压缩层高并减轻结构自重；改善结构使用功能，减小挠度，避免裂缝；大跨度楼板可以增加使用面积，容易适应楼面用途改变；施工速度加快，节省钢材和混凝土。预应力楼板近年来在高层建筑楼面结构中应用越来越广泛。

为了确定板的厚度，必须考虑挠度、抗冲切承载力、防火及钢筋防腐蚀要求等。现浇预应力楼板厚度可按跨度的1/45～1/50采用。板厚不宜小于150mm，预应力楼板的预应力钢筋保护层厚度不宜小于30mm。

预应力楼板设计中应采取措施防止或减少竖向和横向主体结构对楼板施加预应力的阻碍作用。

5. 楼板是与梁、柱和剪力墙等主要抗侧力结构连结在一起的，如果不采取措施，则施加楼板预应力时，不仅压缩了楼板，而且大部分预应力将加到主体结构上去，楼板得不到充分的压缩应力，而又对梁柱和剪力墙附加了侧向力，产生位移且不安全。为了防止预应力加到主体结构上去，应考虑合理的施工方案，采用板边留缝以张拉和锚固预应力钢筋，或在板中部预留后浇带待张拉预应力钢筋后再填筑等。

6. 重要的、受力复杂的楼板，应比一般层楼板有更高的要求。屋顶、转换层楼板以及开口过大的楼板应采用现浇板以增强其整体性。顶层楼板加厚可以有效约束整个高层建筑，使其能整体空间工作。转换层楼板要在平面内完成上层结构内力向下层结构的转移，楼板在平面内承受较大的内力，应当加厚。一般楼层的现浇楼板厚度在 100～140mm 范围内，不宜小于 80mm，楼板太薄容易因上部钢筋位置变动而开裂。当板内敷设暗管时，板厚不宜小于 100mm。

7. 房屋的顶层、结构转换层、平面复杂或开洞过大的楼层应采用现浇楼面结构。顶层楼板厚度不宜小于 120mm；转换层楼板厚度不宜小于 180mm；地下室顶板厚度不宜小于 160mm。

5.4　主楼与相连的地下车库结构

1. 在大、中城市的写字楼、商住综合楼及住宅建筑中，为解决有足够的汽车停放位置，需要设置地下停车库。当主楼及部分裙房占地面积较大时，在建筑物下设多层地下室，将部分用做停车库，这是常见的第一种地下汽车库形式。现在一些住宅小区和商住综合楼楼群中，为了有较好的生活环境，建筑物之间设有庭院绿化，利用地下空间设置 1 至 2 层停车库，并与楼房连通，这是近十年来出现的第二种地下汽车库形式。

第一种地下停车库是多年来习惯做法。本节仅对第二种地下汽车库的有关结构设计的一些问题作叙述，供参考。

2. 地面上为庭院绿化地下为停车库，楼房位置与地下停车库位置总平面有多种类形，如图 5.4-1 所示，图中斜线为楼房，虚线范围内为地下停车库。

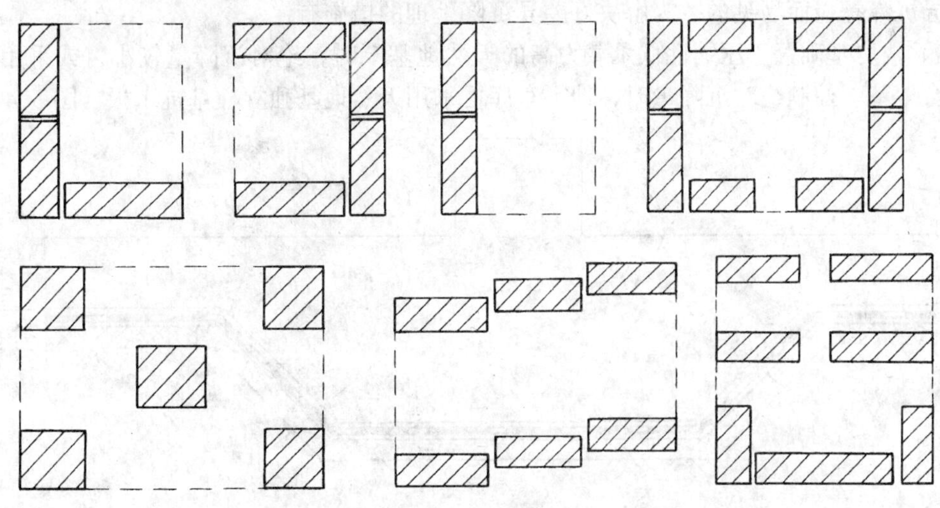

图 5.4-1　楼房与地下停车库总平面形式

3. 地下停车库结构设计中的主要问题：

(1) 地下停车库与楼房之间是否设永久缝分开，从建筑、机电专业要求以不设缝比较好，从结构专业设计时应区别处理，如果解决好楼房与地下停车库之间的差异沉降及超长处理，已经建造的不少工程实践表明，采用不设永久缝是可行的，否则应设永久缝分开。

(2) 地下停车库位于地下水位较高的场地时，必须考虑抗浮设计。当抗浮设计中应由地面填土作为一部分平衡荷载时，必须完成地面回填土以后方允许施工排水停止。关于地下水位的取值，应根据工程地质勘察报告确定。当存在有滞水层时应根据场地地质情况与勘察单位商定地下水位是否考虑滞水水头。

(3) 地下停车库紧贴楼房时，无论设与不设永久缝，采用天然地基时楼房靠车库一侧的地基承载力修正埋置深度应按第11章取值，不能按无地下车库那样从室外地面起算。

(4) 地下停车库的楼盖结构形式，采用无梁式或梁板式，应根据地基、地下水位、车库层数及与楼房地下室标高相互关系确定。地下停车库按净距7.2m停放三辆车，柱网间距一般为8m，车库顶板以上填土厚度常为1.2m至3m，地下车库内设有通风管、喷洒水管等机电管线，净高最低点要求不小于2.2m（小型汽车库）。有许多工程为了减少层高争取有较大净高、减少土方及水浮力，采用了无梁楼盖，为解决板的抗冲切，楼板设托板，顶板设反柱帽或托板加反柱帽（图5.4-2），这种结构型式综合经济效益是比较好的。

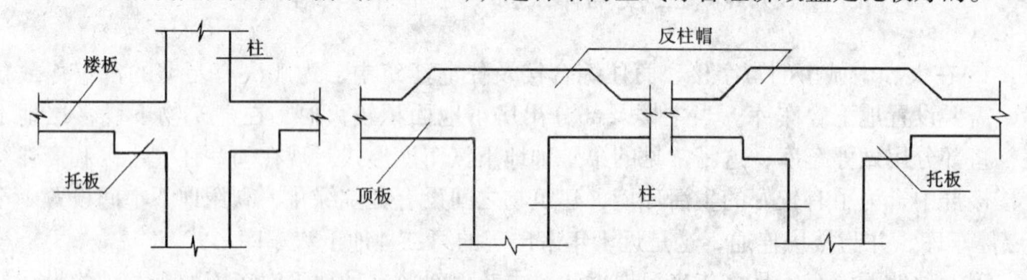

图5.4-2　无梁楼盖托板、反柱帽

(5) 地下停车库的基础由于2层车库或埋深较大时，如果采用满堂筏形基础，基底压力常小于土的原生压力，当与楼房连成整体或紧靠一起不设沉降缝，车库与楼房之间地基的差异沉降是显而易见的。为解决好差异沉降处理的措施有：

1) 楼房基础置于压缩性低承载力高的天然地基上时，绝对沉降量较小，或采用桩基或复合地基，控制绝对沉降量时，地下车库可采用天然地基独立柱基抗水板（图5.4-3）。

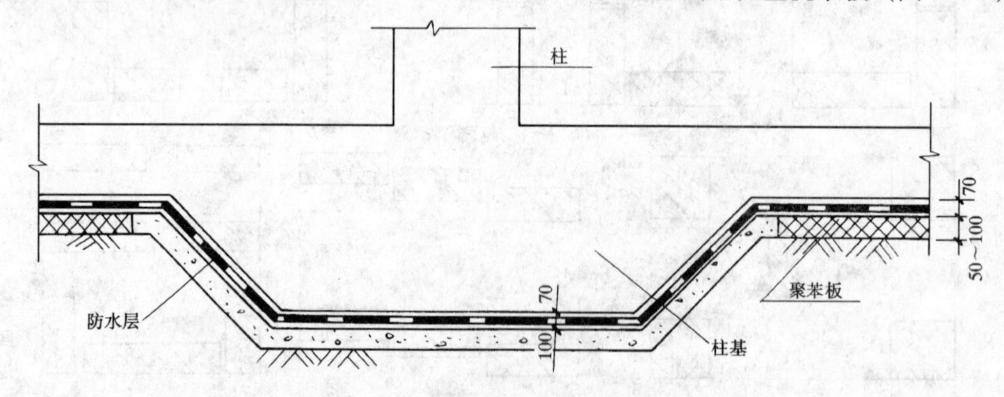

图5.4-3　独立柱基抗水板

2) 楼房采用桩基，地下车库也采用桩基独立柱基抗水板，由桩的承载力调剂相互间的沉降量。

3) 当楼房采用满堂筏板而地基的绝对沉降量极小，地下车库也采用满堂筏板，相互间差异沉降在规范允许值以内，或通过计算考虑有关构件的内力和配筋时，地下车库可采用满堂筏板。

(6) 在楼房与地下停车库连成整体的不少工程中形成超长结构，这类超过结构设计和施工过程中必须采取有效措施，减少或避免结构裂缝，具体措施可参见第 13 章 13.4 节。

(7) 楼房与地下停车库连成整体时，地下停车库实为楼房基础大底盘。地下停车库结构可以不考虑抗震设计，但为了保证楼房基础底盘的整体性和刚度，在地下车库内除了车道、防火分隔墙、楼梯间、通风竖井的钢筋混凝土墙以外，宜设置一定数量的纵横向钢筋混凝土构造墙。

(8) 当地下停车库紧靠楼房地下室而设双墙有永久缝分开时，缝隙宽度应考虑施工拆模板、防水层操作等需要。为保证楼房地下室有侧向约束，在缝隙内采用粗砂填实。

第6章　框　架　结　构

本章内容也适用于框架-剪力墙结构中的框架。

6.1　结　构　布　置

1. 框架结构是由梁、柱构件组成的空间结构，既承受竖向荷载，又承受风荷载和地震作用。

2. 高层框架结构，可采用全现浇，也可采用装配整体式。装配整体式框架宜优先采用预制梁板现浇柱方案，梁应采用叠合梁，使预制楼板端部钢筋锚接在梁的叠合层内，以加强梁板的整体性。

3. 框架结构的柱网布置，即柱距的大小，应根据建筑使用功能要求、结构受力的合理性、有利于方便施工及经济合理等因素确定。

4. 柱网的开间和进深，可设计成大柱网或小柱网（图 6.1-1）。大柱网适用于建筑平面要求有较大空间的房屋，但将增大梁柱的截面尺寸。小柱网梁柱截面尺寸小，适用于饭店、办公楼、医院病房楼等分隔墙体较多的建筑。在有抗震设防的框架房屋中，过大的柱网将给实现强柱弱梁及延性框架增加一定困难。

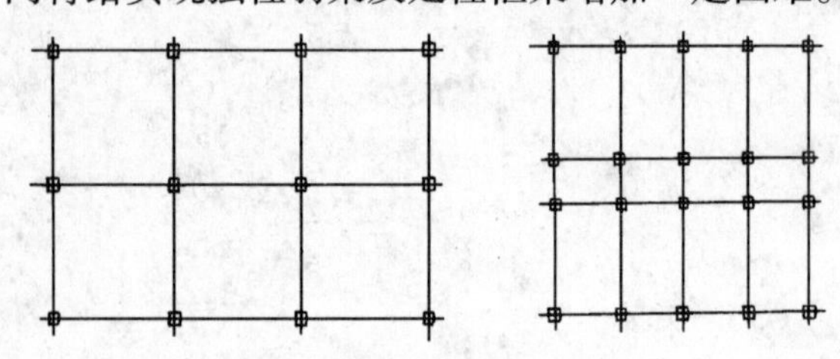

图 6.1-1　柱网布置

5. 框架结构房屋的适用最大高度及高宽比限值见表 2.5-1 和表 2.5-3。在抗震设防为 8 度，层数超过 5 层时，宜采用设有剪力墙的框架-剪力墙结构。

6. 框架按支承楼板方式，可分为横向承重框架、纵向承重框架和双向承重框架（图 6.1-2）但是，从抗风荷载和地震作用而言，无论横向承重还是纵向承重，框架都是抗侧力结构。

7. 有抗震设防的框架结构，或非地震区层数较多的房屋框架结构，横向和纵向均应设计成刚接框架，成为双向梁柱抗侧力体系。主体结构除个别部位外，不应采用铰接。

抗震设计的框架结构不宜采用单跨框架。

8. 框架梁、柱中心线宜重合。当梁柱中心线不能重合时，在计算中应考虑偏心对梁柱节点核心区受力和构造的不利影响，同时也应考虑梁荷载对柱子的偏心影响。为承托隔墙而又要尽量减少梁轴线与柱轴线的偏心距，可采用梁上挑板承托墙体的处理方法（图 6.1-3）。

9. 梁、柱中心线之间的偏心距不宜大于柱截面在该方向宽度的 1/4。当为 8 度及 9 度抗震设防时，如偏心距大于该方向柱宽的1/4时，可采取增设梁的水平加腋（图6.1-4）等措施。设置水平加腋后，仍须考虑梁荷载对柱子的偏心影响。

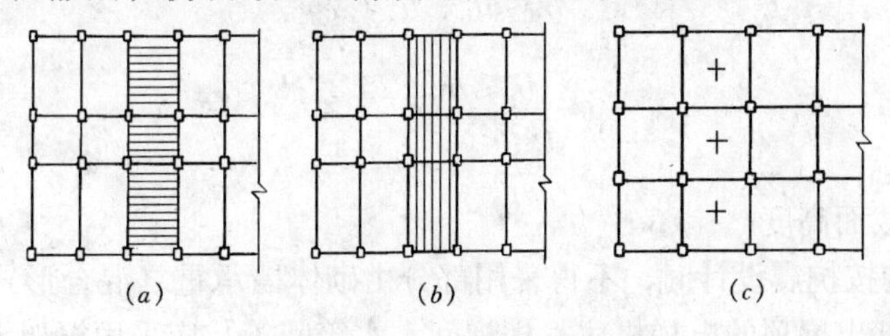

图6.1-2 框架承重方式

(a) 横向；(b) 纵向；(c) 双向

（1）梁的水平加腋厚度可取梁截面高度，水平尺寸宜满足下列要求：

$$\frac{b_x}{l_x} \leqslant \frac{1}{2} \tag{6.1-1}$$

$$b_b + b_x + x \geqslant \frac{1}{2} b_c \tag{6.1-2}$$

$$b_x \leqslant \frac{2}{3} b_b \tag{6.1-3}$$

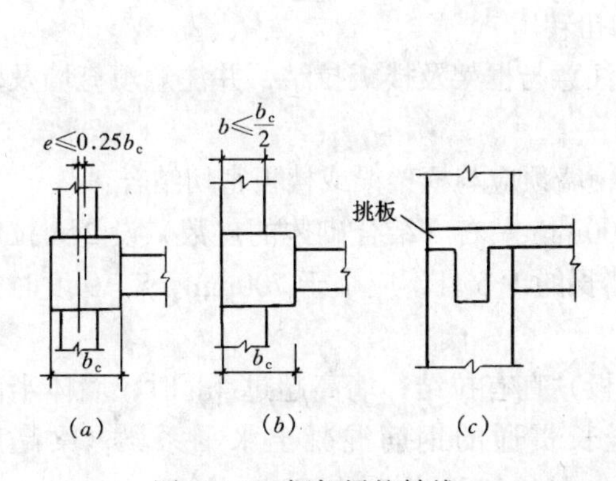

图6.1-3 框架梁柱轴线

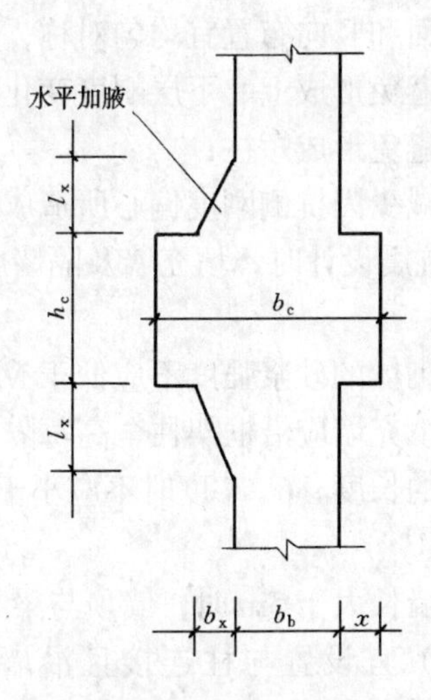

图6.1-4 水平加腋梁

式中 b_x——梁水平加腋宽度；

l_x——梁水平加腋长度；

b_b——梁截面宽度；

b_c——偏心方向上柱截面宽度；

x——非加腋侧梁边到柱边的距离。

（2）梁采用水平加腋时，框架节点有效宽度 b_j 宜符合下列规定：

1）当 $x=0$ 时，按下式计算：

$$b_j \leqslant b_b + b_x \tag{6.1-4}$$

2）当 $x\neq 0$ 时，按以下二式计算的较大值采用：

$$b_j \leqslant b_b + b_x + x \tag{6.1-5}$$

$$b_j \leqslant b_b + 2x \tag{6.1-6}$$

且 $b_j \leqslant b_b + 0.5h_c$。

式中　h_c——柱截面高度

10. 框架结构按抗震设计时，不得采用部分由砌体墙承重之混合形式。框架结构中的楼、电梯间及局部出屋顶的电梯机房、楼梯间、水箱间等，应采用框架承重，不应采用砌体墙承重。

11. 抗震设计的框架结构中，当楼、电梯间采用钢筋混凝土墙时，结构分析计算中，应考虑该剪力墙与框架的协同工作。如因楼、电梯间位置较偏等原因，不宜作为剪力墙考虑时，可采取将此种剪力墙减薄、开竖缝、开结构洞、配置少量单排钢筋等方法，以减少墙的作用。此时与墙相连之柱子，配筋宜适当增加。

12. 框架沿高度方向各层平面柱网尺寸宜相同。柱子截面变化时，尽可能使轴线不变，或上下仅有较小的偏心。当某楼层高度不等而形成错层时，或上部楼层某些框架柱取消形成不规则框架时，应视不规则程度采取措施加强楼层，如加厚楼板、增加边梁配筋。

13. 框架结构的填充墙及隔墙宜选用轻质墙体。抗震设计时，框架结构如采用砌体填充墙在平面和竖向布置宜均匀对称，其布置宜符合下列要求：

（1）避免形成上、下层刚度变化过大；

（2）避免形成短柱；

（3）减少因抗侧刚度偏心所造成的扭转。

14. 抗震设计时，填充墙及隔墙应注意与框架及楼板拉结，并注意填充墙及隔墙自身的稳定性：

（1）砌体的砂浆强度不应低于 M5，墙顶应与框架梁或楼板密切结合：

（2）填充墙应沿框架柱全高每隔 500mm 左右（结合砌体的皮数）设 2ϕ6 拉筋，拉筋伸入墙内的长度，6、7 度时不应小于墙长的 1/5 且不应小于 700mm，8、9 度时宜沿墙全长贯通；

（3）墙长大于 5m 时，墙顶与梁（板）宜有拉结；墙高超过 4m 时，墙体半高处（或门洞上皮）宜设置与柱连接且沿墙全长贯通的钢筋混凝土水平系梁，梁高度 100～120mm，纵向钢筋不少于 3ϕ8，分布筋为 ϕ6@300，混凝土 C20；

（4）一、二级框架的围护墙和分隔墙，宜采用轻质墙体。

6.2　梁截面尺寸的确定及其刚度取值

1. 框架梁截面尺寸应根据承受竖向荷载大小、跨度、抗震设防烈度、混凝土强度等级等诸多因素综合考虑确定。

2. 在一般荷载情况下，框架梁截面高度 h_b 可按（1/10～1/18）l_b，且不小于 400mm，也不宜大于 1/4 净跨，l_b 为框架梁的计算跨度。梁的宽度 b_b 不宜小于 $1/4h_b$，且不应小于 200mm。为了降低楼层高度，或便于通风管道等通行，必要时可设计成宽度较大的扁梁，此时应根据荷载及跨度情况，满足梁的挠度限值，扁梁截面高度可取 $h_b \geqslant \left(\frac{1}{15} \sim \frac{1}{18}\right) l_b$。

3. 采用扁梁时，楼板应现浇，梁中线宜与柱中线重合；当梁宽大于柱宽时，扁梁应双向布置；扁梁的截面尺寸应符合下列要求，并应满足挠度和裂缝宽度的规定：

$$b_b \leqslant 2b_c \tag{6.2-1}$$

$$b_b \leqslant b_c + h_b \tag{6.2-2}$$

$$h_b \geqslant 16d \tag{6.2-3}$$

式中 b_c——柱截面宽度，圆形截面取柱直径的 0.8 倍；

b_b、h_b——分别为梁截面宽度和高度；

d——柱纵筋直径。

4. 当梁高较小时，除验算其承载力外，尚应注意满足刚度及剪压比的要求。在计算梁的挠度时，可以扣除梁的合理起拱值，对现浇梁板，宜考虑梁受压翼缘的有利影响。

5. 为满足梁的刚度和承载力要求，节省材料和有利建筑空间，可将梁设计成加腋形式（图 6.2-1）。这种加腋梁在进行框架的内力和位移计算时，可采用等效线刚度代替变截面加腋梁的实际线刚度。当梁两端加腋对称时，其等效线刚度为：

$$K'_b = \beta K_b \tag{6.2-4}$$

式中 K_b——加腋梁中间部分截面的线刚度（图 6.2-2）；

β——等效刚度系数，见表 6.2-1。

按等效线刚度电算输出的跨中，支座纵向钢筋及支座边按剪力所需箍筋是不真实的，应根据内力手算确定配筋。

加腋梁等效刚度系数 β **表 6.2-1**

α \ γ	0.0	0.4	0.6	1.0	1.5	2.0
0.10	1.00	1.25	1.34	1.47	1.57	1.64
0.20	1.00	1.52	1.76	2.16	2.56	2.87
0.30	1.00	1.78	2.21	3.09	4.16	5.19
0.40	1.00	2.00	2.62	4.10	6.32	8.92
0.50	1.00	2.15	2.92	4.89	8.25	12.70

6. 现浇框架梁的混凝土强度等级，当抗震等级为一级时，不应低于 C30，当二、三、四级及非抗震设计时，不应低于 C20。梁的混凝土强度等级不宜大于 C40。

当梁柱的混凝土强度不同时，应先浇灌梁柱节点高等级的混凝土，并在梁上留坡槎（图 6.2-3）。

装配整体叠合梁的预制部分混凝土强度等级不宜低于 C30。

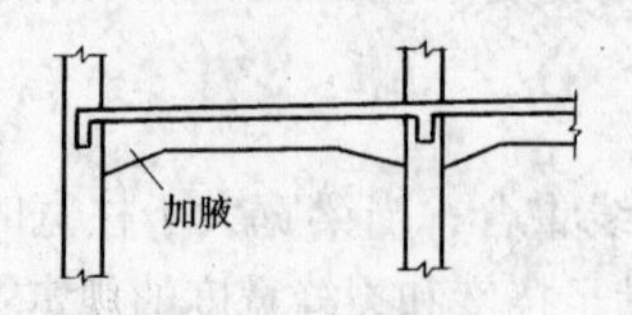

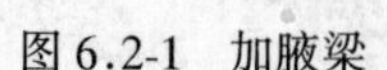

图 6.2-1　加腋梁

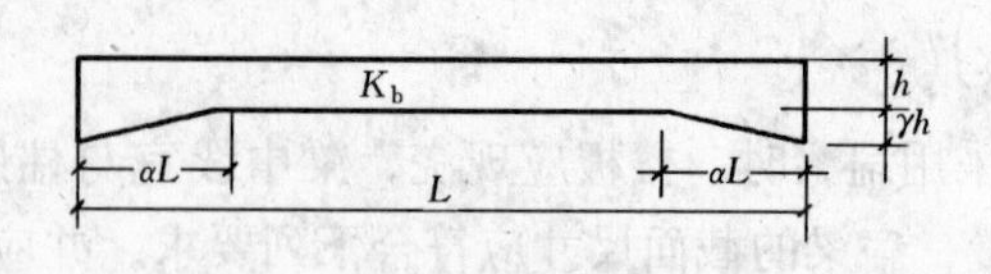

图 6.2-2　加腋梁线刚度

6. 在进行框架的内力和位移计算时，现浇楼板、上有现浇叠合层的预制楼板和楼板虽无现浇叠合层但为拉开预制板板缝且有配筋的装配整体叠合梁，均可考虑梁的翼缘作用。增大梁的惯性矩。此时框架梁的惯性矩可按表 6.2-2 取值。

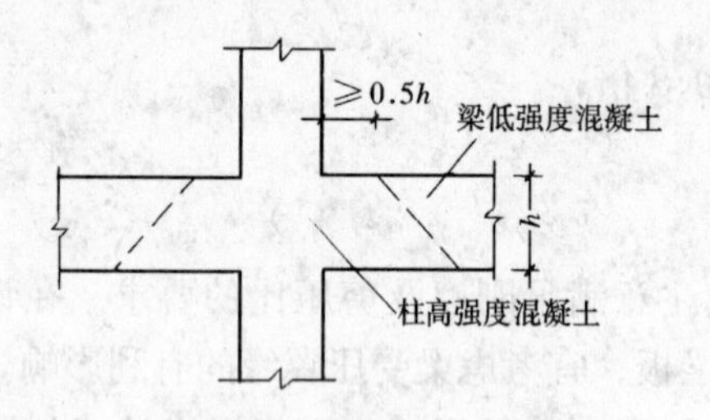

图 6.2-3　梁柱节点与梁不同混凝土强度等级

梁惯性矩取值　表 6.2-2

梁部位 / 楼板	边框架梁	中框架梁
预制楼板	$I=1.2I_0$	$I=1.5I_0$
现浇楼板	$I=1.5I_0$	$I=2.0I_0$

注：I_0 为梁矩形截面的惯性矩。

预制楼板上现浇叠层和预制预应力混凝土叠合楼板均可按现浇楼板取梁的惯性矩。

7. 框架梁应具有足够的抗剪承载力。矩形、T 形和工字形截面梁其截面组合的剪力设计值应符合下列条件：

（1）无地震作用组合时：

$$V \leqslant 0.25\beta_c f_c b h_0 \tag{6.2-5}$$

（2）有地震作用组合时：

跨高比大于 2.5 的梁

$$V \leqslant \frac{1}{\gamma_{RE}}(0.2\beta_c f_c b h_0) \tag{6.2-6}$$

跨高比不大于 2.5 的梁

$$V \leqslant \frac{1}{\gamma_{RE}}(0.15\beta_c f_c b h_0) \tag{6.2-7}$$

式中　V_b——框架梁的剪力设计值；

f_c——混凝土轴心抗压强度设计值；

b、h_0——梁截面宽度和有效高度；

γ_{RE}——承载力抗震调整系数为 0.85；

β_c——混凝土强度影响系数，当混凝土强度等级不大于 C50 时取 1.0；当混凝土强度等级为 C80 时取 0.8，其间按线性内插取用，见表 2.2.-2。

8. 为了使框架梁具有较好的变形能力，梁端的受压区高度应满足以下要求：

$$
\begin{rcases}
\text{无地震组合时} & x \leqslant \xi_b h_b \\
\text{有地震组合时，一级} & x \leqslant 0.25 h_0 \\
\text{二、三级} & x \leqslant 0.35 h_0
\end{rcases} \tag{6.2-8}
$$

式中 ξ_b——相对界限受压区高度

$$
\xi_b = \frac{x}{h} = \frac{\beta_1}{1 + \dfrac{f_y}{0.0033 E_s}} \tag{6.2-9}
$$

如果梁的受压区高度 x 不满足公式（6.2-8）要求时，应增大梁的截面尺寸。

在确定梁端混凝土受压区高度时，可考虑梁的受压钢筋计算在内。

式中 f_y——受拉钢筋的强度设计值；

E_s——钢筋的弹性模量；

h_0——梁的截面有效高度；

x——混凝土受压区高度；

β_1——混凝土强度影响系数，见表 2.2-2；

ξ_b——不同钢筋种类的相应值见表 6.7-2。

6.3 柱截面尺寸的确定

1. 现浇框架柱的混凝土强度等级，当抗震等级为一级时，不得低于 C30；抗震等级为二至四级及非抗震设计时，不低于 C20，设防烈度 8 度时不宜大于 C70，9 度时不宜大于 C60。

2. 框架柱截面尺寸，可根据柱支承的楼层面积计算由竖向荷载产生的轴力设计值 N_v（荷载分项系数可取 1.25），按下列公式估算柱截面积 A_c，然后再确定柱边长。

（1）仅有风荷载作用或无地震作用组合时

$$
N = (1.05 \sim 1.1) N_v \tag{6.3-1}
$$

$$
A_c \geqslant \frac{N}{f_c} \tag{6.3-2}
$$

（2）有水平地震作用组合时

$$
N = \zeta N_v \tag{6.3-3}
$$

ζ 为增大系数，框架结构外柱取 1.3，不等跨内柱取 1.25，等跨内柱取 1.2；框剪结构外柱取 1.1～1.2，内柱取 1.0。

有地震作用组合时柱所需截面面积为：

$$
A_c \geqslant \frac{N}{\mu_N f_c} \tag{6.3-4}
$$

其中 f_c 为混凝土轴心抗压强度设计值，μ_N 为柱轴压比限值见表 6.10-1。

当不能满足公式（6.3-2）、（6.3-4）时，应增大柱截面或提高混凝土强度等级。

3. 柱截面尺寸：非抗震设计时，不宜小于 250mm，抗震设计时，不宜小于 300mm；圆柱截面直径不宜小于 350mm；柱剪跨比宜大于 2；柱截面高宽比不宜大于 3。

框架柱剪跨比可按下式计算：

$$\lambda = M/(Vh_0) \tag{6.3-5}$$

式中　λ——框架柱的剪跨比。反弯点位于柱高中部的框架柱，可取柱净高与2倍柱截面有效高度之比值；

M——柱端截面组合的弯矩计算值，可取上、下端的较大值；

V——柱端截面与组合弯矩计算值对应的组合剪力计算值；

h_0——计算方向上截面有效高度。

4. 柱的剪跨比宜大于2，以避免产生剪切破坏。在设计中，楼梯间、设备层等部位难以避免短柱时，除应验算柱的受剪承载力以外，还应采取措施提高其延性和抗剪能力。

5. 框架柱截面尺寸应满足抗剪要求。矩形截面柱应符合下列要求：

无地震组合时

$$V_c \leqslant 0.25\beta_c f_c bh_0 \tag{6.3-6}$$

有地震组合时

剪跨比大于2的柱：

$$V_c \leqslant \frac{1}{\gamma_{RE}}(0.2\beta_c f_c bh_0) \tag{6.3-7}$$

剪跨比不大于2的柱

$$V_c \leqslant \frac{1}{\gamma_{RE}}(0.15\beta_c f_c bh_0) \tag{6.3-8}$$

式中　V_c——框架柱的剪力设计值；

f_c——混凝土轴心抗压强度设计值；

b、h_0——柱截面宽度和截面有效高度；

γ_{RE}——承载力抗震调整系数为0.85；

β_c——当≤C50时，β_c取1.0；C80时，β_c取0.8；C50～C80之间时，取其内插值，见表2.2-2。

如果不满足公式（6.3-6）至（6.3-8）时，应增大柱截面或提高混凝土强度等级。

6.4　竖向荷载作用下的计算

1. 高层建筑框架结构，在竖向荷载作用下的内力和位移计算，现在一般采用机算。

2. 高层建筑框架结构，在竖向荷载作用下采用手算进行内力分析时，可不考虑框架的侧移影响，可采用力矩分配法或迭代法，按下列要求计算：

（1）根据高层建筑层数多、上部各层竖向荷载多数相同或出入不大、各层层高多数相同和梁柱截面变化较小等特点，竖向荷载作用下可采用分层法进行简化计算内力。

（2）分层法是把每层框架梁连同上下层框架柱作为基本计算单元，柱的远端按固定端，考虑到顶层梁对柱的约束较弱，将顶层的各柱刚度乘以折减系数0.9（图6.4-1）。

（3）框架梁在竖向荷载作用下，梁端负弯矩允许考虑塑性变形内力重分布予以适当降低，可采用调幅系数β：

对于现浇框架　　$\beta=0.8\sim0.9$

对于装配整体式框架　　$\beta=0.7\sim0.8$

为计算方便，在求梁固端弯矩值时先可乘以调幅系数β值，然后再进行框架弯矩分配计算。

(4) 竖向荷载产生的梁固端弯矩只在本计算单元内进行弯矩分配，单元之间不再进行分配。弯矩分配完成后，梁端弯矩为固端弯矩、分配弯矩和传递弯矩之代数和，柱端分配弯矩之代数和的平衡弯矩，须向远端传递，传递弯矩值在底层计算单元为平衡弯矩的1/2，上部其他计算单元为平衡弯矩的1/3。由于每根柱分别属于上下两个计算单元，所以柱端弯矩值为本计算单元柱端平衡弯矩与相邻计算单元传递弯矩之代数和。

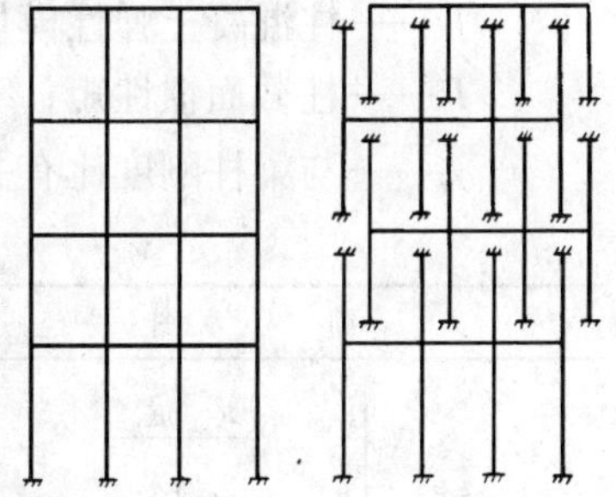

图 6.4-1 框架分层法计算简图

由于分层法分计算单元进行计算，最后梁柱节点的弯矩总和可能不等于零，此时不需要再进行分配计算。

(5) 框架梁端的弯矩调幅只在竖向荷载作用下进行，水平力作用下梁端弯矩不允许调幅。因此，必须先对竖向荷载作用下梁端弯矩按调幅计算后的各杆弯矩值再与水平力作用下的各杆弯矩进行组合，而不应采用竖向荷载作用下与水平力作用下计算所得弯矩组合后再对梁端弯矩进行调幅。

(6) 高层建筑在竖向荷载作用下，活荷载一般按均布考虑，不进行不利分布的计算。但是，当活荷载值较大时，为考虑其不利分布对梁跨中弯矩的影响。

(7) 竖向荷载作用下，框架梁跨中计算所得的弯矩值小于按简支梁计算的跨中弯矩的50%时，则至少按简支梁计算的跨中弯矩的50%进行截面配筋。

6.5 水平力作用下的计算

1. 框架在水平力（风荷载或水平地震作用）作用下的内力和位移计算，手算可采用D值法。

2. 采用D值法进行计算时，其步骤为：

(1) 在水平力作用下求出各楼层剪力V_i。

(2) 将楼层剪力V_i按该层各柱的D值比例分配到各柱，得到柱的剪力V_{ij}。

(3) 求出柱的反弯点高度y，由剪力V_{ij}及反弯点高度y计算出柱上下端弯矩。

(4) 根据梁柱节点平衡条件，梁柱节点的上下柱端弯矩之和应等于节点左右边梁端弯矩之和，从而求得梁端弯矩值。

(5) 将框架梁左右端弯矩之和除以梁的跨度，则可得到梁端剪力。

(6) 从上到下逐层叠加梁柱节点左右边梁端剪力值，可得到各层柱在水平力作用下的轴力值。

3. 柱的抗推刚度D值按下式计算：

$$D = \alpha_c K_c \frac{12}{h^2} \tag{6.5-1}$$

式中 h——层高；

K_c——柱的线刚度，$K_c = EI_c/h$；

E——柱混凝土弹性模量；

I_c——柱截面惯性矩；

α_c——与梁柱刚度比有关的刚度修正系数，按表6.5-1计算。

柱刚度修正系数 α　　**表 6.5-1**

简　图	$\overline{K}$ 值	α　值
K_{b2}, K_c, K_{b4}; K_{b1}, K_{b2}, K_{b3}, K_{b4}; K_{b2}, K_c, K_{b4}; K_{b1}, K_{b2}, K_c, K_{b3}, K_{b4}	$\overline{K}=\frac{K_{b1}+K_{b2}+K_{b3}+K_{b4}}{2K_c}$ $\overline{K}=\frac{K_{b2}+K_{b4}}{2K_c}$	$\alpha=\frac{\overline{K}}{2+\overline{K}}$
K_{b2}, K_c; K_{b1}, K_{b2}, K_c	$\overline{K}=\frac{K_{b1}+K_{b2}}{K_c}$ $\overline{K}=\frac{K_{b2}}{K_c}$	$\alpha=\frac{0.5+\overline{K}}{2+\overline{K}}$
K_{b2}, K_c; K_{b1}, K_{b2}, K_c	$\overline{K}=\frac{K_{b1}+K_{b2}}{K_c}$ $\overline{K}=\frac{K_{b2}}{K_c}$	$\alpha=\frac{0.5+\overline{K}}{1+2\overline{K}}$

4．当同一楼层中有个别柱的高度 h_a、h_b 与一般柱的高度 h 不相等时（图6.5-1），这些个别柱的抗推刚度按下列公式计算：

$$\left.\begin{aligned}D_a &= \alpha_a K_{ca}\frac{12}{h_a^2}\\ D_b &= \alpha_b K_{cb}\frac{12}{h_b^2}\end{aligned}\right\} \tag{6.5-2}$$

5．带有夹层的柱（图6.5-2），其抗推刚度按下式计算：

$$D' = \frac{1}{\frac{1}{D_1}+\frac{1}{D_2}} = \frac{D_1 D_2}{D_1 + D_2} \tag{6.5-3}$$

式中

$$\left.\begin{aligned}D_1 &= \alpha_{c1} K_{c1}\frac{12}{h_1^2}\\ D_2 &= \alpha_{c2} K_{c2}\frac{12}{h_2^2}\end{aligned}\right\} \tag{6.5-4}$$

6．框架柱的反弯点高度 y 按下式计算（图6.5-3）：

$$y = y_0 + y_1 + y_2 + y_3 \tag{6.5-5}$$

式中 y_0——标准反弯点高度，由表 6.5-2、6.5-3 查取；

y_1——上、下层梁刚度不等时的修正值，由表 6.5-4 查取；

y_2、y_3——上、下层层高不等时的修正值，由表 6.5-5 查取。

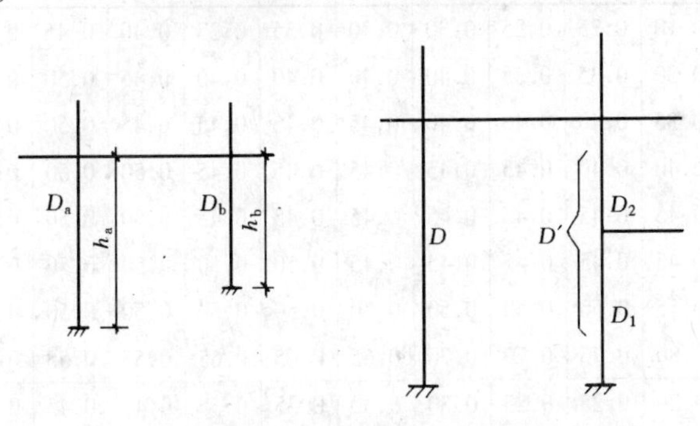

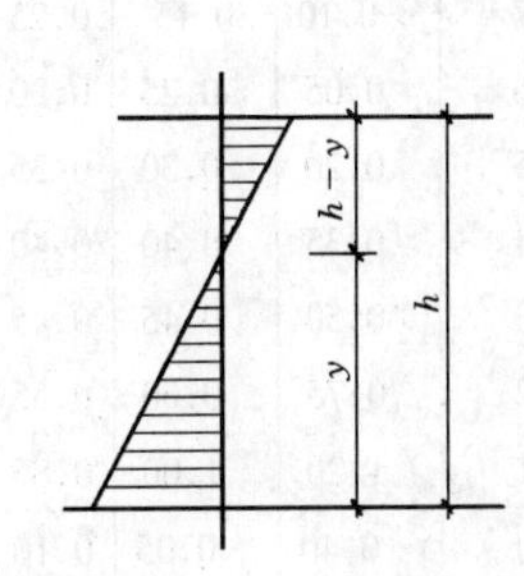

图 6.5-1 不等高柱

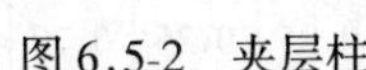

图 6.5-2 夹层柱

图 6.5-3 反弯点高度

当反弯点高度为 $0 \leqslant y \leqslant h$ 时，反弯点在本层；当 $y > h$ 时，本层无反弯点，反弯点在上层；当 $y < 0$ 时，反弯点在下层。

在查取 y_0 时，风荷载作用下可按表 6.5-2 取用，水平地震作用下可按表 6.5-3 取用。

7. 第 i 层 j 柱的剪力 V_{ij} 按下式计算：

$$V_{ij} = V_i \frac{D_j}{\Sigma D_j} = V_i \frac{D_j}{D_i} \tag{6.5-6}$$

式中 V_i——水平力产生的第 i 层楼层剪力；

D_j——第 j 柱的抗推刚度；

D_i——第 i 层所有柱抗推刚度的总和。

8. 柱端弯矩 M_b、M_u 按下式计算（图 6.5-4）：

$$\left.\begin{aligned} M_b &= V \cdot y \\ M_u &= V(h-y) \end{aligned}\right\} \tag{6.5-7}$$

式中 V——柱剪力，由公式（6.5-6）求得；

h——层高；

y——反弯点高度，由公式（6.5-5）求得。

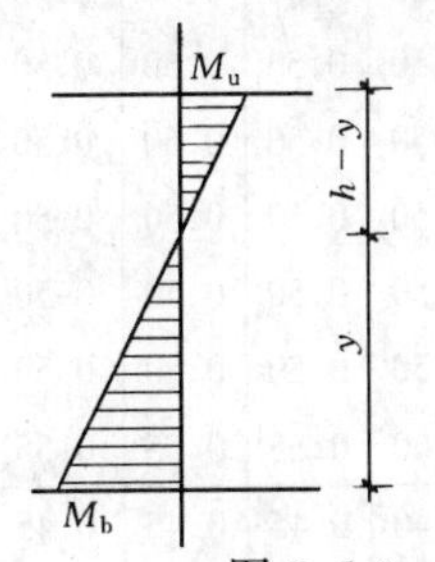

图 6.5-4 柱端弯矩

在均布水平荷载作用下的标准反弯点高度比 y_0/h 表 6.5-2

m	n \ K	0.1	0.2	0.3	0.4	0.5	0.6	0.7	0.8	0.9	1.0	2.0	3.0	4.0	5.0
7	7	−0.35	−0.05	0.10	0.20	0.20	0.25	0.30	0.30	0.35	0.35	0.40	0.45	0.45	0.45
	6	−0.10	0.15	0.25	0.30	0.35	0.35	0.35	0.40	0.40	0.40	0.45	0.45	0.50	0.50
	5	0.10	0.25	0.30	0.35	0.40	0.40	0.40	0.45	0.45	0.45	0.50	0.50	0.50	0.50
	4	0.30	0.35	0.40	0.40	0.40	0.45	0.45	0.45	0.45	0.45	0.50	0.50	0.50	0.50
	3	0.50	0.45	0.45	0.45	0.45	0.45	0.45	0.45	0.45	0.45	0.50	0.50	0.50	0.50
	2	0.75	0.60	0.55	0.50	0.50	0.50	0.50	0.50	0.50	0.50	0.50	0.50	0.50	0.50
	1	1.20	0.95	0.85	0.80	0.75	0.70	0.70	0.65	0.65	0.65	0.55	0.55	0.55	0.55

续表

m	$\overline{K}$ / n	0.1	0.2	0.3	0.4	0.5	0.6	0.7	0.8	0.9	1.0	2.0	3.0	4.0	5.0
8	8	−0.35	−0.15	0.10	0.10	0.25	0.25	0.30	0.30	0.35	0.35	0.40	0.45	0.45	0.45
	7	−0.10	0.15	0.25	0.30	0.35	0.35	0.40	0.40	0.40	0.40	0.45	0.50	0.50	0.50
	6	0.05	0.25	0.30	0.35	0.40	0.40	0.40	0.45	0.45	0.45	0.45	0.50	0.50	0.50
	5	0.20	0.30	0.35	0.40	0.40	0.45	0.45	0.45	0.45	0.45	0.50	0.50	0.50	0.50
	4	0.35	0.40	0.40	0.45	0.45	0.45	0.45	0.45	0.45	0.45	0.50	0.50	0.50	0.50
	3	0.50	0.45	0.45	0.45	0.45	0.45	0.45	0.45	0.50	0.50	0.50	0.50	0.50	0.50
	2	0.75	0.60	0.55	0.55	0.50	0.50	0.50	0.50	0.50	0.50	0.50	0.50	0.50	0.50
	1	1.20	1.00	0.85	0.80	0.75	0.70	0.70	0.65	0.65	0.65	0.55	0.55	0.55	0.55
9	9	−0.40	−0.05	0.10	0.20	0.25	0.25	0.30	0.30	0.35	0.35	0.45	0.45	0.45	0.45
	8	−0.15	0.15	0.10	0.20	0.25	0.25	0.30	0.30	0.35	0.35	0.45	0.45	0.50	0.50
	7	0.05	0.25	0.30	0.35	0.40	0.40	0.40	0.45	0.45	0.45	0.45	0.50	0.50	0.50
	6	0.15	0.30	0.35	0.40	0.40	0.45	0.45	0.45	0.45	0.45	0.50	0.50	0.50	0.50
	5	0.25	0.35	0.40	0.40	0.45	0.45	0.45	0.45	0.45	0.45	0.50	0.50	0.50	0.50
	4	0.40	0.40	0.40	0.45	0.45	0.45	0.45	0.45	0.45	0.45	0.50	0.50	0.50	0.50
	3	0.55	0.45	0.45	0.45	0.45	0.45	0.45	0.45	0.50	0.50	0.50	0.50	0.50	0.50
	2	0.80	0.65	0.55	0.55	0.50	0.50	0.50	0.50	0.50	0.50	0.50	0.50	0.50	0.50
	1	1.20	1.00	0.85	0.80	0.75	0.70	0.70	0.65	0.65	0.65	0.55	0.55	0.55	0.55
10	10	−0.40	−0.05	0.10	0.20	0.25	0.30	0.30	0.30	0.30	0.35	0.40	0.45	0.45	0.45
	9	−0.15	0.15	0.25	0.30	0.35	0.35	0.40	0.40	0.40	0.40	0.45	0.45	0.50	0.50
	8	0.00	0.25	0.30	0.35	0.40	0.40	0.40	0.45	0.45	0.45	0.45	0.50	0.50	0.50
	7	0.10	0.30	0.35	0.40	0.40	0.45	0.45	0.45	0.45	0.45	0.50	0.50	0.50	0.50
	6	0.20	0.35	0.40	0.40	0.45	0.45	0.45	0.45	0.45	0.45	0.50	0.50	0.50	0.50
	5	0.30	0.40	0.40	0.45	0.45	0.45	0.45	0.45	0.45	0.50	0.50	0.50	0.50	0.50
	4	0.40	0.40	0.45	0.45	0.45	0.45	0.45	0.45	0.45	0.50	0.50	0.50	0.50	0.50
	3	0.55	0.50	0.45	0.45	0.45	0.50	0.50	0.50	0.50	0.50	0.50	0.50	0.50	0.50
	2	0.80	0.65	0.55	0.55	0.55	0.50	0.50	0.50	0.50	0.50	0.50	0.50	0.50	0.50
	1	1.30	1.00	0.85	0.80	0.75	0.70	0.70	0.65	0.65	0.65	0.60	0.55	0.55	0.55
11	11	−0.40	0.05	0.10	0.20	0.25	0.30	0.30	0.30	0.35	0.35	0.40	0.45	0.45	0.45
	10	−0.15	0.15	0.25	0.30	0.35	0.35	0.40	0.40	0.40	0.40	0.45	0.45	0.50	0.50
	9	0.00	0.25	0.30	0.35	0.40	0.40	0.40	0.45	0.45	0.45	0.45	0.50	0.50	0.50
	8	0.10	0.30	0.35	0.40	0.40	0.45	0.45	0.45	0.45	0.45	0.50	0.50	0.50	0.50
	7	0.20	0.35	0.40	0.45	0.45	0.45	0.45	0.45	0.45	0.45	0.50	0.50	0.50	0.50
	6	0.25	0.35	0.40	0.45	0.45	0.45	0.45	0.45	0.45	0.45	0.50	0.50	0.50	0.50
	5	0.35	0.40	0.40	0.45	0.45	0.45	0.45	0.45	0.45	0.50	0.50	0.50	0.50	0.50
	4	0.40	0.45	0.45	0.45	0.45	0.45	0.45	0.50	0.50	0.50	0.50	0.50	0.50	0.50
	3	0.55	0.50	0.50	0.50	0.50	0.50	0.50	0.50	0.50	0.50	0.50	0.50	0.50	0.50
	2	0.80	0.65	0.60	0.51	0.65	0.50	0.50	0.50	0.50	0.50	0.50	0.50	0.50	0.50
	1	1.30	1.00	0.85	0.80	0.75	0.70	0.70	0.65	0.65	0.65	0.60	0.55	0.55	0.55

续表

m	n \ $\overline{K}$	0.1	0.2	0.3	0.4	0.5	0.6	0.7	0.8	0.9	1.0	2.0	3.0	4.0	5.0
12以上	自上1层	−0.40	−0.05	0.10	0.20	0.25	0.30	0.30	0.30	0.35	0.35	0.40	0.45	0.45	0.45
	2	−0.15	0.15	0.25	0.30	0.35	0.35	0.40	0.40	0.40	0.40	0.45	0.45	0.50	0.50
	3	0.00	0.25	0.30	0.35	0.40	0.40	0.40	0.45	0.45	0.45	0.50	0.50	0.50	0.50
	4	0.10	0.30	0.35	0.40	0.40	0.45	0.45	0.45	0.45	0.45	0.50	0.50	0.50	0.50
	5	0.20	0.35	0.40	0.40	0.45	0.45	0.45	0.45	0.45	0.45	0.50	0.50	0.50	0.50
	6	0.25	0.35	0.40	0.45	0.45	0.45	0.45	0.45	0.45	0.45	0.50	0.50	0.50	0.50
	7	0.30	0.40	0.40	0.45	0.45	0.45	0.45	0.45	0.50	0.50	0.50	0.50	0.50	0.50
	8	0.35	0.40	0.45	0.45	0.45	0.45	0.45	0.50	0.50	0.50	0.50	0.50	0.50	0.50
	中间各层	0.40	0.40	0.45	0.45	0.45	0.45	0.50	0.50	0.50	0.50	0.50	0.50	0.50	0.50
	4	0.45	0.45	0.45	0.45	0.50	0.50	0.50	0.50	0.50	0.50	0.50	0.50	0.50	0.50
	3	0.60	0.50	0.50	0.50	0.50	0.50	0.50	0.50	0.50	0.50	0.50	0.50	0.50	0.50
	2	0.80	0.65	0.60	0.55	0.55	0.50	0.50	0.50	0.50	0.50	0.50	0.50	0.50	0.50
	自下1层	1.30	1.00	0.85	0.80	0.75	0.70	0.70	0.65	0.65	0.55	0.55	0.55	0.55	0.55

注：m——总层数；n——所在楼层的位置；$\overline{K}$——平均相对刚度，按表6.5-1计算。

三角形荷载作用下标准反弯点高度比 y_0/h 表6.5-3

m	n \ $\overline{K}$	0.1	0.2	0.3	0.4	0.5	0.6	0.7	0.8	0.9	1.0	2.0	3.0	4.0	5.0
7	7	−0.20	0.05	0.15	0.20	0.25	0.30	0.30	0.35	0.35	0.35	0.45	0.45	0.45	0.45
	6	0.05	0.20	0.30	0.35	0.35	0.40	0.40	0.40	0.40	0.45	0.45	0.50	0.50	0.50
	5	0.20	0.30	0.35	0.40	0.40	0.45	0.45	0.45	0.45	0.45	0.50	0.50	0.50	0.50
	4	0.35	0.40	0.40	0.45	0.45	0.45	0.45	0.45	0.45	0.45	0.50	0.50	0.50	0.50
	3	0.55	0.50	0.50	0.50	0.50	0.50	0.50	0.50	0.50	0.50	0.50	0.50	0.50	0.50
	2	0.80	0.65	0.60	0.55	0.55	0.55	0.50	0.50	0.50	0.50	0.50	0.50	0.50	0.50
	1	1.30	1.00	0.90	0.80	0.75	0.70	0.70	0.70	0.65	0.65	0.60	0.55	0.55	0.55
8	8	−0.20	0.05	0.15	0.20	0.25	0.30	0.30	0.35	0.35	0.35	0.45	0.45	0.45	0.45
	7	0.00	0.20	0.30	0.35	0.35	0.40	0.40	0.40	0.40	0.45	0.45	0.50	0.50	0.50
	6	0.15	0.30	0.35	0.40	0.40	0.45	0.45	0.45	0.45	0.45	0.50	0.50	0.50	0.50
	5	0.30	0.45	0.40	0.45	0.45	0.45	0.45	0.45	0.45	0.45	0.50	0.50	0.50	0.50
	4	0.40	0.45	0.45	0.45	0.45	0.45	0.45	0.50	0.50	0.50	0.50	0.50	0.50	0.50
	3	0.60	0.50	0.50	0.50	0.50	0.50	0.50	0.50	0.50	0.50	0.50	0.50	0.50	0.50
	2	0.85	0.65	0.60	0.55	0.55	0.55	0.50	0.50	0.50	0.50	0.50	0.50	0.50	0.50
	1	1.30	1.00	0.90	0.80	0.75	0.70	0.70	0.70	0.65	0.65	0.60	0.55	0.55	0.55
9	9	−0.25	0.00	0.15	0.20	0.25	0.30	0.30	0.35	0.35	0.40	0.45	0.45	0.45	0.45
	8	0.00	0.20	0.30	0.35	0.35	0.40	0.40	0.40	0.40	0.45	0.45	0.50	0.50	0.50
	7	0.15	0.30	0.35	0.40	0.40	0.45	0.45	0.45	0.45	0.45	0.50	0.50	0.50	0.50
	6	0.25	0.35	0.40	0.40	0.45	0.45	0.45	0.45	0.45	0.50	0.50	0.50	0.50	0.50
	5	0.35	0.40	0.45	0.45	0.45	0.45	0.45	0.45	0.50	0.50	0.50	0.50	0.50	0.50
	4	0.45	0.45	0.45	0.45	0.45	0.50	0.50	0.50	0.50	0.50	0.50	0.50	0.50	0.50
	3	0.60	0.50	0.50	0.50	0.50	0.50	0.50	0.50	0.50	0.50	0.50	0.50	0.50	0.50
	2	0.80	0.65	0.60	0.55	0.55	0.55	0.55	0.50	0.50	0.50	0.50	0.50	0.50	0.50
	1	1.35	1.00	0.90	0.80	0.75	0.75	0.70	0.70	0.65	0.65	0.60	0.55	0.55	0.55

续表

m	n \ $\overline{K}$	0.1	0.2	0.3	0.4	0.5	0.6	0.7	0.8	0.9	1.0	2.0	3.0	4.0	5.0
10	10	−0.25	0.00	0.10	0.20	0.25	0.30	0.30	0.35	0.35	0.40	0.45	0.45	0.45	0.45
	9	−0.05	0.20	0.30	0.35	0.35	0.40	0.40	0.40	0.40	0.45	0.45	0.50	0.50	0.50
	8	0.10	0.30	0.35	0.40	0.40	0.40	0.45	0.45	0.45	0.45	0.50	0.50	0.50	0.50
	7	0.20	0.35	0.40	0.40	0.45	0.45	0.45	0.45	0.45	0.50	0.50	0.50	0.50	0.50
	6	0.30	0.40	0.40	0.45	0.45	0.45	0.45	0.45	0.45	0.50	0.50	0.50	0.50	0.50
	5	0.40	0.45	0.45	0.45	0.45	0.45	0.45	0.50	0.50	0.50	0.50	0.50	0.50	0.50
	4	0.50	0.45	0.45	0.45	0.50	0.50	0.50	0.50	0.50	0.50	0.50	0.50	0.50	0.50
	3	0.60	0.55	0.50	0.50	0.50	0.50	0.50	0.50	0.50	0.50	0.50	0.50	0.50	0.50
	2	0.85	0.65	0.60	0.55	0.55	0.55	0.55	0.50	0.50	0.50	0.50	0.50	0.50	0.50
	1	1.35	1.00	0.90	0.80	0.75	0.75	0.70	0.70	0.65	0.65	0.60	0.55	0.55	0.55
11	11	−0.25	0.00	0.15	0.20	0.25	0.30	0.30	0.30	0.35	0.45	0.45	0.45	0.45	0.45
	10	−0.05	0.20	0.25	0.30	0.35	0.40	0.40	0.40	0.40	0.45	0.50	0.50	0.50	0.50
	9	0.10	0.30	0.35	0.40	0.40	0.45	0.45	0.45	0.45	0.50	0.50	0.50	0.50	0.50
	8	0.20	0.35	0.40	0.40	0.45	0.45	0.45	0.45	0.45	0.50	0.50	0.50	0.50	0.50
	7	0.25	0.40	0.40	0.45	0.45	0.45	0.45	0.45	0.45	0.50	0.50	0.50	0.50	0.50
	6	0.35	0.40	0.45	0.45	0.45	0.45	0.45	0.50	0.50	0.50	0.50	0.50	0.50	0.50
	5	0.40	0.44	0.45	0.45	0.45	0.50	0.50	0.50	0.50	0.50	0.50	0.50	0.50	0.50
	4	0.50	0.50	0.50	0.50	0.50	0.50	0.50	0.50	0.50	0.50	0.50	0.50	0.50	0.50
	3	0.65	0.55	0.50	0.50	0.50	0.50	0.50	0.50	0.50	0.50	0.50	0.50	0.50	0.50
	2	0.85	0.65	0.60	0.55	0.55	0.55	0.55	0.50	0.50	0.50	0.50	0.50	0.50	0.50
	1	1.35	1.05	0.90	0.80	0.75	0.75	0.75	0.70	0.65	0.60	0.60	0.55	0.55	0.55
12以上	自上1层	−0.30	0.00	0.15	0.20	0.25	0.30	0.30	0.30	0.35	0.35	0.40	0.45	0.45	0.45
	2	−0.10	0.20	0.25	0.30	0.35	0.40	0.40	0.40	0.40	0.40	0.45	0.45	0.45	0.50
	3	0.05	0.25	0.35	0.40	0.40	0.40	0.45	0.45	0.45	0.45	0.45	0.50	0.50	0.50
	4	0.15	0.30	0.40	0.40	0.45	0.45	0.45	0.45	0.45	0.45	0.45	0.50	0.50	0.50
	5	0.25	0.35	0.40	0.45	0.45	0.45	0.45	0.45	0.45	0.45	0.50	0.50	0.50	0.50
	6	0.30	0.40	0.40	0.45	0.45	0.45	0.45	0.50	0.50	0.50	0.50	0.50	0.50	0.50
	7	0.35	0.40	0.40	0.45	0.45	0.45	0.50	0.50	0.50	0.50	0.50	0.50	0.50	0.50
	8	0.35	0.45	0.45	0.45	0.50	0.50	0.50	0.50	0.50	0.50	0.50	0.50	0.50	0.50
	中间各层	0.45	0.45	0.50	0.45	0.50	0.50	0.50	0.50	0.50	0.50	0.50	0.50	0.50	0.50
	4	0.55	0.50	0.50	0.50	0.50	0.50	0.50	0.50	0.50	0.50	0.50	0.50	0.50	0.50
	3	0.65	0.55	0.50	0.50	0.50	0.50	0.50	0.50	0.50	0.50	0.50	0.50	0.50	0.50
	2	0.70	0.70	0.60	0.55	0.55	0.55	0.55	0.50	0.50	0.50	0.50	0.50	0.50	0.50
	自下1层	1.35	1.05	0.90	0.80	0.75	0.70	0.70	0.70	0.65	0.65	0.60	0.55	0.55	0.55

注：m——总层数；n——所在楼层的位置；$\overline{K}$——平均相对刚度，按表6.5-1计算。

按照上下梁相对刚度变化的修正值 y_1/h　　表6.5-4

a_1 \ $\overline{K}$	0.1	0.2	0.3	0.4	0.5	0.6	0.7	0.8	0.9	1.0	2.0	3.0	4.0	5.0
0.4	0.55	0.40	0.30	0.25	0.20	0.20	0.20	0.15	0.15	0.15	0.05	0.05	0.05	0.05
0.5	0.45	0.30	0.20	0.20	0.20	0.15	0.15	0.10	0.10	0.10	0.05	0.05	0.05	0.05
0.6	0.30	0.20	0.15	0.15	0.10	0.10	0.10	0.10	0.05	0.05	0.05	0.05	0.00	0.00
0.7	0.20	0.15	0.10	0.10	0.10	0.05	0.05	0.05	0.05	0.05	0.05	0.00	0.00	0.00

续表

$\overline{K}$ / α_1	0.1	0.2	0.3	0.4	0.5	0.6	0.7	0.8	0.9	1.0	2.0	3.0	4.0	5.0
0.8	0.15	0.10	0.05	0.05	0.05	0.05	0.05	0.05	0.05	0.00	0.00	0.00	0.00	0.00
0.9	0.05	0.05	0.05	0.05	0.00	0.00	0.00	0.00	0.00	0.00	0.00	0.00	0.00	0.00

K_{11} K_{12} K_{13} K_{14}

注：$K_{ts}=K_{l1}+K_{l2}$　　α_1——最下层可以不考虑，当上梁相对刚度较大时则取倒数。

$\alpha_1=\frac{K_{ts}}{K_{tx}}$

$K_{tx}=K_{ls}+K_{l4}$　　$\alpha_t=\frac{K_{tx}}{K_{ts}}$时，求 y_t 取负号（—）。

按照上下层高不同的修正值 y_2/h 和 y_3/h　　**表 6.5-5**

（y_2/h——按上层层高变化的修正值；y_3/h——按下层层高变化的修正值）

$\alpha_{2上}$	$\alpha_{3下}$ \ $\overline{K}$	0.1	0.2	0.3	0.4	0.5	0.6	0.7	0.8	0.9	1.0	2.0	3.0	4.0	5.0
2.0		0.25	0.15	0.15	0.10	0.10	0.10	0.10	0.10	0.05	0.05	0.05	0.05	0.0	0.0
1.8		0.20	0.15	0.10	0.10	0.10	0.05	0.05	0.05	0.05	0.05	0.05	0.0	0.0	0.0
1.6	0.4	0.15	0.10	0.10	0.05	0.05	0.05	0.05	0.05	0.05	0.05	0.0	0.0	0.0	0.0
1.4	0.6	0.10	0.05	0.05	0.05	0.05	0.05	0.05	0.05	0.05	0.0	0.0	0.0	0.0	0.0
1.2	0.8	0.05	0.05	0.05	0.0	0.0	0.0	0.0	0.0	0.0	0.0	0.0	0.0	0.0	0.0
1.0	1.0	0.0	0.0	0.0	0.0	0.0	0.0	0.0	0.0	0.0	0.0	0.0	0.0	0.0	0.0
0.8	1.2	-0.05	-0.05	-0.05	0.0	0.0	0.0	0.0	0.0	0.0	0.0	0.0	0.0	0.0	0.0
0.6	1.4	-0.10	-0.05	-0.05	-0.05	-0.05	-0.05	-0.05	-0.05	-0.05	0.0	0.0	0.0	0.0	0.0
0.4	1.6	-0.15	-0.10	-0.10	-0.05	-0.05	-0.05	-0.05	-0.05	-0.05	-0.05	0.0	0.0	0.0	0.0
	1.8	-0.20	-0.15	-0.10	-0.10	-0.10	-0.05	-0.05	-0.05	-0.05	-0.05	-0.05	0.0	0.0	0.0
	2.0	-0.25	-0.15	-0.15	-0.10	-0.10	-0.10	-0.10	-0.10	-0.05	-0.05	-0.05	-0.05	0.0	0.0

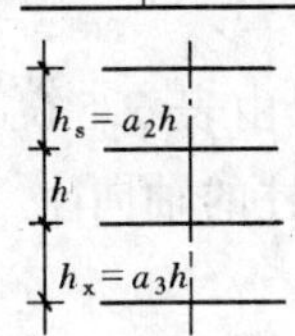

注：y_2——按照 $\alpha_2=\frac{h_s}{h}$求得，上层较高时为正值，但对于最上层 y_2 可不考虑。

y_3——按照 $\alpha_3=\frac{h_x}{h}$求得，对于最下层 y_3 可不考虑。

9. 中柱梁端弯矩可按下式计算（图 6.5-5a）：

$$\left.\begin{aligned} M_{b1} &= (M_{cb}+M_{cu})\frac{K_{b1}}{K_{b1}+K_{b2}} \\ M_{b2} &= (M_{cb}+M_{cu})\frac{K_{b2}}{K_{b1}+K_{b2}} \end{aligned}\right\} \tag{6.5-8}$$

边柱梁端弯矩为（图 6.5-5b）：

$$M_b=M_{cb}+M_{cu} \tag{6.5-9}$$

式中　M_{b1}、M_{b2}、M_b——梁端弯矩；

M_{cb}、M_{cu}——上柱下端和下柱上端弯距；

K_{b1}、K_{b2}——梁的线刚度。

10. 梁端剪力 V_b 可由梁右端和左端弯矩之和除以梁跨度求得。

柱各层轴力 N，可从上到该层逐层梁柱节点左右边梁端剪力相叠加。

11. 高层建筑框架结构的水平位移分为两部分：梁柱弯曲变形产生的 u_M 和柱子轴向变形产生的 u_N，即

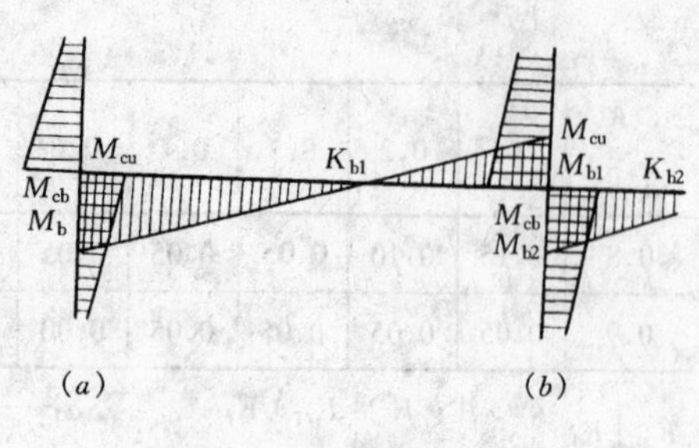

图 6.5-5　梁端弯矩
(a) 中柱；(b) 边柱

$$u = u_M + u_N \tag{6.5-10}$$

u_M 可由 D 值法求得，框架第 i 层由于梁柱弯曲变形产生的层间变形为：

$$u_{Mi} = V_i / D_i \tag{6.5-11}$$

式中　V_i——第 i 层的楼层剪力；

D_i——第 i 层所有柱抗推刚度之和，即 $D_i = \sum_i D_{ij}$。

框架的顶点由于梁柱弯曲变形产生的变形为：

$$u_M = \sum_{i=1}^{n} u_{Mi} \tag{6.5-12}$$

求柱子轴向变形产生的侧向位移 u_N 时，假定在水平力作用下中柱轴力很小，仅边柱发生轴向变形，并假定柱截面由底到顶线性变化，此时框架顶点的侧向位移可按下式计算：

$$u_N = \frac{V_0 H^3}{E_{c1} A_{c1} B^2} F_N \tag{6.5-13}$$

式中　V_0——底部剪力；

B——框架的宽度，即边柱间距；

E_{c1}——框架底层柱的混凝土弹性模量；

A_{c1}——框架底层边柱截面面积；

F_N——位移系数，取决于水平力形式、顶层柱与底层柱的轴向刚度比，由表 6.5-6 查得。表 6.5-6 中，$s_N = E_{c2}A_{c2}/E_{c1}A_{c1}$，为顶层边柱与底层边柱的轴向刚度比；

H——框架总高度。

位移系数 F_N 值　　表 6.5-6

s_N	F_N		
	顶点集中荷载	均布荷载	三角形分布荷载
0.00	1.0000	0.3333	0.5000
0.05	0.9592	0.3256	0.4872
0.10	0.9273	0.3188	0.4761
0.15	0.9002	0.3127	0.4661
0.20	0.8764	0.3071	0.4570
0.25	0.8551	0.3019	0.4486
0.30	0.8359	0.2970	0.4409

续表

s_N	F_N		
	顶点集中荷载	均布荷载	三角形分布荷载
0.35	0.8152	0.2925	0.4336
0.40	0.8019	0.2882	0.4268
0.45	0.7867	0.2842	0.4204
0.50	0.7725	0.2803	0.4143
0.55	0.7593	0.2767	0.4085
0.60	0.7467	0.2732	0.4030
0.65	0.7349	0.2699	0.3978
0.70	0.7237	0.2667	0.3928
0.75	0.7131	0.2636	0.3880
0.80	0.7029	0.2607	0.3834
0.85	0.6932	0.2579	0.3789
0.90	0.6840	0.2551	0.3747
0.95	0.6751	0.2525	0.3706
1.00	0.6667	0.2500	0.3666

6.6 构件设计中的一些重要规定

1. 框架结构的简化手算方法分析内力和位移，应分别在竖向荷载、风荷载或地震作用下单独进行计算，然后按第二章 2.9 节非抗震设计时荷载效应的组合或抗震设计时荷载效应与地震作用效应的组合。

2. 组合后的框架侧向位移应校核是否满足位移限制值的要求。如果已满足，则按组合后的内力进行构件截面设计，不满足时，则应修改构件截面大小或提高混凝土强度等级，然后再进行内力和位移计算，直至侧向位移满足限制值。

3. 在高层建筑框架结构中，当竖向活荷载与永久荷载之比小于 0.5 时，可不考虑活荷载的不利布置。在竖向活荷载大于 $4kN/m^2$（如书库、仓库等）时，宜考虑活荷载不利布置引起的梁弯矩的增大。

4. 风荷载及水平地震作用时，应按两个主轴方向作用分别进行内力和位移计算，每个方向水平力必须考虑正、反两个方向作用。

在有斜交布置抗侧力框架结构中，当沿斜交方向作用的水平力可能使斜交抗侧力框架的内力比主轴方向水平力产生的内力更大时，则应计算斜向水平力作用下的内力。

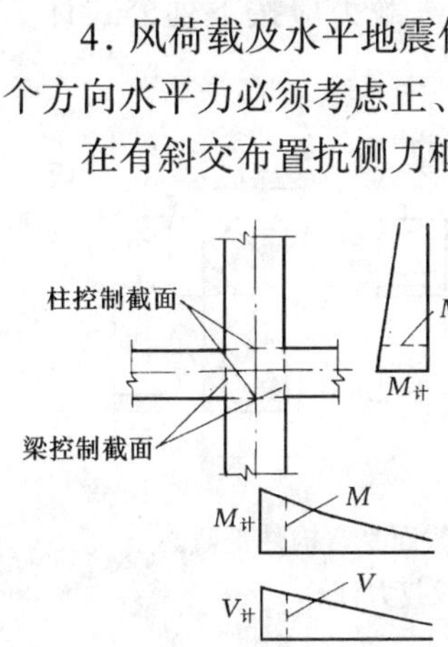

5. 内力组合后的取用值，梁端控制截面在柱边，柱端控制截面在梁底及梁顶（图 6.6-1）。按轴线计算简图得到的弯矩和剪力值宜换算到设计控制截面处的相应值。为了简便设计，也可采用轴线处的内力值，但是这将增大配筋量和结构的承载力。

图 6.6-1 梁柱端设计控制截面

6. 框架梁、柱构件截面应分别按正截面承载力计算和斜截面承载力计算，并应按有关规定要求进行构造配筋。

7. 有抗震设防的框架角柱，应按双向偏心受压构件计算。抗震等级为一、二、三级时，角柱的内力设计值宜乘以增大系数。

8. 在地震区的高层建筑框架结构，要求强柱弱梁、强剪弱弯、强底层柱根，抗震等级为一、二、三级时，梁、柱内力设计值均应乘以提高系数。

9. 框架梁、柱节点，应设计成强节点，使节点区在地震作用下能基本处于弹性状态，避免出现脆性破坏。抗震等级为一、二级时，节点应进行受剪承载力的验算。

框架梁、柱节点区，必须配置箍筋，并保证梁的纵向钢筋锚固。

6.7　梁正截面受弯承载力计算及构造

1. 位于T形及倒L形截面梁受压区的翼缘计算宽度 b'_f（图6.7-1），按表6.7-1所列各项中的最小值取用。

T形及倒L形截面受弯构件翼缘计算宽度 b'_f　　表6.7-1

考虑情况		T形截面		倒L形截面
		肋形梁（板）	独立梁	肋形梁（板）
按计算跨度 l_0 考虑		$\frac{1}{3}l_0$	$\frac{1}{3}l_0$	$\frac{1}{6}l_0$
按梁（肋）净跨距 s_n 考虑		$b+s_n$	—	$b+\frac{s_n}{2}$
按翼缘高度 h'_f 考虑	当 $h'_f/h_o\geqslant0.1$	—	$b+12h'_f$	—
	当 $0.1>h'_f/h_o\geqslant0.05$	$b+12h'_f$	$b+6h'_f$	$b+5h'_f$
	当 $h'_f/h_o<0.05$	$b+12h'_f$	b	$b+5h'_f$

注：1. 如肋形梁在梁跨内设有的间距小于纵肋间距的横肋时，则可不遵守表列第三种情况的规定；
2. 对有加腋的T形和倒L形截面，当受压区加腋的高度 $h_h\geqslant h'_f$，且加腋的宽度 $b_h\leqslant3h_h$ 时，则其翼缘计算宽度可按表列第三种情况规定分别增加 $2b_h$（T形截面）和 b_n（倒L形截面）；
3. 独立梁受压区的翼缘板在荷载作用下经验算沿纵肋方向可能产生裂缝时，其计算宽度应取用腹板宽度 b。

2. 矩形截面或翼缘位于受拉边的T形截面梁正截面受弯承载力应按下列公式计算（图6.7-2）；

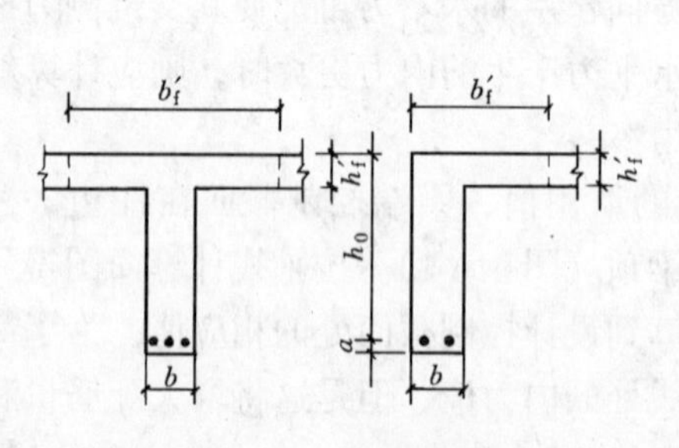

图6.7-1　受压区翼缘计算宽度

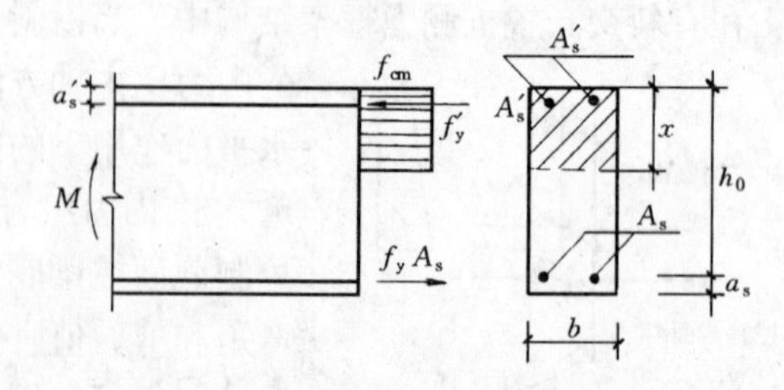

图6.7-2　矩形截面受弯构件正截面受弯承载力计算

无地震组合
$$M\leqslant\alpha_1f_cbx\left(h_0-\frac{x}{2}\right)+f'_yA'_s(h_0-a'_s)\qquad(6.7\text{-}1)$$

有地震组合 $$\gamma_{RE}M \leqslant \alpha_1 f_c bx\left(h_0 - \frac{x}{2}\right) + f'_y A'_s(h_0 - a'_s) \tag{6.7-2}$$

混凝土受压区高度 x 按下列公式确定：

$$\alpha_1 f_c bx = f_y A_s - f'_y A'_s \tag{6.7-3}$$

混凝土受压区的高度应符合下列要求：

$$\left.\begin{array}{ll} & x \geqslant 2a'_s \\ \text{无地震组合梁} & x \leqslant \xi_b h_0 \\ \text{有地震组合梁计入受压钢筋，一级} & x \leqslant 0.25h_0 \\ \text{二、三级} & x \leqslant 0.35h_0 \end{array}\right\} \tag{6.7-4}$$

且纵向受拉钢筋的配筋率不应大于2.5%。

计算中考虑受压钢筋时，必须符合 $x \geqslant 2a'_s$ 的条件，当不符合时，正截面面受弯承载力可按下式计算：

$$M \text{ 或 } \gamma_{RE}M \leqslant f_y A_s(h - a_s - a'_s) \tag{6.7-5}$$

式中 M——弯矩设计值；

f_c——混凝土轴心抗压强度设计值；

h_0——截面的有效高度；

b——矩形截面的宽度或T形截面的腹板宽度；

A_s、A'_s——受拉区、受压区纵向钢筋的截面面积；

f_y、f'_y——钢筋的抗拉、抗压强度设计值；

a_s、a'_s——纵向受拉钢筋、受压钢筋合力点至边缘的距离；

γ_{RE}——承载力抗震调整系数，为0.75；

ξ_b——相对界限受压区高度，按（6.2-9）式计算，或按表6.7-2；

α_1——当≤C50时，取1.0；当C80时，取0.94；C50～C80时，其值按内插值取用，见表2.2-2。

混凝土强度等级≤C50相对界限受压区高度 ξ_b 值　表6.7-2

钢筋种类	HPB235	HRB335	HRB400、RRB400
ξ_b	0.614	0.550	0.518

在实际工程设计中，一般不考虑受压钢筋，按单筋梁计算。当按单筋梁计算已超筋时，可考虑受压钢筋的作用。

当已知 M 或 $\gamma_{RE}M$、h、b、f_y、f_c、f'_y、A'_s 时，求所需梁的纵向受拉钢筋可以采用计算图表。

3. 翼缘位于受压区的T形截面梁的正截面受弯承载力计算，应按下列情况分别计算：

（1）当符合下列条件时，可按宽度为 b'_f 的矩形截面计算（图6.7-3a）。

$$f_y A_s \leqslant \alpha_1 f_c b'_f h'_f + A'_s f'_y \tag{6.7-6}$$

（2）当不符合公式（6.7-6）的条件时，计算中应考虑截面腹板受压区混凝土的工作图（图6.7-3b），其正截面受弯承载力按下列公式计算：

$$M \text{ 或 } \gamma_{RE}M \leqslant \alpha_1 f_c bx\left(h_0 - \frac{x}{2}\right) + \alpha_1 f_c(b'_f - b)\left(h_0 - \frac{h'_f}{2}\right)h'_f + f'_y A'_s(h_0 - a'_s) \tag{6.7-7}$$

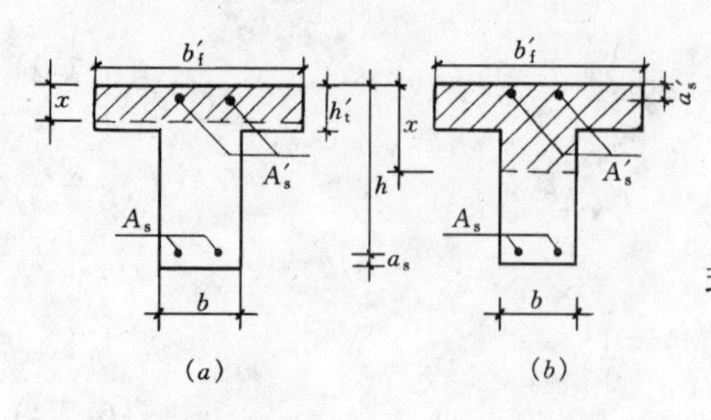

图6.7-3　T形截面受弯构件受压区高度位置
（a）$x \leqslant h'_f$；（b）$x \geqslant h'_f$

此时，受压区高度 x 按下列公式确定：

$$x = \frac{f_y A_s - f'_y A'_s - \alpha_1 f_c (b'_f - b) h'_f}{\alpha_1 f_c b} \tag{6.7-8}$$

式中　b'_f——T形截面受压区的翼缘计算宽度，按表6.7-1确定；

h'_f——T形截面受压区的翼缘高度。

按公式（6.7-8）算得的混凝土受压区高度 x 应符合公式（6.7-4）的要求。

4. 应用表6.7-3计算梁截面配筋

（1）求出 $\alpha = \dfrac{M' \text{或} \gamma_{RE} M}{bh_0^2}$；

（2）由表6.7-3查得对应于 α 值的系数 $1000/f_y\gamma$；

（3）计算 $A_s = \dfrac{M' \text{或} \gamma_{RE} M}{h_0} \cdot 1000/f_y\gamma$；

此步中 M 或 $\gamma_{RE} M$ 以 kN·m、h_0 以 m 代入得到 A_s 为 mm²；

（4）当采用双筋梁，已知 A'_s、f'_y 时，计算得 $M' = A'_s f'_y (h_0 - a'_s)$，$M_1 = M - M'$ 或 $M_1 = \gamma_{RE} M - M'$，$\alpha_1 = \dfrac{M_1}{bh_0^2}$，由表6.7-3查得对应于 α_1 的系数 $1000/f_y\gamma$，$A_{s1} = \dfrac{M_1}{h_0} \cdot 1000/f_y\gamma$，$A_s = A_{s1} + A'_s$

（5）验算配筋率 $\rho = \dfrac{A_s}{bh_0} \geqslant \rho_{min}$

采用表6.7-3计算梁截面配筋比较简捷，当求出 α 值后可直接取用邻近的较大系数 $1000/f_y\gamma$，无需再线性插入，误差极小。

【例题6.7-1】　已知矩形截面梁 $b \times h = 250\text{mm} \times 500\text{mm}$，弯矩设计值 $M = 169\text{kN·m}$，混凝土强度等级C20，钢筋HRB335，$f_y = 300\text{N/mm}^2$。采用表6.7-3b求受拉钢筋截面面积 A_s。

【解】　（1）$\alpha = \dfrac{M}{bh_0^2} = \dfrac{169 \times 10^6}{250 \times 465^2} = 3.13$，查表6.7-3$b$得系数 $1000/f_y\gamma = 4.20$；

（2）受拉钢筋截面面积 $A_s = \dfrac{M}{h_0} \cdot 1000/f_y\gamma = \dfrac{169}{0.465} \cdot 4.20 = 1526.45\text{mm}^2$。

（3）配筋率 $\rho = \dfrac{A_s}{bh_0} = \dfrac{1526.45}{250 \times 465} = 1.31\% < 1.76\%$

【例题6.7-2】　已知弯矩设计值 $M = 220\text{kN·m}$，其他条件同例题6.7-1，因为单筋时已超最大配筋率，故设计成双筋梁，受压筋2Φ16，$A'_s = 402\text{mm}^2$，求所需受拉钢筋截面面积 A_s。

【解】　（1）$M' = A'_s f'_y (h_0 - a'_s) = 402 \times 300(465 - 35)$

$= 51858000\text{N·mm} = 51.858\text{kN·m}$，

$M_1 = M - M' = 220 - 51.858 = 168.142\text{kN·m}$

（2）$\alpha_1 = \dfrac{M_1}{bh_0^2} = \dfrac{168.142 \times 10^6}{250 \times 465^2} = 3.11$，查表6.7-3$b$得 $1000/f_y\gamma = 4.20$

受弯构件配筋系数表 HPB235（$f_y=210N/mm^2$）钢筋 表 6.7-3a

$1000/f_y\gamma$		4.88	4.95	5.00	5.10	5.20	5.30	5.40	5.50	5.60	5.70	5.80	5.90	6.00	6.10	6.20	6.30	6.40	6.50	6.60	6.70	6.80	6.87
γ		0.976	0.962	0.952	0.934	0.916	0.898	0.882	0.866	0.850	0.835	0.821	0.807	0.794	0.781	0.768	0.756	0.744	0.733	0.722	0.711	0.700	0.693
C20	α	0.483	0.70	0.87	1.19	1.48	1.75	2.00	2.23	2.44	2.64	2.82	2.99	3.14	3.29	3.42	3.54	3.66	3.76	3.86	3.95	4.03	4.09
	ρ	0.236	0.347	0.435	0.606	0.770	0.928	1.080	1.227	1.368	1.505	1.636	1.764	1.887	2.006	2.121	2.232	2.340	2.445	2.546	2.645	2.740	2.810
C25	α	0.557	0.87	1.08	1.47	1.84	2.17	2.48	2.76	3.03	3.27	3.50	3.71	3.90	4.07	4.24	4.39	4.53	4.66	4.78	4.89	5.00	5.07
	ρ	0.272	0.431	0.539	0.751	0.955	1.151	1.339	1.521	1.696	1.865	2.029	2.186	2.339	2.486	2.629	2.767	2.901	3.031	3.156	3.278	3.397	3.48
C30	α	0.628	1.05	1.30	1.77	2.21	2.61	2.98	3.32	3.64	3.93	4.20	4.45	4.68	4.90	5.10	5.28	5.45	5.60	5.75	5.88	6.00	6.08
	ρ	0.306	0.517	0.648	0.903	1.147	1.383	1.609	1.830	2.038	2.242	2.438	2.627	2.810	2.987	3.159	3.325	3.486	3.642	3.793	3.939	4.082	4.180
C35	α	0.691	1.22	1.51	2.07	2.58	3.05	3.48	3.88	4.25	4.59	4.91	5.20	5.47	5.72	5.95	6.16	6.36	6.54	6.71	6.87	7.01	7.10
	ρ	0.336	0.604	0.757	1.054	1.340	1.615	1.879	2.134	2.380	2.618	2.847	3.068	3.282	3.489	3.689	3.883	4.071	4.253	4.429	4.600	4.767	4.880
C40	α	0.753	1.40	1.73	2.36	2.95	3.48	3.98	4.44	4.86	5.25	5.61	5.95	6.26	6.54	6.81	7.05	7.27	7.48	7.67	7.85	8.02	8.12
	ρ	0.366	0.691	0.866	1.206	1.533	1.847	2.149	2.441	2.722	2.994	3.256	3.509	3.754	3.990	4.219	4.441	4.656	4.864	5.066	5.262	5.452	5.580

注：1. $\alpha=\frac{M}{bh_0^2}$，$A_s=\frac{M}{h_0}\times 1000/f_y\gamma$，$\rho$——纵筋百分率；

2. 求 α 公式中，M 以 N·mm，bh_0 均以 mm 代入；

3. 求 A_s 公式中，M 以 kN·m，h_0 以 m 代入，得 A_s 为 mm^2。

受弯构件配筋系数表 HRB335（$f_y=300N/mm^2$）钢筋 表 6.7-3b

$1000/f_y\gamma$		3.42	3.45	3.50	3.55	3.60	3.70	3.80	3.90	4.00	4.10	4.20	4.30	4.40	4.50	4.60
γ		0.975	0.966	0.952	0.939	0.926	0.901	0.877	0.855	0.833	0.813	0.794	0.775	0.757	0.741	0.725
C20	α		0.581	0.87	1.10	1.32	1.71	2.07	2.38	2.67	2.92	3.14	3.35	3.53	3.69	3.83
	ρ		0.200	0.305	0.390	0.474	0.634	0.786	0.930	1.067	1.200	1.320	1.440	1.550	1.660	1.760
C25	α	0.585	0.63	1.08	1.36	1.63	2.12	2.56	2.96	3.31	3.62	3.90	4.15	4.37	4.57	4.74
	ρ	0.200	0.216	0.378	0.484	0.588	0.785	0.974	1.153	1.322	1.483	1.637	1.783	1.923	2.056	2.180
C30	α	0.63	0.93	1.30	1.64	1.96	2.55	3.08	3.55	3.97	4.35	4.68	4.98	5.25	5.49	5.70
	ρ	0.215	0.322	0.454	0.582	0.706	0.944	1.171	1.390	1.590	1.78	1.97	2.14	2.31	2.47	2.62
C35	α	0.69	1.09	1.51	1.91	2.29	2.98	3.60	4.15	4.64	5.08	5.47	5.82	6.13	6.41	6.65
	ρ	0.236	0.376	0.530	0.660	0.824	1.102	1.37	1.62	1.86	2.08	2.30	2.50	2.70	2.89	3.06
C40	α	0.76	1.25	1.73	2.19	2.62	3.41	4.11	4.74	5.31	5.81	6.26	6.66	7.01	7.36	7.61
	ρ	0.257	0.430	0.606	0.78	0.94	1.26	1.56	1.85	2.12	2.38	2.63	2.86	3.09	3.30	3.50
C45	α	0.80	1.38	1.92	2.43	2.91	3.78	4.57	5.26	5.89	6.45	6.93	7.39	7.79	8.14	8.46
	ρ	0.270	0.438	0.673	0.862	1.05	1.40	1.74	2.05	2.36	2.64	2.92	3.18	3.43	3.66	3.89
C50	α	0.84	1.51	2.09	2.65	3.17	4.12	4.98	5.74	6.42	7.02	7.57	8.05	8.48	8.87	9.22
	ρ	0.284	0.521	0.733	0.94	1.14	1.52	1.89	2.24	2.57	2.88	3.18	3.46	3.72	3.99	4.24

受弯构件配筋系数表（$f_y=360N/mm^2$）钢筋 表 6.7-3c

$1000/f_y\gamma$		2.85	2.95	3.00	3.05	3.10	3.15	3.20	3.30	3.40	3.50	3.60	3.70	3.75
γ		0.975	0.942	0.926	0.911	0.896	0.882	0.868	0.842	0.817	0.794	0.772	0.751	0.741
C20	α	0.69	1.06	1.32	1.56	1.79	2.00	2.20	2.56	2.87	3.14	3.38	3.59	3.68
	ρ	0.20	0.313	0.395	0.476	0.554	0.630	0.704	0.844	0.976	1.101	1.218	1.329	1.380
C25	α	0.70	1.31	1.63	1.93	2.22	2.48	2.73	3.16	3.56	3.90	4.20	4.45	4.56
	ρ	0.20	0.386	0.489	0.590	0.687	0.780	0.873	1.045	1.210	1.365	1.510	1.450	1.710
C30	α	0.70	1.57	1.96	2.32	2.66	2.89	3.28	3.80	4.27	4.68	5.04	5.35	5.49
	ρ	0.20	0.464	0.588	0.709	0.826	0.939	1.05	1.26	1.45	1.64	1.82	1.98	2.06
C35	α	0.70	1.84	2.29	2.71	3.11	3.48	3.83	4.44	4.99	5.47	5.89	6.24	6.40
	ρ	0.20	0.542	0.687	0.828	0.964	1.10	1.22	1.47	1.70	1.92	2.12	2.31	2.40
C40	α	0.75	2.10	2.62	3.11	3.56	3.98	4.38	5.08	5.71	6.26	6.74	7.14	7.33
	ρ	0.214	0.620	0.786	0.947	1.103	1.254	1.401	1.676	1.942	2.191	2.425	2.642	2.750
C45	α	0.795	2.33	2.91	3.45	3.95	4.42	4.86	5.64	6.34	6.95	7.47	7.93	8.13
	ρ	0.225	0.688	0.872	1.051	1.224	1.392	1.555	1.861	2.155	2.432	2.691	2.933	3.050
C50	α	0.84	2.54	3.17	3.75	4.30	4.81	5.29	6.14	6.91	7.57	8.14	8.64	8.85
	ρ	0.236	0.749	0.950	1.145	1.334	1.516	1.694	2.028	2.348	2.650	2.932	3.196	3.320

(3) $A_{s1}=\frac{M_1}{h_0}\cdot 1000/f_y\gamma=\frac{168.142}{0.465}\times 4.20=1518.70\text{mm}^2$

$$A_s=A_{s1}+A'_s=1518.70+402=1920.70\text{mm}^2$$

(4) 配筋率 $\rho=\frac{A_s}{bh_0}=\frac{1920.70}{250\times 465}=1.65\%<1.76\%$

5. 框架梁的纵向钢筋应符合下列要求

(1) 对于非抗震设计框架梁，当不考虑受压钢筋时，受拉纵向钢筋的最大配筋率 $\frac{A_s}{bh}$ 应不超过表 6.7-4。

(2) 对有地震作用组合的框架梁，为防止过高的纵向钢筋配筋率，使梁具有良好的延性，避免受压区混凝土过早压碎，故对其纵向受拉钢筋的配筋率要严格限制，梁端不计入受压钢筋时不应超过表 6.7-5。

(3) 无地震组合的框架梁纵向受拉钢筋，必须考虑温度，收缩应力所需的钢筋数量，以防发生裂缝。因此，纵向受力钢筋的最小配筋率不应小于 0.20% 和 $45f_t/f_y$，不同钢筋种类和混凝土强度等级其值见表 2.11-5。

(4) 对有地震组合的框架梁，为保证有必要的延性和具有一定的承载力储备，纵向受拉钢筋的配筋率不应小于表 6.7-6 规定。

(5) 有地震组合的框架梁，为防止截面受压区混凝土过早被压碎而很快降低承载力，为提高延性，在梁两端箍筋加密区范围内，纵向受压钢筋截面面积 A'_s 应不小于表 6.7-7 的规定。

非抗震设计框架梁纵向受拉钢筋最大配筋率 ρ_{max} (%) **表 6.7-4**

钢筋种类	混凝土强度等级						
	C20	C25	C30	C35	C40	C45	C50
HPB235	2.81	3.48	4.18	4.88	5.58	6.20	6.75
HRB335	1.76	2.18	2.62	3.06	3.50	3.89	4.23
HRB400	1.38	1.71	2.06	2.40	2.75	3.05	3.32

有地震组合框架梁纵向受拉钢筋最大配筋率 ρ_{max} (%) **表 6.7-5**

钢筋种类	抗震等级	混凝土强度等级						
		C20	C25	C30	C35	C40	C45	C50
HPB235	一级	1.14	1.42	1.70	1.99	2.27	2.50	
	二、三级	1.60	1.98	2.38	2.50			
HRB335	一级	0.80	0.99	1.19	1.39	1.59	1.77	1.92
	二、三级	1.12	1.39	1.67	1.95	2.23	2.47	2.50
HRB400	一级	0.67	0.83	0.99	1.16	1.33	1.47	1.60
	二、三级	0.93	1.16	1.39	1.62	1.86	2.06	2.25

有地震组合框架梁纵向受拉钢筋最小配筋率 ρ_{min}（%） 表 6.7-6

抗震等级	梁中位置	
	支座（取较大值）	跨中（取较大值）
一 级	0.40 和 $80f_t/f_y$	0.30 和 $65f_t/f_y$
二 级	0.30 和 $65f_t/f_y$	0.25 和 $55f_t/f_y$
三、四级	0.25 和 $55f_t/f_y$	0.20 和 $45f_t/f_y$

有地震组合框架梁端纵向受压钢筋最小配筋量 A'_s 表 6.7-7

抗震等级	一 级	二、三级
受压钢筋面积 A'_s	$0.5A_s$	$0.3A_s$

有地震组合框架梁采用不同钢筋种类和混凝土强度等级的纵向钢筋最小配筋率 ρ_{min} 值见表 2.11-5。

(6) 梁截面上部和下部至少应各配置两根纵向钢筋，其截面面积不应小于梁支座处上部钢筋中较大截面面积的四分之一；且对抗震等级为一、二级时，钢筋直径不应小于 14mm；三、四级时，钢筋直径不应小于 12mm。

(7) 一、二级抗震等级的框架梁，贯通中柱的每根纵向钢筋的直径，分别不宜大于与纵向钢筋相平行的柱截面尺寸的 1/20；对圆形截面柱，不宜大于纵向钢筋所在位置柱截面弦长的 1/20。

(8) 高层框架梁宜采用直钢筋，不宜采用弯起钢筋。当梁扣除翼板厚度后的截面高度大于或等于 450mm 时，在梁的两侧面沿高度各配置梁扣除翼板后截面面积的 0.1% 纵向构造钢筋，其间距不应大于 200mm，纵向构造钢筋的直径宜偏小取用，其长度贯通梁全长，伸入柱内长度按受拉锚固长度，如接头应按受拉搭接长度考虑。梁两侧纵向构造钢筋宜用拉筋连接，拉筋直径一般与箍筋相同，当箍筋直径大于 10mm 时，拉筋直径可采用 10mm，拉筋间距为非加密区箍筋间距的 2 倍（图 6.7-4）。

6. 非抗震设计的框架梁和次梁，其纵向钢筋的配筋构造应符合下列要求：

(1) 当梁端实际受到部分约束但按简支计算时，应在支座区上部设置纵向构造钢筋。也可用梁上部架立钢筋取代该纵向钢筋，但其面积不应小于梁跨中下部纵向受力钢筋计算所需截面面积的四分之一，且不少于两根。该附加纵向钢筋自支座边缘向跨内的伸出长度不应少于 $0.2l_0$，l_0 为该跨梁的计算跨度。

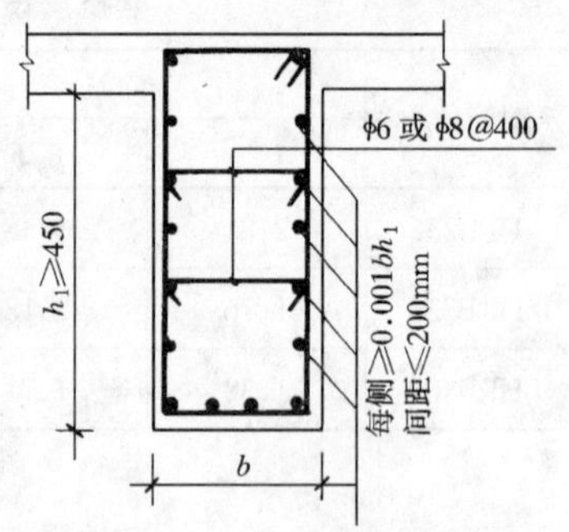

图 6.7-4 梁侧面纵向构造钢筋及拉筋布置

(2) 在采用绑扎骨架的钢筋混凝土梁中，承受剪力的钢筋，宜优先采用箍筋。当设置弯起钢筋时，弯起钢筋的弯终点外应留有锚固长度，其长度在受拉区不应小于 $20d$，在受压区不应小于 $10d$。梁底层钢筋中角部钢筋不应弯起。

梁中弯起钢筋的弯起角宜取 45°或 60°。弯起钢筋不应采用浮筋。

(3) 在梁的受拉区中，弯起钢筋的弯起点，可设在按正截面受弯承载力计算不需要该钢筋截面之前；但弯起钢筋与梁中心线的交点，应在不需要该钢筋的截面之外；同时，弯起点与按计算充分利用该钢筋的截面之间的距离，不应小于 $h_0/2$。

(4) 梁支座截面负弯矩纵向受拉钢筋不宜在受拉区截断。如必须截断时，应按以下规定进行：

1）当 $V \leqslant 0.7 f_t b h_0$ 时，应延伸至按正截面受弯承载力计算不需要该钢筋的截面以外不小于 $20d$ 处截断，且从该钢筋强度充分利用截面伸出的长度不应小于 $1.2l_a$；

2）当 $V > 0.7 f_t b h_0$ 时，应延伸至按正截面受弯承载力计算不需要该钢筋的截面以外不小于 h_0 且不小于 $20d$ 处截断，且从该钢筋强度充分利用截面伸出的长度不应小于 $1.2l_a + h_0$；

3）若按上述规定确定的截断点仍位于与支座最大负弯矩对应的受拉区内，则应延伸至不需要该钢筋的截面以外不小于 $1.3h_0$ 且不小于 $20d$，且从该钢筋强度充分利用截面伸出的延伸长度不应小于 $1.2l_a + 1.7h_0$。

纵向受拉钢筋搭接长度修正系数 ζ　　表 6.7-8

同一连接区段内塔接钢筋面积百分率（%）	≤25	50	100
受拉塔接长度修正系数 ζ	1.2	1.4	1.6

注：同一连接区段内搭接钢筋面积百分率取在同一连接区段内有搭接接头的受力钢筋与全部受力钢筋面积之比。

（5）非抗震设计时，受拉钢筋的最小锚固长度应取 l_a。钢筋接头可采用机械接头、搭接接头和焊接接头。受拉钢筋绑扎搭接接头的搭接长度应根据位于同一连接区段内搭接钢筋面积百分率按下式计算，且不应小于 300mm。

$$l_1 = \zeta l_a \tag{6.7-9}$$

式中 l_1——受拉钢筋的搭接长度见表 2.12-4，不同钢筋种类，混凝土强度等级详见表 2.12-7；

l_a——受拉钢筋的锚固长度，应按现行《混凝土结构设计规范》GB50010 第 9.3 节的有关规定采用，见第 2 章表 2.12-3 及表 2.12-7；

ζ——受拉钢筋搭接长度修正系数，应按表 6.7-8 采用。

（6）非抗震设计时，框架梁和框架柱的纵向受力钢筋在框架节点区的锚固和搭接，应符合图 6.7-5 的要求。

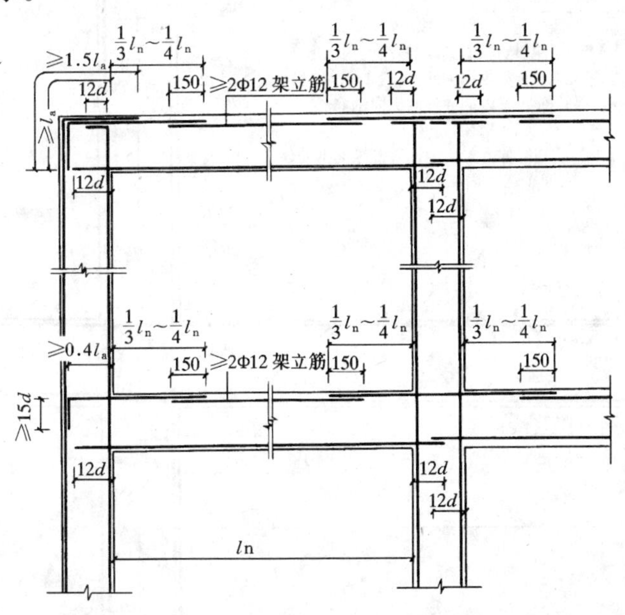

图 6.7-5　非抗震设计时框架梁、柱纵向钢筋在节点区的锚固要求

（7）梁内架立钢筋的直径，当梁的跨度小于 4m 时，不宜小于 8mm；当梁的跨度等于

4～6m时，不宜小于10mm；当梁的跨度大于6m时，不宜小于12mm。架立钢筋与纵钢筋搭接长度，当直径8mm时为100mm，当直径≥10mm时为150mm。

7. 有抗震设防时的框架梁，其纵向钢筋的配筋构造应符合下列要求：

（1）抗震设计时，钢筋混凝土结构构件纵向受力钢筋的锚固和连接，应符合下列要求：

1）纵向受拉钢筋的最小锚固长度应按下列各式采用：

一、二级抗震等级　$l_{aE}=1.15l_a$　(6.7-10)

三级抗震等级　$l_{aE}=1.05l_a$　(6.7-11)

四级抗震等级　$l_{aE}=1.00l_a$　(6.7-12)

式中　l_{aE}——抗震设计时受拉钢筋的锚固长度，见第2章表2.12-5。

2）当采用搭接接头时，其搭接长度应不小于下式的计算值：

$$l_{lE}=\zeta l_{aE} \tag{6.7-13}$$

式中　l_{lE}——抗震设计时受拉钢筋的搭接长度，见第2章表2.12-4。

3）受拉钢筋直径大于28mm、受压钢筋直径大于32mm时，不宜采用搭接接头。

4）现浇钢筋混凝土框架梁纵向受力钢筋的连接方法，应遵守下列规定：

一级宜采用机械接头，二、三、四级可采用搭接或焊接接头。

5）当采用焊接接头时，应检查钢筋的可焊性。

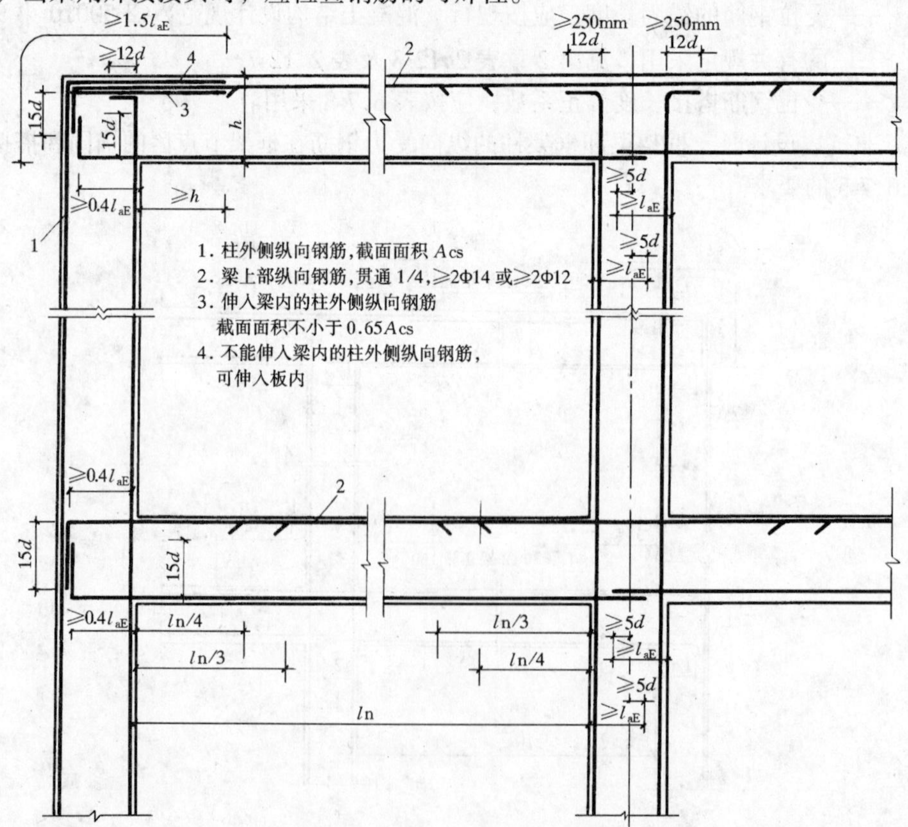

图6.7-6　抗震设计时框架梁、柱纵向钢筋在节点内的锚固要求

6）位于同一连接区段内的受力钢筋接头面积率不宜超过50%。

7）当接头位置无法避开梁端、柱端箍筋加密区时，应采用机械连接接头，且钢筋接头面积率不应超过50%。

8）钢筋机械接头、搭接接头及焊接接头，尚应遵守有关标准、规范的规定。

(2) 抗震设计时，框架梁和框架柱的纵向受力钢筋在框架节点区的锚固和搭接，应符合图6.7-6的要求。

6.8 梁斜截面受剪承载力计算及构造

1. 框架梁的剪力设计值，应按下列规定计算：

(1) 无地震组合时，取考虑风荷载组合的剪力设计值。

(2) 有地震组合时，按抗震等级分为：

一级抗震等级

$$V_b = 1.3\frac{(M_b^l + M_b^r)}{l_n} + V_{Gb} \tag{6.8-1}$$

二级抗震等级

$$V_b = 1.2\frac{(M_b^l + M_b^r)}{l_n} + V_{Gb} \tag{6.8-2}$$

三级抗震等级

$$V_b = 1.1\frac{(M_b^l + M_b^r)}{l_n} + V_{Gb} \tag{6.8-3}$$

9度设防烈度和一级抗震等级的框架结构尚应符合：

$$V_b = 1.1\frac{(M_{bua}^l + M_{bua}^r)}{l_n} + V_{Gb} \tag{6.8-4}$$

对四级抗震等级，取地震作用组合下的剪力设计值。

式中 M_{bua}^l、M_{bua}^r——框架梁左、右端考虑承载力抗震调整系数的正截面受弯承载力值；

M_b^l、M_b^r——考虑地震作用组合的框架梁左、右端弯矩设计值；

V_{Gb}——考虑地震作用组合时的重力荷载代表值产生的剪力设计值（9度时高层建筑还应包括竖向地震作用标准值作用下,可按简支梁计算确定；

l_n——梁的净跨；

在公式（6.8-4）中，M_{bua}^l与M_{bua}^r之和，应分别按顺时针和逆时针方向进行计算，并取其较大值。每端的考虑承载能力抗震调整系数的正截面受弯承载力值M_{bua}可按6.7节有关公式计算，但在计算中应将纵向受拉钢筋的强度设计值以强度标准值代表，取实配的纵向钢筋截面面积，不等式改为等式，并在等式右边除以梁的正截面承载力抗震调整系数。

公式（6.8-1）、(6.8-2)、(6.8-3）中，M_b^l与M_b^r之和，应分别按顺时针方向和逆时针方向进行计算，并取其较大值。

2. 矩形、T形和I形截面的一般框架梁，其斜截面受剪承载力应按下列公式计算：

无地震组合仅配有箍筋时

$$V_b \leqslant 0.7 f_t b h_0 + 1.25 f_{yv} \frac{A_{sv}}{s} h_0 \tag{6.8-5}$$

有地震组合仅配有箍筋时

$$V_b \leqslant \frac{1}{\gamma_{RE}}\left[0.42 f_t b h_0 + 1.25 f_{yv} \frac{A_{sv}}{s} h_0\right] \tag{6.8-6}$$

对集中荷载作用下的框架梁（包括有多种荷载、且其中集中荷载对节点边缘产生的剪力值占总剪力值的75%以上的情况）其斜截面受剪承载力应按下列公式计算：

无地震组合仅配有箍筋时

$$V_b \leqslant \frac{1.75}{\lambda + 1} f_t b h_0 + f_{yv} \frac{A_{sv}}{s} h_0 \tag{6.8-7}$$

有地震组合仅配有箍筋时

$$V_b \leqslant \frac{1}{\gamma_{RE}}\left[\frac{1.05}{\lambda + 1} f_t b h_0 + f_{yv} \frac{A_{sv}}{s} h_0\right] \tag{6.8-8}$$

计算截面至支座之间的箍筋，应均匀配置。

式中　λ——计算截面的剪跨比，可取 $\lambda = a/h_0$；当 $\lambda < 1.5$ 时，取1.5；当 $\lambda > 3$ 时，取 $\lambda = 3$，a 为集中荷载至支座截面或节点边缘的距离；

V_b——构件斜截面上的最大剪力设计值；

A_{sv}——配置在同一截面内箍筋各肢的全部截面面积，$A_{sv} = nA_{sv1}$，其中，n 为同一截面内箍筋的肢数，A_{sv1} 为单肢箍筋的截面面积；

s——沿构件长度方向箍筋的间距；

f_{yv}——箍筋抗拉强度设计值。

3. 无地震组合梁中箍筋的间距应符合下列规定：

（1）梁中箍筋的最大间距宜符合表6.8-1的规定，当 $V > 0.7 f_t b h_0$ 时，箍筋的配筋率 $\left(\rho_{sv} = \frac{A_{sv}}{bs}\right)$ 尚不应小于 $0.24 f_t / f_{yv}$，见表6.8-2，箍筋不同直径、肢数和间距的百分率值见表6.8-3；

无地震组合梁箍筋的最大间距（mm）　表6.8-1

h \ V	$\geqslant 0.7 f_t b h_0$	$< 0.7 f_t b h_0$
$150 < h \leqslant 300$mm	150	200
$300 < h \leqslant 500$mm	200	300
$500 < h \leqslant 800$mm	250	350
$h > 800$mm	300	400

（2）当梁中配有计算需要的纵向受压钢筋时，箍筋应做成封闭式；箍筋的间距在绑扎骨架中不应大于15d，在焊接管架中不应大于20d（d 为纵向受压钢筋的最小直径），同时在任何情况下均不应大于400mm；当一层内的纵向受压钢筋多于3根时，应设置复合箍筋，当一层内的纵向受压钢筋多于5根且直径大于18mm时，箍筋间距不应大于10d；当梁的宽度不大于400mm，且一层内的纵向受压钢筋不多于4根时，可不设置复合箍筋；

（3）在受力钢筋搭接长度范围内应配置箍筋，箍筋直径不宜小于搭接钢筋直径的0.25倍；箍筋间距：当为受拉时不应大于搭接钢筋较小直径的5倍，且不应大于100mm；当为受压时不应大于搭接钢筋较小直径的10倍，且不应大于200mm。当受压钢筋直径大于25mm时，应搭接接头两端面外100mm范围内各设置两根箍筋。

4. 有地震组合框架梁中箍筋的构造要求，应符合下列规定：

梁箍筋最小面积配筋率 ρ_{sv}（%）　　**表 6.8-2**

箍筋种类	n 值	混凝土强度等级				
		C20	C25	C30	C35	C40
HPB235	0.24	0.126	0.145	0.163	0.179	0.195
	0.26	0.136	0.157	0.177	0.194	0.212
	0.28	0.147	0.169	0.191	0.209	0.228
	0.30	0.157	0.181	0.204	0.224	0.244
HRB335	0.24	0.088	0.102	0.114	0.126	0.137
	0.26	0.095	0.110	0.124	0.136	0.148
	0.28	0.103	0.118	0.133	0.147	0.160
	0.30	0.110	0.127	0.143	0.157	0.171

注：梁箍筋最小面积配筋率 $\rho_{sv}=\dfrac{A_{sv}}{bs}\geqslant nf_t/fy_v$。

箍筋配筋百分率值 $\rho_{sv}=\dfrac{n\cdot A_{sv}}{b\cdot s}$（%）　　**表 6.8-3**

箍筋肢数 n	双肢箍				四肢箍			
直径	6	8	10	12	6	8	10	12
箍距 s（mm） / A_{sv}（mm^2）	28.3	50.3	78.5	113.1	28.3	50.3	78.5	113.1
100	0.566	1.006	1.570	2.262	1.132	2.012	3.14	4.524
125	0.452	0.804	1.256	1.810	0.906	1.610	2.512	3.620
150	0.377	0.671	1.047	1.508	0.755	1.341	2.093	3.016
200	0.283	0.503	0.785	1.131	0.566	1.006	1.570	2.262
250	0.226	0.402	0.628	0.905	0.453	0.805	1.256	1.810
300	0.189	0.335	0.523	0.754	0.377	0.671	1.047	1.508

注：表中 b 取值为 100mm。

（1）梁端箍筋的加密区长度、箍筋最大间距和箍筋最小直径，应按表 6.8-4 的规定取用；当梁端纵向受拉钢筋配筋率大于 2%时，表中箍筋最小直径应增大 2mm；

（2）第一个箍筋应设置在距构件节点边缘不大于 50mm 处；

（3）梁箍筋加密区长度内的箍筋肢距：一级抗震等级不宜大于 200mm 及 20 倍箍筋直径的较大值；二、三级抗震等级不宜大于 250mm 及 20 倍箍筋直径较大值，四级抗震等级不宜大于 300mm；

（4）沿梁全长箍筋的配筋率 ρ_{sv}应符合下列规定：

一级抗震等级

$$\rho_{sv}\geqslant 0.30f_t/f_y,$$

二级抗震等级

$$\rho_{sv}\geqslant 0.28f_t/f_y,$$

三、四级抗震等级

$$\rho_{sv}\geqslant 0.26f_t/f_y,$$

（5）非加密区的箍筋最大间距不宜大于加密区箍筋间距的2倍，且不大于表6.8-1规定；

（6）梁的箍筋应有135°弯钩，弯钩端部直段长度不应小于10倍箍筋直径和75mm的较大值。

梁端箍筋加密区的构造要求　　**表6.8-4**

抗震等级	箍筋加密区长度	箍　筋　最　大　间　距	箍筋最小直径
一级	$2h$ 或 500mm 二者中的较大值	纵向钢筋直径的6倍，梁高的1/4或100mm三者中的最小值	$\phi10$
二级	$1.5h$ 或 500mm 二者中的较大值	纵向钢筋直径的8倍，梁高的1/4或100mm三者中的最小值	$\phi8$
三级		纵向钢筋直径的8倍，梁高的1/4或150mm三者中的最小值	$\phi8$
四级		纵向钢筋直径的8倍，梁高的1/4或150mm三者中的最小值	$\phi6$

注：箍筋最小直径除符合表中要求外，尚不应小于纵向钢筋直径的四分之一。

6.9　斜截面受剪承载力计算应用图表

1. 矩形、T形和I形截面梁及矩形偏心受压、偏心受拉构件的斜截面承载力计算，可采用表6.9-1。

2. 在表中构件的有效高度 h_0 按下列规定取值：

一排纵向钢筋时

当 $h \leqslant 1000\text{mm}$，$h_0 = h - 35\text{mm}$

当 $h > 1000\text{mm}$，$h_0 = h - 40\text{mm}$

两排纵向钢筋时

当 $h \leqslant 1000\text{mm}$，$h_0 = h - 60\text{mm}$

当 $h > 1000\text{mm}$，$h_0 = h - 80\text{mm}$

3. 对矩形、T形和I形截面的受弯构件抗剪承载力按下列公式计算：

无地震组合时

当 $h_w/b \leqslant 4$　　$$V \leqslant 0.25 f_c b h_0 = V_1 \tag{6.9-1}$$

当 $h_w/b \geqslant 6$　　$$V \leqslant 0.20 f_c b h_0 = 0.8 V_1 \tag{6.9-2}$$

当 $4 < h_w/b < 6$ 时，可将表6.9-1中的 V_1 值乘以表6.9-2修正系数。

有地震组合时，跨高比大于2.5的框架梁：

$$V' \leqslant \frac{1}{\gamma_{RE}}(0.20 f_c b h_0) = 0.941 V_1 \tag{6.9-3}$$

当构件的剪力设计值 $V > V_1$ 或 $V' > 0.941 V_1$ 时，则应提高混凝土强度等级或加大构件截面尺寸，以满足剪压比的要求。

式中　V——无地震组合时的构件剪力设计值；

V'——有地震组合时的构件剪力设计值；

γ_{RE}——承载力抗震调整系数，取0.85；

b——矩形截面宽度，T形截面或I形截面的腹板宽度；

h_w——截面的腹板高度，矩形截面取有效高度 h_0；T形截面取有效高度减去翼缘高度；I形截面取腹板净高。

4. 表6.9-1中 V_c 值按下列条件确定：

无地震组合的一般受弯构件

$$V_c = 0.7 f_t b h_0 \tag{6.9-4}$$

有地震组合时的一般受弯构件

$$V'_c = 0.42 f_t b h_0 / \gamma_{RE} = 0.706 V_c \tag{6.9-5}$$

构件截面混凝土受剪承载力 V_1、V_c 设计值（kN） **表 6.9-1**

梁截面（mm）		混凝土强度等级										二排钢筋系数
		C20		C25		C30		C35		C40		
b	h	V_1	V_c	V_1	V_c	V_1	V_c	V_1	V_c	V_1	V_c	
	250	92.9	29.8	115.1	34.4	138.3	38.7	161.6	42.5	184.8	46.3	0.884
	300	114.5	36.7	141.9	42.4	170.5	47.7	199.1	52.4	227.8	57.1	0.906
	350	136.1	43.6	168.7	50.4	202.7	56.7	236.7	62.3	270.7	67.9	0.921
	400	157.7	50.6	195.4	58.4	234.9	6.58	274.3	72.2	313.7	78.6	0.932
	450	179.3	57.5	222.2	66.4	267.0	74.8	311.9	82.1	356.7	89.4	0.940
180	500	200.9	64.4	249.0	74.4	299.2	83.9	349.4	92.0	399.7	100.2	0.946
	550	222.5	71.4	275.8	82.4	331.4	92.8	387.0	101.9	442.6	111.0	0.951
	600	244.1	78.3	302.5	90.4	363.6	101.8	424.6	111.8	485.6	121.7	0.956
	650	265.7	85.2	329.3	98.4	395.7	110.8	462.2	121.6	528.6	132.5	0.959
	700	287.3	92.2	356.1	106.4	427.9	119.8	499.7	131.5	571.6	143.3	0.962
	250	103.2	33.1	127.9	38.2	153.7	43.0	179.5	47.2	205.3	51.5	0.884
	300	127.2	40.8	157.7	47.1	189.5	53.0	221.3	58.2	253.1	63.4	0.906
	350	151.2	48.5	187.4	56.0	225.2	63.1	263.0	69.2	300.8	75.4	0.921
	400	175.2	56.2	217.2	64.9	261.0	73.1	304.8	80.2	348.6	87.4	0.932
	450	199.2	63.9	246.9	73.8	296.7	83.1	346.5	91.2	396.3	99.3	0.940
	500	223.2	71.6	276.7	82.7	332.5	93.1	388.3	102.2	444.1	111.3	0.946
200	550	247.2	79.3	306.4	91.6	368.2	103.1	430.0	113.2	491.8	123.3	0.951
	600	271.2	87.0	336.2	100.4	404.0	113.1	471.8	124.2	539.6	135.3	0.956
	650	295.2	94.7	365.9	109.3	439.7	123.1	513.5	135.2	587.3	147.2	0.959
	700	319.2	102.4	395.7	118.2	475.5	133.1	555.3	146.2	635.1	159.2	0.962
	750	343.2	110.1	425.4	127.1	511.2	143.1	597.0	157.1	682.8	171.2	0.965
	800	367.2	117.8	455.2	136.0	547.0	153.1	638.8	168.1	730.6	183.1	0.967
	250	113.5	36.4	140.7	42.0	169.1	47.3	197.5	52.0	225.8	56.6	0.884
	300	139.9	44.9	173.4	51.8	208.4	58.3	243.4	64.1	278.4	69.8	0.906
	350	166.3	53.4	206.2	61.6	247.7	69.4	289.3	76.2	330.9	82.9	0.921
	400	192.7	61.8	238.9	71.4	287.1	80.4	335.2	88.2	383.4	96.1	0.932
	450	219.1	70.3	271.6	81.2	326.4	91.4	381.2	100.3	435.9	109.3	0.940
	500	245.5	78.8	304.3	90.9	365.7	102.4	427.1	112.4	488.5	122.4	0.946
	550	271.9	87.2	337.1	100.7	405.0	113.4	473.0	124.5	541.0	135.6	0.951
220	600	298.3	95.7	369.8	110.5	444.4	124.4	518.9	136.6	593.5	148.8	0.956
	650	324.7	104.2	402.5	120.3	483.7	135.4	564.9	148.7	646.0	161.9	0.959
	700	351.1	112.6	435.2	130.1	523.0	146.4	610.8	160.8	698.6	175.1	0.962
	750	377.5	121.1	468.0	139.8	562.3	157.4	656.7	172.9	751.1	188.3	0.965
	800	403.9	129.6	500.7	149.6	601.7	168.5	702.6	184.9	803.6	201.4	0.967
	850	430.3	138.1	533.4	159.4	641.0	179.5	748.6	197.0	856.1	214.6	0.969
	900	456.7	146.5	566.1	169.2	680.3	140.5	794.5	209.1	908.7	227.8	0.971

续表

梁截面（mm）		混凝土强度等级										二排钢筋系数
		C20		C25		C30		C35		C40		
b	h	V_1	V_c	V_1	V_c	V_1	V_c	V_1	V_c	V_1	V_c	
250	300	159.0	51.0	197.1	58.9	236.8	66.3	276.6	72.8	316.3	79.3	0.906
	350	189	60.6	234.3	70.0	281.5	78.8	328.8	86.5	376.0	94.3	0.921
	400	219	70.3	271.5	81.1	326.2	91.3	381.0	100.3	435.7	109.2	0.932
	450	249	79.9	308.6	92.2	370.9	103.8	433.1	114.0	495.4	124.2	0.940
	500	279	89.5	345.8	103.3	415.6	116.4	485.3	127.7	556.1	139.1	0.946
	550	309	99.1	383.0	114.4	460.3	128.9	537.5	141.5	614.8	154.1	0.951
	600	339	108.8	420.2	125.6	505.0	141.4	589.7	155.2	674.5	169.1	0.956
	650	369	118.4	457.4	136.7	549.6	153.9	641.9	169.0	734.1	184.0	0.959
	700	399	128.0	494.6	147.8	594.3	166.4	694.1	182.7	793.8	199.0	0.962
	750	429	137.6	531.8	158.9	639.0	178.9	746.3	196.4	853.5	214.0	0.965
	800	459	147.3	569.0	170.0	683.7	191.4	798.5	210.2	913.2	228.9	0.967
	850	489	156.9	606.1	181.1	728.4	203.9	850.6	223.9	972.9	243.9	0.969
	900	519	166.5	643.3	192.2	773.1	216.5	902.8	237.6	1032.6	258.8	0.971
	950	549	176.1	680.5	203.3	817.8	229.0	955.0	251.4	1092.3	273.8	0.973
	1000	579	185.8	717.7	214.5	862.5	241.5	1007.2	265.1	1152.0	288.8	0.974
300	350	226.8	72.8	281.1	84.0	337.8	94.6	394.5	103.8	451.2	113.1	0.921
	400	262.8	84.3	325.8	97.3	391.5	109.6	457.2	120.3	522.9	131.0	0.932
	450	298.8	95.9	370.4	110.7	445.1	124.6	519.8	136.8	594.5	149.0	0.940
	500	334.8	107.4	415.0	124.0	498.7	139.6	582.4	153.3	666.1	167.0	0.946
	550	370.8	119.0	459.6	137.3	552.3	154.6	645.0	169.8	737.7	184.9	0.951
	600	406.8	130.5	504.3	150.7	606.0	169.7	707.7	186.3	809.4	202.9	0.956
	650	442.8	142.1	548.9	164.0	659.6	184.7	770.3	202.8	881.0	220.8	0.959
	700	478.8	153.6	593.5	177.3	713.2	199.7	832.9	219.2	952.6	238.8	0.962
	750	514.8	165.2	638.1	190.7	766.8	214.7	895.5	235.7	1024.2	256.7	0.965
	800	550.8	176.7	682.8	204.0	820.5	229.7	958.2	252.2	1095.9	274.7	0.967
	850	586.8	188.3	727.4	217.4	874.1	244.7	1020.8	268.7	1167.5	292.7	0.969
	900	622.8	199.8	772.0	230.7	927.7	259.7	1083.4	285.2	1239.1	310.6	0.971
	950	658.8	211.4	816.6	244.0	981.3	274.8	1146.0	301.7	1310.7	328.6	0.973
	1000	694.8	222.9	861.3	257.4	1035.0	289.8	1208.7	318.2	1382.4	346.5	0.974
	1100	763.2	244.9	946.0	282.7	1136.8	318.3	1327.6	349.5	1518.4	380.6	0.962
	1200	835.2	268.0	1035.3	309.4	1244.1	348.3	1452.9	382.4	1661.7	416.5	0.966
350	400	306.6	98.4	380.0	113.6	456.7	127.9	533.3	140.4	610.0	152.9	0.932
	450	348.6	111.8	432.1	129.1	519.3	145.4	606.4	159.6	693.6	173.9	0.940
	500	390.6	125.3	484.2	144.7	581.8	162.9	679.5	178.9	777.1	194.8	0.946
	550	432.6	138.8	536.2	160.2	644.4	180.4	752.5	198.1	860.7	215.7	0.951
	600	474.6	152.3	588.3	175.8	706.9	197.9	825.6	217.3	944.2	236.7	0.956
	650	516.6	165.7	640.4	191.3	769.5	215.5	898.7	236.5	1027.8	257.6	0.959
	700	558.6	179.2	692.4	206.9	832.1	233.0	971.7	255.8	1111.4	278.6	0.962
	750	600.6	192.7	744.5	222.5	894.6	250.5	1044.8	275.0	1194.9	299.5	0.965
	800	642.6	206.2	796.5	238.0	957.2	268.0	1117.8	294.2	1278.5	320.5	0.967
	850	684.6	219.6	848.6	253.6	1019.8	285.5	1190.9	313.5	1362.1	341.4	0.969
	900	726.6	233.1	900.7	269.1	1082.3	303.0	1264.0	332.7	1445.6	362.4	0.971
	950	768.6	246.6	952.7	284.7	1144.9	320.6	1337.0	351.9	1529.2	383.3	0.973
	1000	810.6	260.1	1004.8	300.2	1207.4	338.1	1410.1	371.2	1612.7	404.3	0.974
	1100	890.4	285.7	1103.7	329.8	1326.3	371.4	1548.9	407.7	1771.5	444.1	0.962
	1200	974.4	312.6	1207.8	360.9	1451.4	406.4	1695.0	446.2	1938.6	486.0	0.966
	1300	1058.4	339.6	1312.0	392.0	1576.6	441.4	1841.2	484.6	2105.8	527.9	0.968
	1400	1142.4	366.5	1416.1	423.2	1701.7	476.5	1987.3	523.1	2272.9	569.8	0.971

续表

梁截面(mm)		混凝土强度等级										二排钢筋系数
		C20		C25		C30		C35		C40		
b	h	V_1	V_c	V_1	V_c	V_1	V_c	V_1	V_c	V_1	V_c	
400	450	398.4	127.8	493.8	147.6	593.4	166.2	693.0	182.4	792.6	198.7	0.940
	500	446.4	143.2	553.3	165.3	664.9	186.2	776.5	204.4	888.1	222.6	0.946
	550	494.4	158.6	612.8	183.1	736.4	206.2	860.0	226.4	983.6	246.6	0.951
	600	542.4	174.0	672.3	200.9	807.9	226.2	943.5	248.4	1079.1	270.5	0.956
	650	590.4	189.4	731.8	218.7	879.4	246.2	1027.0	270.3	1174.6	294.5	0.959
	700	638.4	204.8	791.3	236.5	950.9	265.3	1110.5	292.3	1270.1	318.4	0.962
	750	686.4	220.2	850.8	254.2	1022.4	286.3	1194.0	314.3	1365.6	342.3	0.965
	800	734.4	235.6	910.3	272.0	1093.9	306.3	1277.5	336.3	1461.1	360.9	0.967
	850	782.4	251.0	969.8	289.8	1165.4	326.3	1361.0	358.3	1556.6	390.2	0.969
	900	830.4	266.4	1029.3	307.6	1236.5	346.3	1444.5	380.2	1652.1	414.2	0.971
	950	878.4	281.8	1088.8	325.4	1308.4	366.4	1528.0	402.2	1747.6	438.1	0.973
	1000	926.4	297.2	1148.3	343.1	1379.9	386.4	1611.5	424.2	1843.1	462.0	0.974
	1100	1017.6	326.5	1261.4	376.9	1515.8	424.4	177.02	466.0	2024.6	507.5	0.962
	1200	1113.6	357.3	1380.4	412.5	1658.8	464.5	1937.2	509.9	2215.6	555.4	0.966
	1300	1209.6	388.1	1499.4	448.0	1801.8	504.5	2104.2	553.9	2406.6	603.3	0.968
	1400	1305.6	418.9	1618.4	483.6	1944.8	544.5	2271.2	597.8	2597.6	651.2	0.971
	1500	1401.6	449.7	1737.4	519.2	2087.8	584.6	2438.2	641.8	2788.6	699.0	0.973
450	500	502.2	161.1	622.5	186.0	748.1	209.4	873.6	230.0	999.2	250.5	0.946
	550	556.2	178.4	689.4	206.0	828.5	232.0	967.5	254.7	1106.6	277.4	0.951
	600	610.2	195.8	756.4	226.0	908.9	254.5	1061.5	279.4	1214.0	304.3	0.956
	650	664.2	213.1	823.3	246.0	989.4	277.0	1155.4	304.2	1321.5	331.3	0.959
	700	718.2	230.4	890.3	266.0	1069.8	299.5	1249.4	328.9	1428.9	358.2	0.962
	750	772.2	247.7	957.2	286.0	1150.2	322.1	1343.3	353.6	1536.3	385.1	0.965
	800	826.2	265.1	1024.1	306.0	1230.7	344.6	1437.2	378.3	1643.8	412.1	0.967
	850	880.2	282.4	1091.1	326.0	1311.1	367.1	1531.2	403.0	1751.2	439.0	0.969
	900	934.2	299.7	1158.0	346.0	1391.6	389.6	1625.1	427.8	1858.7	465.9	0.971
	950	988.2	317.0	1224.9	366.0	1472.0	412.2	1719.0	452.5	1966.1	492.9	0.973
	1000	1042.2	334.4	1291.9	386.0	1552.4	434.7	1813.0	477.2	2073.5	519.8	0.974
	1100	1144.8	367.3	1419.1	424.0	1705.3	477.5	1991.5	524.2	2277.7	571.0	0.962
	1200	1252.8	401.9	1552.9	464.0	1866.1	522.5	2179.3	573.7	2492.5	624.8	0.966
	1300	1360.8	436.6	1686.8	504.1	2027.0	567.6	2367.2	623.1	2707.4	678.7	0.968
	1400	1468.8	471.2	1820.7	544.1	2187.9	612.4	2555.1	672.6	2922.3	732.6	0.971
	1500	1576.8	505.9	1954.6	584.1	2348.8	657.6	2743.0	722.0	3137.2	786.4	0.973
	1600	1684.8	540.5	2088.4	624.1	2509.6	702.7	2930.8	771.5	3352.0	840.3	0.974
	1700	1792.8	575.2	2222.3	664.1	2670.5	747.7	3118.7	820.9	3566.9	894.1	0.976
	1800	1900.8	609.8	2356.2	704.1	2831.4	792.8	3306.6	870.4	3781.8	948.0	0.977
500	550	618.0	198.3	766.1	228.9	920.6	257.7	1075.1	283.0	1229.6	308.2	0.951
	600	678	217.5	840.4	251.1	1009.9	282.8	1179.4	310.5	1348.9	338.1	0.956
	650	738	236.8	914.8	273.4	1099.3	307.8	1283.8	337.9	1468.3	368.1	0.959
	700	798	256.0	989.2	295.6	1188.7	332.8	1388.2	365.4	1587.7	398.0	0.962
	750	858	275.3	1063.6	317.8	1278.1	357.8	1492.6	392.9	1707.1	427.9	0.965
	800	918	294.5	1137.9	340.0	1367.4	382.9	1596.9	420.4	1826.4	457.8	0.967
	850	978	313.8	1212.3	362.3	1456.8	403.9	1701.3	447.8	1945.8	487.8	0.969
	900	1038	333.0	1286.7	384.5	1546.2	432.9	1805.7	475.3	2065.2	517.7	0.971
	950	1098	352.3	1361.1	406.7	1635.6	357.9	1910.1	502.8	2184.6	547.6	0.973
	1000	1158	371.5	1435.4	428.9	1724.9	483.0	2014.4	530.3	2303.9	577.5	0.974
	1100	1272	408.1	1576.7	471.2	1894.7	530.5	2212.7	582.5	2530.7	634.4	0.962

续表

梁截面(mm)		混凝土强度等级										二排钢筋系数
		C20		C25		C30		C35		C40		
b	h	V_1	V_c	V_1	V_c	V_1	V_c	V_1	V_c	V_1	V_c	
500	1200	1392	446.6	1725.5	515.6	2073.5	580.6	2421.5	637.4	2769.5	694.3	0.966
	1300	1512	485.1	1874.2	560.1	2252.2	630.6	2630.2	692.4	3008.2	754.1	0.968
	1400	1632	523.6	2023.0	604.5	2431.0	680.7	2839.0	747.3	3247.0	814.0	0.971
	1500	1752	562.1	2171.7	649.0	2609.7	730.7	3047.7	802.3	3485.7	873.8	0.973
	1600	1872	600.6	2320.5	693.4	2788.5	780.8	3256.5	857.2	3724.5	933.7	0.974
	1700	1992	639.1	2469.2	737.9	2967.2	830.8	3465.2	912.2	3963.2	993.5	0.976
	1800	2112	677.6	2618.0	782.3	3146.0	880.9	3674.0	967.1	4202.0	1053.4	0.977

修　正　系　数　　**表6.9-2**

$\frac{h_w}{b}$	4	4.2	4.4	4.6	4.8	5.0	5.2	5.4	5.6	5.8	6.0
修正系数	1	0.98	0.96	0.94	0.92	0.90	0.88	0.86	0.84	0.82	0.80

无地震组合时，对集中荷载作用下的独立梁，包括作用有多种荷载，且其中集中荷载对支座截面或节点边缘所产生的剪力值占总剪力值的75%以上的情况。

$$V_{c1}=\frac{1.75}{\lambda+1}f_tbh_0=\beta V_c \tag{6.9-6}$$

有地震组合时的集中荷载作用下框架梁

$$V'_{c1}=\frac{1}{\gamma_{RE}}\left(\frac{1.05}{\lambda+1}f_tbh_0\right)=0.706\beta V_c \tag{6.9-7}$$

当一般受弯构件 $V\leqslant V_c$ 或 $V'\leqslant V'_c$ 时，有集中荷载作用的梁 $V\leqslant\beta V_c$ 或 $V'\leqslant 0.706\beta V_c$ 时，箍筋可以按构造要求配置。

式中　V——无地震组合时剪力设计值；

V'——竖向荷载效应与地震作用效应组合剪力设计值；

V_c——一般受弯构件，截面混凝土受剪承载力设计值，可从表6.9-1查得；

V_{c1}、V'_{c1}——无地震组合、有地震组合时，集中荷载作用下梁的截面混凝土受剪承载力设计值；

β——与计算截面剪跨比 λ 值相关系数，其值见表6.9-3。

β　值　　**表6.9-3**

λ	1.0	1.1	1.2	1.3	1.4	1.5	1.6	1.7	1.8	1.9	2.0
β	1.25	1.19	1.136	1.087	1.042	1.000	0.961	0.926	0.893	0.862	0.833
λ	2.1	2.2	2.3	2.4	2.5	2.6	2.7	2.8	2.9	3.0	
β	0.806	0.781	0.757	0.735	0.714	0.694	0.676	0.658	0.641	0.625	

5. 当仅配有箍筋时，受剪承载力设计值按下列公式计算：

无地震组合的一般受弯构件

$$V_{cs}=0.7f_tbh_0+1.25f_{yv}\frac{A_{sv}}{s}h_0=V_c+V_s \tag{6.9-8}$$

有地震组合的一般受弯构件

$$V'_{cs}=\frac{1}{\gamma_{RE}}\left(0.42f_tbh_0+1.25f_{yv}\frac{A_{sv}}{s}h_0\right)=0.706V_c+1.176V_s \tag{6.9-9}$$

对集中荷载作用下的梁，无地震组合时

$$V_{cs1}=\frac{1.75}{\lambda+1}f_tbh_0+1.0f_{yv}\frac{A_{sv}}{s}h_0=\beta V_c+V_{s1} \tag{6.9-10}$$

有地震组合时

$$V'_{cs1}=\frac{1}{\gamma_{RE}}\left(\frac{1.05}{\lambda+1}f_tbh_0+f_{yv}\frac{A_{sv}}{s}h_0\right)=0.706\beta V_c+1.176V_{s1} \tag{6.9-11}$$

当 $V_c<V\leqslant V_1$，或 $V'_c<V'\leqslant 0.941V_1$ 时，一般受弯构件，按 $V\leqslant V_{cs}=V_c+V_s$ 和 $V'\leqslant V'_{cs}=0.706V_c+1.176V_s$ 条件，选择合适的箍筋直径及间距；对集中荷载作用下的梁，按 $V\leqslant V_{cs1}=\beta V_c+V_{s1}$ 和 $V'\leqslant V'_{cs1}=0.706\beta V_c+1.176V_{s1}$ 条件，选择合适的箍筋直径及间距。

V_c 和 V_s、V_{s1} 可由表 6.9-1 和表 6.9-4 表 6.9-5 查得，β 值可从表 6.9-3 查得。

当箍筋采用 HRB400 钢筋时，V_s 及 V_{s1} 值可按表 6.9-4、表 6.9-5 中 HRB335 钢筋相应值乘以 1.2。

6. 无地震组合时的一般受弯构件，当配有箍筋和弯起钢筋时，其受剪承载力设计值按下式计算：

$$V\leqslant V_{cs}+0.8f_yA_{sb}\sin\alpha_s=V_c+V_s+V_{sb} \tag{6.9-12}$$

式中 V_{sb}——弯起钢筋受剪承载力设计值，见表 6.9-6；

V_c、V_s——见表 6.9-1 和表 6.9-4。

7. 矩形截面的偏心受压构件，其斜截面受剪承载力应按下列公式计算：

无地震组合时

$$V\leqslant\frac{1.75}{\lambda+1}f_tbh_0+f_{yv}\frac{A_{sv}}{s}h_0+0.07N=\beta V_c+V_{s1}+0.07N \tag{6.9-13}$$

有地震组合时

$$V'\leqslant\frac{1}{\gamma_{RE}}\left(\frac{1.05}{\lambda+1}f_tbh_0+f_{yv}\frac{A_{sv}}{s}h_0+0.056N\right)$$

$$=0.706\beta V_c+1.176V_{s1}+0.0659N \tag{6.9-14}$$

当偏心受压构件，符合下列条件时：

无地震组合

$$V\leqslant\frac{1.75}{\lambda+1}f_tbh_0+0.07N=\beta V_c+0.07N \tag{6.9-15}$$

箍筋受剪承载力设计值 V_s（kN） HPB235（Q235）钢筋　　上行为双肢箍数值　下行为四肢箍数值　　表 6.9-4

$V_s=1.25f_{yv}A_{sv}\frac{h_0}{1000s}$

梁高 h（mm）	ϕ6，箍距 s					ϕ8，箍距 s						ϕ10，箍距 s						ϕ12，箍距 s				
	100	125	150	200	250	100	125	150	200	250	300	100	125	150	200	250	300	100	150	200	250	300
300	39.4	31.5	26.2			70.0	56.0	46.7				109.2	87.4	72.8				157.4	104.9			
	78.7	63.0	52.5			140.0	112.0	93.3				218.4	174.7	145.6				314.7	209.8			
350	46.8	37.4	31.2	23.4		83.2	66.5	55.5	41.6			129.8	103.9	86.5	64.9			187.0	124.7	93.5		
	93.6	74.9	62.4	46.8		166.4	131.1	110.9	83.2			259.6	207.7	173.1	129.8			374.1	249.4	187.0		
400	54.2	43.4	36.2	27.1		96.4	77.1	64.3	48.2			150.4	120.3	100.3	75.2			216.7	144.5	108.4		
	108.5	86.8	72.3	54.2		192.8	154.2	128.5	96.4			300.9	240.7	200.6	150.4			433.5	289.0	216.7		
450	61.7	49.3	41.1	30.8		109.6	87.7	73.1	54.8			171.0	136.8	114.0	85.5			246.4	164.3	123.2		
	123.3	98.7	82.2	61.7		219.2	175.3	146.1	109.6			342.1	273.7	228.0	171.0			492.8	328.6	246.4		
500	69.1	55.3	46.1	35.5		122.8	98.2	81.9	61.4			191.6	153.3	127.8	95.8			276.1	184.1	138.1		
	138.2	110.5	92.1	69.1		245.6	196.5	163.7	122.8			383.3	306.6	255.5	191.6			552.2	368.1	276.1		
550	76.5	61.2	51.0	38.3	30.6	136.0	108.8	90.7	68.0	54.4		212.2	169.8	141.5	106.1	84.9		305.8	203.9	152.9	122.3	
	153.0	122.4	102.0	76.5	61.2	272.0	217.6	181.3	136.0	108.8		424.5	339.6	283.0	212.2	169.8		611.6	407.7	305.8	244.6	
600	83.9	67.2	56.0	42.0	33.6	149.2	119.4	99.5	74.6	59.7		232.9	186.3	155.2	116.4	93.1		335.5	223.7	167.7	134.2	
	167.9	134.3	111.9	83.9	67.2	298.4	238.7	198.9	149.2	119.4		465.7	372.6	310.5	232.9	186.3		671.0	447.3	335.5	268.4	
650	91.4	73.1	60.9	45.7	36.5	162.4	129.9	108.3	81.2	65.0		253.5	202.8	169.0	126.7	101.4		365.2	243.4	182.6	146.1	
	182.7	146.2	121.8	91.4	73.1	324.8	259.8	216.5	162.4	129.9		506.9	405.5	337.9	253.5	202.8		730.3	486.9	365.2	292.1	
700	98.8	79.0	65.9	49.4	39.5	175.6	140.5	117.1	87.8	70.2		274.1	219.3	182.7	137.0	109.6		394.9	263.2	197.4	157.9	
	197.6	158.1	131.7	98.8	79.0	351.2	281.0	234.1	175.6	140.5		548.1	438.5	365.4	274.1	219.3		789.7	526.5	394.9	315.9	
750	106.2	85.0	70.8	53.1	42.5	188.8	151.1	125.9	94.4	75.5		294.7	235.7	196.4	147.3	117.9		424.5	283.0	212.3	169.8	
	212.5	170.0	141.6	106.2	85.0	377.6	302.1	251.8	188.8	151.1		589.3	471.5	392.9	294.7	235.7		849.1	566.1	424.5	339.6	
800	113.7	90.9	75.8	56.8	45.5	202.0	161.6	134.7	101.0	80.8		315.3	252.2	210.2	157.6	126.1		454.2	302.8	227.1	181.7	
	227.3	181.9	151.5	113.7	90.9	404.0	323.2	269.4	202.0	161.6		630.6	504.4	420.4	315.3	252.2		908.5	605.7	454.2	363.4	
850						215.2	172.2	143.5	107.6	86.1	71.7	335.9	268.7	223.9	167.9	134.4	112.0	483.9	322.6	242.0	193.6	161.3
						430.4	344.4	287.0	215.2	172.2	143.5	671.8	537.4	447.8	335.9	268.7	223.9	967.9	645.2	483.9	387.1	322.6
900						228.4	182.7	152.3	114.2	91.4	76.1	356.5	285.2	237.7	178.2	142.6	118.8	513.6	342.4	256.8	205.4	171.2
						456.8	365.5	304.6	228.4	182.7	152.3	713.0	570.4	475.3	356.5	285.2	237.7	1027.2	684.8	513.6	410.9	342.4
950						241.6	193.3	161.1	120.8	96.7	80.5	377.1	301.7	251.4	188.5	150.8	125.7	543.3	362.2	271.7	217.3	181.1
						483.3	386.6	322.2	241.6	193.3	161.1	754.2	603.4	502.8	377.1	301.7	251.4	1086.6	724.4	543.3	434.6	362.2
1000						254.8	203.9	169.9	127.4	101.9	84.9	397.7	318.2	265.1	198.9	159.1	132.6	573.0	382.0	286.5	229.2	191.0
						509.7	407.7	339.8	254.8	203.9	169.9	795.4	636.3	530.3	397.7	318.2	265.1	1146.0	764.0	573.0	458.4	382.0

箍筋受剪承载力设计值 V_s（kN） HRB335（20MnSi）钢筋

上行为双肢箍数值
下行为四肢箍数值

续表

梁高 h（mm）	$V_s=1.25f_{yv}A_{sv}\frac{h_0}{1000s}$											
	Φ10，箍距 s						Φ12，箍距 s					
	100	125	150	200	250	300	100	125	150	200	250	300
500	273.9 547.8	219.1 438.2	182.6 365.2	136.9 273.9			394.4 788.9	315.5 631.1	262.9 525.9	197.2 394.4		
550	303.4 606.7	242.7 485.4	202.2 404.5	151.7 303.4	121.3 242.7		436.8 873.7	349.5 698.9	291.2 582.5	218.4 436.8	174.7 349.5	
600	332.8 665.6	266.2 532.5	221.9 443.7	166.4 332.8	133.1 266.2		479.3 958.5	383.4 766.8	319.5 639.0	239.6 479.3	191.7 383.4	
650	362.3 724.5	289.8 579.6	241.5 483.0	181.1 362.3	144.9 289.8		521.7 1043.3	417.3 834.7	347.8 695.6	260.8 521.7	208.7 417.3	
700	391.7 783.4	313.4 626.7	261.1 522.3	195.8 391.7	156.7 313.4		564.1 1128.2	451.3 902.5	376.0 752.1	282.0 564.1	225.6 451.3	
750	421.2 842.3	336.9 673.9	280.8 561.6	210.6 421.2	168.5 336.9		606.5 1213.0	485.2 970.4	404.3 808.7	303.2 606.5	242.6 485.2	
800	450.6 901.2	360.5 721.0	300.4 600.8	225.3 450.6	180.2 360.5		648.9 1297.8	519.1 1038.2	432.6 865.2	324.4 648.9	259.6 519.1	
850	480.1 960.1	384.1 768.1	320.0 640.1	240.0 480.0	192.0 384.1	160.0 320.0	691.3 1382.6	553.0 1106.1	460.9 921.8	345.7 691.3	276.5 553.0	230.4 460.9
900	509.5 1019.0	407.6 815.2	339.7 679.4	254.8 509.5	203.8 407.6	169.8 339.7	733.7 1467.4	587.0 1174.0	489.1 978.3	366.9 733.7	293.5 587.0	244.6 489.1
950	539.0 1078.0	431.2 862.4	359.3 718.6	269.5 539.0	215.6 431.2	179.7 359.3	776.1 1552.3	620.9 1241.8	517.4 1034.9	388.1 776.1	310.4 620.9	258.7 517.4
1000	568.4 1136.9	454.7 909.5	378.9 757.9	284.2 568.4	227.4 454.7	189.5 378.9	818.6 1637.1	654.8 1309.7	545.7 1091.4	409.3 818.6	327.4 654.8	272.8 545.7
1100	624.4 1248.8	499.5 999.0	416.3 832.5	312.2 624.4	249.7 499.5	208.1 416.3	899.1 1798.3	719.3 1438.6	599.4 1198.9	449.6 899.1	359.6 719.3	299.7 599.4
1200	683.3 1366.6	546.6 1093.3	455.5 911.1	341.6 683.3	273.3 546.6	227.8 455.5	984.0 1967.9	787.2 1574.3	656.0 1312.0	492.0 984.0	393.6 787.2	328.0 656.0
1300	742.2 1484.4	593.8 1187.5	494.8 989.6	371.1 742.2	296.9 593.8	247.4 494.8	1068.8 2137.6	855.0 1710.0	712.5 1425.1	534.4 1068.8	427.5 855.0	356.3 712.5
1400	801.1 1602.2	640.9 1281.8	534.1 1068.1	400.5 801.1	320.4 640.9	267.0 534.1	1153.6 2307.2	922.9 1845.8	769.1 1538.2	576.8 1153.6	461.4 922.9	384.5 769.1
1500	860.0 1720.0	688.0 1376.0	573.3 1146.7	430.0 860.0	344.0 688.0	286.7 573.3	1238.4 2476.9	990.7 1981.5	825.6 1651.3	619.2 1238.4	495.4 990.7	412.8 825.6

箍筋受剪承载力设计值 V_{s1}（kN） HPB235（Q235）钢筋 上行为双肢箍数值 下行为四肢箍数值 表 6.9-5

$$V_{s1} = 1.0 f_{yv} A_{sv} \frac{h_0}{1000s}$$

梁高 h（mm）	φ6，箍距为					φ8，箍距为						φ10，箍距为					φ12 箍距为				
	100	125	150	200	250	100	125	150	200	250	300	100	150	200	250	300	100	150	200	250	300
300	31.5	25.2	21.0			55.9	44.8	37.3				87.4	58.3				125.9	83.9			
	62.9	50.3	42.0			111.9	89.5	74.6				174.8	116.5				251.8	167.8			
350	37.4	29.9	24.9	18.7		66.5	53.2	44.3	33.2			103.9	69.3	51.9			149.6	99.7	74.8		
	74.8	59.8	49.8	37.4		133.0	106.4	88.7	66.5			207.8	138.5	103.9			299.3	199.5	149.6		
400	43.3	34.7	28.9	21.7		77.1	61.6	51.4	38.5			120.4	80.3	60.2			173.4	115.6	86.7		
	86.6	69.3	57.8	43.3		154.1	123.3	102.7	73.1			240.8	160.5	120.4			346.8	231.2	173.4		
450	49.3	39.4	32.8	24.6		87.6	70.1	58.4	43.8			136.9	91.3	68.4			197.1	131.4	98.6		
	89.5	78.4	65.6	49.3		175.2	140.2	116.8	87.6			273.8	182.5	136.9			394.2	262.8	197.1		
500	55.2	44.2	36.8	27.6		98.2	78.5	65.4	49.1			153.4	102.2	76.7			220.9	147.2	110.4		
	110.4	88.3	73.6	55.2		196.3	157.0	130.9	98.2			306.8	204.5	153.4			441.8	294.5	220.9		
550	61.1	48.9	40.8	30.6	24.4	108.7	87.0	72.5	54.4	43.5		169.9	113.2	84.9	67.9		244.6	163.1	122.3	97.8	
	122.3	97.8	81.5	61.1	48.9	217.5	174.0	145.0	108.7	87.0		339.8	226.5	169.9	135.9		489.3	326.2	249.6	195.7	
600	67.1	53.7	44.7	33.5	26.8	119.3	95.4	79.5	59.6	44.7		186.4	124.2	93.2	74.5		268.4	178.9	134.2	107.3	
	134.2	107.3	89.4	67.1	53.7	238.6	190.9	159.0	119.3	95.4		372.7	248.5	186.4	149.1		536.8	357.8	268.4	214.7	
650	73.0	58.4	48.7	36.5	29.2	129.8	103.9	86.6	64.9	51.9		202.9	135.2	101.4	81.1		292.1	194.7	146.1	116.8	
	146.0	116.8	97.3	73.0	58.4	259.7	207.7	173.1	129.8	103.9		405.8	270.5	202.9	162.3		584.3	389.5	292.1	233.7	
700	78.9	63.2	52.6	39.5	31.6	140.4	112.3	93.6	70.2	56.2		219.4	146.2	109.7	87.7		315.9	210.6	157.9	126.3	
	157.9	126.3	105.3	78.9	63.2	280.8	224.6	187.2	140.4	112.3		438.7	292.5	219.4	175.5		631.8	421.2	315.9	252.7	
750	84.9	67.9	56.6	42.4	33.9	151.0	120.8	100.6	75.5	60.4		235.8	157.2	117.9	94.3		339.6	226.4	169.8	137.8	
	169.8	135.8	113.2	84.9	67.9	302.0	241.5	201.3	151.0	120.8		471.7	314.5	235.8	188.7		679.3	452.8	339.6	275.7	
800	90.8	72.7	60.5	45.4	36.3	161.5	129.2	107.7	80.7	64.6		252.3	168.2	126.2	100.9		363.4	242.3	181.7	145.3	
	181.7	145.3	121.1	90.8	72.7	323.0	258.4	215.3	161.5	129.2		504.7	336.5	252.3	201.9		726.8	484.5	363.4	290.7	
850						172.1	137.6	114.7	86.0	68.8	57.4	268.8	179.2	134.4	107.5	89.6	387.1	258.1	193.6	154.8	129.0
						344.1	275.3	229.4	172.1	137.6	114.7	537.7	358.4	268.8	215.1	179.2	774.3	516.2	387.1	309.7	258.1
900						182.6	146.1	121.7	91.3	73.0	60.9	285.3	190.2	142.7	114.1	95.1	410.9	273.9	205.4	164.3	137.0
						365.3	292.2	243.5	182.6	146.1	121.7	570.7	380.4	285.3	228.3	190.2	821.8	547.8	410.9	328.7	273.9
950						193.2	154.5	128.8	96.6	77.3	64.4	301.8	201.2	150.9	120.7	100.6	434.6	289.8	217.3	173.8	144.9
						386.4	309.1	257.6	193.2	154.5	128.8	603.6	402.4	301.8	241.5	201.2	869.3	579.5	434.6	347.7	289.8
1000						203.7	163.0	135.8	101.9	81.5	67.9	318.3	212.2	159.2	127.3	106.1	458.4	305.6	229.2	183.3	152.8
						407.5	326.0	271.6	203.7	163.0	135.8	636.6	424.4	318.3	254.6	212.2	916.8	611.2	458.4	366.7	305.6

箍筋受剪承载力设计值 V_{s1}（kN） HRB335（20MnSi）钢筋

上行为双肢箍数值
下行为四肢箍数值

续表

梁高 h（mm）	$V_{s1}=1.0f_{yv}A_{sv}\frac{h_0}{1000s}$											
	Φ10，箍距 s						Φ12，箍距 s					
	100	125	150	200	250	300	100	125	150	200	250	300
500	219.1 438.2	175.3 350.6	146.1 292.3	109.6 219.1			315.5 631.1	252.4 504.9	210.4 420.7	157.8 315.5		
550	242.7 485.4	194.2 388.3	161.8 323.6	121.3 242.7	97.1 194.2		349.5 698.9	279.6 559.2	233.0 466.0	174.7 349.5	139.8 279.6	
600	266.2 432.5	213.0 426.0	177.5 355.0	133.1 266.2	106.5 213.0		383.4 766.8	306.7 613.4	255.6 511.2	191.7 383.4	153.4 306.7	
650	289.8 579.6	231.8 463.7	193.2 386.4	144.9 289.8	115.9 231.8		417.3 834.7	333.9 667.7	278.2 556.4	208.7 417.3	166.9 333.9	
700	313.4 626.7	250.7 501.4	208.9 417.8	156.7 313.4	125.3 250.7		451.3 902.5	361.0 722.0	300.8 601.7	225.6 451.3	180.5 361.0	
750	336.9 673.9	269.5 539.1	224.6 449.2	168.5 336.9	134.8 269.5		485.2 970.4	388.1 776.3	323.5 646.9	242.6 485.2	194.1 388.1	
800	360.5 721.0	288.4 576.8	240.3 480.7	180.2 360.5	144.2 288.4		519.1 1038.2	415.3 830.6	346.1 692.2	259.6 519.1	207.6 415.3	
850	384.1 768.1	307.2 614.5	256.0 512.1	192.0 384.1	153.6 307.2	128.0 256.0	553.0 1106.1	442.4 884.9	368.7 737.4	276.5 553.0	221.2 442.4	184.3 368.7
900	407.6 815.2	326.1 652.2	271.7 543.5	203.8 407.6	163.0 326.1	135.9 271.7	587.0 1174.0	469.6 939.2	391.3 782.6	293.5 587.0	234.8 469.6	195.7 391.3
950	431.2 862.4	344.9 689.9	287.4 574.9	215.6 431.2	172.5 344.9	143.7 287.4	620.9 1241.8	496.7 993.5	413.9 827.9	310.4 620.9	248.4 496.7	207.0 413.9
1000	454.7 909.5	363.8 727.6	303.2 606.3	227.4 454.7	181.9 363.8	151.6 303.2	654.8 1309.7	523.9 1047.7	436.6 873.1	327.4 654.8	261.9 523.9	218.3 436.6
1100	499.5 999.0	399.6 799.2	333.0 666.0	249.7 499.5	199.8 399.6	166.5 333.0	719.3 1438.6	575.4 1150.9	479.5 959.1	359.6 719.3	287.7 575.4	239.8 479.5
1200	546.6 1093.3	437.3 874.6	364.4 728.8	273.3 546.6	218.6 437.3	182.2 364.4	787.2 1574.3	629.7 1259.5	524.8 1049.6	393.6 787.2	314.9 629.7	262.4 524.8
1300	593.8 1187.5	475.0 950.0	395.8 791.7	296.9 593.8	237.5 475.0	197.9 395.8	855.0 1710.1	684.0 1368.0	570.0 1140.0	427.5 855.0	342.0 684.0	285.0 570.0
1400	640.9 1281.8	512.7 1025.4	427.2 854.5	320.4 640.9	256.3 512.7	213.6 427.2	922.9 1845.8	738.3 1476.6	615.3 1230.5	461.4 922.9	369.1 738.3	307.6 615.3
1500	688.0 1376.0	550.4 1100.8	458.7 917.3	344.0 688.0	275.2 550.4	229.3 458.7	990.7 1981.5	792.6 1585.2	660.5 1321.0	495.4 990.7	396.3 792.6	330.2 660.5

每根弯起钢筋受剪承载力设计值表每根弯起钢筋受剪承载力 V_{sb}（kN）

$$V_{sb}=\frac{0.8f_yA_{sb}\cdot\sin\alpha_s}{1000}$$

表 6.9-6

钢筋直径（mm）	HPB235 钢筋		HRB335 钢筋		钢筋直径（mm）	HPB235 钢筋		HRB335 钢筋	
	$\alpha_s=45°$	$\alpha_s=60°$	$\alpha_s=45°$	$\alpha_s=60°$		$\alpha_s=45°$	$\alpha_s=60°$	$\alpha_s=45°$	$\alpha_s=60°$
10	9.3	11.4	13.3	16.3	22	45.2	55.3	64.5	79.0
12	13.4	16.5	19.2	23.5	25	58.3	71.4	83.5	102.0
14	18.3	22.4	26.1	32.0	28	73.1	89.6	104.5	128.0
16	23.9	29.3	34.1	41.8	30	84.0	102.8	119.9	146.9
18	30.2	37.0	43.2	52.9	32	95.5	117.0	136.5	167.2
20	37.3	45.7	53.3	65.3					

注：1. 钢筋弯起角度一般为45°，梁高大于800mm时，可用60°；
2. 位于构件侧边的底层钢筋不应弯起；
3. 弯起钢筋采用HRB400钢筋时，V_{sb}值可按表中HRB335钢筋相应值乘1.2采用。

有地震组合

$$V'\leqslant\frac{1}{\gamma_{RE}}\left(\frac{1.05}{\lambda+1}f_tbh_0+0.056N\right)=0.706\beta V_c+0.0659N \qquad (6.9\text{-}16)$$

则均可不进行斜截面受剪承载力计算，仅需根据构造要求的规定配置箍筋。

式中 λ——偏心受压构件计算截面的剪跨比，无地震组合时，对框架结构的柱，可取 $\lambda=H_n/(2h_0)$；对框架-剪力墙结构的柱，可取 $\lambda=M/(Vh_0)$；当 $\lambda<1$ 时，取 $\lambda=1$；当 $\lambda>3$ 时，取 $\lambda=3$；此处，H_n 为柱净高，M 为计算截面上与剪力设计值 V 相应的弯矩设计值，对其他偏心受压构件，当承受均布荷载时，取 $\lambda=1.5$；当承受集中荷载时（包括作用有多种荷载、且集中荷载对支座截面或节点边缘所产生的剪力值占总剪力值的75%以上的情况），取 $\lambda=a/h_0$；当 $\lambda<1.5$ 时，取 $\lambda=1.5$；当 $\lambda>3$ 时，取 $\lambda=3$；此处，a 为集中荷载至支座或节点边缘的距离。有地震组合时，框架柱其值取上、下端弯矩较大值 M 与对应的剪力 V 和柱截面有效高度 h_0 的比值，即 M/Vh_0；当框架结构中的框架柱的反弯点在柱层高范围内时，柱剪跨比也可采用1/2柱净高与柱截面有效高度 h_0 的比值；当 λ 小于1时，取1;，当 λ 大于3时，取3；

N——与剪力设计值相应的轴向压力设计值；当 $N>0.3f_cA$ 时，取 $N=0.3f_cA$；A 为构件的截面面积；

V_c、V_{sl}——见表6.9-1和表6.9-5；

V——无地震组合时，剪力设计值；

V'——竖向荷载与地震作用组合设计值；

β——系数见表6.9-3。

8. 矩形截面的偏心受拉构件，其斜截面受剪承载力应按下列公式计算：

无地震组合时

$$V\leqslant\frac{1.75}{\lambda+1}f_tbh_0+f_{yv}\frac{A_{sv}}{s}h_0-0.2N=\beta V_c+V_{sl}-0.2N \qquad (6.9\text{-}17)$$

有地震组合时

$$V' \leqslant \frac{1}{\gamma_{RE}}\left(\frac{1.05}{\lambda+1}f_t bh_0 + f_{yv}\frac{A_{sv}}{s}h_0 - 0.2N\right)$$
$$= 0.706\beta Vc + V_{s1} - 0.235N \tag{6.9-18}$$

式中 N——与剪力设计值 V 相应轴向拉力设计值；

其他符号同第7条。公式(6.9-17)(6.9-18)右边的计算值小于 $f_{yv}\frac{A_{sv}}{s}h_0$ 时，应取等于 $f_{yv}\frac{A_{sv}}{s}h_0$，且 $f_{yv}\frac{A_{sv}}{s}h_0$ 值不得小于 $0.36f_t bh_0$。

【例 6.9-1】 已知均布荷载矩形梁，$b=200$mm，$h=500$mm，C20 混凝土，箍筋 HPB235。支座边缘 $V=156.64$kN（设计值）

求：一排纵向受拉钢筋的箍筋和弯起钢筋（HRB335）

【解】 (1) $h_w/b=465/200=2.325<4$，属于一般梁查表6.9-1 $V_1=223.2\text{kN}>156.64\text{kN}$

故截面尺寸满足要求

(2) 查表 6.9-1 $V_c=71.6<156.64$kN

需按计算配置箍筋

(3) 若仅配箍筋，不用弯起钢筋

选用双肢箍 $\phi8@125$，查表 6.9-4，$V_s=98.2$kN

$V_c+V_s=71.6+98.2=169.8>156.64$kN(可)

(4) 若既配箍筋又配弯起钢筋

选用双肢箍 $\phi6@200$

查表 6.9-4，$V_s=34.5$kN

$V-(V_c+V_s)=156.64-(79.3+34.5)=42.84$kN

弯起 1Φ 18($\alpha_s=45^\circ$)

查表 6.9-6，$V_{sb}=43.2>42.84$kN(可)

【例 6.9-2】 已知 T 形截面简支梁，截面及荷载设计值如图所示，C30 混凝土，箍筋 HPB235。

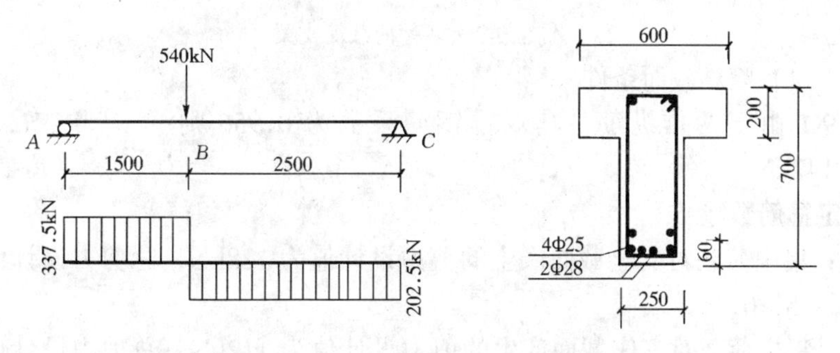

图 6.9-1 集中荷载 T 形截面简支梁

求：箍筋和弯起钢筋的数量。

【解】 (1) 验算截面条件

$$\frac{h_w}{b}=\frac{h_0-h_f}{b}=\frac{640-200}{250}=1.76<4$$

查表6.9-1，由于纵筋为两排，其双排钢筋系数为0.962。

则 $V_1=594.3\times0.962=571.72>337.5$kN(可)

(2) 确定箍筋和弯起钢筋数量

查表6.9-1，$V_c=166.4\times0.962=160.08<202.5\text{kN}<337.5\text{kN}$

按计算配置箍筋和弯起钢筋（HRB335）

AB 段选用双肢箍 ϕ8@200

查表6.9-4，$V_s=87.8\times0.962=84.46$kN

因 $V-(V_c+V_s)=337.5-(160.08+84.46)=92.96$kN

选用1Φ 28弯筋（$\alpha_s=45°$），在 *AB* 段内纵筋应弯起二道。

查表6.9-6，$V_{sb}=104.5\text{kN}>92.96\text{kN}$

BC 段，选用双肢箍 ϕ6@150 已足够，不需配置弯起钢筋：

【例6.9-3】　已知独立梁，$b\times h=200\text{mm}\times600\text{mm}$（$h_0=540$mm），C20混凝土，箍筋HPB235，纵筋采用HRB335，梁跨度、荷载设计值如图所示。

求：箍筋的数量

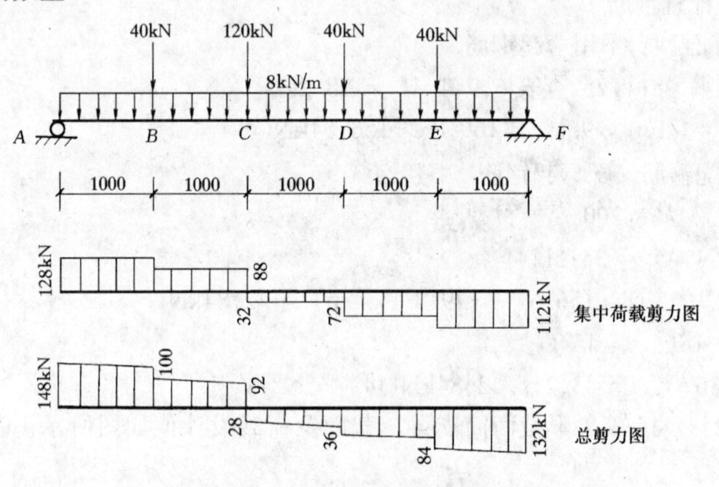

图6.9-2　多种荷载简支梁

【解】　(1) 验算截面条件

查表6.9-1由于两排纵筋，其双排钢筋系数为0.956则　$V_1=271.2\times0.956=259.27\text{kN}>148\text{kN}$

(2) 确定箍筋数量

A 支座：集中荷载对支座截面产生的剪力设计值为128kN，总剪力设计值为148kN，128/148=0.865>0.75，

F 支座：集中荷载对支座截面产生的剪力设计值为112kN，总剪力设计值为132kN，112/132=0.848>0.75，故本梁应考虑剪跨比影响。

计算截面取集中荷载作用点处截面，现分段进行计算：

AB 段：$\lambda=\frac{\alpha}{h_0}=1000/540=1.85>1.4$

查表 6.9-3 $\lambda=1.85$ 时修正系数 $\beta=0.877$

查表 6.9-1 $V_c=87.0\times0.956\times0.877=72.94<148kN$

$$V_s=V-V_c=148-72.94=75.06kN$$

查表 6.9-4，选用双肢箍 ϕ8@150

$$V_s=99.5\times0.956=95.12kN \text{（可）}$$

BC 段：$\lambda=2000/540=3.7>3$，取 $\lambda=3$，$\beta=0.625$

$$V_c=87.0\times0.956\times0.625=51.98<100kN$$

$$V_s=100-51.98=48.02kN$$

查表 6.9-4，选用双肢箍 ϕ8@250

$$V_s=59.7\times0.956=57.07kN \text{（可）}$$

EF 段：$\lambda=1000/540=1.85>1.4$

查表 6.9-3，$\beta=0.877$

$$V_c=87.0\times0.956\times0.877=72.94<132kN$$

$$V_s=132-72.94=59.06kN$$

查表 6.9-4，选用双肢箍 ϕ8@200

$$V_s=74.6\times0.956=71.32kN \text{（可）}$$

DE 段：$\lambda=2000/540=3.7>3$，取 $\lambda=3$。

查表 6.9-3，$\beta=0.625$

$$V_c=87.0\times0.956\times0.625=51.98kN<84kN$$

选用双肢箍 ϕ8@250

CD 段因剪力值很小，配 ϕ8@250 即可。

6.10 柱截面设计与构造

1. 考虑地震作用组合的各种结构类型的框架柱的轴压比 $\mu_N=N/f_cA$，不宜大于表 6.10-1 规定的限值；

2. 无地震组合和有地震组合而抗震等级为四级的框架柱，柱端弯矩值取竖向荷载、风荷载或水平地震作用下组合所得的最不利设计值。

3. 抗震设计时，一、二、三级框架的梁、柱节点处，除顶层和柱轴压比小于 0.15 者外，柱端考虑地震作用的组合弯矩值应按下列规定予以调整：

一级抗震等级

$$\Sigma M_c=1.4\Sigma M_b \tag{6.10-1}$$

二级抗震等级

$$\Sigma M_c=1.2\Sigma M_b \tag{6.10-2}$$

三级抗震等级

$$\Sigma M_c=1.1\Sigma M_b \tag{6.10-3}$$

9 度设防烈度和一级抗震等级的框架结构尚应符合

$$\Sigma M_c=1.2\Sigma M_{bua} \tag{6.10-4}$$

式中　$\sum M_c$——节点上、下柱端截面顺时针或逆时针方向组合弯矩设计值之和。上、下柱端的弯矩，可按弹性分析的弯矩比例进行分配；

$\sum M_b$——节点左、右梁端截面逆时针或顺时针方向组合弯矩设计值之和。节点左、右梁端均为负弯矩时，绝对值较小一端的弯矩应取零；

$\sum M_{bua}$——节点左、右梁端逆时针或顺时针方向实配的正截面抗震受弯承载力所对应的弯矩值之和，可根据实际配筋面积和材料强度标准值确定。

柱轴压比限值　表6.10-1

结构类型	抗震等级		
	一	二	三
框架结构	0.70	0.80	0.90
框架-剪力墙结构 框架-核芯筒结构 筒中筒	0.75	0.85	0.95
部分框支剪力墙结构	0.60	0.70	—

注：1　轴压比指柱考虑地震作用组合的轴压力设计值与柱全截面面积和混凝土轴心抗压强度设计值乘积的比值；

2　表内数值适用于混凝土强度等级不高于C60的柱。当混凝土强度等级为C65～C70时，轴压比限值应比表中数值降低0.05；当混凝土强度等级为C75～C80时，轴压比限值应比表中数值降低0.10；

3　表内数值适用于剪跨比大于2的柱。剪跨比不大于2但不小于1.5的柱，其轴压比限值应比表中数值减小0.05；剪跨比小于1.5的柱，其轴压比限值应专门研究并采取特殊构造措施；

4　当沿柱全高采用井字复合箍，箍筋间距不大于100mm、肢距不大于200mm、直径不小于12mm时，柱轴压比限值可增加0.10；当沿柱全高采用复合螺旋箍，箍筋螺距不大于100mm、肢距不大于200mm、直径不小于12mm时，柱轴压比限值可增加0.10；当沿柱全高采用连续复合螺旋箍，且螺距不大于80mm、肢距不大于200mm、直径不小于10mm时，轴压比限值可增加0.10。以上三种配箍类别的含箍特征值应按增大的轴压比由本章表6.10-4确定；

5　当柱截面中部设置由附加纵向钢筋形成的芯柱，且附加纵向钢筋的截面面积不小于柱截面面积的0.8%时，柱轴压比限值可增加0.05。当本项措施与注4的措施共同采用时，柱轴压比限值可比表中数值增加0.15，但箍筋的配箍特征值仍可按轴压比增加0.10的要求确定；

6　附注第4、5两款之措施，也适用于框支柱；

7　柱轴压比限值不应大于1.05。

当反弯点不在柱高范围内时，柱端弯矩设计值可直接乘以强柱系数，一级取1.4，二级取1.2，三级取1.1。

核心筒与外框筒或外框架之间的梁外端负弯矩设计值，应小于与该端相连的柱在考虑强柱系数后，上、下柱端弯矩设计值之和。

4. 抗震设计时，一、二、三级框架结构的底层柱底截面的弯矩设计值，应分别采用考虑地震作用组合的弯矩值与增大系数1.5、1.25和1.15的乘积。

5. 抗震设计时，框架角柱应按双向偏心受力构件进行正截面承载力设计。一、二、三级框架角柱经按本节第3.4条调整后的弯矩、剪力设计值宜乘以不小于1.1的增大系数。

6. 抗震设计时，框架柱端部截面组合的剪力设计值，一、二、三级应按下列公式调整；四级时可直接取考虑地震作用组合的剪力计算值。

一级抗震等级

$$V_c = 1.4\frac{(M_c^t + M_c^b)}{H_n} \tag{6.10-5}$$

二级抗震等级

$$V_c = 1.2\frac{(M_c^t + M_c^b)}{H_n} \tag{6.10-6}$$

三级抗震等级

$$V_c = 1.1\frac{M_c^t + M_c^b}{H_n} \tag{6.10-7}$$

9 度设防烈度和一级抗震等级的框架结构尚应符合

$$V_c = 1.2\frac{(M_{cua}^t + M_{cua}^b)}{H_n} \tag{6.10-8}$$

式中 H_n——柱的净高；

M_c^t、M_c^b——分别为柱上、下端顺时针或逆时针方向截面组合的弯矩设计值，应符合本节第 3.4 条的要求；

M_{cua}^t、M_{cua}^b——分别为柱上下端顺时针或逆时针方向实配的正截面抗震受弯承载力所对应的弯矩值，可根据实配受压钢筋面积、材料强度标准值和轴向压力等确定；

7. 框架柱截面的组合最大剪力设计值应符合下列条件：

无地震作用组合时：

$$V \leqslant 0.25\beta_c f_c b h_0 \tag{6.10-9}$$

有地震作用组合时：

剪跨比大于 2

$$V \leqslant \frac{1}{\gamma_{RE}}(0.2\beta_c f_c b h_0) \tag{6.10-10}$$

剪跨比不大于 2

$$V \leqslant \frac{1}{\gamma_{RE}}(0.15\beta_c f_c b h_0) \tag{6.10-11}$$

式中 V——剪力设计值；

b——矩形截面的宽度，T 形截面、I 形截面的腹板宽度；

h_0——截面有效高度；

β_c——混凝土强度的折减系数，见第二章表 2.2-2。

框架柱的剪跨比可按下式计算：

$$\lambda = M^c/(V^c h_0) \tag{6.10-12}$$

式中 V——梁、柱验算截面的剪力设计值；

λ——框架柱的剪跨比。反弯点位于柱高中部的框架柱，可取柱净高与计算方向 2 倍柱截面有效高度之比值；

M^c——柱端截面未经本节第 3、4、5 条调整的组合弯矩计算值，可取柱上、下端的较大值；

V^c——柱端截面与组合弯矩计算值对应的组合剪力计算值；

8. 柱正截面受压承载力计算

(1) 轴心受压柱正载面受压承载力应按下式计算：

$$N \leqslant 0.9\varphi(f_c A + f'_y A'_s) \qquad (6.10\text{-}13)$$

式中　N——轴向压力设计值；

φ——钢筋混凝土构件的稳定系数，见表 6.11-1；

f_c——混凝土轴心抗压强度设计值；

A——柱截面面积；

A'_s——全部纵向钢筋的截面面积。

当纵向钢筋配筋率大于3%时，式中 A 值应改用A_n，$A_n = A - A'_s$。

（2）当采用螺旋式或焊接环式间接钢筋的轴心受压柱，其正截面受压承载力应按下式计算（图 6.10-1）：

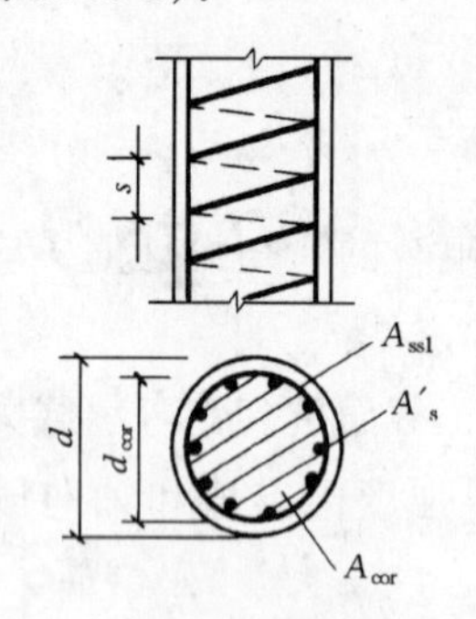

图 6.10-1　螺旋式间接钢筋轴心受压构件截面

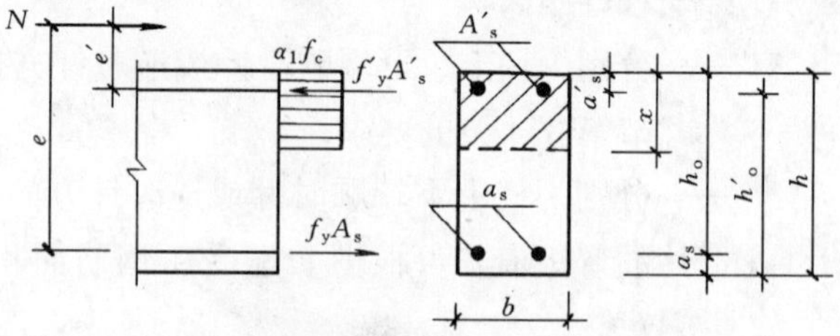

图 6.10-2　矩形截面偏心受压柱的正截面受压承载力计算

$$N \leqslant 0.9(f_c A_{cor} + f'_y A'_s + 2\alpha f_y A_{ss0}) \qquad (6.10\text{-}14)$$

式中　A_{cor}——柱的核芯截面面积；

f_y——间接钢筋的抗拉强度设计值；

A_{ss0}——螺旋式或焊接环式间接钢筋的换算截面面积。

$$A_{ss0} = \frac{\pi d_{cor} A_{ss1}}{s} \qquad (6.10\text{-}15)$$

α——间接钢筋对混凝土约束的折减系数，当≤C50 时取 1.0，C80 时取 0.85，其间按线性内插法取用，见表 2.2-2；

d_{cor}——柱的核芯直径；

A_{ss1}——螺旋式或焊接环式单根间接钢筋的截面面积；

s——沿构件轴线方向间接钢筋的间距。

按公式（6.10-14）算得的柱受压承载力设计值不应大于按公式（6.10-13）算得的柱受压承载力设计值的 1.5 倍。

当遇有下列情况之一时，不考虑间接钢筋的影响，应按公式（6.10-13）计算：

1）当 $l_0/d > 12$ 时；

2）当按公式（6.10-14）算得的承载力小于公式（6.10-13）算得的受压承载力时；

3）当间接钢筋的换算截面面积 A_{ss0} 小于纵向钢筋的全部截面面积的 25%时。

（3）矩形截面偏心受压柱正截面承载力应按下列公式计算（图 6.10-2）：

无地震组合

$$N \leqslant \alpha_1 f_c bx + f'_y A'_s - \sigma_s A_s \tag{6.10-16}$$

$$Ne \leqslant \alpha_1 f_c bx\left(h_0 - \frac{x}{2}\right) + f'_y A'_s (h_0 - a_s') \tag{6.10-17}$$

有地震组合

$$\gamma_{RE} N' \leqslant \alpha_1 f_c bx + f'_y A'_s - \sigma_s A_s \tag{6.10-18}$$

$$\gamma_{RE} N' e \leqslant \alpha_1 f_c bx\left(h_0 - \frac{x}{2}\right) + f'_y A'_s (h_0 - a_s') \tag{6.10-19}$$

式中

$$\left.\begin{aligned} e &= \eta e_i + \frac{h}{2} - a \\ e_i &= e_0 + e_a \\ e_0 &= M/N \end{aligned}\right\} \tag{6.10-20}$$

其中 η——偏心距增大系数，见第6.11节第2条；

N——竖向荷载与风荷载组合的轴向压力设计值；

N'——竖向荷载与地震作用组合的轴向压力设计值；

M——与轴向压力设计值相对应的弯矩设计值；

γ_{RE}——承载力抗震调整系数，取0.8。

α_1——当混凝土强度等级≤C50时，$\alpha_1 = 1.0$；当C80时，$\alpha_1 = 0.94$；C50～C80时，其间按直线内插法取用，见第二章表2.2-2；

e_a——附加偏心距，其值应取不小于20mm和偏心方向截面尺寸的1/30两者中的较大值。

当相对受压区高度 $\xi = \frac{x}{h_0} \leqslant \xi_b$ 时，为大偏心受压柱，此时，$\sigma_s = f_y$。如对称配筋 $A_s = A'_s$ 时，则由公式（6.10-16）、（6.10-18）得 x 值为：

无地震组合时

$$x = \frac{N}{\alpha_1 f_c b} \tag{6.10-21}$$

有地震组合时

$$x = \frac{\gamma_{RE} N'}{\alpha_1 f_c b} \tag{6.10-22}$$

对称配筋为：

无地震组合时

$$A_s = A'_s = \frac{Ne - \alpha_1 f_c bx\left(h_0 - \frac{x}{2}\right)}{f'_y (h_0 - a'_s)} \tag{6.10-23}$$

有地震组合时

$$A_s = A'_s = \frac{\gamma_{RE} N' e - \alpha_1 f_c bx\left(h_0 - \frac{x}{2}\right)}{f'_y (h_0 - a'_s)} \tag{6.10-24}$$

当 $\xi = \frac{x}{h_0} > \xi_b$ 时，为小偏心受压柱，如为对称配筋，此时，钢筋截面面积为：

无地震组合时

$$A_s = A'_s = \frac{Ne - \xi(1-0.5\xi)\alpha_1 f_c bh_0^2}{f'_y(h_0' - a_s)} \quad (6.10\text{-}25)$$

有地震组合时

$$A_s = A'_s = \frac{\gamma_{RE}N'e - \xi(1-0.5\xi)\alpha_1 f_c bh_0^2}{f'_y(h_0 - a'_s)} \quad (6.10\text{-}26)$$

式中的相对受压区高度 ξ，依据有无抗震设防按下列公式计算：

无地震组合时

$$\xi = \frac{N - \xi_b\alpha_1 f_c bh_0}{\dfrac{Ne - 0.43\alpha_1 f_c bh_0^2}{(\beta_1 - \xi_b)(h_0 - a'_s)} + \alpha_1 f_c bh_0} + \xi_b \quad (6.10\text{-}27)$$

有地震组合时

$$\xi = \frac{\gamma_{RE}N' - \xi_b\alpha_1 f_c bh_0}{\dfrac{\gamma_{RE}N'e - 0.43\alpha_1 f_c bh_0^2}{(\beta_1 - \xi_b)(h_0 - a'_s)} + \alpha_1 f_c bh_0} + \xi_b \quad (6.10\text{-}28)$$

式中　f_c——混凝土轴心抗压强度设计值；

b、h_0——柱截面宽度和有效高度；

ξ_b——相对界限受压区高度；

β_1——当混凝土强度等级≤C50 时，$\beta_1 = 0.8$，当 C80 时，$\beta_1 = 0.74$，其间按直线内插法取用，见第二章表 2.2-2。

(4) 圆形截面偏心受压柱的正截面承载力，当沿周边均匀配置纵向钢筋，数量不小于 6 根时，可按下列公式计算（图 6.10-3）：

无地震组合时

$$N \leqslant \alpha\alpha_1 f_c A\left(1 - \frac{\sin 2\pi\alpha}{2\pi\alpha}\right) + (\alpha + \alpha_t) f_y A_s \quad (6.10\text{-}29)$$

$$N\eta e_i \leqslant \frac{2}{3}\alpha_1 f_c r^3 \sin^3 \pi\alpha + \frac{f_y A_s r_s}{\pi}(\sin\pi\alpha + \sin\pi\alpha_1) \quad (6.10\text{-}30)$$

有地震组合时

$$\gamma_{RE}N' \leqslant \alpha\alpha_1 f_c A\left(1 - \frac{\sin 2\pi\alpha}{2\pi\alpha}\right) + (\alpha - \alpha_t) f_y A_s \quad (6.10\text{-}31)$$

$$\gamma_{RE}N'\eta e_i \leqslant \frac{2}{3}\alpha_1 f_c r^3 \sin^3 \pi\alpha + \frac{f_y A_s r_s}{\pi}(\sin\pi\alpha + \sin\pi\alpha_t) \quad (6.10\text{-}32)$$

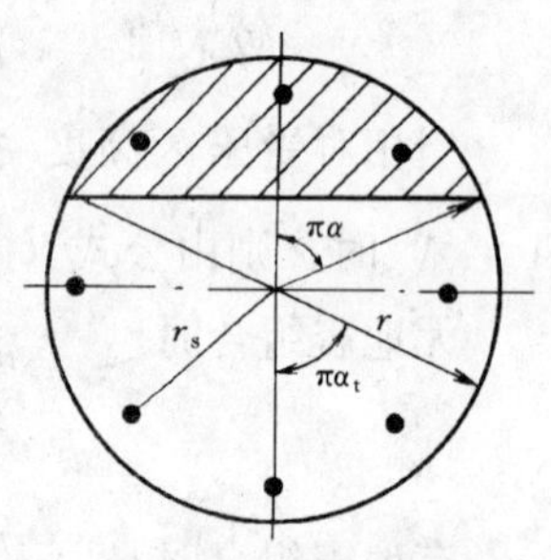

图 6.10-3　圆形截面偏心受压柱

式中　A——柱截面面积；

A_s——全部纵向钢筋的截面面积；

α——对应于受压区混凝土截面面积的圆心角（red）与 2π 的比值；

α_t——纵向受拉钢筋截面面积与全部纵向钢筋截面面积的比值；

当 $\alpha \leqslant 0.625$ 时，取 $\alpha_t = 1.25 - 2\alpha$　(6.10-33)

当 $\alpha > 0.625$ 时，取 $\alpha_t = 0$　(6.10-34)

η——偏心距增大系数，见第 6.11 节第 2 条

式中
$$h = 2r = D$$
$$h_0 = r + r_s$$

e_i——计算偏心距，按公式（6.10-20）确定；

α_1——当≤C50时，$\alpha_1 = 1.0$，当C80时，$\alpha_1 = 0.94$，其间按直线内插法取用，见第二章表2.2-2；

r——圆形截面半径；

r_s——纵向钢筋所在圆周的半径。

（5）对截面具有两个互相垂直对称轴的钢筋混凝土双向偏心受压柱（图6.10-4），正截面受压承载力按下式计算：

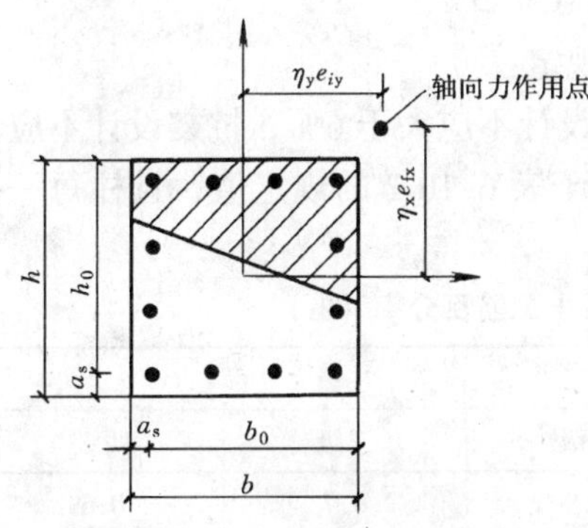

图6.10-4　双向偏心受压柱截面

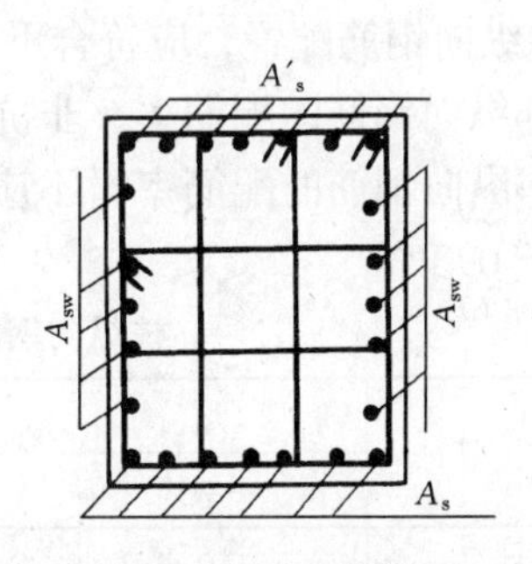

图6.10-5　沿截面腹部均匀配筋矩形截面

$$N \text{或} \gamma_{RE} N' \leqslant \frac{1}{\frac{1}{N_{ux}} + \frac{1}{N_{uy}} - \frac{1}{N_{uo}}} \tag{6.10-35}$$

式中　N_{uo}——不考虑稳定系数 φ 的截面轴心受压承载力，可按公式（6.10-13）计算，但应取等号，将 N 以 N_{uo} 代替，且 $\varphi = 1.0$；

N_{ux}——轴向力作用于 x 轴、并考虑相应的计算偏心距 $\eta_x e_{ix}$ 后，按全部纵向钢筋计算的柱偏心受压承载力设计值；

N_{uy}——轴向力作用于 y 轴，并考虑相应的计算偏心距 $\eta_y e_{iy}$ 后，按全部纵向钢筋计算的柱偏心受压承载力设计值；

e_{ix}、e_{iy}、η_x、η_y——按公式(6.10-20)。

柱的偏心受压承载力设计值 N_{ux}，可按下列情况计算：

1）当纵向钢筋为沿柱宽 b 两边配置时，N_{ux} 可按本条（3）矩形截面偏心受压柱正截面承载力的规定进行计算，但应取等号，将 N 或 $\gamma_{RE} N'$ 以 N_{ux} 代替；

2）当纵向钢筋沿截面腹部均匀配置时（图6.10-5），N_{ux} 可按下列公式计算：

$$N_{ux} = \alpha_1 f_c \xi b h_0 + f'_y A'_s - \sigma_s A_s + N_{sw} \tag{6.10-36}$$

$$N_{sw} = \left(1 + \frac{\xi - \beta_1}{0.4\omega}\right) f_{yw} A_{sw} \tag{6.10-37}$$

$$\sigma_s = \frac{f_y}{\xi_b - \beta_1}\left(\frac{x}{h_0} - \beta_1\right) \tag{6.10-38}$$

式中 A_{sw}——沿截面腹部均匀配置的全部纵向钢筋截面面积；

f_{yw}——沿截面腹部均匀配置的纵向钢筋强度设计值；

N_{sw}——沿截面腹部均匀配置的纵向钢筋所承担的轴向力；当 $\xi>\beta_1$ 时，取 $N_{sw}=f_{yw}A_{sw}$；

ω——均匀配置纵向钢筋区段的高度 h_{sw} 与截面有效高度 h_0 的比值，$\omega=h_{sw}/h_0$，宜选取 $h_{sw}=h_0-a'_s$；

β_1——系数见第二章表2.2-2。

3）腹部均匀配置的纵向钢筋根数，每侧不少于4根。

柱的偏心受压承载力设计值 N_{uy}，可采用与 N_{ux} 的相同方法计算。

9. 柱斜截面受剪承载力计算，见本章6.9节。

10. 柱的纵向钢筋配置，应符合下列规定：

（1）全部纵向钢筋的配筋率，非抗震设计不应大于6%，抗震设计不应大于5%；

（2）全部纵向钢筋的配筋率，不应小于表6.10-2的规定值，且柱每一侧纵向钢筋配筋率不应小于0.2%。

柱纵向钢筋最小配筋百分率（%） **表6.10-2**

柱 类 型	抗 震 等 级				非抗震
	一级	二级	三级	四级	
中柱、边柱	1.0	0.8	0.7	0.6	0.6
角柱	1.2	1.0	0.9	0.8	0.6
框支柱	1.2	1.0	—	—	0.8

注：1. 当混凝土强度等级大于C60时，表中的数值应增加0.1；

2. 当采用HRB400钢筋时，表中数值允许减小0.1；

11. 柱的纵向钢筋配置，尚应满足下列要求：

（1）抗震设计时，宜采用对称配筋；

（2）抗震设计时，截面尺寸大于400mm的柱，其纵向钢筋间距不宜大于200mm；非抗震设计时，柱纵向钢筋间距不应大于350mm；柱纵向钢筋净距均不应小于50mm；

（3）一级且剪跨比不大于2的柱，其单侧纵向受拉钢筋的配筋率不宜大于1.2%，且应沿柱全长采用复合箍筋；

（4）边柱、角柱及剪力墙端柱考虑地震作用组合产生小偏心受拉时，柱内纵筋总截面面积宜比计算值增加25%。

12. 柱纵向受力钢筋的连接方法，应遵守下列规定：

（1）框架柱：一、二级抗震等级及三级抗震等级的底层，宜采用机械接头，三级抗震等级的其他部位和四级抗震等级，可采用搭接或焊接接头；

（2）框支梁柱：宜采用机械接头；

（3）当采用焊接接头时，应检查钢筋的可焊性；

（4）位于同一连接区段内的受力钢筋接头面积率不宜超过50%；

（5）当接头位置无法避开梁端、柱端箍筋加密区时，应采用机械连接接头，且钢筋接头面积率不应超过50%；

(6) 钢筋机械接头、搭接接头及焊接接头，尚应遵守有关标准、规范的规定。

13. 框架底层柱纵向钢筋锚入基础的长度应满足下列要求：

(1) 在单独柱基、地基梁、筏形基础中，柱纵向钢筋应全部直通到基础底；

(2) 箱形基础中，边柱、角柱与剪力墙相连的柱，仅一侧有墙和四周无墙的地下室内柱，纵向钢筋应全部直通到基础底，其他内柱可把四角的纵向钢筋通到基础底，其余纵向钢筋可伸入墙体内 $45d$。当有多层箱形基础时，上述伸到基础底的纵向钢筋，除四角钢筋外，其余可仅伸至箱形基础最上一层的墙底。

14. 非抗震设计时，柱中箍筋应符合以下规定：

(1) 箍筋应为封闭式；

(2) 箍筋间距不应大于 400mm，且不应大于构件截面的短边尺寸和最小纵向钢筋直径的 15 倍；

(3) 箍筋直径不应小于最大纵向钢筋直径的 1/4，且不应小于 6mm；

(4) 当柱中全部纵向受力钢筋的配筋率超过 3% 时，箍筋直径不应小于 8mm，箍筋间距不应大于最小纵向钢筋直径的 10 倍，且不应大于 200mm。箍筋未端应做成 135°弯钩，弯钩末端直段长度不应小于 10 倍箍筋直径，且不应小于 75mm；

(5) 当柱每边纵筋多于 3 根时，应设置复合箍筋（可采用拉条）；

(6) 柱内纵向钢筋采用搭接做法时，搭接长度范围内箍筋直径不应小于塔接钢筋较大直径的 0.25 倍；在纵向受拉钢筋的搭接长度范围内的箍筋间距不应大于搭接钢筋较小直径的 5 倍，且不应大于 100mm；在纵向受压钢筋的搭接长度范围内的箍筋间距不应大于搭接钢筋较小直径的 10 倍，且不应大于 200mm。当受压钢筋直径大于 25mm 时，尚应在搭接接头端面外 100mm 的范围内各设置两道箍筋。

15. 抗震设计时，柱箍筋应在下列范围内加密：

(1) 底层柱上端和其他各层的柱两端应取矩形截面柱之长边尺寸（或圆形截面柱之直径）、柱净高之 1/6 和 500mm 三者之最大值范围内；

(2) 底层柱刚性地面以上、下各 500mm 的范围内；

(3) 底层柱柱根以上 1/3 柱净高的范围内；

(4) 剪跨比不大于 2 的柱和因填充墙等形成的柱净高与截面高度之比不大于 4 的柱全高范围内；

(5) 一级及二级框架的角柱的全高范围；

(6) 需要提高变形能力的柱的全高范围。

16. 抗震设计时，柱箍筋加密区的箍筋最小直径和最大间距，应符合下列规定：

(1) 一般情况下，应符合表 6.10-3 的要求；

柱端箍筋加密区的构造要求　　表 6.10-3

抗震等级	箍筋最大间距（mm）	箍筋最小直径（mm）
一级	$6d$ 和 100 的较小值	10
二级	$8d$ 和 100 的较小值	8
三级	$8d$ 和 150（柱根 100）的较小值	8
四级	$8d$ 和 150（柱根 100）的较小值	6（柱根 8）

注：1. 表中 d 为柱纵向钢筋直径，单位为 mm；
2. 柱根指框架柱底部嵌固部位。

(2) 剪跨比不大于 2 的柱，箍筋间距不应大于 100mm，一级时尚不应大于 6 倍的纵向钢筋直径；

（3）三级框架柱截面尺寸不大于400mm时，箍筋最小直径允许采用6mm；二级框架柱箍筋直径不小于10mm、肢距不大于200mm时，除柱根外最大间距允许采用150mm。

17. 柱箍筋加密区箍筋的体积配筋率应符合下列规定：

（1）柱箍筋加密区箍筋的体积配筋率，应符合下列规定：

$$\rho_v \geqslant \lambda_v \frac{f_c}{f_{yv}} \tag{6.10-39}$$

式中　ρ_v——柱箍筋加密区的体积配筋率，按本节第21条的规定计算，计算中应扣除重叠部分的箍筋体积；不同钢筋种类及混凝土强度等级的 ρ_v 值见表6.10-5*a* 表6.10-6*a* 和表6.10-5*b*、表6.10-6*b*；

f_c——混凝土轴心抗压强度设计值；当强度等级低于C35时，按C35取值；

f_{yv}——箍筋及拉筋抗拉强度设计值；

λ_v——最小配箍特征值，按表6.10-4采用。

柱箍筋加密区的箍筋最小配箍特征值 λ_v　　表6.10-4

抗震等级	箍筋型式	轴压比								
		≤0.3	0.4	0.5	0.6	0.7	0.8	0.9	1.0	1.05
一级	普通箍、复合箍	0.10	0.11	0.13	0.15	0.17	0.20	0.23	—	—
	螺旋箍、复合或连续复合矩形螺旋箍	0.08	0.09	0.11	0.13	0.15	0.18	0.21	—	—
二级	普通箍、复合箍	0.08	0.09	0.11	0.13	0.15	0.17	0.19	0.22	0.24
	螺旋箍、复合或连续复合矩形螺旋箍	0.06	0.07	0.09	0.11	0.13	0.15	0.17	0.20	0.22
三级	普通箍、复合箍	0.06	0.07	0.09	0.11	0.13	0.15	0.17	0.20	0.22
	螺旋箍、复合或连续复合矩形螺旋箍	0.05	0.06	0.07	0.09	0.11	0.13	0.15	0.18	0.20

注：1　普通箍指单个矩形箍筋或单个圆形箍筋；螺旋箍指单个螺旋箍筋；复合箍指由矩形、多边形、圆形箍筋或拉筋组成的箍筋；复合螺旋箍指由螺旋箍与矩形、多边形、圆形箍筋或拉筋组成的箍筋；连续复合矩形螺旋箍指全部螺旋箍为同一根钢筋加工成的箍筋；

2　在计算复合螺旋箍的体积配筋率时，其中非螺旋箍筋的体积应乘以换算系数0.8。

（2）对一、二、三、四级抗震等级的框架柱，其箍筋加密区范围内箍筋的体积配筋率尚且分别不应小于0.8%、0.6%、0.4%和0.4%。

18. 抗震设计时，柱箍筋设置应符合下列要求：

（1）箍筋应有135°弯钩，弯钩端部直段长度不应小于10倍的箍筋直径，且不小于75mm；

（2）箍筋加密区的箍筋肢距，一级不宜大于200mm；二、三级不宜大于250mm和20倍箍筋直径的较大值，四级不宜大于300mm。每隔一根纵向钢筋宜在两个方向有箍筋约束；采用拉筋组合箍时，拉筋宜紧靠纵向钢筋并勾住封闭箍；

（3）剪跨比不大于2的柱宜采用复合螺旋箍或井字复合箍，其加密区体积配箍率不应小于1.2%；设防烈度为9度时，不应小于1.5%。

框架柱箍筋加密区的箍筋（HPB235 级）最小体积配箍率（%） 表 6.10-5*a*

混凝土强度等级	抗震等级	箍筋形式	柱轴压比 ≤0.3	0.4	0.5	0.6	0.7	0.80	0.9	1.0	1.05
≤C35	一级	普通箍、复合箍	0.8	0.88	1.03	1.19	1.35	1.59	1.83		
		螺旋箍、复合或连续复合矩形螺旋箍	0.80	0.80	0.88	1.03	1.19	1.43	1.67		
	二级	普通箍、复合箍	0.64	0.72	0.88	1.03	1.19	1.35	1.51	1.75	1.91
		螺旋箍、复合或连续复合矩形螺旋箍	0.60	0.60	0.72	0.88	1.03	1.19	1.35	1.59	1.75
	三级	普通箍、复合箍	0.48	0.56	0.72	0.88	1.03	1.19	1.35	1.59	1.75
		螺旋箍、复合或连续复合矩形螺旋箍	0.40	0.48	0.56	0.72	0.88	1.03	1.19	1.43	1.59
C40	一级	普通箍、复合箍	0.91	1.00	1.18	1.36	1.55	1.82	2.09		
		螺旋箍、复合或连续复合矩形螺旋箍	0.80	0.82	1.00	1.18	1.36	1.64	1.91		
	二级	普通箍、复合箍	0.73	0.82	1.00	1.18	1.36	1.55	1.73	2.00	2.18
		螺旋箍、复合或连续复合矩形螺旋箍	0.60	0.64	0.82	1.00	1.18	1.36	1.55	1.82	2.00
	三级	普通箍、复合箍	0.55	0.64	0.82	1.00	1.18	1.36	1.55	1.82	2.00
		螺旋箍、复合或连续复合矩形螺旋箍	0.46	0.55	0.64	0.82	1.00	1.18	1.36	1.64	1.82
C45	一级	普通箍、复合箍	1.01	1.11	1.31	1.51	1.71	2.01	2.31		
		螺旋箍、复合或连续复合矩形螺旋箍	0.80	0.90	1.11	1.31	1.51	1.81	2.11		
	二级	普通箍、复合箍	0.80	0.90	1.11	1.31	1.51	1.71	1.91	2.21	2.41
		螺旋箍、复合或连续复合矩形螺旋箍	0.60	0.70	0.90	1.11	1.31	1.51	1.71	2.01	2.21
	三级	普通箍、复合箍	0.60	0.70	0.90	1.11	1.31	1.51	1.71	2.01	2.21
		螺旋箍、复合或连续复合矩形螺旋箍	0.50	0.60	0.70	0.90	1.11	1.31	1.51	1.81	2.01
C50	一级	普通箍、复合箍	1.10	1.21	1.43	1.65	1.87	2.20	2.53		
		螺旋箍、复合或连续复合矩形螺旋箍	0.88	0.99	1.21	1.43	1.65	1.98	2.31		
	二级	普通箍、复合箍	0.88	0.99	1.21	1.43	1.65	1.87	2.09	2.42	2.64
		螺旋箍、复合或连续复合矩形螺旋箍	0.66	0.77	0.99	1.21	1.43	1.65	1.87	2.20	2.42
	三级	普通箍、复合箍	0.66	0.77	0.99	1.21	1.43	1.65	1.87	2.20	2.42
		螺旋箍、复合或连续复合矩形螺旋箍	0.55	0.66	0.77	0.99	1.21	1.43	1.65	1.98	2.20

注：
1. 普通箍指单个矩形和单个圆形箍；复合箍指由矩形、多边形、圆形箍或拉筋组成的箍筋；复合螺旋箍指由螺旋箍与矩形、多边形、圆形或拉筋组成的箍筋；连续复合矩形螺旋箍指全部螺旋箍为同一根钢筋加工而成的箍筋。
2. 剪跨比≤2.0 的柱（短柱），宜采用复合螺旋箍或井字复合箍，其体积配箍率应≥1.2%，9 度时应≥1.5%。
3. 抗震等级为四级时，其体积配箍率应≥0.4%。
4. 计算复合螺旋箍的体积配箍率时，其非螺旋箍的箍筋体积，应乘以换算系数 0.8。
5. 体积配箍率计算中应扣除重叠部分的箍筋体积。

HPB235 钢筋

柱箍筋体积配箍率 $\rho_v = \lambda_v f_c / f_{yv}$ 值（%） 表 6.10-5*b*

混凝土强度等级	含箍特征值 λ_v															
	0.05	0.06	0.07	0.08	0.09	0.10	0.11	0.13	0.15	0.17	0.18	0.19	0.20	0.21	0.22	0.24
C20	0.228	0.274	0.320	0.366	0.411	0.457	0.503	0.594	0.686	0.777	0.823	0.868	0.914	0.960	1.006	1.097
C25	0.283	0.340	0.397	0.453	0.510	0.567	0.623	0.737	0.850	0.963	1.020	1.077	1.133	1.190	1.247	1.360
C30	0.340	0.409	0.477	0.545	0.613	0.681	0.749	0.885	1.021	1.158	1.226	1.294	1.362	1.430	1.498	1.634
C35	0.398	0.477	0.557	0.636	0.716	0.795	0.875	1.034	1.193	1.352	1.431	1.511	1.590	1.670	1.750	1.909
C40	0.455	0.546	0.637	0.728	0.819	0.909	1.000	1.182	1.364	1.546	1.637	1.728	1.819	1.910	2.001	2.183
C45	0.505	0.606	0.707	0.808	0.909	1.010	1.110	1.312	1.514	1.716	1.817	1.918	2.019	2.120	2.221	2.423
C50	0.550	0.660	0.770	0.880	0.990	1.100	1.210	1.430	1.650	1.870	1.980	2.090	2.200	2.310	2.420	2.640
C55	0.602	0.723	0.843	0.964	1.084	1.205	1.325	1.566	1.807	2.048	2.169	2.289	2.410	2.530	2.650	2.891
C60	0.655	0.786	0.917	1.048	1.179	1.310	1.440	1.702	1.964	2.226	2.357	2.488	2.619	2.750	2.881	3.143
C65	0.707	0.849	0.980	1.131	1.273	1.414	1.556	1.839	2.121	2.404	2.546	2.687	2.829	2.970	3.111	3.394
C70	0.757	0.909	1.060	1.211	1.363	1.514	1.666	1.969	2.271	2.574	2.726	2.877	3.029	3.180	3.331	3.634
C75	0.805	0.966	1.127	1.288	1.449	1.610	1.770	2.092	2.414	2.736	2.900	3.058	3.219	3.380	3.541	3.863
C80	0.855	1.026	1.197	1.368	1.539	1.710	1.880	2.222	2.564	2.906	3.077	3.248	3.419	3.590	3.761	4.103

框架柱箍筋加密区的箍筋（HRB335 级）最小体积配箍率（%） 表 6.10-6*a*

混凝土强度等级	抗震等级	箍筋形式	柱轴压比								
			≤0.3	0.4	0.5	0.6	0.7	0.8	0.9	1.0	1.05
≤C55	一级	普通箍、复合箍	0.84	0.93	1.10	1.27	1.43	1.69	1.94		
		螺旋箍、复合或连续复合矩形螺旋箍	0.80	0.80	0.93	1.10	1.27	1.52	1.77		
	二级	普通箍、复合箍	0.68	0.76	0.93	1.10	1.27	1.43	1.60	1.86	2.02
		螺旋箍、复合或连续复合矩形螺旋箍	0.60	0.60	0.76	0.93	1.10	1.27	1.43	1.69	1.86
	三级	普通箍、复合箍	0.51	0.59	0.76	0.93	1.10	1.27	1.43	1.69	1.86
		螺旋箍、复合或连续复合矩形螺旋箍	0.42	0.51	0.59	0.76	0.93	1.10	1.27	1.52	1.69
C60	一级	普通箍、复合箍	0.92	1.01	1.19	1.38	1.56	1.83	2.11		
		螺旋箍、复合或连续复合矩形螺旋箍	0.80	0.83	1.01	1.19	1.38	1.65	1.93		
	二级	普通箍、复合箍	0.73	0.83	1.01	1.19	1.38	1.56	1.74	2.02	2.20
		螺旋箍、复合或连续复合矩形螺旋箍	0.60	0.64	0.83	1.01	1.19	1.38	1.56	1.83	2.02
	三级	普通箍、复合箍	0.55	0.64	0.83	1.01	1.19	1.38	1.56	1.83	2.02
		螺旋箍、复合或连续复合矩形螺旋箍	0.46	0.55	0.64	0.83	1.01	1.19	1.38	1.65	1.83

续表

混凝土强度等级	抗震等级	箍筋形式	柱轴压比								
			≤0.3	0.4	0.5	0.6	0.7	0.8	0.9	1.0	1.05
C65	一级	普通箍、复合箍	1.19	1.29	1.49	1.68	1.98	2.28	2.57		
		螺旋箍、复合或连续复合矩形螺旋箍	0.99	1.09	1.29	1.49	1.78	2.08	2.38		
	二级	普通箍、复合箍	0.99	1.09	1.29	1.49	1.78	1.98	2.18	2.48	2.67
		螺旋箍、复合或连续复合矩形螺旋箍	0.79	0.89	1.09	1.29	1.58	1.78	1.98	2.28	2.48
	三级	普通箍、复合箍	0.79	0.89	1.09	1.29	1.58	1.78	1.98	2.28	2.48
		螺旋箍、复合或连续复合矩形螺旋箍	0.69	0.79	0.89	1.09	1.39	1.58	1.78	2.08	2.28
C70	一级	普通箍、复合箍	1.27	1.38	1.59	1.80	2.12	2.44	2.76		
		螺旋箍、复合或连续复合矩形螺旋箍	1.06	1.17	1.38	1.59	1.91	2.23	2.54		
	二级	普通箍、复合箍	1.06	1.17	1.38	1.59	1.91	2.12	2.33	2.65	2.86
		螺旋箍、复合或连续复合矩形螺旋箍	0.85	0.95	1.17	1.38	1.70	1.91	2.12	2.44	2.65
	三级	普通箍、复合箍	0.85	0.95	1.17	1.38	1.70	1.91	2.12	2.44	2.65
		螺旋箍、复合或连续复合矩形螺旋箍	0.74	0.85	0.95	1.17	1.48	1.70	1.91	2.23	2.44

注：
1. 普通箍指单个矩形和单个圆形箍；复合箍指由矩形、多边形、圆形箍或拉筋组成的箍筋；复合螺旋箍指由螺旋箍与矩形、多边形、圆形箍或拉筋组成的箍筋；连续复合矩形螺旋箍指全部螺旋箍为同一根钢筋加工而成的箍筋。
2. 剪跨比≤2.0 的柱（短柱），宜采用复合螺旋箍或井字复合箍，其体积配箍率应≥1.2%，9 度时应≥1.5%。
3. 抗震等级为四级时，其体积配箍率应≥0.4%。
4. 计算复合螺旋箍的体积配箍率时，其非螺旋箍的箍筋体积，应乘以换算系数 0.8。
5. 体积配箍率计算中应扣除重叠部分的箍筋体积。

HRB335 钢筋　　柱箍筋体积配箍率 $\rho_v = \lambda_v f_c / f_{yv}$ 值（%）　　表 6.10-6*b*

混凝土强度等级	含箍特征值 λ_v															
	0.05	0.06	0.07	0.08	0.09	0.10	0.11	0.13	0.15	0.17	0.18	0.19	0.20	0.21	0.22	0.24
C20	0.160	0.192	0.224	0.256	0.288	0.320	0.352	0.416	0.480	0.544	0.576	0.608	0.640	0.672	0.704	0.768
C25	0.198	0.238	0.278	0.317	0.357	0.397	0.436	0.517	0.595	0.674	0.714	0.754	0.793	0.833	0.873	0.952
C30	0.238	0.286	0.334	0.381	0.429	0.477	0.524	0.620	0.715	0.810	0.858	0.906	0.953	1.001	1.049	1.144
C35	0.278	0.334	0.390	0.445	0.501	0.557	0.612	0.724	0.835	0.946	1.002	1.058	1.113	1.169	1.225	1.336
C40	0.318	0.382	0.446	0.509	0.573	0.637	0.700	0.828	0.955	1.082	1.146	1.210	1.273	1.337	1.401	1.528
C45	0.353	0.424	0.495	0.565	0.636	0.707	0.777	0.919	1.055	1.201	1.272	1.343	1.413	1.484	1.555	1.696
C50	0.385	0.462	0.539	0.616	0.693	0.770	0.847	1.001	1.155	1.309	1.386	1.463	1.540	1.617	1.694	1.848
C55	0.422	0.506	0.590	0.675	0.759	0.843	0.928	1.096	1.265	1.434	1.518	1.602	1.687	1.771	1.855	2.024
C60	0.458	0.550	0.642	0.733	0.825	0.917	1.008	1.192	1.375	1.558	1.650	1.742	1.833	1.925	2.017	2.200
C65	0.495	0.594	0.693	0.792	0.891	0.990	1.089	1.287	1.485	1.683	1.782	1.881	1.980	2.079	2.178	2.376
C70	0.530	0.636	0.742	0.848	0.954	1.060	1.166	1.378	1.590	1.802	1.908	2.014	2.120	2.226	2.332	2.544
C75	0.563	0.676	0.789	0.901	1.014	1.127	1.239	1.465	1.690	1.915	2.028	2.141	2.253	2.366	2.479	2.704
C80	0.598	0.718	0.838	0.957	1.077	1.197	1.316	1.556	1.795	2.034	2.154	2.274	2.393	2.513	2.633	2.872

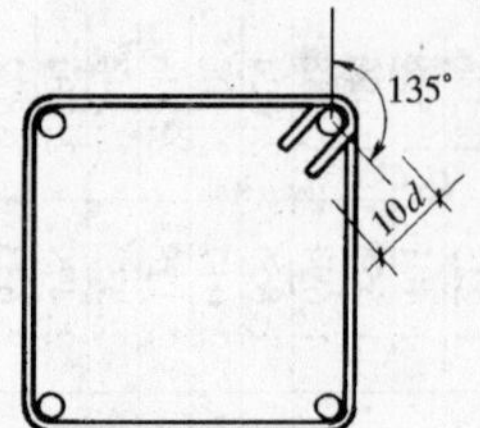

图6.10-6　箍筋的弯钩

19. 抗震设计时，框架柱非加密区的箍筋，其体积配箍率不宜小于加密区的一半；其箍筋间距，不应大于加密区箍筋间距的2倍，且一、二级不应大于10倍纵向钢筋直径，三、四级不应大于15倍纵向钢筋直径。

20. 柱的纵筋不应与箍筋、拉筋及预埋件等焊接。

21. 柱的箍筋体积配箍率 ρ_v 按下式计算：

$$\rho_v = \frac{\Sigma a_k l_k}{l_1 l_2 s} \tag{6.10-40}$$

式中　a_k——箍筋单肢截面面积；

l_k——对应于 a_k 的箍筋单肢总长度，重叠段按一肢计算；

l_1、l_2——柱核芯混凝土面积的两个边长（图6.10-6、图6.10-7）；

s——箍筋间距。

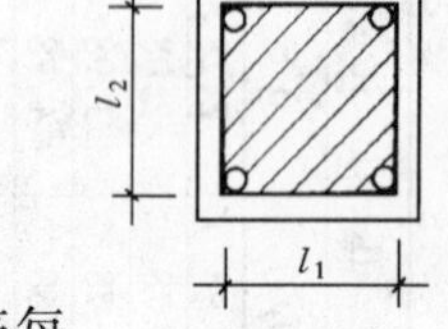

图6.10-7 柱核芯

22. 框架柱的箍筋可采用图6.10-8所示的形式。当柱的纵向钢筋每边4根及4根以上时，宜采用井字形箍筋。

常用柱截面的箍筋形式及其箍筋体积配箍率 ρ_v，分别见表6.10-7至

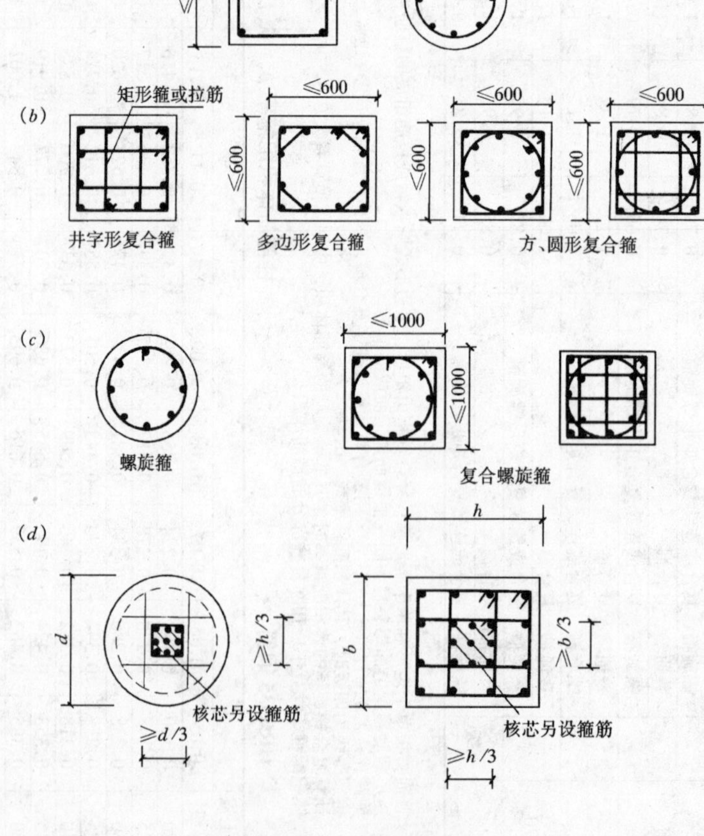

图6.10-8　柱的箍筋形式

表 6.10-10。

方形柱箍筋体积配箍率（百分率）ρ_v **表 6.10-7**

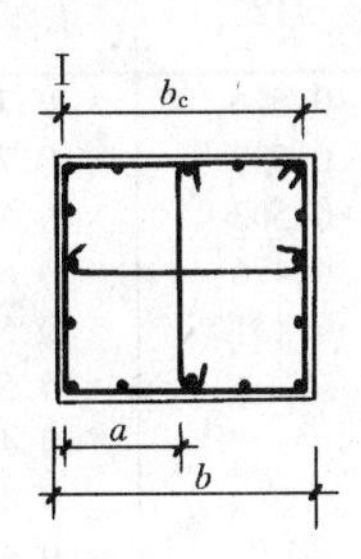
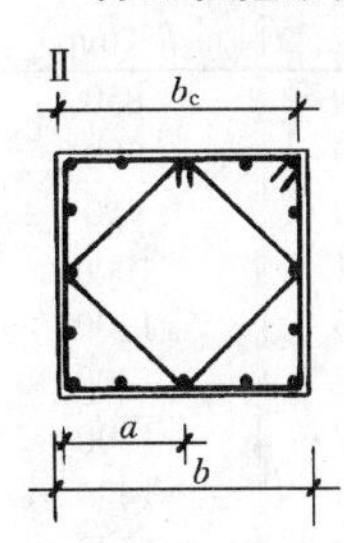
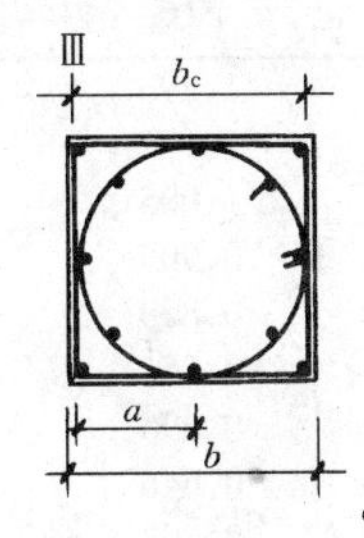
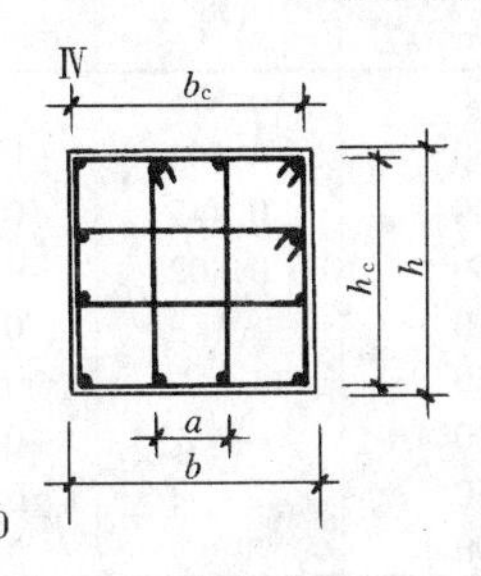

箍筋形式（箍距 $s=100$mm）

柱截面 $b=h$ (mm)	ϕ8，箍筋形式为				ϕ10，箍筋形式为				ϕ12，箍筋形式为			
	Ⅰ	Ⅱ	Ⅲ	Ⅳ	Ⅰ	Ⅱ	Ⅲ	Ⅳ	Ⅰ	Ⅱ	Ⅲ	Ⅳ
300	1.207	1.374	1.627	1.610	1.884	2.144	2.538	2.512	2.714	3.089	3.657	3.619
350	1.006	1.145	1.355	1.341	1.570	1.787	2.115	2.093	2.262	2.574	3.048	3.016
400	0.862	0.981	1.162	1.150	1.346	1.531	1.813	1.794	1.939	2.206	2.612	2.585
450	0.755	0.859	1.017	1.006	1.178	1.340	1.586	1.570	1.697	1.931	2.286	2.262
500	0.671	0.763	0.904	0.894	1.047	1.191	1.410	1.396	1.508	1.716	2.032	2.011
550			0.813	0.805			1.269	1.256			1.829	1.810
600			0.739	0.732			1.154	1.142			1.662	1.645
650			0.678	0.671			1.058	1.047			1.524	1.508
700			0.626	0.619			0.976	0.966			1.107	1.392

箍距 $s=100$mm 形式与Ⅳ相似

柱截面 $b=h$ (mm)	ϕ8，箍筋肢数为			ϕ10，箍筋肢数为			ϕ12，箍筋肢数为		
	6	7	8	6	7	8	6	7	8
750	0.862	1.006	1.150	1.346	1.570	1.794	1.939	2.262	2.585
800	0.805	0.939	1.073	1.256	1.465	1.675	1.810	2.111	2.413
850	0.755	0.880	1.006	1.178	1.374	1.570	1.697	1.979	2.262
900	0.710	0.828	0.947	1.108	1.293	1.478	1.597	1.863	2.129
950	0.671	0.782	0.894	1.047	1.221	1.396	1.508	1.759	2.011
1000	0.635	0.741	0.847	0.992	1.157	1.322	1.429	1.667	1.905
1050	0.604	0.704	0.805	0.942	1.099	1.256	1.357	1.583	1.810
1100	0.575	0.671	0.766	0.897	1.047	1.196	1.293	1.508	1.723
1150		0.640	0.732		0.999	1.142		1.439	1.645
1200		0.612	0.700		0.956	1.092		1.377	1.574
1250		0.587	0.671		0.916	1.047		1.320	1.508
1300		0.563	0.644		0.879	1.005		1.267	1.448
1350			0.619			0.966			1.392
1400			0.596			0.930			1.340
1450			0.575			0.897			1.293
1500			0.555			0.866			1.248

注：箍筋形式Ⅲ中的螺旋箍配箍率效率系数 1.3。

圆形柱箍筋体积配筋率（百分率）（箍筋间距100mm） **表6.10-8**

柱直径 d（mm）	ϕ8	ϕ10	ϕ12	ϕ14	柱直径 d（mm）	ϕ12	ϕ14
400	0.575	0.897	1.293	1.759	850	0.566	0.769
450	0.503	0.785	1.131	1.539	900	0.532	0.724
500	0.447	0.698	1.005	1.369	950	0.503	0.684
550	0.402	0.628	0.905	1.231	1000	0.476	0.648
600		0.571	0.823	1.119	1100	0.431	0.586
650		0.523	0.754	1.026	1200		0.535
700		0.483	0.696	0.947	1300		0.492
750		0.449	0.646	0.879	1400		0.456
800		0.419	0.603	0.821	1500		0.425

圆形截面柱螺旋箍体积配箍率（百分率） ρ_v（单位：d、s-mm） **表6.10-9**

柱直径 d	ϕ8，螺旋箍距 s 为					ϕ10，螺旋箍距 s 为				
	50	60	70	80	100	50	60	70	80	100
400	1.150	0.958	0.821	0.719	0.575	1.794	1.495	1.282	1.121	0.879
450	1.006	0.838	0.719	0.629	0.503	1.570	1.308	1.121	0.981	0.785
500	0.894	0.745	0.639	0.559	0.447	1.396	1.163	0.997	0.872	0.698
550	0.805	0.671	0.575	0.503	0.402	1.256	1.047	0.897	0.785	0.628
600	0.732	0.610	0.523	0.457		1.142	0.952	0.816	0.714	0.571
650	0.671	0.559	0.479	0.419		1.047	0.872	0.748	0.654	0.523
700	0.619	0.516	0.442			0.966	0.805	0.690	0.604	0.483
750	0.575	0.479	0.411			0.897	0.748	0.641	0.561	0.449
800	0.537	0.447				0.837	0.698	0.598	0.523	0.419
850	0.503	0.419				0.785	0.654	0.561	0.491	
900	0.473					0.739	0.616	0.528	0.462	
950	0.447					0.698	0.581	0.498	0.436	
1000	0.424					0.661	0.551	0.472	0.413	
1100						0.598	0.498	0.427		
1200						0.546	0.455			
1300						0.502	0.419			
1400						0.465				
1500						0.433				

柱直径 d	ϕ12，螺旋箍距 s 为					ϕ14，螺旋箍距 s 为				
	50	60	70	80	100	50	60	70	80	100
400	2.585	2.154	1.847	1.616	1.293	3.518	2.931	2.513	2.199	1.759
450	2.262	1.885	1.616	1.414	1.131	3.078	2.565	2.199	1.924	1.539
500	2.011	1.676	1.436	1.257	1.005	2.736	2.280	1.954	1.710	1.368
550	1.810	1.508	1.293	1.131	0.905	2.462	2.052	1.759	1.539	1.231
600	1.645	1.371	1.175	1.028	0.823	2.239	1.865	1.599	1.399	1.119
650	1.508	1.257	1.077	0.943	0.754	2.052	1.710	1.466	1.283	1.026
700	1.392	1.160	0.994	0.870	0.696	1.894	1.578	1.353	1.184	0.947
750	1.293	1.077	0.923	0.808	0.646	1.759	1.466	1.256	1.099	0.879
800	1.206	1.005	0.862	0.754	0.603	1.642	1.368	1.173	1.026	0.821
850	1.131	0.943	0.808	0.707	0.566	1.539	1.282	1.099	0.962	0.769
900	1.064	0.887	0.760	0.665	0.532	1.448	1.207	1.035	0.905	0.724
950	1.005	0.838	0.718	0.628	0.503	1.368	1.140	0.977	0.855	0.684
1000	0.952	0.794	0.680	0.595	0.476	1.296	1.080	0.926	0.810	0.648
1100	0.862	0.718	0.616	0.539	0.431	1.173	0.977	0.838	0.733	0.586
1200	0.787	0.656	0.562	0.492		1.071	0.892	0.765	0.669	0.535
1300	0.724	0.603	0.517	0.452		0.985	0.821	0.704	0.616	0.492
1400	0.670	0.559	0.479	0.419		0.912	0.760	0.651	0.570	0.456
1500	0.624	0.520	0.446			0.849	0.708	0.607	0.531	0.425

方形柱Ⅲ类箍筋形式（圆形箍为螺旋箍）箍筋体积配箍率（百分率）ρ_v

（方形箍与螺旋箍直径相同）　方形箍距 $s=100$（mm）　**表 6.10-10**

柱截面 $b=h$ (mm)	ϕ8，螺旋箍筋 s 为						ϕ10，螺旋箍距 s 为						ϕ12，螺旋箍距 s 为					
	40	50	60	70	80	100	40	50	60	70	80	100	40	50	60	70	80	100
500	1.588	1.360	1.208	1.099	1.018	0.904	2.479	2.123	1.885	1.716	1.588	1.410	3.571	3.058	2.716	2.472	2.288	2.032
550	1.430	1.224	1.087	0.989	0.916	0.813	2.231	1.910	1.697	1.544	1.430	1.269	3.214	2.752	2.444	2.225	2.060	1.829
600	1.300	1.113	0.988	0.899	0.833	0.739	2.028	1.737	1.542	1.404	1.300	1.154	2.922	2.502	2.222	2.022	1.872	1.662
650	1.191	1.020	0.906	0.824	0.763	0.678	1.859	1.592	1.414	1.287	1.191	1.058	2.679	2.294	2.037	1.851	1.716	1.524
700	1.100	0.942	0.836	0.761	0.705	0.626	1.716	1.470	1.305	1.188	1.100	0.976	2.473	2.117	1.880	1.711	1.584	1.407
750	1.021	0.874	0.777	0.707	0.654	0.581	1.594	1.365	1.212	1.103	1.021	0.907	2.296	1.966	1.746	1.589	1.471	1.306
800	0.953	0.816	0.725	0.660	0.611	0.542	1.487	1.274	1.131	1.029	0.953	0.846	2.143	1.835	1.630	1.483	1.373	1.219
850	0.893	0.765	0.679	0.618	0.572	0.508	1.394	1.194	1.060	0.965	0.893	0.793	2.009	1.720	1.528	1.390	1.287	1.143
900	0.841	0.720	0.640	0.582	0.539	0.478	1.312	1.124	0.998	0.908	0.841	0.747	1.891	1.619	1.438	1.309	1.212	1.076
950	0.794	0.680	0.604	0.550	0.509	0.452	1.239	1.061	0.943	0.858	0.794	0.705	1.786	1.529	1.358	1.236	1.144	1.016
1000	0.752	0.644	0.572	0.521	0.482	0.428	1.174	1.005	0.893	0.813	0.752	0.668	1.692	1.449	1.287	1.171	1.084	0.962
1100	0.681	0.583	0.518	0.471	0.436		1.062	0.910	0.808	0.735	0.681	0.604	1.531	1.311	1.161	1.059	0.981	0.871
1200	0.622	0.532	0.473	0.430			0.970	0.831	0.738	0.671	0.622	0.552	1.398	1.197	1.063	0.967	0.895	0.795
1300	0.572	0.490	0.435				0.892	0.764	0.679	0.618	0.572	0.508	1.286	1.101	0.978	0.890	0.824	0.731
1400	0.529	0.453	0.403				0.826	0.708	0.628	0.572	0.529	0.470	1.190	1.010	0.905	0.824	0.763	0.677
1500	0.493	0.422					0.769	0.659	0.585	0.532	0.493	0.438	1.108	0.949	0.843	0.767	0.710	0.631

注：柱箍筋肢距不宜大于200mm，且每隔一根纵向钢筋宜在两个方向有箍筋约束；当采用拉筋组合箍时，拉筋宜紧靠纵向钢筋并勾住封闭箍。

6.11 柱正截面承载力计算应用图表

1. 轴心受压柱正截面承载力计算表

(1) 钢筋混凝土轴心受压构件的稳定系数 φ 值，按表 6.11-1 取值。

钢筋混凝土轴心受压构件的稳定系数 φ 表 6.11-1

l_0/b	≤8	10	12	14	16	18	20	22	24	26	28
l_0/d	≤7	8.5	10.5	12	14	15.5	17	19	21	22.5	24
l_0/i	≤28	35	42	48	55	62	69	76	83	90	97
φ	1.0	0.98	0.95	0.92	0.87	0.81	0.75	0.70	0.65	0.6	0.56
l_0/b	30	32	34	36	38	40	42	44	46	48	50
l_0/d	26	28	29.5	31	33	34.5	36.5	38	40	41.5	43
l_0/i	104	111	118	125	132	139	146	153	160	167	174
φ	0.52	0.48	0.44	0.40	0.36	0.32	0.29	0.26	0.23	0.21	0.19

注：表中 l_0——构件计算长度；
b——矩形截面的短边尺寸；
d——圆形截面的直径；
i——截面最小回转半径。

(2) 图表适用于混凝土强度等级：C20、C25、C30、C35、C40；钢筋 HRB335 钢。表 6.11-2 适用于矩形截面轴心受压柱；表 6.11-3 适用于圆形截面轴心受压柱；表 6.11-4 为 HRB335 钢配置的纵向受压钢筋承载力设计值。当纵向受压钢筋采用 HRB400 时，其承载力设计值可按表 6.11-4 乘以 1.2。

(3) 轴心受压柱正截面受压承载力，由混凝土和受压钢筋共同组成，即

$$N/0.9\varphi = f_c A + f'_y A'_s = N_c + N_s \tag{6.11-1}$$

应用图表时按下列步骤进行：

1) 由 l_0/b 或 l_0/d 查表 6.11-1 得出 φ 值；

2) 由表 6.11-2 或表 6.11-3 查出混凝土承载力设计值 N_c；

3) 由表 6.11-4 查出钢筋承载力设计值 N_s；

4) 当已知柱截面时，可按 $N_s = \dfrac{N}{0.9\varphi} - N_c$，由表 6.11-4 查出所需钢筋直径及根数。

(4) 采用螺旋式或焊接环式间接钢筋（箍筋）时，柱的轴心受压承载力为：

$$N = 0.9\left(f_c A_{cor} + f'_y A'_s + \frac{2\alpha f_y \pi d_{cor} A_{ss1}}{s}\right)$$
$$= 0.9(N_{cr} + N_s + \alpha N_{ss}) \tag{6.11-2}$$

式中 N_{cr}——核心截面面积混凝土承载力设计值，见表 6.11-3（取 $d_{cor} = d - 50$）；
N_s——纵向钢筋承载力设计值，见表 6.11-4；
N_{ss}——螺旋式或间楼钢筋（箍筋）承载力设计值，见表 6.11-5
α——混凝土强度影响系数，见第二章表 2.2-2。

矩形截面轴心受压柱混凝土受压承载力设计值 N_c (kN) 表 6.11-2

柱截面 (mm)		柱面积	混凝土强度等级					柱自重
b	h	A ($\times10^3mm^2$)	C20	C25	C30	C35	C40	(kN/m)
400	400	160.0	1536.0	1904.0	2288.0	2672.0	3056.0	4.00
	450	180.0	1728.0	2142.0	2574.0	3006.0	3438.0	4.50
	500	200.0	1920.0	2380.0	2860.0	3340.0	3820.0	5.00
	600	240.0	2304.0	2856.0	3432.0	4008.0	4584.0	6.60
450	450	202.5	1944.0	2409.7	2895.7	3381.7	3867.7	5.06
	500	225.0	2160.0	2677.5	3217.5	3757.5	4297.5	5.63
	550	247.5	2376.0	2945.2	3539.2	4133.2	4727.2	6.19
	600	270.0	2592.0	3213.0	3861.0	4509.0	5157.0	6.75
	650	292.5	2808.0	3480.7	4182.7	4884.7	5586.7	7.31
500	500	250.0	2400.0	2975.0	3575.0	4175.0	4775.0	6.25
	550	275.0	2640.0	3272.5	3932.5	4592.5	5252.5	6.88
	600	300.0	2880.0	3570.0	4290.0	5010.0	5730.0	7.50
	650	325.0	3120.0	3867.5	4647.5	5427.5	6207.5	8.13
	700	350.0	3360.0	4165.0	5005.0	5845.0	6685.0	8.75
	750	375.0	3600.0	4462.5	5362.5	6262.5	7162.5	9.38
550	550	302.5	2904.0	3599.7	4325.7	5051.7	5777.7	7.56
	600	330.0	3168.0	3927.0	4719.0	5511.0	6303.0	8.25
	650	357.5	3432.0	4254.2	5112.2	5970.2	6828.2	8.94
	700	385.0	3696.0	4581.5	5505.5	6429.5	7353.5	9.63
	750	412.5	3960.0	4908.7	5898.7	6888.7	7878.7	10.31
	800	440.0	4224.0	5236.0	6292.0	7348.0	8404.0	11.00
600	600	360.0	3456.0	4284.0	5148.0	6012.0	6876.0	9.00
	650	390.0	3744.0	4641.0	5577.0	6513.0	7449.0	9.75
	700	420.0	4032.0	4998.0	6006.0	7014.0	8022.0	10.50
	750	450.0	4320.0	5355.0	6435.0	7515.0	8595.0	11.25
	800	480.0	4608.0	5712.0	6864.0	8016.0	9168.0	12.00
	900	540.0	5184.0	6426.0	7722.0	9018.0	10314.0	13.50
650	650	422.5	4056.0	5027.7	6041.7	7055.7	8069.7	10.56
	700	455.0	4368.0	5414.5	6506.5	7598.5	8690.5	11.38
	750	487.5	4680.0	5801.2	6971.2	8141.2	9311.2	12.19
	800	520.0	4992.0	6188.0	7436.0	8684.0	9932.0	13.00
	900	585.0	5616.0	6961.5	8365.5	9769.5	11173.5	14.63
	1000	650.0	6240.0	7735.0	9295.0	10855.0	12415.0	16.25

续表

柱截面（mm）		柱面积	混凝土强度等级					柱自重
b	h	A（$\times 10^3 mm^2$）	C20	C25	C30	C35	C40	(kN/m)
700	700	490.0	4704.0	5831.0	7007.0	8183.0	9359.0	12.25
	750	525.0	5040.0	6247.5	7507.5	8767.5	10027.5	13.13
	800	560.0	5376.0	6664.0	8008.0	9352.0	10696.0	14.00
	850	595.0	5712.0	7080.5	8508.5	9936.5	11364.5	14.88
	900	630.0	6048.0	7497.0	9009.0	10521.0	12033.0	15.75
	950	665.0	6384.0	7913.5	9509.5	11105.5	12701.5	16.63
	1000	700.0	6720.0	8330.0	10010.0	11690.0	13370.0	17.50
750	750	562.5	5400.0	6693.7	8043.7	9393.7	10743.7	14.06
	800	600.0	5760.0	7140.0	8580.0	10020.0	11460.0	15.00
	900	675.0	6480.0	8032.5	9652.5	11272.5	12892.5	16.88
	1000	750.0	7200.0	8925.0	10725.0	12525.0	14325.0	18.75
	1100	825.0	7920.0	9817.5	11797.5	13777.5	15757.5	20.63
800	800	640.0	6144.0	7616.0	9152.0	10688.0	12224.0	16.00
	900	720.0	6912.0	8568.0	10296.0	12024.0	13752.0	18.00
	1000	800.0	7680.0	9520.0	11440.0	13360.0	15280.0	20.00
	1100	880.0	8448.0	10472.0	12584.0	14696.0	16808.0	22.00
	1200	960.0	9216.0	11424.0	13728.0	16032.0	18336.0	24.00
850	850	722.5	6936.0	8597.7	10331.7	12065.7	13799.7	18.06
	900	765.0	7344.0	9103.5	10939.5	12775.5	14611.5	19.13
	1000	850.0	8160.0	10115.0	12155.0	14195.0	16235.0	21.25
	1100	935.0	8976.0	11126.5	13370.5	15614.5	17858.5	23.38
	1200	1020.0	9792.0	12138.0	14586.0	17034.0	19482.0	25.50
900	900	810.0	7776.0	9639.0	11583.0	13527.0	15471.0	20.25
	1000	900.0	8640.0	10710.0	12870.0	15030.0	17190.0	22.50
	1100	990.0	9504.0	11781.0	14157.0	16533.0	18909.0	24.75
	1200	1080.0	10368.0	12852.0	15444.0	18036.0	20628.0	27.00
1000	1000	1000.0	9600.0	11900.0	14300.0	16700.0	19100.0	25.00
	1100	1100.0	10560.0	13090.0	15730.0	18370.0	21010.0	27.50
	1200	1200.0	11520.0	14280.0	17160.0	20040.0	22920.0	30.00
1100	1100	1210.0	11616.0	14399.0	17303.0	20207.0	23111.0	30.25
	1200	1320.0	12672.0	15708.0	18876.0	22044.0	25212.0	33.00
	1300	1430.0	13728.0	17017.0	20449.0	23881.0	27313.0	35.75
1200	1200	1440.0	13824.0	17136.0	20592.0	24048.0	27504.0	36.00
	1300	1560.0	14976.0	18564.0	22308.0	26052.0	29796.0	39.00
	1400	1680.0	16128.0	19992.0	24024.0	28056.0	32088.0	42.00

圆形截面轴心受压柱混凝土受压承载力设计值 N_c（kN） **表 6.11-3**

柱直径 d（mm）	柱截面面积 A（10^3mm^2）	受压承载力 $N_C=f_cA$（kN）					柱核芯截面面积 A_{cor}（mm^2）	柱自重（kN/m）
		混凝土强度等级						
		C20	C25	C30	C35	C40		
300	70.69	678.6	841.2	1010.9	1180.5	1350.2	49.09	1.77
350	96.21	923.6	1144.9	1375.8	1606.7	1837.6	70.69	2.41
400	125.66	1206.3	1495.3	1796.9	2098.5	2400.1	96.21	3.14
450	159.04	1526.8	1892.6	2274.3	2656.0	3037.7	125.66	3.98
500	196.35	1885.0	2336.6	2807.8	3279.0	3750.3	159.04	4.91
550	237.58	2280.8	2827.2	3397.4	3967.6	4537.8	196.35	5.94
600	282.74	2714.3	3364.6	4043.2	4721.7	5400.3	237.58	7.07
650	331.83	3185.6	3948.8	4745.2	5541.6	6337.9	282.74	8.30
700	384.85	3694.6	4579.7	5503.3	6427.0	7350.6	331.83	9.62
750	441.79	4241.2	5257.3	6317.6	7377.9	8438.2	384.85	11.04
800	502.66	4825.5	5981.6	7188.0	8394.4	9600.8	441.79	12.57
850	567.45	5447.5	6752.6	8114.5	9476.4	10838.3	502.66	14.19
900	636.17	6107.2	7570.4	9097.2	10624.0	12150.8	567.45	15.90
950	708.82	6804.7	8434.9	10136.1	11837.3	13538.5	636.17	17.72
1000	785.40	7539.8	9346.3	11231.2	13116.2	15001.1	708.82	19.63
1050	865.90	8312.6	10304.2	12382.4	14460.5	16538.7	785.40	21.65
1100	950.33	9123.2	11308.9	13589.7	15870.5	18151.3	865.90	23.76
1150	1038.69	9971.4	12360.4	14853.3	17346.1	19839.0	950.33	25.97
1200	1130.98	10857.4	13458.7	16173.0	18887.4	21601.7	1038.69	28.27

HRB335（$f'_y=300MPa$）钢筋纵向钢筋轴向受压承载力设计值 N_s（kN） **表 6.11-4**

直径（mm）	钢筋根数														
	4	6	8	10	12	14	16	18	20	22	24	26	28	30	32
12	135.7	203.6	271.4	339.3	407.2	475.0	542.9	610.7	678.6	746.5	814.3	882.2	950.0	1017.9	1085.8
14	184.7	277.1	369.4	461.8	554.2	646.5	738.9	831.3	923.6	1016.0	1108.4	1200.7	1293.1	1385.5	1477.8
16	241.3	361.9	482.5	603.2	723.8	844.4	965.1	1085.7	1206.4	1327.0	1447.6	1568.3	1688.9	1809.5	1930.2
18	305.4	458.0	610.7	763.4	916.1	1068.8	1221.4	1374.1	1526.8	1679.5	1832.2	1984.9	2137.5	2290.2	2442.9
20	377.0	565.5	754.0	942.5	1131.0	1319.5	1508.0	1696.5	1885.0	2073.4	2261.9	2450.4	2638.9	2827.4	3015.9
22	456.1	684.2	912.3	1140.4	1368.5	1596.5	1824.6	2052.7	2280.8	2508.8	2736.9	2965.0	3193.1	3421.2	3649.2
25	589.0	883.6	1178.1	1472.6	1767.1	2061.6	2356.2	2650.7	2945.2	3239.7	3534.3	3828.8	4123.3	4417.8	4712.3
28	738.9	1108.3	1477.8	1847.2	2216.7	2586.1	2955.6	3325.0	3694.5	4063.9	4433.4	4802.8	5172.3	5541.7	5911.2
30	848.2	1272.3	1696.5	2120.6	2544.7	2968.8	3392.9	3817.0	4241.2	4665.3	5089.4	5513.5	5937.6	6361.7	6785.8
32	965.1	1447.6	1930.2	2412.7	2895.3	3377.8	3860.4	4342.9	4825.5	5308.0	5790.6	6273.1	6755.7	7238.2	7720.8
36	1221.4	1832.2	2442.9	3053.6	3664.4	4275.1	4885.8	5496.5	6107.3	6718.0	7328.7	7939.5	8550.2	9160.9	9771.6
40	1508.0	2261.9	3015.9	3769.9	4523.9	5277.9	6031.9	6785.8	7539.8	8293.8	9047.8	9801.8	10555.8	11309.8	12063.7

注：当纵向钢筋采用 HRB400 时，其承载力设计值可按表中相应值乘 1.2

在按公式（6.11-2）进行受压承载力计算时，应满足下列条件：

1）按公式（6.11-2）算得的柱受压承载力设计值不应大于不考虑柱箍筋间接作用时 N 值的 1.5 倍；

HPB235 钢筋螺旋式或焊接环式间接钢筋承载力设计值 $N_{ss}=\frac{2f_y\pi d_{cor}A_{ss1}}{s}$（kN） 表 6.11-5

柱直径 d (mm)	ϕ6，箍距 s（mm）为					ϕ8，箍距 s（mm）为					ϕ10，箍距 s（mm）为					ϕ12，箍距 s（mm）为				
	40	50	60	70	80	40	50	60	70	80	40	50	60	70	80	40	50	60	70	80
300	233.4	186.7	155.6	133.4	116.7	414.8	331.8	276.5	237.0	207.4	647.4	517.9	431.6	369.9	323.7	932.7	746.2	621.8	533.0	466.4
350	280.1	224.0	186.7	160.0	140.0	497.8	398.2	331.8	284.4	248.9	776.8	621.5	517.9	443.9	388.4	1119.2	895.4	746.2	639.6	559.6
400	326.7	261.4	217.8	186.7	163.4	580.7	464.6	387.2	331.8	290.4	906.3	725.0	604.2	517.9	453.2	1305.8	1044.6	870.5	746.2	652.9
450	373.4	298.7	248.9	213.4	186.7	663.7	531.0	442.5	379.3	331.8	1035.8	828.6	690.5	591.9	517.9	1492.3	1193.9	994.9	852.8	746.2
500	420.1	336.1	280.1	240.0	210.0	746.7	597.3	497.8	426.7	373.3	1165.3	932.2	776.8	665.9	582.6	1678.9	1343.1	1119.2	959.4	839.4
550	466.8	373.4	311.2	266.7	233.4	829.6	663.7	553.1	474.1	414.8	1294.7	1035.8	863.2	739.8	647.4	1865.4	1492.3	1243.6	1065.9	932.7
600	513.4	410.8	342.3	293.4	256.7	912.6	730.1	608.4	521.5	456.3	1424.2	1139.4	949.5	813.8	712.1	2051.9	1641.6	1368.0	1172.5	1026.0
650	560.1	448.1	373.4	320.1	280.1	995.5	796.4	663.7	568.9	497.8	1553.7	1242.9	1035.8	887.8	776.8	2238.5	1790.8	1492.3	1279.1	1119.2
700	606.8	485.4	404.5	346.7	303.4	1078.5	862.8	719.0	616.3	539.3	1683.2	1346.5	1122.1	961.8	841.6	2425.0	1940.0	1616.7	1385.7	1212.5
750	653.5	522.8	435.6	373.4	326.7	1161.5	929.2	774.3	663.7	580.7	1812.6	1450.1	1208.4	1035.8	906.3	2611.6	2089.3	1741.0	1492.3	1305.8
800	700.1	560.1	466.8	400.1	350.1	1244.4	995.5	829.6	711.1	622.2	1942.1	1553.7	1294.7	1109.8	971.0	2798.1	2238.5	1865.4	1598.9	1399.1
850	746.8	597.5	497.9	426.8	373.4	1327.4	1061.9	884.9	758.5	663.7	2071.6	1657.3	1381.0	1183.8	1035.8	2984.6	2387.7	1989.8	1705.5	1492.3
900	793.5	634.8	529.0	453.4	396.7	1410.4	1128.3	940.2	805.9	705.2	2201.0	1760.8	1467.4	1257.7	1100.5	3171.2	2536.9	2114.1	1812.1	1585.6
950	840.2	672.1	560.1	480.1	420.1	1493.3	1194.6	995.5	853.3	746.7	2330.5	1864.4	1553.7	1331.7	1165.3	3357.7	2686.2	2238.5	1918.7	1678.9
1000	886.9	709.5	591.2	506.8	443.4	1576.3	1261.0	1050.8	900.7	788.1	2460.0	1968.0	1640.0	1405.7	1230.0	3544.3	2835.4	2362.8	2025.3	1772.1
1050	933.5	746.8	622.4	533.4	466.8	1659.2	1327.4	1106.2	948.1	829.6	2589.5	2071.6	1726.3	1479.7	1294.7	3730.8	2984.6	2487.2	2131.9	1865.4
1100	980.2	784.2	653.5	560.1	490.1	1742.2	1393.8	1161.5	995.5	871.1	2718.9	2175.1	1812.6	1553.7	1359.5	3917.3	3133.9	2611.6	2238.5	1958.7
1150	1026.9	821.5	684.6	586.8	513.4	1825.2	1460.1	1216.8	1042.9	912.6	2848.4	2278.7	1898.9	1627.7	1424.2	4103.9	3283.1	2735.9	2345.1	2051.9
1200	1073.6	858.8	715.7	613.5	536.8	1908.1	1526.5	1272.1	1090.4	954.1	2977.9	2382.3	1985.3	1701.6	1488.9	4290.4	3432.3	2860.3	2451.7	2145.2

注：1. A_{ss1}——螺旋式或焊接环式单根间接钢筋的截面面积；

2. 间接钢筋的间距不应大于 80mm 及 $d_{cor}/5$（d_{cor}为按间接钢筋内表面确定的直径），且不应小于 40mm。

3. 当采用 HRB335 钢筋时，N_{ss}值可按表中相应值乘以 1.43。

2）当遇有下列情况之一时，不考虑间接钢筋的影响，仅按一般轴心受压柱计算：

①当 $l_0/d>12$ 时；

②当按公式（6.11-2）计算的受压承载力小于按一般轴心受压柱计算的 N 值时；

③当间接钢筋的换算面积 A_{ss0} 小于纵向钢筋全部截面积的 25%时，$A_{ss0}=\pi d_{cor}A_{ss1}/s$。

（5）计算例题

【例 6.11-1】 已知柱计算高度 $H=5.4$m，承受轴向压力设计值 $N=1800$kN，混凝土强度等级 C20，钢筋 HRB335 钢。

求：柱截面尺寸及纵向钢筋面积。

【解】 1. 选用 400mm×400mm 正方形柱，查表 6.11-2，$N_c=1536$kN。

2. 求稳定系数 φ，$l_0/b=5400/400=13.5$，查表 6.11-1 得 $\varphi=0.928$。

3. $\dfrac{N}{0.9\varphi}=1500/0.9\times0.928=2155.17$kN

$$N_s=\frac{N}{0.9\varphi}-N_c=2155.17-1536=619.17\text{kN}$$

查表 6.11-4，当选用 8Φ18

$$N_s=610.7\text{kN}\approx619.17\text{kN}，满足要求。$$

【例 6.11-2】 已知现浇圆柱 $d=350$mm，纵向钢筋 HRB335 钢，8Φ22，$A'_s=3041\text{mm}^2$，采用螺旋式箍筋，HRB235 钢，ϕ8，$s=50$mm，$l_0/d=10.5$，混凝土强度等级 C20（$\alpha=1$）。

求：该柱轴心受压承载力设计值。

【解】 1. 求间接钢筋的换算面积

$$A_{ss0}=\frac{\pi d_{cor}A_{ss1}}{s}=\frac{3.14\times300\times50.27}{50}=947.09\text{mm}^2$$

$$A_{ss0}>A'_s/4=3041/4=760.25\text{mm}^2$$

2. 查表 6.11-3，得 $N_{cr}=678.6$kN（$d_{cor}=300$mm）

查表 6.11-3，得 $N_s=912.3$kN

查表 6.11-5，得 $N_{ss}=398.2$kN

$N=0.9（N_{cr}+N_s+N_{ss}）=0.9（678.6+912.3+398.2）=1790.19$kN

3. 按一般柱时，$l_0/d=10.5$，$\varphi=0.95$

$N'=0.9（N_c+N_s）\varphi=0.9（923.6+912.3）0.95=1569.69$kN

因
$$N<1.5N'=1.5\times1569.69=2354.54\text{kN}$$

取
$$N=1790.19\text{kN}$$

（6）方形柱和圆形柱全部纵向受力钢筋，在不同的配筋率时钢筋最小面积 A_s 值，分别见表 6.11-6 和表 6.11-7。

方形柱全部纵向受力钢筋最小面积 A_s（mm²） **表 6.11-6**

$b=h$ (mm) \ ρ_{min}	0.006	0.007	0.008	0.009	0.01	0.012
300	540	630	720	810	900	1080
350	735	858	980	1102	1225	1470

续表

ρ_{min} / $b=h$ (mm)	0.006	0.007	0.008	0.009	0.01	0.012
400	960	1120	1280	1440	1600	1920
450	1215	1418	1620	1822	2025	2430
500	1500	1750	2000	2250	2500	3000
550	1815	2118	2420	2722	3025	3630
600	2160	2520	2880	3240	3600	4320
650	2535	2958	3380	3802	4225	5070
700	2940	3430	3920	4410	4900	5880
750	3375	3938	4500	5062	5625	6750
800	3840	4480	5120	5760	6400	7680
850	4335	5058	5780	6502	7225	8670
900	4860	5670	6480	7290	8100	9720
950	5415	6318	7220	8122	9025	10830
1000	6000	7000	8000	9000	10000	12000
1100	7260	8470	9680	10890	12100	14520
1200	8640	10080	11520	12960	14400	17280
1300	10140	11830	13520	15210	16900	20280
1400	11760	13720	15680	17640	19600	23520
1500	13500	15750	18000	20250	22500	27000

注：$A_s=\rho_{min}b\cdot h$（mm^2）。

圆形柱全部纵向受力钢筋最小面积 A_s（mm^2）　　表 6.11-7

ρ_{min} / d	0.006	0.007	0.008	0.009	0.01	0.012
300	424	495	565	636	707	848
350	577	673	770	866	962	1155
400	754	880	1005	1131	1257	1508
450	954	1113	1272	1431	1590	1909
500	1178	1374	1571	1767	1963	2356
550	1426	1663	1901	2138	2376	2851
600	1696	1979	2262	2545	2827	3393
650	1991	2323	2655	2986	3318	3982
700	2309	2694	3079	3464	3848	4618
750	2651	3093	3534	3976	4418	5301
800	3016	3519	4021	4524	5027	6032
850	3405	3972	4540	5107	5675	6809
900	3817	4453	5089	5726	6362	7634
950	4253	4962	5671	6379	7088	8506
1000	4712	5498	6283	7069	7854	9425
1100	5702	6652	7603	8553	9503	11404
1200	6786	7917	9048	10179	11310	13572
1300	7964	9291	10619	11916	13273	15928
1400	9236	10776	12315	13854	15394	18473
1500	10603	12370	14137	15904	17672	21206

注：$A_s=\rho_{min}\cdot A$（mm^2）。

当选用相同直径的钢筋，方形柱每边的最小配筋面积需将表 6.11-6 值乘以表 6.11-8 所列的系数。

每侧钢筋根数系数 表 6.11-8

纵筋总根数	4	8	12	16	20	24
每侧根数	2	3	4	5	6	7
修正系数	0.5	0.375	0.333	0.3125	0.30	0.292

【例 11.6-3】 抗震等级为二级的框架角柱，$b=h=750$mm，配 16 根钢筋，求柱每边的钢筋数量。

【解】 二级框架角柱，$\rho_{min}=1.0\%$，查表 6.11-6 得 $A_s=5625mm^2$，每边根数系数查表 6.11-8 得 0.3125，则每边 $A_s=0.3125\times5625=1758mm^2$，选用 5 Φ 22，$A_s=1901mm^2$。

2. 矩形截面偏心受压柱承载力计算表

对一般的偏心受压构件，可按以下规定考虑二阶弯矩对轴向压力偏心距的影响，此时，应将轴向压力对截面重心的初始偏心距 e_i 乘以偏心距增大系数 η。

对矩形、T形、I形、环形和圆形截面偏心受压构件，其偏心距增大系数可按下列公式计算：

$$\eta = 1 + \frac{1}{1400e_i/h_0}\left(\frac{l_0}{h}\right)^2\zeta_1\zeta_2 = 1 + \Delta\eta\cdot\zeta_1\zeta_2 \tag{6.11-3}$$

$$\zeta_1 = 0.2 + 2.7\frac{e_i}{h_0} \tag{6.11-4}$$

$$\zeta_2 = 1.15 - 0.01\frac{l_0}{h} \tag{6.11-5}$$

式中 l_0——构件的计算长度，

h——截面高度；对环形截面，取外直径 d；对圆形截面，取直径 d；

h_0——截面有效高度；对环形截面，取 $h_0=r_2+r_s$；对圆形截面，取 $h_0=r+r_s$，

r_s——纵向钢筋所在圆周的半径；

ζ_1——偏心受压构件截面曲率修正系数；当 ζ_1 大于 1.0 时，取 ζ_1 等于 1.0，见表 6.11-9；

ζ_2——偏心受压构件长细比对截面曲率的影响系数；当 $l_0/h<15$ 时，取 ζ_2 等于 1.0，见表 6.11-10

$\Delta\eta$——见表 6.11-11。

当按公式（6.11-3）计算的 η 值小于 1.0 时，应取为 1.0。

当构件长细比 l_0/h（或 l_0/d）≤8 时，可不考虑挠度对偏心距的影响。

$\zeta_1=0.2+2.7$（e_i/h_0）值 表 6.11-9

e_i/h_0	0.01	0.02	0.03	0.04	0.05	0.06	0.07	0.08	0.09	0.10	0.11	0.12	0.13	0.14	0.15
ζ_1	0.227	0.254	0.281	0.308	0.335	0.362	0.389	0.416	0.443	0.470	0.497	0.524	0.551	0.578	0.605
e_i/h_0	0.16	0.17	0.18	0.19	0.20	0.21	0.22	0.23	0.24	0.25	0.26	0.27	0.28	0.29	0.30
ζ_1	0.632	0.659	0.686	0.713	0.740	0.767	0.794	0.821	0.848	0.875	0.902	0.929	0.956	0.983	1.00

$\zeta_2=1.15-0.01\dfrac{l_0}{h}$值 表 6.11-10

l_0/h	≤15	16	17	18	19	20	21	22	23	24	25	26	27	28	29	30
ζ_2	1.0	0.99	0.98	0.97	0.96	0.95	0.94	0.93	0.92	0.91	0.90	0.89	0.88	0.87	0.86	0.85

$$\Delta\eta=\frac{1}{1400\frac{e_i}{h_0}}\left(\frac{l_0}{h}\right)^2$$ 值

表 6.11-11

e_i/h_0 \ l_0/h	9	10	11	12	13	14	15	16	17	18	19	20	21	22	23	24	25	26	27	28	29	30
0.02	2.89	3.57	4.32	5.14	6.04	7.00	8.04	9.14	10.32	11.57	12.89	14.29	15.75	17.29	18.89	20.57	22.32	24.14	26.04	28.00	30.04	32.14
0.04	1.45	1.79	2.16	2.57	3.02	3.50	4.02	4.57	5.16	5.79	6.45	7.14	7.87	8.64	9.45	10.29	11.16	12.07	13.02	14.00	15.02	16.07
0.06	0.96	1.19	1.44	1.71	2.01	2.33	2.68	3.05	3.44	3.86	4.30	4.76	5.25	5.76	6.30	6.86	7.44	8.05	8.68	9.33	10.01	10.71
0.08	0.72	0.89	1.08	1.29	1.51	1.75	2.01	2.29	2.58	2.89	3.22	3.57	3.94	4.32	4.72	5.14	5.58	6.04	6.51	7.00	7.51	8.04
0.10	0.58	0.71	0.86	1.03	1.21	1.40	1.61	1.83	2.06	2.31	2.58	2.86	3.15	3.46	3.78	4.11	4.46	4.83	5.21	5.60	6.01	6.43
0.12	0.48	0.60	0.72	0.86	1.01	1.17	1.34	1.52	1.72	1.93	2.15	2.38	2.63	2.88	3.15	3.43	3.72	4.02	4.34	4.67	5.01	5.36
0.14	0.41	0.51	0.62	0.73	0.86	1.00	1.15	1.31	1.47	1.65	1.84	2.04	2.25	2.47	2.70	2.94	3.19	3.45	3.72	4.00	4.29	4.59
0.16	0.36	0.45	0.54	0.64	0.75	0.87	1.00	1.14	1.29	1.45	1.61	1.79	1.97	2.16	2.36	2.57	2.79	3.02	3.25	3.50	3.75	4.02
0.18	0.32	0.40	0.48	0.57	0.67	0.78	0.89	1.02	1.15	1.29	1.43	1.59	1.75	1.92	2.10	2.29	2.48	2.68	2.89	3.11	3.34	3.57
0.20	0.29	0.36	0.43	0.51	0.60	0.70	0.80	0.91	1.03	1.16	1.29	1.43	1.58	1.73	1.89	2.06	2.23	2.41	2.60	2.80	3.00	3.21
0.25	0.23	0.29	0.35	0.41	0.48	0.56	0.64	0.73	0.83	0.93	1.03	1.14	1.26	1.38	1.51	1.65	1.79	1.93	2.08	2.24	2.40	2.57
0.30	0.19	0.24	0.29	0.34	0.40	0.47	0.54	0.61	0.69	0.77	0.86	0.95	1.05	1.15	1.26	1.37	1.49	1.61	1.74	1.87	2.00	2.14
0.35	0.17	0.20	0.25	0.29	0.34	0.40	0.46	0.52	0.59	0.66	0.74	0.82	0.90	0.99	1.08	1.18	1.28	1.38	1.49	1.60	1.72	1.84
0.40	0.14	0.18	0.22	0.26	0.30	0.35	0.40	0.46	0.52	0.58	0.64	0.71	0.79	0.86	0.94	1.03	1.12	1.21	1.30	1.40	1.50	1.61
0.45	0.13	0.16	0.19	0.23	0.27	0.31	0.36	0.41	0.46	0.51	0.57	0.63	0.70	0.77	0.84	0.91	0.99	1.07	1.16	1.24	1.33	1.43
0.50	0.12	0.14	0.17	0.21	0.24	0.28	0.32	0.37	0.41	0.46	0.52	0.57	0.63	0.69	0.76	0.82	0.89	0.97	1.04	1.12	1.20	1.29
0.55	0.11	0.13	0.16	0.19	0.22	0.25	0.29	0.33	0.38	0.42	0.47	0.52	0.57	0.63	0.69	0.75	0.81	0.88	0.95	1.02	1.09	1.17
0.60	0.10	0.12	0.14	0.17	0.20	0.23	0.27	0.30	0.34	0.39	0.43	0.48	0.53	0.58	0.63	0.69	0.74	0.80	0.87	0.93	1.00	1.07
0.65	0.09	0.11	0.13	0.16	0.19	0.22	0.25	0.28	0.32	0.36	0.40	0.44	0.48	0.53	0.58	0.63	0.69	0.74	0.80	0.86	0.92	0.99
0.70	0.08	0.10	0.12	0.15	0.17	0.20	0.23	0.26	0.29	0.33	0.37	0.41	0.45	0.49	0.54	0.59	0.64	0.69	0.74	0.80	0.86	0.92
0.75	0.08	0.10	0.12	0.14	0.16	0.19	0.21	0.24	0.28	0.31	0.34	0.38	0.42	0.46	0.50	0.55	0.60	0.64	0.69	0.75	0.80	0.86

续表

l_0/h \ e_i/h_0	9	10	11	12	13	14	15	16	17	18	19	20	21	22	23	24	25	26	27	28	29	30
0.80	0.07	0.09	0.11	0.13	0.15	0.18	0.20	0.23	0.26	0.29	0.32	0.36	0.39	0.43	0.47	0.51	0.56	0.60	0.65	0.70	0.75	0.80
0.85	0.07	0.08	0.10	0.12	0.14	0.16	0.19	0.22	0.24	0.27	0.30	0.34	0.37	0.41	0.44	0.48	0.53	0.57	0.61	0.66	0.71	0.76
0.90	0.06	0.08	0.10	0.11	0.13	0.16	0.18	0.20	0.23	0.26	0.29	0.32	0.35	0.38	0.42	0.46	0.50	0.54	0.58	0.62	0.67	0.71
0.95	0.06	0.08	0.09	0.11	0.13	0.15	0.17	0.19	0.22	0.24	0.27	0.30	0.33	0.36	0.40	0.43	0.47	0.51	0.55	0.59	0.63	0.68
1.00	0.06	0.07	0.09	0.10	0.12	0.14	0.16	0.18	0.21	0.23	0.26	0.29	0.32	0.35	0.38	0.41	0.45	0.48	0.52	0.56	0.60	0.64
1.05	0.06	0.07	0.08	0.10	0.11	0.13	0.15	0.17	0.20	0.22	0.25	0.27	0.30	0.33	0.36	0.39	0.43	0.46	0.50	0.53	0.57	0.61
1.10	0.05	0.06	0.08	0.09	0.11	0.13	0.15	0.17	0.19	0.21	0.23	0.26	0.29	0.31	0.34	0.37	0.41	0.44	0.47	0.51	0.55	0.58
1.15	0.05	0.06	0.08	0.09	0.10	0.12	0.14	0.16	0.18	0.20	0.22	0.25	0.27	0.30	0.33	0.36	0.39	0.42	0.45	0.49	0.52	0.56
1.20	0.05	0.06	0.07	0.09	0.10	0.12	0.13	0.15	0.17	0.19	0.21	0.24	0.26	0.29	0.31	0.34	0.37	0.40	0.43	0.47	0.50	0.54
1.25	0.05	0.06	0.07	0.08	0.10	0.11	0.13	0.15	0.17	0.19	0.21	0.23	0.25	0.28	0.30	0.33	0.36	0.39	0.42	0.45	0.48	0.51
1.30	0.04	0.05	0.07	0.08	0.09	0.11	0.12	0.14	0.16	0.18	0.20	0.22	0.24	0.27	0.29	0.32	0.34	0.37	0.40	0.43	0.46	0.49
1.35	0.04	0.05	0.06	0.08	0.09	0.10	0.12	0.14	0.15	0.17	0.19	0.21	0.23	0.26	0.28	0.30	0.33	0.36	0.39	0.41	0.44	0.48
1.40	0.04	0.05	0.06	0.07	0.09	0.10	0.11	0.13	0.15	0.17	0.18	0.20	0.23	0.25	0.27	0.29	0.32	0.34	0.37	0.40	0.43	0.46
1.45	0.04	0.05	0.06	0.07	0.08	0.10	0.11	0.13	0.14	0.16	0.18	0.20	0.22	0.24	0.26	0.28	0.31	0.33	0.36	0.39	0.41	0.44
1.50	0.04	0.05	0.06	0.07	0.08	0.09	0.11	0.12	0.14	0.15	0.17	0.19	0.21	0.23	0.25	0.27	0.30	0.32	0.35	0.37	0.40	0.43

【例 6.11-4】 已知轴向压力设计值 $N=3200\text{kN}$，弯矩设计值 $M=84\text{kN}\cdot\text{m}$，柱截面 $b=400\text{mm}$，$h=600\text{mm}$，混凝土强度等级 C20，柱计算长度为 $l_0=6\text{m}$。

求：偏心距增大系数 η。

【解】 $l_0/h=\dfrac{6000}{600}=10<15$，取 $\zeta_2=1.0$

$$e_0=M/N=\frac{84\times10^6}{3200\times10^3}=26.25\text{mm}$$

$$e_a=h/30=600/30=20\text{mm}$$

$$e_i=e_0+e_a=26.25+20=46.25\text{mm}$$

$$e_i/h_0=46.25/560=0.083$$

查表 6.11-11，$\Delta\eta=0.863$，查表 6.11-9，$\zeta_1=0.424$

得 $\eta=1+\Delta\eta\cdot\zeta_1\zeta_2=1+0.863\times0.424\times1=1.366$。

（1）偏心受压柱大小偏心界限判别方法

当 $\xi=\dfrac{x}{h_0}\leqslant\xi_b$ 时为大偏心受压柱

$\xi>\xi_b$ 时按小偏心受压柱计算

ξ_b 为相对界限受压区高度，见表 6.7-2。

（2）大偏心受压柱的计算

高层框架柱，一般均采用对称配筋，此时，$A_s=A'_s$，则 $\xi=\dfrac{x}{h_0}=\dfrac{N\text{或}\gamma_{RE}N'}{f_cbh_0}\leqslant\xi_b$

无地震组合时

$$A_s=A'_s=\frac{Ne-\alpha_1f_cbh_0^2\xi(1-0.5\xi)}{f'_y(h_0-a'_s)}=\frac{Ne}{\alpha}-CA_s^c \tag{6.11-6}$$

有地震组合时

$$A_s=A'_s=\frac{\gamma_{RE}N'e-\alpha_1f_cbh_0^2\xi(1-0.5\xi)}{f'_y(h_0-a'_s)}=\frac{\gamma_{Re}N'e}{\alpha}-CA_s^c \tag{6.11-7}$$

此时，$x\geqslant2a'_s$

式中 N——竖向荷载与风荷载组合轴向压力设计值；

N'——竖向荷载与地震作用组合轴向压力设计值；

$$e=\eta e_i+\frac{h}{a}-a;$$

γ_{RE}——承载力抗震调整系数，取 0.8；

$\alpha=f'_y\ (h_0-a'_s)$，查表 6.11-14 或表 6.11-15

$C=\xi\ (1-0.5\xi)$，查表 6.11-12

$A_s^c=\dfrac{\alpha_1f_cbh_0^2}{f'_y\ (h_0-a'_s)}$，查表 6.11-13

矩形截面偏心受压构件计算 C 值

$C=\xi\ (1-0.5\xi)$ **表 6.11-12**

ξ	0.01	0.02	0.03	0.04	0.05	0.06	0.07	0.08	0.09	0.10
0.0	0.01	0.020	0.030	0.039	0.049	0.058	0.068	0.077	0.086	0.095

续表

ξ	0.01	0.02	0.03	0.04	0.05	0.06	0.07	0.08	0.09	0.10
0.1	0.104	0.113	0.122	0.130	0.139	0.147	0.156	0.164	0.172	0.180
0.2	0.188	0.196	0.204	0.211	0.219	0.226	0.234	0.241	0.248	0.255
0.3	0.262	0.269	0.276	0.282	0.289	0.295	0.302	0.308	0.314	0.320
0.4	0.326	0.332	0.338	0.343	0.349	0.354	0.360	0.365	0.370	0.375
0.5	0.380	0.385	0.390	0.394	0.399	0.403	0.408	0.412	0.416	0.420
0.6	0.424	0.428	0.432	0.435	0.439	0.442	0.446	0.449	0.452	0.455
0.7	0.458	0.461	0.464	0.466	0.469	0.471	0.474	0.476	0.478	0.480
0.8	0.482	0.484	0.486	0.487	0.489	0.490	0.492	0.493	0.494	0.495
0.9	0.496	0.497	0.498	0.498	0.499	0.499	0.500	0.500	0.500	0.500

矩形截面偏心受压柱（HRB335 钢筋）A_s^c 值（mm^2） **表 6.11-13**

$$A_s^c = \frac{\alpha_1 f_c b h_0^2}{f'_y (h_0 - a'_s)} = \frac{\alpha_1 f_c b h_0^2}{\alpha} \quad (b、h、h_0、a'_s—mm，f_c、f'_y—N/mm^2，\alpha—10^3 N/mm)$$

柱截面		α	混凝土强度等级												
b	h		C20	C25	C30	C35	C40	C45	C50	C55	C60	C65	C70	C75	C80
350	350	84.0	3969	4920	5912	6904	7897	8765	9550	10357	11142	11911	12622	13275	13953
	400	99.0	4521	5605	6735	7866	8996	9985	10880	11798	12693	13569	14379	15124	15896
	450	114.0	5076	6292	7561	8830	10099	11210	12214	13245	14250	15234	16143	16978	17846
	500	126	5643	6994	8405	9816	11226	12461	13578	14724	15841	16934	17945	18873	19837
400	400	99	5167	6405	7697	8989	10281	11412	12434	13484	14507	15508	16434	17284	18167
	450	114	5801	7191	8641	10092	11542	12811	13959	15138	16286	17410	18449	19404	20395
	500	126	6449	7994	9606	11218	12830	14241	15517	16827	18103	19353	20508	21570	22671
	550	141	7083	8781	10551	12322	14093	15643	17045	18484	19886	21258	22527	23693	24903
	600	156	7719	9569	11499	13428	15358	17047	18575	20143	21670	23166	24549	25820	27138
450	450	114	6526	8090	9722	11353	12985	14412	15704	17030	18321	19586	20755	21829	22944
	500	126	7255	8993	10807	12620	14434	16021	17457	18931	20366	21772	23072	24266	25505
	550	141	7969	9878	11870	13863	15855	17598	19175	20794	22371	23915	25343	26655	28016
	600	156	8684	10765	12936	15107	17278	19178	20897	22661	24379	26062	27618	29047	30531
	650	171	9400	11653	14003	16353	18703	20759	22620	24529	26390	28211	29895	31442	33048
500	500	126	8061	9992	12007	14023	16038	17801	19397	21034	22629	24191	25635	26962	28339
	550	141	8854	10976	13189	15403	17616	19554	21306	23105	24857	26573	28159	30632	31129
	600	156	9649	11961	14373	16786	19198	21309	23218	25178	27088	28958	30686	32275	33923
	650	171	10445	12947	15558	18170	20781	23066	25133	27255	29322	31346	33217	34936	36720
	700	186	11241	13934	16745	19555	22365	24824	27049	29333	31557	33735	35750	37600	39520
	750	201	12038	14922	17932	20941	23951	26584	28967	31412	33795	36127	38284	40265	42322
550	550	141	9740	12073	14508	16943	19378	21509	23437	25415	27343	29230	30975	32578	34242
	600	156	10614	13157	15811	18464	21118	23439	25540	27696	29797	31853	33755	35502	37315

续表

柱截面		α	混凝土强度等级												
b	h		C20	C25	C30	C35	C40	C45	C50	C55	C60	C65	C70	C75	C80
550	650	171	11489	14240	17114	19987	22859	25253	27646	29980	32254	34480	36539	38430	40392
	700	186	12365	15328	18419	21511	24602	27307	29754	32266	34713	37109	39325	41360	43472
	750	201	13242	16414	19725	23036	26346	29243	31864	34553	37174	39740	42112	44292	46554
	800	216	14119	17502	21031	24561	28091	31180	33974	36842	39636	42372	44902	47225	49637
600	600	156	11579	14353	17248	20143	23037	25570	27862	30214	32506	34747	36824	38730	40708
	650	171	12534	15537	18670	21804	24937	27679	30160	32706	35186	37615	39860	41923	44064
	700	186	13489	16721	20094	23466	26838	29789	32459	35199	37869	40483	42899	45120	47424
	750	201	14446	17907	21518	25130	28741	31901	34760	37695	40554	43353	45941	48318	50786
	800	216	15403	19093	22943	26794	30645	34014	37063	40191	43240	46224	48984	51519	54150
	850	231	16360	20279	24369	28459	32549	36128	39366	42689	45927	49097	52028	54720	57515
	900	246	17317	21466	25796	30125	34454	38243	41670	45188	48615	51970	55073	57923	60882
650	650	171	13578	16831	20226	23621	27015	29986	32673	35431	38118	40749	43182	45417	47736
	700	186	14614	18115	21768	25422	29075	32272	35164	38132	41025	43856	46474	48880	51376
	750	201	15650	19399	23311	27224	31136	34560	37657	40836	43933	46965	49769	52345	55018
	800	216	16686	20684	24855	29027	33199	36849	40151	43541	46843	50076	53066	55812	58662
	850	231	17723	21969	26400	30831	35262	39139	42646	46246	49754	53188	56363	59280	62308
	900	246	18760	23255	27945	32636	37326	41430	45143	48953	52666	56301	59662	62750	65955
	950	261	19798	24541	29491	34441	39390	43721	47639	51661	55579	59415	62962	66221	69603
700	700	186	15738	19508	23442	27377	31312	34754	37869	41066	44181	47230	50049	52640	55328
	750	201	16853	20891	25105	29318	33531	37218	40554	43977	47313	50578	53598	56371	59250
	800	216	17970	22275	26767	31260	35752	39683	43240	46890	50446	53928	57148	60105	63175
	850	231	19086	23659	28431	33203	37974	42149	45927	49804	53581	57279	60699	63840	67101
	900	246	20204	25044	30095	35146	40197	44616	48615	52719	56718	60632	64252	67577	71029
	950	261	21321	26429	31760	37090	42420	47084	51304	55635	59855	63986	67806	71315	74957
	1000	276	22439	27815	33425	39034	44644	49553	53994	58552	62993	67340	71360	75054	78887
750	750	201	18057	22383	26898	31412	35926	39876	43450	47118	50692	54191	57426	60398	63483
	800	216	19253	23866	28679	33493	38306	42518	46328	50239	54050	57780	61230	64398	67687
	850	231	20450	25349	30462	35574	40687	45160	49207	53361	57409	61371	65035	68400	71894
	900	246	21647	26833	32245	37656	43068	47803	52088	56485	60769	64963	68841	72404	76102
	950	261	22844	28317	34028	39739	45450	50447	54969	59609	64130	68556	72649	76409	80311
	1000	276	24042	29802	35812	41823	47833	53092	57850	62734	67492	72150	76458	80415	84522
	1100	306	26438	32772	39381	45990	52600	58383	63615	68986	74218	79340	84077	88428	92945
800	800	216	20537	25457	30591	35726	40860	45352	49417	53588	57653	61632	65311	68692	72200
	850	231	21813	27039	32492	37946	43399	48171	52488	56919	61236	65462	69370	72960	76687
	900	246	23090	28622	34394	40167	45939	50990	55560	60250	64820	69294	73431	77231	81176

续表

柱截面		α	混凝土强度等级												
b	h		C20	C25	C30	C35	C40	C45	C50	C55	C60	C65	C70	C75	C80
800	950	261	24367	30205	36297	42388	48480	53811	58633	63583	68405	73127	77492	81503	85665
	1000	276	25644	31788	38200	44611	51022	56632	61707	66916	71992	76960	81555	85775	90156
	1100	306	28200	34956	42006	49056	56106	62275	67857	73585	79166	84630	89682	94324	99141
	1200	336	30757	38125	45814	53504	61193	67921	74008	80255	86343	92302	97812	102874	108128
850	850	231	23176	28729	34523	40317	46112	51181	55768	60476	65063	69554	73706	77521	81480
	900	246	24533	30411	36544	42677	48810	54177	59033	64016	68871	73625	78020	82058	86249
	950	261	25890	32093	38565	45038	51510	57174	62298	67557	72681	77697	82336	86597	91020
	1000	276	27247	33775	40587	47399	54211	60171	65564	71098	76491	81770	86652	91136	95791
	1100	306	29963	37141	44632	52122	59613	66167	72098	78184	84114	89919	95287	100219	105337
900	900	246	25976	32200	38694	45188	51682	57364	62505	67782	72923	77956	82610	86885	91322
	950	261	27413	33981	40834	47687	54540	60537	65962	71531	76956	82267	87179	91691	96374
	1000	276	28850	35762	42975	50187	57400	63711	69420	75281	80991	86580	91749	96497	101426
	1100	306	31725	39326	47257	55188	63120	70060	76339	82783	89062	95208	100893	106114	111534
	1200	336	34601	42891	51541	60191	68842	76411	83259	90287	97135	103839	110039	115734	121645
950	950	261	28936	35868	43102	50336	57570	63900	69627	75505	81231	86838	92022	96784	101728
	1000	276	30453	37749	45362	52975	60588	67250	73277	79463	85490	91390	96846	101858	107061
	1100	306	33488	41511	49883	58255	66626	73952	80580	87382	94010	100498	106498	112009	117730
	1200	336	36523	45274	54405	63535	72666	80656	87884	95303	102532	109608	116152	122163	128403
	1300	366	39560	49038	58928	68818	78708	87361	95191	103226	111056	118721	125809	132319	139078
1000	1000	276	32056	39736	47749	55763	63777	70789	77134	83645	89989	96200	101944	107219	112696
	1100	306	35250	43695	52508	61321	70133	77844	84821	91981	98957	105787	112103	117904	123926
	1200	336	38446	47657	57268	66879	76491	84901	92510	100319	103928	115377	122265	128593	135161
	1300	366	41642	51619	62029	72440	82850	91959	100201	108659	116901	124969	132430	139284	146397
	1400	396	44839	55581	66791	78001	89210	99019	107893	117001	125875	134563	142597	149976	157636

注：当采用HRB400钢筋时，A_s^c值按表中相应值乘0.833

矩形截面偏心受压构件 K、N_1、N_2、α 值 **表6.11-14**

钢筋为HRB335，$\xi_b=0.55$，K—mm，N_1、N_2、α—N/mm

截面高度 h (mm)	K	α $\times 10^3$	混凝土强度等级													
			C20		C25		C30		C35		C40		C45		C50	
			N_1	N_2	N_1	N_2	N_1	N_2	N_1	N_2	N_1	N_2	N_1	N_2	N_1	N_2
350	70	84	1663	2827	2062	3505	2477	4212	2893	4918	3309	5625	3673	6244	4002	6803
400	82.5	99	1927	3162	2389	3920	2871	4710	3352	5501	3834	6291	4256	6983	4637	7609
450	95	114	2191	3500	2716	4338	3264	5213	3812	6088	4359	6963	4839	7728	5272	8421
500	105	126	2429	3903	3011	4838	3618	5814	4225	6789	4832	7765	5364	8619	5844	9391

续表

截面高度 h (mm)	K	$\alpha \times 10^3$	混凝土强度等级													
			C20		C25		C30		C35		C40		C45		C50	
			N_1	N_2	N_1	N_2	N_1	N_2	N_1	N_2	N_1	N_2	N_1	N_2	N_1	N_2
550	117.5	141	2693	4242	3338	5258	4011	6318	4684	7379	5357	8439	5947	9367	6479	10207
600	130	156	2957	4582	3665	5680	4404	6825	5144	7971	5883	9116	6530	10118	7115	11025
650	142.5	171	3221	4923	3992	6103	4798	7333	5603	8564	6408	9795	7113	10872	7750	11846
700	155	186	3485	5265	4320	6526	5191	7843	6062	9159	6933	10475	7696	11627	8385	12669
750	167.5	201	3749	5607	4647	6951	5584	8353	6521	9754	7458	11156	8279	12383	9020	13493
800	180	216	4013	5950	4974	7376	5977	8863	6981	10351	7984	11839	8862	13140	9656	14318
850	192.5	231	4277	6293	5301	7801	6371	9375	7440	10948	8509	12521	9445	13898	10291	15144
900	205	246	4541	6637	5629	8227	6764	9886	7899	11546	9034	13205	10028	14657	10926	15970
950	217.5	261	4805	6981	5956	8653	7157	10398	8358	12144	9559	13889	10611	15416	11561	16797
1000	230	276	5069	7325	6283	9080	7750	10911	8818	12742	10085	14573	11194	16175	12197	17625
1050	242.5	291	5333	7669	6610	9506	7944	11423	9277	13340	10610	15278	11777	16935	12832	18453
1100	255	306	5597	8013	6938	9933	8337	11936	9736	13939	11135	15943	12360	17695	13467	19281
1150	267.5	321	5861	8357	7265	10360	9045	12449	10195	14538	11660	16628	12943	18456	14102	20110
1200	280	336	6125	8702	7592	10787	9123	12962	10655	15138	12186	17313	13526	19217	14738	20939
1250	292.5	351	6389	9046	7919	11214	9517	13476	11114	15737	12711	17999	14109	19978	15373	21768
1300	305	366	6653	9391	8247	11641	9910	13989	11573	16337	13236	18685	14692	20739	16008	22598
1400	330	396	7181	10081	8901	12496	10696	15016	12492	17536	14287	20057	15858	22262	17279	24257
1500	355	426	7709	10771	9556	13351	11483	16044	13226	18736	15337	21429	17024	23785	18549	25917
1600	380	456	8237	11460	10210	14206	12269	17071	14329	19937	16388	22802	18190	25309	19820	27577

截面高度 h (mm)	$\alpha \times 10^3$	混凝土强度等级																	
		C55			C60			C65			C70			C75			C80		
		K	N_1	N_2	K	N_1	N_2	K	N_1	N_2	K	N_1	N_2	K	N_1	N_2	K	N_1	N_2
350	84	67.2	4339	23793	64.4	4669	26344	61.6	4991	29029	58.8	5289	31768	56.0	5563	34579	53.2	5846	37694
400	99	79.2	5028	27259	75.9	5410	30178	72.6	5783	33248	69.3	6128	36379	66	6446	39591	62.7	6774	43150
450	114	91.2	5717	30733	87.4	6151	34020	83.6	6576	37476	79.8	6968	41000	76	7329	44615	72.2	7702	48618
500	126	100.8	6337	34130	96.6	6818	37781	92.4	7289	41621	88.2	7723	45536	84	8124	49552	79.8	8538	54000
550	141	112.8	7026	37608	108.1	7559	41628	103.4	8081	45854	98.7	8563	50162	94	9007	54581	89.3	9466	59475
600	156	124.8	7714	41090	119.6	8301	45478	114.4	8873	50091	109.2	9403	54794	104	9890	59616	98.8	10394	64956
650	171	136.8	8403	44574	131.1	9042	49331	125.4	9665	54332	119.7	10242	59429	114	10773	64655	108.3	11322	70441
700	186	148.8	9092	48060	142.6	9783	53186	136.4	10458	58575	130.2	11082	64066	124	11656	69696	117.8	12250	75930
750	201	160.8	9781	51547	154.1	10524	57043	147.4	11250	62820	140.7	11921	68706	134	12539	74740	127.3	13178	81421
800	216	172.8	10470	55036	165.6	11265	60902	158.4	12042	67067	151.2	12761	73348	144	13422	79786	136.8	14106	86915
850	231	184.8	11158	58526	177.1	12006	64761	169.4	12834	71314	161.7	13600	77991	154	14305	84833	146.3	15034	92410
900	246	196.8	11847	62016	188.6	12747	68622	180.4	13627	75563	172.2	14440	82635	164	15188	89882	155.8	15962	97906

续表

截面高度 h (mm)	$\alpha \times 10^3$	混凝土强度等级																	
		C55			C60			C65			C70			C75			C80		
		K	N_1	N_2	K	N_1	N_2	K	N_1	N_2	K	N_1	N_2	K	N_1	N_2	K	N_1	N_2
950	261	208.8	12536	65507	200.1	13488	72483	191.4	14419	79813	182.7	15279	87280	174	16071	94932	165.3	16890	103403
1000	276	220.8	13225	68999	211.6	14230	76344	202.4	15211	84063	193.2	16119	91925	184	16954	99982	174.8	17818	108901
1050	291	232.8	13914	72491	223.1	14971	80207	213.4	16003	88314	203.7	16958	96571	194	17837	105033	184.3	18746	114400
1100	306	244.8	14602	75984	234.6	15712	84069	224.4	16796	92565	214.2	17798	101218	204	18720	110085	193.8	19674	119900
1150	321	256.8	15291	79476	246.1	16453	87932	235.4	17588	96817	224.7	18637	105866	214	19603	115137	203.3	20602	125400
1200	336	268.8	15980	82970	257.6	17194	91796	246.4	18380	101069	235.2	19477	110513	224	20486	120190	212.8	21530	130901
1250	351	280.8	16669	86463	269.1	17935	95659	257.4	19172	105321	245.7	20316	115161	234	21369	125243	222.3	22458	136403
1300	366	292.8	17357	89957	280.6	18676	99523	268.4	19965	109574	256.2	21156	119810	244	22252	130296	231.8	23386	141904
1400	396	316.8	18735	96944	303.6	20159	107252	290.4	21549	118080	277.2	22835	129107	264	24018	140404	250.8	25242	152909
1500	426	340.8	20113	103933	326.6	21641	114981	312.4	23134	126587	298.2	24514	138406	284	25784	150513	269.8	27098	163914
1600	456	364.8	21490	110922	349.6	23123	122711	334.4	24718	135095	319.2	26193	147705	304	27550	160623	288.8	28954	174920

矩形截面偏心受压构件 K、N_1、N_2、α 值

钢筋 HRB400，$\xi_b = 0.518$，K—mm，N_1、N_2、α—N/mm^2　　**表 6.11-15**

截面高度 h (mm)	K	$\alpha \times 10^3$	混凝土强度等级													
			C20		C25		C30		C35		C40		C45		C50	
			N_1	N_2	N_1	N_2	N_1	N_2	N_1	N_2	N_1	N_2	N_1	N_2	N_1	N_2
350	79	101	1566	2161	1942	2678	2333	3219	2725	3759	3116	4299	3459	4772	3769	5199
400	93.1	119	1815	2403	2250	2979	2704	3580	3157	4180	3611	4781	4008	5307	4367	5782
450	107.2	137	2064	2648	2558	3282	3074	3944	3590	4606	4106	5268	4557	5847	4966	6372
500	118.4	151	2287	2961	2835	3671	3407	4411	3979	5152	4551	5892	5051	6540	5504	7126
550	132.5	169	2536	3207	3144	3976	3778	4778	4412	5579	5046	6381	5601	7083	6102	7718
600	146.6	187	2785	3454	3452	4282	4148	5146	4844	6009	5540	6873	6150	7628	6701	8312
650	160.7	205	3033	3702	3760	4589	4518	5515	5277	6440	6035	7366	6699	8176	7299	8909
700	174.8	223	3282	3951	4068	4897	4889	5885	5709	6873	6530	7861	7248	8725	7897	9507
750	188.9	241	3531	4200	4376	5206	5259	6256	6142	7306	7024	8356	7797	9275	8496	10106
800	203.0	259	3779	4449	4685	5515	5630	6628	6574	7740	7519	8853	8346	9826	9094	10706
850	217.1	277	4028	4699	4993	5825	6000	7000	7007	8175	8014	9349	8895	10377	9692	11308
900	231.2	295	4277	4949	5301	6135	6370	7372	7439	8610	8509	9847	9444	10930	10290	11909
950	245.3	313	4525	5199	5609	6445	6741	7745	7872	9045	9003	10345	9993	11482	10889	12511
1000	259.4	331	4774	5450	5918	6756	7111	8118	8304	9481	9498	10843	10542	12035	11487	13114
1050	273.5	349	5022	5701	6226	7066	7481	8491	8737	9917	9993	11342	11091	12589	12085	13717
1100	287.6	367	5271	5951	6534	7377	7852	8865	9170	10353	10487	11841	11640	13142	12684	14320
1150	301.7	385	5520	6202	6842	7688	8222	9239	9602	10789	10982	12340	12189	13696	13282	14924

续表

截面高度 h (mm)	K	$\alpha \times 10^3$	混凝土强度等级													
			C20		C25		C30		C35		C40		C45		C50	
			N_1	N_2	N_1	N_2	N_1	N_2	N_1	N_2	N_1	N_2	N_1	N_2	N_1	N_2
1200	315.8	403	5669	6453	7150	7999	8592	9612	10035	11226	11477	12839	12739	14250	13880	15528
1250	329.9	421	6017	6704	7459	8310	8963	9986	10467	11662	11971	13338	13288	14805	14479	16132
1300	344.0	439	6266	6955	7767	8621	9333	10360	10900	12099	12466	13838	13837	15359	15077	16736
1400	372.2	475	6763	7457	8383	9244	10074	11109	11765	12973	13455	14837	14935	16469	16273	17945
1500	400.4	511	7260	7960	9000	9867	10815	11857	12630	13847	14445	15837	16033	17579	17470	19154
1600	428.6	547	7757	8463	9616	10490	11555	12606	13495	14722	15434	16837	17131	18689	18667	20364

截面高度 h (mm)	$\alpha \times 10^3$	混凝土强度等级																	
		C55			C60			C65			C70			C75			C80		
		K	N_1	N_2	K	N_1	N_2	K	N_1	N_2	K	N_1	N_2	K	N_1	N_2	K	N_1	N_2
350	101	76.2	4087	6135	73.4	4397	7176	70.6	4701	8336	67.8	4981	9595	65.0	5239	10963	62.2	5506	12518
400	119	89.8	4736	6836	86.5	5095	8011	83.2	5447	9321	79.9	5693	10745	76.6	6071	12294	73.3	6380	14056
450	137	103.4	5384	7544	96.9	5793	9412	95.8	6193	10315	92.0	6563	11905	88.2	6903	13635	84.4	7254	15606
500	151	114.2	5968	8434	110.0	6422	9895	105.8	6865	11524	101.6	7274	13296	97.4	7651	15225	93.2	8041	17422
550	169	127.8	6617	9146	123.1	7120	10741	118.4	7611	12521	113.7	8065	14460	109.0	8483	18177	104.3	8915	18976
600	187	141.4	7266	9860	136.2	7818	11590	131.0	8357	13522	125.8	8855	15628	120.6	9314	17922	115.4	9789	20535
650	205	155.0	7914	10577	149.3	8516	12442	143.6	9103	14526	137.9	9646	16799	132.2	10146	19276	126.5	10663	22098
700	223	168.6	8563	11295	162.4	9214	13296	156.2	9849	15532	150.0	10437	17972	143.8	10978	20632	137.6	11537	23664
750	241	182.2	9212	12015	175.5	9912	14152	168.8	10595	16540	162.1	11227	19148	155.4	11809	21991	148.7	12411	25232
800	259	195.8	9860	12736	188.6	10610	15008	181.4	11341	17550	174.2	12018	20324	167.0	12641	23351	159.8	13285	26802
850	277	209.4	10509	13457	201.7	11308	15866	194.0	12088	18560	186.3	12809	21502	178.6	13473	24713	170.9	14159	28374
900	295	223.0	11158	14180	214.8	12006	16724	206.6	12834	19571	198.4	13600	22681	190.2	14304	26076	182.0	15033	29946
950	313	236.6	11807	14903	227.9	12704	17584	219.2	13580	20583	210.5	14390	23861	201.8	15136	27439	193.1	15907	31520
1000	331	250.2	12455	15626	241.0	13402	18443	231.8	14326	21595	222.6	15181	25041	213.4	15968	28803	204.2	16781	33094
1050	349	263.8	13104	16350	254.1	14100	19303	244.4	15072	22608	234.7	15972	26222	225.0	16799	30168	215.3	17655	34669
1100	367	277.4	13753	17074	267.2	14798	20164	257.0	15818	23622	246.8	16762	27403	236.6	17631	31533	226.4	18529	36245
1150	385	291.0	14401	17799	280.3	15496	21024	269.6	16564	24636	258.9	17553	28585	248.2	18463	32899	237.5	19403	37821
1200	403	304.6	15050	18524	293.4	16194	21885	282.2	17311	25650	271.0	18344	29767	259.8	19294	34265	248.6	20277	39397
1250	421	318.2	15699	19249	306.5	16892	22747	294.8	18057	26664	283.1	19134	30950	271.4	20126	35632	259.7	21151	40974
1300	439	331.8	16348	19974	319.6	17590	23608	307.4	18803	27679	295.2	19925	32132	283.0	20957	36999	270.8	22025	42551
1400	475	359.0	17645	21425	345.8	18986	25332	332.6	20295	29709	319.4	21506	34499	306.2	22621	39733	293.0	23773	45706
1500	511	386.2	18942	22877	3720	20382	27056	357.8	21788	31740	343.6	23088	36866	329.4	24284	42469	315.2	25521	48863
1600	547	413.4	20240	24329	398.2	21778	28781	383.0	23280	33771	367.8	24669	39233	352.6	25947	45205	337.4	27269	52020

（3）小偏心受压柱的计算

无地震组合时

$$A_s = A'_s = \frac{Ne - \alpha_1 f_c b h_0^2 \xi (1 - 0.5\xi)}{f'_y (h_0 - a'_s)} = \frac{Ne}{\alpha} - CA_s^c \tag{6.11-8}$$

有地震组合时

$$A_s = A'_s = \frac{\gamma_{RE} N' e - \alpha_1 f_c b h_0^2 \xi (1 - 0.5\xi)}{f'_y (h_0 - a'_s)} = \frac{\gamma_{RE} N' e}{\alpha} - CA_s^c \tag{6.11-9}$$

公式（6.11-8）、(6.11-9) 中的 ξ 可按下式计算：

$$\xi = \frac{N - \xi_b \alpha_1 f_c b h_0}{\dfrac{Ne - 0.43\alpha_1 f_c b h_0^2}{(\beta_1 - \xi_b)(h_0 - a'_s)} + \alpha_1 f_c b h_0} + \xi_b$$

$$= \frac{\dfrac{N}{b} - N_1}{\dfrac{Ne}{bK} - N_2} + \xi_b \tag{6.11-10}$$

或

$$\xi = \frac{\gamma_{RE} N' - \xi_b \alpha_1 f_c b h_0}{\dfrac{\gamma_{RE} N' e - 0.43\alpha_1 f_c b h_0^2}{(\beta_1 - \xi_b)(h_0 - a'_s)} + \alpha_1 f_c b h_0} + \xi_b$$

$$= \frac{\dfrac{\gamma_{RE} N'}{b} - N_1}{\dfrac{\gamma_{RE} N' e}{bK} - N_2} + \xi_b \tag{6.11-11}$$

式中　$N_1 = \xi_b \alpha_1 f_c h_0$，查表 6.11-14 和表 6.11-15；

$N_2 = \dfrac{0.43\alpha_1 f_c h_0^2}{(\beta_1 - \xi_b)(h_0 - a'_s)} - \alpha_1 f_c h_0$，查表 6.11-14 和表 6.11-15；

$K = (\beta_1 - \xi_b)(h_0 - a'_s)$，查表 6.11-14 和表 6.11-15。

其他符号同前。

(4) 计算例题

【例 6.11-5】　已知抗震等级为二级的框架中柱，截面 $b \times h = 500\text{mm} \times 500\text{mm}$，计算长度 $l_0 = 6\text{m}$，承受轴向压力设计值 $N' = 1225\text{kN}$，弯矩设计值 $M = 235\text{kN·m}$，混凝土强度等级 C20，钢筋为 HRB335。

求：对称配筋钢筋截面面积。

【解】　1. 确定偏心距及偏心距增大系数

$$l_0/h = \frac{6000}{500} = 12 < 15,\ \zeta_2 = 1.0$$

$$e_0 = \frac{M}{N'} = \frac{235 \times 10^6}{1225 \times 10^3} = 191.84\text{mm}$$

取 $e_a = 20$，$e_i = e_0 + e_a = e_0 = 211.84\text{mm}$

$$\frac{e_i}{h_0} = \frac{211.84}{460} = 0.46$$

查表 6.11-11 得 $\Delta\eta = 0.226$

$$\text{轴压比 } \mu_N = \frac{N'}{f_c A} = \frac{1225 \times 10^3}{9.6 \times 500 \times 500} = 0.51$$

查表6.11-9，得 $\zeta_1 = 1.0$

偏心距增大系数：

$$\eta = 1 + \Delta\eta \cdot \zeta_1 \zeta_2 = 1 + 0.226 \times 1 \times 1 = 1.226$$

$$e = \eta e_i + \frac{h}{2} - a_s = 1.226 \times 211.84 + \frac{500}{2} - 40 = 469.72\text{mm}$$

2. 计算钢筋截面面积

$$x = \frac{\gamma_{RE} N'}{\alpha_1 f_c b} = \frac{0.8 \times 1225 \times 10^3}{1 \times 9.6 \times 500} = 204.17\text{mm} > 2a'_s$$

$$\xi = \frac{x}{h_0} = \frac{204.17}{460} = 0.444 < \xi_b = 0.55$$

属于大偏心受压柱

查表6.11-12，$C = 0.345$

查表6.11-13，$A_s^c = 8061\text{mm}^2$，$\alpha = 126 \times 10^3$

按公式（6.11-7）得

$$A_s = A'_s = \frac{\gamma_{RE} N' e}{\alpha} - CA_s^c$$

$$= \frac{0.8 \times 1225 \times 10^3 \times 469.72}{126 \times 10^3} - 0.345 \times 8061$$

$$= 872.33\text{mm}^2 \qquad 2\Phi 20 + 1\Phi 18\ (882\text{mm}^2)$$

二级时最小配筋率 $\rho_{mix} = 0.8\%$，全截面纵向钢筋截面面积为 $A_s = 2275\text{mm}^2 > \rho_{min} A = 0.008 \times 500^2 = 2000\text{mm}^2$。

抗震等级二级，柱纵向钢筋箍筋肢距不大于250mm，故箍筋配置成表6.10-7形式Ⅱ。柱端箍筋加密区采用箍筋 $\phi 8@100$，Ⅱ形式，由表6.10-7得，柱箍筋体积配箍率 $\rho_v = 0.763\%$，查表6.10-4柱轴压比 $\mu_N = 0.51$，得特征值 $\lambda_v = 0.112$，由表6.10-5需 $\rho_v = 0.51$，已满足要求。

圆形截面偏压构件 α 值表　　**表6.11-16**

$\overline{M}$ \ $\overline{N}$	0.10	0.20	0.30	0.40	0.50	0.60	0.70	0.80	0.90	1.00	1.10	1.20	1.30	1.40	1.50
0.12	0.294	0.351	0.400	0.445	0.488	0.531	0.575	0.621	0.680	0.732	0.756	0.777	0.797	0.815	0.831
0.14	0.294	0.351	0.400	0.445	0.488	0.531	0.575	0.621	0.680	0.716	0.739	0.760	0.780	0.798	0.814
0.16	0.294	0.351	0.400	0.445	0.488	0.531	0.575	0.621	0.676	0.701	0.724	0.745	0.765	0.783	0.799
0.18	0.300	0.351	0.400	0.445	0.488	0.531	0.575	0.621	0.662	0.687	0.710	0.731	0.750	0.768	0.785
0.20	0.306	0.351	0.400	0.445	0.488	0.531	0.575	0.621	0.648	0.674	0.696	0.718	0.737	0.755	0.771
0.22	0.311	0.352	0.400	0.445	0.488	0.531	0.575	0.611	0.635	0.661	0.684	0.705	0.724	0.742	0.759
0.24	0.315	0.355	0.400	0.445	0.488	0.531	0.573	0.602	0.623	0.648	0.671	0.693	0.712	0.730	0.747
0.26	0.320	0.358	0.400	0.445	0.488	0.531	0.566	0.593	0.615	0.636	0.659	0.681	0.701	0.719	0.735
0.28	0.324	0.360	0.401	0.444	0.486	0.525	0.559	0.586	0.607	0.624	0.648	0.669	0.689	0.708	0.724
0.30	0.327	0.363	0.402	0.442	0.483	0.520	0.552	0.579	0.601	0.618	0.637	0.658	0.678	0.697	0.714
0.32	0.330	0.365	0.402	0.441	0.480	0.516	0.547	0.573	0.594	0.611	0.625	0.648	0.668	0.686	0.704
0.34	0.334	0.367	0.403	0.440	0.477	0.512	0.542	0.567	0.588	0.605	0.619	0.637	0.658	0.676	0.694
0.36	0.336	0.369	0.403	0.439	0.475	0.508	0.537	0.562	0.583	0.600	0.614	0.627	0.647	0.666	0.684
0.38	0.339	0.370	0.404	0.438	0.473	0.504	0.533	0.557	0.578	0.595	0.609	0.621	0.637	0.657	0.674
0.40	0.342	0.372	0.404	0.438	0.470	0.501	0.529	0.553	0.573	0.590	0.604	0.616	0.628	0.647	0.665

续表

$\overline{M}$ \ $\overline{N}$	0.10	0.20	0.30	0.40	0.50	0.60	0.70	0.80	0.90	1.00	1.10	1.20	1.30	1.40	1.50
0.42	0.344	0.373	0.405	0.437	0.469	0.498	0.525	0.548	0.568	0.585	0.599	0.611	0.622	0.638	0.656
0.44	0.346	0.375	0.405	0.436	0.467	0.496	0.522	0.544	0.564	0.581	0.595	0.607	0.618	0.629	0.647
0.46	0.348	0.376	0.406	0.436	0.465	0.493	0.518	0.541	0.560	0.577	0.591	0.603	0.613	0.623	0.638
0.48	0.350	0.377	0.406	0.435	0.464	0.491	0.515	0.537	0.556	0.573	0.587	0.599	0.610	0.619	0.629
0.50	0.352	0.379	0.406	0.434	0.462	0.488	0.512	0.534	0.553	0.569	0.583	0.595	0.606	0.615	0.623
0.52	0.354	0.380	0.407	0.434	0.461	0.486	0.510	0.531	0.549	0.565	0.579	0.592	0.602	0.612	0.620
0.54	0.356	0.381	0.407	0.433	0.460	0.484	0.507	0.528	0.546	0.562	0.576	0.588	0.599	0.608	0.616
0.56	0.357	0.382	0.407	0.433	0.458	0.482	0.505	0.525	0.543	0.559	0.573	0.585	0.595	0.605	0.613
0.58	0.359	0.383	0.407	0.432	0.457	0.481	0.503	0.522	0.540	0.556	0.569	0.581	0.592	0.602	0.610
0.60	0.360	0.383	0.408	0.432	0.456	0.479	0.500	0.520	0.537	0.553	0.566	0.578	0.589	0.598	0.607
0.62	0.362	0.384	0.408	0.432	0.455	0.447	0.498	0.517	0.534	0.550	0.563	0.575	0.586	0.595	0.604
0.64	0.363	0.385	0.408	0.431	0.454	0.476	0.496	0.515	0.532	0.547	0.560	0.572	0.583	0.593	0.601
0.66	0.364	0.386	0.408	0.431	0.453	0.475	0.495	0.513	0.530	0.544	0.558	0.570	0.580	0.590	0.598
0.68	0.365	0.387	0.408	0.431	0.452	0.473	0.493	0.511	0.527	0.542	0.555	0.567	0.578	0.587	0.596
0.70	0.366	0.387	0.409	0.430	0.451	0.472	0.491	0.509	0.525	0.540	0.553	0.564	0.575	0.584	0.593
0.72	0.368	0.388	0.409	0.430	0.451	0.471	0.489	0.507	0.523	0.537	0.550	0.562	0.572	0.582	0.590
0.74	0.369	0.389	0.409	0.430	0.450	0.469	0.488	0.505	0.521	0.535	0.548	0.559	0.570	0.579	0.588
0.76	0.370	0.389	0.409	0.429	0.449	0.468	0.486	0.503	0.519	0.533	0.546	0.557	0.568	0.577	0.586
0.78	0.371	0.390	0.409	0.429	0.449	0.467	0.485	0.502	0.517	0.531	0.543	0.555	0.565	0.575	0.583
0.80	0.371	0.390	0.409	0.429	0.448	0.466	0.484	0.500	0.515	0.529	0.541	0.553	0.563	0.572	0.581
0.82	0.372	0.391	0.410	0.429	0.447	0.465	0.482	0.498	0.513	0.527	0.539	0.551	0.561	0.570	0.579
0.84	0.373	0.391	0.410	0.428	0.447	0.464	0.481	0.497	0.511	0.525	0.537	0.548	0.559	0.568	0.576
0.86	0.374	0.392	0.410	0.428	0.446	0.463	0.480	0.495	0.510	0.523	0.535	0.546	0.557	0.566	0.574
0.88	0.375	0.392	0.410	0.428	0.445	0.462	0.479	0.494	0.508	0.521	0.533	0.544	0.555	0.564	0.572
0.90	0.376	0.393	0.410	0.428	0.445	0.462	0.478	0.493	0.507	0.520	0.532	0.543	0.553	0.562	0.570

说明：$\overline{N}=\dfrac{N}{\alpha_1 f_c A}$，$\overline{M}=\dfrac{N\eta e_i}{\alpha_1 f_c A r}$；或$\overline{N}=\dfrac{\gamma_{RE}N'}{\alpha_1 f_c A'}$，$\overline{M}=\dfrac{\gamma_{RE}N'\eta e_i}{\alpha_1 f_c A r}$。

3. 圆形截面偏心受压柱承载力计算表

（1）图表按圆形截面沿周边均匀配置纵向受力钢筋，其数量不少于6根。

柱截面配筋计算时，取 $r_s=0.9r$，$\rho=A_s/A$，A_s 为全部纵向受力钢筋截面面积，A 为柱截面面积。

（2）公式及图表中的 N 值，为计算取用轴向压力设计值，其值在非抗震设计时为竖向荷载与风荷载组合的轴向压力设计值；在有抗震设防时为竖向荷载与地震作用组合的轴向压力设计值乘以承载力抗震调整系数（$\gamma_{RE}N'$）。

（3）计算偏心距增大系数 η 时，可应用本节的表 6.11-9 至表 6.11-11，其中，$h=2r$

$=D$，$h_0=r+r_s$。

（4）为编制图表，将公式（6.10-29）及（6.10-32）可改写成：

$$\frac{N}{\alpha_1 f_c A}=\alpha\left(1-\frac{\sin 2\pi\alpha}{2\pi\alpha}\right)+(\alpha-\alpha_t)\frac{f_y}{\alpha_1 f_c}\rho \tag{6.11-12}$$

$$\frac{N}{\alpha_1 f_c A}\frac{\eta e_i}{r}=\frac{2}{3\pi}\sin^3\pi\alpha+\frac{f_y}{\alpha_1 f_c}\rho\left(\frac{\sin\pi\alpha+\sin\pi\alpha_t}{\pi}\right) \tag{6.11-13}$$

当 $\alpha\leqslant 0.625$ 时，$\alpha_t=1.25-2\alpha$，由公式（6.11-12）得

$$\rho=\frac{\alpha_1 f_c}{(3\alpha-1.25)f_y}\left[\frac{N}{\alpha_1 f_c A}-\alpha\left(1-\frac{\sin 2\pi\alpha}{2\pi\alpha}\right)\right] \tag{6.11-14}$$

将公式（6.11-14）代入公式（6.11-13），经整理得

$$\frac{2}{3}(3\alpha-1.25)\sin^3\pi\alpha+\left(\frac{N}{\alpha_1 f_c A}-\alpha+\frac{\sin 2\pi\alpha}{2\pi}\right)[\sin\pi\alpha+\sin\pi(1.25-2\alpha)]$$
$$-\frac{\pi N\eta e_i}{\alpha_1 f_c A r}(3\alpha-1.25)=0 \tag{6.11-15}$$

当 $\alpha>0.625$ 时，$\alpha_t=0$，由公式（6.11-12）得

$$\rho=\frac{\alpha_1 f_c}{\alpha f_y}\left[\frac{N}{\alpha_1 f_c A}-\alpha\left(1-\frac{\sin 2\pi\alpha}{2\pi\alpha}\right)\right] \tag{6.11-16}$$

将公式（6.11-16）代入公式（6.11-13）经整理得

$$\frac{2\alpha}{3}\sin^3\pi\alpha+\left(\frac{N}{\alpha_1 f_c A}-\alpha+\frac{\sin 2\pi\alpha}{2\pi}\right)\sin\pi\alpha-\frac{\pi N\eta e_i\alpha}{\alpha_1 f_c A r}=0 \tag{6.11-17}$$

当 $\alpha\leqslant 0.625$ 时，按公式（6.11-15）求出 α 值。

当 $\alpha>0.625$ 时，按公式（6.11-17）求出 α 值。

将 α 值代入公式（6.11-14）或（6.11-16），求出 ρ 值，则得柱所需钢筋总截面面积：$A_s=\rho A$。

（5）由 $\frac{N}{\alpha_1 f_c A}$ 及 $\frac{N\eta e_i}{\alpha_1 f_c A r}$ 可查表6.11-17得 α 值

将 α 值代入公式（6.11-14）或公式（6.11-16）求 ρ

$$A_s=\rho A \tag{6.11-18}$$

当有地震组合时，以上公式中 $\gamma_{RE}N'$ 和 $\gamma_{RE}N'\eta e_i$ 代入 N 和 $N\eta e_i$。

（7）计算例题

【例6.11-6】　已知轴向压力设计值 $N=1500$kN，弯矩设计值 $M=250$kN·m，圆形柱直径 $D=500$mm，$a_s=35$mm，计算长度 $l_0=4.5$m，混凝土C20，$f_c=9.6\text{N/mm}^2$，钢筋为HRB335钢，$f_y=300\text{N/mm}^2$。

求：柱全截面所需钢筋截面面积。

【解】　1. 求 ηe_i

$$e_0=\frac{M}{N}=\frac{250\times 10^6}{1500\times 10^3}=167\text{mm}$$

取 $e_a=20$mm 由公式（6.10-20）得 $e_i=e_0+e_a=187$mm

近似计算　　$\zeta_1=0.2+2.7\frac{e_i}{r+r_s}=0.2+2.7\frac{187}{465}=1.29$，

取 $\zeta_1=1.0$，由公式（6.11-5）得

$\zeta_2 = 1.15 - 0.01\frac{l_0}{D} = 1.15 - 0.01\frac{450}{500} = 1.06$,

取 $\zeta_2=1.0$，$l_0/D=\frac{4500}{500}=9$，$e_i/(r+r_s)=187/(250+215)=0.40$

查表 6.11-11，得 $\Delta\eta=0.140$

由公式（6.11-3）得

$$\eta=1+\Delta\eta\cdot\zeta_1\zeta_2=1+0.14\times1\times1=1.14$$
$$\eta e_i=1.14\times187=213.18$$

2. 求 α

$$A=\frac{1}{4}\pi D^2=\frac{1}{4}3.1416\times500^2=196350\text{mm}^2$$

$$\frac{N}{\alpha_1 f_c A}=\frac{1500\times10^3}{1\times9.6\times196350}=0.796$$

$$\frac{N\eta e_i}{\alpha_1 f_c A r}=\frac{1500\times10^3\times213.18}{1\times9.6\times196350\times250}=0.68$$

查表 6.11-17，得 $\alpha=0.511<0.625$

3. 求 A_s

由公式（6.11-14）得

$$\rho=\frac{\alpha_1 f_c}{(3\alpha-1.25)f_y}\left[\frac{N}{\alpha_1 f_c A}-\alpha\left(1-\frac{\sin 2\pi\alpha}{2\pi\alpha}\right)\right]$$
$$=\frac{1\times9.6}{(3\times0.511-1.25)300}\left[0.796-0.511\left(1-\frac{\sin(2\pi\times0.511)}{2\pi\times0.511}\right)\right]$$
$$=0.033$$

由公式（6.11-18）

$$A_s=\rho A=0.033\times196350=6479.6\text{mm}^2$$

配 14Φ25（6872mm^2）

6.12 梁柱节点受剪承载力验算

1. 一、二级框架梁柱节点核芯区组合的剪力设计值 V_i，可按下列规定计算：

(1) 9 度设防烈度和一级抗震等级的框架结构

1）顶层中间节点

$$V_j=1.15\frac{(M_{bua}^l+M_{bua}^r)}{h_{b0}-a'_s} \quad (6.12\text{-}1)$$

且不应小于按公式（6.12-2）求得的 V_j 值；

2）其他层的中间节点和端节点

$$V_j=1.15\frac{(M_{bua}^l+M_{bua}^r)}{h_{b0}-a'_s}\left(1-\frac{h_0-a'_s}{H_c-h_b}\right) \quad (6.12\text{-}2)$$

且不应小于按公式（6.12-4）求得的 V_j 值；

(2) 其他情况

1) 一级抗震等级

顶层中间节点

$$V_j = 1.35\frac{(M_b^l + M_b^r)}{h_0 - a'_s} \tag{6.12-3}$$

其他层中间节点和端节点

$$V_j = 1.35\frac{(M_b^l + M_b^r)}{h_{b0} - a'_s}\left(1 - \frac{h_{b0} - a'_s}{H_c - h_b}\right) \tag{6.12-4}$$

2) 二级抗震等级

顶层中间节点

$$V_j = 1.2\frac{(M_b^l + M_b^r)}{h_0 - a_s} \tag{6.12-5}$$

其他层的中间节点和端节点

$$V_j = 1.2\frac{(M_b^l + M_b^r)}{h_{b0} - a'_s}\left(1 - \frac{h_{b0} - a'_s}{H_c - h_b}\right) \tag{6.12-6}$$

(3) 对各抗震等级的顶层端节点和三、四级抗震等级的框架节点核芯区，可不进行计算，但应符合构造措施要求。三级框架的房屋高度接近二级框架房屋高度的下限时，节点核芯区宜进行计算。

式中 M_{bua}^l、M_{bua}^r——框架节点左、右两侧的梁端考虑承载力抗震调整系数的正截面受弯承载力值；

M_b^l、M_b^r——考虑地震作用组合的框架节点左、右两侧的梁端弯矩设计值；

h_{b0}、h_b——分别为梁的截面有效高度、截面高度，当节点两侧梁高不相同时，取其平均值；

H_c——节点上柱和下柱反弯点之间的距离；

在公式（6.12-1）、（6.12-2）中，M_{bua}^l 与 M_{bua}^r 之和，以及在公式（6.12-3）～（6.12-6）中的 M_b^l 与 M_b^r 之和，均应按本章6.8节第1条的规定取用。

2. 框架梁柱节点核芯区受剪的水平截面应符合下列条件：

$$V_j \leqslant \frac{1}{\gamma_{RE}}(0.3\beta_c \eta_j f_c b_j h_j) \tag{6.12-7}$$

式中 h_j——框架节点水平截面的高度，可取 $h_j = h_c$，此处，h_c 为框架柱的截面高度；

b_j——框架节点水平截面的宽度，按下列方法取值：当 b_b 不小于 $b_c/2$ 时，可取 b_c；当 b_b 小于 $b_c/2$ 时，可取 $b_b + 0.5h_c$ 和 b_c 二者中的较小者；此处，b_b 为梁的截面宽度，b_c 为柱的截面宽度。当梁柱轴线有偏心距 e_0 时，e_0 不宜大于柱截面宽度的1/4，此时，节点宽度应取 $0.5(b_b + b_c) + 0.25h_c - e_0$，$b_b + 0.5h_c$ 和 b_c 三者中的最小值；

当梁宽大于柱宽时（图6.12-1）按第4条扁梁节点计算；

f_c——混凝土轴心抗压强度设计值；

β_c——混凝土强度影响系数，见第2章表2.2-2；

η_j——正交梁的结束影响系数。楼板为现浇，四侧各梁截面宽度不小于该侧柱截面宽度的1/2，且正交方向梁高度不小于框架梁高度的3/4时，可采用1.5，9度时宜采用1.25，其他情况均采用1.0。

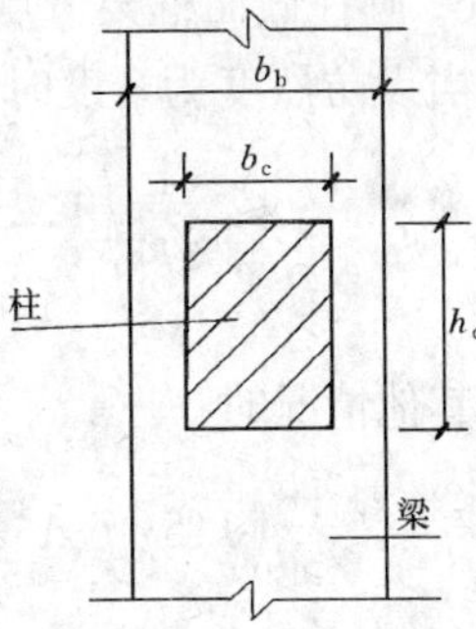

3. 框架梁柱节点的受剪承载力，应按下列公式计算：

当设防烈度为9度时：

$$V_j \leqslant \frac{1}{\gamma_{RE}}\left[0.9\eta_j f_t b_j h_j + \frac{f_{yv}A_{svj}}{s}(h_{b0} - a'_s)\right] \quad (6.12\text{-}8)$$

其他情况时

$$V_j \leqslant \frac{1}{\gamma_{RE}}\left[1.1\eta_j f_t b_j h_j + 0.05\eta_j N\frac{b_j}{b_c} + \frac{f_{yv}A_{svj}}{s}(h_{b0} - a'_s)\right] \quad (6.12\text{-}9)$$

图6.12-1 梁宽大于柱宽

式中 N——考虑地震作用组合的节点上柱底部的轴向压力设计值；当N大于$0.5f_c b_c h_c$时，取$0.5f_c b_c h_c$。当N为拉力时，取$N=0$；

A_{svj}——配置在框架节点宽度b_j范围内同一截面箍筋各肢的全部截面面积；

h_{b0}——梁截面有效高度，节点两侧梁截面高度不等时取平均值；

f_{yv}——箍筋的抗拉强度设计值；

f_t——混凝土抗拉强度设计值；

s——箍筋间距；

γ_{RE}——承载力抗震调整系数，可采用0.85。

4. 扁梁框架的梁柱节点按下列规定：

(1) 楼板应为现浇，梁柱中心线宜重合。

(2) 扁梁柱节点核芯区应根据梁上部纵向钢筋在柱宽范围内、外的截面面积比例，对柱宽以内及柱宽以外范围分别验算受剪承载力。

(3) 核芯区验算方法除符合一般梁柱节点的要求外，尚应符合下列要求：

1) 四边有梁的约束影响系数，验算核芯区的受剪承载力时可取1.5；

2) 按本节第2条验算核芯区剪力时，核芯区有效宽度可取梁宽与柱宽之和的平均值；

3) 验算核芯区受剪承载力时，在柱宽范围的核心区压应力有效范围纵横方向均可取梁宽与柱宽之和的平均值，轴力的取值同一般梁柱节点，柱宽以外的核芯区可不考虑轴力对受剪承载力的有利作用；

4) 锚入柱内的梁上部钢筋宜大于其全部截面面积的60%。

5. 圆柱截面梁柱节点，当梁中线与柱中线重合时，受剪的水平截面应符合下列条件：

$$V_j \leqslant \frac{1}{\gamma_{RE}}0.3\eta_j\beta_c f_c A_j \quad (6.12\text{-}10)$$

式中 A_j——节点核心区有效截面面积，当b_b不小于$D/2$时，取$0.8D^2$；当b_b小于$D/2$但不小于柱直径的0.4倍时，取$0.8D(b_b + D/2)$；

D——圆柱截面直径；

b_b——梁的有效宽度；梁的宽度不宜小于$0.4D$；

η_j——梁对节点的约束影响系数；其值与矩形截面柱框架节点相同，柱宽度按柱直径采用；

6. 圆柱截面框架节点的受剪承载力，应按下列公式计算：

当设防烈度为9度时

$$V_j \leqslant \frac{1}{\gamma_{RE}}\left(1.2\eta_j f_t A_j + 1.57 f_{yv} \cdot A_{sh}\frac{h_{b0}-a'_s}{s} + f_{yv} \cdot A_{sv}\frac{h_{b0}-a'_s}{s}\right) \tag{6.12-11}$$

其他情况时

$$V_j \leqslant \frac{1}{\gamma_{RE}}\left(1.5\eta_j f_t A_j + 0.05\eta_j \frac{N}{D^2}A_j + 1.57 f_{yv} \cdot A_{sh}\frac{h_{b0}-a'_s}{s} + f_{yv}A_{sv}\frac{h_{b0}-a'_s}{s}\right) \tag{6.12-12}$$

式中 h_{b0}——梁的有效高度；

N——轴向力，取值同一般梁柱节点；

A_{sh}——单根圆形箍筋的截面面积；

A_{sv}——同一截面设计计算方向箍筋或拉筋的总截面面积。

7. 框架节点核芯区的箍筋和纵向钢筋的配置，应符合下列要求：

（1）框架节点中的箍筋最大间距、最小直径宜按本章表6.10-3取用；对一、二、三级抗震等级的框架节点核芯区，其箍筋最小配筋特征值分别不宜小于0.12、0.10、0.08，且其箍筋体积配筋率分别不宜小于0.6%、0.5%和0.4%。

（2）柱中的纵向受力钢筋，不宜在节点中切断。

8. 框架梁柱节点的受剪承载力验算可以采用计算图表。

（1）梁柱节点核芯区截面是否满足公式（6.12-7）及公式（6.12-10）要求，可按下列公式验算：

1）矩形截面柱框架节点

$$V_j \leqslant \frac{1}{\gamma_{RE}}(0.3\beta_c\eta_j f_c b_j h_j) = V_{j1} b_j h_j \tag{6.12-13}$$

2）圆柱截面框架节点

$$V_j \leqslant \frac{1}{\gamma_{RE}}0.3\eta_j\beta_c f_c A_j = V_{j1} A_j \tag{6.12-14}$$

式中 V_{j1}见表6.12-1。

$V_{j1} = 0.3\eta_j\beta_c f_c/\gamma_{RE}$值（$N/mm^2$） **表6.12-1**

η_j	混凝土强度等级								
	C20	C25	C30	C35	C40	C45	C50	C55	C60
1.5	5.08	6.30	7.57	8.84	10.11	11.22	12.23	13.39	14.56
1.25	4.24	5.25	6.31	7.37	8.43	9.35	10.19	11.16	12.13
1.0	3.39	4.20	5.05	5.89	6.74	7.48	8.15	8.93	9.71

（2）框架节点的受剪承载力，可按下列公式计算：

1）矩形截面柱框架节点

$$V_j \leqslant [V_j] = \frac{1}{\gamma_{RE}}\left[1.1\eta_j f_t b_j h_j + 0.05\eta_j N\frac{b_j h_j}{b_c h_c} + \frac{f_{yv}A_{svj}}{s}(h_{b0}-a'_s)\right]$$

$$= (V_{jc1} + V_{jN}) b_j h_j + V_{js1} \tag{6.12-15}$$

当设防烈度为9度时，应按下式

$$V_j \leqslant \frac{1}{\gamma_{RE}} \left[0.9 \eta_j f_t b_j h_j + \frac{f_{yv} A_{svj}}{s} (h_{b0} - a'_s) \right]$$

$$\leqslant [V_j] = V_{jc2} b_j h_j + V_{js1} \tag{6.12-16}$$

2）圆柱截面框架节点

$$V_j \leqslant [V_j] = \frac{1}{\gamma_{RE}} \left(1.5 \eta_j f_t A_j + 0.05 \eta_j \frac{N}{D^2} A_j + 1.57 f_{yv} A_{sh} \frac{h_{b0} - a'_s}{s} + f_{yv} A_{sv} \frac{h_{b0} - a'_s}{s} \right)$$

$$= V_{jc3} A_j + V_{jN} A_j + V_{js2} + V_{js1} \tag{6.12-17}$$

当设防烈度为9度时，应按下式

$$V_j \leqslant [V_j] = \frac{1}{\gamma_{RE}} \left(1.2 \eta_j f_t A_j + 1.57 f_{yv} A_{sh} \frac{h_{b0} - a'_s}{s} + f_{yv} A_{sv} \frac{h_{b0} - a'_s}{s} \right)$$

$$= V_{jc4} A_j + V_{js2} + V_{js1} \tag{6.12-18}$$

式中 $V_{jci} = \dfrac{n \eta_j f_t}{\gamma_{RE}}$，其值见表6.12-2；

$V_{jN} = \dfrac{0.05 \eta_j \beta}{\gamma_{RE}}$，$\beta = \dfrac{N}{b_c h_c}$ 或 $\beta = \dfrac{N}{D^2}$，其值见表6.12-3；

$V_{js} = \dfrac{f_{yv} A_{sv}}{\gamma_{RE} s}$（$h_{b0} - a'_s$）$= \dfrac{f_{yv} A_{sv}}{\gamma_{RE}} n$，其值见表6.12-4。及表6.12-5。

$V_{jci} = n \eta_j f_t / \gamma_{RE}$ 值（N/mm^2） 表6.12-2

V_{jci}	n	η_j	混凝土强度等级								
			C20	C25	C30	C35	C40	C45	C50	C55	C60
V_{jc1}	1.1	1.5	2.14	2.47	2.78	3.05	3.32	3.49	3.67	3.80	3.96
		1.25	1.78	2.05	2.31	2.54	2.77	2.91	3.06	3.17	3.30
		1.0	1.42	1.64	1.85	2.03	2.21	2.33	2.45	2.54	2.64
V_{jc2}	0.9	1.5	1.75	2.02	2.27	2.49	2.72	2.86	3.00	3.11	3.24
		1.25	1.46	1.68	1.89	2.08	2.26	2.38	2.50	2.59	2.70
		1.0	1.16	1.34	1.51	1.66	1.81	1.91	2.00	2.08	2.16
V_{jc3}	1.5	1.5	2.91	3.36	3.79	4.16	4.53	4.76	5.00	5.19	5.40
		1.25	2.43	2.80	3.15	3.46	3.77	3.97	4.17	4.32	4.50
		1.0	1.94	2.24	2.52	2.77	3.02	3.18	3.34	3.46	3.60
V_{jc4}	1.2	1.25	1.94	2.24	2.52	2.77	3.02	3.18	3.34	3.46	3.60
		1.0	1.55	1.79	2.02	2.22	2.41	2.54	2.67	2.77	2.88

$V_{jN} = \dfrac{1}{\gamma_{RE}} 0.05 \eta_j \beta$ 值（N/mm^2） 表6.12-3

β		2	3	4	5	6	7	8	9	10	11	12	13	14	15	16	17	18
V_{jN}	$\eta_j = 1$	0.118	0.176	0.235	0.294	0.353	0.412	0.471	0.529	0.588	0.647	0.706	0.765	0.824	0.882	0.941	1.000	1.059
	$\eta_j = 1.25$	0.147	0.221	0.294	0.368	0.441	0.515	0.588	0.662	0.735	0.809	0.882	0.956	1.029	1.103	1.176	1.250	1.324
	$\eta_j = 1.5$	0.176	0.265	0.353	0.441	0.529	0.618	0.306	0.794	0.882	0.971	1.059	1.147	1.235	1.324	1.412	1.500	1.588

续表

β		19	20	21	22	23	24	25	26	27	28	29	30	31	32	33	34	35
V_{jN}	$\eta_j=1$	1.118	1.176	1.235	1.294	1.353	1.412	1.471	1.529	1.588	1.647	1.706	1.765	1.824	1.882	1.941	2.000	2.059
	$\eta_j=1.25$	1.397	1.471	1.544	1.618	1.691	1.765	1.838	1.912	1.985	2.059	2.132	2.206	2.279	2.353	2.426	2.500	2.574
	$\eta_j=1.5$	1.676	1.765	1.853	1.941	2.029	2.118	2.206	2.294	2.382	2.471	2.559	2.647	2.735	2.824	2.912	3.000	3.088

注：$\beta=N/b_ch_c$，N 为上柱底部轴向压力设计值，b_c 和 h_c 上柱截面的宽度和高度

HPB235 钢（$f_{yv}=210\text{N/mm}^2$） $V_{js}=\frac{1}{\gamma_{RE}}f_{yv}A_{sv}n$（kN）值 表 6.12-4

箍筋层数	ϕ8，箍筋肢数为					ϕ10，箍筋肢数为				
n	2	3	4	5	6	2	3	4	5	6
1	24.9	37.3	49.7	62.1	74.6	38.8	58.2	77.6	97.0	116.4
2	49.7	74.6	99.4	124.3	149.1	77.6	116.4	155.2	193.9	232.7
3	74.6	111.8	149.1	186.4	223.7	116.4	174.5	232.7	290.9	349.1
4	99.4	149.1	198.8	248.5	298.2	155.2	232.7	310.3	387.9	465.5
5	124.3	186.4	248.5	310.7	372.8	193.9	290.9	387.9	484.9	581.8
6	149.1	223.7	298.2	372.8	447.4	232.7	349.1	465.5	581.8	698.2
7	174.0	261.0	348.0	434.9	521.9	271.5	407.3	543.0	678.8	814.6
8	198.8	298.2	397.7	497.1	596.5	310.3	465.5	620.6	775.8	930.9
9	223.7	335.5	447.4	559.2	671.1	349.1	523.6	698.2	872.7	1047.3
10	248.5	372.8	497.1	621.4	745.6	387.9	581.8	775.8	969.7	1163.6
箍筋层数	ϕ12，箍筋肢数为					ϕ14，箍筋肢数为				
n	2	3	4	5	6	2	3	4	5	6
1	55.9	83.8	111.8	139.7	167.7	76.0	114.1	152.1	190.1	228.1
2	111.8	167.7	223.5	279.4	335.3	152.1	228.1	304.2	380.2	456.3
3	167.7	251.5	335.3	419.1	503.0	228.1	342.2	456.3	570.3	684.4
4	223.5	335.3	447.1	558.8	670.6	304.2	456.3	608.4	760.4	912.5
5	279.4	419.1	558.8	698.6	838.3	380.2	570.3	760.4	950.6	1140.7
6	335.3	503.0	670.6	838.3	1005.9	456.3	684.4	912.5	1140.7	1368.8
7	391.2	586.8	782.4	978.0	1173.6	532.3	798.5	1064.6	1330.8	1596.9
8	447.1	670.6	894.2	1117.7	1341.2	608.4	912.5	1216.7	1520.9	1825.1
9	503.0	754.4	1005.9	1257.4	1508.9	684.4	1026.6	1368.8	1711.0	2053.2
10	558.8	838.3	1117.7	1397.1	1676.5	760.4	1140.7	1520.9	1901.1	2281.3

HRB335 钢（$f_{yv}=300\text{N/mm}^2$） $V_{js}=\frac{1}{\gamma_{RE}}f_{yv}A_{sv}n$（kN）值 表 6.12-5

箍筋层数	Φ10 箍筋肢数					Φ12 箍筋肢数					Φ14 箍筋肢数				
n	2	3	4	5	6	2	3	4	5	6	2	3	4	5	6
1	55.4	83.2	110.9	138.6	166.3	79.8	119.7	159.7	199.6	239.5	108.7	163.0	217.3	271.6	326.0

续表

箍筋层数	Φ10 箍筋肢数					Φ12 箍筋肢数					Φ14 箍筋肢数				
n	2	3	4	5	6	2	3	4	5	6	2	3	4	5	6
2	110.9	166.3	221.8	277.2	332.6	159.7	239.5	319.3	399.2	479.0	217.3	326.0	434.6	543.3	652.0
3	166.3	249.5	332.6	415.8	499.0	239.5	359.2	479.0	598.8	718.5	326.0	489.0	652.0	815.0	978.0
4	221.8	332.6	443.5	554.4	665.3	319.3	479.0	638.7	798.3	958.0	434.6	652.0	869.3	1086.6	1304.0
5	277.2	415.8	554.4	693.0	831.6	399.2	598.8	798.3	997.9	1197.5	543.3	815.0	1086.6	1358.3	1629.9
6	332.6	499.0	665.3	831.6	997.9	479.0	718.5	958.0	1197.5	1437.0	652.0	978.0	1304.0	1629.9	1955.9
7	388.1	582.1	776.2	970.2	1164.2	558.8	838.3	1117.7	1397.1	1676.5	760.6	1141.0	1521.3	1901.6	2281.9
8	443.5	665.3	887.0	1108.8	1330.6	638.7	958.0	1277.4	1596.7	1916.0	869.3	1304.0	1738.6	2173.3	2607.9
9	499.0	748.4	997.9	1247.4	1496.9	718.5	1077.8	1437.0	1796.3	2155.5	978.0	1466.9	1955.9	2444.9	2933.9
10	554.4	831.6	1108.8	1386.0	1663.2	798.3	1197.5	1596.7	1995.9	2395.0	1086.6	1629.9	2173.3	2716.6	3259.9

9.【例 6.12-1】 某抗震等级为二级的高层框架结构，首层顶的梁柱中节点，矩形截面柱，上下柱截面尺寸为 600mm × 600mm，横向左侧梁截面尺寸为 300mm × 800mm，右侧梁截面尺寸为 300mm×600mm（图 6.12-2），梁柱混凝土强度等级为 C30，$f_c = 14.3\text{N/mm}^2$，节点左侧梁端弯矩设计值 $M_b^l = 420.52\text{kN}\cdot\text{m}$，左侧梁端弯矩设计值 $M_b^r = 249.48\text{kN}\cdot\text{m}$，上柱底部考虑地震作用组合的轴向压力设计值 $N = 3484\text{kN}$，节点上下层柱反弯点之间的距离 $H_c = 4.65\text{m}$。

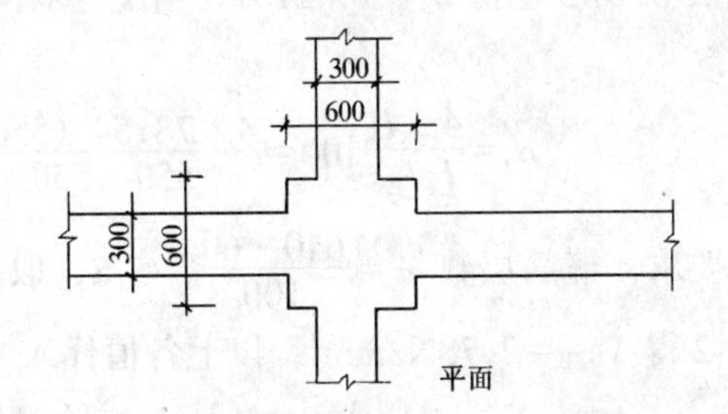

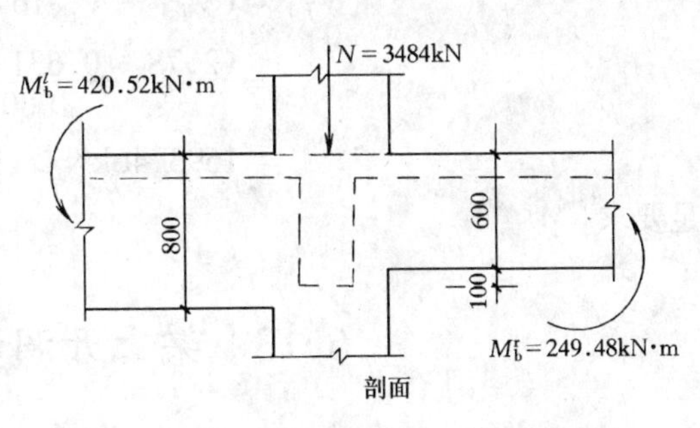

图 6.12-2 梁柱节点

要求：计算节点的剪力设计值；验算节点截面的剪压比；计算节点的受剪承载力。

【解】 1. 由公式（6.12-6）计算节点的剪力设计值：

$$V_j = 1.2\frac{(M_b^l + M_b^r)}{h_{b0} - a'_s}\left(1 - \frac{h_{b0} - a'_s}{H_c - h_b}\right)$$

本题节点左右侧梁高度不相等，按规定可取平均值，即 $h_b = \dfrac{800 + 600}{2} = 700\text{mm}$，$a'_s$ 取 60mm，$h_{b0} = 700 - 60 = 640\text{mm}$，代入后得：

$$V_j = 1.2\frac{420.52 + 249.48}{0.64 - 0.06}\left(1 - \frac{0.64 - 0.06}{4.65 - 0.7}\right) = 1300.92\text{kN}$$

2. 按公式（6.12-13）验算节点截面的剪压比，已知四边有梁，梁宽均为 300mm，等于柱宽的 1/2，最小梁高度 600mm 与最大梁高度差 200mm，不大于 1/4，纵向梁高度为大于横梁截面高度的 3/4，因此 η_j 取 1.5；横梁轴线与柱轴线重合，横梁宽度为柱宽的

1/2，故取 $b_j = b_c = 600\text{mm}$；并已知混凝土强度等级为 C30，查表 6.12-1 得 $V_{j1} = 7.57\text{N/mm}^2$，代入公式得：

$$V_{j1} b_j h_j = 7.57 \times 600 \times 600 = 2725200\text{N} = 2725.2\text{kN} > V_j = 1300.92\text{kN} \text{ 满足要求}$$

3. 按公式（6.12-15）验算节点的受剪承载力，按规定当上柱底部的轴向压力设计值 N 大于 $0.5 f_c b_c h_c$ 时，取 $0.5 f_c b_c h_c$，已知 $N = 3484\text{kN}$，则

$$0.5 f_c b_c h_c = 0.5 \times 14.3 \times 600 \times 600 = 2574000\text{N} = 2574\text{kN} < N = 3484\text{kN}$$

故取 $N = 2574\text{kN}$，$\beta = \dfrac{N}{b_c h_c} = \dfrac{2574 \times 10^3}{600 \times 600} = 7.15$，查表 6.12-3 得 $V_{jN} = 0.631$；按规定节点的箍筋配置不小于柱端加密区，当按上柱轴压比 $\mu_N = \dfrac{N}{f_c b_c h_c} = \dfrac{3484 \times 10^3}{14.3 \times 600 \times 600} = 0.68 > 0.6$，抗震等级为二级，箍筋采用复合箍，由表 6.10-4 得箍筋最小含箍特征值 $\lambda_v = 0.15$，所需箍筋体积率按公式（6.10-39）得 $\rho_v = \lambda_v f_c / f_y = 0.15 \times 14.3/210 = 1.021\%$，或查表 6.10-5 也得 $\rho_v = 1.021\%$，当配置双向四肢井字复合箍 ϕ10@100 时，箍筋体积率为：

$$\rho_v = \frac{4 a_k l_k}{l_1 l_2 s} 100 = \frac{4 \times 78.54\ (550 + 550)}{550 \times 550 \times 100} 100 = 1.14\% > 1.02\%$$

满足要求，箍筋层数 $n = \dfrac{640 - 60}{100} = 5.8$，取 6 层，由表 6.12-4 得 $V_{js} = 465.5\text{kN}$。查表 6.12-2 得 $V_{jc1} = 2.78\text{N/mm}^2$，以上各值代入（6.12-15）公式得：

$$\begin{aligned}[V_j] &= (V_{jc1} + V_{jN}) b_j h_j + V_{js} \\ &= \frac{(2.78 + 0.631) 600 \times 600}{1000} + 465.5 \\ &= 1693.46\text{kN} > V_j = 1083.9\text{kN}\end{aligned}$$

满足要求。

6.13　梁上开洞的计算及构造

1. 框架梁或剪力墙的连梁，因机电设备管道的穿行需开孔洞时，应合理选择孔洞位置，并应进行内力和承载力计算及构造措施。

2. 孔洞位置应避开梁端塑性铰区，尽可能设置在剪力较小的跨中 $l/3$ 区域内，必要时也可设置在梁端 $l/3$ 区域内。孔洞偏心宜偏向受拉区，偏心距 e_0 不宜大于 $0.05h$。小孔洞尽可能预留套管。当设置多个孔洞时，相邻孔洞边缘间净距不应小于 $2.5h_3$。孔洞尺寸和位置应满足表 6.13-1 的规定。孔洞长度与高度之比值 l_0/h_3 应满足：跨中 $l/3$ 区域内不大于 6；梁端 $l/3$ 区域内不大于 3。

矩形孔洞尺寸及位置　　表 6.13-1

分　类	跨中 $l/3$ 区域			梁端 $l/3$ 区域			
	h_3/h	l_0/h	h_1/h	h_3/h	l_0/h	h_1/h	l_2/h
非抗震设计	≤0.40	≤1.60	≥0.30	≤0.30	≤0.80	≥0.35	≥1.0
有抗震设防							≥1.5

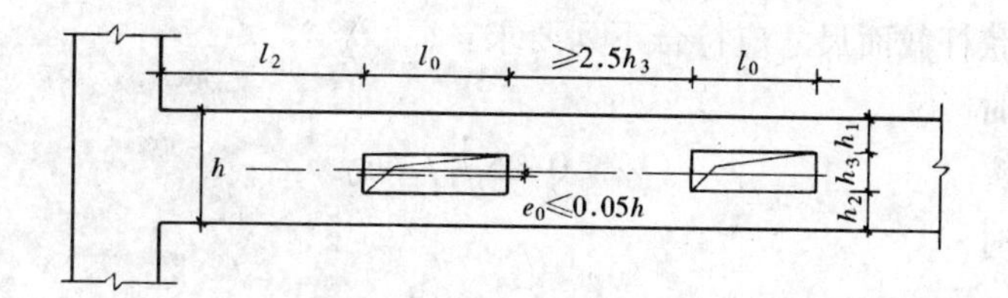

图 6.13-1 孔洞位置

3. 当矩形孔洞的高度小于 $h/6$ 及 100mm，且孔洞长度 l_3 小于 $h/3$ 及 200mm 时，其孔洞周边配筋可按构造设置。上、下弦杆纵向钢筋 A_{s2}、A_{s3} 可采用 2ϕ10～2ϕ12，箍筋采用 ϕ6～ϕ8，间距不应大于 $0.5h_1$ 或 $0.5h_2$ 及 100mm，孔洞边竖向箍筋应加密（图 6.13-2）。

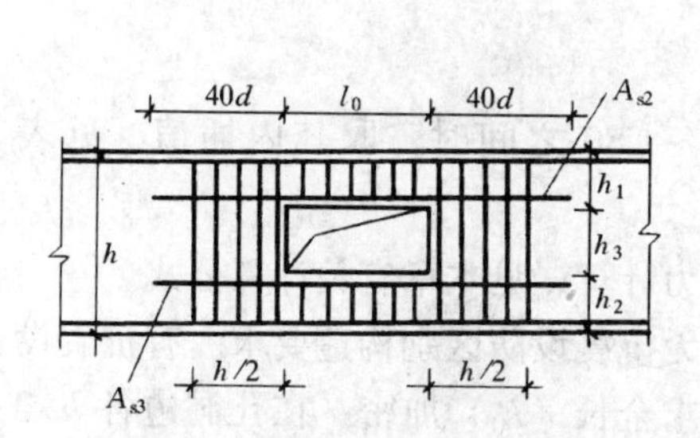

图 6.13-2 孔洞配筋构造

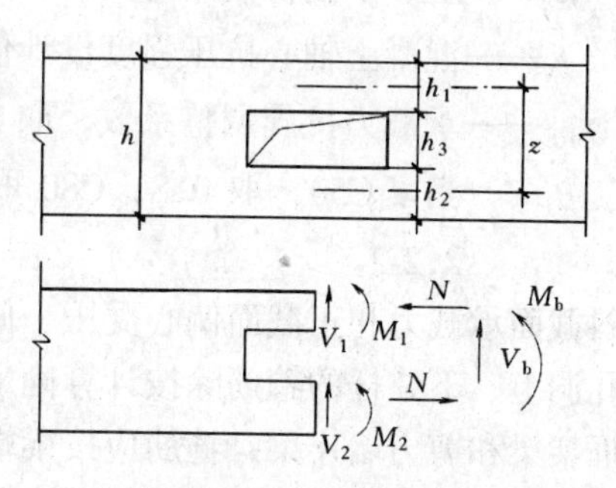

图 6.13-3 孔洞内力

4. 当孔洞尺寸超过上项时，孔洞上、下弦杆的配筋应按计算确定，但不应小于按构造要求设置的配筋。

孔洞上、下弦杆的内力按下列公式计算（图 6.13-3）：

$$V_1 = \frac{h_1^3}{h_1^3 + h_2^3} V_b \cdot \lambda_b + \frac{1}{2} q l_0 \tag{6.13-1}$$

$$V_2 = \frac{h_2^3}{h_1^3 + h_2^3} V_b \cdot \lambda_b \tag{6.13-2}$$

$$M_1 = V_1 \frac{l_0}{2} + \frac{1}{12} q l_0^2 \tag{6.13-3}$$

$$M_2 = V_2 \cdot \frac{l_0}{2} \tag{6.13-4}$$

$$N = \frac{M_b}{z} \tag{6.13-5}$$

式中 V_b——孔洞边梁组合剪力设计值；

q——孔洞上弦杆均布竖向荷载；

λ_b——抗震加强系数，抗震等级为一、二级时，$\lambda_b = 1.5$；三、四级时，$\lambda_b = 1.2$；非抗震设计时，$\lambda_b = 1.0$；

M_b——孔洞中点处梁的弯矩设计值；

z——孔洞上、下弦杆之间中心距离。

孔洞上、下弦杆截面尺寸应符合下列要求：

无地震组合时

$$V_i \leqslant 0.25\beta_1 f_c b h_0 \tag{6.13-6}$$

有地震组合时

$$跨高比\ l_0/h_i > 2.5 \quad V_i \leqslant \frac{1}{\gamma_{RE}}(0.20\beta_1 f_c b h_0) \tag{6.13-7}$$

$$跨高比\ l_0/h_i \leqslant 2.5 \quad V_i \leqslant \frac{1}{\gamma_{RE}}(0.15\beta_1 f_c b h_0) \tag{6.13-8}$$

式中　V_i——上、下弦杆剪力设计值，按公式（6.13-1）、（6.13-2）计算；

b、h_0——上、下弦杆截面宽度和有效高度；

h_i——上、下弦杆截面高度；

f_c——混凝土轴心抗压强度设计值；

γ_{RE}——承载力抗震调整系数，取0.85；

β_1——当≤C50，取0.8；C80取0.74；C50～C80之间时，取其内插值，见表2.2-2。

斜截面承载力和正截面偏心受压、偏心受拉承载力计算，见本章有关计算公式。

孔洞上、下弦杆的箍筋除按计算确定外，应按有无抗震设防区别构造要求。有抗震设防的框架梁和剪力墙连梁，箍筋应按梁端部加密区要求全长（l_0）加密。在孔洞边各$h/2$范围内梁的箍筋按梁端加密区设置。

孔洞上弦杆下部钢筋A_{s2}和下弦杆上部钢筋A_{s3}，伸过孔洞边的长度不小于40倍直径。上弦杆上部钢筋A_{s1}和下弦杆下部钢筋A_{s4}按计算所需截面面积小于整梁的计算所需钢筋截面面积时，应按整梁要求通长；当大于整梁钢筋截面面积时，可在孔洞范围局部加筋来补足所需钢筋，加筋伸过孔洞边的长度应不小于40倍直径。

第7章　剪力墙结构

7.1　适用范围

1. 现浇高层钢筋混凝土剪力墙结构（亦称抗震墙结构），适用于住宅、公寓、饭店、医院病房楼等平面墙体布置较多的建筑。

2. 现浇剪力墙结构的适用最大高度可按表2.4-1和表2.4-2规定。当房屋建在Ⅳ类场地，或平面、立面体形不规则，其高度应比表2.4-1、表2.4-2的规定适当降低。

3. 当住宅、公寓、饭店等建筑，在底部一层或多层需设置机房、汽车房、商店、餐厅等较大平面空间用房时，可以设计成上部为一般剪力墙结构，底部为部分剪力墙落到基础，其余为框架承托上部剪力墙的框支剪力墙结构。

4. 剪力墙结构的平面体形，可根据建筑功能需要，设计成各种形状，剪力墙应按各类房屋使用要求、满足抗侧力刚度和承载力进行合理布置。图7.1-1至图7.1-8所示为各类建筑的标准层平面实例。

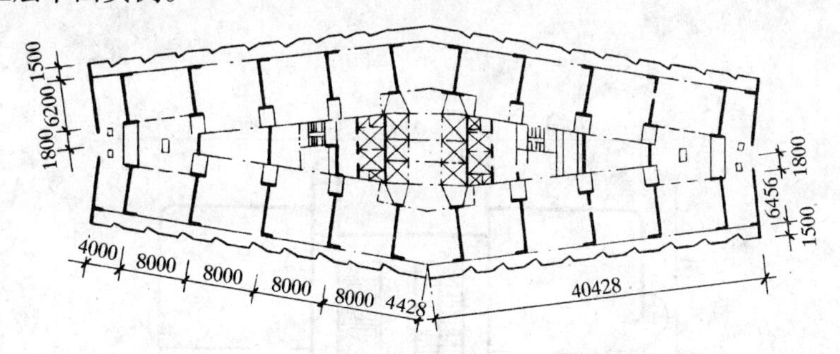

图7.1-1　广州白天鹅宾馆　33层，100m

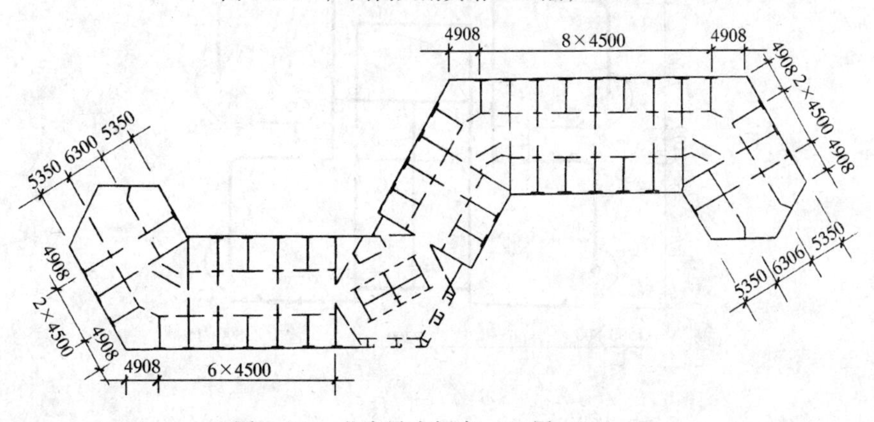

图7.1-2　北京昆仑饭店　30层，100m

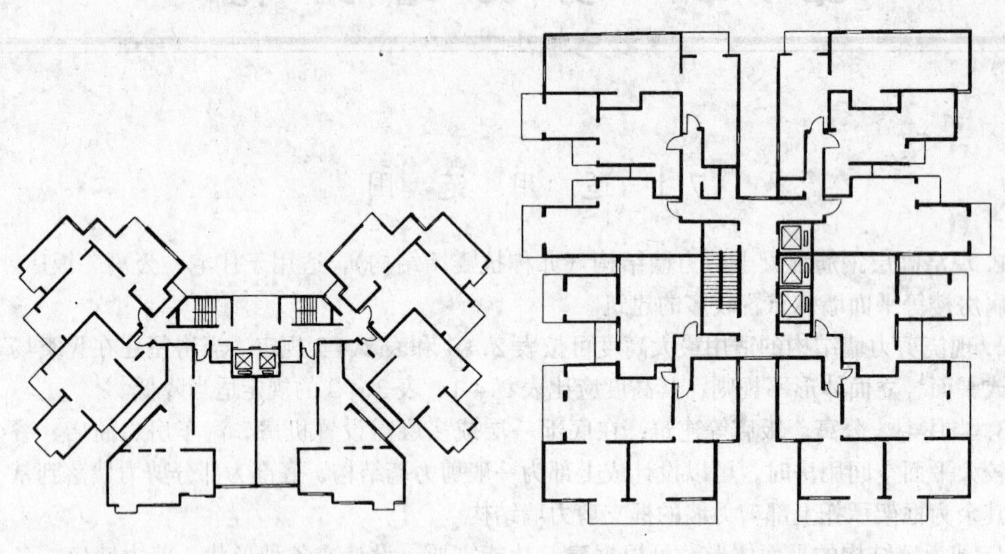

图 7.1-3 北京万科星园住宅 30 层

图 7.1-4 北京绿景苑住宅 C 座 18 层

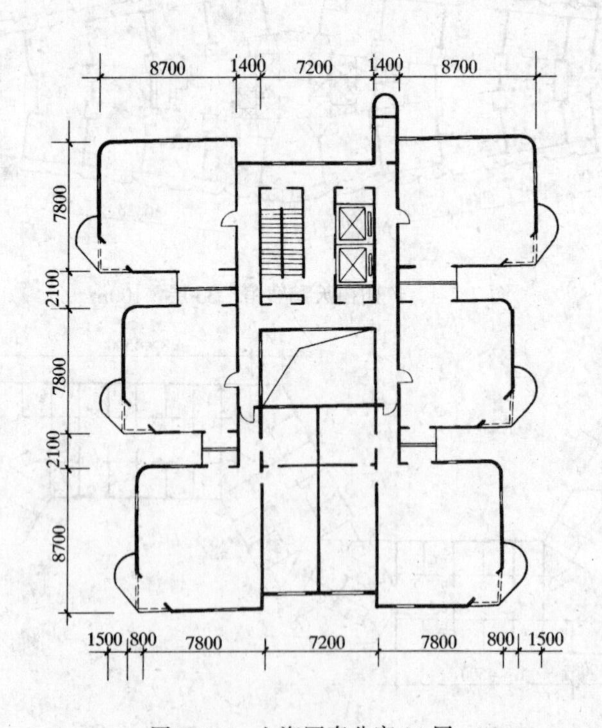

图 7.1-5 上海国泰公寓 24 层

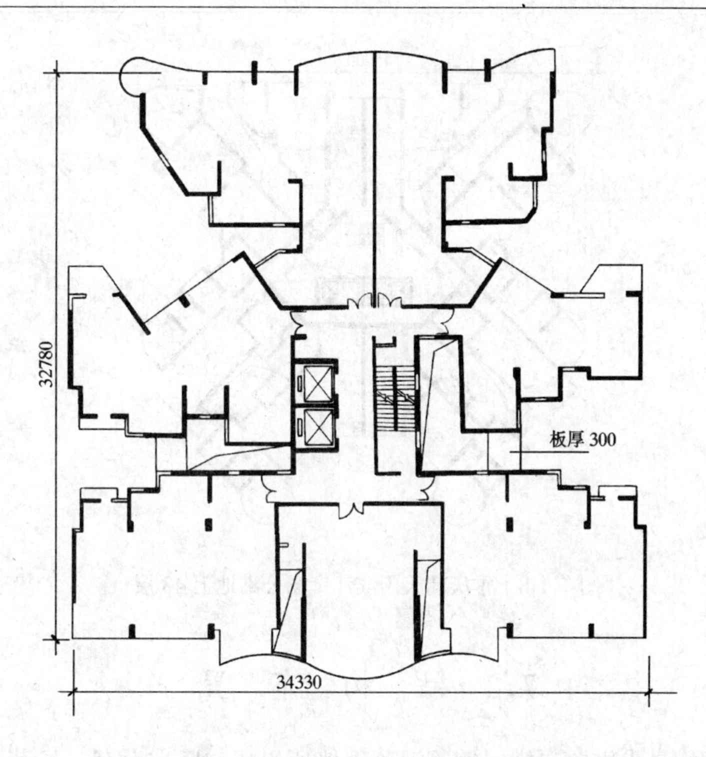

图 7.1-6 广州东风小区嘉和苑三期住宅 17 层

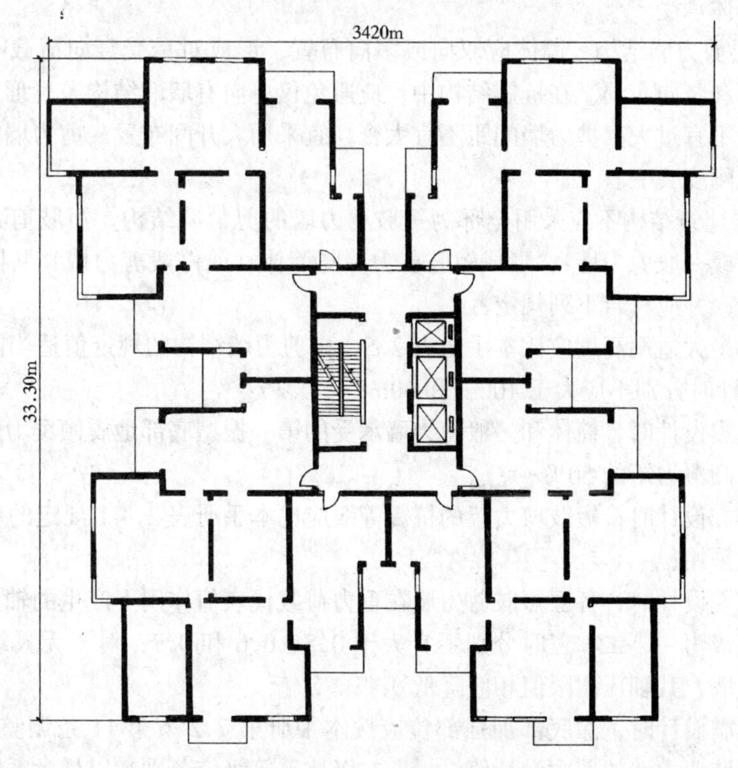

图 7.1-7 北京方圆逸居住宅 24 层

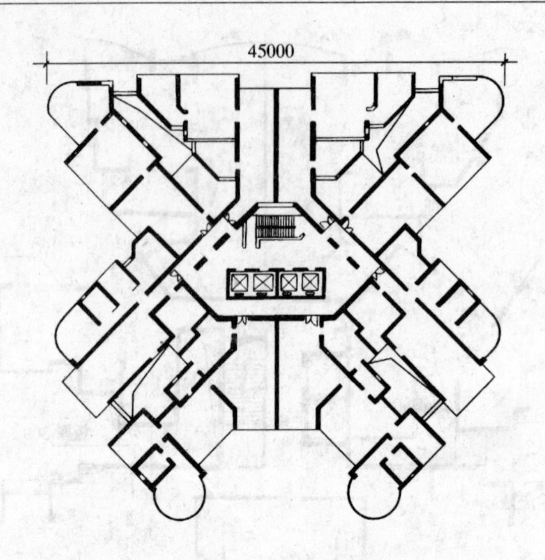

图7.1-8 重庆朝天门滨江广场公寓地上43层

7.2 结构布置

1. 剪力墙结构是由纵向和横向钢筋混凝土墙所组成，竖向荷载、风荷载及地震作用均由这些墙体承受。

2. 高层剪力墙结构，墙体应双向或多向布置，形成对承受竖向荷载有利、抗侧力刚度大的平面和竖向布局。在抗震结构中，应避免仅单向有墙的结构布置形式，剪力墙结构的侧向刚度不宜过大。剪力墙间距不宜太密，宜采用大开间布置。剪力墙宜自下到上连续布置，避免刚度突变。

3. 高层建筑结构不应采用全部为短肢剪力墙的剪力墙结构。短肢剪力墙较多时，应布置筒体（或一般剪力墙），形成短肢剪力墙与筒体（或一般剪力墙）共同抵抗水平力的剪力墙结构，并应符合下列规定：

(1) 其最大适用高度应比本手册表2.5-1中剪力墙结构的规定值适当降低，且7度和8度抗震设计时分别不应大于100m和60m；

(2) 抗震设计时，筒体和一般剪力墙承受的第一振型底部地震倾覆力矩不宜小于结构总底部地震倾覆力矩的50%；

(3) 抗震设计时，短肢剪力墙的抗震等级应比本手册表2.4-1规定的剪力墙的抗震等级提高一级采用；

(4) 抗震设计时，各层短肢剪力墙在重力荷载代表值作用下产生的轴力设计值的轴压比，抗震等级为一、二、三时分别不宜大于0.5、0.6和0.7；对于无翼缘或端柱的一字形短肢剪力墙，其轴压比限值相应降低0.1；

(5) 抗震设计时，除底部加强部位应按本手册第7.2节第11条调整剪力设计值外，其他各层短肢剪力墙的剪力设计值，一、二级抗震等级应分别乘以增大系数1.4和1.2；

(6) 抗震设计时，短肢剪力墙截面的全部纵向钢筋的配筋率，底部加强部位不宜小于1.2%，其他部位不宜小于1.0%；

(7) 短肢剪力墙截面厚度不应小于200mm;

(8) 7度和8度抗震设计时，短肢剪力墙宜设置翼缘。一字形短肢剪力墙平面外不宜布置与之单侧相交的楼面梁。

(9) 短肢剪力墙是指墙肢截面高度与厚度之比为5~8的剪力墙，一般剪力墙是指墙肢截面高度与厚度之比大于8的剪力墙。

(10) B级高度高层建筑和9度抗震设计的A级高度高层建筑，不应采用具有较多短肢剪力墙的剪力墙结构。

4. 较长的剪力墙可用跨高比不小于5的弱连梁分成较为均匀的若干个独立墙段，(图7.2-1) 每个独立墙段可为整体墙或联肢墙，每个独立墙段的总高度和墙段长度之比不应小于2，避免剪切破坏，提高变形能力。每个墙段具有若干墙肢，每个墙肢的长度不宜大于8m。当墙肢长度超过8m时，应采用施工时墙上留洞，完工时砌填充墙的结构洞方法，把长墙肢分成短墙肢（图7.2-2），或仅在计算简图开洞处理。

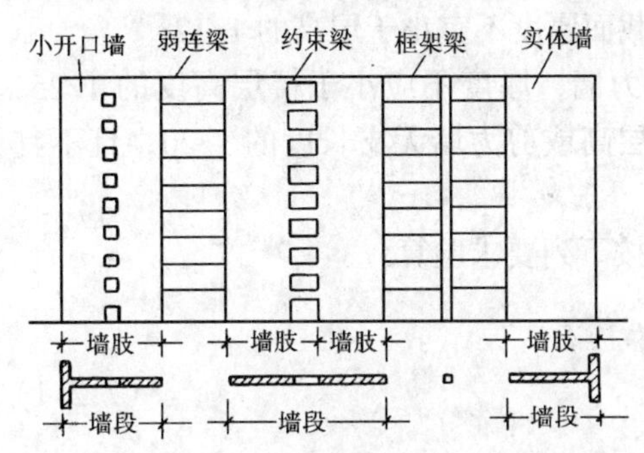

图7.2-1 剪力墙的墙段及墙肢示意图

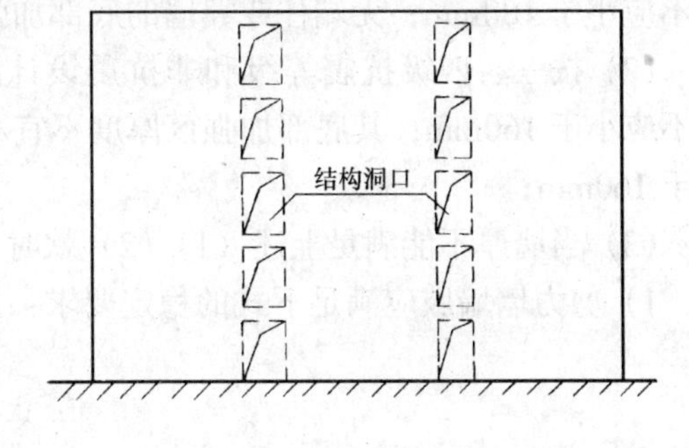

图7.2-2 长墙肢留结构洞

5. 高层剪力墙结构的高宽比限值见表2.5-1和表2.5-2。高层剪力墙结构的基础应有一定的埋置深度（详见第11章）。宜设置地下室。

6. 应控制剪力墙平面外的弯矩。当剪力墙墙肢与其平面外方向的楼面梁连接时，应至少采取以下措施中的一个措施，减小梁端部弯矩对墙的不利影响:

(1) 沿梁轴线方向设置与梁相连的剪力墙，抵抗该墙肢平面外弯矩;

(2) 当不能设置与梁轴线方向相连的剪力墙时，宜在墙与梁相交处设置扶壁柱。扶壁柱宜按计算确定截面及配筋;

(3) 当不能设置扶壁柱时，应在墙与梁相交处设置暗柱，并宜按计算确定配筋;

(4) 必要时，剪力墙内可设置型钢。

(5) 将梁端设计成铰接或做成变截面梁（梁端截面减小），以减少梁在竖向荷载下的端弯矩对墙平面外弯曲的不利影响;

(6) 梁与墙连接时，梁内钢筋应锚入墙内，并有足够的锚固长度。

(7) 剪力墙开洞形成的跨高比小于5的连梁，按本章有关规定进行设计；当跨高比不小于5时，宜按框架梁进行设计。不宜将楼板主梁支承在剪力墙之间的连梁。

(8) 剪力墙结构的剪力墙沿竖向宜连续分布，上到顶下到底，中间楼层不宜中断。墙厚度沿竖向应逐渐减薄，不宜变截面厚度时变化太大。厚度改变与混凝土强度等级的改变宜错开楼层，避免结构刚度突变。

当设防烈度为8度或小于8度的剪力墙结构，顶层需减少部分剪力墙时，该层刚度不应小于相邻下层刚度的70%，楼、顶板按转换层处理。

当底部需要大空间而部分剪力墙不落到底时，应设置转换层，按框支剪力墙结构设计，详见第9章。

(9) 高层剪力墙结构，应尽量减轻建筑物重量，宜采用大开间结构方案，在保证结构安全的条件下尽量减小构件截面尺寸，采用轻质高强材料。剪力墙的混凝土强度等级不应低于C20。非承重隔墙宜采用轻质材料。短肢剪力墙-筒体结构的混凝土强度等级不应低于C25。

(10) 剪力墙的厚度及尺寸应满足以下要求：

(1) 按一、二级抗震等级设计的剪力墙，当两端有翼墙或端柱时，厚度不应小于层高的1/20，且不应小于1600mm；底部加强区截面厚度不应小于层高或剪力墙无支长度的1/16，且不应小于200mm。当无端柱或翼墙一字形剪力墙时，厚度不应小于层高的1/15，且不应小于180mm；无端柱或翼墙的底部加强区截面厚度不宜小于层高的1/12；

(2) 按三、四级抗震等级和非抗震设计的剪力墙，厚度不应小于楼层高度的1/25，且不应小于160mm；其底部加强区厚度不宜小于层高或剪力墙无支长度的1/20，且不宜小于160mm；

(3) 当墙厚不能满足上述 (1) (2) 款时，可按下列要求验算：

1) 剪力墙墙肢应满足下式的稳定要求：

$$q \leqslant \frac{E_c t^3}{10 l_0^2} \tag{7.2-1}$$

式中　q——作用于墙顶的竖向均布荷载设计值；

E_c——剪力墙混凝土弹性模量；

t——剪力墙墙肢截面厚度；

l_0——剪力墙墙肢计算长度，应按公式 (7.2-2) 确定。

2) 剪力墙墙肢计算长度应按下式采用：

$$l_0 = \beta h \tag{7.2-2}$$

式中　β——墙肢计算长度系数，应按3) 中不同情况确定；

h——墙肢所在楼层的层高。

3) 墙肢计算长度系数 β 应根据墙肢的支承条件按下列公式计算：

a. 单片独立墙肢（两边支承）应按下式采用；

$$\beta = 1.00 \tag{7.2-3}$$

b. T形、工字形剪力墙的翼缘墙肢（三边支承）应按下式计算，当计算结果小于0.25时，取0.25；

$$\beta = \frac{1}{1 + \left(\frac{h}{3b_f}\right)^2} \tag{7.2-4}$$

c. T形剪力墙的腹板墙肢（三边支承），应按 b 计算，但应将公式 (7.2-4) 中的 b_f 代以 b_w；

d. 工字形剪力墙的腹板墙肢(四边支承)应按下式计算，当计算结果小于0.20时，取

0.20。

$$\beta = \frac{1}{1 + \left(\frac{h}{b_w}\right)^2} \tag{7.2-5}$$

式中 b_f——T形、工字形剪力墙的单侧翼缘截面高度；

b_w——T形、工字形剪力墙的腹板截面高度。

(4) 剪力墙井筒中，分隔电梯井或管道井的墙厚度可适当减小，但不小于160mm；

11. 为减少上下剪力墙的偏心，内墙厚度变化宜两侧同时内收。为保持外墙面平整，楼梯间墙为上下完整，电梯井墙为安装电梯方便，可以一侧内收。

12. 剪力墙的门窗洞口宜上下对齐，成列布置，形成明确的墙肢和连梁。洞口设置应避免墙肢刚度相差悬殊。抗震设计时，一、二、三级抗震等级的剪力墙底部加强部位不应采用错洞墙，一、二、三级抗震等级的剪力墙底部加强部位均不宜采用叠合错洞墙。当必须错洞时，洞口错开距离不宜小于2m（图7.2-3）。应按图7.2-4设暗框架。

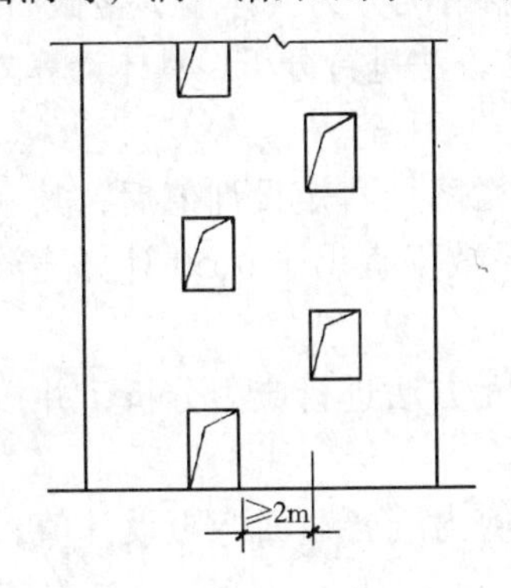

图7.2-3 错洞剪力墙

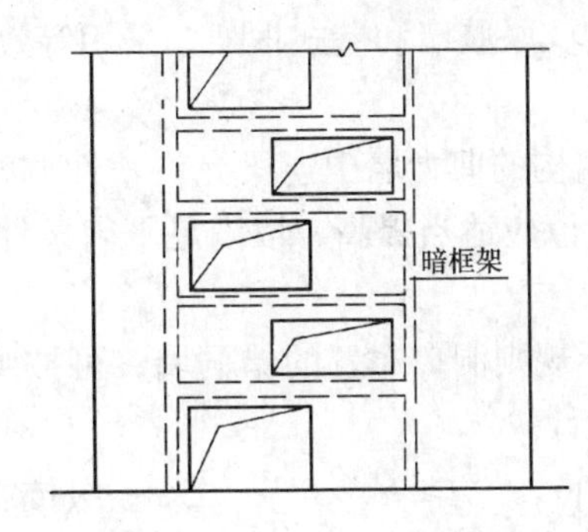

图7.2-4 错洞墙设暗框架

底层局部有错洞墙时，应在一、二层形成暗框架，将底层墙的暗柱伸入二层，二层的洞口下边设暗梁。

13. 高层剪力墙结构，当采用预制圆孔板、预制大楼板等预制装配式楼板时，剪力墙厚度不宜小于160mm。预制板板缝宽度不宜小于40mm，板缝大于60mm时应在板缝内配置钢筋。

有抗震设防时，高度大于50m的剪力墙结构中，宜采用现浇楼板或装配整体式叠合楼板。

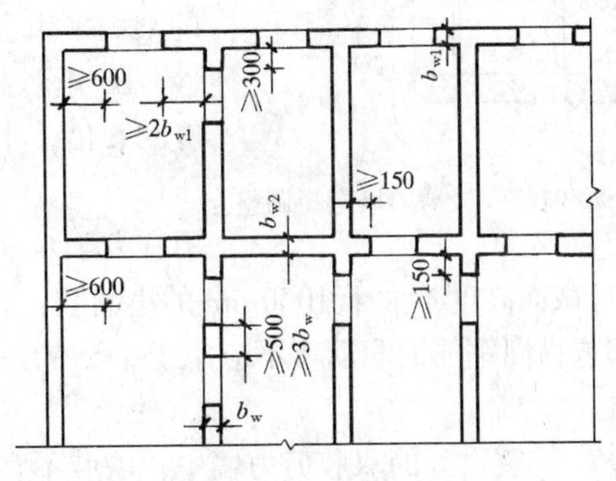

图7.2-5 剪力墙平面示意

14. 高层剪力墙结构在平面中，门窗洞口距墙边距离一般要求宜按图7.2-5所示。应避免三个以上门洞集中于同一十字交叉墙附近。

15. 高层剪力墙结构的女儿墙宜采用现浇。当采用预制女儿墙板时，高度一般不宜大于1.5m，且拼接板缝应设置现浇钢筋混凝土小柱。

屋顶局部突出的电梯机房、楼梯间、水箱间等小房墙体，应采用现浇钢筋混凝土，且尽量使下部剪力墙延伸，不得采用砖砌体结构。

16. 高层剪力墙结构，当在顶层设置大房间而将部分剪力墙去掉时，大房间应尽量设在结构单元的中间部位。楼板和屋顶板宜采用现浇或其他整体性好的楼板，板厚不宜小于180mm，配筋按转换层要求。当设屋顶梁时，为保证剪力墙有足够的承压承载力，可将梁作成宽梁。

7.3 结构计算及内力取值

1. 剪力墙结构的内力与位移计算，目前已普遍采用电算。复杂平面和立面的剪力墙结构，应采用适合的计算模型进行分析。当采用有限元模型时，应在复杂变化处合理地选择和划分单元；当采用杆件模型时，宜采用施工洞或计算洞进行适当的模型化处理后进行整体计算，并应在此基础上进行局部补充计算分析。

2. 剪力墙结构当采用手算简化方法时，需根据墙体开洞情况分为实体墙、整截面墙、整体小开口墙、联肢墙和壁式框架，采用等效刚度协同工作方法进行分析。具体计算方法可见参考文献。

3. 抗震结构的剪力墙中连梁允许塑性调幅，当部分连梁降低弯矩设计值后，其余部位的弯矩设计值应适当提高，以满足平衡条件；可按折减系数不宜小于0.50计算连梁刚度。

4. 具有不规则洞口布置的错洞墙，可按弹性平面有限元方法进行应力分析，并按应力进行配筋设计。

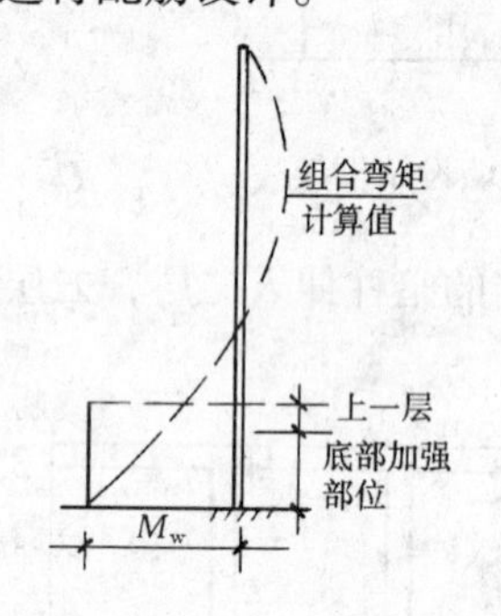

图7.3-1 一级剪力墙弯矩调整

5. 一级抗震等级设计的剪力墙各截面弯矩设计值，应符合下列规定：

（1）底部加强部位及其上一层应按墙底截面组合弯矩设计值采用，特一级时乘增大系数1.1；

（2）其他部位可按墙肢组合弯矩计算值与增大系数1.2的乘积采用（图7.3-1）。特一级时增大系数为1.3。

6. 矩形截面独立墙肢的截面高度 h_w 不宜小于截面厚度的5倍，小于5倍时，在其重力荷载代表值作用下的轴压比，一、二级时不宜大于表7.5-1的限值减0.1，三级时不宜大于0.6。剪力墙截面高度与厚度之比 h_w/b_w 不大于3，且截面高度不大于1000mm的小墙肢，宜按柱截面进行配筋计算及构造设计，底部加强部位纵向钢筋的配筋率不应小于1.2%，一般部位不应小于1%，箍筋宜沿墙肢全高加密。

7. 抗震设计的双肢剪力墙中，墙肢不宜出现小偏心受拉。当任一墙肢大偏心受拉时，另一墙肢的弯矩设计值及剪力设计值应乘以增大系数1.25。

如果双肢剪力墙中一个墙肢出现小偏心受拉，该墙肢会出现水平通缝而失去抗剪能力，则由荷载产生的剪力将全部转移到另一个墙肢而导致其抗剪承载力不足，因此应当避免墙肢出现小偏心受拉。在一个墙肢出现大偏心受拉时，因水平裂缝较大，它承受的部分剪力也会向另一墙肢转移，这时可将另一墙肢的剪力设计值增大，以提高其抗剪承载力。

8. 剪力墙底部加强部位截面的剪力设计值 V_{w}，特一级、一、二、三级抗震时应按下式调整，四级抗震及无地震作用组合时可不调整。

$$V_{\mathrm{w}} = \eta_{\mathrm{vw}} V'_{\mathrm{w}} \tag{7.3-1}$$

9 度时尚应符合 $$V_{\mathrm{w}} = 1.1\frac{M_{\mathrm{mua}}}{M_{\mathrm{w}}} V'_{\mathrm{w}} \tag{7.3-2}$$

式中 V_{w}——考虑地震作用组合的剪力墙加强部位的剪力设计值；

V'_{w}——考虑地震作用组合的剪力墙加强部位的剪力计算值；

M_{wua}——除以承载力抗震调整系数 γ_{RE}后的正截面抗弯承载力，按实际配筋面积、材料强度标准值和轴向力设计值确定，有翼墙时考虑墙两侧各一倍翼墙厚度范围内配筋；

M_{w}——考虑地震作用组合的剪力墙底部截面的弯矩设计值；

η_{vw}——剪力增大系数，特一级为 1.9，一级为 1.6，二级为 1.4，三级为 1.2。

9. 有抗震设计的短肢剪力墙，底部加强部位按第 8 条要求调整设计剪力外，其他各层的短肢剪力墙设计剪力也应乘以增大系数，一级抗震等级乘以 1.4，二级乘以 1.2，三级为 1.0。

7.4 截 面 设 计

1. 剪力墙底部加强部位可取墙肢总高度的 1/8 和底部两层二者的较大值；当剪力墙高度超过 150m 时，其底部加强部位的范围可取墙肢总高度的 1/10。

2. 剪力墙的截面设计，应进行正截面偏心受压、偏心受拉、平面外竖向荷载轴心受压和斜截面抗剪的承载力计算。墙体在集中荷载作用下（如支承楼面梁），还应进行局部受压承载力验算。

剪力墙的连梁应进行斜截面受剪和正截面受弯承载力计算。

抗震等级为一级的剪力墙结构，应验算在水平施工缝处竖向钢筋的截面面积。

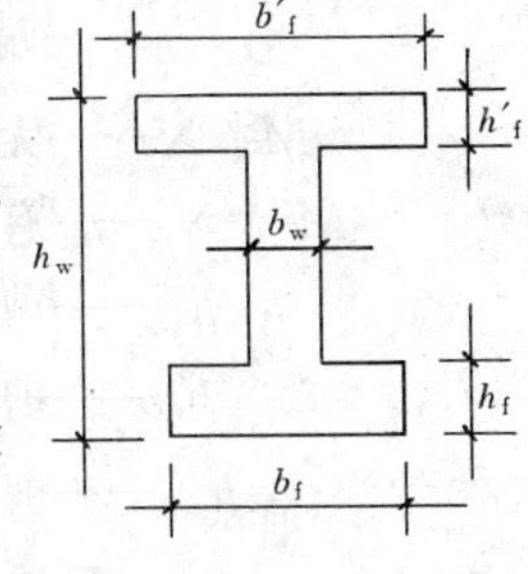

图 7.4-1 剪力墙截面

3. 矩形、T 形、I 形偏心受压剪力墙的正截面受压承载力可按现行国家标准《混凝土结构设计规范》GB 50010 的有关规定计算，也可按下列公式计算（图 7.4-1）：

无地震组合时

$$N \leqslant A'_{\mathrm{s}} f'_{\mathrm{y}} - A_{\mathrm{s}}\sigma_{\mathrm{s}} - N_{\mathrm{sw}} + N_{\mathrm{c}} \tag{7.4-1}$$

$$N\left(e_0 + h_{\mathrm{w0}} - \frac{h_{\mathrm{w}}}{2}\right) \leqslant A'_{\mathrm{s}} f'_{\mathrm{y}}(h_{\mathrm{w0}} - a'_{\mathrm{s}}) - M_{\mathrm{sw}} + M_{\mathrm{c}} \tag{7.4-2}$$

有地震组合时

$$\gamma_{\mathrm{RE}} N' \leqslant A'_{\mathrm{s}} f'_{\mathrm{y}} - A_{\mathrm{s}}\sigma_{\mathrm{s}} - N_{\mathrm{sw}} + N_{\mathrm{c}} \tag{7.4-3}$$

$$\gamma_{\mathrm{RE}} N'\left(e_0 + h_{\mathrm{w0}} - \frac{h_{\mathrm{w}}}{2}\right) \leqslant A'_{\mathrm{s}} f'_{\mathrm{y}}(h_{\mathrm{w0}} - a'_{\mathrm{s}}) - M_{\mathrm{sw}} + M_{\mathrm{c}} \tag{7.4-4}$$

当 $x > h'_{\mathrm{f}}$ 时

$$N_c = \alpha_1 f_c b_w x + \alpha_1 f_c (b'_f - b_w) h'_f \tag{7.4-5}$$

$$M_c = \alpha_1 f_c b_w x \left(h_{w0} - \frac{x}{2} \right) + \alpha_1 f_c (b'_f - b_w) h'_f \left(h_{w0} - \frac{h'_f}{2} \right) \tag{7.4-6}$$

当 $x \leqslant h'_f$ 时

$$N_c = \alpha_1 f_c b'_f x \tag{7.4-7}$$

$$M_c = \alpha_1 f_c b'_f x \left(h_{w0} - \frac{x}{2} \right) \tag{7.4-8}$$

当 $x \leqslant \xi_b h_{w0}$ 时为大偏心受压

$$\sigma_s = f_y \tag{7.4-9}$$

$$N_{sw} = (h_{w0} - 1.5x) b_w f_{yw} \rho_w \tag{7.4-10}$$

$$M_{sw} = \frac{1}{2} (h_{w0} - 1.5x)^2 b_w f_{yw} \rho_w \tag{7.4-11}$$

当 $x > \xi_b h_{w0}$ 时为小偏心受压

$$\sigma_s = \frac{f_y}{\xi_b - \beta_1} \left(\frac{x}{h_{w0}} - \beta_1 \right) \tag{7.4-12}$$

$$N_{sw} = 0 \tag{7.4-13}$$

$$M_{sw} = 0 \tag{7.4-14}$$

式中　f_y、f'_y、f_{yw}——分别为剪力墙端部受拉、受压钢筋和墙体竖向分布钢筋强度设计值；

f_c——混凝土轴心受压强度设计值；

e_0——偏心距，$e_0 = M/N$ 或 $e_0 = \frac{M'}{N'}$；

M、N——无地震组合时组合弯矩和轴向压力设计值；

M'、N'——有地震组合时组合弯矩和轴向压力设计值；

h_w——剪力墙截面高度；

b_w——剪力墙截面宽度；

h_{w0}——剪力墙截面有效高度，$h_{w0} = h_w - a'_s$；

a'_s——剪力墙受压端部钢筋合力点到受压区边缘的距离，一般取 $a'_s = b_w$；

ρ_w——剪力墙竖向分布钢筋配筋率；

ξ_b——相对界限受压区高度，见表6.7-2；

b'_f——剪力墙T形，I形截面受压边翼缘宽度；

h'_f——剪力墙T形、I形截面受压边翼缘厚度；

γ_{RE}——承载力抗震调整系数，取0.85；

α_1——≤C50时取1.0，C80时取0.94，其间按直线内插法取用，见表2.2-2；

β_1——≤C50时取0.8，C80时取0.74，其间按直线内插法取用，见表2.2-2。

4. 矩形截面大偏心受压对称配筋（$A'_s = A_s$）时，正截面承载力按下列公式计算：

无地震组合时

$$A_s = A'_s = \frac{M + N\left(h_{w0} - \frac{h_w}{2}\right) + M_{sw} - M_c}{f_y(h_{w0} - a'_s)} \tag{7.4-15}$$

有地震组合时

$$A_s = A'_s = \frac{\gamma_{RE}\left[M' + N'\left(h_{w0} - \frac{h_w}{2}\right)\right] + M_{sw} - M_c}{f_y(h_{w0} - a'_s)} \tag{7.4-16}$$

其中

$$M_{sw} = \frac{1}{2}(h_{w0} - 1.5x)^2 \frac{A_{sw}f_{yw}}{h_{w0}} \tag{7.4-17}$$

$$M_c = \alpha_1 f_c b_w x\left(h_{w0} - \frac{x}{2}\right) \tag{7.4-18}$$

受压区高度 x 为：

无地震组合时

$$x = \frac{(N + A_{sw}f_{yw})h_{w0}}{\alpha_1 f_c b_w h_{w0} + 1.5A_{sw}f_{yw}} \tag{7.4-19}$$

有地震组合时

$$x = \frac{(\gamma_{RE}N' + A_{sw}f_{yw})h_{w0}}{\alpha_1 f_c b_w h_{w0} + 1.5A_{sw}f_{yw}} \tag{7.4-20}$$

式中 A_{sw}——剪力墙截面竖向分布钢筋总截面积。

在工程设计时先确定竖向分布钢筋的 A_{sw}和 f_{yw}，求出 M_{sw}和 M_c，然后按公式（7.4-15）或（7.4-16）计算墙端所需钢筋截面面积 $A_s = A'_s$。

5. 矩形截面小偏心受压对称配筋（$A_s = A'_s$）时，正截面承载力可近似按下列公式计算：

无地震组合时

$$A_s = A'_s = \frac{Ne - \xi(1 - 0.5\xi)\alpha_1 f_c b_w h_{w0}^2}{f'_y(h_{w0} - a'_s)} \tag{7.4-21}$$

有地震组合时

$$A_s = A'_s = \frac{\gamma_{RE}N'e - \xi(1 - 0.5\xi)\alpha_1 f_c b_w h_{w0}^2}{f'_y(h_{w0} - a'_s)} \tag{7.4-22}$$

式中的相对受压区高度 ξ 按以下公式计算：

无地震组合时

$$\xi = \frac{N - \xi_b \alpha_1 f_c b_w h_{w0}}{\dfrac{Ne - 0.43\alpha_1 f_c b_w h_{w0}^2}{(\beta_1 - \xi_b)(h_{w0} - a'_s)} + \alpha_1 f_c b_w h_{w0}} + \xi_b \tag{7.4-23}$$

有地震组合时

$$\xi = \frac{\gamma_{RE}N' - \xi_b \alpha_1 f_c b_w h_{w0}}{\dfrac{\gamma_{RE}N'e - 0.43\alpha_1 f_c b_w h_{w0}^2}{(\beta_1 - \xi_b)(h_{w0} - a'_s)} + \alpha_1 f_c b_w h_{w0}} + \xi_b \tag{7.4-24}$$

式中　$e = e_i + \frac{h_w}{2} - a_s, e_i = e_0 + e_a, e_a$ 取 20mm 和偏心方向截面尺寸的 1/30 两者中的较大值。

偏心距 e_0 值，非抗震设计和有抗震设防，分别为 $e_0 = M/N$ 和 $e_0 = M'/N'$。

a_s 为剪力墙端部受拉钢筋合力点至截面近边缘的距离，一般 $a_s = a'_s = b_w$。

6. 对称配筋的矩形截面偏心受拉剪力墙的正截面承载力可按下列近似公式计算：

无地震组合时

$$N \leqslant \frac{1}{\frac{1}{N_{0u}} + \frac{e_0}{M_{wu}}} \tag{7.4-25}$$

有地震组合时

$$\gamma_{RE} N' \leqslant \frac{1}{\frac{1}{N_{0u}} + \frac{e_0}{M_{wu}}} \tag{7.4-26}$$

其中

$$N_{0u} = 2A_s f_y + A_{sw} f_{yw} \tag{7.4-27}$$

$$M_{wu} = A_s f_y (h_{w0} - a'_s) + A_{sw} f_{yw} \frac{(h_{w0} - a'_s)}{2} \tag{7.4-28}$$

A_{sw}——剪力墙腹板竖向分布钢筋的全部截面面积。

偏心距分别为：$e_0 = M/N$；$e_0 = M'/N'$。

7. 剪力墙的截面受剪应符合下列要求：

1）无地震作用组合时

$$V_w \leqslant 0.25 \beta_c f_c b_w h_{w0} \tag{7.4-29}$$

2）有地震作用组合时

剪跨比 λ 大于 2.5 时　$V'_w \leqslant \frac{1}{\gamma_{RE}} (0.20 \beta_c f_c b_w h_{w0})$　(7.4-30)

剪跨比 λ 不大于 2.5 时　$V'_w \leqslant \frac{1}{\gamma_{RE}} (0.15 \beta_c f_c b_w h_{w0})$　(7.4-31)

式中　V_w、V'_w——剪力墙无地震组合和有地震组合时的组合剪力设计值；

f_c——混凝土轴心抗压强度设计值；

b_w——矩形截面的宽度或 T 形截面、I 形截面的腹板宽度；

h_w——剪力墙截面高度；

β_c——≤C50 时取 1.0，C80 时取 0.8，其间按直线内插法取用；见表 2.2-2；

λ——计算截面处的剪跨比，$\lambda = M/(Vh_{w0})$，M、V 应取对应的弯矩组合值和剪力组合值。

8. 偏心受压剪力墙斜截面受剪承载力按下列公式计算：

无地震组合时

$$V_w \leqslant \frac{1}{\lambda - 0.5} \left(0.5 f_t b_w h_{w0} + 0.13 N \frac{A_w}{A} \right) + f_{yh} \frac{A_{sh}}{s} h_{w0} \tag{7.4-32}$$

有地震组合时

$$V'_{w} \leqslant \frac{1}{\gamma_{RE}}\left[\frac{1}{\lambda - 0.5}\left(0.4f_{t}b_{w}h_{w0} + 0.1N\frac{A_{w}}{A}\right) + 0.8f_{yh}\frac{A_{sh}}{s}h_{w0}\right] \quad (7.4\text{-}33)$$

式中 N——剪力墙的轴向压力设计值，当 N 大 $0.2f_{c}b_{w}h_{w}$时，取 N 等于 $0.2f_{c}b_{w}h_{w}$，抗震设计时，应考虑地震作用组合；

A——剪力墙截面面积；

A_{w}——T 形或 I 形截面剪力墙腹板的面积，矩形截面时取 A_{w} 等于 A；

λ——计算截面处的剪跨比，$\lambda = M/Vh_{w0}$，λ 小于 1.5 时取 1.5，λ 大于 2.2 时取 2.2，此时 M 为与 V 相应的弯矩值，当计算截面与墙底之间的距离小于 $0.5h_{w0}$时，λ 应按距墙底 $0.5h_{w0}$处的弯矩设计值与剪力设计值计算；

s——剪力墙水平分布钢筋间距；

f_{yh}——水平分布钢筋的抗拉强度设计值；

γ_{RE}——承载力抗震调整系数，取 0.85。

9. 偏心受拉剪力墙斜截面受剪承载力按下列公式计算：

无地震作用组合

$$V_{w} \leqslant \frac{1}{\lambda - 0.5}\left(0.5f_{t}b_{w}h_{w0} - 0.13N\frac{A_{w}}{A}\right) + f_{yh}\frac{A_{sh}}{s}h_{w0} \quad (7.4\text{-}34)$$

上式右端的计算值不得小于 $f_{yh}\frac{A_{sh}}{s}h_{w0}$。

有地震作用组合

$$V'_{w} \leqslant \frac{1}{\gamma_{RE}}\left[\frac{1}{\lambda - 0.5}\left(0.4f_{t}b_{w}h_{w0} - 0.1N\frac{A_{w}}{A}\right) + 0.8f_{yh}\frac{A_{sh}}{s}h_{w0}\right] \quad (7.4\text{-}35)$$

上式右端的计算值不得小于$\frac{1}{\gamma_{RE}}\left(0.8f_{yh}\frac{A_{sh}}{s}h_{w0}\right)$。

式中 N——与剪力设计值 V 相应的剪力墙的轴向拉力设计值。

10. 剪力墙洞口处的连梁，其承载力应按下列规定计算：

(1) 当连梁的跨高比大于 5 时，其正截面受弯承载力和斜截面受剪承载力应按第 6 章对一般受弯构件的要求计算。

(2) 跨高比不大于 5 时，连梁的截面尺寸应符合下列要求：

1) 无地震作用组合时

$$V_{b} \leqslant 0.25\beta_{c}f_{c}b_{b}h_{b0} \quad (7.4\text{-}36)$$

2) 有地震作用组合时

跨高比大于 2.5 时 $$V'_{b} \leqslant \frac{1}{\gamma_{RE}}(0.20\beta_{c}f_{c}b_{b}h_{b0}) \quad (7.4\text{-}37)$$

跨高比不大于 2.5 时 $$V'_{b} \leqslant \frac{1}{\gamma_{RE}}(0.15\beta_{c}f_{c}b_{b}h_{b0}) \quad (7.4\text{-}38)$$

式中 V_{b}、V'_{b}——连梁剪力设计值；

β_{c}——系数，见第 2 章表 2.2-2。

(3) 连梁的剪力设计值 V_{b} 应按下列规定计算：

1) 无地震作用组合，以及有地震作用组合的四级抗震时，取考虑水平荷载组合的剪力设计值；

2）有地震作用组合的一、二、三级抗震时，连梁剪力设计值应按下式进行调整：

$$V'_{b}=\eta_{vb}\frac{M_{b}^{l}+M_{b}^{r}}{l_{n}}+V_{Gb} \tag{7.4-39}$$

9度尚应符合　$V'_{b}=1.1\ (M_{bua}^{l}+M_{bua}^{r})\ /l_{n}+V_{Gb}$　　(7.4-40)

式中　l_n——连梁的净跨。

V_{Gb}——在重力荷载代表值（9度时还应包括竖向地震作用标准值）作用下，按简支梁计算的梁端截面剪力设计值；

M_{b}^{l}、M_{b}^{r}——分别为梁左、右端顺时针或反时针方向考虑地震作用组合的弯矩设计值；对一级抗震等级且两端均为负弯矩时，绝对值较小一端的弯矩取零；

M_{bua}^{l}、M_{bua}^{r}——分别为连梁左、右端顺时针或反时针方向的、考虑抗震承载力调整系数的受弯承载力对应的弯矩值，按实配钢筋面积和材料强度标准值计算；

η_{vb}——连梁剪力的增大系数，一级为1.3，二级为1.2，三级为1.1。

（4）连梁的斜截面受剪承载力，应按下列公式计算：

1）无地震作用组合时

$$V_{b}\leqslant 0.7f_{t}b_{b}h_{b0}+f_{yv}\frac{A_{sv}}{s}h_{b0} \tag{7.4-41}$$

2）有地震作用组合时

跨高比大于2.5时　$$V'_{b}\leqslant\frac{1}{\gamma_{RE}}\left(0.42f_{t}b_{b}h_{b0}+f_{yv}\frac{A_{sv}}{s}h_{b0}\right) \tag{7.4-42}$$

跨高比不大于2.5时　$$V'_{b}\leqslant\frac{1}{\gamma_{RE}}\left(0.38f_{t}b_{b}h_{b0}+0.9f_{yv}\frac{A_{sv}}{s}h_{b0}\right) \tag{7.4-43}$$

（5）当剪力墙的连梁不满足本条第（2）项的要求时，可作如下处理：

1）减小连梁截面高度；

2）抗震设计的剪力墙中连梁弯矩及剪力可进行塑性调幅，以降低其剪力设计值。但在内力计算时已经按第7.3节第3条的规定降低了刚度的连梁，其调幅范围应当限制或不再继续调幅，以避免在使用状况下连梁中裂缝开展过早、过大，使用状况内力是指竖向荷载及风荷载作用的组合内力。当部分连梁降低弯矩设计值后，其余部位连梁和墙肢的弯矩设计值应相应提高；

3）当连梁破坏对承受竖向荷载无大影响时，可考虑在大震作用下该联肢墙的连梁不参与工作，按独立墙肢进行第二次结构内力分析（第二道防线），墙肢应按两次计算所得的较大内力配筋；

4）跨高比不大于2的连梁可采用斜向交叉配筋方式配筋。交叉斜筋应与墙分布筋绑扎，且每侧每方向不应小于2根直径12mm的钢筋。有充分依据，也可采用其他有效措施。斜向交叉配筋计算见7.5节第9条。

11．按一级抗震等级设计的剪力墙，其水平施工缝处的抗滑移能力宜符合下列要求：

$$V_{wj}\leqslant\frac{1}{\gamma_{RE}}\ (0.6f_{y}A_{s}+0.8N) \tag{7.4-44}$$

式中　V_{wj}——水平施工缝处的组合剪力设计值；

N——水平施工缝处考虑地震作用组合的不利轴向力设计值，压力取正值，拉力取负值；

A_s——剪力墙水平施工缝处腹板内竖向分布钢筋、竖向插筋和边缘构件（不包括两侧翼墙）纵向钢筋的总截面面积。

7.5 构 造 与 配 筋

1. 抗震设计时，一、二级抗震等级的剪力墙底部加强部位，其重力荷载代表值作用下墙肢的平均轴压比不宜超过表 7.5-1 的限值。

剪力墙最大平均轴压比 表 7.5-1

轴 压 比	一级（9 度）	一级（7、8 度）	二 级
$\frac{N}{f_c A}$	0.4	0.5	0.6

注：1. N 为重力荷载作用下剪力墙肢的轴力设计值；
2. A 为剪力墙墙肢截面面积；
3. f_c 为混凝土轴心抗压强度设计值。

有抗震设计时的短肢剪力墙，在重力荷载代表值设计值作用下，各层的轴压比，一、二、三级时，分别不宜大于 0.5、0.6、0.7。对于无翼缘或端柱的一字形短肢剪力墙，其轴压比限值相应降低 0.1。

2. 剪力墙两端和洞口两侧应设置边缘构件，并应符合下列要求：

（1）一般剪力墙结构，一级和二级剪力墙底部加强部位及相邻的上一层在重力荷载代表值作用下墙体平均轴压比不小于表 7.5-2 的规定值时，应按本节第 3 条设置约束边缘构件，小于时可按本节第 4 条设置构造边缘构件；一、二级剪力墙底部加强部位以上的一般部位和三、四级和非抗震设计的剪力墙，均应按本节第 4 条设置构造边缘构件。

剪力墙设置构造边缘构件的最大平均轴压比 表 7.5-2

烈度或等级	9 度一级	8 度一级	二级
轴压比	0.1	0.2	0.3

（2）部分框支剪力墙结构，落地剪力墙的底部加强部位，两端应有翼墙或端柱，应设置约束边缘构件；不落地的剪力墙可按本节第 4 条设置构造边缘构件。

3. 剪力墙约束边缘构件（图 7.5-1）沿墙肢方向的长度 l_c 和箍筋配箍特征值 λ_v 宜符合表 7.5-3 的要求，且一、二级抗震设计时箍筋分别不应小于 ϕ8@100 和 ϕ8@150。其纵向钢筋的配筋范围不应小于约束边缘构件的阴影面积，一、二级抗震设计时其纵向钢筋最小截面面积分别不应小于约束边缘构件阴影面积的 1.2% 和 1.0%，并分别不应小于 6ϕ16 和 6ϕ14。配箍特征值 λ_v 与体积配箍率 ρ_v 关系应按公式（7.5-1）采用。

$$\rho_v = \lambda_v \frac{f_c}{f_{yv}} \tag{7.5-1}$$

式中 f_c、f_{yv}——分别为混凝土轴心抗压强度设计值及箍筋或拉筋的抗拉强度设计值。

约束边缘构件范围 l_c 及其配箍特征值 λ_v　　表 7.5-3

项　目	一级（9度）	一级（7、8度）	二　级
λ_v	0.20	0.20	0.20
l_c（暗柱）	$0.25h_w$,	$0.20h_w$,	$0.20h_w$,
l_c（翼墙或端柱）	$0.20h_w$,	$0.15h_w$,	$0.15h_w$,

注：1. λ_v 为约束边缘构件的配箍特征值，h_w 为剪力墙墙肢长度；
2. l_c 为约束边缘构件沿墙肢长度，不应小于表中数值、$1.5b_w$ 和 450mm 三者的较大值，有翼墙或端柱时尚不应小于翼墙厚度或端柱沿墙肢方向截面高度加 300mm；
3. 翼墙长度小于其厚度 3 倍或端柱截面边长小于墙厚的 2 倍时，视为无翼墙或无端柱。

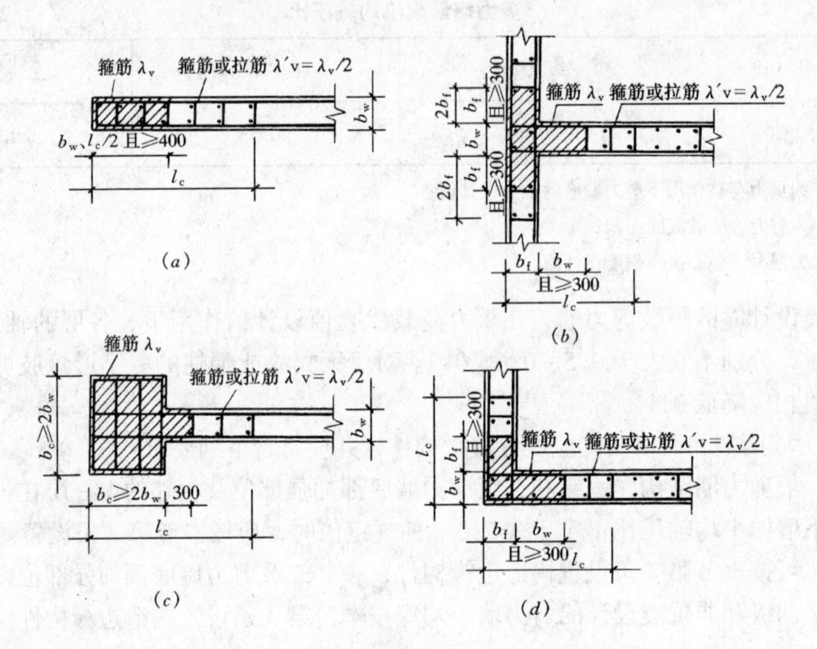

图 7.5-1　剪力墙的约束边缘构件

（a）暗柱和无翼墙端部；（b）有翼墙的端部；（c）有端柱的端部；（d）转角墙端部

约束边缘构件的高度，应向上延伸到剪力墙底部加强部位以上不小于约束边缘构件纵向钢筋锚固长度的范围。

按公式（7.5-1），在不同混凝土强度和不同箍筋或拉筋的抗拉强度设计值，当 $\lambda_v=0.20$ 时体积配箍率 ρ_v 如表 7.5-4 所列。

体积配箍率 ρ_v（%）值　　表 7.5-4

钢筋种类	混凝土强度等级							
	C25	C30	C35	C40	C45	C50	C55	C60
HPB235	1.133	1.362	1.590	1.819	2.019	2.200	2.410	2.619
HRB335	0.793	0.953	1.113	1.273	1.413	1.540	1.687	1.833
HRB400			0.930	1.060	1.180	1.280	1.410	1.530

约束边缘构件，不同墙厚 b_w、长度 l 和箍筋肢数时，箍筋体积配箍率 ρ_v 如表 7.5-5

所列。

约束边缘构件箍筋体积配箍率 ρ_v（%） 表 7.5-5

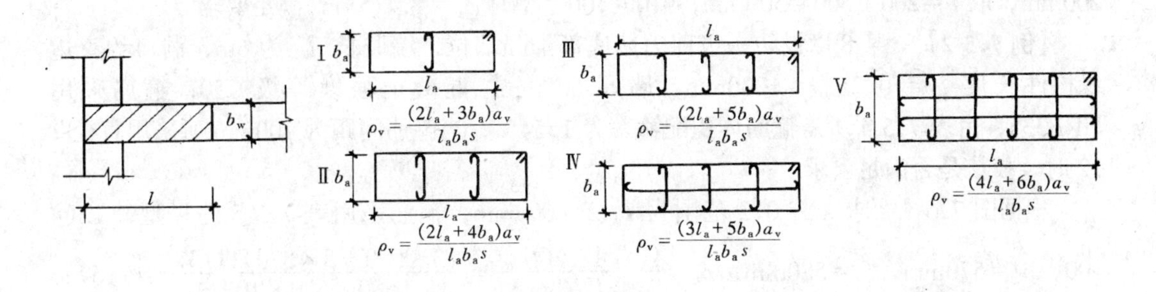

b_w（mm）			160	180	200	220	250	300	350	400	450	500	550	600	650	700	750	800
b_a（mm）			130	150	170	190	220	270	320	370	420	470	520	570	620	670	720	770
l（mm）			460	480	500	520	550	600	650	700	750	800	850	900	950	1000	1050	1100
l_a（mm）			440	460	480	500	530	580	630	680	730	780	830	880	930	980	1030	1080
箍筋			箍筋体积配箍率 ρ_v（%）															
直径	间距 s（mm）	型式																
φ8	100	Ⅰ	1.116	0.998	0.906	0.831	0.742	0.632										
		Ⅱ			1.010	0.931	0.836	0.719	0.633	0.567	0.515	0.472						
		Ⅲ					0.931	0.806	0.713	0.641	0.584	0.536						
	150	Ⅰ	0.744	0.665	0.604	0.554	0.494	0.422										
		Ⅱ			0.674	0.621	0.557	0.479	0.422	0.378	0.343	0.314						
		Ⅲ					0.621	0.537	0.475	0.428	0.389	0.357						
φ10	100	Ⅰ	1.744	1.559	1.415	1.298	1.159	0.988										
		Ⅱ			1.578	1.455	1.307	1.123	0.990	0.886	0.804	0.737						
		Ⅲ					1.455	1.259	1.114	1.002	0.912	0.838						
		Ⅳ								1.214	1.099	1.005	0.926	0.860	0.802	0.752	0.709	0.670
		Ⅴ												1.087	1.013	0.950	0.894	0.844
	150	Ⅰ	1.163	1.039	0.943	0.865	0.772	0.659										
		Ⅱ			1.052	0.970	0.871	0.750	0.660	0.591	0.536	0.491						
		Ⅲ					0.970	0.839	0.743	0.668	0.608	0.558						
		Ⅳ								0.810	0.733	0.670	0.617	0.573	0.535	0.502	0.472	0.446
		Ⅴ												0.724	0.676	0.633	0.596	0.563
φ12	100	Ⅰ	2.511	2.246	2.037	1.869	1.668	1.423										
		Ⅱ			2.273	2.095	1.882	1.618	1.425	1.277	1.158	1.061						
		Ⅲ					2.095	1.813	1.604	1.443	1.313	1.206						
		Ⅳ								1.749	1.583	1.447	1.334	1.238	1.155	1.083	1.020	0.964
		Ⅴ												1.565	1.459	1.368	1.287	1.216
	150	Ⅰ	1.674	1.497	1.358	1.246	1.112	0.948										
		Ⅱ			1.515	1.397	1.255	1.079	0.950	0.851	0.772	0.707						
		Ⅲ					1.397	1.209	1.070	0.962	0.875	0.804						
		Ⅳ								1.166	1.055	0.965	0.889	0.825	0.770	0.722	0.680	0.643
		Ⅴ												1.043	0.973	0.912	0.858	0.811

【例 7.5-1】　某8度设防一级剪力墙底部加强部位，墙肢长 h_w 为4.0m，翼墙约束边缘构件长度 $l_c=0.15h_w=600$mm，墙厚200mm，混凝土强度等级C30，采用HPB235ϕ10@100I型箍筋。由表7.5-4所需配箍率 $\rho_v=1.362\%$，由表7.5-5当 $b_w=200$mm，取 $l=200+300=500$mm，ϕ10@100Ⅰ型时 $\rho_v=1.415\%$，满足要求。

【例 7.5-2】　某8度设防一级剪力墙底部加强部位，墙肢长 h_w 为6m，洞口约束边缘构件长度 $l_c=0.2h_w=1200$mm，墙厚600mm，混凝土强度等级C50，箍筋采用HRB335，由表7.5-4所需箍筋体积配箍率为1.54%，当箍筋间距为100mm所采用直径Φ12时，校核是否满足要求。

根据图7.5-1要求 $\lambda_v=0.2$ 范围为 $l_c/2=600$mm，箍筋采用表7.5-5的Ⅳ型Φ 12@100，$b_a=570$mm，$l_a=580$mm，$\rho_v=\frac{(3l_a+5b_a)\ a_v}{l_a b_a s}=\frac{(3\times580+5\times570)\ 113.1}{580\times570\times100}=1.57\%$ >1.54%满足要求

在600至1200mm要求 $\lambda'_v=\lambda_v/2$ 范围，箍筋采用Ⅳ型ϕ10@100，此时 $\rho'_v=1.57\times\frac{78.54}{113.1}=1.09\%$，满足表7.5-4箍筋采用HPB235时 $\rho'_v=2.2/2=1.1\%$要求。

4. 剪力墙构造边缘构件的设计宜符合下列要求：

(1) 抗震设计时，其纵向钢筋及箍筋应符合表7.5-6的规定，箍筋的无肢长度不应大于300mm，拉筋的水平间距不应大于纵向钢筋间距的2倍。当剪力墙端部为端柱者，端柱中纵向钢筋及箍筋宜按框架柱的构造要求配置；

剪力墙构造边缘构件的配筋要求　　**表 7.5-6**

抗震等级	底部加强部位			其他部位		
	纵向钢筋最小量（取较大值）	箍　筋		纵向钢筋最小量（取较大值）	箍筋或拉筋	
		最小直径（mm）	最大间距（mm）		最小直径（mm）	最大间距（mm）
一级	—	—	—	$0.008A_c$，6ϕ14	8	150
二级	—	—	—	$0.006A_c$，6ϕ12	8	200
三级	$0.005A_c$，4ϕ12	6	150	$0.004A_c$，4ϕ12	6	200
四级	$0.005A_c$，4ϕ12	6	200	$0.004A_c$，4ϕ12	6	250

注：1. 符号ϕ表示钢筋直径；
　　2. 对转角墙的暗柱，表中拉筋宜采用箍筋。

(2) 非抗震设计的剪力墙，端部应按构造配置不少于4根12mm或2根16mm的纵向钢筋，沿纵向应配置不少于直径为6mm、间距为250mm的拉接筋；

(3) 暗柱、翼柱中，计算纵向钢筋用量的截面面积 A_c 及其配筋范围应取图7.5-2中的阴影部分。

5. 抗震设计时，短肢剪力墙截面的全部纵向钢筋配筋率，在底部加强部位不宜小于1.2%，一般部位不宜小于1.0%。

6. 剪力墙水平、竖向分布钢筋的配置均应符合表7.5-7的要求，分布钢筋直径不应小于8mm，且不应大于墙肢截面厚度的1/10。

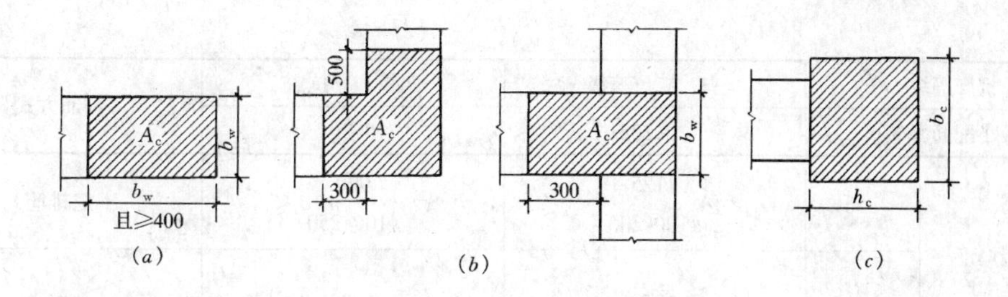

图 7.5-2 剪力墙的构造边缘构件

(a) 暗柱；(b) 翼墙；(c) 端柱

剪力墙分布钢筋的配筋要求 表 7.5-7

设计类别 \ 配筋要求		最小配筋率（%）	最大间距（mm）	最小直径（mm）
抗震设计	一、二、三级	0.25	300	8
	四级	0.20	300	8
非抗震设计		0.20	300	8
框支落地剪力墙		0.30（非抗震 0.25）	200	8

剪力墙水平和竖向分布钢筋最小配筋率及不同墙厚时的最少配筋如表 7.5-8。实际工程设计中水平和竖向分布筋的间距一般不宜大于 200mm，表 7.5-8 可供工程设计时及施工图审查时参考。

一般剪力墙水平和竖向分布钢筋最小配筋率及不同墙厚配筋 表 7.5-8

抗震等级		一、二、三级	四级和非抗震	配筋方式
最小配筋率%		0.25	0.20	
剪力墙厚度（mm）	140	350（mm^2） ϕ10@220	280 ϕ8@180	单排筋
	160	400 ϕ8@250	320 ϕ8@300	双排筋
	180	450 ϕ8@220	360 ϕ8@280	
	200	500 ϕ8@200	400 ϕ8@250	
	250	625 ϕ10@250	500 ϕ8@200	
	300	750 ϕ10@200	600 ϕ10@260	
	350	875 ϕ10@180	700 ϕ10@220	
	400	1000 ϕ10@150	800 ϕ10@190	

续表

抗震等级		一、二、三级	四级和非抗震	配筋方式
最小配筋率%		0.25	0.20	
剪力墙厚度（mm）	450	1125 φ10@200	900 φ10@250	三排筋
	500	1250 φ10@180	1000 φ10@230	三排筋

7. 房屋顶层剪力墙以及长矩形平面房屋的楼梯间和电梯间剪力墙、端开间的纵向剪力墙、端山墙的水平和竖向分布钢筋的最小配筋率不应小于0.25%，钢筋间距不应大于200mm。

8. 剪力墙钢筋锚固长度以及竖向及水平分布钢筋的连接要求如下：

（1）非抗震设计时，剪力墙的钢筋锚固长度为 l_a，l_a 应按《混凝土结构设计规范》GB 50010 第9.3节的规定采用；抗震设计时，剪力墙的钢筋锚固长度为 l_{aE}，l_{aE}应按下列要求取值：

一、二级抗震　　$l_{aE}=1.15l_a$　　(7.5-2)

三级抗震　　$l_{aE}=1.05l_a$　　(7.5-3)

四级抗震　　$l_{aE}=1.00l_a$　　(7.5-4)

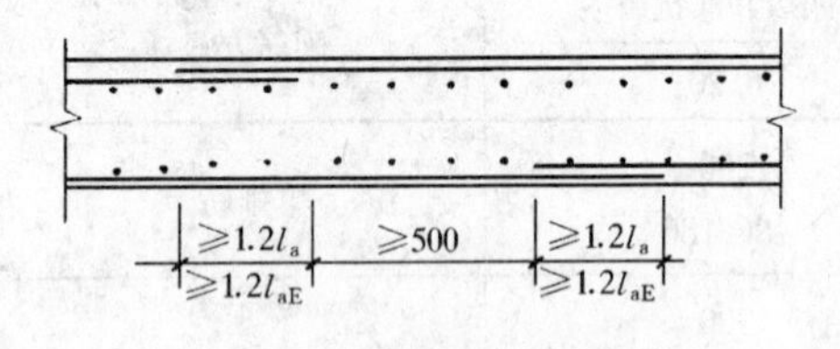

图7.5-3　墙内分布钢筋的连接

（2）剪力墙竖向及水平分布钢筋的搭接连接宜符合图7.5-3的要求。一级、二级抗震等级剪力墙的加强部位，接头位置应错开，每次连接的钢筋数量不超过总数量的50%，错开净距不小于500mm。其他情况剪力墙的钢筋可在同一部位连接。非抗震设计时，每根分布钢筋的搭接长度不应小于 $1.2l_a$；抗震设计时，不应小于 $1.2l_{aE}$。

（3）暗柱及端柱内纵向钢筋接头要求与框架柱相同，应符合第6章的有关规定。

9. 高层建筑剪力墙中竖向和水平分布钢筋，不应采用单排配筋。当剪力墙截面厚度 b_w 不大于400mm时，可采用双排配筋；当 b_w 大于400mm，但不大700mm时，宜采用三排配筋；当 b_w 大于700mm时，宜采用四排配筋。受力钢筋可均匀分布成数排。各排分布钢筋之间的拉结筋间距不应大于600mm，直径不应小于6mm，在底部加强部位，约束边缘构件以外的拉结筋间距尚应适当加密。（图7.5-4）

10. 连梁配筋应满足以下要求：

（1）连梁上下纵向受力钢筋伸入墙内的锚固长度不应小于：抗震设计时为 l_{aE}，非抗震设计时为 l_a，且不应小于600mm。

（2）抗震设计的剪力墙中，沿连梁全长箍筋的构造要求应按第6章框架梁梁端加密区箍筋构造要求采用；非抗震设计时，沿连梁全长的箍筋直径应不小于6mm，间距不大于150mm；（图7.5-5）

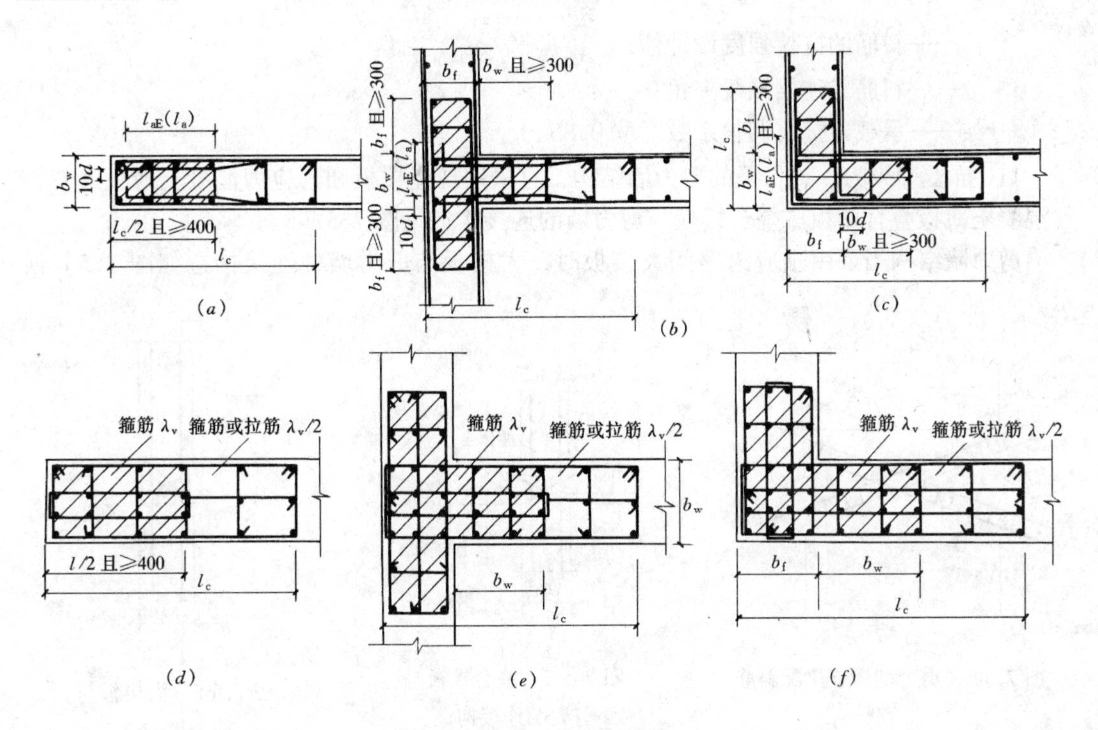

图 7.5-4 边缘构件配筋构造

(a)(b)(c) 墙厚<400mm 时；(d)(e)(f) 墙厚≥400mm 时

(3) 在顶层连梁锚入墙体的钢筋长度范围内，应配置间距不大于 150mm 的箍筋，构造箍筋直径与该连梁的箍筋直径相同；

(4) 截面高度大于 700mm 的连梁，在梁的两侧面应设置纵向构造钢筋（腰筋），沿高度间距不应大于 200mm，直径不应小于 10mm。宜将墙面水平分布钢筋拉通；

(5) 在跨高比不大于 2.5 的连梁中，梁两侧的纵向分布筋（腰筋）的面积配筋率应不低于 0.3%，并宜将墙肢中水平钢筋拉通连续配置，以加强剪力墙的整体性。

(6) 一、二级剪力墙底部加强部位跨高比不大于 2.0 墙厚≥250mm 的连梁，可采用斜向交叉配筋，以改善连梁的延性，每方向的斜筋面积按下式计算（图 7.5-6）：

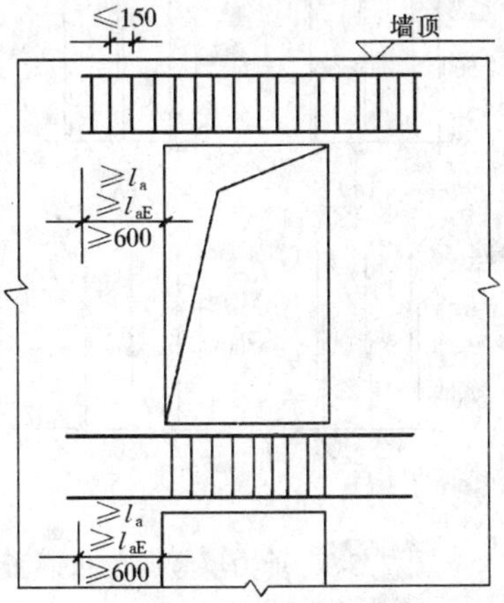

≤150

墙顶

$\geq l_a$

$\geq l_{aE}$

≥600

$\geq l_a$

$\geq l_{aE}$

≥600

图 7.5-5 剪力墙连梁配筋构造

非抗震设计时

$$A_s \geq \frac{V_b}{2f_y \sin\alpha} \tag{7.5-5}$$

有抗震设防时

$$A_s \geq \frac{V_b \gamma_{RE}}{2f_y \sin\alpha} \tag{7.5-6}$$

式中 V_b——连梁剪力设计值；

f_y——斜筋的抗拉强度设计值；

α——斜筋与连梁轴线夹角；

γ_{RE}——承载力抗震调整系数，取0.85。

11. 抗震等级为一、二级的剪力墙结构，宜采用现浇楼板和预应力混凝土薄板或双钢筋混凝土薄板叠合楼板。叠合楼板与剪力墙的连接构造见图7.5-7。

剪力墙结构当采用预应力整间大楼板时，大楼板与剪力墙的连接构造如图7.5-8所示。

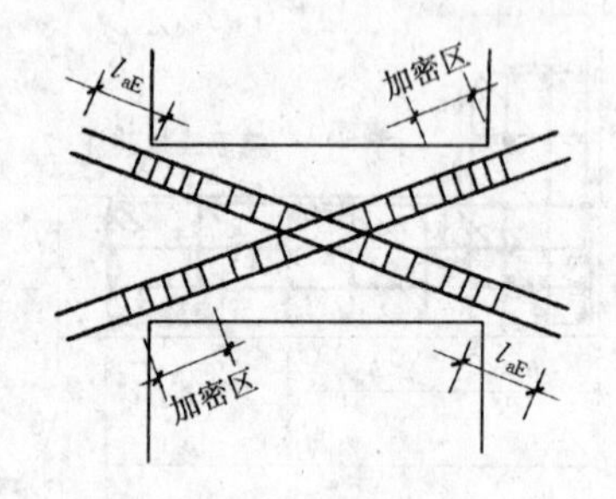

图7.5-6　剪力墙短连梁配斜筋

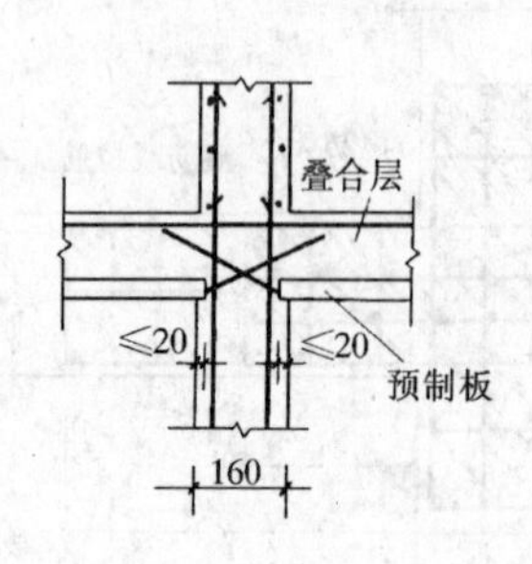

图7.5-7　叠合楼板与剪力墙连接构造

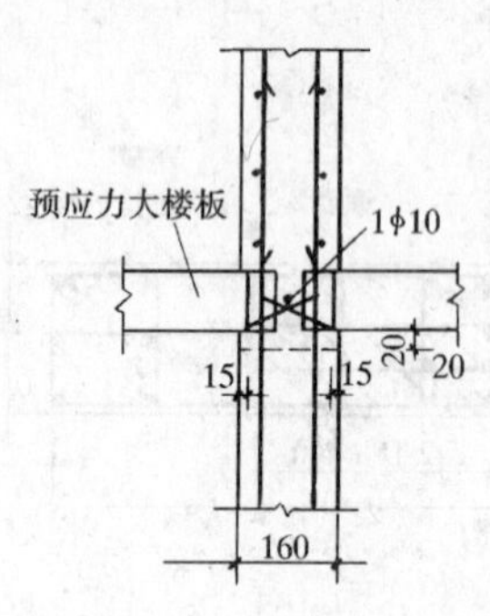

图7.5-8　大楼板与剪力墙连接

12. 非抗震设计和抗震等级为三、四级的剪力墙结构，当外墙采用保温复合预制墙板并与现浇剪力墙连接成整体时，其所有接缝均应能承受剪力、拉力和压力，以确保预制外墙板与现浇剪力墙共同工作。

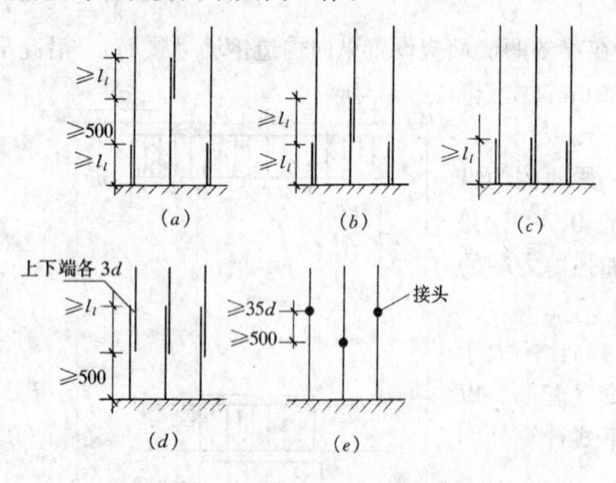

图7.5-9　剪力墙竖向分布钢筋连接构造

(a) 一、二级抗震等级底部加强区，纵向钢筋 $d \leqslant 22$mm；(b) 一、二级抗震等级非加强区，纵向钢筋 $d \leqslant 22$mm；(c) 三、四级抗震等级及非抗震设计，纵向钢筋 $d \leqslant 22$mm；(d) 纵向钢筋 $d > 22$mm，绑条焊；(e) 纵向钢筋 $d > 22$mm，电渣压力焊或机械接头

13. 剪力墙竖向分布钢筋连接构造如图7.5-9所示。

14. 剪力墙水平分布钢筋在墙体端部配筋连接构造要求如图7.5-10。

15. 剪力墙上当有非连续小洞口，且其各边长度小于800mm时，应在洞口周边配置两根直径不小于ϕ8的补强钢筋（图7.5-11）。高度大于50m的剪力墙开有小洞口时，应将在洞口处被截断的水平和竖向分布钢筋集中补配在洞口边，补强钢筋的锚固长度有抗震设防时为 l_{aE}，非抗震设计时为 l_a。

16. 连梁开有洞口时，其内力计算及构造见第6章6.13节。

17. 剪力墙底层有局部开洞时，配筋构造可参照图7.5-12，将门洞口暗柱的纵向钢筋锚入到下层。

18. 剪力墙有叠合错洞时，应采取构造措施使洞口周边形成暗框架，其构造要求如图

7.5-13。

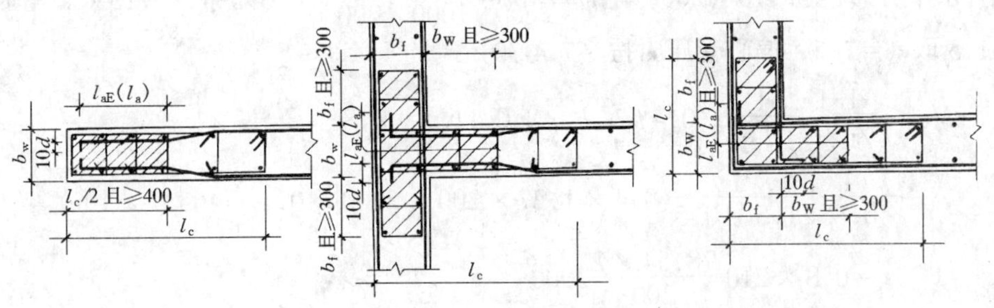

图 7.5-10 剪力墙端部配筋构造

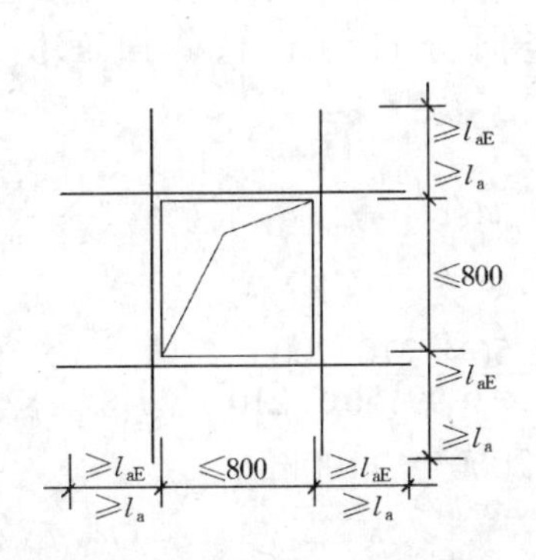

图 7.5-11 小洞口加筋

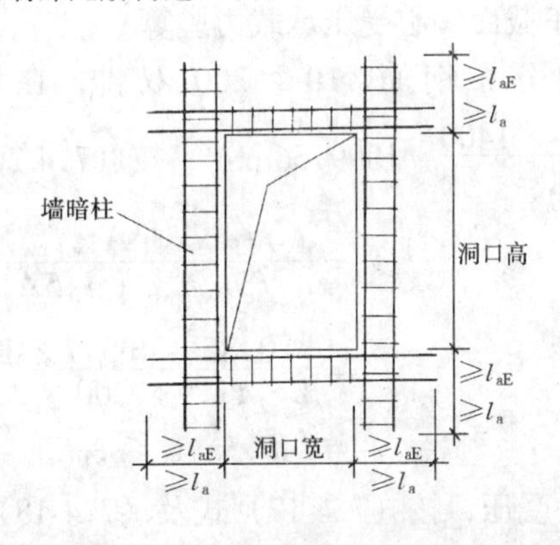

图 7.5-12 剪力墙底层局部开洞加筋

【例 7.5-3】 抗震设防烈度 8 度，抗震等级为一级的剪力墙结构，首层一墙段的墙肢截面为 $b_w = 200$mm，$h_w = 2200$mm，混凝土强度等级 C25，经分析并荷载效应和地震作用效应组合，剪力墙墙肢底部剪力设计值 $V'_w = 262.4$kN，弯矩设计值 $M_w = 414$kN·m，轴向压力设计值 $N' = 465.7$kN，重力荷载代表值作用下墙肢轴向压力设计值 $N = 1284$kN，进行截面设计。

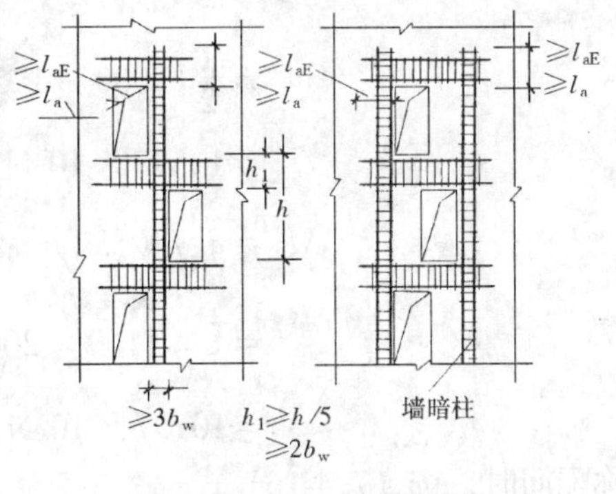

图 7.5-13 剪力墙叠合错洞加筋

1. 验算墙肢截面剪压比

根据公式（7.3-1）底部加强部位的剪力设计值为：

$$V_w = \eta_{vw} V'_w = 1.6 \times 262.4 = 419.84\text{kN}$$

剪跨比 $\lambda = M_w / V'_w h_{w0} = 414/262.4 \times 2 = 0.79 < 2.5$，按（7.4-31）式：

$$V_w \leqslant \frac{1}{\gamma_{RE}} (0.15 \beta_c f_c b_w h_{w0})$$

$$= \frac{1}{0.85} (0.15 \times 1 \times 11.9 \times 200 \times 2000)$$

$$= 840 \times 10^3 \text{N} = 840\text{kN}$$

2. 斜截面受剪承载力验算

配置水平分布钢筋 ϕ10@200，配筋率 $\rho_v=\frac{393\times2}{1000\times200}=0.393\%>0.25\%$。墙肢 $\lambda=0.79<1.5$ 取 $\lambda=1.5$，偏心受压时按（7.4-33）式：

$$V_w\leqslant\frac{1}{\gamma_{RE}}\left[\frac{1}{\lambda-0.5}(0.4f_tb_wh_{w0}+0.1N)+0.8f_{yh}\frac{A_{sh}}{s}h_{w0}\right]$$

$$=\frac{1}{0.85}\left[\frac{1}{1.5-0.5}(0.4\times1.27\times200\times2000\times0.1\times465.7\times10^3)\right.$$

$$\left.+0.8\times210\frac{78.54\times2}{200}2000\right]$$

$$=604.311\times10^3\text{N}=604.31\text{kN}$$

3．正截面偏心受压承载力验算

竖向分布钢筋 ϕ10@200 双排，在墙肢中竖向分布钢筋总截面面积 $A_{sw}=\frac{2\times78.54\times1400}{200}=1099.56\text{mm}^2$，按（7.4-20）式：

$$x=\frac{(\gamma_{RE}N'+A_{sw}f_{yw})h_{w0}}{\alpha_1f_cb_wh_{w0}+1.5A_{sw}f_{yw}}$$

$$=\frac{(0.85\times465.7\times10^3+1099.56\times210)2000}{1\times11.9\times200\times2000+1.5\times1099.56\times210}$$

$$=245.5\text{mm}<\xi_bh_{w0}=0.55\times2000=1100\text{mm}$$

属大偏心受压，按（7.4-17）式及（7.4-18）式：

$$M_{sw}=\frac{1}{2}(h_{w0}-1.5x)^2\frac{A_{sw}f_{yw}}{h_{w0}}$$

$$=\frac{1}{2}(2000-1.5\times245.5)^2\times\frac{1099.56\times210}{2000}$$

$$=1.537\times10^8\text{N}\cdot\text{mm}$$

$$M_c=\alpha_1f_cb_wx\left(h_{w0}-\frac{x}{2}\right)$$

$$=1\times11.9\times200\times245.5\left(2000-\frac{245.5}{2}\right)$$

$$=10.97\times10^8\text{N}\cdot\text{m}$$

对称配筋时，按（7.4-16）式：

$$A_s=A'_s=\frac{\gamma_{RE}\left[M_w+N'\left(h_{w0}-\frac{h_w}{2}\right)\right]+M_{sw}-M_c}{f_y(h_{w0}-a'_s)}$$

$$=\frac{0.85\left[414\times10^6+465.7\times10^3\left(2000-\frac{2200}{2}\right)\right]+1.537\times10^8-10.97\times10^8}{300(2000-200)}$$

=负值

4．验算墙肢截面轴压比

重力荷载代表值作用下墙肢轴向压力设计值 $N=1284\text{kN}$，轴压比为：

$$\mu_N=\frac{N}{Af_c}=\frac{1284\times10^3}{200\times2200\times11.9}=0.245$$

其值大于表 7.5-2 的 8 度一级 0.2，小于表 7.5-1 的 8 度一级 0.5。

5. 按 7.5 节第 3 条，约束边缘构件范围 $l_c=0.20h_w=0.2\times2200=440$mm，阴影长度取 400mm，抗震等级一级时纵向钢筋截面面积为：

$$A_s=A'_s=200\times400\times1.2\%=960\text{mm}^2$$

且不应小于 6ϕ16，故配置 6Φ16。

6. 约束边缘构件箍筋采用 HPB235 钢筋，当 C25 时由表 7.5-4 得所需箍筋体积配箍率 $\rho_v=1.362\%$。采用 ϕ10@100 Ⅰ型时体积配箍率为：

$$\rho_v=\frac{(2\times380+3\times170)\ 78.54}{380\times170\times100}=1.54\%\text{满足要求}$$

7. 水平施工缝处抗滑移能力验算

已知水平施工缝处竖向钢筋由竖向分布钢筋及两端暗柱纵向钢筋组成，按公式（7.4-44）：

$$V_{wj}<\frac{1}{\gamma_{RE}}\ (0.6f_yA_s+0.8N')$$

$$419.84\text{kN}<\frac{1}{0.85}\ [0.6\ (1099.56\times210+12\times201.1\times300)\ +0.8\times465.7\times10^3]$$

$$=1112.33\times10^3\text{N}=1112.33\text{kN}$$

【例 7.5-4】 深圳金海湾花园，位于深圳市福田区距深圳湾海边约 200m，建筑总面积约 12 万 m^2，其中有 10 栋 26 层至 33 层高层住宅，高度为 74.7～96.0m，采用剪力墙结构，局部底层大空间，标准层层高 2.8m。地震设防烈度 7 度，近震，Ⅱ类场地，丙类建筑，基本风压 $w_0=0.7\text{kN/m}^2$，地面粗糙度按 A。高层住宅 T_1 至 T_{10} 在初步设计试算时按整体分析结果与单栋分析结果没有明显区别，因此在施工图设计时按单栋塔楼进行分析。计算采用 TBSA 空间分析程序，计算结果由风荷载起控制作用。T_1、T_2、T_3、T_9、T_{10} 塔楼的结果如表 7.5-10 所列。在风力作用下，由于 Y 方向迎风面大于 X 方向，因此底部总剪力和底部总弯矩 Y 方向比 X 方向大得多。

由于本工程塔楼平面体形较复杂，风荷载较大，因此剪力墙厚度和混凝土强度等级较一般工程大（表 7.5-9）。

剪力墙厚度和混凝土强度等级 **表 7.5-9**

总层数	剪力墙厚度（mm）					混凝土强度等级				
	3 层及以下	4～19 层	4～16 层	20 层及以上	19 层及以上	5 层及以下	6 至 21 层	6 至 18 层	以上	楼板
≥30	400	300		250		C50	C45		C40	C30
＜30	350		300		250	C50		C45	C40	C30

由于楼层平面呈蝴蝶形，两侧翼的连接比较弱，为加强整体性，在平面开口处，在屋面层和每隔两个楼层设置了宽 1.5m 厚 300mm 的连接板，板中配置两层双向钢筋，沿长方向钢筋总量与相邻楼板平行方向的钢筋总量相等。在电梯厅部分各楼层楼板厚度为 180mm，配置双层双向钢筋，以加强整体性。图 7.5-14 为 T_{10} 标准层平面。

T_1、T_2、T_3、T_9、T_{10}塔楼的计算结果　表 7.5-10

塔楼号	高度(m)	地上层数	风荷载作用下					
			X方向		Y方向		底部剪力系数(%)	
			$\Delta u/h$	M_0(kN·m)	$\Delta u/h$	M_0(kN·m)	X方向	Y方向
T_1、T_{10}	82	28	1/3760	184405	1/1673	302280	3827.8/194156=1.97	3.23
T_2、T_9	96	33	1/2706	265607	1/1275	422032	4758/230352=2.07	3.26
T_3	88.2	30	1/2983	235619	1/1422	361995	4581/220748=2.07	3.17

塔楼号	地震作用下(6个振型)							
	X方向				Y方向			
	M_0(kN·m)	Q_0(kN)	Q_0/W(%)	$\Delta u/h$	M_0(kN·m)	Q_0(kN)	Q_0/W(%)	$\Delta u/h$
T_1、T_{10}	154648	3312	1.71	1/4569	128798	3163	1.63	1/3435
T_2、T_9	171237	3297	1.43	1/4175	166392	3467	1.50	1/2863
T_3	165681	3370	1.53	1/4298	148634	3450	1.56	1/3074

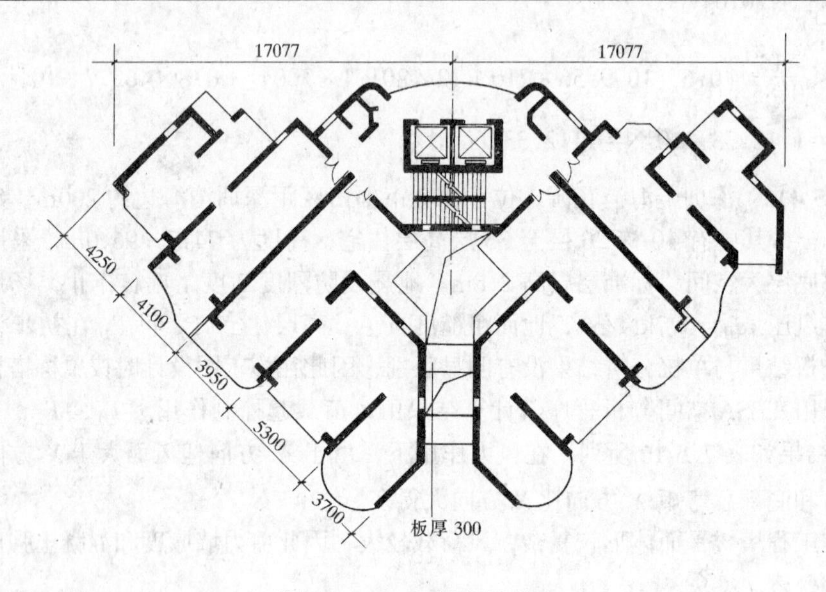

图 7.5-14　T_{10}标准层平面

7.6 若干问题的处理

1. 随着建筑使用功能发展的需要和立面体形多样化的要求，有的高层公寓、住宅建筑平面形状复杂，呈现风车形、蝴蝶形、双十字形等等，周边出现多个宽窄不等深度较大的凹槽，各突出部分在中部连接部分多为楼梯间、电梯井、管道孔（图 7.1-6），楼盖整体性较差。对于这类平面形状较复杂的建筑，结构设计在配合建筑专业时，必须注意使结构具有良好的抗风、抗震性能，避免因温度影响出现裂缝，为此应采取必要的加强措施。

(1) 在各突出部分的中部连接部位楼板厚度不小于 150mm，配置双层双向钢筋，每层每方向的配筋率不小于 0.25%，上钢筋伸至相邻突出部分板跨有足够长度。故腰部分扣除洞口后，任何方向的最小净宽度不宜小于5m。

(2) 有较长的突出部分之间，在凹槽内设置连接构件，配合建筑外形采用梁或板，可每层或隔层布置。当采用梁时梁应直接与剪力墙平行相连接，截面不宜太小，纵向钢筋和箍筋按轴心受压或偏压构件计算及构造；当采用板时，板宽不宜小于1500mm，板厚不小于180mm，应双层双向配筋，每层每向配筋率不小于0.2%，与突出部分楼板相连方向的上钢筋伸入该板跨长度可按板支座上铁伸入板跨一样考虑，下钢筋伸入支座长度应不小于受拉锚固长度 l_a 或 l_{aE}。

(3) Y形、L形等平面，在凹角部位楼层门窗洞口的连梁应加强纵向钢筋，当连梁高度大于500mm时，除墙水平分布钢筋外，应设置加强腰筋，纵向钢筋及腰筋的长度从凹角中心各延伸不小于一开间或4m。

2. 楼板可根据不同跨度取不同厚度。为减自重和争取楼层净高，三边或四边连续的双向板其厚度可取 $l//50$（l 为短向跨度），为减小楼板挠度，对短跨大于4m的板施工时预起拱。楼板宜采用考虑塑性内力重分布计算弯矩和配筋，为避免施工时操作不慎支座上铁被踩而降低安全度，支座负弯矩与跨中弯矩的比值可取1～1.5，一般宜取1.0，当板跨度较大为有利减小挠度可取1.5。

3. 公寓、住宅建筑中的厨房、卫生间的楼面，需要设置防水层，因此楼面建筑做法厚度与相邻房间楼面做法厚度不相等，要求同一块结构楼板中局部板上皮降30～50mm，按常规做法在不同楼板面高度相邻处设置梁，但由于设梁后净高减小给使用造成不便而且影响美观。现在大开间剪力墙结构的楼板厚度为埋设电线管取的较厚，对一块楼板中因厨房或卫生间楼面降低部分不设梁，局部板厚减薄，楼板按原厚度计算弯矩和跨中配筋，在局部减薄范围的支座配筋按减薄后的厚度计算确定。由于板局部减薄（其范围一般都靠墙边）对楼板刚度的影响可忽略。

4. 剪力墙纵横墙相交及门窗洞口边缘构件的纵向构造配筋和箍筋应按本章7.5节规定。在工程设计时应区别不同抗震等级及底部加强部位和其他部位，一墙段靠边端与中部受力不同及一般剪力墙结构的剪力墙与框剪结构的剪力墙不同应加以区别，避免不加区别而取大值造成不必要的浪费。目前剪力墙结构单位建筑面积的用钢量出入较大，凡用钢量多的工程其中原因之一是对边缘构件的构造配筋不加区别而偏多。

5. 框剪结构的剪力墙要求带有边框，在楼层应设置明梁或暗梁（见第8章）。剪力墙结构的墙体在楼层处可以不设置通长加强水平钢筋，更没有必要既设加强水平钢筋又加箍筋形成楼层圈梁。

墙体在内墙十字交接处，按受力及构造均可以不设置纵向加强钢筋和箍筋，在此处纵横墙的水平分布钢筋拉通，竖向分布钢筋可从各自从相邻墙边起布置。

6. 高层剪力墙结构中，对墙肢截面高度与厚度之比 h_w/b_w 小于3，且截面高度不大于1000mm的小墙肢，宜按柱截面进行配筋计算及构造。当轴压比不满足要求时，这些小墙肢则不应作为承重墙肢，可将相邻两洞口连同小墙肢截面高度视为一大洞口设置连梁，小墙肢作为非承重构件搁置在连梁上，其纵向钢筋和箍筋按构造配置。但这些小墙肢（墙垛）不应采用填充砌体，以避免使用中易损坏。

7. 在高层公寓、住宅剪力墙结构中，外挑阳台挑出长度普遍较大，为了保证有足够刚度阳台挑板根部厚度有时大于相邻内跨楼板厚度。对此类情况应采取下列处理：

（1）相邻内跨楼板厚度与阳台根部厚度相差不宜超过30mm；

（2）当相邻内跨楼板厚度小于阳台根部厚度时，阳台挑板上钢筋应按内跨楼板厚度计算确定，否则支承阳台的连梁应按受扭计算和构造。阳台挑板上钢筋伸入内跨楼板的长度不少于阳台挑出长度。

（3）当阳台挑出长度等于大于1500mm时，阳台挑板应配置平行上部钢筋的下部钢筋，直径不小于ϕ8，长度可挑出长度的1/2，并锚入连梁内。

8. 在高层公寓、住宅建筑中，常设有转角阳台，纵向和横向外墙在转角处成为互不相连的无翼缘墙肢。此时纵向和横向墙的厚度，对抗震等级为一、二级的底部加强区不宜小于楼层层高的1/12，其他楼层不应小于层高的1/15，抗震等级为三、四级的这类墙厚度也应比一般适当加厚。

在转角阳台处宜沿纵向和横向墙设置挑梁支承阳台板。当建筑使用功能要求不允许设梁时，宜将阳台相邻楼板加厚，在纵向、横向墙外端设置宽度不小于1000mm的斜向暗梁，其纵向受力筋按计算确定。

9. 剪力墙的墙体配筋，竖向分布钢筋按墙肢为偏压构件计算确定，水平分布钢筋按墙肢斜截面受剪承载力计算确定。在工程设计中墙体竖向分布钢筋不应小于水平分布钢筋，一般两者取一致。

10. 高层公寓、住宅、饭店等建筑的剪力墙结构，当墙的位置配合使用功能进行布置，墙厚按规定的构造要求确定之后，整体刚度较大，在风荷载或水平地震作用下，层间位移或顶点位移均比较小，高度在20层以下的房屋中，墙体配筋多数均属构造要求。因此，设计时为了节省用料和尽可能有较大的使用空间，墙体厚度在满足规范所规定的构造要求情况下，不宜过厚，墙体及楼盖的混凝土强度等级不宜取得过高，以避免或减少裂缝出现。一般楼盖的混凝土强度等级可低于墙体的混凝土强度等级。

11. 高层剪力墙结构，当有较大面积的外墙面时，对这些墙面应采取有效的外隔热保温措施，屋面宜采用高效隔热保温材料，以防止或减少墙体出现裂缝。

12. 高层大开间居住建筑剪力墙结构，地上楼层竖向荷载标准值，层数18层及以下为13～14kN/m²；层数19～25层为14～16kN/m²，地下室约为20kN/m²，基础底板按具体工程估算厚度。采用上述荷载值可估算所需地基承载力。在高层剪力墙结构中，满堂筏形基础所需天然地基承载力或桩基承载力均由竖向荷载控制。

13. 高层大开间剪力墙结构，层数16层至35层标准层层高2.7m的北京地区实际工程统计，墙体厚度、混凝土强度等级及配筋情况如表7.6-1所列可供参考。16层以下的高层住宅，一般墙体厚度在160～180mm，墙体配筋在ϕ8～ϕ12@200之间变化，混凝土强度等级为C25和C20变化。

北京地区大开间住宅剪力墙情况　　**表7.6-1**

层数	混凝土		墙厚			墙体分布筋			墙节点主筋直径		
	层号	强度等级	层号	内墙	外墙	层号	内墙	外墙	层号	内墙	外墙
27	21-27	C25				21-27	Φ12-200	Φ12-200	21-27	Φ20	Φ22
	9-20	C30	20-27	200	220	10-20	Φ12-200	Φ12-200	10-20	Φ22	Φ22
	2-8	C35	8-19	200-220	220-250	2-9	Φ12-200	Φ14-200	2-9	Φ25	Φ25
	1	C40	1-7	220-250	250	1	Φ14-200	Φ14-200	1	Φ25	Φ25

续表

层数	混凝土		墙厚			墙体分布筋			墙节点主筋直径		
	层号	强度等级	层号	内墙	外墙	层号	内墙	外墙	层号	内墙	外墙
	20-26	C25	20-26	200	200	20-26	Φ12-200	Φ12-200	20-26	Φ20	Φ22
26	8-19	C30	8-19	200-220	220-240	10-19	Φ12-200	Φ12-200	10-19	Φ20	Φ25
	1-7	C35	1-7	220	240	1-9	Φ12-200	Φ14-200	1-9	Φ22	Φ25
	19-25	C25				19-25	Φ12-200	Φ12-200			
25	7-18	C30	14-25	200	220	10-18	Φ12-200	Φ12-200	14-25	Φ20	Φ22
	1-6	C35	1-13	220-220	240	1-9	Φ12-200	Φ12-200	1-13	Φ22	Φ25
	18-24	C25				19-24	Φ12-200	Φ12-200			
24	5-17	C30	14-24	200	220	6-18	Φ12-200	Φ12-200	14-24	Φ20	Φ22
	1-4	C35	1-13	200	220	1-5	Φ12-200	Φ12-200	1-13	Φ20	Φ22
	17-23	C25				18-23	Φ12-200	Φ12-200			
23	5-16	C30	13-23	200	200	6-17	Φ12-200	Φ12-200	13-23	Φ20	Φ22
	1-4	C35	1-12	200	220	1-5	Φ12-200	Φ12-200	1-12	Φ20	Φ22
	16-22	C25				17-22	φ10-200	φ10-200			
22	3-15	C30	13-22	180-200	200	9-16	Φ12-200	Φ12-200	12-22	Φ20	Φ22
	1-2	C35	1-12	200	200	1-8	Φ12-200	Φ12-200	1-12	Φ20	Φ22
						16-21	φ10-200	φ10-200			
21	16-21	C25	12-21	180	180-200	6-15	Φ12-200	Φ12-200	12-21	Φ18	Φ20
	1-5	C30	1-11	180-200	200	1-5	Φ12-200	Φ12-200	1-11	Φ20	Φ20
						15-20	φ10-200	φ10-200			
20	11-20	C25	11-20	180	180-200	4-14	Φ12-200	Φ12-200	11-20	Φ18	Φ20
	1-10	C30	1-10	180	200	1-3	Φ12-200	Φ12-200	1-10	Φ18	Φ20
19	11-19	C25	10-19	180	180	13-19	φ10-200	φ10-200	10-19	Φ18	Φ18
	1-10	C30	1-9	180	180-200	1-12	Φ12-200	Φ12-200	1-9	Φ18	Φ20
18	11-18	C25	10-18	180	180	11-18	φ10-200	φ10-200	10-18	Φ18	Φ18
	1-10	C30	1-9	180	180	1-10	Φ12-200	Φ12-200	1-9	Φ18	Φ18
17	11-17	C25	10-17	160-180	180	11-17	φ10-200	φ10-200	10-17	Φ18	Φ18
	1-10	C30	1-9	180	180	1-10	Φ12-200	Φ12-200	1-9	Φ18	Φ18
16	10-16	C25	10-16	160-180	160-180	11-16	φ10-200	φ10-200	10-16	Φ18	Φ18
	1-9	C30	1-9	180	180	1-10	Φ12-200	Φ12-200	1-9	Φ18	Φ18
	29-35	C25				29-35	Φ12-200	Φ12-200	29-35	Φ22	Φ22
	17-28	C30	28-35	220	250	18-28	Φ12-200	Φ12-200	18-28	Φ22	Φ25
35	10-16	C35	17-27	250	280	10-17	Φ12-200	Φ14-200	10-17	Φ25	Φ28
	3-9	C40	4-16	280	300	3-9	Φ14-200	Φ14-200	3-9	Φ28	Φ28
	1-2	C45	1-3	280	320	1-2	Φ14-200	Φ16-200	1-2	Φ28	Φ30

续表

层数	混凝土		墙　厚			墙体分布筋			墙节点主筋直径		
	层号	强度等级	层号	内墙	外墙	层号	内墙	外墙	层号	内墙	外墙
34	28-34	C25				28-34	Φ12-200	Φ12-200	28-34	Φ22	Φ22
	16-27	C30	27-34	220	250	17-27	Φ12-200	Φ12-200	17-27	Φ22	Φ25
	9-15	C35	16-26	250	250-280	9-16	Φ12-200	Φ14-200	9-16	Φ25	Φ28
	2-8	C40	3-15	250-280	280-300	2-8	Φ14-200	Φ14-200	2-8	Φ28	Φ28
	1	C45	1-2	280	300-320	1	Φ14-200	Φ16-200	1	Φ28	Φ30
33	27-33	C25				27-33	Φ12-200	Φ2-200	27-33	Φ22	Φ22
	15-26	C30	26-33	220	250	16-26	Φ12-200	Φ12-200	16-26	Φ22	Φ25
	8-14	C35	14-25	250	280	8-15	Φ12-200	Φ14-200	8-15	Φ25	Φ28
	1-7	C40	1-13	280	300	1-6	Φ14-200	Φ14-200	7-14	Φ28	Φ28
32	26-32	C25				26-32	Φ12-200	Φ12-200	26-32	Φ22	Φ22
	14-25	C30	25-32	220	250	15-25	Φ12-200	Φ12-200	15-25	Φ22	Φ25
	7-13	C35	13-24	250	250-280	7-14	Φ12-200	Φ14-200	7-14	Φ25	Φ28
	1-6	C40	1-12	280	280-300	1-6	Φ14-200	Φ14-200	1-6	Φ28	Φ28
31	25-31	C25				25-31	Φ12-200	Φ12-200	25-31	Φ22	Φ22
	13-24	C30	24-31	220	220-250	14-24	Φ12-200	Φ12-200	14-24	Φ22	Φ25
	6-12	C35	12-23	220-250	250-280	6-13	Φ12-200	Φ14-200	6-13	Φ25	Φ28
	1-5	C40	1-11	250-280	280	1-5	Φ14-200	Φ14-200	1-5	Φ28	Φ28
30	24-30	C25				24-30	Φ12-200	Φ12-200	24-30	Φ22	Φ22
	12-23	C30	23-30	220	220-250	13-23	Φ12-200	Φ12-200	13-23	Φ22	Φ25
	5-11	C35	11-22	220-250	250	5-12	Φ12-200	Φ14-200	5-12	Φ25	Φ25
	1-4	C40	1-10	250	280	1-4	Φ14-200	Φ14-200	1-4	Φ25	Φ28
29	23-29	C25				23-29	Φ12-200	Φ12-200	23-29	Φ22	Φ22
	11-22	C30	22-29	220	220-250	12-22	Φ12-200	Φ12-200	12-22	Φ22	Φ25
	4-10	C35	10-21	220-250	250	4-11	Φ12-200	Φ14-200	4-11	Φ25	Φ25
	1-3	C40	1-9	250	250-280	1-3	Φ14-200	Φ14-200	1-3	Φ25	Φ28
28	22-28	C25				22-28	Φ12-200	Φ12-200	22-28	Φ22	Φ22
	10-21	C30	21-28	220-200	220	11-21	Φ12-200	Φ12-200	11-21	Φ22	Φ25
	3-9	C35	9-20	220	250	3-10	Φ12-200	Φ14-200	3-10	Φ25	Φ25
	1-2	C40	1-9	250	250	1-2	Φ14-200	Φ14-200	1-2	Φ25	Φ28

剪力墙结构的不同墙厚、不同部位按最小配筋率所需竖向和水平分布钢筋截面面积及配筋要求参见表7.5-8。

第8章　框架—剪力墙结构

8.1　框剪结构的特点

1. 框架—剪力墙结构，亦称框架—抗震墙结构，简称框剪结构。它是框架结构和剪力墙结构组成的结构体系，既能为建筑使用提供较大的平面空间，又具有较大的抗侧力刚度。框剪结构可应用于多种使用功能的高层房屋，如办公楼、饭店、公寓、住宅、教学楼、试验楼、病房楼等等。其组成形式一般有：

(1) 框架与剪力墙（单片墙、联肢墙或较小井筒）分开布置，各自形成抗侧力结构；

(2) 在框架结构的若干跨度内嵌入剪力墙（有边框剪力墙）；

(3) 在单片抗侧力结构内连续布置框架和剪力墙；

(4) 上述两种或几种形式的混合；

(5) 板柱结构中设置部分剪力墙（板柱—剪力墙结构）。

2. 框剪结构由框架和剪力墙两种不同的抗侧力结构组成，这两种结构的受力特点和变形性质是不同的。在水平力作用下，剪力墙是竖向悬臂弯曲结构，其变形曲线呈弯曲型（图8.1-1a），楼层越高水平位移增长速度越快，顶点水平位移值与高度是四次方关系：

均布荷载时
$$u=\frac{qH^4}{8EI} \tag{8.1-1}$$

倒三角形荷载时
$$u=\frac{11q_{\max}H^4}{120EI} \tag{8.1-2}$$

式中 H 为总高度；EI 为弯曲刚度。

在一般剪力墙结构中，由于所有抗侧力结构都是剪力墙，在水平力作用下各道墙的侧向位移曲线相类似，所以，楼层剪力在各道剪力墙之间是按其等效刚度 EI_{eq} 比例进行分配。

框架在水平力作用下，其变形曲线为剪切型（图8.1-1b），楼层越高水平位移增长越慢，在纯框架结构中，各榀框架的变形曲线类似，所以，楼层剪力按框架柱的抗推刚度 D 值比例进行分配。

框剪结构，既有框架，又有剪力墙，它们之间通过平面内刚度无限大的楼板连接在一起，在水平力作用下，使它们水平位移协调一致，不能各自自由变形，在不考虑扭转影响的情况下，在同一楼层的水平位移必须相同。因此，框剪结构在水平力作用下的变形曲线呈反 S 形的弯剪型位移曲线（图8.1-1c）。

3. 框剪结构在水平力作用下，由于框架与剪力墙协同工作，在下部楼层，因为剪力墙位移小，它拉着框架变形，使剪力墙承担了大部分剪力；上部楼层则相反，剪力墙的位

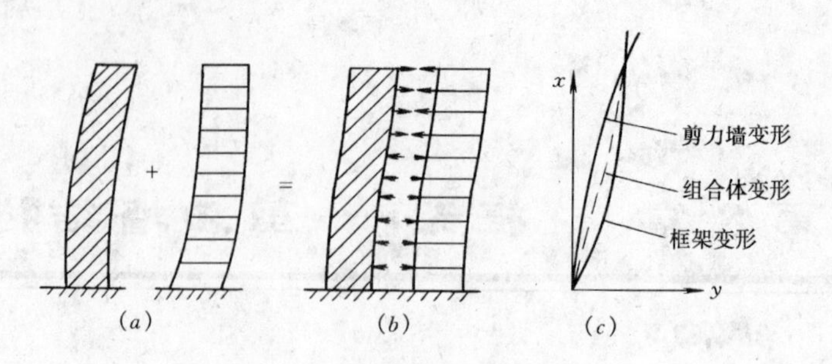

图8.1-1　框剪结构变形特点

移越来越大，而框架的变形反而小，所以，框架除负担水平力作用下的那部分剪力以外，还要负担拉回剪力墙变形的附加剪力，因此，在上部楼层即使水平力产生的楼层剪力很小，而框架中仍有相当数值的剪力。

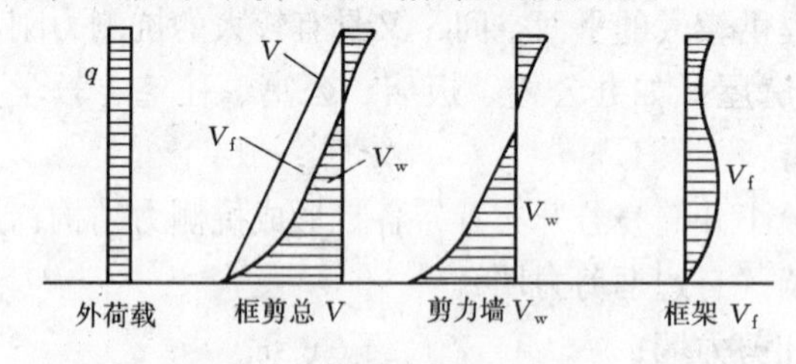

图8.1-2　框剪结构受力特点

4. 框剪结构在水平力作用下，框架与剪力墙之间楼层剪力的分配比例和框架各楼层剪力分布情况，是随着楼层所处高度而变化，与结构刚度特征值 λ 直接相关(图8.1-2)。

从图8.1-2可知，框剪结构中的框架底部剪力为零，剪力控制部位在房屋高度的中部甚至在上部，而纯框架最大剪力在底部。因此，当实际布置有剪力墙（如楼梯间墙、电梯井道墙、设备管道井墙等）的框架结构，必须按框剪结构协同工作计算内力，不应简单按纯框架分析，否则不能保证框架部分上部楼层构件的安全。

5. 框剪结构，由延性较好的框架、抗侧力刚度较大并有带边框的剪力墙和有良好耗能性能的连梁所组成，具有多道抗震防线，从国内外经受地震后震害调查表明，确为一种抗震性能很好的结构体系。

6. 框剪结构在水平力作用下，水平位移是由楼层层间位移与层高之比 $\Delta u/h$ 控制，而不是顶点水平位移进行控制。层间位移最大值发生在（0.4～0.8）H 范围的楼层，H 为建筑物总高度。具体位置应按均布荷载或倒三角形分布荷载，可从协同工作侧移法计算表中查出框架楼层剪力分配系数 ψ_f 或 ψ'_f 最大值位置确定。

7. 框剪结构在水平力作用下，框架上下各楼层的剪力取用值比较接近，梁、柱的弯矩和剪力值变化较小，使得梁、柱构件规格减少，有利于施工。

8.2　结　构　布　置

1. 框架—剪力墙结构的最大适用高度、高宽比和层间位移限值应符合第2章的有关规定。

2. 框架—剪力墙结构的结构布置除应符合本章的规定外，其框架和剪力墙的布置尚应分别符合第6章和第7章的有关规定。

3. 框架—剪力墙结构应设计成双向抗侧力体系，主体结构构件之间不宜采用铰接。

抗震设计时，两主轴方向均应布置剪力墙。梁与柱或柱与剪力墙的中线宜重合，框架的梁与柱中线之间的偏心距不宜大于柱宽的1/4。

4. 框架—剪力墙结构中剪力墙的布置宜符合下列要求：

(1) 剪力墙宜均匀对称地布置在建筑物的周边附近、楼电梯间、平面形状变化及恒载较大的部位；在伸缩缝、沉降缝、防震缝两侧不宜同时设置剪力墙。

(2) 平面形状凹凸较大时，宜在凸出部分的端部附近布置剪力墙；

(3) 剪力墙布置时，如因建筑使用需要，纵向或横向一个方向无法设置剪力墙时，该方向可采用壁式框架或支撑等抗侧力构件，但是，两方向在水平力作用下的位移值应接近。壁式框架的抗震等级应按剪力墙的抗震等级考虑。

(4) 剪力墙的布置宜分布均匀，单片墙的刚度宜接近，长度较长的剪力墙宜设置洞口和连梁形成双肢墙或多肢墙，单肢墙或多肢墙的墙肢长度不宜大于8m。每道剪力墙底部承担水平力产生的剪力不宜超过结构底部总剪力的40%。

(5) 纵向剪力墙宜布置在结构单元的中间区段内。房屋纵向长度较长时，不宜集中在两端布置纵向剪力墙，否则在平面中适当部位应设置施工后浇缝以减少混凝土硬化过程中的收缩应力影响，同时应加强屋面保温以减少温度变化产生的影响。

(6) 楼电梯间、竖井等造成连续楼层开洞时，宜在洞边设置剪力墙，且尽量与靠近的抗侧力结构结合，不宜孤立地布置在单片抗侧力结构或柱网以外的中间部分；

(7) 剪力墙间距不宜过大，应满足楼盖平面刚度的需要，否则应考虑楼盖平面变形的影响。

5. 在长矩形平面或平面有一向较长的建筑中，其剪力墙的布置宜符合下列要求：

(1) 横向剪力墙沿长方向的间距宜满足表8.2-1的要求，当这些剪力墙之间的楼盖有较大开洞时，剪力墙的间距应予减小；

(2) 纵向剪力墙不宜集中布置在两尽端。

剪力墙间距（m） **表8.2-1**

楼盖形式	非抗震设计（取较小值）	抗震设防烈度		
		6度、7度（取较小值）	8度（取较小值）	9度（取较小值）
现　浇	≤5.0B，60	≤4.0B，50	≤3.0B，40	≤2.0B，30
装配整体	≤3.5B，50	≤3.0B，40	≤2.5B，30	—
板柱剪力墙	≤3.0B，36	≤2.5B，30	≤2B，24	—
框支层	≤3.0B，36	底部1~2层，≤2B，24；3层及3层以上≤1.5B，20		—

注：1. 表中，B—楼面宽度；

2. 装配整体式楼盖指装配式楼盖上设有配筋现浇层，现浇层应符合第4章4.8节第4条的要求；

3. 现浇部分厚度大于60mm的预应力叠合楼板可作为现浇板考虑。

6. 框剪结构中的剪力墙宜设计成周边有梁柱（或暗梁柱）的带边框剪力墙。纵横向相邻剪力墙宜连接在一起形成L形、T形及口形等（图8.2-1），以增大剪力墙的刚度和抗扭能力。

7. 有边框剪力墙的布置除应满足本节第4条外，尚应符合下列要求：

(1) 墙端处的柱（框架柱）应保留，柱截面应与该片框架其它柱的截面相同；

(2) 剪力墙平面的轴线宜与柱截面轴线重合；

(3) 与剪力墙重合的框架梁可保留，梁的配筋按框架梁的构造要求配置。该梁亦可做成宽度与墙厚相同的暗梁，暗梁高度可取墙厚的2倍。

8. 剪力墙上的洞口宜布置在截面的中部，避免开在端部或紧靠柱边，洞口至柱边的距离不宜小于墙厚的2倍，开洞面积不宜大于墙面积的1/6，洞口宜上下对齐，上下洞口间的高度（包括梁）不宜小于层高的1/5（图8.2-2）。

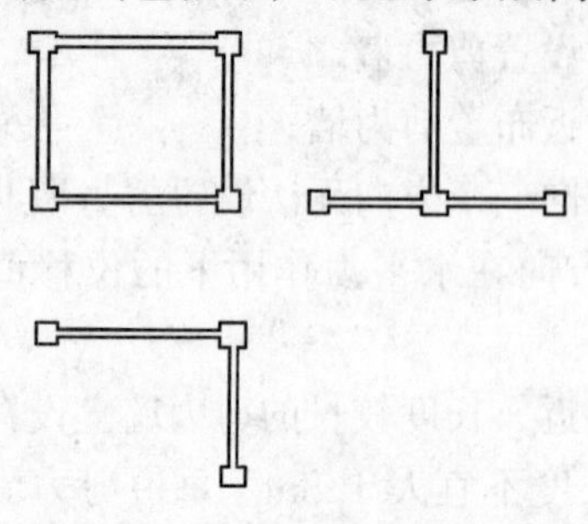

图8.2-1　相邻剪力墙的布置

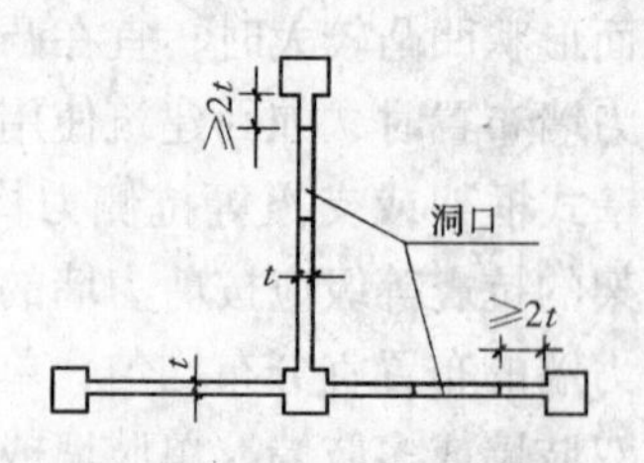

图8.2-2　剪力墙的洞口布置

9. 剪力墙宜贯通建筑物全高，沿高度墙的厚度宜逐渐减薄，避免刚度突变。当剪力墙不能全部贯通时，相邻楼层刚度的减弱不宜大于30%，在刚度突变的楼层板应按转换层楼板的要求加强构造措施。

10. 框剪结构中，剪力墙应有足够的数量。当取基本振型分析框架部分承受的地震倾覆力矩大于结构总地震倾覆力矩的50%时，框架的抗震等级应按框架结构考虑。

为了满足上述剪力墙数量的要求，结构刚度特征值 λ 宜不大于2.4。但是，当剪力墙设置过多，会使结构刚度过大，从而加大了地震效应，增大结构内力，同时使框架也不能充分发挥作用。因此，框剪结构中应确定剪力墙的合理数量。

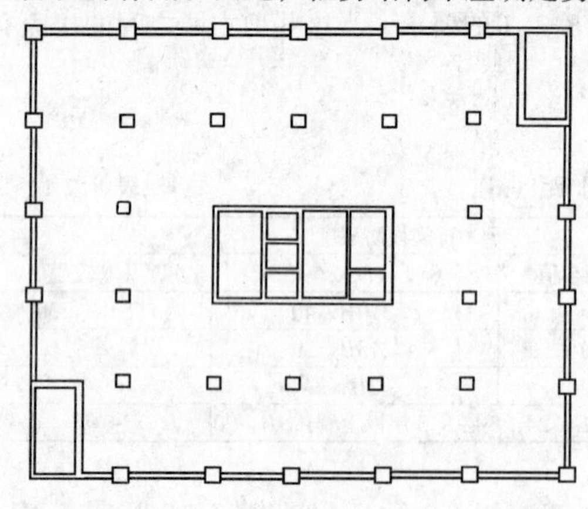

图8.2-3　板柱—剪力墙结构

11. 当框架结构中仅设置少量剪力墙时，剪力墙的布置应符合本节第4条的要求，在计算分析中应考虑该剪力墙与框架的协同工作。

12. 板柱—剪力墙结构系指楼层平面除周边框架间有梁，楼梯间有梁，内部多数柱之间不设置梁，抗侧力构件主要为剪力墙或核心筒（图8.2-3）。当楼层平面周边框架柱间有梁，内部设有核心筒及仅有一部分主要承受竖向荷载而不设梁的柱，此类结构属于框架—核心筒结构（图8.2-4）。

13. 板柱—剪力墙结构的布置应符合下列要求：

（1）应布置成双向抗侧力体系，两主轴方向均应设置剪力墙；

（2）房屋的顶层及地下一层顶板宜采用梁板结构；

（3）横向及纵向剪力墙应能承担该方向全部地震作用，板柱部分仍应能承担相应方向地震作用的20%；

（4）抗震设计时，楼盖周边不应布置外挑板并应设置周边柱间框架梁。

（5）楼盖有楼电梯间等较大开洞时，洞口周围宜设置框架梁，洞边设边梁；

(6) 抗震设计时，纵横柱轴线均应设置暗梁，暗梁宽可取与柱宽相同或柱宽加上柱宽度以外各1.5倍板厚；

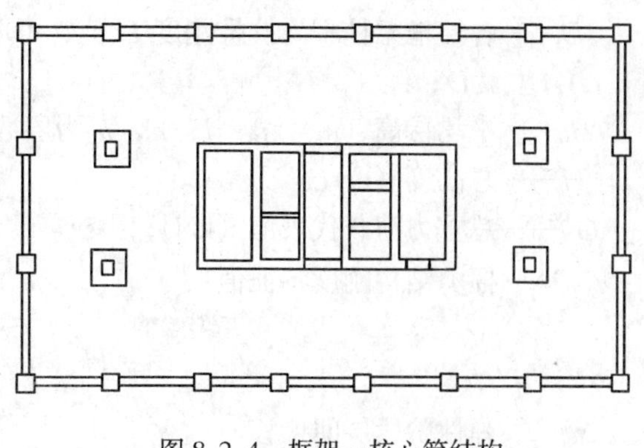

图8.2-4 框架—核心筒结构

(7) 无梁板可采用无柱帽板，当板不能满足冲切承载力要求且建筑许可时可采用平托板式柱帽，平托板的长度和厚度按冲切要求确定，且每方向长度不宜小于板跨度的1/6，其厚度不小于1/4无梁板的厚度；抗震设计时，托板每方向长度尚不宜小于同方向柱截面宽度与4倍板厚度之和，平托板处总厚度不应小于16倍柱纵筋的直径。不能设平托板式柱帽时可采用剪力架。

(8) 楼板跨度在8m以内时，可采用钢筋混凝土平板。跨度较大而采用预应力楼板且抗震设计时，楼板的纵向受力钢筋应以非预应力低碳钢筋为主，部分预应力钢筋主要用作提高楼板刚度和加强板的抗裂能力。

8.3 剪力墙合理数量的确定方法

1. 在框剪结构中，应当使剪力墙承担大部分由于水平作用产生的剪力。但是，剪力墙设置过多，使结构刚度过大，从而加大了地震效应，对结构也是不合理不经济的。

2. 在设计有抗震设防的高层框剪结构时，采用本节简化的剪力墙合理数量的确定方法，既可在初步设计阶段简捷地用手算，有效地控制框架梁柱截面和剪力墙的位置及尺寸，又可用于施工图阶段；在电算上机前确定满足位移限值所需要的构件合适截面，同时也可直接应用手算分析水平地震作用下框剪结构的内力和位移。

3. 本简化方法的假定条件和适用范围为：框架梁与剪力墙连接为铰接；结构基本周期考虑非承重砌体墙影响的折减系数 $\psi_T=0.75$；结构高度不超过50m，质量和刚度沿高度分布比较均匀；满足弹性阶段层间位移比 $\Delta u/h$ 限制值；框架部分承受的地震倾覆力矩不大于结构总地震倾覆力矩的50%。

4. 当已知建筑物总高度 H，总重力荷载代表值 G_E，场地类别，设防烈度，地震影响系数最大值 α_{max}，设计地震分组，层间位移比 $\Delta u/h$ 限制值，框架总刚度 C_f 时，可由表8.3-1查得参数 ψ，按下式求出参数 β：

$$\beta=\psi H^{0.45}\left(\frac{C_f}{G_E}\right)^{0.55} \tag{8.3-1}$$

已知 β 值后查表8.3-2得结构刚度特征值 λ。

已知 λ、H、C_f 时可由下式求得所需的剪力墙平均总刚度 EI_w（kN·m²）：

$$EI_w=\frac{H^2C_f}{\lambda^2} \tag{8.3-2}$$

式中 C_f——框架平均总刚度（kN）：

$$C_f=\overline{D}\,\overline{h} \tag{8.3-3}$$

$\overline{D}$——各层框架柱平均抗推刚度 D 值，可取结构（0.5~0.6）H 间楼层的 D 值作为$\overline{D}$；

$\overline{h}$——平均层高（m），$\overline{h}=H/n$，n 为层数；

H——总高度（m）；

G_E——总重力荷载代表值（kN）；

λ——框剪结构刚度特征值：

$$\lambda = H\sqrt{\frac{C_f}{EI_w}} \tag{8.3-4}$$

Δu——弹性阶段层间位移。

ψ　值　　　　**表 8.3-1**

设防烈度	$\Delta u/h$	α_{max}	设计地震分组	场地类别			
				Ⅰ	Ⅱ	Ⅲ	Ⅳ
7	1/800	0.08	第一组	0.341	0.252	0.201	0.144
			第二组	0.290	0.224	0.168	0.127
			第三组	0.252	0.201	0.144	0.108
		0.12	第一组	0.228	0.168	0.134	0.096
			第二组	0.193	0.149	0.112	0.085
			第三组	0.168	0.134	0.096	0.072
8	1/800	0.16	第一组	0.171	0.126	0.101	0.072
			第二组	0.145	0.112	0.084	0.063
			第三组	0.126	0.101	0.072	0.054
		0.24	第一组	0.114	0.084	0.067	0.048
			第二组	0.097	0.075	0.056	0.042
			第三组	0.084	0.067	0.048	0.036
9	1/800	0.32	第一组	0.085	0.063	0.050	
			第二组	0.072	0.056	0.042	
			第三组	0.063	0.050	0.036	

β　值　　　　**表 8.3-2**

λ	β	λ	β	λ	β
1.00	2.454	1.50	3.258	2.00	3.788
1.05	2.549	1.55	3.321	2.05	3.829
1.10	2.640	1.60	3.383	2.10	3.873
1.15	2.730	1.65	3.440	2.15	3.911
1.20	2.815	1.70	3.497		
1.25	2.897	1.75	3.550	2.20	3.948
1.30	2.977	1.80	3.602	2.25	3.985
1.35	3.050	1.85	3.651	2.30	4.020
1.40	3.122	1.90	3.699	2.35	4.055
1.45	3.192	1.95	3.746	2.40	4.085

5. 为满足剪力墙承受的地震倾覆力矩不小于结构总地震倾覆力矩的 50%，应使结构刚度特征值 λ 不大于 2.4。为了使框架充分发挥作用，达到框架最大楼层剪力 $V_{fmax} \geqslant$

$0.2F_{Ek}$，剪力墙刚度不宜过大，应使 λ 值不小于 1.15。

6. 把公式（8.3-2）求得的剪力墙刚度 EI_w 与实际结构布置的剪力墙刚度进行比较，当两者接近或求得的 EI_w 稍大时，则满足结构侧向位移限值的要求，可往下进行内力计算。如果求得的 EI_w 小于结构实际布置的剪力墙刚度，或 EI_w 比结构实际布置的剪力墙刚度大很多，此时应把结构实际布置的剪力墙进行调整。

7. 框剪结构为了满足位移限制值，在框架梁柱截面确定的条件下，调整剪力墙的刚度是比较合理的。但是，剪力墙刚度的增大虽然较多，而位移的减小都较少。在水平地震作用下，当其他条件不变的情况下，剪力墙刚度增加一倍，结构顶点位移或最大层间位移的减小仅为 13～19%。

8. 有抗震设防的 9～16 层框剪结构，无论在纵向还是在横向，剪力墙刚度差别虽大，但相应框架所分配的剪力值都在一个较小幅度内变化。不同层数、不同墙率 α 比值的框架所分配的剪力 V_f 的比值如表 8.3-3 所示。

不同墙率比值的框架剪力比值 表 8.3-3

比　值	层　数						
	9	10	12				16
α_1/α_2	1.53	1.59	1.59	1.95	2.52	4.78	1.48
V_{f1}/V_{f2}	0.92	0.88	0.92	0.91	0.90	0.75	0.96

注：墙率 $\alpha_1=EI_{w1}/A$；框架相应分配剪力为 V_{f1}；墙率 $\alpha_2=EI_{w2}/A$；框架相应分配剪力为 V_{f2}；A 为楼层面积。

9.【**例题 8.3-1**】

有一建筑物为 13 层的框剪结构，抗震设防烈度为 8 度，Ⅰ类场地，设计地震分组为第一组，地震影响系数最大值 $\alpha_{max}=0.16$，要求层间位移比 $\Delta u/h\leqslant\frac{1}{800}$，总高度 $H=48.2$m，总重力荷载代表值 $G_E=116800$kN，框架各层柱的平均抗推刚度 $D=27.84\times10^4$（kN/m），结构布置的实际剪力墙总刚度 $EI_w'=1080.40\times10^6$（kN·m²），求所需剪力墙的总刚度 EI_w。

各层平均高度 $\overline{h}=\frac{H}{n}=\frac{48.2}{13}=3.7$m，框架刚度为：$C_f=D\cdot\overline{h}=27.84\times10^4\times3.7=103\times10^4$（kN），查表 8.3-1 得 $\psi=0.171$，代入公式（8.3-1）得：

$$\beta=\psi H^{0.45}\left(\frac{C_f}{G_E}\right)^{0.55}=0.171\times48.2^{0.45}\left(\frac{103\times10^4}{116800}\right)^{0.55}=3.24$$

查表 8.3-2 得 $\lambda=1.49$ 代入公式（8.3-2）得：

$$EI_w=\frac{H^2C_f}{\lambda^2}=\frac{48.2^2\times103\times10^4}{1.49^2}=1077.85\times10^6\ (\text{kN}\cdot\text{m}^2)$$

则实际布置的 $EI'_w>EI_w$，可往下进行结构内力和位移计算。

8.4 刚　度　计　算

1. 框剪结构在内力与位移计算中，所有构件均可采用弹性刚度，但是，框架与剪力墙之间的连梁和剪力墙墙肢间的连梁刚度可予以折减，折减系数不应小于 0.50。

2. 剪力墙刚度计算时，可以考虑纵、横墙间的有效翼缘，其翼缘宽度取值可查图

8.4-1和表8.4-1。

剪力墙的翼缘有效宽度　　表 8.4-1

项次	所考虑的情况	T形截面翼缘有效宽度	L形截面翼缘有效宽度
1	按剪力墙的间距 s_0	$b_w+\frac{s_{01}}{2}+\frac{s_{02}}{2}$	$b_w+\frac{s_{03}}{2}$
2	按翼缘墙厚 h_1	b_w+12h_1	b_w+6h_1
3	按门窗洞净距 b_0	b_{01}	b_{02}
4	按剪力墙总高度 H	$0.15H$	

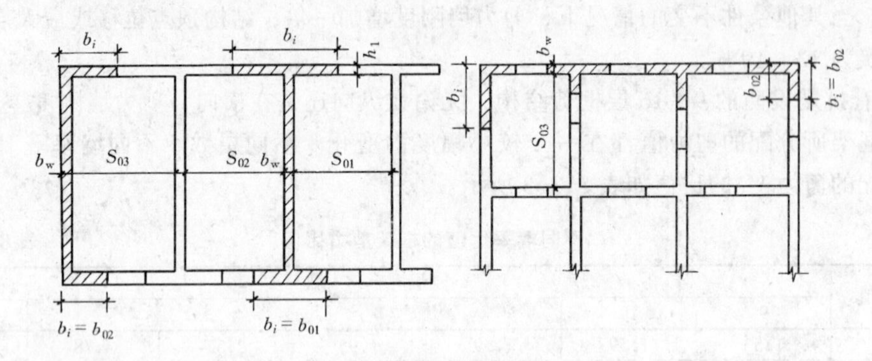

图8.4-1　剪力墙的翼缘有效宽度

3. 框剪结构采用简化方法计算时，可将结构单元内的所有框架、连梁和剪力墙分别合并成为总的框架、连梁和剪力墙，它们的刚度分别为相应的各单个结构刚度之和。

4. 框剪结构采用计算机进行内力与位移计算时，较规则的可采用平面抗侧力结构空间协同工作方法，开口较大的联肢墙作为壁式框架考虑，无洞口整截面墙和整体小开口墙可按其等效刚度作为单柱考虑。体型和平面较复杂的框剪结构，宜采用三维空间分析方法进行内力与位移计算。

5. 采用简化方法时，框架的总刚度可采用 D 值法计算。D 值法计算各层框架柱抗推刚度 D 值见第6章。

框架总刚度

$$C_f=\overline{D}\,\overline{h} \tag{8.4-1}$$

框架各层 D_i 值的平均值为：

$$\overline{D}=\sum_{i=1}^{n}D_ih_i/H \tag{8.4-2}$$

框架的平均层高：

$$\overline{h}=\sum_{i=1}^{n}h_i/n=\frac{H}{n} \tag{8.4-3}$$

式中 h_i 为第 i 层层高，n 为框架层数，H 为结构总高度，D_i 为框架第 i 层所有柱 D 值之和。

6. 剪力墙除实体墙外，根据墙面开洞大小和位置、连梁强弱程度区分为整截面墙(包括无洞口墙)、整体小开口墙、联肢墙和壁式框，并采用相应方法进行有关计算。

7. 各类剪力墙按下列情况进行区别

(1) 整截面墙（包括无洞口墙）

剪力墙洞口满足下列条件为整截面墙：

$$\frac{A_{0p}}{A_f} \leqslant 0.16 \tag{8.4-4}$$

$$l_w > l_{0max} \tag{8.4-5}$$

式中 A_{0p}——墙面洞口面积；

A_f——墙面面积；

l_w——洞口之间或洞口边至墙边的距离；

l_{0max}——洞口长边尺寸。

(2) 整体小开口墙

剪力墙由成列洞口划分成若干墙肢，各列墙肢和连梁的刚度比较均匀，并满足下列条件的为整体小开口墙：

$$\alpha \geqslant 10 \tag{8.4-6}$$

$$\frac{I_n}{I} \leqslant \zeta \tag{8.4-7}$$

$$\alpha = H\sqrt{\frac{12 I_b a^2}{h\ (I_1 + I_2)\ L_b^3}\frac{I}{I_n}}\ \text{（双肢墙）} \tag{8.4-8}$$

$$\alpha = H\sqrt{\frac{12}{\tau h \sum_{j=1}^{m+1} I_j}\sum_{j=1}^{m}\frac{I_{bj}a_j^2}{L_j^3}}\ \text{（多肢墙）} \tag{8.4-9}$$

$$I_n = I - \sum_{j=1}^{m+1} I_j \tag{8.4-10}$$

$$I_{bj} = \frac{I_{bj0}}{1 + \dfrac{30\mu I_{bj0}}{A_{bj}L_j^2}} \tag{8.4-11}$$

式中 α——整体性系数；

I——剪力墙对组合截面形心的惯性矩；

I_n——扣除墙肢惯性矩后的剪力墙惯性矩；

I_{bj}——第 j 列连梁的折算惯性矩；

I_{bj0}——第 j 列连梁截面惯性矩；

μ——梁截面形状系数，矩形截面时 $\mu = 1.2$；

I_j——第 j 墙肢的惯性矩；

m——洞口列数；

h——层高；

a_j——第 j 列洞口两侧墙肢形心间距离；

H——剪力墙总高度；

L_j——第 j 列洞口连梁计算跨度，取洞口宽度加连梁高度的一半；

τ——系数，当3～4个墙肢时取0.8；5～7个墙肢时取0.85；8个以上墙肢时取0.9；

ζ——系数，可根据建筑层数 n 和整体性系数 α 从表8.4-2查出。

系数ζ的数值 表8.4-2

α \ 层数 n	8	10	12	16	20	≥30
10	0.886	0.948	0.975	1.000	1.000	1.000
12	0.866	0.924	0.950	0.994	1.000	1.000
14	0.853	0.908	0.934	0.978	1.000	1.000
16	0.844	0.896	0.923	0.964	0.988	1.000
18	0.836	0.888	0.914	0.952	0.978	1.000
20	0.831	0.880	0.906	0.945	0.970	1.000
22	0.827	0.875	0.901	0.940	0.965	1.000
24	0.824	0.871	0.897	0.936	0.960	0.989
26	0.822	0.867	0.894	0.932	0.955	0.986
28	0.820	0.864	0.890	0.929	0.952	0.982
≥30	0.818	0.861	0.887	0.926	0.950	0.979

(3) 联肢墙

当满足下式时，可按联肢墙计算：

$$\left.\begin{array}{l}\alpha<10\\ \dfrac{I_{\mathrm{n}}}{I}\leqslant\zeta\end{array}\right\}\tag{8.4-12}$$

(4) 壁式框架

当满足下式时，可按壁式框架计算：

$$\left.\begin{array}{l}\alpha\geqslant10\\ \dfrac{I_{\mathrm{n}}}{I}>\zeta\end{array}\right\}\tag{8.4-13}$$

8. 为了考虑轴向变形和剪切变形对剪力墙刚度的影响，剪力墙刚度可以按顶点位移相等的原则折算成竖向悬臂受弯构件的等效刚度。

9. 剪力墙的总刚度为：

$$EI_{\mathrm{w}}=\Sigma(EI_{\mathrm{w}})j\tag{8.4-14}$$

式中 $(EI_{\mathrm{w}})_j$ 为第 j 道剪力墙的等效刚度，可根据剪力墙的类型取其各自的等效刚度。当墙的刚度沿竖向有变化时，可采用各层刚度的加权平均值：

$$EI_{\mathrm{w}}=\sum_{i=1}^{n}[(EI_{\mathrm{w}})_j]_i h_i/H\tag{8.4-15}$$

(1) 单肢墙、整截面墙的等效刚度为：

$$EI_{\mathrm{eq}}=\frac{EI_{\mathrm{w}}}{1+\dfrac{9\mu I_{\mathrm{w}}}{A_{\mathrm{w}}H^2}}\tag{8.4-16}$$

式中 I_{w}——剪力墙的惯性矩，对于小洞口整截面墙，取组合截面惯性矩；

A_{w}——无洞口剪力墙的截面面积，对于小洞口整截面墙取折算截面面积：

$$A_{\mathrm{w}}=\left[1-1.25\sqrt{\frac{A_{0\mathrm{p}}}{A_{\mathrm{f}}}}\right]A\tag{8.4-17}$$

其中 A 为剪力墙横截面毛面积；$A_{0\mathrm{p}}$ 为墙面洞口面积；A_{f} 为墙面总面积；

H——剪力墙总高度；

E——混凝土的弹性模量；

μ——截面形状系数，矩形截面 $\mu=1.2$；I 形截面 $\mu=\dfrac{A}{A'}$，A 为全截面面积；A' 为腹板毛面积。T 形截面的 μ 见表 8.4-3。

T 形截面形状系数 μ 　　表 8.4-3

h_w/b_w \ b_f/b_w	2	4	6	8	10	12
2	1.383	1.496	1.521	1.511	1.483	1.445
4	1.441	1.876	2.287	2.682	3.061	3.424
6	1.362	1.679	2.033	2.367	2.698	3.026
8	1.313	1.572	1.838	2.106	2.374	2.641
10	1.283	1.489	1.707	1.927	2.148	2.370
12	1.264	1.432	1.614	1.800	1.988	2.178
15	1.245	1.374	1.519	1.669	1.820	1.973
20	1.228	1.317	1.422	1.534	1.648	1.763
30	1.214	1.264	1.328	1.399	1.473	1.549
40	1.208	1.240	1.284	1.334	1.387	1.442

注：表中 b_f 为翼缘宽度；h_w 为截面高度；b_w 为墙腹板厚度。

（2）整体小开口墙的等效刚度为（图 8.4-2）：

$$EI_{eq}=\frac{0.8EI_w}{1+\dfrac{9\mu I_w}{H^2\Sigma A_i}} \tag{8.4-18}$$

式中 I_w——对剪力墙组合截面形心的组合截面惯性矩；当各层层高及惯性矩不同时，剪力墙的惯性矩取各层平均值：

$$I_w=\frac{\Sigma I_{wi}h_i}{\Sigma h_i} \tag{8.4-19}$$

ΣA_i——各墙肢截面面积之和；

其他同前。

（3）双肢墙在倒三角形分布荷载作用下的等效刚度为（图 8.4-3）：

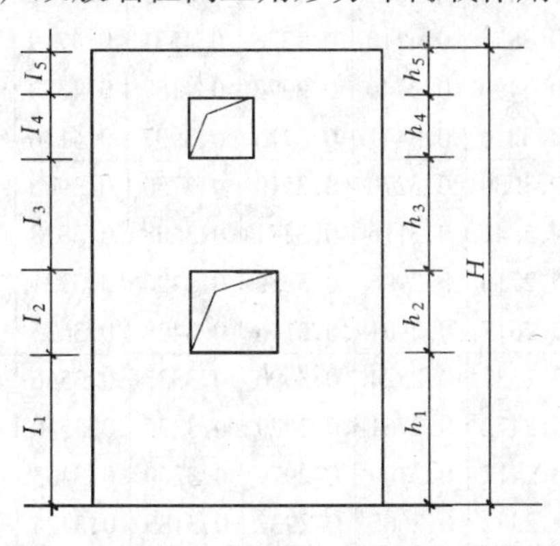

图 8.4-2　整体小开口墙

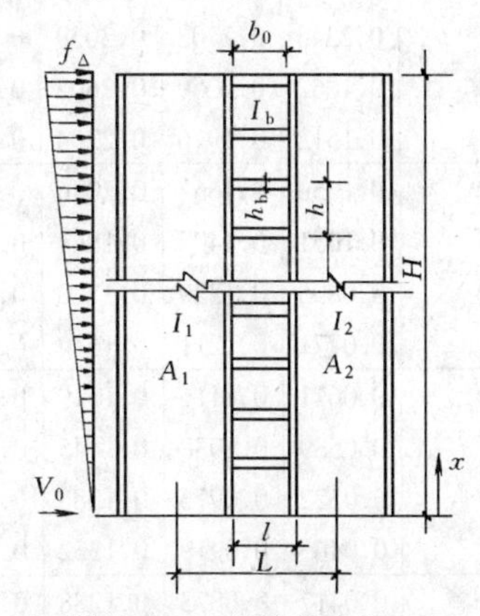

图 8.4-3　双肢剪力墙

$$EI_{eq}=\frac{1}{\psi}(I_1+I_2)E \tag{8.4-20}$$

式中 $$\psi = 1 - \frac{1}{\tau} + \frac{120}{11}\frac{1}{\tau\alpha^2}\left[\frac{1}{3} - \frac{1 + \left(\frac{\alpha}{2} - \frac{1}{\alpha}\right)\mathrm{sh}\alpha}{\alpha^2\mathrm{ch}\alpha}\right] \tag{8.4-21}$$

$$\tau = 1 + \frac{(A_1 + A_2)(I_1 + I_2)}{A_1 A_2 L^2} \tag{8.4-22}$$

α——双肢墙整体系数，$\alpha = \omega H$

$$\omega^2 = \frac{12 L\beta I_L}{l^3 h(I_1 + I_2)}\left[L + \frac{(A_1 + A_2)(I_1 + I_2)}{A_1 A_2 L}\right] \tag{8.4-23}$$

$$\beta = \frac{1}{1 + 3.0\left(\frac{h_b}{l}\right)^2} \tag{8.4-24}$$

A_1、A_2——双肢墙两墙肢的截面面积；

I_1、I_2——双肢墙两墙肢的截面惯性矩；

I_b——连梁截面惯性矩，其刚度乘以0.50折减系数；

L——两墙肢截面形心之间距离；

l——洞口边柱中心距，当洞口边无柱时，$l = l_0 + 0.5h_b$；

h_b、l_0——分别为连梁的高度和净跨；

H——剪力墙总高度；

h——层高；

ψ——系数，可根据 α 和 τ 值由表8.4-4查得。

ψ 值 **表8.4-4**

α \ τ	1.0000	1.0500	1.1000	1.1500	1.2000	1.2500	1.3000	1.3500	1.4000	1.4500	1.5000
0.5	0.9110	0.9153	0.9191	0.9226	0.9259	0.9288	0.9316	0.9341	0.9364	0.9386	0.9407
1.0	0.7208	0.7341	0.7462	0.7572	0.7674	0.7767	0.7853	0.7932	0.8006	0.8075	0.5139
1.5	0.5376	0.5596	0.5796	0.5979	0.6147	0.6301	0.6443	0.6575	0.6697	0.6811	0.6917
2.0	0.3992	0.4278	0.4388	0.4776	0.4993	0.5194	0.5379	0.5550	0.5709	0.5857	0.5995
2.5	0.3021	0.3353	0.3655	0.3931	0.4184	0.4417	0.4631	0.4830	0.5015	0.5187	0.5347
3.0	0.2343	0.2708	0.3039	0.3342	0.3619	0.3875	0.4110	0.4328	0.4531	0.4719	0.4895
3.5	0.1862	0.2250	0.2602	0.2924	0.3218	0.3490	0.3740	0.3972	0.4187	0.4388	0.4575
4.0	0.1512	0.1916	0.2204	0.2619	0.2927	0.3210	0.3471	0.3713	0.3937	0.4146	0.4341
4.5	0.1250	0.1667	0.2046	0.2392	0.2709	0.3000	0.3270	0.3519	0.3750	0.3966	0.4167
5.0	0.1051	0.1477	0.1864	0.2218	0.2542	0.2841	0.3116	0.3371	0.3608	0.3828	0.4034
5.5	0.0895	0.1329	0.1723	0.2083	0.2412	0.2716	0.2996	0.3256	0.3496	0.3721	0.3930
6.0	0.0771	0.1211	0.1610	0.1975	0.2309	0.2617	0.2901	0.3146	0.3408	0.3635	0.3847
6.5	0.0671	0.1116	0.1519	0.1888	0.2226	0.2537	0.2824	0.3090	0.3337	0.3566	0.3781
7.0	0.0589	0.1038	0.1445	0.1817	0.2158	0.2472	0.2761	0.3029	0.3278	0.3510	0.3726
7.5	0.0522	0.0973	0.1383	0.1758	0.2101	0.2417	0.2709	0.2979	0.3230	0.3463	0.3681
8.0	0.0465	0.0919	0.1332	0.1709	0.2054	0.2372	0.2665	0.2937	0.3189	0.3424	0.3643
8.5	0.0417	0.0873	0.1288	0.1667	0.2014	0.2334	0.2628	0.2901	0.3155	0.3391	0.3611
9.0	0.0376	0.0834	0.1251	0.1631	0.1980	0.2301	0.2597	0.2871	0.3126	0.3363	0.3584
9.5	0.0341	0.0801	0.1219	0.1601	0.1951	0.2273	0.2570	0.2845	0.3101	0.3338	0.3560
10.0	0.0310	0.0772	0.1191	0.1574	0.1925	0.2248	0.2546	0.2822	0.3079	0.3317	0.3540

10. 墙肢大小均匀的联肢墙和壁式框架，均可转换成带刚域杆件的壁式框架，采用 D 值法进行抗侧力简化计算（图 8.4-4）。

（1）刚域的范围按下列公式确定：

$$d_{b1} = a_1 - \frac{h_b}{4} \tag{8.4-25}$$

$$d_{b2} = a_2 - \frac{h_b}{4} \tag{8.4-26}$$

$$d_{c1} = C_1 - \frac{b_c}{4} \tag{8.4-27}$$

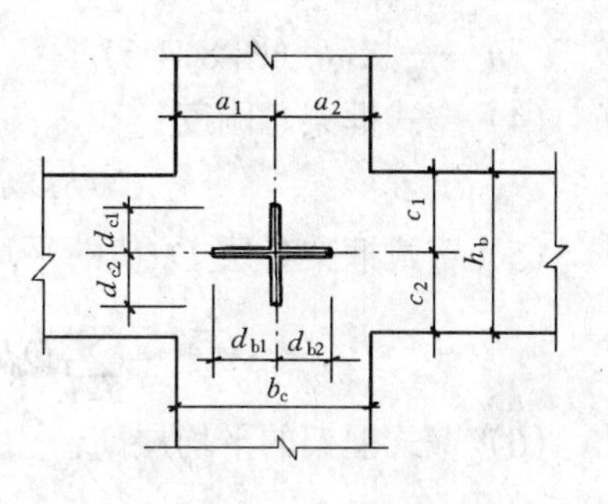

图 8.4-4 刚域长度

$$d_{c2} = C_2 - \frac{b_c}{4} \tag{8.4-28}$$

当计算的刚域长度小于零时，不考虑刚域的影响。

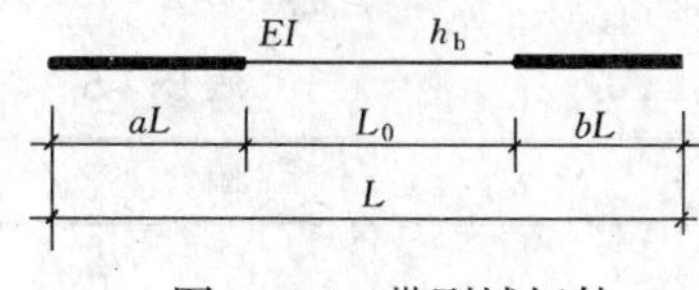

图 8.4-5 带刚域杆件

（2）带刚域杆件（图 8.4-5），两端刚域长度为 aL、bL，中段的杆件弯曲刚度为 EI，梁或柱的截面高度为 h_b 或 b_c，中段长度为 l_0 或 h_{c0}，其梁两端和柱刚度为：

$$K_A = C_A i \tag{8.4-29}$$

$$K_B = C_B i \tag{8.4-30}$$

$$K_C = \frac{C_A + C_B}{2} i \tag{8.4-31}$$

式中

$$C_A = \frac{1 + a - b}{(1 - a - b)^3(1 + \beta)} \tag{8.4-32}$$

$$C_B = \frac{1 + b - a}{(1 - a - b)^3(1 + \beta)} \tag{8.4-33}$$

$$i = \frac{EI}{L}$$

β——考虑剪切变形影响的附加系数：

梁 $$\beta = \frac{12\mu EI}{GAl_0^2} = 3\left(\frac{h_b}{l_0}\right)^2 \tag{8.4-34}$$

柱 $$\beta = 3\left(\frac{b_c}{h_{c0}}\right)^2 \tag{8.4-35}$$

$$a = \frac{aL}{L} \tag{8.4-36}$$

$$b = \frac{bL}{L} \tag{8.4-37}$$

（3）壁式框架柱的抗推刚度 D 值为：

$$D = \alpha K_C \frac{12}{h^2} \tag{8.4-38}$$

式中 α——考虑梁柱刚度比对侧移刚度影响的修正系数，见表 8.4-5；

K_C——考虑了刚域影响后的柱刚度，按公式（8.4-31）计算；

h——层高（图 8.4-6）。

（4）壁式框架总刚度：

$$C_f = \overline{D}\,\overline{h} \tag{8.4-39}$$

（5）壁式框架各层 D_i 值的平均值为：

$$\overline{D} = \sum_{i=1}^{n} D_i h_i / H \tag{8.4-40}$$

（6）壁式框架的平均层高：

$$\overline{h} = \sum_{i=1}^{n} h_i / n = \frac{H}{n} \tag{8.4-41}$$

式中　h_i——第 i 层层高（m）；

n——总层数；

H——结构总高度（m）；

D_i——壁式框架第 i 层所有柱 D 值之和。

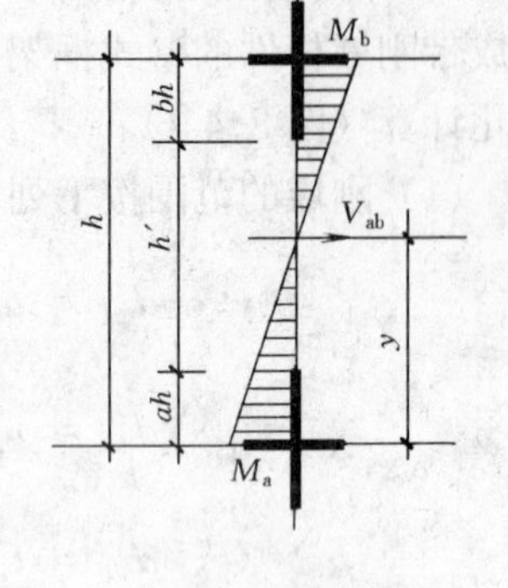

图 8.4-6　带刚域柱

修正系数 α 值　　　　**表 8.4-5**

楼层	带刚域杆件刚度值	K	α	附注
一般层	① $k_2 = C_A i_2$，k_c，$k_4 = C_A i_4$，h；② $k_1 = C_B i_1$，$k_2 = C_A i_2$，k_c，$k_3 = C_B i_3$，$k_4 = C_A i_4$	①情况 $K = \frac{K_2 + K_4}{2K_c}$ ②情况 $K = \frac{K_1 + K_2 + K_3 + K_4}{2K_c}$	$\alpha = \frac{K}{2 + K}$	$i_i = \frac{EI_i}{l_i}$ 为梁未考虑刚域修正前的刚度
底层	① $k_2 = C_A i_2$，k_c，h；② $k_1 = C_B i_1$，$k_2 = C_A i_2$，k_c	①情况 $K = \frac{K_2}{K_c}$ ②情况 $K = \frac{K_1 + K_2}{K_c}$	$\alpha = \frac{0.5 + K}{2 + K}$	

（7）壁式框架柱反弯点高度比按下式计算（图 8.4-5）

$$y = a + Sy_0 + y_1 + y_2 + y_3 \tag{8.4-42}$$

式中

$$a = ah / h \tag{8.4-43}$$

$$S = h' / h \tag{8.4-44}$$

y_0——标准反弯点高度比，由上下带刚域梁的平均相对刚度与壁式框架柱相对刚度的比值

$$\overline{K} = S^2 \frac{K_1 + K_2 + K_3 + K_4}{2 i_c} \tag{8.4-45}$$

从第 6 章表 6.5-2、表 6.5-3 查得；

y_1——上下梁刚度变化的修正值，由上下带刚域梁刚度比值 $\alpha_1 = \frac{K_1 + K_2}{K_3 + K_4}$ 及 $\overline{K}$ 查表

6.5-4 得；

y_2——上层层高变化的修正值，由上层层高对该层层高的比值 $\alpha_2=\frac{h_{上}}{h}$ 及 $\overline{K}$ 查表 6.5-5得；

y_3——下层层高变化的修正值，由下层层高对该层层高的比值 $\alpha_3=\frac{h_{下}}{h}$ 及 $\overline{K}$ 值查表 6.5-5 得。

壁式框架柱标准反弯点高比为 $a+Sy_0$，而框架的标准反弯点高比为 y_0。

（8）带刚域杆件的刚度修正提高系数 C_A、C_B 可采用表 8.4-6 至表 8.4-11。表中$\lambda_A=aL/L$，$\lambda_B=bL/L$，比值 b_c/h_{c0}用于柱，比值 h_b/l_0 用于梁。

C_A 值表（$\lambda_B=0$） **表 8.4-6**

b_c/h_{c0} (h_b/l_0) \ λ_A	0.00	0.05	0.10	0.15	0.20	0.25	0.30
0.00	1.000	1.225	1.509	1.873	2.344	2.963	3.790
0.05	0.993	1.215	1.496	1.855	2.318	2.927	3.737
0.10	0.973	1.188	1.458	1.803	2.246	2.822	3.585
0.15	0.941	1.145	1.400	1.722	2.134	2.665	3.358
0.20	0.899	1.089	1.326	1.621	1.995	2.471	3.085
0.25	0.851	1.026	1.241	1.507	1.840	2.260	2.793
0.30	0.799	0.957	1.151	1.388	1.682	2.046	2.503
0.35	0.745	0.887	1.060	1.270	1.526	1.841	2.229
0.40	0.691	0.818	0.972	1.156	1.379	1.649	1.980
0.45	0.638	0.752	0.888	1.049	1.243	1.476	1.757
0.50	0.588	0.690	0.809	0.951	1.119	1.320	1.561

C_B 值表（$\lambda_B=0$）

b_c/h_{c0} (h_b/l_0) \ λ_A	0.00	0.05	0.10	0.15	0.20	0.25	0.30
0.00	1.000	1.108	1.235	1.384	1.563	1.778	2.041
0.05	0.993	1.100	1.224	1.371	1.546	1.756	2.012
0.10	0.973	1.075	1.193	1.332	1.497	1.693	1.931
0.15	0.941	1.036	1.146	1.273	1.422	1.599	1.808
0.20	0.899	0.986	1.085	1.198	1.330	1.483	1.661
0.25	0.851	0.928	1.015	1.114	1.226	1.356	1.504
0.30	0.799	0.866	0.924	1.026	1.121	1.228	1.348
0.35	0.745	0.803	0.867	0.939	1.017	1.104	1.200
0.40	0.691	0.740	0.795	0.854	0.919	0.990	1.066
0.45	0.638	0.681	0.726	0.775	0.829	0.885	0.946
0.50	0.588	0.624	0.662	0.793	0.746	0.792	0.840

C_A 值表（$\lambda_B=0.2\lambda_A$） 表8.4-7

b_c/h_{c0} (h_b/l_0) \ λ_A	0.00	0.05	0.10	0.15	0.20	0.25	0.30
0.00	1.000	1.252	1.584	2.031	2.642	3.498	4.730
0.05	0.993	1.242	1.570	2.010	2.610	3.449	4.650
0.10	0.972	1.213	1.529	1.950	2.520	3.309	4.427
0.15	0.940	1.168	1.465	1.857	2.382	3.099	4.099
0.20	0.899	1.111	1.384	1.741	2.213	2.847	3.714
0.25	0.851	1.045	1.292	1.611	2.028	2.577	2.314
0.30	0.798	0.974	1.195	1.477	1.839	2.310	2.928
0.35	0.744	0.901	1.098	1.345	1.657	2.057	2.574
0.40	0.690	0.830	1.003	1.219	1.488	1.827	2.259
0.45	0.638	0.762	0.914	1.102	1.333	1.621	1.983
0.50	0.588	0.698	0.832	0.995	1.194	1.440	1.746

C_B 值表（$\lambda_B=0.2\lambda_A$）

b_c/h_{c0} (h_b/l_0) \ λ_A	0.00	0.05	0.10	0.15	0.20	0.25	0.30
0.00	1.000	1.155	1.350	1.596	1.913	2.332	2.899
0.05	0.993	1.146	1.337	1.579	1.890	2.299	2.850
0.10	0.972	1.120	1.302	1.532	1.825	2.206	2.713
0.15	0.940	1.078	1.248	1.459	1.725	2.066	2.512
0.20	0.899	1.025	1.179	1.368	1.602	1.898	2.276
0.25	0.851	0.964	1.101	1.266	1.468	1.718	2.031
0.30	0.798	0.899	1.018	1.160	1.332	1.540	1.794
0.35	0.744	0.832	0.935	1.056	1.200	1.371	1.577
0.40	0.690	0.766	0.855	0.957	1.077	1.218	1.384
0.45	0.638	0.704	0.779	0.865	0.965	1.081	1.215
0.50	0.588	0.644	0.709	0.781	0.865	0.960	1.070

C_A 值表（$\lambda_B=0.4\lambda_A$） 表8.4-8

b_c/h_{c0} (h_b/l_0) \ λ_A	0.00	0.05	0.10	0.15	0.20	0.25	0.30
0.00	1.000	1.280	1.666	2.210	3.000	4.187	6.047
0.05	0.993	1.270	1.650	2.186	2.960	4.119	5.924
0.10	0.972	1.240	1.605	2.115	2.846	3.927	5.583
0.15	0.940	1.193	1.535	2.008	2.675	3.644	5.093
0.20	0.899	1.133	1.447	1.874	2.467	3.310	4.537
0.25	0.851	1.065	1.347	1.726	2.243	2.961	3.978
0.30	0.798	0.991	1.242	1.574	2.019	2.623	3.457
0.35	0.744	0.916	1.138	1.426	1.805	2.311	2.994
0.40	0.690	0.843	1.037	1.286	1.609	2.032	2.593
0.45	0.638	0.773	0.943	1.158	1.433	1.788	2.252
0.50	0.588	0.707	0.856	1.042	1.276	1.576	1.963

C_B 值表（$\lambda_B=0.4\lambda_A$） 续表

b_c/h_{c0} (h_b/l_0) \ λ_A	0.00	0.05	0.10	0.15	0.20	0.25	0.30
0.00	1.000	1.205	1.477	1.845	2.357	3.095	4.202
0.05	0.993	1.196	1.464	1.825	2.326	3.044	4.117
0.10	0.972	1.168	1.423	1.766	2.236	2.902	3.879
0.15	0.940	1.124	1.361	1.676	2.102	2.693	3.539
0.20	0.899	1.067	1.283	1.564	1.938	2.446	3.152
0.25	0.851	1.002	1.195	1.441	1.762	2.188	2.764
0.30	0.798	0.933	1.102	1.314	1.586	1.938	2.402
0.35	0.744	0.863	1.009	1.191	1.418	1.708	2.080
0.40	0.690	0.794	0.920	1.074	1.264	1.502	1.802
0.45	0.638	0.728	0.836	0.967	1.126	1.321	1.564
0.50	0.588	0.666	0.759	0.869	1.003	1.164	1.364

C_A 值表（$\lambda_B=0.6\lambda_A$） 表 8.4-9

b_c/h_{c0} (h_b/l_0) \ λ_A	0.00	0.05	0.10	0.15	0.20	0.25	0.30
0.00	1.000	1.309	1.754	2.414	3.434	5.092	7.965
0.05	0.993	1.299	1.737	2.385	3.383	4.995	7.764
0.10	0.972	1.267	1.687	2.303	3.238	4.726	7.217
0.15	0.940	1.219	1.610	2.177	3.022	4.334	6.460
0.20	0.899	1.156	1.514	2.022	2.765	3.884	5.632
0.25	0.851	1.085	1.405	1.853	2.491	3.426	4.835
0.30	0.798	1.009	1.292	1.681	2.223	2.995	4.122
0.35	0.744	0.932	1.180	1.515	1.971	2.607	3.511
0.40	0.690	0.856	1.073	1.359	1.744	2.268	2.998
0.45	0.638	0.784	0.972	1.218	1.542	1.977	2.572
0.50	0.588	0.716	0.880	1.091	1.366	1.729	2.219

C_B 值表（$\lambda_B=0.6\lambda_A$）

b_c/h_{c0} (h_b/l_0) \ λ_A	0.00	0.05	0.10	0.15	0.20	0.25	0.30
0.00	1.000	1.258	1.619	2.141	2.925	4.166	6.258
0.05	0.993	1.248	1.603	2.115	2.882	4.087	6.100
0.10	0.972	1.218	1.557	2.042	2.758	3.865	5.671
0.15	0.940	1.171	1.486	1.930	2.575	3.546	5.075
0.20	0.899	1.111	1.397	1.793	2.355	3.177	4.425
0.25	0.851	1.042	1.297	1.643	2.122	2.803	3.799
0.30	0.798	0.969	1.193	1.490	1.893	2.450	3.239
0.35	0.744	0.895	1.089	1.343	1.679	2.133	2.748
0.40	0.690	0.822	0.990	1.205	1.486	1.856	2.355
0.45	0.638	0.753	0.898	1.080	1.314	1.618	2.020
0.50	0.588	0.688	0.813	0.968	1.163	1.415	1.743

C_A 值表（$\lambda_B=0.8\lambda_A$） 表 8.4-10

b_c/h_{c0} (h_b/l_0) \ λ_A	0.00	0.05	0.10	0.15	0.20	0.25	0.30
0.00	1.000	1.340	1.849	2.647	3.967	6.311	10.890
0.05	0.993	1.329	1.830	2.613	3.900	6.168	10.541
0.10	0.972	1.296	1.775	2.515	3.713	5.776	9.617
0.15	0.940	1.245	1.691	2.367	3.438	5.223	8.391
0.20	0.899	1.180	1.585	2.187	3.115	4.605	7.120
0.25	0.851	1.106	1.467	1.993	2.779	3.998	5.960
0.30	0.798	1.027	1.345	1.797	2.456	3.422	4.970
0.35	0.744	0.947	1.225	1.610	2.159	2.957	4.154
0.40	0.690	0.869	1.110	1.438	1.894	2.543	3.493
0.45	0.638	0.795	1.003	2.282	1.663	2.195	2.559
0.50	0.588	0.726	0.906	1.144	1.464	1.904	2.527

C_B 值表（$\lambda_B=0.8\lambda_A$）

b_c/h_{c0} (h_b/l_0) \ λ_A	0.00	0.05	0.10	0.15	0.20	0.25	0.30
0.00	1.000	1.313	1.777	2.493	3.662	5.709	9.657
0.05	0.993	1.302	1.759	2.461	3.600	5.580	9.348
0.10	0.972	1.270	1.706	2.368	3.427	5.226	8.528
0.15	0.940	1.220	1.625	2.229	3.173	4.725	7.441
0.20	0.899	1.157	1.523	2.060	2.875	4.167	6.314
0.25	0.851	1.084	1.410	1.877	2.565	3.617	5.285
0.30	0.798	1.007	1.292	1.692	2.267	3.115	4.407
0.35	0.744	0.928	1.176	1.517	1.993	2.675	3.684
0.40	0.690	0.852	1.066	1.354	1.749	2.301	3.098
0.45	0.638	0.779	0.964	1.208	1.535	1.986	2.624
0.50	0.588	0.711	0.870	1.077	1.351	1.722	2.241

$C_A=C_B$ 值表（$\lambda_B=\lambda_A$）

b_c/h_{c0} (h_b/l_0) \ λ_A	0.00	0.05	0.10	0.15	0.20	0.25	0.30
0.00	1.000	1.371	1.953	2.915	4.629	8.000	15.625
0.05	0.993	1.359	1.931	2.874	4.541	7.782	14.970
0.10	0.972	1.325	1.871	2.757	4.295	7.194	13.297
0.15	0.940	1.272	1.778	2.583	3.940	6.389	11.210
0.20	0.899	1.205	1.662	2.373	3.531	5.524	9.191
0.25	0.851	1.128	1.533	2.148	3.115	4.705	7.462
0.30	0.798	1.046	1.401	1.925	2.723	3.984	6.067
0.35	0.744	0.963	1.271	1.714	2.370	3.372	4.970
0.40	0.690	0.883	1.148	1.522	2.062	2.865	4.111
0.45	0.638	0.806	1.035	1.351	1.797	2.447	3.438
0.50	0.588	0.735	0.932	1.200	1.572	2.105	2.906

(9) 为了计算方便，当两端刚域较短时，也可以近似按下式计算带刚域杆件的等效线刚度：

$$K = \frac{EI}{L}\eta_V\left(\frac{L}{l_0}\right)^3 \tag{8.4-46}$$

式中 η_v——剪切变形影响系数，按表 8.4-11 查取；

η_v 值 表 8.4-11

h_b/l_0	0.0	0.1	0.2	0.3	0.4	0.5	0.6	0.7	0.8	0.9	1.0
η_v	1.00	0.97	0.89	0.79	0.68	0.57	0.48	0.41	0.34	0.29	0.25

注：h_b—杆件中段截面高度；l_0—杆件中段长度。

11. 板柱—剪力墙结构在地震作用下按等代平面框架分析时，其等代梁的宽度宜采用框架方向跨度的 3/4 及垂直于等代平面框架方向柱距的 50%，二者的较小值。

板柱—剪力墙结构在竖向荷载作用下的计算见第 4 章 4.8 节。

12. 框架与剪力墙之间连梁的等效剪切刚度按下式计算（图 8.4-7）：

$$C_b = \frac{1}{h}\Sigma(m_{12} + m_{21}) \tag{8.4-49}$$

在框架与剪力墙之间的连梁，一端连在剪力墙，带有刚域，长度为 aL；另一端连在框架柱，不带刚域。刚域长度 aL 取墙肢轴线至洞边距离减去梁高的 1/4。连梁两端的约束弯矩系数为：

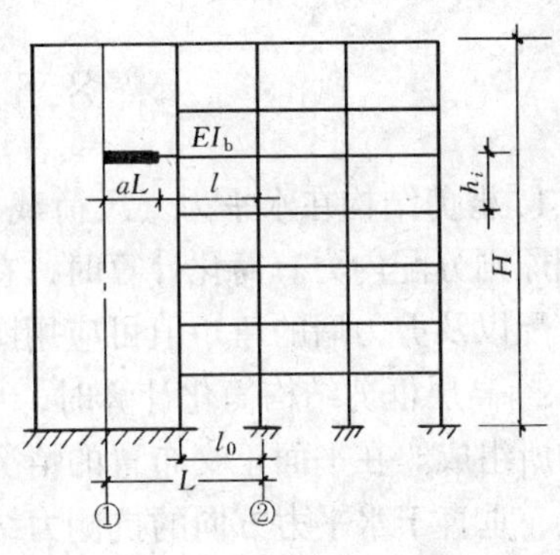

图 8.4-7 框架与剪力墙之间连梁

$$m_{12} = \frac{6(1+a)}{(1-a)^3}\cdot\frac{\eta_v EI_b}{L} \tag{8.4-50}$$

$$m_{21} = \frac{6}{(1-a)^2}\cdot\frac{\eta_v EI_b}{L} \tag{8.4-51}$$

$$m_{12} + m_{21} = \frac{12}{(1-a)^3}\cdot\frac{\eta_v EI_b}{L} \tag{8.4-52}$$

第 i 层一榀框架连梁的刚度为：

$$C_{bi} = \left[\frac{12\eta_v EI_b}{(1-a)^3 L}\right]/h_i \tag{8.4-53}$$

当各层的连梁刚度不同时，可采用加权平均：

$$\overline{C}_b = \sum_{i=1}^{n} C_{bi}h_i/H \tag{8.4-54}$$

框架连梁总的等效刚度 C_b 可将公式（8.4-49）变为：

$$C_b = \sum_{j=1}^{m}\overline{C}_{bi} \tag{8.4-55}$$

式中

$$\eta_v = \frac{1}{1 + 3\left(\frac{h_b}{l_0}\right)^2} \tag{8.4-56}$$

E、I_b——连梁的混凝土弹性模量和截面惯性矩；

η_v——折减系数，按表 8.4-12 采用；

h_b——连梁的截面高度；

l_0——连梁的净跨；

n、m——框架的层数和榀数；

aL——连梁刚域长度，$a = aL/L$。

η_v　值　　表 8.4-12

h_b/l_0	0.00	0.05	0.10	0.15	0.20	0.25	0.30	0.35	0.40	0.45	0.50
η_v	1.00	0.99	0.97	0.94	0.89	0.85	0.79	0.74	0.69	0.63	0.57
h_b/l_0	0.55	0.60	0.65	0.70	0.75	0.80	0.85	0.90	0.95	1.00	
η_v	0.54	0.48	0.46	0.41	0.39	0.34	0.33	0.29	0.28	0.25	

连梁刚度取值可乘以 0.50 的折减系数。

为简化计算，框架梁端的约束弯矩系数 m_{21} 可取零，此时第 i 层一榀框架连梁的刚度由公式（8.4-53）变为：

$$C_{bi} = \frac{6(1+a)}{(1-a)^3} \cdot \frac{\eta_v EI_b}{Lh_i} \tag{8.4-57}$$

当框架连梁刚度较小，为计算简便，也可假定连梁的等效刚度 C_b 为零。

8.5　内力与位移计算

1. 框剪结构在水平力（风荷载、水平地震作用）作用下，剪力墙与框架之间按变形协调原则分配内力。简化计算时，在不同形式荷载作用下的位移，框架与剪力墙之间的剪力分配以及剪力墙的弯矩值可应用图表进行计算。

2. 高层框剪结构简化计算时，可把整个结构看做由若干平面框架和剪力墙等抗侧力结构所组成。在平面正交布置的情况下，假定每一方向的水平力只由该方向的抗侧力结构承担，垂直于水平力方向的抗侧力结构，在计算中不予考虑。

当结构单元中框架和剪力墙与主轴方向成斜交时，在简化计算中可将柱和剪力墙的刚度转换到主轴方向上再进行计算。

3. 在水平力作用下的内力与位移计算，假定楼板在自身平面内的刚度为无限大，平面外的弯曲刚度不考虑。为了符合本假定，剪力墙的间距应满足表 8.2-1 的要求。

4. 采用侧移法计算框剪结构在水平力作用下的内力与位移时，所有框架合并成总框架，各道剪力墙先计算出各自的等效刚度，然后把所有剪力墙的等效刚度合并成总剪力墙刚度。

水平力作用下的剪力分配，第一步，在总框架与总剪力墙之间进行分配。第二步，总剪力墙所承担的剪力 V_w 按本节第 11 条计算方法在各道剪力墙之间进行分配；总框架所承担的剪力 V_f 按第 6 章的方法计算框架梁柱的内力。

水平力作用下总剪力墙的弯矩值直接可从图表中查得，各道剪力墙之间的弯矩分配，可按本节第 11 条的方法进行。

5. 对于质量和刚度沿高度分布比较均匀的框剪结构，基本自振周期 T_1 按下式计算：

$$T_1 = 1.7\psi_T\sqrt{u_T} \tag{8.5-1}$$

式中　u_T——计算结构基本自振周期用的顶点假想位移（m），即假想把集中在各层楼面处的重力荷载代表值 G_i 作为水平荷载，使结构产生顶点位移；

ψ_T——结构基本自振周期考虑非承重墙影响的折减系数，取0.7~0.8。

6. 框剪结构的刚度特征值 λ 可按下列公式计算：

连梁与剪力墙刚接
$$\lambda = H\sqrt{\frac{C_f + C_b}{EI_w}} \tag{8.5-2}$$

连梁与剪力墙铰接
$$\lambda = H\sqrt{\frac{C_f}{EI_w}} \tag{8.5-3}$$

式中 H——框剪结构总高度（m）；

C_f——框架总刚度（kN）；

C_b——连梁总刚度（kN）；

EI_w——剪力墙总刚度（$kN\cdot m^2$）。

当剪力墙刚度增大时，λ 值变小；反之，随剪力墙刚度变小，框架刚度和连梁刚度加大时，λ 值变大。

7. 框剪结构采用侧移法计算内力和位移时，将水平地震作用按顶层集中力和倒三角形分布荷载考虑，风荷载可按均布荷载考虑（图8.5-1）。

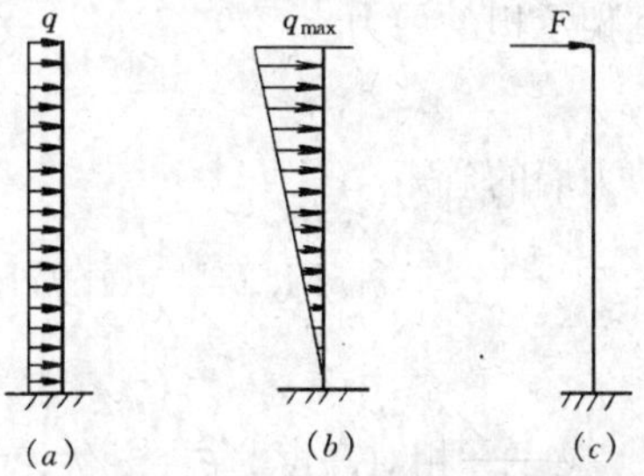

8. 采用侧移法，在水平力作用下总剪力墙和总框架的内力按下列公式计算：

q　q_{max}　F

(a)　(b)　(c)

图8.5-1 水平力作用

(1) 均布荷载（图8.5-1a）

总剪力墙承担的剪力
$$V_w = \frac{1}{\lambda}\left[\lambda \mathrm{ch}\lambda\xi - \frac{\lambda \mathrm{sh}\lambda + 1}{\mathrm{ch}\lambda}\mathrm{sh}\lambda\xi\right]qH = \varphi_w qH = \theta_w V_0 \tag{8.5-4}$$

总框架承担的剪力
$$V_f = (1-\xi)qH - V_w = \varphi_f qH \tag{8.5-5}$$

总剪力墙的弯矩
$$M_w = \frac{1}{\lambda^2}\left[\frac{\lambda \mathrm{sh}\lambda + 1}{\mathrm{ch}\lambda}\mathrm{ch}\lambda\xi - \lambda \mathrm{sh}\lambda\xi - 1\right]qH^2 = \frac{\varphi_M}{100}qH^2 = \theta_M M_0 \tag{8.5-6}$$
$$V_0 = qH \tag{8.5-7}$$
$$M_0 = \frac{1}{2}qH^2 \tag{8.5-8}$$

(2) 倒三角形分布荷载（图8.5-1b）

总剪力墙承担的剪力
$$V_w = \frac{1}{\lambda^2}\begin{bmatrix} 1 + \left(\frac{\lambda^2}{2} - 1\right)\mathrm{ch}\lambda\xi \\ -\left(\frac{\lambda^2 \mathrm{sh}\lambda}{2} - \mathrm{sh}\lambda + \lambda\right)\frac{\mathrm{sh}\lambda\xi}{\mathrm{ch}\lambda} \end{bmatrix} q_{max}H = \varphi'_w q_{max}H = \theta'_w V_0 \tag{8.5-9}$$

总框架承担的剪力
$$V_f = \frac{1}{2}(1-\xi^2)q_{max}H - V_w = \psi'_f q_{max}H \tag{8.5-10}$$

总剪力墙的弯矩

$$M_w = \frac{1}{\lambda^3}\left[\left(\frac{\lambda^2 \text{sh}\lambda}{2} - \text{sh}\lambda + \lambda\right)\frac{\text{ch}\lambda\xi}{\text{ch}\lambda} - \left(\frac{\lambda^2}{2} - 1\right)\text{sh}\lambda\xi - \lambda\xi\right]q_{max}H^2$$

$$= \frac{\varphi'_M}{100}q_{max}H^2 = \theta'_m M_0 \tag{8.5-11}$$

$$V_0 = \frac{1}{2}q_{max}H \tag{8.5-12}$$

$$M_0 = \frac{1}{3}q_{max}H^2 \tag{8.5-13}$$

（3）顶部集中荷载（图 8.5-1c）

总剪力墙承担的剪力

$$V_w = (\text{ch}\lambda\xi - \text{th}\lambda\,\text{sh}\lambda\xi)F = \varphi''_w F = \theta''_w F \tag{8.5-14}$$

总框架承担的剪力

$$V_f = (1 - \varphi''_w)F = \varphi''_f F \tag{8.5-15}$$

总剪力墙的弯矩

$$M_w = \frac{1}{\lambda}(\text{th}\lambda\,\text{ch}\lambda\xi - \text{sh}\lambda\xi)FH = \varphi''_M FH = \theta''_M M_0 \tag{8.5-16}$$

$$M_0 = FH \tag{8.5-17}$$

式中 ξ——相对高度，$\xi = x/h$；

x——计算楼层距底部高度；

H——结构总高度；

φ_w、φ_M、φ_f，φ'_w、φ'_M、φ'_f，φ''_w、φ''_M、φ''_f 系数，见参考文献[62]；

θ_w、θ_M，θ'_w、θ'_M，θ''_w、θ''_M 系数，分别可从图 8.5-2、图 8.5-3、图 8.5-4、图 8.5-5、图 8.5-6、图 8.5-7 查得。

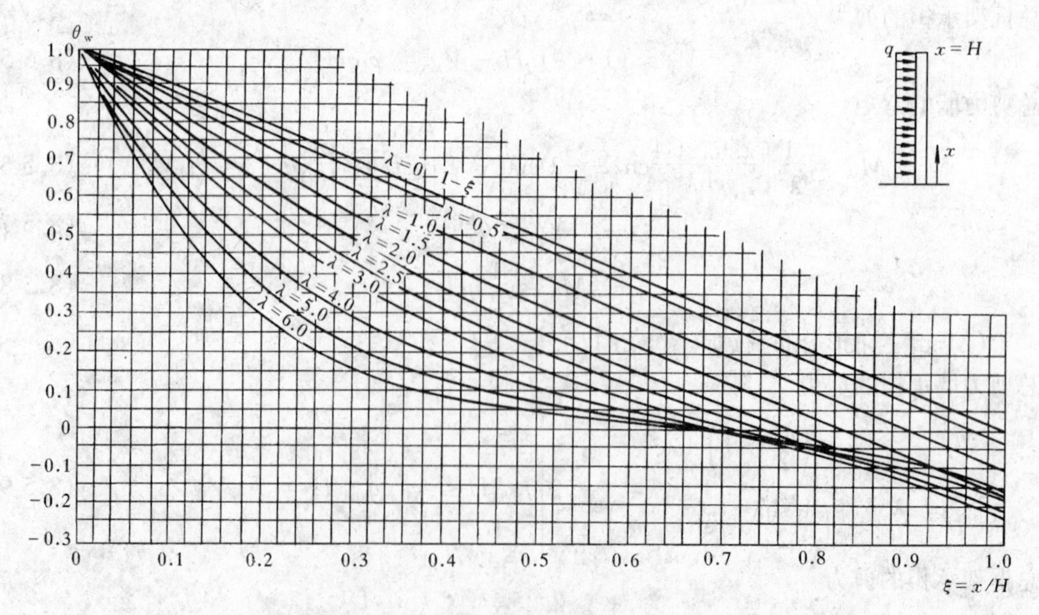

图 8.5-2 均布荷载剪力墙剪力系数

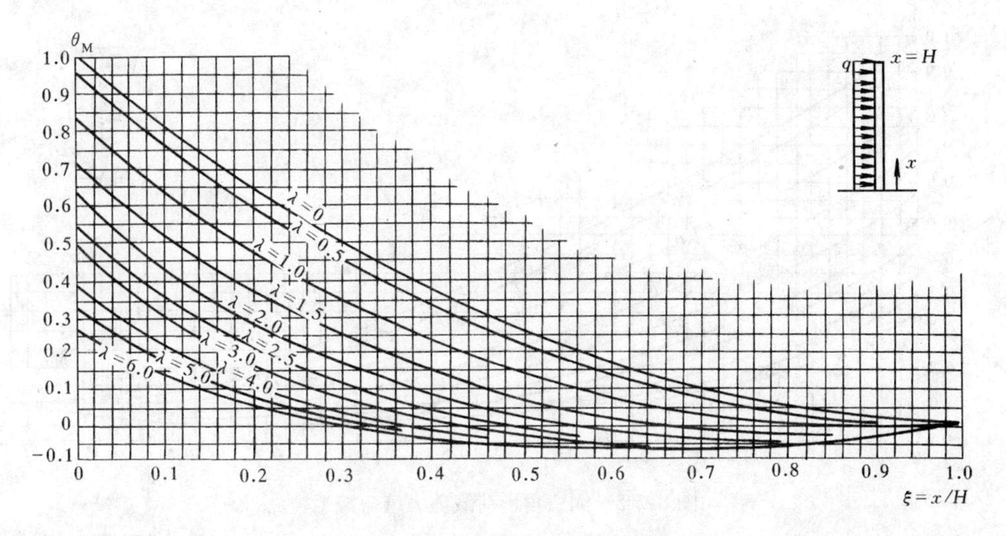

图 8.5-3 均布荷载剪力墙弯矩系数

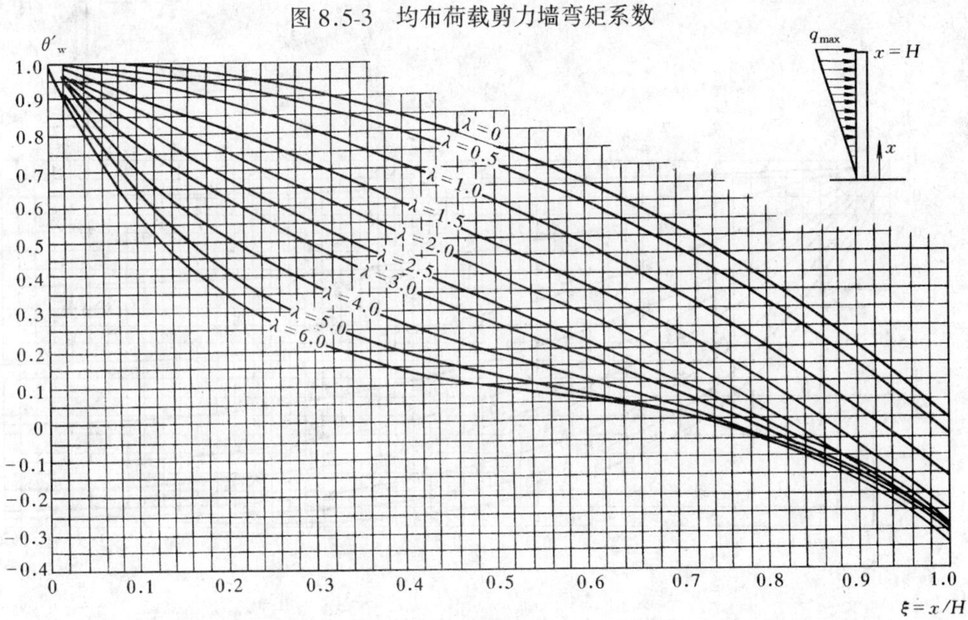

图 8.5-4 倒三角形荷载剪力墙剪力系数

9. 采用侧移法，在水平力作用下框剪结构的位移按下列公式计算：

(1) 均布荷载

$$u_x=\frac{1}{\lambda^4}\left[\left(\frac{\lambda\,\text{sh}\lambda+1}{\text{ch}\lambda}\right)(\text{ch}\lambda\xi-1)-\lambda\,\text{sh}\lambda\xi+\lambda^2\left(\xi-\frac{\xi^2}{2}\right)\right]\frac{qH^4}{EI_w}$$

$$=\frac{\varphi_u}{100}\frac{qH^4}{EI_w}=\theta_u u_H \tag{8.5-18}$$

$$u_H=\frac{qH^4}{8EI_w} \tag{8.5-19}$$

(2) 倒三角形分布荷载

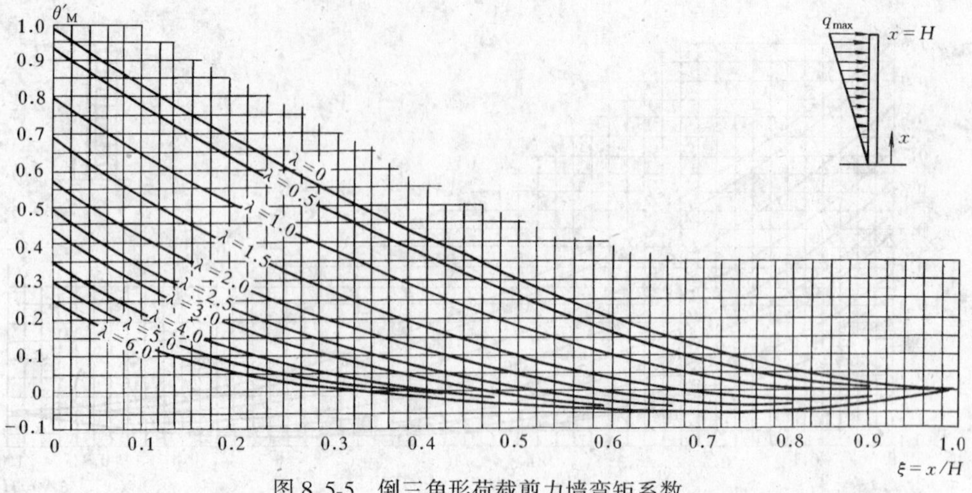

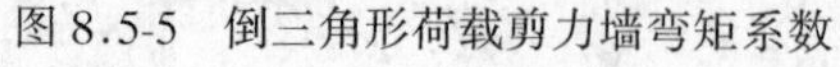

图 8.5-5　倒三角形荷载剪力墙弯矩系数

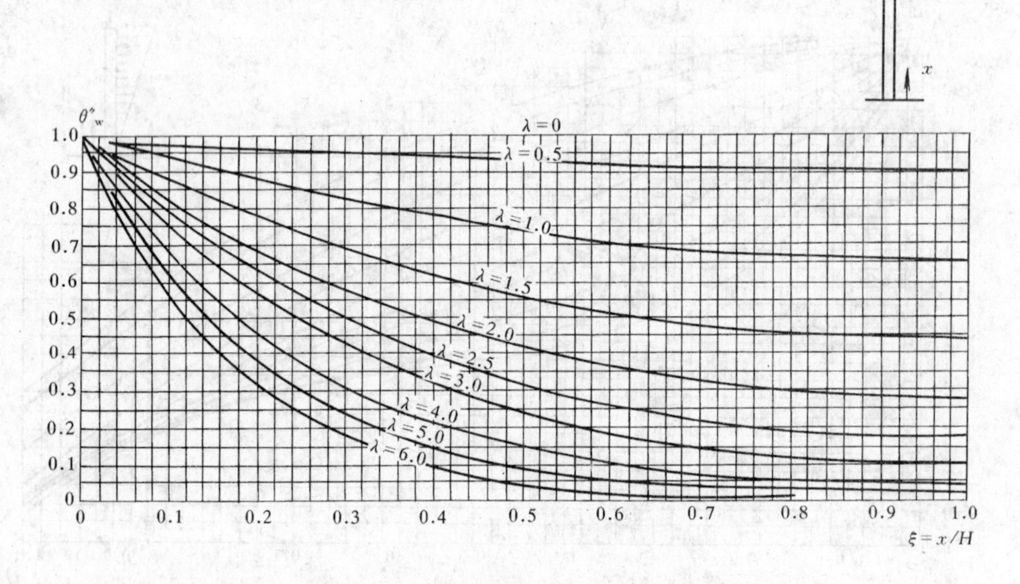

图 8.5-6　集中荷载剪力墙剪力系数

$$u_x=\frac{1}{\lambda^2}\left[\left(\frac{\mathrm{sh}\lambda}{2\lambda}-\frac{\mathrm{sh}\lambda}{\lambda^3}+\frac{1}{\lambda^2}\right)\left(\frac{\mathrm{ch}\lambda\xi-1}{\mathrm{ch}\lambda}\right)+\left(\xi-\frac{\mathrm{sh}\lambda\xi}{\lambda}\right)\right.$$

$$\left.\left(\frac{1}{2}-\frac{1}{\lambda^2}\right)-\frac{\xi^3}{6}\right]\frac{q_{max}H^4}{EI_w}=\frac{\varphi'_u q_{max}H^4}{100EI_w}=\theta'_u u_H \tag{8.5-20}$$

$$u_H=\frac{11q_{max}H^4}{120EI_w} \tag{8.5-21}$$

（3）顶部集中荷载

$$u_x=\left[\frac{\mathrm{sh}\lambda}{\lambda^3\mathrm{ch}\lambda}(\mathrm{ch}\lambda\xi-1)-\frac{\mathrm{sh}\lambda\xi}{\lambda^3}+\frac{\xi}{\lambda^2}\right]\frac{FH^3}{EI_w}=\frac{\varphi''_u FH^3}{100EI_w}=\theta''_u u_H \tag{8.5-22}$$

$$u_H=\frac{FH^3}{3EI_w} \tag{8.5-23}$$

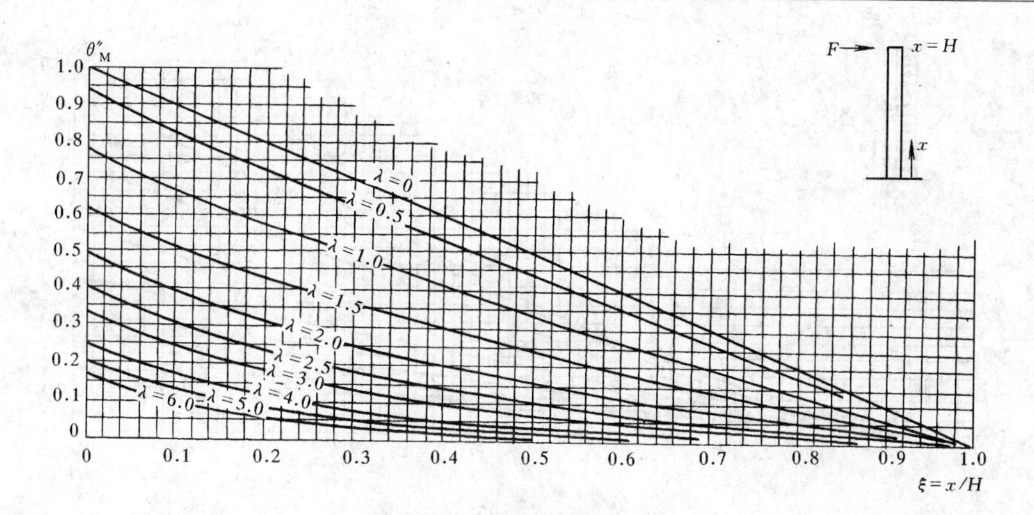

图 8.5-7 集中荷载剪力墙弯矩系数

式中 u_x——高度 x 处的水平位移；

u_H——顶点水平位移；

ξ——相对高度，$\xi = x/H$；

x——计算楼层距底部高度；

H——结构总高度；

EI_w——剪力墙总刚度；

λ——框剪结构的刚度特征值；

φ_u、φ'_u、φ''_u 系数，见参考文献[62]；

θ_u、θ'_u、θ''_u 系数分别可从图 8.5-8、图 8.5-9、图 8.5-10 查得。

10. 框剪结构协同工作计算得到总框架的剪力 V_f 后，当考虑与剪力墙相连的框架连梁总等效刚度 C_b 时，按下列公式计算框架总剪力和连梁的楼层平均总约束弯矩：

框架总剪力

$$V'_f = \frac{C_f}{C_f + C_b} V_f \tag{8.5-24}$$

连梁的楼层平均总约束弯矩

$$m = \frac{C_b}{C_f + C_b} V_f = V_f - V'_f \tag{8.5-25}$$

式中 V_f——由协同工作分配给框架（包括连梁）的剪力值；

C_f、C_b——框架总刚度和与剪力墙相连的框架连梁总等效刚度。

框架有了总剪力 V'_f 或不考虑连梁总等效刚度时，按协同工作计算得到总剪力 V_f 后，框架梁柱内力可按第 6 章计算。

11. 剪力墙有了总剪力 V_w 后，各道剪力墙之间剪力和弯矩的分配以及各道剪力墙墙肢的内力计算，可按下列方法计算：

（1）整体墙和整体小开口墙将各楼层剪力 V_i 和弯矩 M_i 分配到各道剪力墙：

$$V_j = \frac{EI_{eqj}}{EI_w} V_i \tag{8.5-26}$$

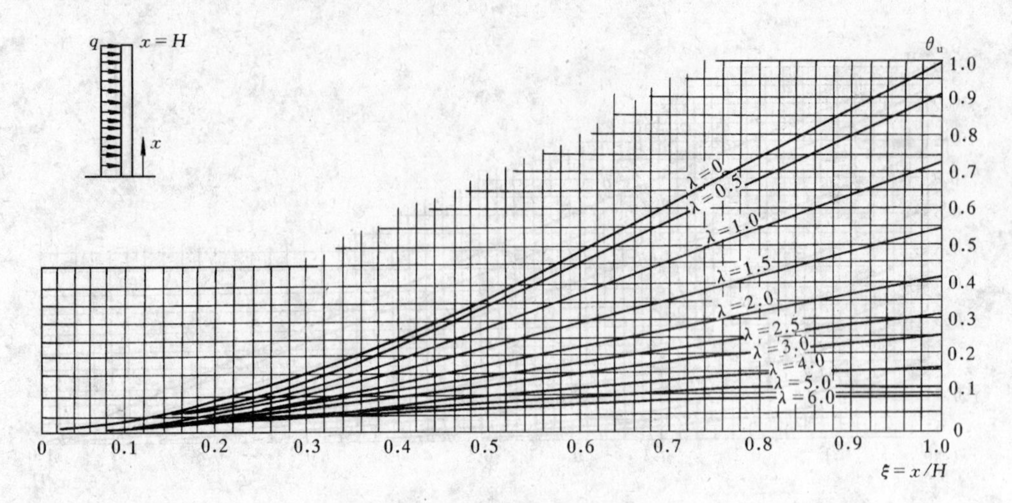

图 8.5-8 均布荷载位移系数

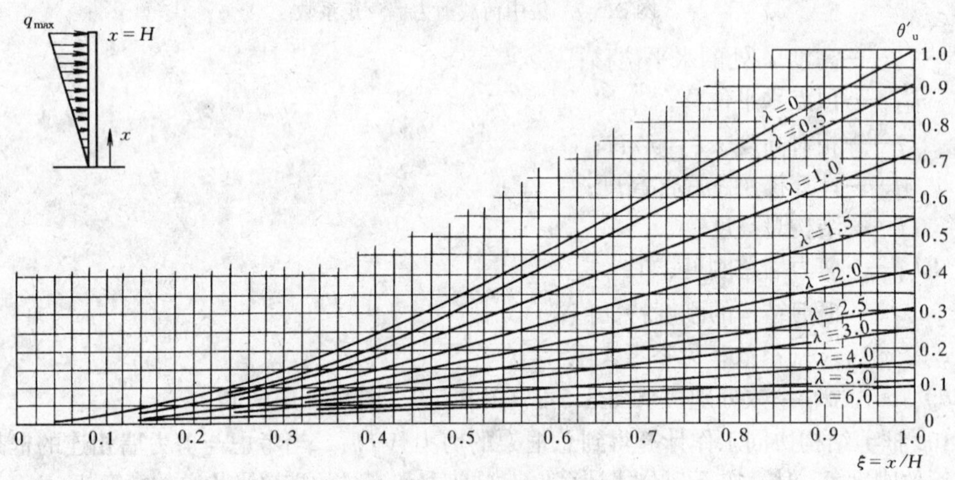

图 8.5-9 倒三角形荷载位移系数

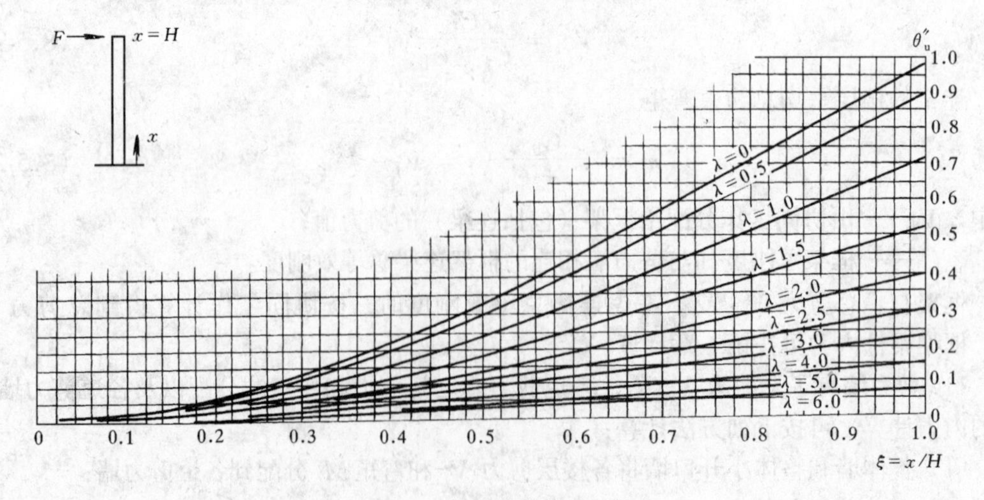

图 8.5-10 集中荷载位移系数

$$M_j = \frac{EI_{\mathrm{eq}j}}{EI_{\mathrm{w}}} M_i \tag{8.5-27}$$

式中 $EI_{\mathrm{eq}j}$——j 道墙的等效刚度各层平均值；

EI_{w}——总刚度，$EI_{\mathrm{w}} = \sum_{j=1}^{m} EI_{\mathrm{eq}j}$。

(2) 整体小开口墙各墙肢内力：

弯矩

$$M_j = 0.85M \frac{I_j}{I} + 0.15M \frac{I_j}{\Sigma I_j} \tag{8.5-28}$$

轴力

$$N_j = 0.85M \frac{A_j y_j}{I} \tag{8.5-29}$$

剪力

$$V_j = \frac{V}{2}\left(\frac{A_j}{\Sigma A_j} + \frac{I_j}{\Sigma I_j}\right) \tag{8.5-30}$$

式中 M、V——一道墙某楼层的总弯矩和总剪力设计值；

I——一道墙截面组合惯性矩；

I_j——第 j 墙肢截面惯性矩；

A_j——第 j 墙肢截面面积；

y_j——第 j 墙肢截面形心距组合截面形心轴的距离；

ΣI_j——各墙肢截面惯性矩之和；

ΣA_j——各墙肢截面面积之和。

连梁的剪力为上层和相邻下层墙肢的轴力差。

剪力墙多数墙肢基本均匀，又符合整体小开口墙的条件，当有个别细小墙肢时，仍可按整体小开口墙计算内力，但小墙肢端部宜按下式计算附加局部弯曲的影响：

$$M_j = M_{j0} + \Delta M_j \tag{8.5-31}$$

$$\Delta M_j = V_j \frac{h_0}{2} \tag{8.5-32}$$

式中 M_{j0}——按整体小开口墙计算的墙肢弯矩；

ΔM_j——由于小墙肢局部弯曲增加的弯矩；

V_j——第 j 墙肢剪力；

h_0——洞口高度。

12. 壁式框架有了总剪力后，可按第 6 章的方法计算带刚域的梁和柱内力。但梁柱的弯矩和剪力值，应由梁柱相交点的直折算到刚域边即梁柱端部的值。

13. 框架连梁得到总约束弯矩 m 后，连梁的内力按下列公式计算（图 8.5-11）：

每根连梁的楼层平均约束弯矩

$$m' = \frac{m_{ij}}{\Sigma m_{ij}} m \tag{8.5-33}$$

每根连梁在墙中处弯矩

$$M_{12} = m'h \tag{8.5-34}$$

每根连梁在墙边的弯矩

$$M'_{12}=\left(\frac{2l_0}{L}-1\right)M_{12} \tag{8.5-35}$$

连梁端剪力

$$V_b=\frac{M'_{12}+M_{21}}{l_0} \tag{8.5-36}$$

当连梁在框架端约束弯矩取为零时，每根连梁在墙边的弯矩由公式（8.5-35）变为：

$$M'_{12}=\frac{l_0}{L}M_{12} \tag{8.5-37}$$

式中　m_{ij}——每根连梁端的约束弯矩系数，可由公式（8.4-50）计算；

h——层高。

14．双肢墙的连梁内力及对墙肢的弯矩和轴力按以下方法计算：

（1）按照剪力图形面积相等的原则，将双肢墙曲线形剪力图近似简化成直线形剪力图，并分解为顶点集中荷载和均布荷载作用下两种剪力图的叠加（图8.5-12）。

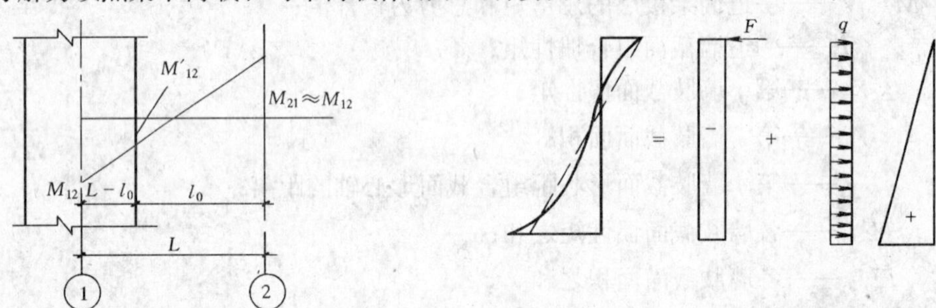

图8.5-11　连梁弯矩

图8.5-12　双肢墙剪力图形分解

（2）连梁的剪力

$$V_b=V_{b1}+V_{b2} \tag{8.5-38}$$

$$V_{b1}=V_{01}mh\frac{\phi_1}{I} \tag{8.5-39}$$

$$V_{b2}=V_{02}mh\frac{\phi_2}{I} \tag{8.5-40}$$

式中　V_{b1}、V_{b2}——分别为连梁在顶部反向集中力 F 作用下及均匀连续分布荷载 q 作用下的剪力值；

V_{01}、V_{02}——分别为顶部反向集中力 F、均匀连续分布荷载 q 作用下剪力墙的基底剪力；

$$m=\frac{L}{\frac{1}{A_1}+\frac{1}{A_2}} \tag{8.5-41}$$

$$I=I_1+I_2+mL \tag{8.5-42}$$

A_1、A_2——分别为双肢剪力墙墙肢1、2的截面面积；

I_1、I_2——分别为墙肢1、2的截面惯性矩；

h——层高；

L——两墙肢截面形心间的距离；

ϕ_1、ϕ_2——分别为顶部反向集中力 F、均匀连续分布荷载作用下连梁的剪力系数，见表8.5-1、表8.5-2，其值为：

$$\phi_1 = 1 - \frac{\mathrm{ch}\alpha(1-\xi)}{\mathrm{ch}\alpha} \tag{8.5-43}$$

$$\phi_2 = \frac{\mathrm{sh}\alpha - \alpha}{\alpha\,\mathrm{ch}\alpha}\mathrm{ch}\alpha(1-\xi) - \frac{\mathrm{sh}\alpha(1-\xi)}{\alpha} + (1-\xi) \tag{8.5-44}$$

α——整体性系数，可由公式（8.4-8）求得。

顶部集中力连梁剪力系数 ϕ_1 值 **表8.5-1**

x/H \ α	0.5000	1.0000	1.5000	2.0000	2.5000	3.0000	3.5000	4.0000	4.5000	5.0000
1.00	0.1132	0.3519	0.5749	0.7342	0.8369	0.9007	0.9397	0.9634	0.9778	0.9865
0.98	0.1131	0.3518	0.5747	0.7340	0.8367	0.9005	0.9395	0.9633	0.9777	0.9865
0.96	0.1130	0.3514	0.5741	0.7333	0.8361	0.9000	0.9391	0.9629	0.9774	0.9863
0.94	0.1128	0.3508	0.5732	0.7323	0.8351	0.8991	0.9383	0.9623	0.9770	0.9859
0.92	0.1125	0.3499	0.5718	0.7308	0.8337	0.8978	0.9373	0.9615	0.9763	0.9854
0.90	0.1121	0.3487	0.5701	0.7289	0.8318	0.8962	0.9359	0.9604	0.9755	0.9848
0.88	0.1116	0.3473	0.5680	0.7265	0.8295	0.8942	0.9343	0.9591	0.9745	0.9840
0.86	0.1110	0.3456	0.5655	0.7237	0.8268	0.8918	0.9323	0.9575	0.9732	0.9831
0.84	0.1103	0.3436	0.5626	0.7205	0.8237	0.8890	0.9299	0.9556	0.9718	0.9820
0.82	0.1096	0.3414	0.5593	0.7168	0.8201	0.8858	0.9273	0.9535	0.9701	0.9807
0.80	0.1087	0.3389	0.5556	0.7126	0.8161	0.8823	0.9243	0.9510	0.9682	0.9792
0.78	0.1078	0.3362	0.5515	0.7081	0.8116	0.8782	0.9209	0.9483	0.9660	0.9775
0.76	0.1068	0.3332	0.5471	0.7030	0.8067	0.8738	0.9171	0.9452	0.9635	0.9756
0.74	0.1057	0.3299	0.5422	0.6974	0.8012	0.8689	0.9129	0.9417	0.9608	0.9734
0.72	0.1045	0.3264	0.5369	0.6914	0.7953	0.8635	0.9083	0.9379	0.9577	0.9710
0.70	0.1032	0.3226	0.5311	0.6849	0.7889	0.8577	0.9032	0.9337	0.9543	0.9683
0.68	0.1018	0.3185	0.5250	0.6779	0.7819	0.8513	0.8977	0.9291	0.9505	0.9653
0.66	0.1003	0.3141	0.5184	0.6703	0.7744	0.8444	0.8917	0.9240	0.9463	0.9619
0.64	0.0988	0.3095	0.5114	0.6623	0.7663	0.8369	0.8851	0.9184	0.9417	0.9581
0.62	0.0971	0.3046	0.5040	0.6537	0.7576	0.8288	0.8779	0.9123	0.9366	0.9539
0.60	0.0954	0.2994	0.4961	0.6445	0.7484	0.8202	0.8702	0.9056	0.9310	0.9493
0.58	0.0936	0.2939	0.4877	0.6348	0.7385	0.8108	0.8618	0.8983	0.9248	0.9442
0.56	0.0916	0.2882	0.4789	0.6245	0.7279	0.8008	0.8528	0.8904	0.9180	0.9384
0.54	0.0896	0.2822	0.4696	0.6135	0.7167	0.7901	0.8430	0.8818	0.9106	0.9321
0.52	0.0875	0.2758	0.4599	0.6020	0.7047	0.7786	0.8325	0.8724	0.9024	0.9251
0.50	0.0853	0.2692	0.4496	0.5898	0.6921	0.7663	0.8211	0.8622	0.8934	0.9174
0.48	0.0830	0.2623	0.4389	0.5770	0.6786	0.7532	0.8089	0.8512	0.8836	0.9088
0.46	0.0807	0.2551	0.4277	0.5635	0.6643	0.7392	0.7957	0.8391	0.8729	0.8993
0.44	0.0782	0.2476	0.4159	0.5493	0.6493	0.7243	0.7816	0.8261	0.8611	0.8888
0.42	0.0756	0.2399	0.4026	0.5344	0.6333	0.7083	0.7663	0.8119	0.8481	0.8772
0.40	0.0730	0.2318	0.3908	0.5187	0.6164	0.6913	0.7499	0.7965	0.8340	0.8643
0.38	0.0702	0.2233	0.3774	0.5023	0.5985	0.6732	0.7323	0.7798	0.8185	0.8501
0.36	0.0674	0.2146	0.3635	0.4851	0.5797	0.6540	0.7134	0.7617	0.8015	0.8344
0.34	0.0645	0.2056	0.3490	0.4670	0.5598	0.6334	0.6931	0.7421	0.7829	0.8171
0.32	0.0614	0.1963	0.3339	0.4481	0.5388	0.6116	0.6712	0.7209	0.7626	0.7979
0.30	0.0583	0.1866	0.3182	0.4283	0.5166	0.5884	0.6478	0.6978	0.7403	0.7767
0.28	0.0551	0.1766	0.3019	0.4076	0.4933	0.5636	0.6226	0.6728	0.7159	0.7532
0.26	0.0518	0.1663	0.2850	0.3859	0.4686	0.5373	0.5956	0.6457	0.6893	0.7273
0.24	0.0484	0.1556	0.2674	0.3633	0.4427	0.5094	0.5666	0.6164	0.6601	0.6987
0.22	0.0449	0.1446	0.2492	0.3396	0.4153	0.4796	0.5354	0.5845	0.6281	0.6670
0.20	0.0413	0.1333	0.2303	0.3149	0.3865	0.4480	0.5020	0.5501	0.5932	0.6320
0.18	0.0376	0.1216	0.2107	0.2891	0.3561	0.4145	0.4662	0.5127	0.5549	0.5933
0.16	0.0338	0.1095	0.1904	0.2621	0.3242	0.3788	0.4277	0.4722	0.5131	0.5506
0.14	0.0299	0.0972	0.1694	0.2340	0.2905	0.3408	0.3864	0.4284	0.4672	0.5033
0.12	0.0259	0.0844	0.1476	0.2047	0.2551	0.3005	0.3422	0.3809	0.4171	0.4511
0.10	0.0219	0.0713	0.1250	0.1740	0.2178	0.2577	0.2947	0.3294	0.3623	0.3934
0.08	0.0177	0.0578	0.1017	0.1421	0.1786	0.2122	0.2437	0.2736	0.3022	0.3296
0.06	0.0134	0.0439	0.0775	0.1088	0.1373	0.1638	0.1890	0.2132	0.2366	0.2592
0.04	0.0090	0.0297	0.0525	0.0740	0.0938	0.1125	0.1304	0.1477	0.1647	0.1813
0.02	0.0046	0.0150	0.0267	0.0378	0.0481	0.0579	0.0675	0.0768	0.0860	0.0952
0.00	0.0000	0.0000	0.0000	0.0000	0.0000	0.0000	0.0000	0.0000	0.0000	0.0000

续表

x/H \ α	5.5000	6.0000	6.5000	7.0000	7.5000	8.0000	8.5000	9.0000	9.5000	10.000
1.00	0.9918	0.9950	0.9970	0.9982	0.9989	0.9993	0.9996	0.9998	0.9999	0.9999
0.98	0.9918	0.9950	0.9970	0.9982	0.9989	0.9993	0.9996	0.9997	0.9998	0.9999
0.96	0.9916	0.9949	0.9969	0.9981	0.9988	0.9993	0.9996	0.9997	0.9998	0.9999
0.94	0.9914	0.9947	0.9968	0.9980	0.9988	0.9993	0.9995	0.9997	0.9998	0.9999
0.92	0.9910	0.9945	0.9966	0.9979	0.9987	0.9992	0.9995	0.9997	0.9998	0.9999
0.90	0.9906	0.9941	0.9963	0.9977	0.9986	0.9991	0.9994	0.9996	0.9998	0.9999
0.88	0.9900	0.9937	0.9960	0.9975	0.9984	0.9990	0.9994	0.9996	0.9997	0.9998
0.86	0.9893	0.9932	0.9957	0.9972	0.9982	0.9989	0.9993	0.9995	0.9997	0.9998
0.84	0.9885	0.9926	0.9952	0.9969	0.9980	0.9987	0.9992	0.9994	0.9996	0.9998
0.82	0.9875	0.9919	0.9947	0.9965	0.9977	0.9985	0.9990	0.9994	0.9996	0.9997
0.80	0.9864	0.9910	0.9941	0.9961	0.9974	0.9983	0.9988	0.9992	0.9995	0.9997
0.78	0.9851	0.9901	0.9934	0.9956	0.9970	0.9980	0.9986	0.9991	0.9994	0.9996
0.76	0.9836	0.9890	0.9925	0.9949	0.9966	0.9977	0.9984	0.9989	0.9993	0.9995
0.74	0.9819	0.9877	0.9916	0.9942	0.9960	0.9973	0.9981	0.9987	0.9991	0.9994
0.72	0.9801	0.9862	0.9905	0.9934	0.9954	0.9968	0.9978	0.9985	0.9989	0.9993
0.70	0.9779	0.9846	0.9892	0.9924	0.9947	0.9963	0.9974	0.9982	0.9987	0.9991
0.68	0.9755	0.9827	0.9878	0.9913	0.9939	0.9956	0.9969	0.9978	0.9984	0.9989
0.66	0.9729	0.9806	0.9861	0.9901	0.9929	0.9949	0.9963	0.9974	0.9981	0.9986
0.64	0.9698	0.9782	0.9842	0.9886	0.9917	0.9940	0.9957	0.9968	0.9977	0.9983
0.62	0.9665	0.9755	0.9821	0.9869	0.9904	0.9930	0.9948	0.9962	0.9972	0.9980
0.60	0.9627	0.9725	0.9796	0.9849	0.9889	0.9918	0.9939	0.9955	0.9967	0.9975
0.58	0.9584	0.9690	0.9768	0.9827	0.9871	0.9903	0.9928	0.9946	0.9960	0.9970
0.56	0.9537	0.9651	0.9737	0.9801	0.9850	0.9887	0.9914	0.9935	0.9951	0.9963
0.54	0.9484	0.9607	0.9700	0.9771	0.9826	0.9867	0.9898	0.9922	0.9941	0.9955
0.52	0.9424	0.9557	0.9659	0.9737	0.9797	0.9844	0.9880	0.9907	0.9928	0.9945
0.50	0.9358	0.9501	0.9612	0.9698	0.9765	0.9817	0.9857	0.9889	0.9913	0.9933
0.48	0.9284	0.9438	0.9558	0.9652	0.9727	0.9785	0.9831	0.9867	0.9895	0.9918
0.46	0.9201	0.9366	0.9497	0.9600	0.9682	0.9748	0.9800	0.9841	0.9873	0.9899
0.44	0.9109	0.9286	0.9427	0.9540	0.9631	0.9704	0.9762	0.9809	0.9847	0.9877
0.42	0.9006	0.9195	0.9347	0.9471	0.9571	0.9653	0.9718	0.9772	0.9815	0.9850
0.40	0.8890	0.9092	0.9257	0.9392	0.9502	0.9592	0.9666	0.9727	0.9776	0.9817
0.38	0.8762	0.8977	0.9154	0.9300	0.9422	0.9522	0.9604	0.9673	0.9729	0.9776
0.36	0.8618	0.8846	0.9036	0.9195	0.9328	0.9439	0.9531	0.9608	0.9673	0.9727
0.34	0.8458	0.8699	0.8903	0.9074	0.9219	0.9341	0.9444	0.9531	0.9604	0.9666
0.32	0.8279	0.8534	0.8751	0.8935	0.9093	0.9227	0.9341	0.9439	0.9522	0.9592
0.30	0.8079	0.8347	0.8577	0.8775	0.8946	0.9093	0.9219	0.9328	0.9422	0.9502
0.28	0.7855	0.8136	0.8380	0.8591	0.8775	0.8935	0.9074	0.9195	0.8301	0.9392
0.26	0.7606	0.7898	0.8155	0.8380	0.8577	0.8751	0.8903	0.9037	0.9154	0.9257
0.24	0.7328	0.7630	0.7899	0.8136	0.8347	0.8534	0.8700	0.8847	0.8977	0.9093
0.22	0.7018	0.7328	0.7607	0.7856	0.8079	0.8280	0.8459	0.8619	0.8763	0.8892
0.20	0.6671	0.6988	0.7275	0.7534	0.7769	0.7981	0.8173	0.8347	0.8504	0.8647
0.18	0.6284	0.6604	0.6896	0.7163	0.7408	0.7631	0.7835	0.8021	0.8191	0.8347
0.16	0.5852	0.6171	0.6465	0.6737	0.6988	0.7220	0.7433	0.7631	0.7813	0.7981
0.14	0.5370	0.5683	0.5975	0.6247	0.6501	0.6737	0.6958	0.7163	0.7355	0.7534
0.12	0.4831	0.5132	0.5416	0.5683	0.5934	0.6171	0.6394	0.6604	0.6802	0.6988
0.10	0.4230	0.4512	0.4780	0.5034	0.5276	0.5507	0.5726	0.5934	0.6133	0.6321
0.08	0.3559	0.3812	0.4055	0.4288	0.4512	0.4727	0.4934	0.5132	0.5323	0.5507
0.06	0.2811	0.3023	0.3229	0.3430	0.3624	0.3812	0.3995	0.4173	0.4345	0.4512
0.04	0.1975	0.2134	0.2289	0.2442	0.2592	0.2739	0.2882	0.3023	0.3161	0.3297
0.02	0.1042	0.1131	0.1219	0.1306	0.1393	0.1479	0.1563	0.1647	0.1730	0.1813
0.00	0.0000	0.0000	0.0000	0.0000	0.0000	0.0000	0.0000	0.0000	0.0000	0.0000

均布荷载连梁剪力系数 ϕ_2 值 表 8.5-2

x/H \ α	0.5000	1.0000	1.5000	2.0000	2.5000	3.0000	3.5000	4.0000	4.5000	5.0000
1.00	0.0374	0.1135	0.1783	0.2162	0.2316	0.2324	0.2249	0.2132	0.2000	0.1865
0.98	0.0374	0.1136	0.1784	0.2164	0.2319	0.2328	0.2254	0.2139	0.2007	0.1874
0.96	0.0374	0.1136	0.1786	0.2169	0.2327	0.2339	0.2269	0.2158	0.2030	0.1900
0.94	0.0374	0.1137	0.1790	0.2176	0.2340	0.2358	0.2294	0.2188	0.2066	0.1941
0.92	0.0374	0.1138	0.1794	0.2186	0.2357	0.2383	0.2327	0.2229	0.2113	0.1995
0.90	0.0374	0.1139	0.1800	0.2199	0.2378	0.2414	0.2367	0.2278	0.2171	0.2061
0.88	0.0374	0.1141	0.1806	0.2213	0.2403	0.2450	0.2414	0.2336	0.2239	0.2138
0.86	0.0374	0.1142	0.1813	0.2229	0.2430	0.2490	0.2467	0.2401	0.2315	0.2224
0.84	0.0374	0.1143	0.1820	0.2246	0.2460	0.2534	0.2525	0.2472	0.2399	0.2318
0.82	0.0373	0.1144	0.1827	0.2265	0.2493	0.2582	0.2588	0.2549	0.2489	0.2420
0.80	0.0373	0.1145	0.1834	0.2284	0.2527	0.2632	0.2655	0.2631	0.2584	0.2528
0.78	0.0372	0.1145	0.1841	0.2303	0.2562	0.2685	0.2725	0.2717	0.2685	0.2641
0.76	0.0371	0.1145	0.1848	0.2323	0.2599	0.2740	0.2797	0.2806	0.2789	0.2758
0.74	0.0370	0.1145	0.1854	0.2342	0.2635	0.2795	0.2872	0.2898	0.2806	0.2879
0.72	0.0369	0.1143	0.1860	0.2361	0.2672	0.2852	0.2947	0.2992	0.3006	0.3003
0.70	0.0367	0.1142	0.1865	0.2380	0.2709	0.2908	0.3024	0.3087	0.3118	0.3129
0.68	0.0365	0.1139	0.1868	0.2397	0.2745	0.2964	0.3100	0.3182	0.3230	0.3256
0.66	0.0363	0.1136	0.1871	0.2413	0.2779	0.3020	0.3176	0.3278	0.3343	0.3384
0.64	0.0361	0.1132	0.1872	0.2428	0.2813	0.3074	0.3251	0.3372	0.3455	0.3511
0.62	0.0358	0.1126	0.1872	0.2441	0.2844	0.3126	0.3345	0.3466	0.3566	0.3638
0.60	0.0355	0.1120	0.1870	0.2451	0.2873	0.3176	0.3396	0.3557	0.3675	0.3763
0.58	0.0351	0.1112	0.1866	0.2459	0.2899	0.3222	0.3463	0.3645	0.3782	0.3886
0.56	0.0348	0.1104	0.1860	0.2464	0.2921	0.3266	0.3528	0.3729	0.3885	0.4005
0.54	0.0343	0.1094	0.1851	0.2467	0.2940	0.3305	0.3588	0.3810	0.3984	0.4121
0.52	0.0339	0.1082	0.1840	0.2465	0.2955	0.3339	0.3643	0.3885	0.4078	0.4232
0.50	0.0334	0.1069	0.1827	0.2460	0.2965	0.3368	0.3692	0.3954	0.4166	0.4337
0.48	0.0328	0.1055	0.1810	0.2451	0.2971	0.3392	0.3736	0.4017	0.4247	0.4435
0.46	0.0322	0.1039	0.1791	0.2438	0.2970	0.3409	0.3771	0.4072	0.4321	0.4526
0.44	0.0315	0.1021	0.1768	0.2420	0.2964	0.3418	0.3799	0.4119	0.4386	0.4608
0.42	0.0308	0.1001	0.1742	0.2396	0.2951	0.3420	0.3818	0.4156	0.4441	0.4680
0.40	0.0301	0.0979	0.1712	0.2368	0.2930	0.3413	0.3828	0.4183	0.4485	0.4741
0.38	0.0292	0.0956	0.1679	0.2333	0.2903	0.3397	0.3826	0.4198	0.4517	0.4789
0.36	0.0284	0.0930	0.1641	0.2292	0.2866	0.3371	0.3813	0.4200	0.4535	0.4824
0.34	0.0274	0.0902	0.1599	0.2245	0.2822	0.3334	0.3788	0.4188	0.4538	0.4842
0.32	0.0264	0.0872	0.1552	0.2191	0.2767	0.3285	0.3748	0.4160	0.4524	0.4843
0.30	0.0254	0.0839	0.1501	0.2129	0.2703	0.3223	0.3694	0.4116	0.4492	0.4824
0.28	0.0242	0.0804	0.1445	0.2060	0.2627	0.3148	0.3623	0.4053	0.4439	0.4784
0.26	0.0230	0.0767	0.1384	0.1982	0.2541	0.3059	0.3535	0.3970	0.4365	0.4719
0.24	0.0217	0.0726	0.1317	0.1895	0.2442	0.2953	0.3428	0.3866	0.4265	0.4627
0.22	0.0204	0.0683	0.1244	0.1800	0.2330	0.2831	0.3301	0.3737	0.4139	0.4506
0.20	0.0189	0.0637	0.1166	0.1695	0.2205	0.2691	0.3151	0.3582	0.3982	0.4352
0.18	0.0174	0.0589	0.1081	0.1580	0.2065	0.2532	0.2978	0.3399	0.3794	0.4161
0.16	0.0158	0.0537	0.0991	0.1454	0.1910	0.2353	0.2779	0.3185	0.3569	0.3930
0.14	0.0142	0.0482	0.0893	0.1317	0.1738	0.2151	0.2552	0.2938	0.3306	0.3654
0.12	0.0124	0.0424	0.0789	0.1169	0.1550	0.1927	0.2296	0.2654	0.2999	0.3328
0.10	0.0106	0.0362	0.0677	0.1008	0.1343	0.1678	0.2008	0.2332	0.2646	0.2948
0.08	0.0087	0.0297	0.0558	0.0834	0.1117	0.1402	0.1686	0.1966	0.2240	0.2508
0.06	0.0066	0.0288	0.0431	0.0647	0.0871	0.1098	0.1327	0.1554	0.1779	0.2000
0.04	0.0045	0.0156	0.0296	0.0446	0.0604	0.0765	0.0928	0.1092	0.1256	0.1418
0.02	0.0023	0.0080	0.0152	0.0231	0.0314	0.0399	0.0487	0.0576	0.0665	0.0754
0.00	0.0000	0.0000	0.0000	0.0000	0.0000	0.0000	0.0000	0.0000	0.0000	0.0000

续表

x/H \ α	5.5000	6.0000	6.5000	7.0000	7.5000	8.0000	8.5000	9.0000	9.5000	10.0000
1.00	0.1736	0.1617	0.1508	0.1410	0.1322	0.1243	0.1172	0.1109	0.1051	0.0999
0.98	0.1746	0.1628	0.1521	0.1424	0.1336	0.1258	0.1188	0.1156	0.1069	0.1018
0.96	0.1775	0.1660	0.1555	0.1461	0.1376	0.1301	0.1233	0.1173	0.1118	0.1069
0.94	0.1821	0.1710	0.1609	0.1519	0.1438	0.1366	0.1302	0.1245	0.1194	0.1148
0.92	0.1881	0.1776	0.1680	0.1595	0.1519	0.1451	0.1391	0.1338	0.1290	0.1248
0.90	0.1955	0.1856	0.1766	0.1687	0.1615	0.1553	0.1497	0.1448	0.1405	0.1366
0.88	0.2039	0.1948	0.1866	0.1792	0.1726	0.1669	0.1618	0.1573	0.1534	0.1500
0.86	0.2135	0.2051	0.1976	0.1908	0.1849	0.1796	0.1751	0.1710	0.1675	0.1645
0.84	0.2239	0.2164	0.2096	0.2035	0.1982	0.1935	0.1894	0.1858	0.1827	0.1800
0.82	0.2350	0.2285	0.2224	0.2170	0.2123	0.2081	0.2045	0.2013	0.1986	0.1962
0.80	0.2469	0.2412	0.2360	0.2313	0.2271	0.2235	0.2203	0.2176	0.2152	0.2132
0.78	0.2593	0.2546	0.2502	0.2462	0.2426	0.2395	0.2368	0.2344	0.2324	0.2307
0.76	0.2722	0.2684	0.2649	0.2616	0.2586	0.2560	0.2537	0.2517	0.2500	0.2486
0.74	0.2854	0.2827	0.2800	0.2774	0.2750	0.2729	0.2710	0.2694	0.2680	0.2668
0.72	0.2990	0.2973	0.2954	0.2935	0.2917	0.2901	0.2887	0.2874	0.2863	0.2853
0.70	0.3128	0.3121	0.3111	0.3099	0.3087	0.3076	0.3066	0.3056	0.3048	0.3041
0.68	0.3268	0.3272	0.3270	0.3265	0.3259	0.3253	0.3246	0.3240	0.3235	0.3230
0.66	0.3409	0.3423	0.3430	0.3433	0.3433	0.3431	0.3429	0.3426	0.3423	0.3420
0.64	0.3549	0.3574	0.3591	0.3601	0.3607	0.3610	0.3612	0.3612	0.3612	0.3611
0.62	0.3689	0.3725	0.3751	0.3769	0.3781	0.3789	0.3795	0.3799	0.3801	0.3802
0.60	0.3828	0.3876	0.3911	0.3936	0.3955	0.3969	0.3978	0.3985	0.3990	0.3994
0.58	0.3964	0.4024	0.4069	0.4103	0.4128	0.4147	0.4161	0.4171	0.4179	0.4185
0.56	0.4098	0.4170	0.4225	0.4267	0.4299	0.4324	0.4342	0.4356	0.4367	0.4375
0.54	0.4228	0.4312	0.4378	0.4428	0.4468	0.4498	0.4522	0.4540	0.4554	0.4565
0.52	0.4354	0.4450	0.4527	0.4587	0.4634	0.4671	0.4700	0.4722	0.4739	0.4753
0.50	0.4474	0.4584	0.4671	0.4741	0.4796	0.4840	0.4874	0.4901	0.4923	0.4939
0.48	0.4588	0.4711	0.4810	0.4890	0.4954	0.5005	0.5045	0.5077	0.5103	0.5123
0.46	0.4694	0.4831	0.4943	0.5033	0.5106	0.5164	0.5212	0.5249	0.5280	0.5304
0.44	0.4792	0.4943	0.5067	0.5169	0.5251	0.5318	0.5373	0.5417	0.5452	0.5481
0.42	0.4880	0.5046	0.5183	0.5296	0.5389	0.5465	0.5527	0.5578	0.5619	0.5653
0.40	0.4957	0.5137	0.5288	0.5413	0.5517	0.5603	0.5673	0.5732	0.5780	0.5819
0.38	0.5021	0.5217	0.5381	0.5519	0.5634	0.5730	0.5810	0.5877	0.5932	0.5978
0.36	0.5071	0.5282	0.5460	0.5611	0.5739	0.5846	0.5936	0.6012	0.6075	0.6128
0.34	0.5105	0.5330	0.5524	0.5688	0.5829	0.5948	0.6049	0.6134	0.6206	0.6268
0.32	0.5121	0.5361	0.5569	0.5747	0.5901	0.6032	0.6145	0.6241	0.6323	0.6393
0.30	0.5116	0.5371	0.5593	0.5786	0.5953	0.6097	0.6222	0.6330	0.6423	0.6503
0.28	0.5089	0.5357	0.5594	0.5800	0.5981	0.6139	0.6277	0.6397	0.6502	0.6593
0.26	0.5036	0.5317	0.5567	0.5788	0.5982	0.6154	0.6305	0.6438	0.6555	0.6658
0.24	0.4954	0.5247	0.5509	0.5743	0.5951	0.6137	0.6302	0.6448	0.5678	0.6693
0.22	0.4840	0.5143	0.5416	0.5662	0.5883	0.6082	0.6260	0.6420	0.6564	0.6693
0.20	0.4691	0.5000	0.5282	0.5539	0.5772	0.5983	0.6174	0.6348	0.6505	0.6647
0.18	0.4501	0.4815	0.5103	0.5368	0.5610	0.5832	0.6036	0.6222	0.6392	0.6547
0.16	0.4267	0.4580	0.4871	0.5141	0.5390	0.5621	0.5834	0.6031	0.6213	0.6381
0.14	0.3982	0.4291	0.4580	0.4850	0.5102	0.5338	0.5559	0.5764	0.5955	0.6134
0.12	0.3642	0.3939	0.4220	0.4485	0.4736	0.4972	0.5195	0.5404	0.5602	0.5788
0.10	0.3239	0.3517	0.3783	0.4036	0.4278	0.4508	0.4726	0.4935	0.5133	0.5321
0.08	0.2766	0.3016	0.3257	0.3489	0.3713	0.3928	0.4135	0.4333	0.4523	0.4707
0.06	0.2216	0.2426	0.2631	0.2831	0.3024	0.3213	0.3395	0.3572	0.3745	0.3912
0.04	0.1578	0.1736	0.1891	0.2043	0.2192	0.2339	0.2483	0.2623	0.2762	0.2897
0.02	0.0843	0.0932	0.1020	0.1107	0.1193	0.1279	0.1363	0.1447	0.1531	0.1613
0.00	0.0000	0.0000	0.0000	0.0000	0.0000	0.0000	0.0000	0.0000	0.0000	0.0000

（3）连梁的弯矩

$$M_{\mathrm{b}} = \frac{1}{2} V_{\mathrm{b}} l_0 \tag{8.5-45}$$

（4）墙肢的轴向力

$$N_{1i} = - N_{2i} = \sum_{i}^{n} V_{\mathrm{b}} \tag{8.5-46}$$

式中 l_0——连梁的净跨度；

N_{1i}、N_{2i}——分别为第 i 层墙肢 1、2 轴向拉力和压力；

V_{b}——连梁的剪力。

（5）墙肢的弯矩

$$M_i = M_{\mathrm{p}i} - \sum_{i}^{n} M'_{\mathrm{b}} \tag{8.5-47}$$

$$M'_{\mathrm{b}} = \frac{1}{2} V_{\mathrm{b}} L \tag{8.5-48}$$

$$M_{1i} = \frac{I_1}{I_1 + I_2} M_i \tag{8.5-49}$$

$$M_{2i} = \frac{I_2}{I_1 + I_2} M_i \tag{8.5-50}$$

式中 M_i——双肢墙第 i 层弯矩；

$M_{\mathrm{p}i}$——双肢墙由水平力产生的第 i 层弯矩；

M'_{b}——连梁由水平力引起的约束弯矩；

L——墙肢截面形心间的距离；

M_{1i}、M_{2i}——分别为第 i 层墙肢 1、2 的弯矩值。

（6）墙肢的剪力

$$V_{1i} = \frac{I_{1\mathrm{eq}i}}{I_{1\mathrm{eq}i} + I_{2\mathrm{eq}i}} V_i \tag{8.5-51}$$

$$V_{2i} = \frac{I_{2\mathrm{eq}i}}{I_{1\mathrm{eq}i} + I_{2\mathrm{eq}i}} V_i \tag{8.5-52}$$

$$I_{j\mathrm{eq}} = \frac{I_j}{1 + \dfrac{9\mu I_j}{A_j H^2}} (j = 1,2) \tag{8.5-53}$$

式中 V_i——双肢剪力墙由水平力产生的第 i 层剪力；

I_j——墙肢 1 或墙肢 2 的截面惯性矩；

A_j——墙肢 1 或墙肢 2 的截面积；

$I_{j\mathrm{eq}}$——墙肢 j 的等效惯性矩；

H——双肢剪力墙总高度；

μ——截面形状系数，矩形截面 $\mu = 1.2$；I 形截面 $\mu = \dfrac{A}{A_{\mathrm{w}}}$，$A$ 为全截面面积；A_{w} 为腹板面积，T 形截面 μ 见表 8.4-3。

8.6　地震作用下的内力调整

抗震设计时，框架-剪力墙结构由地震作用产生的各层框架总剪力标准值应符合下列规定：

1. 满足（8.6-1）式要求的楼层，其框架总剪力标准值不必调整；不满足（8.6-1）式要求的楼层，其框架总剪力标准值应按 $0.2V_0$ 和 $1.5V_{f,max}$ 二者的较小值采用；

$$V_f \geqslant 0.2V_0 \tag{8.6-1}$$

V_0——对框架柱数量从下至上基本不变的规则建筑，取地震作用产生的结构底部总剪力标准值；对框架柱数量从下至上分段有规律变化的结构，取每段最下一层结构的地震总剪力标准值；

V_f——为地震作用产生的、未经调整的各层（或某一段内各层）框架所承担的地震总剪力标准值；

V_{fmax}——对框架柱数量从下至上基本不变的规则建筑，应取未经调整的各层框架所承担的地震总剪力标准值中的最大值；对框架柱数量从下至上分段有规律变化的结构，应取每段中未经调整的各层框架所承担的地震总剪力标准值中的最大值。

2. 按振型分解反应谱法计算地震作用时，第1条所规定的调整可在振型组合之后进行。各层框架所承担的地震总剪力标准值调整后，应按调整前、后总剪力标准值的比值调整框架各柱和梁的剪力及端部弯矩标准值，框架柱的轴力标准值可不予调整。

3. 当屋面突出部分采用框剪结构时，突出部分框架的总剪力取该层框架按协同工作承担剪力值的1.5倍。

8.7　扭转影响的近似计算

1. 房屋建筑在风荷载或地震作用下，当结构平面的刚度中心与水平力的作用中心不重合时，必将产生平面扭转。其楼层的扭转影响，不仅与本层的刚度中心和质量中心有关，而且还与该层以上各层的刚度中心和质量中心有关。

2. 扭转影响近似计算的基本假定

（1）楼盖在自身平面内刚度为无限大，把它看成一刚片，各点之间没有相对变形，仅产生同步平移和转动。

（2）抗侧力结构的刚度 D 作为假想面积，此时假想面积的形心就是刚度中心。

（3）根据假定（1），在水平力作用下如果没有扭转现象，某楼层刚度中心的侧向位移值作为该层各抗侧力结构的位移值，而且大小都相等。

（4）先按无扭转影响计算各楼层抗侧力结构的内力，然后再考虑扭转影响，用修正系数 α 来调整按无扭转影响时计算所得的内力值。

3. 用平面示意图（图8.7-1），按纵横向分别标出各楼层柱、剪力墙的抗推刚度值 D_c 和 D_w，按协同工作分配所得的剪力值 V_c 和 V_w，柱和剪力墙由本层荷载（不计上层传重）产生的轴向力 N，并将同一轴线上各构件的 D 和 N 值叠加在一起用表格表示。

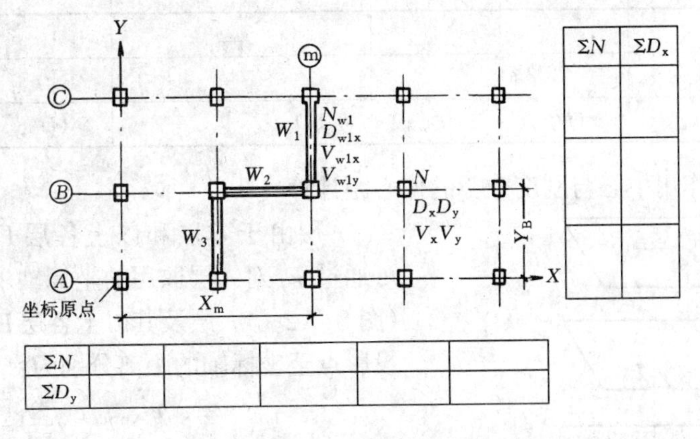

图 8.7-1 平面示意图

4. 各楼层每个柱和每片剪力墙的抗推刚度 D 值，按下列公式确定：

$$D_{cij} = V_{cij}/\delta_i \tag{8.7-1}$$

$$D_{wij} = V_{wij}/\delta_i \tag{8.7-2}$$

式中 V_{cij}、V_{wij}——第 i 层第 j 柱和第 j 墙的剪力值（kN）；

δ_i——第 i 层的相对层间位移值（m），同一楼层的柱和墙相对层间位移值相同。

5. 选取坐标轴。一般可把坐标原点设在结构单元的左下角（图 8.7-1）。

6. 计算各楼层的水平力作用中心位置。第 i 层的地震效应 F_i 的作用中心即为第 i 层的质量中心，其位置可按该层柱、墙的轴向力 N 由下式确定：

$$\left.\begin{aligned} X_{mi} &= \frac{\Sigma N_{ij}x_j}{\Sigma N_{ij}} \\ Y_{mi} &= \frac{\Sigma N_{ij}y_j}{\Sigma N_{ij}} \end{aligned}\right\} \tag{8.7-3}$$

式中 X_{mi}、Y_{mi}——第 i 层质量中心距坐标轴 Y、X 的距离（m）；

N_{ij}——第 i 层 j 柱和 j 墙的轴向力（kN）；

x_j、y_j——第 i 层 j 柱和 j 墙的形心距坐标轴 y、x 的距离。

7. 求下列为计算扭转影响的有关值：

$$\left.\begin{aligned} I_x &= \Sigma(D_x y_j^2) - \Sigma D_x \overline{Y}^2 \\ I_y &= \Sigma(D_y x_j^2) - \Sigma D_y \overline{X}^2 \end{aligned}\right\} \tag{8.7-4}$$

刚度中心位置距 X 轴和 Y 轴的距离为：

$$\left.\begin{aligned} \overline{X} &= \Sigma(D_y x_j)/\Sigma D_y \\ \overline{Y} &= \Sigma(D_x y_j)/\Sigma D_x \end{aligned}\right\} \tag{8.7-5}$$

式中 D_x、D_y——柱和墙抵抗 Y 方向和 X 方向水平力的抗推刚度值（kN/m）；

x_j、y_j——j 柱和 j 墙形心距 Y 轴和 X 轴的距离（m）；

ΣD_x、ΣD_y、$\Sigma(D_x y_j)$、$\Sigma(D_y x_j)$、$\Sigma(D_x y_j^2)$、$\Sigma(D_y x_j^2)$ 各值可列表计算：

D_x	y_j	$D_x y_j$	$D_x y_j^2$	D_y	x_j	$D_y x_j$	$D_y x_j^2$
ΣD_x		$\Sigma(D_x y_j)$	$\Sigma(D_x y_j^2)$	ΣD_y		$\Sigma(D_y x_j)$	$\Sigma(D_y x_j^2)$

8. 水平力作用中心与刚度中心的偏心距计算

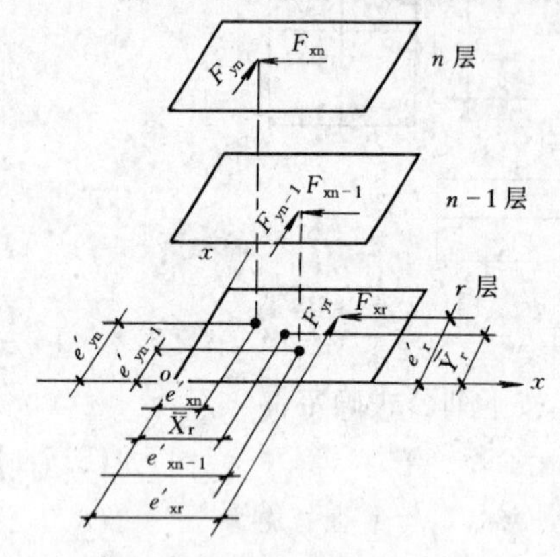

图 8.7-2　F_i 在 r 层投影位置

r 层由于本层和以上各层 F_i 产生的偏心距，可通过 F_i 对 r 层取用的坐标轴求力矩的方法求得（图 8.7-2）。r 层及其以上各层 F_i 作用点在 r 层的投影点至坐标轴的距离分别为：

e'_{xn-1}、e'_{xr}、e'_{yn}、e'_{yn-1}、e'_{yr}，因此，F_i 对 r 层坐标轴的力矩为：

$$\left.\begin{aligned} M_{xr} &= \sum_{i=r}^{n} F_{yj}, e'_{xi} \\ M_{yr} &= \sum_{i=r}^{n} F_{xi}, e'_{yi} \end{aligned}\right\} \tag{8.7-6}$$

r 层和 r 层以上各层 F_i 在 r 层投影合力作用点距坐标轴的距离为：

$$\left.\begin{aligned} e''_{xr} &= \frac{M_{xr}}{\sum\limits_{i=r}^{n} F_{yi}} = \frac{M_{xr}}{V_{yr}} \\ e''_{yr} &= \frac{M_{yr}}{\sum\limits_{i=r}^{n} F_{xi}} = \frac{M_{yr}}{V_{xr}} \end{aligned}\right\} \tag{8.7-8}$$

水平力作用中心与刚度中心的偏心距为：

$$\left.\begin{aligned} e_{xor} &= |\overline{X}_r - e''_{xr}| \\ e_{yor} &= |\overline{Y}_r - e''_{yr}| \end{aligned}\right\} \tag{8.7-9}$$

式中　V_{yr}、V_{xr}——r 层沿 Y 和 X 方向的楼层剪力值（kN）；

$\overline{X}_r$、$\overline{Y}_r$——第 r 层刚度中心距坐标轴的距离，由公式（8.7-5）求得。

9. 计算柱和墙考虑扭转影响后剪力的修正系数 α_x、α_y 为：

$$\left.\begin{aligned} \alpha_{xj} &= 1 + \frac{\Sigma D_x e_y}{I_x + I_y} y'_j \\ \alpha_{yj} &= 1 + \frac{\Sigma D_y e_x}{I_x + I_y} x'_j \end{aligned}\right\} \tag{8.7-10}$$

式中　e_x、e_y——由公式（8.7-9）求得某楼层 X 方向和 Y 方向的偏心距；

I_x、I_y——按公式（8.7-4）求得；

x'_j、y'_j——X 方向和 Y 方向的 j 柱、j 墙距刚度中心的距离；

ΣD_x、ΣD_y——柱和墙抵抗 Y 方向及 X 方向水平力的抗推刚度总和。

计算扭转影响时，只考虑增加剪力的那部分抗侧力构件。因此，当确定了刚度中心位置以后，即可判断距刚度中心较远一侧需要考虑扭转影响而增加剪力的柱和剪力墙是哪些。

10. 考虑扭转影响后，柱和墙的剪力值按下式计算：

$$V'_j = V_j\alpha \tag{8.7-11}$$

式中 V_j——j 柱和 j 墙未考虑扭转影响时的剪力值；

α——按公式（8.7-10）计算的剪力修正系数。

8.8 截面设计和构造

1. 框剪结构的截面设计和构造措施，除本节规定者外，应按第 6 章及第 7 章采用。

2. 高层框剪结构的剪力墙宜采用现浇。本节对剪力墙的各项要求均按现浇剪力墙考虑。

3. 有抗震设防的高层框剪结构截面设计，应首先注意使结构具备良好的延性，使延性系数达到 4~6 的要求。延性的要求是通过控制构件的轴压比、剪压比、强剪弱弯、强柱弱梁、强底层柱下端、强底部剪力墙、强节点等验算和一系列构造措施实现的。

4. 高层框剪结构的剪力墙应设计成带有梁柱的边框剪力墙，构造应符合下列要求：

（1）带边框剪力墙的截面厚度应符合下列规定：

1）抗震设计时，一、二级剪力墙的底部加强部位不应小于 200mm，且不应小于层高的 1/16；

2）除第 1 项以外的其他情况下不应小于 160mm，且不应小于层高的 1/20；

3）当剪力墙截面厚度不满足以上两项时，应按第 7 章 7.2 节第 11 条（3）项计算墙体稳定。

（2）带边框剪力墙的混凝土强度等级宜与边框柱相同；

（3）与剪力墙重合的框架梁可保留，亦可做成宽度与墙厚相同的暗梁，暗梁截面高度可取墙厚的 2 倍或与该片框架梁截面等高。边框梁（包括暗梁）的纵向钢筋配筋率应按框架梁纵向受拉钢筋支座的最小配筋百分率，梁纵向钢筋上下相等且连通全长，梁的箍筋按框架梁加密区构造配置，全跨加密。

（4）剪力墙边框柱的纵向钢筋除按计算确定外，应符合第 6 章关于一般框架结构柱配筋的规定；剪力墙端部的纵向受力钢筋应配置在边柱截面内，边框柱箍筋间距应按加密区要求，且柱全高加密。

5. 剪力墙墙板的配筋，非抗震设计时，水平和竖向分布钢筋的配筋率均不应小于 0.2%，直径不应小于 8mm，间距不大于 300mm；有抗震设防时，水平和竖向分布钢筋的配筋率均不应小于 0.25%，直径不应小于 8mm，间距不大于 300mm。墙板钢筋应双排双向配置，双排钢筋之间应设置直径不小于 6mm，间距不大于 600mm 的拉接筋，拉接筋应与外皮水平钢筋钩牢。水平钢筋应全部锚入边柱内，锚固长度不应小于 l_a（非抗震设计）或 l_{aE}（抗震设计）。

6. 板柱-剪力墙结构中，板的构造应符合下列规定：

（1）抗震设计时，无梁板中所设置的沿纵横柱轴线的暗梁，应按下列规定配置钢筋：

1）暗梁上、下纵向钢筋均取柱上板带上、下钢筋总截面积的 50%，且均拉通全跨，其直径可大于暗梁以外板钢筋的直径，但不宜大于柱截面相应边长度的1/20，暗梁下部钢筋不宜少于上部钢筋的1/2；

2）暗梁的箍筋，在无梁板的柱边如需用作剪力架时，除应按抗剪承载力确定外，在构造上应配置四肢箍，直径不小于8mm，间距不大于300mm；

(2) 抗震设计时，柱上板带暗梁以外的支座纵向钢筋宜有不少于1/3拉通全跨。与暗梁相垂直方向的板下钢筋应搁置于暗梁下部钢筋之上；

(3) 当设置平托板时，平托板底部宜布置构造钢筋。计算柱上板带的支座钢筋时，可以考虑平托板的厚度；

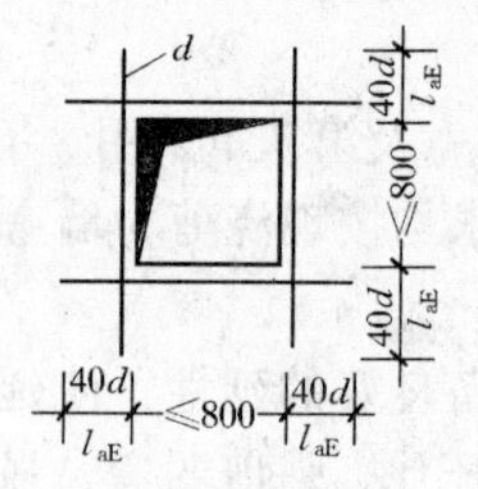

图 8.8-1 剪力墙小洞口加筋

(4) 抗震设防8度时宜采用有托板或柱帽的板柱节点，托板或柱帽根部的厚度（包括板厚）不宜小于柱纵筋直径的16倍，托板或柱帽的边长每方向不宜小于相应板跨度的1/6和不宜小于4倍板厚及相应柱截面边长之和，二者的较大值。

7. 剪力墙上当有非连续小洞口，且其各边长度小于800mm时，应将在洞口处被截断的钢筋按等截面面积配置在洞口四边，此补强钢筋锚固长度为洞边起40倍直径（图8.8-1）。

8. 整体小开口剪力墙，当洞口边长大于800mm时，洞口周边的加筋可按下列方法计算：

(1) 单洞（图8.8-2a）

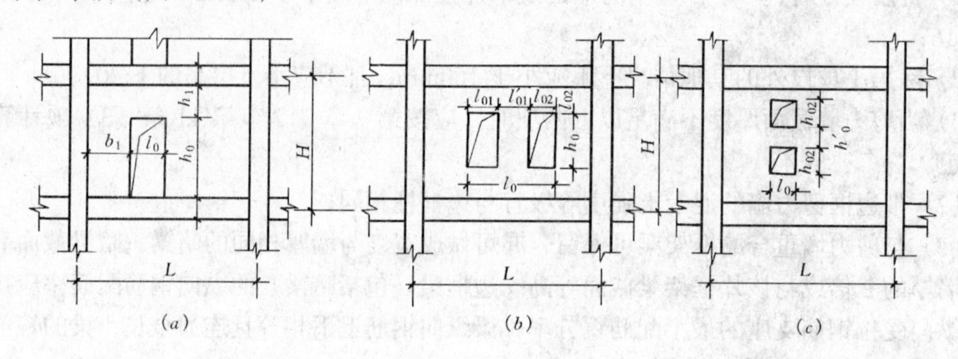

图 8.8-2 剪力墙开洞

洞口竖边每边拉力为：

$$T_{\mathrm{V}}=\frac{h_0}{2(L-l_0)}V'_{\mathrm{w}} \tag{8.8-1}$$

洞口水平边每边拉力为：

$$T_{\mathrm{H}}=\frac{l_0}{2(H-h_0)}\frac{H}{L}V'_{\mathrm{w}} \tag{8.8-2}$$

每边配筋所需截面面积为：

$$A_{\mathrm{s}}=\frac{T_{\mathrm{V}}(T_{\mathrm{H}})\gamma_{\mathrm{RE}}}{f_{\mathrm{y}}} \tag{8.8-3}$$

当洞边距柱边 $b_1<\frac{h_0}{4}$，且相邻跨无剪力墙时，则只能考虑剪力墙较宽一侧起作用，其较窄一侧可按构造配筋。

式中 V'_w——考虑洞口影响后的墙剪力设计值，$V'_w = \gamma V_w$；

V_w——剪力墙的剪力设计值；

γ——洞口对抗剪承载力的降低系数，取值为：

$$\left.\begin{aligned}\gamma_1 &= 1 - \frac{l_0}{L}\\ \gamma_2 &= 1 - \sqrt{\frac{A_{0p}}{A_f}}\end{aligned}\right\}\text{取两者较小值}$$

A_{0p}——墙面洞口面积，$A_{0p} = l_0 h_0$；

A_f——墙面面积，$A_f = LH$；

f_y——钢筋抗拉强度设计值。

(2) 水平并排洞（图 8.8-2b）

1) $l'_0 \leqslant 0.75h_0$ 时，不考虑小墙垛，按两个洞口合并为一个洞口考虑，小墙垛两侧配筋按构造。

2) $l'_0 > 0.75h_0$ 时，按两个洞口考虑，洞口对抗剪承载力的降低系数为：

$$\left.\begin{aligned}\gamma'_1 &= 1 - \frac{l_{01} + l_{02}}{L}\\ \gamma'_2 &= 1 - \sqrt{\frac{(l_{01} + l_{02})h_0}{LH}}\end{aligned}\right\}\text{取两者的较小值}$$

$$\sqrt{\frac{A_{0p}}{A_f}} \leqslant 0.4, A_{0p} = (l_{01} + l_{02})h_0, A_f = LH$$

洞口竖边每边拉力为：

$$T_V = \frac{h_0}{2(L - l_{01} - l_{02})}V'_w \tag{8.8-4}$$

洞口水平边每边拉力为：

$$T_H = \frac{l_0}{2(H - h_0)} \cdot \frac{H}{L}V'_w \tag{8.8-5}$$

(3) 竖向并列洞口（图 8.8-2c）

1) $h'_0 \leqslant 0.75l_0$ 时，按两个洞口合并成一个洞口考虑，洞口对抗剪承载力降低系数为：

$$\left.\begin{aligned}\gamma'_1 &= 1 - \frac{l_0}{L}\\ \gamma'_2 &= 1 - \sqrt{\frac{A_{0p}}{A_f}}\end{aligned}\right\}\text{取两者的较小值}$$

$$\sqrt{\frac{A_{0p}}{A_f}} \leqslant 0.4, A_{0p} = l_0(h_{01} + h_{02}), A_f = LH$$

2) $h'_0 > 0.75l_0$ 时，按两个洞口考虑，竖向并列洞口每边拉力分别为：

$$T_V = \frac{h_{01}\text{或}h_{02}}{2(L - l_0)}V'_w \tag{8.8-6}$$

$$T_{\mathrm{H}}=\frac{l_0}{2(H-h_{01}-h_{02})}\frac{H}{L}V'_{\mathrm{w}} \tag{8.8-7}$$

水平并排洞和竖向并列洞每边所需钢筋截面面积的计算均按公式（8.8-3）。

8.9 框剪结构的设计步骤

1. 根据建筑平面布置和层数、高度确定柱网。根据抗震设防烈度、建筑高度确定框架和剪力墙的抗震等级。

2. 依据柱网大小、楼板布置和荷载情况确定框架梁的截面尺寸。

3. 根据楼面做法、填充墙材料、使用性质、梁柱和剪力墙情况，估算出各楼层重力荷载代表值 G_i 及建筑物总重力荷载代表值 G_{E}。计算每层柱的竖向荷载 N_i 时应考虑楼面活荷载的折减。

4. 根据柱子每层的竖向荷载 N_i 值，考虑延性，要求柱截面尺寸按轴压比和构造要求确定。柱截面按构造要求不小于 300mm×300mm。

在计算柱轴压比时，对于常见的板式楼的中柱可仅取竖向荷载作用下的轴向力，边柱可取竖向荷载作用下的轴力值乘以系数 1.1~1.2。竖向荷载中的楼面活荷载应按规定折减，轴向力应取设计值，活载和恒载的分项系数综合值可取 1.25，即轴向力设计值为标准值乘以 1.25。

5. 根据框架梁柱截面尺寸，混凝土强度等级计算各楼层柱的抗推刚度 D_i 值和 i 楼层框架总刚度 $C_{\mathrm{f}i}$。

$$D_i=\Sigma\alpha K_{\mathrm{c}}\frac{12}{h_i^2}$$

$$C_i=D_ih_i=\Sigma\alpha K_{\mathrm{c}}\frac{12}{h_i}$$

6. 计算各层柱抗推刚度的平均值 D 和框架的总刚度 C_{f}。

$$D=\frac{\sum_{i=1}^{n}D_ih_i}{H}$$

$$C_{\mathrm{f}}=\frac{\sum_{i=1}^{n}D_{\mathrm{f}i}h_i}{H}\quad \text{或}\ C_{\mathrm{f}}=D\cdot\overline{h}=D\cdot\frac{H}{n}$$

在计算框架的总刚度 C_{f} 时，可简化地取（0.5~0.6）H（H 为结构总高度）范围某楼层柱的抗推刚度 D_{m} 乘以平均层高 $\overline{h}=H/n$ 求得（n 为层数），即 $C_{\mathrm{f}}=D_{\mathrm{m}}\overline{h}$。

7. 根据初步布置的剪力墙，按本章 8.4 节计算每道剪力墙的等效刚度 $EI_{\mathrm{w}j}$ 和总剪力墙刚度 EI_{w}。

按本章 8.3 节求剪力墙合理数量，当所需剪力墙刚度 EI_{w} 与实际布置的剪力墙刚度接近或稍大时，则可往下进行计算。如果按实际布置的剪力墙刚度不足或比所需要的值大得过多时，应对实际布置的剪力墙数量进行调整。

8. 计算框架与剪力墙之间连梁的等效剪切刚度 C_{b}。

9. 计算结构刚度特征值 λ。

当连梁与剪力墙铰接时：

$$\lambda = H\sqrt{\frac{C_f}{EI_w}}$$

当连梁与剪力墙刚接时：

$$\lambda = H\sqrt{\frac{C_f + C_b}{EI_w}}$$

10. 计算结构顶点假想位移 u_T：

$$u_T = \frac{\varphi_u q H^4}{100EI_w} = \theta_u u_H$$

11. 计算结构基本自振周期 T_1：

$$T_1 = 1.7\varphi_T\sqrt{u_T}$$

12. 采用底部剪力法计算结构总水平地震作用标准值 F_{Ek}、质点 i 的水平地震作用F_i及顶部附加水平地震作用标准值ΔF_n：

$$F_{Ek} = \alpha_1 G_{eq} = 0.85\alpha_1 G_E$$

$$F_i = \frac{G_i H_i}{\sum_{j=1}^{n} G_j H_j} F_{Ek}(1 - \delta_n)$$

$$\Delta F_n = \delta_n F_{Ek}$$

带小塔楼的高层建筑结构采用底部剪力法计算时，突出屋面的小塔楼作为一个质点参加计算，计算求得的小塔楼水平地震作用应考虑增大。增大后的小塔楼地震剪力值仅用于小塔楼自身及与小塔楼直接连结的主体结构构件的截面验算。

计算的顶部附加水平地震作用标准值 ΔF_n 应作用在主体结构的顶部，不应作用在小塔楼的顶部。

13. 求底部弯矩 M_0 及折算成倒三角形分布荷载的上端值 q_{max}：

$$M_0 = F_1H_1 + F_2H_2 + \cdots + F_nH = \sum_{i=1}^{n} F_iH_i$$

$$q_{max} = \frac{3M_0}{H^2} \quad (\text{kN}\cdot\text{m})$$

在工程设计中可按简化的经验公式计算 q_{max}：

$$q_{max} = \frac{2.08}{H}(F_{Ek} - \Delta F_n)$$

14. 计算地震作用下的结构顶点位移 u 和楼层层间位移Δu：

$$u = \frac{\varphi_u q_{max} H^4 + \varphi_u^n \Delta F H^3}{100EI_w} = \theta'_u u_H + \theta''_u u_H$$

$$\Delta u = u_{i+1} - u_i$$

求得层间位移 Δu 后，应计算 $\Delta u/h$ 最大值，并与表 2.7-1 进行比较，其值是否满足限值要求。

15. 计算地震作用下各楼层框架和剪力墙的总内力（此步为框剪结构协同工作的第一次分配）。

总剪力墙承担的剪力：

$$V_w = \varphi'_w q_{max} H + \varphi''_w \Delta F_n = \theta'_w V_0 + \theta''_w \Delta F_n$$

总剪力墙承担的弯矩：

$$M_w = \frac{\varphi'_M q_{max} H^2}{100} + \varphi''_M \Delta F_n H = \theta'_M M_0 + \theta''_M \Delta F_n H$$

总框架承担的剪力：　$V_f = \varphi'_f q_{max} H + \varphi''_f \Delta F_n$

16. 在 $V_f < 0.2V_0 = 0.2F_{Ek}$ 的楼层，设计时 V_f 的取用值应按本章8.6节进行调整。

突出屋面的小塔楼也采用框剪结构时，此部分的框架总剪力取计算所得值的1.5倍。

17. 当框架与剪力墙之间的连梁按铰结时，总框架各层剪力 V_f 按各楼层各柱的抗推刚度 D 值比例分配给各楼，然后计算各柱和梁端的弯矩。

18. 当框架与剪力墙之间的连梁为铰结时，总剪力墙各层剪力 V_w 和弯矩 M_w，按各道剪力墙的等效刚度比例进行分配。

步骤17、18为框剪结构协同工作的第二次分配。

19. 当考虑框架与剪力墙之间连梁的约束作用时，先将框架各层剪力 V_f 按框架刚度 C_f 和连梁等效剪切刚度 C_b 进行分配，求得框架的楼层剪力 V'_f 和连梁楼层平均总约束弯矩 m。

框架的楼层剪力 V'_f 按各柱 D 值比例分配给各柱。

20. 计算楼层每根连梁端的分布约束弯矩值 m' 和每根连梁在剪力墙中的约束弯矩 M_{12}：

$$m' = \frac{m}{n}$$

$$M_{12} = m'h$$

式中 n 为连梁梁端数目；h 为层高。

步骤19、20的详细计算见本章8.5节。

21. 框架在竖向荷载作用下进行内力计算，此时梁端负弯矩可考虑由于塑性变形内力重分布而进行调幅。竖向荷载作用下的内力计算可采用分层法。

22. 内力组合。框架和剪力墙应分别进行竖向荷载作用下的内力与风荷载或地震作用下的内力相组合，求出各组最不利的内力组合值。

23. 框架和剪力墙构件的截面设计。截面设计除按本章规定外，框架和剪力墙分别见第6章和第7章提供的方法进行。

24. 当建筑物质量中心或结构刚度中心有较大偏心时，应考虑扭转影响产生的附加内力。

25. 框剪结构完成了内力和位移计算之后，由于设备管道或建筑使用的需要，在剪力墙上增加洞口时，可按下列情况分别处理：

(1) 当洞口位置设在剪力墙截面的中和轴附近，或洞口较小，对墙截面惯性矩的减小在10%以内时，可只计算墙洞口的加筋，对其他剪力墙和框架的内力影响及结构位移影响可不考虑。

(2) 当洞的位置偏离剪力墙截面中和轴较远，或洞口较大，墙截面惯性矩减小在10%以上，30%以内时，除计算洞口加筋以外，应按墙刚度比例增加没有新加洞口墙的剪力和弯矩，相应调整配筋，对框架的内力和结构位移的影响可不考虑。

(3) 当各层剪力墙普遍新增加洞口，且剪力墙总惯性矩（刚度）减少 30%以上时，应重新计算结构位移和框架与剪力墙协同工作内力分配。

本节所列框剪结构简化手算设计步骤，以有抗震设防的结构为例的，如果工程为非抗震结构设计，则只要把地震作用改为风荷载，并将与地震作用计算相关的不做外，其他步骤是相同的。

8.10 框架—剪力墙结构设计例题

一、工程概况

本例为 10 层框架—剪力墙结构，抗震设防烈度为 8 度，Ⅱ类场地，特征周期设计地震分组为第一组，$T_g=0.35s$，结构平面布置如图 8.10-1，剖面示意如图 8.10-2。首层层高 4.8m，2 层 4.0m，3～10 层均为 3.6m，梁、板、墙、柱均为现浇，混凝土强度等级：梁、柱、墙在 1～3 层为 C35，4～6 层为 C30，7～10 层为 C20，纵向钢筋采用 HRB335 钢，箍筋采用 HPB235 钢。

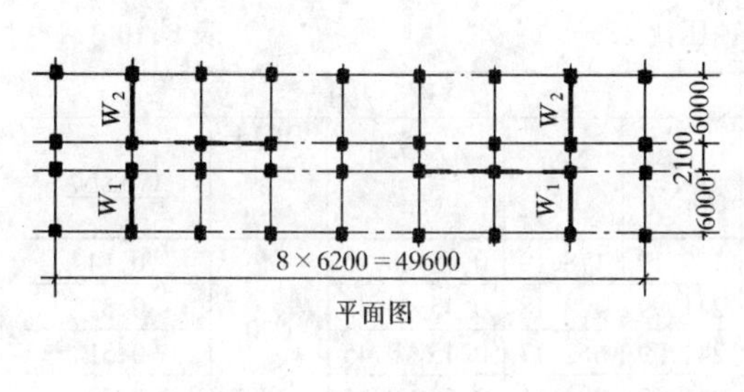

图 8.10-1 平面图

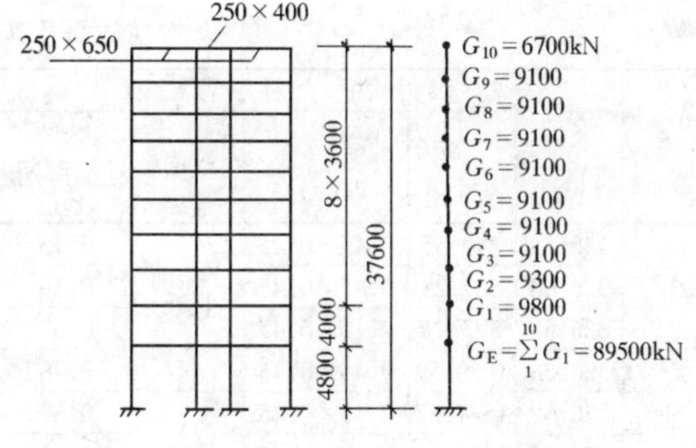

图 8.10-2 剖面

本例仅对结构横向在水平地震作用下进行计算分析，采用底部剪力法分析地震作用，侧移法计算内力和位移。在计算内力和位移时，有关系数 φ'_w、φ'_f、φ'_M、φ'_u、φ''_w、φ''_f、φ''_M、φ''_u 均可从参考文献[62]的表 8-9、表 8-10 查得。

二、框架梁刚度计算

框架梁刚度 K_b 表 8.10-1

层数	梁位置	跨度 L (m)	截面 $b_b\times h_b$ (m)	混凝土强度等级及弹性模量 (kN/m²)	惯性矩 $I_0=\frac{b_bh_b^3}{12}$ (m⁴)	边框架 $I_b=1.5I_0$ (m⁴)	边框架 $K_b=\frac{E_cI_b}{L}$ (kN·m)	中框架 $I_b=2I_0$ (m⁴)	中框架 $K_b=\frac{E_cI_b}{L}$ (kN·m)
7～10	边	6.0	0.25×0.65	C20E_c	5.72×10^{-3}	8.58×10^{-3}	36465	11.44×10^{-3}	48620
	中	2.1	0.25×0.40	$=25.5\times10^6$	1.33×10^{-3}	2.0×10^{-3}	25025	2.66×10^{-3}	32300
4～6	边	6.0	0.25×0.65	C30E_c	5.72×10^{-3}	8.58×10^{-3}	42900	11.44×10^{-3}	57200
	中	2.1	0.25×0.40	$=30\times10^6$	1.33×10^{-3}	2.0×10^{-3}	28571	2.66×10^{-3}	38000
1～3	边	6.0	0.25×0.65	C35E_c	5.72×10^{-3}	8.58×10^{-3}	45045	11.44×10^{-3}	60060
	中	2.1	0.25×0.40	$=31.5\times10^6$	1.33×10^{-3}	2.0×10^{-3}	30000	2.66×10^{-3}	39900

三、柱截面及其轴压比

1. 各层单位面积荷载

（见表8.10-2）

各层单位面积荷载　　　　**表8.10-2**

层　数	层荷载（kN）	层面积（m^2）	单位面积荷载（kN/m^2）
10	6700	699.36	9.58
3~9	9100	699.36	13.01
2	9300	699.36	13.30
1	9800	699.36	14.01

2. 轴压比计算

根据表2.4-2，当设防烈度为8度，高度小于60m时，框架—剪力墙结构中的框架抗震等级为二级，剪力墙的抗震等级为一级，框架柱轴压比应为 $\lambda_N = N/A_c f_c \leqslant 0.95$。

在竖向荷载与地震作用组合下的轴力设计值，为确定柱截面尺寸，其值可取竖向荷载下的轴力值乘以分项系数 $\gamma_G = 1.25$，而边柱考虑地震作用附加轴力再乘以1.2系数。

混凝土的轴心抗压强度设计值：C20，$f_c = 9.6\times10^3 kN/m^2$；C30，$f_c = 14.3\times10^3 kN/m^2$，C35，$f_c = 16.7\times10^3 kN/m^2$。

柱截面及其轴压比　　　　**表8.10-3**

层次	中柱					边柱				
	Ni（kN）	ΣNi（kN）	$A_c = b_c h_c$（m^2）	混凝土强度等级	$\lambda_N = \frac{1.25\Sigma Ni}{A_c f_c}$	Ni（kN）	ΣNi（kN）	$A_c = b_c h_c$（m^2）	混凝土强度等级	$\lambda_N = \frac{1.5\Sigma Ni}{A_c f_c}$
10	240.55	240.55	0.45×0.45		0.15	178.19	178.19	0.45×0.45		0.14
9	326.68	567.23	0.45×0.45	C20	0.36	241.99	420.18	0.45×0.45	C20	0.32
8	326.68	893.91	0.45×0.45		0.57	241.99	662.17	0.45×0.45		0.51
7	326.68	1220.59	0.45×0.45		0.78	241.99	904.16	0.45×0.45		0.70
6	326.68	1547.27	0.45×0.45		0.67	241.99	1146.15	0.45×0.45		0.59
5	326.68	1873.95	0.45×0.45	C30	0.81	241.99	1388.14	0.45×0.45	C30	0.72
4	326.68	2200.63	0.50×0.50		0.77	241.99	1630.13	0.45×0.45		0.84
3	326.68	2527.31	0.50×0.50		0.76	241.99	1872.12	0.50×0.50		0.67
2	333.96	2861.27	0.55×0.55	C35	0.71	247.38	2119.5	0.50×0.50	C35	0.76
1	351.79	3213.06	0.55×0.55		0.80	260.59	2380.09	0.55×0.55		0.71

四、柱刚度计算

柱　子　K_c　值　　　　**表8.10-4**

<table>
<tr><th>层　次</th><th>柱截面 $b_c h_c$
（m^2）</th><th>混凝土强度等级</th><th>层高 h
（m）</th><th>惯性矩 $I_c = \frac{b_c h_c^3}{12}$
（m^4）</th><th>$\frac{I_c}{h}$
（m^3）</th><th>$K_c = \frac{E_c I_c}{h}$
（kN·m）</th></tr>
<tr><td>7~10</td><td>0.45×0.45
（中、边）</td><td>C20</td><td>3.6</td><td>0.00342</td><td>0.00095</td><td>24225</td></tr>
<tr><td>5、6
4</td><td>0.45×0.45（中、边）
（边）</td><td>C30</td><td>3.6</td><td>0.00342</td><td>0.00095</td><td>28500</td></tr>
<tr><td>4</td><td rowspan="2">0.50×0.50（中）
（中、边）</td><td>C30</td><td rowspan="2">3.6</td><td rowspan="2">0.00521</td><td rowspan="2">0.00145</td><td>43500</td></tr>
<tr><td>3</td><td>C35</td><td>45675</td></tr>
<tr><td rowspan="2">2</td><td>0.50×0.50（边）</td><td>C35</td><td>4.0</td><td>0.00521</td><td>0.00130</td><td>40950</td></tr>
<tr><td>0.55×0.55（中）</td><td>C35</td><td>4.0</td><td>0.00763</td><td>0.00191</td><td>60165</td></tr>
<tr><td>1</td><td>0.55×0.55（中、边）</td><td>C35</td><td>4.8</td><td>0.00763</td><td>0.00159</td><td>50085</td></tr>
</table>

框架柱侧移刚度及框架刚度 C_f　　表 8.10-5

层次	层高 h (m)	与柱相连梁跨度 (m)	柱位置	$\overline{K}=\frac{\Sigma K_b}{2K_c}$	$\alpha=\frac{\overline{K}}{2+\overline{K}}$	K_c (kN·m)	$\frac{12}{h^2}$ (1/m²)	$D=\alpha K_c\frac{12}{h^2}$ (kN/m)	柱根数 n	$\Sigma D=nD$ (kN/m)	楼层 Di (kN/m)
8~10	3.6	6.0	边	$\frac{2\times48620}{2\times24225}=2.01$	$\frac{2.01}{2+2.01}=0.50$	24225	0.926	11216	10	112160	342312
		6.0 2.1	中	$\frac{2(48620+32300)}{2\times24225}=3.34$	$\frac{3.34}{2+3.34}=0.63$	24225	0.926	14132	10	141320	
		6	边	$\frac{2\times36465}{2\times24225}=1.51$	$\frac{1.51}{2+1.51}=0.43$	24225	0.926	9646	4	38584	
		6.0 2.1	中	$\frac{2(36465+25025)}{2\times24225}=2.54$	$\frac{2.54}{2+2.54}=0.56$	24225	0.926	12562	4	50248	
7	3.6	6.0	边	$\frac{48620+57200}{2\times2.4225}=2.18$	$\frac{2.18}{2+2.18}=0.52$	24225	0.926	11665	10	116650	354884
		6.0 2.1	中	$\frac{48620+32300+57200+38000}{2\times24225}=3.64$	$\frac{3.64}{2+3.64}=0.65$			14581	10	145810	
		6.0	边	$\frac{36465+42900}{2\times24225}=1.64$	$\frac{1.64}{2+1.64}=0.45$			10095	4	40380	
		6.0 2.1	中	$\frac{36465+25025+42900+28571}{2\times24225}=2.74$	$\frac{2.74}{2+2.74}=0.58$			13011	4	52044	
5、6	3.6	6.0	边	$\frac{2\times57200}{2\times28500}=2.01$	$\frac{2.01}{2+2.01}=0.50$	28500	0.926	13196	10	131960	402728
		6.0 2.1	中	$\frac{2(57200+38000)}{2\times28500}=3.34$	$\frac{3.34}{2+3.34}=0.63$			16626	10	166260	
		6.0	边	$\frac{2\times42900}{2\times28500}=1.51$	$\frac{1.51}{2+1.51}=0.43$			11348	4	45392	
		6.0 2.1	中	$\frac{2(42900+28571)}{2\times28500}=2.51$	$\frac{2.51}{2+2.51}=0.56$			14779	4	59116	
4	3.6	6.0	边	$\frac{57200+60060}{2\times28500}=2.06$	$\frac{2.06}{2+2.06}=0.51$	28500	0.926	13459	10	134590	468644
		6.0 2.1	中	$\frac{57200+38000+60060+39900}{2\times43500}=2.24$	$\frac{2.24}{2+2.24}=0.53$	43500		21349	10	213490	
		6.0	边	$\frac{42900+45045}{2\times28500}=1.54$	$\frac{1.54}{2+1.54}=0.44$	28500		11612	4	46448	
		6.0 2.1	中	$\frac{42900+28571+45045+30000}{2\times43500}=1.68$	$\frac{1.68}{2+1.68}=0.46$	43500		18529	4	74116	

续表

层次	层高 h (m)	与柱相连梁跨度 (m)	柱位置	$\overline{K}=\frac{\Sigma K_b}{2K_c}$ 或 $\overline{K}=\frac{K_b}{K_c}$	$\alpha=\frac{\overline{K}}{2+\overline{K}}$ 或 $\alpha=\frac{0.5+\overline{K}}{2+\overline{K}}$	K_c (kN·m)	$\frac{12}{h^2}$ (1/m²)	$D=\alpha K_c\frac{12}{h^2}$ (kN/m)	柱根数 n	$\Sigma D=nD$ (kN/m)	楼层 Di (kN/m)
3	3.6	6.0	边	$\frac{2\times60060}{2\times45675}=1.31$	$\frac{1.31}{2+1.31}=0.40$	45675	0.926	16918	10	169180	521070
		6.0 2.1	中	$\frac{2(60060+39900)}{2\times45675}=2.19$	$\frac{2.19}{2+2.19}=0.52$			21993	10	219930	
		6.0	边	$\frac{2\times45045}{2\times45675}=0.99$	$\frac{0.99}{2+0.99}=0.33$			13957	4	55828	
		6.0 2.1	中	$\frac{2(45045+30000)}{2\times45675}=1.64$	$\frac{1.64}{2+1.64}=0.45$			19033	4	76132	
2	4.0	6.0	边	$\frac{2\times60060}{2\times40950}=1.47$	$\frac{1.47}{2+1.47}=0.42$	40950	0.75	12899	10	128990	443634
		6.0 2.1	中	$\frac{2(60060+39900)}{2\times60165}=1.66$	$\frac{1.66}{2+1.66}=0.45$	60165		20306	10	203060	
		6.0	边	$\frac{2\times45045}{2\times40950}=1.10$	$\frac{1.10}{2+1.10}=0.35$	40950		10749	4	42996	
		6.0 2.1	中	$\frac{2(45045+30000)}{2\times60165}=1.25$	$\frac{1.25}{2+1.25}=0.38$	60165		17147	4	68588	
1	4.8	6.0	边	$\frac{60060}{50085}=1.20$	$\frac{0.5+1.2}{2+1.2}=0.77$	50085	0.52	20054	10	200540	474004
		6.0 2.1	中	$\frac{60060+39900}{50085}=2.00$	$\frac{0.5+2}{2+2}=0.63$			16408	10	164080	
		6.0	边	$\frac{45045}{50085}=0.90$	$\frac{0.5+0.9}{2+0.9}=0.48$			12501	4	50004	
		6.0 2.1	中	$\frac{45045+30000}{50085}=1.50$	$\frac{0.5+1.5}{2+1.5}=0.57$			14845	4	59380	

$$D=\sum_{i=1}^{10}D_ih_i/H$$

$$=\frac{(342312\times3+354884+402728\times2+468644+521070)3.6+443634\times4+47400\times4.8}{37.6}$$

$$=41.19\times10^4(\text{kN/m})$$

$$\overline{h}=\frac{H}{n}=\frac{37.6}{10}=3.76\text{m},C_f=D\overline{h}=3.76\times41.19\times10^4=154.87\times10^4\text{kN}$$

五、剪力墙刚度计算

剪力墙平面见图8.10-3。

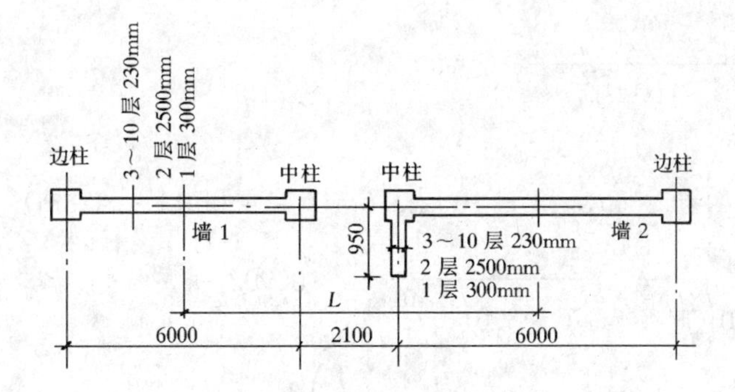

图 8.10-3 剪力墙平面

墙惯性矩 **表 8.10-6**

层次	边柱截面(m)	中柱截面(m)	墙1截面 $A_1(m^2)$	墙2截面 $A_2(m^2)$	墙1惯性矩 $I_{w1}(m^4)$	墙2惯性矩 $I_{w2}(m^4)$	墙1与墙2形心间距 L(m)
5~10	0.45×0.45	0.45×0.45	1.682	1.849	6.928	8.296	7.830
4	0.45×0.45	0.50×0.50	1.723	1.884	7.305	8.610	7.680
3	0.50×0.50	0.50×0.50	1.765	1.926	7.699	9.027	7.850
2	0.50×0.50	0.55×0.55	1.921	2.090	8.407	9.727	7.780
1	0.55×0.55	0.55×0.55	2.240	2.443	9.507	11.182	7.855

双肢墙刚度 **表 8.10-7**

层次	层高 h(m)	A_1 (m^2)	A_2 (m^2)	A_1+A_2 (m^2)	I_{w1} (m^4)	I_{w2} (m^4)	$I_{w1}+I_{w2}$ (m^4)	L (m)	L^2 (m^2)	τ	ω
5~10	3.6	1.682	1.849	3.531	6.928	8.296	15.224	7.83	61.309	1.28	0.0472
4	3.6	1.723	1.884	3.607	7.305	8.610	15.915	7.68	58.982	1.30	0.0456
3	3.6	1.765	1.926	3.691	7.699	9.027	16.726	7.85	61.623	1.29	0.0453
2	4.0	1.921	2.090	4.011	8.407	9.727	18.134	7.78	60.528	1.30	0.0411
1	4.8	2.240	2.443	4.683	9.507	11.182	20.689	7.855	61.701	1.29	0.0353

层次	$\alpha=\omega H$	ψ	$I_{eq}=\frac{I_{w1}+I_{w2}}{\psi}$ (m^4)	混凝土强度等级 E_c kN/m²	EI_{eq} (kN·m²)
7~10	1.77	0.580	26.25	C20 25.5×10^6	669.37×10^6
5、6	1.77	0.580	26.25	C30 30×10^6	787.50×10^6
4	1.71	0.600	26.53		795.90×10^6
3	1.70	0.598	27.97	C35 31.5×10^6	881.05×10^6
2	1.55	0.634	26.60		837.90×10^6
1	1.33	0.690	29.98		944.37×10^6

表 8.10-7 按下式计算:

$$\omega^2=\frac{12L\beta I_b}{b^3h(I_{w1}+I_{w2})}\left[L+\frac{(A_1+A_2)(I_{w1}+I_{w2})}{A_1A_2L}\right]=\gamma\frac{L^2}{I_{w1}+I_{w2}}\tau$$

$$\tau = 1 + \frac{(A_1 + A_2)(I_{w1+Iw2})}{A_1 A_2 L^2}$$

$$\alpha = \omega H$$

$$\gamma = \frac{12\beta I_b}{b^3 h}(b = 2.1\text{m}, h:3 \sim 10\text{层}\ 3.6\text{m};2\text{层}\ 4.0\text{m};1\text{层}\ 4.8\text{m})$$

$$\beta = \frac{1}{1 + 3.0\left(\frac{d}{b}\right)^2} = \frac{1}{1 + 3.0\left(\frac{0.40}{2.1}\right)^2} = 0.902$$

$\psi = 1 - \frac{1}{\tau} + \frac{120}{11}\frac{1}{\tau\alpha^2}\left[\frac{1}{3} - \frac{1 + \left(\frac{\alpha}{2} - \frac{1}{\alpha}\right)\text{sh}\alpha}{\alpha^2\text{ch}\alpha}\right]$，可查表8.4-4得到。各层连梁 $I_b = \frac{0.25 \times 0.4^3}{12} \times 2 \times 0.50 = 1.33 \times 10^{-3}\text{m}^4$（0.5为刚度折减系数），3～10层 $\gamma = 0.432 \times 10^{-3}$，2层 $\gamma = 0.389 \times 10^{-3}$，1层 $\gamma = 0.324 \times 10^{-3}$。

剪力墙总刚度：

$$EI_{eq} = 2[(669.37 \times 4 + 787.50 \times 2 + 795.90 + 881.05) \times 3.6 + 837.9 \times 4.0 + 944.37 \times 4.8] \times 10^6/37.6 = 1554.82 \times 10^6\text{kN} \cdot \text{m}^2$$

所需要的剪力墙总刚度按8.3节计算：

由公式(8.3-1)

$$\beta = \psi H^{0.45}\left(\frac{C_f}{G_E}\right)^{0.55} = 0.126 \times 37.6^{0.45}\left(\frac{154.87 \times 10^4}{89500}\right)^{0.55} = 3.09$$

由表8.3-1查得 $\psi = 0.126$

由表8.3-2，当 $\beta = 3.09$，得 $\lambda = 1.38$，代入公式(8.3-2)

$$EI_w = \frac{H^2 C_f}{\lambda^2} = 37.6^2 \times 154.87 \times 10^4/1.38^2 = 1149.7 \times 10^6\text{kN} \cdot \text{m}^2 < 1554.82 \times 10^6\text{kN} \cdot \text{m}^2\ \text{满足}$$

结构刚度特征值：

$$\lambda = H\sqrt{\frac{C_f}{EI_{eq}}} = 37.6\sqrt{\frac{154.87 \times 10^4}{1554.82 \times 10^6}} = 1.2$$

六、结构基本周期及水平地震作用计算

1. 结构基本周期

为计算结构顶点假想位移，把各楼层重力荷载代表值 G_i 化为沿高度均布荷载：

$$q = \frac{\Sigma G_i}{H} = \frac{G_E}{H} = \frac{89500}{37.6} = 2380.32\text{kN/m}$$

由参考文献[62]表8-8查得，当 $\lambda = 1.20$，$\psi_u = 8.07$，假想顶点位移为

$$u_T = \frac{\psi_u q H^4}{100 EI_{eq}} = \frac{8.07 \times 2380.32 \times 37.6^4}{100 \times 1554.82 \times 10^6} = 0.247\text{m}$$

结构基本自振周期：$T_1 = 1.7\psi_T\sqrt{u_T} = 1.7 \times 0.75\sqrt{0.247} = 0.63\text{s}$

2. 水平地震作用

设防烈度 8 度，特征周期设计地震分组为第一组，Ⅱ类场地时，$T_g=0.35s$，$\alpha_{max}=0.16$，$\alpha_1=\left(\frac{T_g}{T_1}\right)^{0.9}\alpha_{max}=\left(\frac{0.35}{0.63}\right)^{0.9}\times0.16=0.094$。结构总水平地震作用标准值为：

$$F_{Ek}=\alpha_1 G_{eq}=\alpha_1\times0.85G_E=0.094\times0.85\times89500=7151kN$$

顶部附加水平地震作用：

$$\Delta F_n=\delta_n F_{Ek}=0.06\times7151=429kN$$

其中 $\delta_n=0.08T_1+0.01=0.08\times0.63+0.01=0.06$。

第 i 层楼面处的水平地震作用：

$$F_i=\frac{G_iH_i}{\sum_{i=1}^{n}G_iH_i}(F_{Ek}-\Delta F_n)=\frac{G_iH_i}{\Sigma G_iH_i}\times6722$$

各楼层的 F_i 值、剪力值 V_i 及 F_i 对底部的弯矩值见表 8.10-8。

水平地震作用计算 **表 8.10-8**

层 次	H_i (m)	G_i (kN)	G_iH_i	$\frac{G_iH_i}{\sum_{i=1}^{n}G_iH_i}$	F_i (kN)	V_i (kN)	F_iH_i (kN·m)
10	37.6	6700	251920	0.136	914	914	34366
9	34.0		309400	0.166	1116	2030	37944
8	30.4		276640	0.149	1002	3032	30461
7	26.8		243880	0.131	881	3913	23611
6	23.2	9100	211120	0.114	766	4679	17771
5	19.6		178360	0.096	645	5324	12642
4	16.0		145600	0.078	524	5848	8384
3	12.4		112840	0.061	410	6258	5084
2	8.8	9300	81840	0.044	296	6554	2605
1	4.8	9800	47040	0.025	168	6722	806

$\Sigma G_i=89500$ $\Sigma G_iH_i=1.8596\times10^6$ $\Sigma F_i=6722kN$ $M_0=\Sigma F_iH_i=173674kN\cdot m$

倒三角形分布作用上端值为：

$$q_{max}=\frac{3M_0}{H^2}=\frac{3\times173674}{37.6^2}=368.5kN/m$$

七、框架剪力墙协同工作计算

表 8.10-9

	q_{max}作用下	ΔF_n 作用下
剪力墙承担的剪力	$V'_w=\varphi'_w q_{max}H=13855.6\varphi'_w$	$V''_w=\varphi''_w\Delta F_n=429\varphi''_w$
框架承担的剪力	$V'_f=\varphi'_f q_{max}H=13855.6\varphi'_f$	$V''_f=\varphi''_f\Delta F_n=429\varphi''_f$
剪力墙弯矩	$M'_w=\varphi'_M\frac{q_{max}H^2}{100}=5209.7\varphi'_M$	$M''_w=\varphi''_M\Delta F_nH=16130.4\varphi''_M$
结构各层位移	$\Delta u'=\frac{\varphi'_u q_{max}H^4}{100EI_w}=4.737\times10^{-3}\varphi'_u$	$\Delta u''=\frac{\varphi''_u\Delta F_nH^3}{100EI_w}=1.467\times10^{-4}\varphi''_u$

各层内力和位移值的计算见表 8.10-10。

协同工作内力和位移　　表8.10-10

层次	x (m)	$\xi=\frac{x}{H}$	倒三角形分布作用								顶点集中作用			
			φ'_{w}	V'_{w}	φ'_{f}	V'_{f}	φ'_{M}	M'_{w}	φ'_{u}	$\Delta u'_{i}$ 10^{-3}	φ''_{w}	V''_{w}	φ''_{f}	V''_{f}
10	37.6	1.00	−0.108	−1496	0.108	1496	0	0	5.892	27.91	0.552	237	0.448	192
9	34.0	0.90	−0.013	−180	0.108	1496	−0.595	−3100	5.146	24.38	0.556	239	0.444	190
8	30.4	0.81	0.063	873	0.109	1510	−0.361	−1881	4.467	21.16	0.567	243	0.433	186
7	26.8	0.71	0.139	1926	0.109	1510	0.657	3423	3.711	17.58	0.586	251	0.414	178
6	23.2	0.62	0.201	2785	0.107	1483	2.188	11399	3.035	14.38	0.611	262	0.389	167
5	19.6	0.52	0.263	3644	0.102	1413	4.510	23496	2.307	10.93	0.646	277	0.354	152
4	16.0	0.43	0.313	4337	0.095	1316	7.105	37015	1.670	7.91	0.687	295	0.313	134
3	12.4	0.33	0.363	5030	0.082	1136	10.490	54650	1.073	5.08	0.741	318	0.259	111
2	8.8	0.23	0.409	5667	0.064	887	14.356	74790	0.561	2.66	0.805	345	0.195	84
1	4.8	0.13	0.451	6249	0.041	568	18.660	97213	0.193	0.91	0.882	378	0.118	51
底	0	0	0.500	6928	0	0	24.845	129435	0	0	1	429	0	0

层次	顶点集中作用				组　合　作　用					
	φ''_{M}	M''_{w}	φ''_{u}	$\Delta u''_{i}$ 10^{-4}	ΣV_{w} (kN)	ΣV_{f} (kN)	ΣM_{w} (kn·m)	$\Delta u 10^{-3}$ (m)	$\Delta u_{i}-\Delta u_{i}-1$ 10^{-3} (m)	$\frac{\Delta u_{max}}{h}$
10	0	0	21.201	31.10	−1259	1688	0	31.020	3.985	
9	0.055	887	18.101	26.55	59	1686	−2213	27.035	3.622	
8	0.106	1710	15.357	22.53	1116	1696	−171	23.413	4.012	1/897
7	0.163	2629	12.411	18.21	2177	1688	6052	19.401	3.569	
6	0.217	3500	9.896	14.52	3047	1650	14899	15.832	3.829	
5	0.280	4517	7.312	10.73	3921	1565	28013	12.003	3.327	
4	0.340	5484	5.225	7.66	4632	1450	42499	8.676	3.122	
3	0.411	6630	3.231	4.74	5348	1247	61280	5.554	2.652	
2	0.488	7872	1.648	2.42	6012	971	82662	2.902	1.911	
1	0.573	9243	0.554	0.81	6627	619	106456	0.991	0.991	
底	0.695	11211	0	0	7357	0	140646			

顶点位移　$u=31.02\times10^{-3}\text{m}$

$$\frac{u}{H}=\frac{31.02}{37600}=\frac{1}{1212}$$

最大层间位移在第8层，$\Delta u_{max}=4.012\times10^{-3}\text{m}$

$$\frac{\Delta u_{max}}{h}=\frac{4.012}{360}=\frac{1}{897}$$

八、剪力墙内力计算

1. 连梁内力

首先把剪力墙承担的总剪力分配给每一道墙，然后再由每一道墙的剪力图曲线按面积相等化为直线分布图形，此时则分解成顶部集中荷载 F 和沿高度均布荷载 q 的等效剪力图（图 8.10-4）。

连梁的剪力为：

$$V_b = V_{b1} + V_{b2}$$

V_{b1}、V_{b2}分别为 F 和 q 作用下的剪力。

$$V_{b1} = V_{01} mh \frac{\phi_1}{I}$$

$$V_{b2} = V_{02} mh \frac{\phi_2}{I}$$

$$m = \frac{L}{\frac{1}{A_1} + \frac{1}{A_2}}$$

$$I = I_1 + I_2 + mL$$

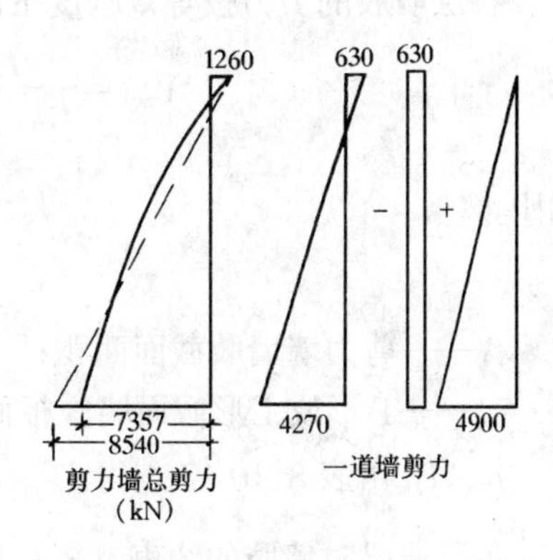

图 8.10-4

A_1、A_2 和 I_1、I_2 分别为墙肢 1 和墙肢 2 的截面面积及惯性矩，L 为两墙肢形心间距离，h 为连梁截面高度，V_{01}、V_{02}为双肢墙分别在 F 和 q 作用下的底部剪力，ϕ_1、ϕ_2 见表 8.5-1、表 8.5-2，连梁剪力计算见表 8.10-11。

连梁剪力计算 **表 8.10-11**

层次	层高 h (m)	$\xi=\frac{x}{H}$	L (m)	A_1 (m²)	A_2 (m²)	m	I_1 (m⁴)	I_2 (m⁴)	I (m⁴)	α	ϕ_1	V_{b1}	ϕ_2	V_{b2}	V_b (kN)
10	3.6	1	7.83	1.682	1.849	6.90	6.928	8.296	69.25	1.77	0.661	−149.37	0.199	349.77	200.4
9	3.6	0.90	7.83	1.682	1.849	6.90	6.928	8.296	69.25	1.77	0.656	−148.24	0.202	355.04	206.8
8	3.6	0.81	7.83	1.682	1.849	6.90	6.928	8.296	69.25	1.77	0.642	−145.08	0.207	363.83	218.75
7	3.6	0.71	7.83	1.682	1.849	6.90	6.928	8.296	69.25	1.77	0.617	−139.43	0.214	376.13	236.7
6	3.6	0.62	7.83	1.682	1.849	6.90	6.928	8.296	69.25	1.77	0.585	−132.20	0.218	383.16	250.96
5	3.6	0.52	7.83	1.682	1.849	6.90	6.928	8.296	69.25	1.77	0.537	−121.35	0.217	381.41	260.06
4	3.6	0.43	7.70	1.723	1.884	6.93	7.305	8.610	69.28	1.71	0.465	−105.49	0.203	358.20	252.71
3	3.6	0.33	7.85	1.765	1.926	7.23	7.699	9.027	73.48	1.70	0.388	−86.59	0.183	317.63	231.04
2	4.0	0.23	7.78	1.921	2.090	7.79	8.407	9.727	78.74	1.55	0.268	−66.82	0.134	259.84	193.02
1	4.8	0.13	7.86	2.240	2.443	9.18	9.507	11.182	92.84	1.33	0.135	−40.37	0.071	165.12	124.75

连梁的弯矩为：

$$M_b = \frac{V_b l_n}{2}$$

有了各层连梁的剪力值 V_b 后，并根据连梁净跨度 l_n 即可求出各层连梁的弯矩 M_b 值。

2. 墙肢内力

双肢墙各层墙肢的弯矩按惯性矩比例分配

$$M_{w1} = \frac{I_1}{\Sigma I_i} M'_w \quad M_{w2} = \frac{I_2}{\Sigma I_i} M'_w$$

其中 $M'_w = M_w + \sum_i^n M_{bi}$

各层墙肢的剪力按等效刚度 EI_{ew} 分配

$$V_{w1}=\frac{I_{ew1}}{I_{ew1}+I_{ew2}}V_w \quad V_{w2}=\frac{I_{ew2}}{I_{ew1}+I_{ew2}}V_w$$

式中

$$I_{ewi}=\frac{I_{wi}}{1+\dfrac{9\mu I_{wi}}{A_{wi}H^2}} \quad \mu=\frac{A}{A_w}$$

A——剪力墙墙肢截面面积；

A_w——T形或工形截面墙腹板面积；

μ、I_{ew} 由表8.10-12查得。

各层连梁对墙肢的约束弯矩：$M_b=V_b\dfrac{L}{2}$

双肢墙各层截面的弯矩：$M'_w=M_w+\sum_i^n M_{bi}$

墙肢各层截面由于约束弯矩引起的轴向力为：$N=\sum_i^n V_{bi}$

墙肢内力 M_w、V_w、N_w 计算见表8.10-13。

墙肢折算刚度　　　　**表8.10-12**

层次	墙1					墙2					$I_{ew1}+I_{ew2}$ (m^4)
	I_{w1} (m^4)	A_1 (m^2)	A_{w1} (m^2)	$\mu=\frac{A_1}{A_{w1}}$	I_{ew1} (m^4)	I_{ew2} (m^4)	A_2 (m^2)	A_{w2} (m^2)	$\mu=\frac{A_2}{A_{w2}}$	I_{ew2} (m^4)	
5～10	6.928	1.682	1.276	1.32	6.696	8.296	1.849	1.276	1.45	7.966	14.662
4	7.305	1.723	1.271	1.36	7.046	8.610	1.884	1.271	1.48	8.255	15.301
3	7.699	1.765	1.265	1.40	7.411	9.027	1.926	1.265	1.52	8.635	16.046
2	8.407	1.921	1.369	1.40	8.091	9.727	2.090	1.369	1.53	9.305	17.396
1	9.507	2.240	1.635	1.37	9.168	11.182	2.443	1.635	1.49	10.717	19.885

一道双肢墙墙肢内力 M_w、V_w、N_w　　　　**表8.10-13**

层次	双　肢　墙							
	M_w (kN·m)	M_b (kN·m)	M'_w (kN·m)	V_w (kN)	V_b (kN)	$L/2$ (m)	$I_{w1}+I_{w2}$ (m)	$I_{ew1}+I_{ew2}$ (m^4)
10	0	−785	−785	−630	200.4	3.915	15.224	14.662
9	−1107	−810	−2702	30	206.8			
8	−86	−856	−2537	558	218.75			
7	3026	−927	−352	1089	236.7			
6	7450	−983	3089	1524	250.96			
5	14007	−1018	8628	1961	260.06			
4	21250	−973	14898	2316	252.71	3.85	15.915	15.301
3	30640	−907	23381	2674	231.04	3.925	16.726	16.046
2	41331	−751	33321	3006	193.02	3.89	18.134	17.396
1	53228	−490	44728	3314	124.75	3.93	20.689	19.885
0	70323		61823	3679				

续表

层次	墙肢 W_1				墙肢 W_2				$N=\Sigma V_b$ (kN)
	I_{w1} (m^4)	I_{ew1} (m^4)	M_{w1} (kN·m)	V_{w1} (kN)	I_{w2} (m^4)	I_{ew2} (m^4)	M_{w2} (kN·m)	V_{w2} (kN)	
10	6.928	6.696	−357	−288	8.296	7.966	−428	−342	±200
9			−1230	14			−1472	16	±407
8			−1155	255			−1382	303	±626
7			−160	497			−192	592	±863
6			1406	696			1684	828	±1114
5			3927	896			4701	1065	±1374
4	7.305	7.046	6596	1067	8.610	8.255	8302	1249	±1626
3	7.699	7.411	10762	1235	9.027	8.635	12619	1439	±1857
2	8.407	8.091	15448	1396	9.727	9.305	17873	1610	±2050
1	9.507	9.168	20553	1528	11.182	10.717	24175	1786	±2175
0			28409	1696			33414	1983	

九、墙肢 W_2 在首层承载力验算及构造

1. 截面应符合下列要求：

剪跨比 $\lambda=\dfrac{M_w}{V_w h_{w0}}=\dfrac{33414}{1983\times6.275}=2.68>2.5$

$$\eta_{vw}\gamma_{Eh}V_w\leqslant\frac{1}{\gamma_{RE}}0.20f_c b_w h_{w0}$$

$$1.6\times1.3\times1983=4125\text{kN}<\frac{1}{0.85}\times0.20\times16.7\times300\times6275/1000=7397\text{kN}$$

2. 偏心受压斜截面受剪

$N_G=3213.06+2380.09=5593.15\text{kN}$

$N_w=\gamma_G N_G+\gamma_{Eh}N_E=1.2\times5593.15+1.3\times2175=9539\text{kN}$

$N_w=N_G-\gamma_{Eh}N_E=5593.15-1.3\times2175=2766\text{kN}$

分布筋按规定最小配筋率为0.25%双排筋Φ 12－120，$\rho_w=0.314$。

$$\begin{aligned}\eta_v\gamma_{Eh}V_w&=1.6\times1.3\times1983\\&=4125\text{kN}<\frac{1}{\gamma_{RE}}\left[\frac{1}{\lambda-0.5}\left(0.4f_t b_w h_{w0}+0.1N_w\frac{A_w}{A}\right)+0.8f_{yh}\frac{A_{sh}}{s}h_{w0}\right]\\&=\frac{1}{0.85}\left[\frac{1}{2.68-0.5}\left(0.4\times1.57\times300\times6275+0.1\right.\right.\\&\quad\left.\left.\times6563\times10^3\times\frac{1.635}{2.442}\right)+0.8\times300\times\frac{226}{120}\times6275\right]\Big/1000\\&=4216.7\text{kN}\end{aligned}$$

$$0.2f_c b_w h_w=0.2\times16.7\times300\times\frac{6550}{1000}=6563\text{kN}$$

3. 偏心受压正截面承载力验算

工字形截面受压区高度为：

$$x=\frac{\gamma_{RE}N_w+A_{sw}f_{yw}}{f_c b'_f+\dfrac{1.5A_{sw}f_{yw}}{h_{w0}}}=\frac{0.85\times2766\times10^3+10264\times300}{16.7\times550+\dfrac{1.5\times10264\times300}{6275}}=547\text{mm}$$

其中 $A_{sw}=226\times\dfrac{5450}{120}=10264\text{mm}^2$。HRB335 级钢，$\xi_b=0.55$。$\xi_b h_{w0}=0.55\times6275=3451\text{mm}>x=547\text{mm}$，属于大偏心受压。

当 $x<h'_f$ 时，对称配筋由公式（7.4-16）得：

$$A'_s=A_s=\frac{\gamma_{RE}\left[M_w\gamma_{Eh}+N_w\left(h_{w0}-\dfrac{h_w}{2}\right)\right]+M_{sw}-M_c}{f'_y\left(h_{w0}-\dfrac{h'_f}{2}\right)}$$

$$M_{sw}=\frac{1}{2}\ (h_{w0}-1.5x)^2b_w f_{yw}\rho_w$$

$$=\frac{1}{2}\ (6275-1.5\times547)^2 300\times300\times0.00314$$

$$=42.04\times10^8\text{N}\cdot\text{mm}$$

$$M_c=f_c b'_f x\left(h_{w0}-\frac{x}{2}\right)$$

$$=16.7\times550\times547\left(6275-\frac{547}{2}\right)$$

$$=301.53\times10^8\text{N}\cdot\text{mm}$$

$$A'_s=A_s=\frac{0.85\left[33414\times10^6\times1.3+2766\left(6275-\dfrac{6550}{2}\right)\right]+42.04\times10^8-301.53\times10^8}{300\left(6275-\dfrac{550}{2}\right)}$$

$=6100\text{mm}^2$，实配 8Φ25＋4Φ28（6390mm^2）

4. 剪力墙在楼层处设置暗梁，暗梁宽度同墙厚，高度取墙厚的2倍，一层顶为600mm，2层至10层顶为500mm，暗梁上下纵向钢筋取一级框架梁支座纵向受拉钢筋的最小配筋率，即 $\rho_{min}=0.40\%$ 和 $80f_t/f_y$ 取较大值。

当混凝土为 C35，$f_t=1.57\text{N/mm}^2$ 时

$$80f_t/f_y=80\times\frac{1.57}{300}=0.42$$

暗梁纵向钢筋：

1层　$A_s=A'_s=0.42\%\times300\times600=756\text{mm}^2$ 上下各 2Φ22

2层　$A_s=A'_s=0.42\%\times250\times500=525\text{mm}^2$ 上下各 2Φ20

3、4层　$A_s=A'_s=0.42\%\times230\times500=483\text{mm}^2$ 上下各 2Φ18

5～10层　$A_s=A'_s=0.40\%\times230\times500=460\text{mm}^2$ 上下各 2Φ18

暗梁箍筋全跨为2ϕ8@100。剪力墙边框柱纵向钢筋按框架柱计算确定或按上述第3条计算结果配置，箍筋当假定墙及边框平均轴压比为0.6，由表6.10-5查得箍筋最小配箍特征值 $\lambda_v=0.15$，查表6.10-6当混凝土为C35时 $\rho_v=1.193\%$；C30时 $\rho_v=1.21\%$，采用双向4肢复合箍 ϕ10@100 全高加密，由表6.10-8查得方形柱截面为550mm×550mm和500mm×500mm时，箍筋形式Ⅳ其体积配筋率分别为1.256%和1.396%均满足构造要求。

第9章　底部大空间剪力墙结构

9.1 结构类型

1. 底部大空间剪力墙结构，系指上部为剪力墙结构，底部数层为落地剪力墙或筒体和支承上部剪力墙的框架（简称框支）组成的协同工作结构体系。这种结构类型由于底部有较大的空间，能适用于各种建筑的使用功能要求，因此，目前已被广泛应用于底部为商店、餐厅、车库、机房等用途，上部为住宅、公寓、饭店和综合楼等高层建筑。

2. 底部大空间剪力墙结构，从底部平面布置可分为下列三种类型：

图 9.1-1　一般底部大空间剪力墙结构

（1）上部楼层与底部大空间建筑外形尺寸基本一致的一般底部大空间剪力墙结构（图 9.1-1）。

（2）上部楼层与底部大空间建筑平面外形尺寸不一致，底部在高层主楼的一侧或两边具有多层裙房的底部大空间剪力墙结构（图 9.1-2）。

（3）底部为多层裙房，上部有两个或多个高层塔楼的大底盘大空间剪力墙结构（图 9.1-3）。

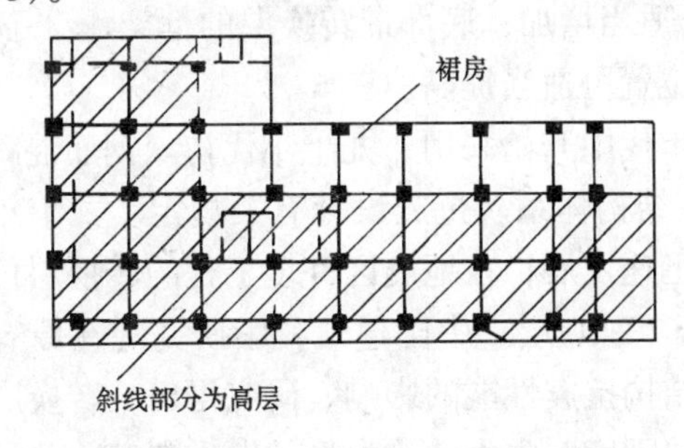

图 9.1-2　周边有裙房底部大空间剪力墙结构

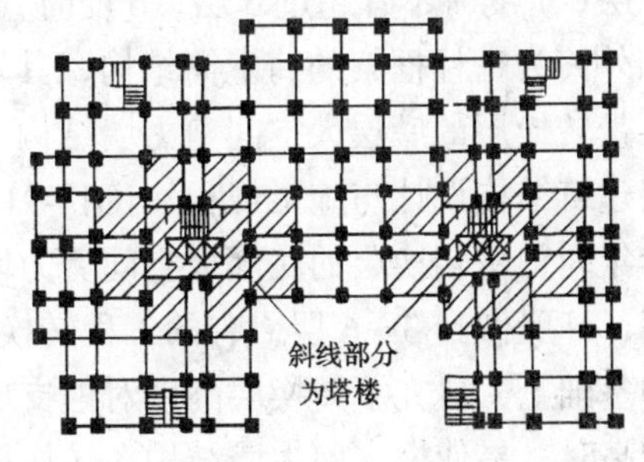

图 9.1-3　多塔楼大底盘大空间剪力墙结构

3. 底部大空间剪力墙结构，从剪力墙布置可分为下列三类：

（1）底部由落地剪力墙或筒体和框架组成大空间，上部为一般剪力墙、鱼骨式（仅有内纵墙而外墙预制）剪力墙的底部大空间剪力墙结构（图 9.1-4）。

（2）底部由落地筒体、少数横墙和框架组成大空间，上部为筒体、小开间或大开间横墙、少纵墙组成的底部大空间上部少纵墙剪力墙结构（图 9.1-5）。

（3）底部由高层部分的落地剪力墙、筒体、框架和裙房的框架、剪力墙组成底部大底盘大空间，上部塔楼一般剪力墙的大底盘剪力墙结构（图 9.1-6）。

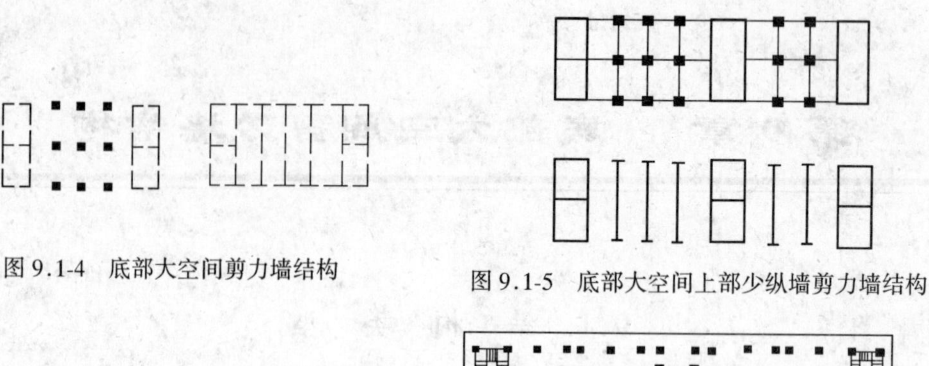

图 9.1-4　底部大空间剪力墙结构

图 9.1-5　底部大空间上部少纵墙剪力墙结构

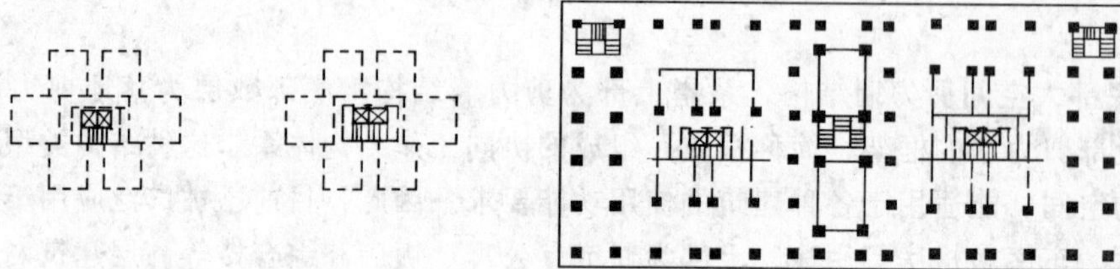

图 9.1-6　多塔楼大底盘剪力墙结构

9.2　一 般 规 定

1. 因建筑功能需要，在高层建筑结构的底部，当上部楼层部分竖向构件（剪力墙、框架柱）不能直接连续贯通落地时，应设置结构转换层，在结构转换层布置转换结构构件。转换结构构件可采用梁、桁架、空腹桁架、箱形结构、斜撑等；非抗震设计和6度抗震设计时转换构件可采用厚板，7、8度抗震设计的地下室的转换构件可采用厚板。

2. 底部大空间部分框支剪力墙高层建筑结构在地面以上的大空间层数，8度时不宜超过3层，7度时不宜超过5层，6度时其层数可适当增加；底部带转换层的框架-核心筒结构和外筒为密柱框架的筒中筒结构，其转换层位置可适当提高。

带转换层的底层大空间剪力墙结构于八十年代中开始采用，九十年代初《钢筋混凝土高层建筑结构设计与施工规程》JGJ3-91 列入该结构体系及抗震设计有关规定。九十年代的十年间，带转换层的底部大空间剪力墙结构迅速发展，在地震区许多工程的转换层位置较高，一般做到3～6层，有的工程转换层位于7～10层。中国建筑科学研究院在原有研究的基础上，研究了转换层高度对框支剪力墙结构抗震性能的影响，研究得出，转换层位置较高时，易使框支剪力墙结构在转换层附近的刚度、内力和传力途径发生突变，并易形成薄弱层，其他抗震设计概念与底层框支剪力墙构有较多差别。转换层位置较高时，转换层下部的框支结构易于开裂和屈服，转换层上部几层墙体易于破坏。转换层位置较高的高层建筑不利于抗震，因此抗震设计时宜避免高位转换，如必须高位转换，应作专门分析并采取有效措施，避免框支层破坏。

3. 带转换层的高层建筑，转换层的下部楼层由于设置大空间的要求，其刚度会产生突变，一般比转换层上部楼层的刚度小，设计时应采取措施减少转换层上、下楼层结构抗侧刚度及承载力的变化，以保证满足抗风、抗震设计的要求。转换构件为重要传力部位，为保证转换构件的安全性，8度抗震设计时除考虑竖向荷载、风荷载或水平地震作用外，还应考虑竖向地震作用的影响，转换构件的竖向地震作用，可采用反应谱方法或动力时程分析方法计算；作为近似考虑，也可将转换构件在重力荷载标准值作用下的内力乘以增大系数1.1。

4. 底部大空间剪力墙结构是一受力复杂不利抗震的高层建筑结构，结构设计需遵循的原则是：

(1) 减少转换

布置转换层上下主体竖向结构时，要注意尽可能多的布置成上下主体竖向结构连续贯通，尤其是在核心筒框架结构中，核心筒宜尽量予以上下贯通。

(2) 传力直接

布置转换层上下主体竖向结构时，要注意尽可能使水平转换结构传力直接，尽量避免多级复杂转换，更应尽量避免传力复杂、抗震不利、质量大、耗材多、不经济不合理的厚板转换。

(3) 强化下部、弱化上部

为保证下部大空间整体结构有适宜的刚度、强度、延性和抗震能力，应尽量强化转换层下部主体结构刚度，弱化转换层上部主体结构刚度，使转换层上下部主体结构的刚度及变形特征尽量接近。如加大筒体尺寸、加厚筒壁厚度、加高混凝土强度等级，剪力墙开洞、开口、短肢、薄墙等。

(4) 优化转换结构

抗震设计时，当建筑功能需要不得已高位转换时，转换结构还宜优先选择不致引起框支柱（边柱）柱顶弯矩过大、柱剪力过大的结构形式，如斜腹杆桁架（包括支撑）、空腹桁架和宽扁梁等，同时要注意需使其满足强度、刚度要求，避免脆性破坏。

(5) 计算全面准确

必须将转换结构作为整体结构中的一个重要组成部分，采用符合实际受力变形状态的正确计算模型进行三维空间整体结构计算分析。采用有限元方法对转换结构进行局部补充计算时，转换结构以上至少取2层结构进入局部计算模型，同时应计及转换层及所有楼层楼盖平面内刚度，计及实际结构三维空间盒子效应，采用比较符合实际边界条件的正确计算模型。

整体结构宜进行弹性时程分析补充计算和弹塑性时程分析校核，还应注意对整体结构进行重力荷载下准确施工模拟计算。

5. 底部大空间剪力墙结构的抗震等级按第2章2.4节的规定采用。当转换层的位置设置在3层及3层以上时，其框支柱、落地剪力墙的底部加强部位的抗震等级应按表2.4-1、表2.4-2的规定提高一级采用，已经为特一级时可不再提高，提高其抗震构造措施。落地剪力墙底部加强部位可取框支层加上框支层以上两层的高度及墙肢总高度的1/8二者的较大值。

6. 底部大空间为1层时，可近似采用转换层上、下层结构等效侧向刚度比 γ 表示转换层上、下层结构刚度的变化，γ 宜接近1，非抗震设计时 γ 不应大于3，抗震设计时 γ 不应大于2。γ 可按下列公式计算：

$$\gamma = \frac{G_2 A_2}{G_1 A_1} \times \frac{h_1}{h_2} \tag{9.2-1}$$

$$A_i = A_{w,i} + C_i A_{c,i} \quad (i = 1,2) \tag{9.2-2}$$

$$C_i = 2.5\left(\frac{h_{c,i}}{h_i}\right)^2 \quad (i = 1,2) \tag{9.2-3}$$

式中　G_1、G_2——底层和转换层上层的混凝土剪变模量；

A_1、A_2——底层和转换层上层的折算抗剪截面面积，可按式（9.2-2）计算；

$A_{w,i}$——第 i 层全部剪力墙在计算方向的有效截面面积（不包括翼缘面积）；

$A_{c,i}$——第 i 层全部柱的截面面积；

h_i——第 i 层的层高；

$h_{c,i}$——第 i 层柱沿计算方向的截面高度。

7. 底部大空间层数大于1层时，其转换层上部与下部结构的等效侧向刚度比 γ 可采用图9.2-1所示的计算模型按公式（9.2-3）计算。γ 宜接近1，非抗震设计时 γ 不应大于2，抗震设计时 γ 不应大于1.3。

$$\gamma_e = \frac{\Delta_1 H_2}{\Delta_2 H_1} \tag{9.2-4}$$

式中　γ_e——转换层上、下结构的等效侧向刚度比；

H_1——转换层及其下部结构（计算模型1）的高度；

Δ_1——转换层及其下部结构（计算模型1）在顶部单位水平力作用下的位移；

H_2——转换层上部剪力墙结构（计算模型2）的高度，应与转换层及其下部结构的高度相等或接近；

Δ_2——转换层上部剪力墙结构（计算模型2）在顶部单位水平力作用下的位移。

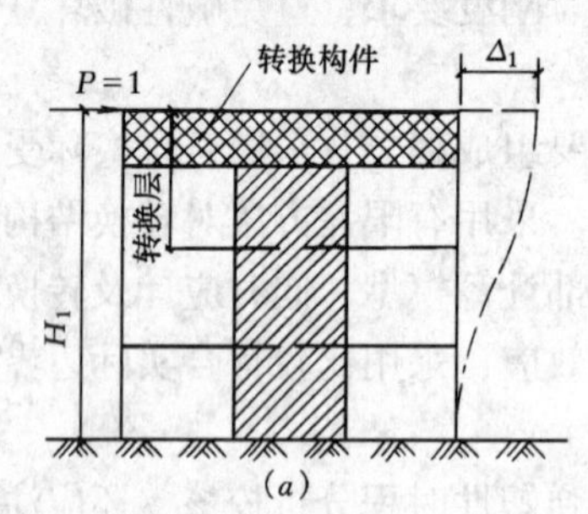

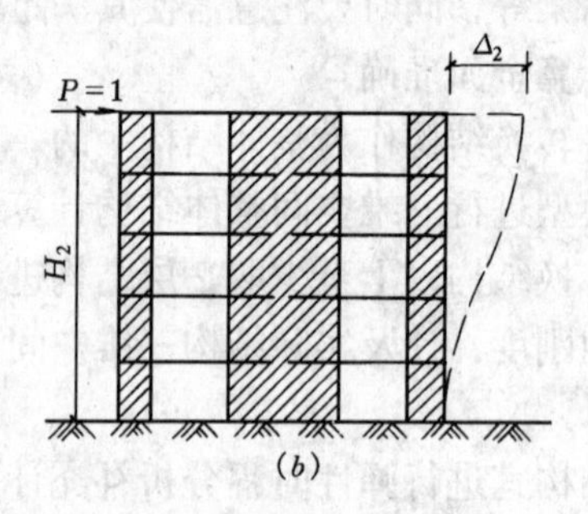

图9.2-1　转换层上、下等效侧向刚度计算模型

（a）计算模型1—转换层及下部结构；（b）计算模型2—转换层上部部分结构

8. 长矩形平面建筑中落地剪力墙的间距 l 宜符合以下规定：

非抗震设计：$l \leqslant 3B$ 且 $l \leqslant 36\text{m}$；

抗震设计：

底部为1～2层框支层时：$l \leqslant 2B$ 且 $l \leqslant 24\text{m}$

底部为3层及3层以上框支层时：$l \leqslant 1.5B$ 且 $l \leqslant 20\text{m}$

其中　B——楼盖宽度；

9. 落地剪力墙与相邻框支柱的距离，1～2层框支层时不宜大于12m，3层及3层以上框支层时不宜大于10m。以满足底部大空间楼层板的刚度要求，使转换层上部的剪力能有效地传递给落地剪力墙，而框支柱只承受较小的剪力。

10. 落地剪力墙和筒体的洞口宜布置在墙体的中部。

11. 框支剪力墙转换梁上一层墙体内不宜设边门洞，不宜在中柱上方设门洞。

12. 底部大空间剪力墙结构的转换层楼板刚度直接决定其变形，并影响框支墙与落地剪力墙的内力分配与位移，因此必须加强转换层楼板的刚度及强度。

转换层楼面必须采用现浇楼板，楼板厚度不宜小于 180mm。转换层楼板混凝土强度等级不宜低于 C30，并应采用双层双向配筋，每层每方向的配筋率不宜小于 0.25%。楼板边缘和较大洞口周边应设置边梁，其宽度不宜小于板厚的 2 倍，纵向钢筋单面配筋率不应小于 0.35%，接头宜采用机械连接或焊接，楼板中钢筋应锚固在边梁内。落地剪力墙和筒体外周围的楼板不宜开洞。与转换层相邻楼层的楼板也应适当加强。

13. 转换层上部的竖向抗侧力构件（墙、柱）宜直接落在转换层的主结构上。当结构竖向布置复杂，框支主梁承托剪力墙并承托转换次梁及其上剪力墙时，应进行应力分析，按应力校核配筋，并加强配筋构造措施。B 级高度框支剪力墙高层建筑的结构转换层，不宜采用框支主、次梁方案。

14. 带转换层的高层建筑结构，其薄弱层的地震剪力应按第 2 章 2.8 节第 25 条的规定乘以 1.15 的增大系数。特一、一、二级转换构件在水平地震作用下的计算内力应分别乘以增大系数 1.8、1.5、1.25；8 度抗震设计时转换构件尚应考虑竖向地震的影响。

15. 大底盘大空间剪力墙结构设计按下列要求：

（1）大底盘大空间剪力墙，高层单塔楼宜布置在大底盘的正中间，双塔楼或多塔楼时，宜将塔楼布置在大底盘的对称位置。当高层塔楼不能对称布置时，在离塔楼较远端的裙房中宜布置剪力墙，以减少大底盘结构在水平地震作用下的扭转影响。

（2）底部大底盘大空间剪力墙结构，大底盘总长度与高层主楼的长度（或宽度）之比宜小于 2.5。高层主楼中心宜与大底盘的中心重合，如不能重合时，其偏心距不宜超过边长度的 0.20（图 9.2-2）。

（3）大底盘大空间剪力墙结构可按下列原则进行内力与位移计算：

当大底盘及主体结构布置不对称时，计算中均应考虑主体结构及底盘的质量中心及刚度中心不一致而产生的扭转。

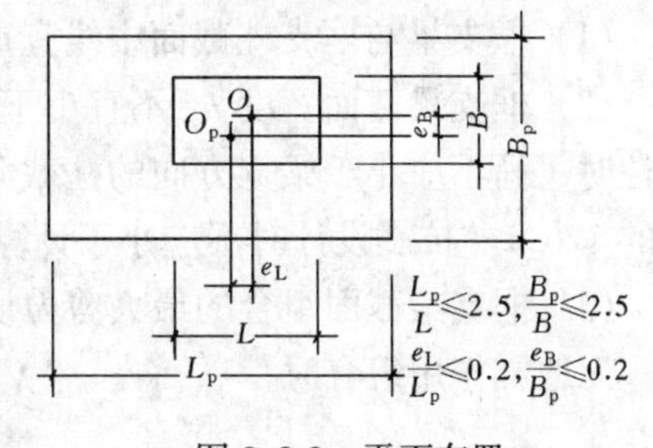

图 9.2-2 平面布置

7 底抗震设防、Ⅰ、Ⅱ类场地建筑物高度超过 100m 及 8 度抗震设防，Ⅰ、Ⅱ类场地的建筑高度超过 80m 时，地震作用的计算除应采用振型分解反应谱法外，还宜采用时程分析方法进行补充分析。当单塔楼采用振型分解反应谱法计算地震作用时，如建筑物高度在 50m 以下，可采取 3 个振型组合计算；如建筑物高度在 50m 以上，宜采取 6 个振型组合计算。

（4）大底盘大空间剪力墙结构可按下列原则进行简化计算：

1）底盘的长度或宽度稍大于主体结构，其比值小于 1.25 时，底盘对主体结构受力性能影响比较小，计算时可不考虑底盘质量及刚度的影响，按主体结构进行内力、位移分析。

2）底盘的长度或宽度与主体结构的长度或宽度之比为 1.25～2.5，且底盘高度与主体结构高度之比大于 0.65 时，底盘对整个结构的受力性能起控制作用，计算时可将上部主体结构视为在底盘上突出的建筑物。按简化方法计算地震力时，可将转换层楼面上主体结构底部的剪力放大3~4倍，作用在底盘的顶部，然后对底盘结构进行内力位移分析。

3）底盘的长度或宽度与主体结构长度或宽度之比为1.25~2.5，且底盘高度与主体结构高度之比小于0.25时，可根据具体工程的特点按以下的规定进行内力，位移计算：

a. 考虑底盘裙房的质量与刚度加入主体结构中，以主体结构计算地震力，然后将80%的地震力加在主体结构上，20%的地震力加在底盘的裙房上进行内力，位移分析；

b. 当裙房刚度小于或等于主体结构刚度的0.3时可仅考虑将裙房的质量加入主体结构中，以主体结构计算地震力，然后将100%的地震力加在主体结构上，另外20%的地震力加在底盘的裙房上进行内力、位移分析。

c. 大底盘裙房的框架和剪力墙在底部各层考虑承受20%~30%的层剪力，其框架和剪力墙可按一般框架—剪力墙结构的要求进行设计。框架梁与主楼结构宜采用刚接连接。当裙房中离主楼结构远端设有剪力墙时，设计中应考虑结构扭转影响，对剪力墙予以加强，其配筋构造要求与落地剪力墙相同。

16. 底部大空间剪力墙结构的各构件设计除满足本章的规定以外，尚应满足第6、7章的有关规定要求。

9.3　框　支　梁

1. 框支梁受力复杂，宜在结构整体计算后，按有限元法进行详细分析，由于框支梁与上部墙体的混凝土强度等级及厚度的不同，竖向应力在柱上方集中，并产生大的水平拉应力，详细分析结果说明，框支梁一般为偏心受拉构件，并承受较大的剪力。当加大框支梁的刚度时能有效地减少墙体的拉应力。

2. 框支梁设计应符合下列要求：

（1）框支梁与框支柱截面中线宜重合；

（2）框支梁截面宽度 b_b 不宜小于上层墙体厚度的2倍，且不宜小于400mm；当梁上托柱时，尚不应小于梁宽方向的柱截面边长，梁截面高度 h_b 抗震设计时不应小于计算跨度的1/6，非抗震设计时不应小于计算跨度的1/8；框支梁可采用加腋梁；

（3）框支梁截面组合的最大剪力设计值应符合下列条件：

无地震作用组合时

$$V \leqslant 0.20\beta_c f_c b h_0 \tag{9.3-1}$$

有地震作用组合时

$$V \leqslant \frac{1}{\gamma_{RE}}(0.15\beta_c f_c b h_0) \tag{9.3-2}$$

（4）当框支梁上部的墙体开有门洞或梁上托柱时，该部位框支梁的箍筋应加密配置，箍筋直径、间距及配箍率不应低于本条第（9）款的规定；当洞口靠近梁端部时，可采用加腋梁或增大框支墙洞口连梁刚度等措施；

（5）梁纵向钢筋接头宜采用机械连接，同一截面内接头钢筋截面面积不应超过全部纵筋截面面积的50%，接头位置应避开上部墙体开洞部位、梁上托柱部位及受力较大部位；

（6）梁上、下纵向钢筋和腰筋的锚固宜符合图9.3-1的要求；当梁上部配置多排纵向钢筋时，其内排钢筋锚入柱内的长度可适当减小，但不应小于钢筋锚固长度 l_a（非抗震设计）或 l_{aE}（抗震设计）；

（7）梁上、下部纵筋的最小配筋率，非抗震设计时分别不应小于0.30%；抗震设计时，特一、一、二级分别不应小于0.60%、0.50%、0.40%；

(8) 偏心受拉的框支梁，其支座上部纵筋至少应有50%沿梁全长贯通，下部纵筋应全部直通到柱内；沿梁高应配置间距不大于200mm、直径不小于16mm的腰筋；

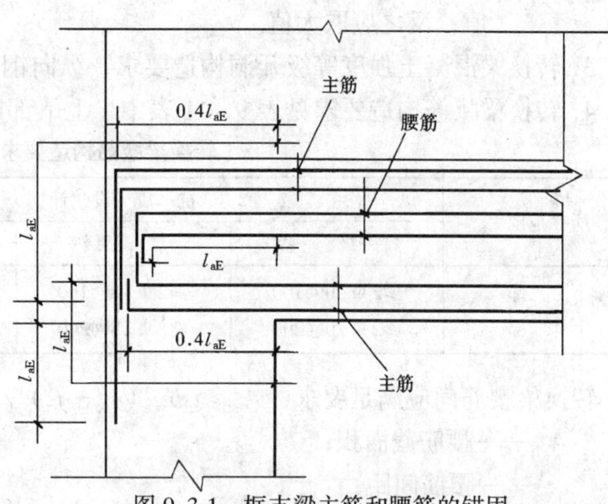

图9.3-1 框支梁主筋和腰筋的锚固

注：非抗震设计时图中 l_{aE}应取为 l_a

(9) 框支梁支座处（离柱边 $1.5h_b$ 范围内）箍筋应加密，加密区箍筋直径不应小于10mm，间距不应大于100mm。加密区箍筋最小面积含箍率，非抗震设计时不应小于 $0.9f_t/f_{yv}$，抗震设计时，特一、一、和二级分别不应小于 $1.3f_t/f_{yv}$、$1.2f_t/f_{yv}$和$1.1f_t/f_{yv}$。框支墙门洞下方梁的箍筋也应按上述要求加密。

3. 框支梁不宜开洞。若需开洞时，洞口位置宜远离框支柱边，以减小开洞部位上下弦杆的内力值。上下弦杆应加强抗剪配筋，开洞部位应配置加强钢筋，或用型钢加强。

4. 当竖向结构布置复杂，框支主梁承托剪力墙并承托转换次梁及其上剪力墙时，应进行应力分析，按应力校核配筋，并加强配筋构造措施。

9.4 转 换 梁

1. 当上部剪力墙不满足上述框支梁条件时，或上部为短肢墙，或上部为小柱网框架时，框支梁应按转换梁设计。

2. 转换梁断面一般宜由剪压比控制计算确定，以避免脆性破坏和具有合适的含箍率，转换梁的适宜剪压比限值为：

无地震作用组合时 剪压比 $= V_{nmax}/\beta_c f_c bh_0 \leqslant 0.20$ (9.4-1)

有地震作用组合时 剪压比 $= \gamma_{RE} V_{max}/\beta_c f_c bh_0 \leqslant 0.15$ (9.4-2)

式中 V_{max}——转换梁支座截面最大组合剪力设计值；

f_c——转换梁混凝土抗压设计强度。

b——转换梁腹板宽度；

h_0——转换梁截面有效高度；

β_c——混凝土强度影响系数，见第2章表2.2-2；

γ_{RE}——承载力抗震调整系数，取0.85。

初步确定转换梁断面时，可取 V_{max}为

$$V_{max} = (0.6 \sim 0.8)G \tag{9.4-3}$$

式中 G——转换梁上按简支状态计算分配传来的所有重力荷载作用下支座截面剪力设计值，当上部剪力墙结构整体刚度较好且能与转换梁较好协同工作时，可取小

值；反之应取大值。

3. 转换梁混凝土强度等级开洞构造要求、纵向钢筋、箍筋构造要求均同框支梁。

4. 转换梁腰筋构造要求见表9.4-1表中，上下部以梁高中点为分界。

转换梁腰筋构造要求 表9.4-1

所在范围	抗震设计			非抗震设计
	特一级、一级	二级	三级	
下部	≥2Φ20@100	≥2Φ18@100	≥2Φ16@100	≥2Φ12@100
上部	≥2Φ20@200	≥2Φ18@200	≥2Φ16@200	≥2Φ12@200

转换梁腰筋尚应满足要求：$A_{sh} \geqslant sb_w(\sigma_x - f_t)/f_{yh}$ (9.4-4)

式中 A_{sh}——腰筋截面积；

s——腰筋间距；

b_w——转换梁腹板断面宽度；

σ_x——转换梁计算腰筋处最大组合水平拉应力设计值，地震作用组合时，乘以 $\gamma_{RE}=0.85$；

f_t——转换梁混凝土抗拉设计强度；

f_{yh}——腰筋抗拉设计强度。

9.5 斜腹杆桁架

1. 混凝土强度等级不宜低于C30。

2. 斜腹杆桁架作转换结构时，一般宜跨满层设置，且其上弦节点宜布置成与上部密柱、墙肢形心对中。

3. 上下弦杆轴向刚度、弯曲刚度中应计入楼板作用，楼板有效翼缘宽度为：$12h_i$（中桁架）、$6h_i$（边桁架），h_i 为与上下弦杆相连楼板厚度。

4. 受压斜腹杆断面一般应由其轴压比控制计算确定，以确保其延性，其限值见表9.5-1。

桁架受压斜腹杆轴压比限值 表9.5-1

抗震等级	特一级	一级	二级	三级
轴压比限值	0.6	0.7	0.8	0.9

受压斜腹杆轴压比 $= N_{max}/(f_c b h_0)$ (9.5-1)

式中 N_{max}——斜腹杆桁架受压斜腹杆最大组合轴力设计值；

f_c——斜腹杆桁架混凝土抗压设计强度；

b——受压斜腹杆断面宽度；

h_0——受压斜腹杆断面有效高度。

初步确定受压斜腹杆断面时，可取 N_{max} 为

$$N_{max} = 0.8G \tag{9.5-2}$$

式中 G——斜腹杆桁架上按简支状态计算分配传来的所有重力荷载作用下受压斜腹杆轴

向压力设计值。

5. 上下弦杆应计入相连楼板有效翼缘作用，按偏心受压或偏心受拉构件设计，其中轴力可按上下弦杆及相连楼板有效翼缘的轴向刚度比例分配。

6. 斜腹杆桁架上下弦节点如图 9.5-1、9.5-2 所示，其截面应满足抗剪要求，如式 (9.5-3) 至 (9.5-6)，以保证整体桁架结构具有一定延性不发生脆性破坏。

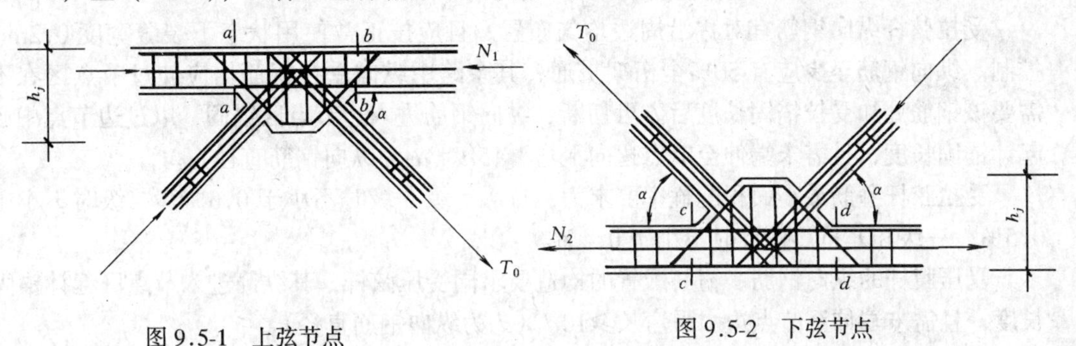

图 9.5-1 上弦节点　　图 9.5-2 下弦节点

上弦节点的剪力为：

$$V_{\mathrm{a}} = \eta_{\mathrm{v}}\left(\frac{M_{\mathrm{m}}^{l} + M_{\mathrm{n}}^{r}}{l_{\mathrm{n}}}\right) + V_{\mathrm{G}} \tag{9.5-3}$$

$$V_{\mathrm{b}} = \eta_{\mathrm{v}}\left(\frac{M^{l} + M^{r}}{l}\right) + V_{\mathrm{G}} + T\sin\alpha \tag{9.5-4}$$

下弦节点的剪力为：

$$V_{\mathrm{c}} = \eta_{\mathrm{v}}\left(\frac{M_{\mathrm{n}}^{l} + M_{\mathrm{n}}^{r}}{l_{\mathrm{n}}}\right) + V_{\mathrm{G}} \tag{9.5-5}$$

$$V_{\mathrm{d}} = \eta_{\mathrm{v}}\left(\frac{M^{l} + M^{r}}{l}\right) + V_{\mathrm{G}} + T\sin\alpha \tag{9.5-6}$$

式中 η_{v}——剪力增大系数，特一级取 1.56 一级取 1.3，二级取 1.2，三级取 1.1，非抗震时取 1.0；

M_{n}^{l}、M_{n}^{r}——分别为上弦 $a-a$、下弦 $c-c$ 截面组合弯矩设计值；

M^{l}、M^{r}——分别为上弦 $b-b$、下弦 $d-d$ 截面组合弯矩设计值；

l、l_{n}——分别为上、下弦的轴线跨长和净跨；

V_{G}——上、下弦在重力荷载代表值作用下，按简支梁分析的梁端相应截面剪力设计值；

$T\sin\alpha$——斜腹桁架节点剪力设计值；

α——受力斜腹杆与上下弦的夹角；

T——特一级为 $1.56T_0$ 一级为 $1.3T_0$，二级为 $1.2T_0$，三级为 $1.1T_0$，非抗震时为 $1.0T_0$；

T_0——受拉或受压腹杆组合轴向力设计值。

上弦 $a-a$ 截面、下弦 $c-c$ 截面的剪压比应满足公式 (9.4-1)、(9.4-2) 要求；上弦 $a-a$、$b-b$ 截面受剪承载力应满足公式 (6.8-5)、(6.8-6) 要求；下弦 $c-c$、$d-d$ 截面受剪承载力应满足公式 (6.8-5)、(6.8-6) 要求。

受压弦杆纵向钢筋宜对称沿周边均匀布置，其含钢率要求为：抗震等级一级时不小于1.2%，二级时不小于1%，三级和非抗震设计时不小于0.9%，且宜全桁架贯通，纵向钢筋进入边节点区起计锚固长度，且需伸至节点边下弯≥10d（d为纵向钢筋直径）。

受压弦杆箍筋全杆段加密，其体积配箍率要求为：抗震等级一级时不小于1.2%，二级时不小于1.0%，三级和排抗震设计时不小于0.8%。

受拉弦杆纵向钢筋宜对称沿周边均匀布置，且应按正常使用状态下裂缝宽度0.2mm控制。纵向钢筋至少应有50%全桁架贯通，其余跨中纵向受拉钢筋均应伸过节点区在不需要该钢筋处加受拉锚固长度后方可切断，纵向钢筋进入边节点区锚固，以过边节点中心起计锚固长度，且需未端伸至节点边向上弯≥15d（d为纵向钢筋直径）。

受拉弦杆箍筋最小面积配箍率要求为：抗震等级一级时不小于0.6%，二级时不小于0.5%，三级和非抗震设计时不小于0.4%。

受压腹杆的纵向钢筋、箍筋配置的构造要求同受压弦杆，其纵筋进入节点区起计锚固长度，且需末端伸至节点边水平弯长≥10d（d为纵向钢筋直径）。

受拉腹杆的纵向钢筋、箍筋配置的构造要求同受拉弦杆，其纵筋全部贯通，进入节点区的锚固以过节点中心起计锚固长度，且需末端伸至节点边水平弯长≥15d（d为纵向钢筋直径）。

所有杆件纵向钢筋支座锚固长度均为l_{aE}（抗震设计）、l_a（非抗震设计）。

桁架节点区断面及其箍筋数量应满足截面抗剪承载力要求，且构造上要求满足节点斜面长度≥腹杆断面高度+50mm。

节点区内侧附加元宝钢筋直径不宜小于Φ16，间距不宜大于150mm。

节点区内箍筋体积配箍率要求同受压弦杆。

9.6 空腹桁架

1. 空腹桁架作转换结构时，一般宜跨满层设置，且其上弦节点宜布置成与上部密柱、墙肢形心对中。

2. 上下弦杆轴向刚度、弯曲刚度中应计入楼板作用，楼板有效翼缘宽度为：$12h_i$（中桁架）、$6h_i$（边桁架），h_i为与上下弦杆相连楼板厚度。

3. 空腹桁架腹杆断面一般应由其剪压比控制计算确定，以避免脆性破坏，其限值同转换梁的剪压比限值，无地震作用组合时为0.20，有地震作用组合时为0.15。

$$腹杆剪压比 = V_{max}/\beta_c f_c b h_0 \tag{9.6-1}$$

式中 V_{max}——空腹桁架腹杆最大组合剪力设计值；

f_c——空腹桁架腹杆混凝土抗压设计强度；

b——空腹桁架腹杆断面宽度；

h_0——空腹桁架腹杆断面有效高度；

β_c——混凝土强度影响系数，见表2.2-2。

4. 空腹桁架腹杆应满足强剪弱弯的要求，可按纯弯构件设计。

5. 空腹桁架上下弦杆应计入相连楼板有效翼缘作用按偏心受压或偏心受拉构件设计，其中轴力可按上下弦杆及相连楼板有效翼缘的轴向刚度比例分配。

6. 空腹桁架上下弦节点如图9.6-1所示，其截面应满足抗剪要求，按第6章6.12节计算，以保证空腹桁架结构具有一定的延性不发生脆性破坏。

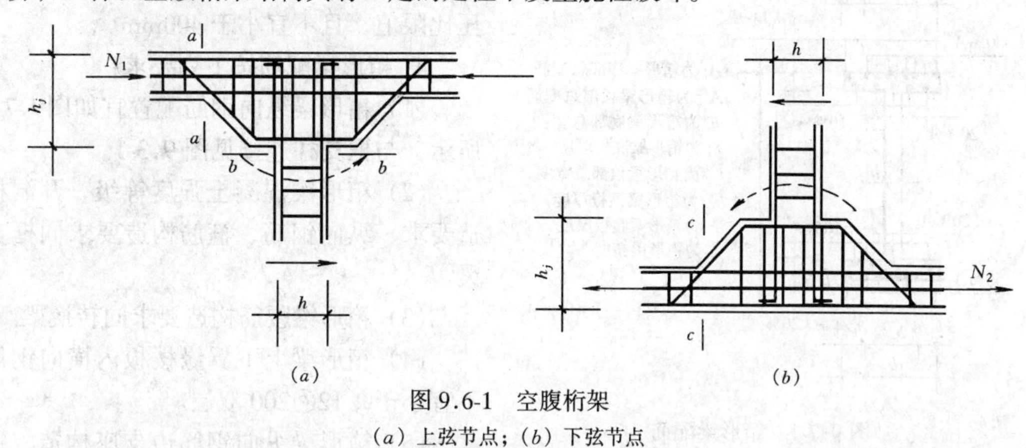

图9.6-1 空腹桁架

（a）上弦节点；（b）下弦节点

上弦 $a-a$ 截面及下弦 $c-c$ 截面的剪力计算、剪压比要求、受剪承载力要求同斜腹杆桁架。

竖腹杆 $b-b$ 截面的剪力为：

$$V = \eta_{\mathrm{v}}(M^{t} + M^{b})/H_{\mathrm{n}} \tag{9.6-2}$$

式中 η_{v}——剪力增大系数，特一级取1.56，一级取1.3，二级取1.2，三级取1.1，非抗震时取1.0；

H_{n}——竖杆净高；

M^{t}、M^{b}——分别为竖杆上下端顺时针或逆时针方向截面组合弯矩设计值。

竖腹杆端截面剪压比和受剪承载力应满足公式(9.4-1)、(9.4-2)和(6.8-5)、(6.8-6)的要求。竖腹杆的轴压比应满足表9.5-1要求。

受压、受拉弦杆的纵向钢筋、箍筋的构造要求均同斜腹杆桁架受压、受拉弦杆的要求。混凝土强度等级不宜低于C30。

直腹杆的纵向钢筋、箍筋的构造要求同斜腹杆桁架受拉腹杆的要求。

所有构件纵向钢筋支座锚固长度为 l_{aE}（抗震设计）、l_{a}（非抗震设计）。

桁架节点区断面及其箍筋数量应满足截面抗剪承载力要求，按第6章6.12节计算，且构造上要求断面满足≥直腹杆断面宽度、高度+50mm。节点区内侧附加元宝钢筋除满足抗弯承载力外，直径不宜小于Φ20，间距不宜大于100mm。节点区内箍筋体积配箍率要求同受压弦杆。

9.7 箱 形 梁

1. 箱形梁作转换结构时，一般宜跨满层设置，且宜沿建筑周边环通构成“箱子”，满足箱形梁刚度和构造要求。混凝土强度等级不应低于C30。

2. 箱形梁抗弯刚度应计入相连层楼板作用，楼板有效翼缘宽度为：$12h_i$（中梁）、$6h_i$（边梁）、h_i 为箱形梁上下翼相连楼板厚度，不宜小于180mm。板在配筋时应考虑自身平面内的拉力和压力的影响。

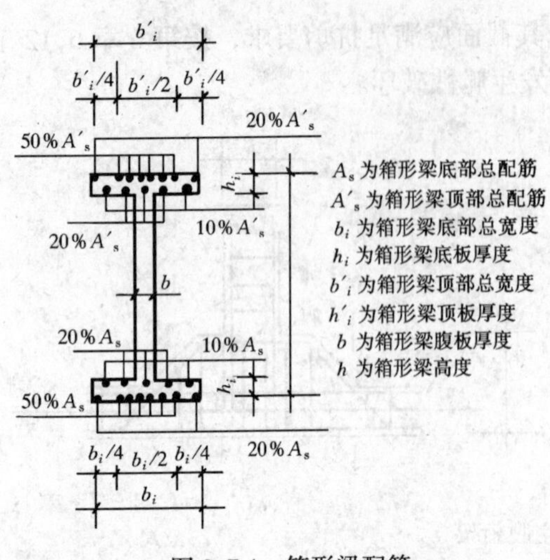

图 9.7-1　箱形梁配筋

3. 箱形梁腹板断面厚度一般应由其剪压比控制计算确定，其限值同转换梁的剪压比限值，且不宜小于 400mm。

4. 箱形梁配筋按下列要求：

(1) 箱形梁纵向钢筋配置宜如图9.7-1所示，与框支柱连接见图 9.3-1。

(2) 箱形梁混凝土强度等级、开洞构造要求、纵向钢筋、箍筋构造要求同框支梁。

(3) 箱形梁腰筋构造要求同转换梁。

(4) 箱形梁上下翼缘楼板内横向钢筋不宜小于Φ 12@200 双层。

(5) 箱形梁纵向钢筋边支座构造、锚固要求见图 9.7-1 所示，所有纵向钢筋（包括梁翼缘柱外部分）均以柱内边起计锚固长度。

9.8　厚　板

非地震区和 6 度设防的地震区的厚板设计应遵守下列原则：

1. 转换厚板的厚度可由抗弯、抗冲切计算确定；

2. 转换厚板可局部做成薄板，薄板与厚板交界处可加腋；转换厚板亦可局部做成夹心板；

3. 转换厚板宜按整体计算时所划分的主要交叉梁系的剪力和弯矩设计值进行截面设计并按有限元法分析结果进行配筋校核。受弯纵向钢筋可沿转换板上、下部双层双向配置，每一方向总配筋率不宜小于 0.6%。转换板抗剪箍筋的体积配筋率不宜小于 0.45%；

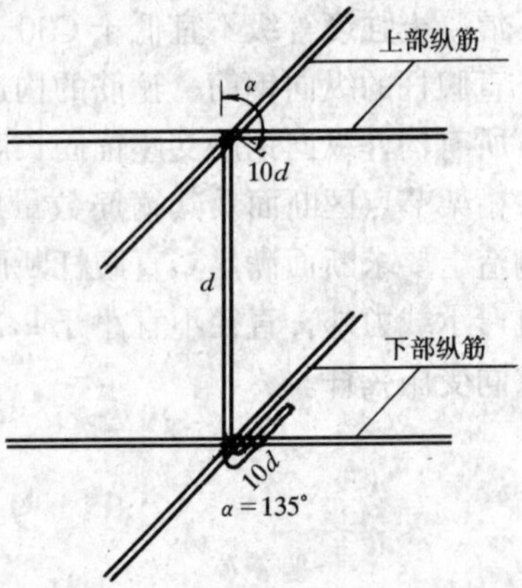

4. 为防止转换厚板的板端沿厚度方向产生层状水平裂缝，宜在厚板外周边配置钢筋骨架网进行加强，且≥Φ 16@200 双向。

5. 转换厚板上、下部的剪力墙、柱的纵向钢筋均应在转换厚板内可靠锚固。

6. 转换厚板上、下一层的楼板应适当加强，楼板厚度不宜小于 150mm。

7. 厚板在上部集中力和支座反力作用下应按现行钢筋混凝土结构设计规范进行抗冲切验算并配置必须的抗冲切钢筋。抗冲切钢筋的形式可以如图 9.8-1 所示，做成弯钩形式，兼作架立钢筋。

图 9.8-1　抗冲切钢筋形式

8. 厚板中部不需抗冲切钢筋区域，应配置不小于Φ 16@400 直钩形式的双向抗剪兼架立钢筋。

9.9 框 支 柱

1. 带转换层的高层建筑结构，其框支柱承受的地震剪力标准值应按下列规定采用：

(1) 框支柱的数目不多于10根时，当框支层为1～2层时，各层每根柱所受的剪力应至少取基底剪力的2%；当框支层为3层及3层以上时，各层每根柱所受的剪力应至少取基底剪力的3%；

(2) 框支柱的数目多于10根时，当框支层为1～2层时，每层框支柱承受剪力之和应取基底剪力的20%；当框支层为3层及3层以上时，每层框支柱承受剪力之和应取基底剪力的30%。

框支柱剪力调整后，应相应调整框支柱的弯矩及柱端梁的剪力、弯矩，框支柱轴力可不调整。

由程序计算结果归纳得出：转换层以上部分，水平力大体上按各片剪力墙的等效刚度比例分配；在转换层以下，一般落地墙的刚度远远大于框支柱，落地墙几乎承受全部地震作用，框支柱的剪力非常小。考虑到在实际工程中转换层楼面会有显著的面内变形，从而使框支柱的剪力显著增加。12层底层大空间剪力墙住宅模型试验表明：实测框支柱的剪力为按楼板刚性无限大计算值的6～8倍；且落地墙出现裂缝后刚度下降，也导致框支柱剪力增加。所以按转换层位置的不同，框支柱数目的多少，对框支柱的剪力作了不同的规定。

2. 框支柱设计应符合下列要求：

(1) 柱内全部纵向钢筋配筋率：特一级抗震等级设计时不应小于1.6%，一级不应小于1.2%，二级不应小于1.0%，三级不应小于0.9%；非抗震设计时不应小于0.8%。

(2) 抗震设计时，框支柱箍筋应沿全高加密；

(3) 抗震设计时，一、二级柱加密区的含箍特征值应比第6章表6.10-4中数值增加0.02，三级时应符合第6章表6.10-4的规定；柱加密区箍筋体积配箍率，一、二级不应小于1.5%，三级非抗震设计不应小于1.0%，抗震等级一、二级的框支柱箍筋体积配箍率见表9.9-1，特一级的框支柱箍筋体积配箍率不应小于1.6%；

(4) 抗震设计时，框支柱应采用复合螺旋箍或井字复合箍，箍筋直径不应小于10mm，间距不应大于100mm和6倍纵向钢筋直径的较小值。

3. 框支柱设计尚应符合下列要求：

(1) 框支柱截面的组合最大剪力设计值应符合下列条件：

无地震作用组合时
$$V \leqslant 0.20\beta_c f_c b h_0 \tag{9.9-1}$$

有地震作用组合时
$$V \leqslant \frac{1}{\gamma_{RE}}(0.15\beta_c f_c b h_0) \tag{9.9-2}$$

(2) 柱截面宽度，非抗震设计时不宜小于400mm，抗震设计时不应小于450mm；柱截面高度，非抗震设计时不宜小于框支梁跨度的1/15，抗震设计时不宜小于框支梁跨度的1/12；

(3) 特一、一、二级框支层的柱上端和底层的柱下端截面的弯矩组合值应分别乘以增大系数1.8、1.5、1.25；其他层柱端弯矩设计值应符合第6章的有关规定。

框支角柱的弯矩设计值和剪力设计值应分别在上述基础上乘以增大系数1.1；

(4) 有地震作用组合时，特一、一、二级框支柱由地震作用引起的轴力应分别乘以增大系数1.8、1.5、1.25，但计算柱轴压比时不宜考虑该增大系数；

(5) 纵向钢筋间距，抗震设计时不宜大于200mm；非抗震设计时，不宜大于250mm，且均不应小于80mm。抗震设计时柱内全部纵向钢筋配筋率不宜大于4.0%；

(6) 框支柱在上部墙体范围内的纵向钢筋应伸入上部墙体内不少于一层，其余柱筋应锚入梁内或板内。锚入梁内的钢筋长度，从柱边算起不应小于 l_{aE}（抗震设计）或 l_a（非抗震设计）；

(7) 非抗震设计时，框支柱宜采用复合螺旋箍或井字复合箍，箍筋体积配筋率不宜小于0.8%，箍筋直径不宜小于10mm，箍筋间距不宜大于150mm；

框支柱箍筋（HPB235级）最小体积配箍率 ρ_v（%）　　表9.9-1

<table>
<tr><th rowspan="2">混凝土强度等级</th><th rowspan="2">抗震等级</th><th rowspan="2">箍筋形式</th><th colspan="9">轴　压　比</th></tr>
<tr><th>≤0.3</th><th>0.4</th><th>0.5</th><th>0.6</th><th>0.65</th><th>0.7</th><th>0.75</th><th>0.8</th><th>0.85</th></tr>
<tr><td rowspan="4">≤C35</td><td rowspan="2">一级</td><td>井字复合箍</td><td colspan="5">1.50</td><td>1.51</td><td>1.63</td><td></td><td></td></tr>
<tr><td>复合螺旋箍</td><td colspan="9">1.50</td></tr>
<tr><td rowspan="2">二级</td><td>井字复合箍</td><td colspan="7">1.50</td><td>1.51</td><td>1.59</td></tr>
<tr><td>复合螺旋箍</td><td colspan="7">1.50</td><td>1.50</td><td>1.50</td></tr>
<tr><td rowspan="4">C40</td><td rowspan="2">一级</td><td>井字复合箍</td><td colspan="3">1.50</td><td>1.55</td><td>1.64</td><td>1.73</td><td>1.86</td><td></td><td></td></tr>
<tr><td>复合螺旋箍</td><td colspan="4">1.50</td><td></td><td>1.55</td><td>1.68</td><td></td><td></td></tr>
<tr><td rowspan="2">二级</td><td>井字复合箍</td><td colspan="4">1.50</td><td></td><td>1.55</td><td>1.64</td><td>1.73</td><td>1.82</td></tr>
<tr><td>复合螺旋箍</td><td colspan="7">1.50</td><td>1.55</td><td>1.64</td></tr>
<tr><td rowspan="4">C45</td><td rowspan="2">一级</td><td>井字复合箍</td><td colspan="2">1.50</td><td>1.51</td><td>1.71</td><td>1.81</td><td>1.91</td><td>2.06</td><td></td><td></td></tr>
<tr><td>复合螺旋箍</td><td colspan="3">1.50</td><td>1.51</td><td>1.61</td><td>1.71</td><td>1.86</td><td></td><td></td></tr>
<tr><td rowspan="2">二级</td><td>井字复合箍</td><td colspan="3">1.50</td><td>1.51</td><td>1.61</td><td>1.71</td><td>1.81</td><td>1.91</td><td>2.01</td></tr>
<tr><td>复合螺旋箍</td><td colspan="5">1.50</td><td>1.51</td><td>1.61</td><td>1.71</td><td>1.81</td></tr>
<tr><td rowspan="4">C50</td><td rowspan="2">一级</td><td>井字复合箍</td><td colspan="2">1.50</td><td>1.65</td><td>1.87</td><td>1.98</td><td>2.09</td><td>2.26</td><td></td><td></td></tr>
<tr><td>复合螺旋箍</td><td colspan="3">1.50</td><td>1.65</td><td>1.76</td><td>1.87</td><td>2.04</td><td></td><td></td></tr>
<tr><td rowspan="2">二级</td><td>井字复合箍</td><td colspan="3">1.50</td><td>1.65</td><td>1.76</td><td>1.87</td><td>1.98</td><td>2.09</td><td>2.20</td></tr>
<tr><td>复合螺旋箍</td><td colspan="4">1.50</td><td>1.54</td><td>1.65</td><td>1.76</td><td>1.87</td><td>1.98</td></tr>
<tr><td rowspan="4">C55</td><td rowspan="2">一级</td><td>井字复合箍</td><td>1.50</td><td>1.57</td><td>1.81</td><td>2.05</td><td>2.17</td><td>2.29</td><td>2.47</td><td></td><td></td></tr>
<tr><td>复合螺旋箍</td><td colspan="2">1.50</td><td>1.57</td><td>1.81</td><td>1.93</td><td>2.05</td><td>2.23</td><td></td><td></td></tr>
<tr><td rowspan="2">二级</td><td>井字复合箍</td><td colspan="2">1.50</td><td>1.57</td><td>1.81</td><td>1.93</td><td>2.05</td><td>2.17</td><td>2.29</td><td>2.41</td></tr>
<tr><td>复合螺旋箍</td><td colspan="3">1.50</td><td>1.57</td><td>1.69</td><td>1.81</td><td>1.93</td><td>2.05</td><td>2.17</td></tr>
<tr><td rowspan="4">C60</td><td rowspan="2">一级</td><td>井字复合箍</td><td>1.57</td><td>1.70</td><td>1.96</td><td>2.23</td><td>2.36</td><td>2.49</td><td>2.68</td><td></td><td></td></tr>
<tr><td>复合螺旋箍</td><td colspan="2">1.50</td><td>1.70</td><td>1.96</td><td>2.10</td><td>2.23</td><td>2.42</td><td></td><td></td></tr>
<tr><td rowspan="2">二级</td><td>井字复合箍</td><td colspan="2">1.50</td><td>1.70</td><td>1.96</td><td>2.10</td><td>2.23</td><td>2.36</td><td>2.49</td><td>2.62</td></tr>
<tr><td>复合螺旋箍</td><td colspan="3">1.50</td><td>1.70</td><td>1.83</td><td>1.96</td><td>2.10</td><td>2.23</td><td>2.36</td></tr>
</table>

续表

混凝土强度等级	抗震等级	箍筋形式	轴压比								
			≤0.3	0.4	0.5	0.6	0.65	0.7	0.75	0.8	0.85
≤C55	一级	井字复合箍	1.50				1.52	1.60	1.73		
		复合螺旋箍	1.50						1.56		
	二级	井字复合箍	1.50						1.52	1.60	1.69
		复合螺旋箍	1.50								1.52
C60	一级	井字复合箍	1.50			1.56	1.65	1.74	1.88		
		复合螺旋箍	1.50					1.56	1.70		
	二级	井字复合箍	1.50					1.56	1.65	1.74	1.83
		复合螺旋箍	1.50							1.56	1.65
C65	一级	井字复合箍	1.50		1.68	1.88	2.08	2.18	2.33		
		复合螺旋箍	1.50			1.68	1.88	1.98	2.13		
	二级	井字复合箍	1.50			1.68	1.88	1.98	2.08	2.18	2.28
		复合螺旋箍	1.50				1.68	1.78	1.88	1.98	2.08
C70	一级	井字复合箍	1.50	1.59	1.80	2.01	2.23	2.33	2.49		
		复合螺旋箍	1.50		1.59	1.80	2.01	2.12	2.28		
	二级	井字复合箍	1.50		1.59	1.80	2.01	2.12	2.23	2.33	2.44
		复合螺旋箍	1.50			1.59	1.80	1.91	2.01	2.12	2.23
C75	一级	井字复合箍	1.58	1.69	1.92	2.14	2.37	2.48	2.65		
		复合螺旋箍	1.50		1.69	1.92	2.14	2.25	2.42		
	二级	井字复合箍	1.50		1.69	1.92	2.14	2.25	2.37	2.48	2.59
		复合螺旋箍	1.50			1.69	1.92	2.03	2.14	2.25	2.37
C80	一级	井字复合箍	1.68	1.80	2.03	2.27	2.51	2.63	2.81		
		复合螺旋箍	1.50	1.56	1.80	2.03	2.27	2.93	2.57		
	二级	井字复合箍	1.50	1.56	1.80	2.03	2.27	2.99	2.51	2.63	2.75
		复合螺旋箍	1.50		1.56	1.80	2.03	2.15	2.27	2.39	2.51

注：1. 计算复合螺旋箍的体积配箍率时，其非螺旋箍的箍筋体积应乘以换算系数 0.8。

2. 体积配箍率计算中应扣除重叠部分的箍筋体积。

3. 框支柱的剪跨比应≥1.5。

（8）特一级及高位转换时，框支柱宜采用型钢混凝土柱或钢管混凝土柱。

4. 框支柱截面轴压比限值见表6.10-1。

5. 框支柱节点区水平箍筋原则上可同柱箍筋配置，当框支梁、转换梁腰筋配置及拉通可靠锚固时，可按以下要求构造设置水平箍筋、拉筋：抗震等级特一级及一级时，不小于Φ 12@100且需将每根柱纵筋勾住；抗震等级二级时，不小于Φ 10@100且需至少将柱纵筋每隔一根勾住；抗震等级三级，非抗震设计时，不应小于Φ 10@200，且需至少将柱纵筋每隔一根勾住。

6. 框支柱纵筋在框支层内不宜设接头，若需设置，接头率应≤25%且接头位置离开节点区≥500mm，接头采用可靠的机械或焊接连接。

9.10　落地剪力墙、筒体

1. 特一、一、二级落地墙力墙底部加强部位的弯矩设计值应按墙底截面有地震作用组合的弯矩值乘以增大系数1.8、1.5、1.25采用；其剪力设计值应按第7章7.3节第9条的规定进行调整，特一级的剪力增大系数应取1.9。落地剪力墙墙肢不宜出现偏心受拉。

2. 当大空间楼层落地剪力墙的剪跨比 $\lambda \leqslant 2.5$ 时，其截面剪压比应符合下列要求：

无地震作用组合
$$V_w \leqslant 0.2\beta_c f_c b_w h_{w0} \tag{9.10-1}$$

有地震作用组合
$$V_w \leqslant \frac{1}{\gamma_{RE}} 0.15\beta_c f_c b_w h_{w0} \tag{9.10-2}$$

式中　V_w——落地墙剪力设计值，按第7章7.3节第9条的规定采用，有地震作用组合时尚应符合本节第1条的规定。

3. 落地剪力墙、筒体截面轴压比限值见第7章7.5节有关规定。

4. 落地剪力墙底部加强部位墙体，其水平和竖向分布钢筋最小配筋率，抗震设计时不应小于0.3%，非抗震设计时不应小于0.25%；抗震设计时钢筋间距不应大于200mm，钢筋直径不应小于8mm。

5. 框支剪力墙结构剪力墙底部加强部位，墙体两端宜设置翼墙或端柱，并应按第7章7.5节第3条的规定设置约束边缘构件。

6. 落地剪力墙基础应有良好的整体性和抗转动的能力。

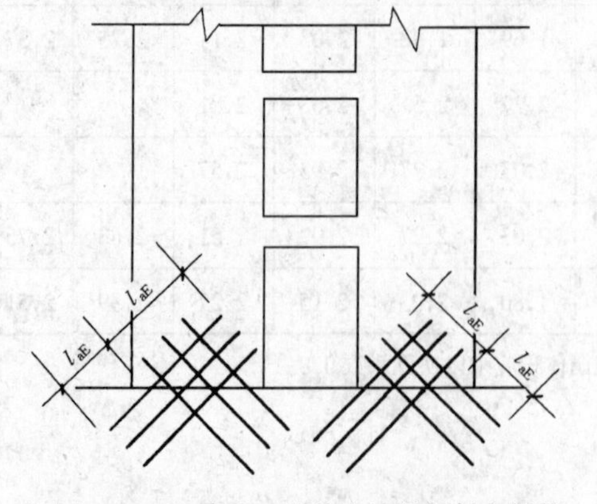

图9.10-1　落地双肢剪力墙根部斜向钢筋

7. 有抗震设防的落地双肢剪力墙，当抗震等级为特一级、一、二级，且轴向压应力 $\leqslant 0.2f_c$ 及剪应力 $>0.15f_c$ 时，为了防止剪切滑移，在墙肢根部可设置交叉斜向钢筋，斜向钢筋宜放在墙体分布钢筋之间，采用根数不太多的较粗钢筋，一端锚入基础另一端锚入墙内，锚入长度为 l_{aE}（图9.10-1）。

斜向钢筋截面面积，一般情况下按承担底部剪力设计值的30%确定，则

$$0.3V_w \leqslant A_s f_y \sin\alpha \tag{9.10-3}$$

式中 V_w——双肢剪力墙墙肢底部剪力设计值，应按第7章7.3节第9条和本节第1条的规定取值；

A_s——墙肢斜向钢筋总截面面积；

f_y——斜向钢筋抗拉强度设计值；

α——斜向钢筋与地面夹角。

9.11 上部墙体及楼板

1. 框支梁上部墙体的构造应满足下列要求：

（1）当框支梁上部的墙体开有边门洞时，洞边墙体宜设置翼缘墙、端柱或加厚（图9.11-1），并应按第7章7.5节第3条约束边缘构件的要求进行配筋设计；

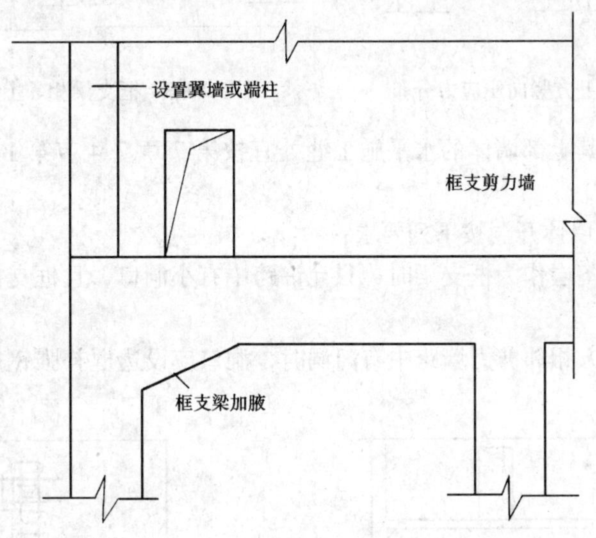

图9.11-1 框支梁上墙体有边门洞时洞边墙体的构造措施

（2）框支梁上墙体竖向钢筋在转换梁内的锚固长度，抗震设计时不应小于 l_{aE}，非抗震设计时不应小于 l_a；

（3）框支梁上一层墙体的配筋宜按下式计算（图9.11-2、图9.11-3）：

1）柱上墙体的端部竖向钢筋 A_s：

$$A_s = h_c b_w(\sigma_{01} - f_c)/f_y \tag{9.11-1}$$

2）柱边 $0.2l_n$ 宽度范围内竖向分布钢筋 A_{sw}：

$$A_{sw} = 0.2l_n b_w(\sigma_{02} - f_c)/f_{yw} \tag{9.11-2}$$

3）框支梁上的 $0.2l_n$ 高度范围内水平分布筋 A_{sh}：

$$A_{sh} = 0.2l_n b_w \sigma_{xmax}/f_{yh} \tag{9.11-3}$$

式中 l_n——框支梁净跨；

h_c——框支柱截面高度；

b_w——墙厚度；

σ_{01}——柱上墙体 h_c 范围内考虑风荷载、地震作用组合的平均压应力设计值；

σ_{02}——柱边墙体 $0.2l_n$ 范围内考虑风荷载、地震作用组合的平均压应力设计值；

σ_{xmax}——框支梁与墙体交接面上考虑风荷载、地震作用组合的水平拉应力设计值。

有地震作用组合时，公式（9.11-1）、（9.11-2）、（9.11-3）中 σ_{01}、σ_{02}、σ_{xmax}均应乘以 γ_{RE}，γ_{RE}取 0.85。

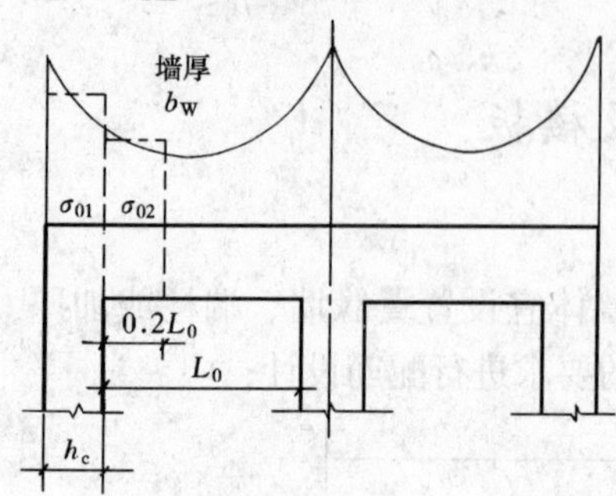

图 9.11-2　框支梁上方竖向压应力分布

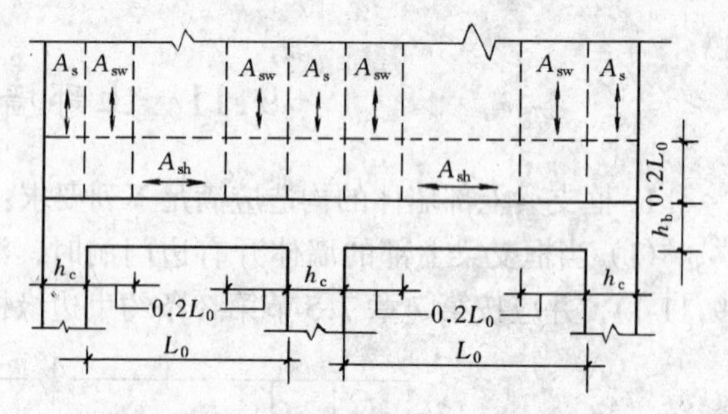

图 9.11-3　框支梁相邻上层剪力墙配筋

（4）转换梁与其上部墙体的水平施工缝处宜按第 7 章 7.4 节第 11 条的规定验算抗滑移能力。

2. 框支梁上方墙体开洞按下列要求：

（1）当利用设备层作为框支梁时，只允许跨中有小洞口，且框支柱宜伸到设备层顶部（图 9.11-4）；

（2）框支梁上方相邻剪力墙跨中有门洞时，洞口应设边框补强钢筋，构造如图9.11-5 所示。

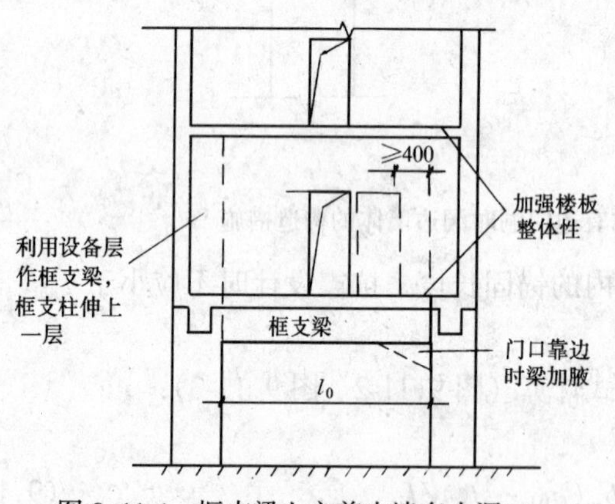

图 9.11-4　框支梁上方剪力墙有小洞口

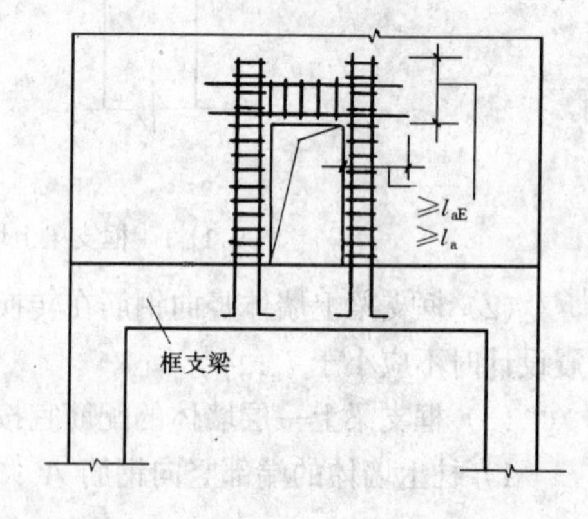

图 9.11-5　框支梁上方剪力墙洞口加筋

3. 框支梁与上方墙体连接、上方相邻剪力墙有洞口时，施工图中应有大样图。

4. 框支梁上方相邻层剪力墙竖向分布筋不宜有接头。

5. 抗震设计的长矩形平面建筑框支层楼板，其截面剪力设计值应符合下列要求：

$$V_f \leqslant \frac{1}{\gamma_{RE}}(0.1\beta_c f_c b_f t_f) \tag{9.11-4}$$

$$V_f \leqslant \frac{1}{\gamma_{RE}}(f_y A_s) \tag{9.11-5}$$

式中 V_f——框支结构由不落地剪力墙传到落地剪力墙处框支层楼板组合的剪力设计值，8度时应乘以增大系数2.0，7度时应乘以增大系数1.5；验算落地剪力墙时不考虑此增大系数；

b_f、t_f——分别为框支层楼板的验算截面宽度和厚度；

A_s——穿过落地剪力墙的框支层楼盖（包括梁和板）的全部钢筋的截面面积；

γ_{RE}——承载力抗震调整系数，可取0.85；

β_c——混凝土强度影响系数，见表2.2-2。

6. 抗震设计的长矩形平面建筑框支层楼板，当平面较长或不规则以及各剪力墙内力相差较大时，可采用简化方法验算楼板平面内的受弯承载力。

9.12 框支层的简化计算

1. 采用简化计算方法时，转换层以上各楼层剪力可近似地按各道剪力墙的等效刚度比例进行分配，计算等效刚度时，剪力墙的弯曲刚度可以考虑翼缘的作用，剪变刚度不考虑翼缘的作用。

2. 底部大空间楼层的剪力全部由落地剪力墙或筒体承担，楼层剪力在落地剪力墙或筒体之间按其等效刚度比进行分配。

底部大空间楼层框支柱承受的剪力按本章9.9节第1条规定采用。

3. 框支梁柱和框支剪力墙墙体的应力分析，平面有限元方法分析范围可取底部框架和上部3至4层墙。竖向荷载和水平力按下列规定（图9.12-1）：

竖向荷载在计算简图以上的各层值均加在简图顶部，如图9.12-1（a）中的P'_1、P'_2、P'_3、q'_1和q'_2。

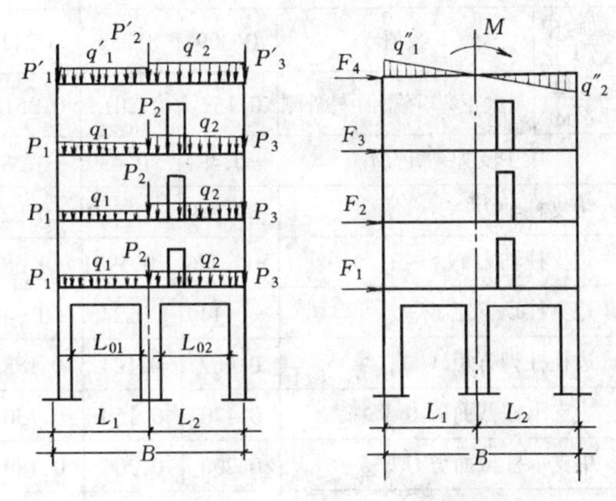

图9.12-1 竖向荷载和水平力计算简图

水平力F_1～F_4及M均取自整体内力分析各道墙的值，作用于顶部的弯矩M可化为三角形分布荷载q''_1、q''_2：

$$q''_1 = 6M/(L_1 + L_2)^2 \quad (9.12\text{-}1)$$

4. 实体框支剪力墙在竖向荷载作用下，当符合条件：支承剪力墙的框支梁宽度为墙体厚度的两倍和底层为单跨框支或双跨等跨框支时，可采用表9.12-1和表9.12-2的系数进行内力和位移计算。

竖向荷载作用下框支梁的剪力计算可采用表9.12-3。

5. 框支剪力墙在水平力作用下，距框支梁顶面L_0（框支梁净跨）以上的墙体，可不考虑底层框架对墙体应力分布的影响，上部墙体可按竖向悬臂构件计算内力。距框支梁顶面L_0以内的墙体作为框支梁的一部分与框支梁共同工作（图9.12-2）。

底层为双跨等跨框架在竖向荷载作用下的墙板应力系数和框架内力、位移系数　　表 9.12-1

框架梁、柱尺寸		框架梁高 h_b/L	0.10			0.13			0.16		
		框架柱宽 b_c/L	0.06	0.08	0.10	0.06	0.08	0.10	0.06	0.08	0.10
墙板		边柱上方最大垂直应力 σ_{y1}	−5.927	−4.969	−4.155	−5.410	−4.670	−4.021	−4.881	−4.142	−3.792
		中柱上方最大垂直应力 σ_{y2}	−3.433	−3.275	−3.085	−2.817	−2.736	−2.629	−2.373	−2.219	−2.170
	中柱上方水平拉应力	σ_{x0}	1.002	0.889	0.777	0.940	0.854	0.768	0.842	0.780	0.709
		拉应力区水平范围 B	$0.75L$	$0.70L$	$0.70L$	$0.70L$	$0.65L$	$0.65L$	$0.60L$	$0.55L$	$0.50L$
		拉应力区垂直范围 A	$0.40L$	$0.40L$	$0.40L$	$0.40L$	$0.40L$	$0.40L$	$0.40L$	$0.40L$	$0.40L$
框支梁	最大拉力 N_b	数值	0.183	0.168	0.154	0.202	0.187	0.167	0.205	0.193	0.174
		最大拉力截面距柱外侧	$0.35L$	$0.40L$	$0.45L$	$0.35L$	$0.40L$	$0.45L$	$0.45L$	$0.45L$	$0.45L$
	梁底最大拉应力 $\sigma_{x,max}$	数值	1.636	1.368	1.252	1.536	1.276	1.122	1.429	1.177	1.061
		最大拉应力点距柱外侧	$0.20L$	$0.20L$	$0.30L$	$0.20L$	$0.20L$	$0.30L$	$0.20L$	$0.25L$	$0.30L$
		梁边支座弯矩 M_1	−0.060	−0.062	−0.063	−0.083	−0.088	−0.089	−0.112	−0.113	−0.119
	梁跨中最大正弯矩 M_{b2}	数值	0.309	0.252	0.211	0.538	0.430	0.273	0.792	0.635	0.544
		最大正弯矩截面距柱外侧	$0.15L$	$0.20L$	$0.25L$	$0.15L$	$0.20L$	$0.25L$	$0.20L$	$0.25L$	$0.25L$
		梁中支座弯矩 M_{b3}	−0.487	−0.439	−0.385	−0.768	−0.701	−0.628	−1.014	−0.958	−0.867
框支柱		中支柱轴力 N_{c2}	−0.809	−0.819	−0.824	−0.809	−0.819	−0.824	−0.809	−0.819	−0.824
		边支柱轴力 N_{c1}	−0.596	−0.590	−0.588	−0.596	−0.590	−0.588	−0.596	−0.590	−0.588
		边支柱顶弯矩 M_{c2}	−0.149	−0.246	−0.347	−0.144	−0.239	−0.343	−0.126	−0.202	−0.313
		边柱柱脚弯矩 M_{c1}	0.067	0.124	0.188	0.066	0.122	0.187	0.059	0.106	0.172
		边支承柱截面剪力 V_{c1}	0.170	0.150	0.130	0.180	0.160	0.140	0.200	0.180	0.160
		中支承柱截面剪力 V_{c2}	0.200	0.200	0.180	0.250	0.220	0.200	0.300	0.270	0.250
挠度		框架梁跨中挠度 f	1.429	1.264	1.133	1.364	1.205	1.100	1.294	1.073	1.050

注：应力 σ 为表中数值乘以 q/b_w，轴力 N 为表中值乘以 qL；弯矩 M 为表中数值乘以 $10^{-2}qL^2$；挠度 f 为表中数值乘以 qL/E_cb_w。

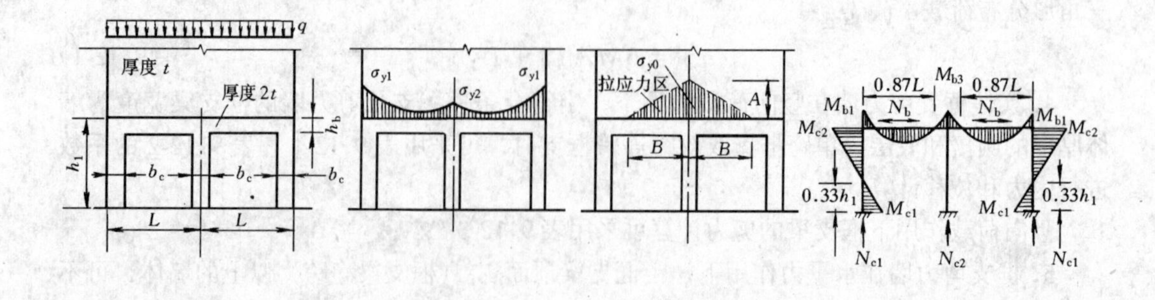

单跨底层框架的框支剪力墙在竖向荷载作用下的内力系数 表 9.12-2

框支梁高度 h_b/L	0.10			0.13			0.16		
框支柱宽度 b_c/L	0.06	0.08	0.10	0.06	0.08	0.10	0.06	0.08	0.10
框支柱上方墙板最大应力 σ_y	-4.7	-4.1	-3.6	-4.1	-3.7	-3.3	-3.6	-3.1	-2.9
框支梁最大拉力 N_b	0.18	0.16	0.15	0.20	0.18	0.16	0.21	0.19	0.17
框支梁跨中弯矩 M_{b2}	0.006	0.005	0.004	0.011	0.009	0.006	0.015	0.013	0.011
框支梁边支座弯矩 M_{b1}	-0.001	-0.001	-0.001	-0.002	-0.002	-0.002	-0.003	-0.003	-0.003
框支柱柱顶弯矩 M_{c2}	-0.003	-0.005	-0.007	-0.003	-0.005	-0.007	-0.003	-0.005	-0.007
框支柱柱脚弯矩 M_{c1}	0.002	0.003	0.004	0.002	0.003	0.004	0.002	0.003	0.004
框支柱轴力 N_c	0.5	0.5	0.5	0.5	0.5	0.5	0.5	0.5	0.5

注：应力 σ_y 乘以 q/b_w；轴力 N_b、N_c 乘以 qL；弯矩 M 乘以 qL^2。

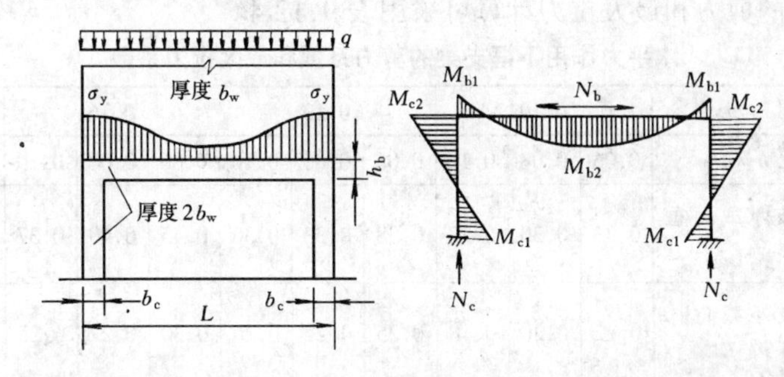

竖向荷载作用下框支梁的剪力系数 表 9.12-3

框支梁高度与跨度比 h_b/L		0.10			0.13			0.16		
框支柱截面高度与跨度比 b_c/L		0.06	0.08	0.10	0.06	0.08	0.10	0.06	0.08	0.10
双跨	边柱支承面 V_{b1}	0.17	0.15	0.13	0.18	0.16	0.14	0.20	0.18	0.16
	中柱支承面 V_{b2}	0.22	0.20	0.18	0.25	0.22	0.20	0.30	0.27	0.25
单跨 V_b		0.20	0.18	0.16	0.23	0.20	0.17	0.25	0.22	0.20

注：V_b 为表中系数乘以 qL。

(1) 框支柱的剪力按下式计算：

$$V_{cj} = V_c \frac{I_j}{\Sigma I_j} \tag{9.12-2}$$

式中 V_c——框支剪力墙的框支层剪力；

I_j——第 j 框支柱的惯性矩；

V_{cj}——第 j 框支柱的剪力。

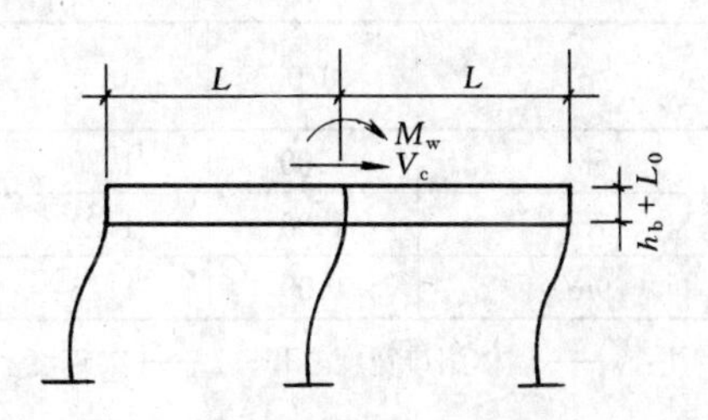

图 9.12-2 水平力作用下框架计算简图

(2) 柱端弯矩按下式计算：

$$M_{cj} = \frac{1}{2} V_{cj} h_c \tag{9.12-3}$$

式中 h_c——框支柱的高度。

(3) 框支梁梁端弯矩按下列公式计算：

边柱

$$\left.\begin{array}{l}M_{b1}=M_{c1}\\M_{b3}=M_{c3}\end{array}\right\}\tag{9.12-4}$$

中柱

$$M_{b2}=M'_{b2}=\frac{1}{2}M_{c2}\tag{9.12-5}$$

(4) 框支柱的轴力可按下式计算:

$$N_{cj}=\pm\left[\frac{(M_w-\Sigma M_{cj})y_j}{\Sigma y_j^2}\right]\tag{9.12-6}$$

式中 M_w——框支剪力墙框支层底部倾覆力矩;

M_{cj}——第 j 柱的柱底端弯矩;

y_j——第 j 柱轴线距框支层各柱截面组合形心的距离。

(5) 框支梁的剪力和最大拉力计算可采用表 9.12-4。

水平力作用下框支梁的剪力系数和最大拉力系数 表 9.12-4

梁高与跨度之比 h_b/L		0.10			0.13			0.16			0.20		
柱宽与跨度之比 h_c/L		0.06	0.08	0.10	0.06	0.08	0.10	0.06	0.08	0.10	0.06	0.08	0.10
双跨等跨支承框架	边柱支承截面框支梁剪力 V_{b1}	0.33	0.30	0.27	0.38	0.33	0.30	0.45	0.40	0.37	0.50	0.46	0.42
	中柱支承截面框支梁剪力 V_{b2}	0.22	0.20	0.18	0.25	0.22	0.20	0.30	0.27	0.25	0.35	0.32	0.28
单跨支承框支梁剪力 V_b		0.28	0.25	0.22	0.32	0.28	0.25	0.36	0.33	0.31	0.43	0.39	0.35
框支梁内最大拉力 N_{max}		0.17	0.15	0.14	0.18	0.16	0.15	0.19	0.17	0.16	0.20	0.18	0.17

注: V_b、N_{max}为表中系数乘以$\frac{3M_w}{2B}$, B 为框支剪力墙宽度, M_w 为框支梁上方倾覆力矩。

6. 框支梁上方剪力墙墙体有洞口时, 竖向荷载作用下的框支梁弯矩、轴力、剪力, 可采用表 9.12-5、表 9.12-6、表 9.12-7 的修正系数, 分别乘以表 9.12-1、表 9.12-2、表 9.12-3 的系数求得。水平力作用下当上部墙体开洞时, 框支剪力墙的应力分布比较复杂, 对此类情况的框支梁内力目前还没有简化实用计算系数表。

墙体有洞口时框支梁弯矩修正系数 表 9.12-5

L \ s/L	0.0	0.1	0.2	0.3	0.4	0.5	0.6
6m	1.00	1.20	1.22	1.25	1.28	1.30	1.35
7m	1.00	1.22	1.25	1.28	1.32	1.35	1.40
9m	1.00	1.25	1.30	1.35	1.40	1.45	1.50

注: s——墙体洞口宽度之和; L——梁跨度。

墙体有洞口时框支梁轴力修正系数 表 9.12-6

L \ s/L	0.0	0.1	0.2	0.3	0.4	0.5	0.6
6m	1.00	0.97	0.93	0.88	0.85	0.80	0.75
7m	1.00	0.98	0.95	0.93	0.90	0.88	0.85
9m	1.00	0.99	0.98	0.96	0.95	0.93	0.90

注: s——墙体洞口宽度之和; L——梁跨度。

总建筑面积约 72000m^2，总高度为 100m。一层地下室为设备用房及汽车库；一至五层为商场，第六层至三十二层为井字形平面高级商住楼。结构体系为钢筋混凝土框支剪力墙结构，桩基采用 ϕ500 高强预应力混凝土管桩。为了满足建筑功能的需要，该工程的裙房及地下室采用了框架结构，以保证商场和车库范围有较大的柱网尺寸提供灵活的建筑空间，最大柱中心距为 9.8m；而第六层以上的住宅标准层平面则采用了钢筋混凝土纯剪力墙结构；在上下两种不同的结构形式之间的第六层楼面设计了梁式的结构转换层，布置有双向正交的混凝土转换大梁。

该工程已于 1995 年元月结构施工封顶，现正在进行全面装修及设备安装，预计 1996 年底竣工。

该工程按 7 度抗震设防烈度设计，结构的抗震等级为：框支梁柱一级，剪力墙为二级；基本风压值采用 0.7kN/m^2，高层建筑风载放大系数取 1、10；

设计计算层数：按地下一层，地上三十二层。地面至屋面女儿墙顶的高度为 100m；

地下室底板为加厚桩承台筏板形式，底板厚 2000mm，底板底标高 −7.200m；

主体结构采用 C25～C40 级混凝土，钢筋采用普通 HPB235、HRB335 热轧钢筋。

主要受力构件尺寸：底部框支柱截面：1300mm×1300mm，结构转换大梁 $b \times h$ = 1000mm×2000mm，支座处加腋，转换层楼板厚 240mm，标准层剪力墙厚度（由下至顶）为 250～200mm，部分落地剪力墙加厚至 600mm。

主体结构计算采用 TBSA 程序，框支剪力墙采用 TBFEM 程序进行有限元分析。

主要计算结果如下：（以单个塔楼计）

结构自振周期：　$T_x = 1.51$s　　$T_y = 1.65$s

总地震力：　$Q_x = 8528$kN　　$Q_y = 8420$kN

结构总重量：　$W = 395115$kN　　单位面积重：13.5kN/m^2

地震力作用下塔楼的顶点位移：$U_x/H = 1/4732$，$U_y/H = 1/4230$

单位面积用钢量：105kg/m^2

在裕华花园高层商住楼的转换层设计中，为了保证转换层楼面有足够的平面内刚度，设计采用了板厚为 240mm 的 C35 混凝土现浇板并根据建研院结构所编制的转换层设计要点的要求在楼板内布置了双层钢筋网（Φ 14@200×200），楼板的周边均利用转换梁作为楼板的边框梁并避免了在转换层楼板上的开洞。在对整幢大楼进行电算总体分析后可以看出，由于转换层上下的结构形式不同，结构的刚度变化较大，上部各片混凝土剪力墙在靠近转换层的部位内力和配筋均较大，说明该区域出现了较大的应力集中和重分布，从电算结果分析，该应力重分布的影响范围为转换层上的 2～3 层范围。因此，在本工程的设计中，对转换层及其附近上下几层的楼板均采用了特别加强加大板厚和配双层钢筋，以利于该部位的内力的传递和重分布，保证在进行总体分析时尽量接近楼板平面内刚度无穷大的假定，以减少总体分析的误差。而对框支柱计算剪力偏小的误差，则采用了人工干预调整，即 0.2Q 调整，从而使裙房部分的楼层有较富余的抗剪强度。

在转换大梁的设计中由于其实际应力的复杂性以及在整幢大楼结构中的重要性，在进行结构计算时首先将转换大梁作为一普通的杆系构件输入总体计算程序（TBSA）进行总体分析，由此得到该梁作为弯剪构件的内力和配筋，同时亦得到梁上剪力墙的总内力；然后采用了《框支剪力墙的有限元分析程序 TBFEM》专门对转换大梁及其上部三层的剪力墙进行有限元分析，研究框支转换梁与剪力墙共同工作的应力分布，由此计算出对应部位的配筋量；再利用手算法计算由于上部剪力墙与转换大梁轴线偏差所引起的扭矩对转换大梁的影响，另外亦采用手算法复核了转换大梁的抗剪强度。从上述各步骤的分析计算结果来看有以下一些特点：

（1）采用TBSA程序计算的转换梁梁底主筋数量与采用TBFEM程序计算的结果几乎相同，而梁面主筋量则TBFEM计算值比TBSA的要小很多。这应该是由TBSA的假定与实际有偏差造成的，TBSA程序假定框转换梁和其上部的剪力墙是两种不同构件，剪力墙被简化成薄壁柱，而TBFEM则考虑了剪力墙与转换大梁共同工作的实际情况，转换大梁有受力特点实际为偏心受拉，所以在设计中适当加大了转换梁下部主筋的配筋量。

（2）采用TBSA程序计算的梁端剪力亦较大。这是因为TBSA程序无法计算转换梁上方剪力墙对上部垂直方向框支梁支座的集中作用，所以若按TBSA的结果来进行转换大梁强度设计，应该是偏于安全的。本工程设计中还利用手算法将剪力墙底部的总垂直力作为转换梁的荷载进行转换大梁的抗剪强度复核，这对于保证转换大梁的抗剪强度是十分必要的。

（3）对于上部剪力墙的轴线与框支转换梁的轴线存在偏差所引起的扭矩对框支梁是十分不利的，应不容忽视，这在TBSA程序中是没有考虑的。由于框支梁上剪力墙所受的垂直力相当大，而剪力墙与转换大梁的轴线偏差一般都有几十厘米（本工程最大处为375mm），所产生的扭矩还是很大的，在本工程中，这一扭矩最大者超过1000kN·m，虽然可以考虑转换层楼板作为转换梁的翼缘可以承担一部分这一扭矩，设计中还是应单独复核转换大梁的抗扭强度，为了避免这一扭矩的产生，应争取建筑专业的配合，尽量将剪力墙的轴线与转换大梁的轴线对齐。

在框支梁的构造措施方面，除了按照有关的设计规范执行外，在本工程设计中还特别强调了以下内容，转换大梁在支座边加腋，以增加梁的抗剪强度，梁的主筋均直通伸入支座分批锚固，主筋不得采用绑扎接头；如需搭接应采用焊接接头，并应避开上部剪力墙的洞口位置；框支梁的外围箍筋采用HRB335钢筋焊接成封闭箍。

转换层及标准层结构平面见图9.13-3。

4. 北京中天王董国际工程设计顾问有限公司设计的重庆市朝天门滨江广场工程（进行到初设因故暂停），地下3层地上5层为汽车库、机电房、商场、康乐设施等公共用房，6层为露天平台，组成大底盘大空间框架——剪力墙框支层，南北长176.7m，东西宽46.6～61m，其上为三栋37层大开间剪力墙结构的公寓。高层公寓由于剪力墙位置错落复杂，下部大柱网，6层顶转换结构采用厚度为2.8m的厚板。重庆市地震基本烈度为6度，该工程按7度设防，场地为Ⅱ类。6层及上部（7～26层）结构布置如图9.13-4。框支层除由上部楼电梯间筒体延伸落地外，每栋公寓范围下部除8个大圆柱外，设有4个角筒，框支柱及角筒端部暗柱采用了钢骨混凝土，框支层混凝土强度等级，墙体为C50，梁板C40，转换厚板C40。转换厚板相邻7层顶楼板厚150mm，5层顶板厚180mm，转换板上下层间剪切刚度比按《高规》计算为1.57，如果大圆柱按墙（不计钢骨）考虑可达1.04。三栋公寓在底部大底盘上分布均匀，刚度基本对称，因此结构计算简化为取出一栋，底部嵌固在地下二层顶。整体分析采用了两个电算程序TBSA5.0和SATWE，转换厚板计算采用了TBPL程序，因为地面以上高度近140m，已大于80m，弹性时程分析补

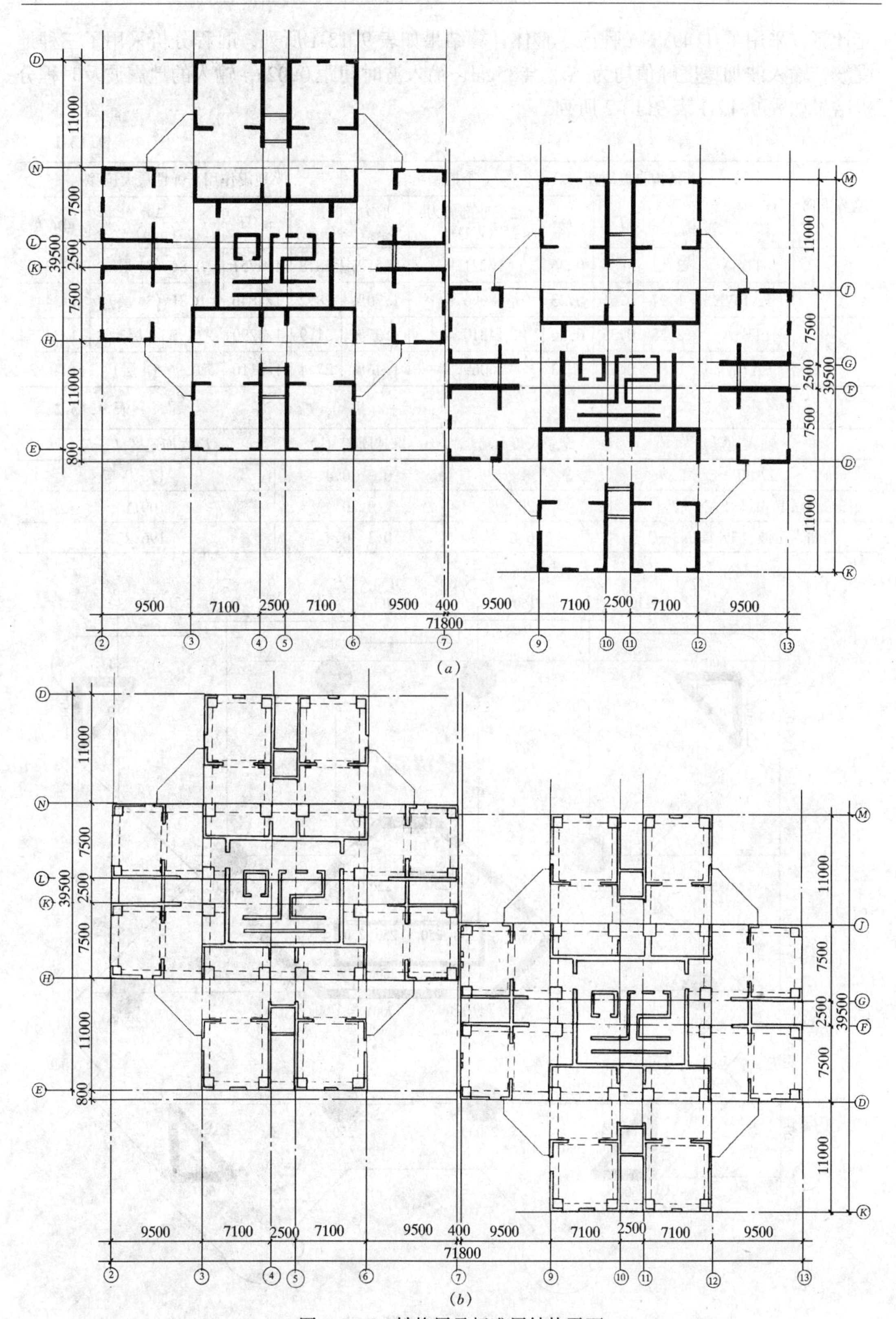

图 9.13-3 转换层及标准层结构平面

（a）标准层结构平面；（b）转换层结构平面

充计算，采用了TBDYNA程序。整体计算结果如表9.13-1所列，时程分析采用了三种地震波，输入波加速度峰值均为$A_{max}=35gal$，输入波时间距0.02s，输入的地震波及时程分析结果如表9.13-1 表9.13-2所列。

表9.13-1

验算方向	采用程序	结构自振周期（s）			6个振型组合		地震作用下弹性最大位移			
		T_1	T_2	T_3	地震底部剪力（kN）	剪力系数	u（mm）	u/H	Δu（mm）	$\Delta u/h$
X	TBSA	2.12	0.7	0.36	16221.9	1.51%	28.8	1/4751	0.84（31层）	1/3340
	SATWE	1.97	0.61	0.33	18606.6	1.70%	28.2	1/4846	0.81（34层）	1/3441
Y	TBSA	2.25	0.35	0.36	14810.4	1.37%	31.9	1/4290	1.33（层）	1/3375
	SATWE	1.82	0.67	0.33	16069.3	1.46%	22.4	1/6110	0.96（4层）	1/4683

表9.13-2

输入地震	记录长度（s）	卓越周期（s）	最大加速度（gal）
TAFT—2	8	0.3~0.4	176.9
San Femado SAN—2	20	0.20	109.1
兰州人工波（3）LAN3—2	16.6	0.3~0.4	196.2

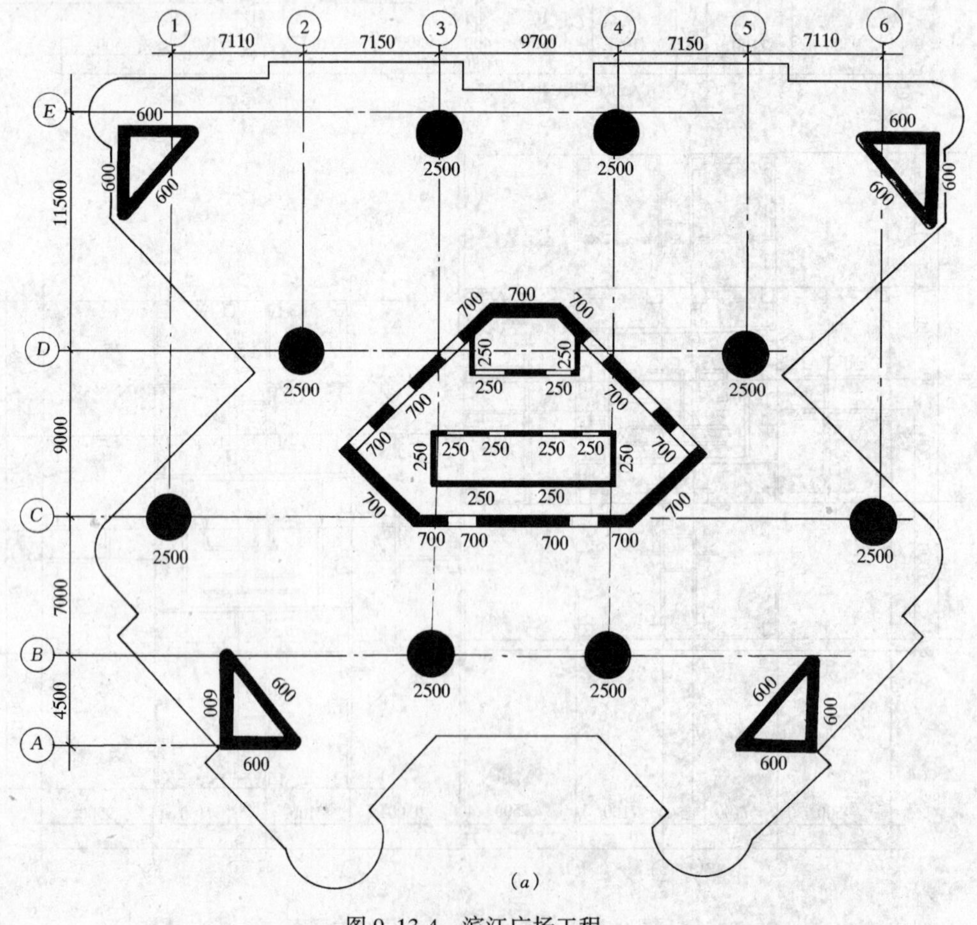

图9.13-4 滨江广场工程

（a）六层顶结构平面简图

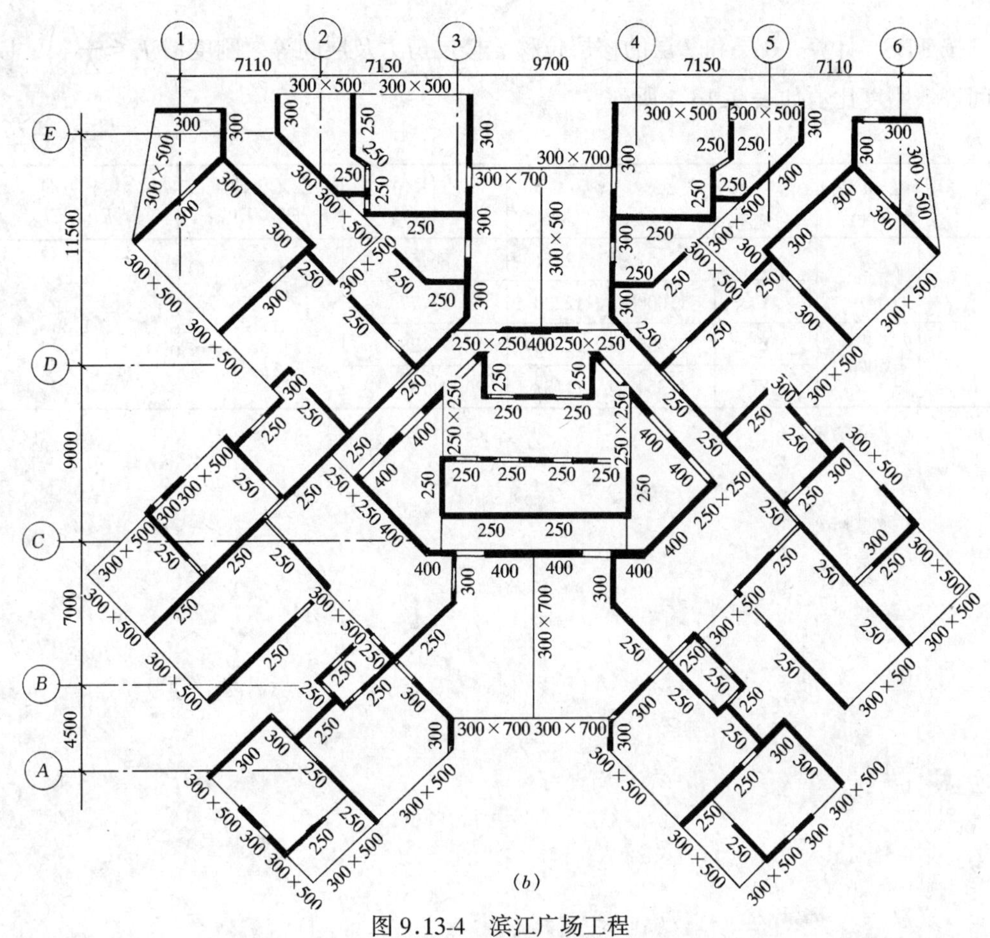

图 9.13-4 滨江广场工程
（b）七层结构平面简图

表 9.13-3

分 项	X 方 向				Y 方 向			
	TAFT-2	SAN-2	LAN3-2	SRSS	TAFT-2	SAN-2	LAN3-2	SRSS
层间位移角	1/2703（33层）	1/3774（27层）	1/7154（35层）	1/3340（31层）	1/2646（4层）	1/3218（4层）	1/6470（4层）	1/3375（4层）
水平位移（mm）	27.92	23.56	9.35	28.80	29.93	22.72	10.71	31.90
水平力（kN）	4308.85（6层）	2414.85（5层）	1670.6（5层）	3538.01（6层）	3340.14（6层）	2911.34（6层）	1830.15（6层）	2678.53（6层）
楼层剪力（kN）	23707.68（1层）	14873.3（1层）	8793.64（1层）	16221.9（1层）	19300.9（1层）	12079.95（1层）	7824.75（1层）	14810.4（1层）
底部弯矩（kN·m）	902761	777010	312983	927958	731734	712903	310289	971202

从表 9.13-3 可以看出，由于 6 层顶厚板转换质量大，时程分析按 TAFT-2 波计算结果与 TBSA 比较，X 方向和 Y 方向 6 层的水平力及 1 层楼层剪力值均比 TBSA 计算所得值大。

按TBSA计算，6层和7层的楼层位移、楼层剪力及层间等效刚度$\left(EJ_{\mathrm{d}}=\dfrac{Vh}{\Delta u}\right)$，以及层间等效刚度比值如表9.13-4所列。

表9.13-4

楼层	h (mm)	方向	Δu (mm)	V (kN)	$EJ_{\mathrm{d}}\times10^{6}$ (kN)	X方向 $EJ_{\mathrm{d7}}/EJ_{\mathrm{d6}}$	Y方向 $EJ_{\mathrm{d7}}/EJ_{\mathrm{d6}}$
7	4400	X	0.651	12811	86.59	1.12	1.30
		Y	1.000	12220	53.77		
6	5000	X	0.736	11376	77.28		
		Y	1.354	11188	41.31		

第10章　筒　体　结　构

10.1　筒体结构分类和受力特点

1. 筒体是空间整截面工作结构，如同一根竖立在地面上的悬臂箱形梁，具有造型美观、使用灵活、受力合理、刚度大、有良好的抗侧力性能等优点，适用于30层或100m以上的超高层建筑。筒体结构随高度的增高其空间作用越明显，一般宜用于60m以上的高层建筑。目前全世界最高的一百幢高层建筑约有三分之二采用筒体结构；国内百米以上的高层建筑约有一半采用钢筋混凝土筒体结构。

2. 筒体结构可根据平面墙柱构件布置情况分为下列6种：

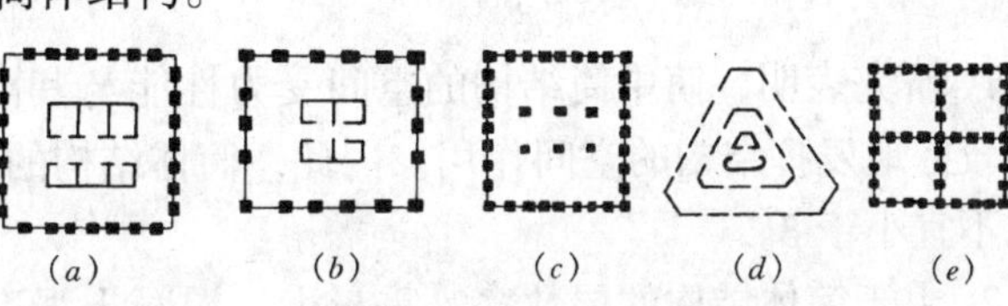

图10.1-1　筒体结构类型

(1) 筒中筒结构（图10.1-1a），它由中部剪力墙内筒和周边外框筒组成。内筒利用楼电梯间、服务性房间的剪力墙形成薄壁筒；外筒由外周边间距一般在3m以内的密柱和高度较高的裙梁所组成，具有很大的抗侧力刚度和承载力。密柱框筒在下部楼层，为了建筑外观和使用功能的需要可通过转换层变大柱距（图10.1-2）。

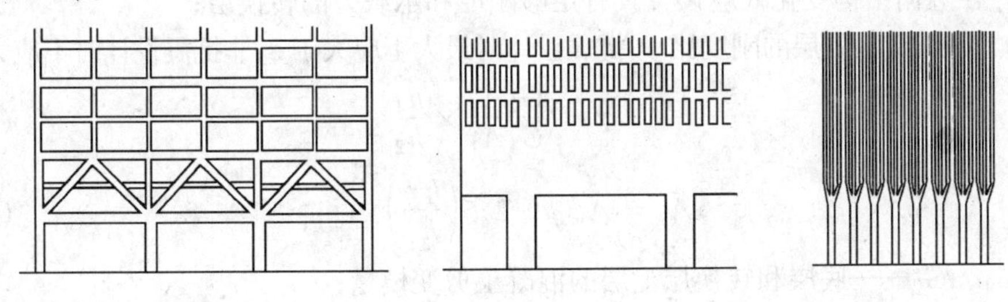
图10.1-2　底部变成大柱距

(2) 框架-筒体结构（图10.1-1b），它是由中部的内筒和外周边大柱距的框架所组成。此类结构外周框架不再与内筒整体空间工作，其抗侧力性能类似框剪结构。

(3) 框筒结构（图10.1-1c），某些高层建筑为了使平面中有较大的空间，以便更能灵活布置，中部不设置内筒，只有外周边小柱距的框筒。

(4) 多重筒结构（图10.1-1d），建筑平面上由多个筒体套成，内筒常由剪力墙组成，外周边可以是小柱距框筒，也可为开有洞口的剪力墙组成。

(5) 束筒结构（图10.1-1e），由平面中若干密柱形成的框筒组成，也可由平面中多个剪力墙内筒、角筒组成。

（6）底部大空间筒体结构，底部一层或数层的结构布置与上部各层完全不一致，上部为筒中筒结构，底部外周边变成大柱距框架，从而成为框架-筒体结构。

我国所用形式大多为框架-核心筒结构和筒中筒结构，本章主要针对这二类筒体结构，其他类型的筒体结构可参照使用。

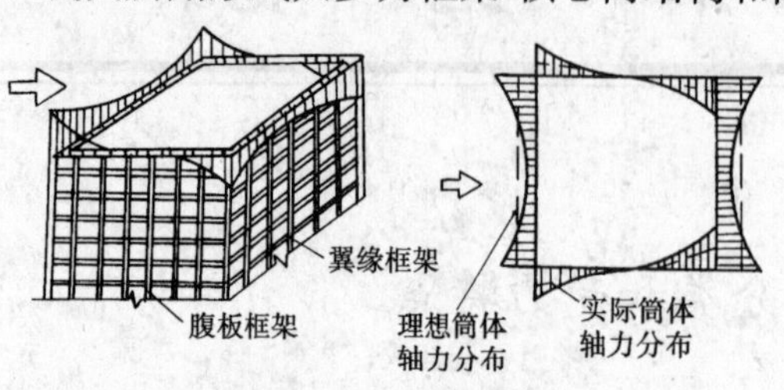

图10.1-3　筒体受力特点

3. 外框筒在水平力作用下，不仅平行于水平力作用方向的框架（称为腹板框架）起作用，而且垂直于水平力方向的框架（称为翼缘框架）也共同受力（图10.1-3）。

剪力墙组成的薄壁内筒，在水平力作用下更接近薄壁杆受力状况，产生整体弯曲和扭转。

10.2　一 般 规 定

1. 研究表明，筒中筒结构的空间受力性能与其高宽比有关，当高宽比小于3时，就不能较好地发挥结构的空间作用。因此，筒体结构的高度不宜低于60m，筒中筒结构的高宽比不宜小于3。

2. 由于筒体结构的层数多、重量大，混凝土强度等级不宜过低，以免柱的截面过大影响建筑的有效使用面积，筒体结构的混凝土强度等级不宜低于C30。

3. 当相邻层的柱不贯通时，应设置转换梁等构件。转换梁的高度不宜小于跨度的1/6。底部大空间为1层的筒体结构，沿竖向的结构布置应符合以下要求：

（1）必须设置落地筒；

（2）在竖向结构变化处应设置具有足够刚度和承载力的转换层；

（3）转换层上、下层的刚度比 γ，抗震设计时最大不应大于2，非抗震设计时不应大于3。

$$\gamma = \frac{G_2 A_2}{G_1 A_1} \times \frac{h_1}{h_2} \tag{10.2-1}$$

$$A_i = A_{w.i} + 2.5\left(\frac{h_{ci}}{h_i}\right)^2 A_{c.i} \tag{10.2-2}$$

式中　G_1、G_2——底层和转换层上层的混凝土剪变模量；

A_1、A_2——底层和转换层上层的折算抗剪截面面积；

$A_{w.i}$——计算方向第 i 层全部墙体的有效截面面积；

$A_{c.i}$——第 i 层柱子的总截面面积；

h_i、$h_{c.i}$——第 i 层层高和柱沿计算方向的截面高度。

底部大空间多于1层时，按第9章9.2节第7条计算等效抗侧刚度比 γ_e。

4. 楼盖结构应符合下列要求：

（1）楼盖结构应具有良好的水平刚度和整体性，以保证各抗侧力结构在水平力作用下协同工作；当楼面开有较大洞口时，洞的周边应予以加强；

（2）楼盖结构的布置宜使竖向构件受荷均匀；

(3) 在保证刚度及承载力的条件下，楼盖结构宜采用较小的截面高度，以降低建筑物的层高和减轻结构自重。

(4) 楼盖可根据工程具体情况选用现浇的肋形板、双向密肋板、无粘结预应力混凝土平板，核心筒或内筒的外墙与外框柱间的中距大于12m时，宜另设内柱或采用预应力混凝土楼盖等措施。

5. 楼盖结构目前常用类型有如下几种：

(1) 无梁楼盖

框架柱与中间筒体之间不设梁或仅在外框设置环梁，通常采用无柱帽平板，也可采用有柱帽平板或附加一块平托板。无梁楼盖平板宜在柱轴线方向设置暗梁，其宽度同柱宽，平面柱轴线尺寸宜为正方形或接近正方形，柱距宜小于8m。典型工程有南京金陵饭店。目前建造的大多为部分预应力板。

(2) 大平板楼盖

仅在框架柱轴上布置梁。如上海中国名牌大厦楼盖，每板面积7.5m×7.5m，板厚180～200mm，配Φ(16～18)@(125～150)双向双排钢筋。

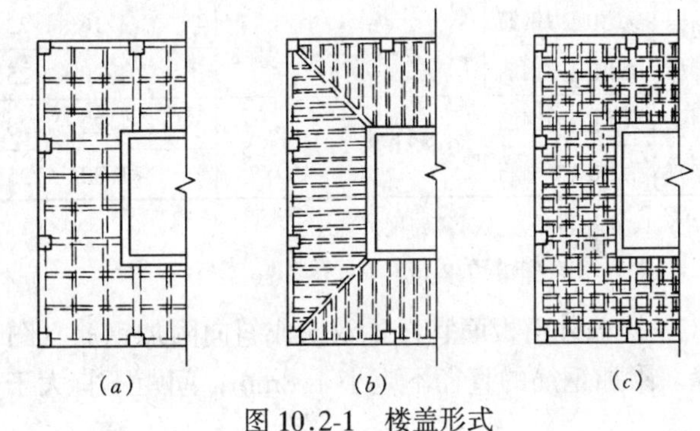

图10.2-1 楼盖形式

(*a*) 井字式楼盖；(*b*) 单向密肋楼盖；(*c*) 双向密肋楼盖

(3) 井字式楼盖（图10.2-1*a*）

广东省公安厅指挥中心大楼，柱网尺寸最大为10m×12m，梁格尺寸3.0m×3.5m，井字梁尺寸为300mm×600mm，楼面板厚120mm，框架梁为宽扁梁，截面1200mm×650mm。

(4) 单向密肋楼盖（图10.2-1*b*）

北海工行大厦梁跨8.8m，肋距1.25m，肋高550mm，四角设斜梁，标准层楼面厚100mm。

(5) 双向密肋楼盖（图10.2-1*c*）

上海银桥大厦采用1.2m×1.2m双向密肋楼盖，肋梁跨度10m左右，肋高350mm，框架梁为宽扁梁，截面1200mm×650mm。

上述楼盖梁板的高（厚）度与跨度的比值 h/l 等参见表10.2-1。

6. 角区楼板双向受力，梁可以采用三种布置方式（图10.2-2）：

(1) 角区布置斜梁，两个方向的楼盖梁与斜梁相交，受力明确。此种布置，斜梁受力较大，梁截面高，不便机电管道通行；楼盖梁的长短不一，种类较多。

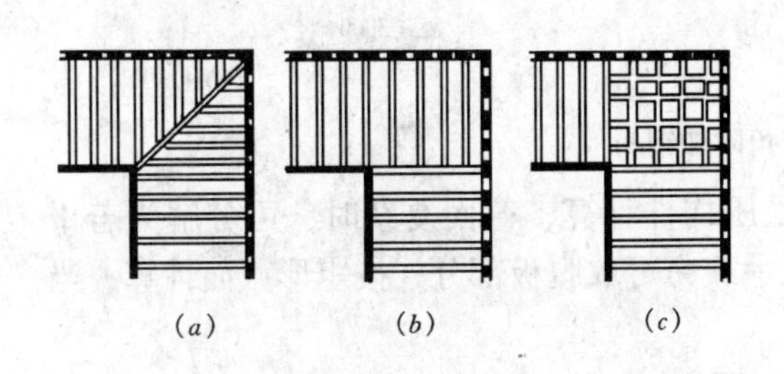

图10.2-2 角区楼板、梁布置

(2) 单向布置，结构简单，但有一根主梁受力大。

(3) 双向交叉梁布置，此种布置结构高度较小，有利降低层高。

(4) 单向平板布置，角部沿一方向设扁宽梁，必要时设部分预应力筋。

楼盖梁板的高（厚）跨比 h/l 表 10.2-1

楼盖类型		肋距或区格尺寸（m）	梁的 h/l	板的 h/l	板厚 h（mm）
无梁楼盖	无预应力钢筋	—	—	1/30～1/35（无柱帽） 1/32～1/40（有柱帽）	≥150
	有预应力钢筋	—	—	1/40～1/45（无柱帽） 1/45～1/50（有柱帽）	≥160
大平板楼盖	无预应力钢筋	—	1/10～1/12（一般梁） 1/12～1/20（宽扁梁）	1/35～1/40	
	有预应力钢筋	—	1/15～1/20（一般梁） 1/18～1/25（宽扁梁）	1/45～1/50	≥160
井字式楼盖	无预应力钢筋	2.5×2.5～3.5×3.5	1/15～1/20	1/40～1/45	
	有预应力钢筋		1/18～1/22	—	
单向密肋楼盖	无预应力钢筋	1.0～2.5	1/16～1/22	1/35～1/40	≥70
	有预应力钢筋		1/20～1/25	—	—
双向密肋楼盖	无预应力钢筋	0.8×0.8～1.5×1.5	1/22～1/28	1/40～1/45	≥70
	有预应力钢筋		1/30～1/35	—	—

注：1. 梁板的跨度为计算跨度；

2. 无梁楼盖板跨为区格长边计算跨度。

7. 楼盖外角板面宜设置双向或斜向附加钢筋（图 10.2-3），防止角部面层混凝土出现裂缝。附加钢筋的直径不应小于 8mm，间距不宜大于 150mm。

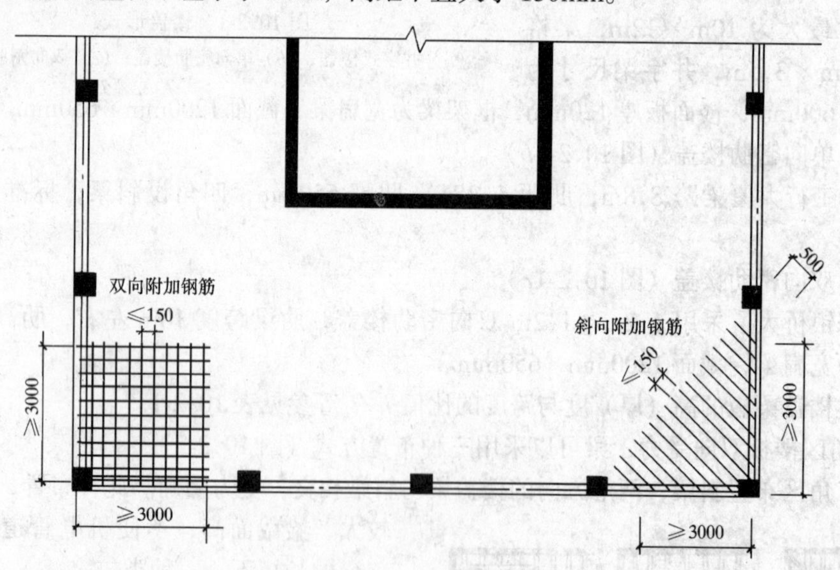

图 10.2-3 板角附加钢筋

8. 筒体墙的正截面承载力宜按双向偏心受压构件计算；截面复杂时，可分解为若干矩形截面，按单向偏心受压构件计算；斜截面承载力可取腹板部分，按矩形截面计算；当承受集中力时，尚应验算局部受压承载力。

9. 筒体墙的配筋和加强部位，以及暗柱等设置，与剪力墙结构相同。一级和二级框架-核心筒结构的核心筒、筒中筒结构的内筒，其底部加强部位在重力荷载作用下的墙体平均轴压比不宜超过第7章表7.5-1的规定，并应按第7章7.5节的规定设置约束边缘构件或构造要求的边缘构件。

10. 核心筒或内筒的外墙不宜连续开洞。个别小墙肢的截面高度不宜小于1.2m，其配筋构造应按柱进行。

11. 筒体结构的角柱承受大小相近的双向弯矩，其承载力按双向偏心受压构件计算较为合理。由于角柱在结构整体受力中起重要作用，计算内力有可能小于实际受力情况，为安全计，角柱的纵向钢筋面积宜乘以增大系数1.3。

12. 在筒体结构中，大部分水平剪力由核心筒或内筒承担，框架柱或框筒柱所受剪力远小于框架结构的柱剪力，由于剪跨比明显增大，其轴压比限值可适当放松。抗震设计时，框筒柱和框架柱的轴压比限值可沿用框架-剪力墙结构的规定。

13. 楼盖梁搁置在核心筒或内筒的连梁上，会使连梁产生较大剪力和扭矩，容易产生脆性破坏，宜尽量避免。

10.3 框架-核心筒结构

1. 核心筒宜贯通建筑物全高。核心筒的宽度不宜小于筒体总高的1/12，当筒体结构设置角筒、剪力墙或增强结构整体刚度的构件时，核心筒的宽度可适当减小。

2. 核心筒应具有良好的整体性，并满足下列要求：

(1) 墙肢宜均匀、对称布置；

(2) 筒体角部附近不宜开洞；

(3) 核心筒的外墙的厚度，对一、二级抗震等级的底部加强部位不应小于层高的1/16及200mm，对其余情况不应小于层高的1/20及200mm，如不满足时，应按第7章7.2节第11条(3)款计算墙体稳定，必要时可增设扶壁柱；在满足承载力以及轴压比限值(仅对抗震设计)时，核心筒内墙可适当减薄，但不应小于160mm；

(4) 抗震设计时，核心筒的连梁可通过配置交叉暗撑、设水平缝或减小梁的高跨比等措施来提高连梁的延性。

3. 实践证明，纯无梁楼盖会影响框架-核心筒结构的整体刚度和抗震性能，因此，在采用无梁楼盖时，在各层楼盖必须设置周边柱间框架梁。

4. 各层框架柱的总剪力 V_f 应参照第8章8.6节的规定予以调整。

10.4 筒中筒结构

1. 研究表明，筒中筒结构的空间受力性能与其平面形状和构件尺寸等因素有关，选用圆形和正多边形等平面，能减小外框筒的“剪力滞后”现象，使结构更好地发挥空间作用，矩形和三角形平面的“剪力滞后”现象相对较严重，矩形平面的长宽比大于2时，外框筒的“剪力滞后”更突出，应尽量避免；三角形平面切角后，空间受力性质也会相应改善。

2. 筒中筒结构的平面外形宜选用圆形、正多边形、椭圆形或矩形等，内筒宜居中。矩形平面的长宽比不宜大于2。

3. 内筒的边长可为高度的1/12～1/15，如有另外的角筒和剪力墙时，内筒平面尺寸还可适当减小。内筒宜贯通建筑物全高，竖向刚度宜均匀变化。

4. 三角形平面宜切角，外筒的切角长度不宜小于相应边长的1/8，其角部可设置刚度较大的角柱或角筒；内筒的切角长度不宜小于相应边长的1/10，切角处的筒壁宜适当加厚。

5. 除平面形状外，外框筒的空间作用的大小还与柱距、墙面开洞率，以及洞口高宽比及层高与柱距之比等有关，矩形平面框筒的柱距越接近层高、墙面开洞率越小，洞口高宽比与层高柱距比越接近，外框筒的空间作用越强；由于外框筒在侧向荷载作用下的“剪力滞后”现象，使角柱的轴向力约为邻柱的1～2倍，为了减小各层楼盖的翘曲，角柱的截面可适当放大。外框筒应符合下列规定：

（1）柱距不宜大于4m，框筒柱的截面长边应沿筒壁方向布置，必要时可采用T形截面；

（2）洞口面积不宜大于墙面面积的60%，洞口高宽比宜与层高与柱距之比值相似；

（3）角柱截面面积可取为中柱的1～2倍，必要时可采用L形角墙或角筒。

6. 筒中筒结构的外框筒墙面上洞口尺寸，对整体工作关系极大，为发挥框筒的筒体效能，外框筒柱一般不宜采用正方形和圆形截面，因为在相同梁柱截面面积情况下，采用正方形截面，梁柱的受力性能远远差于扁宽梁柱（表10.4-1）。

框筒受力性能与梁、柱截面形状的关系比较　　　表10.4-1

柱和裙梁的截面形状和尺寸	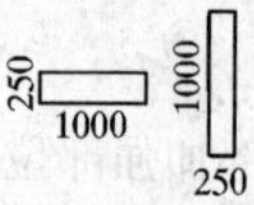 250 1000；1000 250	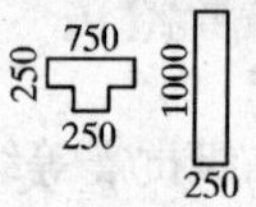 250 750 250；1000 250	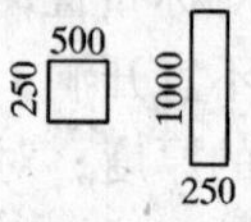 250 500；1000 250	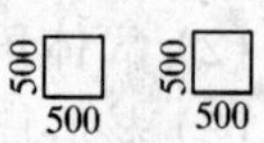 500 500；500 500
类　型	1	2	3	4
开孔率%	44	50	55	89
框筒顶水平位移	100	142	232	313
轴力比 N_1/N_2	4.3	4.9	6.0	14.1

注：N_1 为角柱轴力；N_2 为中柱轴力。N_1/N_2 越大剪力滞后越明显，结构难以发挥空间整体作用。

7. 外框梁的截面高度可取柱净距的1/4，且应满足下列要求：

（1）无地震作用组合：

$$V_b \leqslant 0.25\beta_c f_c b_b h_{b0} \tag{10.4-1}$$

（2）有地震作用组合：

1）跨高比不小于2.5时：

$$V_b \leqslant \frac{1}{\gamma_{RE}}(0.20\beta_c f_c b_b h_{b0}) \tag{10.4-2}$$

2）跨高比小于2.5时：

$$V_b \leqslant \frac{1}{\gamma_{RE}}(0.15\beta_c f_c b_b h_{b0}) \tag{10.4-3}$$

式中　V_b——框筒梁剪力设计值；

b_b——框筒梁截面宽度；

h_{b0}——框筒梁截面的有效高度。

8. 在水平地震作用下，框筒梁和内筒连梁的端部反复承受正、负弯矩和剪力，采用普通配筋的框筒梁和内筒连梁不宜设弯起钢筋抗剪，全部剪力应由箍筋和混凝土承受，构造配筋尚应符合下列要求：

（1）箍筋直径沿梁长不变，非抗震设计时，不应小于 8mm；抗震设计时，不应小于 10mm；

（2）箍筋间距：非抗震设计时，不应大于 150mm；抗震设计时，无交叉暗撑时不应大于 100mm，有交叉暗撑时，不应大于 150mm。

9. 采用交叉暗撑的框筒梁或内筒连梁应符合下列规定（图 10.4-1）：

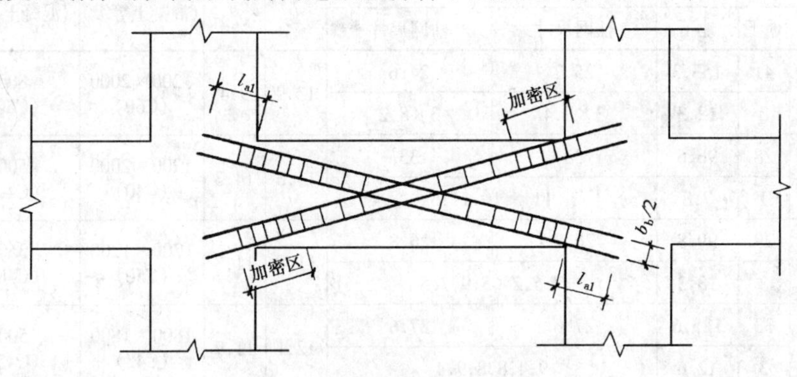

图 10.4-1 梁内交叉暗撑的配筋

（1）梁的截面宽度不宜小于 300mm；

（2）全部剪力由暗撑承担。每根交叉暗撑由 4 根纵向钢筋组成，纵筋直径不应小于 14mm，其总面积 A_s 按下式计算：

1）无地震作用组合时：

$$A_s \geqslant \frac{V_b}{2 f_y \sin\alpha} \tag{10.4-4}$$

2）有地震作用组合时：

$$A_s \geqslant \frac{\gamma_{RE} V_b}{2 f_y \sin\alpha} \tag{10.4-5}$$

（3）两个方向的斜筋均应用矩形箍筋或螺旋箍筋绑扎成小柱，箍筋直径不应小于 8mm，箍筋间距不应大于 200mm 及 $b_b/2$；端部加密区的箍筋间距为 100mm，加密区长度不小于 600mm 及 $2b_b$；

（4）纵筋伸入竖向构件的长度 l_{a1}，按下列规定采用：

1）非抗震设计时

$$l_{a1} = l_a \tag{10.4-6}$$

2）抗震设计时

$$l_{a1} = 1.15 l_a \tag{10.4-7}$$

式中 l_a——钢筋的锚固长度。

（5）梁内普通箍筋的配置，应符合第 6 章的构造要求。

10. 框筒梁上、下纵向钢筋的直径不应小于16mm，腰筋的直径不应小于10mm，腰筋间距不应大于200mm。

10.5　工　程　实　例

1. 国内一些框架-核心筒结构的情况见表10.5-1和表10.5-2。

国内部分矩形框架-筒体结构工程一览表　　　　表10.5-1

序号	工程名称	层数	高度(m)	平面尺寸(m)		筒体尺寸(m)		底层柱尺寸(mm)(混凝土等级)	底层筒体外筒厚度(mm)(混凝土等级)	设置加强层道数
		地上	地上	L	B	l	b			
		地下	地下	柱网尺寸	柱网尺寸					
1	深圳北京国际大厦东段	41	153.3	25.2	24.6	13.9	9.4	1200×2000 (C60)	800 (C60)	3
		3	12.3	3×8.4	3×8.2					
2	上海银桥大厦	28	98.6	33	33	14.3	14.3	1200×2000 (C40)	500 (C40)	0
		1	7.8	11.5,10,11.5						
3	南京鼓楼邮政通讯中心	29	99.8	26.8	26.8	11.8	11.8	1200×1200 (C50)	350 (C40)	0
		3	13.3	7.5,2×5.9,7.5						
4	广州天河娱乐广场	33	125.6	27.6	27.6	12.1	11.9	1800×1800 (C45)	500 (C45)	2
		3	12.6	9.4,8.8,9.4						
5	深圳侨光广场	52	177	42.6	27.5	22.6	11.5		600	4
		5	19.5	7.5,9.7,8.2,9.7,7.5	8.0,11.5,8.0					
6	中山信联大厦	33	126.8	28	24.2	11	9	(C40)	(C40)	2
		1	7.6	8.5,11.0,8.5	7.6,90,7.6					
7	海口高新大厦	33	129.5	29	29	12.6	12.6	1000×1000 (SRC,C50)	800 (C50)	1
		2	10	8.2,3.8,5.0,3.8,8.2						
8	福州元洪城写字楼	36	125.2	38.4	34.4	17	11			3
		2	10.5	2.7,8.0,2×8.5,8.0,2.7	2.7,9.0,11.0,9.0,2.7					
9	佳木斯国泰大厦	43	162	28.8	28.8	14.4	14.4	1500×1500 (C60)	800 (C60)	3
		2	7	4×7.2						
10	上海中国名牌大厦	25	91.4	37.5	30	14.9	10.9	1000×1000 (C60)	300 (C60)	0
		2	10	5×7.5	4×7.5					
11	太原建设银行综合营业大厦	36	138.1	30.8	30.8	14.5	14.5			0
		2	8.8	10.0,10.8,10.0						
12	湖南国际贸易大厦	46	150.7	29.2	29.2	15.8	14		500	0
		4	16.5	2.6,6×4.0,2.6						
13	北京名人广场写字楼	38	129	42	42	18.5	18.5	1200×3000		3
		2	12.5	3.0,3×4.5,9.0,3×4.5,3.0						

续表

序号	工程名称	层数	高度(m)	平面尺寸(m)		筒体尺寸(m)		底层柱尺寸(mm)(混凝土等级)	底层筒体外筒厚度(mm)(混凝土等级)	设置加强层道数
		地上	地上	L	B	l	b			
		地下	地下	柱网尺寸	柱网尺寸					
14	海口爱华城写字楼	42	159	36	36	18	17.4	1400×1100(C50)	1100(C50)	0
		2		2×4.5,3×6.0,2×4.5						
15	南京新华大厦	50	170.4	38	30	20	12	1000×1000(C50)	400(C50)	0
		2	8.7	5.0,7×4.0,5.0	5.0,5×4.0,5.0					
16	广东公安厅指挥中心	33	117.6	32	28	15	12.8	1700×1700(C45)	500(C45)	0
		3	11.7	10.0,12.0,10.0	9.0,10.0,9.0					
17	深圳华强大厦	31	99.65	31	24.6	12.4	10.4			
		2	9.6	9.3,2×6.2,9.3	8.3,8.0,8.3					
18	广州广信大厦	47	152.9	45	40	17	16	1350×1350(C60)	700(C60)	0
		4	15.7	5×8.0,5.0	5×8.0					
19	深圳书城	28	103.8	30	30	14	12	1300×1300(C45)	500(C45)	0
		3	10.85	9.0,2×6.0,9.0						
20	南京信投大厦	28	98.6	28.8	28.8	12	12	1300×1300(C40)	400(C40)	0
		2	8.1	6.0,2×8.4,6.0						
21	昆明鑫泰大厦	30	105.2	33.6	33.6	16	16	ϕ1200(C60)	450(C60)	0
		2	7	4.2,3×8.4,4.2						
22	上海复兴大厦一号主楼	44	159.2	28.2	28.2	12.6	12.6	1200×1400(C60)	600(C60)	2
		2	12.6	7.8,2×6.3,7.8						
23	重庆银星商城	28	101.2	43.6	34.2	14.5	10	1150×1150(C40)	400(C40)	0
		2	7.3	2×7.8,2×6.2,2×7.8	7.8,7.5,3.6,7.5,7.8					
24	福州世界金龙大厦	33	119	47.2	30.8	25.2	10	1600×1600(C60)	700(C60)	0
		3.5	12.5	11.0,3×8.4,11.0	10.0,10.8,10.0					
25	福州中山大厦	32	101.95	32	25	16	9	1200×1200(C40)	600(C40)	0
		2	7.5	4×8.0	8.0,9.0,8.0					

国内高层框架-筒体结构平面参数 表 10.5-2

平面形状	工程名称	高度 H(m)	平面尺寸		H/B	L/B	内筒尺寸		H/b
			L(m)	B(m)			l(m)	b(m)	
正方形	北京岭南大酒店	72	29	29	2.47	1.00	11.2	10.6	6.8
	上海联谊大厦	105	32	27	3.89	1.18	16	10	10.5
	上海华东电管局	123	27	27	4.56	1.00	9	9	13.6
	上海爱建大厦	104	30.8	30.8	3.36	1.00	14	11.4	9.1
	江苏司法厅	62	22.4	22.4	2.78	1.00	8	8	7.75
	苏州雅都大酒店	98	27.6	27.6	3.54	1.00	10.8	10.8	9.1

续表

平面形状	工程名称	高度 H (m)	平面尺寸		H/B	L/B	内筒尺寸		H/b
			L(m)	B(m)			l(m)	b(m)	
正方形	新疆自治区工会大厦	86	22.8	22.8	3.77	1.00	11.9	5.9	14.5
	上海内贸中心	142	39	39	3.64	1.00	15.8	15.8	9
	新疆自治区联合办公楼	105	28.8	28.8	3.64	1.00	15	15	7
	厦门金融大厦	91	30	30	3.03	1.00	12.5	10	9.1
	南宁桂信大厦	108	24	24	4.46	1.00	12	12	9
	深圳华联大厦	88	30.8	30.8	2.85	1.00	15.4	15.4	5.7
圆　形	大理华侨饭店	54	24	24	2.25	1.00	11	11	4.9
	淄博齐鲁大厦	64	25	25	2.56	1.00	9	9	7.1
	淮南广播中心	67	18	18	3.72	1.00	6	6	11.1
六边形	上海金陵办公楼	140	28.8	28.8	4.86	1.00	14.4	10.8	13.0
三角形	北京金台饭店	64	29	29	2.20	1.00	15	15	4.2
	南京玄武饭店	76	32	32	2.38	1.00	17.5	17.5	4.3
	虹桥饭店	102	43.6	43.6	2.34	1.00	17.2	17.2	5.9
	上海沪办大楼	126	36	36	3.5	1.00	14.4	10.8	11.6
	成都岷山饭店	80	37.7	37.7	2.11	1.00	17.8	17.8	4.5
	成都物资贸易中心	63	40	40	1.58	1.00	20.2	20.2	3.1
	贵州省银行	68	30	30	2.27	1.00	10	10	6.8
	上海华厦宾馆	93	32	32	2.89	1.00	22	22	4.2

2. 框架-核心筒结构的一些工程平面布置见图 10.5-1 至图 10.5-11。

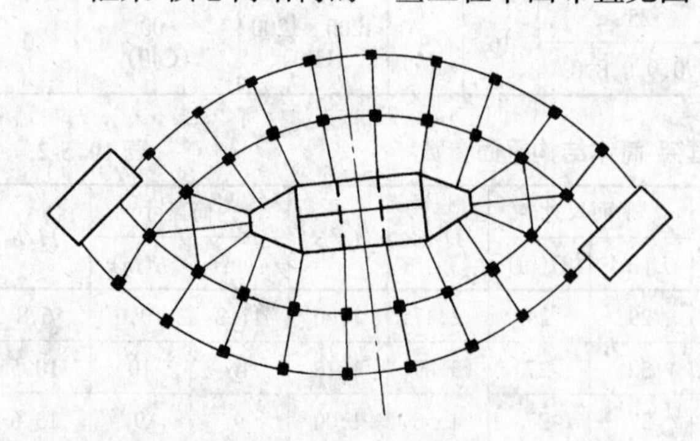

图 10.5-1　杭州联谊大厦
（24层，$H=82.2$m，$S=1300$m^2，外墙厚240mm，内墙厚180mm）

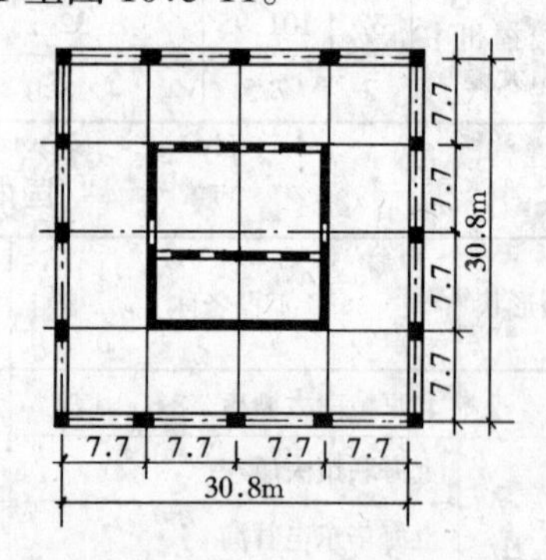

图 10.5-2　华联大厦(单位:m)
（26层，$H=88$m，$S=34000$m^2，柱1400mm×1400mm，墙厚500mm，梁600mm×700mm，$W=495590$kN）

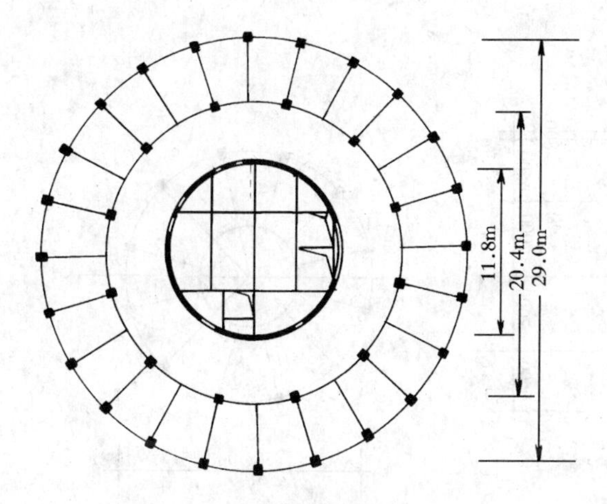

图 10.5-3 长春福寿大厦(单位:m)
(29 层,$H=89.7$m,柱 800mm×800mm～500mm×500mm,
墙厚 300～200mm)

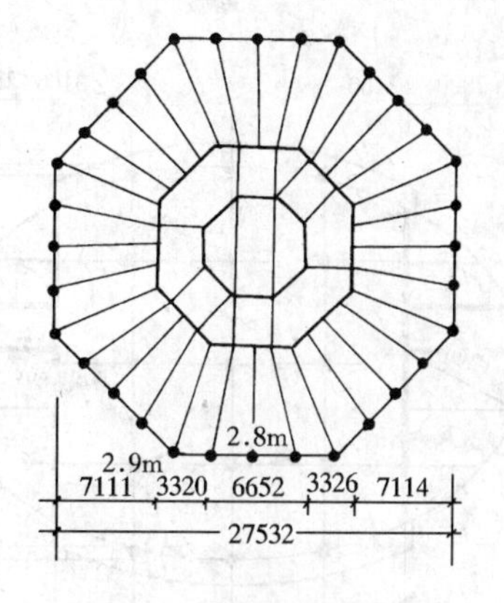

图 10.5-4 天津物资交流中心
(单位:mm)
(26 层,$H=85.8$m,墙厚 450～350mm,
柱 700mm×700mm～700mm×600mm)

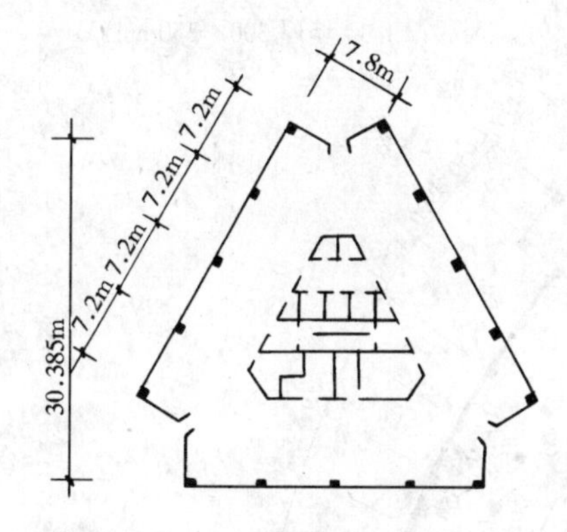

图 10.5-5 北京金台饭店(单位:m)
(20 层,$H=63.8$m,$S=20000\text{m}^2$,柱 850mm×850mm
～850mm×650mm,墙厚 450～300mm)

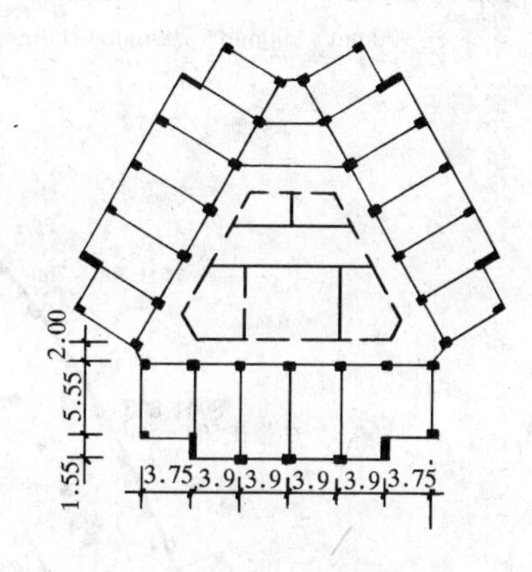

图 10.5-6 福建邵武宾馆(单位:m)
(18 层,$H=61$m,墙厚 240～160mm,
外柱 500mm×700mm～400mm×600mm)

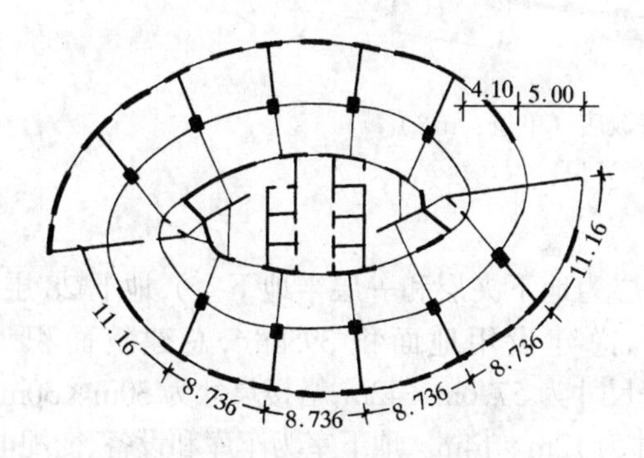

图 10.5-7 天津城市科学大厦(单位:m)
(地上 26 层,地下 2 层,$H=89.4$m,$h=3.05$m,
主要墙厚 450mm,其他墙厚 400～240mm)

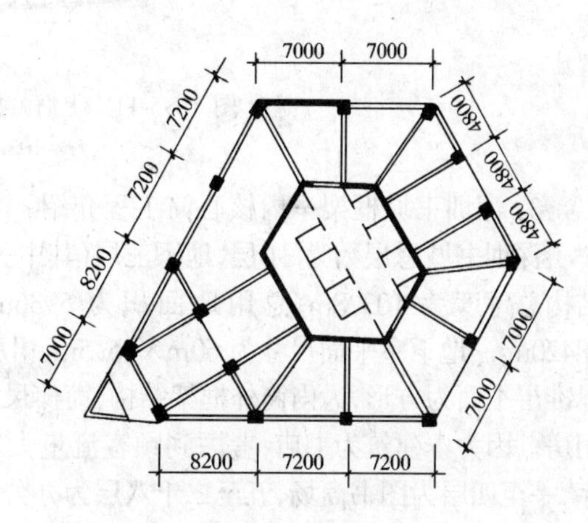

图 10.5-8 上海沪办大楼(单位:mm)
($H=140$m,37 层)

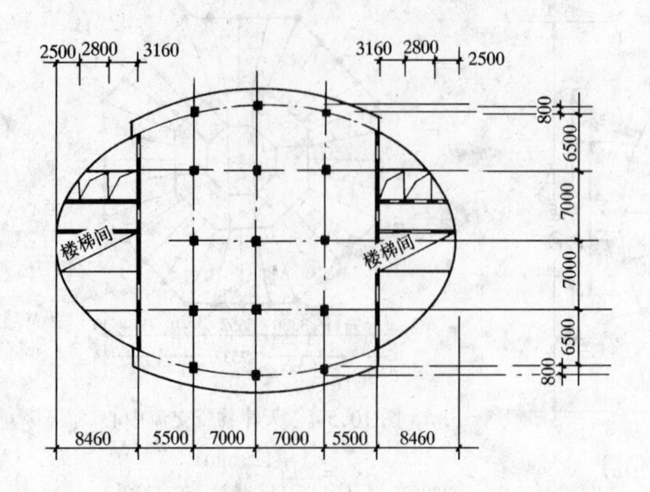

图 10.5-9 兰州工贸大厦

（地上 21 层，地下 2 层，90.5m，墙厚 300～200mm，柱 900mm×900mm～700mm×700mm）

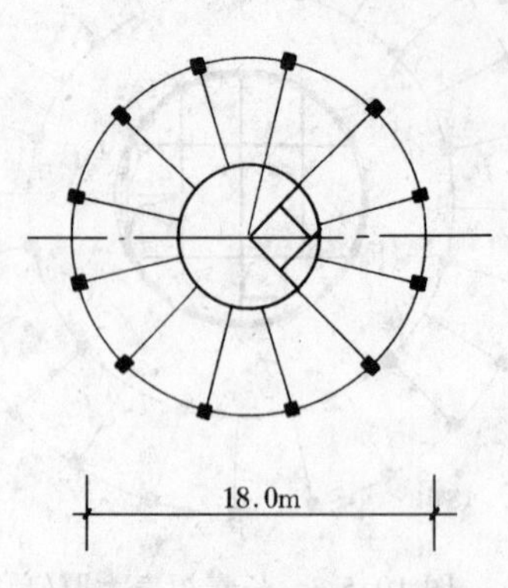

图 10.5-10 淮南广播电视

（地上 19 层，地下 2 层，$S=4700\text{m}^2$，$H=67.3\text{mm}$，柱 500mm×800mm，墙厚 300～250mm）

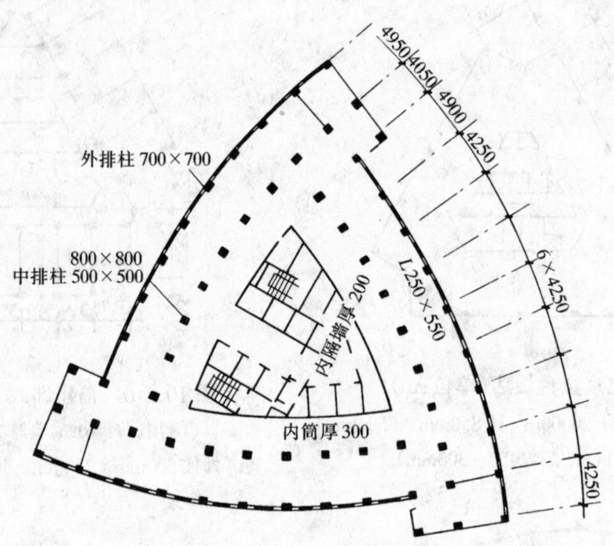

图 10.5-11 上海虹桥饭店（单位：mm）

（$H=103\text{m}$，35 层）

3．深圳书城框架—内核心筒工程介绍：

深圳书城总层数为 31 层，地下三层(其中一层为地下夹层和一层半地下室)，地上 28 层。结构总高度为 103.8m，总用地面积为 5936m^2，总建设用地面积 3958m^2，总建筑面积为 38420m^2。地下室平面尺寸为 60m×65.5m，裙房尺寸为 57.6m×42m，塔楼尺寸为 30m×30m，标准层平面为方形，为内筒外框架结构，筒体尺寸为 12m×14m。地下室为车库和设备、变配电用房。因为本建筑为书店，考虑到顾客流量大等因素，地下室夹层和半地下室均设为自行车库，一至四层为图书商场，五至二十八层为办公空间。该建筑功能齐全，设施配套完备，大柱网布置灵活，可根据不同需要随意分隔。共设有六部电梯，其中一部为消防电梯。

深圳书城由于地处显要位置，该工程原建筑方案体型经多次 45°转换，26 层以上的柱无一自上而下贯通。后经多次调整，仍在18、23和25层有三次转换。图10.5-12表示的是五至十七层结构平面简图，塔楼总共有16根柱；图10.5-13为十八层结构平面简图，该层有4根角柱转换成8根柱，有12根柱将力直接传入基础，占柱总数的60%；图10.5-14为二十三层结构平面简图，该层有8根柱到顶，有二根柱需转换，该层仅有8根柱是上下贯通的，占柱总数（16根）的50%；图10.5-15为二十五层结构平面简图，该层有8根柱到顶，有4根柱需转换，上下贯通的柱仅占柱总数（12根）的三分之一。

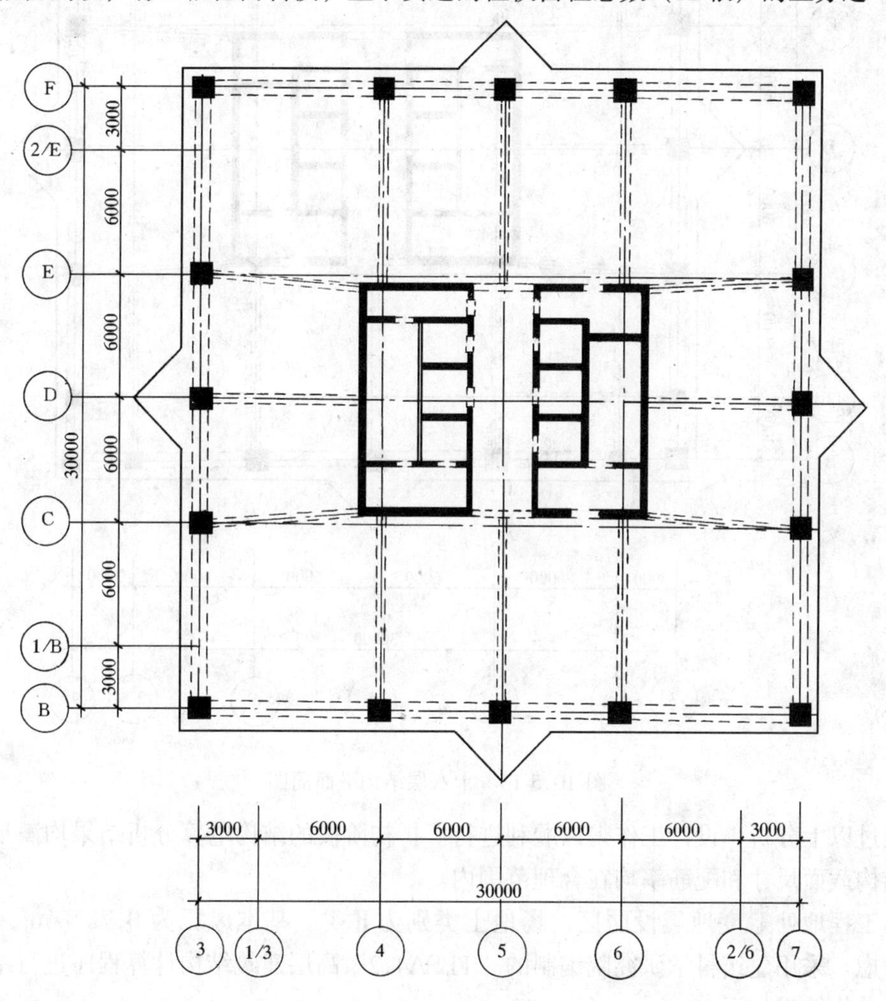

图10.5-12 五至十七层结构平面简图

针对这一情况，结构、建筑专业经反复协商，建筑专业再调整难度较大，许多结构设计人员认为结构体系不合理。我们对该结构作出分析，认为结构方案是可行的，理由有如下三条：1.该高层建筑为框筒结构，中间筒体尺寸约占塔楼总尺寸的1/2，承担了3/4的竖向荷载和大部分的水平荷载，这是一个很有理的条件；2.柱转换在18层、22层和25层，转换层以上的层数只有10层，并且可以要求建筑在18层转换柱定位尽量靠近转换大梁支座，而23、25层转换柱定位已接近筒体（距筒体6m）。3.大部分框架梁都与筒体相连，考虑到结构的整体作用，转换大梁截面不会很大，可以要求施工时要等转换大梁以上所有梁柱都达到足够强度或主体竣工以后，再拆模以发挥空间整体作用。

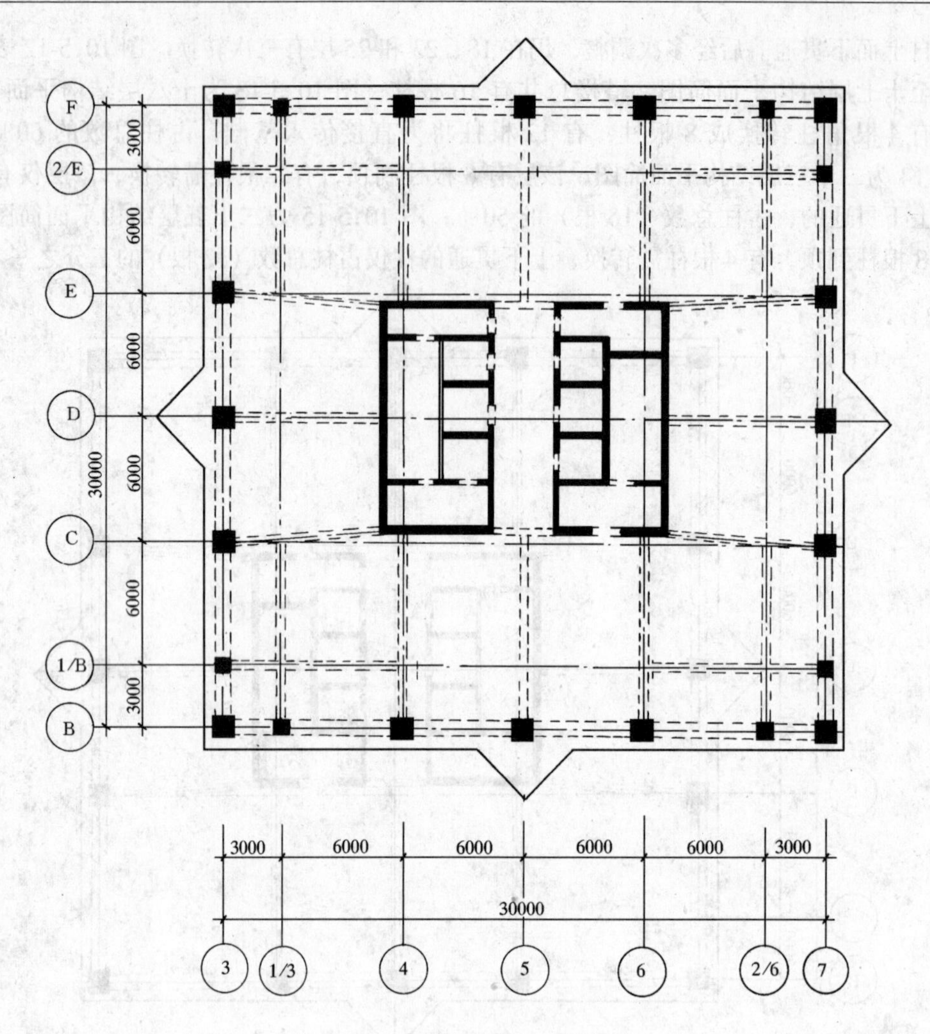

图 10.5-13 十八层结构平面简图

通过以上分析，设计工作得以顺利进行。扩初阶段的结构电算分析结果均满足规范要求，结构截面尺寸和配筋率均在合理范围内。

本工程地处七度地震设防区，场地土类别为Ⅱ类。基本风压为 0.7kN/m^2，按提高10%考虑。采用建筑科学研究院编制的“TBSA4.2”高层建筑结构计算程序进行结构整体分析，分析结果如下：

周期： $T_{x1}=2.10\text{s}$， $T_{y1}=2.22\text{s}$；

基底地震剪力： $Q_x=8972\text{kN}$， $Q_y=9465\text{kN}$

由风力产生的层间最大位移角和顶点位移：

$u_{\max}/h=1/3299$， $u_{y\max}/h=1/2695$；

$U_x/H=1/3928$， $U_y/H=1/3324$；

由地震力产生的层间最大位移角和顶点位移：

$u_{\max}/h=1/2061$， $u_{y\max}/h=1/1525$；

$U_x/H=1/2462$， $U_y/H=1/1928$；

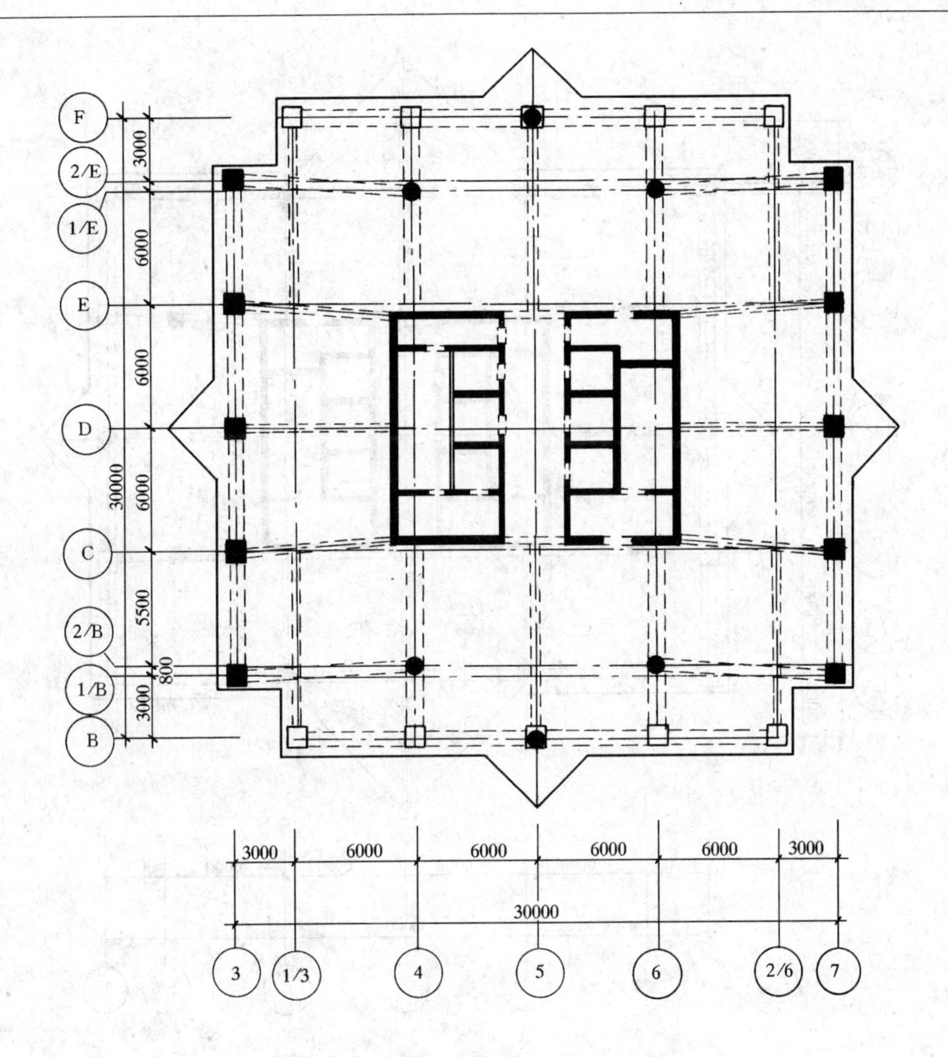

图 10.5-14 二十三层结构平面简图

建筑物总重量: 58472kN;

平均折算荷载: 15.2kN/m^2。

本工程基础形式采用人工挖孔灌注桩，以强风化岩作为桩端持力层，桩端土承载力标准值为2500kPa，要求桩端嵌入强风化岩1.5倍桩径，桩长约21～23m，一柱一桩。裙房范围桩径为1300mm和1400mm，扩大头直径为1900mm和2100mm，塔楼范围桩径为2300～3000mm，扩大头为3600～4700mm。地下室底板400mm厚，抗渗等级S8，桩承台面（即地下室底板板面）标高为-10.85m。

柱、剪力墙混凝土强度等级为C45～C25，梁板为C35～C25。柱最大截面为1300mm×1300mm，剪力墙最大厚度为500mm。十八层转换大梁截面尺寸为950mm×1500mm，配筋率为0.98%；二十三层转换大梁截面尺寸为950mm×1400mm，配筋率为1.2%；二十五层转换大梁截面尺寸为850mm×1200mm，配筋率为0.98%。

整个结构平面没有设后浇缝，目前深圳书城已顺利封顶，将于1996年底竣工。

4. 广州国际贸易中心框架—核心筒结构介绍:

本工程由广东省建筑设计研究院设计。建筑面积62000m^2，48层，167m高（图

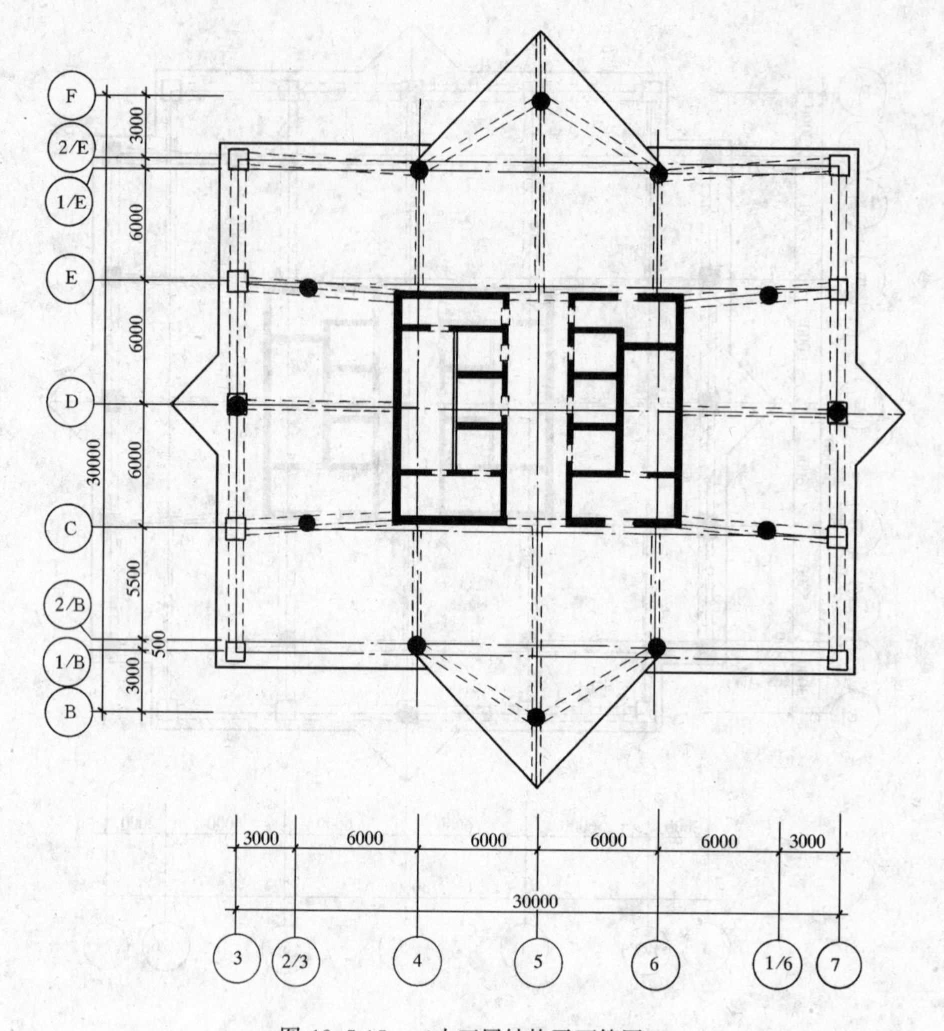

图 10.5-15　二十五层结构平面简图

10.5-17)。采用枣核形平面，框架-筒体结构（图 10.5-16）。

（1）结构形式

主楼是由 15.2m×15.2m 的中心筒与周边 32 根框架柱组成的现浇钢筋混凝土框架-筒体结构；裙楼采用现浇钢筋混凝土框架结构。

（2）基础形式

采用人工挖孔桩，以微风化粉砂岩（或砾岩）为桩端持力层，岩石单轴抗压强度 f_r =10～12MPa，有效桩长 16～23m，中心筒下设多桩承台，其余为单柱单桩。由于有两层地下室，施工时先进行大面积开挖至地下室板标高-10.00 处后再作挖桩，这样可减少挖桩深度及打护壁长度。桩径及单桩承载力标准值如表 10.5-3。

表 10.5-3

位　置	主	楼			裙	楼
	中　筒	边　柱	角　柱	其　他	中　柱	边角柱
桩径（mm）	ϕ1800	ϕ2000	ϕ2200	ϕ1400	ϕ1400	ϕ1200
单桩承载力（km）	22200	27500	33200	12700	12700	9900

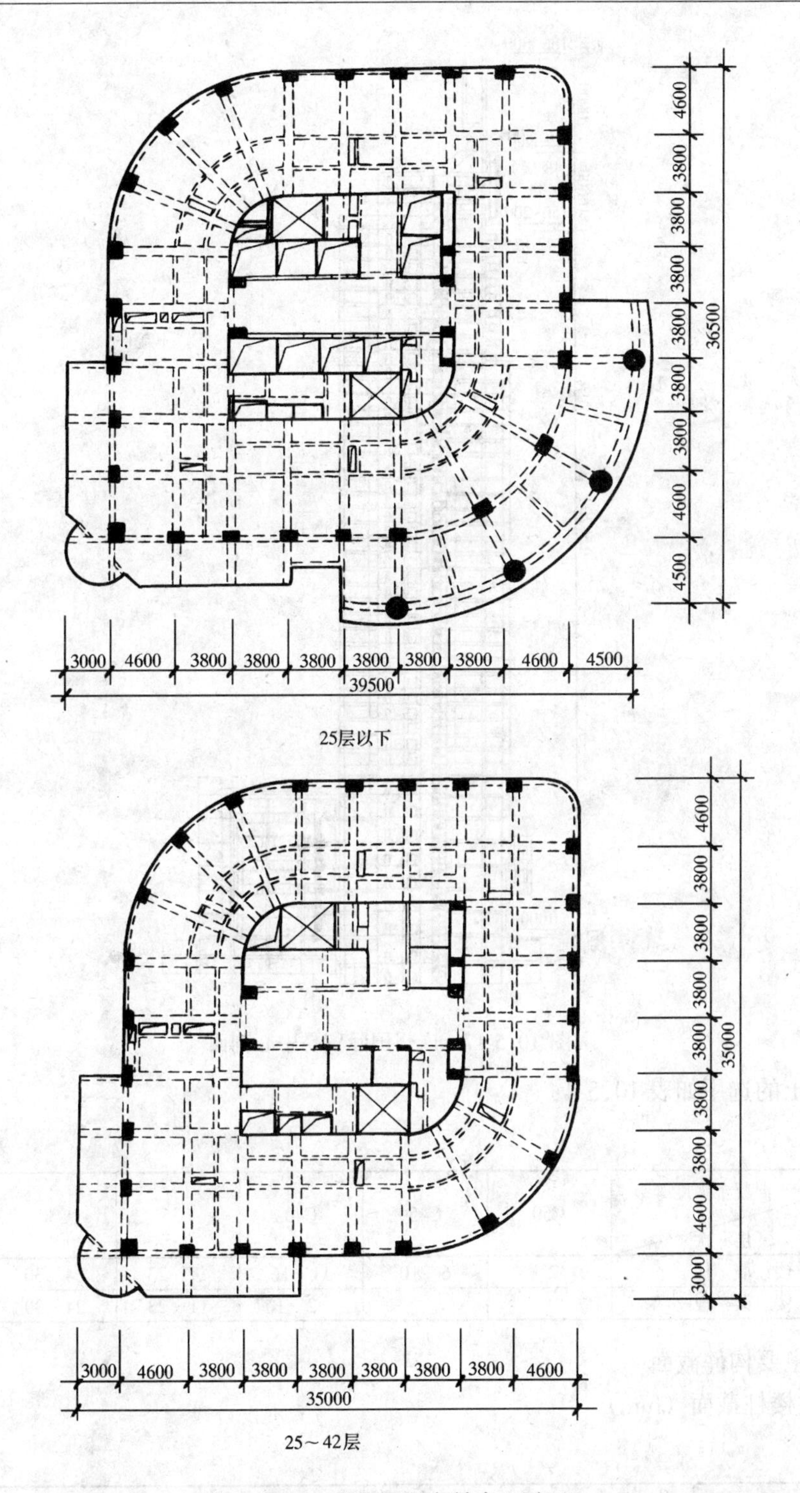

图 10.5-16 广州国际贸易中心平面

(3) 由于主楼与裙楼高差大、结构型式不同且建筑物总长度较大，因此在主楼与裙楼分界处设 150mm 分隔缝（伸缩缝兼抗震缝）。

(4) 材料的选用有如下特点:1)采用高强钢混凝土(C50),2)楼板采用冷轧变形钢筋。

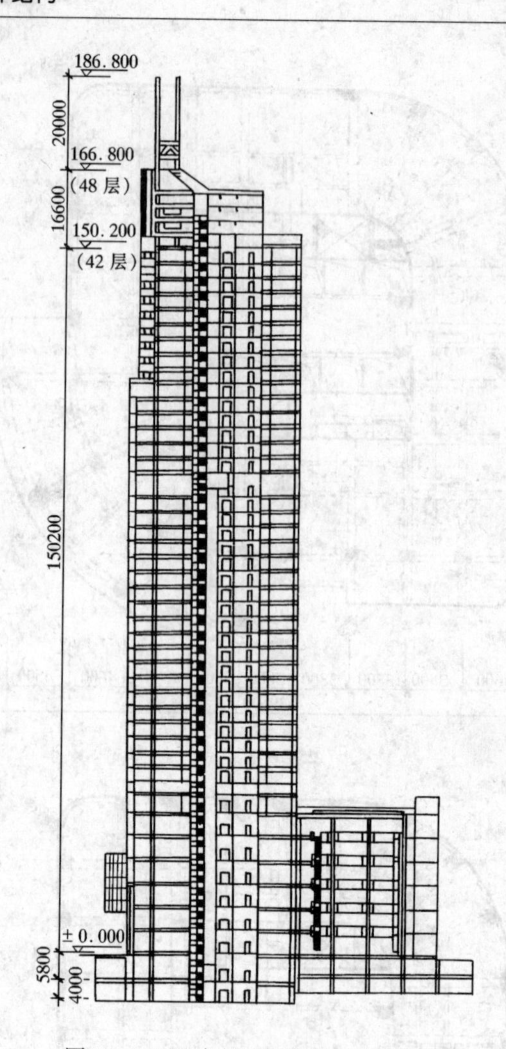

图 10.5-17　广州国际贸易中心剖面

混凝土的选用如表 10.5-4：

表 10.5-4

构件 \ 层次 \ 混凝土强度等级	C50	C45	C40	C35	C30	C25
主楼墙柱	−2～5	6～10	11～16	17～23	24～30	31～38
主楼梁板			−2～10	11～23	24～30	31～38

(5) 主要构件截面

1) 主楼柱截面 (mm)

表 10.5-5

层次 \ 构件	边柱	角柱	左上 圆弧边角柱	右下 内圈角柱	外圈圆柱
−2～2	1200×1000	1400×1400	1200×1100	1200×1200	ϕ1600
3～7	1200×900	1300×1300	1200×1000	1200×1100	ϕ1500

续表

层次 \ 构件	边柱	角柱	左上 圆弧边角柱	右下 内圈角柱	外圈圆柱
8～12	1200×800	1200×1200	1200×900	1200×1000	ϕ1400
13～18	1200×700	1100×1100	1200×800	1200×900	ϕ1300
19～25	1200×600	1000×1000	1200×700	1200×800	ϕ1200
26～31	1200×500	900×900	1200×600	1200×700	ϕ1100
32～38	1200×400	800×800	1200×500	1200×600	

2）墙截面（中心筒部分，mm）

表 10.5-6

层次	−2～5	6～12	13～20	21～28	29～35	36～顶层
外壁厚	600	500	450	400	350	300
内壁厚	400	350	300	300	250	250

3）框架梁截面尺寸（mm）

表 10.5-7

构件 \ 层次	−2	−1	1	2～6	夹～7	8～25
周边梁	1800×1200	500×1000	500×1000	500×1500	500×3100	500×900
径向梁	500×1200	500×1000	500×800	500×800	600×600	600×600
构件 \ 层次	**26**	**27**	**28～31**	**32～38**	**39 以上**	
周边梁	500×900	400×2500	400×900	300×900	300×2500	
径向梁	600×600	600×600 2×300×600	600×600 2×300×600	600×600 2×300×600	600×800	

（6）本工程采用建研院编制的“多层及高层建筑结构空间分析程序（TBSA）”进行计算，由于工程主楼是超高层结构，因而亦采用“多层与高层建筑结构动力时程分析程序（TBDYNA）”进行补充计算。根据最大位移和层间位移包络图曲线，找出结构的薄弱层，并对其进行加强，以增强结构的受力性能。

1）结构计算的基本数据

本工程计算总层数为 43 层，其中地下 2 层，地上 39 层，及塔楼 2 层；总高为 156m，标准层面积为 1212m^2（6～31 层），1052m^2（32～38 层）；设防烈度为 7 度，场地土为Ⅱ类，风荷载为 $0.45\times1.1=0.50\text{kN/m}^2$。

主楼的框架和剪力墙之抗震等级为一级，地震力的调整系数 $T_E=1.53$（详 T_E 的取值部分）；振型数取 6。计算中考虑整体结构的扭转作用，模拟施工过程采用逐层加载法。

2）TBSA 的计算结果：

周期如表 10.5-8。

表 10.5-8

周　期	T_1	T_2	T_3	T_4	T_5	T_6
X 向	2.779	0.703	0.324	0.192	0.127	0.094
Y 向	2.836	0.785	0.399	0.255	0.176	0.134

结构振型曲线如图 10.5-18：

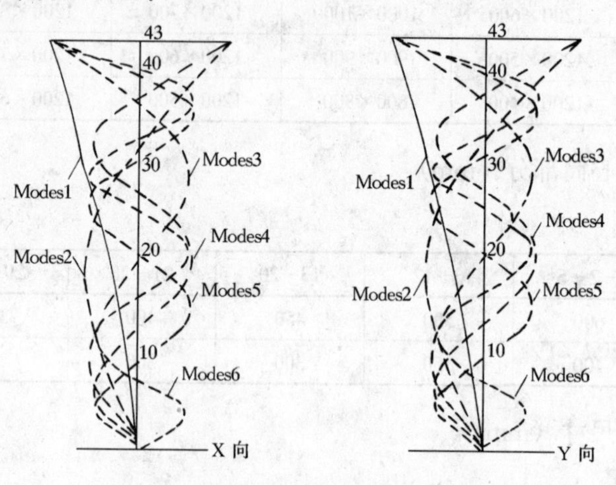

图 10.5-18　振型曲线图

可以看出，由于 X、T 向刚度相近且均匀变化，两个方向的周期与振型也较接近，周期也较为理想（$T_1=0.065\times43=2.8''$，$T_2=\frac{1}{4}T_1=0.70''$），振型曲线光滑连续。

地震作用下结构的最大层间位移和顶点位移如表 10.5-9

表 10.5-9

方　向	δ_{max}（mm）	δ_{max}/h	Δ_{max}（mm）	Δ_{max}/H
X 向	1.91	1/1675	67.63	1/2256
Y 向	1.96	1/1632	69.66	1/2190

底部剪力和弯矩（主楼总重为 875616kN）如表 10.5-10

表 10.5-10

方　向	底部剪力（kN）			底部弯矩（kN. m）	
	地　震	风荷载	底部剪力系数	地　震	风荷载
X 向	16385	8229	0.0187	1543553	704573
Y 向	15492	7710	0.0177	1483159	667176

3）时程分析计算

由于 TBDYNA 程序为 TBSA 之后续程序，其所有的数据全部由 TBSA 程序传递，计算时输入地面最大加速度 53gal，及模拟场地实际地震的人工地震波。计算结果表明，时程分析计算的结果明显小于 TBSA 计算（SRSS 法）所得的结果，这说明按弹性分析所得的结果是合适的。

4）地震力调整系数 T_E 的取值

一般情况下，$T_E=0.8\sim1$，通过它可以调整结构的安全度，当 $T_E>1$ 时，计算机有警告信息。

但本工程有其特殊性，根据广东省地震科技咨询服务中心提供的“潮汕大厦场址实测设计地震动参数工作报告”表明，地震影响系数为（场地土为Ⅱ类）：

$$\alpha(T)=\begin{cases}0.122(0.1/T)^{-0.8} & 0.04\leqslant T\leqslant 0.1''\\ 0.122 & 0.1<T<0.32''\\ 0.122(0.32/T) & 0.32\leqslant T\leqslant 1.6''\\ 0.02 & T>1.6''\end{cases}$$

此数值介于7°～8°之间，如图10.5-19。

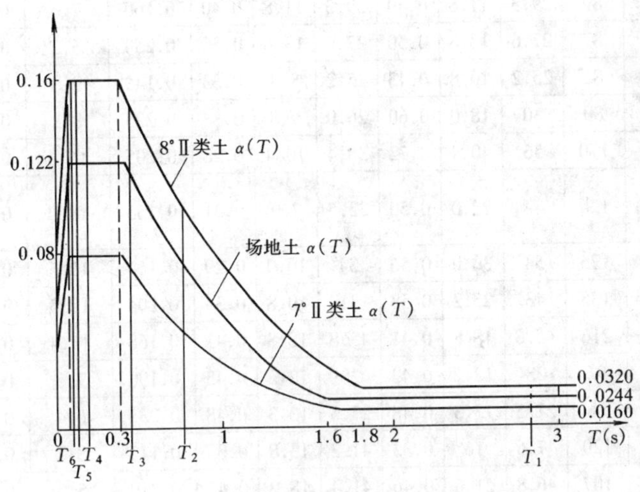

图10.5-19 地震影响系数曲线

采用TBSA计算时，仅能按7度Ⅱ类场地计算。因此要满足场址的地震影响系数的曲线；$\alpha(T)$，在计算上应通过调整 T_E 值来达到设计之要求。根据初算的结构周期，可以分别找出 T_1～T_6 对应7度Ⅱ类场地的 α 值和场地的 α 值及其比值如表10.5-11。

表10.5-11

结构周期	T_1	T_2	T_3	T_4	T_5	T_6
7°Ⅱ类土 α 值（A）	0.016	0.0346	0.067	0.08	0.08	0.08
场地土 α 值（B）	0.0244	0.052	0.108	0.122	0.122	0.122
B/A	1.52	1.50	1.61	1.52	1.52	1.52

B/A 的平均值为1.53，即用TBSA计算地震力时，如按7度Ⅱ类场地输入，则应放大1.53倍，地震加调整系数取1.53。

5. 国内一些筒中筒结构的平面参数见表10.5-12

国内筒中筒结构的平面参数 表10.5-12

名称	高度 H (m)	长向 L (m)	长向 l (m)	长向 l/L	短向 B (m)	短向 b (m)	短向 b/B	$\alpha_1=\frac{lb}{LB}$	H/B	$\alpha_2=\frac{lb}{HB}$	说明
1. 广东国际大厦	200	37	22.8	0.62	35	16.8	0.48	0.295	11.9	0.054	方形 国内最高混凝土建筑

续表

名称	高度	长向			短向			$\alpha_1=\frac{lb}{LB}$	H/B	$\alpha_2=\frac{lb}{HB}$	说明
	H (m)	L (m)	l (m)	l/L	B (m)	b (m)	b/B				
2. 深圳国贸中心	160	34	19.0	0.56	34	17.0	0.50	0.279	9.4	0.059	方形
3. 台北国贸中心	143	50	29.4	0.59	50	17.6	0.35	0.205	8.1	0.072	方形
4. 中国服装中心	112	32.5	16.5	0.51	32.5	16.5	0.51	0.257	6.8	0.074	方形
5. 石家庄工贸中心	90	25.2	9.6	0.38	25.2	9.6	0.38	0.145	9.3	0.040	方形
6. 厦门海滨大厦	89	29.3	11.8	0.40	29.3	11.8	0.40	0.160	7.6	0.053	方形
7. 中国专利局	87	27.6	13.8	0.50	27.6	13.8	0.50	0.250	6.3	0.079	方形
8. 贵阳筑苑大厦	82	25.2	10.8	0.43	25.2	8.4	0.33	0.142	9.8	0.044	方形
9. 北京金融大厦	80	30	18.0	0.60	26.0	9.8	0.38	0.225	8.2	0.084	方形
10. 香港华润大厦	170	56	40.4	0.72	36.4	10.4	0.28	0.205	16.4	0.067	长矩形
11. 中央彩电中心	126	44	22.0	0.50	22.5	7.0	0.31	0.155	18.0	0.054	长矩形 9度设防
12. 上海电讯大楼	125	54	30.0	0.56	34	10.0	0.29	0.164	12.5	0.079	长矩形
13. 深圳外贸中心	135	43	25.2	0.58	31	10.8	0.34	0.204	12.5	0.065	长椭圆形
14. 香港合和中心	216	45.8	18.8	0.41	45.8	18.8	0.41	0.168	11.4	0.028	圆形
15. 石家庄电力楼	92	28	12.2	0.43	28	12.2	0.43	0.190	7.5	0.045	圆形
16. 天津物资中心	86	27.5	13.3	0.48	27.5	13.3	0.48	0.233	6.4	0.058	正八边形
17. 深圳航空大厦	120	47.6	16	0.33	41.2	13.8	0.33	0.112	8.7	0.022	正三角形
18. 天津大酒店	107	46.8	21.6	0.46	41.4	18.2	0.43	0.210	5.9	0.044	正三角形
19. 北京中信大厦	109	54.0	19.8	0.37	46.8	17.1	0.37	0.134	5.5	0.033	正三角形
20. 闽南贸易大厦	100	54.7	20.0	0.37	47.4	18.0	0.38	0.140	5.5	0.038	正三角形
21. 秦皇岛物资大厦	83	50.8	21.8	0.43	40	19.6	0.49	0.210	4.3	0.064	正三角形

注：正三角形平面截角后，取截角前尺寸为边长 L_2 取其高为 B；内筒同样取用 l、b。

6. 筒中筒结构的一些工程平面布置见图10.5-20至图10.5-29。

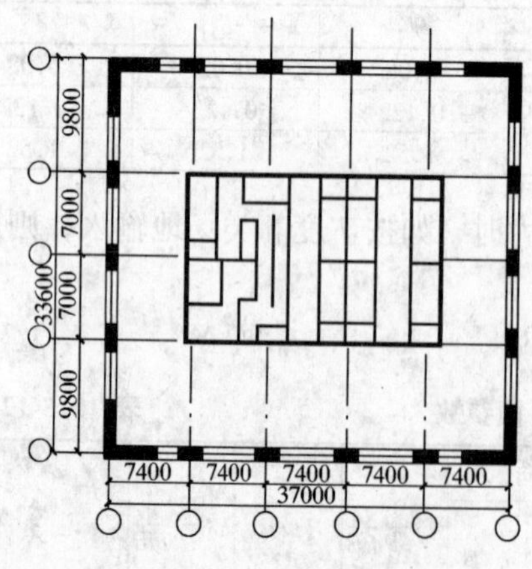

图 10.5-20 青岛广场结构平面

地下3层，地上54层，高度201m，塔顶240m。地震设防烈度7度远震，场地Ⅰ类。

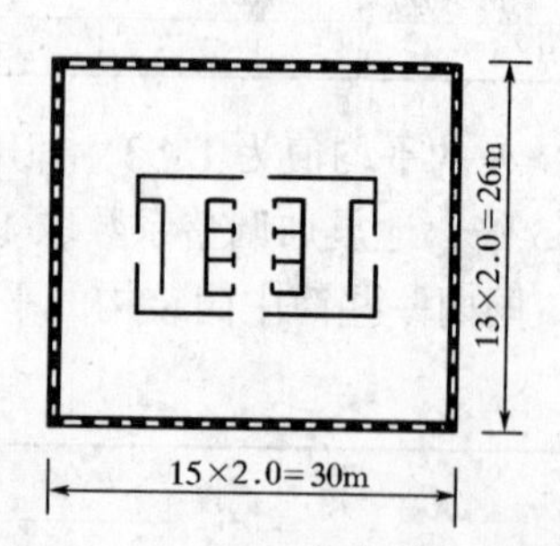

图 10.5-21 北京中国银行大厦

（22层，$H=80$m；外柱400mm×600mm；墙厚400，300mm；外梁300mm×900mm）

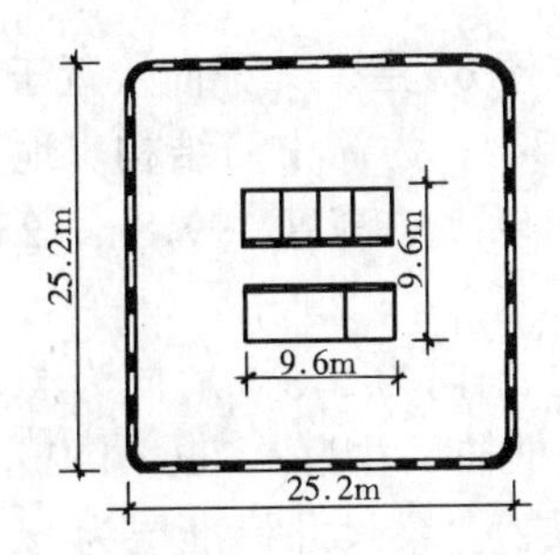

图 10.5-22 石家庄工贸中心

（$S=18000\text{m}^2$，$H=90.2\text{m}$，$h=3.2\text{m}$，$W=218750\text{kN}$；$w=12.1\text{kN/m}^2$；外筒厚 450mm～350mm；内筒厚 350mm～250mm）

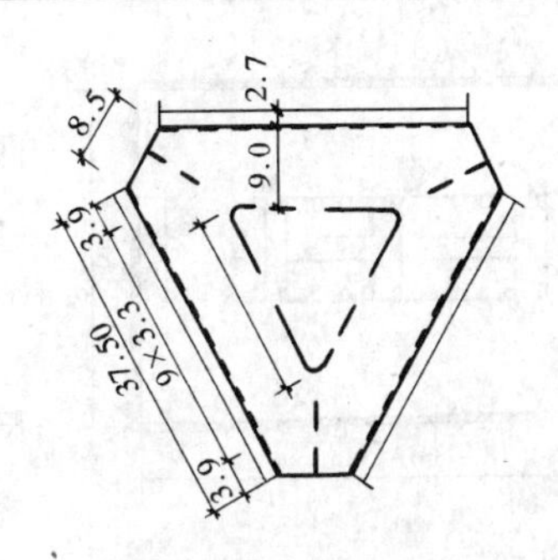

图 10.5-23 北京左家庄综合办公楼（单位：m）

（32 层，109m，$S=45700\text{m}^2$；柱 800mm×750mm～600mm×750mm，外筒梁 800mm×950mm～600mm×850mm，内筒厚 600mm，角墙厚 450mm）

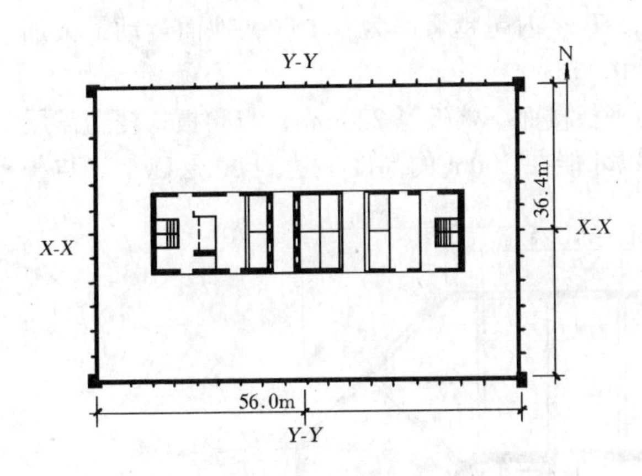

图 10.5-24 香港华润大厦（50 层）

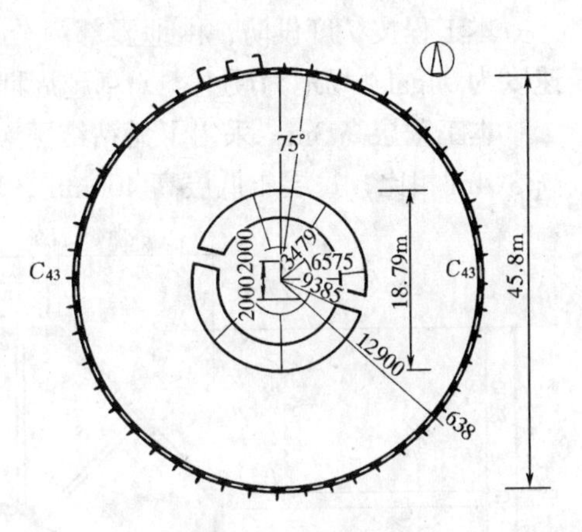

图 10.5-25 香港合和中心

（65 层，215.8m）

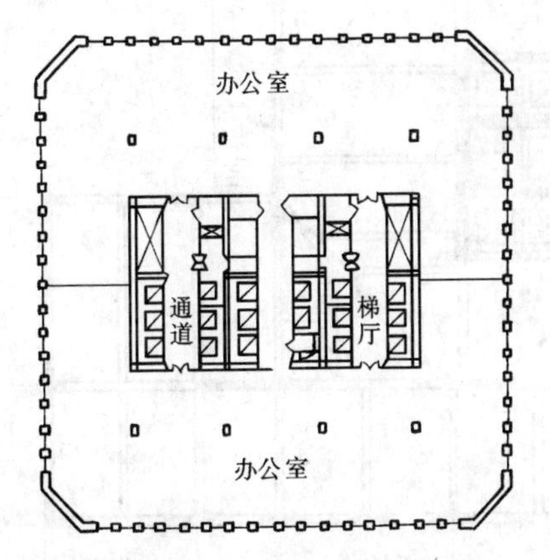

图 10.5-26 台北国际贸易中心

（36 层，$H=143\text{m}$）

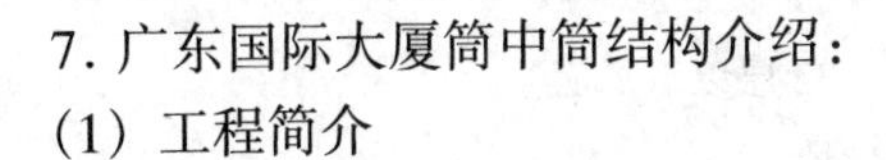

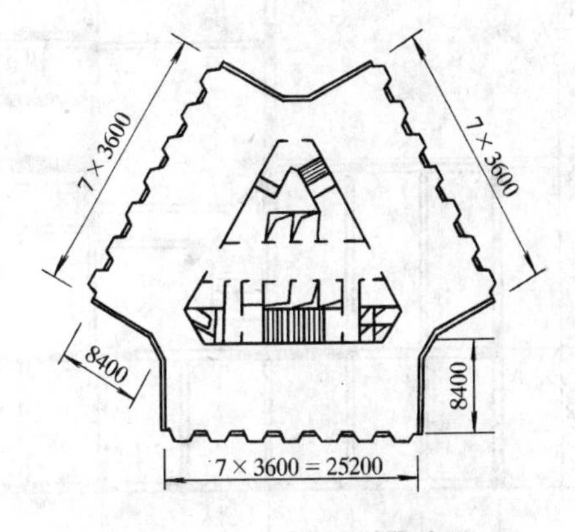

图 10.5-27 天津外贸中心

（33 层，$H=107\text{m}$，$S=33700\text{m}^2$）

7. 广东国际大厦筒中筒结构介绍：

（1）工程简介

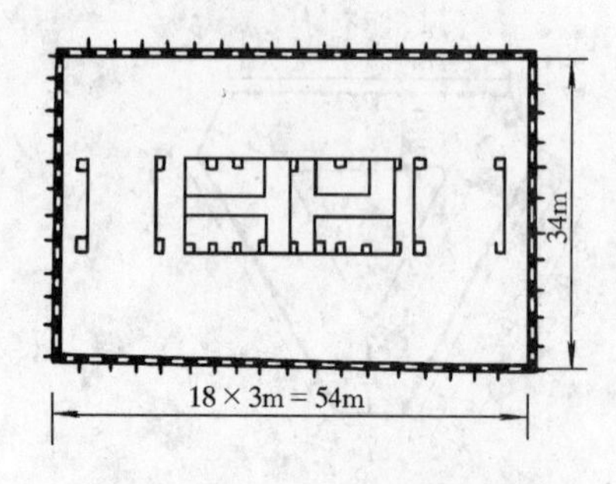

图 10.5-28 上海电讯大楼
（20层，H=125m）

广东国际大厦主楼63层，其平面接近于正方形，四角斜削（图10.5-30），为筒中筒结构。地下4层，深度－14.3m；地面以上总高度199.8m，23、42和61层为设备层。

本工程的高宽比 X 向为5.3，Y 向为5.6。平面尺寸37m×35m。外框柱尺寸为1.7m×1.2m（底层）~0.5m×1.2m（顶层），梁尺寸标准层为0.7m（h）×1.7m（b）~0.7m（h）×0.7m（b）；角柱采用八字形截面，加强角部整体性。

在23、42和61层设备层，加高裙梁使成为一个加强层，以加强整个刚度，减少位移。同时在这三层设置水平刚性伸臂桁架，这三层钢桁架联系内外筒共同工作，充分发挥外柱轴力的抗弯力矩作用，减少内筒受力，增加结构刚度。

本工程按7度设防，由地震部门分析，50年内超越概率为0.1时，地面运动最大加速度为94gal。场地为硬土类，卓越周期为0.11s。

本工程层高3m，采用了无粘结预应力平板楼面，楼板厚220mm，与梁板式楼盖需层高3.4m相比，每层压低层高400mm，所以才能在200m的高度上达到60层以上。与普

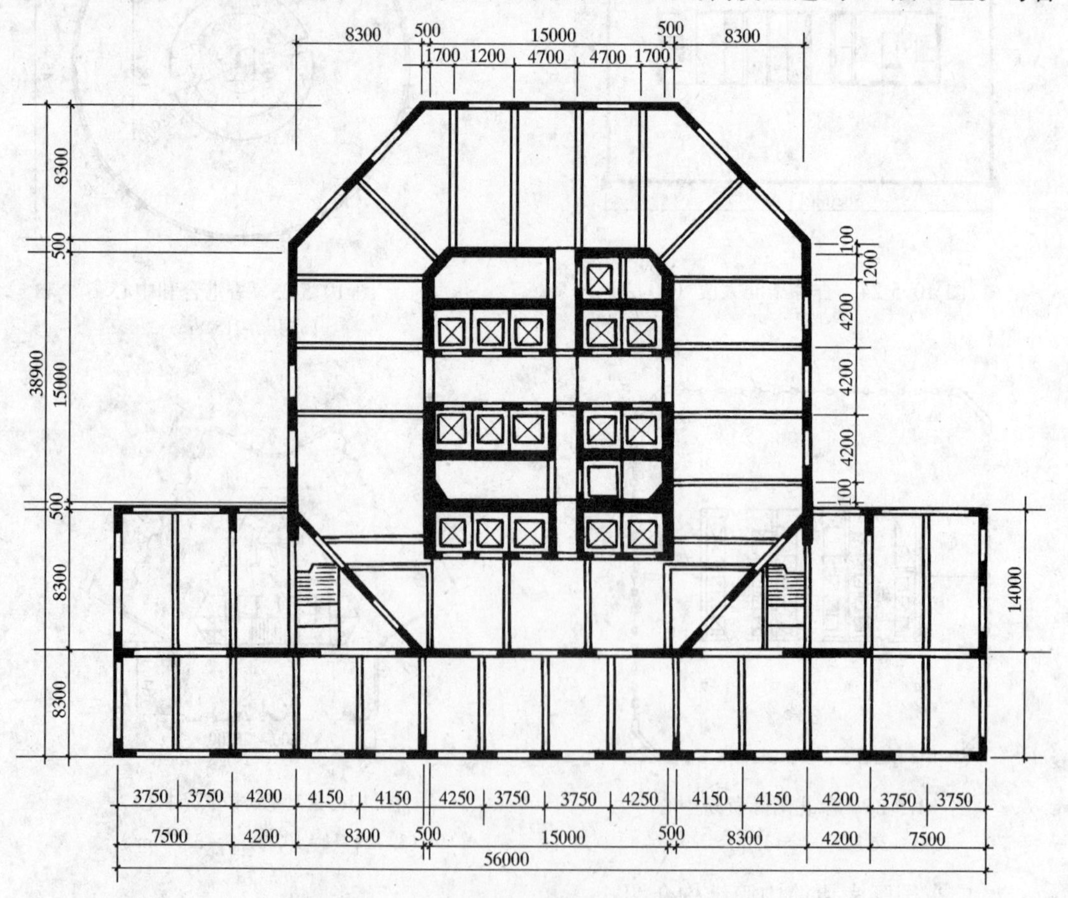

图 10.5-29 深圳鸿昌广场大厦32层以下平面
（60层，218m）

通平板厚度 350mm 相比，减小了混凝土用量 20000t，并相应降低了基础造价。

(2) 设计和试验

本工程采用三维空间分析，并进行了结构模型试验和风洞试验。

(3) 时程分析结果

动力时程分析时选用在建场地人工波 S5（由广东省地震局提供，Ⅰ类场地土，平均卓越周期 0.11s）、四川松潘波（1976 年，Ⅰ类场地土、卓越周期 0.1～0.15s）；此外，作为对比采用Ⅱ类场地土的 EL Centro 地震波。

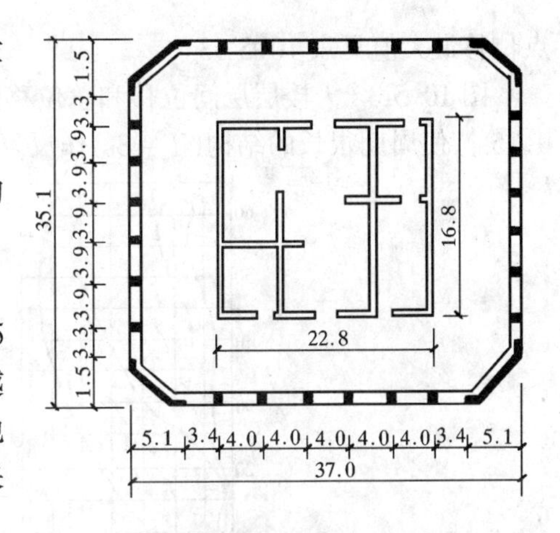

图 10.5-30 平面图

计算时，最大加速度 A_{max} 按 100gal 考虑，结构影响系数 $C=0.4$。

计算中取时距 $\Delta t=0.02$s，计算全过程 12s。

本工程的空间分析由广东省建筑设计院采用 CTW-300 程序进行，按空间-薄壁杆系进行三维分析，由总刚度矩阵得到 X、Y 两个方向的侧向刚度矩阵 $[K_x]$、$[K_y]$，作为时程分析的刚度输入数据。计算中采用了 6 个振型进行组合。

动力时程分析采用建研院结构所的程序 TBDYNA，按 62 个质点的多质点系进行分析。1986 年计算在 IBMPC-AT 微型计算机进行，一个波（12s、600 步）需要 4 小时。如按目前广泛采用的 586 机，仅需几分钟。

本工程 X、Y 两个方向在不同地震波作用下顶点位移进程反应曲线见图 10.5-31，顶

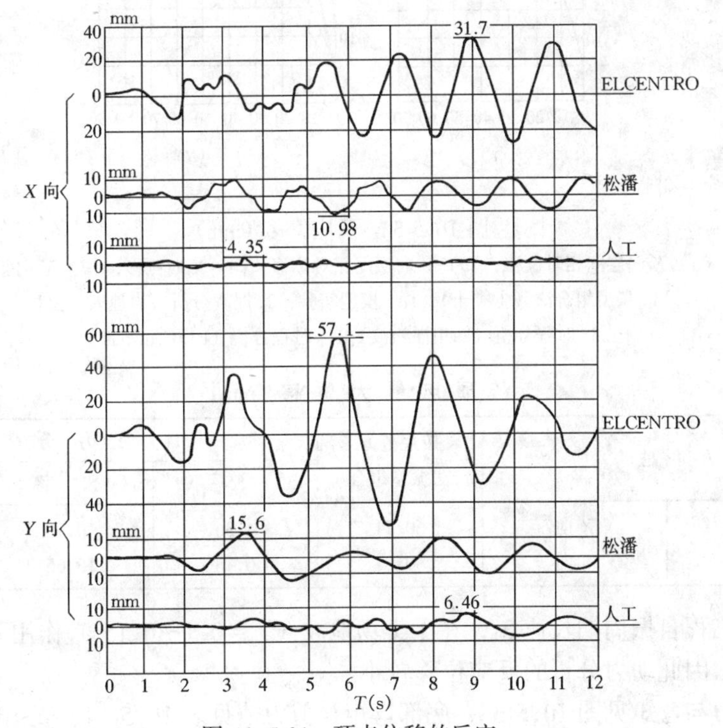

图 10.5-31 顶点位移的反应

点位移最大值见表10.5-13。

图10.5-32为楼层层间位移和总位移的最大反应值，由于S5与松潘波周期极短(0.1~0.15s)，使周期很长的结构($T=3$s)作反复高频振动，振幅很小，因而反应位移较小。

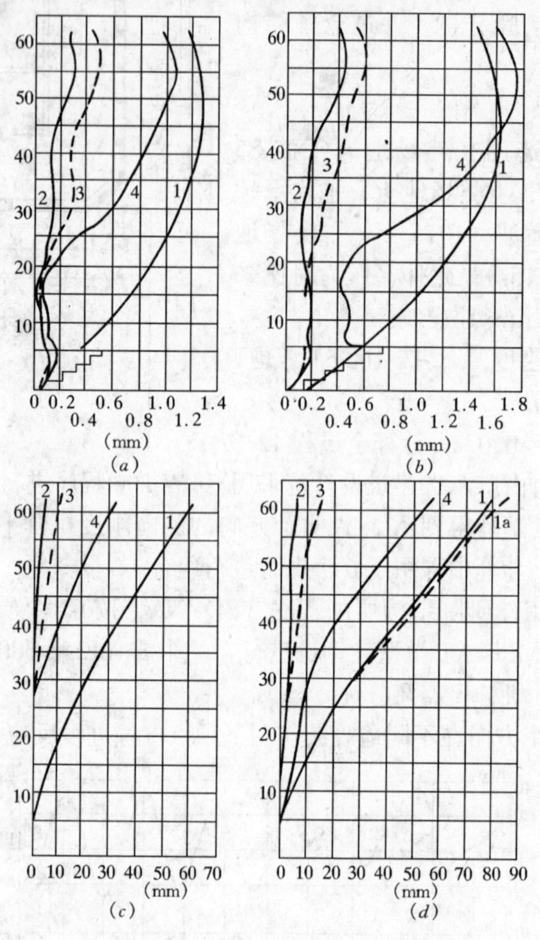

图10.5-32　反应位移（mm）

（a）X向层间相对位移；（b）Y向层间相对位移；（c）X向侧移；（d）Y向侧移

1. 振型组合法（Ⅰ类土）；1a. 模型实验；2. 时程分析（当地人工波）；

3. 时程分析（四川潘松波）；4. 时程分析（EL Centro波）

顶 点 最 大 位 移（mm）　　表10.5-13

方法		按规范方法振型组合	动力分析		
			S5	松潘	EL Centro
位移（mm）	X向	60.71	4.56	10.98	31.7
	Y向	80.07	6.46	15.65	57.1

由于本工程自振周期长达3s，在Ⅰ类场地波（$T=0.1\sim0.15$s）作用下，难以产生大振幅的共振，因此动力分析的反应位移较小。

楼层剪力与弯矩见图10.5-33，底部弯矩与剪力值见表10.5-14、表10.5-15。

结构底部剪力值（kN） **表 10.5-14**

方 法	静力分析		时程分析		
	底部剪力法	振型组合法	S5	松 潘	EI Ccentro
X 向	18678	20770	31976	27686	58873
Y 向	18678	19660	17322	14445	50401

结构底部弯矩值（kN/m） **表 10.5-15**

方 法	静力分析		时程分析		
X 向	2334622	2232800	1849456	1866653	3905699
Y 向	2334622	2273100	1007266	997550	3157255

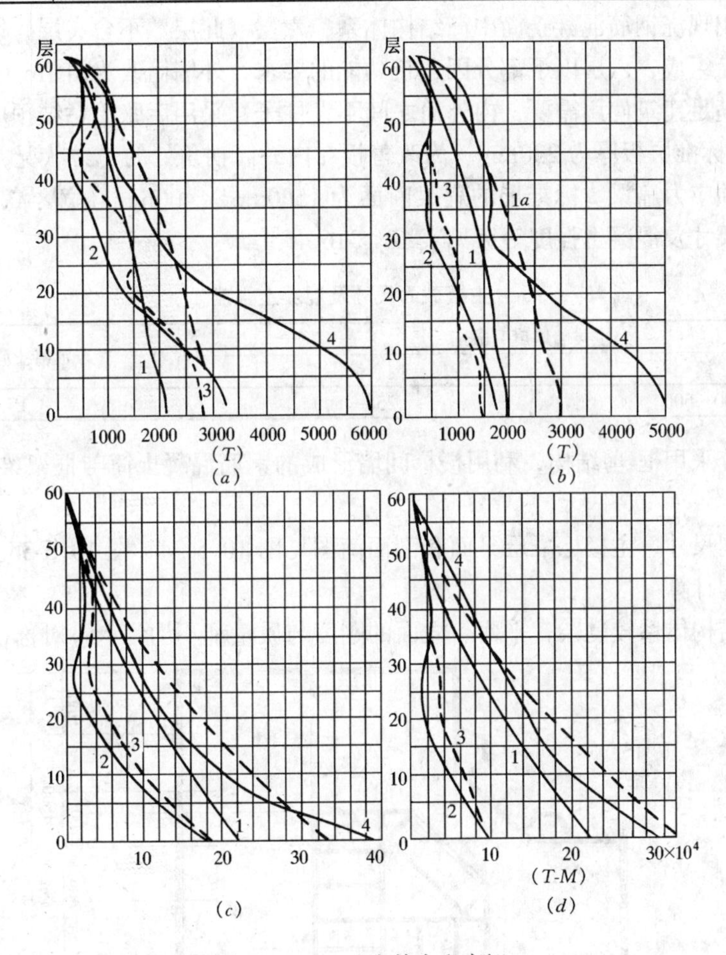

图 10.5-33 反应剪力和弯矩

（*a*）*X* 向层剪力；（*b*）*Y* 向层剪力；（*c*）*X* 向层弯矩；（*d*）*Y* 向层弯矩

1. 振型组合（Ⅰ类土）；2. 当地人工波；3. 四川潘松波；

4.EL Centro 波；1*a*. 振型组合（Ⅱ类土）

由上述计算结果可见，由于场地土坚硬、卓越周期短（0.1s）、结构自振周期长(3s)，因而在多数情况下动力反应值小于振型组合法的计算结果，因而本工程的状况对抗震有利。

至于 EI Centro 属于Ⅱ类场地土，其反应结果只供参考，不作为设计依据。

本工程层数多、高度大，底部剪力法是不适用的。取用 6 个振型组合法计算结果可以满足设计要求，但顶部楼层的内力还应按时程分析的结果予以调整。输入地震波的时程分析方法对高层建筑结构的抗震设计有重要的意义。

本工程由广东省建筑设计研究院设计。中国建筑科学研究院结构所承担动力时程分析和部分无粘结预应力楼板工程。

8.齐鲁宾馆筒中筒结构介绍：

本工程由北京市建筑设计研究院设计，位于山东济南市，建筑面积 58000m^2，地上45层，157m，地下2层，－16m。7度设防，Ⅰ类场地，场地特征周期0.1s。

(1) 结构布置

主楼采用现浇钢筋混凝土筒中筒结构体系，六层（此层数不含夹层）以上由中央芯筒与开洞外墙筒组成，六层以下部分因建筑功能的要求，外墙筒改为由1m×1m柱子组成的外框筒。为满足建筑使用需要，内外筒之间不设柱子，采用后张无粘结预应力楼板，板跨度为9.8m，标准层板厚为230mm。为改善板在内外筒拐角处的受力状况，拐角处设置了后张无粘结预应力扁梁。标准层的扁梁断面为1500mm×400mm（宽×高）。主楼部分内外筒墙截面尺寸及混凝土强度等级见表10.5-16。

主楼截面尺寸及混凝土强度　　　　**表 10.5-16**

主楼墙厚度（mm）		混凝土强度等级
外　筒　墙	内　筒　墙	
300～500	250～500	C35～C50

裙房部分采用框-剪结构，利用楼梯间墙形成的钢筋混凝土筒与框架梁柱组成框架-剪力墙体系。

首层柱网尺寸、主楼标准层平面和剖面筒图见图10.5-34、图10.5-35。

(2) 结构计算

本工程结构体系较复杂，平面、立面的刚度与质量都不均匀、不对称，主楼与裙房之

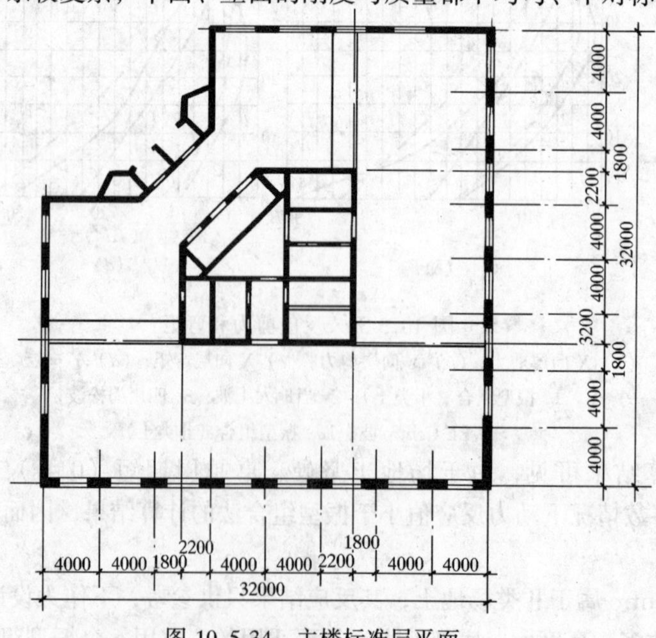

图 10.5-34　主楼标准层平面

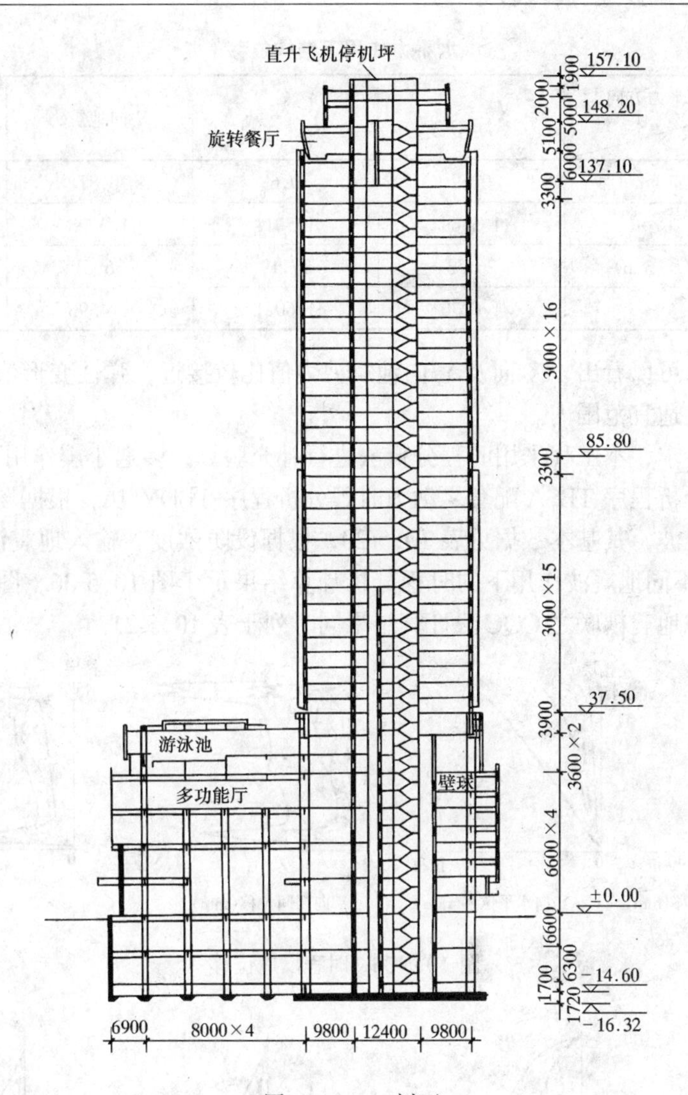

图 10.5-35 剖面

间未设变形缝。计算时将主楼与裙房整体考虑，采用三维体系空间分析程序 TBSA，考虑扭转及相关振型的藕联作用。设防烈度 7 度、基本风压 0.35kN/m^2、15 个振型时的计算结果见表 10.5-17～10.5-19。

主要自振周期 表 10.5-17

分 项	T_1	T_2	T_3	T_4	T_5	T_6
周期（s）	2.79	2.40	1.03	0.90	0.77	0.48

底部剪力及弯矩 表 10.5-18

水平力方向 / 分 项	X 向	Y 向
底部剪力（kN）	9547	9080
底部弯矩（kN·m）	958607	754052
底部剪力/总重	0.01	0.009

水平力作用下结构位移 表 10.5-19

分项 \ 水平力方向	X 风	Y 风	X 向地震力	Y 向地震力
层间最大位移 Δu（mm）	0.59	0.6	0.81	0.87
$\Delta u/h$	1/5069	1/5011	1/3708	1/3468
顶点最大位移 U（mm）	26.53	27.19	36.61	37.83
U/H	1/6170	1/6021	1/4596	1/4326

从计算结果可以看出，X 向及 Y 向地震剪力值比较接近，弹性变形值满足规范要求，各项内力值均在适宜范围内。

根据规范要求，本工程采用时程分析法进行补充验算，多遇小震作用下的弹性时程分析采用与空间分析程序 TBSA 配套之动力时程分析程序 TBDYNA，根据场地的卓越周期，选用了三条地震波，其基本数据见表 10.5-20，根据设防烈度，输入地震波的加速度峰值取 35gal，三条不同地震波作用下的时程分析计算结果示于图 10.5-36、图 10.5-37，为便于比较，将考虑地震耦联之 CQC 法计算结果同时列于表 10.5-21。

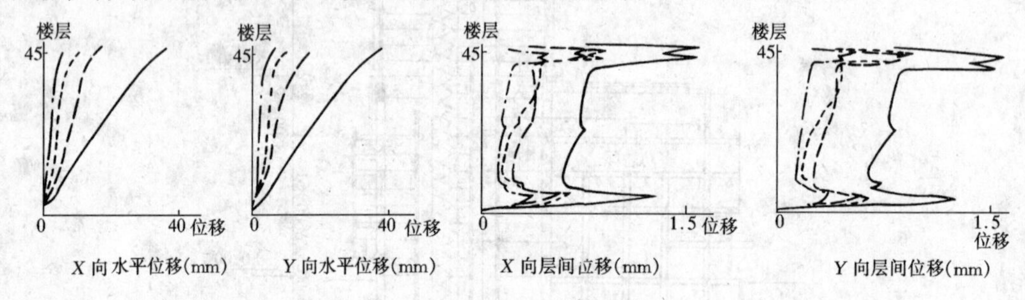

图 10.5-36 时程反应位移

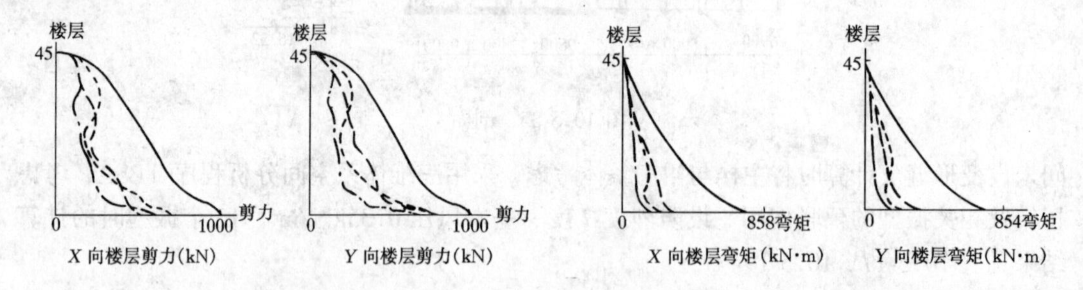

图 10.5-37 时程反应内力

经比较可以看出虽然在三条地震波作用下内力与变形各有不同，但设防烈度多遇小震作用下弹性时程分析所得各项结果均小于 CQC 法之结果，且符合抗震规范的要求。

对于象本工程这样的结构，抗震规范未要求进行高于本地区设防烈度预估的罕遇地震下薄弱层变形验算，鉴于本工程较不规划，从多遇小震时程分析计算结果亦可看出，存在着内力、变形突变之薄弱部位，为了解罕遇地震时结构的变形情况，进行了校核性验算。取多遇小震时的计算模型，输入加速度峰值为 220gal 的地震波，求出的三条地震波作用下的最大层间位移角小于框架结构位移角限值近 10 倍，可以认为考虑弹塑性变形后，薄弱部位的变形亦满足规范要求。

地震波基本数据 表 10.5-20

波名＼数据	记录长度 (s)	卓越周期 (s)	最大加速度 (gal)
SOP-1（松潘）	12	0.10～0.15	135.0
QIA_2-1（迁安（2））	7.8	0.10	119.7
GUZ_1-1（广州人工波（1））	12	0.11～0.15	101.9

地震作用下弹性位移 表 10.5-21

位移＼振波		X向				Y向			
		CQC	SOP-1	QIA_2-1	GUZ_1-1	CQC	SOP-1	QIA_2-1	GUZ-1
顶点	U（mm）	35.61	14.06	9.77	6.58	37.83	14.74	9.86	6.14
	U/H	1/4596	1/11615	1/16714	1/24818	1/4326	1/11709	1/16562	1/26596
42层	Δu（mm）	1.58	0.76	0.89	0.48	1.63	0.83	0.90	0.45
	$\Delta u/h$	1/3796	1/7895	1/6742	1/12500	1/3695	1/7229	1/6667	1/13333

（3）主要构造措施

1）本工程由于基础埋置在白云岩上，沉降量很小，故高低层之间由于基础不均匀沉降而引起的结构附加内力忽略不计，但因高低层两部分的总高度相差很大，在竖向荷载作用下两部分结构竖向构件产生的压缩变形会有较大差异，因此依然会引起结构的附加内力。为减少其影响，同时也为了解决混凝土在硬化过程中的收缩问题，并结合预应力梁、板在施工中的工艺要求，从首层顶板开始沿主楼与裙房的交接处设置施工后浇缝，并要求在主楼结构完成后补缝。

2）主楼部分在首层～四层局部设有夹层，使该局部形成短柱，同时也使同层柱刚度差异很大。设计中采取尽量压低夹层梁高以减少对柱子的约束，同时提高柱子混凝土强度等级，控制柱子的轴压比、剪压比、纵向钢筋的间距、设置螺旋箍筋等措施，以提高柱子的延性，提高抗震能力。

3）主楼6层以下因建筑功能的要求，外筒为梁、柱组成的框筒，并与裙房相连，8层以上由内外筒组成，结构的刚度和质量变化较大。为加强上下部分的联系，设计中利用设备层（7层）作为转换层，外框柱伸至设备层顶，且将上部墙宽范围内的柱筋上通一层，上部墙端暗柱纵筋下锚至设备层底，将上、下部分可靠连接起来，加强转换层传递水平力的能力，并在转换层设置构造洞口，以协调上、下部分的刚度和变形。

4）因建筑功能要求，42层以上部分层高较下部增加接近一倍，且机房层以上结构向内收进、刚度突变，机房层顶支撑600kN水箱，更增加了不利因素，从多遇小震下时程分析计算结果可以看出，该部位楼层剪力、层间位移等均发生突变，成为相对薄弱部位，为提高此部分楼层的水平刚度和构件的延性，改善结构的受力状态，采取措施如下：

a. 将顶部层高突变处墙体加厚，以增加上部结构的刚度，减少与下部相邻层的刚度差。

b. 提高上部结构混凝土的强度等级，提高墙体配筋率，以提高承载能力。

c. 加强节点构造及边缘构件的约束，以提高构件承受变形的能力。

d. 加强柔弱楼层杆件与混凝土墙体的连接构造，增加杆件的延性，增强对墙体的约束，充分发挥空间协同工作的作用。

e. 利用旋转餐厅底部活动地板凹槽以外部分的空间设置刚度较大的梁，以调整内、外筒的受力状态，加强侧向刚度。

主要技术指标如表 10.5-22。

表 10.5-22

分　项	单位建筑面积重量 (kN/m²)	单位面积用钢量 (kg/m²)		单位面积混凝土用量 (m/m²)	
		地下	地上	地下	地上
指　标	15.3	174	48	1.47	0.49

注：地下部分各指标包括基础

第11章　基　础

11.1　基础选型和埋置深度

1. 高层建筑的基础设计

应综合考虑建筑场地的地质状况及水位、上部结构类型、使用功能、施工条件以及相邻建筑的相互影响，以保证建筑物不致发生过量沉降或倾斜，并能满足正常使用要求。还应注意了解邻近地下构筑物及各类地下设施的位置和标高，以保证基础的安全和确保施工中不发生问题。

2. 高层建筑的基础形式

应选用整体性好，能满足地基承载力和建筑物容许变形的要求，并能调节不均匀沉降，达到安全实用和经济合理的目的。

根据上部结构类型、层数、荷载及地基承载力，可采用条形交叉梁、满堂筏板或箱形基础。筏板基础可以是梁板式和平板式，当建筑物层数较多、地下室柱距较大、基底反力很大时，宜优先采用平板式。采用梁板式筏基时，基础梁截面大必然增加基础埋置深度，当水位高时更为不利，梁板的混凝土需分层浇注，梁支模费事，因而增长工期，综合经济效益不一定比平板式好。

箱形基础具有整体刚度，能较好地调节地基不均匀沉降。现在多数高层建筑地下室用作停车库，机电用房，需要有较大平面空间时，没有必要强调采用箱形基础，因为筏形基础（尤其平板式）和周边钢筋混凝土外墙相组合，整体刚度也很大。

3. 高层建筑宜设置地下室

高层建筑宜设置地下室以减少地基的附加压力和沉降量，有利于满足天然地基的承载力和上部结构的整体稳定性。基础有一定的埋置深度，对房屋抗震有利，可以减小上部结构的地震反应。同时，由于基础具有一定的埋置深度后，地下室前后墙的被动土压力和侧墙的摩擦力限制了基础的摆动，使基础底板压力的分布趋于平缓。

基础埋置深度（由室外地面至基底）应符合下列要求：

（1）一般天然地基，不宜小于建筑物高度（室外地面至主体结构顶板上皮）的1/15，且不小于3m；

（2）岩石地基，可不考虑埋置深度的要求，但应验算倾覆，当不满足时应采取可靠的锚固措施；

（3）桩基，不宜小于建筑物高度的1/18（桩长不计在内，埋置深度算至承台底）。

当基础埋置深度不能满足上述要求时，在满足地基承载力和稳定性要求原则下，可适当减小，但应验算建筑物的倾覆，在基础位于岩石地基上有可能产生滑移时还应验算滑移。

天然地基中的基础埋置深度，不宜大于邻近的原有房屋基础，否则应有足够的间距（可根据土质情况取高差的1.5至2倍）或采取可靠的措施，确保在施工期间及投入使用后相邻建筑物的安全和正常使用。

4. 高层建筑主楼与裙房之间的基础

应采取有效措施使主楼与裙房基础的沉降差值在允许范围内，或通过计算确定差异沉降产生的基础及上部结构的内力和配筋时，可以不设置沉降缝。

减少高层主楼基础沉降可采取下列措施：

(1) 地基持力层应选择压缩性较低的土层，其厚度不宜小于4m，并且无软弱下卧层；

(2) 适当扩大基础底面面积，以减少基础底面单位面积上的压力；

(3) 当地基持力层为压缩性较高的土层时，可采取高层建筑的基础采用桩基础或复合地基，裙房为天然地基的方法，或高层主楼与裙房采用不同直径、长度的桩基础，以减少沉降差。

为使裙房基础沉降量接近主楼基础沉降值，可采取下列措施：

(1) 裙房基础埋置在与高层主楼基础不同的土层，使裙房基底持力层土的压缩性大于高层主楼基底持力层土的压缩性；

(2) 裙房采用天然地基，高层主楼采用桩基础或复合地基；

(3) 裙房基础应尽可能减小基础底面面积，不宜采用满堂基础，以柱下单独基础或条形基础为宜，并考虑主楼基底压力的影响。

当裙房地下室需要有防水时，地面可采用抗水板做法，柱基之间设梁支承抗水板或无梁平板，在抗水板下铺设一定厚度的易压缩材料，如泡沫聚苯板或干焦碴等，使之避免因柱基或条形梁基础沉降时抗水板成为满堂底板。易压缩材料的厚度可根据基础最终沉降值估计。抗水板上皮至基底的距离宜不小于1m，抗水板下原有土层不应夯实处理，当压缩性低的土层可刨松200mm。

(4) 裙房宜采用较高的地基承载力。此时地基承载力可进行深度调整。其埋置深度 d，按11.2节第4条取值。

并应注意使高层主楼的基底附加压力与裙房的基底附加压力相差不致过大。

5. 基础埋置深度 d

基础埋置深度 d，一般从室外地面算起。当地下室周围无可靠侧向限制时，埋置深度应从具有侧限的地面算起（图11.1-1）。

高层主楼与低层裙房之间设有沉降缝时，两者的基础埋深宜有一定的高差，根据地基土质情况一般不小于2m，沉降缝两侧应设置钢筋混凝土墙，缝隙宽度应考虑拆模板，防

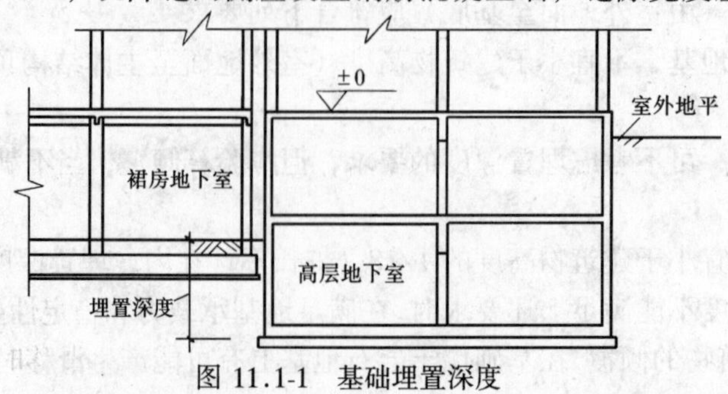

图 11.1-1　基础埋置深度

水层操作，在缝隙内在室外地面以下用粗砂填实，使高层主楼地下室具有侧向约束。

11.2 地基基础设计规定及地基承载力

1. 根据地基复杂程度、建筑物规模和功能特征以及由于地基问题可能造成建筑物破坏或影响正常使用的程度，将地基基础设计分为三个设计等级，设计时应根据具体情况，按表 11.2-1 选用。

地基基础设计等级 表 11.2-1

设计等级	建筑和地基类型
甲 级	重要的工业与民用建筑物 30 层以上的高层建筑 体型复杂，层数相差超过 10 层的高低层连成一体建筑物 大面积的多层地下建筑物（如地下车库、商场、运动场等） 对地基变形有特殊要求的建筑物 复杂地质条件下的坡上建筑物（包括高边坡） 对原有工程影响较大的新建建筑物 场地和地基条件复杂的一般建筑物 位于复杂地质条件及软土地区的二层及二层以上地下室的基坑工程
乙 级	除甲级、丙级以外的工业与民用建筑物
丙 级	场地和地基条件简单、荷载分布均匀的七层及七层以下民用建筑及一般工业建筑；次要的轻型建筑物

2. 根据建筑物地基基础设计等级及长期荷载作用下地基变形对上部结构的影响程度，地基基础设计应符合下列规定：

(1) 所有建筑物的地基计算均应满足承载力计算的有关规定；

(2) 设计等级为甲级、乙级的建筑物，均应按地基变形设计；

(3) 当地下水埋藏较浅，存在地下室上浮问题时，尚应进行抗浮验算。

3. 地基基础设计时，所采用的荷载效应最不利组合与相应的抗力限值应按下列规定：

(1) 按地基承载力确定基础底面积及埋深或按单桩承载力确定桩数时，传至基础或承台底面上的荷载效应应按正常使用极限状态下荷载效应的标准组合。相应的抗力应采用地基承载力特征值或单桩承载力特征值。

(2) 计算地基变形时，传至基础底面上的荷载效应应按正常使用极限状态下荷载效应的准永久组合，不应计入风荷载和地震作用。相应的限值应为地基变形允许值。

(3) 计算挡土墙土压力、地基或斜坡稳定及滑坡推力时，荷载效应应按承载能力极限状态下荷载效应的基本组合，但其荷载分项系数均为 1.0。

(4) 在确定基础或桩台高度、支挡结构截面、计算基础或支挡结构内力、确定配筋和验算材料强度时，上部结构传来的荷载效应组合和相应的基底反力，应按承载能力极限状态下荷载效应的基本组合，采用相应的荷载分项系数。

当需要验算基础裂缝宽度时，应按正常使用极限状态荷载效应标准组合。

（5）按《建筑地基基础设计规范》GB50007 结构重要性系数 γ_0 取不应小于 1.0。

4. 正常使用极限状态下，荷载效应的标准组合值 S_k 可用下式表示：

$$S_K = S_{GK} + S_{Q1K} + \psi_{c2} S_{Q2K} + \cdots\cdots + \psi_{cn} S_{Qnk} \tag{11.2-1}$$

式中　S_{GK}——按永久荷载标准值 G_K 计算的荷载效应值；

S_{Qik}——按可变荷载标准值 Q_{ik} 计算的荷载效应值；

ψ_{ci}——可变荷载 Q_i 的组合值系数，按现行《建筑结构荷载规范》GB50009 的规定取值。

荷载效应的准永久组合值 S_k 可用下式表示：

$$S_K = S_{GK} + \psi_{q1} S_{Q1K} + \psi_{q2} S_{G2K} + \cdots\cdots + \psi_{qn} S_{Qnk} \tag{11.2-2}$$

式中　ψ_{qi}——准永久值系数，按现行《建筑结构荷载规范》GB50009 的规定取值。

承载能力极限状态下，由可变荷载效应控制的基本组合设计值 S，可用下式表达：

$$S = \gamma_G S_{GK} + \gamma_{Q1} S_{Q1K} + \gamma_{Q2} \psi_{c2} S_{Q2K} + \cdots\cdots + \gamma_{Qn} \psi_{cn} S_{Qnk} \tag{11.2-3}$$

式中　γ_G——永久荷载的分项系数，按现行《建筑结构荷载规范》GB 50009 的规定取值；

γ_{Qi}——第 i 个可变荷载的分项系数，按现行《建筑结构荷载规范》GB50009 的规定取值。

对由永久荷载效应控制的基本组合，可采用简化规则，荷载效应组合的设计值 S 按下式确定：

$$S = 1.35 S_K \leqslant R \tag{11.2-4}$$

式中　R——结构构件抗力的设计值，按有关建筑结构设计规范的规定确定；

S_K——荷载效应的标准组合值。

5. 地基承载力特征值可由载荷试验或其他原位测试、公式计算、并结合工程实践经验等方法综合确定。

6. 当基础宽度大于 3m 或埋置深度大于 0.5m 时，从载荷试验或其他原位测试、经验值等方法确定的地基承载力特征值，尚应按下式修正：

$$f_a = f_{ak} + \eta_b \gamma (b - 3) + \eta_d \gamma_m (d - 0.5) \tag{11.2-5}$$

式中　f_a——修正后的地基承载力特征值；

f_{ak}——地基承载力特征值，按本节第 5 条的原则确定；

η_b、η_d——基础宽度和埋深的地基承载力修正系数，按基底下土类查表 11.2-2；

γ——土的重度，为基底以下土的天然质量密度 ρ 与重力加速度 g 的乘积，地下水位以下取浮重度（可取 $11kN/m^3$）；

b——基础底面宽度（m），当基宽小于 3m 按 3m 考虑，大于 6m 按 6m 考虑；

γ_m——基础底面以上土的加权平均重度，地下水位以下取浮重度；

d——基础埋置深度（m），一般自室外地面标高算起。在填方整平地区，可自填土地面标高算起，但填土在上部结构施工后完成时，应从天然地面标高算起。对于地下室，如采用箱形基础或筏基时，基础埋置深度自室外地面标高算起，如果采用独立基础或条形基础时，应从室内地面标高算起。

当高层主楼周围为连成一体筏形基础的裙房（或仅有地下停车库）时，基础埋置深度，可取裙房基础底面以上所有竖向荷载（不计活载）标准值（仅有地下停车库时应包括顶板以上填土及地面重）F（kN/m^2）与土的重度 γ（kN/m^3）之比，即 $d = F/\gamma$（m）。

对于非满堂筏形基础或无抗水板的地下室条形基础及单独柱基，地基承载力特征值进行深度修正时，其基础埋置深度 d 按下列规定取用：

（1）对于一般第四纪土，不论内外墙

$$d = \frac{d_1 + d_2}{2}, \text{且 } d_1 \geqslant 1\text{m}$$

（2）对于新近沉积土

$$d_{外} = \frac{d_1 + d_2}{2}$$

$$d_{内} = \frac{3d_1 + d_2}{4} \quad \text{且 } d_1 \geqslant 1\text{m}, d_2 \text{ 大于 5m 时按 5m 取值。}$$

式中 d_1——自地下室室内地面起算的基础埋置深度（m）；

d_2——自室外设计地面起算的基础埋置深度（m）；

$d_{外}$、$d_{内}$——外墙及内墙和内柱基础埋置深度取值（m）。

承载力修正系数 表 11.2-2

土的类别		η_b	η_d
淤泥和淤泥质土		0	1.0
人工填土 e 或 I_L 大于等于 0.85 的粘性土		0	1.0
红粘土	含水比 $a_w > 0.8$ 含水比 $a_w \leqslant 0.8$	0 0.15	1.2 1.4
大面积压实填土	压实系数大于 0.95，粘粒含量 $\rho_c \geqslant 10\%$ 的粉土	0	1.5
	最大干密度大于 $2.1t/m^3$ 的级配砂石	0	2.0
e 或 I_L 均小于 0.85 的粘性土		0.3	1.6
粉土	粘粒含量 $\rho_c \geqslant 10\%$	0.3	1.5
	粘粒含量 $\rho_c < 10\%$	0.5	2.0
粉砂、细砂（不包括很湿与饱和时的稍密状态） 中砂、粗砂、砾砂和碎石土		2.0 3.0	3.0 4.4

注：强风化和全风化的岩石，可参照所风化成的相应土类取值，其他状态下的岩石不修正。

7. 当偏心距 e 小于或等于 0.033 倍基础底面宽度时，根据土的抗剪强度指标确定地基承载力特征值可按下式计算，并应满足变形要求：

$$f_a = M_b \gamma b + M_d \gamma_m d + M_c c_k \quad (11.2\text{-}6)$$

式中　f_a——由土的抗剪强度指标确定的地基承载力特征值；
M_b、M_d、M_c——承载力系数，按表11.2-3确定；
b——基础底面宽度，大于6m时按6m考虑，对于砂土小于3m时按3m考虑；
c_k——相应于基底下一倍，短边宽深度内土的粘聚力标准值。

承载力系数 M_b、M_d、M_c　　表11.2-3

土的内摩擦角标准值 ϕ_k（°）	M_b	M_d	M_c	土的内摩擦角标准值 ϕ_k（°）	M_b	M_d	M_c
0	0	1.00	3.14	22	0.61	3.44	6.04
2	0.03	1.12	3.32	24	0.80	3.87	6.45
4	0.06	1.25	3.51	26	1.10	4.37	6.90
6	0.10	1.39	3.71	28	1.40	4.93	7.40
8	0.14	1.55	3.93	30	1.90	5.59	7.95
10	0.18	1.73	4.17	32	2.60	6.35	8.55
12	0.23	1.94	4.42	34	3.40	7.21	9.22
14	0.29	2.17	4.69	36	4.20	8.25	9.97
16	0.36	2.43	5.00	38	5.00	9.44	10.80
18	0.43	2.72	5.31	40	5.80	10.84	11.73
20	0.51	3.06	5.66				

8．基础底面压力的确定，应符合下式要求：
当轴心荷载作用时

$$p_k \leqslant f_a \tag{11.2-7}$$

式中　p_k——相应于荷载效应标准组合时，基础底面处的平均压力值；
f_a——修正后的地基承载力特征值。

当偏心荷载作用时，除符合式（11.2-7）要求外，尚应符合下式要求：

$$p_{kmax} \leqslant 1.2 f_a \tag{11.2-8}$$

式中　p_{kmax}——相应于荷载效应标准组合时，基础底面边缘的最大压力值；

9．基础底面的压力，可按下列公式确定：
（1）当轴心荷载作用时

$$p_k = \frac{F_k + G_k}{A} \tag{11.2-9}$$

式中　F_k——相应于荷载效应标准组合时，上部结构传至基础顶面的竖向力值；
G_k——基础自重和基础上的土重；
A——基础底面面积。

（2）当偏心荷载作用时

$$p_{kmax}=\frac{F_k+G_k}{A}+\frac{M_k}{W} \quad (11.2\text{-}10)$$

$$p_{kmin}=\frac{F_k+G_k}{A}-\frac{M_k}{W} \quad (11.2\text{-}11)$$

式中 M_k——相应于荷载效应标准组合时，作用于基础底面的力矩值；

W——基础底面的抵抗矩；

p_{kmin}——相应于荷载效应标准组合时，基础底面边缘的最小压力值。

当偏心距 $e>b/6$ 时（图 11.2-1），p_{kmax}应按下式计算：

$$p_{kmax}=\frac{2(F_k+G_k)}{3la} \quad (11.2\text{-}12)$$

式中 l——垂直于力矩作用方向的基础底面边长；

a——合力作用点至基础底面最大压力边缘的距离；

b——力矩作用方向基础底面边长。

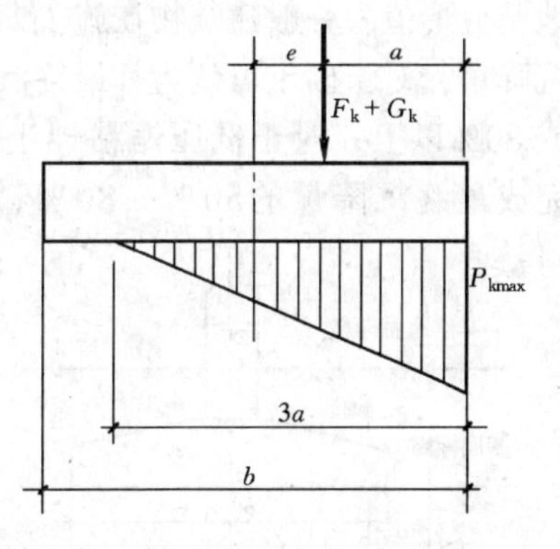

图 11.2-1 偏心荷载（$e>b/6$）下基底压力计算示意

10. 天然地基的地基土抗震承载力应按下式确定：

$$f_{aE}=\zeta_a f_a \quad (11.2\text{-}13)$$

式中 f_{aE}——调整后的地基土抗震承载力（kPa）；

ζ_a——地基土抗震承载力调整系数，按表 11.2-4 采用；

f_a——深宽修正后的地基承载力特征值（kPa），按公式（11.2-1）计算。

地基土抗震承载力调整系数 ζ_a **表 11.2-4**

岩 土 名 称 和 性 状	ζ_a
岩石，密实的碎石土，密实的砾、粗、中砂，$f_{ak}\geqslant300$ 的粘性土和粉土	1.5
中密、稍密的碎石土，中密和稍密的砾、粗、中砂，密实和中密的细、粉砂；$150\leqslant f_{ak}<300$ 的粘性土和粉土，坚硬黄土	1.3
稍密的细、粉砂，$100\leqslant f_{ak}<150$ 的粘性土和粉土，可塑黄土	1.1
淤泥、淤泥质土，松散的砂，填土，新近堆积黄土及流塑黄土	1.0

11. 验算天然地基在地震作用下的竖向承载力时，按地震作用效应标准组合的基础底面的平均压力和边缘最大压力应符合下列要求：

$$p\leqslant f_{aE} \quad (11.2\text{-}14)$$

$$p_{max}\leqslant1.2f_{aE} \quad (11.2\text{-}15)$$

式中 p——地震作用效应标准组合的基础底面平均压力（kPa）；

p_{max}——地震作用效应标准组合的基础边缘的最大压力（kPa）。

高宽比大于 4 的高层建筑，在地震作用下基础底面不宜出现零应力；其他建筑，基础底面与地基土之间零应力区面积不应超过基础底面面积的 15%。计算时，质量偏心较大的裙房与主楼可分开考虑。

11.3 地基变形计算

1. 建筑物的地基变形特征可分为沉降量、沉降差、倾斜和局部倾斜。在计算地基变形时，对于高层建筑应由倾斜值控制，并应分别预估建筑物在施工期间和使用期间的地基变形值。一般建筑物在施工期间完成的沉降量，对于砂土可认为其最终沉降量已完成80%以上；对于低压缩粘性土可认为已完成最终沉降量的50%～80%；对于中压缩粘性土可认为已完成20%～50%；对于高压缩粘性土可认为已完成5%～20%。

高层建筑的地基变形允许值　　表 11.3-1

变形特征	建筑物高度 H (m)	中、低、高压缩性土
基础的倾斜	$H_g \leqslant 24$	0.004
	$24 < H_g \leqslant 60$	0.003
	$60 < H_g \leqslant 100$	0.0025
	$H_g > 100$	0.002

注：1. H_g 为自室外地面算起。
2. 倾斜指基础倾斜方向两端点的沉降差 Δ 与其距离 L 的比值，即 Δ/L。

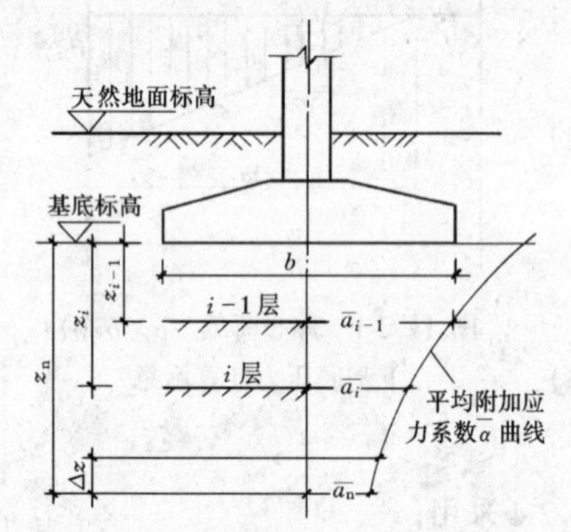

图 11.3-1　基础沉降计算的分层示意

2. 高层建筑的地基变形允许值，可按表11.3-1规定采用。体型简单的高层建筑的平均沉降量允许值200mm。

3. 计算地基变形时，地基内的应力分布，可采用各向同性均质的直线变形体理论，用分层总和法和采用压缩模量时，最终变形量 s 可按下式计算：

$$s = \psi_s \sum_{i=1}^{n} \frac{p_0}{E_{si}} (z_i \bar{\alpha}_i - z_{i-1} \bar{\alpha}_{i-1}) \quad (11.3\text{-}1)$$

式中　s——地基最终变形量（mm）；

ψ_s——沉降计算经验系数，根据地区沉降观测资料及经验确定，也可采用表11.3-2的数值；

n——地基变形计算深度范围内所划分的土层数（图11.3-1）；

p_0——对应于荷载效应准永久组合时的基础底面处的附加压力（kPa）；

E_{si}——基础底面下第 i 层土的压缩模量，按实际应力范围取值（MPa）；

z_i、z_{i-1}——基础底面至第 i 层土、第 $i-1$ 层土底面的距离（m）；

$\bar{\alpha}_i$、$\bar{\alpha}_{i-1}$——基础底面计算点至第 i 层土、第 $i-1$ 层土底面范围内平均附加应力系数，可按表11.3-3、表11.3-4、表11.3-5、表11.3-6、表11.3-7采用；

沉降计算经验系数 ψ_s　　表 11.3-2

基底附加压力 \ $\overline{E}_s$ (MPa)	2.5	4.0	7.0	15.0	20.0
$p_0 \geqslant f_{ak}$	1.4	1.3	1.0	0.4	0.2
$p_0 \leqslant 0.75 f_{ak}$	1.1	1.0	0.7	0.4	0.2

注：1. $\overline{E}_s$ 为变形计算深度范围内压缩模量的当量值，应按下式计算

$$\overline{E}_s = \frac{\Sigma A_i}{\Sigma \frac{A_i}{E_{si}}}$$

式中 A_i 为第 i 层土附加应力系数沿土层厚度的积分值。

2. f_{ak}——地基承载力特征值。

矩形面积上均布荷载作用下角点附加应力系数 α 表 11.3-3

z/b	l/b											
	1.0	1.2	1.4	1.6	1.8	2.0	3.0	4.0	5.0	6.0	10.0	条形
0.0	0.250	0.250	0.250	0.250	0.250	0.250	0.250	0.250	0.250	0.250	0.250	0.250
0.2	0.249	0.249	0.249	0.249	0.249	0.249	0.249	0.249	0.249	0.249	0.249	0.249
0.4	0.240	0.242	0.243	0.243	0.244	0.244	0.244	0.244	0.244	0.244	0.244	0.244
0.6	0.223	0.228	0.230	0.232	0.232	0.233	0.234	0.234	0.234	0.234	0.234	0.234
0.8	0.200	0.207	0.212	0.215	0.216	0.218	0.220	0.220	0.220	0.220	0.220	0.220
1.0	0.175	0.185	0.191	0.195	0.198	0.200	0.203	0.204	0.204	0.204	0.205	0.205
1.2	0.152	0.163	0.171	0.176	0.179	0.182	0.187	0.188	0.189	0.189	0.189	0.189
1.4	0.131	0.142	0.151	0.157	0.161	0.164	0.171	0.173	0.174	0.174	0.174	0.174
1.6	0.112	0.142	0.133	0.140	0.145	0.148	0.157	0.159	0.160	0.160	0.160	0.160
1.8	0.097	0.108	0.117	0.124	0.129	0.133	0.143	0.146	0.147	0.148	0.148	0.148
2.0	0.084	0.095	0.103	0.110	0.116	0.120	0.131	0.135	0.136	0.137	0.137	0.137
2.2	0.073	0.083	0.092	0.098	0.104	0.108	0.121	0.125	0.126	0.127	0.128	0.128
2.4	0.064	0.073	0.081	0.088	0.093	0.098	0.111	0.116	0.118	0.118	0.119	0.119
2.6	0.057	0.065	0.072	0.079	0.084	0.089	0.102	0.107	0.110	0.111	0.112	0.112
2.8	0.050	0.058	0.065	0.071	0.076	0.080	0.094	0.100	0.102	0.104	0.105	0.105
3.0	0.045	0.052	0.058	0.064	0.069	0.073	0.087	0.093	0.096	0.097	0.099	0.099
3.2	0.040	0.047	0.053	0.058	0.063	0.067	0.081	0.087	0.090	0.092	0.093	0.094
3.4	0.036	0.042	0.048	0.053	0.057	0.061	0.075	0.081	0.085	0.086	0.088	0.089
3.6	0.033	0.038	0.043	0.048	0.052	0.056	0.069	0.076	0.080	0.082	0.084	0.084
3.8	0.030	0.035	0.040	0.044	0.048	0.052	0.065	0.072	0.075	0.077	0.080	0.080
4.0	0.027	0.032	0.036	0.040	0.044	0.048	0.060	0.067	0.071	0.073	0.076	0.076
4.2	0.025	0.029	0.033	0.037	0.041	0.044	0.056	0.063	0.067	0.070	0.072	0.073
4.4	0.023	0.027	0.031	0.034	0.038	0.041	0.053	0.060	0.064	0.066	0.069	0.070
4.6	0.021	0.025	0.028	0.032	0.035	0.038	0.049	0.056	0.061	0.063	0.066	0.067
4.8	0.019	0.023	0.026	0.029	0.032	0.035	0.046	0.053	0.058	0.060	0.064	0.064
5.0	0.018	0.021	0.024	0.027	0.030	0.033	0.042	0.050	0.055	0.057	0.061	0.062
6.0	0.018	0.015	0.017	0.020	0.022	0.024	0.033	0.039	0.043	0.046	0.051	0.052
7.0	0.009	0.011	0.013	0.015	0.016	0.018	0.025	0.031	0.035	0.038	0.043	0.045
8.0	0.007	0.009	0.010	0.011	0.013	0.014	0.020	0.025	0.028	0.031	0.037	0.039
9.0	0.006	0.007	0.008	0.009	0.010	0.011	0.016	0.020	0.024	0.026	0.032	0.035
10.0	0.005	0.006	0.007	0.007	0.008	0.009	0.013	0.017	0.020	0.022	0.028	0.032
12.0	0.003	0.004	0.005	0.005	0.006	0.006	0.009	0.012	0.014	0.017	0.022	0.026
14.0	0.002	0.003	0.003	0.004	0.004	0.005	0.007	0.009	0.011	0.013	0.018	0.023
16.0	0.002	0.002	0.003	0.003	0.003	0.004	0.005	0.007	0.009	0.010	0.014	0.020
18.0	0.001	0.002	0.002	0.002	0.003	0.003	0.004	0.006	0.007	0.008	0.012	0.018
20.0	0.001	0.001	0.002	0.002	0.002	0.002	0.004	0.005	0.006	0.007	0.010	0.016
25.0	0.001	0.001	0.001	0.001	0.001	0.002	0.002	0.003	0.004	0.004	0.007	0.013
30.0	0.001	0.001	0.001	0.001	0.001	0.001	0.002	0.002	0.003	0.003	0.005	0.011
35.0	0.000	0.000	0.001	0.001	0.001	0.001	0.001	0.002	0.002	0.002	0.004	0.009
40.0	0.000	0.000	0.000	0.000	0.001	0.001	0.001	0.001	0.001	0.002	0.003	0.008

注：l—基础长度（m）；b—基础宽度（m）；z—计算点离基础底面垂直距离（m）。

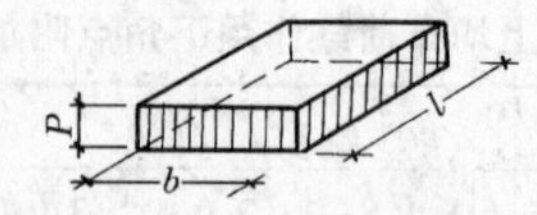

矩形面积上均布荷载作用下角点的平均附加应力系数 $\overline{\alpha}$　　　　表 11.3-4

z/b \ l/b	1.0	1.2	1.4	1.6	1.8	2.0	2.4	2.8	3.2	3.6	4.0	5.0	10.0
0.0	0.2500	0.2500	0.2500	0.2500	0.2500	0.2500	0.2500	0.2500	0.2500	0.2500	0.2500	0.2500	0.2500
0.2	0.2496	0.2497	0.2497	0.2498	0.2498	0.2498	0.2498	0.2498	0.2498	0.2498	0.2498	0.2498	0.2498
0.4	0.2484	0.2479	0.2481	0.2483	0.2483	0.2484	0.2485	0.2485	0.2485	0.2485	0.2485	0.2485	0.2485
0.6	0.2423	0.2437	0.2444	0.2448	0.2451	0.2452	0.2454	0.2455	0.2455	0.2455	0.2455	0.2455	0.2456
0.8	0.2423	0.2372	0.2387	0.2395	0.2400	0.2403	0.2407	0.2408	0.2409	0.2409	0.2410	0.2410	0.2410
1.0	0.2252	0.2291	0.2313	0.2326	0.2335	0.2340	0.2346	0.2349	0.2351	0.2352	0.2352	0.2353	0.2353
1.2	0.2149	0.2199	0.2229	0.2248	0.2260	0.2268	0.2278	0.2282	0.2285	0.2236	0.2287	0.2288	0.2289
1.4	0.2043	0.2102	0.2140	0.2146	0.2180	0.2191	0.2204	0.2211	0.2215	0.2217	0.2218	0.2220	0.2221
1.6	0.1939	0.2006	0.2049	0.2079	0.2099	0.2113	0.2130	0.2138	0.2143	0.2146	0.2148	0.2150	0.2520
1.8	0.1840	0.1910	0.1960	0.1994	0.2018	0.2034	0.2055	0.2066	0.2073	0.2077	0.2079	0.082	0.2084
2.0	0.1746	0.1822	0.1875	0.1912	0.198	0.1958	0.1982	0.1996	0.2004	0.2009	0.2012	0.2015	0.2018
2.2	0.1659	0.1737	0.1793	0.1833	0.1862	0.1883	0.1911	0.1927	0.1937	0.1943	0.1947	0.1952	0.1955
2.4	0.1578	0.1657	0.1715	0.1757	0.1789	0.1812	0.1843	0.1862	0.1873	0.1880	0.1825	0.1890	0.1895
2.6	0.1503	0.1583	0.1642	0.1686	0.1719	0.1745	0.1779	0.1799	0.1812	0.1820	0.1825	0.1832	0.1833
2.8	0.1433	0.1514	0.1574	0.1619	0.1654	0.1680	0.1717	0.1739	0.1753	0.1763	0.1769	0.1777	0.1784
3.0	0.1369	0.1449	0.1510	0.1556	0.1592	0.1619	0.1658	0.1682	0.1698	0.1708	0.1715	0.1725	0.1733
3.2	0.1310	0.1390	0.1450	0.1497	0.1533	0.1562	0.1602	0.1628	0.1645	0.1657	0.1664	0.1675	0.1685
3.4	0.1256	0.1334	0.1394	0.1441	0.1478	0.1508	0.1550	0.1577	0.1595	0.1607	0.1616	0.1628	0.1639
3.6	0.1205	0.1282	0.1342	0.1389	0.1427	0.1456	0.1500	0.1528	0.1548	0.1561	0.1570	0.1583	0.1595
3.8	0.1158	0.1234	0.1293	0.1340	0.1378	0.1408	0.1452	0.1482	0.1502	0.1516	0.1526	0.1541	0.1554
4.0	0.114	0.1189	0.1248	0.1294	0.1332	0.1362	0.1408	0.1438	0.1459	0.1474	0.1485	0.1500	0.1516
4.2	0.1073	0.1147	0.1205	0.1251	0.1289	0.1319	0.1365	0.1396	0.1418	0.1434	0.1445	0.1462	0.1479
4.4	0.1035	0.1107	0.1164	0.1210	0.1248	0.1279	0.1325	0.1357	0.1379	0.1369	0.1407	0.1425	0.1444
4.6	0.1000	0.1107	0.1127	0.1172	0.1209	0.1240	0.1287	0.1319	0.1342	0.1359	0.1371	0.1390	0.1410
4.8	0.0967	0.1036	0.1091	0.1136	0.1173	0.1204	0.1250	0.1283	0.1307	0.1324	0.1337	0.1357	0.1379
5.0	0.0935	0.1003	0.1057	0.1102	0.1139	0.1169	0.1216	0.1294	0.1273	0.1291	0.1304	0.1325	0.1348
5.2	0.0906	0.0972	0.1026	0.1070	0.1108	0.1136	0.1183	0.1217	0.1241	0.1259	0.1273	0.1295	0.1320
5.4	0.0878	0.0943	0.0996	0.1039	0.1075	0.1105	0.1152	0.1186	0.1211	0.1229	0.1243	0.1265	0.1292
5.6	0.0852	0.0916	0.0968	0.1010	0.1046	0.1076	0.1122	0.1156	0.1181	0.1200	0.1215	0.1238	0.1266
5.8	0.0828	0.0890	0.0941	0.0983	0.1018	0.1047	0.1094	0.1128	0.1153	0.1172	0.1187	0.1211	0.1240
6.0	0.0805	0.0866	0.0916	0.0957	0.0991	0.1021	0.1067	0.1101	0.1126	0.1146	0.1161	0.1185	0.1216
6.2	0.0783	0.0842	0.0891	0.0932	0.0966	0.0995	0.1041	0.1075	0.1101	0.1120	0.1136	0.1161	0.1193
6.4	0.0762	0.0820	0.0869	0.0909	0.0942	0.0971	0.1016	0.1050	0.1076	0.1096	0.1111	0.1137	0.1171
6.6	0.0742	0.0799	0.0847	0.0886	0.0919	0.0948	0.0993	0.1027	0.1053	0.1073	0.1088	0.1114	0.1149
6.8	0.0723	0.0779	0.0826	0.0865	0.0898	0.0926	0.0970	0.1004	0.1030	0.1050	0.1066	0.1092	0.1129
7.0	0.0705	0.0761	0.0806	0.0844	0.0877	0.0904	0.0949	0.0982	0.1008	0.1028	0.1044	0.1071	0.1109
7.2	0.0688	0.0742	0.0787	0.0825	0.0857	0.0884	0.0928	0.0962	0.0987	0.1008	0.1023	0.1051	0.1090
7.4	0.0672	0.0725	0.0769	0.0806	0.0338	0.0865	0.0908	0.0942	0.0967	0.0988	0.1004	0.1031	0.1071
7.6	0.0656	0.0709	0.0752	0.0789	0.0820	0.0846	0.0889	0.0922	0.0967	0.0988	0.1004	0.1031	0.1071
7.8	0.0642	0.0693	0.0736	0.0771	0.0802	0.0828	0.0871	0.0904	0.0929	0.0950	0.0966	0.0994	0.1036
8.0	0.0627	0.0678	0.0720	0.0755	0.0785	0.0811	0.0853	0.0886	0.0921	0.0932	0.0948	0.0976	0.1020
8.2	0.0614	0.0663	0.0705	0.0739	0.0769	0.0795	0.0837	0.0869	0.0894	0.0914	0.0931	0.0959	0.1004
8.4	0.0601	0.0649	0.0690	0.0724	0.0754	0.0779	0.0820	0.0852	0.0878	0.0893	0.0914	0.0943	0.0938
8.6	0.0588	0.0636	0.0676	0.0710	0.0739	0.0764	0.0805	0.0836	0.0862	0.0882	0.0893	0.0927	0.0973

续表

z/b \ l/b	1.0	1.2	1.4	1.6	1.8	2.0	2.4	2.8	3.2	3.6	4.0	5.0	10.0
8.8	0.0576	0.0623	0.0663	0.0696	0.0724	0.0749	0.0790	0.0821	0.0846	0.0866	0.0882	0.0912	0.0959
9.2	0.0554	0.0599	0.0637	0.0670	0.0697	0.0721	0.0761	0.0792	0.0817	0.0837	0.0853	0.0882	0.0931
9.6	0.0533	0.0577	0.0614	0.0645	0.0672	0.0696	0.0734	0.0765	0.0789	0.0809	0.0825	0.0855	0.0905
10.0	0.0514	0.0556	0.0592	0.0622	0.0649	0.0672	0.0710	0.0739	0.0763	0.0783	0.0799	0.0829	0.0880
10.4	0.0496	0.0537	0.0572	0.0601	0.0627	0.0649	0.0686	0.0716	0.0739	0.0759	0.0775	0.0804	0.0857
10.8	0.0479	0.0519	0.0553	0.0581	0.0606	0.0628	0.0664	0.0693	0.0717	0.0736	0.0751	0.0781	0.0834
11.2	0.0463	0.0502	0.0535	0.0563	0.0587	0.0609	0.0644	0.0672	0.0695	0.0714	0.0730	0.0759	0.0813
11.6	0.0448	0.0486	0.0518	0.0545	0.0569	0.0590	0.0625	0.0652	0.0675	0.0694	0.0709	0.0738	0.0793
12.0	0.0435	0.0471	0.0502	0.0529	0.0552	0.0573	0.0606	0.0634	0.0656	0.0674	0.0690	0.0719	0.0774
12.8	0.0409	0.0444	0.0474	0.0499	0.0521	0.0541	0.0573	0.0599	0.0621	0.0639	0.0654	0.0682	0.0739
13.6	0.0387	0.0420	0.0448	0.0472	0.0493	0.0512	0.0543	0.0568	0.0589	0.0607	0.0621	0.0649	0.0707
14.4	0.0367	0.0398	0.0425	0.0448	0.0468	0.0486	0.0516	0.0540	0.0561	0.0577	0.0592	0.0619	0.0677
15.2	0.0319	0.0379	0.0404	0.0426	0.0446	0.0463	0.0492	0.0515	0.0535	0.0551	0.0565	0.0592	0.0650
16.0	0.0332	0.0361	0.0385	0.0407	0.0426	0.0442	0.0469	0.0492	0.0511	0.0527	0.0540	0.0567	0.0625
18.0	0.0297	0.0323	0.0345	0.0364	0.0381	0.0396	0.0422	0.0442	0.0460	0.0475	0.0487	0.0512	0.0570
20.0	0.0269	0.0292	0.0312	0.0330	0.0345	0.0359	0.0402	0.0402	0.0418	0.0432	0.0444	0.0468	0.0524

短形面积上三角形分布荷载作用下的附加应力系数 α 与平均附加应力系数 $\bar{\alpha}$

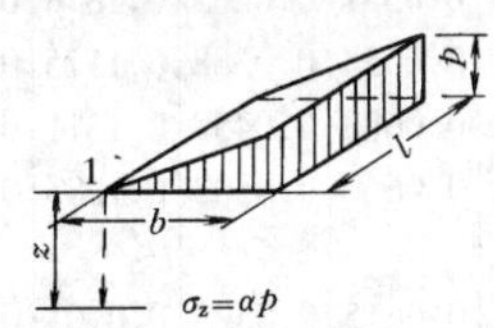

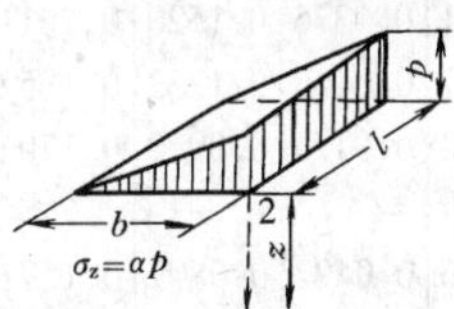

表 11.3-5

l/b	0.2				0.4				0.6				l/b
点	1		2		1		2		1		2		点
z/b \ 系数	α	$\bar{\alpha}$	α	$\bar{\alpha}$	α	$\bar{\alpha}$	α	$\bar{\alpha}$	α	$\bar{\alpha}$	α	$\bar{\alpha}$	系数 / z/b
0.0	0.0000	0.0000	0.2500	0.2500	0.0000	0.0000	0.2500	0.2500	0.0000	0.0000	0.2500	0.2500	0.0
0.2	0.0223	0.0112	0.1821	0.2161	0.0280	0.0140	0.2115	0.2308	0.0296	0.0148	0.2165	0.2333	0.2
0.4	0.0269	0.0179	0.1094	0.1810	0.0420	0.0245	0.1604	0.2084	0.0487	0.0270	0.1781	0.2153	0.4
0.6	0.0259	0.0207	0.0700	0.1505	0.0448	0.0308	0.1165	0.1851	0.0560	0.0355	0.1405	0.1966	0.6
0.8	0.0232	0.0217	0.0480	0.1277	0.0421	0.0340	0.0853	0.1640	0.0553	0.0405	0.1093	0.1787	0.8
1.0	0.0201	0.0217	0.0346	0.1104	0.0375	0.0351	0.0638	0.1401	0.0508	0.0430	0.0852	0.1624	1.0
1.2	0.0171	0.0212	0.0260	0.0970	0.0324	0.0351	0.0491	0.1312	0.0450	0.0439	0.0673	0.1480	1.2
1.4	0.0145	0.0204	0.0202	0.0865	0.0278	0.0344	0.0386	0.1187	0.0392	0.0436	0.0540	0.1356	1.4
1.6	0.0123	0.0195	0.0160	0.0779	0.0238	0.0333	0.0310	0.1082	0.0339	0.0427	0.0440	0.1247	1.6
1.8	0.0105	0.0186	0.0130	0.0709	0.0204	0.0321	0.0254	0.0993	0.0294	0.0415	0.0363	0.1153	1.8

续表

l/b	0.2				0.4				0.6				l/b
点	1		2		1		2		1		2		点
系数 z/b	α	$\bar{\alpha}$	α	$\bar{\alpha}$	α	$\bar{\alpha}$	α	$\bar{\alpha}$	α	$\bar{\alpha}$	α	$\bar{\alpha}$	系数 z/b
2.0	0.0090	0.0178	0.0108	0.0650	0.0176	0.0308	0.0211	0.0917	0.0255	0.0401	0.0304	0.1071	2.0
2.5	0.0063	0.0157	0.0072	0.0538	0.0125	0.0276	0.0140	0.0760	0.0183	0.0365	0.0205	0.0008	2.5
3.0	0.0064	0.0140	0.0051	0.0458	0.0092	0.0248	0.0100	0.0661	0.0135	0.0330	0.0148	0.0786	3.0
5.0	0.0018	0.0097	0.0019	0.0289	0.0036	0.0175	0.0038	0.0424	0.0054	0.0236	0.0056	0.0476	5.0
7.0	0.0000	0.0073	0.0010	0.011	0.0019	0.0133	0.0019	0.0311	0.0028	0.0180	0.0029	0.0352	7.0
10.0	0.0005	0.0053	0.0004	0.0150	0.0009	0.0097	0.0010	0.0222	0.0014	0.0133	0.0014	0.0253	10.0

l/b	0.8				1.0				1.2				l/b
点	1		2		1		2		1		2		点
系数 z/b	α	$\bar{\alpha}$	α	$\bar{\alpha}$	α	$\bar{\alpha}$	α	$\bar{\alpha}$	α	$\bar{\alpha}$	α	$\bar{\alpha}$	系数 z/b
0.0	0.0000	0.0000	0.2500	0.2500	0.0000	0.0000	0.2500	0.2500	0.0000	0.0000	0.2500	0.2500	0.0
0.2	0.0301	0.0151	0.2178	0.2339	0.0304	0.0152	0.2182	0.2341	0.0305	0.0153	0.2184	0.2342	0.2
0.4	0.0517	0.0280	0.1844	0.2175	0.0531	0.0285	0.1870	0.2184	0.0539	0.0288	0.1881	0.2187	0.4
0.6	0.0521	0.0376	0.1520	0.2011	0.0654	0.0388	0.1575	0.2030	0.0673	0.0394	0.1602	0.2039	0.6
0.8	0.0637	0.0440	0.1232	0.1852	0.0688	0.0459	0.1311	0.1883	0.0720	0.0470	0.1355	0.1899	0.8
1.0	0.0602	0.0476	0.0990	0.1704	0.0666	0.0502	0.1085	0.1746	0.0708	0.0518	0.1143	0.1769	1.0
1.2	0.0546	0.0492	0.0807	0.1571	0.0615	0.0525	0.0901	0.1021	0.0664	0.0546	0.0962	0.1649	1.2
1.4	0.0483	0.0495	0.0661	0.1451	0.0554	0.0534	0.0751	0.1507	0.0600	0.0559	0.0817	0.1541	1.4
1.6	0.0424	0.0490	0.0547	0.1345	0.0492	0.0533	0.0528	0.1405	0.0545	0.0561	0.0696	0.1443	1.6
1.8	0.0371	0.0480	0.0457	0.1252	0.0435	0.0525	0.0534	0.1313	0.0437	0.0556	0.0596	0.1354	1.8
2.0	0.0324	0.0467	0.0387	0.1169	0.0384	0.0513	0.0456	0.1232	0.0434	0.0547	0.0513	0.1274	2.0
2.5	0.0236	0.0429	0.0265	0.1000	0.0284	0.0478	0.0318	0.1063	0.0326	0.0513	0.0365	0.1107	2.5
3.0	0.0176	0.0392	0.0192	0.0871	0.0214	0.0439	0.0233	0.0931	0.0249	0.0476	0.0270	0.0976	3.0
5.0	0.0071	0.0285	0.0074	0.0576	0.0033	0.0324	0.0091	0.0624	0.0104	0.0356	0.0108	0.0661	5.0
7.0	0.0038	0.0219	0.0038	0.0427	0.0017	0.0251	0.0047	0.0465	0.0056	0.0277	0.0056	0.0496	7.0
10.0	0.0019	0.0162	0.0019	0.0308	0.0023	0.0186	0.0024	0.0336	0.0028	0.0207	0.0028	0.0359	10.0

l/b	1.4				1.6				1.8				l/b
点	1		2		1		2		1		2		点
系数 z/b	α	$\bar{\alpha}$	α	$\bar{\alpha}$	α	$\bar{\alpha}$	α	$\bar{\alpha}$	α	$\bar{\alpha}$	α	$\bar{\alpha}$	系数 z/b
0.0	0.0000	0.0000	0.2500	0.2500	0.0000	0.0000	0.2500	0.2500	0.0000	0.0000	0.2500	0.2500	0.0
0.2	0.0305	0.0153	0.2185	0.2343	0.0306	0.0133	0.2185	0.2343	0.0306	0.0153	0.2185	0.2343	0.2
0.4	0.0543	0.0289	0.1886	0.2189	0.0545	0.0290	0.1889	0.2190	0.0546	0.0290	0.1891	0.2190	0.4
0.6	0.0684	0.0397	0.1616	0.2043	0.0690	0.0399	0.1625	0.2046	0.0694	0.0400	0.1630	0.2047	0.6

续表

l/b	1.4				1.6				1.8				l/b
点	1		2		1		2		1		2		点
系数 / z/b	α	$\bar{\alpha}$	α	$\bar{\alpha}$	α	$\bar{\alpha}$	α	$\bar{\alpha}$	α	$\bar{\alpha}$	α	$\bar{\alpha}$	系数 / z/b
0.8	0.0739	0.0476	0.1381	0.1907	0.0751	0.0480	0.1396	0.1912	0.0759	0.0482	0.1405	0.1915	0.8
1.0	0.0735	0.0528	0.1176	0.1781	0.0753	0.0534	0.1202	0.1789	0.0766	0.0538	0.1215	0.1794	1.0
1.2	0.0698	0.0560	0.1007	0.1666	0.0721	0.0568	0.1037	0.1678	0.0738	0.0574	0.1055	0.1684	1.2
1.4	0.0644	0.0575	0.0864	0.1562	0.0672	0.0585	0.0397	0.1576	0.0692	0.0594	0.0921	0.1585	1.4
1.6	0.0586	0.0580	0.0743	0.1467	0.0616	0.0594	0.0780	0.1484	0.0639	0.0603	0.0806	0.1494	1.6
1.8	0.0528	0.0578	0.0644	0.1381	0.0560	0.0593	0.0681	0.1400	0.0585	0.0604	0.0709	0.1413	1.8
2.0	0.0474	0.0570	0.0560	0.1303	0.0507	0.0587	0.0596	0.1324	0.0533	0.0599	0.0625	0.1338	2.0
2.5	0.0362	0.0540	0.0405	0.1139	0.0393	0.0560	0.0440	0.1166	0.0419	0.0575	0.0469	0.1180	2.5
3.0	0.0280	0.0503	0.0303	0.1008	0.0307	0.0525	0.0333	0.1033	0.0331	0.0541	0.0359	0.1052	3.0
5.0	0.0120	0.0382	0.0123	0.0690	0.0135	0.0403	0.0139	0.0714	0.0148	0.0421	0.0154	0.0734	5.0
7.0	0.0064	0.0299	0.0066	0.0520	0.0073	0.0318	0.0074	0.0541	0.0081	0.0333	0.0083	0.0558	7.0
10.0	0.0033	0.0224	0.0032	0.0379	0.0037	0.0239	0.0037	0.0395	0.0041	0.0252	0.0042	0.0409	10.0

l/b	2.0				3.0				4.0				l/b
点	1		2		1		2		1		2		点
系数 / z/b	α	$\bar{\alpha}$	α	$\bar{\alpha}$	α	$\bar{\alpha}$	α	$\bar{\alpha}$	α	$\bar{\alpha}$	α	$\bar{\alpha}$	系数 / z/b
0.0	0.0000	0.0000	0.2500	0.2500	0.0000	0.0000	0.2500	0.2500	0.0000	0.0000	0.2500	0.2500	0.0
0.2	0.0306	0.0153	0.2185	0.2343	0.0306	0.0153	0.2186	0.2343	0.0306	0.0153	0.2186	0.2343	0.2
0.4	0.0547	0.0290	0.1892	0.2191	0.0548	0.0290	0.1894	0.2192	0.0549	0.0291	0.1894	0.2192	0.4
0.6	0.0696	0.0401	0.1633	0.2048	0.0704	0.0402	0.1038	0.2050	0.0702	0.0402	0.1639	0.2050	0.6
0.8	0.0764	0.0483	0.1412	0.1917	0.0773	0.0486	0.1423	0.1920	0.0770	0.0487	0.1421	0.1920	0.8
1.0	0.0774	0.0540	0.1225	0.1797	0.0790	0.0545	0.1244	0.1803	0.0794	0.0546	0.1248	0.1803	1.0
1.2	0.0749	0.0577	0.1069	0.1639	0.0774	0.0584	0.1096	0.1697	0.0779	0.0586	0.1103	0.1699	1.2
1.4	0.0707	0.0599	0.0937	0.1591	0.0739	0.0609	0.0973	0.1603	0.0748	0.0612	0.0982	0.1605	1.4
1.6	0.0656	0.0509	0.0826	0.1502	0.0597	0.0623	0.0870	0.1517	0.0708	0.0626	0.0882	0.1521	1.6
1.8	0.0604	0.0611	0.0730	0.1422	0.0652	0.0628	0.0782	0.1441	0.0666	0.0633	0.0797	0.1445	1.8
2.0	0.0553	0.0608	0.0649	0.1348	0.0607	0.0629	0.0707	0.1371	0.0624	0.0634	0.0720	0.1377	2.0
2.5	0.0440	0.0586	0.0491	0.1193	0.0504	0.0614	0.0559	0.1223	0.0529	0.0623	0.0535	0.1233	2.5
3.0	0.0352	0.0554	0.0380	0.1067	0.0419	0.0589	0.0451	0.1104	0.0449	0.0600	0.0482	0.1116	3.0
5.0	0.0161	0.0435	0.0167	0.0749	0.0214	0.0480	0.0221	0.0797	0.0248	0.0500	0.0256	0.0817	5.0
7.0	0.0089	0.0347	0.0091	0.0572	0.0124	0.0391	0.0126	0.0619	0.0152	0.0414	0.0154	0.0642	7.0
10.0	0.0046	0.0263	0.0046	0.0403	0.0066	0.0302	0.0066	0.0462	0.0084	0.0325	0.0083	0.0485	10.0

续表

l/b \ 点 系数 \ z/b	6.0				8.0				10.0				l/b \ 点 系数 \ z/b
	1		2		1		2		1		2		
	α	$\bar{\alpha}$	α	$\bar{\alpha}$	α	$\bar{\alpha}$	α	$\bar{\alpha}$	α	$\bar{\alpha}$	α	$\bar{\alpha}$	
0.0	0.0000	0.0000	0.2500	0.2500	0.0000	0.0000	0.2500	0.2500	0.0000	0.0000	0.2500	0.2500	0.0
0.2	0.0306	0.0153	0.2186	0.2343	0.0306	0.0153	0.2186	0.2343	0.0306	0.0153	0.2186	0.2343	0.2
0.4	0.0549	0.0291	0.1894	0.2192	0.0549	0.0291	0.1894	0.2192	0.0549	0.0291	0.1894	0.2192	0.4
0.6	0.0702	0.0402	0.1640	0.2050	0.0702	0.0402	0.1640	0.2050	0.0702	0.0402	0.1640	0.2050	0.6
0.8	0.0776	0.0487	0.1426	0.1921	0.0776	0.0487	0.1426	0.1921	0.0776	0.0487	0.1426	0.1921	0.8
1.0	0.0795	0.0546	0.1250	0.1804	0.0706	0.0546	0.1250	0.1804	0.0706	0.0546	0.1250	0.1804	1.0
1.2	0.0782	0.0587	0.1105	0.1700	0.0733	0.0587	0.1105	0.1700	0.0733	0.0587	0.1105	0.1700	1.2
1.4	0.0752	0.0613	0.0986	0.1606	0.0752	0.0613	0.0987	0.1606	0.0763	0.0613	0.0987	0.1606	1.4
1.6	0.0714	0.0628	0.0887	0.1523	0.0715	0.0628	0.0388	0.1523	0.0715	0.0628	0.0889	0.1523	1.6
1.8	0.0673	0.0635	0.0805	0.1447	0.0675	0.0635	0.0806	0.1443	0.0675	0.0635	0.0808	0.1448	1.8
2.0	0.0634	0.0637	0.0734	0.1380	0.0636	0.0638	0.0736	0.1380	0.0636	0.0638	0.0738	0.1380	2.0
2.5	0.0543	0.0627	0.0601	0.1237	0.0547	0.0628	0.0604	0.1238	0.0548	0.0628	0.0605	0.1239	2.5
3.0	0.0469	0.0607	0.0504	0.1123	0.0474	0.0609	0.0509	0.1124	0.0476	0.0609	0.0511	0.1125	3.0
5.0	0.0283	0.0515	0.0290	0.0833	0.0296	0.0519	0.0303	0.0837	0.0301	0.0521	0.0309	0.0839	5.0
7.0	0.0186	0.0435	0.0190	0.0663	0.0204	0.0442	0.0207	0.0671	0.0212	0.0445	0.0216	0.0674	7.0
10.0	0.0111	0.0349	0.0111	0.0509	0.0128	0.0369	0.0130	0.0520	0.0139	0.0364	0.0141	0.0526	10.0

圆形面积上均布荷载作用下中点的附加应力系数 α 与平均附加应力系数 $\bar{\alpha}$　　表 11.3-6

z/r	圆　形		z/r	圆　形		z/r	圆　形	
	α	$\bar{\alpha}$		α	$\bar{\alpha}$		α	$\bar{\alpha}$
0.0	1.000	1.000	1.7	0.360	0.718	3.4	0.117	0.463
0.1	0.999	1.000	1.8	0.332	0.697	3.5	0.111	0.453
0.2	0.992	0.998	1.9	0.307	0.677	3.6	0.106	0.443
0.3	0.976	0.993	2.0	0.285	0.658	3.7	0.101	0.434
0.4	0.949	0.986	2.1	0.264	0.640	3.8	0.096	0.425
0.5	0.911	0.974	2.2	0.245	0.623	3.9	0.091	0.417
0.6	0.864	0.960	2.3	0.229	0.606	4.0	0.087	0.409
0.7	0.811	0.942	2.4	0.210	0.590	4.1	0.083	0.401
0.8	0.756	0.923	2.5	0.200	0.574	4.2	0.079	0.393
0.9	0.701	0.901	2.6	0.187	0.560	4.3	0.076	0.386
1.0	0.647	0.878	2.7	0.175	0.546	4.4	0.073	0.379
1.1	0.595	0.855	2.8	0.165	0.532	4.5	0.070	0.372
1.2	0.547	0.831	2.9	0.155	0.519	4.6	0.067	0.365
1.3	0.502	0.808	3.0	0.146	0.507	4.7	0.064	0.359
1.4	0.461	0.784	3.1	0.138	0.495	4.8	0.062	0.353
1.5	0.424	0.762	3.2	0.130	0.484	4.9	0.059	0.347
1.6	0.390	0.739	3.3	0.124	0.473	5.0	0.057	0.341

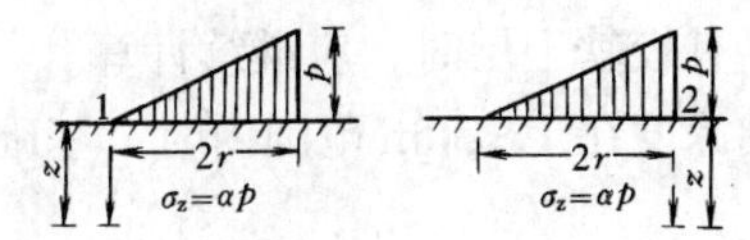

r—圆形面积的半径

圆形面积上三角形分布荷载作用下边点的附加应力系数 α 与平均附加应力系数 $\bar{\alpha}$ 表 11.3-7

z/r \ 点 系数	1 α	1 $\bar{\alpha}$	2 α	2 $\bar{\alpha}$	z/r \ 点 系数	1 α	1 $\bar{\alpha}$	2 α	2 $\bar{\alpha}$
0.0	0.000	0.000	0.500	0.500	2.3	0.070	0.073	0.097	0.242
0.1	0.016	0.008	0.465	0.483	2.4	0.067	0.073	0.091	0.236
0.2	0.031	0.016	0.433	0.466	2.5	0.064	0.072	0.086	0.230
0.3	0.044	0.023	0.403	0.450	2.6	0.062	0.072	0.081	0.225
0.4	0.054	0.030	0.376	0.435	2.7	0.059	0.071	0.078	0.219
0.5	0.063	0.035	0.349	0.420	2.8	0.057	0.071	0.074	0.214
0.6	0.071	0.041	0.324	0.406	2.9	0.055	0.070	0.070	0.209
0.7	0.078	0.045	0.300	0.393	3.0	0.052	0.070	0.067	0.204
0.8	0.083	0.050	0.279	0.380	3.1	0.050	0.069	0.064	0.200
0.9	0.088	0.054	0.258	0.368	3.2	0.048	0.069	0.061	0.196
1.0	0.091	0.057	0.238	0.356	3.3	0.046	0.068	0.059	0.192
1.1	0.092	0.061	0.221	0.344	3.4	0.045	0.067	0.055	0.188
1.2	0.093	0.063	0.205	0.333	3.5	0.043	0.067	0.053	0.184
1.3	0.092	0.065	0.190	0.323	3.6	0.041	0.066	0.051	0.180
1.4	0.091	0.067	0.177	0.313	3.7	0.040	0.065	0.048	0.177
1.5	0.089	0.069	0.165	0.303	3.8	0.038	0.065	0.046	0.173
1.6	0.087	0.070	0.154	0.294	3.9	0.037	0.064	0.043	0.170
1.7	0.085	0.071	0.144	0.286	4.0	0.036	0.063	0.041	0.167
1.8	0.083	0.072	0.134	0.278	4.2	0.033	0.062	0.038	0.161
1.9	0.080	0.072	0.126	0.270	4.4	0.031	0.061	0.034	0.155
2.0	0.078	0.073	0.117	0.263	4.6	0.029	0.059	0.031	0.150
2.1	0.075	0.073	0.110	0.266	4.8	0.027	0.058	0.029	0.145
2.2	0.072	0.073	0.104	0.249	5.0	0.025	0.057	0.027	0.140

地基变形计算深度 z_n，应符合下式要求：

$$\Delta s'_n \leqslant 0.025 \sum_{i=1}^{n} \Delta s'_i \tag{11.3-2}$$

式中 $\Delta s'_i$——在计算深度范围内，第 i 层土的计算变形值；

$\Delta s'_n$——在计算深度 z_n 处向上取厚度为 Δz 的土层计算变形值，Δz 值按表 11.3-8 确定。

Δz 值 表 11.3-8

b (m)	≤2	2<b≤4	4<b≤8	>8
Δz (m)	0.3	0.6	0.8	1.0

如确定的计算深度下部仍有较软土层时，应继续计算。

当无相邻荷载影响，基础深度在1～30m范围内时，基础中点的地基变形计算深度也可按下列简化公式计算：

$$z_n = b(2.5 - 0.4\ln b) \tag{11.3-3}$$

式中 b 为基础宽度（m）。

在计算深度范围内存在基岩时，z_n 可取至基岩表面；存在较厚的坚硬粘性土层，其孔隙比小于0.5、压缩模量大于50MPa，或存在较厚的密实砂卵石层，其压缩模量大于80MPa时，z_n 可取至该层土表面。

4．当采用土的变形模量时，箱形和筏形基础的最终变形量 s 可按下式计算：

$$s = p_k b\eta \sum_{i=1}^{n} \frac{\delta_i - \delta_{i-1}}{E_{0i}} \tag{11.3-4}$$

式中　p_k——相应于长期效应组合下的基础底面处的平均压力标准值（kPa）；

b——基础底面宽度（m）；

δ_i、δ_{i-1}——与基础长宽比 L/B 及深度 z 有关的无因次系数，可按表11.3-9确定；

E_{0i}——基础底面下第 i 层土按载荷试验求得的变形模量（MPa）；

η——修正系数，可按表11.3-10确定。

系　数　δ　　　　表11.3-9

$m=\frac{2z}{b}$	$n=\frac{L}{b}$						$n>10$
	1	1.4	1.8	2.4	3.2	5	
0.0	0.000	0.000	0.000	0.000	0.000	0.000	0.000
0.4	0.100	0.100	0.100	0.100	0.100	0.100	0.104
0.8	0.200	0.200	0.200	0.200	0.200	0.200	0.208
1.2	0.299	0.300	0.300	0.300	0.300	0.300	0.311
1.6	0.380	0.394	0.397	0.397	0.397	0.397	0.412
2.0	0.446	0.472	0.482	0.486	0.486	0.486	0.511
2.4	0.499	0.538	0.556	0.565	0.567	0.567	0.605
2.8	0.542	0.592	0.618	0.635	0.640	0.640	0.687
3.2	0.577	0.637	0.671	0.696	0.707	0.709	0.763
3.6	0.606	0.676	0.717	0.750	0.768	0.772	0.831
4.0	0.630	0.708	0.756	0.796	0.820	0.830	0.892
4.4	0.650	0.735	0.789	0.837	0.867	0.883	0.949
4.8	0.668	0.759	0.819	0.873	0.908	0.932	1.001
5.2	0.683	0.780	0.834	0.904	0.948	0.977	1.050
5.6	0.697	0.798	0.867	0.933	0.981	1.018	1.095
6.0	0.708	0.814	0.887	0.958	1.011	1.056	1.138
6.4	0.719	0.828	0.904	0.980	1.031	1.090	1.178
6.8	0.728	0.841	0.920	1.000	1.065	1.122	1.215
7.2	0.736	0.852	0.935	1.019	1.088	1.152	1.251
7.6	0.744	0.863	0.948	1.036	1.109	1.180	1.285
8.0	0.751	0.872	0.960	1.051	1.128	1.205	1.316
8.4	0.757	0.881	0.970	1.065	1.146	1.229	1.347
8.8	0.762	0.888	0.980	1.078	1.162	1.251	1.376
9.2	0.768	0.896	0.989	1.089	1.178	1.272	1.404
9.6	0.772	0.902	0.998	1.100	1.192	1.291	1.431
10.0	0.777	0.908	1.005	1.110	1.205	1.309	1.456
11.0	0.786	0.922	1.022	1.132	1.238	1.349	1.506
12.0	0.794	0.933	1.037	1.151	1.257	1.384	1.550

注：L、b——矩形基础的长度与宽度；

z——基础底面至该层土底面的距离。

修 正 系 数 η 表 11.3-10

$m=\frac{2z_n}{b}$	$0<m\leqslant0.5$	$0.5<m\leqslant1$	$1<m\leqslant2$	$2<m\leqslant3$	$3<m\leqslant5$	$5<m\infty$
η	1.0	0.95	0.90	0.80	0.75	0.70

z_n 为地基计算深度，按下式计算：

$$z_n=(z_m+\zeta b)\beta \tag{11.3-5}$$

式中 z_m——与基础长宽比有关的经验值（m），按表 11.3-11 确定；

ζ——系数，按表 11.3-11 确定；

β——调整系数，按表 11.3-12 采用。

z_m值 和 系 数 ζ 表 11.3-11

L/B	1	2	3	4	5
z_m (m)	11.6	12.4	12.5	12.7	13.2
ζ	0.42	0.49	0.53	0.60	1.00

调 整 系 数 β 表 11.3-12

土 类	碎 石	砂 土	粉 土	粘性土	软 土
β	0.30	0.50	0.60	0.75	1.00

5. 计算高层建筑的箱形基础和筏形基础的整体倾斜值，应考虑荷载偏心、地基不均匀性及相邻荷载的影响等因素，可以根据地区经验选择计算基础底面若干点的变形量的方法求得整体倾斜值。

6. 高层建筑的箱形基础和筏形基础的容许变形量和容许整体倾斜值应根据建筑物的使用要求及其对相邻建筑物可能造成的影响按地区经验确定。但横向整体倾斜的计算值 α_T，在非地震区宜符合下式要求：

$$\alpha_T\leqslant\frac{B}{100H} \tag{11.3-6}$$

式中 B——基础宽度（m）；

H——建筑物的高度（m）。

7. 计算地基变形时，应考虑相邻荷载的影响，其值可按应力叠加原理，采用角点法计算。

8. 当高层建筑基础形状不规则时，可采用分块集中力法计算基础下的压力分布，并应按刚性基础的变形协调原则调整。分块大小应由计算精度确定。

9. 当建筑物地下室基础埋置较深时，需要考虑开挖基坑时地基土的回弹，该部分回弹变形量可按下式计算：

$$S_c=\psi_c\sum_{i=1}^{n}\frac{p_c}{E_{ci}}(z_i\bar{\alpha}-z_{i-1}\bar{\alpha}_{i-1}) \tag{11.3-7}$$

计算深度取至基坑底面以下 5m。

式中 S_c——考虑回弹影响的地基变形量；

ψ_c——考虑回弹影响的沉降计算经验系数，$\psi_c=1.0$。

p_c——基坑底面以上土的自重压力（kPa），地下水位以下取浮容重。

E_{ci}——土的回弹再压缩模量，按《土工试验方法标准》GB/ T50123—1999 确定。

10. 在同一整体大面积基础上建有多栋高、低层建筑，沉降计算时应该考虑上部结构、基础与地基的共同作用。

11.4　单　独　柱　基

1. 高层建筑的裙房无地下室或地下水位较低，地下室无需设满堂筏板防水时，框架柱可采用单独柱基。

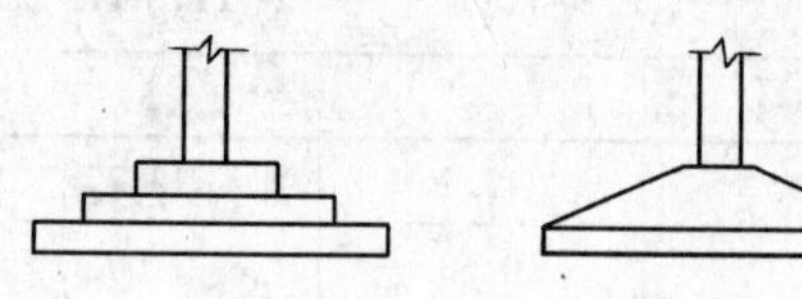

图 11.4-1　单独柱基形式

2. 单独柱基形式，一般常采用的有锥形、阶梯形（图 11.4-1）。底面形状一般为正方形和矩形，矩形的底面长边与短边的比值 L/B 一般取用 1~1.5 为宜，不大于 2。

3. 矩形截面柱下的矩形单独柱基，在柱与基础交接及基础变阶处，应进行受冲切承载力的验算（图 11.4-2）：

$$F_L \leqslant 0.7 f_t b_m h_0 \beta_{hp} \tag{11.4-1}$$

$$F_L = p_j A_j \tag{11.4-2}$$

$$b_m = \frac{b_t + b_b}{2} \text{ 或 } b_m = b_t + h_0$$

$$b_b = b_t + 2h_0$$

式中　h_0——基础冲切破坏锥体的有效高度；

A_j——阴影面积 $ABCDEF$；

p_j——扣除基础自重及其上土重后相应于荷载效应基本组合时的地基土单位面积净反力，对偏心受压基础可取基础边缘处最大地基土单位面积净反力；

β_{hp}——截面高度影响系数，当 h 不大于 800mm 时，β_h 取 1.0；当 h 大于等于 2000m 时，取 $\beta_h=0.9$，其间按线性内插法取用；

f_t——混凝土轴心抗拉设计强度。

4. 单独柱基的内力按下列公式计算：

（1）轴心受压基础（图 11.4-3a）

$$M_1 = \frac{1}{24}(L-a)^2(2B+b)p_j \tag{11.4-3}$$

$$M_2 = \frac{1}{24}(B-b)^2(2L+a)p_j \tag{11.4-4}$$

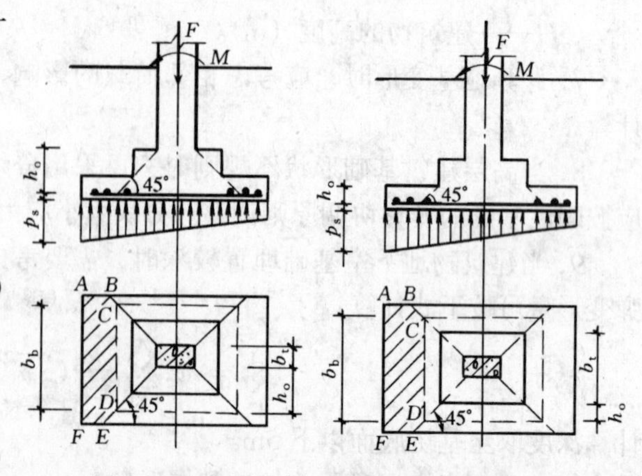

图 11.4-2　基础冲切承载力计算截面位置

（2）单向偏心受压基础 $e_0 \leqslant L/b$（图 11.4-3b）

$$M_1 = \frac{1}{48}(L-a)^2(2B+b)(p_{j\max}+p_{j1}) \tag{11.4-5}$$

$$M_2 = \frac{1}{48}(B-b)^2(2L+a)(p_{j\max}+p_{j\min}) \tag{11.4-6}$$

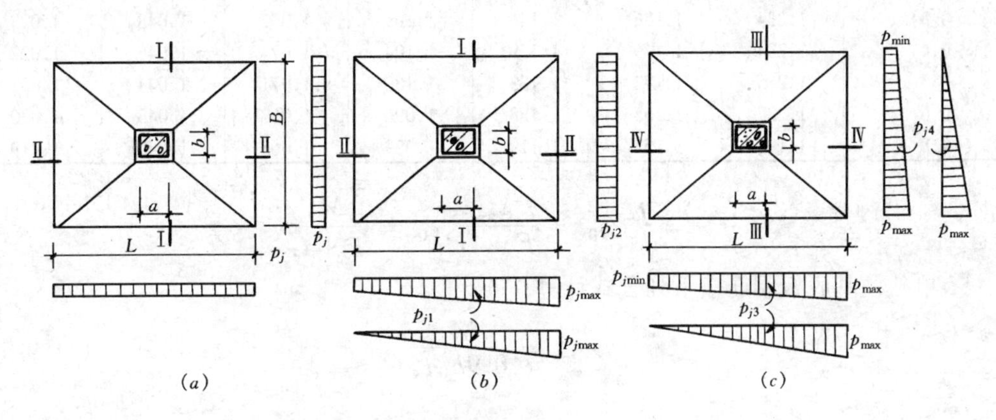

图 11.4-3 矩形基础底面净反力

（3）双向偏心受压基础（图 11.4-3c）

$$(e_{0x}+ne_{0y}) \leqslant L/4 \text{ 和 } (e_{0x}+ne_{0y}) > L/6$$

$$M_3 = \frac{\beta}{48}(L-a)^2(2B+b)(p_{j\max}+p_{j3}) \tag{11.4-7}$$

$$M_4 = \frac{\beta}{48}(B-b)^2(2L+a)(p_{j\max}+p_{j4}) \tag{11.4-8}$$

式中 p_j——轴心受压相应于荷载效应基本组合时基础底面净反力设计值；$p_j = F/L \cdot B$；

L、B——基础底面的边长；

a、b——柱截面边长；

p_{j1}、p_{j3}、p_{j4}——对应于柱边基底净反力设计值；

$p_{j\max}$、$p_{j\min}$——基础底面边缘的最大和最小净反力设计值。

$$p_{j\max} = \frac{F}{L \cdot B} + \frac{M}{W} \tag{11.4-9}$$

$$p_{j\min} = \frac{F}{L \cdot B} - \frac{M}{W} \tag{11.4-10}$$

M——作用在基础底面相应于荷载效应基本组合时的弯矩设计值；

W——基础底面截面矩，$W = \dfrac{BL^2}{6}$ 或 $W = \dfrac{LB^2}{6}$；

F——作用在基础顶面竖向轴力设计值；

β——梯形面积力臂至计算截面距离的增大系数，按表 11.4-1 查取。

增　大　系　数　β　　　　表 11.4-1

a'/L 或 b'/B	$p_{j1、3、4}/p_{j\max}$						
	0.3	0.4	0.5	0.6	0.7	0.8	0.9
	β						
0.1	1.256	1.204	1.159	1.119	1.084	1.053	1.025
0.2	1.243	1.195	1.152	1.114	1.080	1.051	1.024
0.3	1.234	1.186	1.145	1.109	1.077	1.048	1.023
0.4	1.224	1.179	1.139	1.104	1.074	1.046	1.022
0.5	1.215	1.172	1.133	1.100	1.071	1.044	1.021
0.6	1.207	1.165	1.128	1.096	1.068	1.043	1.020
0.8	1.192	1.153	1.119	1.029	1.063	1.040	1.019

$$n=\frac{L}{B},e_{0x}=\frac{M_x}{F+G},e_{0y}=\frac{M_y}{F+G}$$

5. 单独柱基底板钢筋按下列公式计算：

$$A_{sx}=\frac{M_x}{0.9h_0f_y} \tag{11.4-11}$$

$$A_{sy}=\frac{M_y}{0.9(h_0-d)f_y} \tag{11.4-12}$$

式中　M_x、M_y——基础底板长向和短向截面弯矩设计值；

f_y——钢筋抗拉强度设计值；

h_0——基础底板的有效高度；

d——沿基础底板长向的钢筋直径。

基础底板钢筋长向放在下面，短向放在长向钢筋之上。

6. 单独柱基为锥形时，边缘高度不宜小于 200mm，顶面坡度不宜大于 1∶2（垂直∶水平），应注意矩形柱基短边的坡度。

阶梯形基础每阶高度宜取 300～500mm。

7. 单独柱基的混凝土强度等级不应低于 C20，应优先采用 HRB335 钢筋，受力钢筋直径不宜小于 10mm，间距一般取 100～200mm。基础下应设素混凝土垫层，其厚度不宜小于 70mm，混凝土强度等级可采用 C10。有垫层时受力钢筋保护层可取 35mm。

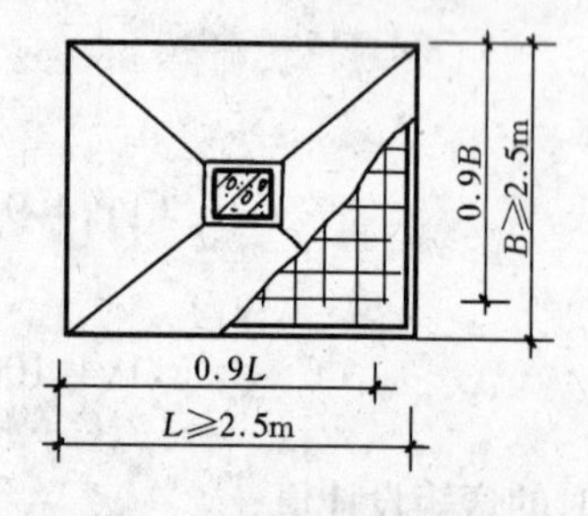

图 11.4-4　单独柱基底板配筋

8. 单独柱基底板的边长大于等于 2.5m 时，在该方向的钢筋长度可减短 10%，并交错放置（图 11.4-4）。

9. 单独柱基在下列情况之一者应设置拉梁：

（1）有抗震设防的一级框架和Ⅳ类场地的二级框架；

（2）地基土质分布不均匀，或受力层范围内存在软弱粘土层及可液化土层；

（3）柱传重 F 大小悬殊，基础底面积大小不一致；

（4）基础埋置深度较大，或各基础埋置深度差别较大。

拉梁位置宜设在基础顶面以上，无地下室时宜设置在靠近 ±0.0 处。

10. 拉梁截面的高度取 $\left(\frac{1}{15}\sim\frac{1}{20}\right)L$，宽度取 $\left(\frac{1}{25}\sim\frac{1}{35}\right)L$，其中 L 为柱间距。

11. 拉梁内力的计算按下列两种方法之一：

(1) 取相连柱轴力 F 较大者的 1/10 作为拉梁的轴心受拉的拉力或轴心受压的压力进行承载力计算。拉梁截面配筋应上下相同，各不小于 2Φ 14，箍筋不少于 $\phi6@200$；

(2) 以拉梁平衡柱下端弯矩，柱基按中心受压考虑。拉梁的正弯矩钢筋全部拉通，支座负弯矩钢筋应有 1/2 拉通。此时梁的高度宜取上述第 10 条的较高值。

当拉梁承托隔墙或其他竖向荷载时，则应将竖向荷载所产生的内力与上述两种方法之一计算所得之内力进行组合。

【例 11.4-1】　钢筋混凝土内柱单独基础，柱截面 600mm×600mm，轴向荷载标准值 $F=3288$kN，弯矩标准值 $M=131.52$kN·m，基础埋深 $H=1.8$m（从室内地面起算），经修正后的地基承载力特征值 $f_a=220$kN/m²，基础混凝土强度等级 C25，$f_t=1.27$N/mm²，钢筋 HRB335，$f_y=300$N/mm²。计算所需基础底面积并进行承载力验算。

【解】　1. 基础底面积计算：

$$\left.\begin{aligned} A &= \frac{F}{f_a - \gamma H} = \frac{3288}{220 - 20 \times 1.8} = 17.87\text{m}^2 \\ L &= B = \sqrt{A} = \sqrt{17.87} = 4.23\text{m}, \text{取 } 4.2\text{m} \\ W &= 4.2^3/6 = 12.35\text{m}^3 \\ p_{\max} &= \frac{F+G}{L \cdot B} + \frac{M}{W} = \frac{3288 + 20 \times 1.8 \times 4.2^2}{4.2^2} + \frac{131.52}{12.35} \\ &= 233.04\text{kN/m}^2 < 1.2 f_a = 264\text{kN/m}^2 \end{aligned}\right\}$$

2. 基础冲切承载力验算

本工程建筑结构安全等级为二级，重要性系数 γ_0 为 1.0。基础高度为 850mm，$h_0=$

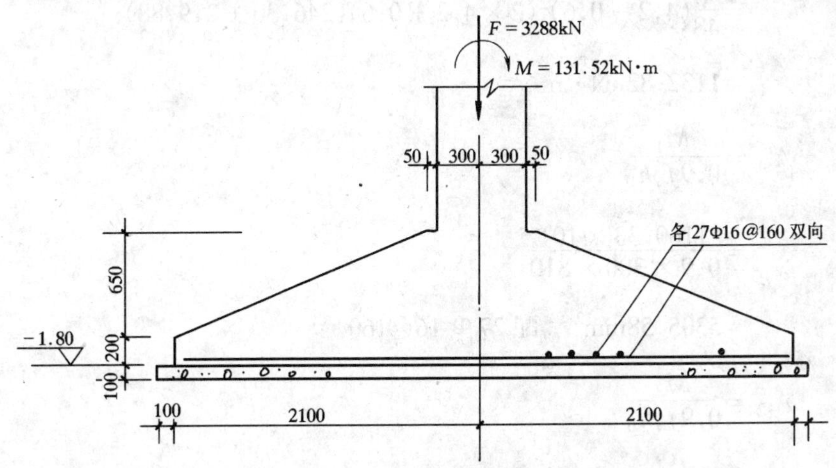

图 11.4-5　单独柱基

$850-40=810$mm（图 11.4-5），基底反力设计值（分项系数取 1.25）为：

$$p_{\substack{\max \\ \min}} = \frac{1.25F}{L \cdot B} \pm \frac{1.25M}{W}$$

$$=\frac{1.25\times 3288}{4.2^2}\pm\frac{1.25\times 131.52}{12.35}$$

$$=\frac{246.30}{219.88}\text{kN/m}^2$$

$b_m=b_t+h_0=600+810=1410\text{mm}$，$A=\frac{(4.2+1.41)1.395}{2}=3.91\text{m}^2$，由公式（11.4-2）得：

$$F_L=p_{max}A=246.30\times 3.91=963.03\text{kN}$$

由公式（11.4-1）得：

$$[F_L]=0.7f_tb_mh_0\beta_{hp}$$

$$=0.7\times 1.27\times 1410\times 810\times 0.996/1000$$

$$=1011.26\text{kN}>F_L=963.03\text{kN}$$

3. 弯矩及配筋计算

$$M_1=\frac{1}{48}(L-a)^2(2B+b)(p_{max}+p_1)$$

$$=\frac{1}{48}(4.2-0.6)^2(2\times 4.2+0.6)(246.30+231.2)$$

$$=1160.33\text{kN}\cdot\text{m}$$

$$M_2=\frac{1}{48}(B-b)^2(2L+a)(p_{max}+p_{min})$$

$$=\frac{1}{48}(4.2-0.6)^2(2\times 4.2+0.6)(246.30+219.88)$$

$$=1132.82\text{kN}\cdot\text{m}$$

$$A_{s1}=\frac{M_1}{0.9f_\gamma h_0}$$

$$=\frac{1160.33\times 10^6}{0.9\times 300\times 810}$$

$=5305.58\text{mm}^2$　配27Φ16@160

$$A_{s2}=\frac{M_2}{0.9f_\gamma h_0}$$

$$=\frac{1132.82\times 10^6}{0.9\times 300\times 794}$$

$=5284.17\text{mm}^2$　配27Φ16@160

11.5 交叉梁基础

1. 柱下交叉梁基础，具有较好的空间刚度，既可将柱的荷载分布到纵横两个方向，又能调整基础的不均匀沉降，适用于层数不多的高层框架结构、框剪结构。

2. 交叉梁基础与上部结构柱和墙的连接构造要求如图 11.5-1 所示。

交叉梁基础的混凝土强度等级不宜低于 C20。垫层厚度一般为 100mm，下部受力纵向钢筋的保护层厚度不宜小于 35mm。

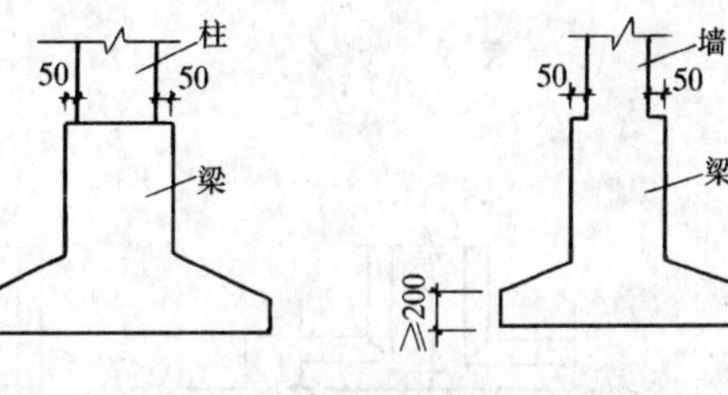

图 11.5-1 交叉梁与柱、墙连接

3. 交叉梁基础的内力分析是比较复杂的，可采用较精确的电算程序计算，也可采用简化的手算方法。

4. 当上部结构具有很大的整体刚度，交叉梁属于刚性梁时，可将交叉梁基础视作倒置的两组连续梁，纵横连续梁上的荷载有地基的净反力（扣除交叉梁基础自重及其上的填土重量）及柱子传来的集中荷载和力矩荷载（此力矩荷载仅考虑作用在力矩方向的交叉梁）。基底反力的分布，如果地基较软而均匀，基础刚度较大，外荷载的总偏心又很小时，则可按均匀分布考虑；当外荷载的总偏心较大时，可按呈直线变化来确定基底反力的分布。

5. 交叉基础梁属于刚性梁还是弹性地基梁，可由下列公式确定：

刚性梁 $$\lambda L < 0.80 \tag{11.5-1}$$

弹性地基梁 $$\lambda L \geqslant 0.80 \tag{11.5-2}$$

特征系数 $$\lambda = \sqrt[4]{\frac{K_b b}{4E_c I}} \tag{11.5-3}$$

式中 L——梁的总长度（m）；

b——梁的宽度（m）；

E_c——梁的混凝土弹性模量（kPa）；

I——梁截面惯性矩；

K_b——地基基床系数（kN/m^3），宜在建筑现场做荷载试验确定，当基础底面积 $A > 10m^2$ 时，可按表 11.5-1 取用。

基床系数 K_b 参考值 表 11.5-1

地基土种类与特征	K_b（$10^4kN/m^3$）	地基土种类与特征	K_b（$10^4kN/m^3$）
淤泥质、有机质土或新填土	0.1～0.5	黄土及黄土性粉质粘土	4～5
软弱粘土	0.5～1.0	紧密砾石	5～10
粘土及粉质粘土 软塑	1～2	硬粘土或人工夯实粉质粘土	10～20
粘土及粉质粘土 可塑	2～4	软质岩石和中、强风化的坚硬岩石	20～100
粘土及粉质粘土 硬塑	4～10	完好的坚硬岩石	100～150
松砂	1.0～1.5	砖	400～500
中密砂或松散砾石	1.5～2.5	块石砌体	500～600
密砂或中密砾石	2.5～4	混凝土与钢筋混凝土	800～1500

6. 柱荷载分配给纵横两个方向的梁，其值考虑地基与基础协同工作，纵横梁在同一

结点处的竖向位移和转角相同并略去基础梁扭转变形的影响。

当节点间的距离（即柱间距）大于 $1.8/\lambda$ 时，可近似地认为条形基础的 p_i 力作用处的变形只与 p_i 力有关。此时，节点集中力 p_i 向纵横两个方向梁的分配可按下列三种情况计算：

（1）内柱节点（图 11.5-2*a*）

$$p_{ix}=\frac{I_x\lambda_x^3}{I_x\lambda_x^3+I_y\lambda_y^3}\cdot p_i \tag{11.5-4}$$

$$p_{iy}=\frac{I_y\lambda_y^3}{I_x\lambda_x^3+I_y\lambda_y^3}\cdot p_i \tag{11.5-5}$$

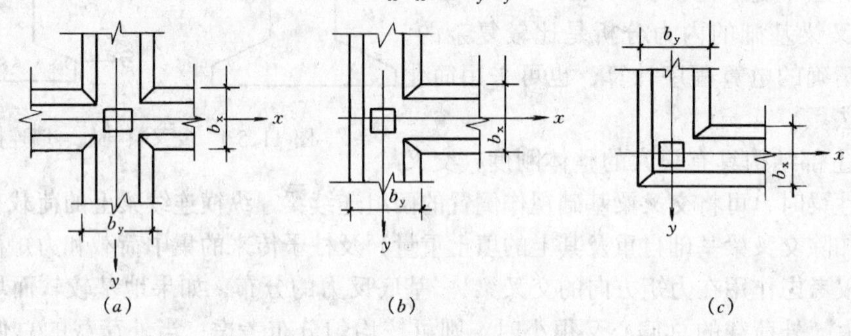

图 11.5-2　交叉梁节点

（2）边柱节点（图 11.5-2*b*）

$$p_{ix}=\frac{4I_x\lambda_x^3}{4I_x\lambda_x^3+I_y\lambda_y^3}\cdot p_i \tag{11.5-6}$$

$$p_{iy}=\frac{I_y\lambda_y^3}{4I_x\lambda_x^3+I_y\lambda_y^3}\cdot p_i \tag{11.5-7}$$

（3）角柱节点（图 11.5-2*c*）

$$p_{ix}=\frac{I_x\lambda_x^3}{I_x\lambda_x^3+I_y\lambda_y^3}\cdot p_i \tag{11.5-8}$$

$$p_{iy}=\frac{I_y\lambda_y^3}{I_x\lambda_x^3+I_y\lambda_y^3}\cdot p_i \tag{11.5-9}$$

式中　λ_x、λ_y——纵向（x 向）及横向（y 向）梁的特征系数，按公式（11.5-3）计算；

I_x、I_y——纵、横向梁的截面惯性矩（m^4）。

当柱荷载分配到纵横梁的值确定之后，可将交叉梁分成两个方向的条形基础，按刚性梁或弹性地基梁进行内力计算。

7．刚性梁在集中荷载、力矩荷载作用下，基底反力分布按直线变化考虑。此时多跨连续梁是一根在已知基底反力、集中荷载、力矩荷载作用下的静定梁，可求解各截面的内力。

8．交叉梁属于弹性地基梁时，有多种计算方法，如采用本章提供的手算方法，可把柱集中荷载按公式（11.5-4）至（11.5-9）分配到纵横方向，柱下端力矩仅考虑作用于平行力矩方向的梁。然后按参考文献［62］公式（10-57）计算柔性指数 t 值，当 $1\leqslant t\leqslant 10$ 时为有限长梁，$t>10$ 时为无限长梁。如果属于无限长梁和半无限长梁，可应用参考文献

[62] 表10-19或表10-20计算各截面的基底反力和内力。如果属于有限长梁，可参照参考文献 [65]《弹性理论》第十章的方法，或其他方法计算基底反力和梁内力。

9. 基础梁顶部和底部的纵向受力钢筋除满足计算要求外，顶部钢筋按计算配筋全部贯通，底部通长钢筋不应少于底部受力钢筋总面积的1/3。

10. 基础梁的翼板厚度不应小于200mm当翼板厚度大于250mm时，宜用变厚度，边端厚不小于200mm，其坡度宜小于或等于1∶3。

11.6 筏 形 基 础

1. 筏形基础也称片筏基础，具有整体刚度大，能有效地调整基底压力和不均匀沉降，或者跨过溶洞。筏形基础的地基承载力在土质较好的情况下，将随着基础埋置深度的增加而增大，基础的沉降随埋置深度的增加而减少。筏形基础适用于高层建筑的各类结构。

2. 筏形基础分为平板式和梁板式两种类型，应根据上部结构、柱距、荷载大小、建筑使用功能以及施工条件等情况确定采用哪种类型。

3. 筏形基础的平面尺寸，应根据地基承载力、上部结构的布置以及荷载情况等因素确定。当上部为框架结构、框剪结构、内筒外框和内筒外框筒结构时，筏形基础底板面积当比上部结构所覆着的面积稍大些，使底板的地基反力趋于均匀。当需要扩大筏形基础底板面积来满足地基承载力时，如采用梁板式，底板挑出的长度从基础边外皮算起横向不宜大于1200mm，纵向不宜大于800mm；对平板式筏形基础，其挑出长度从柱外皮算起不宜大于2000mm。

筏形基础底板平面形心宜与结构竖向永久荷载重心相重合，当不能重合时，在荷载效应准永久组合下其偏心距 e，宜符合下列要求：

$$e \leqslant 0.1\frac{W}{A} \tag{11.6-1}$$

式中 W——与偏心距方向一致的基础底面抵抗矩（m^3）；

A——基础底面积（m^2）。

对低压缩性地基或端承桩基，可适当放宽偏心距的限制。按公式（11.6-1）计算时，裙房与主楼可分开考虑。

4. 梁板式筏形基础的板厚，对12层以上的建筑不应小于400mm，且板厚与板格最小跨度之比不宜小于1/14。基础梁的宽度除满足剪压比、受剪承载力外，尚应验算柱下端对基础的局部受压承载力。两柱之间的沉降差应符合：

$$\frac{\Delta s}{L} \leqslant 0.002 \tag{11.6-2}$$

式中 Δs——两柱之间的沉降差；

L——两柱之间的距离。

5. 地下室底层柱、剪力墙与梁板式筏基的基础梁的连接构造要求应符合下列规定：

(1) 当交叉基础梁的宽度小于柱截面的边长时，交叉基础梁连接处应设置八字角，柱角和八字角之间的净距不宜小于50mm（图11.6-1a）；

(2) 当单向基础梁与柱连接时，柱截面的边长大于400mm，可按图11.6-1b、c 采用；柱截面的边长小于等于400mm，可按图11.6-1d采用；

（3）当基础梁与剪力墙连接时，基础梁边至剪力墙边的距离不宜小于50mm（图11.6-1e）。

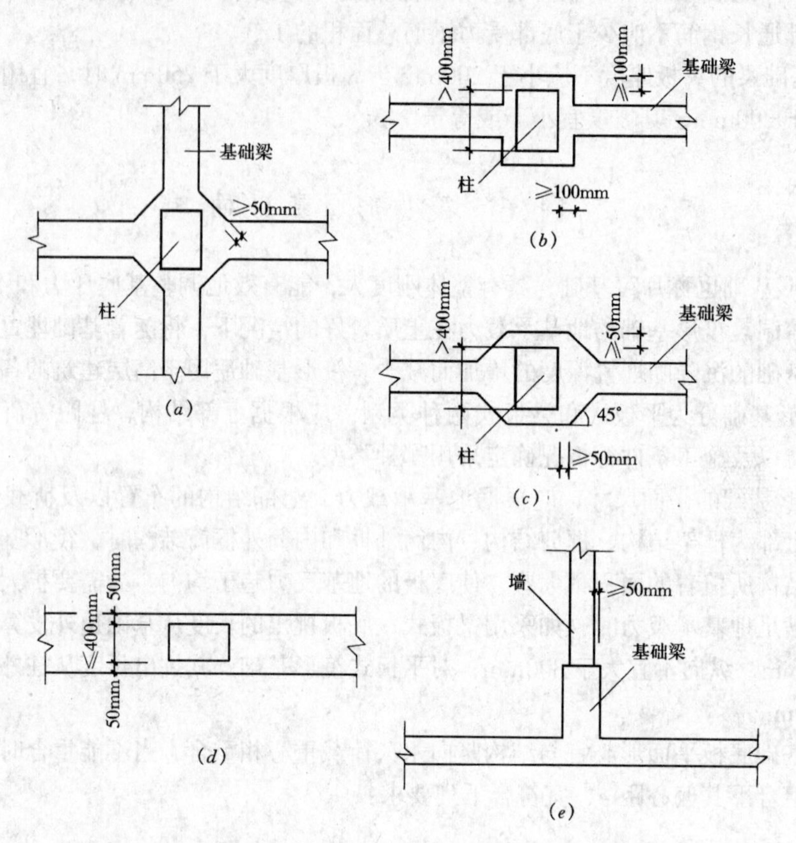

图11.6-1　基础梁与地下室底层柱或剪力墙连接的构造

地下室外墙及柱间仅有较小洞口的内墙，墙下可不设置基础梁。当柱间内墙仅地下室底层有墙而上部无墙时，此墙可按深梁计算配筋。

6．平板式筏基的板厚应能满足受冲切承载力的要求。板的最小厚度不宜小于400mm。计算时应考虑作用在冲切临界截面重心上的不平衡弯矩所产生的附加剪力。距柱边$h_0/2$处冲切临界截面的最大剪应力τ_{max}应按公式（11.6-3）、（11.6-4）、（11.6-5）计算（图11.6-2）。

$$\tau_{max}=\frac{F_l}{u_m h_0}+\alpha_s\frac{MC_{AB}}{I_s} \tag{11.6-3}$$

$$\gamma_0\tau_m\leqslant 0.7(0.4+1.2/\beta_s)\beta_{hp}f_t \tag{11.6-4}$$

$$\alpha_s=1-\frac{1}{1+\frac{2}{3}\sqrt{\frac{c_1}{c_2}}} \tag{11.6-5}$$

式中　F_l——相应于荷载效应基本组合时的集中反力设计值，对柱取轴力设计值减去筏板冲切破坏锥体内的地基反力设计值；对边柱和角柱，取轴力设计值减去筏板冲切临界截面范围内的地基反力设计值，地基反力值应扣除底板自重；

u_m——距柱边 $h_0/2$ 处冲切临界截面的周长；

γ_0——结构重要性系数；

h_0——筏板的有效高度；

M——作用在冲切临界截面重心上的不平衡弯矩；

C_{AB}——沿弯矩作用方向，冲切临界截面重心至冲切临界截面最大剪应力点的距离；

I_s——冲切临界截面对其重心的极惯性矩，按本节第 7 条计算；

f_t——混凝土轴心抗拉强度设计值；

c_1——与弯矩作用方向一致的冲切临界截面的边长，按本节第 7 条计算；

c_2——垂直于 c_1 的冲切临界截面的边长，按本节第 7 条计算；

α_s——不平衡弯矩传至冲切临界截面周边的剪应力系数；

β_{hp}——受剪切承载力截面高度调整系数，见 11.4 节第 3 条；

β_s——柱截面长边与短边的比值，当 $\beta_s<2$ 时，β_s 取 2，当 $\beta_s>4$ 时，β_s 取 4。

当柱荷载较大，等厚度筏板的受冲切承载力不能满足要求时，可在筏板上面增设柱墩或在筏板下局部增加板厚或采用抗冲切箍筋来提高受冲切承载能力。

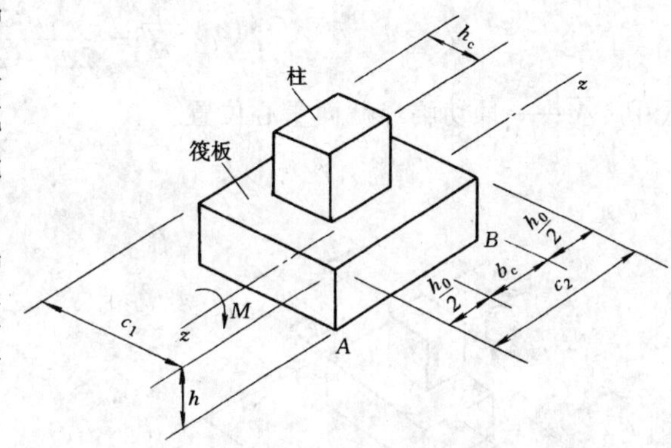

图 11.6-2 内柱冲切临界截面示意图

7. 冲切临界截面的周长 u_m 以及冲切临界截面对其重心的极惯性矩 I_s，应根据柱所处的部位分别按下列公式进行计算：

（1）内柱：

$$u_m = 2c_1 + 2c_2 \quad (11.6\text{-}6)$$

$$I_s = \frac{c_1 h_0^3}{6} + \frac{c_1^3 h_0}{6} + \frac{c_2 h_0 c_1^2}{2} \quad (11.6\text{-}7)$$

$$c_1 = h_c + h_0 \quad (11.6\text{-}8)$$

$$c_2 = b_c + h_0 \quad (11.6\text{-}9)$$

$$C_{AB} = \frac{c_1}{2} \quad (11.6\text{-}10)$$

式中 h_c——与弯矩作用方向一致的柱截面的边长；

b_c——垂直于 h_c 的柱截面边长。

（2）边柱：

$$u_m = 2c_1 + c_2 \quad (11.6\text{-}11)$$

$$I_s = \frac{c_1 h_0^3}{6} + \frac{c_1^3 h_0}{6} + 2h_0 c_1\left(\frac{c_1}{2} - \overline{X}\right)^2 + c_2 h_0 \overline{X}^2 \quad (11.6\text{-}12)$$

$$c_1 = h_c + \frac{h_0}{2} \quad (11.6\text{-}13)$$

$$c_2 = b_c + h_0 \quad (11.6\text{-}14)$$

$$C_{AB}=c_1-\overline{X} \tag{11.6-15}$$

$$\overline{X}=\frac{c_1^2}{2c_1+c_2} \tag{11.6-16}$$

式中　$\overline{X}$——冲切临界截面重心位置。

(3) 角柱：

$$u_m=c_1+c_2 \tag{11.6-17}$$

$$I_s=\frac{c_1h_0^3}{12}+\frac{c_1^3h_0}{12}+c_1h_0\left(\frac{c_1}{2}-\overline{X}\right)^2+c_2h_0\overline{X}^2 \tag{11.6-18}$$

$$c_1=h_c+\frac{h_0}{2} \tag{11.6-19}$$

$$c_2=b_c+\frac{h_0}{2} \tag{11.6-20}$$

$$C_{AB}=c_1-\overline{X} \tag{11.6-21}$$

$$\overline{X}=\frac{c_1^2}{2c_1+2c_2} \tag{11.6-22}$$

式中　$\overline{X}$——冲切临界截面重心位置。

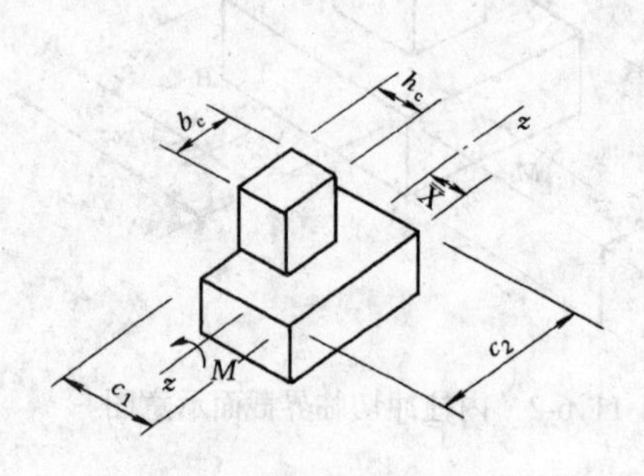

图 11.6-3　边柱

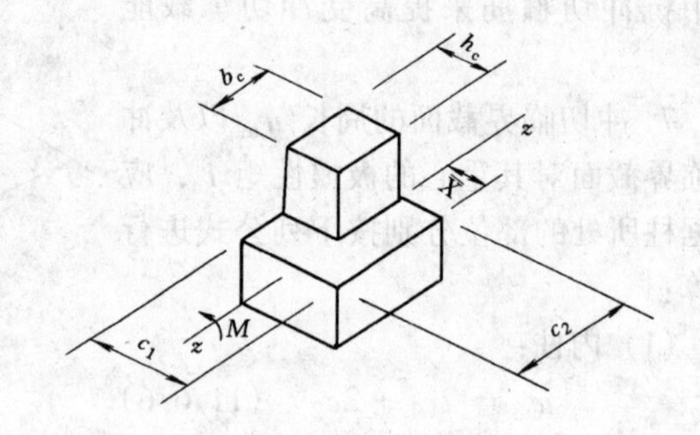

图 11.6-4　角柱

8. 平板式筏基上的内筒（图 11.6-5），其周边的冲切承载力可按下式计算：

$$\frac{\gamma_0F_1}{u_mh_0}\leqslant 0.7f_t\beta_{hp}/\eta \tag{11.6-23}$$

式中　F_1——相应于荷载效应基本组合时的内筒所承受的轴力设计值减去筏板冲切破坏锥体内的地基反力设计值。其中地基反力值应扣除板的自重；

η——内筒冲切临界截面周长影响系数，取 1.25；

u_m——距内筒外表面 $h_0/2$ 处冲切临界截面的周长；

h_0——距内筒外表面 $h_0/2$ 处筏板的有效高度。

当需要考虑内筒根部弯矩的影响时，距内筒外表面 $h_0/2$ 处冲切临界截面的最大剪应力可按本节公式（11.6-3）计算，此时 $\gamma_0\tau_{max}\leqslant 0.7\beta_{hp}f_t/\eta$。

9. 平板式筏板除满足受冲切承载力外，尚应按下式验算柱边缘处筏板的受剪承载力：

$$\gamma_0V_s\leqslant 0.7f_tb_wh_0\beta_s \tag{11.6-24}$$

式中 V_s——扣除底板自重后地基土净反力平均值产生的柱边缘处单位宽度的剪力设计值；

b_w——取单位宽度；

β_s——截面高度影响系数，见11.7节第15条。

10. 筏形基础地下室的外墙厚度不应小于250mm，内墙厚度不应小于200mm。墙体内应设置双面钢筋，钢筋配置量除满足承载力要求外，竖向和水平钢筋的直径不应小于10mm，间距不应大于200mm。

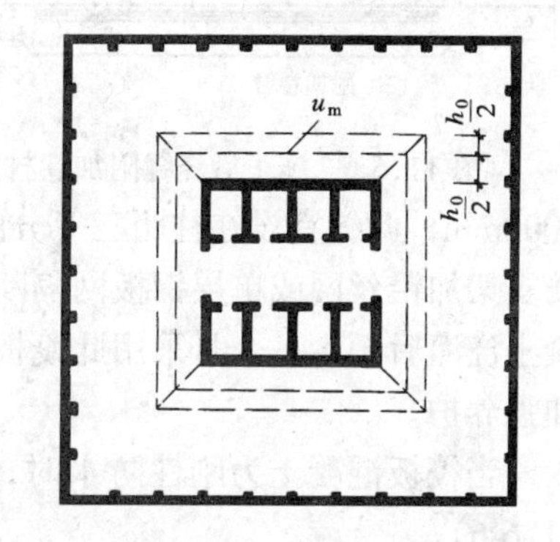

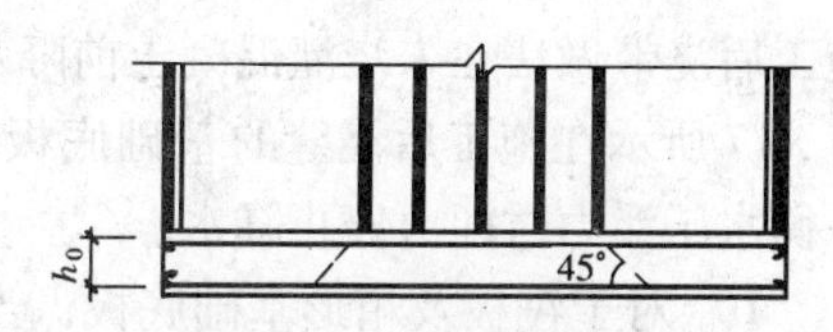

图11.6-5 筏板受内筒冲切的临界截面位置

11. 当地基比较均匀、上部结构刚度较好，梁板式筏基梁的高跨比或平板式筏板的厚跨比不小于1/6，且柱荷载及柱间距的变化不超过20%时，筏形基础可仅考虑局部弯曲作用，按倒楼盖法进行计算。计算时地基反力可视为均布，其值应扣除底板自重。

当地基比较复杂、上部结构刚度较差，或柱荷载及柱间距变化较大时，筏基内力应按弹性地基梁板方法进行分析。

12. 按倒楼盖法计算的梁板式筏基，其基础梁的内力可按连续梁分析，边跨跨中弯矩以及第一内支座的弯矩值宜乘以1.2的系数。考虑到整体弯曲的影响，梁板式筏基的底板和基础梁的配筋除满足计算要求外，纵横方向的支座钢筋尚应有1/2～1/3贯通全跨，且其配筋率不应小于0.15%；顶面钢筋应按实际配筋全部连通。

有抗震设防要求时，对无地下室且抗震等级为一、二级的框架结构，基础梁除满足抗震构造要求外，计算时尚应将柱根部组合的弯矩设计值分别乘以1.5和1.25的增大系数。

13. 按倒楼盖法计算的平板式筏基，柱下板带和跨中板带的承载力应符合计算要求。

柱下板带中在柱宽及其两侧各0.5倍板厚且不大于1/4板跨的有效宽度范围内的钢筋配置量不应小于柱下板带钢筋的一半，且应能承受部分不平衡弯矩 $\alpha_m M$ 的作用，M 为作用在冲切临界截面重心上的不平衡弯矩 α_m 按下列公式计算：

$$\alpha_m = 1 - \alpha_s \tag{11.6-25}$$

式中 $\alpha_m M$——板与柱之间的部分不平衡弯矩；

α_m——不平衡弯矩传至冲切临界截面周边的弯曲应力系数；

α_s——见公式（11.6-5）。

14. 考虑到整体弯曲的影响，柱下筏板带和跨中板带的底部钢筋应有1/2～1/3贯通全跨，且配筋率不应小于0.15%；顶部钢筋应按实际配筋全部连通；

15. 对有抗震设防要求的平板式筏基，计算柱下板带受弯承载力时，柱内力应考虑地震作用不利组合。

16. 筏形基础的混凝土强度等级不宜低于C30，垫层厚度一般为100mm，有垫层时钢筋保护层的厚度不宜小于35mm，当防渗混凝土时不应小于50mm。

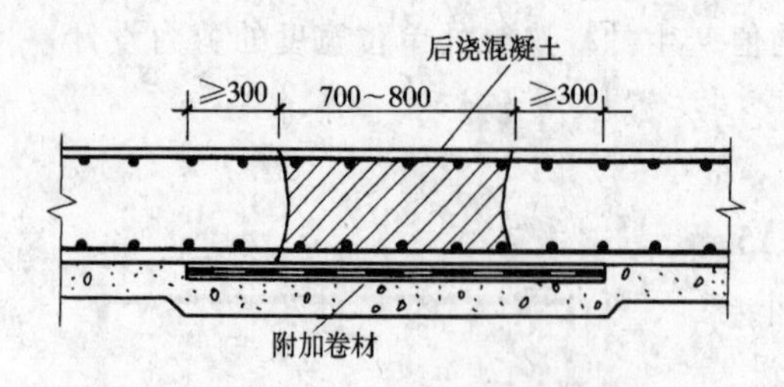

图 11.6-6　施工后浇缝附加卷材防水

有防水要求时，筏形基础的梁、板及地下室外墙的混凝土抗渗等级不应低于表 11.7-1 要求。当地下水位较高时，宜在筏形基础筏板上设置架空板，以利于排水和防潮。

17. 为了减小筏形基础在混凝土硬化过程中的收缩应力，沿基础长度每间隔 20m 至 40m 留一道施工后浇缝，缝宽度 800 至 1000mm，此缝宜设在柱距三等分的中间范围内，板、梁钢筋贯通不断，缝两侧宜采用钢筋支架加铅丝网或单层钢板网隔断，有利于新旧混凝土接搓粘结。此施工后浇缝待筏板混凝土浇灌后至少一个月采用此筏板设计强度等级提高一级的补偿收缩混凝土进行灌填，并加强养护。

当筏板混凝土为刚性防水时，在施工后浇缝处筏板下宜采用附加卷材防水做法（图 11.6-6）。

18. 由于施工后浇缝浇灌混凝土相隔时间较长，在水位较高施工时采用降水，按一般施工后浇带做法在未浇灌混凝土前降水不能停止，因此将增加降水费用，为此可采用如图 11.6-7 所示在施工后浇缝的基础底板和外墙处增设抗水及防水措施，只需要结构重量能平衡水压浮力时即可停止降水。

19. 对于筏板及箱形基础底板，当板的弯矩设计值小于按规定的受拉钢筋最小配筋率计算出的受弯承载力时，板的受拉钢筋最小配筋面积 $A_{s,min}$ 应取按公式（11.6-26）最小配筋率计算的配筋量和按公式（11.6-27）计算的配筋量两者中的较小值。

$$A_{s,min} = \rho_{min} b h_0 \tag{11.6-26}$$

$$A_{s,min} = 1.25 \rho_{min} b h_{0c} \tag{11.6-27}$$

其中板的有效厚度 h_{0c} 按下式计算：

$$h_{0c} = 1.05\sqrt{\frac{M}{\rho_{min} b f_y}} \tag{11.6-28}$$

式中　M——单位板宽的弯矩设计值；

b——板的单位计算宽度；

ρ_{min}——按规定确定的受弯构件受拉钢筋最小配筋率可比 0.2% 和 $45 f_t / f_y$ 中较大者适当降低，但不应小于 0.15%；

f_y——钢筋抗拉强度设计值。

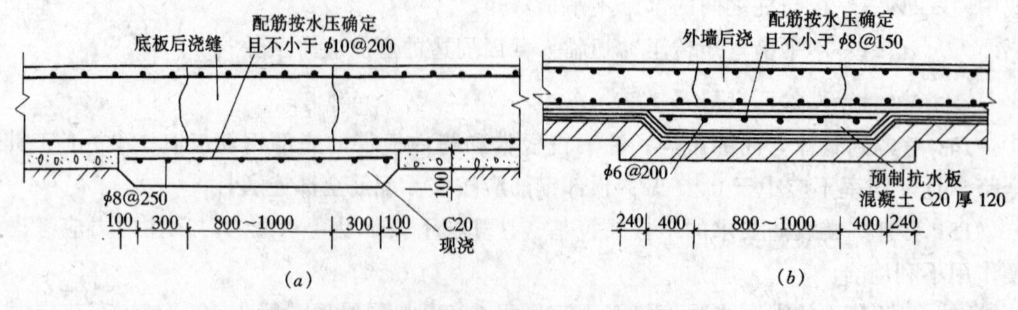

图 11.6-7　基础底板及外墙施工后浇缝抗水做法

（a）基础底板后浇缝；（b）外墙后浇缝

20. 当采用平板式筏板时，筏板厚度一般由冲切承载力确定。在基础平面中仅少数柱的荷载较大，而多数柱的荷载较小时，筏板厚度应按多数柱下的冲切承载力确定，在少数荷载大的柱下可采用柱帽满足抗冲切的需要。柱帽形式当地下室地面有布架空层或填层时可采用往上的方式，但柱帽上皮距地面不宜小于 100mm（图 11.6-8a），地下室地面无架空层或填层时，可采用往下倒柱帽形式（图 11.6-8b）。

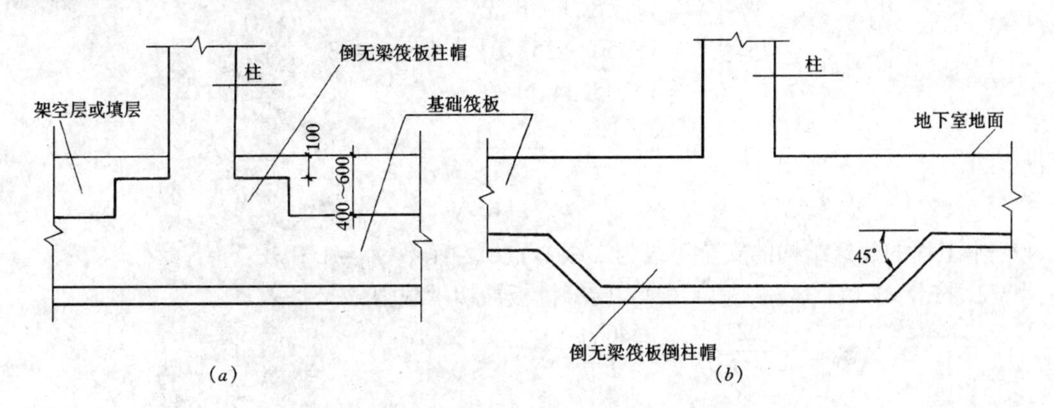

图 11.6-8 倒无梁筏板柱帽

（a）有架空层或垫层；（b）无架空层或垫层

【例 11.6-1】 某工程筏板厚度为 1600mm，柱网为 8.3m×8.3m，中柱截面 1100×1100mm，柱轴向荷载设计值 $F=18050$kN，不平衡弯矩设计值 $M=655.4$kN·m，筏板混凝土强度等级 C30，$f_t=1.43$N/mm²，验算筏板受冲切承载力（图 11.6-9）。

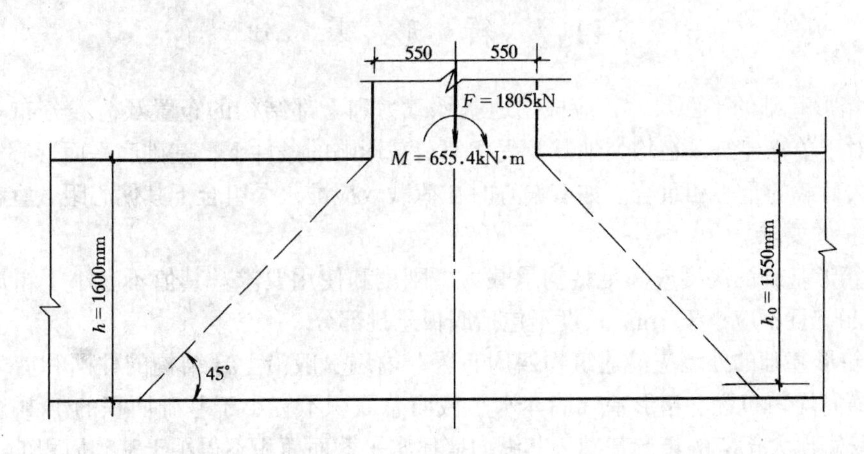

图 11.6-9 中柱筏板

【解】 1. 已知 $h_0=1550$mm，$b_c=h_c=1100$mm，$C_1=C_2=h_L+h_0=1100+1550=2650$mm，$u_m=2(C_1+C_2)=10600$mm，$C_{AB}=\dfrac{C_1}{2}=\dfrac{2650}{2}=1325$mm，由公式（11.6-7）得冲切临界截面对其重心的极惯性矩为：

$$I_s=\frac{C_1h_0^3}{6}+\frac{C_1^3h_0}{6}+\frac{C_2h_0C_1^3}{2}$$

$$= \frac{2650 \times 1550^3}{6} + \frac{2650^3 \times 1550}{6} + \frac{2650 \times 1550 \times 2650^2}{2}$$
$$= 208746.56 \times 10^8 \text{mm}^4$$

集中反力设计值为：

$$V = F - \frac{F}{8.3 \times 8.3} 4.3 \times 4.3$$
$$= 18050 - 262.01 \times 4.3 \times 4.3$$
$$= 13205.44 \text{kN}$$
$$\alpha_s = 1 - \frac{1}{1 + \frac{2}{3}\sqrt{\frac{c_1}{c_2}}} = 0.40$$

本工程的建筑结构的安全等级为二级，重要性系数 $\gamma_0 = 1.0$。

2. 按公式（11.6-3）、(11.6-4) 验算筏板冲切承载力：

$$\gamma_0 \tau_{\max} = \frac{V_s}{u_m h_0} + \alpha_s \frac{MC_{AB}}{I_s}$$
$$= \frac{13205.44}{10600 \times 1550} + 0.4 \frac{655.36 \times 10^6 \times 1325}{208746.56 \times 10^8}$$
$$= 0.804 \text{N/mm}^2$$
$$\gamma_0 \tau_{\max} < 0.7[0.4 + 1.2/\beta_s]\beta_{hp} f_t = 0.7 \times 1.0 \times 0.933 \times 1.43$$
$$= 0.934 \text{N/mm}^2 \quad \text{满足要求}$$

11.7　箱　形　基　础

1. 箱形基础的平面尺寸，应根据地基承载力和上部结构的布置及荷载分布等因素来确定。对于单幢建筑，在均匀地基及无相邻荷载影响的条件下，基础底平面形心宜与结构竖向永久荷载的重心相重合。如有偏心时在荷载效应准永久组合下其偏心距 e 宜符合公式 (11.6-1) 的要求。

2. 箱形基础的高度应满足结构承载力、刚度和使用要求。其值不宜小于箱形基础长度的 1/20，且不应小于 3m。长度不包括底板悬挑部分。

3. 箱形基础的外墙应沿建筑物四周布置，内墙一般沿上部结构的柱网和剪力墙位置纵向和横向均匀布置。箱形基础墙体水平截面总面积不宜小于基础面积的 1/10。对于基础平面长宽比大于 4 的箱形基础，其纵向墙体水平截面面积不得小于基础面积的 1/18。

计算墙体水平截面面积时，不扣除洞口部分，基础面积不包括底板在墙外的挑出部分面积。

4. 高层建筑同一结构单元内，不宜局部采用箱形基础。同一结构单元内箱形基础的埋置深度宜一致。

5. 箱形基础的顶板，应具有传递上部结构的剪力至墙体的承载力，其厚度除满足正截面受弯承载力和斜截面受剪承载力外，不应小于 200mm。

6. 箱形基础的底板、墙体厚度应根据受力情况、整体刚度和防水要求确定。底板厚度不应小于 300mm，外墙厚度不应小于 250mm，内墙厚度不应小于 200mm。

7. 箱形基础的混凝土强度等级不应低于 C20，如采用密实混凝土防水，其底板、外墙等外围结构的混凝土抗渗标号不应小于 0.6MPa。对重要建筑宜采用自防水并设架空排水层方案。

箱形和筏形基础防水混凝土的抗渗等级 表 11.7-1

最大水头（H）与防水混凝土厚度（h）的比值	设计抗渗等级（MPa）	最大水头（H）与防水混凝土厚度（h）的比值	设计抗渗等级（MPa）
$\frac{H}{h}<10$	0.6	$25\leqslant\frac{H}{h}<35$	1.6
$10\leqslant\frac{H}{h}<15$	0.8		
$15\leqslant\frac{H}{h}<25$	1.2	$\frac{H}{h}\geqslant 35$	2.0

8. 在上部结构柱与箱形基础交接处，在墙边与柱边或柱角与墙八字角之间的净距不宜小于 50mm（图 11.7-1）。应验算交接面处由于柱竖向荷载引起的墙体局部受压承载力，当不能满足时，应增加箱形基础墙体的承压面积，或采取其他措施。

9. 上部结构柱纵向钢筋伸入箱形基础墙体的锚固长度，外柱及与剪力墙相连的柱，仅一边、二边有墙和四边无墙的地下室内柱，应全部直通到基底；三边或四边与箱形基础墙连接的内柱，除四角的纵向钢筋直通到基底外，其余纵向钢筋可伸入顶板下表面以下不小于其直径的 40 倍。当有多层箱形基础地下室时，上述直通到基底的钢筋除四角纵向钢筋外，其余的纵向钢筋可终止在地下二层的顶板上皮。

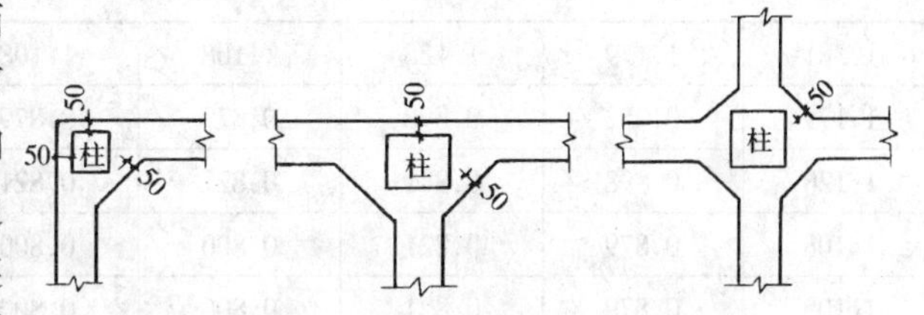

图 11.7-1 柱与墙交接平面

10. 箱形基础宜优先采用密实混凝土刚性防水方案，重要建筑宜采用刚性防水的同时底板上设置架空层，既可排水又能隔潮。

当采用刚性防水方案时，同一建筑物的箱形基础，宜避免设置变形缝。为减少混凝土硬化过程中产生的收缩应力，可沿基础长度每隔 20m 至 40m 留一道环通顶板、底板及墙体的施工后浇缝，缝宽 800mm 至 1000mm，施工后浇缝宜设在柱距三等分的中间范围内，在施工后浇缝处底板及外墙宜采用附加卷材防水做法（图 11.7-2）。在顶板浇灌混凝土至少一个月后采用比设计强度等级提高一级的补偿收缩混凝土将施工后浇缝灌严实，并加强养护。在施工后浇缝处的顶板、底板和墙体的钢筋贯通不断，施工后浇缝两侧宜采用钢筋支架加铅丝网或单层钢板网隔断，有利于新旧混凝土接槎粘结。

11. 在岩石地基、密实的碎（砾）石土、砂土地基上的箱形基础，或者上部结构为剪

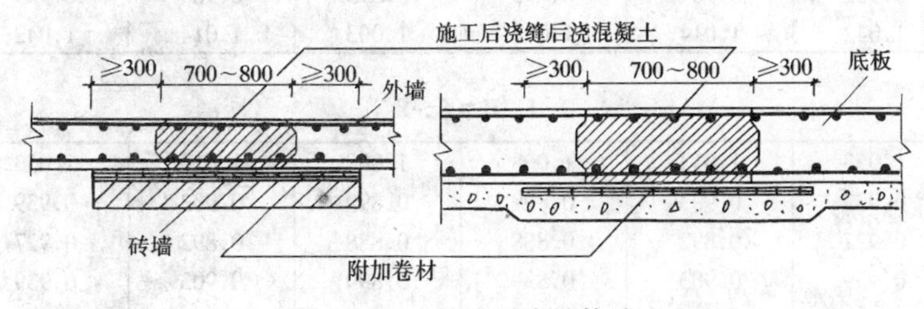

图 11.7-2 施工后浇缝构造

力墙结构、层数为12层以上的框架和框剪结构的箱形基础，其顶板、底板均可仅考虑局部弯曲作用，计算时顶板取实际荷载，底板反力可简化为均布地基反力并扣除底板自重。为考虑整体弯曲影响，顶、底板钢筋配置量除满足设计要求外，纵横向的支座钢筋应有1/2～1/3贯通全跨，且配筋率应分别不小于0.15%和0.10%，跨中钢筋按实际配筋，并全部连通，连通钢筋的搭接长度按受拉考虑。

12.12层以下的框架结构或箱形基础整体刚度较差时，箱形基础内力应同时考虑局部弯曲及整体弯曲作用。计算底板局部弯曲时，基底反力可参照表11.7-2或其他有效方法确定，底板局部变曲产生的弯矩应乘以0.8的折减系数，计算整体弯曲作用的弯矩时，应考虑上部结构与箱形基础的共同工作，在箱形基础顶、底板配筋时，应综合考虑承受整体弯曲和局部弯曲的钢筋配置，以充分发挥各截面钢筋的作用。

地基反力系数表　　　　**表11.7-2**

(1) 粘性土地基反力系数按下列表值确定：

***L/B*=1**

1.381	1.179	1.128	1.108	1.108	1.128	1.179	1.381
1.179	0.952	0.898	0.879	0.879	0.898	0.952	1.179
1.128	0.898	0.841	0.821	0.821	0.841	0.898	1.128
1.108	0.879	0.821	0.800	0.800	0.821	0.879	1.108
1.108	0.879	0.821	0.800	0.800	0.821	0.879	1.108
1.128	0.898	0.841	0.821	0.821	0.841	0.898	1.128
1.179	0.952	0.898	0.879	0.879	0.898	0.952	1.179
1.381	1.179	1.128	1.108	1.108	1.128	1.179	1.381

***L/B*=2～3**

1.265	1.115	1.075	1.061	1.061	1.075	1.115	1.265
1.073	0.904	0.865	0.853	0.853	0.865	0.904	1.073
1.046	0.875	0.835	0.822	0.822	0.835	0.875	1.046
1.073	0.904	0.865	0.853	0.853	0.865	0.904	1.073
1.265	1.115	1.075	1.061	1.061	1.075	1.115	1.265

***L/B*=4～5**

1.229	1.042	1.014	1.003	1.003	1.014	1.042	1.229
1.096	0.929	0.904	0.895	0.895	0.904	0.929	1.096
1.081	0.918	0.893	0.884	0.884	0.893	0.918	1.081
1.096	0.929	0.904	0.895	0.895	0.904	0.929	1.096
1.229	1.042	1.014	1.003	1.003	1.014	1.042	1.229

***L/B*=6～8**

1.214	1.053	1.013	1.008	1.008	1.013	1.053	1.214
1.083	0.939	0.903	0.899	0.899	0.903	0.939	1.083
1.069	0.927	0.892	0.888	0.888	0.892	0.927	1.069
1.083	0.939	0.903	0.899	0.899	0.903	0.939	1.083
1.214	1.053	1.013	1.008	1.008	1.013	1.053	1.214

(2) 软土地基反力系数按下表确定：

0.906	0.966	0.814	0.738	0.738	0.814	0.966	0.906
1.124	1.197	1.009	0.914	0.914	1.009	1.197	1.124
1.235	1.314	1.109	1.006	1.006	1.109	1.314	1.235
1.124	1.197	1.009	0.914	0.914	1.009	1.197	1.124
0.906	0.966	0.811	0.738	0.738	0.811	0.966	0.906

(3) 粘性土地基异形基础地基反力系数按下列表值确定：

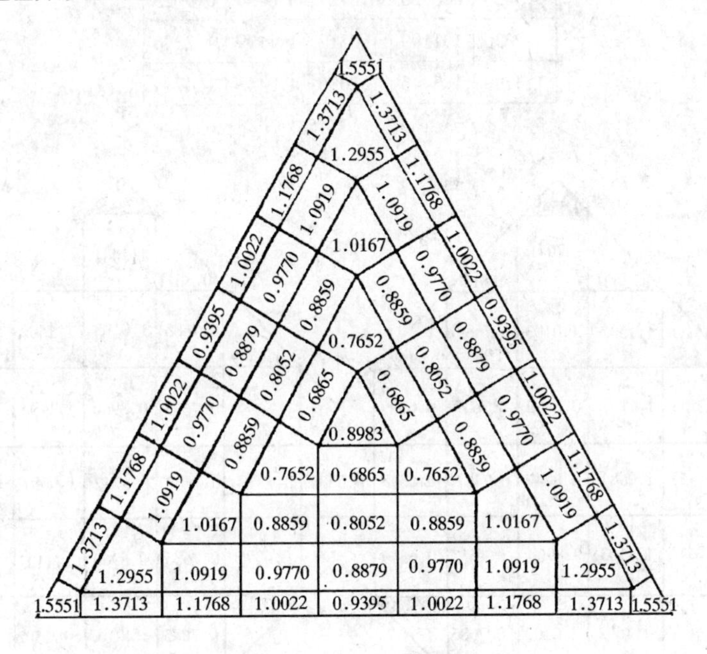

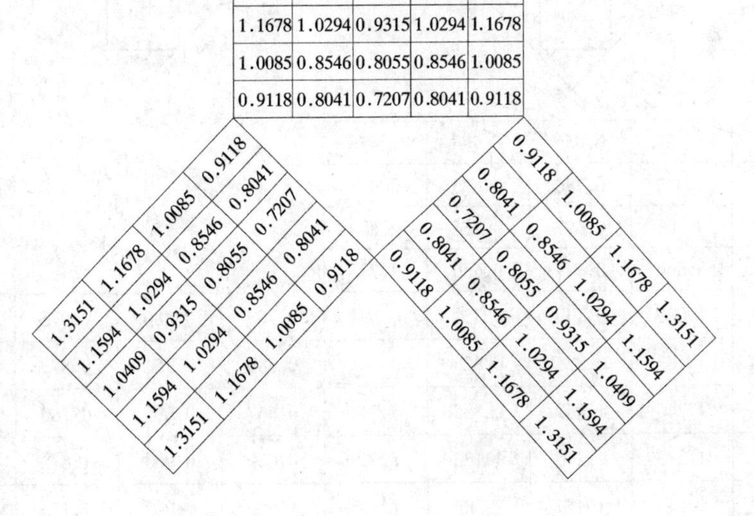

			1.4799	1.3443	1.2086	1.3443	1.4799			
			1.2336	1.1199	1.0312	1.1199	1.2336			
			0.9623	0.8726	0.8127	0.8726	0.9623			
1.4799	1.2336	0.9623	0.7850	0.7009	0.6673	0.7009	0.7850	0.9623	1.2336	1.4799
1.3443	1.1199	0.8726	0.7009	0.6240	0.5693	0.6240	0.7009	0.8726	1.1199	1.3443
1.2086	1.0312	0.8127	0.6673	0.5693	0.4996	0.5693	0.6673	0.8127	1.0312	1.2086
1.3443	1.1199	0.8726	0.7009	0.6240	0.5693	0.6240	0.7009	0.8726	1.1199	1.3443
1.4799	1.2336	0.9623	0.7850	0.7009	0.6673	0.7009	0.7850	0.9623	1.2336	1.4799
			0.9623	0.8726	0.8127	0.8726	0.9623			
			1.2336	1.1199	1.0312	1.1199	1.2336			
			1.4799	1.3443	1.2086	1.3443	1.4799			

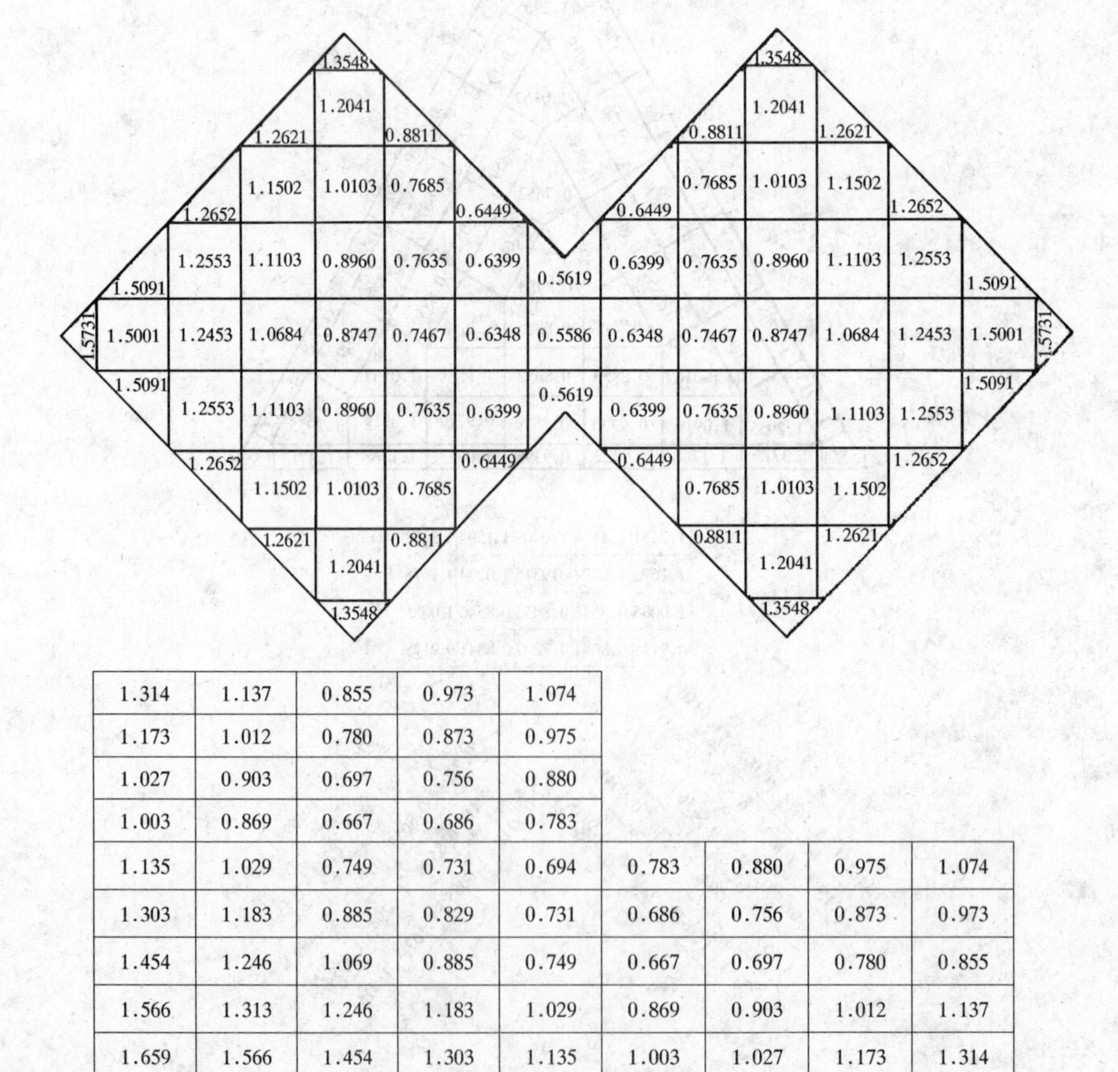

1.314	1.137	0.855	0.973	1.074				
1.173	1.012	0.780	0.873	0.975				
1.027	0.903	0.697	0.756	0.880				
1.003	0.869	0.667	0.686	0.783				
1.135	1.029	0.749	0.731	0.694	0.783	0.880	0.975	1.074
1.303	1.183	0.885	0.829	0.731	0.686	0.756	0.873	0.973
1.454	1.246	1.069	0.885	0.749	0.667	0.697	0.780	0.855
1.566	1.313	1.246	1.183	1.029	0.869	0.903	1.012	1.137
1.659	1.566	1.454	1.303	1.135	1.003	1.027	1.173	1.314

(4) 砂土地基反力系数按下列表值确定:

$L/B=1$

1.5875	1.2582	1.1875	1.1611	1.1611	1.1875	1.2582	1.5875
1.2582	0.9096	0.8410	0.8168	0.8168	0.8410	0.9096	1.2582
1.1875	0.8410	0.7690	0.7436	0.7436	0.7690	0.8410	1.1875
1.1611	0.8168	0.7436	0.7175	0.7175	0.7436	0.8168	1.1611
1.1611	0.8168	0.7436	0.7175	0.7175	0.7436	0.8168	1.1611
1.1875	0.8410	0.7690	0.7436	0.7436	0.7690	0.8410	1.1875
1.2582	0.9096	0.8410	0.8168	0.8168	0.8410	0.9096	1.2582
1.5875	1.2582	1.1875	1.1611	1.1611	1.1875	1.2582	1.5875

$L/B=2\sim3$

1.409	1.166	1.109	1.088	1.088	1.109	1.166	1.409
1.108	0.847	0.798	0.781	0.781	0.798	0.847	1.108
1.069	0.812	0.762	0.745	0.745	0.762	0.812	1.069
1.108	0.847	0.798	0.781	0.781	0.798	0.847	1.108
1.409	1.166	1.109	1.088	1.088	1.109	1.166	1.409

$L/B=4\sim5$

1.395	1.212	1.166	1.149	1.149	1.166	1.212	1.395
0.922	0.828	0.794	0.783	0.783	0.794	0.828	0.992
0.989	0.818	0.783	0.772	0.772	0.783	0.818	0.989
0.992	0.828	0.794	0.783	0.783	0.794	0.828	0.992
1.395	1.212	1.166	1.149	1.149	1.166	1.212	1.395

注:1. 各表适用于上部结构与荷载比较匀称的框架结构,地基土比较均匀、底板悬挑部分不宜超过0.8m,不考虑相邻建筑物的影响以及满足本规范构造要求的单幢建筑物的箱形基础。当纵横方向荷载不很匀称时,应分别将不匀称荷载对纵横方向对称轴所产生的力矩值所引起的地基不均匀反力和由附表计算的反力进行叠加。力矩引起的地基不均匀反力按直线变化计算。

2. (3) 中,三个翼和核心三角形区域的反力与荷载应各自平衡,核心三角形区域内的反力可按均布考虑。

13. 箱形基础每个区格的基底反力为:

$$p=\frac{\Sigma P}{A}\gamma_i \tag{11.7-1}$$

式中 ΣP——上部结构竖向荷载、箱形基础自重和挑出部分底板以上的填土重(kN);

A——基础底面积(m^2);

γ_i——各区格的基底反力系数,见表11.7-2。

当上部结构的竖向荷载重心与基础底面积的形心不重合产生偏心力矩时,箱形基础基底反力分布按上述应用表11.7-2确定以外,还应计算偏心力矩所引起的基底反力,此部分基底反力按直线变化分布。

计算底板局部弯曲时取用基底反力按公式(11.7-1)所得 p 和偏心力矩引起的基底反力相叠加,并应扣除底板自重。

14. 考虑上部结构与箱形基础的共同工作时，箱形基础承受的整体弯矩 M_F 可按下式计算：

$$M_F = M\frac{E_F I_F}{E_F I_F + E_B I_B} \tag{11.7-2}$$

式中　M——整体弯曲作用产生的弯矩设计值（kN·m），可按静定梁分；

$E_F I_F$——箱形基础的刚度，其中 E_F 为箱形基础的混凝土弹性模量，I_F 为按工字形截面计算的惯性矩，工字形截面的上、下翼缘宽度分别为箱形基础顶、底板的全宽，腹板厚度为在弯曲方向的墙体厚度的总和（$kN·m^2$）；

$E_B I_B$——上部结构的总折算刚度，可按下式计算（图 11.7-3）：

$$E_B I_B = \sum_{i=1}^{n}\left[E_b I_{bi}\left(1 + \frac{K_{ui} + K_{li}}{2K_{bi} + K_{ui} + K_{li}}m^2\right)\right] + E_w I_w \tag{11.7-3}$$

式中　E_b——各层梁、柱的混凝土弹性模量（kPa）；

K_{ui}、K_{li}、K_{bi}——第 i 层上柱、下柱和梁的线刚度，其值分别为 $\frac{I_{ui}}{h_{ui}}$、$\frac{I_{li}}{h_{li}}$ 和 $\frac{I_{bi}}{l}$；

I_{ui}、I_{li}、I_{bi}——第 i 层上柱、下柱和梁的截面惯性矩（m^4）；

h_{ui}、h_{li}——第 i 层上柱及下柱的高度（m）；

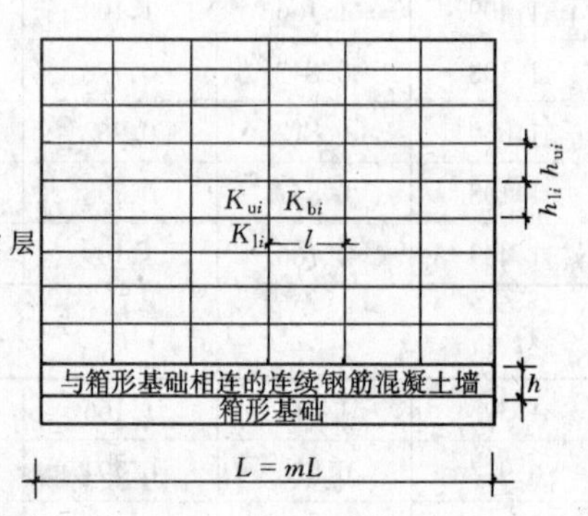

图 11.7-3　箱形基础与上部结构共同作用

E_w——在弯曲方向与箱形基础相连的连续钢筋混凝土墙的混凝土弹性模量（kPa）；

I_w——在弯曲方向与箱形基础相连的连续钢筋混凝土墙的惯性矩（m^4）；$I_w = \frac{bh^3}{12}$，b、h 为墙的宽度和高度（m）；

l——上部结构弯曲方向的柱间距（m）；

L——上部结构弯曲方向的总长度（m）；

m、n——弯曲方向的节间数和建筑层数，当层数大于 8 层时，n 取 8。

公式（11.7-3）适用于等柱距的框架结构，对于柱距相差不超过 20% 的框架结构也可采用，此时取 $l = \frac{L}{m}$。

15. 箱形基础的底板厚度，除根据荷载和跨度按正截面受弯承载力要求决定外，其斜截面受剪承载力尚应符合下式要求：

$$V_s \leqslant 0.7\beta_{hs} f_t (l_{02} - 2h_0) h_0 \tag{11.7-4}$$

$$\beta_{hs} = (800/h_0)^{1/4} \tag{11.7-5}$$

式中　V_s——距墙边缘 h_0 处板的剪力设计值（kN）。底板的剪力应减去刚性角范围的基底反力，刚性角为 45°（图 11.7-4）；

f_t——混凝土轴心抗拉强度设计值（kPa）；

β_{hs}——受剪切承载力截面高度影响系数，$h_0<800$mm 时，h_0 取 800mm；$h_0>2000$mm 时，h_0 取 2000mm；

h_0——板的有效高度（m）。

16. 在地基反力作用下，验算箱形基础底板的受冲切承载时，应减去冲切破坏锥体内的底板平均反力设计值，当验算的底板区格为矩形双向板时，底板的冲切验算可转化为对其截面有效高度 h_0 的验算，h_0 应符合下式要求（图 11.7-4）：

$$h_0 \geqslant \frac{(l_{01}+l_{02})-\sqrt{(l_{01}+l_{02})^2-\dfrac{4pl_{01}l_{02}}{p+0.7f_t\beta_{hp}}}}{4} \tag{11.7-6}$$

式中 l_{01}、l_{02}——计算板格的短边和长边的净长度（m）；

p——扣除底板自重后的地基平均反力设计值（kPa）；

f_t——混凝土抗拉强度设计值（kPa）；

β_{hp}——截面高度影响系数，见 11.4 节第 3 条。

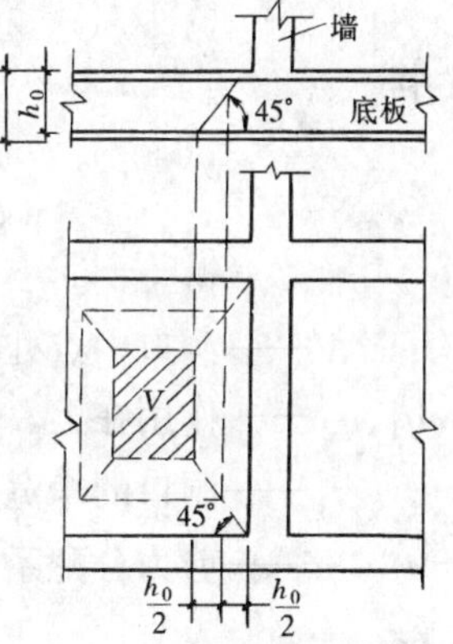

图 11.7-4 底板的冲切

17. 箱形基础上部结构传来的总弯矩设计值和总剪力设计值，可分别按受力方向的墙体弯曲刚度和剪切刚度分配给各道墙。

箱形基础墙体的门洞口应设在柱间居中部位，洞边至柱中心的距离不宜小于 1.2m，洞口开口系数 γ 宜符合下式的要求：

$$\gamma=\sqrt{\frac{A_{0p}}{A_f}}\leqslant 0.4 \tag{11.7-7}$$

式中 A_{0p}——墙面洞口面积（m^2）；

A_f——墙面积，其值取柱距乘箱形基础全面积（m^2）。

墙体应配置双排双向钢筋，竖、横向钢筋直径均不应小于 10mm，间距均不大于 200mm，除上部为剪力墙的墙体外，内、外墙的墙顶处宜配置两根直径不小于 20mm 的通长构造钢筋，此钢筋的搭接和转角处的连接长度应不小于受拉搭接长度。

墙体洞口削弱处，洞口每侧附加加强钢筋应按计算确定，且洞侧的加强钢筋截面面积不应小于洞口宽度内被切断受力钢筋截面面积的一半，并不小于两根直径 16mm，此钢筋应从洞口边伸入墙体 40 倍钢筋直径。

箱形基础的内、外墙体，除上部为剪力墙外，其截面应按公式（11.7-8）验算受剪承载力。对于承受垂直于墙面的水平荷载的内、外墙，尚需按板进行受弯承载力计算。

$$V_w \leqslant 0.2 f_c A_w \beta_c \tag{11.7-8}$$

式中 V_w——柱根传给的墙体竖向截面剪力设计值（kN），按相交的各片墙的刚度进行分配；

f_c——混凝土轴心抗压强度设计值（kPa）；

A_w——墙体竖向有效截面面积（m^2）；

β_c——混凝土强度影响系数，见表 2.2-2。

18. 墙体洞口上、下过梁截面，应符合下列剪压比要求，并应进行斜截面受剪承载力的验算。

$$V_1 \leqslant 0.25 f_c A_1 \beta_c \tag{11.7-9}$$

$$V_2 \leqslant 0.25 f_c A_2 \beta_c \tag{11.7-10}$$

式中

$$V_1 = \mu V + \frac{q_1 l_0}{2} \tag{11.7-11}$$

$$V_2 = (1-\mu) V + \frac{q_2 l_0}{2} \tag{11.7-12}$$

V——洞口中点处的剪力设计值（kN）；

q_1、q_2——作用在上、下过梁的均布荷载（kN/m）；

l_0——洞口的净宽度（m）；

μ——剪力分配系数，按下式计算：

$$\mu = \frac{1}{2}\left(\frac{b_1 h_1}{b_1 h_1 + b_2 h_2} + \frac{b_1 h_1^3}{b_1 h_1^3 + b_2 h_2^3}\right) \tag{11.7-13}$$

b_1、h_1——上过梁的截面宽度和高度（m）；

b_2、h_2——下过梁的截面宽度和高度（m）；

V_1、V_2——上、下过梁的剪力设计值（kN）；

A_1、A_2——上、下过梁的计算截面积（m^2），按图 11.7-5 的阴影部分取用，取其中较大值。

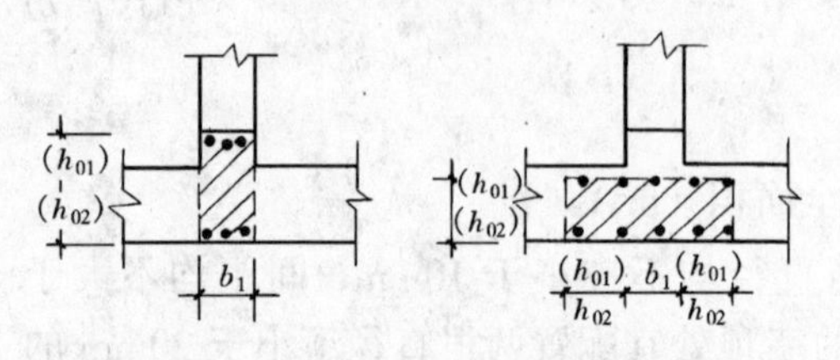

图 11.7-5　洞口上下过梁的计算截面积

上、下过梁的弯矩为：

$$M_1 = \frac{\mu V l_0}{2} + \frac{q_1 l_0^2}{12} \tag{11.7-14}$$

$$M_2 = \frac{(1-\mu) V l_0}{2} + \frac{q_2 l_0^2}{12} \tag{11.7-15}$$

当箱形基础（筏形基础亦同）底板厚度较厚，墙的洞口宽度较窄时，如图 11.7-6 所示从洞边往下满足刚性角相交，并且相交点至板底距离大于等于 200mm，可以不计算底板洞口过梁的剪力及弯曲配筋。

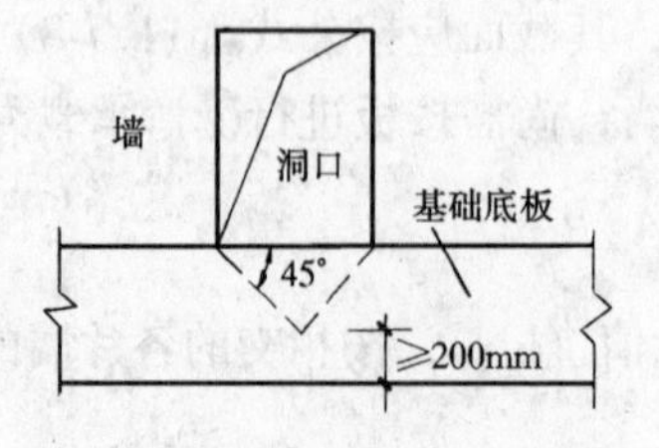

图 11.7-6　墙洞口下刚性相交

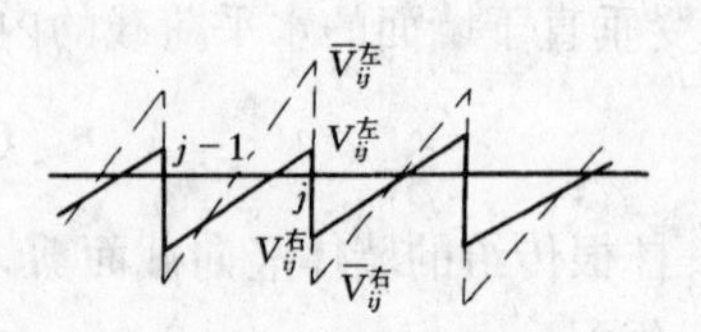

图 11.7-7　剪力修正

19. 箱形基础纵横墙截面的剪力，可按下列方法近似计算：

(1) 计算纵墙截面剪力时，将箱形基础视作一根在外荷载和基底反力作用下的静定梁，求出各支座左右截面的总剪力 V_j，然后把此总剪力分配给各道纵墙，在 i 道纵墙 j 支座处的截面左右剪力 V_{ij}按公式（11.7-16）修正（图 11.7-7）：

$$V_{ij}=\overline{V}_{ij}-p(A_1+A_2) \tag{11.7-16}$$

式中 $\overline{V}_{ij}$——i 道纵墙 j 支座处所分配的剪力：

$$\overline{V}_{ij}=\frac{V_j}{2}\left(\frac{b_i}{\Sigma b}+\frac{N_{ij}}{\Sigma N_j}\right) \tag{11.7-17}$$

b_i——i 道纵墙的宽度（m）；

Σb——各道纵墙宽度的总和（m）；

N_{ij}——i 道纵墙 j 支座处柱竖向荷载（kN）；

ΣN_j——j 支座横向同一柱列各道纵墙柱竖向荷载的总和（kN）；

p——基底反力值（kN/m^2）；

A_1、A_2——求 V_{ij}时的底板局部面积，按图 11.7-8 中阴影部分计算（m^2）。

(2) 计算横墙截面剪力 V_{ij}时，可按图 11.7-9 中阴影部分面积乘以基底反力 p。

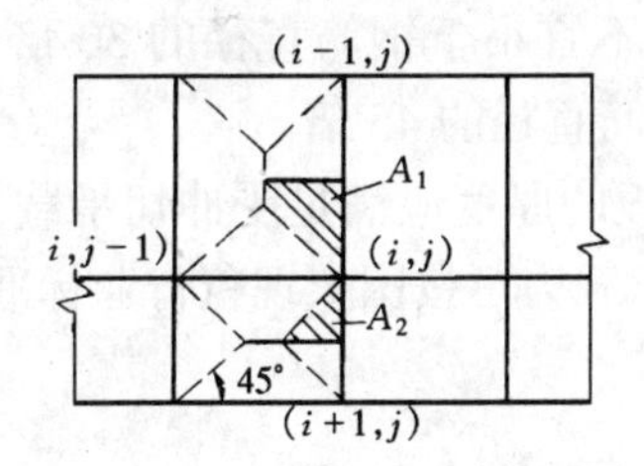

图 11.7-8 底板局部平面

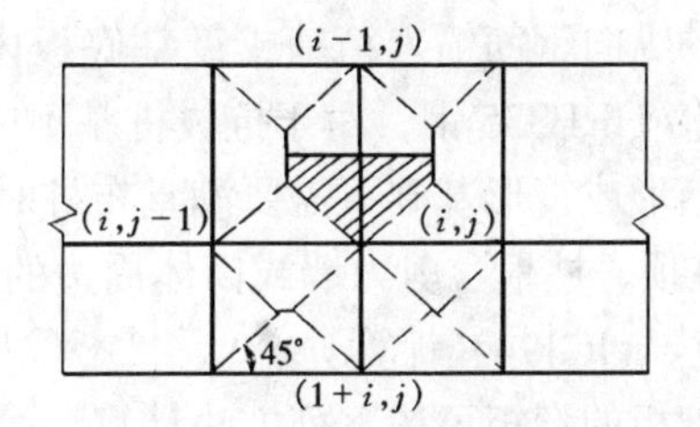

图 11.7-9 横墙剪力计算平面

20. 箱形基础墙体按建筑物四周、上层柱网或上层剪力墙位置布置后，如遇人防等级较高、地基反力较大时，由于墙间距过大可能导致箱形基础底板及顶板厚度过厚，如使用上许可，可增设一些纵横墙以减少板的跨度。此种增设的墙应视为支承在内外墙上的次梁，并需对其进行承载力的验算（图 11.7-10）。

当增设的墙洞口较大，或不具有作为次梁时，底板应按单向或双向板计算，此时向上荷载为基底反力，向下荷载为顶板传给增设墙的荷载和墙体自重（图 11.7-11）。

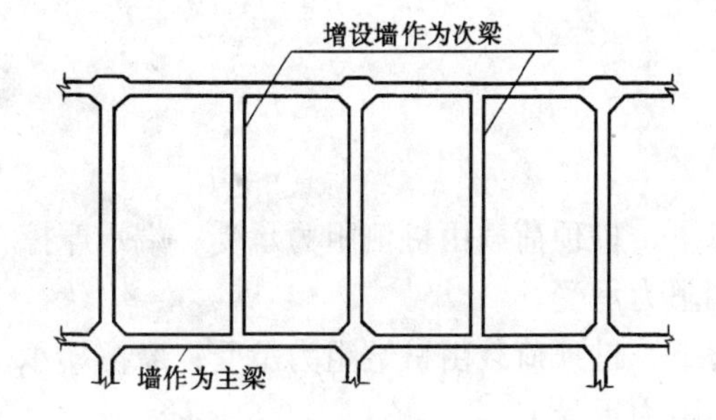

图 11.7-10 增设墙作为次梁

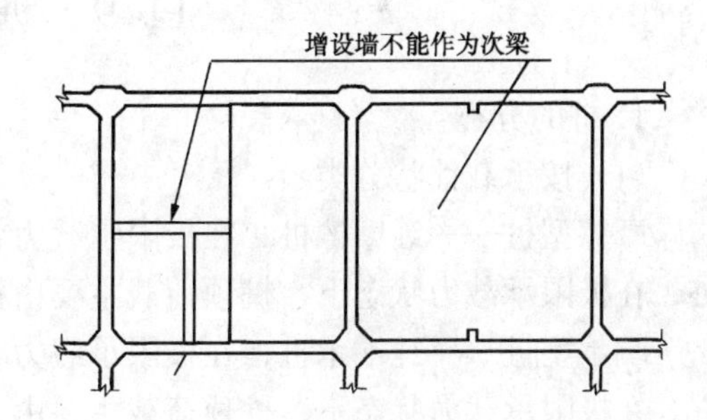

图 11.7-11 增设墙不具备作为次梁

21. 当地下室设置窗井时，窗井分隔墙应与箱形基础墙体连续拉通成整体。如窗井底板与箱形基础底板取平时，窗井底板不应按悬挑板计算，而应视作支承在地下室外墙和窗井外墙上的单向板，窗井隔墙则为箱形基础内墙伸出的悬挑梁，且应注意验算此隔墙截面符合 $V\leqslant 0.2\beta_c f_c b h_0$，式中 V 为窗井隔墙根部剪力；b 为墙厚；h_0 为墙的有效高度。

11.8 桩箱与桩筏基础

1. 当高层建筑箱形与筏形基础下天然地基承载力或沉降变形不能满足设计要求时，可采用桩加箱形或筏形基础。桩的类型应根据工程地质资料、结构类型、荷载性质、施工条件以及经济指标等因素确定。有关桩的设计应符合国家现行行业标准《建筑桩基技术规范》(JGJ94) 的要求。

2. 当箱形或筏形基础下桩的数量较少时，桩宜布置在墙下、梁板式筏形基础的梁下或平板式筏形基础的柱下。基础底板的厚度应满足整体刚度及防水要求。当桩布置在墙下或基础梁下时，基础板的厚度不得小于 300mm，且不宜小于板跨的 1/20。

3. 桩顶嵌入箱基或筏基底板内的长度，对于大直径桩，不宜小于 100mm；对中小直径的桩不宜小于 50mm；

4. 桩的纵向钢筋锚入箱基或筏基底板内的长度不宜小于钢筋直径的 30 倍（HPB235 钢）和 35 倍 HRB335 钢，对于抗拔桩基不应少于钢筋直径的 45 倍。

5. 当箱形或筏形基础下需要满堂布桩时，基础板的厚度应满足受冲切承载力的要求。基础板沿桩顶、柱根、剪力墙或筒体周边的受冲切承载力可按国家现行行业标准《建筑桩基技术规范》(JGJ94) 计算。

6. 基础板的弯矩可按下列方法计算：

(1) 先将基础板上的竖向荷载设计值按静力等效原则移至基础底面桩群承载力重心处。弯矩引起的桩顶不均匀反力按直线变化原则计算，并以柱或墙为支座采用倒楼盖法计算板的弯矩。当支座反力与实际柱或墙的荷载效应相差较大时，应重新调整桩位再次计算桩顶反力；

(2) 当桩基的沉降量较均匀时，可将单桩简化为一个弹簧，按支承于弹簧上的弹性平板计算板中的弯矩。桩的弹簧系数可按单桩载荷试验或地区经验确定。

11.9 桩　　基

1. 桩的分类

(1) 按承载性状分类

摩擦型桩——纯摩擦桩，在极限承载力状态下，桩顶荷载由桩侧阻力承受；端承摩擦桩，在极限承载力状态下，桩顶荷载主要由桩侧阻力承受。

端承型桩——纯端承桩，在极限承载力状态下，桩顶荷载由桩端阻力承受；摩擦端承桩，在极限承载力状态下，桩顶荷载主要由桩端阻力承受。

(2) 按桩的使用功能分类

竖向抗压桩；竖向抗拔桩；横向受荷桩（主要承受横向荷载）；组合受荷桩（竖向、横向荷载均较大）。

（3）按桩的材料分类

混凝土预制桩、混凝土灌注桩；钢桩；组合材料桩。

（4）按成桩方法分类

非挤土桩——干作业法、泥浆护壁法、套管护壁法。

部分挤土桩——部分挤土灌注桩、预钻孔打入式预制桩、打入式敞口桩。

挤土桩——挤土灌注桩、挤土预制桩（打入或静压）。

（5）按桩径大小分类

小桩——桩径 $d \leqslant 250$mm；

普通桩——桩径 250mm$< d <$800mm；

大直径桩——桩径 $d \geqslant 800$mm。

2．高层建筑应根据结构类型、荷载性质、桩的使用功能、穿越土层、桩端持力层土类、地下水位、施工设备、施工环境、施工经验、制桩材料供应条件等，选择经济合理、安全适用的桩型和成桩工艺。选择桩型时可参考表 11.9-1。

3．桩的布置需符合下列要求：

（1）桩的最小中心距应符合表 11.9-2 的规定。对于大面积桩群，尤其是挤土桩，桩的最小中心距宜按表 11.9-2 列值适当加大。

（2）扩底灌注桩除应符合表 11.9-2 的规定外，尚应满足表 11.9-3 的规定。

（3）在桩基排桩时，宜使桩群形心与竖向永久荷载含力作用点重合，并使桩基在受横向力和力矩较大方向有较大的抵抗矩。

（4）对于桩箱形基础，宜将桩布置在墙下；对于梁式筏形基础，宜将桩布置在基础梁下；对于大直径桩宜采用一柱一桩。

（5）在同一结构单元宜避免采用不同类型的桩。

（6）一般应选择较硬土层作为桩端持力层。桩端进入持力层的深度，对于粘性土、粉土不宜小于 $2d$；砂土不宜小于 $1.5d$；碎石类土不宜小于 $1d$。当存在软弱下卧层时，桩基以下硬持力层厚度不宜小于 $4d$。嵌岩灌注桩周边嵌入完整和较完整的未风化、微风化、中风化硬质岩体的最小深度，不宜小于 0.5m。

4．桩基设计时应根据桩基损坏造成建筑物的破坏后果（危及人的生命、造成经济损失、产生社会影响）的严重性，选用适当的安全等级。建筑物桩基安全等级如表 11.2-1 所列。

5．所有桩基均应进行承载力极限状态的计算，计算的内容包括：

（1）根据桩基的使用功能和受力特征进行桩基的竖向（抗压或抗拔）承载力计算和横向承载力计算；对于某些条件下的群桩基础宜考虑由桩群、土、承台相互作用产生的承载力群桩效应。

（2）对桩身及承台的承载力应进行计算；对于桩身侧面为可液化土、极限承载力小于 50kPa（或不排水抗剪强度小于 10kPa）土层中的细长桩尚应进行桩身压屈验算。

对于混凝土预制桩尚应按施工阶段的吊装、运输和锤击作用进行承载力和强度验算。

（3）当桩端平面以下存在软弱下卧层时，应验算软弱下卧层的承载力。

成桩工艺选择参考表

表 11.9-1

桩类			桩径		桩长 (m)	穿越土层											桩端进入持力层				地下水位		对环境影响		孔底有无挤密
			桩身 (mm)	扩大端 (mm)		一般粘性土及其填土	淤泥和淤泥质土	粉土	砂土	碎石土	季节性冻土膨胀土	黄土：非自重湿陷性黄土	黄土：自重湿陷性黄土	中间有硬夹层	中间有砂夹层	中间有砾石夹层	硬粘性土	密实砂土	碎石土	软质岩石和风化岩石	以上	以下	振动和噪音	排浆	
非挤土成桩法	干作业法	长螺旋钻孔灌注桩	300～600		≤12	○	×	○	△	×	○	○	△	×	△	×	○	○	×	×	○	×	无	无	无
		短螺旋钻孔灌注桩	300～800		≤8	○	×	○	△	×	○	○	×	×	△	×	○	○	×	×	○	×	无	无	无
		钻孔扩底灌注桩	300～400	800～1200	≤5	○	×	○	×	×	○	○	×	×	△	×	○	○	×	×	○	×	无	无	无
		机动洛阳铲成孔灌注桩	300～500		≤20	○	×	△	×	×	○	○	△	△	×	△	○	○	×	×	○	×	无	无	无
		人工挖孔扩底灌注桩	1000～2000	1600～3000	≤30	○	△	△	×	×	○	○	○	○	△	△	○	×	×	○	○	△	无	无	无
	泥浆护壁法	潜水钻成孔灌注桩	500～800		≤50	○	○	○	△	×	△	△	×	×	△	×	○	○	△	×	○	○	无	有	无
		反循环钻成孔灌注桩	600～1200		≤50	○	○	○	△	×	△	○	×	○	○	×	○	○	△	○	○	○	无	有	无
		迴旋钻成孔灌注桩	600～1200		≤50	○	○	○	△	×	△	○	×	○	○	×	○	○	△	○	○	○	无	有	无
		机挖异型灌注桩	400～600		≤12	○	△	○	×	×	△	○	×	△	△	×	○	○	△	△	△	○	无	有	无
		钻孔扩底灌注桩	600～1200	1000～1600	≤20	○	○	○	×	×	△	○	×	○	○	×	○	×	×	△	○	○	无	有	无
	套管护壁法	贝诺托灌注桩	800～1600		≤50	○	○	○	○	○	△	○	×	○	○	○	○	○	○	○	○	○	有	有	无
		短螺旋钻孔灌注桩	300～800		≤12	○	○	○	○	×	△	○	×	△	△	△	○	○	△	×	○	○	无	无	无
部分挤土成桩法		冲击成孔灌注桩	600～1200		≤50	○	△	△	△	○	△	×	×	○	○	○	○	○	○	○	○	○	有	有	无
		钻孔压注成型灌注桩	300～1000		≤30	○	△	△	△	×	○	○	○	△	△	×	○	○	×	△	○	△	无	有	无
		组合桩	≤600		≤30	○	○	○	○	×	○	○	△	○	○	△	○	○	○	△	○	○	有	无	有
		预钻孔打入式预制桩	≤500		≤30	○	○	○	△	×	○	○	○	○	○	△	○	○	△	△	○	○	有	无	有
		混凝土（预应力混凝土）管桩	≤600		≤50	○	○	○	△	×	△	○	△	△	△	△	○	○	○	△	○	○	有	无	有
		H型钢桩	规格		≤50	○	○	○	○	○	△	×	×	○	○	○	△	△	○	○	○	○	有	无	无
		敞口钢管桩	600～900		≤50	○	○	○	○	△	△	○	○	○	○	○	○	○	○	○	○	○	有	无	有

续表

桩类			桩径		桩长（m）	穿越土层											桩端进入持力层				地下水位		对环境影响		孔底有无挤密
			桩身（mm）	扩大端（mm）		一般粘性土及其填土	淤泥和淤泥质土	粉土	砂土	碎石土	季节性冻土膨胀土	黄土 非自重湿陷性黄土	黄土 自重湿陷性黄土	中间有硬夹层	中间有砂夹层	中间有砾石夹层	硬粘性土	密实砂土	碎石土	软质岩石和风化岩石	以上	以下	振动和噪音	排浆	
挤土成桩	挤土灌注桩	振动沉管灌注桩	270～400		≤20	○	○	○	△	×	○	○	○	×	△	×	○	○	×	×	○	○	有	无	有
		锤击沉管灌注桩	300～500		≤24	○	○	○	△	×	○	○	○	△	△	△	○	○	△	×	○	○	有	无	有
		锤击振动沉管灌注桩	270～400		≤20	○	○	△	△	×	△	○	○	○	○	△	○	○	○	○	○	○	有	无	有
		平底大头灌注桩	350～400	450×450～500×500	≤15	○	○	△	×	×	△	△	△	×	△	×	○	△	×	×	○	○	有	无	有
		沉管灌注同步桩	≤400		≤20	○	○	○	△	×	○	○	○	×	△	×	○	△	×	×	○	○	有	无	有
		夯压成型灌注桩	325、327	460～700	≤20	○	○	○	△	△	○	○	○	×	△	×	○	△	×	×	○	○	有	无	有
		干振灌注桩	350		≤10	○	○	○	△	△	△	○	△	×	△	△	△	△	×	×	○	×	有	无	无
		爆扩灌注桩	≤350	≤1000	≤12	○	×	×	×	×	△	○	○	×	△	×	○	×	×	×	○	×	有	无	有
		弗兰克桩	≤600	≤1000	≤20	○	○	○	△	△	○	○	○	△	○	△	○	○	△	×	○	△	有	无	无
	挤土预制桩	打入实心混凝土预制桩 闭口钢管桩 混凝土管桩	≤500×500 ≤600		≤50	○	○	○	△	△	△	○	○	○	○	○	○	○	△	△	○	○	有	无	有
		静压桩	100×100		≤40	○	○	△	△	×	×	○	△	△	△	×	○	○	×	×	○	○	无	无	有

注：表中符号○—表示比较合适；△—表示有可能采用；×—表示不宜采用。

桩的最小中心距　表 11.9-2

土类与成桩工艺		桩排数≥3 和桩根数≥9 的摩擦型桩基	其他情况
非挤土和部分挤土灌注桩		$3.0d$	$2.5d$
挤土灌注桩	穿越非饱和土	$3.5d$	$3.0d$
	穿越饱和软土	$4.0d$	$3.5d$
挤土预制桩		$3.5d$	$3.0d$
打入式敞口管桩和 H 型钢桩		$3.5d$	$3.0d$

注：d 为桩的直径或边长。

灌注桩扩大端最小中心距　表 11.9-3

成桩方法	最小中心距
钻、挖孔灌注桩	$1.5D$ 或 $D+1\text{m}$（当 $D>2\text{m}$ 时）
沉管扩底灌注桩	$2.0D$

注：D 为扩大端设计直径（m），$D\leqslant 3d$。

（4）对位于坡地、岸边的桩基应验算整体稳定性。

（5）有抗震设防的建筑物，应验算桩基抗震承载力。

桩基承载能力极限状态的计算应采用荷载效应的组合和地震作用效应组合。

6. 对于桩端持力层为软弱土层的甲、乙级建筑物桩基以及桩端持力层为粘性土、粉土或存在软弱下卧层的甲级建筑物桩基，应验算沉降；并宜考虑上部结构与基础的共同作用。

受横向荷载较大对横向变位要求严格的一级建筑物；应验算横向变位。

按正常使用极限状态验算桩基沉降时应采用荷载的长期效应组合；验算桩基的横向变位、抗裂、裂缝宽度时，根据使用要求和裂缝控制等级分别采用荷载效应的短期效应组合或长期效应组合考虑长期荷载的影响。

7. 建于粘性土、粉土上的甲级建筑物桩基及软土地区的甲、乙级建筑物桩基，在其施工过程及建成后的使用期间，必须进行系统的沉降观测直至沉降稳定。

8. 有抗震设防的高层建筑桩基，桩端进入持力层的深度除第 3 条（6）的要求外，对碎石土、砾、粗、中砂，密实粉土，坚硬粘性土尚不应小于 500mm，对其他非岩石土尚不应小于 1.5m。

有抗震设防建筑物桩基，承台周围回填土应采用素土或灰土分层夯实，或原坑浇注混凝土承台。当承台周围为可液化土或极限承载力小于 80kPa（或不排水抗剪强度小于 15kPa）的软土时，宜将承台外一定范围的土进行加固。为提高桩基对地震作用的横向抗力，可考虑采用加强刚性地坪，加大承台埋置深度，在承台底面铺碎石垫层或设置防滑趾，在承台之间设置连系梁等措施。

9. 群桩中单桩桩顶竖向力，应按下列公式计算：

（1）轴心竖向力作用下

$$Q_{\mathrm{k}}=\frac{F_{\mathrm{k}}+G_{\mathrm{k}}}{n}\tag{11.9-1}$$

偏心竖向力作用下

$$Q_{i\mathrm{k}}=\frac{F_{\mathrm{k}}+G_{\mathrm{k}}}{n}\pm\frac{M_{\mathrm{x}}y_i}{\Sigma y_i^2}\pm\frac{M_{\mathrm{y}}x_i}{\Sigma x_i^2}\tag{11.9-2}$$

（2）水平力作用下

$$H_{ik}=\frac{H_k}{n} \tag{11.9-3}$$

式中 F_k——相应于荷载效应标准组合时，作用于桩基承台顶面的竖向力；

G_k——桩基承台及承台上土自重标准值；

Q_k——轴心竖向力作用下任一单桩的竖向力；

n——桩基中的桩数；

Q_{ik}——竖向偏心力作用下第 i 根桩的竖向力；

M_x、M_y——作用于承台底面对通过桩群形心的 x、y 轴的力矩；

x_i、y_i——桩 i 至通过桩群重心的 y、x 轴线的距离；

H_k——作用于承台底面的水平力；

H_{ik}——单桩的水平力。

10. 单桩承载力计算应符合下列表达式：

（1）轴心竖向力作用下

$$Q_k\leqslant R_a \tag{11.9-4}$$

偏心竖向力作用下，除满足公式（11.9-4）外，尚应满足下列要求：

$$Q_{ik\max}\leqslant 1.2R_a \tag{11.9-5}$$

式中 R_a——单桩竖向承载力特征值。

（2）水平荷载作用下

$$H_{ik}\leqslant R_{Ha} \tag{11.9-6}$$

式中 R_{Ha}——单桩水平承载力特征值。

11. 单桩竖向承载力特征值的确定

（1）单桩竖向承载力特征值应通过单桩竖向静载荷试验确定。在同一条件下的试桩数量，不宜少于总桩数的1%，且不应小于3根，单桩的静载荷试验，按《建筑地基基础设计规范》GB 50007附录Q进行。

（2）丙级建筑物，可采用静力触探及标贯试验方法确定 R_a 值。

（3）初步设计时单桩竖向承载力特征值可按下式估算：

$$R_a=q_{pa}A_p+u_p\Sigma q_{sia}L_i \tag{11.9-7}$$

式中 R_a——单桩竖向承载力特征值；

q_{sia}，q_{pa}——桩端端阻力、桩侧阻力特征值，由当地静载荷试验结果统计分析算得，并可参见表11.9-4、表11.9-5；

A_p——桩底横截面面积；

u_p——桩身周边长度；

L_i——第 i 层岩土的厚度。

当桩端嵌入完整及较完整的硬质岩中时，可按下式估算单桩竖向承载力特征值：

$$R_a=q_{pk}A_p \tag{11.9-8}$$

式中 q_{pk}——桩端岩石承载力特征值；

A_p——桩端横截面的面积；

（4）嵌岩灌注桩要求桩端以下三倍桩径范围内无软弱夹层、断裂破碎带、洞分布；在桩底应力扩散范围内无岩体临空面。桩端岩石承载力特征值，当桩端无沉渣时，应根据岩石饱和单轴抗压强度标准值确定，或岩基载荷试验确定。

（5）大直径桩（$d \geqslant 0.8$m）单桩竖向承载力特征值，根据土的物理指标与承载力参数之间的经验关系确定时，可按下式计算：

$$R_a = u_p \Sigma \psi_{si} q_{sia} L_i + \psi_b q_{pa} A_p \quad (11.9\text{-}9)$$

式中　q_{sia}——桩侧第 i 层土的侧阻力特征值，无当地地区性规范和经验值时，可按表11.9-5取值，对于扩底桩变截面以下不计侧阻力；

q_{pa}——桩径 d 为0.8m时的端阻力特征值；当无当地地区性规范和经验值时，对于干作业（清底干净）可按表11.9-6取值；对于其他成桩工艺可按表11.9-5取值；

ψ_{si}、ψ_b——大直径桩侧阻力、端阻力尺寸效应系数，按表11.9-7取值；

A_p——桩底面积，扩底桩为扩头直径 D 的投影面积。

桩的侧阻力特征值 q_{sia}（kPa）　　　**表11.9-4**

土的名称	土的状态	混凝土预制桩	水下钻（冲）孔桩	沉管灌注桩	干作业钻孔桩
填土		20～28	18～26	15～22	18～26
淤泥		11～17	10～16	9～13	10～16
淤泥质土		20～28	18～26	15～22	18～26
粘性土	$I_L>1$	21～36	20～34	16～28	20～34
	$0.75<I_L\leqslant1$	36～50	34～48	28～40	34～48
	$0.50<I_L\leqslant0.75$	50～66	48～64	40～52	48～62
	$0.25<I_L\leqslant0.5$	66～82	64～78	52～63	62～76
	$0<I_L\leqslant0.25$	82～91	78～88	63～72	76～86
	$I_L\leqslant0$	91～101	88～98	72～80	86～96
红粘土	$0.7<d_w\leqslant1$	13～32	12～30	10～25	12～30
	$0.5<d_w\leqslant0.7$	32～74	30～70	25～68	30～70
粉土	$e>0.9$	22～44	20～40	16～32	20～40
	$0.7\leqslant e\leqslant0.9$	42～64	40～60	32～50	40～66
	$e<0.7$	64～85	60～80	50～67	60～80
粉细砂	稍密	22～42	22～40	16～32	20～40
	中密	42～63	40～60	32～50	40～60
	密实	63～85	60～80	50～67	60～80
中砂	中密	54～74	50～72	42～58	50～70
	密实	74～95	72～90	58～75	70～90
粗砂	中密	74～95	74～95	58～75	70～90
	密实	95～116	95～116	75～92	90～110
砾砂	中密、密实	116～138	116～135	92～110	110～130

注：1. 对于尚未完成自重固结的填土和以生活垃圾为主的杂填土，不计算其侧阻力；

2. 对于预制桩，根据土层埋深 h，将 q_{sia} 乘以下表修正系数；

3. α_w 为含水比，$\alpha_w = W/W_{Li}$；I_L 为液性指数；e 为孔隙比。

土层埋深 h（m）	<5	10	20	≥30
修正系数	0.8	1.0	1.1	1.2

桩的端阻力值 q_{pa}（kPa） 表 11.9-5

土名称	桩型土的状态	预制桩入土深度（m）				水下冲（钻）孔桩入土深度（m）			
		$h<9$	$9<h\leqslant16$	$16<h\leqslant30$	$h>30$	5	10	15	$h>30$
粘性土	$0.75<I_L\leqslant1$	210～840	630～1300	1100～1700	1300～1900	100～150	150～250	250～300	300～450
	$0.50<I_L\leqslant0.75$	840～1700	1500～2100	1900～2500	2300～3200	200～300	350～450	450～550	550～750
	$0.25<I_L\leqslant0.50$	1500～2300	2300～3000	2700～3600	3600～4400	400～500	700～800	800～900	900～1000
	$0<I_L\leqslant0.25$	2500～3800	3800～5100	5100～5900	5900～6800	750～850	1000～1200	1200～1400	1400～1600
粉土	$0.7<e\leqslant1.0$	840～1700	1300～2100	1900～2700	2500～3400	250～350	300～500	450～650	650～850
	$e<0.7$	1500～2300	2100～3000	2700～3600	3600～4400	550～800	650～900	750～1000	850～1000
粉砂	稍密	800～1600	1500～2100	1900～2500	2100～3000	200～400	350～500	450～600	600～700
	中密、密实	1400～2200	2100～3000	3000～3800	3800～4600	400～500	700～800	800～900	900～1100
细砂	中密、密实	2500～3800	3600～4800	4400～5700	5300～6500	550～650	900～1000	1000～1200	1200～1500
中砂		3600～5100	5100～6300	6300～7200	7000～8000	850～950	1300～1400	1600～1700	1700～1900
粗砂		5700～7400	7400～8400	8400～9500	9500～10300	1400～1500	2000～2200	2300～2400	2300～2500
砾砂	中密、密实	6300～10500				1500～2500			
角砾、圆砾		7400～11600				1800～2800			
碎石、卵石		8400～12700				2000～3000			

续表

土名称	桩型土的状态	沉管灌注桩入土深度（m）				干作业钻孔桩入土深度（m）		
		5	10	15	>15	5	10	15
粘性土	$0.75<I_L\leqslant1$	400～600	600～750	750～1000	1000～1400	200～400	400～700	700～950
	$0.50<I_L\leqslant0.75$	670～1100	1200～1500	1500～1800	1800～2000	420～630	740～950	950～1200
	$0.25<I_L\leqslant0.50$	1300～2700	2400～2700	2700～3000	3000～4000	850～1100	1500～1700	1700～1900
	$0<I_L\leqslant0.25$	2500～2900	3500～3900	4200～4500	4200～5000	1600～1800	2200～2400	2600～2800
粉土	$0.7<e\leqslant1.0$	1200～1600	1600～2000	2000～2400	2400～3000	600～1000	1000～1400	1400～1600
	$e<0.7$	1800～2700	2200～3000	2500～3400	3500～4000	1200～1700	1400～1900	1600～2100
粉砂	稍密	800～1300	1500～2000	2200～2500	2300～3000	500～900	1000～1400	1500～1700
	中密、密实	1300～1700	2300～2700	2700～3000	3200～4000	850～1000	1500～1700	1700～1900
细砂	中密、密实	1800～2200	3000～3400	3500～3900	4000～4900	1200～1400	1900～2100	2200～2400
中砂		2800～3200	4400～4700	5200～5500	5500～7000	1800～2000	2800～3000	3300～3500
粗砂		1500～5000	6700～7200	7700～8200	8000～9000	2900～3200	4200～4600	4900～5200
砾砂		5000～8400				3200～5300		
角砾、圆砾		5900～9200						
碎石、卵石		6700～10000						

注：砂土和碎石类土中桩的极限端阻力取值，要综合考虑土的密实度、桩端进入持力层的深度比 h_e/d，土愈密实，h_e/d 愈大，取值愈高。

干作业（清底干净）桩（$d=0.8m$）端阻力特征值 q_{pa}（kPa） 表 11.9-6

土名称		状态		
粘性土		$0.25<I_L<0.75$	$0<I_L<0.25$	$I_L<0$
		800～1800	1800～2400	2400～3000
粉土		$0.7<e<0.9$	$e<0.7$	
		1000～1500	1500～2000	
砂土碎石类土		稍密	中密	密实
	粉砂	500～700	800～1100	1200～2000
	细砂	700～1100	1200～1800	2000～2500
	中砂	1000～2000	2200～3200	3500～5000
	粗砂	1200～2200	2500～3500	4000～5500
	砾砂	1400～2400	2600～4000	5000～7000
	圆砾、角砾	1600～3000	3200～5000	6000～9000
	卵石、碎石	2000～3000	3300～5000	7000～11000

注：1. q_{pa}取值宜考虑桩端持力层土的状态及桩进入持力层的深度效应，当进入持力层深度 h_b 为：$h_b \leqslant D$，$D<h_b<4D$，$h_b \geqslant 4D$；q_{pa}可分别取较低值、中值，较高值。

2. 砂土密实度可根据标贯击数 N 判定，$N \leqslant 10$ 为松散，$10<N \leqslant 15$ 为稍密，$15<N \leqslant 30$ 为中密，$N>30$ 为密实。

3. 当对沉降要求不严时，可适当提高 q_{pa}值。

（6）钢管桩单桩竖向承载力特征值，当根据土的物理指标与承载力参数之间的关系确定时，按下式计算：

$$R_a = \lambda_s u_p \Sigma q_{sia} L_i + \lambda_p q_{pa} A_p \tag{11.9-10}$$

大直径桩侧阻力尺寸效应系数ψ_{si}、端阻力尺寸效应系数ψ_b 表 11.9-7

土类别	粘性土、粉土	砂土、碎石类土
ψ_{si}	1	$\left(\frac{0.8}{d}\right)^{1/3}$
ψ_b	$\left(\frac{0.8}{D}\right)^{1/4}$	$\left(\frac{0.8}{D}\right)^{1/3}$

敞口钢管桩侧阻挤土效应系数 λ_s 表 11.9-8

d_s（mm）	≤600	700	800	900	1000
λ_s	1.00	0.93	0.87	0.82	0.77

式中 q_{sia}、q_{pa}——取值同混凝土预制桩；

λ_s——侧阻挤土效应系数，对于闭口钢管桩 $\lambda_s=1$，敞口钢管桩 λ_s 按表 11.9-8 确定；

λ_p——桩端闭塞效应系数，对于闭口钢管桩 $\lambda_p=1.0$，对于敞口钢管桩按下式：

$$h_b/d_s < 5 \quad \lambda_p = 0.16\frac{h_b}{d_s}\lambda_s \tag{11.9-11}$$

$$h_b/d_s \geqslant 5 \quad \lambda_p = 0.8\lambda_s \tag{11.9-12}$$

h_b——桩端进入持力层深度；

d_s——钢管桩外直径。

对于带隔板的半敞口钢管桩，以等效直径 d_e 代替 d_s 确定 λ_s、λ_p。

$$d_e = d_s / \sqrt{n} \tag{11.9-13}$$

式中 n 为桩端隔板分割数（图 11.9-1）。

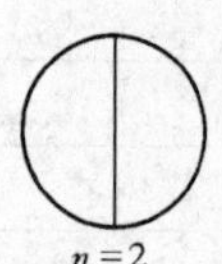

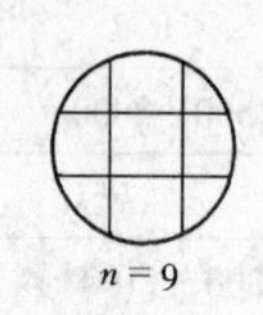

图 11.9-1 钢管桩隔板分割

12. 单桩水平承载力特征值取决于桩的材料强度、截面刚度、入土深度、土质条件、桩顶水平位移允许值和桩顶嵌固情况等因素，应通过现场水平载荷试验确定。必要时可进行带承台桩的荷载试验，试验采用慢速维持荷载法。

13. 桩基设计应按下列规定：

（1）当符合本节以上各条有关规定时，下列桩基的竖向抗压承载力特征值为各单桩竖向抗压承载力特征值的总和。

1）端承桩基；

2）桩数少于 9 根的摩擦型桩基；

3）条形基础下的桩不超过两排者。

（2）对于桩中心距小于 6 倍桩径，桩数等于多于 9 根的非端承桩基可视作一假想的实体深基础，按天然地基进行桩底持力层承载力验算。

（3）当作用于桩基上的外力主要为水平力时，应根据使用要求对桩顶变位的限制，对桩基的水平承载力进行验算。当外力作用面的桩距较大时，桩基的水平承载力可视为各单桩的水平承载力的总和，当承台侧面的土未经扰动或回填良好时，应考虑土抗力的作用，当水平推力较大时，宜设置斜桩。

（4）当桩基承受拔力时，必须对桩基进行抗拔力的验算。

14. 桩的承载力尚应满足桩身混凝土强度的要求。计算中应按桩的类型和成桩工艺的不同将混凝土的轴心抗压强度设计值乘以施工工艺折减系数 ψ_c，桩身强度应符合下式要求：

桩轴心受压时

$$\gamma_0 Q \leqslant A_p \cdot f_c \cdot \psi_c \tag{11.9-14}$$

式中 f_c——混凝土轴心抗压强度设计值，见《混凝土结构设计规范》；

γ_0——结构重要性系数，取 1.0；

Q——相应于基本组合时的单桩竖向力设计值；

A_p——桩横截面积；

ψ_c——施工工艺折减系数，预制桩取 0.75，灌注桩取 0.6~0.7（水下灌注桩或长桩时用低值）。

15. 混凝土预制桩的构造应符合下列要求

（1）混凝土强度等级不宜低于 C30，当采用静压法沉桩时，可适当降低，但不宜低于 C20，预应力混凝土的混凝土强度等级不宜低于 C40。预制桩纵向钢筋的混凝土保护层厚度不小于 30mm。

（2）混凝土预制桩的截面边长不宜小于 200mm；预应力混凝土预制桩的截面边长不宜小于 350mm；预应力混凝土离心管桩的外径不宜小于 300mm。

(3) 预制桩的桩身配筋应按吊运、打桩及桩在建筑物中受力等条件计算确定。预制桩的最小配筋率一般不宜小于0.8%。如采用静压法沉桩时，其最小配筋率不宜小于0.6%。主筋直径不宜小于14mm。桩身宽度等于或大于350mm时，纵向钢筋不应少于8根。打入桩桩顶$2\sim3d$长度范围内箍筋应加密，并设置钢筋网片层。

预应力混凝土预制桩宜优先采用先张法施加预应力。预应力钢筋宜选用冷拉Ⅲ级、Ⅳ级、Ⅴ级钢筋，冷拔低炭钢丝和高强度钢丝等。

(4) 预制桩的分段长度应根据施工条件及运输条件确定。接头不宜超过两个，预应力管桩接头数量不宜超过四个。

(5) 预制桩的桩尖可将纵向钢筋合拢焊在桩尖辅助钢筋上。在打入密实砂和碎石类土时，可在桩端设置钢板桩靴，加强桩尖。

16. 灌注桩的构造应符合下列要求：

(1) 混凝土强度等级不得低于C20。

(2) 桩身直径为300～1200mm时，截面配筋率可取0.65%～0.20%（小桩径取高值，大桩径取低值）；对受水平荷载特别大的桩、抗拔桩和嵌岩端承桩根据计算确定配筋。

(3) 坡地岸边的桩、8度及8度以上地震区的桩、嵌岩端承桩应通长配筋。桩径大于600mm的钻孔灌注桩，构造钢筋的长度不宜短于桩长的2/3。

(4) 专用抗拔桩纵向钢筋一般应通长配置；因地震作用、冻胀或膨胀力作用而受拔力的桩，按计算配置通长或局部长度的抗拉筋。

(5) 对于受水平荷载的桩，纵向钢筋不宜小于$8\phi10$；对于抗压桩和抗拔桩，纵向钢筋不应少于$6\phi10$。纵向钢筋应沿桩身周边均匀布置，其净距不应小于60mm，并尽量减少钢筋接头。纵向钢筋的混凝土保护层厚度，一般不应小于35mm，水下灌注混凝土时，不得小于50mm。

(6) 灌注桩的箍筋直径为6～8mm，间距200～300mm，宜采用螺旋式箍筋。受水平荷载较大的桩和抗震的桩，桩顶3～5倍桩身直径范围内箍筋应适应加密。当纵向钢筋笼长度超过4m时，应每隔2m左右设一道$\phi12\sim\phi18$焊接加劲箍筋，以加强钢筋笼的刚度和整体性。

(7) 人工挖孔灌桩的护壁混凝土强度等级不宜低于C20。计算桩身承载力时，不考虑护壁的作用，仅取内径d为桩身计算直径。护壁每节的高度及其构造参见图11.9-2。

(8) 纵筋伸入承台内的锚固长度不宜小于30倍钢筋直径（HPB235钢）和35倍钢筋直径（HRB335钢）。

17. 扩底灌注桩的构造宜符合下列要求：

(1) 扩底的扩大端直径与桩身直径比D/d，应根据承载力要求及扩大端部侧面和桩端持力层土性确定，但最大不超过3.0（图11.9-2）。

(2) 扩大端侧面的斜率应根据实际成孔及支护条件确定。d/h一般取1/3～1/2，砂土取近1/3，粉土、粘性土取近1/2。扩大端底面一般呈锅底形，矢高h_b取$0.1\sim0.15D$，一般取0.2m。

(3) 大直径扩底桩应在无地下水或人工降低地下水

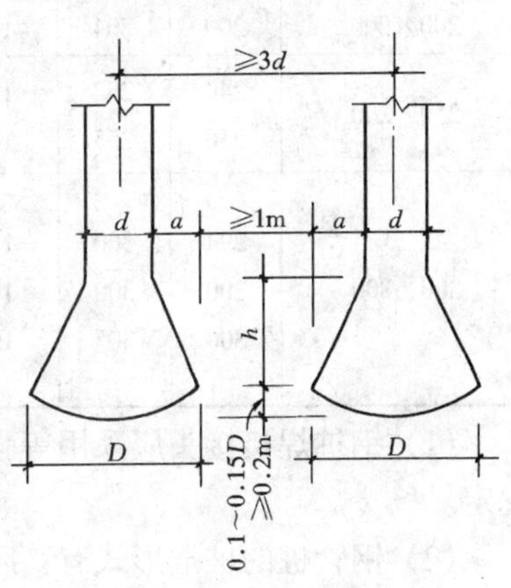

图11.9-2 扩底桩底部

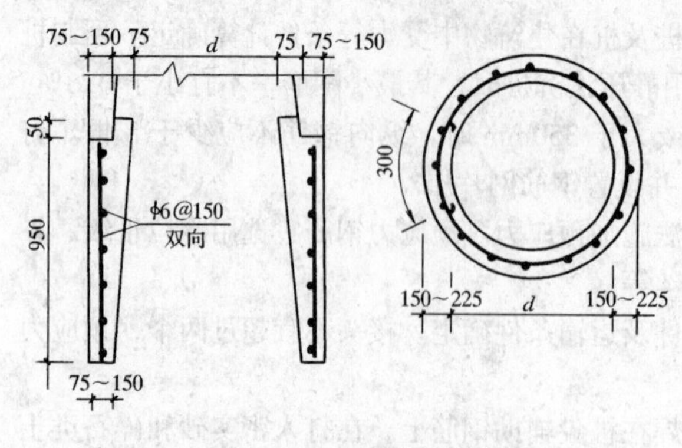

图 11.9-3　灌注桩护壁

位后的条件下施工，施工工艺分为：

人工成孔，人工扩底；

机械成孔，人工扩底；

机械成孔，机械扩底。

当采用人工成孔人工扩底时，应设混凝土护壁，其构造同人工挖孔灌注桩的护壁，可参见图 11.9-3。当采用机械成孔人工扩底时，在机械成孔后，可采用工具式钢筋笼作为护壁或其他安全保护措施。

（4）扩底灌注桩的混凝土强度等级不低于 C20。纵向钢筋保护层厚度，无护壁时不应小于 35mm，有护壁时为 25mm。

（5）扩底灌注桩桩身纵向钢筋配筋率同灌注桩。箍筋采用螺旋箍或封闭单箍，箍筋直径不宜小于 8mm，间距为 200mm，在桩顶 1.5m 范围内箍筋直径宜加大一级，间距为 100mm。

18. 钢桩可采用管形或 H 形。钢桩的分段长度不宜超过 12~15m，常用截面尺寸见表 11.9-9、表 11.9-10，其构造应符合下列要求：

钢 管 桩 截 面 尺 寸　　　　表 11.9-9

钢管桩外径（mm）	壁　厚（mmm）				钢管桩外径（mm）	壁　厚（mmm）			
400	9	12			800	9	12	14	16
500	9	12	14		900	12	14	16	18
600	9	12	14	16	1000	12	14	16	18
700	9	12	14	16					

H 形钢桩截面尺寸　　　　表 11.9-10

公称尺寸（mm×mm）	截面尺寸（mm）				公称尺寸（mm×mm）	截面尺寸（mm）			
	H	B	t_1	t_2		H	B	t_1	t_2
200×200	200	204	12	12	350×350	338	351	13	13
250×200	244	252	11	11		344	354	16	16
	250	255	14	14		350	350	12	19
						350	357	19	19
300×300	294	300	12	12	400×400	388	402	15	15
	300	300	10	15		394	405	18	18
	300	305	15	15		400	400	13	21
						400	408	21	21
						404	405	18	28
						428	407	20	35

（1）钢桩焊接接头应采用等强度连结，使用的焊条、焊丝和焊剂应符合现行规范有关规定。

（2）钢管桩的桩端形式有：闭口—平底和锥底；敞口—带加强箍（带内隔板、不带内隔板）和不带加强箍（带内隔板、不带内隔板）。

(3) H形钢桩的桩端形式有：带端板；不带端板—尖形，平截面。

(4) 钢桩应考虑防腐处理，钢桩的腐蚀速率当无实测资料时可参照表11.9-11确定。钢桩的防腐理论可采用外表面涂防腐层，增加腐蚀余量及阴极保护。当钢管桩内壁同外界隔绝时，可不考虑内壁防腐。

(5) 钢管桩的外径与有效壁厚之比不宜大于100，且管壁最小厚度不得小于7mm。

钢桩年腐蚀速度　　表11.9-11

钢桩所处环境		单面腐蚀率(mm/y)
地面以上	无腐蚀性气体或腐蚀性挥发介质	0.05～0.1
地面以下	水位以上	0.05
	水位以下	0.03
	波动区	0.1～0.3

11.10 桩 基 承 台

1. 桩基承台的构造尺寸，除满足抗冲切、抗剪切、抗弯曲承载力计算和上部结构需要外，尚需符合下列规定：

(1) 承台最小宽度不应小于500mm，承台边缘至桩中心的距离不宜小于桩的直径或边长，且边缘排出部分不应小于150mm。对于条形承台梁，边缘挑出部分不应小于75mm。

条形承台和柱下独立桩基础承台的厚度不应小于300mm。

(2) 箱形基础、筏形基础桩承台板的厚度应满足整体刚度、施工条件及防水要求。对于桩布置于墙下或基础梁下的情况，承台板厚不宜小于250mm，且板厚与计算区段最小跨度之比不宜小于1/20。

(3) 承台混凝土强度等级不宜小于C20，承台底面钢筋的混凝土保护层厚度，无混凝土垫层时采用70mm，有垫层时，不应小于40mm。素混凝土垫层厚度宜为100mm，强度等级宜采用C10。

(4) 承台梁的纵向钢筋直径不宜小于12mm，架立筋直径不宜小于10mm，箍筋直径不小于6mm。柱下独立桩基础承台的受力钢筋应通长配置。矩形承台板宜按双向均匀布置钢筋，钢筋直径不宜小于10mm，间距不应大于200mm，且不宜小于100mm。（图11.10-1）。对于三桩承台，应按三向板带均匀配置，最里面三根钢筋相交围成的三角形应位于柱截面范围以内（图11.10-1）。

2. 桩顶嵌入承台的长度，对于普通桩不宜小于50mm；对于大直径桩不宜小于100mm。混凝土桩的桩顶主筋伸入承台内的锚固长度应根据受拉锚固长度确定。预应力混凝土桩可采用桩头钢板焊接钢筋锚入承台的方法。钢桩与承台连接可在桩头加焊锅型钢板或钢板的方法。

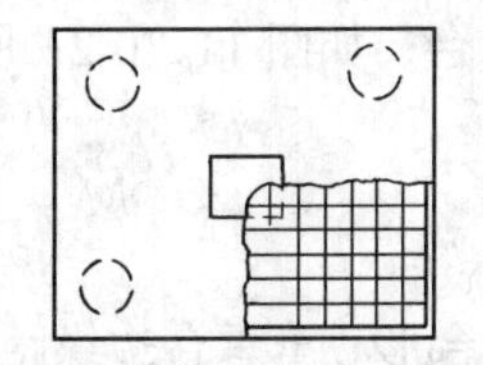
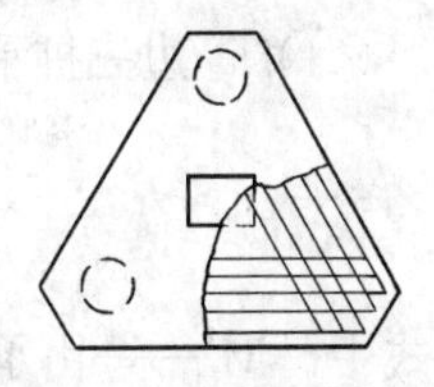

图11.10-1　柱下独立桩基础承台配筋

3. 单独柱基下桩的承台连系梁的设置应按下列要求：

(1) 对于单桩承台，应在两个相互垂直方向用连系梁固定承台；对于两桩承台，应在承台短向设置连系梁。

(2) 承台连系梁的底面宜与桩基承台的底面同一标高。连系梁的高度除按计算确定外，可取相邻承台中心的1/10～1/15，连系梁的宽度不宜小于250mm，上下各配置不小于2ϕ12的纵向钢筋，并按受拉要求锚入承台，箍筋直径不宜小于6mm，间距不大于300mm。

（3）对于连接单桩承台、垂直两桩承台的连系梁，应考虑由于桩位施工误差产生的作用于桩顶的弯矩对连系梁的影响。

（4）对于群桩承台，连系梁宜设在承台上柱下端位置。

4. 柱下桩基承台的弯矩可按以下简化计算方法确定：

（1）多桩矩形承台计算截面取在柱边和承台高度变化处（杯口外侧或台阶边缘），如图11.10-2a所示：

$$\left.\begin{aligned} M_x &= \Sigma N_i y_i \\ M_y &= \Sigma N_i x_i \end{aligned}\right\} \tag{11.10-1}$$

式中　M_x、M_y——分别为垂直y轴和x轴方向计算截面处的弯矩设计值；

x_i、y_i——垂直y轴和x轴方向自桩轴线到相应计算截面的距离；

N_i——扣除承台和其上填土自重后第i桩竖向净反力设计值。

（2）三桩承台

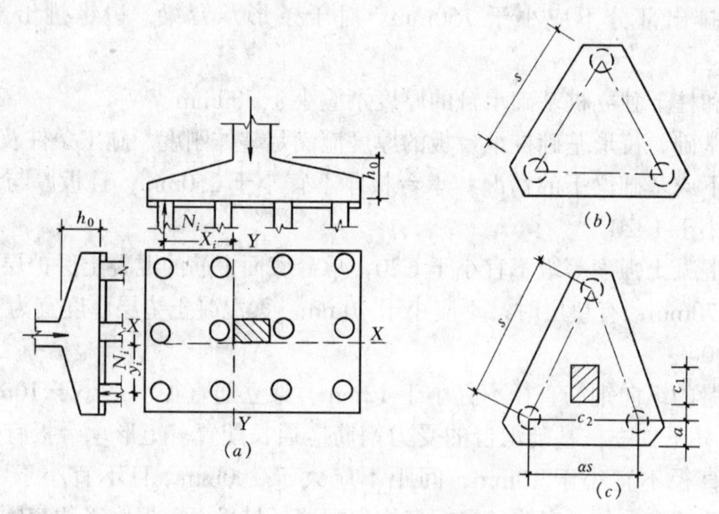

图11.10-2　承台弯矩计算

1）等边三桩承台，如图11.10-2b所示。

$$M = \frac{N_{max}}{3}\left(s - \frac{\sqrt{3}}{4}c\right) \tag{11.10-2}$$

式中　M——由承台形心至承台边缘距离范围内板带的弯矩设计值；

N_{max}——扣除承台和其上填土自重后的三桩中最大单桩顶竖向力设计值；

s——桩距；

c——方柱边长，圆柱时$c = 0.866d$，d为圆柱直径。

2）等腰三桩承台，如图11.10-2c所示。

$$M_1 = \frac{N_{max}}{3}\left(s - \frac{0.75}{\sqrt{4-\alpha^2}}c_1\right) \quad (11.10\text{-}3)$$

$$M_2 = \frac{N_{max}}{3}\left(\alpha s - \frac{0.75}{\sqrt{4-\alpha^2}}c_2\right) \quad (11.10\text{-}4)$$

式中 M_1、M_2——分别为由承台形心到承台两腰和底边的距离范围内板带的弯矩设计值；

s——长向桩距；

α——短向桩距与长向桩距之比，当 α 小于 0.5 时，应按变截面的二桩承台设计；

c_1——垂直于承台底边的柱截面边长；

c_2——平行于承台底边的柱截面边长。

5. 柱下桩基础独立承台受冲切承载力的计算，应符合下列规定：

(1) 柱对承台的冲切，可按下列公式计算（图 11.10-3）：

$$F_l \leqslant 2[\alpha_{ox}(b_c + a_{oy}) + \alpha_{oy}(h_c + a_{ox})]\beta_{hp} f_t h_0 \quad (11.10\text{-}5)$$

$$F_l = F - \Sigma N_i$$

$$\alpha_{ox} = 0.84/(\lambda_{ox} + 0.2)$$

$$\alpha_{oy} = 0.84/(\lambda_{oy} + 0.2)$$

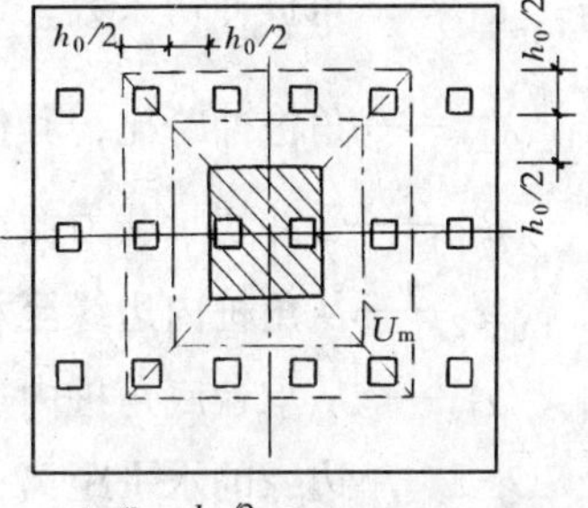

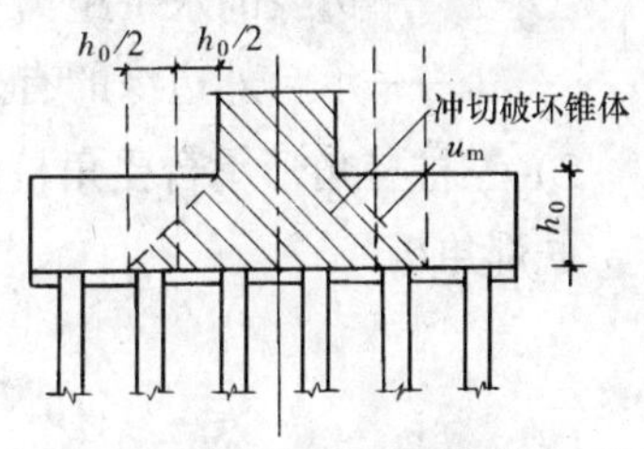

图 11.10-3 柱对承台冲切

式中 F_l——扣除承台及其上填土自重，作用在冲切破坏锥体上相应于荷载效应基本组合的冲切力设计值，冲切破坏锥体应采用自柱边或承台变阶处至相应桩顶边缘连线构成的锥体，锥体与承台底面的夹角不小于 45°（图 11.10-3）；

h_0——冲切破坏锥体的有效高度；

β_{hp}——受冲切承载力截面高度影响系数，其值按 11.4 节第 3 条规定取用。

f_t——混凝土轴心抗拉强度设计值；

α_{ox}、α_{oy}——冲切系数；

λ_{ox}、λ_{oy}——冲跨比，$\lambda_{ox} = a_{ox}/h_0$、$\lambda_{oy} = a_{oy}/h_0$，$a_{ox}$、$a_{oy}$为柱边或变阶处至桩边的水平距离；当 $a_{ox}(a_{oy}) < 0.2h_0$ 时，$a_{ox}(a_{oy}) = 0.2h_0$；当 $a_{ox}(a_{oy}) > h_0$ 时，$a_{ox}(a_{oy}) = h_0$；

F——柱根部轴力设计值；

ΣN_i——冲切破坏锥体范围内各桩的净反力设计值之和。

对中低压缩性土上的承台，当承台与地基土之间没有脱空现象时，可根据地区经验适当减小柱下桩基础独立承台受冲切计算的承台厚度。

（2）角桩对承台的冲切

1）多桩矩形承台受角桩冲切的承载力应按下式计算：

$$\gamma_0 N_L \leqslant \left[\alpha_{1x}\left(c_2 + \frac{a_{1y}}{2}\right) + \alpha_{1y}\left(c_1 + \frac{a_{1x}}{2}\right)\right] f_t h_0 \beta_{hp} \tag{11.10-6}$$

$$\alpha_{1x} = \left(\frac{0.56}{\lambda_{1x} + 0.2}\right) \tag{11.10-7}$$

$$\alpha_{1y} = \left(\frac{0.56}{\lambda_{1y} + 0.2}\right) \tag{11.10-8}$$

式中　N_L——扣去承台和其上填土自重后的角桩桩顶相应于荷载效应基本组合时的竖向力设计值；

α_{1x}、α_{1y}——角桩冲切系数；

λ_{1x}、λ_{1y}——角桩冲跨比，其值满足 0.2～1.0，$\lambda_{1x} = \frac{a_{1x}}{h_0}$ · $\lambda_1 = \frac{a_{1y}}{h_0}$；

β_{hp}——受冲切承载力截面高度影响系数，见 11.4 节第 3 条；

c_1、c_2——从角桩内边缘至承台外边缘的距离；

a_{1x}、a_{1y}——从承台底角桩内边缘引 45°冲切线与承台顶面或承台变阶处相交点至角桩内边缘的水平距离；

h_0——承台外边缘的有效高度。

2）三桩三角形承台受角桩冲切的承载力可按下列公式计算

底部角桩

$$\gamma_0 N_L \leqslant \alpha_{11}(2c_1 + a_{11}) \text{tg} \frac{\theta_1}{2} f_t h_0 \beta_{hp} \tag{11.10-9}$$

$$\alpha_{11} = \left(\frac{0.56}{\lambda_{11} + 0.2}\right) \tag{11.10-10}$$

顶部角桩

$$\gamma_0 N_L \leqslant \alpha_{12}(2c_2 + a_{12}) \text{tg} \frac{\theta_2}{2} f_t h_0 \beta_{hp} \tag{11.10-11}$$

$$\alpha_{12} = \left(\frac{0.56}{\lambda_{12} + 0.2}\right) \tag{11.10-12}$$

式中　λ_{11}、λ_{12}——角桩冲跨比，$\lambda_{11} = \frac{a_{11}}{h_0}$，$\lambda_{12} = \frac{a_{12}}{h_0}$；

a_{11}、a_{12}——从承台底角桩内边缘向相邻承台边引 45°冲切线与承台顶面相交点至角桩内边缘的水平距离；当柱位于该 45°线以内时则取柱边与桩内边缘连线为冲切锥体的锥线。

对圆柱及圆桩，计算时可将圆形截面换算成正方形截面。

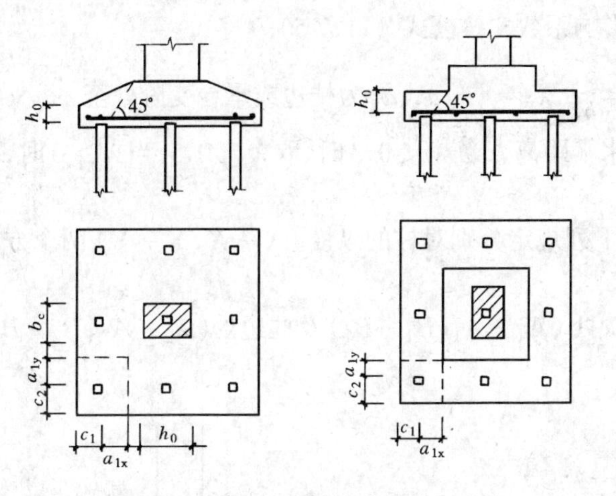

图 11.10-4 矩形承台角桩冲切验算

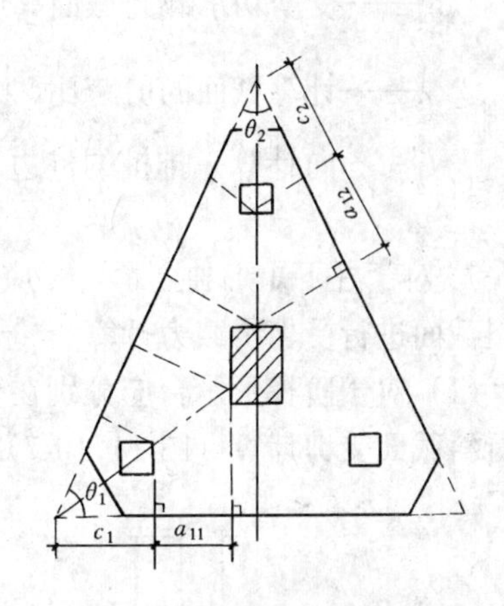

11.10-5 三角形承台角桩冲切验算

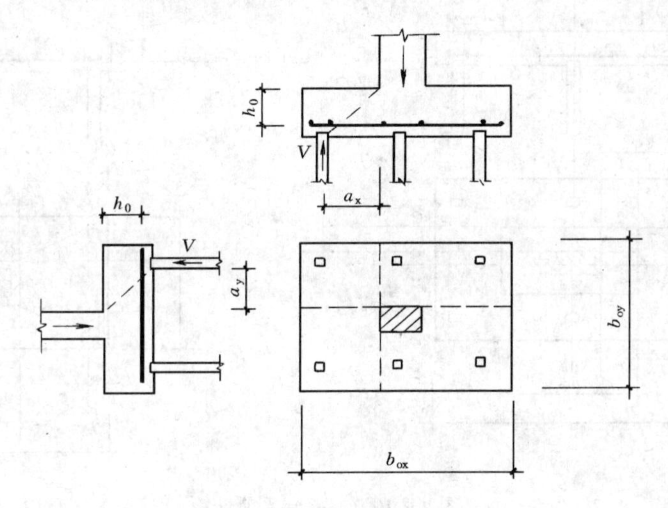

图 11.0-6 承台斜截面受剪计算

6. 柱下桩基独立承台应分别对柱边和桩边、变阶处和桩边联线形成的斜截面进行受剪计算（图 11.10-6）。当柱边外有多排桩形成多个剪切斜截面时，尚应对每个斜截面进行验算。斜截面受剪承载力可按下列公式计算：

$$\gamma_0 V \leqslant \beta f_c b_0 h_0 \beta_{hs} \tag{11.10-13}$$

$$\beta = \frac{1.75}{\lambda + 1.0} \tag{11.10-14}$$

式中 V——扣除承台及其上填土自重后相应于荷载效应基本组合时斜截面的最大剪力设计值；

f_c——混凝土轴心抗压强度设计值；

b_0——承台计算截面处的计算宽度。阶梯形承台变阶处的计算宽度、锥形承台的计算宽度按本节第 7 条确定；

h_0——计算宽度处的承台有效高度；

β——剪切系数；

β_{hs}——受剪切承载力截面高度影响系数，按公式（11.7-5）；

λ——计算截面的剪跨比，$\lambda_x=\frac{a_x}{h_0},\lambda_y=\frac{a_y}{h_0}$。$a_x$、$a_y$为柱边或承台变阶处至 x、y 方向计算一排桩的桩边的水平距离，当 $\lambda<0.3$时，取 $\lambda=0.3$；当 $\lambda>3$时，取 $\lambda=3$。

7. 对于柱下矩形独立承台，应按下列规定分别对柱的纵横（$X-X,Y-Y$）两个方向的斜截面进行受剪承载力计算。

（1）对于阶梯形承台应分别在变阶处（A_1-A_1,B_1-B_1）及柱边处（A_2-A_2,B_2-B_2）进行斜截面受剪计算（图 11.10-7）。

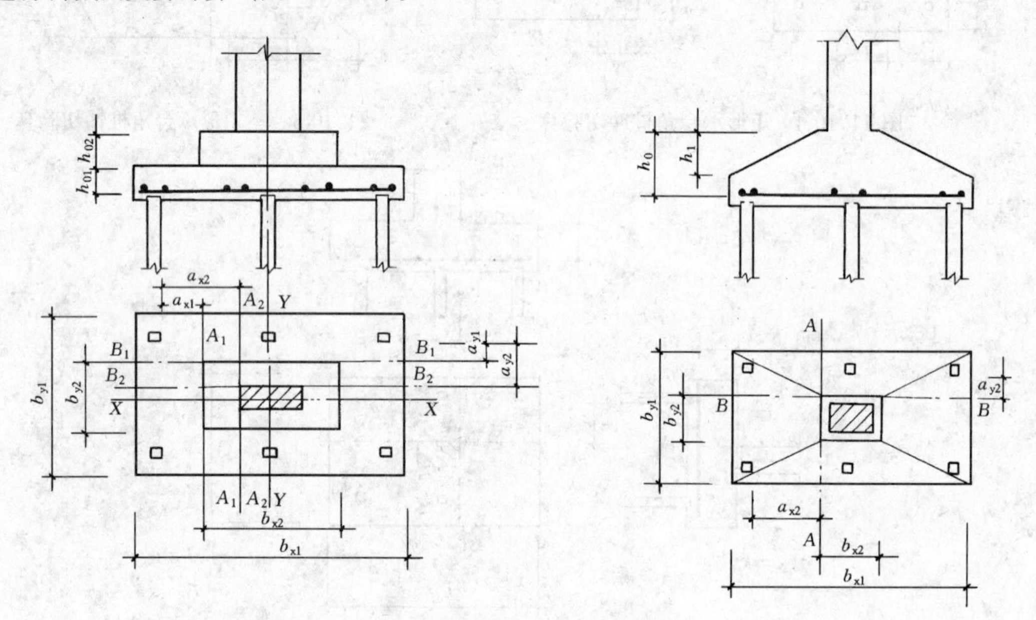

图 11.10-7　承台受剪计算

（a）阶形承台斜截面受剪计算；（b）锥形承台受剪计算

计算变阶处截面 A_1-A_1,B_1-B_1 的斜截面受剪承载力时，其截面有效高度均为 h_{01}，截面计算宽度分别为 b_{y1} 和 b_{x1}。

计算柱边截面 A_2-A_2 和 B_2-B_2 处的斜截面受剪承载力时，其截面有效高度均为 $h_{01}+h_{02}$，截面计算宽度分别为：

$$\left.\begin{aligned}&\text{对 } A_2-A_2 \qquad b_{y0}=\frac{b_{y1}\cdot h_{01}+b_{y2}\cdot h_{02}}{h_{01}+h_{02}}\\&\text{对 } B_2-B_2 \qquad b_{x0}=\frac{b_{x1}\cdot h_{01}+b_{x2}\cdot h_{02}}{h_{01}+h_{02}}\end{aligned}\right\}\tag{11.10-15}$$

（2）对于锥形承台应对 $A-A$ 及 $B-B$ 两个截面进行受剪承载力计算（图 11.10-7），截面有效高度均为 h_0，截面的计算宽度分别为：

$$\left.\begin{aligned}&\text{对 } A-A \qquad b_{y0}=\left[1-0.5\frac{h_1}{h_0}\left(1-\frac{b_{y2}}{b_{y1}}\right)\right]b_{y1}\\&\text{对 } B-B \qquad b_{x0}=\left[1-0.5\frac{h_1}{h_0}\left(1-\frac{b_{x2}}{b_{x1}}\right)\right]b_{x1}\end{aligned}\right\}\tag{11.10-16}$$

【例 11.10-1】 某框架结构办公楼柱下采用预制钢筋混凝土桩基。桩的截面为 300mm×300mm，柱的截面尺寸为 500mm×500mm，承台底标高 −1.70m，作用于室内地面标高（±0.00 处）的竖向力标准值 $F_k=1800$kN，作用于承台顶标高的水平剪力标准值 $H_k=40$kN，弯矩标准值 $M_k=200$kN·m（图 11.10-8）。基桩承载力特征值 $R_a=230$kN，承台混凝土强度等级为 C20，（$f_c=9.6\text{N/mm}^2$，$f_t=1.1\text{N/mm}^2$），承台配筋采用 HRB335 钢筋（$f_y=300\text{N/mm}^2$）。设计桩基。

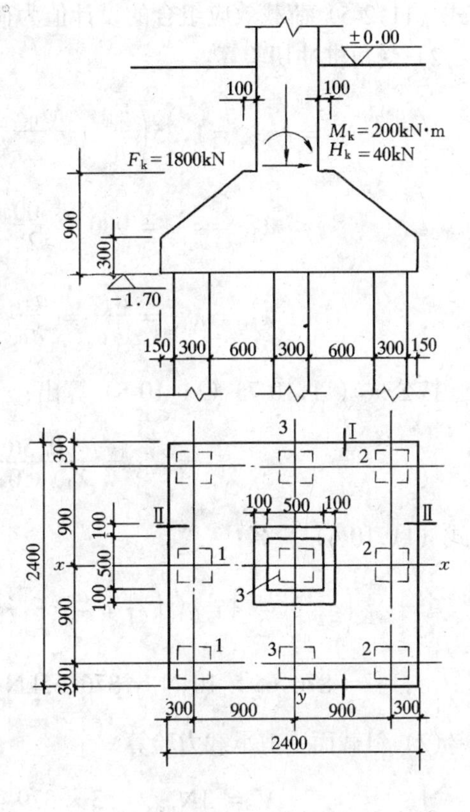

图 11.10-8 桩基础

【解】 1. 桩数的确定和布置

按试算法，偏心受压时所需的桩数 n 可按中心受压计算，并乘以增大系数 $\mu=1.2\sim1.4$，即

$$n=\frac{F_x}{R_a}\mu=\frac{1800}{230}\times1.2=9.39$$

取 9 根，设桩的中心距 $s=3d=3\times300=900$mm。根据布桩原则，采用图 11.10-8 的布桩形式。

2. 基桩承载力验算

建筑安全等级为二级，$\gamma_0=1.0$。

由公式（11.9-1）和（11.9-2）

$$\gamma_0Q_k=\gamma_0\frac{F_k+G}{n}=1\times\frac{1800+2.4\times2.4\times1.7\times20}{9}$$

$$=221.76\text{kN}<R=230\text{kN}$$

$$\gamma_0Q_{kmax}=\gamma_0\left(\frac{F_k+G}{n}+\frac{M_0x_{max}}{\Sigma x_i^2}\right]=1\times\left[221.76+\frac{(200+40\times0.9)\times0.9}{2\times3\times0.9^2}\right]$$

$$=221.76+43.7=256.46\text{kN}<1.2R_a=1.2\times230=276\text{kN}$$

$$\gamma_0Q_{kmin}=221.76-43.7=178.06\text{kN}>0$$

3. 承台计算

（1）冲切承载力验算

1）受柱冲切验算

设承台高度 $h=900$mm，则承台有效高度

$$h_0=h-a_s=900-75=825\text{mm}$$

由于各桩均在冲切破坏锥体范围之内，因此可满足柱对承台的冲切承载力要求。根据

公式（11.2-5）荷载效应组合的设计值为荷载效应组合标准值的1.35倍。

2）受角桩冲切验算

$$N_l = N_{\max} = 1.35\left(\frac{F_k}{n} + \frac{M_0 x_{\max}}{\Sigma x_i^2}\right) = \left(\frac{1800}{9} + 43.7\right)13.5 = 329\text{kN}$$

$$a_{1x} = a_{1y} = 900 - \frac{300}{2} - \frac{500}{2} = 500\text{mm},$$

$$\lambda_{1x} = \lambda_{1y} = \frac{a_{1x}}{h_0} = \frac{a_{1y}}{h_0} = \frac{500}{825} = 0.606$$

按公式（11.10-7）（11.10-8）算出：

$$\alpha_{1x} = \alpha_{1y} = \frac{0.56}{\lambda_{1x} + 0.2} = \frac{0.56}{0.606 + 0.2} = 0.69$$

按式（11.10-6）验算：

$$\left[\alpha_{1x}\left(c_2 + \frac{a_{1y}}{2}\right) + \alpha_{1y}\left(c_1 + \frac{a_{1x}}{2}\right)\right] f_t h_0 = 2 \times 0.69\left(450 + \frac{500}{2}\right) \times 1.1 \times 825$$

$$= 876.65 \times 10^3\text{N} = 876.65\text{kN} > \gamma_0 N_l = 1 \times 329 = 329\text{kN}(\text{满足})$$

（2）斜截面受剪承载力验算

$$V = 3N_{\max} = 3 \times 329 = 987\text{kN}, a_x = a_y = 500\text{mm}$$

$\lambda_x = \lambda_y = \frac{a_x}{h_0} = \frac{a_y}{h_0} = \frac{500}{825} = 0.606$，故按式（11.10-14）算出：

$$\beta = \frac{1.75}{\lambda_x + 1.0} = \frac{1.75}{0.606 + 1.0} = 1.09$$

按式（11.10-16）算出截面计算宽度为

$$b_0 = b_{y0} = \left[1 - 0.5\frac{h_1}{h_0}\left(1 - \frac{b_{y2}}{b_{y1}}\right)\right] b_{y1} = \left[1 - 0.5\frac{600}{825}\left(1 - \frac{700}{2400}\right)\right]2400$$

$$= 1782\text{mm}$$

按式（11.10-13）验算斜截面受剪承载力：

$$\beta_{hs}\beta f_c b_0 h_0 = 0.992 \times 1.09 \times 9.6 \times 1782 \times 825 = 15260.6 \times 10^3\text{N}$$

$$= 15260.6\text{kN} > \gamma_0 V = 1 \times 987 = 987\text{kN}(\text{满足})$$

（3）配筋计算

桩号如图11.10-8所示，各柱净反力如下：

1号桩：$N_{n1} = 1.35\left(\frac{F_k}{n} - \frac{M_y x_{\max}}{\Sigma x_i^2}\right) = \left(\frac{1800}{9} - 43.7\right)1.35 = 211\text{kN}$

2号桩：$N_{n2} = 1.35\left(\frac{F_k}{n} + \frac{M_y x_{\max}}{\Sigma x_i^2}\right) = (200 + 43.7)1.35 = 329\text{kN}$

3号桩：$N_{n3}=200\times1.35=270\text{kN}$

各桩对垂直于 y 轴和 x 轴方向截面的弯矩设计值分别为

$$M_x=\Sigma N_i y_i=(329+270+211)(0.9-0.25)=526.5\text{kN}\cdot\text{m}$$

$$M_y=\Sigma N_i x_i=(329\times3)(0.9-0.25)=641.55\text{kN}\cdot\text{m}$$

沿 x 轴方向的钢筋截面面积

$$A_s=\frac{M_y}{0.9h_0f_y}=\frac{641.55\times10^6}{0.9\times825\times300}=2880\text{mm}^2$$

沿 x 轴方向每米长度内的钢筋面积

$$\overline{A}_s=\frac{A_s}{l}=\frac{2880}{2.40}=1200\text{mm}^2/\text{m}$$

选Φ14@130（$A_s=1184\text{mm}^2/\text{m}$）。

沿 y 轴方向的钢筋面积

$$A_s=\frac{M_x}{0.9h_0f_y}=\frac{526.5\times10^6}{0.9\times811\times300}=2404\text{mm}^2$$

沿 y 轴方向每米长度内的钢筋面积

$$\overline{A}_s=\frac{A_s}{b}=\frac{2404}{2.40}=1002\text{mm}^2/\text{m}$$

选Φ14@150（$A_s=1026\text{mm}^2/\text{m}$）。

11.11 复 合 地 基

1. 复合地基，是采用比一般桩基更为经济的手段，改良加固一定深度的地基土层，充分利用土的承载作用，桩土共同受力，以达到提高地基承载力和减少沉降，满足工程的需要。采用复合地基，与一般桩基相比可节省造价30%以上。当采用复合地基时，可由专业公司负责设计及施工。

2. 复合地基系由天然地基土和竖向增强体组成，按增强体（桩体）的性质可分为：

(1) 散体材料桩复合地基，如振冲碎石桩、砂石桩等；

(2) 一般粘结强度桩复合地基，如水泥搅拌桩、高压旋喷桩等；

(3) 高粘结强度桩复合地基，如水泥粉煤灰碎石（CFG）桩等。

当采用振冲碎石桩及水泥粉煤灰碎石桩时，复合地基的承载力一般可提高到250～400kPa，有的还可以更高。

3. 以水泥作为主要胶结材料构成的桩，称为刚性桩，如低强度等级混凝土桩、水泥碎石粉煤灰桩、水泥砂浆压力灌浆形成的树根桩等，它们具有相对较高的强度（强度等级一般在10～20MPa），受力特征与钢筋混凝土桩基本相同，最终以桩端土出现塑性区并迅速扩展，桩因急剧下沉而失效，桩向土的刺入破坏先于桩身强度破坏为其主要破坏特征。

由散粒材料构成的桩，如振冲碎石桩、砂石桩、矿渣桩等，称为柔性桩，因桩体材料没有粘聚力，它是依靠周围土的侧限力而成桩，桩体强度随着深度增加土的约束力增大而增大，桩受荷后，桩身应力随着深度的增加而减少，沿桩长的桩身强度和应力分布梯度正好相反。桩体受压进一步压缩密实而产生压缩变形并随着荷载增加在强度较低而应力较大的桩顶部位，桩周土的约束力及桩体散粒材料之间很小的摩阻力不足以抵抗桩身径向应力，致使桩体部分材料挤入土中，最终因桩顶部位产生水平方向的侧胀而破坏。

高层建筑结构的复合地基，常采用的桩体材料为低强度等级混凝土、水泥碎石粉煤灰、水泥砂浆压水灌浆、振冲碎石等。

4．复合地基的承载力和刚度除了与场地土质情况有关以外，其他主要影响因素有：

（1）有效桩长或称临界桩长　有效桩长反映了荷载沿桩体向下传递的特性，当桩长达到有效桩长时，再增加桩长，桩的承载力不再提高。有效桩长除与荷载、土质、基础宽度等有关外，桩的类型和桩径是影响其的主要因素。

刚性桩，通常以桩身轴向应力为桩顶轴向应力的10%处为有效桩长。振冲碎石桩的有效桩长是根据桩体处于极限状态，桩周土压力可提供足够的侧限力而定的，据有关资料介绍其有效桩长为6～9倍桩径。

（2）桩土应力比　桩土应力比为桩体轴向应力 σ_p 与土中垂直应力 σ_s 的比值，即 $n=\sigma_p/\sigma_s$，是复合地基设计的一个重要参数，它反映了复合地基桩土应力分摊的实际工作状态，n 不是一个常数，复合地基受荷初期，n 值随荷载增加而近于线性增长，表明地基中应力逐渐向桩体集中，当荷载达到某一范围时，n 值趋于稳定，再增加荷载，n 值则有所下降，此时表示桩体发生刺入变形。在复合地基中，桩与桩周土的实际应力都不应超过各自承载力，基底平均压力 p_{sp}即为桩与土轴向应力之和。当置换率为 m 时，$p_{sp}=m\sigma_p+(1-m)\sigma_s$，对于具体工程，基底平均压力 p_{sp}和地基土承载力为定值，当选定一个合适的 m 值后，如果 p_{sp}较大，则要求 n 值大，以期桩分摊较多的荷载，保证土的安全，反之要求 n 值较小。

大量实测资料表明，柔性桩复合地基桩土应力比 n 值大多在2～6之间，一般在10以下；而刚性桩复合地基 n 值大多在15～40之值，一般大于20。因此，刚性桩复合地基能够适应基底压力较大的高层建筑结构的要求。

（3）复合地基置换率　地基中桩的总面积 ΣA_p 与地基总面积 A 的比值为复合地基置换率，即 $m=\Sigma A_p/A$，m 值的大小与复合地基承载力有直接关系。m 值大，复合地基承载力大，但两者不成线性增长关系。相同的场地土，当桩径相同时，桩距愈大则 m 值愈小，桩的应力集中程度愈大，桩土应力比愈高；反之则 m 值愈大，桩土应力比愈小。考虑 m 与 n 值相互消长的因素，m 的合理取值应根据桩的类型和桩间土的性质，在提供需要的复合地基承载力的同时，使得桩与土的强度都能充分利用。刚性桩的桩土应力比比柔性桩大得多，能以较低的置换率取得较大的复合地基承载力。

（4）桩土变形协调，在外荷载作用下，复合地基中桩与土是在等变形条件下工作的，其关键问题是桩土变形协调。由于桩土刚度差异较大，桩身压缩变形量小于土的压缩变形量，两者差距需由桩与土的相对位移来完成。柔性桩复合地基桩土应力比及压缩模量比相对较小，桩土变形协调相对易于达到。刚性桩复合地基桩土应力比及压缩模量比远大于柔性桩复合地基，特别是刚性桩端一般为较好土层，桩体较长，难于以向下刺入满足变形协调，因此刚性桩复合地基通常应在桩顶设置一定厚度的褥垫层，褥垫层可采用中、粗、砾砂、碎石、卵石等散体材料，其中碎石、卵石宜掺入20%～30%的砂。褥垫层为桩向上刺入提供条件，满足变形协调。褥垫层的厚度需根据桩间土的情况而定，一般为 300～500mm。

5. 复合地基承载力的确定，可靠的方法是采用单桩或多桩复合地基原位载荷试验进行实测。对有经验地区的普通工程，或初步设计阶段为了提供地基处理方案，可根据地质勘察报告的土层承载力标准值 f_{sk} 及桩侧阻力和桩端阻力计算桩的承载力标准值 f_{pk}，或根据同类工程经验能够估算桩土应力比 n 值时，采用变形或应力复合方法计算复合地基承载力标准值 $f_{sp,k}$。

桩土变形协调复合法：

$$f_{sp,k}=mf_{pk}+\beta(1-m)f_{sk} \tag{11.11-1}$$

式中，β 为桩土变形协调系数，以桩间土承载力折减系数表示，它是一项多因素的经验系数。刚性桩，当桩端土为软土时 β 取值为 0.6～1.0；当桩端土为较好土层时，β 取值为 0.3～0.6。

桩土应力复合法：

$$f_{sp,k}=mnf_{sk}+(1-m)f_{sk} \tag{11.11-2}$$

或

$$f_{sp,k}=mf_{pk}+\left(\frac{1-m}{n}\right)f_{pk} \tag{11.11-3}$$

6. 复合地基的变形计算，假定地基土各向同性，采用变形模量法或压缩模量法计算地基最终沉降量，关键问题是确定复合地基的变形模量 E_{op} 及压缩模量 E_{sp}。

根据复合地基原位静载荷试验曲线 $s=f(p)$，在曲线上确定对应建筑物使用荷载的压力 p_w（kPa）及其相应的沉降量 s_w（cm），采用压力 $[o, p_w]$ 区间的割线模量为变形模量 E_{op}，对于刚性桩复合地基，$s=f(p)$ 曲线前段呈较好直线段，p_w 常位于比例极限内，近似程度较好。

$$E_{op}=\frac{1-\mu_{sp}^2}{d}\cdot\frac{p_w}{s_w} \tag{11.11-4}$$

式中，d 为压板直径；μ_{sp} 为复合地基泊松比，可根据置换率 m 及桩与桩间土的泊松比 μ_p、μ_s 求出：

$$\mu_{sp}=m\mu_p+(1-m)\mu_s \tag{11.11-5}$$

复合地基压缩模量 E_{sp} 可根据变形模量 E_{op} 换算求得：

$$E_{sp}=[1-2\mu_{sp}/(1-\mu_{sp})]E_{op} \tag{11.11-6}$$

对于刚性桩复合地基，桩土应力比大，桩分摊荷载多。桩体有足够的强度，受荷后桩体不发生侧向鼓出，当基础荷载较低时，可假定桩与土均处于弹性状态，也可采用弹性分析方法求复合地基沉降量。

在初步设计阶段，缺少复合地基载荷试验资料，需要估算沉降量时，可根据初步选定的置换率 m 和估算的桩土应力比 n 值，按地质勘察报告提供的土层变形模量 E_s 用复合求得计算复合地基的变形模量 E_{op}，当桩的变形模量为 E_p 时：

$$E_{op}=mE_p+(1-m)E_s \tag{11.11-7}$$

假定桩土变形模量比近似等于桩土应力比，则有：

$$E_{op}=[1+m(n-1)]E_s \tag{11.11-8}$$

7. 振冲桩的桩体材料可用含泥量不大的碎石、卵石、角砾、圆砾等硬质材料，最大粒径不宜大于80mm，对碎石常用的粒径为20～50mm。桩的直径可按每根桩所需用的填料量确定，一般为0.8～1.2m。桩的间距应根据荷载大小和原土的抗剪强度确定，可取1.5～2.5m。桩的长度，当相对硬层的埋藏深度不大时，应按相对硬层埋藏深度确定；当相对硬层的埋藏深度较大时，应按地基的变形允许值确定，桩长度不宜短于4m，在可液化的地基中，桩长应按要求的抗震处理深度确定。

振冲桩复合地基处理范围应根据建筑物的重要性和场地条件确定，通常都大于基底面积。对一般地基，在基础外缘宜扩大1～2排桩；对可液化地基，在基础外缘应扩大2～4排桩。

振冲桩的施工采用专用机具振冲器及水泵等。

8.刚性桩复合地基桩径一般为400～600mm，桩长一般为8～15m，有时可达18～20m。桩端一般宜设在可塑状态以上的粘性土或中等以上密实砂性土层。桩体强度一般为5～20MPa，常用10MPa和15MPa。桩体制作有搅拌灌注和孔内投石注浆两种方法。搅拌灌注桩系常用方法，根据配比设计和室内试块测试，对于5～20MPa强度等级较低的混凝土，掺入约与水泥量相当的粉煤灰，既能满足混凝土强度要求，又具有经济效果。投石注浆（压水灌浆）法，是向桩孔内投入碎石（粒径20～40mm）的同时，埋入管径30～50mm底部附近开有注浆孔的注浆管，先以0.2～0.3MPa压力水通过注浆管漂洗石子及孔壁泥浆，直到地面泛出清水，然后以0.3～0.6MPa压力注入水泥砂浆（以强度为15MPa为例，砂与水泥重量比约在1.1～1.2之间，水灰比 w/c 约在0.5左右）。

桩成孔工艺主要有沉管法和钻孔法。沉管法有锤击沉管（桩径 $d=300\sim500$mm）和振动沉管（桩径 $d=300\sim400$mm），沉管法为挤土成桩法，施工过程对桩间土有挤密加固作用，并适用于地下水位较高的场地。钻孔法为非挤土成桩法，适用工艺有正、反循环钻孔（$d=500\sim1200$mm），采用泥浆护壁可加固孔壁减少坍塌，但泥浆排量大，场地污染严重，复合地基的桩径较小，很少采用此工艺；螺旋钻孔工艺又称干取土工艺（$d=300\sim800$mm）。此法无泥浆污染，噪音和振动较小，效率较高，适用于含水量较小的一般粘性土、粉土和砂土，对于涌水量较大的土层，结合基坑降水措施，亦可成孔，此法不足之处是孔底虚土较多需作处理。

9.CFG桩复合地基可按下列要点设计：

（1）CFG桩复合地基承载力标准值，可通过现场复合地基载荷试验确定，也可按下式计算：

$$f_{sp,k}=m\frac{R_k}{A_p}+\alpha\beta(1-m)f_k \tag{11.11-9}$$

式中　$f_{sp,k}$——复合地基承载力标准值（kPa）；

m——面积置换率；

A_p——桩的截面面积（m^2）；

f_k——天然地基承载力标准值（kPa）；

α——加固后桩间土承载力标准值与天然地基承载力标准值之比，见（2）项；

β——桩间土强度发挥系数，$\beta=0.75\sim1.0$；对变形要求高的建筑物应取低值；

R_k——单桩承载力标准值（kN），见（3）项。

（2）加固后桩间土承载力标准值与天然地基承载力标准值之比 α 的取值，应符合下列规定：

1）挤土成桩时：一般粘性土和粉土 $\alpha=1.0\sim1.2$，孔隙比大、塑性指数小时取高值，孔隙比小、塑性指数大时取低值；对不能恢复到原土强度和 60 天以后才能恢复到原土强度的结构性土，如淤泥质土等，施工速率较快时 $\alpha>1$，宜由现场试验确定；对 60 天以内可以恢复到原土强度的结构性土，可取 $\alpha=1$；对松散粉细砂、松散填土宜通过实测确定。

2）非挤土成桩时，$\alpha=1.0$。

（3）单桩承载力标准值 R_k 的取值，应符合下列规定：

1）当用单桩静载试验求得单桩极限承载力标准值 R_{uk}后，R_k 可按下式计算：

$$R_k=\frac{R_{uk}}{\gamma_{sp}} \tag{11.11-10}$$

式中 γ_{sp}——调整系数，γ_{sp}取 1.50～1.75，一般工程或基础下桩数较多时应取低值，重要工程、基础下桩数较少或桩间土为承载力较低的粘性土时应取高值。

2）当无单桩静载试验资料时，可按下式计算：

$$R_k=\frac{1}{\gamma_{sp}}(u_p\sum_{i=1}^{n}q_{si}l_i+q_pA_p) \tag{11.11-11}$$

式中 u_p——桩的周长（m）；

q_{si}——桩侧第 i 层土的极限侧值力标准值（kPa）；

q_p——桩的极限端阻力标准值（kPa）；

l_i——第 i 层土的厚度（m）。

（4）桩径 d 宜取 350～600mm。桩距 s 应根据设计要求的复合地基承载力、土性、施工工艺等因素确定，宜取 3～6 倍桩径，当在饱和粘性土中挤土成桩时，桩距 s 不宜小于 4 倍桩径。

（5）复合地基中桩顶平均应力 σ_p 可按下式计算：

$$\sigma_p=\frac{1}{m}\left[f_{sp,k}-\alpha\beta(1-m)f_k\right] \tag{11.11-12}$$

复合地基中单桩桩顶承受的平均荷载 Q_p 按下式计算：

$$Q_p=\sigma_pA_p \tag{11.11-13}$$

根据公式（11.11-13）求得的单桩平均荷载 Q_p 确定桩的长度 L。

（6）桩体试块强度标准值按 3 倍桩顶平均应力设计，即 $R_{28}\geqslant3\sigma_p$。R_{28}为混合料试块（边长 150mm 立方体）标准养护 28 天无侧限拉压强度标准值。

（7）褥垫层厚度宜取 100～300mm，当桩径、桩距大时应取高值。褥垫层材料宜用粗、中砂，碎石，级配砂石。碎石、级配砂石的最大粒径不宜大于 30mm。

（8）桩的平面布置，可只布置在基础平面范围内。

（9）地基处理后的变形计算按国家标准《建筑地基基础设计规范》GB 50007—2002 有关规定执行。复合土层的分层与天然地基相同，各复合土层的压缩模量等于该层天然地基压缩模量的 ζ 倍。ζ 值可按下式确定：

$$\zeta=f_{sp,k}/f_k \tag{11.11-14}$$

地基变形计算深度必须大于复合土层的厚度，并满足《建筑地基基础设计规范》GB 50007—2002 地基变形计算深度的有关规定。

（10）CFG桩可用如下方法施工，并应按国家现行有关规范执行。

1）长螺旋钻孔灌注成桩，适用于地下水以上的粘性土、粉土、填土地基；

2）泥浆护壁钻孔灌注成桩，适用于有粘性土、粉土、砂土、人工填土、碎（砾）石土及风化岩层分布的地基；

3）长螺旋钻孔、管内泵压混合料成桩，适用于有粘性土、粉土、砂土分布的地质条件，以及对噪音及泥浆污染要求严格的场地；

4）沉管灌注成桩，适用于粘性土、粉土、淤泥质土、人工填土及无密实厚砂层的地质条件。

（11）沉管灌注成桩施工除应按国家现行有关规范执行外，尚应符合下列要求：

1）施工时应按设计配比配制混合料，投入搅拌机加水拌合，加水量由混合料坍落度控制，坍落度宜为30～50mm，成桩后桩顶浮浆厚度不宜超过200mm；

2）拔管速度按均匀线速度控制，拔管线速度应控制在1.2～1.5m/min左右，如遇淤泥土或淤泥质土，拔管速度可适当放慢；

3）施工时桩顶标高应高出设计桩顶标高，高出长度应根据桩距、布桩形式、现场地质条件和施打顺序等综合确定，一般不应小于0.5m；

4）打桩过程中，抽样做混合料试块，每台机械一天应做一组（3块）试块（边长为150mm的立方体），测定28天强度；

5）施工过程中应观测新打桩对已打桩的影响，当发现桩断裂并脱开时，必须对工程桩逐桩静压，静压时间一般为3分钟。静压荷载以保证使断桩接起来为准。

（12）复合地基的基坑可采用人工或机械、人工联合开挖。机械、人工联合开挖时、预留人工开挖厚度应由现场试开挖确定，以保证桩的断裂部位不低于基础底面标高。

（13）褥垫铺设宜采用静力压实法，当基础底面下桩间土的含水量较小时，也可采用动力夯实法。压（夯）实后的褥垫层厚度与虚铺厚度之比不得大于0.9。

（14）桩的施工允许偏差应符合下列规定：

1）桩长允许偏差≤100mm；

2）桩径允许偏差±20mm；

3）垂直度允许偏差≤1%；

4）桩位允许偏差：对满堂布桩基础$\leqslant\frac{1}{2}d$；对条形基础，垂直于轴线方向$\leqslant\frac{1}{4}d$，对单排布桩不得大于60mm，顺轴线方向$\leqslant\frac{1}{3}d$。

（15）施工结束后桩体强度满足试验荷载条件时，一般应在2～4周后进行复合地基检测。砂性大的土，恢复期可以适当缩短。

（16）复合地基承载力可用复合地基静载试验或单桩静载试验确定。

复合地基静载试验方法按《建筑地基处理技术规范》JGJ 79—91执行。用沉降比确定复合地基承载力时，S/B（S为沉降变形，B为荷载板宽度），取0.01对应的荷载为复合地基承载力标准值。试验数量不应少于3个试验点。

单桩静载试验按《建筑桩基技术规范》JGJ 94—94的规定执行，按本节公式（11.11-10）和（11.11-9）计算复合地基承载力。单桩静载试验数量为总桩数的5‰～1%，且不应少于3根。

11.12 地 下 室 外 墙

1. 高层建筑一般都设有地下室，根据使用功能及基础埋置深度的不同要求，地下室的层数1至4层不等。

2. 地下室外墙的厚度和混凝土强度等级，应根据荷载情况、防水抗渗和有关规范的构造要求确定。《高层建筑箱形与筏形基础技术规范》（JGJ 6—99）规定，箱形基础外墙厚度不应小于250mm，混凝土强度等级不应低于C20；《人民防空地下室设计规范》（GB 50038—94）规定，承重钢筋混凝土外墙的最小厚度为200mm，混凝土强度等级不应低于C20。

地下室外墙的混凝土强度等级，考虑到由于强度等级过高混凝土的水泥用量大，容易产生收缩裂缝，一般采用的混凝土强度等级宜低不宜高，常采用C20～C30。有的工程地下室外墙有上部结构的承重柱，此类柱在首层为控制轴压比混凝土的强度等级较高，因此在与地下室墙顶交接处应进行局部受压的验算，柱进入墙体后其截面面积已扩大，形成附壁柱，当墙体混凝土采用低强度等级，其轴压比及承载力一般也能满足要求。

3. 地下室外墙所承受的荷载，竖向荷载有上部及地下室结构的楼盖传重和自重，水平荷载有地面活载、侧向土压力、地下水压力、人防等效静荷载。风荷载或水平地震作用对地下室外墙平面内产生的内力值较小。在实际工程的地下室外墙截面设计中，竖向荷载及风荷载或地震作用产生的内力一般不起控制作用，墙体配筋主要由垂直于墙面的水平荷载产生的弯矩确定，而且通常不考虑与竖向荷载组合的压弯作用，仅按墙板弯曲计算墙的配筋。

4. 地下室外墙的水平荷载如图11.12-1所示进行组合：

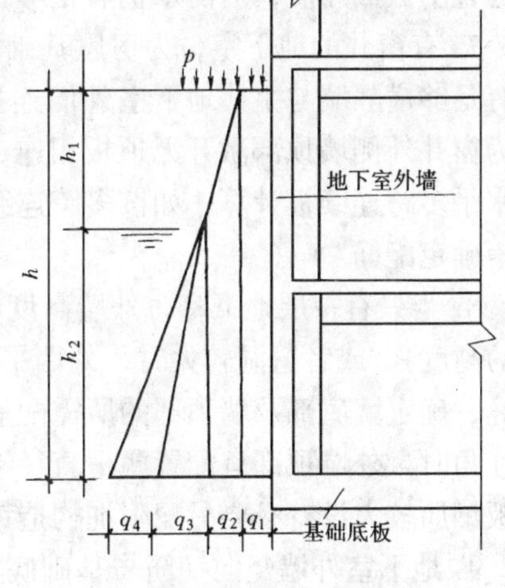

图 11.12-1 外墙水平荷载

（1）地面活荷载、土侧压力；

（2）地面活荷载、地下水位以上土侧压力、地下水位以下土侧压力、水压力；

（3）上列（1）加人防等效静荷载或（2）加人防等效静荷载。

图11.12-1中的各值：

$$\left.\begin{aligned} q_1 &= p \cdot K_a \\ q_2 &= K_a \gamma h \text{ 或 } K_a \gamma h_1 \\ q_3 &= K_a \gamma' h_2 \\ q_4 &= \gamma_w \cdot h_2 \end{aligned}\right\} \tag{11.12-1}$$

$$K_a = \mathrm{tg}^2\left(45° - \frac{\varphi}{2}\right) \doteq 1/3 \tag{11.12-2}$$

式中 h_1——地下水位深度（m）；

h——外墙室外地坪以下高度（m）；

h_2——外墙地下水位以下高度（m）；

P——地面活荷载，取5～10kN/m^2；

γ——土的重度，取18kg/m^3；

γ'——土的浮容重，取11kN/m^3；

γ_w——水的重度，取10kN/m^3；

φ——土的安息角，一般取30°。

荷载分项系数除地面活荷载的 $\gamma_Q=1.4$ 外，其他均为1.2。

5. 地下室外墙可根据支承情况按双向板或单向板计算水平荷载作用下的弯矩。由于地下室内墙间距不等，有的相距较远，因此在工程设计中一般把楼板和基础底板作为外墙板的支点按单向板（单跨、两跨或多跨）计算，在基础底板处按固端，顶板处按铰支座。在与外墙相垂直的内墙处，由于外墙的水平分布钢筋一般也有不小的数量，不再另加负弯矩构造钢筋。

6. 地下室外墙可按考虑塑性弯形内力重分布计算弯矩，有利配筋构造及节省钢筋用量。按塑性计算不仅在有外防水的墙体中采用，在考虑混凝土自防水的墙体中也可采用。考虑塑性变形内力重分布，只在受拉区混凝土可能出现弯曲裂缝，但由于裂缝较细微不会贯通整个截面厚度，对防水仍有足够抗渗能力。

7. 有窗井的地下室，为房屋基础能有有效埋置深度和有可靠的侧向约束，窗井外墙应有足够横隔墙与主体地下室外墙连接，此时窗井外侧墙应承受水平荷载（1）或（2），因为窗井外侧墙顶部敞开无顶板相连，其计算简图可根据窗井深度按三边连续一边自由，或水平多跨连续板计算。如按多跨连续板计算时，因为荷载上下差别大，可上下分段计算弯矩确定配筋。

8. 当只有一层地下室，外墙高度不满足首层柱荷载扩散刚性角（柱间中心距离大于墙的高度），或者窗洞较大时，外墙平面内在基础底板反力作用下，应按深梁或空腹桁架验算，确定墙底部及墙顶部的所需配筋。当有多层地下室，或外墙高度满足了柱荷载扩散刚性角时，外墙顶部宜配置两根直径不小于20mm的水平通长构造钢筋，墙底部由于基础底板钢筋较大没有必要另配附加构造钢筋。

9. 地下室外墙竖向钢筋与基础底板的连接，因为外墙厚度一般远小于基础底板，底板计算时在外墙端常按铰支座考虑，外墙在底板端计算时按固端，因此底板上下钢筋可伸至外墙外侧，在端部可不设弯钩（底板上钢筋锚入支座按需要5d或15d就够）。外墙外侧竖向钢筋在基础底板弯后直段长度按其搭接与底板下钢筋相连，按此构造底板端部实际已具有与外墙固端弯矩同值的承载力，工程设计时底板计算也可考虑此弯矩的有利影响。（图11.12-2）。

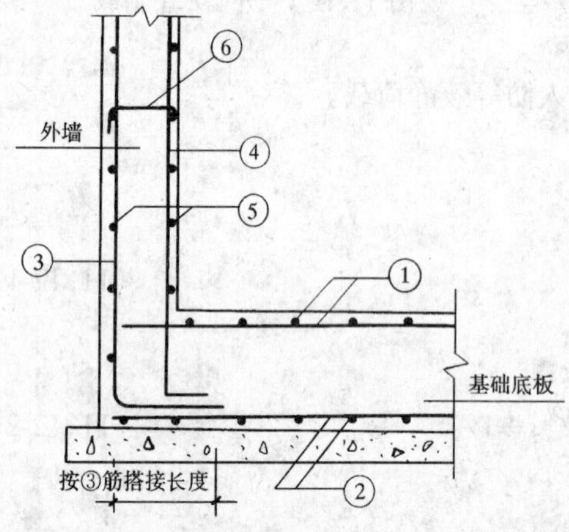

图11.12-2　外墙竖向钢筋与底板连接构造

10. 当有多层地下室的外墙，各层墙厚度和配筋可以不相同。墙的外侧竖向钢筋宜在距楼板1/4～1/3层高处接头，内侧竖向钢筋可在楼板处接头。墙外侧水平钢筋宜在内墙间中部接头，内侧水平钢筋宜在内墙处接头。钢筋接头当直径小于22mm时可采用搭接接头，直径等于大于22mm时宜采用机械接头或焊接。

11. 地下室外墙的竖向和水平钢筋，除按计算确定外，每侧均不应小于受弯构件的最小配筋率。当外墙长度较长时，考虑到混凝土硬化过程及温度影响可能产生收缩裂缝，水平钢筋配筋率宜适当增大。外墙的竖向和水平钢筋宜采用变形钢筋，直径宜小间距宜密，最大间距不宜大于200mm。外侧水平钢筋与内侧水平钢筋之间应设拉接钢筋，其直径可选6mm，间距不大于600mm梅花形布置，人防外墙时拉接钢筋间距不大于500mm。

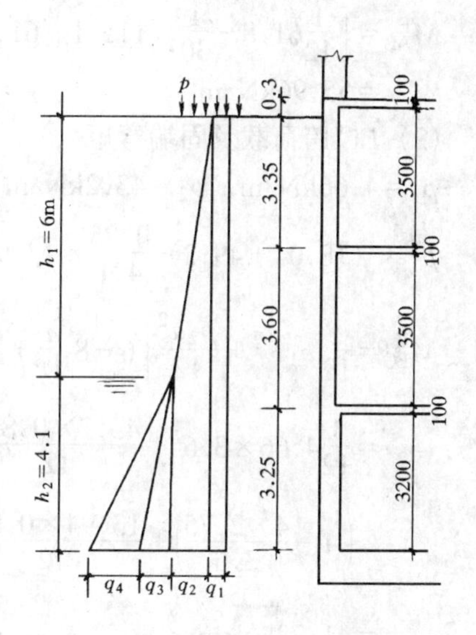

图 11.12-3 地下室外墙

【例 11.12-1】 某高层建筑地下室共3层，室内外高差0.3m，层高分别为地下一、二层3.6m，地下三层3.3m，地下水位距室外地面6m，外墙厚度地下一、二层为300mm，地下三层为350mm，混凝土强度等级C25，钢筋采用HRB335，室外地面活荷载取10kN/m²。计算地下室外墙在地面活荷载、土侧压和水压作用下的内力及配筋。

【解】 1. 侧向力计算（图11.12-3）：

荷载分项系数取值，地面活荷载为1.4，其他均为1.2。

$$q_1=\frac{1}{3}p\gamma_Q=\frac{1}{3}10\times1.4=4.66\text{kN/m}^2$$

$$q_2=\frac{1}{3}\gamma h_1\gamma_G=\frac{1}{3}18\times6\times1.2=43.2\text{kN/m}^2$$

$$q_3=\frac{1}{3}\gamma' h_2\gamma_G=\frac{1}{3}11\times4.1\times1.2=18.04\text{kN/m}^2$$

$$q_4=\gamma'' h_2\gamma_G=10\times4.1\times1.2=49.20\text{kN/m}^2$$

2. 按三跨连梁计算弯矩，采用弯矩分配法，并考虑塑性内力重分布支座弯矩调幅系数取0.8。

（1）AB 跨荷载及固端弯矩

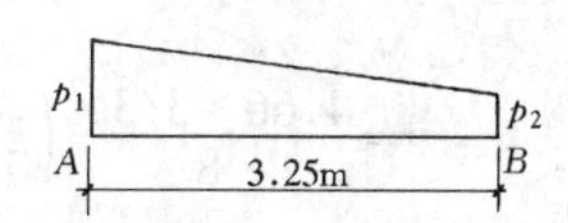

$$p_1=q_1+q_2+q_3+q_4$$
$$=4.66+43.2+18.04+49.20$$
$$=115.1\text{kN/m}$$

$$p_2=q_1+q_2+（q_3+q_4）\frac{0.85}{4.1}$$
$$=4.66+43.2+（18.04+49.20）\frac{0.85}{4.1}$$
$$=61.80\text{kN/m}$$

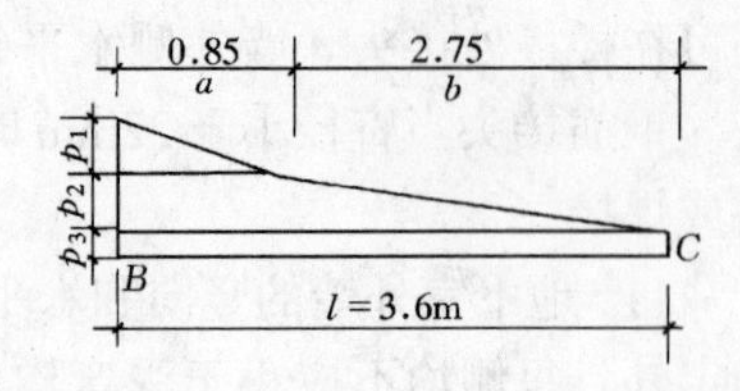

$$M_{BA}^{F}=\left[\frac{1}{12}61.8+\frac{1}{20}\ (115.1-61.8)\right]3.25^2$$

$=56.74$kN·m

$$M_{AB}^{F}=\left[\frac{1}{12}61.8+\frac{1}{30}\ (115.1-61.8)\right]3.25^2$$

$=55.96$kN·m

(2) BC 跨荷载及固端弯矩

$p_1=4.66$kN/m，$p_2=43.2$kN/m

$$p'=\ (18.04+49.2)\ \frac{0.85}{4.1}=13.94\text{kN/m}$$

$$M_{BC}^{F}=\frac{1}{12}p_1L^2+\frac{p_2a^2}{12}\left[6-8\frac{a}{L}+3\left(\frac{a}{L}\right)^2\right]+\frac{p_2b^3}{4L}\left(1-\frac{4\frac{b}{L}}{5}\right)+\frac{p'a^2}{12}\left[2\frac{b}{L}+\frac{3\left(\frac{a}{L}\right)^2}{5}\right]$$

$$=\frac{1}{12}4.66\times3.6^2+\frac{43.2\times0.85^2}{12}\left[6-8\frac{0.85}{3.6}+3\left(\frac{0.85}{3.6}\right)^2\right]+\frac{43.2\times2.75^3}{4\times3.6}$$

$$\left(1-\frac{\frac{4\times2.75}{3.6}}{5}\right)+\frac{13.94\times0.85^2}{12}\left[2\frac{2.75}{3.6}+\frac{3\left(\frac{0.85}{3.6}\right)^2}{5}\right]$$

$=41.72$kN·m

$$M_{CB}^{F}=\frac{p_1L^2}{12}+\frac{p_2a^3}{12L}\left(4-3\frac{a}{L}\right)+\frac{p_2b^2}{6}\left[2-3\frac{b}{L}+\frac{6\left(\frac{b}{L}\right)^2}{5}\right]+\frac{p'a^3}{12L}\left(1-\frac{3\frac{a}{L}}{5}\right)$$

$$=\frac{4.66\times3.6^2}{12}+\frac{43.2\times0.85^3}{12\times3.6}\left(4-3\frac{0.85}{3.6}\right)+\frac{43.2\times2.75^2}{6}\left[2-3\frac{2.75}{3.6}+\frac{6\left(\frac{2.75}{3.6}\right)^2}{5}\right]$$

$$+\frac{13.94\times0.85^3}{12\times3.6}\left(1-\frac{3\frac{0.85}{3.6}}{5}\right)$$

$=29.46$kN·m

(3) CD 跨荷载及固端弯矩

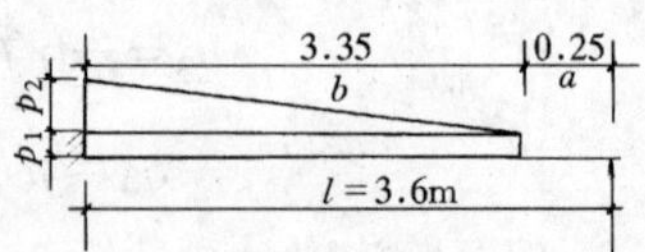

$$p_1=466\text{kN·m},\ p_2=43.2\frac{3.35}{6}=24.12\text{kN·m}$$

$$M_{CD}^{H}=\frac{p_1b^2}{8}\left(2-\frac{b}{L}\right)^2+\frac{p_2b^2}{24}\left[4-3\frac{b}{L}+\frac{3\left(\frac{b}{L}\right)^2}{5}\right]$$

$$=\frac{4.66\times3.35^2}{8}\left(2-\frac{3.35}{3.6}\right)^2+\frac{24.12\times3.35^2}{24}\left[4-3\frac{3.35}{3.6}+\frac{3\left(\frac{3.35}{3.6}\right)^2}{5}\right]$$

$=26.97$kN·m

(4) 采用弯矩分配法，支座弯矩的调幅系数 0.8

墙配筋采用表 6.7-3b，钢筋 $f_\gamma=300\text{N/mm}^2$，混凝土 C25，其中 $M_A=49.03$kN·m，

$$\alpha=\frac{49.03\times10^6}{1000\times30.5^2}=0.53,\ A_s=\frac{49.03}{0.305}\times3.42=550\text{mm}^2$$

$$M_{B右}=37.85\text{kN/m},\ \alpha=\frac{37.85\times10^6}{1000\times255^2}=0.58,\ A_s=\frac{37.85}{0.255}\times3.42=508\text{mm}^2$$

	A	A–B	B (left)	B (right)	B–C	C (left)	C (right)	C–D	D
	A (fixed)	$h=350$, $K=EJ/L=13.19$	Δ B		$h=300$, $K=7.5$(相对)	Δ C		$h=300$, $K'=5.63$	Δ D
Span		3.25			3.6			3.6	
μ	0		0.64	0.36		0.57	0.43		
MF (kN·m)	−56.70		+55.96	−41.72		+29.46	−26.87		
			−9.11	−5.13		−1.42	−1.07		
				−0.72		−2.56			
	−4.55		+0.46	+0.26		+1.46	+1.10		
$-M$	−61.29		47.31			26.94			
$-0.8M$	−49.03		37.85			21.55			
V^0	158.17		129.3	76.48		42.34	36.18		
V_M	+3.44		−3.44	+4.53		−4.53	+5.99		
V	161.61		125.86	81.01		37.81	42.17		
$+M$		73.28			23.65				
A_s	550	841	508		317	289			
外侧	Φ12@180					Φ10@180			
内侧	Φ14@180				Φ10@180			Φ10@180	

第12章 混合结构

12.1 一般规定

1. 混合结构系指由钢框架（型钢混凝土框架）与钢筋混凝土筒体或钢筋混凝土墙体共同组成的结构体系，其中包括钢框架（型钢混凝土框架）-混凝土剪力墙、钢框架（型钢混凝土框架）-混凝土核心筒。

混合结构体系是近年来在我国迅速发展的一种新型结构体系，由于其在降低结构自重、减少结构断面尺寸、加快施工进度等方面的明显优点，已引起工程界和投资商的广泛关注，目前已经建成了一批高度在150m至200m的建筑，如上海森茂大厦、国际航运大厦、世界金融大厦、新金桥大厦、深圳发展中心、北京京广中心等，还有一些高度超过300m的高层建筑也采用或部分采用了混合结构。除设防烈度为7度的地区外，8度区也已开始建造。

混合结构主要是以钢梁钢柱（或型钢梁型钢柱）代替混凝土梁柱，因此原则上第2章表2.4-1、表2.4-2所列出的结构体系都可以设计成混合结构体系，但考虑到国内实际已积累的工程经验，本章中只列入了钢框架-核心筒和型钢混凝土框架-核心筒二种体系，房屋适用高度也是根据现有经验偏安全地确定的。

2. 钢-混凝土混合结构高层建筑适用的最大高度宜符合表12.1-1的要求。

钢-混凝土混合结构房屋适用的最大高度（m） **表12.1-1**

结构种类	结构体系	非抗震设防	抗震设防烈度			
			6	7	8	9
钢-混凝土混合结构	钢框架-混凝土筒体	210	200	160	120	70
	型钢混凝土框架-混凝土筒体	240	220	190	150	70

注：1. 房屋高度指室外地面标高至主要屋面高度，不包括突出屋面的水箱、电梯机房、构架等的高度；

2. 当房屋高度超过表中数值时，结构设计应有可靠依据并采取进一步有效措施。

3. 钢-混凝土混合结构高层建筑的高宽比不宜大于表12.1-2的规定。

高宽比限值 **表12.1-2**

结构种类	结构体系	非抗震设防	抗震设防烈度		
			6，7	8	9
钢-混凝土混合结构	钢框架-混凝土筒体	7	7	6	4
	型钢混凝土框架-混凝土筒体	8			

4. 钢-混凝土混合结构在风荷载及地震作用下，按弹性方法计算的最大层间位移与层高的比值 $\Delta u/h$ 不宜超过表12.1-3的规定。

$\Delta u/h$ 的限值 **表 12.1-3**

结构类型	$H\leqslant150$m	$H\geqslant250$m	$150<H<250$m
钢框架-混凝土筒体 型钢混凝土框架-混凝土筒体	1/800	1/500	1/800～1/500 线性插入

注：H 指房屋高度。

5. 抗震设计时，钢框架-钢筋混凝土筒体结构各层框架柱所承担的地震剪力不应小于结构底部总剪力的25%和框架部分地震剪力最大值的1.8倍二者的较小者；型钢混凝土框架-钢筋混凝土筒体各层框架柱所承担的地震剪力应符合第8章8.6节的规定。

12.2 结构布置和结构设计

1. 钢-混凝土混合结构房屋的结构布置除应符合本章的规定外，尚应符合第5章5.2节的有关规定。

2. 建筑平面的外形宜简单规则，宜采用方形、矩形等规则对称的平面，并尽量使结构的抗侧力中心与水平合力中心重合。建筑的开间、进深宜统一，减少构件的规格，有利于制作和施工。

3. 钢-混凝土混合结构的竖向布置宜符合下列原则：

(1) 沿竖向结构的刚度和抗侧移承载力宜均匀变化，构件截面由下至上逐渐减小，不突变；

(2) 钢-混凝土混合结构中，当框架柱的上部与下部的类型和材料不同时，应设置过渡层；

(3) 对于刚度突变的楼层，如：转换层、加强层、空旷的顶层、顶部突出部分、型钢混凝土与钢筋混凝土结构的交接层及邻近楼层应采取可靠的过渡加强措施；

(4) 钢-混凝土混合结构中，钢框架部分采用支撑时，宜采用偏心支撑和耗能支撑，支撑宜连续布置，且在相互垂直的两个方向均宜布置，并互相交接；支撑框架在地下部分，应延伸至基础。

国内外的震害表明，结构沿竖向刚度或抗侧力承载力变化过大，会导致薄弱层的变形和构件应力过于集中，造成严重震害。竖向刚度变化时，不但刚度变化的层次受力增大，而且上下邻近层次的内力也会增大，所以加强时，应包括相邻层次在内。对于型钢钢筋混凝土与钢筋混凝土交接的层次及相邻层次的柱子，应设置剪力栓钉，加强连接，另外，钢-混凝土混合结构的顶层型钢混凝土柱也需设置栓钉，因为一般来说，顶层柱子的弯矩较大。

偏心支撑的设置应能保证塑性铰出现在梁端，在支撑点与梁柱节点之间的一段梁能形成耗能梁段，其在地震荷载作用下，会产生塑性剪切变形，因而具有良好的耗能能力，同时保证斜杆及柱子的轴向承载力不至于降低很多。偏心支撑一般以双向布置为好，并且应伸至基础。还有另外一些耗能支撑，主要通过增加结构的阻尼来达到使地震力很快衰减的目的，这种支撑对于减少建筑物顶部加速度及减少层间变形较为有效。

4. 混合结构体系的高层建筑，7度抗震设防且房屋高度不大于130m时，宜在楼面钢梁或型钢混凝土梁与钢筋混凝土筒体交接处及筒体四角设置型钢柱；7度抗震设防且房屋高度大于130m及8、9度抗震设防时，应在楼面钢梁或型钢混凝土梁与钢筋混凝土筒体交接处及筒体四角设置型钢柱。

型钢柱的设置可放在楼面钢梁与核心筒的连接处，核心筒的四角及核心筒墙的大开口两侧。试验表明，钢梁与核心筒的交接处，由于存在一部分弯矩及轴力，而剪力墙的平面外刚度较小，很容易出现裂缝。因而一般剪力墙中以设置型钢柱为好，同时也能方便钢结构的安装，核心筒的四角因受力较大，设置型钢柱能使剪力墙开裂后的承载力下降不多，防止结构的迅速破坏。因为剪力墙的塑性铰一般出现在高度的1/8范围内，所以在此范围内，剪力墙四角的型钢柱宜设置栓钉。

5. 钢-混凝土混合结构体系的高层建筑，应由混凝土筒体或混凝土剪力墙承受主要的水平力，并应采取有效措施，保证混凝土筒体的延性。

钢框架-混凝土核心筒结构体系中的核心筒一般均承担了85%以上的水平剪力，所以必须保证核心筒具有足够的延性，试验表明，型钢混凝土剪力墙的延性比可大于3，水平位移达1/50时，型钢剪力墙的承载力仅下降10%。由于设置了型钢，剪力墙在弯曲时，能避免发生平面外的错断，同时也能减少钢柱与混凝土核心筒竖向变形差异产生的不利影响。

保证筒体的延性可采取下列措施，(1) 通过增加墙厚控制剪力墙的剪应力水平；(2) 剪力墙配置多层钢筋；(3) 剪力墙的端部设置型钢柱，四周配以纵向钢筋及箍筋形成暗柱；(4) 连梁采用斜向配筋方式；(5) 在连梁中设置水平缝；(6) 保证核心筒角部的完整性；(7) 核心筒的开洞位置尽量对称均匀。

6. 钢框架-混凝土剪力墙结构体系的高层建筑中，混凝土墙体可采用现浇剪力墙、内藏钢板混凝土剪力墙或者带竖缝剪力墙。且宜优先采用内藏钢板混凝土剪力墙。

内藏钢板混凝土剪力墙能使墙板在钢框架产生一定变形时，发挥作用，通过钢板的变形来达到耗能的目的，而使剪力墙不至于在变形初期就发生脆性破坏，带竖缝剪力墙既具有较大的初始刚度，同时在水平变形较大时，能将大墙肢的变形转换成各小墙肢的弯曲变形，而不致于产生斜向裂缝，因而具有良好的延性。

7. 钢-混凝土混合结构中，钢框架平面内的梁柱宜采用刚性连接，楼面钢梁与混凝土核心筒的连接如核心筒中设置型钢时，宜采用楼面钢梁与核心筒刚接，当核心筒中无型钢柱时，可采用铰接。加强层楼面钢梁与混凝土核心筒的连接宜采用刚接。

外框架采用梁柱刚接，能提高外框架的刚度及抵抗水平作用的能力。

8. 钢框架-混凝土核心筒结构体系中，当采用H形截面柱时，宜将强轴方向布置在框架平面内，角柱宜采用方形、十字形或圆形截面，并宜采用高强度钢材。

9. 钢-混凝土混合结构中，可采用外伸桁架加强层以减少结构的侧移，必要时可同时布置周边桁架。外伸桁架平面宜与抗侧力墙体的中心线重合。外伸桁架应与抗侧力墙体刚接且宜伸入并贯通抗侧力墙体，外伸桁架与外围框架柱的连接宜采用铰接或半刚接。当布置有外伸桁架加强层时，应采取有效措施，减少由于外柱与核心筒竖向变形差异引起的桁架杆件内力的变化。

采用外伸桁架主要是将剪力墙的弯曲变形转换成框架柱的轴向变形以减小水平荷载下结构的侧移，所以必须保证外伸桁架与抗侧力墙体刚接。外柱相对桁架杆件来说，截面尺寸较小，而轴向力又较大，故不宜承受很大的弯矩，因而外柱与桁架宜采用铰接。外柱承受的轴向力要传至基础，因而外柱必须上下连续，不得中断。由于外柱与混凝土内筒存在的轴向变形不一致，会使外挑桁架产生很大的附加内力，因而外伸桁架宜分段拼装，在主体结构完成后，再安装封闭，形成整体。

10. 钢-混凝土混合结构的楼面宜采用压型钢板现浇混凝土结构、预应力薄板加现浇层或一般现浇混凝土楼板，楼板与钢梁应有可靠连接。

11. 对于建筑物楼面有较大开口或为转换楼层时，应采用现浇楼板。对楼板大开口部位宜设置刚性水平支撑，宜采用考虑楼板变形的程序进行内力和位移计算，或采取加强措施。

12. 对型钢混凝土构件，实际设计一般先确定型钢尺寸，然后按型钢混凝土构件内进行配筋。整体计算分析时，型钢混凝土构件可采用刚度叠加的方法，同时也可采用将型钢折算成混凝土后进行计算，再按型钢混凝土构件进行配筋。

钢-混凝土混合结构在进行弹性阶段的内力和位移计算时，对钢梁及钢柱可采用钢材的截面计算，对型钢混凝土构件的刚度可采用型钢部分刚度与钢筋混凝土部分的刚度之和。

$$EI = E_c I_c + E_a I_a \tag{12.2-1}$$

$$EA = E_c A_c + E_a A_a \tag{12.2-2}$$

$$GA = G_c A_c + G_a A_a \tag{12.2-3}$$

式中 $E_c I_c$、$E_c A_c$，$G_c A_c$——钢筋混凝土部分的截面抗弯刚度、轴向刚度及抗剪刚度；

$E_a I_a$、$E_a A_a$、$G_a A_a$——型钢部分的截面抗弯刚度，轴向刚度及抗剪刚度。

13. 从国内外工程的经验来看，一般主梁均考虑楼板的组合作用，而次梁则不予考虑，原因主要是经济性及安全性。次梁作为直接受力构件应有足够的安全储备，而且次梁的栓钉一般较稀，所以一般不考虑楼板的组合作用。

在进行结构弹性分析时，宜考虑钢梁与混凝土楼面的共同作用，主梁的刚度可取钢梁刚度的 1.5～2.0 倍，但应保证钢梁与楼板有可靠的连接。

14. 钢-混凝土混合结构内力和位移计算中，设置外伸桁架的楼层应考虑桁架上下弦杆的轴向变形。

15. 钢-混凝土混合结构竖向荷载作用计算时，宜考虑柱、墙在施工过程中轴向变形差异的影响，并宜考虑在长期荷载作用下由于核心筒混凝土的徐变收缩对钢梁及柱产生的内力不利影响。

16. 当混凝土核心筒先于钢框架施工时，应考虑施工阶段混凝土核心筒在风力及其他荷载作用下的不利受力状态，型钢混凝土构件应验算在浇注混凝土之前钢框架在施工荷载及可能的风载作用下的承载力，稳定及位移，并据此确定钢框架安装与浇注混凝土楼层的间隔层数。

17. 柱间钢支撑两端与柱或筒体的连接可作为铰接计算。

18. 钢框架-混凝土筒体结构及型钢混凝土框架-混凝土筒体结构的阻尼比均可取为 0.04。

19. 钢-混凝土混合结构房屋抗震设计时，混凝土筒体及型钢混凝土框架的抗震等级应按表 12.2-1 确定，并应符合相应的计算和构造措施。

钢-混凝土混合结构抗震等级　　表 12.2-1

结构类型		6		7		8		9
钢框架-混凝土筒体	高度（m）	≤150	>150	≤130	>130	≤100	>100	≤70
	混凝土筒体	二	一	一	特一	一	特一	特一
型钢混凝土框架-混凝土筒体	混凝土筒体	二	二	二	一	一	特一	特一
	型钢混凝土框架	三	二	二	一	一	一	一

20. 钢-混凝土混合结构中的钢构件应按《钢结构设计规范》（GB 50017）及《高层民用建筑钢结构技术规程》（JGJ 99—98）进行设计；混凝土构件应按《混凝土设计规范》（GB 50010）及本手册第7章的有关规定进行设计；型钢混凝土构件可按《型钢混凝土组合结构技术规程》JGJ 138 进行设计。

21. 有地震作用组合时，型钢混凝土构件和钢构件的承载力抗震调整系数 γ_{RE} 按表 12.2-2 和表 12.2-3 选用。

型钢混凝土构件承载力抗震调整系数 γ_{RE}　　表 12.2-2

正截面承载力计算			斜截面承载力计算	连接
型钢混凝土梁	型钢混凝土柱	支撑	各类构件及节点	焊缝及高强螺栓
0.75	0.80	0.85	0.85	0.90

钢构件承载力抗震调整系数 γ_{RE}　　表 12.2-3

钢梁	钢柱	钢支撑	节点及连接螺栓	连接焊缝
0.80	0.85	0.90	0.90	0.9

22. 型钢混凝土构件中，型钢钢板的宽厚比满足表 12.2-4 的要求时，可不进行局部稳定验算（图 12.2-1）。

试验表明：由于混凝土及腰筋和箍筋对型钢的约束作用，在型钢混凝土中的型钢的宽厚比可较纯钢结构适当放宽，型钢混凝土中型钢翼缘的宽厚比可取为纯钢结构的 1.5 倍，腹板可取为纯钢结构的 2 倍，填充式箱形钢管混凝土可取为纯钢结构的 1.5～1.7 倍。

型钢钢板宽厚比　　表 12.2-4

钢号	梁		柱		钢管柱
	b_{af}/t_f	h_w/t_w	b_{af}/t_f	hw/t_w	D/t_w
Q235	<23	<107	<23	<96	<150
Q345	<19	<91	<19	<81	<109

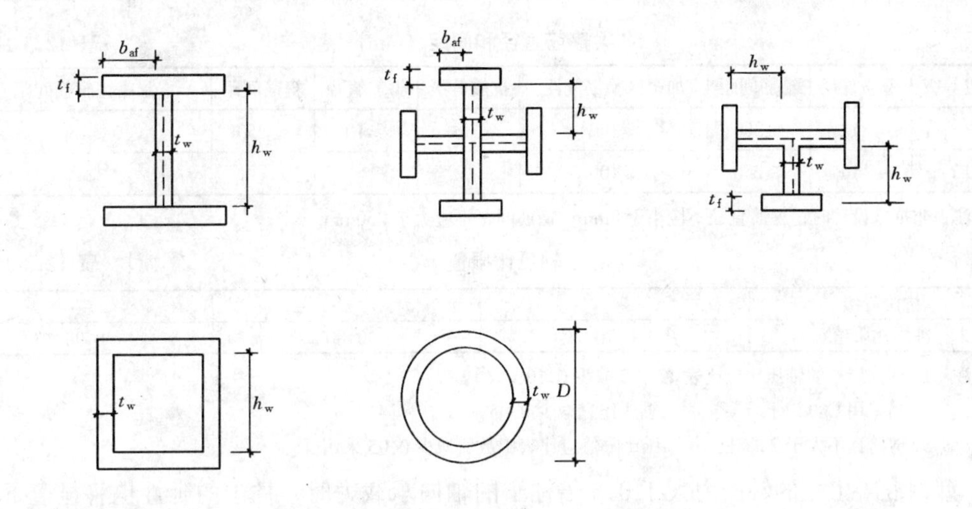

图 12.2-1 型钢钢板宽厚比

12.3 型钢混凝土构件的构造要求

1. 型钢混凝土梁应满足下列构造要求：

(1) 混凝土强度等级不宜低于 C30，混凝土粗骨料最大直径不宜大于 25mm；型钢宜采用 Q235 及 Q345；

(2) 梁纵向钢筋配筋率不宜小于 0.30%；

(3) 梁中型钢的保护层厚度不宜小于 100mm，梁纵筋与型钢骨架的最小净距不应小于 30mm，且不小于梁纵筋直径的 1.5 倍；

(4) 梁纵向受力钢筋不宜超过二排，且第二排只宜在最外侧设置；

(5) 梁中纵向受力钢筋宜优先采用机械连接。如纵向钢筋需贯穿型钢柱腹板并以 90°弯折固定在柱截面内时，抗震设计的弯折前直段长度不应小于 0.40 倍的钢筋抗震锚固长度 L_{aE}，弯折直段长度不应小于 15 倍纵向钢筋直径；

(6) 梁上开洞不宜大于梁截面高度的 0.4 倍，且不宜大于内含型钢高度的 0.7 倍，并应位于梁高及型钢高度的中间区域；

(7) 型钢混凝土悬臂梁自由端的纵向受力钢筋应设置专门的锚固件，型钢梁的自由端上宜设置栓钉。

2. 型钢混凝土梁沿梁全长箍筋的配置应满足下列要求：

(1) 采用 H 型钢时，箍筋的面积配筋率不应小于 0.15%；

(2) 梁中箍筋的直径和间距应符合表 12.3-1 的要求，且箍筋间距不应大于梁高的 1/2。抗震设计时，一级时取梁截面高度的 2.0 倍，二，三级时取梁截面高度的 1.5 倍，箍筋应加密；当梁净跨小于梁截面高度的 4 倍时，梁全跨箍筋应加密设置；

3. 当考虑地震作用组合时，钢-混凝土混合结构中型钢混凝土柱的轴压比 μ_N 不宜大于表 12.3-2 的限值。

梁箍筋直径和间距（mm） 表 12.3-1

抗震等级	箍筋直径	箍筋间距	加密区箍筋间距	抗震等级	箍筋直径	箍筋间距	加密区箍筋间距
一	≥12	≤200	≤100	三	≥10	≤250	≤150
二	≥10	≤250	≤100				

注：非抗震设计时，箍筋直径不应小于 8mm，箍筋间距不应大于 250mm。

轴压比限值 μ_N 表 12.3-2

抗震等级	一	二	三
轴压比限值	0.70	0.80	0.90

注 1. 框支层柱的轴压比应比表 12.3-2 减少 0.10；
2. 当采用 C60 以上混凝土时，轴压比宜减少 0.05；
3. 剪跨比不大于 2 的柱，其轴压比限值应比表中数值减少 0.05 采用。

型钢混凝土柱的轴向力大于 0.5 倍柱子的轴向承载力时，柱子的延性也将显著下降，但型钢混凝土柱有其特殊性，在一定轴力的长期作用下，随着轴向塑性的发展以及长期荷载作用下混凝土的徐变收缩会产生内力重分布，钢筋混凝土部分承担的轴力逐渐向型钢部分转移，根据型钢混凝土柱的试验结果，考虑长期荷载下徐变的影响，得出 $N_k = n_k (f_{ck} A_c + 1.28 f_{ss} A_{ss})$，换算成强度设计值 $n = 0.8$，考虑钢筋未必能全部发挥作用，且强柱弱梁的要求未作规定以及钢筋的有利作用未计入，因此对一、二、三抗震等级的框架柱分别取为 0.7、0.8、0.9；

如采用 Q235 钢作为型钢混凝土柱中的内含型钢，则轴压比限值表达式有所差异，轴压比限值应较采用 Q345 钢的柱轴压比限值有所降低；

4. 型钢混凝土柱的轴压比可按下列公式计算：

$$\mu_N = N / (f_c A + f_a A_a) \tag{12.3-1}$$

式中 N——考虑地震组合的柱轴向力设计值；
A——扣除型钢后的混凝土截面面积；
f_c——混凝土的轴心抗压强度设计值；
f_a——型钢的抗压强度设计值；
A_a——型钢的截面面积。

5. 型钢混凝土柱应满足下列构造要求：

（1）混凝土强度等级不宜低于 C30，混凝土粗骨料的最大直径不宜大于 25mm；型钢柱中型钢的保护厚度不宜小于 120mm，柱纵筋与型钢的最小净距不应小于 25mm；

（2）柱纵向钢筋最小配筋率不宜小于 0.8%；

（3）柱中纵向受力钢筋的间距不宜大于 300mm，间距大于 300mm 时，宜设置直径不小于 14mm 的纵向构造钢筋；

（4）柱型钢含钢率，当轴压比大于 0.4 时，不宜小于 4%，当轴压比小于 0.4 时，不宜小于 3%；

（5）柱箍筋宜采用 HRB335 和 HRB400 级热轧钢筋，箍筋应做成 135°的弯钩，非抗震设计时弯钩直段长度不应小于 5 倍箍筋直径，抗震设计时弯钩直段长度不宜小于 10 倍箍筋直径；

（6）位于底部加强部位、房屋顶层以及型钢混凝土与钢筋混凝土交接层的型钢混凝土柱宜设置栓钉，型钢截面为箱形的柱子也宜设置栓钉，竖向及水平栓钉间距均不宜大于250mm；

(7) 型钢混凝土柱的长细比不宜大于30。

6. 型钢混凝土柱箍筋的直径和间距应符合表12.3-3的规定。抗震设计时，柱端箍筋应加密，加密区范围取柱矩形截面长边尺寸（或圆形截面直径）、柱净高的1/6和500mm三者的最大值，加密区箍筋最小体积配箍率应符合表12.3-4的规定；二级且剪跨比不大于2的柱，加密区箍筋最小体积配箍率尚不宜小于0.8%；框支柱、一级角柱和剪跨比不大于2的柱，箍筋均应全高加密，箍筋间距均不应大于100mm。

柱箍筋直径和间距（mm）　　**表12.3-3**

抗震等级	箍筋直径	箍筋间距	加密区箍筋间距	抗震等级	箍筋直径	箍筋间距	加密区箍筋间距
一	≥12	≤150	≤100	三	≥8	≤200	≤150
二	≥10	≤200	≤100				

注：1. 箍筋直径除应符合表中要求外，尚不应小于纵向钢筋直径的1/4；
2. 非抗震设计时，箍筋直径不应小于8mm，箍筋间距不应大于200mm。

型钢柱箍筋加密区箍筋最小体积配筋率（%）　　**表12.3-4**

抗震等级	轴压比			抗震等级	轴压比		
	<0.4	0.4~0.5	>0.5		<0.4	0.4~0.5	>0.5
一	0.8	1.0	1.2	三	0.5	0.7	0.9
二	0.7	0.9	1.1				

注：当型钢柱配置螺旋箍筋时，表中数值可减少0.2，但不应小于0.4。

7. 型钢混凝土梁柱节点应满足下列的构造要求：

(1) 箍筋间距不宜大于柱端加密区间距的1.5倍；

(2) 梁中钢筋穿过梁柱节点时，宜避免穿过柱翼缘；如穿过柱翼缘时，应考虑型钢柱翼缘的损失；如穿过柱腹板时，柱腹板截面损失率不宜大于25%，当超过25%时，则需进行补强。

8. 钢梁或型钢混凝土梁与混凝土筒体应可靠连接，应能传递竖向剪力及水平力；当钢梁通过埋件与混凝土筒体连接时，预埋件应有足够的锚固长度，连接做法可参考图12.3-1。

楼面梁与核心筒（或剪力墙）的连接节点是非常重要的节点。当采用楼面无限刚度假定进行分析时，梁只承受剪力和弯矩。试验研究表明这些梁实际上还存在着轴力，试验中往往在节点处引起早期损坏，因此节点设计必须考虑轴向力的有效传递。

9. 抗震设计时，钢-混凝土混合结构中的钢柱应采用埋入式柱脚；型钢混凝土柱宜采用埋入式柱脚。埋入式柱脚的埋入深度不宜小于型钢柱截面高度的3倍。

非埋入式柱脚在地震区易产生破坏，对角柱及受力较大的边柱，因其重要性建议采用埋入式柱脚。

10. 采用埋入式柱脚时，在柱脚部位和柱脚向上延伸一层的范围内宜设置栓钉，栓钉的直径不宜小于19mm，其竖向及水平间距不宜大于200mm，当有可靠依据时，可通过计算确定栓钉数量。

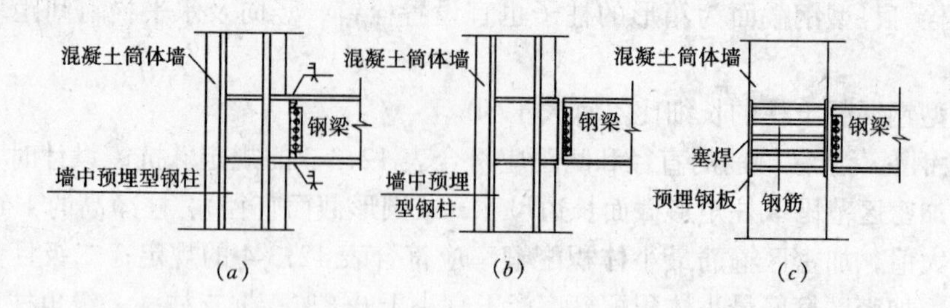

图 12.3-1 钢梁和型钢混凝土梁与钢筋混凝土筒体的连接构造示意

(*a*) 刚接; (*b*) 铰接; (*c*) 铰接

11. 抗震设计时，钢-混凝土混合结构中的混凝土筒体墙的构造设计应符合第10章10.2节的规定。

12.4 工 程 实 例

1. 我国内地已建和在建的钢-混凝土混合结构建筑如表12.4-1。

我国内地已建和在建的钢-混凝土混合结构建筑 **表 12.4-1**

工程名称	地点	高度(m)	层数		建筑面积万(m^2)	总用钢量(t)	结构形式
			地下	地上			
环球金融中心	上海	460	3	95	31.0		钢筋混凝土核心筒，外部钢筋混凝土密柱框筒
金茂大厦	上海	365	3	88	17.7	14000	钢筋混凝土核心筒，外框钢骨混凝土柱及钢柱
地王大厦	深圳	294.1	3	68	13.8	12000	钢筋混凝土核心筒，外框钢结构
赛格广场	深圳	278.6	4	70	15.8	6500	钢筋混凝土核心筒，外框钢管混凝土结构
浦东国际金融大厦	上海	230	3	53	12.0	11000	钢筋混凝土核心筒，外框钢结构
国际航运大厦	上海	210	3	48	10	9500	钢筋混凝土核心筒，外框钢结构
京广中心	北京	208	3	57	13.7	19000	钢框架，带边框钢筋混凝土剪力墙
森茂大厦	上海	198	3	48	11.0	8000	钢筋混凝土核心筒，外框钢骨混凝土结构
世界金融大厦	上海	166.5	3	43	8.3	3300	钢筋混凝土核心筒，外框钢骨混凝凝土柱
深圳发展中心	深圳	165	2	48	5.6	9000	钢筋混凝土核心筒，外框钢结构
商品交易大厦	上海	157.8	3	43	8.5	6500	钢筋混凝土核心筒，外框钢结构
新金桥大厦	上海	157	2	38	4.0	7000	钢筋混凝土核心筒，外框钢结构
中保大厦	上海	154	3	38	7.0	2000	钢筋混凝土筒体、钢桁架梁
上海希尔顿饭店	上海	144	1	43	5.2	4000	钢筋混凝土核心筒，外框钢结构
上海证券大厦	上海	120.9	2	27	9.8	9000	钢筋混凝土核心筒，巨型钢框架-钢支撑
远洋大厦	大连	201	4	51	7.4		钢框架-钢筋混凝土核心筒
上海瑞金大厦	上海	107	1	27	3.2	3700	钢筋混凝土核心筒，外框钢结构
香格里拉饭店	北京	82.7	2	24	5.6	5300	钢筋混凝土核心筒，钢骨混凝土框架

2. 几项工程结构情况

(1) 上海金茂大厦（93层，370m）平面，该工程实际上是以钢筋混凝土为主的混合结构，中央为钢筋混凝土八边形核心筒，外周四边各两根大截面型钢混凝土柱（C_1），自下而上尺寸1500mm×5000mm至1000mm×3500mm，混凝土强度自C60至C40。其余八根周边柱 C_2 为钢柱。楼面为钢梁、组合楼板。（图12.4-1）

(2) 深圳地王大厦（图12.4-2）也是混合结构，内筒为钢筋混凝土（C60），外柱为方钢管混凝土柱，楼面为钢结构（83层，325m）。

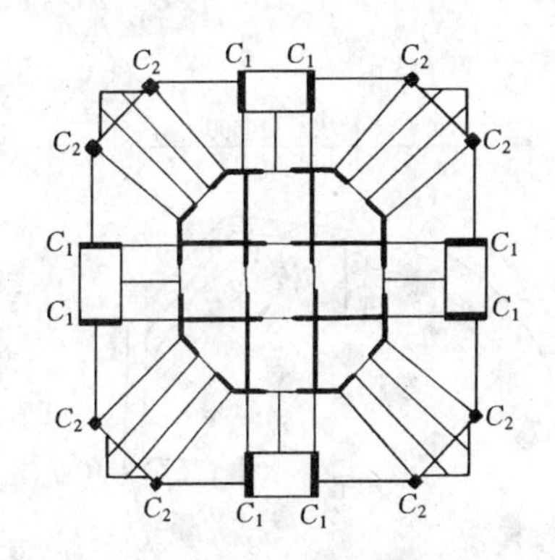

图 12.4-1 上海金茂大厦平面
C_1—型钢混凝土柱；C_2—钢柱；内筒—钢筋混凝土墙

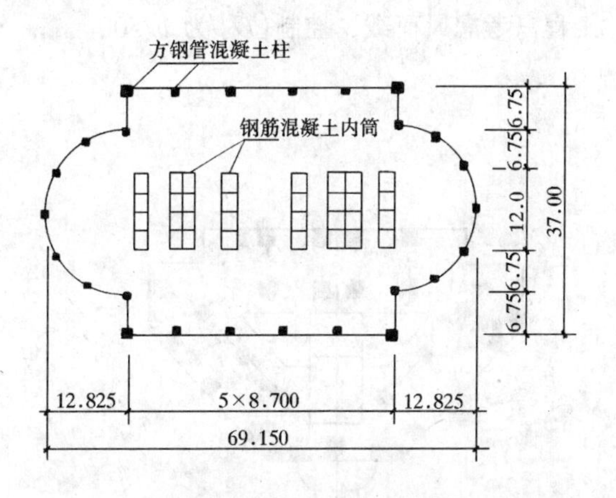

图 12.4-2 地王大厦平面

(3) 北京香格里拉饭店地上28层，地下2层，高度82.75m，建筑面积57710m^2，平面为之字形，基本柱网8.8m×7.6m，内井筒8.05m×26.4m。采用钢框架加钢筋混凝土内筒结构，内外钢柱全部包混凝土；外柱尺寸800mm×1000mm，H型钢为350mm×350mm×10mm×15mm，内柱800mm×600mm，H型钢为300mm×300mm×10mm×15mm、250mm×250mm×9mm×14mm；梁为H型钢500mm×200mm×10mm×16mm，用40mm石膏板防火（图12.4-3）。

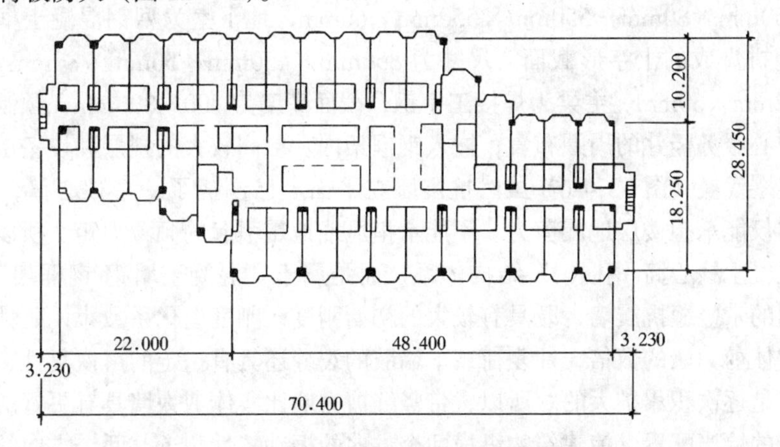

图 12.4-3 北京香格里拉饭店平面

(4) 上海静安希尔顿饭店（图12.4-4）为三角形平面，地上43层，地下一层，高度143m，建筑面积52000m^2。采用了钢框架加混凝土内筒和角墙的方案。每平方米用钢量较锦江饭店少17kg，其中型钢少用63kg，钢筋多用46kg，节省了紧缺的大规格型钢。钢柱为400mm×400mm×75mm×75mm，中墙厚500～300mm，角墙厚500mm。压型钢板楼面。

（5）深圳发展中心（图12.4-5）地上40层，高154m，建筑面积56000m²。采用框架-剪力墙结构。与剪力墙 SW_1，SW_2 共同工作的 C_1～C_5 组成的主框架，其他框架柱主要承受竖向荷载。主框架柱底层为1070mm×1070mm×130mm×130mm，到顶层为915mm×915mm×100mm×100mm，壁厚很大，因而焊接非常困难。楼面为压型钢板现浇。本工程只考虑风荷载，控制位移为1/500。

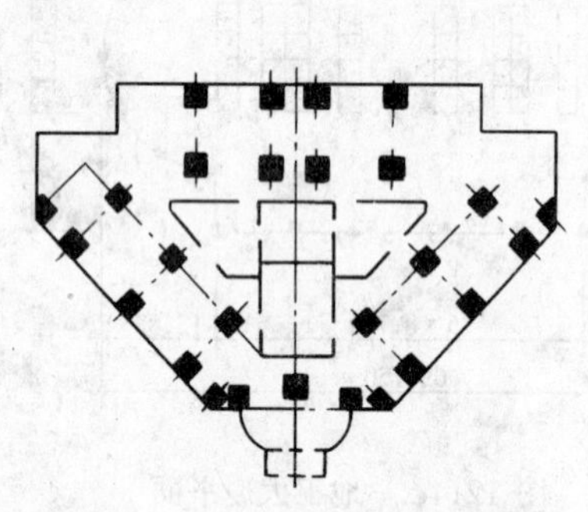

图12.4-4 上海静安希尔顿饭店

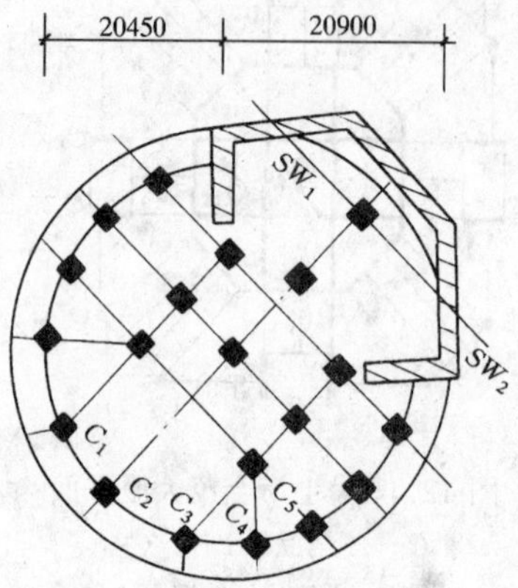

图12.4-5 深圳发展中心

（6）北京京广中心大厦

北京京广中心大厦是我国第一幢超越200m的钢结构工程（图12.4-6），地下3层，地上53层，结构高度208m，建筑面积为10.5万m²。

平面采取半径为51.4m的1/4圆切角后形成的扇形（图12.4-6），按8度地震设防。采用“混凝土墙-钢框架”体系。底层以上为钢框架，钢柱采用焊接方管，截面尺寸为850mm×850mm×80mm～550mm×550mm×60mm，地下室为型钢混凝土框架，钢柱为两个工字钢拼焊成的十字形截面，尺寸为850mm×450mm×50mm×80mm和750mm×350mm×32mm×60mm。主梁为焊接工字钢，截面高度为700～800mm。预制的带竖缝抗震墙是沿中心服务竖井的周圈布置，嵌入钢框架内。层高较大的楼层和设备层，采用刚度相同的钢支撑代换（图12.4-6）虽然抗震墙在平面上已围成了一个核心筒，但是它的构造决定着它仅能承担楼层地震剪力。不能承担风或地震引起的倾覆力矩。所以，整个结构不属于“混凝土核心筒-钢框架”结构体系，而是属于“混凝土墙钢-钢框架”结构体系，嵌于框架间的带竖缝抗震墙，既具有较大的初始刚度，刚度退化系数小，延性又好，极限变形值是实体剪力墙的数倍，往复荷载下墙肢的裂缝还具有一定的可恢复性，而实体剪力墙的斜裂缝是逐次积累扩大的。所以，带竖缝剪力墙比实体剪力墙具有更好的耐震性能。

抗震墙的恰当配置，使建筑物纵横两个方向的振动特性相近，两个方向的基本周期均为6s，计算出的楼层位移也符合要求，设计底部剪力为0.034W。

本工程静力计算采用三维空间模型，按8度抗震设计，除按我国现行抗震设计规范（TJ11—78）振型分解反应谱法计算外，还进行了动力分析，按78规范，弹性动力分析

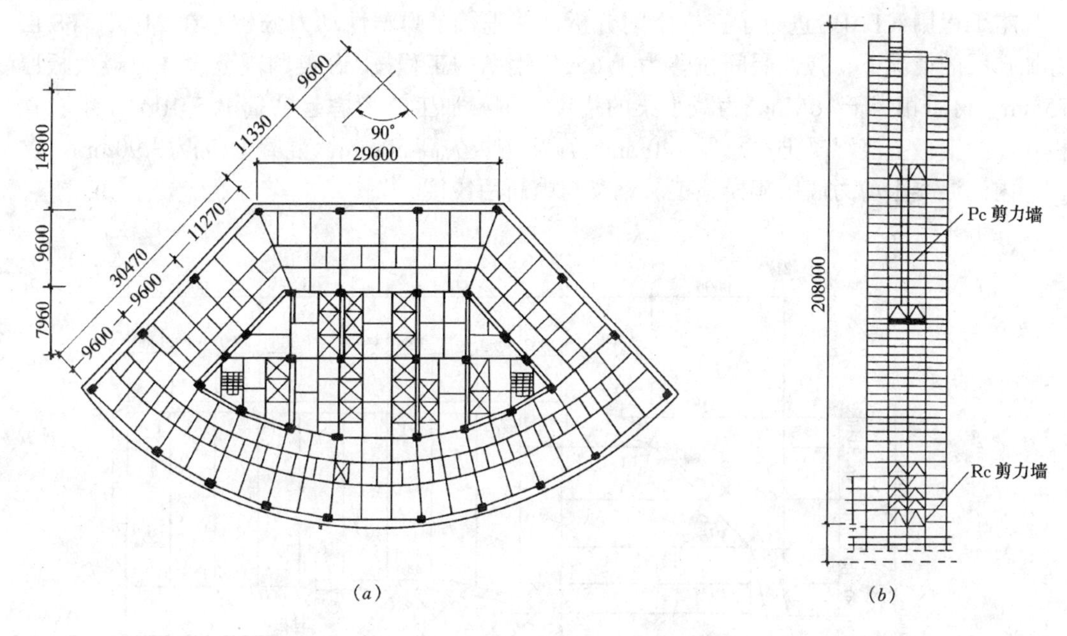

(*a*) (*b*)

图 12.4-6 北京京广中心大厦结构布置
(*a*) 平面布置；(*b*) 竖向布置

地面最大加速度 a_{max} 为 200gal；弹塑性分析时 a_{max} 考虑 350gal；此时延性系数不大于 2。输入地震波选用 El Centro、Taft、十胜冲等三条，按层模型 54 个质点分析。弹塑性动力分析采用三折线迴线。

风力产生的荷载约为地震力的 80%，楼层位移在正常风速下为 1/500，在设计风速下为 1/300。

(7) 北京国际贸易中心二期工程

本工程与一期工程外形尺寸相同，地面以上也是 40 层，156m，平面也呈枣核形（图 12.4-7)、图（12.4-8)。该工已于 1998 年结构完工。由香港王叶杨设计事务所设计，中建一局四公司总承包。

国贸二期工程结构与一期工程不同。一期工程为钢框架的筒中筒结构，内外均为密排钢柱，二期为混合结构，外围为大柱距钢工形柱，中央为钢筋混凝土核心筒。

外围钢柱柱距约为 9m，用焊接 H 型钢，上下柱变截面处加钢板转接。

楼面梁为 H 型钢，周边钢梁为 W27×178，中央楼面梁为 W15×56、W27×94(角梁)。

核心筒为六边形，主墙底层厚 900mm，其余墙底层厚 600～700mm，在大洞口边缘（图 12.4-8 中 P19～P21）加了 H 型钢柱。

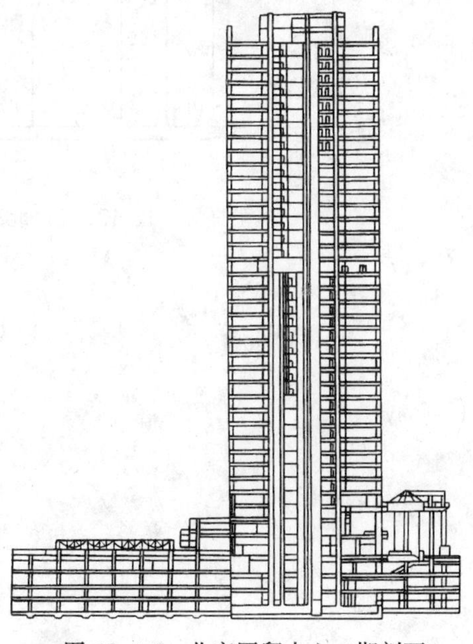

图 12.4-7 北京国贸中心二期剖面

本工程用ETABS进行了三维空间分析，并进行了弹塑性动力分析。在21层、38层有加强层的情况下，弹性层间位移为1/650。钢结构工程按BS英国规范设计，最大板厚75mm，材质相当于16Mn。为减小梁的挠度，钢梁加工时考虑起拱量1.5/1000。组合楼板在压型钢板上浇混凝土，总厚140mm，压型钢板矢高50mm，混凝土净板厚90mm。

内筒混凝土剪力墙用爬模施工。钢梁与内筒用铰接。

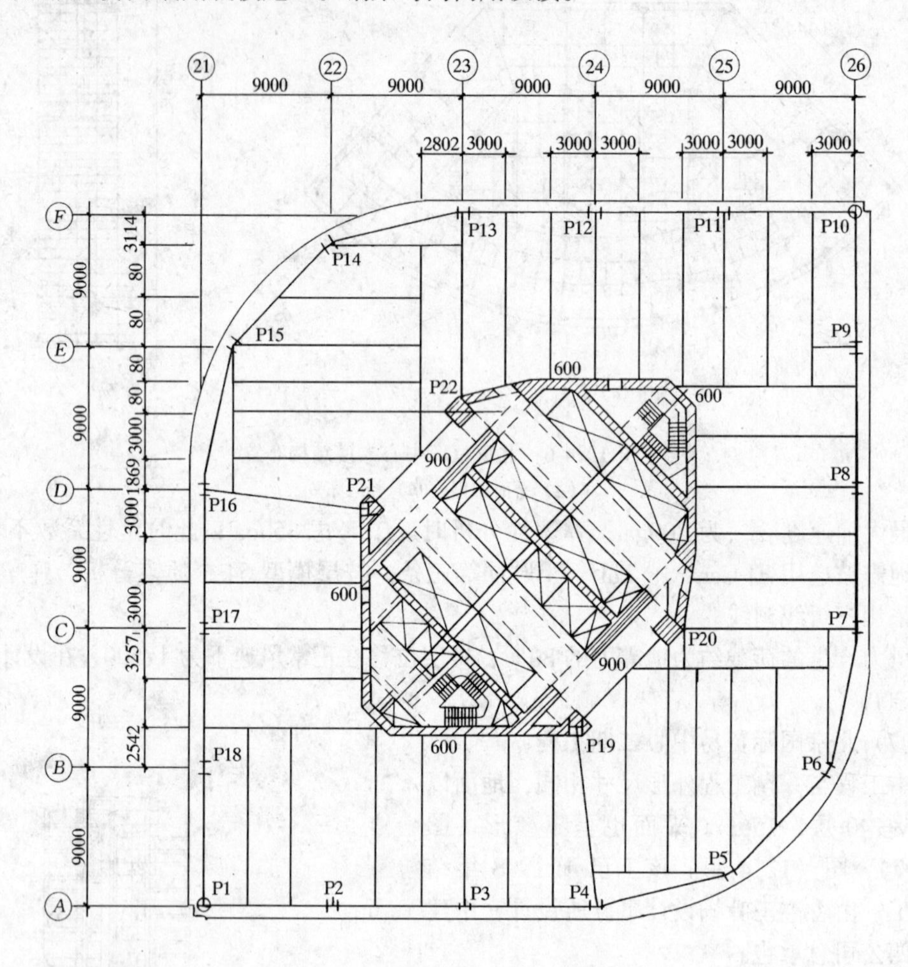

图 12.4-8　北京国贸中心二期平面

第13章　高层建筑的若干特殊结构设计

13.1　高层主楼与裙房之间基础处理

1. 在使用功能要求较高的高层公共建筑中，如果高层主楼与裙房之间设置变形缝（沉降缝、防震缝、伸缩缝），势必给采暖通风、上下水管、电气管线的铺设带来不便，尤其给建筑的室内、外装修处理带来不少困难，而且既费工费料，又难以保证质量。因此，高层主楼与裙房之间，经计算基础后期沉降差在允许范围并采取有效措施，基础可以不分开，但应通过计算确定基础及上部结构由于差异沉降引起的内力进行配筋。

2. 高层主楼与裙房之间分不分缝，首先应根据建筑平面体形。从抗震设计考虑，裙房的结构刚度与高层主楼的结构刚度相比显然是较悬殊的，如果裙房在高层主楼一侧伸出较长，在地震作用下，由于刚度中心与质量中心偏心距较大，扭转影响也大，因此，设不设变形缝与建筑平面布置关系极大。如图13.1-1、图13.1-2、图13.1-3裙房位置比较有利，不设变形缝。如图13.1-4、图13.1-5由于裙房伸出高层主楼较远，则采用变形缝分开。如图13.1-6部分裙房与主楼高层之间不设变形缝，而有一部分裙房伸出高层主楼较远，或裙房与高层主楼相连得很少，采用变形缝分开。

高层主楼与裙房组合在一起（称为大底盘）的总长度（或宽度）与高层主楼的长度（或宽度）之比宜小于2.5。当高层主楼及大底盘的质量中心与刚度中心不一致时，上部结构应考虑扭转影响。

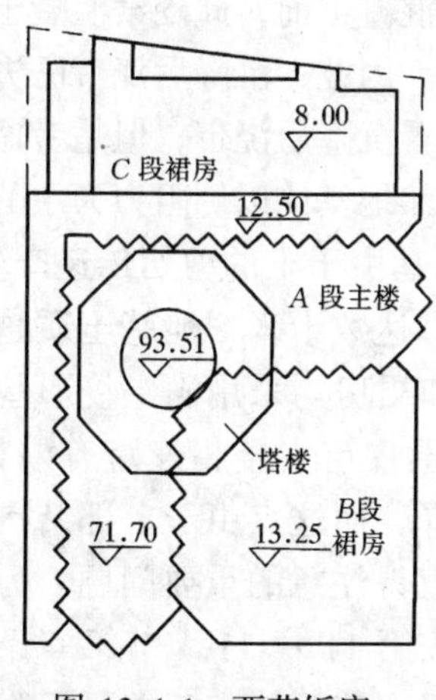

图13.1-1　西苑饭店

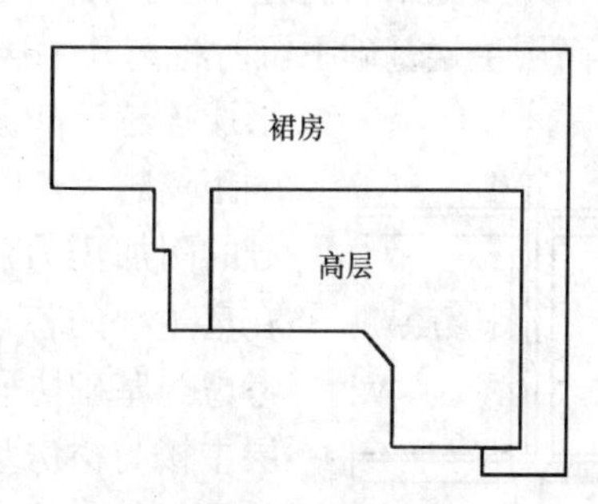

图13.1-2　大成饭店

3. 高层主楼和裙房如果均采用满堂筏形基础，它们的基础附加压力相差较大，基础差异沉降是显而易见的。为此，应按第11章11.1节的第1条采取有效措施，解决高层主楼与裙房之间的基础差异沉降。

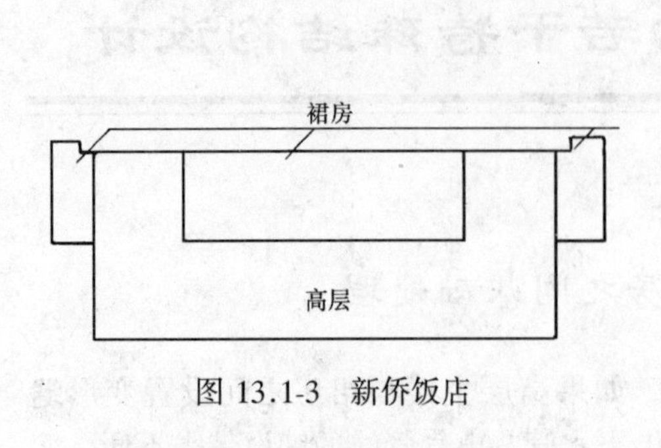

图 13.1-3　新侨饭店

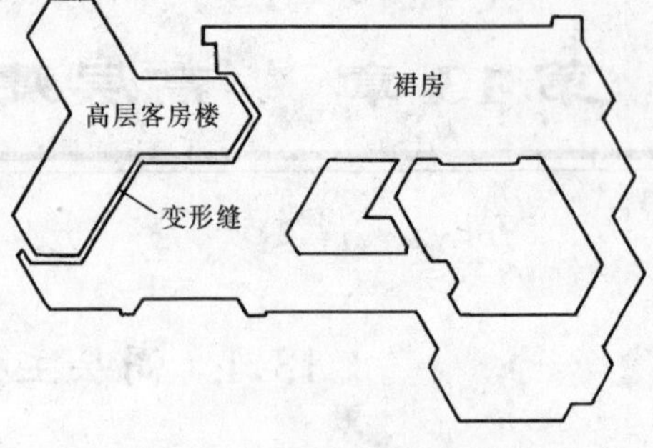

图 13.1-4　首都宾馆总平面

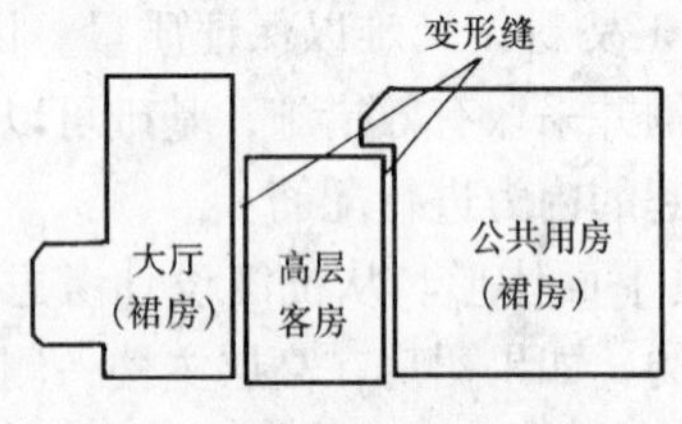

图 13.1-5　和平宾馆总平面

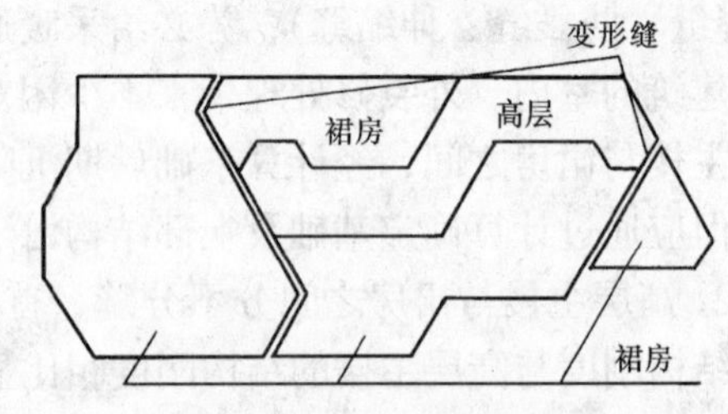

图 13.1-6　昆仑饭店总平面

4. 为减少高层主楼与裙房之间基础差异沉降引起的结构内力，从20世纪80年代初起不少工程中采取设置后浇带，也称沉降后浇带。沉降后浇带的功能，首先设想在高层主楼与裙房交接处基础沉降有突变，设置了后浇带可以避免施工期间基础差异沉降所引起的结构内力，而只考虑高层主楼与裙房连成整体后所产生差异沉降引起的内力；其次具有施工后浇缝功能，由于主楼与裙房的结构型式或刚度往往不相同，在交接处靠裙房一侧设施工后浇缝以避免或减少混凝土硬化过程中的干缩裂缝是行之有效的。

根据十多年来一些工程沉降观测结果表明，高层主楼与裙房交接部位基础沉降没有突变现象，沉降是连续曲线。调查中发现，沉降后浇带浇灌混凝土前，此处素混凝土表面砂浆也无裂缝，说明无沉降突变，沉降后浇带只起安慰作用。因此，沉降后浇带已失去第一个功能，故近年不多工程中高层主楼与裙房交接处不再设置沉降后浇带，但是考虑到第二个功能，则按施工后浇缝处理。沉降观测结果还表明，天然地基或以侧阻力为主的摩擦桩基，当高层主楼基础下沉时将离开主楼一定距离范围的地基由于土的剪切传递产生沉降，形成连续沉降曲线，其影响范围可达数十米，地基土质越好，影响距离越大。因此，当主楼高层和裙房均采用满堂筏形基础而基础的附加压力悬殊时，裙房部分不仅与主楼相连跨有差异沉降，在离主楼的若干跨均存在差异沉降，而这点由于上部结构计算不考虑与基础协同工作被忽略，是值得注意的重要问题。为解决高层主楼与裙房基础的差异沉降，按第11章11.1节第4条采取措施是行之有效的，否则必须考虑裙房若干跨由于差异沉降结构内力影响。

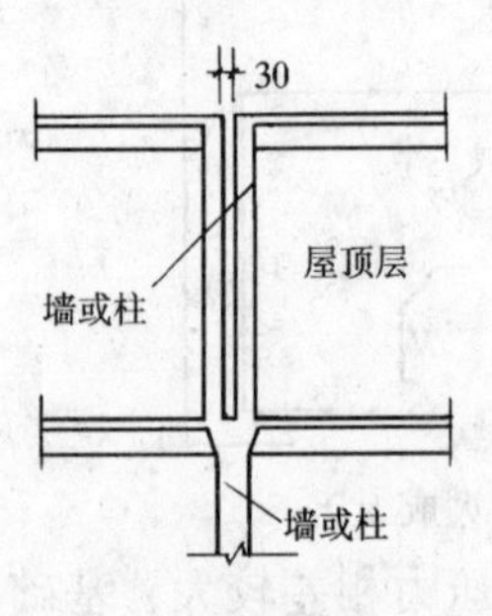

图 13.1-7　屋顶层留伸缩缝

5. 当高层主楼与裙房之间不设变形缝而连接成一体，且总长度较大时，考虑到温度影响带来的不利因素，裙房和主楼的屋顶及外墙保温应处理好。如果主楼长度较大时，可在屋顶层设双墙或双柱留温度伸缩缝（图 13.1-7）。

6. 当高层主楼与裙房之间设置沉降缝时，为了使高层主楼有可靠的侧限，主楼和裙房各设置钢筋混凝土墙，在通道的门口周围设止水带，它的作用既止水，又挡砂，在钢筋混凝土墙之间的缝隙中填粗砂（图 13.1-8）。

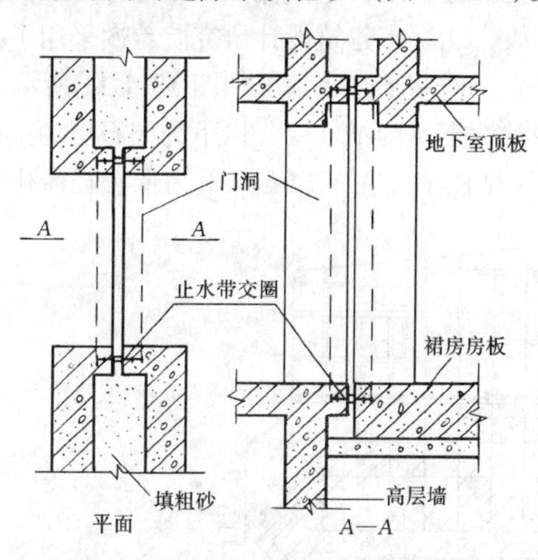

图 13.1-8　主楼与裙房间的沉降缝

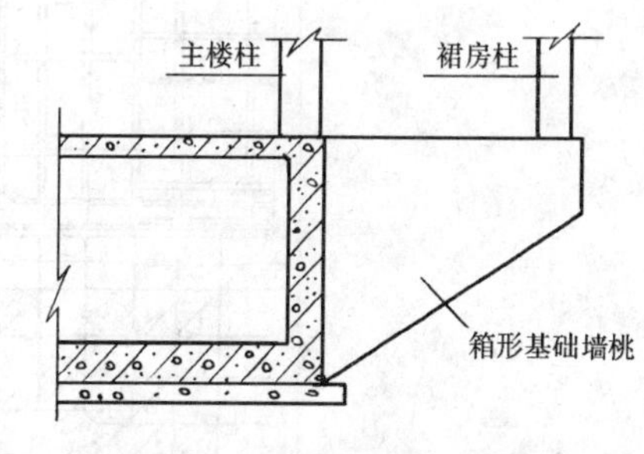

图 13.1-9　挑墙托裙房柱

7. 高层主楼的门头等小裙房，可采用在主楼箱形基础墙外挑承托裙房柱子的方法处理（图 13.1-9）。

8. 高层主楼与裙房之间的后浇施工缝的构造做法，可按工程具体情况采取不同方法，图 13.1-10 为已建工程的做法。

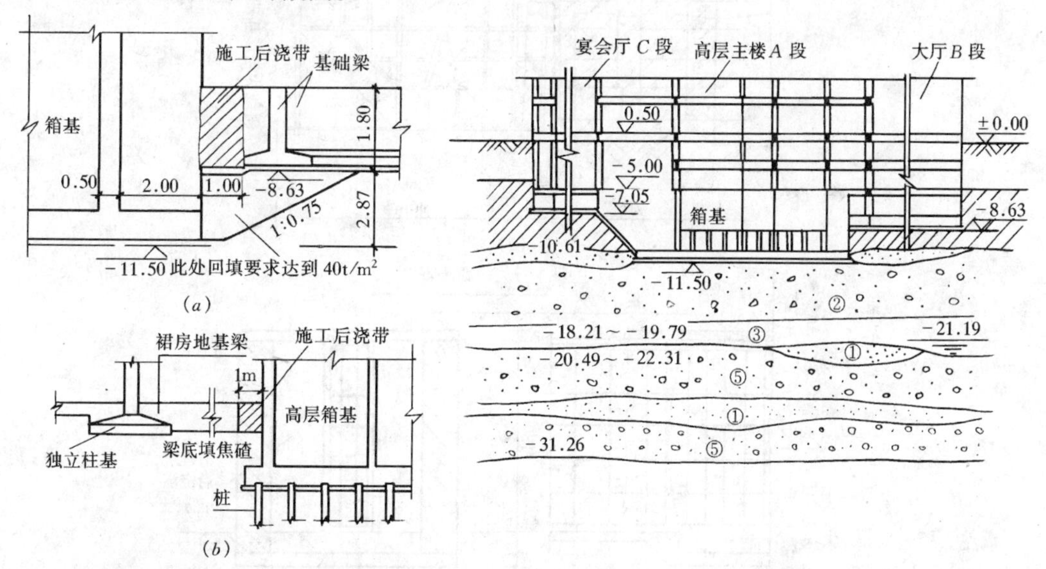

图 13.1-10　施工后浇带构造

（a）西苑饭店新楼；（b）昆仑饭店

图 13.1-11　地基土层分布

①细砂；②含粘土卵石层；③粉质粘土；④粉土；⑤卵石层

9. 为设计高层主楼与裙房之间的基础作参考，列出下述工程设计实例。

（1）北京西苑饭店新楼。该工程建筑面积 61367m²，由高层客房楼 A 段，裙房大厅

*B*段和宴会厅*C*段组成。A段平面呈L形，地下3层，地上23层加塔楼6层，高度93.51m，地下两层及地上三层，因为公共用房，需要有较大的平面使用空间，采用了框支剪力墙结构，4层以上为剪力墙结构。裙房*B*段地下2层，地上3层，*C*段地下1层，地上1至2层，裙房地上部分均采用了框架结构（图13.1-1），1984年建成投入使用。由于建筑使用要求，高层主楼与裙房之间不设置变形缝，结构基础设计根据地基土质和建筑平面体形，以及当时已采用电子计算机分析手段，北京市建筑设计研究院首次采用了高层主楼与裙房之间不设变形缝而连接成整体的方案。地基土分布情况如图13.1-11所示。

根据地质勘察报告，地表层-10m以上为粘性土及粉细砂层，以下为卵石层为主的粗颗粒地层，其中偶而夹有厚度在1m左右的薄层粘性土。在-34m以下为带有轻微化的泥

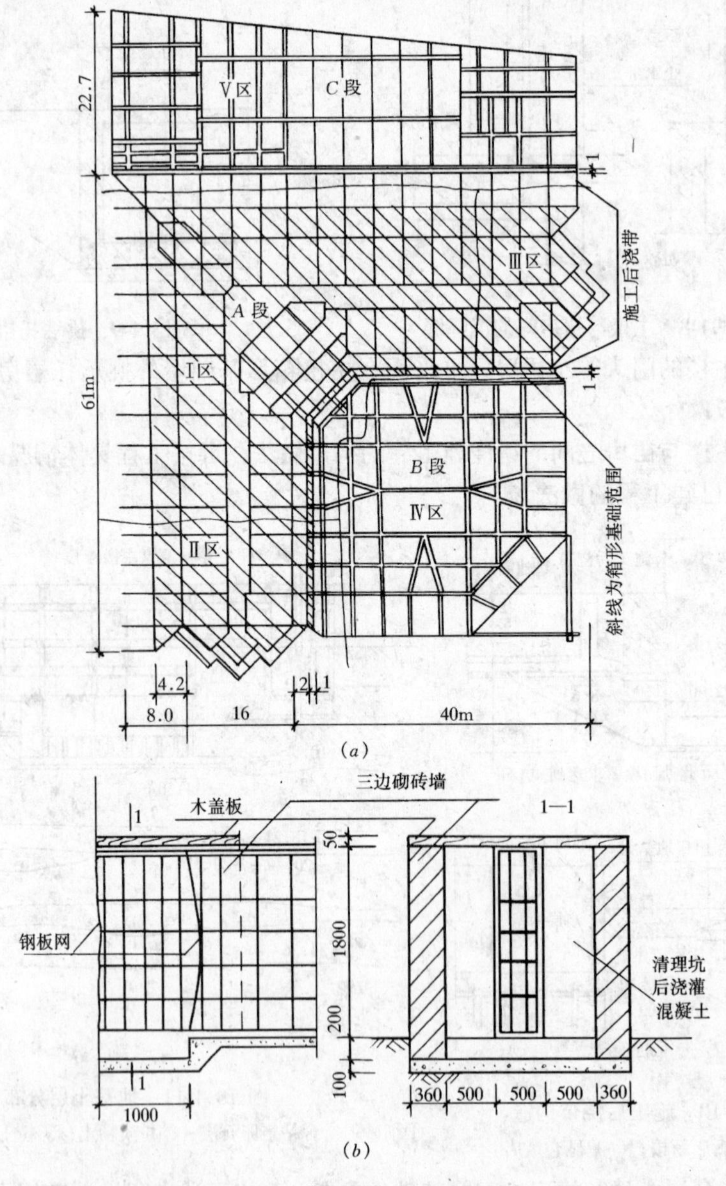

图 13.1-12

（*a*）各段基础型式及后浇带布置；（*b*）沉降后浇带基础梁处构造

质胶结层，在约 -53m 开始见第三纪长辛店红粘土与砾岩层。

高层主楼采用了箱形基础，高度 6.45m，西、北侧底板挑出 4.2m，东、南侧挑出 2m，箱形基础底板宽 16m，故总宽度为 22.2m，使基底反力中心与基底形心尽量重合，基底标高 -11.50m（图 13.1-12）。大厅 *B* 段和宴会厅 *C* 段采用了交叉梁条形基础，基底标高 -7.55～-9.50m，为粉细砂层，$R=200\sim250\text{kN/m}^2$，基底反力一般用到 300～400kN/m²，以加大基础的沉降，减少与主楼 *A* 段的差异沉降。*A*、*B*、*C* 段地基基础情况如表 13.1-1 所列。

地基基础设计情况 **表 13.1-1**

项　目	主楼 *A* 段	大厅 *B* 段	宴会厅 *C* 段
层数（地上/地下）	23+6/3	3/2	1～2/2
地上高度（m）	93.51	12.8	7.5～8.0
基础底深（m）	-12.00	-9.13	-7.55～-9.50
挖土深（m）	11.4	8.53	6.59，8.90
持力层［*R*］（kN/m²） 调整后 *R*	四纪砂卵石 400 830	四纪粉细砂 200 467	四纪轻砂粘，砂层 200 400 467
基底实际 反力（kN/m²）	平均 440 270～820	平均 300 186～400	平均 285 60～540

为了减少高层主楼与裙房之间差异沉降引起的内力，*A* 段与 *B*、*C* 段相连接处靠裙房一侧设置了宽 1m 的沉降后浇带，从基础到裙房屋顶全部断开，等到 *A* 段完成 23 层结构后再将梁的钢筋焊接并浇灌混凝土连成整体（图 13.1-12）。*A* 段与 *B*、*C* 段未连成整体前，*A* 段荷载按总重量的 80%，*B*、*C* 段按 100%，影响半径 30m，有效深度 45m 进行沉降值计算，按电算结果 *A* 段 L 形两端沉降值最小，其值为 14.1mm，转角处最大，其值为 29.7mm。*A* 段与 *B*、*C* 段按铰接连成整体后，*A* 段荷载再取总荷载的 60%，*B*、*C* 段均取 100% 荷载减去土重计算后期沉降量，计算结果 *A* 段 L 形两端约为 10～14mm，转角处 20.9mm；*B* 段不但不再下沉而且还向上回弹，在与 *A* 段连接部位下沉量为 15mm；*C* 段也回弹约 5～10mm，在与 *A* 段连接部位下沉约 5mm。该工程连成整体后的总计算沉降量，*A* 段最大值达 50.3mm，一般为 45mm，最小值在 35mm 左右；*B* 段东南角最小，中部为 5～10mm，与 *A* 段连接部位为 35～45mm；*C* 段除北侧局部有少量回弹外，一般由北向南倾斜，其值为 0～23mm。

为观测该工程沉降变形特征，设置了 167 个沉降观测点，在工程竣工时实测的沉降值如图 13.1-13 所示，*A* 段转角处最大沉降量为 32.1mm。*A* 段与 *B* 段在 1983 年 4 月连接成整体后，历时一年四个月，差异沉降为 2.6mm，*A* 段与 *C* 段在 1983 年 6 月连接成整体后，历时一年两个月，差异沉降为 2.2mm。对比沉降的计算值与实际观测情况，其分布趋势是基本一致的，但由于计算时取用荷载 *A* 段为总荷载的 140%，故计算值比实际观测值大得多。

（2）北京昆仑饭店。该工程总建筑面积为 79706m²，由高层客房主楼和门厅、四季厅、宴会厅等裙房组成（图 13.1-14），1986 年建成投入使用。高层主楼平面呈 S 形，地下 2 层，地上东翼 24 层，西翼 21 层，中部连塔楼 28 层，总高度 102.30m，一、二层为框支剪力墙结构，以上为剪力墙结构，内外墙均为现浇。裙房地上 1～2 层均为框架结构。

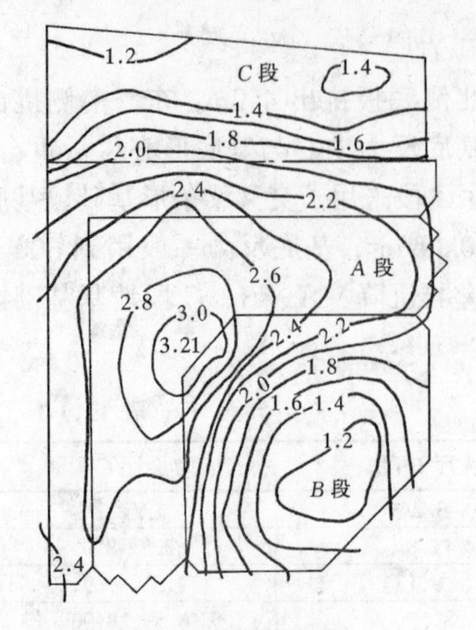

图 13.1-13 沉降实测值（cm）

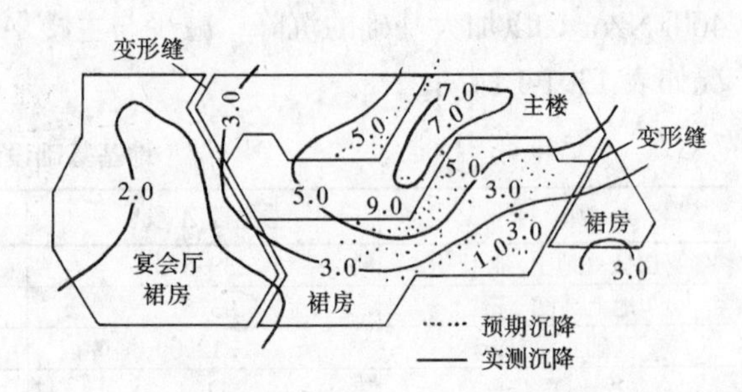

图 13.1-14 昆仑饭店总平面及沉降值（cm）

根据建筑使用要求，在高层主楼本身及主楼与裙房相连接部位均不设变形缝。在结构方案设计时，按地基勘察报告，高层主楼和裙房的基础底标高处是中塑粉质粘土层（图13.1-15），经计算，如果采用天然地基，主楼与裙房之间最大相对沉降约为140mm。因西边宴会厅和东端的裙房平面上甩出高层主楼距离较远，故采用变形缝分开，而北边门厅、南边四季厅等裙房则与高层主楼连接成整体，不设置变形缝。为了减少高层主楼与裙房之间的差异沉降量，在高层主楼箱形基础下采用了直径400mm、长12m的预应力离心混凝土开口预制管桩，桩尖支承在细、中砂层，桩距3.75d。为了减少打桩时发生土上涌现象，先钻深5m、直径300mm的孔。根据试桩结果，单桩承载力为1200～1300kN。裙房框架柱采用了天然地基独立柱基加拉梁，基底埋置在－10.2m的粉质粘土层。高层主楼与裙房连接部位设置了宽1m的沉降后浇带，在主楼结构到顶后浇灌混凝土连接成整体。

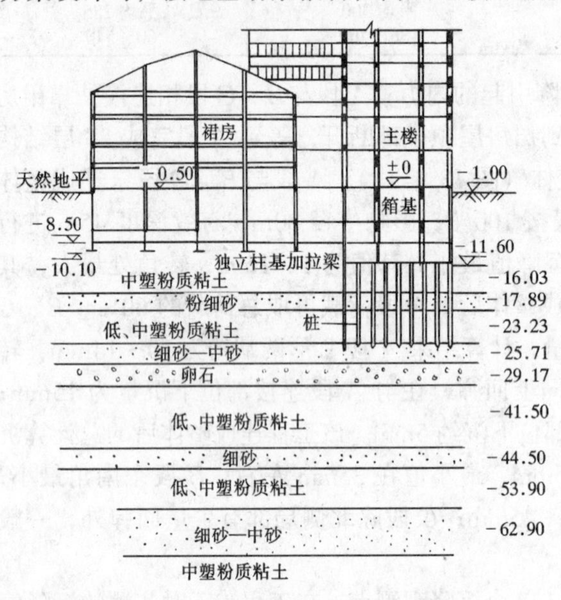

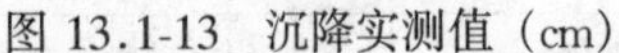

图 13.1-15 地基土质分布情况

该工程计算预期沉降量与完工两年后沉降实际观测沉降值基本相近，其值如图13.1-14所示。

(3) 北京中国国际贸易中心。该工程建筑面积为40.6万m^2，由会议大厅A、中国大饭店B、展览大厅C、国贸西办公楼D、国贸大厦E、花园区F、展览厅G等组成，该七项建筑的基础和地下室连成一片，不设变形缝，基础面积达46000m^2。基底标高分别为－17.08、－16.33、－15.73、－15.25、－12.45、－7.85m等（图13.1-16）。

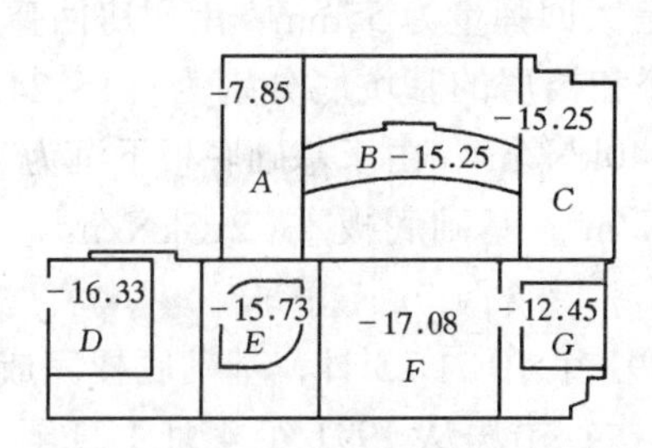

图 13.1-16 总平面布置及基底标高

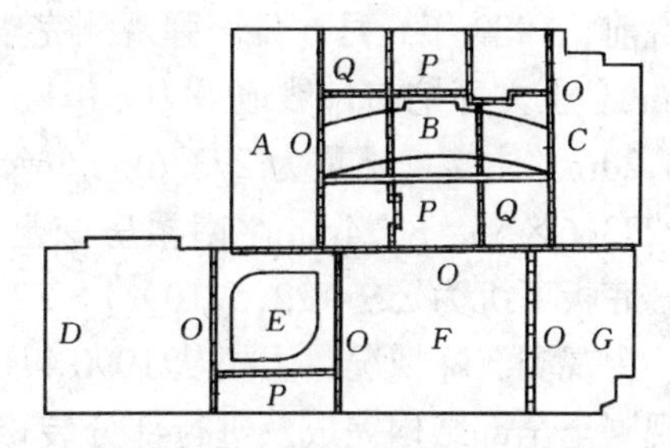

图 13.1-17 施工后浇带分布位置

中国大饭店 B，地下 2 层地上 21 层，地上第 4 层起标准层平面呈弧形，长 117m，宽 21.1m，地上高度为 77.45m。基础采用高 3.5m 的梁板式筏形基础，基础及地下室为钢筋混凝土结构，地上 1 至 4 层为劲性钢筋混凝土结构，5 层以上为钢筋混凝土结构，结构型式、4 层以下为框剪结构，5 层以上横向为剪力墙，纵向为框剪结构。

国贸大厦 E 系办公建筑，地下 2 层，地上 38 层，高 155.25m，基础采用高 4.5m 梁板式筏形基础，基础及地下室为钢筋混凝土结构，地上 1 至 3 层为劲性钢筋混凝土结构，4 层以上为框筒钢结构。

会议大厅 A 为地下 1 层，地上 1 至 2 层为大空间建筑，基础采用独立柱基和条形基础，柱采用劲性钢筋混凝土结构，屋盖采用了钢桁架、压型钢板上浇混凝土顶板结构。

为减少由于相对差异沉降、温度影响及混凝土硬化过程中的结构内力，该工程主要建筑之间采取了三种类型的施工后浇带，其分布位置如图 13.1-17 所示。第一种以 O 表示，设置在建筑物分区的分界线上，它既能解决各建筑因荷载不同引起的基础不均匀沉降，也解决了因施工时间不同步引起的不均匀沉降。第二种以 P 表示，设置在同一建筑物高低层分界线处，此类后浇带从基础到裙房屋顶断开。O、P 两种施工后浇带均要求主体结构全部完成后再浇灌混凝土，以连接成整体。第三种以 Q 表示，此类后浇带仅考虑温度影响，只在基础及地下室范围设置，共有两条，在地下室施工完毕，基础周围回填土方时即可浇灌混凝土连接成整体。

该工程高层建筑普遍采用筏形基础，设计基底反力为 300kN/m^2，低层裙房和展览厅、会议厅采用独立柱基和条形基础，基底反力大体也为 300kN/m^2。地基土质分布情况如表 13.1-2 所列，基础大多数埋置在第（4）层砂砾层上。

（4）北京燕莎中心。该工程位于北京市东三环亮马河，由高层主楼旅馆地上 18 层地下 3 层，长 126m，宽 23m，北裙房地上地下各 1 层，南裙房地下 1 层地上 2～3 层组成（图 13.1-18），总建筑面积 16 万 m^2。高层主楼箱形基础，埋置在亚粘土、轻亚粘土层，容许承载力［R］=200kPa，南北裙房为片筏基础，埋置在轻亚粘土与亚粘土层，容许承载力［R］=140kPa。主楼与裙房之间不设沉降缝。

地基土质分布 表 13.1-2

序号	图例	土质类别	绝对标高 39.4	相对标高 ±0
(1)		回填土	37.6	−1.8
(2)		亚粘土	33.7	−5.7
(3)		细 砂	25.9	−13.5
(4)		密实砂砾	21.3	−18.1
(5)		亚粘土	15.9	−23.5
(6)		密实砂砾	5.4	−34.0

为了观测基础挖基坑后地基回弹情况，沿主楼中轴布置了 3 个观测点，各点间距 27.9m，设在基底垫层下 480mm 未扰动土层（−15.88m）南裙房 1 个观测点，与主楼 3 号点相距约 25m，底标高 −6.53m。1988 年 12 月埋观测点

挖坑前，1989年6月6日回弹观测完毕，高层主楼最大回弹量为55mm，南裙房回弹量为22mm。土方开挖前自然地平为-0.8m，开挖后主楼和裙房的基坑底分别为-15.24m和-6.20m。主楼挖土重为273.6kN/m^2，基础底板重40kN/m^2，由于基础底板下沉为$\Delta s=40/273.6\times55=80.4$mm。南裙房挖土重为109.1kN/m^2，基础底板重22.5kN/m^2，由于基础底板下沉为$\Delta S=22.5/109.1\times22=4.54$mm。

为观测沉降情况，主楼从1990年1月2日至1991年10月23日，基础底板完成第1次观测至全部结构完成及进行部分装修，共观测10次；裙房从1991年4月1日至1991年10月23日，基础底板完成到部分装修完成，共观测4次，沉降观测点布置如图13.1-18所示。为主楼与裙房相邻部位对比下沉情况，将观测点7、12、9、14、3、18的沉降结果列于表13.1-3。

沉 降 量 (mm) 表13.1-3

观测点	(1) 1991.4.1观测			(2) 1991.10.23观测			(3)	(2)+(3)-(1)	主楼与裙房差异沉降值
	实测	底板重沉降	合计	实测	底板重沉降	合计	至最终沉降附加量	叠加值	
7	23.28	8.04	31.32	29.88	8.04	37.92	6.35	12.95	1.39
12	1.16	4.54	5.70	8.18	4.54	12.72	4.54	11.56	
9	20.68	8.04	28.72	28.41	8.04	36.45	6.35	14.08	1.94
14	0.81	4.54	5.35	8.41	4.54	12.95	4.54	12.14	
3	27.69	8.04	35.73	35.03	8.04	43.07	6.35	13.69	2.31
18	0.23	4.54	4.77	7.07	4.54	11.61	4.54	11.38	

表13.1-3中，到1991年4月1日，主楼已完成了16层，裙房完成了基础底板；至最终沉降附加量是到1991年10月23日为最终沉降量的70%推算值，主楼和裙房分别为6.35mm和4.54mm。

从表13.1-3可以看出，主楼与裙房之间最终的差异沉降值仅1.39~2.31mm，因此，主楼与裙房之间完全可以不设沉降缝和沉降后浇带，施工期间设置施工后浇缝。

该工程的主楼基础与裙房基础埋置深度不同，地基承载力也不一样，主楼施工到16层才完成裙房基础底板，这样处理对调整主楼与裙房间的差异沉降是有利的。

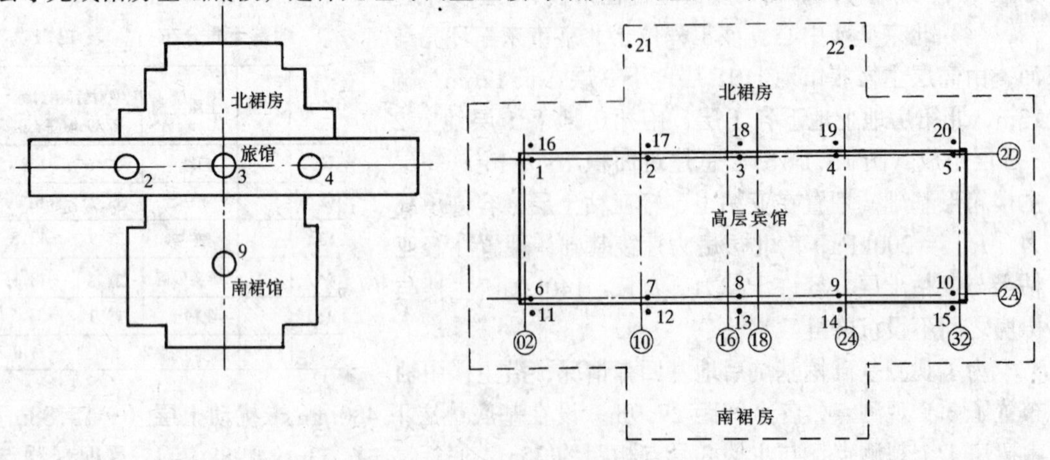

图13.1-18 北京燕莎中心

(5) 紫荆苑综合楼位于深圳市福田区景田路，占地面积 6400m²，总建筑面积 23703m²。裙楼平面为 83.880m×46.500m 的长矩形，三栋高层主楼一字形排列在裙楼北边，地下一层为车库及设备用房，地上 1～3 层为车库，4～13 层为住宅。建筑总平面见图 13.1-19。本工程位于 7 度抗震设防地震区，采用框架结构，裙楼及主楼底层部分采用方柱，主楼住宅部分采用异形柱。

根据地质报告，本工程采用天然基础。由于建筑功能及造型的需要，高层主楼与低层裙楼之间不宜设置沉降缝。为了降低高低层间的沉降差，减少由于沉降不均匀引起的结构内力及配筋，本工程确定了片筏基础 + 柱下独立基础的设计方案。主楼采用厚板片筏基础，板厚 1.2m，基础埋深 −7.250m，地基持力层为砾质粘土。裙楼采用独立基础，基础高 1.0m，埋深 −4.650m，地基持力层为粘土。在施工阶段，片筏基础与独立基础以后浇带分开，后浇带混凝土待主楼主体完成后浇灌。

分为两阶段进行计算：

1) 施工阶段：主楼与裙楼由后浇带分成独立单元。片筏基础采用有限元分析，独立基础按常规方法计算。

2) 使用阶段：主楼主体结构完成，灌注后浇带混凝土，主楼与裙楼连成整体采用有限元分析计算，确定基础及上部结构由于后期差异沉降引起的内力和相应的配筋。沉降按分层总和法计算。

为降低不均匀沉降，设计时采取以下措施：

1) 配合建筑专业要求，调整主楼片筏基础与裙楼独立基础埋深，使两者埋深相差 2.60m，加大主楼片筏基础土体开挖的补偿效应。

2) 通过加大片筏基础基底面积，控制其基底反力在 290kN/m² 左右，独立基础基底反力控制在 300kN/m² 左右。

为加大裙楼部分的沉降，裙楼地下室底板以下的土体超挖 20cm，具体施工时，可将裙楼地下室部分的土体挖至底板标高以下 20cm，然后进行独立基础土体的开挖，开挖的土体回填超挖部分至设计标高，回填土保持松散状态。这样，裙楼部分的独立基础设计时，不必考虑底板的承载作用，人为地加大了裙楼部分基础的沉降。

本工程设置两种后浇带。由于裙楼东西向较长（83.880m），故南北向设置一道后浇温度带，解决混凝土结构温度应力，后浇温度带混凝土二个月后浇灌。主楼与裙楼之间设置沉降后浇带，沉降后浇带混凝土待主楼主体完成后或沉降稳定后浇灌。

本工程设置 24 个沉降观测点。观测结果见图 13.1-19*b* 所示：

1) 整个基础沉降比较均匀，主楼片筏基础平均沉降 23.1mm，裙楼部分平均沉降 10.0mm，基本成线性分布。

2) 相邻柱子沉降差不超过 $0.002L$（L 为相邻柱子的中心距离），满足规范要求。

3) 沉降后浇带两侧的沉降差基本为零，不存在沉降突变的问题。这是由于片筏基础的沉降带动邻近的独立基础继续下沉。这也可看出，不仅可以取消沉降缝，而且可以取消沉降后浇带。

4) 沉降计算值与实测值差异较大，主要原因是地基计算模型、计算参数、基础与上部结构相互作用的模拟与实际情况不尽相符。

(6) 南开大厦。该工程位于上海市陆家浜路，由主楼和裙房组成。主楼地上 26 层，

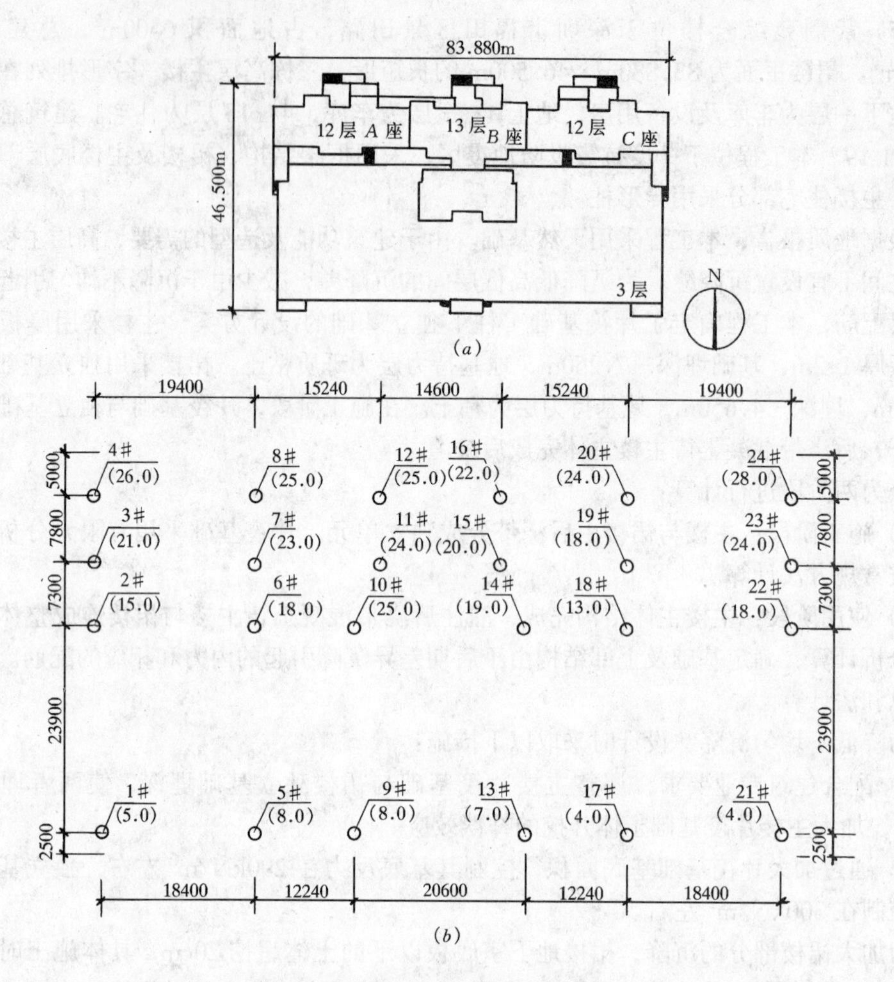

(a)

(b)

图 13.1-19　紫荆苑综合楼

(a) 总平面图；(b) 沉降观测点位置及沉降值（mm）

裙房地上4层，内筒外框架结构。地下部分1层，深度8.15m，桩—箱基础，桩分两种，254根ϕ700长40m和85根ϕ600长34m，桩间距3～5d，底板厚2.0m，混凝土为C30。

裙房最远边缘距主楼同一侧面19.4m，地下车库最远边缘距主楼同一侧面16.2m。

采用“带裙房高层建筑与地基基础共同作用理论”方法，群桩沉降计算涉及地基土的两个指标：桩土共同作用的泊松比和弹性模量。泊松比一般在0.3～0.5之间，对计算结果影响不大，桩土共同作用的弹性模量的选取都对计算结果影响很大，该工程取各层土自重应力至附加应力的压缩模量作为桩土共同作用的弹性模量。经计算表明，横向Ⅰ-Ⅰ和纵向Ⅱ-Ⅱ剖面的沉降及弯矩曲线，主楼在两个方向的倾斜几乎为零，挠曲率分别为0.27‰和0.23‰，裙房和地下车库的挠曲很小，倾斜分别为1.09‰和0.97‰，说明裙房和地下车库受主楼影响较大而倾斜。基础挠曲以Ⅱ-Ⅱ剖面为主，这个方向的弯矩较大，在主楼和裙房的结合部位，弯矩引起的相应最大的应力为5.25MPa，底板是完全可以承受这么大的应力的。

该工程布置了6个沉降观测点，结构施工阶段每层观测一次，观测过程中发现6个点的沉降值始终比较接近。沉降观测表明，在结构施工阶段沉降速率基本上是每层 1mm，结构封顶后一年内，沉降速率为每天 0.02mm，说明结构封顶后大部分沉降已完成。主楼实测沉降比计算沉降稍小，主楼与裙房之间的差异沉降实测值比计算值还要小。

该工程经计算和分析，主楼与裙房之间差异沉降量均在容许范围之内，于是不设置沉降后浇带。

10. 从图 13.1-13、图 13.1-14 的实际沉降观测表明，高层主楼与裙房之间的基础即使设沉降缝，在相接处的沉降值变化也是连续的，没有突变现象。这种结果说明以前认为基础附加压力悬殊处基础会有沉降突变的观点是不符合实际的。因此，仅从差异沉降量考虑，高层主楼与裙房之间的基础可以不设沉降缝。

11. 高层主楼与裙房之间设置沉降后浇带作为一种短时期释放约束应力的技术措施，较设永久性沉降缝已大大前进了一步。但是，在基础底板留沉降后浇带，将历时较大，如到主楼封顶需几个月甚至几年，在这长时间里后浇带中将不可避免地落进各种各样的垃圾杂物及积水，钢筋出现锈蚀，在灌注后浇带混凝土前清理工作非常艰难，而若不清理干净势必影响工程质量。

根据参考文献［48］取消沉降后浇带是有实践经验和理论依据的，关于后浇带释放差异沉降问题，近二十年来对上海软土地基条件下桩筏及桩箱基础的沉降观测，不仅竣工前的观测最长时间 3～6 年，建成后投入使用继续进行了长达十八年的详细观测，说明后浇带在结构封顶前能释放的差异沉降应力约 20%～45%；如果后浇带封闭时间提前到 2～3 个月，释放应力是微不足道的。在上海一些软土地基桩箱基础调查中，发现主楼裙房间的后浇带封闭时在后浇带处连在一起的素混凝土垫层表面无裂纹，这表明此处没有差异沉降，后浇带在这里起了“安慰作用”。根据实测，桩筏及桩箱基础的差异沉降与基础的整体刚度有明显关系，主楼与裙房的基础联合为一体的差异沉降远小于以后浇带或沉降缝分离基础的差异沉降。所以，取消沉降后浇带，用主楼及裙房的桩基调节差异沉降，利用主楼与裙房联合基础的整体刚度来减少差异沉降是完全可能的。在上海取消沉降后浇带已建成的有代表性高层建筑有：

(1) 上海世界金融大厦，主楼地上 43 层，高 186m，地下 3 层，底板面标高 −12.9m，底板厚 3.3m，采用 ϕ609.6 钢管桩；裙房地上 4 层，高 20m，地下 3 层底板厚 1.6m，也采用 ϕ609.6 钢管桩。

(2) 上海东海商业中心二期，基础长为 100m，宽为 47m，塔楼底板厚 2.5m，裙房底板厚 1.1m，现浇基础板一次性连续浇筑。

(3) 上海金融广场，基础边长为 63.3m，宽 45.5m，塔楼底板厚 2.5m，裙房底板厚 1.2m，现浇基础板一次性连续浇筑。

还有上海浦贸大厦、上海远东国际大厦、上海金都大厦、上海东锦江大酒店、上海虹口商城等。

13.2 旋 转 餐 厅

1. 高层建筑的顶部设置旋转餐厅，既能增加城市的景观，又可作为旅游景点，让人们登高边用餐边可眺望远方，观赏城市风光。因此，从 80 年代初开始，我国在许多城市的一些高楼顶上建造旋转餐厅（表13.2-1）。

国内部分旋转餐厅概况　　表13.2-1

序号	建筑物名称	直径		旋转带宽度（m）	结构材料	结构型式	说明
		外径（m）	内径（m）				
1	南京金陵饭店	30.58	22.58	4.00	RC	主体结构梁柱支承	直径30m停机坪
2	北京西苑饭店	31.00	22.00	4.50	S	挑梁悬挂	
3	北京昆仑饭店	31.00	25.60	2.70	S	挑梁悬挂	直径31m停机坪
4	广东佛山旋宫酒店	17.45	9.85	3.80	RC	主体结构梁柱支承	
5	广州花园酒店	35.00	24.69	5.16	RC	主体结构支承及挑梁承托	
6	深圳国贸中心	34.00	22.35	5.82	RC	主体结构支承及挑梁承托	直径26m停机坪
7	北京国际饭店	32.00	26.60	2.70	RC	主体结构支承及挑梁承托	
8	湖南郴州工贸中心	15.80	9.30	3.00	RC		
9	山东济南劳动中心	28.00	21.60	3.20	RC		
10	辽宁锦州运输中心	28.00	22.60	2.70	RC		
11	江西南昌经济大楼	29.00	22.00	3.50	RC		
12	郑州黄和平大厦	24.60	20.20	2.20	RC	挑梁承托	
13	重庆西南庆华大厦	31.42	21.42	5.00	RC		
14	汕头国际大酒店	25.50	17.50	4.00	RC	部分主体支承，部分挑梁托	
15	上海远洋宾馆	26.60	16.60	5.00	S	挑桁架上挂下托	顶部直升机停机坪
16	成都蜀都大厦	24.80	16.80	4.00	RC	挑桁架上挂下托	
17	西安东方大酒店	23.04	15.44	3.80	RC	挑梁承托	
18	佳木斯商业大厦	24.00	18.00	3.00	RC	挑梁承托	
19	深圳亚洲大酒店	32.00	22.00	5.00	RC，S	挑梁下托，挑桁架上挂	
20	广东中山国际大酒店	26.00	20.00	3.00	RC	主体结构支承	
21	广东肇庆星湖酒店	40.60	33.4	3.60	RC	挑梁承托	直径29m停机坪
22	新疆巴音郭楞宾馆	14.00	8.70	2.65	S	部分主体支承加钢梁悬挂	
23	上海锦江饭店	32.00	24.00	4.00	S	主体结构支承	直径30m停机坪

注：此外还有，乌鲁木齐环球大酒店（RC、挑梁承托）、广东江门侨都大酒店（RC、挑梁承托）、广东中山富华大酒店（RC、挑梁承托）、广东顺德大良凤城酒店（RC）、广东珠海芳园酒店（RC）、山东外贸大厦（RC）、上海锦江饭店（S、主体结构支承），长春一汽七号楼（RC，挑梁承托）。

2.旋转餐厅一般布置在靠近建筑物的最高顶部（图13.2-1），平面为围绕楼、电梯间形成环形楼面（图13.2-2），环形楼面下结构楼板设计成凹槽形，设置轮子架、环形钢轨及转动系统（图13.2-3）。

北京西苑饭店新楼的旋转餐厅设置在高层主楼顶部塔楼的第26层，其平面布置及构造做法为（图13.2-2*a* 和图13.2-3*a*）；平面为正八角形，对边之间最大处为32m，旋转餐厅环形楼面内径22m，外径31m，宽度4.5m，环形楼面上布置餐桌，能同时容纳200人进餐。环形楼面面层为人造纤维固定地毯，两层19mm厚多层木夹板之间衬0.8mm厚薄钢板，11根折线形木龙骨，150mm高平面呈放射形工字钢大龙骨，其中部间距约1.75m，钢大龙骨支承在两条钢轨上，钢轨平面为圆形，落在内外圈各48个直径为150mm的轮子上，轮子的轮轴与支架间装有滚珠轴承，支架用胀管螺栓与混凝土楼板固定，为减少振动和消声，在轮子支架底部衬有橡胶垫。为了固定环形楼面的平面位置，在内圈钢轨的外侧面，每隔一个轮子装有一水平轮，顶住内圈钢轨的侧面。转动机构的原理和构造做法为：环形楼面下设有两套电动机，各套电动机为1.5千瓦，通过变速系统，由直径600mm的尼龙主动轮和直径300mm的尼龙被动轮摩擦带动与钢大龙骨相连的工字钢，使整个环形楼面转动。转动速度为每圈 1 小时和每圈 2 小时两种，可顺时针转也可逆时针方向转动。可按要求在控制箱进行调速或转向。

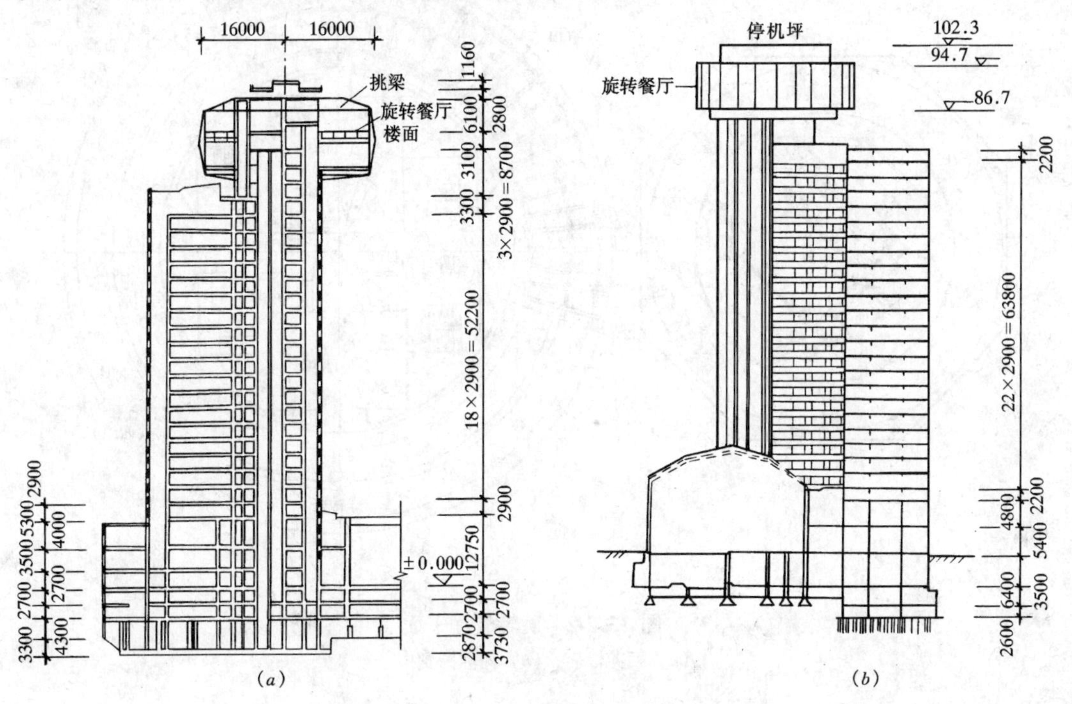

图 13.2-1 旋转餐厅立面位置

(*a*) 西苑饭店剖面；(*b*) 昆仑饭店剖面

3. 旋转餐厅的结构与主体结构的关系可分为：多数为外挑式（图 13.2-1，图 13.2-4)、少数为内收式（图 13.2-5)。

大多数高层建筑为使立面体形美观，将旋转餐厅塔楼高举在顶部，其下部有一段合适比例的缩脖，上部旋转餐厅外形采用圆形、八角腰鼓形或其他形式，环形楼面悬挑在主楼结构的外边，成为外挑式。当主体建筑平面尺寸较小，无法布置整个旋转餐厅时，也将环形楼面的一部分悬挑在主体结构以外成为外挑式。

当主体建筑的平面为方形和圆形时，并且有条件将旋转餐厅环形楼面落在主体结构平面的轮廓线内时，则可利用主体结构的梁柱直接支承上部环形楼面，成为内收形式。这种形式构造简单，造价较低，但立面体形不如外挑式美观，而且有一部分主体竖向构件遮挡旋转餐厅的视线。

4. 外挑式旋转餐厅的结构，可根据主体结构布置情况、塔楼层数和高度、施工技术条件，选用不同的支承形式和材料。

(1) 旋转餐厅楼层，采用钢筋混凝土或钢悬挑梁，支承本层楼面结构及上部结构。

(2) 旋转餐厅楼层、上部结构，分别采用钢筋混凝土梁或桁架、钢桁架，分层悬挑，如图 13.2-6 所示。

(3) 在屋顶采用钢悬挑梁或桁架，在外端设钢吊杆将旋转餐厅楼层或下部塔楼楼层梁外端悬挂在上部钢悬挑梁或桁架上，内端支承在主体结构的剪力墙或筒体上（图 13.2-6)。

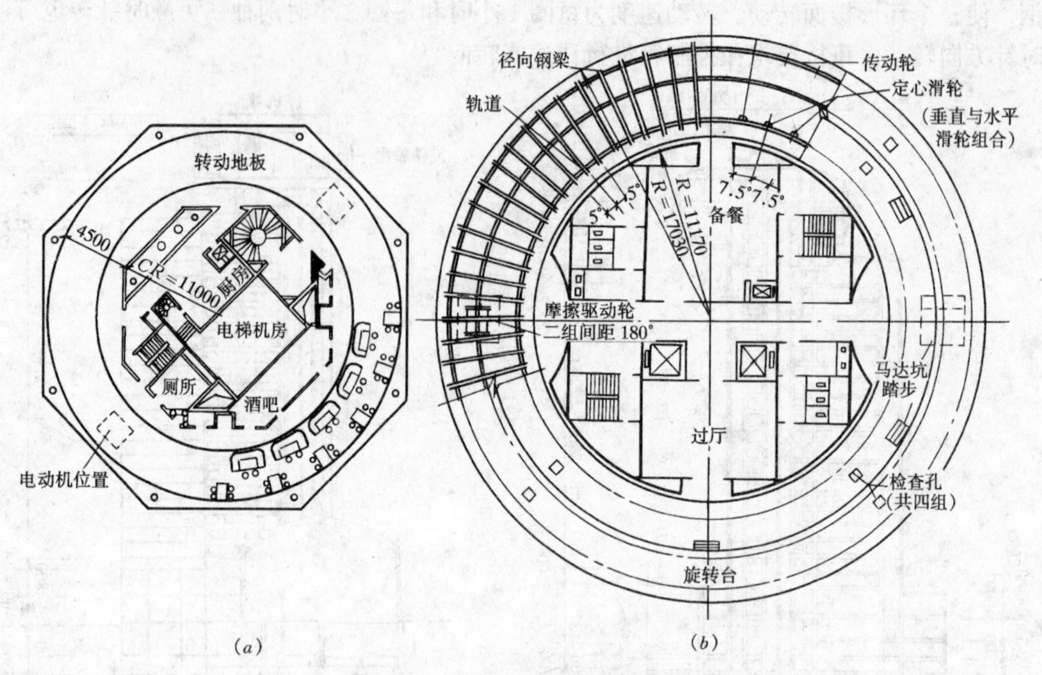

图 13.2-2　旋转餐厅平面

(a) 西苑饭店；(b) 深圳国贸中心

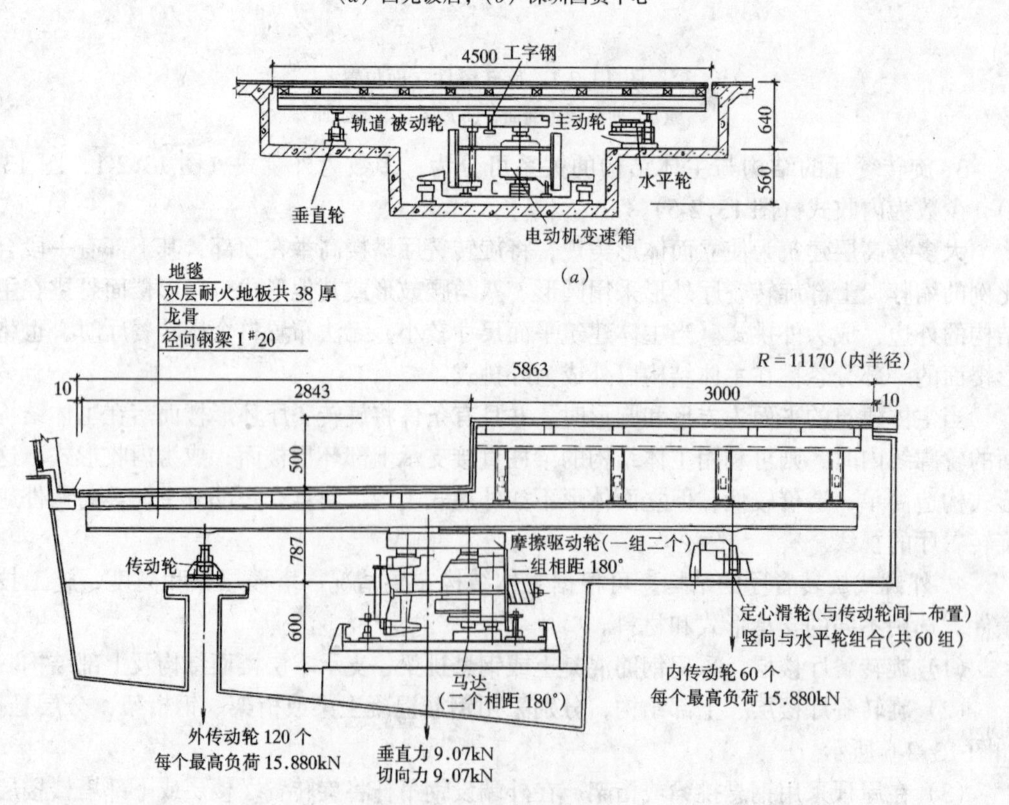

图 13.2-3　旋转餐厅剖面

(a) 西苑饭店；(b) 深圳国贸中心

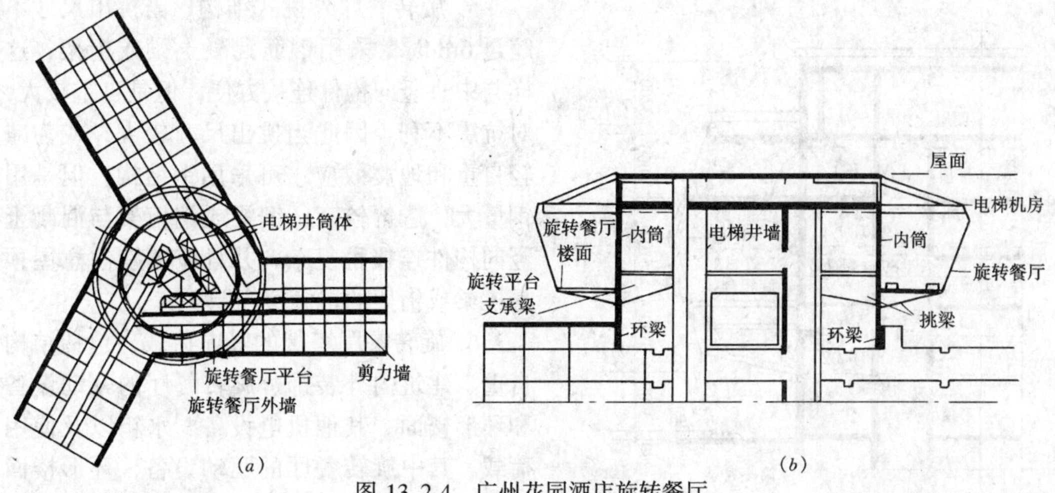

图 13.2-4 广州花园酒店旋转餐厅
(a) 平面; (b) 剖面

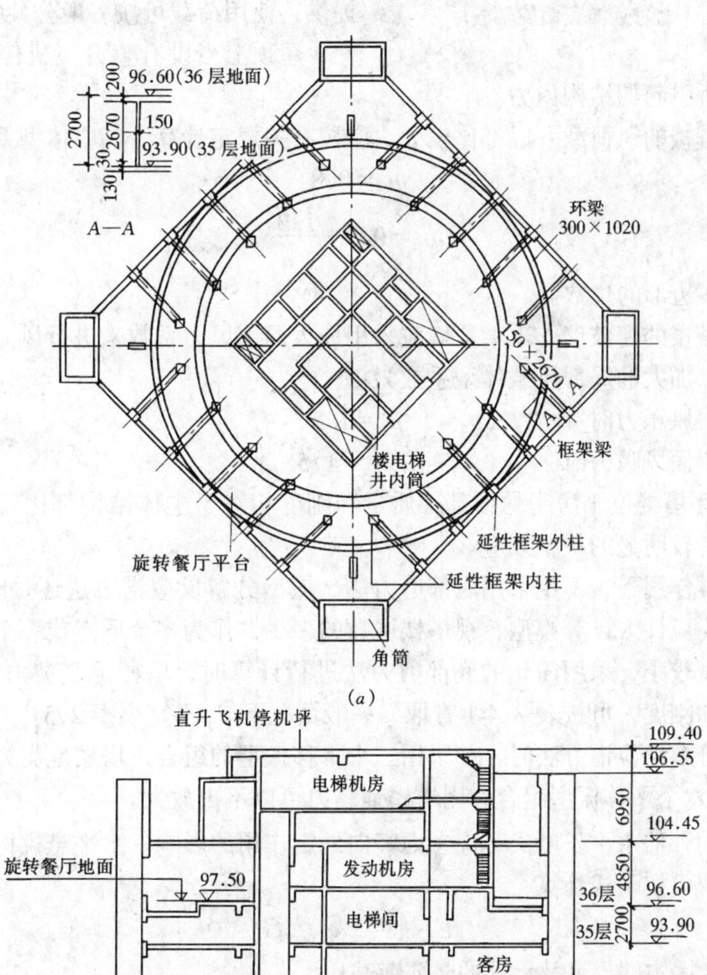

图 13.2-5 南京金陵饭店旋转餐厅
(a) 平面; (b) 剖面

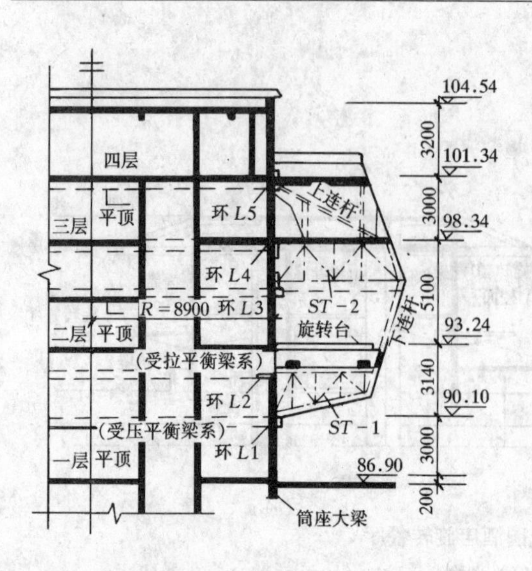

图 13.2-6　上海远洋宾馆旋转餐厅

5. 旋转餐厅外挑式结构，当挑出尺寸不超过6m时，采用钢筋混凝土梁或桁架，这样与中央竖向构件连接方便，但是自重较大，对抗震不利。因此当挑出尺寸较大，或为减轻自重和地震效应，可采用钢结构，但是用钢量大，造价较高，钢梁或钢桁架与混凝土竖向构件连接稍复杂，并且应特别注意屋顶悬挑梁或桁架的抗倾覆问题。

6. 旋转餐厅塔楼的竖向荷载，包括结构自重、建筑内外装饰、旋转餐厅的驱动设备和环形楼面、其他机电设备、水箱以及使用荷载。其中旋转餐厅的驱动设备，环形楼面的钢轨、地板龙骨的重量应由设备制造厂家提供，使用荷载可按一般公共餐厅荷载取用。

屋顶上当设有直升飞机停机坪时，还应计算直升飞机所引起的结构内力。

旋转餐厅塔楼的风荷载一般都比较大，应按有关规定计算。其中体型系数可采用：

圆形　$\mu_s = 0.8$

多边形　$\mu_s = 0.8 + \dfrac{1.2}{\sqrt{n}}$

式中　n 为正多边形的边数。

旋转餐厅塔楼的窗玻璃、玻璃幕墙应采用加大局部风力系数来进行风力作用下的承载力和变形验算。加大的局部风载体型系数为：

迎风面最大风压力时　$\mu_s = 1.5$

背风面和侧面风吸力时　$\mu_s = -1.5$

7. 旋转餐厅塔楼位于房屋的顶部，质量和刚度相对于主体结构都比较小，因此高振型影响较大，有较明显的鞭梢效应。

在水平地震作用下，不论采用底部剪力法、振型分解反应谱方法还是时程分析方法，旋转餐厅塔楼均应计入计算模型，视塔楼层数的多少，作为多个质点或一个质点处理。

当塔楼高度较小，采用简化的底部剪力法进行计算时，塔楼地震剪力的放大系数 β_n 应根据其质量和刚度，可按表 3.4-1 查取，一般情况下 β_n 不宜小于 2.5。

采用振型分解反应谱方法时，如果用三个平移振型的组合，塔楼地震力放大系数可取 $\beta_n = 1.5$；采用六个平移振型组合，则塔楼地震力可以不再放大。

悬挑式结构外伸水平长度大，应考虑竖向地震作用的影响。水平悬挑构件所受的竖向地震作用标准值可按下式计算：

$$F_{EVK} = \pm \alpha_{vmax} G \tag{13.2-1}$$

式中　G——悬挑构件自重及承受的竖向荷载；

α_{vmax}——竖向地震影响系数的最大值，设防烈度为 7 度取 0.052；8 度取 0.104；9 度取 0.208。

竖向地震作用应考虑上、下两个方向的影响。

8. 采用简化计算方法时，按塔楼本身所承受的风荷载、地震作用（考虑塔楼地震力放大）及重力荷载，直接进行塔楼构件的内力计算及构件截面承载力验算。塔楼的底部剪力及弯矩，对主体结构作为顶部的集中荷载及弯矩，进行简化计算。

采用协同工作分析程序时，当塔楼由主体结构直接支承的情况，塔楼结构可以视为主体结构的向上延伸部分，按主体结构划分为平面框架和平面剪力墙，进行平面结构空间协同工作计算。当塔楼支承条件复杂，采用悬挂等情况，往往不容易将塔楼结构按主体结构进行分片，难以直接进行协同工作计算，这时可将塔楼的底部反力作为顶点集中外荷载作用在主体结构，只对主体结构分为平面结构进行空间协同工作计算。

采用空间三维分析程序（如 TBSA）时，是以空间杆件为基本计算单元，不受平面抗侧力结构假定的限制，因此，塔楼结构可按其实际情况，以杆件为单元，全部在计算中考虑。

9. 为设计旋转餐厅时作参考，列出下列工程的结构设计实例：

(1) 北京西苑饭店旋转餐厅塔楼，总高度为 21.86m，共 6 层，其中 25 层为酒吧间和厨房，26 层为旋转餐厅，其他各层为电梯机房、通风机房、水箱间等（图 13.2-1*a*）。塔楼的外形为鼓形，平面呈正八角形，对边之间最大处为 32m。塔楼中间核心部分为偏八角形，墙体均为钢筋混凝土，内墙厚均为 200mm，外墙东南向厚为 500 和 250mm，其余边均为 250mm（图 13.2-7）。酒吧间、厨房和旋转餐厅布置在塔楼的外挑部分。塔楼外挑部分的两层楼盖和 26 层顶板屋盖的主梁、次梁和外端吊柱均采用钢结构，楼板采用容重 18～20kN/m^3 的 200 号陶粒混凝土。

26 层顶的 10 根钢挑梁，由中心向外角呈放射形布置，其中在外挑长度 10.4m 的两个角采用了双梁，在中部钢梁交汇处，采用了钢中心环，使 10 根钢梁连接成一体（图 13.2-8）。为运输方便，满足吊装起重量的要求，将钢梁分成两段在工厂制作，在现场采用高强度螺栓把钢梁分段之间和钢梁与中心环之间进行拼接。所有钢梁由钢板焊成，外端高度 800mm，根部高 2000mm，变高度范围系作为屋面排水坡度，钢挑梁的外形尺寸如图 13.2-9 所示。挑梁及中心环采用 16 锰钢，连接用的高强度螺栓采用 M22 的 20MrTiB 钢。钢挑梁 WL_2 在竖向荷载作用下最大弯矩为 $M_{\max}=7063.5\text{kN}\cdot\text{m}$，正应力 $\sigma_{\max}=198.4\text{N/mm}^2$，最大剪力为 $V_{\max}=1051.2\text{kN}$。由于挑梁伸出长度较大，按《工业与民用建筑抗震设计规范》

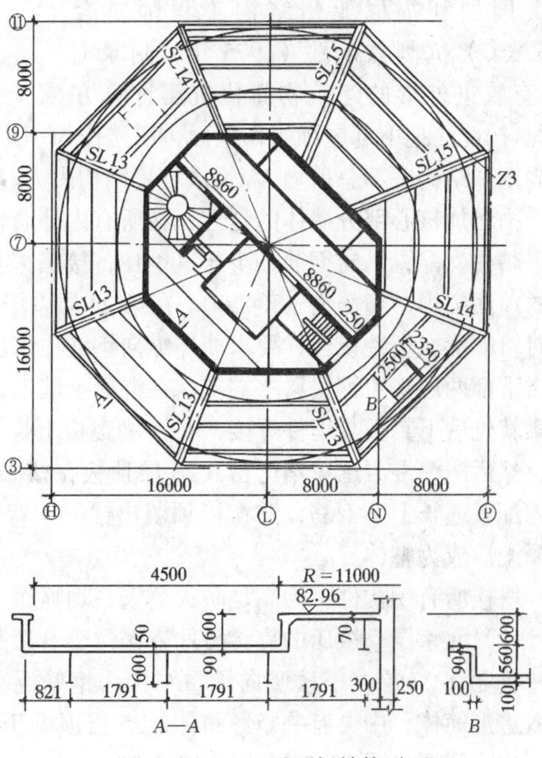

图 13.2-7 25 层顶板结构平面

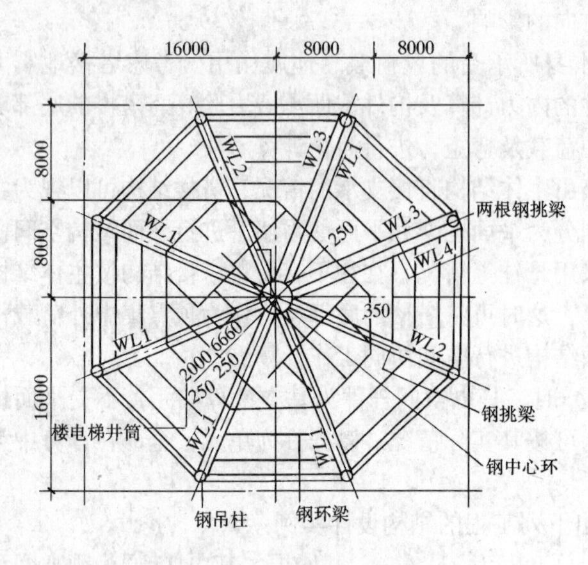

图 13.2-8 26层顶板结构平面

(TJ 11—78) 需考虑竖向地震作用，其值取结构重量的10%。但由于楼屋盖结构自重较轻，而酒吧间、厨房、旋转餐厅的活荷载较大，故钢挑梁的应力由静荷载引起的内力控制。25层顶及地面两层楼盖的主梁沿中心向外角呈放射形布置，内端支承在核心钢筋混凝土墙上，外端连接在钢吊柱上，次梁平行于八角形边线布置，主梁与次梁之间采用普通粗制螺栓进行连接。

钢吊柱 Z_1、Z_2、Z_3 将下部两层主梁外端的反力传递到26层顶钢挑梁的外端。吊柱 Z_2 的拉力为814.7kN，钢柱采用3号钢 $\phi159\times20$ 无缝钢管，其上下端做成法兰盘形式，与钢主梁采用16Mn钢普通粗制螺栓连接（图13.2-10）。

塔楼竖向总重力荷载为32330kN。水平力按水平地震作用与25%风荷载组合。水平力作用下塔楼墙体的内力分析，采用了美国加利福尼亚州结构工程师协会(SEAOC)抗侧力条件（1975年）附录C“具有收进外形的建筑物简化抗震计算方法”。按此法把下部屋顶当作地面，塔楼作为一个独立建筑物放在其上，求塔楼的自振基本周期和结构底部总剪力 V_0，求塔楼结构内力时把 V_0 值增大40%。

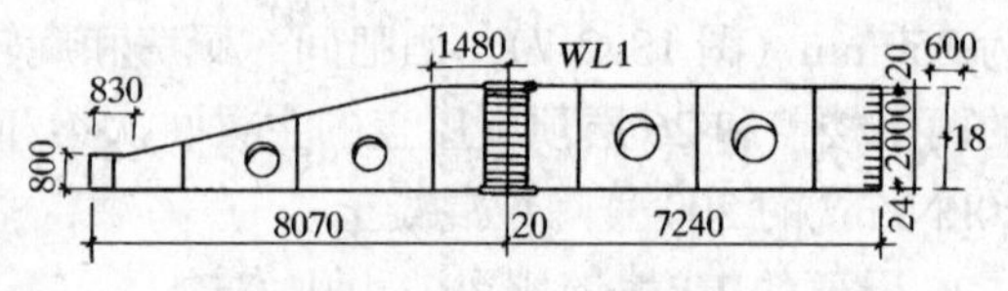

图 13.2-9 WL1大样

为增加核心部分墙体的延性，在所有内外墙转角、内外墙交接处、门洞口边和墙体内设置暗柱，配置纵向钢筋不少于4Φ18，接头采用搭接并加长度为6倍直径的单面绑焊，箍筋为 $\phi8@200$。在第24层（塔楼底层）范围内考虑到地震时可能形成塑性铰区，要求墙体纵向钢筋在该层内不得有接头。

下部两层楼盖钢主梁一端支承在混凝土墙上，墙先留洞并设有钢埋件，钢梁就位后下翼板与埋件焊接，在钢梁腹板上焊Φ16钢筋与墙水平钢筋搭接，然后浇灌混凝土填堵严密。26层顶板在核心墙范围内厚度为100mm，板内配置通长上下钢筋，并在墙顶留出锚筋，弯入板内使顶板与墙体浇灌混凝土后成为整体。

塔楼所有钢构件，为满足防火要求，均喷涂了防火材料。

(2) 北京昆仑饭店的旋转餐厅塔楼位于S形高层主楼的中部，共5层，旋转餐厅在27层。塔楼竖向承重结构为钢筋混凝土，24、25层平面为外周六边形筒体，中央有一矩形筒体。25层顶板开始外挑，26、27、28层的外形均为圆形（图13.2-11、图13.2-12）。

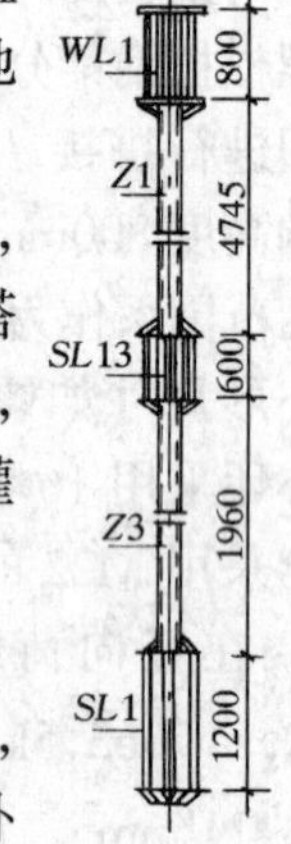

图 13.2-10 钢吊柱

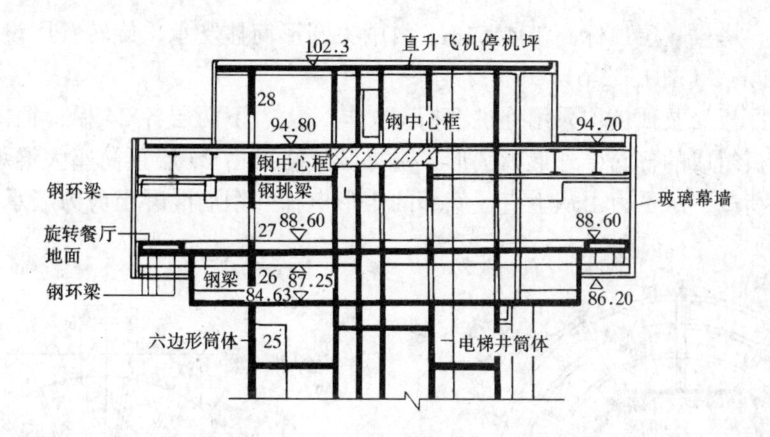

图 13.2-11 昆仑饭店塔楼剖面

27层顶为主要承力结构，沿径向布置12根高度为1900mm的工形钢梁，钢梁内端连接在矩形钢中心平衡框上，平衡框内浇注厚度为800mm的钢筋混凝土板，环向布置了三道焊接钢环梁，在外圈环梁上设有48根工形钢吊杆，把25、26层顶板径向钢梁外端的反力通过钢吊杆传递到27层顶钢梁外端，形成悬挂结构（图13.2-13）。26层顶板也布置有12根径向钢梁，内端支承在六边形筒体墙上，外端支承在钢吊杆上，环向布置有4道钢梁，此层即为旋转餐厅环形楼面的结构楼层。26、27层顶板，六边形筒体以内为普通钢筋混凝土，筒体以外挑出部分顶板采用了陶粒混凝土。

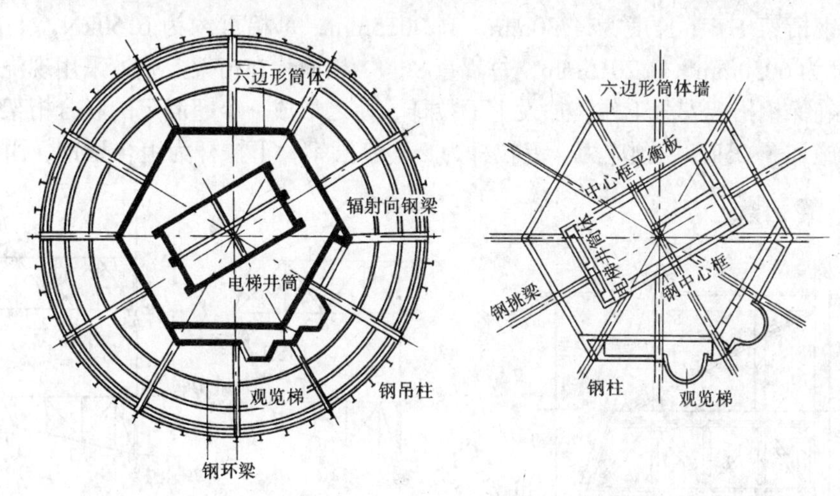

图 13.2-12 昆仑饭店26层顶结构平面

所有钢结构构件现场连接，均采用了高强度螺栓。

对塔楼结构连同主体结构，内力计算时考虑了五个振型，按平面杆系空间协同工作计算。计算结果表明考虑高振型效应，在塔楼底部组合剪力和弯矩均为第一振型的两倍左右，说明有明显的鞭梢效应。为改善刚度突变的不利影响，提高抗震能力，并为支承径向挑梁在筒体上的局部受压，在六边形筒体的角点和中点设置了9根实腹型钢柱，钢柱从主体结构顶层一直延伸到塔楼顶。

（3）上海远洋宾馆旋转餐厅塔楼，布置在Y形高层主楼的交叉部分，主楼27层顶标高为86.9m，塔楼4层顶标高104.54m，由中央圆形筒体支承，旋转餐厅设在29层，楼面标高93.24m，（图13.2-6）

旋转餐厅楼面及顶板均采用外挑钢桁架结构，上、下两层各24榀，钢桁架外端由玻璃及铝合金板组成的幕墙，外形为圆形。中央圆形塔筒由27层顶筒座大梁承托，只承受塔楼的竖向荷载，水平力由从上直通底部的矩形电梯井钢筋混凝土剪力墙承担（图13.2-14）。

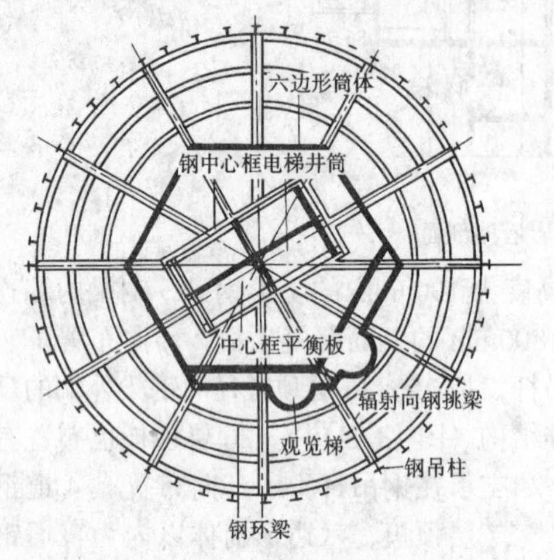

图13.2-13　昆仑饭店27层顶结构平面

图13.2-14　上海远洋宾馆旋转餐厅楼面结构布置

下部钢桁架 *ST*-1 长度为4730mm，高2015mm，每榀重约为6.50kN，上部钢桁架 *ST*-2 长度为6050mm，高2015mm，每榀重8kN。楼面均在桁架上弦，采用现浇钢筋混凝土板。为确保钢桁架安全工作，加设上下拉杆，使之形成一个超静定的联合桁架系统，在下拉杆内施加了25kN的预应力。上拉杆为2Φ40圆钢，下拉杆为组合型钢，由于 *ST*-1、

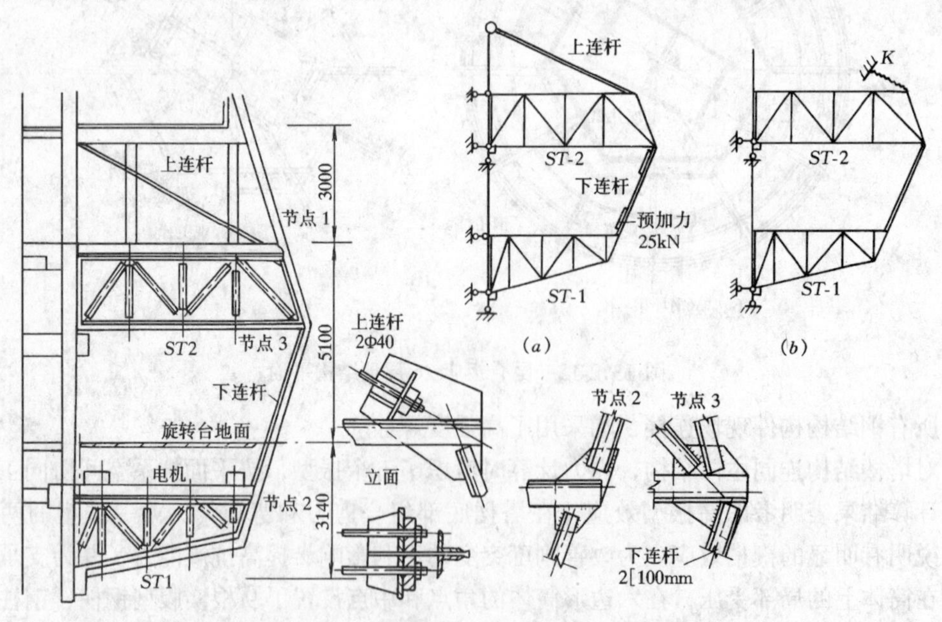

图13.2-15　上海远洋宾馆旋转餐厅钢桁架

（*a*）二次超静定联合系统；（*b*）上、下桁架上弦支承失效后的验算图形

ST-2 外端有拉杆连结，使上下竖向位移相同，防止桁架端点位移不等而使窗玻璃破碎（图 13.2-15）。

（4）南京金陵饭店的旋转餐厅，布置在正方形 39 层高 106.55mm 主楼的 36 层。主楼标准层中央为正方形内筒，周边为双排柱外框架，旋转餐厅环形楼面轨道下设有两道环形反梁，反梁截面为 300mm×1020mm，反梁支承在截面为 150mm×2670mm 的深梁上，此深梁支承在内外框架柱上，深梁底离开客房楼板上皮 30mm，以利于隔音（图 13.2-5*aA*-*A* 剖面）。

本工程的旋转餐厅属于内收式布置，直接支承在主体结构上，构造简单，施工方便，用钢量省。但外观体型欠美观，四个角筒还遮挡了视线（图 13.2-5*b*）。

（5）汕头国际大酒店，主楼平面呈 L 形，采用钢筋混凝土框剪结构，旋转餐厅塔楼共 4 层，高 16.3m，凸出在主楼 21 层的屋面上，旋转餐厅位于 23 层，平面呈八角形，塔楼的两个开口折形剪力墙由主楼的电梯井筒延伸（图 13.2-16）。为了使塔楼结构有较好的整体性和抗侧力刚度，形成四周带有部分外挑的封闭剪力墙复合筒体，使楼盖梁悬挑仅

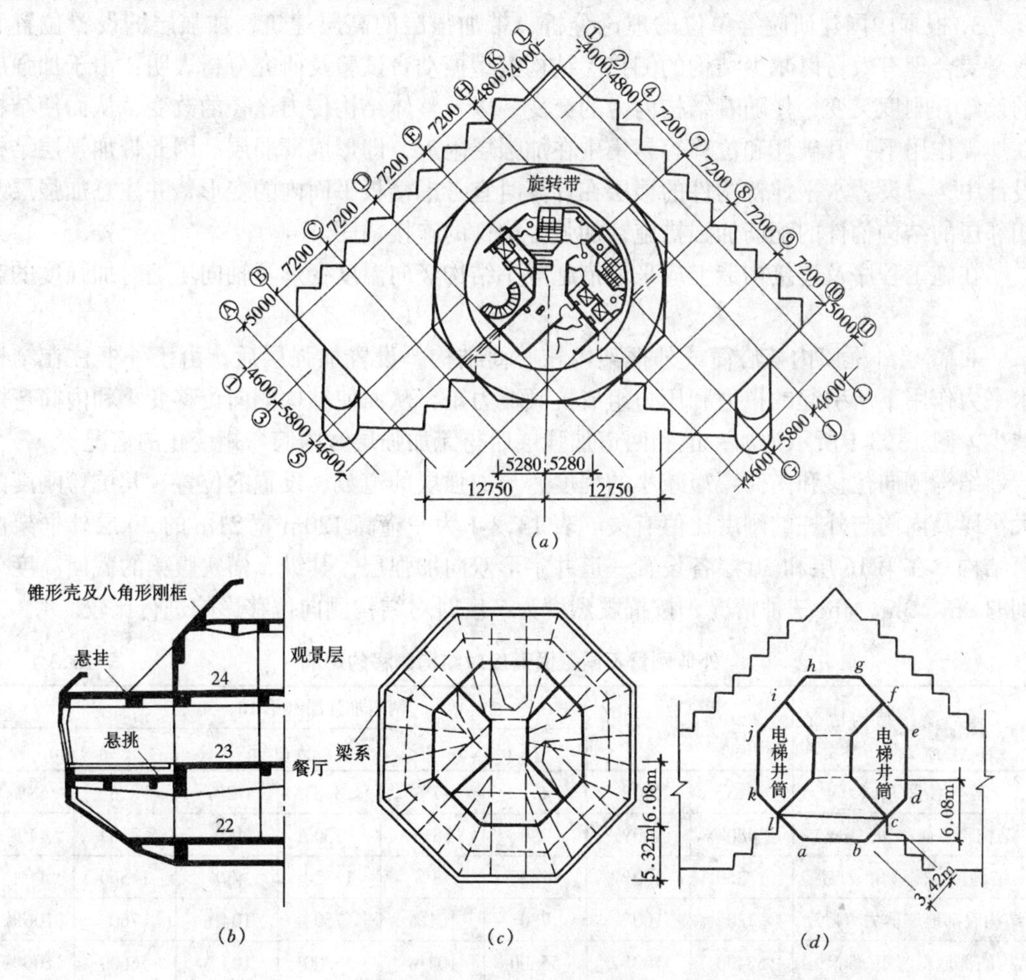

图 13.2-16 汕头国际大酒店

（*a*）旋转餐厅的建筑布局；（*b*）旋转餐厅塔楼处理为八角复合筒示意图；

（*c*）二十四层结构平面图；（*d*）旋转餐厅结构示意图

为5.32m，通过悬挑梁上悬挂下悬挑将竖向荷载传到筒体剪力墙。为防止第23层楼面与顶部结构变形不一致而造成旋转餐厅外窗玻璃损坏，采用了钢柱上下连接。

塔楼结构在水平地震作用下与主体结构整体分析，按三个振型组合，考虑塔楼结构的鞭梢效应，放大系数取1.5。

13.3 加 强 层

1. 加强层应用于超高层建筑结构。当框架-核心筒结构、筒中筒结构的抗侧刚度不能满足需要时，沿竖向利用建筑避难层、设备层空间，设置刚度较大的水平外伸构件加强核心筒与周边框架柱、框筒柱连系，必要时可设置刚度较大的周边水平环带构件，加强角柱与翼缘柱连系，构成带刚性加强层的高层建筑结构。

2. 加强层水平外伸构件一般可采用实体梁、箱形梁、空腹桁和斜腹杆桁架等形式。

加强层周边水平环带构件，可采用开孔梁、空腹桁架和斜腹杆桁架等形式。

3. 根据中国建研院等单位的理论分析，带加强层的高层建筑，加强层的设置位置和数量要合理有效，以减少结构的侧移。结构模型振动台试验及研究分析表明：由于加强层的设置，刚度突变，伴随着结构内力的突变，以及整体结构传力途径的改变，从而使结构在地震作用下，其破坏和位移容易集中在加强层附近，即形成薄弱层。因此带加强层结构设计中，对设置水平伸臂构件的楼层在计算时宜考虑楼板平面内的变形，并注意加强层及相邻层的结构构件的配筋加强措施，加强各构件的连接锚固。

在施工程序及连接构造上应采取措施减小结构竖向温度变形及轴向压缩对加强度的影响。

4. 高层外框筒内核心筒或外框架内核心筒结构，设置加强层后，由于外框柱在结构水平力作用下所引起的拉力和压力组成抗倾覆力矩，从而使结构侧向位移变小和内筒弯矩减少。图13.3-1所示为加一道和两道加强层后与无加强层时内筒弯矩变化的情况。

结构侧向位移和内筒弯矩减小的程度，与加强层的道数、设置的位置、其抗弯刚度的大小以及内筒与外柱的刚度比值有关。表13.3-1为一幢高120m宽21m的30层外框架内筒结构，在第16层和30层各设置一道井字形双向加强层，其纵、横实腹梁的截面高度分别取2m、3m、4m三种情况，按抗震烈度为7度时对结构侧向位移影响进行比较。

外伸刚臂不同截面高度对结构侧移的影响 **表13.3-1**

结构情况 / 计算项目	无刚臂		两道加强层（第16、30层）					
			$h=2$m		$h=3$m		$h=4$m	
基本周期 T_1（s）	5.3	100%	4.1	77%	3.8	72%	3.6	68%
结构顶点侧移 u（mm）	480	100%	280	58%	230	48%	210	44%
结构顶点侧移角 u/H	1/250	100%	1/430	58%	1/520	48%	1/560	44%
结构底部地震剪力（kN）	720	100%	730	101%	750	104%	760	106%
结构底部地震弯矩（kN·m）	53400	100%	55600	104%	56300	105%	56600	106%

5. 带加强层高层建筑结构设计应按下列原则：

（1）加强层位置和数量要合理有效，能较好地发挥其抗侧作用，当设置1个加强层

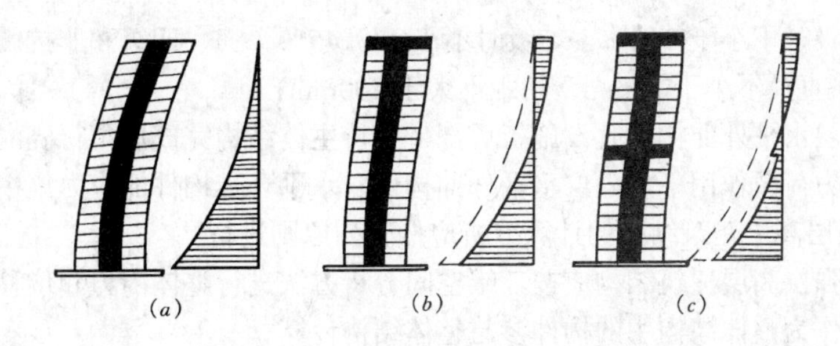

图 13.3-1 内筒承担弯矩情况

时，位置可在 0.6H 附近；当设置 2 个加强层时，最佳位置在顶层和 0.5H 附近；当设置多个加强层时，宜沿竖向从顶向下均匀布置。且宜两个主轴方向都设置刚度较大的水平外伸构件；

(2) 带加强层的高层建筑结构，为避免结构在加强层附近形成薄弱层，使结构在罕遇地震作用下能呈现强柱弱梁、强剪弱弯的延性机制。要求设置加强层后，带加强层高层建筑的抗震等级可按表 2.4-2、表 2.4-3 的规定确定，但加强层及其相邻层的框架柱和核心筒剪力墙的抗震等级应提高一级采用，已特一级的不再提高；并必须注意加强层上、下外围框架柱的强度及延性设计，框架柱轴压比从严控制，可按表 13.3-2。

加强层及其相邻上下层框架柱轴压比限值 **表 13.3-2**

	桩 震 等 级		
	一级	二级	三级
轴压比限值	0.70	0.80	0.90

柱纵向钢筋总配筋率在抗震等级为一级时不应小于 1.6%，二级时不应小于 1.4%，三、四级及非抗震设计时不应小于 1.2%。总配筋率不宜大于 5%。柱箍筋应全高加密，间距不大于 100mm，箍筋体积配箍率抗震等级一级时不应小于 1.6%，二级时不应小于 1.4%，三、四级及非抗震设计不应小于 1.2%，箍筋应采用复合箍或螺旋箍；

(3) 加强层水平外伸构件，实体整截面梁（箱形梁）一般适用于非地震区，应用于地震区时需采取专门措施。实体整截面梁（箱形梁）的混凝土强度等级不应低于 C30，纵向主钢筋最小配筋率为 0.3%，上下纵向钢筋至少有 50%沿梁全长贯通且不宜接头，若需接头应采用机械接头或焊接，同一截面钢筋接头面积不应超过全部截面的 25%。梁腰筋应沿梁高均匀配置，直径不小于 12mm，间距不大于 200mm。梁箍筋全长加密，直径不小于 10mm，间距不大于 100mm，最小面积配箍率为 0.5%。

梁上下部纵钢筋伸入核心筒应均按受拉钢筋锚固，伸入框架柱锚固构造要求同框架梁。屋顶层梁上部纵钢筋至少有 50%贯穿核心筒，下部纵钢筋及其他层梁上下部纵钢筋至少需有 2 根贯穿核心筒。

(4) 加强层及其相邻上下层楼盖，刚度和整体性应加强，混凝强度等级不宜低于 C30，楼板应采用双层双向配筋，每层每方向钢筋均应拉通，且配筋率不宜小于 0.35%；

(5) 加强层水平外伸构件在平面中应直接与核心筒的转角或 T 字形节点相连接并可靠锚固；

(6) 加强层相邻上下楼层核心筒墙的竖向分布钢筋和水平分布钢筋的最小含钢率，当抗震等级为一级时不小于0.5%，二级时不小于0.45%，三、四级和非抗震设计时不小于0.4%。且钢筋直径不小于12mm，间距不大于200mm；

（3）加强层水平外伸构件宜设施工后浇带，待主体结构完成后再行浇灌成整体，以消除施工阶段重力荷载作用下加强层水平外伸构件、水平环带构件的应力集中影响。

6. 带加强层高层建筑结构的计算分析应按下列原则进行：

（1）带加强层高层建筑结构应按三维空间分析方法进行整体内力和位移计算，加强层水平外伸构件作为整体结构中的构件参与整体结构计算；

（2）采用振型分解反应谱法时应取9个以上振型计算地震作用；

（3）地震区场地地震动参数应由当地地震部门进行专门研究测定，并在此基础上进行弹性和弹塑性时程分析补充计算和校核；

（4）带加强层高层建筑结构重力荷载作用下必须进行较准确的施工模拟计算，并应计入非荷载效应影响。加强层构件一端连接内筒，一端连接外框柱，在外框柱由于楼层竖向荷载将产生较大的轴向变形，而在内筒墙的轴向变形则很小，在分析时如果按一次加载的图式计算，则会得到内外竖向构件产生的很大的轴向变形差，刚性外伸刚臂构件在内筒墙端部产生很大的负弯矩，使截面设计和配筋构造困难。因此，应考虑竖向荷载实际在施工过程中的分层施加情况，分析时采用按分层加载、考虑施工过程的方法计算。

7. 加强层构件（外伸刚臂）与外框柱的连接可以是刚接，也可做成铰接。在计算中假定与外框柱为铰接，当为刚接时，对加强层的作用不甚明显。

8. 外框筒内筒和外框架内筒结构，在均布水平力作用下的简化计算方法：

（1）一道加强层（图13.3-2a）

加强层对内筒的约束弯矩为

$$M_1=\frac{q\ (H^3-x_1^3)}{6EI_s\ (H-x_1)} \tag{13.3-1}$$

$$s=\frac{1}{EI}+\frac{2}{E_cA_cd^2} \tag{13.3-2}$$

顶点位移为

$$u=\frac{qH^4}{8EI}-\frac{M_1\ (H^2-x_1^2)}{2EI} \tag{13.3-3}$$

$$x_1=0.455H$$

（2）两道加强层（图13.3-2b）

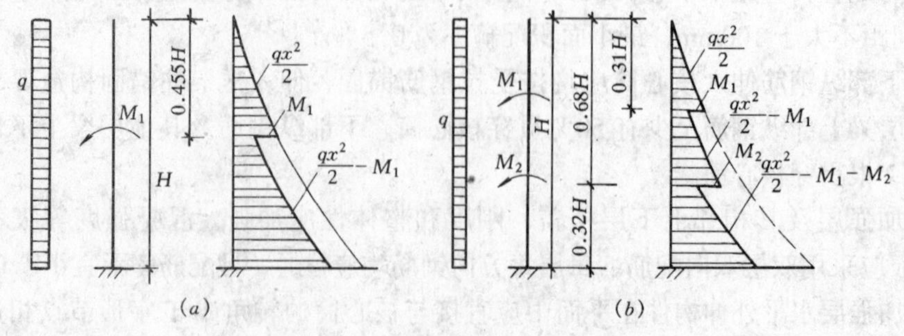

图13.3-2　有加强层外框内筒结构

（a）一道加强层；（b）两道加强层

第一道位置 $x_1=0.31H$

第二道位置 $x_2=0.68H$

第一道加强层约束弯矩为

$$M_1=\frac{q}{6EI}\times\frac{s_1\ (H^3-x_1^3)\ +s\ (H-x_2)\ (x_2^3-x_1^3)}{s_1^2+s_1s\ (2H-x_1-x_2)\ +s^2\ (H-x_2)\ (x_2-x_1)} \tag{13.3-4}$$

第二道加强层约束弯矩为

$$M_2=\frac{q}{6EI}\times\frac{s_1\ (H^3-x_2^3)\ +s\left[\ (H-x_1)\ (H^3-x_2^3)\ -\ (H-x_2)\ (H^3-x_1^3)\right]}{s_1^2+s_1s\ (2H-x_1-x_2)\ +s^2\ (H-x_2)\ (x_2-x_1)} \tag{13.3-5}$$

$$s_1=\frac{d}{12E_0I_0} \tag{13.3-6}$$

顶点位移为

$$u=\frac{qH^4}{8EI}-\frac{1}{2EI}\sum_{i=1}^{2}M_i(H^2-x_i^2) \tag{13.3-7}$$

当加强层非绝对刚性，且考虑加强层的变形时，加强层的约束作用将随筒体、加强层及边柱的轴向刚度比值关系而有不同程度的减小。图 13.3-3 中加强层刚度为 $E_0I'_0$，将宽柱梁的刚度变为等效全跨梁刚度 E_0I_0：

$$E_0I_0=\left(1+\frac{a}{b}\right)^3E_0I'_0 \tag{13.3-8}$$

式中 H——房屋主体结构总高度；

q——水平均布荷载；

I——内筒的横截面惯性矩；

E——内筒的混凝土弹性模量；

A_c——一侧外框柱的横截面面积之和；

E_c——一侧外框柱的混凝土弹性模量；

d——计算方向结构总宽度，$d=2\ (a+b)$。

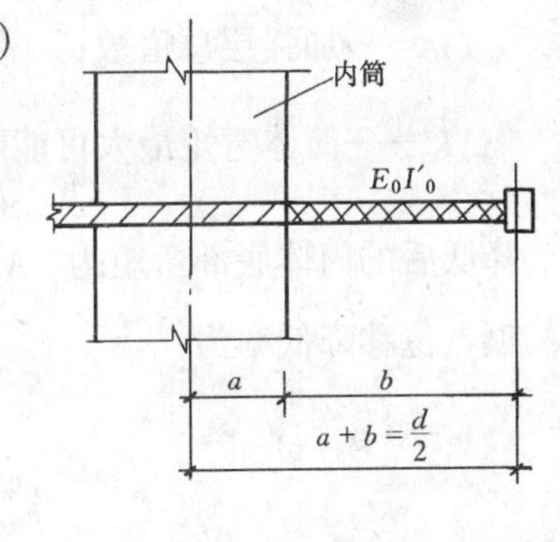

图 13.3-3 加强层平面简图

(3) 图 13.3-4 及图 13.3-5 表示 x_i/H 与无量纲参数 ω 的关系。ω 值考虑了加强层的刚度与内筒刚度及外框柱轴向刚度的关系：

$$\omega=\frac{d^3}{12HE_0I_0\left[\frac{d^2}{EI}+\frac{2}{E_cA_c}\right]} \tag{13.3-9}$$

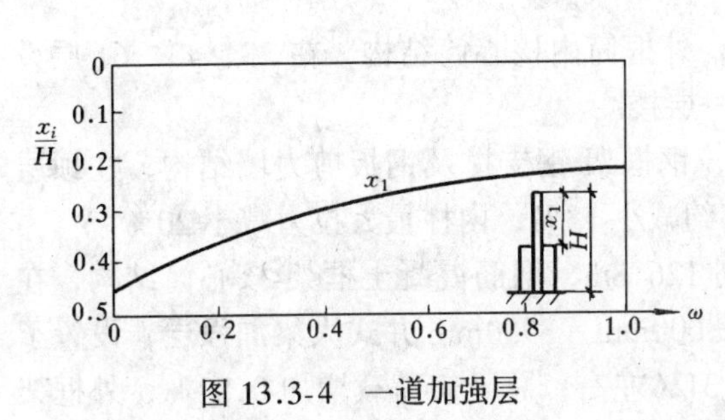

图 13.3-4 一道加强层

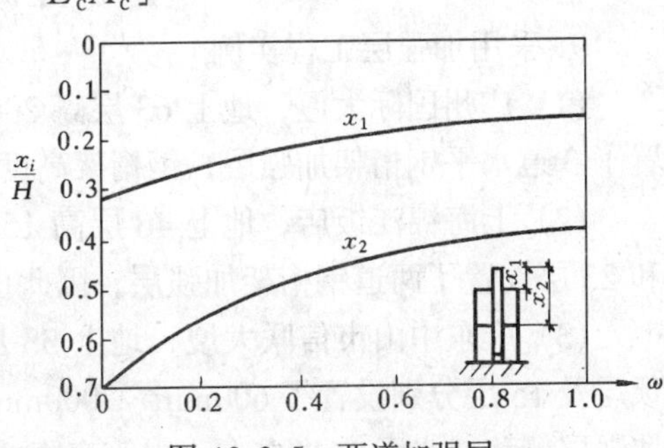

图 13.3-5 两道加强层

(4) 图 13.3-6 及图 13.3-7 给出了加强层对筒体底部弯矩及结构位移减小程度的百分比。

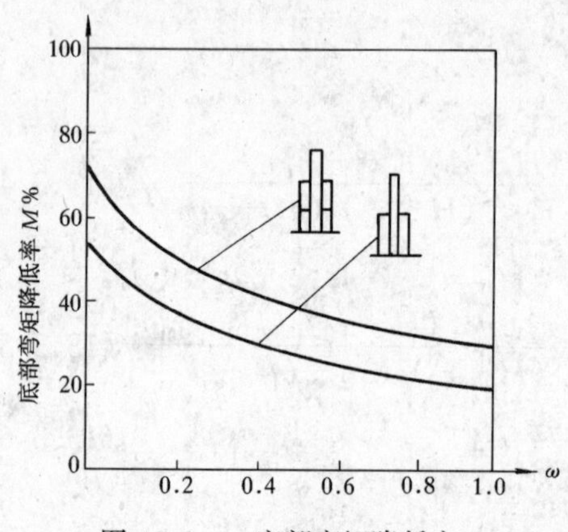

图 13.3-6　底部弯矩降低率

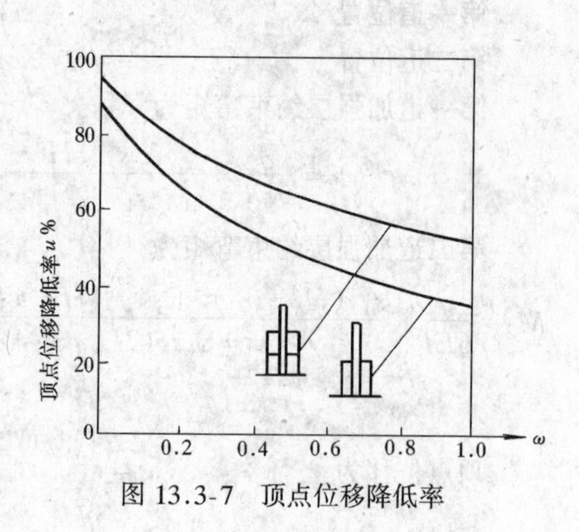

图 13.3-7　顶点位移降低率

筒体底部弯矩降低率为：

$$M\% = \frac{\sum_{i=1}^{n} M_i}{M_c} \times 100 \tag{13.3-10}$$

式中　M_i——第 i 道加强层的约束弯矩；

n——加强层总道数；

M_c——筒体弯矩最大可能降低值　$M_c = \frac{1}{EI_s} \times \frac{qH^2}{2}$ (13.3-11)

降低后的筒体底部弯矩为　$M = \frac{qH^2}{2}\left(1 - \frac{M\%}{100} \times \frac{1}{EI_s}\right)$ (13.3-12)

顶点位移降低率为：

$$u\% = \frac{\frac{1}{2EI}\sum_{i=1}^{n} M_i (H^2 - x_i^2)}{u_c} \tag{13.3-13}$$

$$u_c = \frac{1}{EI_s}\frac{qH^4}{8EI} \tag{13.3-14}$$

降低后的筒体顶点位移为

$$u = \frac{qH^4}{8EI}\left(1 - \frac{u\%}{100} \times \frac{1}{EI_s}\right) \tag{13.3-15}$$

9. 采用加强层工程实例

(1) 广州国际大厦，地上63层高200m，外框筒内核心筒结构，在23、42、61层设置了3道水平钢桁架加强层，钢桁架高度为一层楼。

(2) 上海锦江饭店，地上46层高153m，钢框架-钢支撑及钢板剪力墙结构，在顶层和23层设置了两道钢桁架加强层，因此位移约减小13%，内柱最大拉力减小20%。

(3) 广东中山市信联大厦，地上33层高126.8m，钢筋混凝土框架-核心筒结构，在顶层及15层分别设置了600mm×2000mm及600mm×3950mm井式大梁加强层，设置了加强层侧移减小了16%左右，内筒弯矩减小31%左右，总竖向荷载增加0.82%，外框架12根柱的基底增加了0.6%～1.1%、弯矩则减少了1.7%～2.2%，内筒基底总竖向荷载增加了2.4%。

(4) 香港交易广场大厦，地上51层高182.5m，钢筋混凝土框架-核心筒结构，在20、38层设置了加强层，采用高度为5.75m外伸长度为11m的大梁，由此外柱的轴力作用承担了总倾覆力矩的50%。

(5) 深圳怡泰中心大厦公寓楼，地上38层高133.3m，平面呈四分之一圆扇形，外围6层以下为柱距6.84～8.2m，7层以上柱距为3.41～4.1m密柱框架，内核心筒贯通全高，在7、25、顶层设置了加大径向梁的加强层。

(6) 广州天河娱乐广场主楼，地上33层高为125.6m，平面呈正方形，外圈框架柱距8.8m，柱与内筒跨度7.6m，屋顶采用800×2500梁及21层（避难层）采用800×1400梁加强层，加强层的楼板屋顶为180mm和21层为150mm。

13.4 超 长 结 构

13.4.1 概述

1. 超长结构系指结构单元长度超过了《混凝土结构设计规范》所规定的钢筋混凝土结构伸缩缝最大间距的结构。结构设置伸缩缝是基于混凝土干燥收缩和热胀冷缩，而主要是考虑长期热胀冷缩的影响，考虑混凝土干缩和施工期间水泥水化热影响常采用施工后浇带（也称后浇缝）等措施。

超长结构必须考虑在施工期间及投入使用后如何减少或控制裂缝。

2. 随着我国建设事业的发展，建筑物使用功能的需要，钢筋混凝土房屋超长结构越来越多，例如：北京首都国际机场，新航站楼平面呈工字形，南北长747.5m，东西翼宽342.9m，停车楼呈矩形，地下4层地上1层，南北长为263.9m，东西宽为134.9m；北京西客站，主楼336m×102m，东西配楼179m×104m；北京八一大楼，地下东西长236.6m，地上主楼东西长156m；北京东方广场，地下4层东西长479.53m，南北宽153.54m，地上1层东西向分为三块各块长150多m；福州长乐国际机场航站楼，地下室为348m×36m，地上1～3层长204～141m；厦门祥和广场，地下2层地上5层南北长137m，东西宽36m；深圳彩虹城大厦，地下2层地上4层南北长158.6m，东西宽29.6m；北京阳光广场地下3层145m×122m。

3. 许多混凝土结构，在施工过程和使用过程中出现不同程度不同形式的裂缝，这是一个相当普遍的现象。近代科学关于混凝土强度的研究以及大量工程实践所提供的经验都表明，结构物的裂缝是不可避免的。结构裂缝分为两大类：荷载引起的裂缝及变形引起的裂缝。工程实践中的许多裂缝现象往往无法用荷载原因解释，而是变形作用引起的裂缝，这种变形作用包括温度（水化热、气温、生产热、太阳辐射等）、湿度（自生收缩、失水干缩、碳化收缩、塑性收缩等）、地基变形（膨胀地基、湿陷地基、地基差异沉降等）。

大量工程实践证明，结构留缝与否，并不是决定结构变形开裂与否的惟一条件，留缝不一定不裂，不留缝不一定裂，是否开裂与许多因素有关。

4. 混凝土有裂缝是绝对的，无裂缝是相对的。有关混凝土试验研究证实了在尚未受荷载的混凝土和钢筋混凝土结构中存在肉眼看不见的微观裂缝（主要是混凝土骨料与水泥的粘接面上裂缝和水泥浆中的裂缝）。混凝土中微裂缝的存在，对混凝土的弹塑性、徐变、强度、变形、泊松比、结构刚度、化学反应等性能有重要影响。

肉眼可见裂缝范围一般为0.05mm，大于等于0.05mm的裂缝称为“宏观裂缝”，宏观裂缝是微观裂缝扩展的结果。一般工业与民用建筑中宽度小于0.05mm的裂缝对使用（防水、防腐、承载）都无危险性，故假定具有小于0.05mm裂缝的结构为无缝结构。地下防水工程或其他防水结构在水头10m以下的情况下，混凝土裂缝在0.1～0.2mm时，开始有些渗漏，水通过裂缝与水泥结合形成氢氧化钙，浓度不断增加，生成胶凝物胶合了裂缝，使原有裂缝被封闭，渗漏停止，这种现象称为裂缝的自愈现象。

根据国内外设计规范及有关试验资料，混凝土最大裂缝宽度的控制标准大致如下：

（1）无侵蚀介质，无防渗要求，0.3～0.4mm；

（2）轻微侵蚀，无防渗要求，0.2～0.3mm；

（3）严重侵蚀，有防渗要求，0.1～0.2nmm。

上述标准是设计上和检验上的控制范围，在工程实践中，有一些结构带有数毫米宽的非荷载作用产生的裂缝，多年未处理并无破坏危险。工程结构中的裂缝，经分析由变形作用引起，为防止有害介质沿裂缝侵入促使钢筋锈蚀而影响结构耐久性，有裂缝部位可只须作表面封闭处理即可。

5. 混凝土开裂（裂缝）主要原因是变形作用引起的，变形作用包括温度、湿度及不均匀沉降等，其中湿度变化引起裂缝又占主要部分。

混凝土的重要组成部分是水泥和水，通过水泥和水的水化作用，形成胶结材料，将松散的砂石骨料胶合成为人工石。混凝土中含有大量空隙、粗孔及毛细孔，这些孔隙中存在水分，水分的活动影响到混凝土的一系列性质，特别是产生湿度变形对裂缝控制有重要作用。混凝土中的水分有化学结合水、物理—化学结合水和物理力学结合水。化学结合水是以严格的定量参加水泥水化的水，它使水泥浆形成结晶固体，它不参与混凝土与外界湿度交换作用，不引起收缩与膨胀变形。物理—化学结合水在混凝土中以不严格的定量存在，它在混凝土中起扩散及溶解水泥颗粒的作用，是一种吸附水，容易受到水分蒸发，积极地参与混凝土与环境的湿度交换作用。物理力学结合水是混凝土中各晶格间及粗、细毛细孔中的自由水，亦称游离水，含量不稳定，结合强度很低，极容易受水分蒸发影响而破坏结合，它是积极参与和外界进行湿度交换的水。

水泥浆的水化过程是一种物理—化学过程，化学结合水与水泥一起在早期硬化过程中产生少量的收缩，叫做“硬化收缩”，亦称自生收缩，这种收缩与外界湿度变化无关。自生收缩可能是正变形（缩小），也可能是负变形（膨胀），普通硅酸盐水泥混凝土的自生收缩是正的，而矿渣水泥混凝土的自生收缩是负的，掺用粉煤灰的自生收缩也是膨胀变形。

当混凝土承受干燥作用时，首先是大空隙及粗毛细孔中的自由水分因物理力学结合遭到破坏而蒸发，这种失水不引起收缩。环境的干燥作用使得细孔及微毛细孔中的水产生毛细压力，水泥石承受这种压水后产生压缩变形而收缩，这种收缩称“毛细收缩”，是混凝土收缩变形的一部分。待毛细水蒸发以后，开始进一步蒸发物理—化学结合的吸附水，首先蒸发晶格间水分，其次蒸发分子层中的吸附水，这些水分的蒸发引起显著的水泥石压缩，产生“吸附收缩”，这是收缩变形的主要部分。工程中最常见的混凝土收缩变形引起裂缝是与湿度变化有关的毛细收缩及吸附收缩。另外，由于混凝土的水分蒸发及含湿量的不均匀分布，形成湿度变化梯度（结构的湿度场），引起收缩应力，这也是引起混凝土表面开裂的最常见原因之一。

混凝土浇注后4～15h左右，水泥水化反应激烈，分子链逐渐形成，出现泌水和水分急剧蒸发现象，引起失水收缩，这在初凝过程中发生，此时骨料与胶合料之间也产生不均匀的沉缩变形，这都发生在混凝土终凝之前，称为塑性收缩。这种收缩量大，在混凝土表面上特别是在养护不良的部位，出现龟裂，裂缝无规则，既宽（1～2mm）又密（间距5～10cm）。由于沉缩作用，这些裂缝往往沿钢筋分布。水灰比大，水泥用量多，外掺剂保水性差，粗骨料少，振捣不良，环境气温高，表面失水大等都能导致塑性收缩表面开裂。

混凝土所处的大气环境，如温度、湿度、风速等都对收缩有影响，特别是风速的影响不可忽视，因为风速的增大加速了混凝土水分蒸发速度，亦即增加干缩速度，容易引起早期表面裂缝。

6. 热胀冷缩是物体受温度作用的一种自然现象。温度作用对建筑结构使用带来的影响已被人们所重视，并为此采取保湿隔热等措施尽量减小环境温度的影响。

建筑物的环境温度由空气温度和太阳热辐射在建筑物表面产生的日照温度组成。温度对结构的作用，当结构或构件变形受约束时将引起应力。在研究温度对结构变形影响时，约束的概念是一个很重要的基本概念。框架变形受到地基基础的约束，框架梁的变形受到立柱的约束，楼板的变形受到墙、梁的约束等等，这类约束属外约束，由于外约束要引起约束应力。结构构件承受非均匀受热或非均匀收缩，因构件本身各质点之间的相互约束作用，称为内约束或自约束，由于构件截面各点可能有不同温度和收缩变形，引起连续介质各点间的内约束应力。

结构混凝土开裂不仅因为混凝土抗拉强度不足，更重要的是变形超过了极限拉伸。混凝土在静荷载作用下，其极限拉伸约在1×10^{-4}左右，慢速加载时可提高到1.6×10^{-4}。钢筋混凝土构件在一般配筋率情况下能够提高混凝土的极限拉伸，当配筋率过大（5%以上）时，由于引起过大自约束应力而导致开裂。

7. 超长结构设计，要考虑的主要问题是由变形作用可能引起的裂缝，应采取有效措施控制裂缝。

结构长度是影响温度应力的因素，为了消减温度应力，取消伸缩缝，在施工中采用施工后浇带可有效地减少温度收缩应力，然后再浇灌施工后浇带使结构成整体。只要使浇灌后浇带前及浇灌后浇带后，结构混凝土因温差和收缩应力叠加值小于混凝土抗拉强度，这就是利用“施工后浇带”办法控制裂缝，达到不设置永久伸缩缝的目的。

1993年以来，中国建筑材料科学研究院采用UEA膨胀剂，在许多工程中实施了“超长钢筋混凝土结构无缝设计施工新技术”，为不设置永久伸缩缝开创了新局面。

13.4.2 措施

1. 对超长结构，设计时应因地制宜，区别对待。对不同地区的环境温度、材料、施工条件，建筑物不同的使用性质、平面布置、立面体形等，应有不同的处理措施。

住宅建筑设计结构不宜超长，并宜执行规范有关规定，一方面，住宅房屋由于造价原因，保温隔热设计一般只按常规做法；另一方面，住宅已逐渐自费购房，如果因结构超长引起裂缝，出现住户投诉，必将造成一系列的麻烦。

2. 高层建筑结构的基础底板厚度往往较大，属大体积混凝土（一般厚度1m以上为大体积），为控制混凝土裂缝，可采用下列措施：

(1) 混凝土强度等级不宜高，在满足承载力和防水要求的条件下，宜在C25～C35的范围内选用。如果混凝土强度等级高，水泥用量多，混凝土硬化过程中水化热高，收缩大，就易引起裂缝。

(2) 水泥应优先采用水化热低的品种，如矿渣硅酸盐水泥。严格控制砂石骨料的含泥量和级配。控制水化热的升温，混凝土构件中心与外表面的最大温差不高于25℃，并控制降温速度。浇灌混凝土后及时采用塑料薄膜或喷养护剂及草帘等进行保温和保温养护。

(3) 采用粉煤灰，改善混凝土的粘塑性，并可代替部分水泥，减少混凝土的用水量和水泥用量，减少水化热（当掺量为水泥用量的15%时，可降低水化热约15%），还可减少混凝土中的孔隙，提高密实性和强度，提高抗裂性。粉煤灰的掺量约水泥量的15%～30%。

(4) 为减少混凝土硬化过程中的收缩应力，宜留施工后浇带，带宽度为0.8～1.0m，间距30m左右，一般1个月以后采用强度等级比原混凝土高5MPa的无收缩混凝土浇灌密实。无收缩混凝土可采用UEA等膨胀剂配制而成。

混凝土浇灌后，经24～30小时可达最高温度，最高水化热引起的温度比入模温度约高30～35℃，然后根据不同速度降温，经10～30天降至周围气温，在此期间大约有15%～25%的收缩，往后到3～6个月收缩完成60%～80%，至一年左右，收缩完成95%。施工一年之后，除了结构维护不良、遇有大风曝晒、引起湿度急剧变化、急剧降温及引起激烈温差而引起裂缝以外，一般结构将处于裂缝“稳定期”。

(5) 基础底板大体积混凝土，采取分层浇注、阶梯式推进，每层混凝土在初凝前完成上层浇注，新旧混凝土接槎时间应根据具体工程情况确定，但应避免出现施工冷缝。

(6) 为防止混凝土表面出现塑性沉缩裂缝和因表面快速失水引起的干缩裂缝，混凝土初凝前用木抹子抹压2～3遍，这是行之有效的好措施。

有的工程为防止表面快速失水引起的干缩裂缝，在底板上皮纵向钢筋上面设置ϕ6@150或ϕ8@200双向钢筋网。

(7) 采用膨胀剂配制的混凝土，利用膨胀剂的补偿收缩功能解决混凝土收缩开裂。目前我国膨胀剂的品种很多，例如，中国建筑材料研究院研制的UEA；山东省建科院和山东省建材院分别研制的PNC和JEA；浙江工业大学的TEA；北京祥业公司的PPT-EA1、EA2；北京利力公司的FS-Ⅲ等等。

混凝土的补偿收缩效能与膨胀剂的掺量直接相关，任何一种膨胀剂按《混凝土膨胀剂》(JC 476—98) 规定，限制膨胀率为水中养护7天≥0.025%，28天≤0.10%，空气中28天干缩率应＜0.02%。

大体积混凝土中掺加粉煤灰和缓凝剂可降低混凝土的水化热，使综合温差T减少。当温差变形$\alpha T \leqslant \varepsilon_p$时（$\alpha$为混凝土线膨胀系数，$\varepsilon_p$为极限拉伸），结构就不会开裂。综合温差$T = T_1 + T_2$，其中$T_1$为混凝土水化热最高温度与环境平均气温之差，施工规范要求$T_1 < 25℃$，T_2为混凝土收缩当量温差，$T_2 = \varepsilon_y(t)/\alpha$，$\varepsilon_y$为混凝土收缩值，对于普通混凝土限制收缩率为$\varepsilon_y = (2 \sim 3) \times 10^{-4}$，即$T_2 = 20℃ \sim 30℃$，而混凝土10天至15天早期的极限拉伸很低，一般$\varepsilon_p = (1 \sim 2) \times 10^{-4}$（考虑徐变），因而很容易出现裂缝。采用膨胀混凝土能产生膨胀效应，在14天的限制膨胀率$\varepsilon_2 = (2 \sim 4) \times 10^{-4}$，它不但可补偿混凝土的收缩，而且能降低混凝土的温差，按$T_2 = \varepsilon_2(t)/\alpha$，膨胀混凝土$\varepsilon_2$

$=1\times10^{-4}$，则 $T_2=10$℃，如果 $\varepsilon_2=2\times10^{-4}$，则可补偿温差20℃。

当采用UEA膨胀剂，用量为水泥量的10%～12%时，其膨胀率 $\varepsilon_2=(2\sim3)\times10^{-4}$，在配筋率为 $\rho=0.2\%\sim0.8\%$ 时，可在结构中建立0.2～0.7MPa预压应力，这一预压应力大致可以补偿混凝土在硬化过程中产生温差和干缩的拉应力，从而防止了收缩裂缝或把裂缝控制在无害裂缝范围内（小于0.1mm）。因此，采用了UEA膨胀剂配制的混凝土，施工后浇带间距就可以延长。

3. 地下室钢筋混凝土墙为控制混凝土裂缝，可采取下列措施：

(1) 设置施工后浇带。

(2) 采用掺膨胀剂配制的补偿收缩混凝土，并留施工后浇带。

(3) 墙体一般养护困难，受温度影响大，容易开裂。为了控制温差和干缩引起的竖向裂缝，水平分布钢筋的配筋率不宜小于0.5%，并采用变形钢筋，钢筋间距不宜大于150mm。

(4) 地下一层外墙，在室外地平以上部分，应设置外保温隔热层，避免直接暴露。

(5) 在有条件的工程中，地下一层外墙采用部分预应力，使混凝土预压应力有0.6～1.0MPa。

4. 楼盖结构，可采取下列措施：

(1) 设置施工后浇带。

(2) 采用掺膨胀剂配制的补偿收缩混凝土。

(3) 楼板宜增加分布钢筋配筋率。楼板厚度大于等于200mm时，跨中上铁应将支座纵向钢筋的1/2拉通。屋顶板应考虑温度影响配筋更应加强。

(4) 梁（尤其是沿外侧边梁）应加大腰筋直径，加密间距，并将腰筋按受拉锚固和搭接长度。梁每侧腰筋截面面积不应小于扣除板厚度后的梁截面面积的0.1%，腰筋间距不宜大于200mm。

(5) 外侧边梁不宜外露，宜设保温隔热面层。

(6) 有条件的工程，在地下室顶板（±0层）及屋顶板采用部分预应力，使混凝土预压应力有0.2～0.7MPa。

5. 剪力墙结构不宜超长。剪力墙结构的外墙，宜采用外保温隔热做法。剪力墙的首层及屋顶层水平分布钢筋，应按相应抗震等级的加强部位要求进行配筋。

6. 超长结构的屋面保温隔热非常重要，应采用轻质高效吸水率低的材料。施工时防止雨淋使保温隔热材料吸湿而影响效果。有条件的工程，屋面可采用隔热效果较好的架空板构造做法。

7. 为考虑温度影响，可以仅在屋顶层设置伸缩缝，缝宽按防震缝最小宽度，缝两侧设双柱或双墙，不得采用活搭构造做法。

8. 通长挑檐板、通长遮阳板、外挑通廊板，宜每隔15m左右设置伸缩缝，宜在柱子处设缝，缝宽10mm。缝内填堵防水嵌缝膏，卷材防水可连续，在伸缩缝处不另处理，刚性面层应在伸缩缝处设分格缝。

上述这些挑板，当挑出长度等于大于1.5m时，应配置平行于上部纵向钢筋的下部筋，其直径不小于8mm。这些板的分布钢筋应适当加强。

9. 超长钢筋混凝土结构无缝设计新技术，是由中国建筑材料科学研究院自1993年申请国家发明专利，已在多项工程中应用。此项技术的具体方法如下：

（1）在应力集中的σ_{max}处（图13.4-1），设膨胀加强带，其宽度2m，带的两侧铺设密孔铁丝网，并用立筋（ϕ8@100）加固，目的是防止混凝土流入加强带。施工时，带外用掺10%～12%UEA的小膨胀混凝土［膨胀率约（2～3）$\times10^{-4}$］，浇注到加强带时，掺14%～15%UEA的大膨胀混凝土［膨胀率约（4～6）$\times10^{-4}$］，其强度等级比两侧高$C_{0.5}$等级。到另一侧时，又改为浇注掺10%～12%UEA混凝土。如此循环下去，可连续浇注100～150m超长结构。

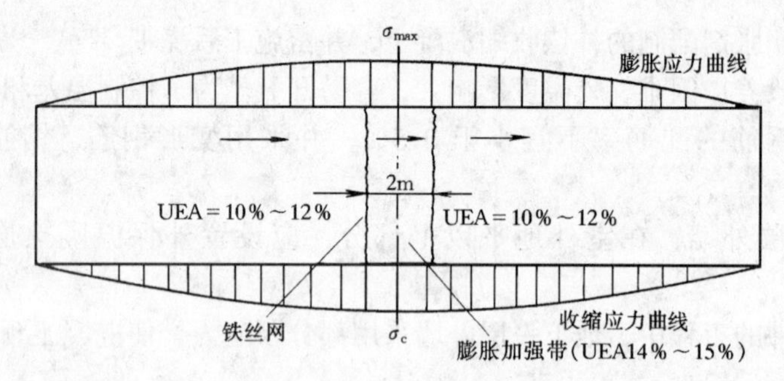

图13.4-1　有防水要求的UEA无缝设计示意图（立面）

（2）由于混凝土供应或施工力量达不到连续作业要求时，可采用图13.4-2的“间歇式无缝施工法”，加强带一侧改为台阶式。施工带凿毛清洗干净，用掺UEA＝14%～15%的混凝土浇入加强带，随后用小膨胀混凝土浇注带外地段。

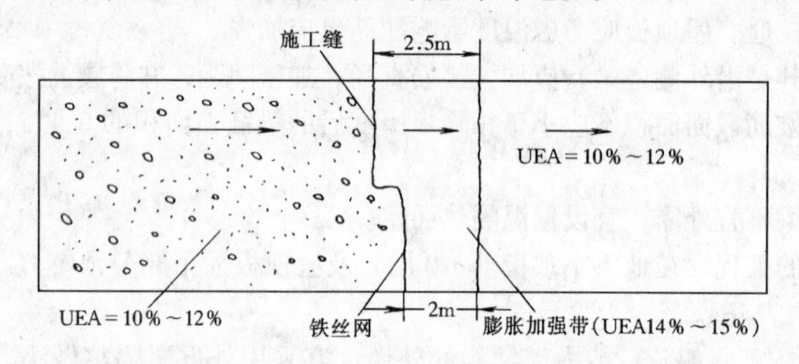

图13.4-2　“间歇式”底板无缝设计示意图（立面）

（3）对于无防水要求的楼板，考虑可允许出现小于0.3mm裂缝，不影响结构安全。可采用如图13.4-3的取消后浇带的设计方法。与图13.4-3区别在于加强带两侧采用掺8%～10%UEA的无收缩混凝土［膨胀率约（1～2）$\times10^{-4}$］，加强带本身用14%～15%UEA大膨胀混凝土。此方法不影响模板周转，加快楼面施工进度。由于楼板厚度小，加强带两侧可用模板隔离。

（4）对于墙体的加强带，参见图13.4-4。由于墙体薄，面积大，养护困难，受到风速和大气温度影响大，容易出现收缩裂缝。因此，我们倾向采用后浇加强带（2m宽）即分段浇注掺10%～12%UEA混凝土，养护14天后，用掺14%～15%UEA混凝土回填。此方法与传统后浇带设计一样，要设钢片止水带（见图13.4-4），所不同之处，后浇加强带的宽度为2m，回填用大膨胀混凝土，回填缝时间为14天，比传统后浇带缩短30多天。

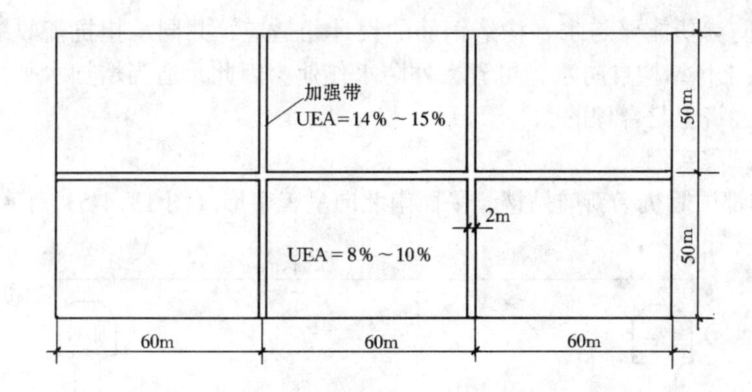

图 13.4-3 楼板无缝设计例图（水平面）

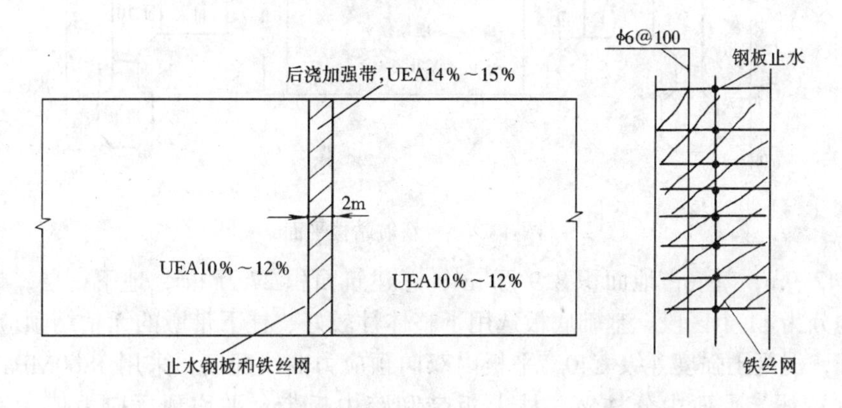

图 13.4-4 墙体的后浇加强带设计示意图（立面）

（5）由于钢筋混凝土结构长大化和复杂化，取消后浇带的无缝设计必须根据结构特点灵活运用，沉降缝不能取消，对于具有沉降性质的后浇带也不能取消。UEA 加强带的性质是以较大膨胀应力补偿温差（包括干缩）收缩应力集中的地方，所以，它可以取消后浇带。加强带的间距可控制在 40～60m。

（6）实践表明，对受大气温度和风速影响较小、保温保湿养护可操作性好的地下室、水池、隧道等防水结构的底板和高层建筑的楼板，可采用图 13.4-3 的无缝设计。对于边墙，由于薄而暴露面大，立面养护困难，易受风速和温差影响，我们倾向于用图 13.4-4 的后浇加强带，这种设计比较保险。

（7）关于剪力墙的配筋构造设计。注意问题是：

1）当柱子剪力墙连在一起时，由于柱子的截面和配筋率都比墙体大得多，往往在相连部位出现过大的应力集中而开裂。为分散应力，应该在此处增加水平筋 ϕ(8～10)@200，其长 100cm，20cm 插入柱子中，80cm 插入墙体中。

2）墙体易裂原因是多方面的，但我们发现墙体受力钢筋过多，而作为抗裂的水平构造筋偏低，按规范剪力墙最小配筋率为 0.2%～0.25%。工程实践表明，由于墙体一般拆模早，养护困难，受温度影响大，水分蒸发速率大，容易开裂。为了控制温差和干缩引起的垂直裂缝；墙体的水平构造筋的配筋率不应小于 0.5%，并使用螺纹钢筋，钢筋间距不宜过大，采用 ϕ10～ϕ16mm 钢筋和 150mm 间距是比较合理的。墙体厚度为 30～50cm。从而提高混凝土的极限拉伸及抗拉强度可有效提高抗裂作用。我们认为，UEA 补偿收缩混凝土的抗裂防渗功能要与水平构造钢筋的设计相适应，共同承担抗衡收缩应力才能奏效。UEA混凝土作结构自防水，可省去外防水作业。因此，适当增加水平构造钢筋和墙的厚度在技术经济上是合理的。

13.4.3　工程实例

1. 北京首都国际机场新航站楼，平面南北向呈工字形（图13.4-5），南北长747.5m，

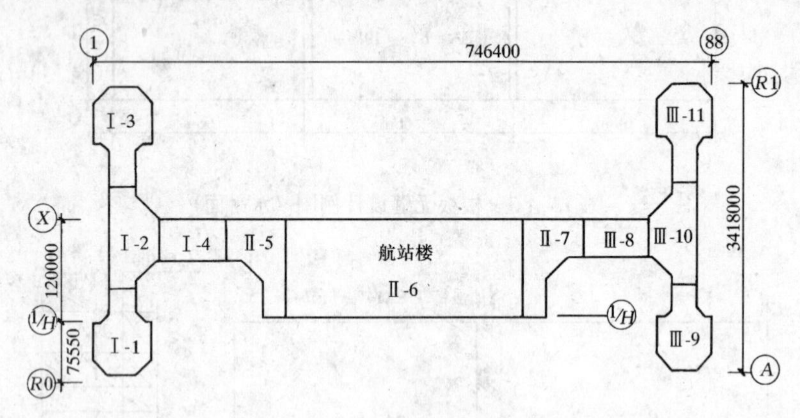

图13.4-5　新航站楼平面

东西宽342.9m，基底占地面积8.9万m^2，总建筑面积27万m^2，地下一层，地上三层，上部结构分为11个区段。基础底板选用了整体性较好、柱下带墩的无粘结预应力平板式筏形基础，混凝土强度等级C40，平板内双向预应力曲线配筋，采用1860MPa级高强度低松弛钢铰线，平面中分柱宽、柱上板带和跨中板带，平均预压应力值为2.36MPa、1.47MPa和1MPa，混凝土总截面的平均预压应力为1.4MPa。为协调底板预应力的受力条件和外墙的抗土压力，沿外墙水平方向亦设置后张无粘结预应力钢铰线，混凝土截面的平均预压应力为1.6MPa。

基础筏板预留了施工后浇带，在张拉预应力前，先将全部施工后浇带浇注完毕，且混凝土强度等级达到设计强度要求后，才能进行预应力张拉。在这块长达747.5m，底面积达8.9万m^2的筏板上，为防止地基土的约束（摩擦）使筏板引起裂缝，亦为防止预应力张拉时对地基土产生摩擦，在基础与垫层间设置了滑动层，滑动层由两层聚乙烯塑料布，在层间充填20mm厚的干细砂层组成（图13.4-6）。

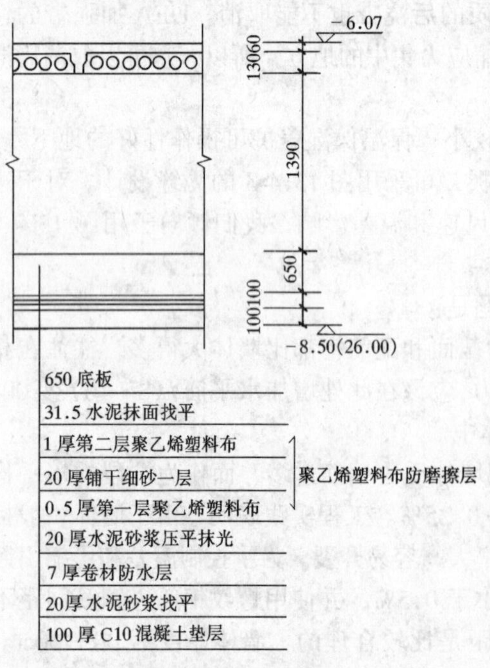

图13.4-6　底板剖面

该工程由北京市建筑设计研究院设计。

2. 北京东方广场工程，整体为筏板与独立柱抗水板（裙房部分）组成满堂基础，轴线尺寸为479.53m×153.54m，基坑面积超过7.5万m^2。筏板上支撑起11幢塔楼，地

下结构全部相通，总建筑面积达 93m^2。筏板厚度一般为 1.8～2.2m，最厚处 5.1m，裙房部位抗水板厚 0.65m，下面设有 1 层 75mm 厚聚苯板加 50mm 厚焦渣的压缩变形层，上面设有 250mm 厚卵石滤水层。基础板贯穿东西南北留施工后浇带和一条施工后浇缝，整个板分为 15 块（图 13.4-7），后浇带宽 1.5m。防水共设 3 道防线：材料防水采用氯化聚乙烯—橡胶卷材或聚氨脂涂膜；P12 刚性自防水混凝土；卵石滤水层加集水井。

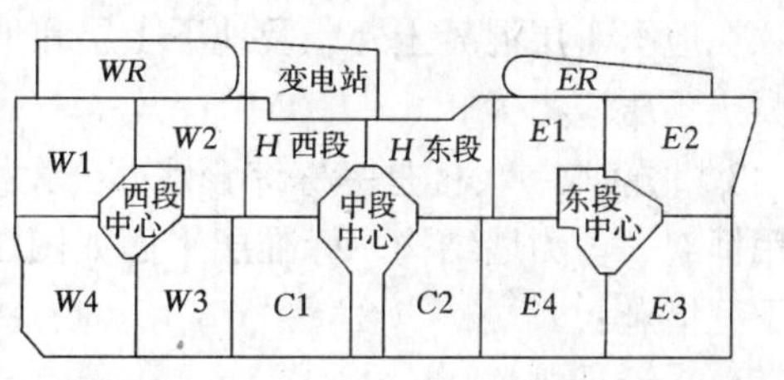

图 13.4-7 北京东方广场工程基础板分块

基础板混凝土强度等级 C35，采用掺 UEA 膨胀剂及麦斯特高效减水剂的补偿收缩混凝土。

混凝土采用了低碱琉璃河 525R 普通硅酸盐水泥，掺有水泥量的 15% 粉煤灰和 12% UEA 膨胀剂。混凝土初凝定为 12±2h，终凝时间为 16±2h，坍落度定为出机坍落度 200～240mm，入泵坍落度 160～180mm，冬施出机温度控制在 10～12℃。混凝土采取了分层浇注、阶梯式推进，每层混凝土应在初凝前完成上层浇注，新旧混凝土接槎时间不允许超过 8h。基础板混凝土表面用木抹子槎平 2 遍，用铁抹子压实 1 遍，以减少表面收缩裂缝。混凝土振捣压抹以后及时覆盖塑料落膜，上部盖 2 层防火草帘，保温保湿养护。测温点按 8m×8m 设 1 个，混凝土中心温度与表面温度、表面温度与大气温度之差控制在 25℃ 以内。混凝土升温阶段每 4h 测一次，降温阶段每 6h 测一次。

施工后浇带，约在混凝土整体收缩完成 80% 左右进行浇注，强度等级提高一级，UEA 掺量为 13%。基础板混凝土配合比见表 13.4-1。

底板大体积混凝土配合比 **表 13.4-1**

序号	混凝土设计要求		水泥品种产地标号	粗集料		细集料品种产地	混凝土配合比（kg/m^3）										抗压强度（MPa）	
	强度等级	坍落度（mm）		品种产地	粒径范围（mm）		水泥 C	膨胀剂 UEA	粉煤灰 FA	砂 S	石 G	水 W	外加剂 Pozz 1050	外加剂 Rh 1100	砂率（%）	水胶比	7d	28d
1	C40 P12	入模 160～180	琉璃河普硅 525R	西郊碎卵石	5～31.5	昌平龙凤山中砂	350	48	65	720	1037	180	3.24L (0.7%)	6.0L (1.3%)	41	0.39	35.6	55.6
2	C35 P12			西郊碎卵石	5～31.5		320	44	60	754	1044	180	2.97L (0.7%)	5.51L (1.3%)	42	0.42	24.1	43.3
3	C40 P12			三河碎石	5～31.5		350	48	65	716	1031	190	3.24L (0.7%)	6.0L (1.3%)	41	0.41	37.6	
4	C35 P12			三河碎石	5～31.5		320	44	60	768	1018	190	2.97L (0.7%)	5.51L (1.3%)	43	0.45	22.7	43.9
5	C35 P12			西郊碎卵石	5～31.5		335	45	55	732	1053	180	JD-10 15.22L (3.5%)		41	0.41	24.4	

注：1. 混凝土入模坍落度要求为 160～180mm，出机坍落度可根据实际情况控制在 200～240mm；
2. 集料为绝干状态，膨胀剂为天津产低碱 UEA，掺量为内掺 12%，粉煤灰采用北京石景山热电厂及北京第一热电厂生产的Ⅱ级粉煤灰；
3. Pozz1050 和 Rh1100 为上海麦斯特建材有限公司生产，掺量为 100kg 胶凝材料体积掺量；
4. JD-10 防冻剂为北京冶建特种材料公司生产的防冻剂，掺量 3.5%（重量比）；
5. 本表中 1～4 号配合比仅限于厚度不小于 1m 的大体积混凝土使用，5 号配合比仅限于厚度小于 1m 的抗水板、墙使用。

该工程地下4层整体不设永久缝，地上一层东西向分为三大块。为了控制混凝土裂缝，在地下1层混凝土外墙及地下1层和地上1层顶板，采用了部分无粘结预应力钢筋，混凝土预压应力为0.6～1.0MPa。

3. 北京八一大楼是一栋综合性办公大楼，主楼地上结构14层高70m，正面长156m，采用框架—剪力墙结构，标准层平面如图13.4-8所示。该工程的超长结构无缝设计采取了下列措施：

（1）设计措施

1）设置三条后浇带（0.8m左右宽），六条加强带（2.0m左右宽），加强带与主体结构同时浇注，后浇带待结构封顶之后，过完冬季，来年的开春再浇注，以使主体结构在外保温没有做上，所以结构构件暴露在空气中的最大长度为40米左右，在施工阶段，保证结构的单一长度满足规范的要求。

2）采用补偿收缩混凝土技术，即在普通混凝土中掺合一定比例的微膨胀剂，微膨胀混凝土在水化过程中产生适量膨胀，在钢筋和邻位限制下，在钢筋混凝土中建立起一定的预应力（0.2～0.7MPa的预压应力），这一应力能大致抵消混凝土在收缩时产生的拉应力，从而防止或减少混凝土构件的裂缝产生，平均在主体结构混凝土内掺10～12%，加强带内较主体结构内增加3%不等。

3）根据温度应力的分布规律及计算结果可知，双筒或类似高层建筑温差收缩/膨胀影响主要集中在筒体底部，结构底部将受到较大的弯矩和剪力，下部楼层梁板将受到较大的轴向拉力。因此，结构设计必须考虑剪力墙核心筒的轴压比、剪力比留有较大的余地，下部楼层的梁板组合温度应力按偏拉强度控制配筋。剪力墙结构的楼屋盖水平温差收缩双向受到剪力墙的约束，楼屋盖梁板的配筋应双层双向设置且予以加强，也就是在温度应力区域增配温度应力筋（每层板筋、梁侧设腰筋）。

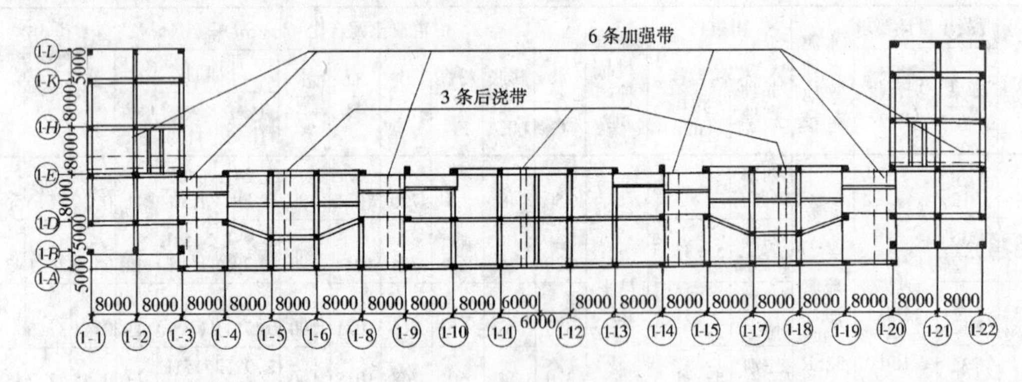

图13.4-8 主楼标准层平面图

4）考虑到预应力筋的混凝土楼板中可以起到约束楼板和水平构件温度变形的作用。在主楼结构的顶部三层和结构的首层楼板双向布置无粘结预应力筋，按照裂缝控制的技术要求施加预应力。

5）采用预制保温外墙板，保证主体大部分结构构件不外露，在建筑物使用阶段，使主体结构构件受温度变化的影响降到最低，从而使结构的温差变形最小，减少温度裂缝的产生。

6）结构屋顶增加保温隔热的措施，加厚保温层的做法，同时增设带有微坡的结构架空层，以产生一定的气压差，形成空气流通，降低直接作用至结构顶面上的温度，起到隔热的作用。

7）尽量避免广义的结构断面突变（构件断面，构件线刚度，结构层刚度等）产生的应力集中。

8）控制应力集中裂缝，在孔洞和变截面的转角部位，由于温度收缩作用，会引起应力集中，导致裂缝产生，须采用有效的构造措施，如在转角、圆孔边作构造筋加强，转角处增配斜向钢筋或网片，在孔洞边界设护边角钢等。

（2）施工措施

1）严格控制混凝土原材料的质量和技术指标。水泥磨细度（比表面积 2500～3500cm^2/g），粗细骨料的含泥量应尽量减少（1%～1.5%）。

2）混凝土强度等级和膨胀剂的掺入有矛盾，在满足混凝土膨胀量、强度要求及泵送工艺要求条件下，混凝土的水灰比尽可能降低，掺入减水剂是必要的，可以控制混凝土后期干缩的量。

3）采用混凝土低温入模，低温养护，使混凝土终凝时温度尽量降低，减少水化热和收缩。

4）混凝土的浇灌振捣技术对混凝土密实度是很重要的，最宜的振捣时间 5～15 秒，泵送流态混凝土仍然需要振捣。

5）墙、梁、板裂缝的主要因素是收缩，因此，这些构件应分层散热浇灌，其后做好保湿养护，不准提早拆模，避免混凝土过早失水。

6）混凝土施工缝采用企口施工缝，缝口须凿毛清理干净。

7）地下室结构侧墙拆模后应及时回填符合要求的土体，以控制墙体早期、中期开裂。

8）主体结构与填充墙以及其他非结构构件之间的联结采用钢丝网加砂浆过渡，以期不出现任何形式的非主体结构的裂缝，从而不影响使用及满足心理承受能力。

4．珠海拱北口岸广场，是一座集商业、休闲和交通为一体的大型地下建筑，平面尺寸为 248m×190m，柱网尺寸为 12m×12m 与 16m×12m，地下 2 层，局部 3 层，建筑总面积 113000m^2，不设置伸缩缝。地面层由于地面荷载大及地下一层净高受限制，采用了无粘结部分预应力混凝土无梁平板结构体系，并采用补偿收缩混凝土，强度等级 C35，掺有 UEA 膨胀剂、超塑化剂和粉煤灰，其配合比见表 13.4-2。其中 UEA 掺量为水泥用量的 12%，水泥采用 525 号普通硅酸盐水泥。在后浇带及膨胀（加强）带混凝土强度等级为 C40，UEA 掺量为水泥用量的 15%。

地下一层圆柱直径 900mm，16m×12m 跨板厚 400mm，柱帽高度 800mm，直径 3300mm；12m×12m 跨板厚 350mm，柱帽高度 650mm，直径为 2700mm。地面层分别设置了施工后浇带、施工后浇缝和膨胀（加强）带，其位置布置如图 13.4-9 所示。

补偿混凝土配合比（kg/m^3） **表 13.4-2**

混凝土等级	水	水泥	UEA	粉煤灰	砂	石	超塑化剂
C35、P10	185	322	39	54	692	1082	4.9

混凝土表面初凝时，用扇叶打磨机打磨 2～3 遍，以保证混凝土不产生收缩裂缝。

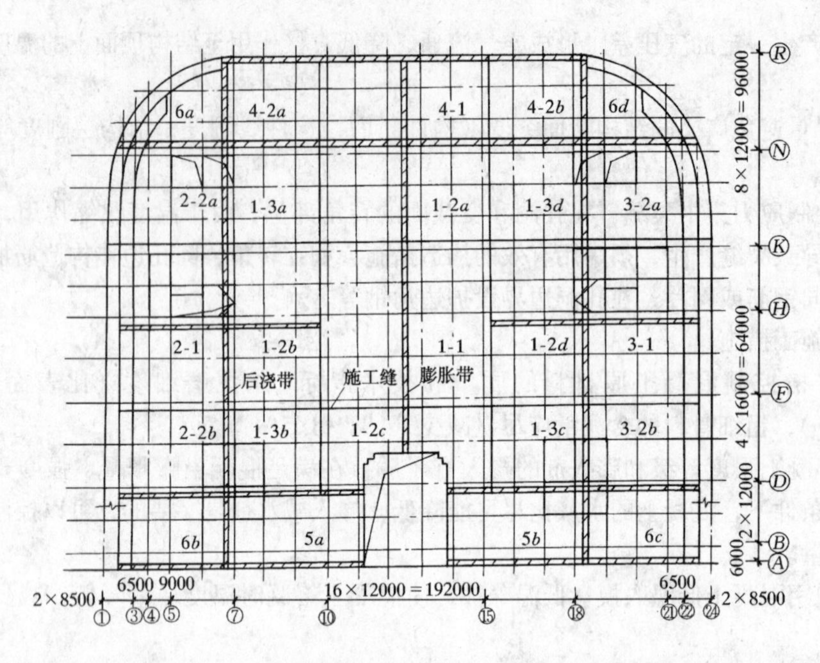

图 13.4-9　（珠海拱北口岸广场）地面层分地施工方法

5. 上海徐家汇8万人体育场，三层环形全天候看台，直径300m现浇大体积混凝土结构，不设置沉降缝、伸缩缝和施工后浇带，混凝土强度等级C35，措施是加强构造配筋、加强养护、分30块跳仓浇注混凝土。在施工过程中曾发现一些轻微裂缝，部分自愈，大部分是无害的，部分裂缝是在变截面及孔洞应力集中处，经处理后结构完全满足使用要求。

6. 北京首都时代广场，地下3层，地上15层，框架—剪力墙结构，柱距分别为13.2m、12m、10.8m，基础埋深为-18.3m，采用筏板基础，板厚1.8m，为抗冲切在柱下设倒柱帽和托板，总厚度为2.4m。筏基长120m，宽108.4m，采用复合膨胀剂UEA—M配制的补偿收缩混凝土C40，配合比（kg/m^3）中，水泥350，粉煤灰60～80，UEA—M50～55。泵送混凝土出机坍落度为18～20cm，初凝时间不早于15小时，因为冬季施工，环境温度低于-5℃，要求混凝土入模温度不低于5℃，出机温度不低于15℃，混凝土中心温度与表面温度之差、表面温度与环境温度之差小于25℃。建筑设计不设卷材防水，要求混凝土自防水，防水达到S20。筏板设纵横两条施工后浇带分成四块，施工后浇带下部设附加卷材，带宽800mm，板高中部新旧混凝土接槎处设止水带。筏板每块混凝土浇注一次完成，分层浇注，两层浇注间歇必须小于混凝土初凝时间，每块浇注时间约70小时，混凝土量约为6000m^3。为防止筏板表面收缩裂缝，混凝土初凝前用木抹子搓压，然后刷一道养护液，以防水分失散，并上盖塑料薄膜和草帘被，确保在14天内保持湿润状态。

7. 北京航华科贸中心，占地面积4.3万m^2，由10栋超高层，高层及多层组成，总建筑面积32万m^2，地下室连成一片，长256m，宽147m，基底分别为-17.41m，-14.80～-12.50m，基础筏板厚2.8m（局部5.2m），设置了沉降后浇带和施工后浇带，其中01楼一块混凝土量7800m^3一次浇注完成，又不准水平分层浇注，为防止由于混凝土内外温差过大而产生裂缝，采用了水化热较低的425号矿渣水泥和大掺量Ⅰ级粉煤灰，每立米水泥用量340kg，粉煤灰100kg，据测定这种配合比的混凝土与常规配合比混凝土相比，水化热降低25%左右。施工时正值炎热的夏天为降低混凝土出机温度，对粗骨料采取浇水冷却、覆盖降温、冰水搅拌等措施，保证了混凝土出机温度不高于30℃。混凝土浇注时采用从短边开始，沿长边斜面薄层浇注的方法，并通过仪器监测混凝土内部温度变化和应力值，用以指导混凝土养护、保温和散热，使混凝土内外温差始终控制在25℃以内。未发现任何温度裂缝，质量优良。

采用UEA膨胀剂配制的膨胀混凝土，超长钢筋混凝土结构在20世纪90年代建成已有100多项。例如，北京当代商城，地下2层，地上12层，长90m，宽90m；广州站前地下商场135m×67m；珠海市三海大厦130m×80m；天津劝业场新楼87m×56m；石家庄北国商城101m×121m；山东商业大厦126m×75.6m；青岛中银大厦100m×70m；厦门市莲花广场174m×71m；丹东国贸大厦111.4m×48m等。

目前微膨胀剂的品种有多种，性能相似，掺量不同。在工程中应用时，不论采用何种产品，应有提供产品的单位进行技术咨询和指导，确保质量达到防裂效果。

13.5 错层结构

1. 错层结构的抗震性能及地震作用下的破坏形态目前缺乏研究，高层建筑结构宜避免错层。当房屋两部分因功能不同而使楼层错开时，宜首先采用防震缝或伸缩缝分为两个独立的结构单元。

2. 错层而又未设置伸缩缝、防震缝分开，结构各部分楼层柱（墙）高度不同，形成错层结构，应视为对抗震不利的特殊建筑，在计算和构造上必须采取相应的加强措施。抗震设计时，B级高度的建筑不宜采用，9度区不应采用错层结构，8度区高度不大于60m，7度区高度不大于80m。

3. 在框架结构、框架—剪力墙结构中有错层时，对抗震不利，宜避免。在平面规则的剪力墙结构中有错层，当纵、横墙体能直接传递各错层楼面的楼层剪力时，可不作错层考虑，且墙体布置应力求刚度中心与质量重心重合，计算时每一个错层可视为独立楼层。

4. 当错层高度不大于框架梁的截面高度时，可以作为同一楼层参加结构计算，这一楼层的标高可取两部分楼面标高的平均值。

当错层高度大于框架梁的截面高度时，各部分楼板应作为独立楼层参加整体计算，不宜归并为一层计算。此时每一个错层部分可视为独立楼层，独立楼层的楼板可视为在楼板平面内刚度无限大。

5. 当必须采用错层结构时，应采用三维空间分析程序进行计算。错层结构在错层处构件要采取加强措施，以免先于其他构件破坏。

6. 错层结构应尽量减少扭转影响，错层两侧宜设计成抗侧刚度和变形性能相近的结构体系，以减小错层处墙柱内力。

7. 错层处框架柱的截面宽度和高度均不得小于600mm，混凝土强度等级不应低于C30，抗震等级提高一级，竖向钢筋配筋率不宜小于1.5%，错层处框架柱也可采用型钢混凝土柱，箍筋体积配箍率不宜小于1.5%，箍筋全柱段加密。

8. 错层处平面外受力的剪力墙厚度不应小于250mm，并宜设置与之垂直的墙肢或扶壁柱，混凝土强度等级不宜低于C30，抗震等级提高一级，水平和竖向分布钢筋的配筋率不应小于0.5%，非抗震设计时不应小于0.3%。

13.6　连体和立面开洞结构

1. 连体（含立面开洞）结构其刚度沿竖向突变，各独立部分宜有相同或相近的体型、平面和刚度。宜采用双轴对称的平面型式。否则在地震中将出现复杂的相互耦连的振动，扭转影响大，对抗震不利。

连体（含立面开洞）结构不应在9度抗震设计的工程中采用，7度、8度抗震设计时，层数和刚度相差悬殊的建筑不宜采用。

为保证连体结构的安全性，8度抗震设计时，连体结构应考虑竖向地震的影响。

2. 由连体结构的计算分析及同济大学进行的振动台试验说明：连体结构自振振型较为复杂，前几个振型与单体建筑有明显不同，除顺向振型外，还出现反向振型，因此要进行详细的计算分析；连体结构总体为一开口薄壁构件，扭转性能较差，扭转振型丰富，当第一扭转频率与场地卓越频率接近时，容易引起较大的扭转反应，易使结构发生脆性破坏；连体结构由于连接部分与下部楼层刚度的不同，在有些情况下结构薄弱部位有可能由结构底部变为楼层中上部接近连接部位处。

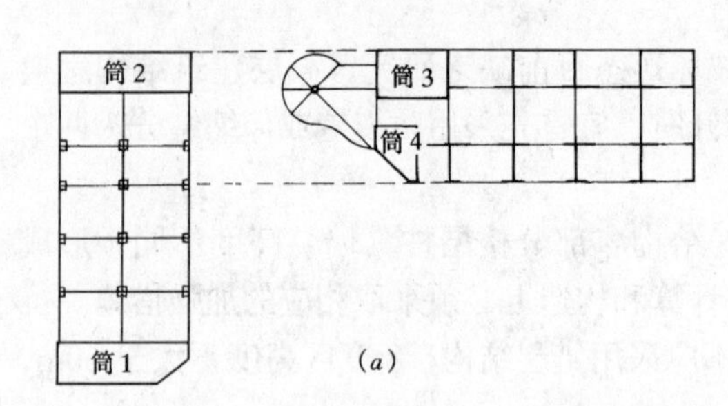

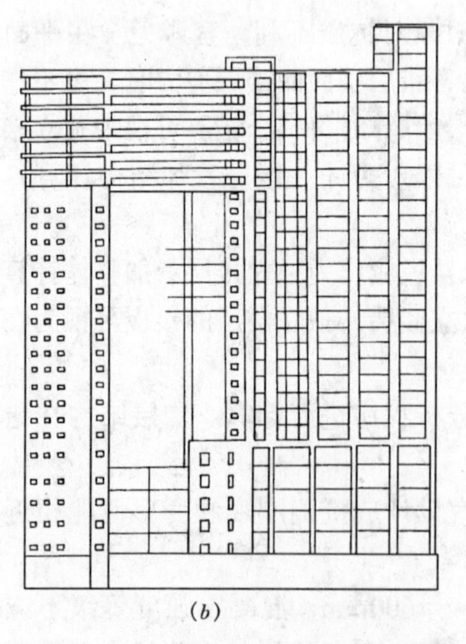

图13.6-1　深圳文锦大厦
(a) 标准层结构平面；(b) 立面图

3. 连接体与主体部分宜采用刚性连接。必要时连接体结构可延伸至主体部分的内筒，与内筒可靠地连接。

连接体结构与主体结构非刚性连接时，支座滑移量应能满足两个方向罕遇地震位移的要求。

4. 连体结构应采用三维空间分析方法进行整体计算。不应切断连接部分，分别进行各主体部分的计算。

5. 连接体应加强构造措施。连接体的楼面可考虑相当于作用在一个主体部分的楼层水平拉力和面内剪力。连接体的边梁截面宜加大，楼板厚度不宜小于150mm，采用双层双向筋钢网，每层每方向钢筋网的配筋率不宜小于0.25%。

连接体结构可设置钢梁、钢桁架和混凝土梁，混凝土梁在楼板标高处宜设加强型钢，该型钢伸入主体部分，加强锚固。

当有多层连接体时，应特别加强其最

下面一至两个楼层的设计和构造。

6. 抗震设计时，连接体及连接体相邻的结构构件的抗震等级应提高一级采用，若原抗震等级为特一级则不再提高；非抗震设计时，应加强构造措施。

7. 工程实例

(1) 图 13.6-1 为深圳文锦大厦。图 13.6-2 为深圳侨光广场大厦。图 13.6-3 为郑州国际商城设计方案，洞口宽度 26m。图 13.6-4 为郑州裕达大厦尖锥形塔之间，用两层的连体部分连接。

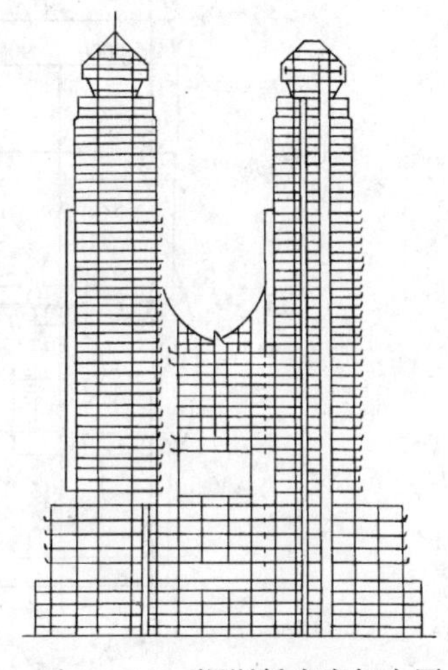

图 13.6-2 深圳侨光广场大厦（52 层，177m）

(2) 上海凯旋门大厦地上 31 层，长 62m，宽 24.3m，高 100m，门洞 76.3m（h）×13.5m，（图 13.6-5），按 7 度抗震设计。上海同济大学进行了 1/25 模型的振动台试验，试验表明如下破坏特征：

1）在多遇地震作用下，结构基本处于弹性阶段，仅部分构件出现微裂缝，设计满足规范要求。

2）在基本烈度地震作用下，结构开裂，塔楼处部分柱钢筋屈服，但结构不会整体倒塌，设计基本满足规范要求。

3）在罕遇地震作用下，结构普遍开裂，塔楼处柱严重破坏，局部丧失承载能力。由于模型相似设计时忽略了重力加速度的作用，所以原型结构的实际震害将更严重。

由于受建筑造型的限制，该结构采用门式结构，不利于抗震，破坏原因主要表现为：

1）由于结构中部开有巨大的门洞，使结构刚度在该部位发生突变，而该部位混凝土强度等级又低于下部结构，从而使结构薄弱部位由传统结构中的底部变为门式结构中的塔楼中下部。

2）由于该结构前几阶频率分布密集，开裂后自振频率下降，高振型与场地卓越频率合拍，造成塔楼中下部严重破坏。

3）结构中部的巨大门洞使结构从总体上看为一开口薄壁杆，抗扭性能较差。但这一结构的扭转振型丰富，第一扭转频率与场地卓越频率接近，引起较大的扭转反应，易使结构发生脆性破坏。

4）结构的扭转频率附近都有平动频率，只要结构的质量和刚度略有不重合，就会引发扭转振动。

按破坏程度结构薄弱部位从强到弱依次为：

1）6～11 层柱；

2）25、26 层门洞处柱（包括吊柱）、梁；

3）12 层以下梁；

4）底部减力墙、柱。

由试验得到以下设计注意事项：

1）结构不利于抗震，薄弱层上移至塔楼中下部。

2）结构自振频率分布密集，且扭转频率附近伴有平动频率，易引发扭转振动，而开洞结构抗扭性能较差。

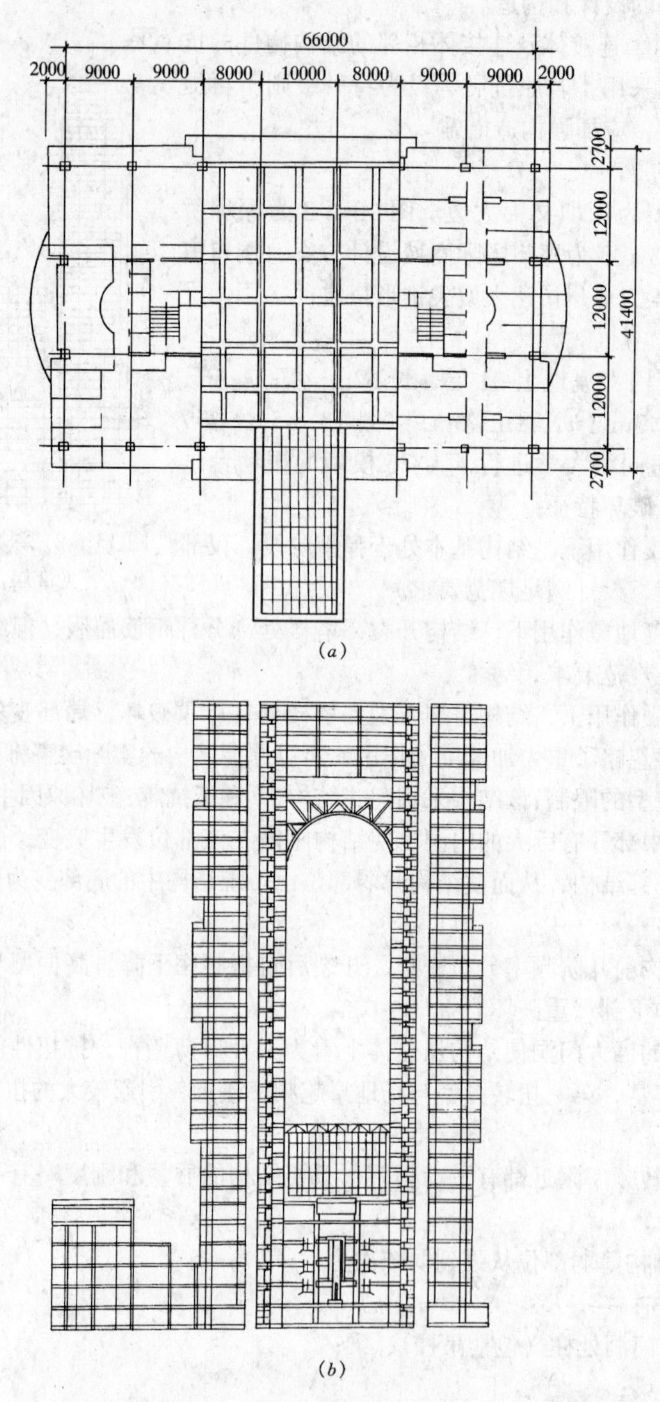

图 13.6-3　郑州国际商城（43层，162m）

（a）标准层平面；（b）立面

3）塔楼中下部结构的首先开裂将导致结构自振频率下降，高振型与场地卓越频率合拍，引起较大的高阶反应，而这种反应在结构中下部反应最大，从而引起更大的开裂，形成恶性循环，造成更大的破坏。

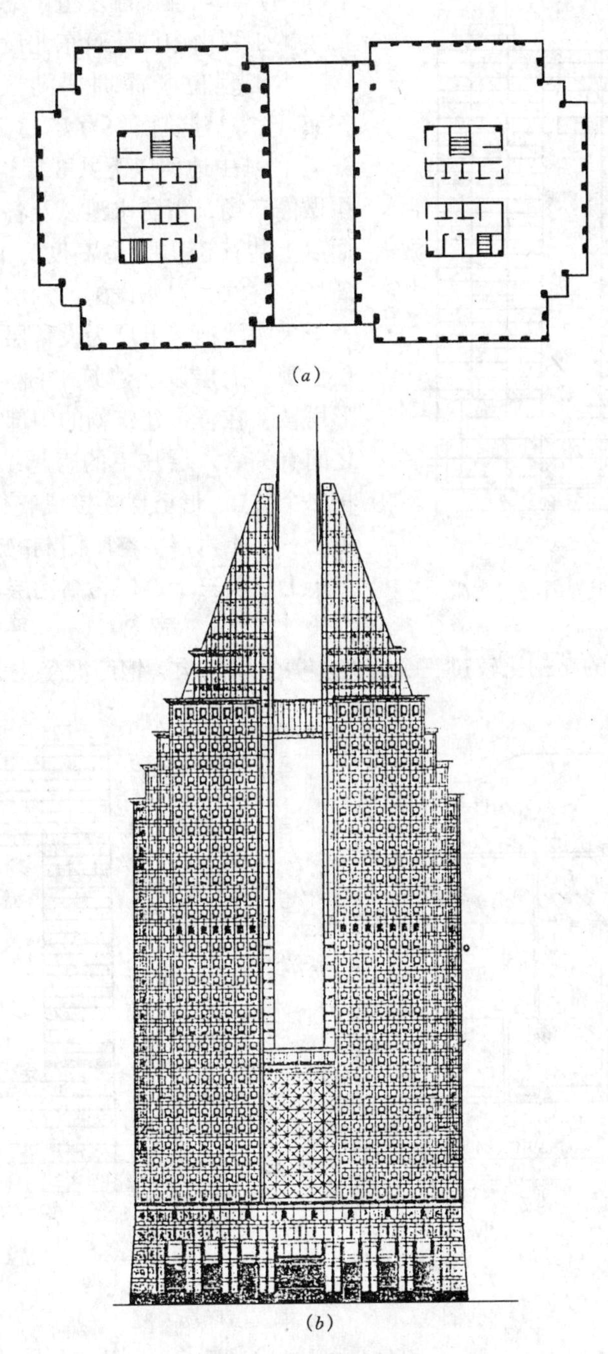

图 13.6-4 郑州裕达大厦(47层,191m)
(a)平面;(b)立面

当受建筑造型限制,必须采用门式结构时,应注意以下几点:

1)尽量使结构刚度和质量沿二水平主轴对称,避免扭转。

2)加强二塔楼中下部结构的强度和延性,不宜在该部位降低混凝土等级。

3)有条件时,可采用积极抗震方法,加大结构阻尼,减少结构地震反应。

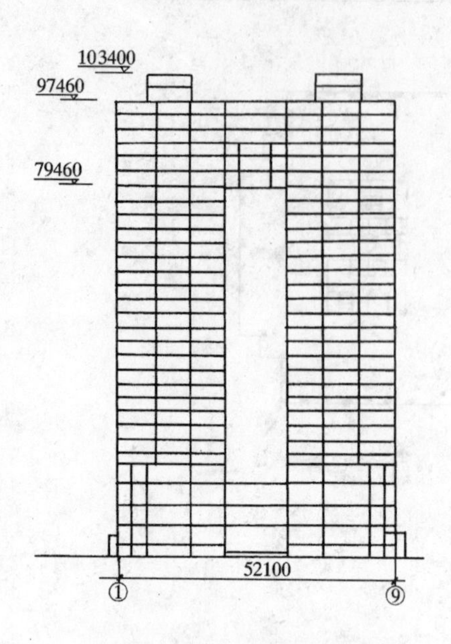

图 13.6-5　上海凯旋门大厦

(3) 深圳佳宁娜友谊广场大厦

本工程由中国建筑东北设计院设计。

本工程位于深圳罗湖区，工程占地面积为7355m²，总建筑面积为13.3万m²。建筑总层数为38层，其中地面以下共3层，深为16.85m，主要用做停车场，消防水池以及各专业的设备用房，地面以上共有35层，总高度为105.5m，一至五层为商场、餐饮、娱乐设施，六层为屋顶花园，网球场及露天游泳池，七层为设备层，八至三十五层为高层公寓，七层以上建筑平面为二个反对称的"L"形塔楼，在整个建筑物的中部，二十七～三十四层之间有一个六层住宅的跨越结构，跨度为25.2m，将二个"L"形塔楼连接成整体，在立面上形成了由七～二十六层为空旷门洞的效果，其中跨越体的二十七层及三十四层为结构层。该工程总平面尺寸为长116.4m，宽89.1m，平面及剖面示意见图13.6-6。跨越部分的结构比较过三个方案：剪力墙结构、钢筋混凝土大梁和钢大梁。在跨

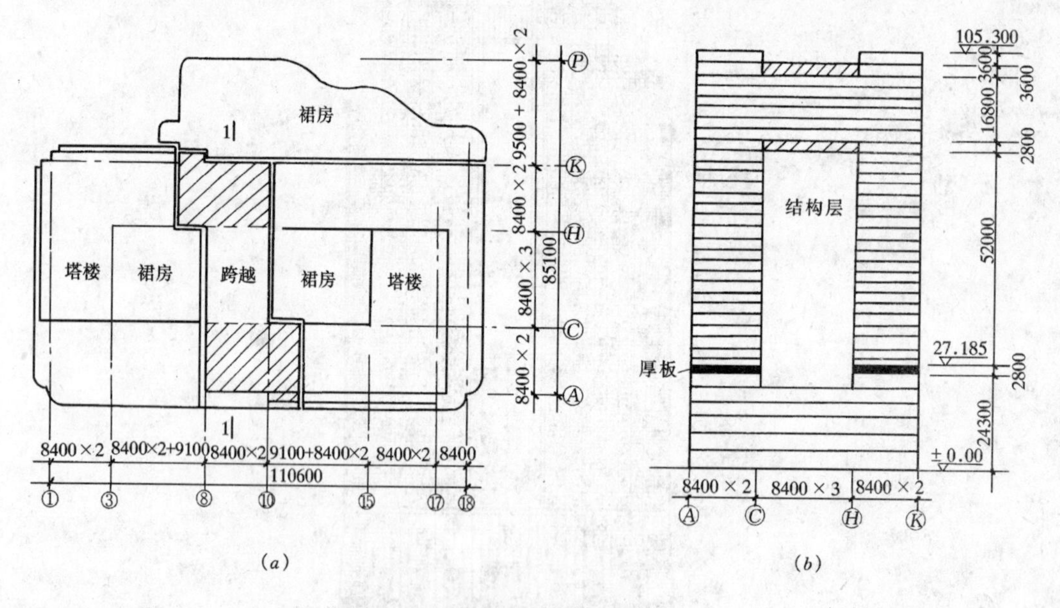

图 13.6-6　佳宁娜友谊广场大厦

(a) 平面；(b) 剖面

越部分利用结构本身的剪力墙作为主要承重构件，用该部分的内外墙，使其在沿跨度方向上形成六层高的钢筋混凝土空腹桁架或深梁作用自承重。此时要求跨越部分的内外墙必须整齐、连续，墙体开洞率的限制比较严格。但是，由于本工程的跨越部分为公寓，平面进深较大为16.8m，从平面上看，其边上开有多道采光的凹天井，致使剪力墙无法连续，因此，此方案难以实现，除非建筑方案做出原则性的调整，如改为办公、会议、活动中心等

等。如引入巨型框架的概念，在二十七层及三十四层结构层处各设置一层2.8m高的大型托吊构件，沿宽度方向设五道，二十八～三十三层的承重结构选用全钢纯框架结构，框架柱在上下二端部与托吊构件连接成整体构成一空间结构体系。这样做就完全满足了建筑的使用功能要求，但随之而来的，托吊构件的设计选型便成了关键。

如果采用预应力钢筋混凝土大梁，施工的难度较大，钢筋的张拉，混凝土的浇注，模板的支护均有一定的困难，且其自重很大，对抗震不利。此外，内框架钢柱与托吊大梁的连接尤其是三十四层处的吊梁与内柱的连接节点很难处理，所以不宜采用混凝土梁，而采用钢桁架作为托吊构件，其杆件的空间拼装焊接，挠度的控制，支座的处理均存在一定的困难。实际设计采用了钢-混凝土组合梁，较好地解决了上述矛盾。跨越部分各层楼板仍采用现浇钢筋混凝土楼板，跨度部分的大梁及内框架的柱网平面布置如图13.6-7所示。

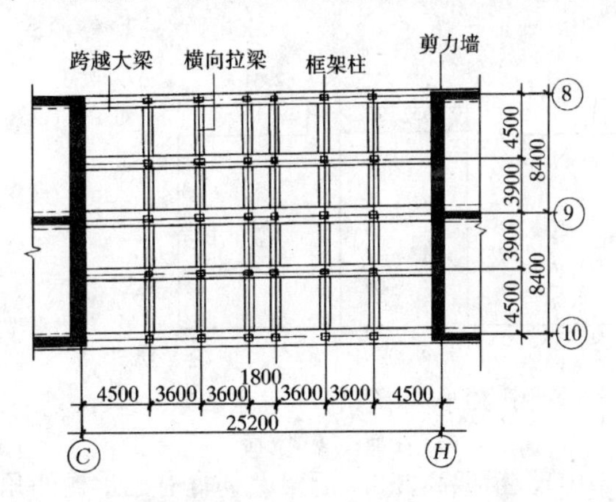

图13.6-7 跨越结构平面布置

目前，一般国内的高层建筑实际采用的整体计算分析方法，如三维杆件空间分析方法和协同工作分析方法，基本上都假定楼板在其平面内刚度为无限大，建筑物为线弹性结构，并可离散化为多质点系。在通常情况下，建筑物楼面整体性比较好，能够符合假定的要求。

但是，由于工程在七～二十七层范围内，二高层塔楼之间无楼板相连完全断开，而在裙房一～六层及跨越部分二十八～三十四层之间又联为一体。因此，结构体系不再是简单的多质点体系，而应为一多质点的并联复合体系，见图13.6-8。

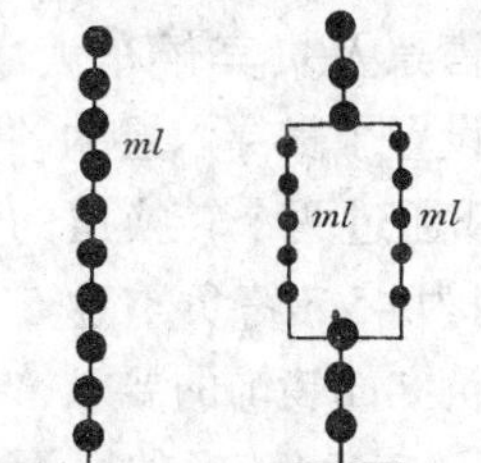

ml ml ml

多质点体系 并联复合体系

图13.6-8 计算模型

实际计算时，对七～二十七层二高层塔楼，每一塔楼之楼板仍视其为一刚性膜，各给出其沿结构主轴方向独立的三个自由度，而在裙房及跨越部分其二者又合为一个整体。计算程序采用了大连工学院编制的DASTAB程序。该程序以弹性力学有限单元法为原理，从三维动力方程出发，应用反应谱理论推导出了空间结构在任意方向的地面加速度。

（4）北京西客站主站房工程，由北京市建筑设计研究院设计。

1）主站房综合楼建筑东、西全长739m，南北宽103m，平面呈槽形，中央部分为主体建筑，长161m，地下二层地上17层，在中部设置一设备层，为框支剪力墙巨型结构体系，主体结构高62.31m，地铁在其中轴下穿越，使中央主体建筑分别坐落在地铁两侧，形成一个宽45m，高52m的大门洞，门洞上方为一底座27m×27m见方，高40m的传统门楼，门楼宝顶高程为103m，是建筑群的最高点。门洞的门楣部分为矢高8m，净跨43.8m的预应力钢桁架，承托全部门楼重量，门楼为钢框架结构（图13.6-9）。

北京西站主站房是“国门”的象征，故在其正中设有一大“门洞”，“洞”高52.3m，东西宽（跨度）45m，南北厚28.8m。“门楼”由4榀预应力主桁架和30榀次桁架组成(图

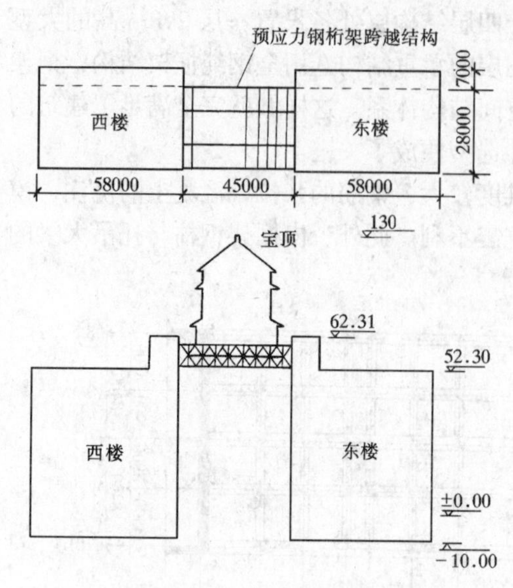

图 13.6-9　北京西客站主站房
（a）平面；（b）立面

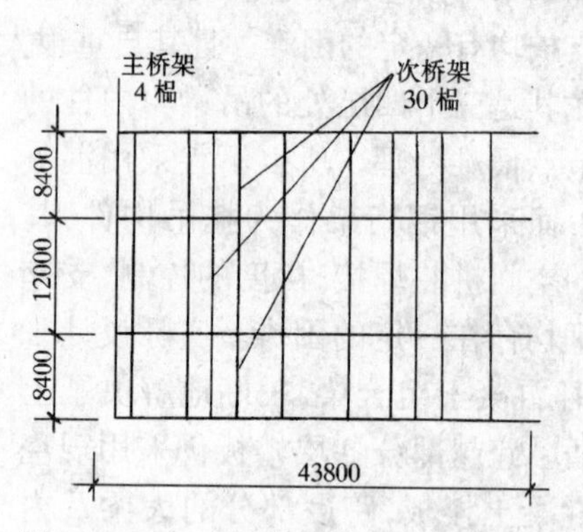

图 13.6-10　主站房门楼预应力桁架平面

13.6-10），桁架高8m。桁架上部置有三重檐四角钢亭。桁架及钢亭自重约1600t，整个钢结构重达5000t以上，为巨型的大跨重载钢结构工程。经过多方案的比较论证和优化分析，决定对4榀主桁架采用先进的预应力钢结构技术。

2）主站房中央主体结构的抗震设计

主站房中央主体结构由东、西两楼及中央门楼组成，中央门楼由跨度为45m的钢桁架以及上部的40m高的门楼组成，东、西两楼通过钢桁架相连，形成一个抗震计算单元（图13.6-9）。主楼内部由于建筑功能要求，下部为旅客进出站，售票及贵宾候车大厅，是大空间结构，上部乘务员公寓为小开间剪力墙结构，中段公寓又设置了贯穿六层的“共享空间”，因此必需在共享空间的上、下设置两个转换层，竖向荷载通过两个转换层的大梁传至下部，水平荷载通过两个转换层楼板传至剪力墙。两楼中间为45m跨负重达5千吨的钢桁架与两楼相连。为控制地震作用时的结构变形以及满足建筑立面装饰的要求，钢架与主体采用刚性连接，因此形成一个对抗震不利，极为复杂的三次空间转换的巨形结构。主体结构地震力分析按二阶段设计，第一阶段按8度抗震，主要解决结构强度问题，计算简图的假定是考虑到东、西楼刚度比钢桁架大，因此钢桁架对两楼的约束和钳制作用不明显，可以认为在地震作用下两楼基本为独立振动，因此将两塔分别作为独立建筑，利用空间杆系薄壁结构设计软件进行内力变形分析；在整体分析基础上，对关键部位如“共享空间”，巨型结构及支承钢桁架的筒体分片取出，施加竖向荷载，桁架的竖向和水平反力以及在整体分析计算中得出的相应各层的水平地震力，利用平面有限元分析软件，进行内力及局部应力分析，综合两者计算结果，进行配筋及相应构造措施。地震作用内力，变形的基本参数为：东、西楼结构总层数20层，总高度79.35m（包括地下二层）。主要计算结果如表13.6-1所列。

第二阶段弹塑性分析是使用三维非线性动力分析程序CANNY-E。此程序考虑了材料非线性变动轴力与双向弯曲之间的相互作用，进行二维和三维的静力和动力分析，分析时对不同的结构构件根据其受力特性，选择了不同的杆系模型。

表 13.6-1

	振型	X 方向	Y 方向
周期（s）	1	0.84024	0.99166
	2	0.26869	0.30816
	3	0.12286	0.144
底部剪力（kN）		31960	29400
顶点位移（m）		0.05466（1/1287）	0.06577（1/1069）
最大层间位移角		1/896（第 6 结构层）	1/793（第 6 结构层）

梁：对于刚性平面假定，梁作为水平构件，梁两端柱在楼层平面内没有相对变形，因而梁不考虑沿轴向力的影响，把梁作为纯弯构件计算。

柱：柱的弯曲计算模型为多弹簧模型确定，模型参数包括总体参数（如编号，惯性矩，弹性模量等）及弹簧参数，其中弹簧参数是把一个柱单元组成两类弹簧：混凝土弹簧和钢筋（含劲性钢）弹簧，每个柱截面人为分割后分别由上述两类弹簧构成，计算过程中柱截面内弹簧按平面假定协调计算。柱的剪切及轴压均为弹性模型，由各相应参数确定。

剪力墙：剪力墙的剪切为弹性模型，弯曲是单轴的弯曲模型，仅承受平面内的弯曲，在平面外没有抗弯能力，轴向是 CANNY 轴刚度模型。本次动力分析选用二类波形。

ELCENTRD 波　　加速度 a_{max}采用 70gal 及 170gal 二种计算。

TAFT 波　　按原加速度（21E：152.69gal；69E175.94gal）

3）预应力钢桁架跨越结构设计

a. 预应力束的配置

北京西站主站房门楼的承重结构平面布置如图 13.6-11 所示。它由 4 榀 45m 跨的预应

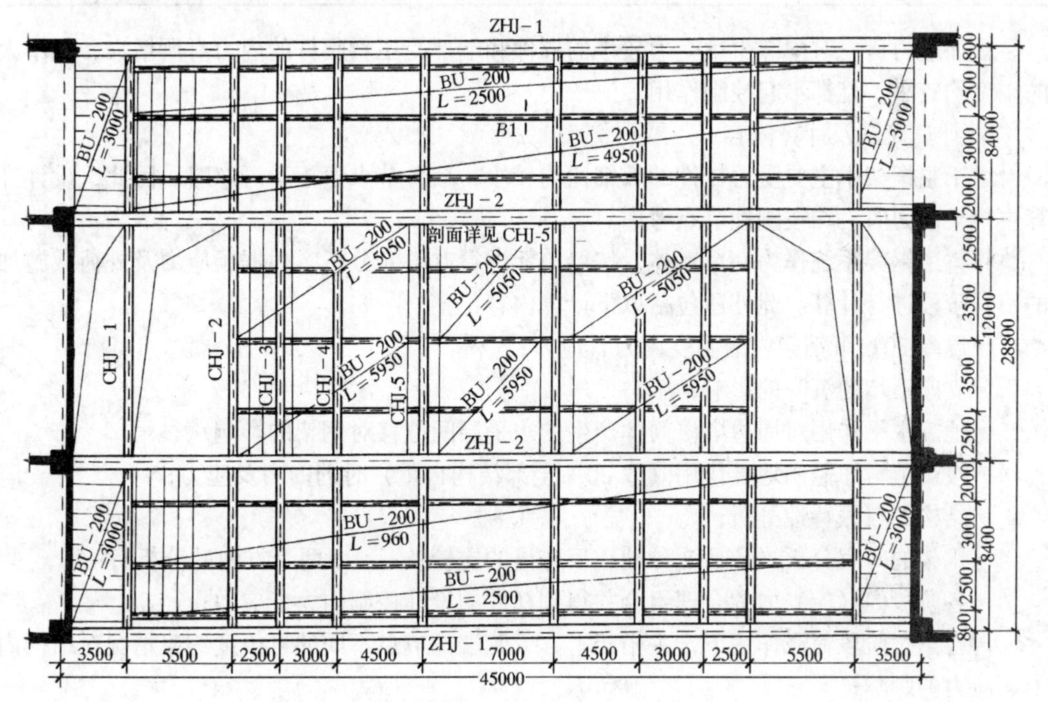

图 13.6-11　西客站主站房连接体钢结构布置

力钢桁架（边桁架和中部桁架各2榀）和30榀次桁架及楼盖结构组成。其中中部主桁架（每榀）承受的荷载高达17600kN。这4榀主桁架不仅承受的荷载特大，而且受力复杂。它可分为两个受力阶段：①在现场拼装完后的整个提升过程中，两端铰支，承受上部钢亭阁传来的荷重；②当钢桁架整体提升到位后，主桁架两端上、下弦节点均固定于两侧筒体的劲性钢柱上。接着才进入正常工作状态，随后继续承受其恒载、活载。因此，主桁架各杆件受力很不均匀，且各阶段的内力变化也较大。为此，设计配置了3组预应力束：下弦中部直线束，上弦边部直线束和通过上弦和下弦的折线束（图13.6-12）计算和试验表明：对主桁架分阶段施加预应力后，主桁架上、下弦杆的内力有较大幅度的降低，均匀性有所缓和，大部分斜腹杆的内力也有不同程度减小。同时挠度也有所减小（跨中挠度由20.2mm减至6.8mm），预加应力的效果明显（表13.6-2）。

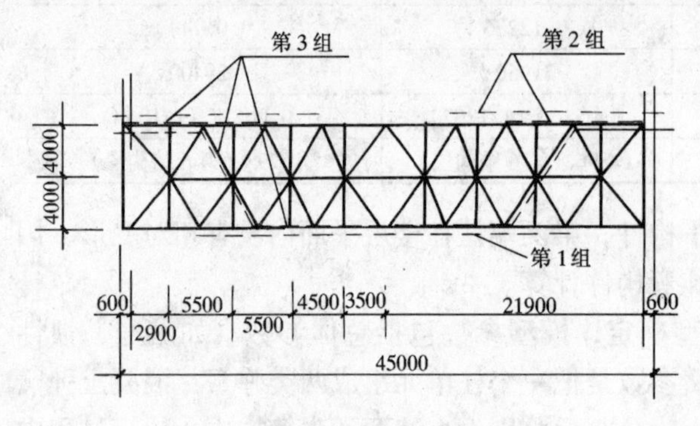

图13.6-12　钢桁架预应力束布置

预加应力前后中部主桁架各主要杆件的内力变化　　**表13.6-2**

杆件部位	张拉预应力前内力（kN）	张拉预应力后内力（kN）
上弦跨中杆轴力	−3655	603
上弦端部杆轴力	5395	1612
下弦跨中杆轴力	3491	1995

预加应力后，对中部少量受力较小的杆件和端部受压斜腹杆的内力有所增大，但增大的幅度均较小，且都不起控制作用。

b. 计算简图及计算内容

由于主桁架中主要受力杆件的长细比均较小，故各节点弯矩不可忽略。因此，设计计算主桁架内力时，均按刚性节点考虑。

将整个钢架系统作为一个整体，按梁单元进行有限元分析，根据预应力及外荷载施加的不同阶段进行计算。此外还包括以下计算内容：

• 温差30℃下钢架内的温度内力、应力；

• 支座不均匀沉降的影响；

• 地震水平作用对周边塔楼筒体产生的水平层间位移对钢架的影响；

• 按规范考虑竖向地震作用（取20%全部结构自重）时的内力及应力；

• 结构的自振特性分析；

• 钢架的时程分析（包括2种地震反应谱的比较及x、y两个方向的分析）；

• 各阶段内（应）力的合理组合并得到杆件的设计控制内力、应力；

• 在第二阶段荷载作用下，主桁架上、下弦端部节点不同的自由度约束情况对结构内力、应力的影响；

• 中部主桁架下弦端部节点、节点板的有限元分析；中部主桁架上弦端节点当进行第

2、3 组预应力束张拉时，两侧筒体中实腹板悬臂钢柱的有限元分析。

计算分析表明：

• 在正常使用状态主桁架杆件的总体应力水平并不高，如中部主桁架除支座处受压斜腹杆应力达 -138N/mm^2，上弦中部杆件达 $-124\sim150\text{N/mm}^2$ 外，其余杆件均小于 100N/mm^2（绝对值）。

• 30℃温差作用下，主桁架上、下弦及中部水平杆、端部斜腹杆受力较大，其余斜腹杆、竖杆的温度应力较小，因此为缩小温差，桁架外侧有必要采用防火、保温材料包裹。

• 主桁架两侧劲性混凝土筒体出现支座不均匀沉降所产生的杆件内（应）力均很小。

• 该预应力钢桁架结构体系在地震作用下的计算分 x、y 两个方向进行，同时考虑竖向地震的影响，计算了由筒体水平层间位移 $\Delta H=5\text{mm}$ 情况下产生的内力以及用 20% 结构荷载作为竖向地震作用产生的内力。对钢架系统的自振特性也作了分析，并采用了 el-Centro 波和 XK 谱两种反应谱进行动力分析，但总体应力水平较低。此外，对施工整体提升的工况也作了计算。

在上述计算基础上进行荷载及内力组合，得到供选择用的杆件控制内力。根据计算结果，主桁架由以下两种组合起控制作用：

第一阶段内力（含荷载及第 1 组预应力束产生的内力）+ 第二阶段内力（含荷载及第 2、3 组预应力束产生的内力）+ 温度内力；

[(第一阶段内力 + 第二阶段内力 ×0.9 + 温度内力 + x 方向(主桁架轴线方向)地震内力]×0.8。

主桁架所有杆件均为焊接 H 型组合截面，16Mn 钢。按实际杆件和断面尺寸输入计算，结果显示所有杆件应力水平较低，有足够的安全储备。

主桁架设计控制内力见图 13.6-13。

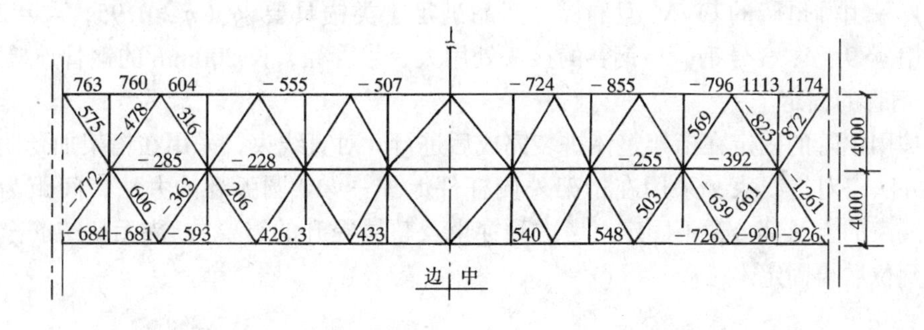

图 13.6-13 桁架内力设计控制值

c. 截面选择与连接设计

对于主桁架的上、下弦杆，由于它们通过盖板以及焊接栓钉与混凝土楼板组合在一起，加上各榀次桁架的侧向支撑作用，因此，无论弦杆主轴平面内、外，其稳定性是有足够保证的，可仅计算其强度。

对腹杆需要考虑杆件的稳定问题，但对于受力较大的腹杆，由于平面尺寸较大，长细比较小，稳定系数较大，一般在 0.75 以上，故其稳定问题不大。

根据扩初设计阶段计算，考虑受力及连接构造要求，主桁架杆件截面形式均采用 H 型（用钢板焊接而成）。考虑到次桁架上、下弦杆与上部钢亭阁及楼面梁、板的连接，杆件截面采用工形，同样其整体稳定是有保证的；次桁架腹杆截面采用H形，其稳定计算应引起注意。翼缘的外伸宽厚比或腹杆高厚比均应满足局部稳定要求。

主桁架的连接，原则上采用焊接连接。对16Mn钢，采用低氢型焊条，现场拼接部分采用焊接与高强螺栓连接相结合的手段，并保证等强要求。为了减小主桁架中部节点（4.0m高处）尺寸，降低次弯矩的影响，采用了节点板与腹杆翼缘等强度对接焊接。对于腹杆腹板伸入节点板的特殊节点，经东南大学的试验验证，能够满足受力要求。

由于整个预应力钢架必须经整体提升后，才与两侧筒体的劲性钢柱相连接，因此，主桁架上、下弦端节点与两侧钢柱无法直接连接，故采用与中部节点相同形式的节点，即上、下弦杆翼缘及支座斜腹杆翼缘直接与节点板对接，再通过两块盖板与劲性钢柱现场焊接连接。由于节点板及盖板尺寸较大，盖板与节点之间除用围焊角焊缝外，还采用了槽焊缝，以保证连接强度及贴合紧密。盖板与劲性钢柱翼缘，用剖口对接焊，并且与劲性钢柱的腹杆在同一位置，保证传力可靠。对上下弦端部节点，考虑到安装及传递较大的竖向反力的需要，设置了牛腿。牛腿承受最不利竖向剪力及由偏心产生的弯矩。

4）预应力施工

预应力钢桁架共4榀，其中2榀为ZKJ1，每榀配置14束6Uϕ^j15，采用OVM15-6型锚具锚固；另2榀为ZHJ2，每榀配置14束9Uϕ^j15，OVM15-9型锚具。鉴于本工程有较高的防火防腐要求，预应力筋采用较厚包皮的无粘结钢绞线，外面套ϕ89×4的钢管，预应力束张拉后在钢管内灌注水泥浆。

a．预应力材料

无粘结预应力筋采用$f_{ptk}\geqslant 1860\text{N/mm}^2$的低松弛钢绞线，钢绞线涂油后经高密聚乙烯塑料包裹而成。为提高防腐能力，本工程无粘结预应力筋的塑料包皮厚度由1.0±0.2mm提高到1.2±0.1mm。

锚具采用柳州产的OVM型群锚，产品满足Ⅰ类锚具要求（$\eta\geqslant 0.95$，$\varepsilon_u=2.0\%$）。钢管采用ϕ89×4，3号钢，与钢管的接头处用大一号管径、长200mm的钢管连接。

b．钢管的固定

防护用钢管的固定在桁架整体拼装完成后进行。对直线束，采用在桁架加劲肋处开洞搁置的办法；对折线束，采用在桁架外侧杆件上焊－ϕ10圆弧环的办法，间距为1.0m。其中折线束的上弦部分暂不固定（考虑到穿束及整体提升的需要），待无粘结筋全部穿入并提升到位后再固定。

c．穿束

预应力钢桁架全部预应力筋的穿束，均在标高为7.79m的拼装平台上进行，并在整体提升前完成。对于直线束，可用人工方便地穿入；对于折线束，由于场地限制加之曲折较多，采取在桁架中部向两端穿束的办法，中部采用大一号直径钢管，长2m，穿束前先套在细管上，待两端全部穿束完成后就位。

原设计在折线束圆弧过渡处采用开口半圆环钢管，以方便穿束。通过工程实践，如在桁架中部向两端穿筋，则不用开口，并省去穿束后的钢管密封工作。

d．预应力张拉

本工程原设计采用YCQ-200型千斤顶张拉，计算时，取锚具回缩值$a=5$mm，施工时整个工程均采用YCN-25D前卡式千斤顶进行张拉。

预应力筋张拉程序采用 $0 \rightarrow 0.2\sigma_{con} \rightarrow 0.6\sigma_{con} \rightarrow 1.0\sigma_{con}$（锚固）方法。张拉控制应力 $\sigma_{cos}=0.7f_{ptk}$，单束张拉力 $P=1320\times140/1000=182$kN。

预应力张拉必须对称、同步进行：对于下弦直线束，应在桁架两端对称地进行；对于上弦直线束应在桁架提升就位后，在桁架中部分别对两端进行对称的一端张拉；对于折线束则应在提升就位后在桁架的两端各置一台千斤顶，对两束同步张拉（一端张拉），张拉至设计值后再分别在另一端补足。

e. 灌浆

本工程灌浆的目的主要是用于防火，灌浆用的水泥采用525普通硅酸盐水泥，水灰比为0.45，下弦直线束在张拉完毕后和整体提升前进行，上弦直线束及折线束在提升就位并张拉至设计值后灌浆。

13.7 幕　墙

13.7.1 概述

1. 幕墙按材料可分为玻璃幕墙、铝板幕墙、钢板幕墙、混凝土幕墙、塑料板幕墙和石材幕墙等。

2. 玻璃幕墙是近代科学技术发展的产物，是现代主义高层建筑时代（1950～1980）的显著特征。最初采用玻璃幕墙具有代表性的建筑是50年代建成的纽约利华大厦和联合国大厦。60～70年代，国外有名的高层建筑美国芝加哥西尔斯大厦（110层，442m高）和汉·考克大厦（100层，344m高），都采用了明框玻璃幕墙。

香港地区是采用玻璃幕墙用做高层建筑外装饰最集中的城市之一。1988年建成的中国银行大厦（72层，结构高316m，建筑高度368m）采用了蓝灰色明框玻璃幕墙。

我国高层建筑第一幢采用玻璃幕墙是1985年建成的北京长城饭店。此后，深圳国际贸易中心、深圳发展中心、北京京广中心、北京国际贸易中心、上海瑞金大厦、上海国际贸易中心等建筑，大面积采用了玻璃幕墙。

国内已建成的最高建筑物中，采用幕墙的情况如表13.7-1所列。在表中的这些建筑中，除京城大厦采用钢筋混凝土预制幕墙板外，其余多为玻璃幕墙或玻璃幕墙加铝板幕墙。

国内已建成最高的采用幕墙的建筑物（1995年底）　　**表13.7-1**

建筑物名称	地点	层数	高度(m)	主体结构	幕　墙
地王商业大厦	深圳	81	325	S+RC	绿色镀膜中空，横框竖隐，部分铝墙板
中天广场大厦	广州	80	320	RC	蓝灰色镀膜中空，横框竖隐，部分铝墙板
京广中心	北京	57	208	S	银灰色镀膜中空，明框
广东国际大厦	广州	63	200	RC	铝墙板加茶色水平带状窗
京城大厦	北京	52	183	S	钢筋混凝土预制板幕墙
发展中心大厦	深圳	43	165	S+RC	蓝色镀膜全隐框，顶部铝墙板加水平带状窗
国际贸易大厦	深圳	50	160	RC	铝墙板加竖向带状窗
新金桥大厦	上海	42	160	S	蓝灰色镀膜横框竖隐

续表

建筑物名称	地点	层数	高度(m)	主体结构	幕　　墙
国际贸易大厦	北京	39	155	S	茶色玻璃，明框
新锦江大酒店	上海	46	153	S	铝墙板加明框银灰镀膜玻璃
国际贸易中心	广州	38	146	RC	银蓝镀膜横框竖隐
静安希尔顿酒店	上海	43	140	S+RC	铝墙板
国际贸易中心	上海	37	134	S	蓝灰镀膜明框
世界贸易中心	广州	36	120	RC	银灰镀膜明框

注：S—钢结构，RC—钢筋混凝土结构。

3．结构设计的一般原则

1）幕墙主要构件应悬挂在主体结构上，斜墙和玻璃屋顶可悬挂或支承在主体结构上。幕墙应按围护结构设计，不承受主体结构的荷载和地震作用；

2）幕墙及其连接件应有足够的承载力、刚度和相对于主体结构的位移能力，避免在荷载、地震和温度作用下产生破坏、过大的变形和妨碍使用；

3）非抗震设计的幕墙，在风力作用下其玻璃不应破碎，且连接件应有足够的位移能力使幕墙不破损，不脱落；

4）抗震设计的幕墙，在常遇地震作用下玻璃不应产生破损；在设防烈度地震作用下经修理后幕墙仍可使用；在罕遇地震作用下幕墙骨架不应脱落；

5）幕墙构件设计时，应考虑在重力荷载、风荷载、地震作用、温度作用和主体结构位移影响下的安全性。

为了实现上述对玻璃幕墙结构设计的基本原则，要考虑结构设计中的许多措施。

4．幕墙是建筑物的外围护构件，主要承受自重、直接作用于其上的风荷载、地震作用，以及温度作用。其支承条件须有一定变形能力以适应主体结构的位移，当主体结构在外力作用下产生位移时，不应使幕墙产生过大内力。

对于竖直的建筑幕墙，风荷载是主要的作用，其数值可达2.0～5.0kN/m^2，玻璃产生很大的弯曲应力。而建筑幕墙自重较轻，即使按最大地震作用系数，也不过是0.1～0.3kN/m^2，远小于风力，因此，对幕墙构件本身而言，抗风是主要的考虑因素。

但是，地震是动力作用，对连接节点会产生较大的影响，使连接发生震害，而使建筑幕墙脱落、倒塌，所以，除计算地震作用力外，构造上还必须予以注意。幕墙及其连接件应具有承载能力、刚度和相对于主体结构的位移能力，并应采用弹性活动连接。

5．幕墙构件的设计，在重力荷载、设计风荷载、设防烈度地震作用、温度作用和主体结构变形影响下，应具有安全性。

6．幕墙构件应采用弹性方法计算内力与位移，并应符合下列规定：

(1) 应力或承载力

$$\sigma \leqslant f$$

或

$$S \leqslant R \tag{13.7.1-1}$$

(2) 位移或挠度

$$u \leqslant [u] \tag{13.7.1-2}$$

式中 σ——荷载或作用产生的截面最大应力设计值；

f——材料强度设计值；

S——荷载或作用产生的截面内力设计值；

R——构件截面承载力设计值；

u——由荷载或作用标准值产生的位移或挠度；

$[u]$——位移或挠度允许值。

7. 当构件在两个方向均产生挠度时，应分别计算各方向的挠度 u_x、u_y，u_x和 u_y均不应超过挠度允许值 $[u]$：

$$u_x \leqslant [u] \tag{13.7.1-3}$$

$$u_y \leqslant [u] \tag{13.7.1-4}$$

8. 组合幕墙采用硅酮结构密封胶时，其粘结宽度和厚度计算应按现行行业标准《玻璃幕墙工程技术规范》(JGJ 102) 的有关规定进行。

13.7.2 荷载和作用

1. 幕墙材料的自重标准值应按下列数值采用：

矿棉、玻璃棉、岩棉 $0.5 \sim 1.0\text{kN/m}^3$

钢材 78.5kN/m^3

花岗石 28.0kN/m^3

铝合金 28.0kN/m^3

2. 幕墙用板材单位面积重力标准值应按表 13.7-2 采用。

板材单位面积重力标准值（N/m²） **表 13.7-2**

板　材	厚 度 (mm)	q_k (N/m²)	板　材	厚 度 (mm)	q_k (N/m²)
单层铝板	2.5 3.0 4.0	67.5 81.0 112.0	不锈钢板	1.5 2.0 2.5 3.0	117.8 157.0 196.3 235.5
铝塑复合板	4.0 6.0	55.0 73.6			
蜂窝铝板（铝箔芯）	10.0 15.0 20.0	53.0 70.0 74.0	花岗石板	20.0 25.0 30.0	500～560 625～700 750～840

3. 作用于幕墙上的风荷载标准值应按下式计算，且不应小于 1.0kN/m^2：

$$w_k = \beta_{gz}\mu_Z\mu_S w_0 \tag{13.7.2-1}$$

式中 w_k——作用于幕墙上的风荷载标准值 (kN/m^2)；

β_{gz}——阵风系数，可取 2.25；

μ_S——风荷载体型系数。竖直幕墙外表面可按 ± 1.5 采用，斜幕墙风荷载体型系数可根据实际情况，按现行国家标准《建筑结构荷载规范》GB 50009 的规定采用。当建筑物进行了风洞试验时，幕墙的风荷载体型系数可根据风洞试验结果确定；

μ_Z——风压高度变化系数，应按现行国家标准《建筑结构荷载规范》GB 50009 的规定采用；

w_0——基本风压（kN/m^2），应根据按现行国家标准《建筑结构荷载规范》GB 50009的规定采用。

在施工过程中，由于楼层尚未封闭，在幕墙的室内表面会产生风压力或风吸力；此外，在建成的建筑物中，也会由于窗户开启或玻璃破碎使室内压力变化，从而在幕墙室内侧产生附加风力。这风力的大小与开启面积大小有关，国外各规范的取值相差较大。如美国规范，当幕墙的开启率超过其墙面的10%以上，但不超过20%，室内内压系数为+0.75，-0.25；其他情况为+0.25，-0.25。

4. 荷载或作用的分项系数应按下列规定采用：

(1) 进行幕墙构件、连接件和预埋件承载力计算时：

重力荷载分项系数 γ_G：1.2

风荷载分项系数 γ_w：1.4

地震作用分项系数 γ_E：1.3

温度作用分项系数 γ_T：1.2

(2) 进行位移和挠度计算时：

重力荷载分项系数 γ_G：1.0

风荷载分项系数 γ_w：1.0

地震作用分项系数 γ_E：1.0

温度作用分项系数 γ_T：1.0

5. 当两个及以上的可变荷载或作用（风荷载、地震作用和温度作用）效应参加组合时，第一个可变荷载或作用效应的组合系数应按1.0采用；第二个可变荷载或作用效应的组合系数可按0.6采用；第三个可变荷载或作用效应的组合系数可按0.2采用。

6. 结构设计时，应根据构件受力特点、荷载或作用的情况和产生的应力（内力）作用的方向，选用最不利的组合。荷载和作用效应组合设计值，应按下式采用：

$$\gamma_G S_G + \gamma_w \psi_w S_w + \gamma_E \psi_E S_E + \gamma_T \psi_T S_T \tag{13.7.2-2}$$

式中 S_G——重力荷载作为永久荷载产生的效应；

S_w、S_E、S_T——分别为风荷载、地震作用和温度作用作为可变荷载和作用产生的效应。按不同的组合情况，三者可分别作为第一、第二和第三个可变荷载和作用产生的效应；

γ_G、γ_w、γ_E、γ_T——各效应的分项系数，应按本节第4条的规定采用；

ψ_w、ψ_E、ψ_T——分别为风荷载、地震作用和温度作用效应的组合系数。应按第5条的规定取值。

7. 进行位移、变形和挠度计算时，均应采用荷载或作用的标准值并按下列方式进行组合：

$$u = u_{Gk} \tag{13.7.2-3}$$

$$u = u_{Gk} + u_{wk} \text{ 或 } u = u_{wk} \tag{13.7.2-4}$$

$$u = u_{Gk} + u_{wk} + 0.6u_{Ek} \text{ 或 } u = u_{wk} + 0.6u_{Ek} \tag{13.7.2-5}$$

式中 u——组合后的构件位移或变形；

u_{Gk}、u_{wk}、u_{Ek}——分别为重力荷载、风荷载和地震作用标准值产生的位移或变形。

8. 幕墙进行温度作用效应计算时，所采用的幕墙年温度变化值 ΔT 可取 80℃。

9. 垂直于幕墙平面的分布水平地震作用标准值应按下式计算：

$$q_{Ek}=\frac{\beta_E\alpha_{max}G}{A} \tag{13.7.2-6}$$

式中 q_{Ek}——垂直于幕墙平面的分布水平地震作用标准值（kN/m^2）；

G——幕墙构件（包括板材和框架）的重量（kN）；

A——幕墙构件的面积（m^2）；

α_{max}——水平地震影响系数最大值，6 度抗震设计时可取 0.04；7 度抗震设计时可取 0.08；8 度抗震设计时可取 0.16；

β_E——动力放大系数，可取 5.0。

10. 平行于幕墙平面的集中水平地震作用标准值应按下式计算：

$$P_{Ek}=\beta_E\alpha_{max}G \tag{13.7.2-7}$$

式中 P_{Ek}——平行于幕墙平面的集中水平地震作用标准值（kN）；

G——幕墙构件（包括板材和框架）的重量（kN）；

α_{max}——地震影响系数最大值，可按本节第 9 条的规定采用；

β_E——动力放大系数，可取 5.0。

11. 幕墙的主要受力构件（横梁和立柱）及连接件、锚固件所承受的地震作用，应包括由幕墙面板传来的地震作用和由于横梁、立柱自重产生的地震作用。

计算横梁和立柱自重所产生的地震作用时，地震影响系数最大值 α_{max} 可按本节第 9 条的规定采用。

13.7.3 幕墙的性能分级

1. 有关幕墙的性能等级是根据《建筑幕墙物理性能分级》的规定，该标准主要是为建筑幕墙的质量控制提供依据。是根据我国检测部门多年来幕墙的实测数据并参考日本幕墙制造商协会所编制的 JCMA 规范《幕墙的性能标准》而制定的。这个分级标准对我国常用幕墙的物理性能（风压变形性、空气渗透性、雨水渗漏性、保温性和隔声性）指标作了具体规定。

2. 对幕墙性能的要求和建筑物所在地的地理、气候条件有关。假如在沿海台风地区，幕墙的风压变形性能和雨水渗漏性能必须达到较高的等级。如果在寒冷地区，保温性能必须良好。同时，性能等级要求的高低还和建筑物本身的特点如：建筑物高度、建筑物造价、功能要求和建筑物的重要性等都有关系，幕墙的性能等级从Ⅰ、Ⅱ级到Ⅳ、Ⅴ级标准逐级降低，这样的排列习惯和日本标准的排列习惯正好相反，这一点在应用时必须加以注意，一般情况下Ⅲ级为一般要求，Ⅱ级已属较高水平，要求特别高的可选Ⅰ级。

3. 幕墙的构造比较复杂，加之又由各个厂家自行设计，所用的材料截面尺寸、构造形式和做法都不相同；即使同一厂家，在不同工程中的具体设计也不一样，所以大型、新建工程往往通过幕墙实物性能试验来确认它是否达到预定的性能等级要求。即使已经采用过的幕墙设计，如果所用的材料、做法有改变，也会影响到它的性能，因此也要求进行相应的性能试验。

4．性能分级的依据

（1）幕墙的风压变形性能应符合下列要求：

在五十年一遇的瞬时风压标准值作用下其主要受力杆件的相对挠度应不超过 $l/180$，（l 为主要受力杆件的跨度），绝对挠度应不超过 20mm。

（2）幕墙建筑物理性能按下列项目考核：

1）幕墙在风雨同时作用下应保持不渗漏。以雨水不进入幕墙内表面的临界压力差为雨水渗漏性能的分级值。幕墙雨水渗漏试验的淋水量为 $4L/min \cdot m^2$。

2）幕墙应保持其气密性，以 10Pa 压力差之下单位时间内透过单位缝隙长度的空气量为空气渗透性能的分级值。

3）幕墙应满足建筑热工要求。以在单位温差作用下，单位时间内通过幕墙单位面积的热量为保温性能的分级值。

4）幕墙应满足隔声要求。以其对空气声计权隔声量为隔声性能的分级值。

5）幕墙的耐久性能以预计的物理耐用年限值表示。要求在设计耐久年限内，幕墙经过局部修补能够使用。

6）幕墙的耐撞击性能以撞击物的运动量为分级值，要求在设计等级范围内，幕墙板材不受损。

（3）幕墙的平面位移量

在地震或风力作用下，幕墙的层间位移角 γ 应满足相应等级的要求，此时玻璃及横梁、立柱不应破损。

5．幕墙的性能分级表

幕墙性能分级见表 13.7-3 至表 13.7-10。选择耐风压性能和保温性能应根据当地气象条件，计算出风压值和热阻要求后决定。

平面内位移分级选择由结构物的位移计算值决定。在《高层建筑结构设计与施工规程》中，已列出了不同类型结构应满足的层间位移限值，在结构设计时已经满足了这一限值（表 13.7-3），所以幕墙设计时可以根据结构类型考虑幕墙应适应的位移量，从而选择相应的等级。

幕墙平面内变形性能分级选择应根据主体结构的位移限值来决定。γ 必须大于主体结构在地震中弹塑性变形的要求（表 13.7-10）。

高层建筑结构 γ 值的最低要求　　**表 13.7-3**

钢筋混凝土结构				钢结构
框　架	框架-剪力墙 框架-筒体	筒中筒	剪力墙	
$\frac{1}{130} \sim \frac{1}{150}$	$\frac{1}{220} \sim \frac{1}{250}$	$\frac{1}{230} \sim \frac{1}{280}$	$\frac{1}{260} \sim \frac{1}{330}$	$\frac{1}{80}$

幕墙的风压变形性能分级（kN/m^2）　　**表 13.7-4**

分级指标	分　级				
	Ⅰ	Ⅱ	Ⅲ	Ⅳ	Ⅴ
W_k	$W_k \geqslant 5$	$5 > W_k \geqslant 4$	$4 > W_k \geqslant 3$	$3 > W_k \geqslant 2$	$2 > W_k \geqslant 1$

幕墙的雨水渗漏性能分级（kN/m^2） 表 13.7-5

分级指标		分级				
		Ⅰ	Ⅱ	Ⅲ	Ⅳ	Ⅴ
P	可开启部分	$P \geqslant 0.5$	$0.5 > P \geqslant 0.35$	$0.35 > P \geqslant 0.25$	$0.25 > P \geqslant 0.15$	$0.15 > P \geqslant 0.1$
	固定部分	$P \geqslant 2.5$	$2.5 > P \geqslant 1.6$	$1.6 > P \geqslant 1.0$	$1.0 > P \geqslant 0.7$	$0.7 > P \geqslant 0.5$

幕墙的空气渗透性能分级（$m^2/m \cdot h$） 表 13.7-6

分级指标		分级			
		Ⅰ	Ⅱ	Ⅲ	Ⅳ
q	可开启部分	$q \leqslant 0.5$	$0.5 < q \leqslant 1.5$	$1.5 < q \leqslant 2.5$	$2.5 < q \leqslant 4.5$
	固定部分	$q \leqslant 0.01$	$0.01 < q \leqslant 0.05$	$0.05 < q \leqslant 0.10$	$0.10 < q \leqslant 0.50$

幕墙的保温性能分级（$W/m^2 \cdot ℃$） 表 13.7-7

分级指标	分级			
	Ⅰ	Ⅱ	Ⅲ	Ⅳ
K	$K < 0.7$	$0.7 < K \leqslant 1.25$	$1.25 < K \leqslant 2.0$	$2.0 < K \leqslant 3.3$

幕墙的隔声性能分级（dB） 表 13.7-8

分级指标	分级			
	Ⅰ	Ⅱ	Ⅲ	Ⅳ
R_w	$R_w > 40$	$40 > R_w \geqslant 35$	$35 > R_w \geqslant 30$	$30 > R_w \geqslant 25$

注：按不同构造单元分类进行隔声量检测，然后通过传声能量的计算，求得整体幕墙的隔声量值。

幕墙的耐撞击性能分级（$kg \cdot m/sec$） 表 13.7-9

分级指标	分级			
	Ⅰ	Ⅱ	Ⅲ	Ⅳ
F	$F \geqslant 28$	$28 > F \geqslant 21$	$21 > F \geqslant 14$	$14 > F \geqslant 7$

当按表 13.7-5、表 13.7-6 确定幕墙的雨水渗漏和空气渗透性等级时，以固定部分为标准。

幕墙平面内变形性能分级 表 13.7-10

分级指标	分级				
	Ⅰ	Ⅱ	Ⅲ	Ⅳ	Ⅴ
$\gamma = \Delta u / h$	$\gamma \geqslant \frac{1}{100}$	$\frac{1}{100} > \gamma \geqslant \frac{1}{150}$	$\frac{1}{150} > \gamma \geqslant \frac{1}{200}$	$\frac{1}{200} > \gamma \geqslant \frac{1}{300}$	$\frac{1}{300} > \gamma \geqslant \frac{1}{400}$

13.7.4 幕墙构造设计的要求

1. 幕墙的构造设计，直接关系到幕墙的使用功能，设计时对以下问题应予注意：

（1）幕墙构件的面板与边框所形成的空腔应采用等压设计，使空腔内气压与室外气压相同，防止室外空气压力将雨水压入腔内，以提高幕墙抗雨水渗漏功能。

（2）可能产生渗水的部位应预留泄水通道，集水后由管道排出。

(3) 可能产生冷凝水（结露）的部位，应留泄水孔道，集水后由管道排出。

(4) 板材与边框连结处必须用硅酮密封胶进行覆盖密封。密封材料应能在长期压力下保持弹性。

(5) 伸缩缝、温度缝、沉降缝处必须妥善处理，既能保持立面美观，又能满足缝两侧结构变形的要求。目前有两种设计方法：一是采用活动盖板，避免连接部位损坏；二是缝上的玻璃板可以局部损坏，只要及时修补即可。后者表面不露痕迹，较为美观。

(6) 隐框玻璃幕墙构件之间的拼缝宽度不宜过大，过大影响美观；也不宜过小，过小则容易因温度变化而挤压玻璃。一般为15～20mm，设有擦窗机轨道时则不宜小于40mm。

明框幕墙构件中，玻璃与铝边框之间的空隙要满足温度变形的要求，通过不小于8～10mm。

(7) 由于幕墙位移和温度变化，幕墙各部分会因摩擦产生噪音，影响建筑物的使用质量，所以应在摩擦部位设置垫片，防止或减小摩擦噪声。

(8) 各种五金件、连接件设计要防止不同金属相接触产生电化学腐蚀。如果不能避免时，除不锈钢外均应设置耐热的环氧树脂玻璃纤维布或尼龙12垫片。

(9) 建筑设计时必须考虑擦窗机的轨道布置、连接件布置和相应的荷载值，并及时向结构专业提出。

(10) 幕墙墙面活动部分面积不宜大于墙面面积15%，宜采用上悬窗，开启角度不宜大于30度。开启后的宽度不宜大于300mm。

(11) 幕墙构架的立柱与横梁的截面形式宜按等压原理设计。

(12) 幕墙的钢框架结构应设温度变形缝。

(13) 幕墙的保温材料可与金属板、石板结合在一起，但应与主体结构外表面有50mm以上的空气层。

2. 防火要求

(1) 幕墙设计必须符合防火规范的要求。

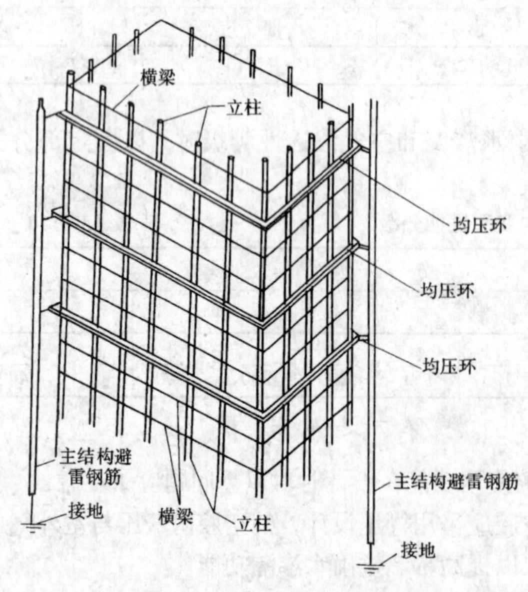

图13.7-1　幕墙避雷系统

(2) 窗间墙与幕墙之间应填充不燃材料。

(3) 无窗下墙时，楼面外沿宜设高度为800mm的实体裙墙，横梁标高宜与楼面标高一致以填充不燃性材料，并避免一块玻璃跨越两个防火分区。

(4) 个别情况下横梁与楼面标高不一致时，应在楼面外沿设置水平放置的铝型材填充，铝型材用透明结构胶与玻璃粘结。

3. 防雷设计

防雷设计应符合《建筑防雷设计规范》的要求。幕墙必须形成自身的防雷体系，并与主体结构防雷体系可靠连结（图13.7-1至图13.7-4）。主体结构的防雷系统要可靠接地。

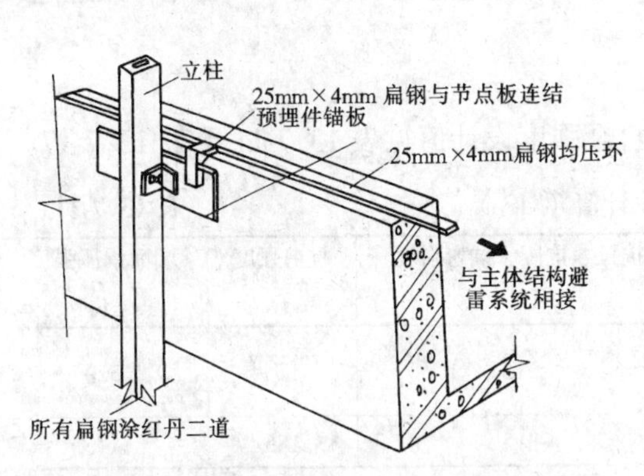

图 13.7-2 幕墙骨架与主体结构避雷线相接

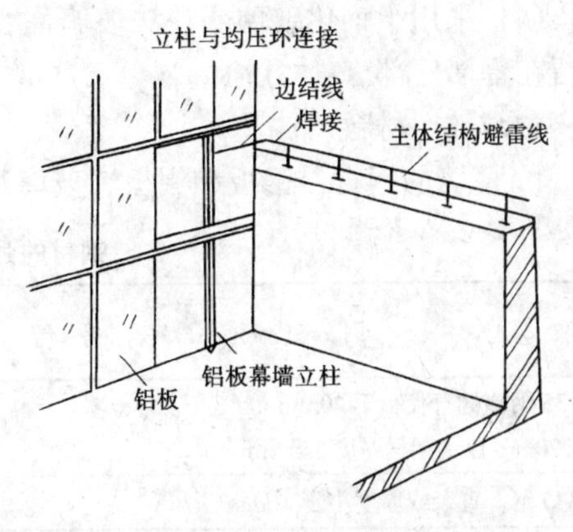

图 13.7-3 广州中国市长大厦幕墙立柱与均压环连接

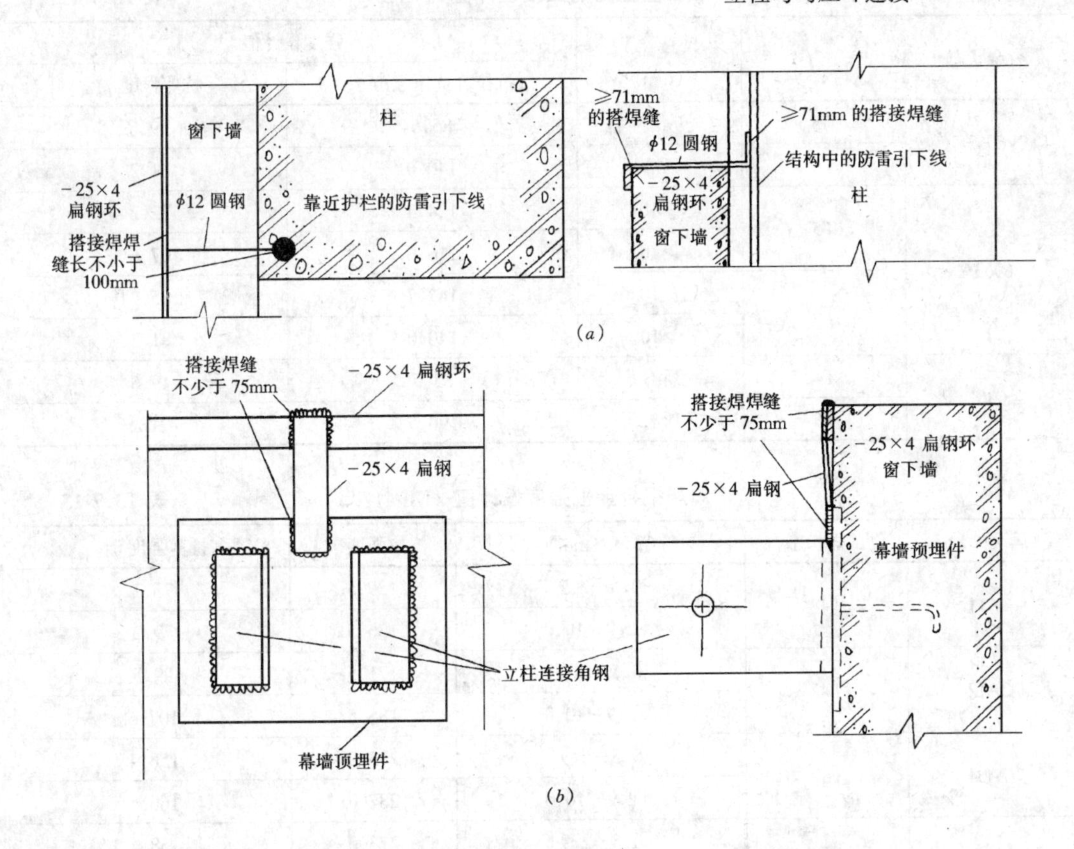

图 13.7-4 防雷连接大样

(*a*) 扁钢环与结构中防雷引下线焊通示意大样；(*b*) 幕墙预埋件与扁钢环焊通示意大样

4. 防止玻璃破碎坠落

(1) 在台风地区,由于建筑物角部风压很大,角部尽可能不用玻璃,尽可能采用实体墙面。

(2) 竖直幕墙应采用安全玻璃（钢化玻璃和夹片玻璃)。倒挂玻璃宜附加金属连结件。玻璃屋顶宜采用夹丝玻璃，夹片玻璃；采用钢化中空玻璃时宜设安全网。

（3）幕墙的下层宜设裙房，主要出入口宜设雨罩。

（4）采用半钢化玻璃或浮法玻璃幕墙时，沿建筑物周边宜设绿化带，避免行人经过或停留在幕墙底部。

13.7.5 材料

1. 幕墙的钢材、钢板和铝板、玻璃及铝合金强度设计值见表13.7-11至表13.7-17。

钢材的强度设计值（MPa） **表13.7-11**

钢材	抗拉、抗压、抗弯强度 f_s^t	抗剪强度 f_s^v	端面承压强度 f_s^c
Q235钢棒材直径小于40mm t≤20mm板，型材厚度小于15mm	215	125	320
Q345钢，直径或厚度小于16mm	315	185	445

铝合金型材的强度设计值（MPa） **表13.7-12**

合金状态	合金	壁厚（mm）	强度设计值	
			抗拉、抗压强度 f_a^t	抗剪强度 f_a^v
6063	T5	所有	85.5	49.6
	T6	所有	140.0	81.2
6063A	T5	≤10	124.4	72.2
		>10	116.6	67.6
	T6	≤10	147.7	85.7
		>10	140.0	81.2
6061	T4	所有	85.5	49.6
	T6	所有	190.5	110.5

单层铝合金板强度设计值（MPa） **表13.7-13**

牌号	试样状态	厚度（mm）	抗拉强度 f_{a1}^t	抗剪强度 f_{a1}^v
2A11	T42	0.5～2.9	129.5	75.1
		>2.9～10.0	136.5	79.2
2A12	T42	0.5～2.9	171.5	99.5
		>2.9～10.0	185.5	107.6
7A04	T62	0.5～2.9	273.0	158.4
		>2.9～10.0	287.0	166.5
7A09	T62	0.5～2.9	273.0	158.4
		>2.9～10.0	287.0	166.5

铝塑复合板强度设计值(MPa) **表13.7-14**

板厚 t(mm)	抗拉强度 f_{a2}^t	抗剪强度 f_{a2}^v
4	70	20

蜂窝铝板强度设计值(MPa) **表13.7-15**

板厚 t(mm)	抗拉强度 f_{a3}^t	抗剪强度 f_{a3}^v
20	10.5	1.4

不锈钢板的强度设计值（MPa） 表 13.7-16

序号	屈服强度标准值 $\sigma_{0.2}$	抗弯、抗拉强度 f_{s1}^{t}	抗剪强度 f_{s1}^{v}	序号	屈服强度标准值 $\sigma_{0.2}$	抗弯、抗拉强度 f_{s1}^{t}	抗剪强度 f_{s1}^{v}
1	170	154	120	3	220	200	155
2	200	180	140	4	250	226	176

玻璃的强度设计值 f_g（N/mm^2） 表 13.7-17

玻璃类型	厚度（mm）	大面上的强度	直边缘强度	玻璃类型	厚度（mm）	大面上的强度	直边缘强度
普通玻璃	5	28.0	19.0	钢化玻璃	5～12	84.0	58.8
浮法玻璃	5～12	28.0	19.5		15～19	59.0	41.3
	15～19	20.0	14.0	夹丝玻璃	6～10	21.0	14.7

注：夹层玻璃和中空玻璃的强度可按所采用的玻璃类型取用其强度。钢化玻璃强度分级性较大，应根据厂家试验结果予以调整，表中数据按浮法玻璃强度3倍给出。

2. 幕墙材料的弹性模量可按表 13.7-18 采用。

材料的弹性模量 E（MPa） 表 13.7-18

材料		E	材料		E
铝合金型材		0.7×10^5	蜂窝铝板	10mm	0.35×10^5
钢，不锈钢		2.1×10^5		15mm	0.27×10^5
单层铝板		0.7×10^5		20mm	0.21×10^5
铝塑复合板	4mm	0.2×10^5	花岗石板		0.8×10^5
	6mm	0.3×10^5	玻璃		0.72×10^5

3. 幕墙材料的泊松比应按表 13.7-19 采用。

4. 幕墙材料的线膨胀系数应按表 13.7-20 采用。

材料的泊松比 μ 表 13.7-19

材料	ν
钢、不锈钢	0.30
铝合金	0.33
铝塑复合板	0.25
蜂窝铝板	0.25
花岗岩	0.125

材料的线膨胀系数 α（1/℃） 表 13.7-20

材料	α
混凝土	1.0×10^{-5}
钢材	1.2×10^{-5}
铝合金	2.35×10^{-5}
单层铝板	2.35×10^{-5}
铝塑复合板	$\leqslant4.0\times10^{-5}$
不锈钢板	1.8×10^{-5}
蜂窝铝板	2.4×10^{-5}
花岗石板	0.8×10^{-5}
玻璃	1.0×10^{-5}

5. 花岗石板的抗弯强度设计值，应依据其弯曲强度试验的弯曲强度平均值 f_{gm}决定，抗弯强度设计值、抗剪强度设计值应按下列公式计算：

$$f_{g1}=f_{gm}/2.15 \tag{13.7.5-1}$$

$$f_{g2}=f_{gm}/4.30 \tag{13.7.5-2}$$

式中 f_{g1}——花岗石板抗弯强度设计值（MPa）；

f_{g2}——花岗石板抗剪强度设计值（MPa）；

f_{gm}——花岗石板弯曲强度平均值（MPa）。

弯曲强度试验中任一试件的弯曲强度试验值低于8MPa时，该批花岗石板不得用于幕墙。

6. 饰面石材就其原料来源可分为天然石材和人造石材两大类。

天然石材系指从天然岩石中开采出来，并经加工成块状或板状材料的总称，保持着岩石固有的全部天然属性。常见的天然饰面石材有花岗石、大理石和青石板。它们以色泽鲜明、质感丰富、坚固高强为特点，是传统的高级建筑装饰材料。

人造石材是人造大理石和人造花岗石的总称，是天然石材的仿制品。已经研制、生产并在部分工程中应用的有石膏大理石、水泥大理石、不饱和聚酯树脂大理石或花岗石等。

饰面石材的质量性能包括：抗压强度、抗折强度、抗剪强度、硬度、耐久性、耐磨性、抗冻性、装饰性和可加工性等。其中以装饰性（即颜色与花纹）为首要评价内容。

7. 花岗石

花岗石是各类岩浆岩（又称火成岩）的统称，如花岗岩、安山岩、辉绿岩、辉长岩、片麻岩等。

花岗石的主要技术性能决定于造岩矿物的成分和结构。其造岩矿物以石英、正长石、斜长石为主，还有少量云母等。质地优良的花岗石，约含60%～70%氧化硅，并以0.5～5mm的块状晶粒分布在岩体中；含氧化铝约30%，其他杂质很少（不含黄铁矿）。花岗石的比重约2.7，质量密度2600～2800kg/m^3，空隙率及吸水率均小于1%，膨胀系数为34～118×10^{-7}，抗压强度120～250MPa，抗折强度8.5～15MPa，抗剪强度13～19MPa，抗冻性达100～200次冻融循环，有良好的抗风化稳定性、耐磨性、耐酸碱性，耐用年限约75～200年，各品种的主要性能指标见表13.7-21，花岗石的颜色主要由正长石的颜色与少量云母及深色矿物的分布情况而定。

国内部分花岗石结构特征、物理力学性能及主要化学成分　　表13.7-21

花岗石品种名称	外贸代号	岩石名称	颜　色	结构特征	物理力学性能				
					自重 (t/m^3)	抗压强度 (MPa)	抗折强度 (MPa)	肖氏硬度	磨损量 (cm^3)
白虎涧	151	黑云母花岗岩	粉红色	花岗结构	2.58	137.3	9.2	86.5	2.62
花岗石	304	花岗岩	浅灰、条纹状	花岗结构	2.67	202.1	15.7	90.0	8.02
花岗石	306	花岗岩	红灰色	花岗结构	2.61	212.4	18.4	99.7	2.36
花岗石	359	花岗岩	灰白色	花岗结构	2.67	140.2	14.4	94.6	7.41
花岗石	431	花岗岩	粉红色	花岗结构	2.58	119.2	8.9	89.5	6.38
笔山石	601	花岗岩	浅灰色	花岗结构	2.73	180.4	21.6	97.3	12.18
日中石	602	花岗岩	灰白色	花岗结构	2.62	171.3	17.1	97.8	4.80
峰白石	603	黑云母花岗岩	灰色	花岗结构	2.62	195.6	23.3	103.0	7.83
厦门白石	605	花岗岩	灰白色	花岗结构	2.61	169.8	17.1	91.2	0.31
砻　石	606	黑云母花岗岩	浅红色	花岗结构	2.61	214.2	21.5	94.1	2.93
石山红	607	黑云母花岗岩	暗红色	花岗结构	2.68	167.0	19.2	101.5	6.57
大黑白点	614	闪长花岗岩	灰白色	花岗结构	2.62	103.6	16.2	87.4	7.53

续表

花岗石品种名称	外贸代号	主要化学成分					产　地
		SiO_2	Al_2O_3	CaO	MgO	Fe_2O_3	
白虎涧	151	72.44	13.99	0.43	1.14	0.52	北京昌平
花岗石	304	70.54	14.34	1.53	1.14	0.88	山东日照
花岗石	306	71.88	13.46	0.58	0.87	1.57	山东崂山
花岗石	359	66.42	17.24	2.73	1.16	0.19	山东牟平
花岗石	431	75.62	12.92	0.50	0.53	0.30	广东汕头
笔山石	601	73.12	13.69	0.95	1.01	0.62	福建惠安
日中石	602	72.62	14.05	0.20	1.20	0.37	福建惠安
峰白石	603	70.25	15.01	1.63	1.63	0.89	福建惠安
厦门白石	605	74.60	12.75		1.49	0.34	福建厦门
砻　石	606	76.22	12.43	0.10	0.90	0.06	福建南安
石山红	607	73.68	13.23	1.05	0.58	1.34	福建惠安
大黑白点	614	67.86	15.96	0.93	3.15	0.90	福建同安

花岗石属于脆性材料，但又有一定的弹性，加荷后产生挠度，卸荷后能回弹复原。花岗石的最大缺点是抗火性差，这是由于花岗石在受到573℃的高热时，比重由2.65减至2.53，导致体积发生剧烈膨胀，使岩体爆裂，甚至松散。其次，尽管其结构致密、空隙率小，但晶体间仍有肉眼不易察觉的空隙，属于多孔性材料，吸水、吸油力强，较易被污染。

由于花岗石的主要性能较突出，所以主要用于重要建筑物的基座、墙面、柱面、门头、勒脚、地面、台阶等部位，是一种适应性强、应用范围广、装饰效果好的建筑装饰材料。

8.大理石

大理石是指变质或沉积的碳酸盐岩类的岩石，如大理岩、白云岩、灰岩、砂岩、页岩、板岩等。

大理石的造岩矿物比较复杂，含有多种成分。其主要成分是碳酸钙，含量为50%以上。岩体呈板状结构，易于分割，质脆，硬度低，抗压强度61～180MPa，抗冻性差，室外耐用年限仅10～20年，室内可达40～100年，各品种的主要性能指标见表13.7-22。

纯粹的大理石呈白色。含有其他成分时，则呈现不同的颜色和光泽。

1）大理石颜色与成分的关系：

白色含碳酸钙、碳酸镁；紫色含锰；黑色含碳或沥青质；绿色含钴化物；黄色含铬化物；红褐色、紫红、棕黄色含锰及氧化铁水化物；无色透明含石英；多种颜色则含有不同成分多种杂质。

2）大理石光泽与成分的关系：

金属光泽含黄铁矿；暗红光泽或无光泽含赤铁矿；蜡状光泽含蛇纹岩等混合物；石棉光泽含石棉；玻璃光泽含石英、长石、白云石等；丝绢光泽含纤维状矿物质石膏等；珍珠光泽含云母；金刚光泽含光泽灿烂的金刚石；脂肪光泽含滑石；多种光泽则含有不同成分的多种矿物。除纯白色的大理石成分较单纯外，多数大理石常常是两种或两种以上的成分混杂在一起。正因为成分复杂，所以大理石颜色变化无穷，深浅不一，光泽多样，形成独特的自然美。

国内部分大理石结构特征、物理力学性能及主要化学成分　　表 13.7-22

大理石品种名称	外贸代号	颜　色	岩石名称	主要矿物成分	结构特征	自重 (t/m^3)	抗压强度 (MPa)
雪　浪	022	白色、灰白色	大理岩	方解石	颗粒变晶、镶嵌结构	2.72	92.8
秋　景	023	灰色	大理岩	方解石、白水云母	微晶结构	2.71	94.8
晶　白	028	雪白、白色	大理岩	方解石	中、细粒结构	2.74	104.9
虎　皮	042	灰黑色	大理岩	方解石	粒状变晶结构	2.69	76.7
杭　灰	056	灰色、白花纹	灰岩	方解石	隐晶质结构	2.73	130.6
红奶油	058	浅粉红色	大理岩	方解石	微粒隐晶结构	2.63	67.0
汉白玉	101	乳白色	白云岩	方解石、白云石	花岗结构		156.4
丹东绿	217	浅绿色	蛇纹石化硅卡岩	蛇纹石、方解石、橄榄岩	纤维状网格变晶结构		89.2
雪花白	311	乳白色	白云岩	方解石、白云石	中、细粒变晶结构	2.77	81.7
苍白玉	704	乳白色	白云岩	白云石	花岗结构		136.1

大理石品种名称	外贸代号	抗折强度 (MPa)	硬度 (Hs)	磨耗量 (cm^3)	吸水率 (%)	主要化学成分（%）					产　地
						CaO	MgO	SiO_2	Al_2O_3	Fe_2O_3	
雪　浪	022	19.7	38.5	17.5	1.07	54.52	1.75	0.60	0.05	0.03	湖北黄石
秋　景	023	14.3	49.8	21.9	1.2	48.34	3.11	7.22	1.66	0.79	湖北黄石
晶　白	028	19.8			1.31	53.53	2.37	0.73	0.10	0.07	湖北黄石
虎　皮	042	16.6	55	16.3	1.11	53.28	1.57	2.40	0.45	0.33	湖北黄石
杭　灰	056	12.3	63	14.94	0.16	54.33	0.47	1.1	0.48	0.67	浙江杭州
红奶油	058	16.0	59.6		0.15	54.92	0.93		0.14	0.08	江苏宜兴
汉白玉	101	19.1	42	22.50		30.80	21.73	0.17	0.13	0.19	北京房山
丹东绿	217	6.7	47.9	24.5	0.14	0.84	47.54	31.72	0.34	2.20	丹东东沟
雪花白	311	17.3	45	24.38		33.35	18.53	3.36		0.09	山东掖县
苍白玉	704	12.2	50.9	24.96		32.15	20.13	0.19	0.15	0.04	云南大理

在各种颜色的大理石中，暗红色、红色最不稳定，绿色次之。白色大理石（汉白玉）成分单纯，性能较稳定，不易变色和风化。如北京天安门前的金水桥和故宫博物院的石栏杆，历经数百年风吹雨淋，仅在其表面出现一些微小的麻点。

大理石在室外耐用年限较短的原因，是自然界风霜雨雪所形成的潮气与空气中的二氧化硫生成了亚硫酸，亚硫酸在进一步的化学变化中生成硫酸，硫酸与大理石中所含的碳酸钙($CaCO_3$)作用，在石材表面生成二水石膏($CaSO_4 \cdot 2H_2O$)，二水石膏易溶于水，硬度低，使大理石很快失去光泽，变成粗糙多孔而迅速破坏，出现退色、裂缝、麻点等质量通病。

由于大理石的性能所限，所以主要用于建筑物的室内地面、墙面、柱面，墙裙、窗台、踢脚以及电梯厅、楼梯间等部位的干燥环境中。当必须将大理石用于室外时，务必在其表面涂刷有机硅等罩面材料进行保护。

9. 青石板

青石板系水成岩,材质较软,容易风化。由于其纹理构造,表面能保持劈裂后的自然形状,加上它有灰、绿、紫、黄、暗红等不同颜色,组合搭配可形成色彩丰富、具有自然风格的墙面装饰。北京动物园爬虫馆采用青石板做外饰面,南京金陵饭店大厅的部分地面采用了类似的石材,都取得了别具风格的效果。目前,青石板(中国板石)已向国外出口。

采用花岗石和大理石作为建筑物内、外墙体的饰面材料历史悠久，其中花岗石主要用于外饰面，而内墙面常采用大理石。解放前在我国上海、天津、北京等城市的多层西洋式房屋中，采用花岗石与粘土砖组合砌筑成外墙，既承重又作为外墙饰面。解放后，五十年代建造的北京电报大楼、前苏联驻华大使馆等工程，大面积外墙花岗石饰面采用了灌浆法连接方法。八十年代中期开始，我国随着高层建筑的发展，采用干挂工艺逐渐取代传统灌浆施工方法，外墙磨光花岗石和大理石饰面与主体结构进行连接。

由于干挂工艺具有抗震和适应温差的性能，操作简便，工效较高，避免了灌浆法因石材厚度薄而普遍存在的砂浆中色素对石材渗透污染现象，因此，在外墙，石材饰面工程已被广泛采用。例如，北京中国银行大楼、中国工艺美术展览馆、四川大厦、全国政协新楼、建威大厦、上海华亭宾馆等工程。

13.7.6 玻璃幕墙

1. 玻璃幕墙最外面是玻璃或部分金属板材构件，它支承在铝合金横梁上，横梁连结立柱上，立柱则悬挂在主体结构上，这些连结都允许一定的相对位移，以减少主体结构在水平力作用下位移对幕墙的影响，并允许幕墙各部分因温度变化而变形，此外，上、下层立柱也通过活动接头连接，可以相对移动适应温度变形和楼层的轴向压缩变形。

2. 按铝合金型材外露的情况，幕墙可分为明框、隐框和半隐框，当铝型材隐在玻璃板后时，铝型材与玻璃只能通过硅酮结构密封胶（以下简称为结构胶）粘结，因此结构胶必须进行专门的承载力设计（图 13.7-5）。

3. 玻璃幕墙采用玻璃的外观质量和性能应符合下列国家现行标准的规定：

《钢化玻璃》 GB9963

《夹层玻璃》 GB9962

《中空玻璃》 GB11944

《浮法玻璃》 GB11614

《吸热玻璃》 JC/T536

《夹丝玻璃》 JC433

4. 当玻璃幕墙采用热反射镀膜玻璃时，应采用真空磁控阴极溅射镀膜玻璃或在线热喷涂镀膜玻璃。用于热反射镀膜玻璃的浮法玻璃的外观质量和技术指标，应符合现行国家标准《浮法玻璃》GB11614 中的优等品或一等品规定。

5. 热反射镀膜玻璃的外观质量应符合下列要求：

（1）热反射镀膜玻璃尺寸的允许偏差应符合表 13.7-23 的规定。

（2）热反射镀膜玻璃的光学性能应符合设计要求。

热反射镀膜玻璃尺寸的允许偏差（mm） 表 13.7-23

玻璃厚度	玻璃尺寸及允许偏差	
	≤2000×2000	≥2440×3300
4、5、6	±3	±4
8、10、12	±4	±5

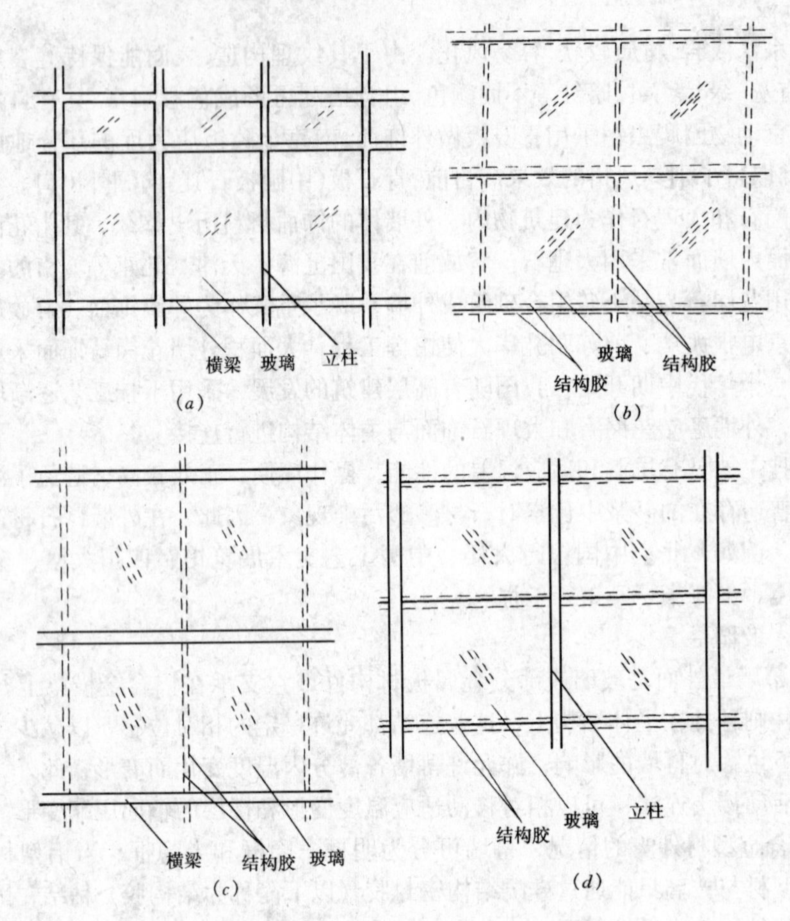

图 13.7-5　玻璃幕墙的类型

(a) 明框；(b) 隐框；(c) 半隐框（横框竖隐）；(d) 半隐框（横隐竖框）

(3) 热反射镀膜玻璃的外观质量应符合表 13.7-24 的规定。

热反射镀膜玻璃外观质量　　表 13.7-24

项目	外观质量	等级划分		
		优等品	一等品	合格品
针眼	直径≤1.2mm	不允许集中	集中的每平方米允许2处	
针眼	1.2mm<直径≤1.6mm 每平方米允许处数	中部不允许 75mm边部3处	不允许集中	
针眼	1.6mm<直径≤2.5mm 每平方米允许处数	不允许	75mm边部4处 中部2处	75mm边部8处 中部3处
针眼	直径>2.5mm	不允许		
斑纹		不允许		
斑点	1.6mm<直径≤5.0mm 每平方米允许处数	不允许	4	8

续表

项目 \ 外观质量		等级划分		
		优等品	一等品	合格品
划伤	0.1mm≤宽度≤0.3mm 每平方米允许处数	长度≤50mm 4	长度≤100mm 4	不限
	宽度>0.3mm 每平方米允许处数	不允许	宽度<0.4mm 长度≤100mm 1	宽度<0.8mm 长度<100mm 2

注：表中针眼（孔洞）是指直径在100mm面积内超过20个针眼为集中。

6. 玻璃幕墙采用中空玻璃时，除应符合现行国家标准《中空玻璃》GB11944的有关规定外，尚应符合下列要求：

（1）玻璃幕墙的中空玻璃应采用双道密封。明框幕墙的中空玻璃的密封胶应采用聚硫密封胶和丁基密封腻子；半隐框和隐框幕墙的中空玻璃的密封胶应采用结构硅酮密封胶和丁基密封腻子。

（2）玻璃幕墙中空玻璃的干燥剂宜采用专用设备装填。

（3）玻璃幕墙采用夹层玻璃时，应采用聚乙烯醇缩丁醛（PVB）胶片干法加工合成的夹层玻璃。

7. 所有幕墙玻璃应进行边缘处理。玻璃幕墙采用夹丝玻璃时，裁割后玻璃的边缘应及时进行修理和防腐处理。当加工成中空玻璃时，夹丝玻璃应朝室内一侧。

8. 建筑密封材料

（1）玻璃幕墙采用的橡胶制品宜采用三元乙丙橡胶、氯丁橡胶；密封胶条应挤出成形，橡胶块宜压模成形。

（2）密封胶条应符合下列国家现行标准的规定：

《建筑橡胶密封垫预成型实芯硫化的结构密封垫用材料》GB10711

《硫化橡胶密度的测定方法》GB533

《橡胶邵尔A型硬度试验方法》GB531

《合成橡胶的命名和牌号》GB5577

《硫化橡胶撕裂强度试验方法》GB529～GB530

《中空玻璃用弹性密封剂》JC486

《建筑窗用弹性密封剂》JC485

《工业用橡胶板》GB5574

（3）玻璃幕墙采用的聚硫密封胶应具有耐水、耐溶剂和耐大气老化性，并应有低温弹性、低透气率等特点。其性能应符合现行行业标准《中空玻璃用弹性密封剂》JC486规定。

（4）玻璃幕墙采用的氯丁密封胶性能应符合表13.7-25的规定。

（5）耐候硅酮密封胶应采用中性胶，其性能应符合表13.7-26的规定，并不得使用过期的耐候硅酮密封胶。

氯丁密封胶的性能 表13.7-25

项目	指标
稠度	不流淌，不塌陷
含固量	75%
表干时间	≤15min
固化时间	≤12h
耐寒性（-40℃）	不龟裂
耐热性（90℃）	不龟裂
低温柔性(-40℃,棒ϕ10mm)	无裂纹
剪切强度	0.1N/mm^2
施工温度	-5～50℃
施工性	采用手工注胶机不流淌
有效期	12个月

耐候硅酮密封胶的性能 表13.7-26

项目	技术指标
表干时间	1～1.5h
流淌性	无流淌
初步固化时间（25℃）	3d
完全固化时间	7～14d
邵氏硬度	20～30度
极限拉伸强度	0.11～0.14N/mm^2
撕裂强度	3.8N/mm
固化后的变位承受能力	25%≤δ≤50%
有效期	9～12个月
施工温度	5～48℃

9．结构硅酮密封胶

（1）结构硅酮密封胶应采用高模数中性胶；结构硅酮密封胶分单组分和双组分，其性能应符合表13.7-27的规定。

结构硅酮密封胶的性能 表13.7-27

项目	技术指标		项目	技术指标	
	中性双组分	中性单组分		中性双组分	中性单组分
有效期	9个月	9～12个月	邵氏硬度	35～45度	
施工温度	10～30℃	5～48℃	粘结拉伸强度(H型试件)	≥0.7N/mm^2	
使用温度	-48～88℃		延伸率（亚铃型）	≥100%	
操作时间	≤30min		粘结破坏（H型试件）	不允许	
表干时间	≤3h		内聚力（母材）破坏率	100%	
初步固化时间（25℃）	7d		剥离强度（与玻璃、铝）	5.6～8.7N/mm（单组分）	
完全固化时间	14～21d		撕裂强度（B模）	4.7N/mm	

10．玻璃幕墙玻璃设计

（1）玻璃幕墙的玻璃在垂直于玻璃平面的风荷载作用下，其最大应力σ_w可按下式计算：

$$\sigma_w = \frac{6\varphi w a^2}{t^2} \tag{13.7.6-1}$$

式中 σ_w——风荷载作用下玻璃最大应力（N/mm^2）；

w——风荷载设计值（N/mm^2）；

a——玻璃短边边长（mm）；

t——玻璃的厚度mm；中空玻璃的厚度取单片外侧玻璃厚度的1.2倍；夹层玻璃的厚度取单片玻璃厚度的1.25倍；

φ——弯曲系数，可按边边比 a/b 由表 13.7-28 查出（b 为长边边长）。

φ 值 表 13.7-28

a/b	0.00	0.25	0.33	0.40	0.50	0.55	0.60	0.65
φ	0.125	0.1230	0.1180	0.1115	0.1000	0.0934	0.0868	0.0804

a/b	0.70	0.75	0.80	0.85	0.90	0.95	1.00
φ	0.0742	0.0683	0.0628	0.0576	0.0528	0.0483	0.0442

（2）斜玻璃幕墙计算承载力时，应计入恒荷载、雪荷载、雨水荷载等重力荷载及施工荷载在垂直于玻璃平面方向作用所产生的弯曲应力。

施工荷载应根据施工情况决定，但不应小于 2.0kN 的集中荷载，施工荷载作用点按最不利位置考虑。

（3）在年温度变化影响下，玻璃边缘与边框之间发生挤压时在玻璃中产生的挤压温度应力 σ_{t1} 可按下式计算：

$$\sigma_{t1}=E\left(\alpha\Delta T\frac{2c-d_c}{b}\right) \qquad (13.7.6\text{-}2)$$

式中 σ_{t1}——由于温度变化在玻璃中产生的挤压应力（N/mm^2），当计算值为负时，挤压应力取为零；

c——玻璃边缘与边框间的空隙（mm）；

d_c——施工误差，可取为 3mm；

b——玻璃的长边尺寸（mm）；

ΔT——玻璃幕墙年温度变化（℃），可按 80℃ 取用；

α——玻璃的线膨胀系数，见表 13.7-20；

E——玻璃的弹性模量（N/mm^2），见表 13.7-18。

（4）玻璃中央与边缘温度差产生的温差应力 σ_{t2} 可按下式计算：

$$\sigma_{t2}=0.74E\alpha\mu_1\mu_2\mu_3\mu_4\ (T_c-T_s) \qquad (13.7.6\text{-}3)$$

式中 σ_{t2}——温差应力（N/mm^2）；

E——玻璃的弹性模量（N/mm^2），可按表 13.7-18 规定采用；

α——玻璃的线膨胀系数，可按表 13.7-20 规定采用；

μ_1——阴影系数，可按表 13.7-29 采用，无阴影时取 $\mu_1=1.0$；

μ_2——窗帘系数，可按表 13.7-30 采用；

μ_3——玻璃面积系数，可按表 13.7-31 采用；

μ_4——嵌缝材料系数，可按表 13.7-32 采用；

T_c、T_s——玻璃中央和边缘的温度（℃）。

阴 影 系 数 μ_1 表 13.7-29

	单 侧	邻 边	对 边
阴影形状			
阴影系数 μ_1	1.3	1.6	1.7

窗帘系数 μ_2　　表 13.7-30

种类窗帘种类	薄窗帘		百页窗	
窗帘与玻璃间距	≤100mm	>100mm	≤100mm	>100mm
窗帘系数 μ_2	1.3	1.1	1.5	1.3

面积系数 μ_3　　表 13.7-31

面积（m^2）	0.5	1.0	1.5	2.0	2.5	3.0	4.0	5.0	6.0
面积系数 μ_3	0.95	1.00	1.04	1.07	1.09	1.10	1.12	1.14	1.15

嵌缝材料系数 μ_4　　表 13.7-32

镶嵌玻璃的边缘材料		嵌缝材料系数 μ_4	
		玻璃幕墙	金属幕墙
弹性镶嵌缝材料	非泡沫嵌缝条	0.55	0.65
	泡沫嵌缝条	0.40	0.50
气密性嵌缝条		0.38	0.48

注：嵌缝条如果采用深色材料，考虑吸热，可按上述数值乘以 0.9 采用。

11. 结构硅酮密封胶的强度验算

（1）玻璃幕墙构件的下列部位应采用与接触材料相容的结构硅酮密封胶密封粘结，其粘结宽度 c_s 及厚度 t_s 应满足强度要求：

1）半隐框、隐框幕墙使用的中空玻璃的两层玻璃周边；

2）半隐框、隐框幕墙构件的玻璃与铝合金框之间的部位。

（2）结构硅酮密封胶的粘结宽度应由计算确定，但不得小于 7mm。

（3）结构硅酮密封胶中的应力可由所承受的短期或长期荷载和作用计算，并应分别符合下式条件：

$$\sigma_{k1} \text{或} \tau_{k1} \leqslant f_1 \tag{13.7.6-4}$$

$$\sigma_{k2} \text{或} \tau_{k2} \leqslant f_2$$

式中　σ_{k1}——短期荷载或作用在结构硅酮密封胶中产生的拉应力标准值（N/mm^2）；

τ_{k1}——短期荷载或作用在结构硅酮密封胶中产生的剪应力标准值（N/mm^2）；

σ_{k2}——长期荷载在结构硅酮密封胶中产生的拉应力标准值（N/mm^2）；

τ_{k2}——长期荷载在结构硅酮密封胶中产生的剪应力标准值（N/mm^2）；

f_1——结构硅酮密封胶短期强度允许值，可按 $0.14N/mm^2$ 采用；

f_2——结构硅酮密封胶长期强度允许值，可按 $0.007N/mm^2$ 采用。

（4）半隐框、隐框竖直玻璃幕墙构件中玻璃与铝合金框之间结构硅酮密封胶的粘结宽度 c_s 可分别按下列两种情况计算，并取其较大值：

1）在风荷载作用下，结构硅酮密封胶的粘结宽度 c_s 应按下式计算：

$$c_s = \frac{w_k a}{2000 f_1} \tag{13.7.6-5}$$

式中　c_s——结构硅酮密封胶粘结宽度（mm）；

w_k——风荷载标准值（kN/m^2）；

a——玻璃的短边长度（mm）；

f_1——胶的短期强度允许值，可按本条（3）规定采用。

2）在玻璃自重作用下，结构硅酮密封胶的粘结宽度 c_s 应按下式计算：

$$c_s = \frac{q_{Gk}ab}{2000(a+b)f_2} \quad (13.7.6\text{-}6)$$

式中 c_s——结构硅酮密封胶的粘结宽度（mm）；

q_{Gk}——玻璃单位面积重量（kN/m^2）；

a、b——玻璃的短边和长边长度（mm）；

f_2——胶的长期强度允许值，可按本条（3）规定采用。

（5）倒挂式玻璃顶结构硅酮密封胶应按下式计算其粘结宽度 c_s：

$$c_s = \frac{w_k a}{2000 f_1} + \frac{q_{Gk}ab}{2000(a+b)f_2} \quad (13.7.6\text{-}7)$$

式中符号同（3）和（4）。

（6）结构硅酮密封胶的粘结厚度 t_s 应符合以下要求：

1）粘结厚度应按下式计算：

$$t_s > \frac{u_s}{\sqrt{\delta(2+\delta)}} \quad (13.7.6\text{-}8)$$

式中 t_s——结构硅酮密封胶的粘结厚度（mm）；

δ——结构硅酮密封胶的变位承受能力（%）；

u_s——幕墙玻璃的相对位移量（mm）。

2）玻璃与金属框之间的粘结厚度 t_s 不应小于 6mm，且不应大于 12mm（图 13.7-6）。

（7）隐框或横向半隐框玻璃幕墙，每个分格块的玻璃下端应设两个铝合金或不锈钢托条，其长度不应小于 100mm，厚度不应小于 2mm，高度不应露出玻璃外表面。

倒挂式玻璃顶宜在玻璃四角设置不锈钢安全件。

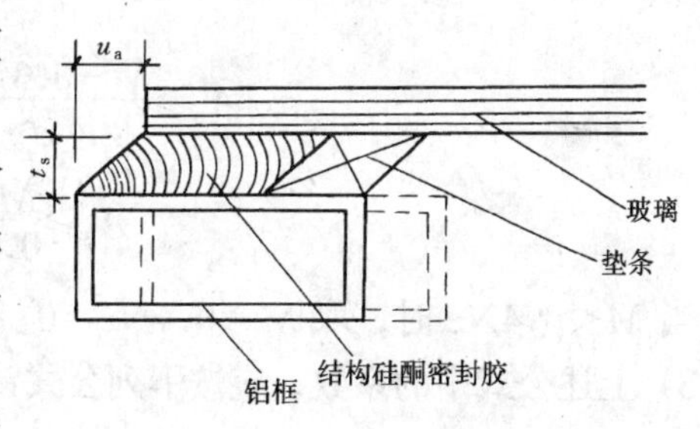

图 13.7-6 结构硅酮密封胶粘结厚度

12．玻璃幕墙与主体结构的连接

（1）玻璃幕墙与主体结构的连接应能承受玻璃的重力荷载、风荷载、地震作用和温度作用。

（2）连接件应进行承载力计算。受力的铆钉和螺栓，每处不得少于 2 个。

（3）连接件与主体结构的锚固强度应大于连接件本身承载力设计值。

（4）与连接件直接相连的主体结构构件，其承载力应大于连接件承载力；与幕墙立柱相连的主体混凝土构件的混凝土强度不宜低于 C30。

（5）连接件的焊缝、螺栓和局部挤压，应符合现行国家标准《钢结构设计规范》GBJ17 有关规定。

（6）竖直玻璃幕墙的立柱应悬挂在主体结构上，并使立柱处于受拉工作。

（7）玻璃幕墙的立柱宜直接连接在主体结构上。当立柱与主体结构间留有较大间距时，可在幕墙与主体结构之间设置过渡钢桁架，钢桁架与主体结构应可靠连接，幕墙与钢桁架也应可靠连接。

铝合金立柱与钢桁架连接，应计入温度变化时两者变形差异产生的影响。

（8）玻璃幕墙构件与钢结构的连接，应按现行国家标准《钢结构设计规范》GBJ17 的规定进行设计。

（9）玻璃幕墙立柱与混凝土结构宜通过预埋件连接，预埋件应在主体结构混凝土施工时埋入。

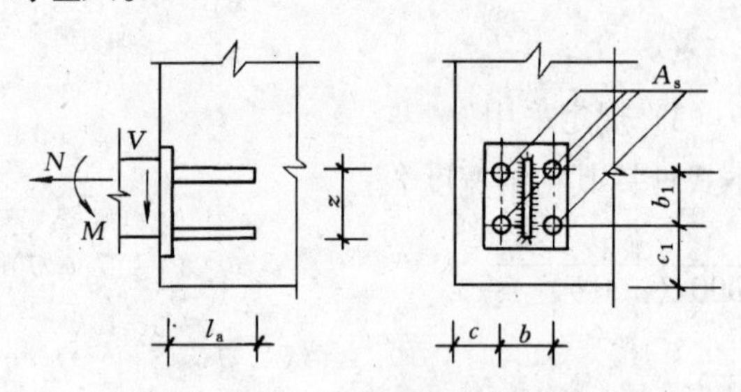

图 13.7-7　由锚板和直锚筋组成的埋件

当没有条件采用预埋件连接时，应采用其他可靠的连接措施，并应通过试验决定其承载力。

（10）由锚板和对称配置的直锚筋所组成的受力预埋件，其锚筋的总截面面积 A_s 应按下列公式计算（图 13.7-7）：

1）当有剪力、法向拉力和弯矩共同作用时，应按下列公式计算，并取其中的较大值：

$$A_s \geqslant \frac{V}{\alpha_r \alpha_v f_y} + \frac{N}{0.8\alpha_b f_y} + \frac{M}{\alpha_r \alpha_b f_y z} \tag{13.7.6-9}$$

$$A_s \geqslant \frac{N}{0.8\alpha_b f_y} + \frac{M}{0.4\alpha_r \alpha_b f_y z} \tag{13.7.6-10}$$

2）当有剪力、法向压力和弯矩共同作用时，应按下列两个公式计算，并取其中的较大值：

$$A_s \geqslant \frac{V-0.3N}{\alpha_r \alpha_v f_y} + \frac{M-0.4Nz}{1.3\alpha_r \alpha_b f_y z} \tag{13.7.6-11}$$

$$A_s \geqslant \frac{M-0.4Nz}{0.4\alpha_r \alpha_b f_y z} \tag{13.7.6-12}$$

当 $M<0.4Nz$ 时，取 $M-0.4Nz=0$。

3）上述公式中的系数，应按下列公式计算：

$$\alpha_v = (4.0-0.08d)\sqrt{\frac{f_c}{f_y}} \tag{13.7.6-13}$$

当 α_v 大于 0.7 时，取 $\alpha_v=0.7$。

$$\alpha_b = 0.4 + 0.25\frac{t}{d} \tag{13.7.6-14}$$

当采取措施防止锚板弯曲变形时，可取 $\alpha_v=1.0$。

上述各式中　V——剪力设计值（N）；

N——法向拉力或法向压力设计值（N）；法向压力设计值不应大于 $0.5f_cA$，此处 A 为锚板的面积（mm^2）；

M——弯矩设计值（N·mm）；

α_r——钢筋层数影响系数，当等间距配置时，二层取 1.0，三层取 0.9；

α_v——锚筋受剪承载力系数；

d——锚筋直径（mm）；

t——锚板厚度（mm）；

α_b——锚板弯曲变形折减系数；

z——外层锚筋中心线之间的距离（mm）；

f_c——混凝土轴心受压强度设计值（N/mm^2），可按现行国家标准《混凝土结构设计规范》采用。

（11）受力预埋件的锚板宜采用3号钢。锚筋应采用Ⅰ级或Ⅱ级钢筋，并不得采用冷加工钢筋。

（12）预埋件受力直锚筋不宜少于4根，直径不宜小于8mm。受剪预埋件的直锚筋可用2根。

预埋件的锚筋应放在外排主筋的内侧。

（13）直锚筋与锚板应采用T形焊，锚筋直径不大于20mm时宜采用压力埋弧焊。手工焊缝高度不宜小于6mm及$0.5d$（HPB235钢筋）或$0.6d$（HRB335钢筋）。

（14）充分利用锚筋的受拉强度时，锚固长度应符合表13.7-33的要求；锚筋最小锚固长度在任何情况下不应小于250mm。锚筋按构造配置、未充分利用其受拉强度时，锚固长度可适当减少，但不应小于180mm。光圆钢筋端部应作弯钩。

锚固钢筋的锚固长度 l_a（mm） **表13.7-33**

钢筋类型	混凝土强度等级	
	C25	≥C30
HPB235钢	$30d$	$25d$
HRB335钢	$35d$	$30d$

注：1. 当螺纹钢筋 $d\leqslant 25$mm时，l_a可以减少$5d$。

2. 锚固长度不应小于250mm。

（15）锚板的厚度应大于锚筋直径的0.6倍。受拉和受弯预埋件的锚板的厚度尚应大于$b/12$（b为锚筋的间距，图13.7-8）且不应小于8mm。锚筋中心至锚板边缘的距离c不应小于$2d$及20mm。

对于受拉和受弯预埋件，其钢筋间距b、b_1和锚筋至构件边缘的距离c、c_1均不应小于$3d$及45mm。

对受剪预埋件，其锚筋的间距b及b_1不应大于300mm，其中b_1不应小于$6d$及70mm，锚筋至构件边缘的距离c_1不应小于$6d$及70mm，b、c不应小于$3d$及45mm。

13. 玻璃幕墙连接典型节点见图13.7-8至图13.7-15。

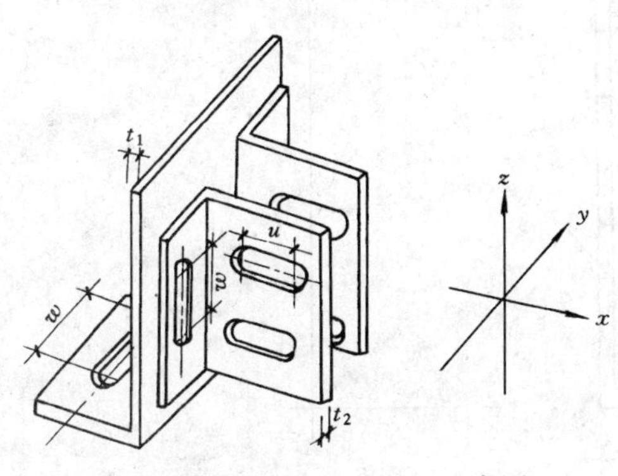

图13.7-8 固定支座的调整示意图

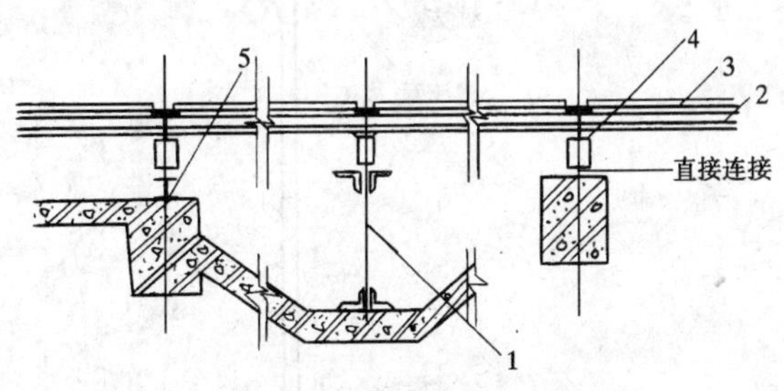

图13.7-9 立柱与主体结构连接方式

1—连接钢桁架；2—横梁；3—玻璃；4—立柱；5—连接工字钢

全玻璃幕墙玻璃肋的截面高度 l_b 可按下列公式计算（图 13.7-16），并不得小于 100mm：

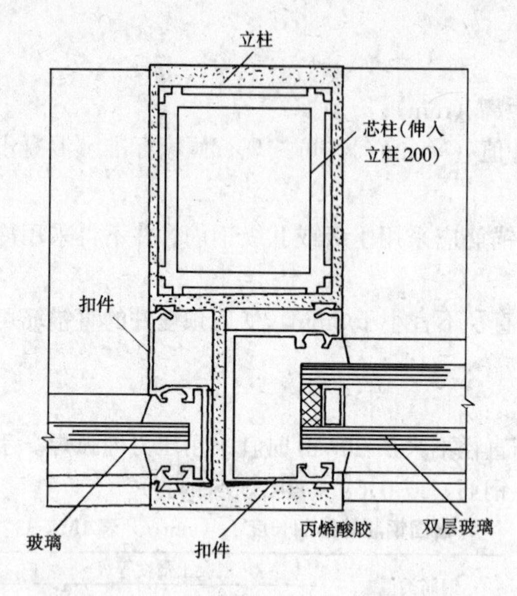

图 13.7-10　明竖框节点示意图

$$l_b=\sqrt{\frac{3wbh^2}{8000f_g t}} \quad (双肋) \tag{13.7.6-15}$$

$$l_b=\sqrt{\frac{3wbh^2}{4000f_g t}} \quad (单肋) \tag{13.7.6-16}$$

式中　l_b——玻璃肋截面高度（mm）；

w——风荷载设计值（kN/m^2）；

b——两肋之间的距离（mm）；

f_g——玻璃强度设计值（N/mm^2）；

t——玻璃肋截面厚度（mm），取值不应小于 12mm；

h——玻璃肋上、下支点的距离（mm）。

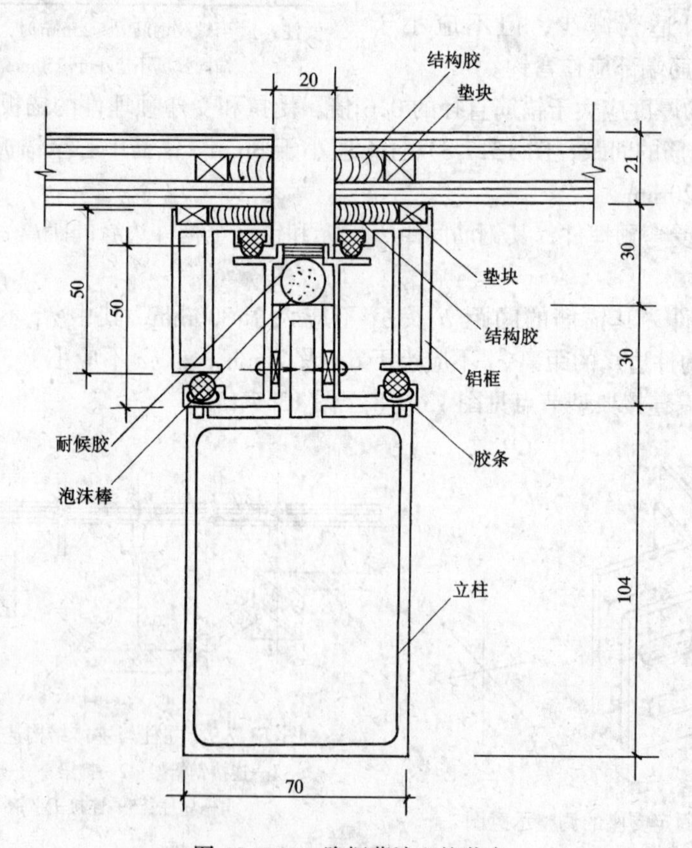

图 13.7-11　隐框幕墙立柱节点

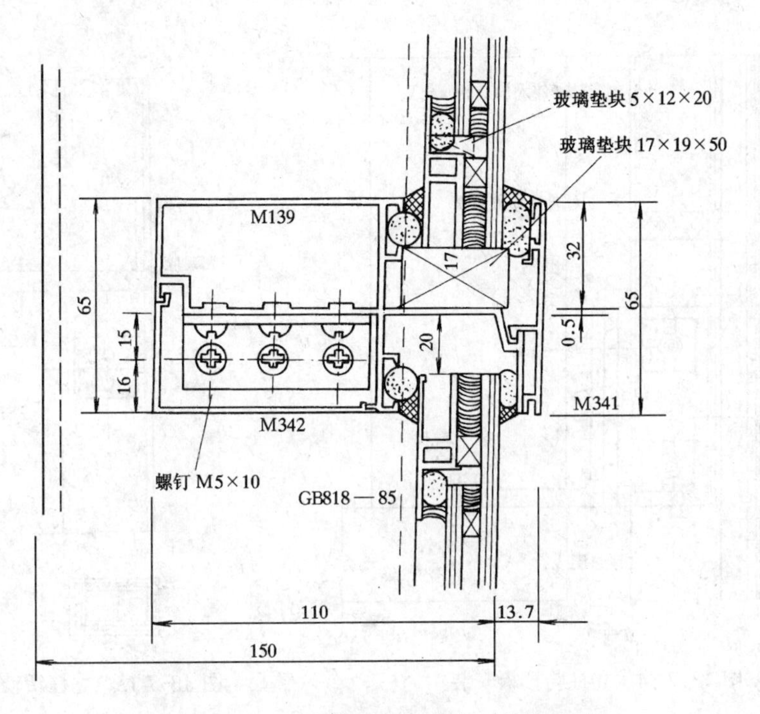

图 13.7-12 明框幕墙横梁节点（竖直剖面）

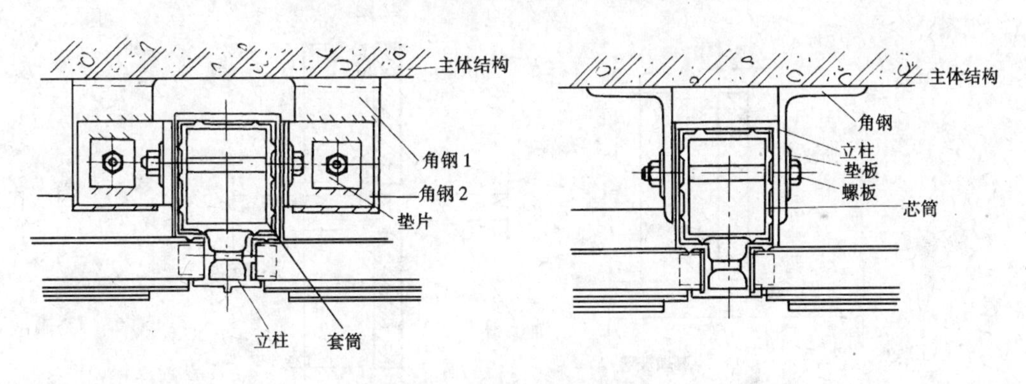

图 13.7-13 立柱连接节点

13.7.7 横梁设计

1. 横梁截面主要受力部分的厚度，应符合下列规定：

(1) 翼缘的宽厚比应符合下列规定（图 13.7-17）：

截面自由挑出部分（图 13.7-17a）：

$$b/t \leqslant 15$$

截面封闭部分（图 13.7-17b）：

$$b/t \leqslant 30$$

(2) 当跨度不大于 1.2m 时，铝合金型材横梁截面主要受力部分的厚度不应小于 2.5mm；当横梁跨度大于 1.2m 时，其截面主要受力部分的厚度不应小于 3mm，有螺钉连接的部分截面厚度不应小于螺钉公称直径。钢型材截面主要受力部分的厚度不应小于 3.5mm。

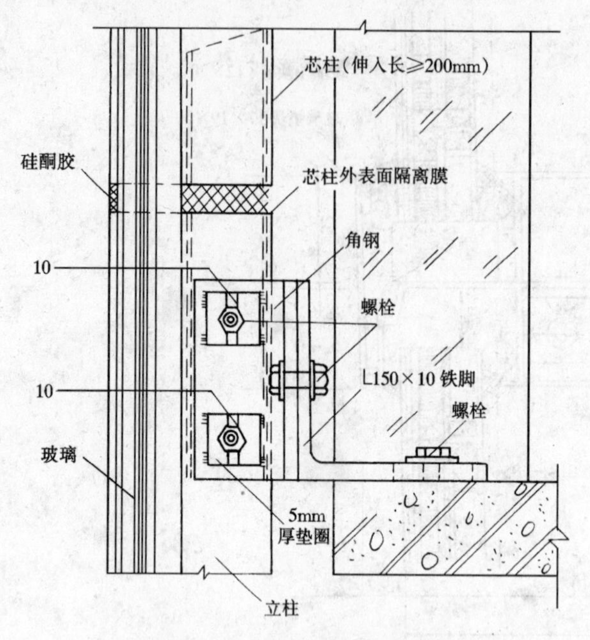

图 13.7-14　立柱与楼板安装

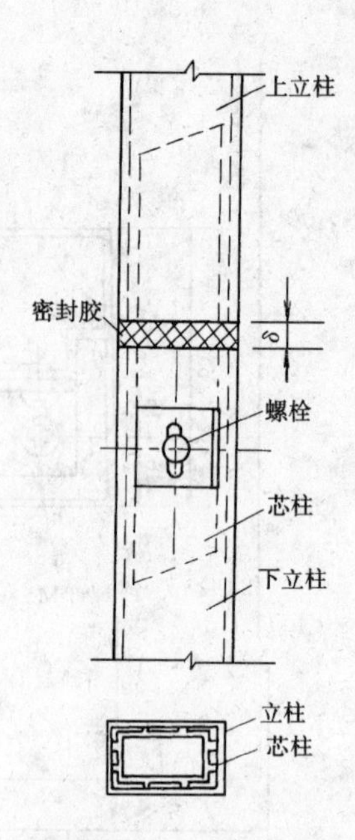

图 13.7-15　立柱活动接头

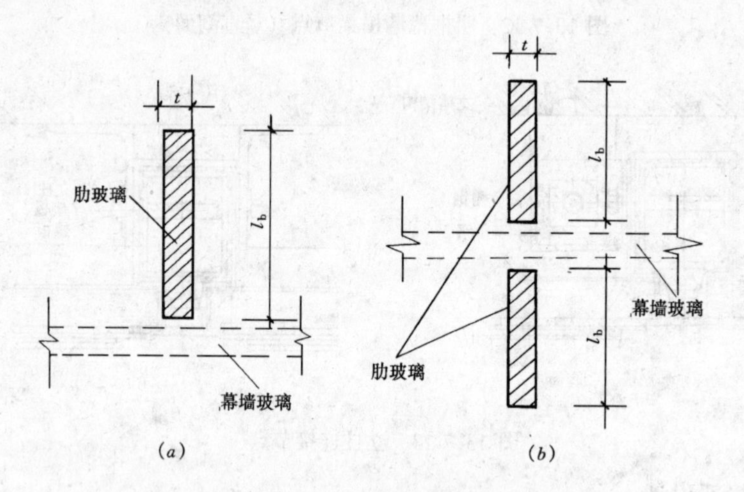

图 13.7-16　全玻璃墙玻璃肋截面尺寸
（a）单肋；（b）双肋
1—玻璃肋；2—幕墙玻璃

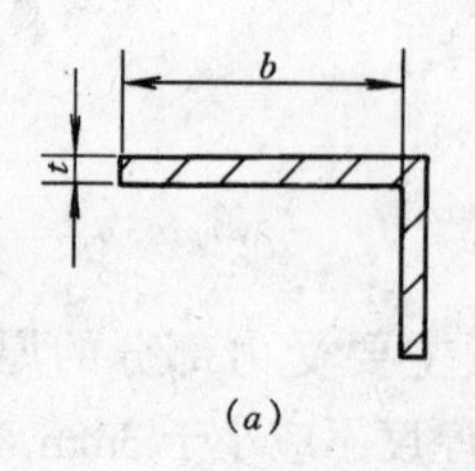

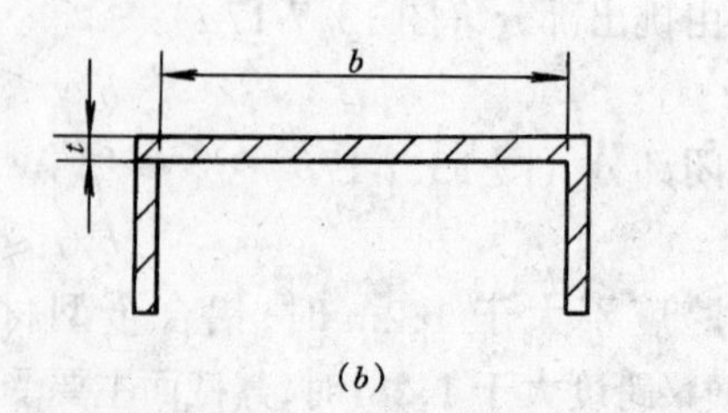

图 13.7-17　截面的厚度

2. 横梁的荷载应根据板材在横梁上的支承状况确定，并应计算横梁承受的弯矩和剪力。

3. 幕墙的横梁截面抗弯承载力应符合下式要求：

$$\frac{M_x}{\nu M_x}+\frac{M_y}{\nu W_y}\leqslant f \tag{13.7.7-1}$$

式中 M_x——横梁绕 x 轴（幕墙平面内方向）的弯矩设计值（N·mm）；

M_y——横梁绕 y 轴（垂直于幕墙平面方向）的弯矩设计值（N·mm）；

W_x——横梁截面绕 x 轴（幕墙平面内方向）的净截面弹性抵抗矩（mm^3）；

W_y——横梁截面绕 y 轴（垂直于幕墙平面方向）的净截面弹性抵抗矩（mm^3）；

ν——截面塑性发展系数，可取 1.05；

f——型材抗弯强度设计值（MPa），应按 13.7.5 节第 1 条规定采用。

4. 横梁截面抗剪承载力，应符合下式要求：

$$\frac{1.5V_h}{A_{wh}}\leqslant f \tag{13.7.7-2}$$

$$\frac{1.5V_y}{A_{wy}}\leqslant f \tag{13.7.7-3}$$

式中 V_h——横梁水平方向的剪力设计值（N）；

V_y——横梁竖直方向的剪力设计值（N）；

A_{wh}——横梁截面水平方向腹板截面面积（mm^2）；

A_{wy}——横梁截面竖直方向腹板截面面积（mm^2）；

f——型材抗剪强度设计值，按 13.7.5 节第 1 条规定采用。

5. 横梁的挠度值，应符合下式要求：

（1）当跨度不大于 7.5m 的横梁：

1）铝型材：

$$u\leqslant l/180 \tag{13.7.7-4}$$

$$u\leqslant 20mm$$

2）钢型材：

$$u\leqslant l/300 \tag{13.7.7-5}$$

$$u\leqslant 15mm$$

（2）当跨度大于 7.5m 的钢横梁：

$$u\leqslant l/500 \tag{13.7.7-6}$$

式中 u——横梁的挠度（mm）；

l——横梁的跨度（mm）。

6. 横梁应通过角码、螺钉或螺栓与立柱连接，角码应能承受横梁的剪力。螺钉直径不得小于 4mm，每处连接螺钉数量不应少于 3 个，螺栓不应少于 2 个。横梁与立柱之间应有一定的相对位移能力。

13.7.8 立柱设计

1. 立柱截面的主要受力部分的厚度，应符合下列规定：

（1）铝合金型材截面主要受力部分的厚度不应小于 3mm，采用螺纹受力连接时螺纹连接部位截面的厚度不应小于螺钉的公称直径；

（2）钢型材截面主要受力部分的厚度不应小于3.5mm；

（3）偏心受压的立柱，截面宽厚比应符合13.7.7节第1条的规定。

2. 上下立柱之间应有不小于15mm的缝隙，并应采用芯柱连结。芯柱总长度不应小于400mm。芯柱与立柱应紧密接触。芯柱与下柱之间应采用不锈钢螺栓固定。

3. 立柱与主体结构的连接可每层设一个支承点，也可设两个支承点；在实体墙面上，支承点可加密。

4. 每层设一个支承点时，立柱应按简支单跨梁或铰接多跨梁计算；每层设两个支承点时，立柱应按双跨梁或双支点铰接多跨梁计算。

5. 立柱上端应悬挂在主体结构上，宜设计成偏心受拉构件，其轴力应考虑幕墙板材、横梁以及立柱的重力荷载值。

偏心受拉的幕墙立柱截面承载力应符合下式要求：

$$\frac{N}{A_0}+\frac{M}{\nu W}\leqslant f \tag{13.7.8-1}$$

式中　N——立柱轴力设计值（N）；

M——立柱弯矩设计值（N·mm）；

A_0——立柱的净截面面积（mm^2）；

W——在弯矩作用方向的净截面弹性抵抗矩（mm^3）；

ν——截面塑性发展系数，可取1.05；

f——型材的抗弯强度设计值（MPa），应按13.7.5节第1条规定采用。

6. 偏心受压的幕墙立柱截面承载力应符合下式要求：

$$\frac{N}{\varphi_1 A_0}+\frac{M}{\gamma W}\leqslant f \tag{13.7.8-2}$$

式中　N——立柱的压力设计值（N）；

M——立柱的弯矩设计值（N·mm）；

A_0——立柱的净截面面积（mm^2）；

W——在弯矩作用方向的净截面弹性抵抗矩（mm^3）；

γ——截面塑性发展系数，可取为1.05；

f——型材抗弯强度设计值（MPa），应按13.7.5节第1条的规定采用；

φ_1——轴心受压柱的稳定系数，应按表13.7-34查取。

7. 轴心受压柱的稳定系数应按表13.7-34采用。

8. 偏心受压的幕墙立柱，其长细比可按下式计算：

$$\lambda=\frac{L}{i} \tag{13.7.8-3}$$

式中　λ——立柱长细比；

L——构件侧向支承点之间的距离（mm）；

i——截面回转半径（mm）。

轴心受压柱的稳定系数（φ_1） 表 13.7-34

λ	钢型材		铝合金型材		
	Q235 钢	Q345 钢	6063-T5 6061-T4	6063-T6 6063A-T5 6063A-T6	6061-T6
20	0.97	0.96	0.98	0.96	0.92
40	0.90	0.88	0.88	0.84	0.80
60	0.81	0.73	0.81	0.75	0.71
80	0.69	0.58	0.70	0.58	0.48
90	0.62	0.50	0.63	0.48	0.40
100	0.56	0.43	0.56	0.38	0.32
110	0.49	0.37	0.49	0.34	0.26
120	0.44	0.32	0.41	0.30	0.22
140	0.35	0.25	0.29	0.22	0.16

立柱长细比不应大于150。

9. 立柱由风荷载标准值和地震作用标准值产生的挠度 u 应按13.7.1节第6.7条的规定计算，并应符合下列要求：

1. 当跨度不大于7.5m的立柱：

1）铝合金型材：

$$u \leqslant l/180 \tag{13.7.8-4}$$

$$u \leqslant 20\text{mm}$$

2）钢型材：

$$u \leqslant l/300 \tag{13.7.8-5}$$

$$u \leqslant 15\text{mm}$$

2. 当跨度大于7.5m的钢立柱：

$$u \leqslant l/500 \tag{13.7.8-6}$$

式中 u——挠度；

l——支承点间的距离（mm）。

10. 立柱应采用螺栓与角码连接，并再通过角码与预埋件或钢构件连接。螺栓直径不应小于10mm，连接螺栓应按现行国家标准《钢结构设计规范》（GBJ 17）进行承载力计算。立柱与角码采用不同金属材料时应采用绝缘垫片分隔。

11. 立柱应带有活动接头，接头应通过芯管连接上下柱。上下柱之间应留有空隙，立柱与芯管应为可动配合。上下柱的空隙宽度应考虑温度变化、永久荷载和准永久荷载产生的主体结构轴向变形和加工误差的影响。空隙宽度不宜小于10mm。

13.7.9 金属板设计

1. 单层铝板、蜂窝铝板、铝塑复合板和不锈钢板在制作构件时，应四周折边。铝塑复合板和蜂窝铝板折边时应采用机械刻槽，并应严格控制槽的深度，槽底不得触及面板。

2. 金属板应按需要设置边肋和中肋等加劲肋，铝塑复合板折边处应设边肋。加劲肋可采用金属方管、槽形或角形型材。加劲肋应与金属板可靠连结，并应有防腐措施。

3. 金属板的计算应符合下列规定：

(1) 金属板在风荷载或地震作用下的最大弯曲应力标准值应分别按下式计算。当板的挠度大于板厚时，应按本条第（4）款的规定考虑大挠度的影响。

$$\sigma_{wk}=\frac{6mw_k l^2}{t^2} \tag{13.7.9-1}$$

$$\sigma_{Ek}=\frac{6mq_{Ek} l^2}{t^2} \tag{13.7.9-2}$$

式中 σ_{wk}、σ_{Ek}——分别为风荷载或垂直于板面方向的地震作用产生的板中最大弯曲应力标准值（MPa）；

w_k——风荷载标准值（MPa）；

q_{Ek}——垂直于板面方向的地震作用标准值（MPa）；

l——金属板区格的边长（mm）；

m——板的弯矩系数，应按其边界条件由本节第8条表13.7-36确定。各区格板边界条件，应按本节第4条的规定采用；

t——金属板的厚度（mm）。

（2）金属板中由各种荷载或作用产生的最大应力标准值，应按13.7.2节第6条的规定进行组合，所得的最大应力设计值不应超过金属板强度设计值。单层铝板的强度设计值按表13.7-13的规定采用；不锈钢板的强度设计值按表13.7-16的规定采用。

（3）铝塑复合板和蜂窝铝板计算时，厚度应取板的总厚度，其强度按表13.7-14和表13.7-15采用，其弹性模量按表13.7-18采用。

（4）考虑金属板在外荷载和作用下大挠度变形的影响时，可将式（13.7.9-1）和式（13.7.9-2）计算的应力值乘以折减系数 η，折减系数可按表13.7-35采用。

折减系数 η 表13.7-35

θ	5	10	20	40	60	80	100	120	150	200	250	300	350	400
η	1.00	0.95	0.90	0.81	0.74	0.69	0.64	0.61	0.54	0.50	0.46	0.43	0.41	0.40

表中 θ 可按式（13.7.9-3）计算：

$$\theta=\frac{w_k a^4}{Et^4} \text{或} \theta=\frac{(w_k+0.6q_{Ek})\ a^4}{Et^2} \tag{13.7.9-3}$$

式中 w_k——风荷载标准值（MPa）；

q_{Ek}——垂直于板面方向地震作用标准值（MPa）；

a——金属板区格短边边长（mm）；

t——金属板厚度（mm）；

E——金属板的弹性模量（MPa）。

（5）当进行板的挠度计算时，也应考虑大挠度的影响，按小挠度公式计算的挠度值也应乘以折减系数。

4. 由肋所形成的板区格，其四边支承型式应符合下列规定：

（1）沿板材四周边缘：简支边；

（2）中肋支承线：固定边。

5. 金属板材应沿周边用螺栓固定于横梁或立柱上，螺栓直径不应小于4mm，螺栓的数量应根据板材所承受的风荷载和地震作用经计算后确定。

6. 金属板材的边肋截面尺寸应按构造要求设计。单跨中肋应按简支梁设计，中肋应有足够的刚度，其挠度不应大于中肋跨度的1/300。

7. 金属板面作用的荷载应按三角形或梯形分布传递到肋上，进行肋的计算时应按等弯矩原则化为等效均布荷载。(图13.7-18)。

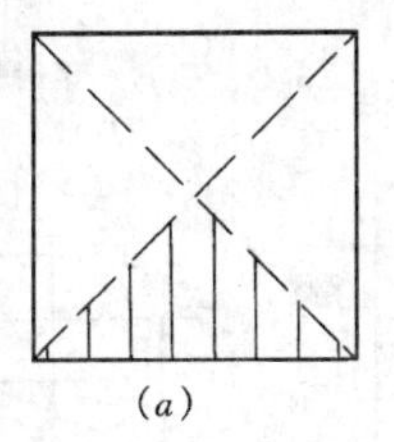
(a)

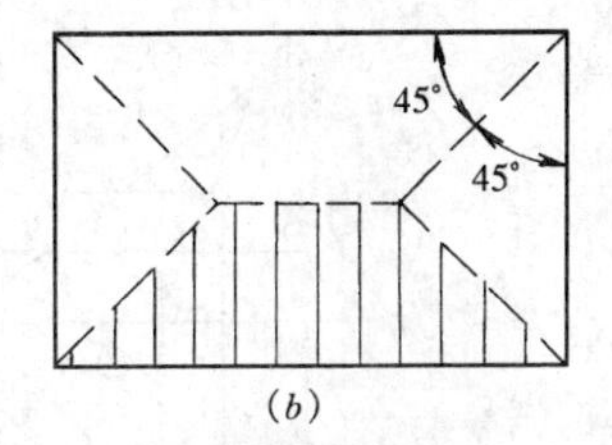

(b)

图 13.7-18 板面荷载向肋的传递
(a) 方板；(b) 矩形板

8. 金属板的最大弯矩系数可按表13.7-36采用。

板的最大弯矩系数（m）$M=mql^2$ **表 13.7-36**

l_x/l_y	四边简支	三边简支 l_y 固定	l_x 对边简支 l_y 对边固定	l_y/l_x	三边简支 l_y 固定	l_x 对边简支 l_y 对边固定
0.50	0.1022	−0.1212	−0.0843	0.50	−0.1215	−0.1191
0.55	0.0961	−0.1187	−0.0840	0.55	−0.1193	−0.1156
0.60	0.0900	−0.1158	−0.0834	0.60	−0.1166	−0.1114
0.65	0.0839	−0.1124	−0.0826	0.65	−0.1133	−0.1066
0.70	0.0781	−0.1087	−0.0814	0.70	−0.1096	−0.1013
0.75	0.0725	−0.1048	−0.0799	0.75	−0.1056	−0.0959
0.80	0.0671	−0.1007	−0.0782	0.80	−0.1014	−0.0904
0.85	0.0621	−0.0965	−0.0763	0.85	−0.0970	−0.0850
0.90	0.0574	−0.0922	−0.0743	0.90	−0.0926	−0.0797
0.95	0.0530	−0.0880	−0.0721	0.95	−0.0882	−0.0746
1.00	0.0489	−0.0839	−0.0698	1.00	−0.0839	−0.0698

注：1. 系数前的负号，表示最大弯矩在固定边。
2. 计算时 l 值取 l_x 和 l_y 值的较小值。
3. 此表适用于泊松比为0.25～0.33。

13.7.10 石板设计

1. 用于石材幕墙的石板，厚度不应小于25mm。

2. 钢销式石材幕墙可在非抗震设计或6度、7度抗震设计幕墙中应用，幕墙高度不宜大于20m，石板面积不宜大于1.0m^2。钢销和连接板应采用不锈钢。连接板截面尺寸不宜小于40mm×4mm。钢销与孔的要求应符合本节第6条的规定。

3. 每边两个钢销支承的石板，应按计算边长为 a_0、b_0 的四点支承板计算其应力。计算边长 a_0、b_0：

(1) 当为两侧连接时（图13.7-19a），支承边的计算边长可取为钢销的距离，非支承边的计算长度取为边长。

(2) 当四侧连接时（图13.7-19b），计算长度可取为边长减去钢销至板边的距离。

4. 石板的抗弯设计应符合下列规定：

(1) 边长为 a_0、b_0 的四点支承板的最大弯曲应力标准值应分别按下列公式计算：

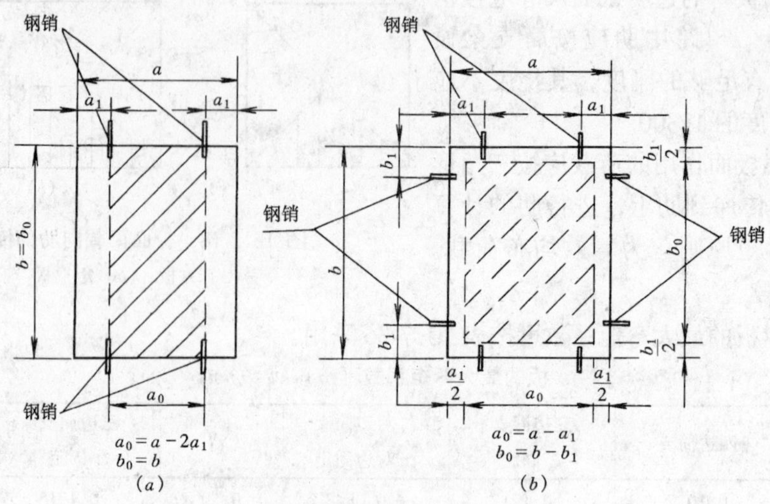

图 13.7-19 钢销连接石板的计算边长 a_0、b_0

(a) 两侧连接;(b) 四侧连接

$$\sigma_{\mathrm{wk}}=\frac{6mw_{\mathrm{k}}b_0^2}{t^2} \tag{13.7.10-1}$$

$$\sigma_{\mathrm{Ek}}=\frac{6mq_{\mathrm{Ek}}b_0^2}{t^2} \tag{13.7.10-2}$$

式中 σ_{wk}、σ_{Ek}——分别为风荷载或垂直于板面方向地震作用在板中产生的最大弯曲应力标准值(MPa);

w_{k}、q_{Ek}——分别为风荷载或垂直于板面方向地震作用标准值(MPa);

b_0——四点支承板的计算长边边长(mm);

t——板厚度(mm);

m——四点支承板在均布荷载作用下的最大弯矩系数,可按表 13.7-37 采用。

(2) 石板中由各种荷载和作用产生的最大弯曲应力标准值应按 13.7.2 节第 6 条的规定进行组合,所得的最大弯曲应力设计值不应超过石板的抗弯强度设计值。

5. 钢销的设计应符合下列规定:

(1) 在风荷载或垂直于板面方向地震作用下,钢销承受的剪应力标准值按下式计算:

两侧连接

$$\tau_{\mathrm{pk}}=\frac{q_{\mathrm{k}}ab}{2nA_{\mathrm{p}}}\beta \tag{13.7.10-3}$$

四侧接连

$$\tau_{\mathrm{pk}}=\frac{q_{\mathrm{k}}\ (2b-a)\ a}{4nA_{\mathrm{p}}}\beta \tag{13.7.10-4}$$

式中 τ_{pk}——钢销剪应力标准值(MPa);

q_{k}——风荷载或垂直于板面方向地震作用标准值(MPa),即 q_{k} 分别代表 w_{k} 或 q_{Ek};

b、a——石板的长边或短边边长(mm);

A_{p}——钢销截面面积(mm^2);

n——一个连接边上的钢销数量；四侧连接时一个长边上的钢销数量；

β——应力调整系数，可按表 13.7-38 采用。

四点支承矩形石板弯矩系数（$\mu=0.125$）　表 13.7-37

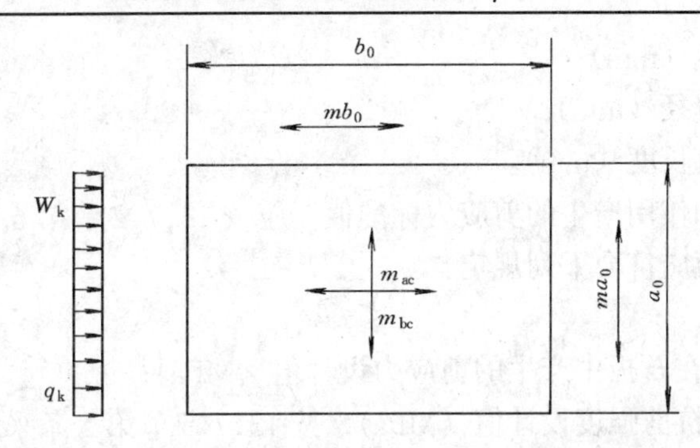

计算边长比 $\frac{a_0}{b_0}$	m_{ac}	m_{bc}	m_{a0}	m_{b0}
0.50	0.0180	0.1221	0.0608	0.1303
0.55	0.0236	0.1212	0.0682	0.1320
0.60	0.0301	0.1202	0.0759	0.1338
0.65	0.0373	0.1189	0.0841	0.1360
0.70	0.0453	0.1177	0.0928	0.1383
0.75	0.0540	0.1163	0.1020	0.1408
0.80	0.0634	0.1149	0.1117	0.1435
0.85	0.0735	0.1133	0.1220	0.1463
0.90	0.0845	0.1117	0.1327	0.1494
0.95	0.0961	0.1100	0.1440	0.1526
1.00	0.1083	0.1083	0.1559	0.1559

应力调整系数　表 13.7-38

每块板材钢销个数	4	8	12
β	1.25	1.30	1.32

（2）由各种荷载和作用产生的剪应力标准值应按本章 13.7.2 节第 6 条的规定进行组合。

（3）钢销所承受的剪应力设计值应符合下列条件：

$$\tau_p \leqslant f_s \tag{13.7.10-5}$$

式中　τ_p——钢销剪应力设计值（MPa）；

f_s——钢销抗剪强度设计值（MPa）按表 13.7-16 采用。

6. 由钢销在石板中产生的剪应力应按下列规定进行校核：

（1）在风荷载或垂直于板面方向地震作用下，石板剪应力标准值可按下式计算：

两侧连接

$$\tau_k = \frac{q_k ab\beta}{2n\ (t-d)\ h} \tag{13.7.10-6}$$

四侧连接

$$\tau_k = \frac{q_k\ (2b-a)\ a\beta}{4n\ (t-d)\ h} \tag{13.7.10-7}$$

式中　τ_k——由于钢销在石板中产生的剪应力标准值（MPa）；

q_k——风荷载或垂直于板面方向地震作用标准值（MPa），即 q_k 分别代表 w_k 或 q_{Ek}；

t——石板厚度（mm）；

d——钢销孔直径（mm）；

h——钢销入孔长度（mm）。

（2）由各种荷载和作用产生的剪应力标准值，应按 13.7.2 节第 6 条的规定进行组合。

（3）剪应力设计值应符合下列规定：

$$\tau \leqslant f \qquad (13.7.10\text{-}8)$$

式中　τ——由于钢销在石板中产生的剪应力设计值（MPa）；

f——花岗石板抗剪强度设计值（MPa），按 13.7.5 节第 5 条采用。

7. 短槽支承的石板，其抗剪设计应符合下列规定：

（1）短槽支承石板的不锈钢挂钩的厚度不应小于 3.0mm，铝合金挂钩的厚度不应小于4.0mm，其承受的剪应力可按式（13.7.10-3）、式（13.7.10-4）计算，并应符合式（13.7.10-5）的条件。

（2）在风荷载或垂直于板面方向地震作用下，挂钩在槽口边产生的剪应力标准值 τ_k 按下式计算：

对边开槽
$$\tau_k = \frac{q_k ab\beta}{n(t-c)s} \qquad (13.7.10\text{-}9)$$

四边开槽
$$\tau_k = \frac{q_k(2b-c)a\beta}{2n(t-c)s} \qquad (13.7.10\text{-}10)$$

式中　q_k——风荷载或垂直于板面方向地震作用标准值（MPa），即 q_k 分别代表 w_k 或 q_{Ek}；

c——槽口宽度（mm）；

s——单个槽底总长度（mm）。矩形槽的槽底总长度 s 取为槽长加上槽深的 2 倍，弧形槽 s 取为圆弧总长度。

（3）由各种荷载和作用产生的剪应力标准值，应按 13.7.2 节第 6 条的规定进行组合。

（4）槽口处石板的剪应力设计值 τ 应符合下式规定：

$$\tau \leqslant f \qquad (13.7.10\text{-}11)$$

式中　τ——由于不锈钢挂钩在石板中产生的剪应力设计值（MPa）；

f——花岗石板抗剪强度设计值（MPa），按 13.7.5 节第 5 条采用。

8. 短槽支承石板的最大弯曲应力应按本节第 3 条、第 4 条的规定进行设计。

9. 通槽支承的石板抗弯设计应符合下列规定：

（1）通槽支承石板的最大弯曲应力标准值 σ_k 应按下列公式计算：

$$\sigma_{wk} = 0.75\frac{w_k l^2}{t^2} \qquad (13.7.10\text{-}12)$$

$$\sigma_{Ek} = 0.75\frac{q_{Ek} l^2}{t^2} \qquad (13.7.10\text{-}13)$$

式中　σ_{wk}、σ_{Ek}——分别为风荷载或垂直于板面方向地震作用在板中产生的最大弯曲应力标准值（MPa）；

w_k、q_{Ek}——分别为风荷载或地震作用的标准值（MPa）；

l——石板的跨度，即支承边的距离（mm）；

t——石板厚度（mm）。

(2) 由各种荷载和作用在石板中产生的最大弯曲应力标准值应按 13.7.2 节第 6 条的规定进行组合，所得的最大弯曲应力设计值不应超过石材抗弯强度设计值。

10. 通槽支承石板的挂钩，其设计应符合下列规定：

(1) 通槽支承石板，铝合金挂钩的厚度不应小于 4.0mm，不锈钢挂钩的厚度不应小于 3.0mm。

(2) 在风荷载或垂直于板面方向地震作用下，挂钩承受的剪应力标准值应按下式计算：

$$\tau_k = \frac{q_k l}{2t_p} \tag{13.7.10-14}$$

式中 τ_k——挂板中剪应力标准值（MPa）；

l——石板的跨度，即支承边间的距离（mm）；

q_k——风荷载或垂直于板面方向地震作用标准值（MPa），即 q_k 分别代表 w_k 或 q_{Ek}；

t_p——挂钩厚度（mm）。

(3) 由各种荷载和作用产生的剪应力标准值，应按 13.7.2 节第 6 条的规定进行组合。

11. 通槽支承的石板槽口处抗剪设计应符合下列规定：

(1) 由风荷载或垂直于板面方向地震作用在槽口处产生的剪应力标准值应按下式计算：

$$\tau_k = \frac{q_k l}{t - c} \tag{13.7.10-15}$$

式中 q_k——风荷载或垂直于板面方向地震作用标准值（MPa），即 q_k 分别代表 w_k 或 q_{Ek}；

t——石板厚度（mm）；

l——支承边间距离（mm）；

c——槽口宽度（mm）。

(2) 由各种荷载和作用产生的剪应力标准值，应按 13.7.2 节第 6 条的规定进行组合。

(3) 通槽支承的石板槽口处剪应力设计值 τ 应符合下式要求：

$$\tau \leqslant f \tag{13.7.10-16}$$

式中 τ——槽口处石板中的剪应力设计值（MPa）；

f——花岗石板抗剪强度设计值（MPa），按 13.7.5 节第 5 条采用。

12. 通槽支承的石板槽口处抗弯设计值应符合下列规定：

(1) 由风荷载或垂直于板面方向地震作用在槽口处产生的最大弯曲应力标准值 σ_k 应按下式计算：

$$\sigma_k = \frac{8q_k lh}{(t - c)^2} \tag{13.7.10-17}$$

式中 t——石板厚度（mm）；

c——槽口宽度（mm）；

h——槽口受力一侧深度（mm）；

l——石板的跨度，即支承边间的距离（mm）；

q_k——风荷载或垂直于板面方向地震作用标准值（MPa），即 q_k 分别代表 w_k 或 q_{Ek}。

（2）由各种荷载和作用产生剪应力标准值，应按13.7.2节第6条的规定进行组合。

（3）通槽支承的石板槽口处最大弯曲应力设计值 σ 应符合下式的要求：

$$\sigma \leqslant 0.7f \tag{13.7.10-18}$$

式中　σ——槽口处石板中的最大弯曲应力设计值（MPa）；

f——石板抗弯强度设计值（MPa），按13.7.5节第5条的规定采用。

13. 石板中由各种荷载和作用产生的最大弯曲应力标准值应按13.7.2节第6条的规定进行组合，所得的最大弯曲应力设计值不应超过石板抗弯强度设计值。有四边金属框的隐框式石板构件，应根据下列公式按四边简支板计算板中最大弯曲应力标准值：

$$\sigma_{wk} = \frac{6mw_k a^2}{t^2} \tag{13.7.10-19}$$

$$\sigma_{Ek} = \frac{6mq_{Ek} a^2}{t^2} \tag{13.7.10-20}$$

式中　σ_{wk}、σ_{Ek}——分别为风荷载或垂直于板面方向地震作用在板中产生的最大弯曲应力标准值（MPa）；

w_k、q_{Ek}——分别为风荷载或垂直板面方向地震作用的标准值（MPa）；

a——板的短边边长（mm）；

t——石板厚度（mm）；

m——板的跨中弯矩系数，应按表13.7-39查取。

四边简支石板的跨中弯矩系数（$\nu=0.125$）　　**表 13.7-39**

a/b	0.50	0.55	0.60	0.65	0.70	0.75	0.80	0.85	0.90	0.95	1.00
m	0.0987	0.0918	0.0850	0.0784	0.0720	0.0660	0.0603	0.0550	0.0501	0.0456	0.0414

14. 隐框式石板构件的金属框，其上、下边框应带有挂钩，挂钩厚度应符合本节第10条的规定。

15. 干挂法采用钢支架、不锈钢连接件与主体结构柔性连接，具有较好的抗震、抗风、适应温差的性能。干挂法的石材表面距结构面之间一般为80～120mm，有的工程利用石材背面与结构面之间空隙层设置外墙保温隔热材料。干挂法免除了湿作业，减轻了建筑物自重，可缩短施工周期，避免了灌浆法砂浆中色素对石材渗透污染，提高了装饰质量。因此，在国内外高层建筑和重要的多层建筑薄型石材饰面工程中，干挂法已被广泛采用。

16. 干挂法构造要求：

（1）钢支架应与主体结构的梁、墙、柱、板等构件进行连接，不得连接在非承重的填充墙上。钢支架杆件的位置应根据石材分路及承载力和刚度要求确定。主体结构设置预埋件与钢支架连接，也可采用膨胀螺栓或锚栓连接。钢支架应进行承载力及刚度的验算，计算方法可参见幕墙结构设计中横梁和立柱的计算，连接的预埋件，螺栓、焊缝均应进行承载力的验算。

(2) 承托和固定石材的钢销、连接件必须采用不锈钢，钢销和连接件的外形尺寸及孔洞位置要准确，大小规格按设计要求。

(3) 石材按设计要求分块，承托连接件的钢销孔或钢扣板槽当石材宽度1000mm以内时，可顶边和底边各设两个，孔或槽一般深度为30mm，直径或槽宽比钢销直径或钢扣板大0.5～1mm。

(4) 石材由下往上分层安装，最底层应落在结构梁、墙外挑的板上或钢架上。在上层石材安装前，下层石材就位并临时固定，用粘结胶灌入下层石材顶边孔内，插连接钢销，固定连接件。

(5) 安装上层石材时，底边孔内先嵌入粘结胶，然后将上层石材底边孔对准下层石材顶边已有的连接钢销安装就位，并临时固定。

重复工序 (4)、(5) 直至完成石材安装。

(6) 清理饰面石材，沿缝边贴防污胶条，用密封胶进行嵌缝，最后清除防污胶条，清理表面。

(7) 所有钢件除不锈钢外均应涂刷一道防锈红丹底漆，两道防锈漆，特别应注意焊接部位的防锈。

当外墙在石材背面与主体结构间设有保温隔热材料时，在焊接完钢支架未安装石材饰面前，先粘贴或固定好保温隔热材料。

图13.7-20至图13.7-25为实际工程干挂法石材饰面连接构造做法。

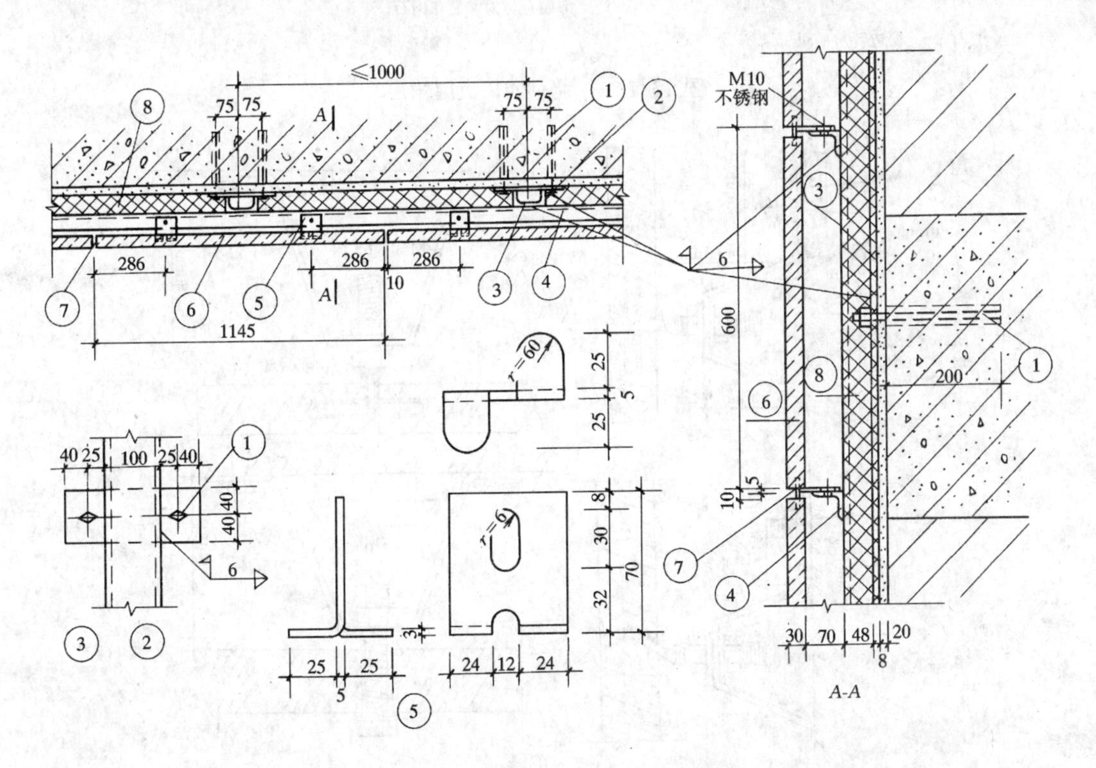

图13.7-20 北京人民大会堂外墙

1—2M12锚栓；2—230×80×8连接钢板；3—［10槽钢；4—∟50×5角钢；5—不锈钢托板；6—花岗石饰面；7—嵌密封胶；8—水泥珍珠岩保温层

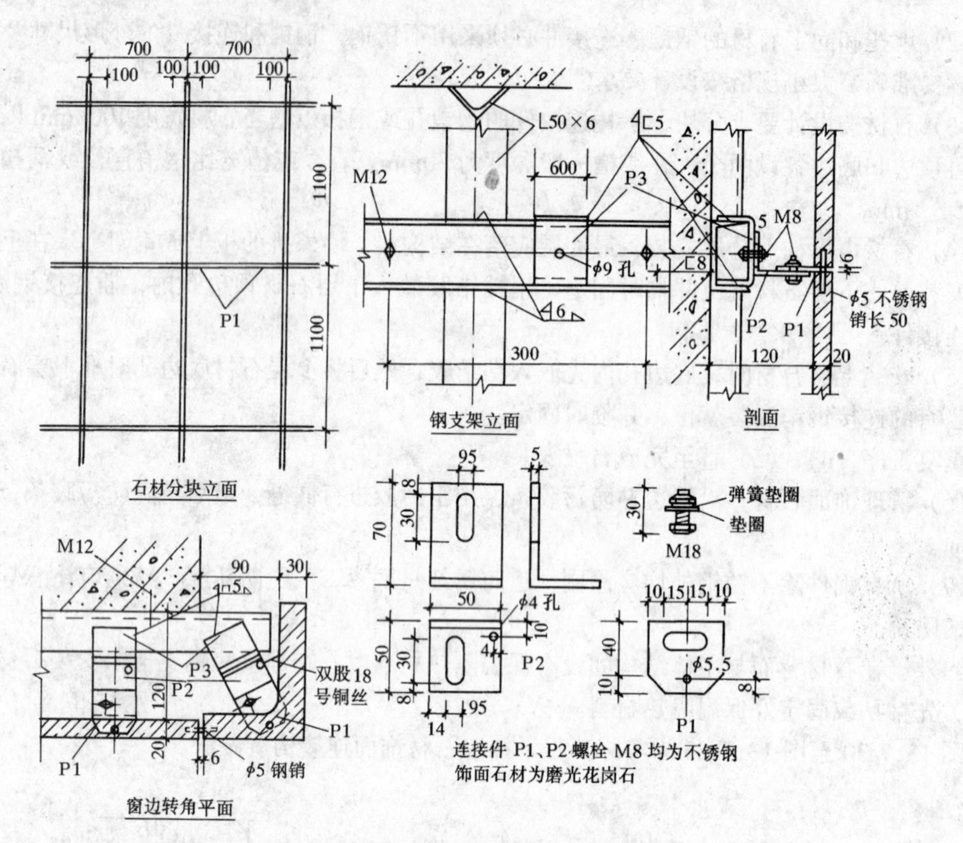

图 13.7-21 北京四川大厦裙房

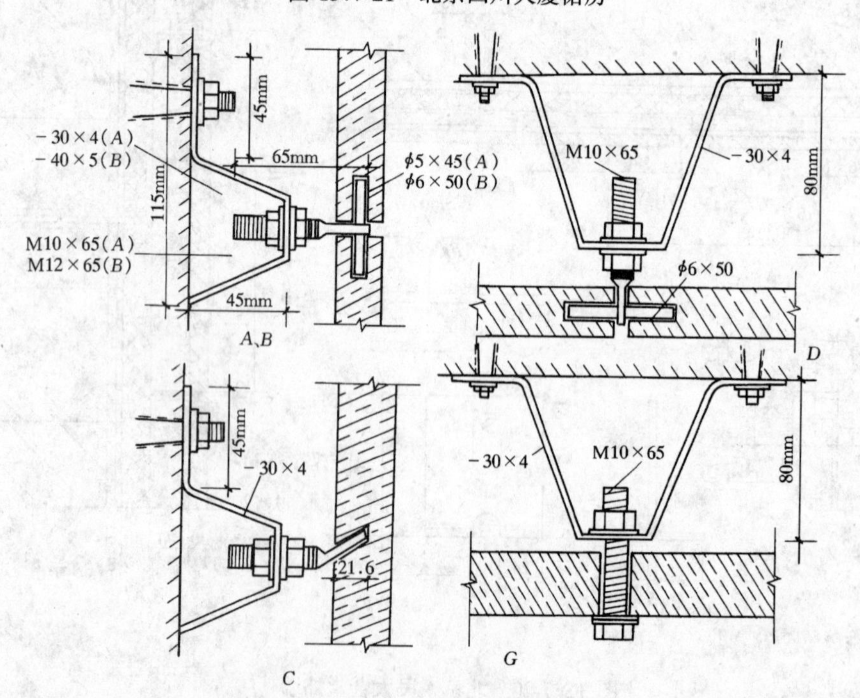

图 13.7-22 北京国际贸易中心

A、B—销孔式连接,用于平面墙;C—挂钩式连接,用于弧形墙面;D、G—悬吊式连接,用于檐口下悬挂处

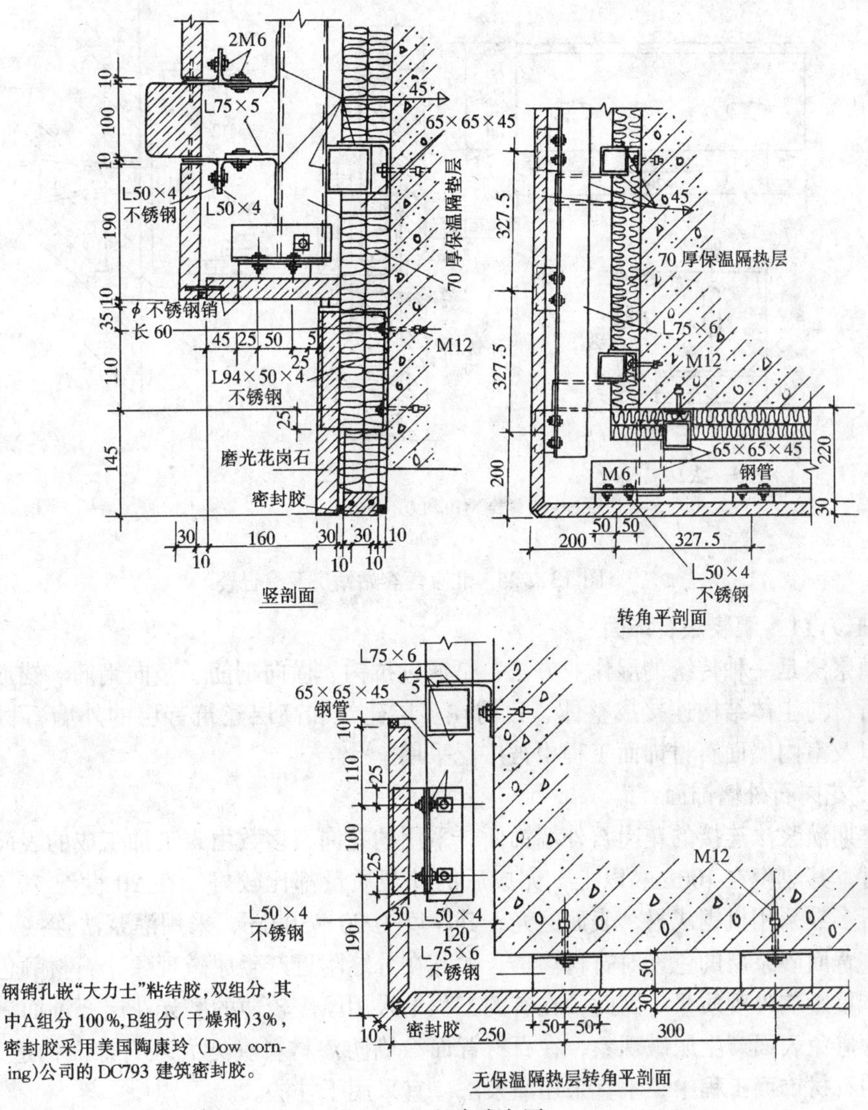

图 13.7-23 北京建威大厦

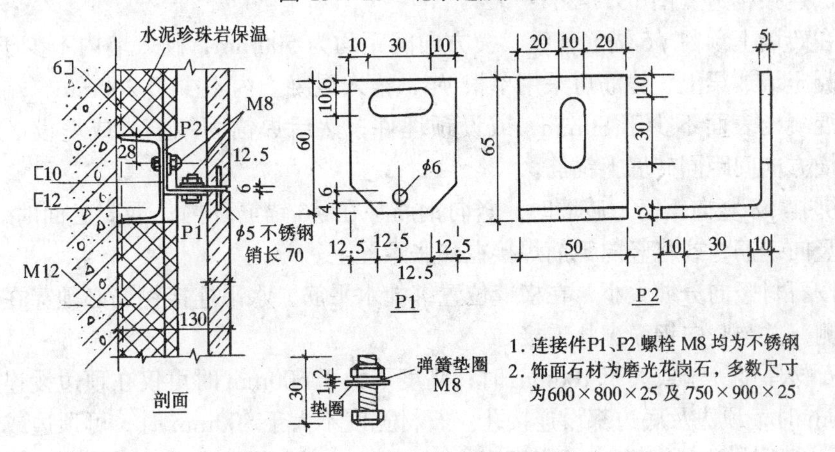

图 13.7-24 北京全国政协新楼

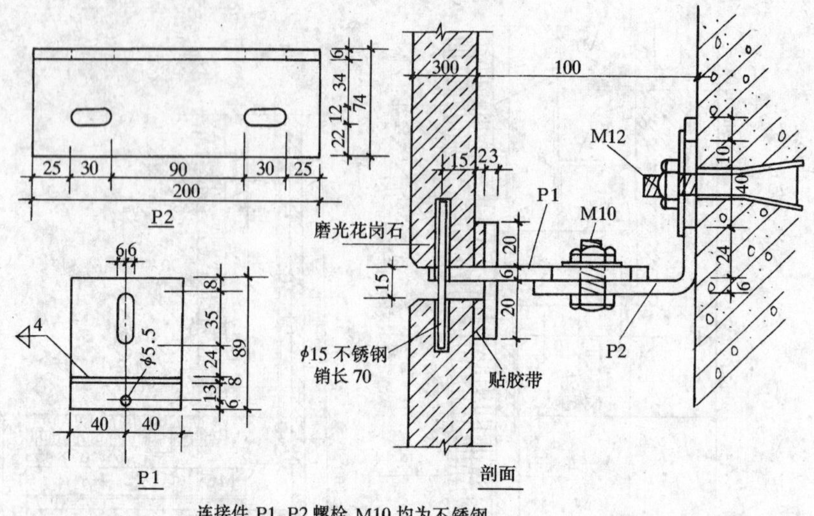

图 13.7-25 北京西客站站房及综合楼

13.7.11 灌浆法石饰面

灌浆法是一种传统的湿作业方法，是通过拉钩、横向钢筋、竖向钢筋、锚筋以及灌浆层，石材与主体结构连接成整体，目前在多层建筑和高层建筑首层的外墙石材饰面工程中，以及室内墙面石材饰面工程中被广泛采用。

1. 花岗石外墙饰面

早期灌浆法连接的花岗石外墙饰面，采用的花岗石多数由人工加工成的表面，也有机锯成材，其厚度在 100mm 以上，完成后的外观质量都比较好。在 20 世纪 70 年代以后，花岗石多数采用机锯成材，表面磨光，其厚度为 20～30mm，采用灌浆法连接，由于石材较薄，背面砂浆层的色素对石材渗透，尤其在分缝附近产生尿碱现象，石材颜色越浅越明显，严重影响外观质量。因此，在有的工程中采用厚度较薄的磨光花岗石饰面灌浆法连接时，为避免表面产生尿碱现象，在石材背面涂刷防渗材料（见大理石饰面构造）。在重要建筑的石材饰面工程中，不宜采用灌浆法，宜采用干挂法。

灌浆法连接构造（图 13.7-26）：

（1）在砖墙上预留 $\phi 6$ 锚筋，纵、横方向间距均为 500mm，砌入墙内不少于 200mm。在钢筋混凝土墙或梁上，锚筋可采用单根 $\phi 6$，锚入混凝土内不少于 200mm，端部设半圆钩，伸出混凝土表面不少于 80mm，或设预埋件，然后焊锚固钢筋，或埋设 M8 膨胀螺栓，纵、横方向间距同砖墙上锚筋。

（2）绑扎 $\phi 8$ 竖向钢筋，砖墙时，竖向钢筋穿在 $\phi 6$ 锚筋环内；混凝土面时，$\phi 6$ 锚筋弯钩钩住竖向钢筋，或将竖向钢筋焊接在膨胀螺栓上。

（3）按石材竖向分缝大小，在横缝位置绑扎水平筋，水平连接钢筋必须穿在竖向钢筋的靠墙一侧，并与竖向钢筋绑扎连接。

（4）石材厚度等于或大于 100mm 时，高度不大于 600mm 时可仅在顶边设连接孔，当大于 600mm 时，顶边及底边都设连接孔。石材宽度不大于 800mm 时，可顶边或底边设两个连接孔，孔距边 100mm 左右；当宽度大于 800mm 时，沿顶边或底边间距 400mm 左右

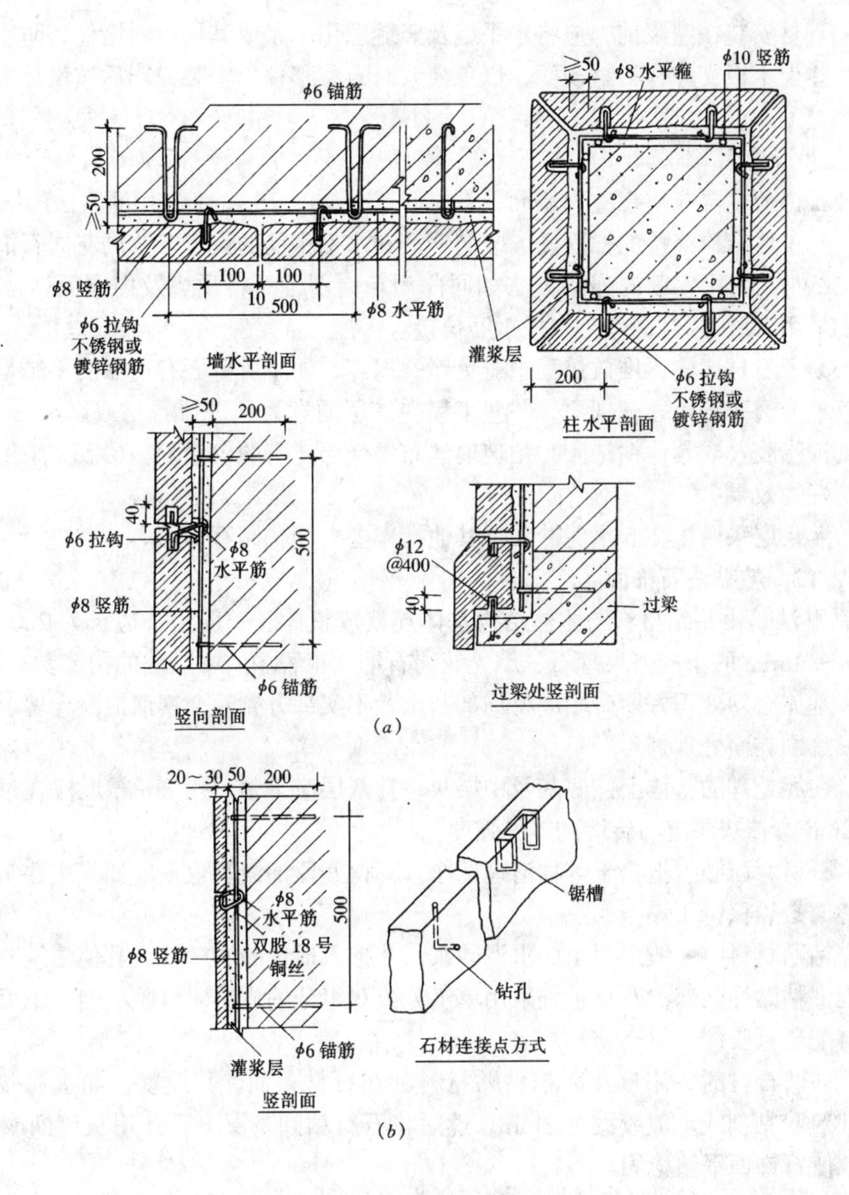

图 13.7-26 灌浆法连接构造

(a) 厚型花岗石饰面；(b) 薄型花岗石、大理石饰面

设连接孔。连接孔直径为 ϕ12，深度 40mm。

石材厚度为 20～30mm 薄型时，连接孔从顶边和内侧面钻成相互连通孔，孔径为 5mm，连接点也可采取在顶边和内侧面开槽方式。

(5) 石材厚度等于或大于 100mm 时，采用 ϕ6 不锈钢或镀锌钢筋拉钩，灌浆层厚度大于或等于 50mm，采用 C20 细石混凝土或 1∶3 水泥砂浆；石材厚度为 20～30mm 薄型时，连接采用双股 18 号铜丝，灌浆层采用 1∶2.5 水泥砂浆。

灌浆层应分层浇灌，每层层高不超过 200mm，待混凝土或砂浆初凝后再浇灌上一层，每块石材灌浆层顶面应低于板缝 50～80mm，避免石材水平缝与灌浆层水平缝重合。灌浆材料中不得掺加盐碱性或酸性化学品。

（6）石材安装在灌浆前，应将水平缝及竖缝隙用木条或其他材料堵住，防止灌浆时砂浆外溢，并设木板支撑住石材表面，以免灌浆时石材移位。安装完毕后按设计要求进行勾缝。

2. 大理石饰面

大理石饰面主要应用在室内墙面，石材厚度为20～25mm，采用灌浆法的构造为：

（1）与主体结构连接的锚固筋、竖向钢筋和水平钢筋的设置方法同花岗石饰面。

（2）石材与水平钢筋的连接方法如同薄型花岗石，石材顶边及内侧面钻 $\phi5$ 连通孔，或锯槽，采用双股18号铜丝与水平钢筋拉接。

（3）为了石材运输，堆放过程中避免脆裂损坏，灌浆后背面有可靠的粘结强度和防止砂浆中色素渗透而产生尿碱现象，一些工程中采用的意大利进口石材或国产石材的背面，涂刷环氧树脂胶（或其他粘结胶）粘玻璃丝布增强层，有的仅涂刷一层胶。采用这种措施取得了较好的效果。

（4）灌浆层采用1∶2.5水泥砂浆。其他操作要点同花岗石饰面。

13.7.12　粘贴法石饰面

1. 粘贴法是由粘结材料与主体结构基体连接成整体，一般用于边长为200～400mm，厚度为8～20mm的小规格大理石、磨光花岗石饰面工程中。粘贴法的构造要求：

（1）基体必须处理好，砖墙应将局部凸出及不实部分剔除，钢筋混凝土墙、梁等表面应凿毛或涂刷界面处理剂。

（2）在经处理的基体上抹底灰及中层灰，抹灰层应平整，用2m靠尺检查时，其偏差应小于2mm。抹灰层应与砖墙砌体等强度。

（3）石材背面必须把尘土等物清理干净，不得残留油渍及尘土，如采用建筑胶粘剂粘贴时，背面必须保持干燥。

（4）粘贴材料，一般采用1∶2水泥砂浆，并掺入适量的107胶或其他建筑胶粘贴。在重要工程中粘贴仰面部位石材，宜采用单组分或双组分的成品建筑胶粘剂，也可由施工安装单位自配环氧胶泥。

（5）粘贴石材时，用梳形刀把粘贴材料刮在石材背面，其厚度，如水泥砂浆为2～5mm，建筑胶粘剂或环氧胶泥为2mm，然后将石材粘到基层上，并用灰铲柄或橡胶锤轻轻敲击，使石饰面平整稳固。

（6）对于窗套、门套等顶部仰面部位及石材块尺寸较大的饰面石材，粘贴材料应采用粘结强度高的建筑胶粘剂、环氧胶泥、硅酮结构胶等，不宜采用水泥砂浆粘贴。

2. 人民大会堂在1998年进行大礼堂的东门门厅、过厅及一层中央大厅墙面更新中，6000m^2 的磨光花岗石墙裙和汉白玉石墙面采用了环氧树脂胶粘结工艺。

人民大会堂工程为框架结构，外墙填充采用粘土实心砖，内分隔墙采用陶土或焦渣空心砖夹部分实心粘土砖。要保证在这类墙体上粘结石饰面的质量，关键是砂浆基层与原有墙体连接成一体且砂浆有足够强度。具体作法如下：

（1）将原墙面抹灰层清理干净，沿纵横灰缝每500mm梅花形埋设尼龙锚栓S10，先钻孔埋锚栓，然后拧M7电镀螺钉（此产品由德国慧鱼集团供应），为压住镀锌铁丝网还设有50mm×50mm×3mm垫板。

（2）铺挂15mm方形网孔的镀锌铁丝网。根据有关领导须确保安全、做到万无一失的要求，为附加绑拴铜丝而在墙面石材水平缝位置铁丝网外绑扎 1Φ 6 钢筋。

(3) 抹配合比 1:3:0.125（水泥:砂子:丹利胶）的砂浆，最薄处厚度不小于 15mm，若厚度大于 20mm 应分层抹。抹砂浆前原有墙面应喷水润湿，砂浆层竖向及水平方向每 3m 左右设一道 5mm 宽的缝，其位置与石饰面分缝相对应。对砂浆基层完成面应严格要求平整，以免石材粘贴时粘结胶厚度不一致。

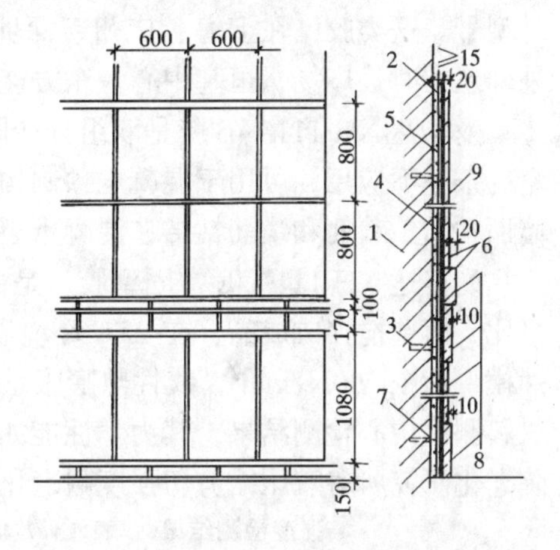

图 13.7-27 墙面石材立面分块及构造剖面
1—原墙体；2—镀锌铁丝网；3—尼龙锚栓；4—砂浆基层；5—1Φ 6 铜丝拴接；6—粘结胶；7—垫板；8—墙裙花岗石；9—墙面汉白玉

(4) 砂浆基层初凝后，按石饰面分块位置画线，并在Φ 6 水平钢筋绑拴铜丝位置剔凿小坑。待砂浆基层含水率不大于 6%时，即可进行下道工序。

墙面石饰面的石材分为两种：踢脚线及墙裙采用磨光花岗石，厚度为 20～40mm，上部为 20mm 厚汉白玉。石材块的缝隙≤2mm，墙面高度近 6m，墙面石材立面分块及构造剖面如图 13.7-27 所示。粘贴石材的作法如下：

1）石材背面涂胶面是局部的，上部及墙裙大块石材四角各 50mm×50mm，踢脚及墙裙条石两端各 60mm 长（图 13.7-28）。

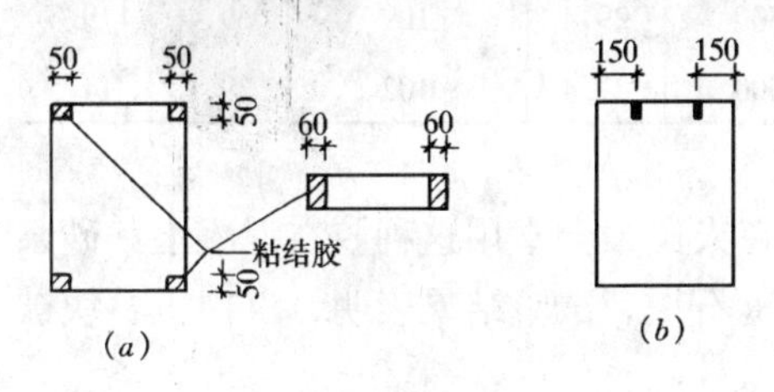

图 13.7-28 石材背面涂胶及拴结铜丝位置
(a) 石材涂胶位置；(b) 拴接铜丝位置

2）为使石材与砂浆基层能更好地粘结，在粘贴石材前 4h，按图 13.7-28 所示涂粘结胶范围在砂浆基层上先涂刷一道爱牢达 XH 130A/B 胶作为界面剂。

3）在石材上端两边各距边缘 150mm 处钻拴接铜丝孔。在石材背面涂刷粘结胶的位置用丙酮等溶剂擦干净，不得残留粉尘、油渍和水等物。同时将两股 18 号铜丝穿在孔上。

4）在石材背面按要求位置涂刷爱牢达 XH 111A/B 胶，其厚度为 0.5mm，待 15min 后将石材粘贴到砂浆基层上，并立即加以固定。

5）石材粘贴 1h 后，把铜丝拴接到基层的Φ 6 钢筋上，然后采用环氧水泥将基层上拴接铜丝的小坑填堵平整。

6）石材粘贴 4h 后，方可粘贴上一层石材，粘结胶固化前不得碰撞石材。

7）粘贴石材时的操作环境温度要求不低于 10℃。低于 10℃时胶固化慢，且会影响粘结强度。

8）粘贴石材时，块与块间须按要求留宽度≤2mm 的缝隙，不得密排，以免温度变化时挤胀。缝隙采用白水泥加丹利胶勾堵。

粘结胶采用汽巴精化公司的以环氧树脂为主要成分的爱牢达 XH 111A/B 常固型胶。汽巴精化公司是瑞士一家从事化工产品研究开发和生产的国际集团。环氧树脂是 40 年代该公司首创研制开发的产品，现在 29 个国家有 58 家生产厂，在 12 个国家有产品开发和研究中心，在我国北京设有汽巴精化（中国）有限公司，香港、上海、广州均有分公司，生产厂设在广州番禺。爱牢达建筑胶是汽巴精化公司的一个重要品牌，根据不同用途有多种型号。这类胶已在上海、广州、深圳等地许多工程中采用，在北京除人民大会堂工程外，还在时代广场、恒基中心、东方广场、王府饭店、中银大厦等工程中应用。

爱牢达 XH 111A/B 胶是双组分冷固化触变环氧粘结胶，分为常固型及快固型，可在室温条件下应用，可用于混凝土预制构件粘结、混凝土构件粘结钢板加固、瓷砖及石材与墙面粘结、栽筋和锚筋粘结、混凝土裂缝修补等。

爱牢达 XH 111A/B 常固型胶，是由桶装料 XH 111A 和 XH 111B，按 A∶B＝2∶1（重量比）简单搅拌成成品，在25℃环境温度下初凝时间25min，固化时间250min，抗压弹性模量为 19700N/mm^2，线性热膨胀系数为每摄氏度 17×10^{-6}。据1998年8月国家建筑材料测试中心检测结果，其力学性能如表13.7-40所示，1998年8月化工部合成材料研究院老化研究所对双压缩剪切强度耐老化性能测试结果如表13.7-41所示。

强度检测结果　　表 13.7-40

检测项目	检测结果（MPa）
抗折强度（25℃，7d）	31.32
抗压强度（25℃，7d）	92.8
拉伸粘结强度（25℃，7d）	8.75
拉伸粘结强度（5℃，7d）	8.45
压剪粘结强度（25℃，7d）	10.8
压剪粘结强度（80℃，7d）	11.0
压剪粘结强度（25次冻融）	8.04
压剪粘结强度（250h老化）	9.32

人工老化试验结果　　表 13.7-41

人工老化试验时间（h）	压缩剪切强度（MPa）			
	平均值	平均值保持率（%）	最高值	最低值
0	26.8	100	36.1	7.6
500	26.9	100	29.7	20.7
1000	23.6	88	25.0	22.4
1500	29.4	109	39.4	19.3
2000	27.4	102	39.1	14.5

为确认粘结胶的可靠性，除上述性能检测外，在人民大会堂用这种胶在混凝土和砂浆基层上粘结小块汉白玉石料，待胶固化后锤击汉白玉石块。试验结果表明，汉白玉石块被击碎或砂浆层局部破坏，粘结层无破坏现象。

本工程采用粘结工艺石饰面，施工操作简便，工期短，避免了以前灌浆连接方法存在的缺点。粘结胶的强度检测、老化性能测试以及锤击破坏试验结果显示，该方法十分安全可靠。本工程墙面石材块最大尺寸为600mm宽、800mm高、20mm厚，每块重约26kg，每块石材四角粘结面积共10000mm^2，按压剪粘结强度计算，其最低极限承载力达108kN，远大于石材的重量。采用这种粘接工艺还可节省造价，爱牢达XH111A/B胶一套重2kg，单价210元，其密度平均为1.6g/cm^3，则一套为1250cm^3，如粘结胶厚度按1mm估算，则可有1.25m^{2}的粘结面积，因此，每块石材粘结胶的费用是很少的。

采用粘结工艺石饰面，砂浆基层表面的平整至关重要，本工程施工中，由于有关人员的精心操作，基层质量比较好，但有的部位因基层表面不平，涂胶厚度大于设计厚度要求。根据工程经验，砂浆基层表面只要沿墙高在粘接部位严格找平即可，非粘结部位掌握宜凹不宜凸的原则，并不需要十分平整。

根据粘结胶的强度，石材每块四角粘结已经有足够安全度，因此，今后工程中没有必要在石材与基层间再设置铜丝拴结，这样做既可简化工序、提高工效，又可节省费用。

采用粘结工艺石饰面有许多优点，而且国内外已有成熟经验，随着化学工业的发展，各种建筑粘结胶日益增多，粘结工艺将是今后推广应用的方向。例如十几年前建成的北京昆仑饭店总服务台（北京市建筑设计研究院设计）及1998年完工的北京富华大厦中信实业银行第十六、十七层墙面和柱面（香港冯庆延建筑师事务所设计）在木基层上粘结石饰面；日本等国和香港许多装饰工程中墙面石材采用粘结工艺也已有多年经验。

13.7.13 预制复合板安装法石饰面

预制复合板安装法是将石材薄板作为饰面板钢筋细石混凝土为内衬的预制复合板，采用柔性连接件与主体结构连接成一体的施工方法。此种方法与干挂法一样，在安装过程中没有湿作业，也属于干作业施工。

把建筑要求的较小分块石材饰面与钢筋混凝土内衬层复合成大尺度的预制构件，如同其他饰面材料组合的预制钢筋混凝土外墙板，可在工厂制作运输到施工现场进行吊装，与主体结构采用柔性连接，有较好的抗震、抗风、适应温差的性能，安装方便，提高施工效率，适用于高层建筑的外墙石材饰面。

北京市第二建筑工程公司在北京中国银行大楼、天津工商银行、山西省委办公大楼等工程中采用了这种方法。北京中国银行大楼的5至20层外墙花岗石饰面采用了预制复合板，有槽形柱子板和女儿墙板两种。槽形板由6块25mm厚的花岗石与40mm厚C30细石混凝土衬板复合成预制板，女儿墙板由25mm厚花岗石与70mm厚C30细石混凝土带肋梁衬板复合成1980mm×2480mm的预制构件，兼作装饰和围护结构。柱面槽形复合板制作要点为：

（1）根据设计要求制作定型模板，支设方法和模板的刚度必须保证复合板的几何尺寸准确。

（2）石材薄板面层就位，要求达到平直、方整、无翘，边、缝隙符合尺寸规格。

（3）安放预制钢筋网及预埋件，安装与石材连接的弹簧卡，并绑扎牢固，钢筋、绑丝不得外露，以免复合板表面产生锈斑而污染石材饰面。

（4）浇注衬板细石混凝土，要求振捣密实，表面抹压坚实，平整无气泡。

（5）进行养护，脱模强度不得低于10N/mm^2。

（6）复合板的运输、堆放，吊装应采取措施，避免变形、碰撞损坏。

（7）复合板的安装及与主体结构的连接构造如同柔性连接的预制外墙板，可参见13.7.14节。

预制复合板的关键是要使石材饰面层与内衬钢筋细石混凝土层有可靠的连接。图13.7-29是北京中国银行大楼预制复合板石材饰面层与内衬层的连接构造。

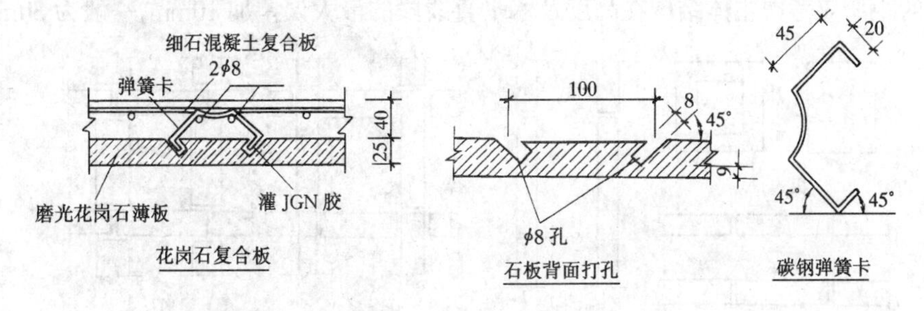

图13.7-29 北京中国银行大楼（预制复合板）

13.7.14　预制外墙板

1. 高层建筑外墙围护结构，有许多工程采用预制外墙板代替传统的砖砌材料。在强风和地震作用下，对预制外墙板的刚度和承载力，以及与主体结构的连接构造有较高的要求。

2. 预制外墙板目前常用的有如下两类：

(1) 单一材料。普通混凝土、陶粒混凝土、水泥膨胀矿渣珠、水泥粉煤灰陶粒等。

(2) 复合材料。普通混凝土加气混凝土夹芯板、普通混凝土岩棉夹芯复合板、普通混凝土聚苯板夹芯复合板、无砂大孔炉渣混凝土夹芯复合板等。

单一材料外墙板用于保温隔热要求低地区的高层建筑，也可用于有另设内保温措施的高层房屋。复合材料外墙板主要用于保温隔热要求较高的高层建筑，根据要求选用不同的夹芯保温材料和外墙板的总厚度。

3. 在大地震中，高层建筑混凝土外墙板破坏的特征有如下几种：

(1) 外墙板与主体结构采用焊接等刚性连接时，由于在地震作用下连接点应力集中，外墙板连接部位或连接件遭受破坏而使外墙板脱落；

(2) 外墙板之间相互碰撞，局部破坏；

(3) 外墙板本身的承载力不足，发生开裂或局部破坏；

(4) 外墙板连接埋件构造不妥，埋件处钢筋过密，混凝土不密实，造成埋件脱落；

(5) 外墙板与主体结构虽采取活动连接，但构造方式混乱，造成外墙板相互碰撞破。

4. 预制外墙板与主体结构的连接可采用刚性和柔性两种方式。采取哪种连接应根据下列因素选定：

(1) 在地震作用下，预制外墙板是否考虑参与抗侧力协同工作；

(2) 结构抗侧力刚度的大小和房屋高度；

(3) 结构抗震设防烈度的大小。

当地震作用下预制外墙板考虑参与抗侧力协同工作，结构抗侧力刚度较大（如剪力墙结构），房屋高度在20层以下，设防烈度为8度或8度以下时，预制外墙板一般采用与主体结构刚性连接，否则宜采用柔性连接。高度较高的高层钢结构房屋，预制外墙板与主体结构连接应采用柔性连接方式。

5. 预制外墙板，根据建筑立面分格形式，分块有下列形式：板式、柱通长式、梁通长式、横向式及竖向式（图13.7-30）

外墙板每块重量应考虑吊装起重机的最大起重量，板缝间距一般为20mm，外墙板与主体结构之间的距离应考虑主体结构在高度及水平直线段的最大误差加10mm，一般为30mm。

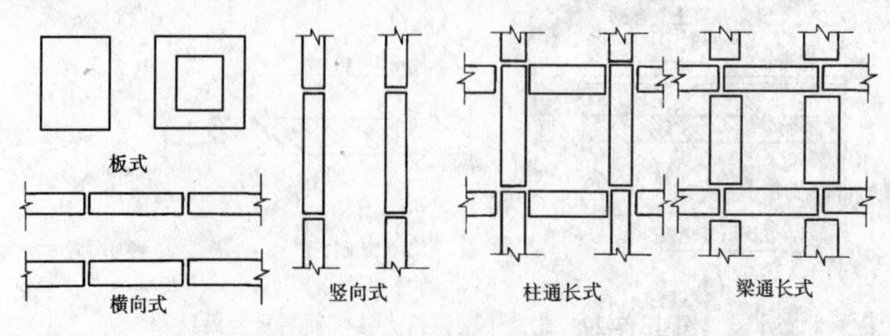

图13.7-30　外墙板分块形式

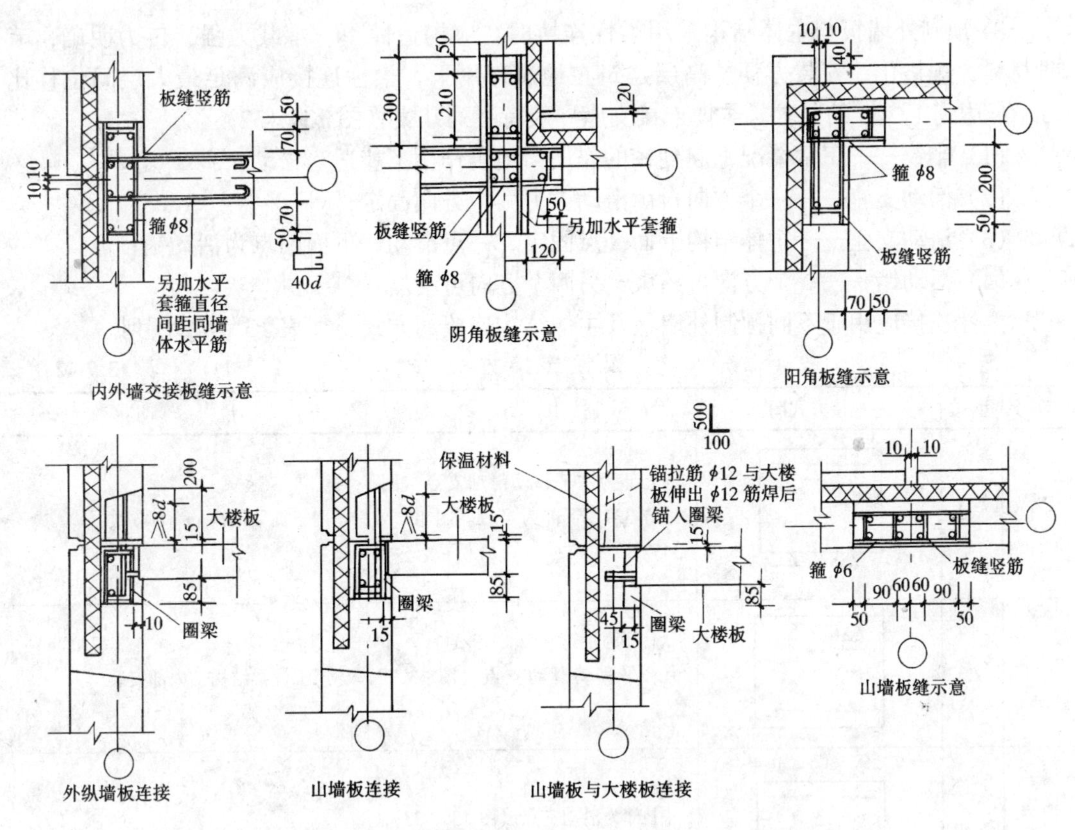

图 13.7-31 预制外墙板与主体结构装配整体式刚性连接

6. 预制外墙板的混凝土强度等级不低于C20。复合板的混凝土厚度不小于30mm，有花岗石、大理石等饰面层时，宜不小于40mm，槽形板主肋沿周边及主要承重方向布置，次肋宜每隔1.0～1.5m设一道。墙板应进行承载力和挠度的验算，一般要求外墙板平面外挠度不大于边长的1/250。

外墙板面砖饰面层粘贴施工，有在现场粘贴和在工厂先铺面砖反打一次成型两种方法。后者质量较好，面砖与外墙板粘连成一体不易脱掉，一些重要的高层建筑多采用这种方法。外墙板之间缝隙的防水及保温极为重要，常采用板缝间嵌堵，聚苯乙烯一类的泡沫塑料和软质防水嵌缝膏嵌紧。板缝间禁止采用砂浆一类硬质材料嵌缝。

7. 预制外墙板与主体结构刚性连接常采用装配整体式方法，主要应用在高层剪力墙结构的住宅、公寓和饭店建筑。图13.7-31所示为北京在内大模外墙板高层剪力墙结构中所采用的构造做法。

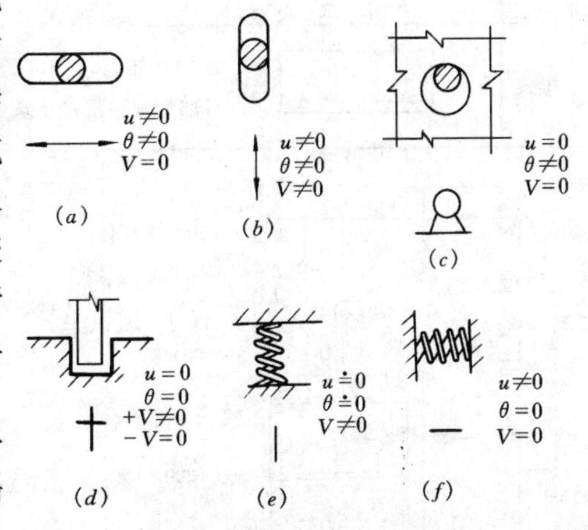

图 13.7-32 各类支点简图

(*a*) 水平滑动支点；(*b*) 竖向滑动支点；(*c*) 铰支点；(*d*) 插销支点；(*e*) 竖向弹簧支点；(*f*) 水平弹簧支点

8. 预制外墙板与主体结构采用柔性连接时，应构造简单，承载力强，传力明确，节省材料，规格化，安装方便。高层建筑在地震作用下，柔性连接应满足最大层间位移比 $\Delta u/h$ 达到 1/200 的要求。柔性连接支座一般有下列几类（图 13.7-32）：

（1）半铰——正常情况下起到铰的作用，地震作用下能适当松动；

（2）活动支座——一个方向自由滑动，另两个方向固定；

（3）滑动支座——主体结构上面一点固定，一点滑动，下面两点为活动销；

（4）活动销——一个方向可约束，另两个方向可动。

柔性连接应用于不同预制外墙板及主体结构连接的方式，如表 13.7-42 所列。

柔性连接方式　　表 13.7-42

序号	型式	连接方式图	连接方式	说明
1	板式		上部为水平移动滑动支点（图 13.7-33），下部为半铰（图 13.7-34）	用于框架结构，内部安装
2	板式		上部为半铰（图 13.7-34）下部为水平移动滑动支点（图 13.7-35）	用于框架结构，内部安装
3	板式		上部为滑动支点（图 13.7-33），下部为水平移动销（图 13.7-35）	用于外墙为剪力墙结构，外部安装
4	柱式		上部为垂直滑动支点（图 13.7-33），下部为半铰（图 13.7-34）	用于框架结构，内部安装
5	梁式		上部为半铰（图 13.7-33），下部为水平滑动支点（图 13.7-35）	用于框架结构，内部安装

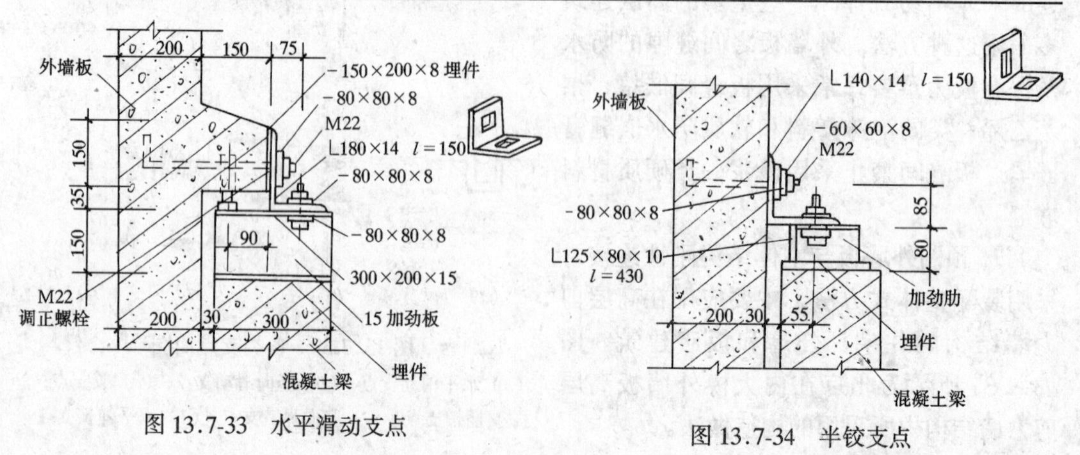

图 13.7-33　水平滑动支点

图 13.7-34　半铰支点

9. 柔性连接的连接件是预制外墙板与主体结构连接的重要部件，要通过计算验算承载力。埋件钢板厚度一般为10mm，锚筋一般不少于两根，当有多块埋件时，考虑受力不均匀，每块埋件宜考虑能承受板的全部重量。与主体结构采用膨胀螺栓连接时，每块埋件要求至少有两个膨胀螺栓。连接件的焊缝难于避免锈蚀，因此，焊缝的安全度宜达到10。

所有连接钢件，高级重要工程宜采用不锈钢或铝合金制品，一般工程采用普通钢时，宜镀锌处理，在现场焊接锌膜破坏处时，应及时刷涂两道防锈漆。如果普通钢件不采用镀锌处理时，应涂刷一道红丹两道防锈漆。

10. 预制外墙板上作用有静荷载、风荷载及地震作用。静荷载包括外墙自重、内外饰面层、保温层及门窗重量。作用在外墙板的风荷载为：

$$w_k = \beta_z \mu_s \mu_z w_0 \tag{13.7.14-1}$$

式中 w_k——风荷载标准值（kN/m^2）；

w_0——基本风压，按《建筑结构荷载规范》GBJ 50009全国基本风压分布图上数值乘以系数1.2取用（kN/m^2）；

β_z——风振系数，可取$\beta_z = 1.75$；

μ_s——体型系数，取+1.5或−1.5；

μ_z——高度系数，按《建筑结构荷载规范》GBJ 50009规定取用。

地震作用对外墙板的效应可以不考虑，但连接节点的各部件必须验算水平地震作用下的承载力。外墙板总水平地震力标准值为：

$$F_H = \alpha_{max} \beta_E G \tag{13.7.14-2}$$

式中 α_{max}——水平地震影响系数最大值，6度至9度分别为0.04，0.08，0.16，0.32；

β_E——地震动力放大系数，取1.5；

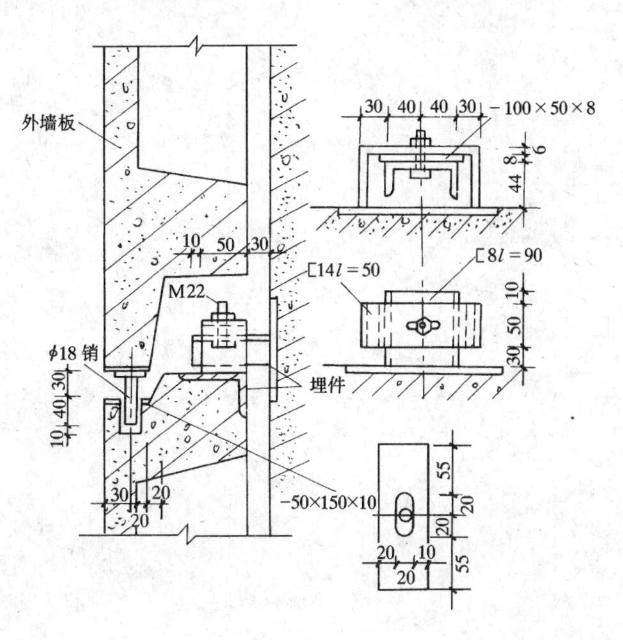

图13.7-35 滑动支点

G——外墙板自重、饰面、保温及门窗等静荷载总重。

作用在外墙板平面内的竖向地震力标准值为：

$$F_{v}=0.5F_{H} \tag{13.7.14-3}$$

在验算连接件的承载力时，必须考虑竖向地震作用。

预制外墙板必须考虑施工运输、堆放、吊装荷载，作用在墙板上的施工荷载一般可取不少于 $1.0kN/m^2$。

11. 预制外墙板应验算下列情况下的承载力：

（1）按平放时验算刚度和承载力；

（2）平放起吊时吊钩承载力，考虑动力系数1.5，即板自重乘以1.5；

（3）立起后吊装时吊钩承载力，动力系数1.5；

（4）连接节点部件的承载力、墙板自重、饰面、保温及门窗重量与风荷载、地震作用效应的组合内力设计值，按不利组合验算；

（5）当预制外墙板与主体结构采用装配整体式刚性连接时，应验算参与抗侧力协同工作后的正截面和斜截面承载力。

参 考 文 献

1. 高层建筑混凝土结构技术规程 JGJ3—2002. 北京：中国建筑工业出版社，2002
2. 建筑抗震设计规范 GB50011—2001. 北京：中国建筑工业出版社，2001
3. 混凝土结构设计规范 GB50010—2002. 北京：中国建筑工业出版社，2002
4. 建筑结构荷载规范 GB50009—2001. 北京：中国建筑工业出版社，2001
5. 建筑地基基础设计规范 GB50007—2002. 北京：中国建筑工业出版社，2002
6. 高层建筑箱形与筏形基础技术规范 JGJ6—99. 北京：中国建筑工业出版社，1999
7. 建筑桩基技术规范 JGJ94—94. 北京：中国建筑工业出版社，1995
8. 玻璃幕墙工程技术规范 JGJ102—96. 北京：中国建筑工业出版社，1996
9. 金属与石材幕墙工程技术规范 JGJ133—2001 J113—2001. 北京：中国建筑工业出版社，2001
10. 建筑地基处理技术规范 JGJ79—91. 北京：中国计划出版社，1992
11. 郁彦. 高层建筑结构概念设计. 北京：中国铁道出版社，1999
12. 北京市建筑设计研究院编制. 结构专业技术措施. 华北地区建筑设计标准化办公室，1992
13. 刘大海、杨翠如、钟锡根. 高层建筑抗震设计. 北京：中国建筑工业出版社，1993
14. 华南工学院等. 地基及基础. 北京：中国建筑工业出版社，1981
15. 北京市建筑设计研究院编制. 结构设计手册. 华北地区建筑设计标准化办公室，1990
16. 胡庆昌. 钢筋混凝土房屋抗震设计. 北京：地震出版社，1991
17. 赵西安. 钢筋混凝土高层建筑结构设计，北京：中国建筑工业出版社，1992
18. 包世华、方鄂华. 高层建筑结构设计. 第二版. 北京：清华大学出版社，1990
19. 龚思礼主编. 建筑抗震设计手册. 北京：中国建筑工业出版社，1994
20. 刘大海、杨翠如、钟锡根. 高楼结构方案优选. 西安：陕西科学技术出版社，1992
21. 赵西安、李国胜等. 高层建筑结构设计与施工问答：上海：同济大学出版社，1991
22. 周起敬主编. 混凝土结构构造手册. 北京：中国建筑工业出版社，1994
23. 蒋大骅、张仁爱主编. 钢筋混凝土构件计算手册. 上海：上海科学技术出版社，1992
24. 王墨耕主编. 新编多层及高层建筑钢筋混凝土结构设计手册. 合肥：安徽科学技术出版社，1992
25. 丁大钧主编. 混凝土结构学（中册）. 北京：中国铁道出版社，1991
26. 李国胜. 高层旅馆建筑结构选型的研究. 第十届全国高层建筑结构学术交流会论文集. 第二卷. 1988
27. 李国胜. 高层框架—剪力墙结构按新抗震规范确定剪力墙合理数的简化方法. 第十一届全国高层建筑结构学术交流会论文集. 第三卷. 1990
28. 李国胜. 张学俭. 高层建筑主楼与裙房之间基础的处理. 建筑结构，1993 年第 9 期
29. 李国胜. 北京西苑饭店工程设计. 建筑技术，1985 年第 7 期
30. 黎强. 西苑饭店塔楼旋转餐厅结构设计. 建筑技术. 1985 年第 7 期
31. 丘湘泉. 汕头国际大酒店结构设计. 第十届全国高层建筑结构学术交流会论文集. 第三卷. 1988
32. 胡庆昌、徐元根. 昆仑饭店设计. 第八届全国高层建筑结构学术交流会论文集. 第一卷. 1984
33. 林焕枢、高层建筑旋转餐厅设计. 建筑结构学报. 1988 年第 6 期
34. 赵西安. 现代高层结构最新设计. 中国建筑科学院结构研究所资料室，1999 年 11 月

35. 李国胜．高层建筑板柱—剪力墙结构体系的设计．第十四届全国高层建筑结构学术交流会论文集第一卷．1996
36. 程懋堃、胡庆昌、李国胜等．北京西苑饭店．建筑结构优秀设计图集1．中国建筑工业出版社，1997
37. 李国胜．北京西苑饭店新楼的基础设计基础工程400例（上册）．中国科学技术出版社，1995
38. 王素琼．北京燕莎中心工程地基回弹与沉降观测结果的初步分析基础工程400例（上册）．中国科学技术出版社，1995
39. 张星熙、薛占营．高层建筑框架—筒体结构设计．建筑结构，2000年第12期
40. 程懋堃、王月仙、齐伍辉．齐鲁宾馆工程结构设计．第十三届全国高层建筑结构学术交流会论文集．1994
41. 季万江．国泰公寓大开间高层结构设计．第十三届全国高层建筑结构学术交流会论文集．1994
42. 傅学怡．带转换层高层建筑结构设计．建筑结构学报，1999年第2期
43. 赵西安、郝瑞坤、黄宝清等．高层建筑转换层结构设计及工程实例．中国建筑科学院结构研究所，1993年3月
44. 徐培福、王翠坤、郝瑞坤等．转换层设置高度对框支剪力墙结构抗震性能的影响．建筑结构，2000年第1期
45. 李国胜．关于底部大空间剪力墙结构的转换层设计．建筑结构，2001年第7期
46. 陶茂之、韩云乔．高层建筑刚性桩复合地基的设计与研究．建筑结构，1998年第5期
47. 黄小海．紫荆苑综合楼基础设计．第十五届全国高层建筑结构学术交流会论文集．1998
48. 王铁梦．工程结构裂缝控制．中国建筑工业出版社，1998
49. 建筑结构裂渗控制新技术．第二届全国混凝土膨胀剂学术交流会论文集．中国建材工业出版社，1998
50. 游宝坤等．超长钢筋混凝土结构UEA无缝设计施工．建筑结构，1998年第6期
51. 顾渭建．钢筋混凝土高层建筑超长结构无缝设计的工程实践．第十五届全国高层建筑结构学术交流会论文集．1998
52. 张承启．首都国际机场新航站楼．北京市建筑设计研究院，1997年2月
53. 胡世德主编．高层建筑施工．中国建筑工业出版社，1998年第二版
54. 李国胜、宋鸿金、林焕枢．实用建筑结构工程师手册．北京：中国建筑工业出版社，1997
55. 徐湘生．东方广场工程综合施工技术．建筑技术，2000年第11期
56. 王贞祥、游宝坤等．4．6万m^2地下工程无缝防水施工技术．建筑技术，2000年第4期
57. 黄本才、陈亚平、高层建筑中玻璃幕墙的抗风设计．第十一届全国高层建筑结构学术交流会论文集．第三卷．1990
58. 王纪裕、林志科．高层建筑钢筋混凝土外挂板的抗震设计．第十一届全国高层建筑结构学术交流会论文集．第四卷．1990
59. 中国建筑第一工程局．中国国际贸易中心施工实录．北京：中国建筑工业出版社，1991
60. 李国胜．预制外墙板及玻璃幕墙与主体结构连接的设计和构造．第十三届全国高层建筑结构学术交流会论文集．1994
61. 李国胜．人民大会堂环氧树脂胶粘结石材墙面的设计与施工．建筑技术，2000年第9期
62. 李国胜．简明高层钢筋混凝土结构设计手册．中国建筑工业出版社，1995年9月第一版
63. 型钢混凝土组合结构技术规程JGJ138—2001，J130—2001．北京：中国建筑工业出版社，2002
64. 陶学康主编．后张预应力混凝土设计手册．北京：中国建筑工业出版社，1996
65. 徐芝纶．弹性理论．北京：人民教育出版社，1961